JN312262

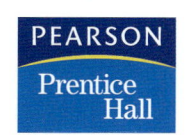

# エッセンシャル 遺伝子

BENJAMIN LEWIN 著

菊池韶彦・榊　佳之
水野　猛・伊庭英夫 訳
紅　順子

東京化学同人

**Essential GENES**
Benjamin Lewin

PEARSON Prentice Hall

Authorized translation from the English language edition, entitled ESSENTIAL GENES, 1st Edition, ISBN: 0131489887 by LEWIN, BENJAMIN, published by Pearson Education, Inc., publishing as Prentice Hall, Copyright © 2006 by Benjamin Lewin.

All rights reserved. No part of this book may be reproduced or transmitted in any form or by any means, electronic or mechanical, including photocopying, recording or by any information storage retrieval system, without permission from Pearson Education, Inc.

JAPANESE language edition published by TOKYO KAGAKU DOZIN CO., LTD., Copyright © 2007.

本書は，Pearson Education, Inc. から Prentice Hall 社の出版物として出版された英語版 BENJAMIN LEWIN 著 ESSENTIAL GENES, 1st Edition, ISBN: 0131489887 の同社との契約に基づく日本語版である．Copyright © 2006 Benjamin Lewin.

全権利を権利者が保有し，本書のいかなる部分も，フォトコピー，データバンクへの取込みを含む一切の電子的，機械的複製および送信を，Pearson Education, Inc.の許可なしに行ってはならない．

本書の日本語版は株式会社東京化学同人から刊行された．Copyright © 2007.

# 序

"GENES"の初版を出版して以来，この20年の間に分子生物学は完成の域に達しつつあり，多くの重要な問題が簡単な原理で説明できるようになってきた．分子生物学の基本を学ぶことは，細胞生物学，免疫学，発生学など他の多くの生命科学の分野にとっても避けて通れなくなっている．本書の目的は現在の分子生物学を支えている考え方をまとめながら，その大切なところを解説することである．

本書は"GENES Ⅷ"と同じ構成になっているが，あまり細かいところは省き，それぞれの項目に焦点を絞りやすいように一部組直した．すなわち，説明の手がかりとしてゲノム配列に関してさらに一歩踏み込んでいる．もちろん，必要な箇所は新たに書き直した．こうした方向への土台として，遺伝子操作という章を加えた．また，現時点においてエピジェネティックな作用に関して独立した章を設けたことは妥当と考える．最も大きな変更点としては，最終的にタンパク質をつくり出すものとしての遺伝子の分子生物学にいっそう焦点を当てたことである．

個々の項目についてさらに深く学びたい読者はウェブサイト www.ergito.com を参照してほしい．本書を購入した読者は無料でアクセスでき，"GENES"の最新版とこの"ESSENTIAL GENES"のどちらからでも対応する節へ容易に移動できるようになっている．

本文に目を通し，誤りを直してくださった下記の方々に深く感謝したい．

校閲： Steve Ackerman,　University of Massachusetts, Boston
　　　 Revi Allada,　Northwestern University
　　　 Francis Choy,　University of Victoria
　　　 Elliot Goldstein,　University of Arizona
　　　 Robert Heath,　Kent State University
　　　 David Herrin,　University of Texas
　　　 Angel Islas,　Santa Clara University
　　　 Steven Kilpatrick,　University of Pittsburgh, Johnstown
　　　 Loren Knapp,　University of South Carolina
　　　 Jocelyn Krebs,　University of Alaska, Anchorage
　　　 Nandini Krishnamurthy,　University of California, Berkeley
　　　 Thomas Leustek,　Rutgers University
　　　 Reno Parker,　Montana State University, Northern
　　　 Marilee Benore Parsons,　University of Michigan, Dearborn
　　　 Kimmen Sjolander,　University of California, Berkeley
　　　 Ben Stark,　Illinois Institute of Technology
　　　 Charles Toth,　Providence College
　　　 Dennis Welker,　Utah State University

校正： Elliot Goldstein,　University of Arizona
　　　 Jocelyn Krebs,　University of Alaska, Anchorage

Benjamin Lewin

# 教師用ならびに学生用資料

## 教師用

**Instructor Resource Center on CD**\*：この教師用のCDにはさまざまなプリントやスライド用の資料が入っており，講義の準備をしたり，学生の達成度を判定する助けになる．以下のものが入っている．

- .jpeg形式の図
- PowerPoint™に読み込める図
- 講義の概要
- Word™形式による試験問題集
- 各節の冒頭にある要点
- 重要語句

**ウェブサイト上の"GENES"**（www.prenhall.com/lewin）：インターネット版の"GENES"をウェブサイトで公開しており，主要な話題が時代遅れにならないように毎週変更を加えている．SPECIAL SERIES（"Great Experiments", "Techniques", "Structures"）やGLOSSARYにもアクセスできる．本文すべてを節ごとに閲覧でき，図のスライドショーを見ることができる．一部の図は動画になっている．原著論文にリンクしていて，分子生物学の代表的研究を即座に知ることができる．特定のインターフェースを使うと，本文や図，あるいはその両方の特に重要な箇所を強調して見ることができ，講義の良い助けになる．

**Instructor's Manual**\*：この取扱い説明書には講義の概要，さらに知識を深めるための資料と教室でのウェブサイトの使い方が載っている．

**Test Item File**\*：この試験問題集には多数の選択式問題，短答式問題，論文式問題があり，学生の理解度をはかるのに使うことができる．

**Transparency Package**\*：カラーのOHP用原稿400枚．

## 学生用

**Student Handbook**\*：この資料には，質疑と演習を通じて教科書本文から基本的な考え方をまとめるための材料が用意されている．さらに，自分の知識を確認し，分析的かつ批判的な考え方を養うための設問がつくられている．

**ウェブサイト上の"GENES"**（www.prenhall.com/lewin）：インターネット版の"GENES"をウェブサイトで公開しており，本書を購入した読者は無料でアクセスできる．主要な話題が時代遅れにならないように毎週変更を加えている．SPECIAL SERIES（"Great Experiments", "Techniques", "Structures"）やGLOSSARYにもアクセスできる．本文すべてを節ごとに閲覧でき，図のスライドショーを見ることができる．一部の図は動画になっている．原著論文にリンクしていて，その分野の代表的研究を即座に知ることができる．特定のインターフェースを使うと，本文や図，あるいはその両方の特に重要な箇所を強調して見ることができ，学習の良い助けになる．

**Research Navigator**（www.researchnavigator.com）：Prentice Hall社のResearch

---

\* これらの日本語版は発売されていない．

Navigator™ では EBSCO's Center Select™ Academic Journal Database，The New York Times Search by Subject Archive, "Best of the Web" Link Library による広範囲の題材に関する最新の情報や，最近のニュースや時事問題の情報にアクセスできる．この貴重な資料からさらに便利な論文や雑誌，引用を見つけ出し，研究課題に向けた有効な文書を作成できる．

# 訳 者 序

"遺伝子"というと，20年前はDNAの複製・転写・翻訳，つまり，セントラルドグマにかかわる教科書の代表であった．この20年間に，遺伝子そのものの理解が深まると同時に，その産物のタンパク質が細胞内でどういう働きをし，ひいては細胞周期やがん，あるいは発生分化にどうかかわっているかまでわかるようになってきている．本書，"エッセンシャル遺伝子"のもとになっている"遺伝子第8版"ではそうした細胞生物学に関連する部分が全体の1/3を占めるほどに成長し，内容，分量ともに1冊の教科書としては重厚すぎると感じられるようになった．本書は"遺伝子第8版"の核になる部分を取上げ，DNAからタンパク質に至る流れをより簡潔，明確にまとめたものである．時宜に即して，エピジェネティックの章と遺伝子操作の2章を独立させ，"遺伝子"がどういう方向を目指しているかということもそれとなく示唆している．

各節の冒頭に，簡単なまとめと，その節に出てくる重要語句が付いたのも本書の特徴で，本文の内容を一目で把握できるように工夫されている．また，巻末に各節の重要語句を五十音順にまとめた用語解説もあるので，索引とともに活用していただきたい．

翻訳には私たち5人のほかに，紅　朋浩，浦野有希子，黒田和史の諸君に協力していただいた．すべての原稿に菊池が加筆修正を行い，特に全体としての統一をはかるように努力した．専門用語は学術用語集，生化学用語辞典などを参考にした．また，いたずらに難しい専門的言い回しを避け，できるだけ普通の国語辞典に出てくる日常使われる言葉を使うように努めた．原著の本文および図版中の明らかな誤りは訂正し，さらに慣用と異なるものについては訳注を加えた．

本書の出版にあたり，私たちの作業を助けてくださった東京化学同人の高木千織さんに深く感謝したい．

訳者を代表して　菊 池 韶 彦

# 要約目次

### 第 I 部　遺 伝 子
1. DNA は遺伝物質である
2. 遺伝子はタンパク質をコードする
3. 分断された遺伝子
4. ゲノムの内容
5. ゲノムの配列と遺伝子の数
6. クラスターと反復

### 第 II 部　タンパク質
7. メッセンジャー RNA
8. タンパク質合成
9. 遺伝暗号を解読する
10. タンパク質の局在化と局在化シグナル

### 第 III 部　遺伝子発現
11. 転　写
12. オペロン
13. 調節 RNA
14. ファージの作戦

### 第 IV 部　DNA の複製と組換え
15. レプリコン
16. プラスミドやウイルスのレプリコン
17. 細菌の複製は細胞周期に連携している
18. DNA 複製
19. 相同組換えと部位特異的組換え
20. DNA 傷害からの修復
21. トランスポゾン
22. レトロウイルスとレトロポゾン
23. 免疫系における組換え

### 第 V 部　真核生物の遺伝子発現
24. プロモーターとエンハンサー
25. 真核生物の転写調節
26. RNA スプライシングとプロセシング
27. 触媒 RNA

### 第 VI 部　核
28. 染色体
29. ヌクレオソーム
30. クロマチン構造は調節の要となっている
31. エピジェネティックな作用は遺伝する
32. 遺伝子操作

# 目次

## 第Ⅰ部 遺伝子

### 1. DNA は遺伝物質である............2
- 1・1 はじめに............2
- 1・2 DNA は細菌の遺伝物質である............3
- 1・3 DNA はウイルスの遺伝物質である............3
- 1・4 DNA は動物細胞の遺伝物質である............4
- 1・5 ポリヌクレオチド鎖は糖-リン酸を骨格として窒素を含む塩基をもつ............4
- 1・6 DNA は二重らせんである............5
- 1・7 超らせんは DNA 構造に影響を与える............7
- 1・8 DNA 構造は複製と転写に適している............8
- 1・9 DNA 複製は半保存的である............9
- 1・10 DNA 鎖は複製フォークの所で解離する............10
- 1・11 遺伝情報は DNA か RNA によって伝えられる............11
- 1・12 核酸は塩基対によりハイブリダイズする............12
- 1・13 変異は DNA の塩基配列の変化である............13
- 1・14 変異は一つの塩基対,あるいはより長い配列に影響を及ぼす............14
- 1・15 変異の作用は復帰可能なこともある............15
- 1・16 変異はホットスポットに集中する............16
- 1・17 多くのホットスポットが修飾塩基によって生じる............17
- 1・18 ゲノムサイズは大小さまざまである............17
- 1・19 要 約............19

### 2. 遺伝子はタンパク質をコードする............20
- 2・1 はじめに............20
- 2・2 1遺伝子は1ポリペプチドをコードする............21
- 2・3 同一遺伝子内の変異は相補性がない............21
- 2・4 変異により機能の喪失や機能の獲得が起こる............22
- 2・5 遺伝子座は多くの異なる変異型対立遺伝子をもつことができる............23
- 2・6 遺伝子座は二つ以上の野生型対立遺伝子をもつことができる............24
- 2・7 組換えは DNA の物理的な交換により起こる............25
- 2・8 組換えの確率はどのくらい離れているかに依存する............26
- 2・9 遺伝暗号はトリプレットで読まれる............26
- 2・10 すべての塩基配列には三つの読み枠が可能である............28
- 2・11 遺伝子からタンパク質が発現するにはいくつかの過程が必要である............29
- 2・12 タンパク質はトランスに働き,DNA 上の結合部位はシスに働く............30
- 2・13 要 約............31

### 3. 分断された遺伝子............32
- 3・1 はじめに............32
- 3・2 mRNA と DNA を比較して分断された遺伝子が発見された............33
- 3・3 分断された遺伝子は mRNA よりもはるかに長い............35
- 3・4 分断された遺伝子の構成はよく保存されている............35
- 3・5 エキソンの配列は保存されているが,イントロンの配列には変化が多い............36
- 3・6 遺伝子の長さは広範囲に分布している............37
- 3・7 2種類以上のタンパク質をコードする DNA 配列もある............38
- 3・8 分断された遺伝子はどのように進化してきたのか............40
- 3・9 一部のエキソンはタンパク質の機能と一致する............41
- 3・10 遺伝子ファミリーのメンバーは共通の構成になっている............42
- 3・11 偽遺伝子は進化の袋小路である............43
- 3・12 要 約............44

### 4. ゲノムの内容............46
- 4・1 はじめに............46
- 4・2 ゲノムの地図は連鎖,制限部位,DNA 配列によって作成できる............47
- 4・3 個々のゲノムには大きなばらつきがある............48
- 4・4 RFLP と SNP は遺伝地図の作成に利用できる............49
- 4・5 ゲノムはなぜそれほど大きいのか............51
- 4・6 真核生物ゲノムには非反復配列と反復配列がある............52
- 4・7 保存されたエキソンを用いて遺伝子の単離ができる............53
- 4・8 病気に関する遺伝子は患者の DNA と正常な DNA を比べると同定できる............54
- 4・9 ゲノム構造の保存性は遺伝子を同定する助けになる............56
- 4・10 細胞小器官には DNA がある............57
- 4・11 ミトコンドリアのゲノムは環状 DNA であり,細胞小器官のタンパク質をコードする............58
- 4・12 葉緑体ゲノムは多数のタンパク質と RNA をコードする............59
- 4・13 ミトコンドリアは細胞内共生から進化してきた............60
- 4・14 要 約............61

### 5. ゲノムの配列と遺伝子の数............62
- 5・1 はじめに............62
- 5・2 細菌の遺伝子数には10倍ぐらいの幅がある............62
- 5・3 いくつかの真核生物で全遺伝子数はわかっている............64
- 5・4 ヒトゲノムの遺伝子は予想より少ない............65
- 5・5 遺伝子とその他の配列はどのようにゲノムに分布しているのだろうか............67
- 5・6 Y 染色体には雄に特有ないくつかの遺伝子がある............68
- 5・7 どのくらい異なった型の遺伝子があるだろうか............69
- 5・8 より複雑な生物種への進化は新しい機能をもつ遺伝子の追加による............70
- 5・9 いくつの遺伝子が必須なのか............72
- 5・10 真核生物の組織ではおよそ10,000個の遺伝子がさまざまなレベルで発現している............73
- 5・11 発現している遺伝子数はひとまとめに測定できる............74
- 5・12 要 約............75

## 6. クラスターと反復 ･･････････77
- 6・1 はじめに ･･････77
- 6・2 遺伝子重複は進化の重要な推進力である ･･････78
- 6・3 グロビン遺伝子クラスターは重複と分岐によって形成されている ･･････79
- 6・4 塩基配列の分岐が進化時計の基になる ･･････81
- 6・5 中立的な置換率は反復配列の分岐から測定できる ･･････82
- 6・6 不等交差によって遺伝子クラスターの再編成が行われる ･･････83
- 6・7 rRNAの遺伝子は一定の転写単位によるタンデムな反復配列で構成されている ･･････85
- 6・8 交差固定により同一の反復が維持できる ･･････87
- 6・9 サテライトDNAはたいていヘテロクロマチンにある ･･････90
- 6・10 節足動物のサテライトは特に短い同一の反復配列である ･･････91
- 6・11 哺乳類のサテライトは階層構造をもった反復配列でできている ･･････92
- 6・12 ミニサテライトは遺伝地図の作成に有用である ･･････94
- 6・13 要 約 ･･････95

## 第Ⅱ部 タンパク質

## 7. メッセンジャーRNA ･･････98
- 7・1 はじめに ･･････98
- 7・2 mRNAは転写によってつくられ，翻訳される ･･････99
- 7・3 tRNAはクローバーの葉の形をしている ･･････100
- 7・4 受容アームとアンチコドンは三次構造をとったtRNAの両端に分かれている ･･････101
- 7・5 mRNAはリボソームによって翻訳される ･･････102
- 7・6 たくさんのリボソームが1分子のmRNAに結合する ･･････103
- 7・7 細菌のmRNAの合成から分解まで ･･････104
- 7・8 真核生物のmRNAは転写の途中や後で修飾される ･･････106
- 7・9 真核生物のmRNAの5′末端にはキャップ構造がある ･･････106
- 7・10 真核生物のmRNAの3′末端にはポリ(A)が付加している ･･････108
- 7・11 細菌のmRNAの分解には複数の酵素が関与する ･･････108
- 7・12 真核生物のmRNAの分解経路は二つある ･･････109
- 7・13 ナンセンス変異は品質管理システムを誘導する ･･････110
- 7・14 真核生物のRNAは輸送される ･･････111
- 7・15 mRNAは特異的な局在化をすることがある ･･････112
- 7・16 要 約 ･･････114

## 8. タンパク質合成 ･･････116
- 8・1 はじめに ･･････116
- 8・2 タンパク質合成には開始，伸長，終止の過程がある ･･････117
- 8・3 タンパク質合成を正確に行うための特別な機構がある ･･････119
- 8・4 細菌の翻訳開始には30Sサブユニットと補助因子が必要である ･･････120
- 8・5 特別な開始tRNAがポリペプチド鎖の合成を始める ･･････122
- 8・6 mRNAが30Sサブユニットに結合すると，IF-2とfMet-tRNA$_f$との複合体に対する結合部位ができる ･･････123
- 8・7 真核生物ではリボソームの小さなサブユニットが翻訳開始部位を求めてmRNA上を移動する ･･････125
- 8・8 伸長因子EF-Tuがアミノアシル tRNAをリボソームのAサイトへと導く ･･････127
- 8・9 ポリペプチド鎖がアミノアシル tRNAへと転移する ･･････128
- 8・10 トランスロケーションによってリボソームが動く ･･････129
- 8・11 2種類の伸長因子が交互にリボソームに結合する ･･････129
- 8・12 アミノ酸を結合していない空のtRNAが存在するとリボソームはストリンジェント応答を誘発する ･･････130
- 8・13 タンパク質合成を終止させるコドンは三つある ･･････132
- 8・14 リボソームのどちらのサブユニットでもrRNAはサブユニット全体に広がっている ･･････134
- 8・15 リボソームにはいくつかの活性中心がある ･･････136
- 8・16 タンパク質合成において16S RNAは重要な役割を果たす ･･････137
- 8・17 要 約 ･･････139

## 9. 遺伝暗号を解読する ･･････142
- 9・1 はじめに ･･････142
- 9・2 関連のあるコドンは関連のあるアミノ酸を表す ･･････142
- 9・3 コドン-アンチコドンの認識にはゆらぎがある ･･････143
- 9・4 tRNAは修飾塩基を含んでいる ･･････144
- 9・5 修飾塩基がコドン-アンチコドンの塩基対形成に影響を与える ･･････146
- 9・6 普遍的な遺伝暗号にもときたま例外がみられる ･･････147
- 9・7 特定の終止コドンに新奇なアミノ酸が対応することがある ･･････148
- 9・8 tRNAにアミノ酸を付加するのはシンテターゼである ･･････149
- 9・9 アミノアシル-tRNAシンテターゼは二つのグループに分けられる ･･････150
- 9・10 シンテターゼは校正機構を用いて正確を期している ･･････151
- 9・11 サプレッサーtRNAはアンチコドンに変異があり新たなコドンを読む ･･････152
- 9・12 リコーディングでコドンの意味が変わる ･･････154
- 9・13 滑りやすい配列でフレームシフトが起こる ･･････155
- 9・14 リボソームの動きで読み飛ばしが起こる ･･････156
- 9・15 要 約 ･･････157

## 10. タンパク質の局在化と局在化シグナル ･･････159
- 10・1 はじめに ･･････159
- 10・2 タンパク質の膜透過は翻訳後あるいは翻訳と共役して起こる ･･････160
- 10・3 シグナル配列はSRPと相互作用する ･･････161
- 10・4 SRPはSRPレセプターと相互作用する ･･････163
- 10・5 トランスロコンは膜を貫通する孔を形成する ･･････165
- 10・6 翻訳後のタンパク質の膜への挿入はリーダー配列に依存して起こる ･･････166
- 10・7 細菌は翻訳と共役した膜透過と翻訳後の膜透過の両方を使っている ･･････168
- 10・8 要 約 ･･････169

# 第Ⅲ部　遺伝子発現

## 11. 転　写 …………………………………**172**
- 11・1　はじめに …………………………………172
- 11・2　"転写バブル"内でDNAが解離してリボヌクレオチドと塩基対を形成することで転写が起こる ……………173
- 11・3　転写の段階は3段階に分けられる …………174
- 11・4　結晶構造解析により考えられるRNAポリメラーゼの動きに関するモデル …………………………175
- 11・5　RNAポリメラーゼはコア酵素とσ因子から成る ……177
- 11・6　RNAポリメラーゼはどのようにプロモーターを見つけるか …………………………………179
- 11・7　σ因子はRNAポリメラーゼのDNA結合能を調節する …………………………………180
- 11・8　プロモーターにはコンセンサス配列がある …………181
- 11・9　変異によりプロモーターの転写効率が変わる …………183
- 11・10　超らせん構造は転写に大きな影響を与える …………184
- 11・11　σ因子の置き換えによる転写開始の調節 …………185
- 11・12　σ因子はDNAと相互作用する …………187
- 11・13　大腸菌には2種類のターミネーターがある …………188
- 11・14　固有のターミネーターにはヘアピン構造とUに富む配列が必要である …………………………189
- 11・15　ρ因子はどのように働くか …………190
- 11・16　抗転写終結による調節 …………191
- 11・17　要　約 …………194

## 12. オペロン …………………………………**196**
- 12・1　はじめに …………………………………196
- 12・2　構造遺伝子のクラスターは協調的な発現調節を受ける …………………………………197
- 12・3　lac 遺伝子の発現はリプレッサーにより調節される …198
- 12・4　lac オペロンは誘導を受ける …………199
- 12・5　リプレッサーの働きは低分子インデューサーにより調節される …………………………………200
- 12・6　シスに働く構成的変異によりオペレーターの作用がわかる …………………………………201
- 12・7　トランスに働く変異により調節遺伝子の作用がわかる …………………………………202
- 12・8　リプレッサーは二つの二量体から成る四量体である …203
- 12・9　リプレッサーのオペレーターへの結合はアロステリックな構造変化で調節される …………205
- 12・10　リプレッサーは3箇所のオペレーターに結合し，RNAポリメラーゼと相互作用する …………206
- 12・11　オペレーターと低親和性部位は競合してリプレッサーに結合する …………206
- 12・12　抑制は複数の場所でひき起こされる …………208
- 12・13　オペロンの抑制と誘導 …………209
- 12・14　インデューサーcAMPで活性化されるCRPは多くのオペロンに働く …………………………………210
- 12・15　翻訳段階での調節 …………211
- 12・16　要　約 …………212

## 13. 調節 RNA …………………………………**214**
- 13・1　はじめに …………………………………214
- 13・2　RNA 二次構造による翻訳や転写の調節 …………215
- 13・3　枯草菌の trp オペロンの転写終結はトリプトファンと tRNA$^{Trp}$ により調節される …………215
- 13・4　大腸菌 trp オペロンにはアテニュエーションによる調節がある …………………………………216
- 13・5　アテニュエーションは翻訳過程を介した調節である …217
- 13・6　遺伝子発現を阻害するのにアンチセンスRNAが用いられる …………………………………219
- 13・7　低分子RNAは翻訳を調節する …………220
- 13・8　細菌ではsRNAによる調節がある …………222
- 13・9　多くの真核生物でマイクロRNAが調節因子として働く …………………………………223
- 13・10　RNA干渉は遺伝子サイレンシングと関連がある …224
- 13・11　要　約 …………226

## 14. ファージの作戦 …………………………………**227**
- 14・1　はじめに …………………………………227
- 14・2　溶菌サイクルは2段階に分けられる …………228
- 14・3　溶菌サイクルの調節はカスケードで行われる …………229
- 14・4　溶菌カスケードは二つの様式で調節される …………230
- 14・5　λファージの先発型と後発型初期遺伝子は溶原化および溶菌サイクルの両方に必要である …………231
- 14・6　溶菌サイクルは抗転写終結によっている …………232
- 14・7　溶原化はリプレッサーにより維持される …………233
- 14・8　免疫性はリプレッサーとそれが結合するオペレーターにより決まる …………………………………234
- 14・9　リプレッサーは二量体としてDNAに結合する …………235
- 14・10　リプレッサーはヘリックス-ターン-ヘリックスモチーフでDNAに結合する …………236
- 14・11　リプレッサー二量体は協調的にオペレーターに結合する …………………………………237
- 14・12　リプレッサーによる自己調節系の確立 …………238
- 14・13　協調的相互作用による敏感な調節 …………239
- 14・14　溶原化には cⅡ と cⅢ 遺伝子が必要である …………239
- 14・15　いくつかの条件が溶原化に必要である …………240
- 14・16　Cro リプレッサーは溶菌サイクルに必要である …………242
- 14・17　何によって溶原化と溶菌サイクルのバランスが決まるのだろうか …………………………………243
- 14・18　要　約 …………245

# 第Ⅳ部　DNAの複製と組換え

## 15. レプリコン …………………………………**248**
- 15・1　はじめに …………………………………248
- 15・2　複製開始点から通常，両方向に複製が始まる …………249
- 15・3　細菌のゲノムは単一の環状レプリコンである …………249
- 15・4　複製開始点でのメチル化は複製開始を調節しているだろうか …………………………………251
- 15・5　真核細胞の各染色体には多数のレプリコンがある ……252
- 15・6　複製開始点は複製開始点認識タンパク質複合体に結合する …………………………………252
- 15・7　MCMタンパク質からできているライセンス因子は複製の再開を制御する …………254
- 15・8　要　約 …………256

## 16. プラスミドやウイルスのレプリコン  ……………257
- 16・1　はじめに …………………………………………257
- 16・2　線状DNAでは末端の複製が問題となる ………258
- 16・3　末端タンパク質によりウイルスDNAでは末端から複製が始まる ……………………………………259
- 16・4　ローリングサークル方式によりレプリコン多量体がつくられる …………………………………259
- 16・5　ファージゲノムの複製にはローリングサークル方式が使われる …………………………………260
- 16・6　F因子は接合によって細菌の間を移動する ……261
- 16・7　接合では一本鎖DNAが移動する ………………262
- 16・8　細菌のTiプラスミドは遺伝子を植物に移動させる …263
- 16・9　T-DNAの伝達過程は細菌の接合に似ている ……264
- 16・10　要　約 ……………………………………………266

## 17. 細菌の複製は細胞周期に連携している  …………268
- 17・1　はじめに …………………………………………268
- 17・2　細菌はマルチフォーク染色体を生じうる ………268
- 17・3　細菌は隔壁によりそれぞれに染色体をもつ娘細胞に分離する ………………………………………269
- 17・4　細胞分裂と染色体分配に関する変異は細胞の形に影響する …………………………………………271
- 17・5　FtsZタンパク質は隔壁形成に必要である ………271
- 17・6　min遺伝子は隔壁を形成する位置を調節する …272
- 17・7　染色体の分配には部位特異的組換えが必要である …273
- 17・8　染色体の分離には分配機構がかかわっている …274
- 17・9　単コピープラスミドは分配機構をもっている …275
- 17・10　プラスミドの不和合性はレプリコンによって決まる …………………………………………277
- 17・11　ミトコンドリアはどのように複製し，どのように分配されるのだろうか ……………………278
- 17・12　要　約 ……………………………………………279

## 18. DNA複製  ……………………………………………280
- 18・1　はじめに …………………………………………280
- 18・2　DNAポリメラーゼはDNAを合成する酵素である …280
- 18・3　DNAポリメラーゼは複製の忠実度を制御する …281
- 18・4　DNAポリメラーゼには共通した構造がある ……282
- 18・5　新しい2本のDNA鎖はそれぞれ異なる方式で合成される …………………………………………283
- 18・6　複製にはヘリカーゼと一本鎖DNA結合タンパク質が必要である ……………………………284
- 18・7　DNA合成を開始するにはプライミング反応が必要である ………………………………………285
- 18・8　DNAポリメラーゼホロ酵素は3種類の複合体から構成されている …………………………286
- 18・9　クランプはコア酵素とDNAの結合を制御する …287
- 18・10　ラギング鎖とリーディング鎖の合成は同時に起こる …………………………………………287
- 18・11　岡崎フラグメントはリガーゼによって連結される …289
- 18・12　真核生物ではDNA複製開始とDNA鎖の伸長が別種のDNAポリメラーゼによって行われる …290
- 18・13　複製開始点で複製フォークが形成される ………291
- 18・14　複製を再開するにはプライモソームが必要である …292
- 18・15　要　約 ……………………………………………293

## 19. 相同組換えと部位特異的組換え  ………………295
- 19・1　はじめに …………………………………………295
- 19・2　切断・再結合はヘテロ二本鎖DNAを介して起こる …296
- 19・3　二本鎖切断で組換えが開始する …………………298
- 19・4　組換え過程の染色体同士はシナプトネマ複合体を形成する ……………………………………299
- 19・5　シナプトネマ複合体は二本鎖切断が起こった後で形成される …………………………………300
- 19・6　RecBCD複合体が組換えに必要な遊離のDNA末端をつくる ……………………………………302
- 19・7　一本鎖DNAの取込みを触媒するタンパク質 ……302
- 19・8　Ruv複合体はホリデイ構造を解消する …………304
- 19・9　トポイソメラーゼはDNAに働き，超らせんを弛緩させたり導入したりする ……………………304
- 19・10　トポイソメラーゼはDNA鎖を切断して再結合する ……………………………………………305
- 19・11　部位特異的組換えはトポイソメラーゼによる反応に似ている ……………………………………306
- 19・12　部位特異的組換えには特別な配列が使われる …307
- 19・13　組換えによる酵母の接合型変換 …………………309
- 19・14　一方向の転移は受容部位であるMATの側から始まる ……………………………………………310
- 19・15　要　約 ……………………………………………311

## 20. DNA傷害からの修復  ………………………………313
- 20・1　はじめに …………………………………………313
- 20・2　変異を起こす二つのタイプの傷害 ………………314
- 20・3　大腸菌の除去修復系 ………………………………316
- 20・4　メチラーゼとグリコシラーゼは塩基をひっくり返して引っ張り出す …………………317
- 20・5　誤りがちな修復 …………………………………318
- 20・6　ミスマッチを正しい方向に修復する調節 ………319
- 20・7　大腸菌の組換え修復 ………………………………320
- 20・8　組換えは複製の誤りを正す重要な修復系である …321
- 20・9　修復系は真核生物にも保存されている …………322
- 20・10　二本鎖切断は共通の機構で修復される …………323
- 20・11　修復系の欠損により腫瘍では変異の蓄積が起こる …324
- 20・12　要　約 ……………………………………………325

## 21. トランスポゾン  ……………………………………326
- 21・1　はじめに …………………………………………326
- 21・2　ISは単純なトランスポゾンである ………………326
- 21・3　複合トランスポゾンにはIS因子が入っている …328
- 21・4　複製を伴う転移と複製を伴わない転移の機構 ……329
- 21・5　トランスポゾンがDNAの再編成をひき起こす …330
- 21・6　転移にみられる共通の中間体 ……………………331
- 21・7　複製を伴う転移は共挿入体を経由する …………332
- 21・8　複製を伴わない転移は切断・再結合反応を経由する …333
- 21・9　TnAの転移にはトランスポザーゼとリゾルベースが必要である ……………………………………334

- 21・10 トウモロコシの調節因子はDNAの切断と再編成を起こす……336
- 21・11 トウモロコシの調節因子はトランスポゾンのファミリーである……337
- 21・12 P因子の転移が雑種発生異常をひき起こす……339
- 21・13 要約……341

## 22. レトロウイルスとレトロポゾン……**343**
- 22・1 はじめに……343
- 22・2 レトロウイルスの生活環では転移に似た反応が行われる……343
- 22・3 レトロウイルスの遺伝子はポリタンパク質をコードしている……344
- 22・4 ウイルスDNAは逆転写によって生成する……345
- 22・5 ウイルスDNAは染色体に組込まれる……347
- 22・6 レトロウイルスは宿主の塩基配列を取込むことがある……348
- 22・7 酵母のTy因子はレトロウイルスと似ている……350
- 22・8 ショウジョウバエにも多数のトランスポゾンがある……351
- 22・9 レトロポゾンは3種類に分けられる……351
- 22・10 Aluファミリーには数多くの多様なメンバーが存在する……353
- 22・11 プロセスされた偽遺伝子は転移反応の基質に由来する……354
- 22・12 LINESはエンドヌクレアーゼを使ってプライマーをつくり出す……355
- 22・13 要約……356

## 23. 免疫系における組換え……**357**
- 23・1 はじめに……357
- 23・2 免疫グロブリン遺伝子はリンパ球でその構成成分から構築される……358
- 23・3 L鎖は1回の組換えで形成される……360
- 23・4 H鎖は2回の組換えで形成される……362
- 23・5 組換えは大きな多様性を生み出す……363
- 23・6 免疫における組換えは二つの型のコンセンサス配列を利用している……364
- 23・7 組換えにより欠失が生じる……365
- 23・8 RAGタンパク質が切断・再結合を触媒する……366
- 23・9 新しい様式のDNA組換えによりクラススイッチが起こる……368
- 23・10 体細胞変異はシチジンデアミナーゼとウラシル-DNAグリコシラーゼによってひき起こされる……370
- 23・11 トリ免疫グロブリンは複数の偽遺伝子で構成されている……371
- 23・12 T細胞レセプターと免疫グロブリンは同じ仲間である……372
- 23・13 要約……374

## 第V部 真核生物の遺伝子発現

## 24. プロモーターとエンハンサー……**376**
- 24・1 はじめに……376
- 24・2 真核生物のRNAポリメラーゼは多くのサブユニットで構成されている……377
- 24・3 RNAポリメラーゼIのプロモーターは二つの成分から成る……378
- 24・4 RNAポリメラーゼIIIは上流と下流の両方にあるプロモーターを使う……380
- 24・5 RNAポリメラーゼIIの転写開始点……381
- 24・6 TBPはTFIIDの構成成分であり,TATAボックスと結合する……382
- 24・7 基本転写装置はプロモーターで集合する……384
- 24・8 転写開始はプロモータークリアランスの後に起こる……385
- 24・9 アクチベーターは短い配列に結合する……386
- 24・10 エンハンサーにはどちら向きでも転写の開始を促進する配列がある……387
- 24・11 エンハンサーにはプロモーターにもみられるいくつかの配列がある……388
- 24・12 エンハンサーはプロモーターの近くのアクチベーターの濃度を増やす働きをする……389
- 24・13 遺伝子の発現は脱メチルと関連している……390
- 24・14 要約……391

## 25. 真核生物の転写調節……**393**
- 25・1 はじめに……393
- 25・2 さまざまな種類の転写因子が存在する……394
- 25・3 それぞれの独立したドメインがDNAと結合し,転写を活性化する……395
- 25・4 アクチベーターは基本転写装置と結合する……395
- 25・5 アクチベーターは応答配列を認識する……397
- 25・6 DNA結合ドメインには多くの種類がある……399
- 25・7 ジンクフィンガーモチーフにはDNA結合ドメインがある……400
- 25・8 ステロイドレセプターは転写因子である……401
- 25・9 ステロイドレセプターのジンクフィンガーはいろいろな組合わせによるコードを使用する……402
- 25・10 応答配列への結合はリガンドの結合により活性化される……404
- 25・11 ホメオドメインはDNA中の互いによく似た標的に結合する……404
- 25・12 ヘリックス-ループ-ヘリックスタンパク質は組合わせを変えて相互作用する……406
- 25・13 ロイシンジッパーは二量体形成に関与している……407
- 25・14 要約……408

## 26. RNAスプライシングとプロセシング……**410**
- 26・1 はじめに……410
- 26・2 核のスプライス部位は短い配列である……411
- 26・3 スプライス部位は対で読まれる……412
- 26・4 mRNA前駆体のスプライシングはラリアット構造をとりながら進行する……413
- 26・5 snRNAはスプライシングに必要である……414
- 26・6 U1 snRNPはスプライシングを開始する……415
- 26・7 E複合体はRNAをスプライシングへと踏み出させる……416

26・8　五つのsnRNPがスプライソソームを形成する ……… 417
26・9　スプライシングはmRNAの核からの搬出と関連
　　　している ……………………………………………… 419
26・10　グループⅡイントロンはラリアット構造を形成して
　　　　自己スプライシングを行う ………………………… 419
26・11　選択的スプライシングはスプライス部位の選択的
　　　　使用による …………………………………………… 421
26・12　トランススプライシング反応は低分子RNAを
　　　　使う …………………………………………………… 422
26・13　酵母tRNAのスプライシングでは切断と再結合が
　　　　起こる ………………………………………………… 423
26・14　mRNAの3'末端は切断とポリ(A)付加によって
　　　　生じる ………………………………………………… 425
26・15　短いRNAがrRNAのプロセシングには必要
　　　　である ………………………………………………… 426
26・16　要　約 ………………………………………………… 427

## 27. 触媒RNA …………………………………………… 429
27・1　はじめに ……………………………………………… 429
27・2　グループⅠイントロンはエステル転移反応による
　　　自己スプライシングを行う …………………………… 429
27・3　グループⅠイントロンは特徴的な二次構造を
　　　形成する ………………………………………………… 431
27・4　リボザイムにはさまざまな触媒作用がある ………… 432
27・5　グループⅠイントロンには転移用のエンド
　　　ヌクレアーゼをコードしているものがある ………… 433
27・6　グループⅡイントロンには逆転写酵素をコード
　　　しているものがある …………………………………… 435
27・7　自己スプライシングするイントロンのあるものは
　　　マチュラーゼを必要とする …………………………… 436
27・8　ウイロイドは触媒活性をもつ ……………………… 437
27・9　RNA編集は個々の塩基に対して起こる …………… 438
27・10　RNA編集はガイドRNAに従って行われる ……… 439
27・11　プロテインスプライシングは自己触媒反応である … 442
27・12　要　約 ………………………………………………… 443

## 第Ⅵ部　核

## 28. 染色体 …………………………………………………… 446
28・1　はじめに ……………………………………………… 446
28・2　ウイルスゲノムはキャプシドの中に
　　　折りたたまれる ………………………………………… 447
28・3　細菌のゲノムは超らせんから成る核様体である …… 449
28・4　真核生物のDNAにはスカフォルドに結合した
　　　ループとドメインがある ……………………………… 450
28・5　クロマチンは真正クロマチンとヘテロクロマチンに
　　　分けられる ……………………………………………… 451
28・6　染色体はバンドパターンを示す ……………………… 452
28・7　ランプブラシ染色体は伸びきった構造をしている … 453
28・8　多糸染色体には遺伝子発現の場でパフを形成する
　　　バンドが見られる ……………………………………… 454
28・9　セントロメアには多数の反復DNAがある場合が
　　　多い ……………………………………………………… 455

28・10　酵母のセントロメアにはタンパク質に結合する
　　　　短いDNA配列がある ……………………………… 457
28・11　テロメアは単純な反復配列をもつ ………………… 458
28・12　テロメアはリボ核タンパク質酵素によって
　　　　合成される …………………………………………… 459
28・13　要　約 ………………………………………………… 460

## 29. ヌクレオソーム ……………………………………… 462
29・1　はじめに ……………………………………………… 462
29・2　ヌクレオソームはすべてのクロマチンの
　　　サブユニットである …………………………………… 463
29・3　DNAはヌクレオソームの列にコイル状に
　　　巻き付いている ………………………………………… 464
29・4　ヌクレオソームは共通の構造をもっている ………… 464
29・5　DNAの構造はヌクレオソームの表面で変化する …… 465
29・6　ヌクレオソームにより超らせんの一部が吸収
　　　される …………………………………………………… 466
29・7　コア粒子の構造 ……………………………………… 467
29・8　クロマチン繊維の中でヌクレオソームはどのように
　　　走っているか …………………………………………… 469
29・9　クロマチンの形成にはヌクレオソームの構築が
　　　必要である ……………………………………………… 470
29・10　ヌクレオソームは特定の配置をとっているか …… 472
29・11　ヒストン八量体は転写によって外される ………… 473
29・12　デオキシリボヌクレアーゼ高感受性部位では
　　　　クロマチンの構造が変化している ………………… 475
29・13　活性遺伝子を含む領域はドメインを
　　　　つくっている ………………………………………… 476
29・14　インスレーターはエンハンサーやヘテロクロマチン
　　　　の作用を阻止する …………………………………… 477
29・15　LCRは一つのドメイン全体を調節する …………… 478
29・16　何が調節ドメインを構成しているのか …………… 479
29・17　要　約 ………………………………………………… 480

## 30. クロマチン構造は調節の要となっている ……… 482
30・1　はじめに ……………………………………………… 482
30・2　クロマチンリモデリングは動的な過程である ……… 483
30・3　リモデリング複合体は多種類ある ………………… 484
30・4　ヌクレオソームの編成はプロモーター上で
　　　変化する ………………………………………………… 485
30・5　ヒストン修飾は重要な反応である ………………… 486
30・6　ヒストンのアセチル化は二つの場合に起こる ……… 486
30・7　ヒストンアセチルトランスフェラーゼは
　　　アクチベーターと結合する …………………………… 487
30・8　ヒストンデアセチラーゼはリプレッサーと
　　　結合する ………………………………………………… 488
30・9　ヒストンのメチル化とDNAのメチル化には
　　　関連がある ……………………………………………… 489
30・10　プロモーターの活性化は秩序立った一連の
　　　　反応である …………………………………………… 489
30・11　ヒストンのリン酸化はクロマチン構造に影響を
　　　　与える ………………………………………………… 490
30・12　いくつかの共通なモチーフがクロマチン修飾
　　　　タンパク質にみられる ……………………………… 491

- 30・13 ヘテロクロマチンはヒストンとの相互作用を
必要とする ……………………………………492
- 30・14 要　約 ………………………………………493

## 31. エピジェネティックな作用は遺伝する …………**495**
- 31・1 はじめに ……………………………………495
- 31・2 ヘテロクロマチンはコア形成反応を拡大していく …496
- 31・3 Polycomb と Trithorax は互いに抑制的に働く
リプレッサーとアクチベーターである ………497
- 31・4 X 染色体は全体が変化する ……………………499
- 31・5 DNA のメチル化のパターンは維持型メチラーゼに
よって保存される ………………………………501
- 31・6 DNA メチル化は刷込みの原因である …………502
- 31・7 酵母のプリオンは例外的な遺伝を示す …………504
- 31・8 プリオンは哺乳類で病気を起こす ………………505
- 31・9 要　約 ………………………………………507

## 32. 遺 伝 子 操 作 …………………………………**508**
- 32・1 はじめに ……………………………………508
- 32・2 クローニングベクターによる供与 DNA の増幅 ………509
- 32・3 目的に応じてクローニングベクターを使い分ける ……510
- 32・4 トランスフェクションにより外来 DNA を細胞へ
導入する …………………………………………512
- 32・5 動物の卵に遺伝子を注入できる …………………514
- 32・6 マウスの胚に ES 細胞を注入できる ……………516
- 32・7 特定の遺伝子を狙い撃ちして置換したり破壊したり
できる ……………………………………………517
- 32・8 要　約 ………………………………………519

遺伝子および遺伝子産物（タンパク質）の表記法 ……………521
用語解説 …………………………………………………523
和文索引 …………………………………………………539
欧文索引 …………………………………………………552

# I
## 遺 伝 子

# 1 DNAは遺伝物質である

| | |
|---|---|
| 1・1 はじめに | 1・10 DNA鎖は複製フォークの所で解離する |
| 1・2 DNAは細菌の遺伝物質である | 1・11 遺伝情報はDNAかRNAによって伝えられる |
| 1・3 DNAはウイルスの遺伝物質である | 1・12 核酸は塩基対によりハイブリダイズする |
| 1・4 DNAは動物細胞の遺伝物質である | 1・13 変異はDNAの塩基配列の変化である |
| 1・5 ポリヌクレオチド鎖は糖-リン酸を骨格として窒素を含む塩基をもつ | 1・14 変異は一つの塩基対,あるいはより長い配列に影響を及ぼす |
| 1・6 DNAは二重らせんである | 1・15 変異の作用は復帰可能なこともある |
| 1・7 超らせんはDNA構造に影響を与える | 1・16 変異はホットスポットに集中する |
| 1・8 DNA構造は複製と転写に適している | 1・17 多くのホットスポットが修飾塩基によって生じる |
| 1・9 DNA複製は半保存的である | 1・18 ゲノムサイズは大小さまざまである |
| | 1・19 要 約 |

各節のタイトル下の ▇▇ はその節で使われる重要語句を,▭ はその節の要点をまとめている.

**遺伝学の歴史におけるおもな出来事**

- 1865 遺伝子は粒子状の因子である
- 1871 核酸の発見
- 1903 染色体が遺伝の単位である
- 1910 遺伝子は染色体に存在する
- 1913 染色体には1列に並んだ遺伝子がある
- 1927 変異は遺伝子の物理的な変化である
- 1931 組換えは交差によって起こる
- 1944 DNAが遺伝物質である
- 1945 遺伝子はタンパク質をコードしている
- 1951 最初のタンパク質の配列
- 1953 DNAは二重らせん構造をとる
- 1958 DNAは半保存的に複製される
- 1961 遺伝暗号はトリプレットである
- 1977 真核生物の遺伝子にはイントロンがある
- 1977 DNAの塩基配列決定が可能になる
- 1995 大腸菌ゲノムの塩基配列決定完了
- 2001 ヒトゲノムの塩基配列決定完了

図1・1 遺伝学の簡単な歴史

**遺伝子はタンパク質に翻訳される単位である**

DNA → ヌクレオチドの配列
RNA → ヌクレオチドの配列
タンパク質 → アミノ酸の配列

図1・2 遺伝子はRNAをコードし,RNAはタンパク質をコードする.

## 1・1 はじめに

**ゲノム** genome ある生物の遺伝物質に含まれる完全な一そろいの配列.各染色体の配列のほか,細胞小器官にあるDNA配列もすべて含む.

**核 酸** nucleic acid 遺伝情報をコードしている分子.リボース分子に塩基が結合したものがホスホジエステル結合によって連結されてできている.DNAはデオキシリボ核酸,RNAはリボ核酸である.

**染色体(クロモソーム)** chromosome ゲノムがいくつかに分かれて存在する単位で,多くの遺伝子を含んでいる.おのおのの染色体は非常に長い二本鎖DNA分子と,およそ同量のタンパク質からできている.細胞分裂の間だけ,形をもった存在として観察できる.

**遺伝子** gene ポリペプチド鎖の合成に関与するDNAの一部.シストロンと同じ意味である.コード領域に先立つ部分(リーダー)と後に続く部分(トレーラー)や,アミノ酸配列をコードした配列(エキソン)とその間に挟まれた配列(イントロン)を含む領域.

あらゆる生物の遺伝的性質は**ゲノム**によって決まっており,長い**核酸**配列からできているゲノムは,生物を形づくるのに必要な情報をもっている."情報"という言葉を用いるのは,ゲノムそれ自体は生物の構築に積極的な役割を果たさず,むしろ遺伝的性質を決める核酸の個々のサブユニット(塩基)の配列となっているからである.一連の複雑な相互作用によって,この配列はしかるべき時間と場所で生物の全タンパク質を生産するのに使われる.

ゲノムは,形態的には**染色体**(クロモソーム),機能的には**遺伝子**に分けられる.それぞれの染色体は多くの遺伝子を含むDNA配列をもつ独立した物理的単位である.ゲノムとは詰まる所,それぞれの染色体中のDNA配列のことである.

この100年の間,遺伝子は粒子のような構造をしているというMendel(メンデル)の観察から,遺伝子がDNAから成るという発見を経て,Watson(ワトソン)とCrick(クリック)の二重らせんモデル,そして最近,ヒトゲノムの配列を決定するところまで進歩してきた.図1・1は歴史的な遺伝子の考えから現代のゲノムの定義までの変遷をたどったものである.

機能単位としての遺伝子の最初の定義は,個々の遺伝子が特定のタンパク質の生産にかかわっているという発見によるものである.遺伝子であるDNAとそのタンパク質産物間の化学的性質の相違から,遺伝子がタンパク質をコードするという考えに至った.これはつぎに遺伝子のDNA配列からタンパク質のアミノ酸配列をつくり出す複雑な装置の発見につながった.

遺伝子が発現している過程を考えると,"遺伝子"をより厳密に定義できる.図1・2に本書の基本的なテーマを示した.遺伝子は,もう一つの核酸であるRNAをつくるDNA配列である.DNAは二本鎖の核酸であり,RNAは一本鎖の核酸である.RNAの配列はDNAの配列によって決定される(実際,それは片方のDNA鎖と同一である).すべてではないが多くの場合,つぎにRNAはタンパク質の生産に直接使われる.したがって,**遺伝子とはRNAをコードするDNAの配列である**.タンパク質をコードする遺伝子ではRNAがさらにタンパク質をコードする.

## 1・2 DNAは細菌の遺伝物質である

**形質転換** transformation 細菌が外来のDNAを取込んで新しい遺伝情報を獲得すること．
**形質転換因子** transforming principle 細菌に取込まれて発現すると，それを取込んだ細胞の性質が変化するようなDNA．

■ 細菌の形質転換により，DNAが遺伝物質であることが初めて証明された．最初の菌株からDNAを抽出して第二の菌株に加えることで，遺伝的性質が一つの菌株からもう一方の菌株に受け渡される．

遺伝物質が核酸であるという考えは，1928年の**形質転換**の発見に端を発している．肺炎双球菌（*Streptococcus pneumoniae*）はネズミに肺炎を起こして殺すが，その病原性は細菌を宿主による攻撃から守る外膜の成分である莢膜多糖で決められている．肺炎双球菌のいくつかの型（Ⅰ，Ⅱ，Ⅲ）では，それぞれ異なった莢膜多糖をもっている．表面に莢膜多糖があるS型の菌のコロニーは外見上滑らか（S；smooth）である．

S型の肺炎双球菌からは莢膜多糖をもたないR型の変異株が生じる．これらの菌はラフ（R；rough）なコロニー（莢膜多糖の下にある物質による）をつくり，非病原性である．これらの菌には莢膜多糖がないので，動物体内で破壊されやすく，マウスを殺すに至らない．

S型菌を熱処理で殺すと，動物に対する病原性はなくなる．熱で殺したS型菌と病原性のないR型菌を一緒にすると，それぞれ単独のときとはまったく違った効果が現れる．図1・3に示すように，混合した菌をマウスに接種すると，マウスは肺炎双球菌の感染により死んでしまう．そして，そのマウスからは病原性のS型菌が回収できる．

この結果は，死んだS型菌の何らかの物質が生きているR型菌を形質転換し，R型菌が病原性をもったことを示している．この物質は，結果的に菌体中で遺伝情報を変えてしまい，そのため菌は致死的な感染を起こすのに必要な莢膜多糖を遺伝的につくれるようになったのである．つまり，形質転換を起こした死んだ菌の成分は遺伝物質である．

こういう活性をもつ成分は，**形質転換因子**とよばれ，図1・4にその活性成分を同定する方法を示す．死んだS型菌の抽出物を生きているR型菌に加えてマウスに注射するとマウスは死んでしまう．死んだマウスから生きているS型菌を回収し，形質転換因子の精製が行われ，1944年に，デオキシリボ核酸（DNA）こそ形質転換因子であるということが示された．

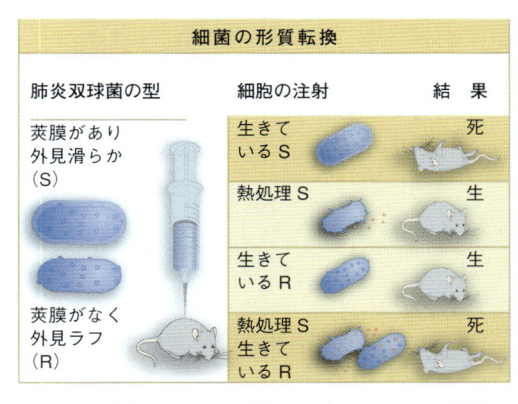

図1・3 熱処理したS型菌でも生きているR型菌でもマウスは死なないが，両方を同時に接種すると生きているS型菌の場合と同様にマウスは死ぬ．

図1・4 S型菌のDNAはR型菌をS型菌に形質転換できる．

## 1・3 DNAはウイルスの遺伝物質である

■ ファージ（バクテリオファージ）の感染でDNAがウイルスの遺伝物質であることが証明された．ファージのDNAとタンパク質成分をそれぞれ異なったラジオアイソトープでラベルしたとき，DNAのみが感染後生産された子ファージに伝達された．

DNAが細菌の遺伝物質であることが明らかにされ，続いてまったく別の系でもDNAが遺伝物質であることが示された．T2ファージは大腸菌（*Escherichia coli*）に感染するウイルスである．そのファージ粒子を細菌に加えると外側に吸着して，何らかの物質を菌体内に注入する．そして約20分後に細菌は破裂して（溶菌して），たくさんの子ファージが放出される．

図1・5は，1952年にDNA成分を$^{32}$Pで，タンパク質成分を$^{35}$SでラジオアイソトープラベルしたT2ファージをそれぞれ細菌に感染させる実験を行った結果を説明している．感染した細菌をミキサーで処理し，遠心で二つの画分に分けた．一方には菌の表面から遊離したファージの空の外殻が含まれており，もう一方の画分は感染菌であった．

$^{32}$Pラベルの大半は感染菌に見いだされた．生まれた子ファージの粒子を調べると，もとのファージがもっていた$^{32}$Pラベルの約30％を含んでいた．子ファージには始めにファージがもっていたタンパク質のごくわずか（1％以下）しか入ってこなかった．この実験は，親ファージDNAのみが細菌に入り，子ファージの一部になるということを明快に示しており，これはまさに遺伝物質に期待される伝達の様式である．

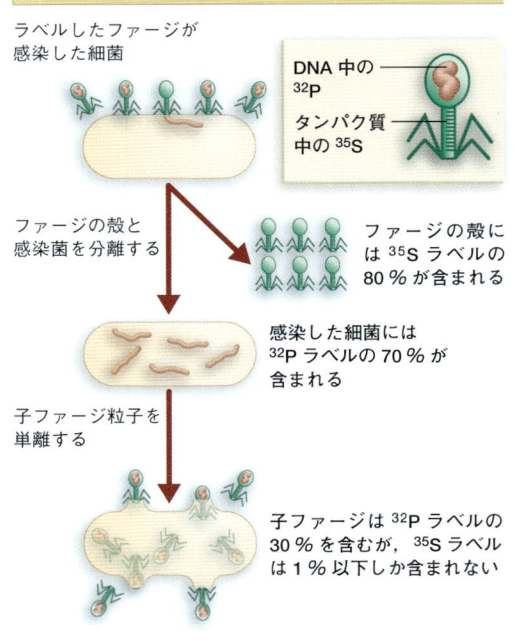

図1・5 T2ファージの遺伝物質はDNAである．

ファージは感染した宿主細胞の機構を使って自分自身のコピーを大量につくる．ファージは細胞のゲノムとよく似た反応をする遺伝物質をもっている．このファージの遺伝形質は忠実に複製され，遺伝の法則に従っている．T2ファージの例も，細胞のゲノムの一部であれウイルスであれ，遺伝物質はDNAであるという結論を強く示唆するものであった．

## 1・4　DNAは動物細胞の遺伝物質である

> **トランスフェクション**　transfection　真核生物の細胞が外来のDNAを取込んで新しい遺伝情報を獲得すること．

> ■ DNAは動物細胞あるいは動物個体に新たな遺伝的性質を導入するのに用いられる．

真核生物の培養細胞の集団にDNAを与えると，DNAは細胞に取込まれ，細胞の中には新しいタンパク質を生産し始めるものが現れる．図1・6には一つの標準的な系を示した．チミジンキナーゼをもたない変異体にチミジンキナーゼの遺伝子を添加すると，チミジンキナーゼタンパク質を生産するようになる．

こういう実験を真核細胞で行った場合には，歴史的理由から**トランスフェクション**とよんでいるが，内容は明らかに細菌の形質転換と同じである．受容細胞に入ったDNAはその遺伝物質の一部となり，他の遺伝物質部分と同様に受継がれる．その発現により細胞には新たな形質が加わる（チミジンキナーゼの合成を例として図1・6に示す）．当初，これらの実験は培養細胞でのみうまくいっていた．しかしその後，マイクロインジェクションでDNAをマウスの卵に注入すると，導入したDNAはマウスの遺伝物質の安定した成分となることが示された（§32・5参照）．

このような実験により，DNAは真核生物の遺伝物質であることが明らかになったばかりでなく，それが異なった種の間で伝えられ，しかも機能を失わないでいることも明らかになった．

### トランスフェクションは新しいDNAを細胞に導入する

*TK*遺伝子をもたない細胞は，チミジンキナーゼをつくることができず，チミジンのない所では生存できない

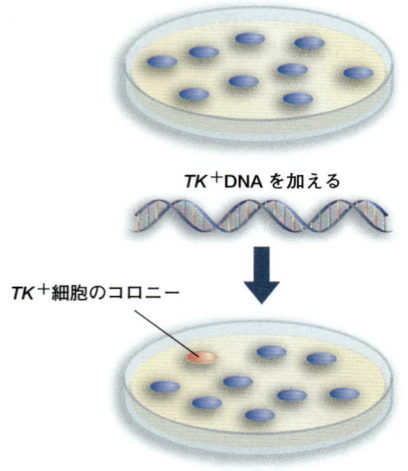

*TK*⁺DNAを加える

*TK*⁺細胞のコロニー

*TK*遺伝子を取込んだ細胞が出てくる；トランスフェクションの起こった細胞の子孫は増殖し，積み重なってコロニーをつくる

図1・6　真核細胞にDNAを与えてトランスフェクションすると，新しい表現型を獲得できる．

## 1・5　ポリヌクレオチド鎖は糖−リン酸を骨格として窒素を含む塩基をもつ

> ■ ヌクレオシドはペントースの1位に結合したプリンあるいはピリミジン塩基より成る．
> ■ リボース環の位置は，塩基と区別するためにダッシュ（′）を付けて表す．
> ■ DNAとRNAでは糖の2′位に付いている基が異なる．DNAはデオキシリボース（2′−H）でRNAはリボース（2′−OH）である．
> ■ ヌクレオチドは（デオキシ）リボースの5′あるいは3′位にリン酸基を結合したヌクレオシドより成る．
> ■ ポリヌクレオチド鎖の連続した（デオキシ）リボース残基は一つの糖の3′位と次の糖の5′位の間でリン酸基を介して連結する．
> ■ 鎖の一方の端（便宜的に左側）には遊離した5′末端があり，もう一方の端にも遊離した3′末端がある．
> ■ DNAは四つの塩基（アデニン，グアニン，シトシン，チミン）を含み，RNAではチミンの代わりにウラシルとなっている．

核酸を構成する基本構造はヌクレオチドである．ヌクレオチドは三つの構成成分から成る：

- 窒素を含む塩基
- 糖
- リン酸

窒素を含む塩基はプリン環やピリミジン環であり，ピリミジンのN1あるいはプリンのN9がペントース（五炭糖）の1位とグリコシド結合で結合してヌクレオシドとなり，さらにリン酸基を結合してヌクレオチドとなる．複素環と糖との番号体系がまぎらわし

くならないように，ペントースの位置には′（ダッシュ，英語ではプライム）を付ける．

核酸の種類はペントースの種類（DNA では 2′-デオキシリボース，RNA ではリボース）により分けられる．RNA に使われている糖ではペントース環の 2′ 位が OH 基であるという違いがある．糖は 5′ 位と 3′ 位でリン酸基を結合できる．

核酸はヌクレオチドの長い鎖から成る．図 1・7 にペントースとリン酸残基が交互に連なって形成された鎖の骨格構造を示す．一つのペントース環の 5′ 位がリン酸基を介して次のペントース環の 3′ 位に結合して，ポリヌクレオチド鎖がつくられる．この糖-リン酸骨格を 5′-3′ ホスホジエステル結合とよぶ．塩基は骨格から"突き出ている"．

核酸はいずれも 4 種の塩基から構成されている．2 種のプリンはアデニン（A；adenine）とグアニン（G；guanine）で，DNA にも RNA にも含まれている．DNA 中のピリミジンはシトシン（C；cytosine）とチミン（T；thymine）の 2 種で，RNA ではチミンの代わりにウラシル（U；uracil）が使われる．ウラシルとチミンの違いは，チミンでは C5 の位置にメチル基が付いているが，ウラシルには付いていない点である．塩基は通常頭文字で表され，DNA では A, G, C, T，RNA では A, G, C, U と略される．

鎖の一方の末端にあるヌクレオチドは 5′ 位が遊離している——つまり結合にあずかっていない．反対の末端にあるヌクレオチドは 3′ 位が結合にあずかっていない．核酸の塩基配列は 5′→3′ の方向，すなわち左側に 5′ 末端を書き，右側に 3′ 末端がくるように表すのが慣例である．

**ポリヌクレオチドは反復した構造をもつ**

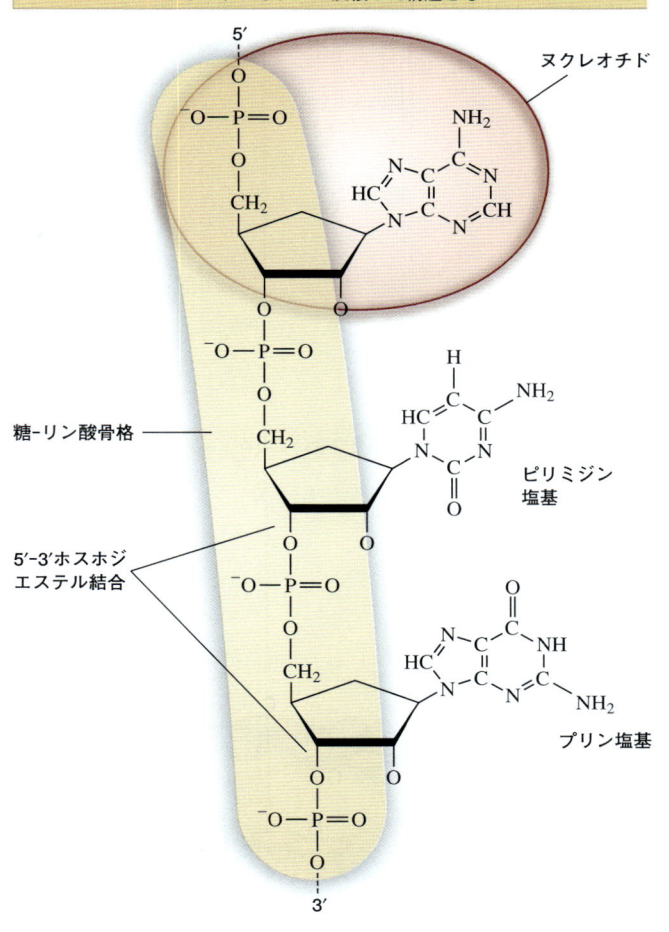

図 1・7 ポリヌクレオチド鎖は，5′-3′ 糖-リン酸結合が連なる骨格構造をなしており，そこから塩基が突き出ている．

## 1・6 DNA は二重らせんである

**DNA（デオキシリボ核酸）** deoxyribonucleic acid　デオキシリボヌクレオチドが重合してできた長い鎖より成る核酸分子．二本鎖 DNA では相補的なヌクレオチドの塩基対間の水素結合によって 2 本の鎖が維持されている．
**塩基対形成（対合）** base pairing　DNA 二重らせん中の，アデニンとチミン，グアニンとシトシンの特異的な（相補的な）水素結合．(RNA の二重らせんではチミンはウラシルに置き換えられる．)
**逆平行（アンチパラレル）** antiparallel　二重らせんにおいて，2 本の鎖が反対向きに配置しており，二本鎖の端では一方の鎖が 5′ 末端，もう一方の鎖が 3′ 末端になっている配置の仕方．
**副溝** minor groove　DNA 分子のらせんがつくる溝の小さい方で，幅は 12 Å である．
**主溝** major groove　DNA 分子のらせんがつくる溝の大きい方で，幅は 22 Å である．
**B 型 DNA** B-form DNA　右巻きの二重らせん DNA で，10 塩基対でらせんを 1 回転（360°）する．生理的条件下でみられる型で，Watson と Crick によって提唱された構造．
**巻き過ぎの DNA** overwound DNA　DNA らせん 1 ターンに含まれる塩基対の数が平均（1 ターン当たり 10 bp）より多い DNA の部分．この場合，DNA の 2 本の鎖は互いに普通の DNA 鎖よりきつく巻き合って余分なねじれを解消しようとする力が加わっている．
**巻き足りない DNA** underwound DNA　DNA らせん 1 ターンに含まれる塩基対の数が平均（1 ターン当たり 10 bp）より少ない DNA の部分．この場合，DNA の 2 本の鎖は互いに普通の DNA 鎖より緩く巻き合って，これが進行すると二本鎖の分離へとつながる．

- B 型 DNA は 2 本のポリヌクレオチド鎖が逆方向に並ぶ，二重らせん構造である．
- 各鎖の塩基は平らなプリン環とピリミジン環で，互いに内側に向かい合って，水素結合により，A・T もしくは G・C のみの塩基対を形成する．
- DNA 二重らせんの直径は 20 Å であり，34 Å ごとの完全な 1 ターンには 10 塩基対が含まれる．
- 二重らせんは，主溝と副溝を形成する．

**図1・8** 相補的なA・TおよびG・C塩基対によりプリンは常にピリミジンと向き合っているので，二重らせんは一定の幅になっている．図中の塩基配列は，A・T，C・G，A・T．

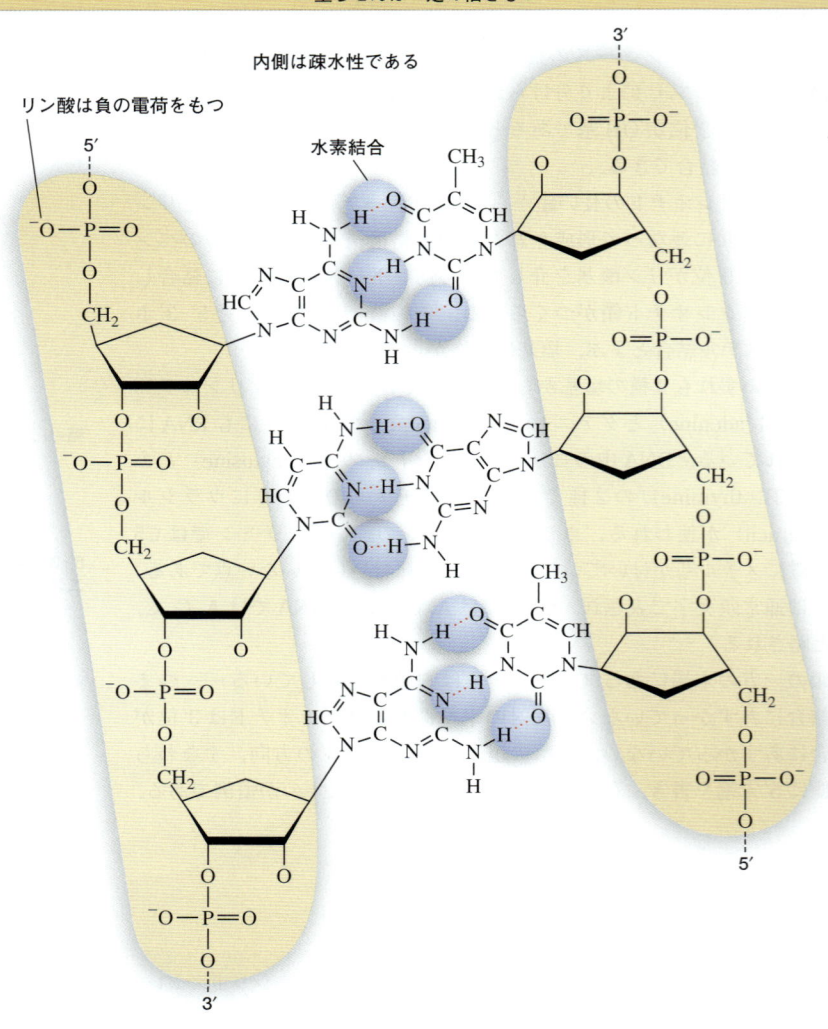

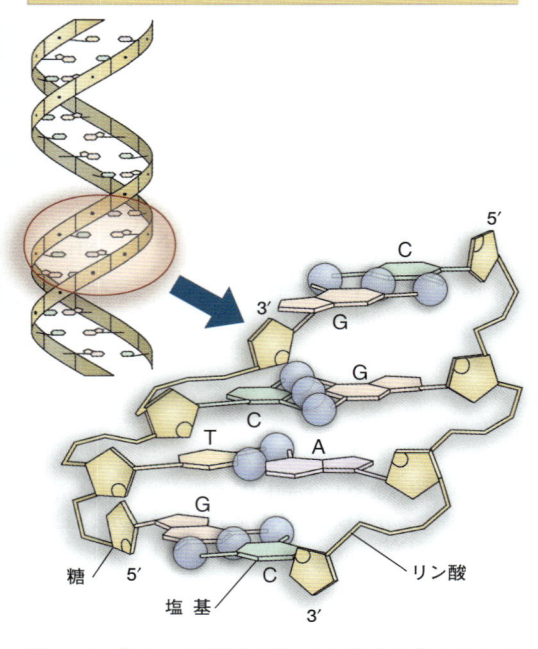

**二重らせんは一定の幅をもつ**

内側は疎水性である

リン酸は負の電荷をもつ

水素結合

**平らな塩基対がDNA鎖をつないでいる**

糖
塩基
リン酸

**図1・9** 平らな塩基対は糖-リン酸の骨格に対して垂直に位置している．

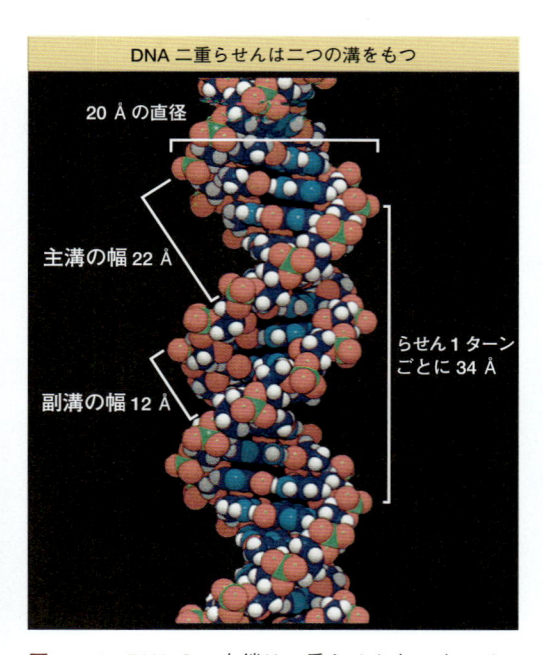

**DNA二重らせんは二つの溝をもつ**

20 Åの直径
主溝の幅 22 Å
副溝の幅 12 Å
らせん1ターンごとに34 Å

**図1・10** DNAの二本鎖は二重らせんをつくっている．

WatsonとCrickは1953年にDNAの二重らせんモデルをつくったが，その際三つの考えが取入れられた：

- X線回折のデータから，DNAは規則正しいらせん形をしており，34Å（3.4 nm）ごとに1巻き（1ターン）し，約20Å（2 nm）の直径をもっている．隣接するヌクレオチドの間の距離は3.4Åなので，1ターン当たり10個のヌクレオチドが存在することになる．

- DNAの密度からすると，らせんは二つのポリヌクレオチド鎖で構成されていなければならない．各鎖にある塩基が内側に向き，プリン-プリン（径が太すぎる）あるいはピリミジン-ピリミジン（径が細すぎる）の対は避けて，プリンが常にピリミジンと相対するように決まっていれば，らせんの直径が一定であることの説明がつく．

- DNAを構成する各塩基は絶対量と関係なく，GとCの割合が常に同じで，AとTの割合も常に同じである．

WatsonとCrickは，二重らせんをつくっている2本のポリヌクレオチド鎖は窒素を含む塩基間の水素結合によって結び付いていると考えた．Gは特異的にCとだけ水素結合で対をつくり，Aは特異的にTとだけ対をつくる．これが**塩基対形成**（対合）で，対をつくった塩基（GとCまたはAとT）は相補的であるという．

図1・8に示したように，ワトソン・クリックモデルでは二つのポリヌクレオチド鎖が互いに反対方向（**逆平行，アンチパラレル**）に並んでいる．つまりらせんを構成する1本の鎖は5'→3'の方向に，もう一方の鎖は3'→5'の方向になる．

糖-リン酸骨格は外側にあり，そのリン酸基は負の電荷をもっている．この電荷は in vitro のDNAでは溶液中の金属イオン（普通はNa$^+$）を結合して中和されている．細胞中では，正の電荷を帯びたタンパク質がこの電荷を中和する働きをしていると思われ

1. DNAは遺伝物質である

る．これらのタンパク質は細胞中でDNAがとる構造を決定するのに重要な役割を果たしている．

塩基は骨格の内側にあって，らせんの軸に対して垂直な平面構造をとり，対になって配置されている．図1・9に示したように，らせん階段を思い浮かべると，対をつくった塩基は階段に相当する．らせんに沿ってちょうど板を積み重ねたように，塩基は互いに重なり合っている．

一つの塩基対は次の塩基対に対してらせんの軸の周りを約36°回転した位置にある．したがって約10塩基対で360°，1回転することになる．両鎖は互いにねじれ合って二重らせんをつくるが，図1・10の拡大モデルからわかるように，小さい溝（**副溝**，約12Å径）と大きい溝（**主溝**，約22Å径）が生じる．らせんは軸に沿って見ると時計方向に巻いているので右巻きである．このような特徴をもつDNAを**B型**とよんでいる．

B型は平均的な構造で，正確な特定の構造ではないことに注意してほしい．DNA構造は局所的に変化しうる．もし，DNAが1ターンごとにより多くの塩基対を含むならばらせんが**巻き過ぎ**といい，また少なければ**巻き足りない**という．DNA二重らせん全体の三次元的な構造や特定部位へのタンパク質の結合により，局所的な巻き方は影響を受ける．

## 1・7　超らせんはDNA構造に影響を与える

**超らせん**　supercoiling　遊離末端のない閉じた二重らせんが巻いた状態．超らせんにより閉じた二重らせんはさらに自分自身の軸がねじれた状態になる．

- 超らせんは遊離末端のない閉じたDNAだけに形成される．
- 閉じたDNAとは環状DNAあるいは両端がタンパク質構造体に付着した線状DNAである．

二重らせん構造において二つの鎖の一方を他方に対して巻き付けることで空間形態に影響が現れて構造変化が起こりうる．もしDNA分子の両端が固定されていると，2本のらせんはそれ自体の周りに巻き付くことになる．これを**超らせん**とよぶ．これはねじれた輪ゴムのようなイメージである．末端が固定されたDNAの最も単純な例が環状分子である．図1・11に示すように，超らせん効果は超らせんをもたない環状DNAとねじれて凝縮した超らせん分子を平面上で比較するとよくわかる．

超らせんの影響は，二重らせんと同じ方向（時計回り）にDNAがねじれるか，その逆かによって決まってくる．同じ方向にねじれると**正の超らせん**になる．これによりDNA鎖は互いにさらにきつく巻き付いてDNA1ターン当たりさらに多くの塩基対が含まれることになる．逆方向にねじれると**負の超らせん**が生じる．これによりDNA鎖は互いにゆるく巻き付いて1ターン当たりより少ない塩基対が含まれることになる．負の超らせんは二重らせんを巻き戻すことで生じた張力と見なすことができる．負の超らせんの最も極端な例はDNAの2本の鎖が解離した領域であり，形式的には1ターン当たりの塩基対は0である．

DNAのトポロジーの変換は，組換え，複製，（おそらく）転写などと切離せぬ関係にあり，また分子の高次構造の形成とも深く関連している．二本鎖DNAのかかわるあらゆる合成反応では，2本の鎖が解離しなくてはならない．2本のDNA鎖は単に横並びに並んでいるのではなくて互いに巻き付いているので，実際に分離するためには空間的に互いの鎖の周りを回転させる必要がある．DNAをほどく（巻き戻す）反応のいくつかの場合を図1・12に示す．

DNAに遊離した末端がある場合を想定すると，それが二重らせんの軸を中心に回転することによりほどける．しかし，二重らせんの長さを考えると，これでは解離した鎖がかなりの範囲をのたうち回ることになり，狭い細胞の中で実際に起こるには無理がある．

遊離した末端の回転を制御するような構造体を使ってほどくことも考えられるが，その作用は相当の距離を伝達せねばならず，やはり不可能に近い長さの物体を回転させることになってしまう．

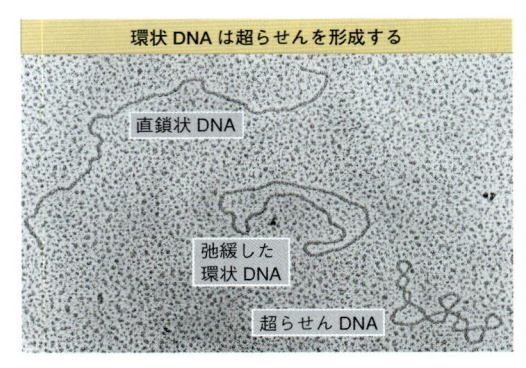

図1・11　直鎖状DNAは伸びきっている．環状DNAも（超らせん構造をしていない）弛緩した状態では伸びきっているが，超らせん構造をとるとよじれてコンパクトな形態をとる．

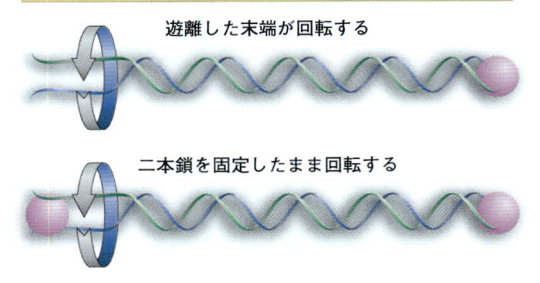

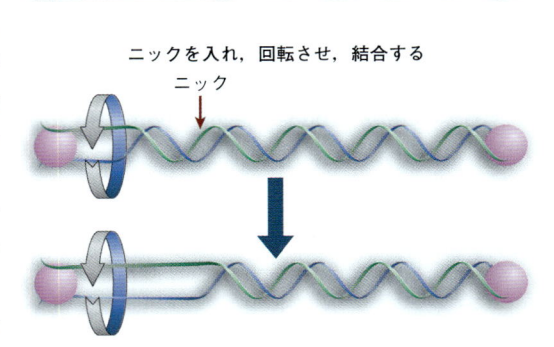

図1・12　DNA二重らせんの鎖の解離にはいろいろな場合がある．

末端が自由回転しない分子の二本鎖を解離させるとどうなるか考えてみよう．2本の互いに巻き付いた鎖を一方の端から引きはがしていくと，分子の先の方に行くに従ってさらにきつくよじれることになる．以上の問題は，一方の鎖に一時的にニック（切れ目）を入れると解決できる．鎖内にある遊離した末端のおかげで，ニックの入った鎖は切れ目のないもう一方の鎖の周りを回転し，その後そのニックが閉じる．ニックを入れては再び閉じる反応により，超らせん一つ分が解消される．

超らせんの程度は，単位当たりのDNA鎖の超らせんの密度 $\sigma$ で表される．超らせん密度は *in vivo* では大きな影響をもち，DNAの構造を操作する際には超らせん密度を変換する特別な酵素が必要である．

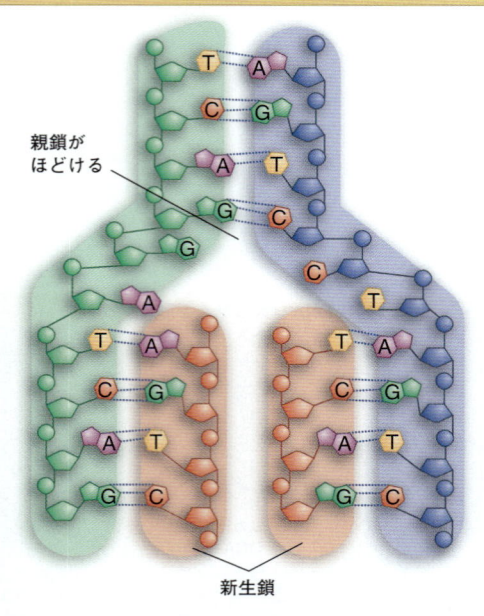

## 1・8　DNA 構造は複製と転写に適している

> **親　鎖**　parental strand　これから複製されるDNA．新生鎖の鋳型となるので，それぞれの一本鎖を鋳型鎖ともいう．
> **鋳型鎖**　template strand　コード鎖に相補的で，mRNAの合成に際して鋳型として働く側のDNA鎖．アンチセンス鎖ともいう．
> **新生鎖**　newly synthesized strand　娘二本鎖DNAのうち，新しく合成された側のDNA鎖．
> **DNAポリメラーゼ**　DNA polymerase　（鋳型DNA鎖に依存して）相補するDNAを合成する酵素．いずれのポリメラーゼもDNAの修復または複製（あるいはその両方）に関与している可能性がある．
> **RNAポリメラーゼ**　RNA polymerase　DNAを鋳型にしてRNAを合成する酵素（正式名称はDNA依存性RNAポリメラーゼである）．
> **逆転写酵素**　reverse transcriptase　一本鎖RNAを鋳型にし，そこから二本鎖DNAをつくる酵素．

- 核酸の鋳型鎖から塩基対形成により相補的な鎖の合成が行われる．
- 核酸はヌクレオチドを一つずつポリヌクレオチド鎖の 3′-OH 末端に付加することにより合成される．
- DNAポリメラーゼはDNAを合成するのに，RNAポリメラーゼはRNAを合成するのに利用される．

遺伝物質が正確にコピーされることは重要である．2本のポリヌクレオチド鎖は水素結合だけで結び付いているので，共有結合を切ることなく分離できる．塩基対形成の特異性から，**親鎖**それぞれが**鋳型鎖**（アンチセンス鎖）として働き，相補的な**新生鎖**の合成を行うことができる．**図 1・13** は，新生鎖はそれぞれの親鎖に対して合成されるという原理を示している．親鎖の配列中のAが新生鎖ではTになり，親鎖がGであれば新生鎖はCとなるように，親鎖の配列が娘鎖に書き写される．

図の上部は（複製前の）親の二本鎖を，下部は相補的塩基対によって生成した二つの娘の二本鎖を表している．娘の二本鎖はそれぞれ，元の親の二本鎖と同一配列であり，1本の親鎖と1本の新生鎖からできている．DNAの構造は，それ自身の中に塩基配列を保存するのに必要な情報を担っているのである．

すべての核酸合成にはこれと同じ原理が利用されている．すなわち，特異的な酵素が鋳型を認識して，合成中のポリヌクレオチド鎖に次のサブユニット（ヌクレオチド）を付加する反応を触媒している．酵素は合成する鎖の種類に従って命名されている．**図 1・14** には酵素のタイプ，その基質と生成物をまとめてある:

- **DNAポリメラーゼ**は二本鎖DNAの複製に関与している．親の二本鎖のうちそれぞれの鎖は相補的な新生鎖を合成する鋳型として働き，その結果，2本の二本鎖DNAが合成され，おのおののDNAはもとの二本鎖とまったく同じものとなる．
- **RNAポリメラーゼ**（より正確には，DNA依存性RNAポリメラーゼ）はDNAの鋳型鎖から相補的なRNAをコピーする．RNA鎖はもう一方の（鋳型でない側の）DNA鎖と同じ配列になっている．この過程を転写という．DNAの構造は一時的に解離し，RNA産物は一本鎖の分子として放出される．
- **逆転写酵素**は一本鎖RNAを鋳型として相補的なDNA鎖をコピーすることができる．

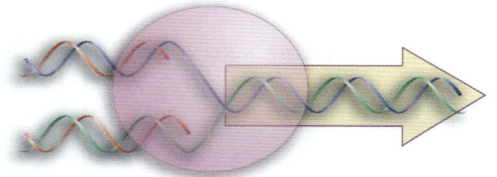

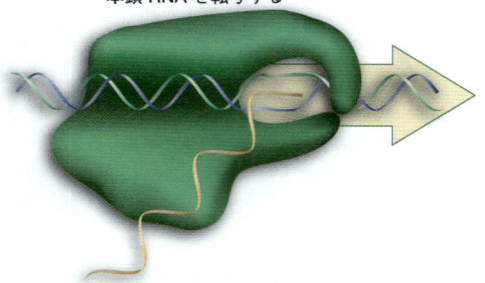

図 1・13　塩基対は DNA の複製の機構を支えている．

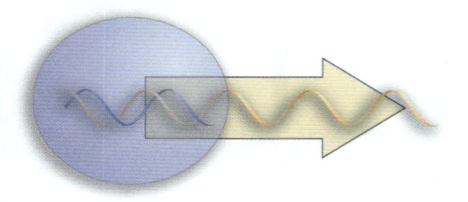

図 1・14　ポリメラーゼは鋳型鎖に対して相補的な塩基対をつくりながら新しい鎖を合成する．

この反応により1本のDNA鎖と1本のRNA鎖から成る二本鎖の核酸が合成される．同じような反応は一本鎖RNAウイルスが複製するときに使われるRNA複製酵素（より正確には，RNA依存性RNAポリメラーゼ）によって触媒されている．

核酸を合成する化学反応はすべての場合で同じである．ヌクレオチドは鎖の3'末端に一つずつ付加される．図1・15は5'の位置に三リン酸をもつヌクレオチドが近づいてきているところを示している．このヌクレオチドはポリヌクレオチド鎖の末端にある3'-OH基と反応する．末端にある2個のリン酸は遊離し，残ったリン酸とポリヌクレオチドの3'-OH基にある酸素原子との間で新しい結合が形成される．これでポリヌクレオチド鎖は1ヌクレオチド分長くなる．

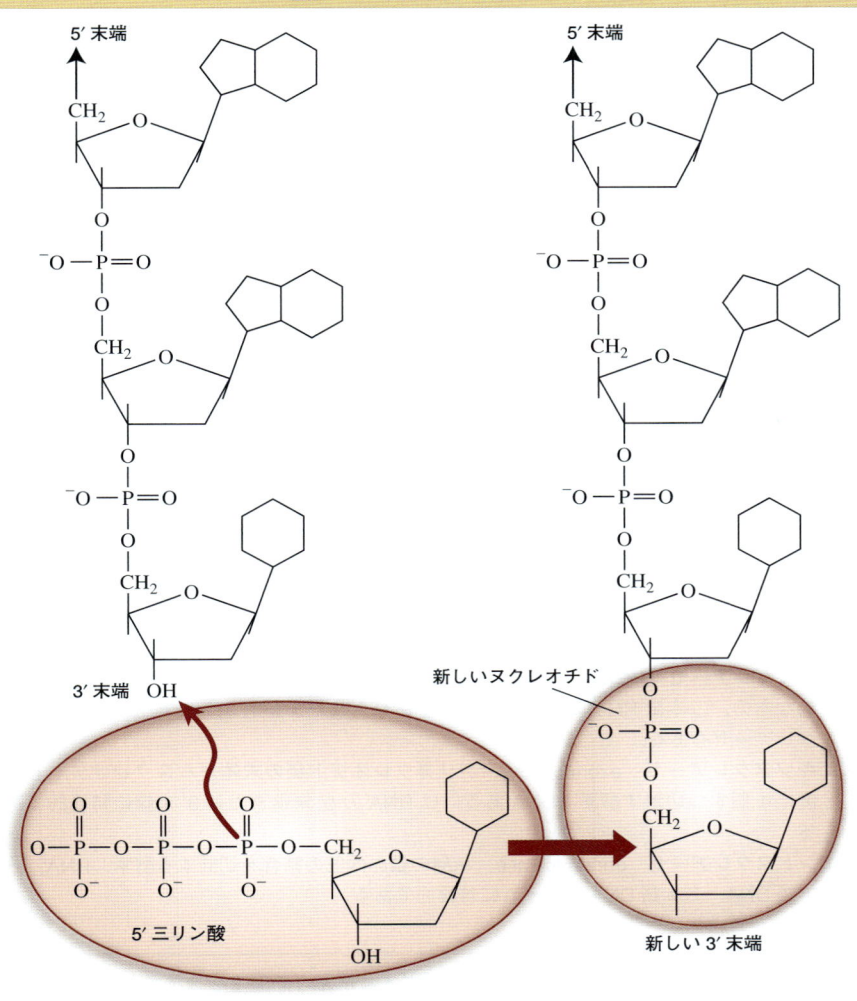

図1・15 核酸の鎖は5'から3'-OHの方向に成長する．新しいヌクレオチドは5'三リン酸をもっている．それが鎖に付加されると，三リン酸の端から二つ目のリン酸のエステル結合が開裂し，残ったリン酸は鎖の末端にある3'-OHの酸素と結合する．

## 1・9 DNA複製は半保存的である

**半保存的複製** semiconservative replication　親二本鎖が分離し，それぞれが相補鎖を合成するための鋳型として働くことにより達成される複製．

- Meselson-Stahlの実験では，DNA複製中に1本のポリヌクレオチド鎖が保存されること証明するために，密度の異なるアイソトープを用いている．
- 二本鎖DNAのそれぞれの鎖は娘鎖を合成するための鋳型となる．
- 娘鎖の配列は解離した親鎖との相補的な塩基対形成により決まる．

親の二本鎖DNAが複製されると，娘の二本鎖が2分子できる．それぞれの娘DNAの鎖は1本の親鎖と1本の新生鎖からできている．親の二本鎖を構成していた鎖のうち

**DNA の一本鎖は保存される**

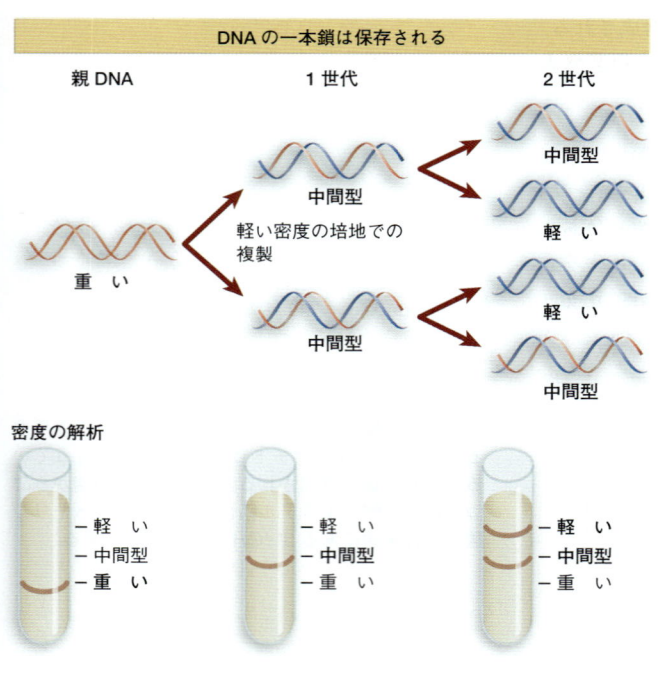

親 DNA　　　　1 世代　　　　　2 世代

中間型
軽い密度の培地での複製
重い
中間型

中間型
軽い
軽い
中間型

密度の解析

― 軽い
― 中間型
― 重い

― 軽い
― 中間型
― 重い

― 軽い
― 中間型
― 重い

図 1・16　DNA の複製は半保存的である．

の片方の鎖が一つの世代から次の世代へと保存されていく．この複製様式を**半保存的複製**とよんでいる．

半保存的な複製のモデルに対する実験的な証拠を図 1・16 に示す．($^{15}N$ のような) 適切なアイソトープを含む培地で生育させ，親 DNA を"重い"アイソトープでラベルしておくと，その DNA 鎖は普通の"軽い"培地に移した後で合成される"軽い"鎖と区別できる．

親 DNA は 2 本の重い鎖（赤で示す）から成る．軽い培地で 1 世代増殖する間に"中間の"重さの DNA，つまり，1 本の重い親鎖（赤で示す）と 1 本の軽い娘鎖（青で示す）で構成された DNA（ハイブリッド）に変わる．2 世代の後には中間型の二本鎖 DNA の鎖はさらに分離して，それぞれが軽い相補鎖を獲得するので，二本鎖 DNA 分子の半数は中間型，残りの分子の半数は完全に軽い鎖となる（両鎖とも青になる）．

この二本鎖のそれぞれの一本鎖 DNA は完全に重いか完全に軽いかのどちらかであることは，1958 年の Meselson-Stahl の実験によって証明された．その実験で，大腸菌が 3 世代にもわたって DNA を半保存的に複製することが示された．DNA を細菌から抽出し遠心により密度を測定すると，それぞれ密度に応じて DNA はバンドを形成する．親の代がいちばん重く，続いて 1 世代目の中間（ハイブリッド）型分子，そして 2 世代目の半数が重い鎖と軽い鎖からできた中間型分子，残りの半数が軽い鎖のみの分子となる．

## 1・10　DNA 鎖は複製フォークの所で解離する

**複製フォーク（複製分岐点）**　replication fork　複製の進行に伴って親二本鎖 DNA のそれぞれの鎖が解離している場所．複製フォークには DNA ポリメラーゼを含むタンパク質複合体がある．
**デオキシリボヌクレアーゼ（DNase）**　deoxyribonuclease　DNA 分子中のホスホジエステル結合を切断する酵素．二本鎖の一方だけを切断するものと両鎖とも切断するものとがある．
**リボヌクレアーゼ（RNase）**　ribonuclease　RNA を切断する酵素．一本鎖 RNA に特異的なもの，二本鎖 RNA に特異的なものがあり，またエンドヌクレアーゼもエキソヌクレアーゼもある．
**エキソヌクレアーゼ**　exonuclease　ポリヌクレオチド鎖の末端からヌクレオチドを一度に 1 個ずつ切離す酵素．DNA あるいは RNA の 5′ 末端または 3′ 末端に特異的である．
**エンドヌクレアーゼ**　endonuclease　核酸の鎖の内部の結合を切断する酵素．RNA，一本鎖 DNA，二本鎖 DNA それぞれに特異的である．

■ DNA 複製は親鎖を複製フォークの所で解離する酵素と新鎖を合成する酵素の複合体によって行われる．

複製では親の二本鎖がそれぞれ 1 本の鎖に解離する必要がある．しかし，二本鎖構造の解離は一時的であって，娘の二本鎖が合成されるにつれて元に戻る．二本鎖 DNA のごく小さな領域がある瞬間に一本鎖に解離しているにすぎない．

複製中の DNA 分子のらせん構造を図 1・17 に示す．複製されていない部分は親の二本鎖で，それが解離して複製部分が生じ，二本鎖の娘 DNA が 2 分子つくられる．両者の接点では二重らせん構造が解離している．この部分を**複製フォーク**（複製分岐点）とよんでいる．DNA 複製に際しては親 DNA に沿って複製フォークが移動する．このとき，親鎖は絶えずらせんをほどき，そして再びらせんを形成して娘 DNA をつくっている．

核酸の分解にも特異的な酵素が働く．**デオキシリボヌクレアーゼ（DNase）**は DNA を分解し，**リボヌクレアーゼ（RNase）**は RNA を分解する．ヌクレアーゼは**エキソヌクレアーゼ**と，**エンドヌクレアーゼ**の二つに分けられる：

**複製フォークは DNA に沿って動く**

複製された DNA
複製フォーク
親 DNA

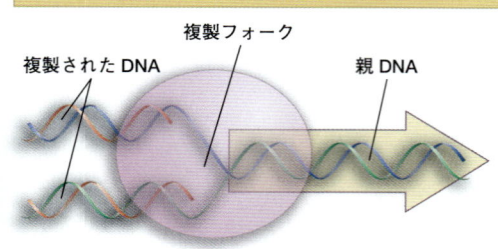

図 1・17　複製フォークはほどけた親の二本鎖から新しく複製された娘二本鎖への転換点となる DNA 領域である．

- エンドヌクレアーゼはRNAあるいはDNA分子内部の結合を切って断片化する．DNaseによっては標的部位で二本鎖DNAの両鎖を切断するもの，両鎖のうち片方の鎖しか切断しないものもある．エンドヌクレアーゼによる切断反応を図1・18に示した．
- エキソヌクレアーゼは分子の末端より一度に1個ずつ塩基を切離し，モノヌクレオチドを放出する．これらは常に一本鎖の核酸に働き，各エキソヌクレアーゼは特定の方向，すなわち5′末端あるいは3′末端から出発して，それぞれの反対の末端に向かって進む．エキソヌクレアーゼによる末端の切落とし反応を図1・19に示した．

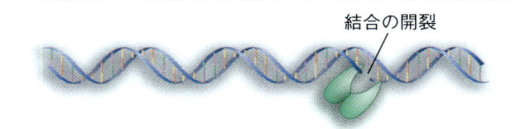

**図1・18** エンドヌクレアーゼは核酸内にある結合を切断する．この例ではDNA二本鎖の片方の鎖に作用する酵素を示す．

**図1・19** エキソヌクレアーゼはポリヌクレオチド鎖の末端結合を切断し，塩基を除去する．

### 1・11 遺伝情報はDNAかRNAによって伝えられる

**セントラルドグマ** central dogma 遺伝情報の基本的性質を表す用語．すなわち，複製や転写，あるいは逆転写によって変化することなく核酸の配列は保たれたまま相互変換するが，その配列はタンパク質のアミノ酸配列からは復元できないため，核酸からタンパク質への翻訳は一方向性である．

- 細胞の遺伝子はDNAであるが，ウイルスやウイロイドではRNAを遺伝子とすることもある．
- DNAは転写によりRNAに変換され，RNAは逆転写されてDNAに変換される．
- RNAからタンパク質への翻訳は一方向である．

セントラルドグマは分子生物学の真髄を表している．すなわち，遺伝子は核酸の塩基配列として代々伝わっていき，タンパク質として発現し，機能している．DNA複製が遺伝情報の継承を担当し，DNAからRNAへの転写とRNAからタンパク質への翻訳が情報から機能への変換を担当する．

図1・20には，セントラルドグマという視点からみた複製，転写，翻訳の役割を示す：

- 核酸を代々伝えていくのは遺伝物質としてのDNAかRNAの役割である．細胞の遺伝物質はDNAだけである．しかし，ある種のウイルスではRNAが使われ，感染細胞の中でRNAの複製が起こる．
- 細胞における遺伝情報の発現は通常一方向にしか進まない．DNAが転写されて生じたRNAはタンパク質の配列をつくり出すだけに使われるが，通常，そこから遺伝情報をもう一度回収することはできない．RNAをタンパク質に翻訳する過程は常に非可逆的である．

複製，転写，翻訳は原核生物や真核生物の細胞の遺伝情報にもウイルスのもつ情報にも同じように働いている．すべての生物のゲノムは二本鎖DNAから成っている．ウイルスはDNAかRNAのゲノムをもち，二本鎖(ds)と一本鎖(ss)のものが存在する．それゆえ，遺伝物質の本質は核酸であり，RNAウイルス以外はDNAであるというのが一般原則である．核酸を複製する機構の詳細はウイルスにより異なっている．しかし，相補的な鎖を合成して複製するという原理は図1・21に示すように不変である．

細胞のゲノムDNAは半保存的複製によってDNAを増やしていく．二本鎖ウイルスのゲノムもそれがDNAであれRNAであれ，やはりどちらも一方の鎖を鋳型としてその相手を合成するという半保存的複製をする．

一本鎖ゲノムをもつウイルスはその鎖を鋳型として相補鎖を合成する．そしてこの相補的な一本鎖がそれと相補的な鎖，すなわち，元の鎖と同一のものを合成するのに使われる．この複製には安定な二本鎖中間体を形成するものや，二本鎖核酸を過渡的にしかつくらないものがある．

通常，DNAからRNAへ情報が一方的に流れる．しかし，一本鎖RNA

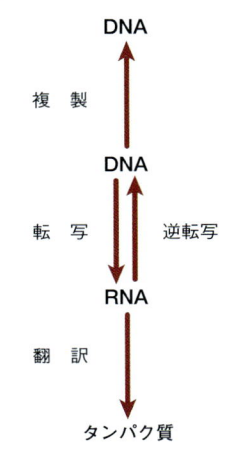

**図1・20** セントラルドグマでは，核酸のもつ情報は代々伝えていくことはできるが，タンパク質へ情報を移す過程は不可逆的であると述べている．

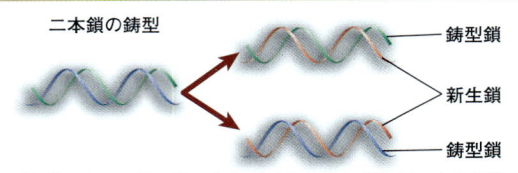

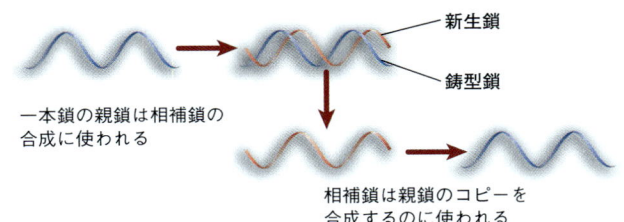

**図1・21** 二本鎖の核酸も一本鎖の核酸も塩基対形成の規則に従って相補鎖を合成して複製する．

分子をゲノムにもつレトロウイルスの場合にこの制約がくつがえされている．レトロウイルスの RNA は細胞に感染すると逆転写反応により一本鎖 DNA を生成し，つぎにそれが二本鎖 DNA になる．生成した二本鎖 DNA は細胞のゲノムの一部となり，そこで他の遺伝子と同様に子孫の細胞に伝えられる．つまり，この場合では逆転写によってRNA の塩基配列を回収し遺伝情報として利用することが可能となる．

RNA の複製や逆転写の存在を考えに入れると，塩基配列の形で担われた核酸の情報は DNA，RNA どちらでももう一方の型に転換できるといってよい．ただし，正常の細胞の中では DNA の複製，転写および翻訳の過程のみが起こっている．こうした中でまれに（多分 RNA ウイルスの感染によって仲介され）細胞の RNA の情報が DNA に変わり，ゲノムに挿入されることがある．逆転写は細胞の正常な働きには役割を果たさないが，ゲノムの進化を考えるときには重要な影響力をもった機構である．

### 1・12　核酸は塩基対によりハイブリダイズする

> 変　性　denaturation　二本鎖の DNA または RNA が一本鎖の状態になること．通常，鎖の解離は熱によってひき起こされる．
> 再　生　renaturation　変性した（二本鎖が解離した）DNA の相補的な鎖同士が再会合すること．
> アニーリング　annealing　二本鎖 DNA が解離して生じた一本鎖が二本鎖に再生すること．
> ハイブリダイゼーション　hybridization　DNA または RNA に対して相補的な DNA や RNA が会合して二本鎖になること．

- 加熱により DNA 二本鎖は 2 本の鎖に解離する．
- $T_m$ は，変性の温度幅の中間点である．
- 相補的な一本鎖同士は温度を下げると再生する．
- 変性と再生/ハイブリダイゼーションは，DNA-DNA，DNA-RNA，あるいは RNA-RNA の組合わせで起こり，また分子間や分子内でも起こる．
- 2 本の一本鎖核酸同士でハイブリダイズする能力は，両者の相補性の指標となる．

塩基対の形成は核酸が関係するあらゆる過程の中で最も重要な性質である．塩基対を形成する能力は一本鎖の核酸の働きにとって最も大切であり，塩基対が壊れることは二本鎖分子の機能の重要な一面である．

二重らせんの最も重要な特徴は 2 本の鎖を共有結合を壊すことなしに解離できるということである．この特徴によって，生理的条件下でも遺伝子の機能を維持するのに必要な（とても速い）速度で鎖は解離し，再び形成される．この過程の特異性は相補的な塩基対の形成によって決定されている．

一本鎖の核酸が二本鎖の領域を形成することは，RNA において最も重要である．図 1・22 には，相補的な一本鎖の核酸が塩基対により二本鎖構造を形成することを示した．塩基対は分子内でも分子間でも形成される：

- 分子内二本鎖領域は，一本鎖の一部で互いに相補的な部分の塩基対により形成される．
- 一本鎖の分子と相補的な部分をもつ別の一本鎖の分子とが，塩基対により分子間でも二本鎖を形成する．

相補鎖間に共有結合がないことにより，DNA を in vitro で操作することが可能となる．二重らせんを安定させている非共有結合の力は，熱を加えたり低塩濃度にさらしたりして壊すことができる．二重らせんの 2 本の鎖は，その間に形成されているすべての水素結合が壊れたときに，完全に解離する．

DNA 鎖が解離する過程を**変性**，慣用的には融解（melting）という．（"変性" は DNA の変化を表すのを限定するのみでなく，もともとは，巨大分子が自然にとっている構造が何か別の型に変わることを意味する一般的な用語である．）

DNA の変性は狭い温度領域で起こり，さまざまな物理的性質が著しく変化する．DNA の鎖が分離する温度幅の中間点を**融解温度**（melting temperature）とよび，$T_m$ で表す．$T_m$ は G・C 塩基対の割合によって変化する．G・C 塩基対はそれぞれ三つの水素結合を

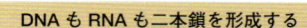

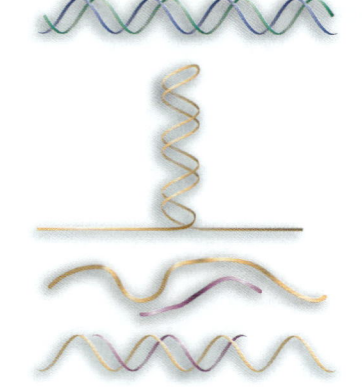

図 1・22　塩基対形成は二本鎖 DNA だけでなく，一本鎖 RNA（または DNA）の分子内および分子間相互作用でも起こる．

もっているので，水素結合を二つしかもたない A・T 塩基対よりも安定している．このように DNA 中に G・C 塩基対が多く含まれていれば，それだけ 2 本の鎖を解離するのに必要なエネルギーは大きくなる．DNA が溶液中で生理的条件に近い状態にあるとき，40% GC の DNA ── 典型的な哺乳類のゲノム ── は約 87 °C の $T_m$ で変性する．したがって，細胞系から干渉を受けなければ，細胞内の二本鎖 DNA は常温で安定である．

DNA の変性は，適当な条件下では可逆的である．2 本の解離した相補鎖が再び二重らせんを形成する能力を**再生**という．再生は相補鎖間の特異的な塩基対の形成に依存している．図 1・23 に示すように，この再生反応は 2 段階で起こる．まず，溶液中の一本鎖 DNA 同士は互いに偶然に衝突する．その際に，塩基配列が相補的であれば短い二重らせん部位がつくられる．そしてそこから塩基対形成が進み，分子に沿ってジッパーのように閉じていき，長い二本鎖分子を形成する．DNA が変性したとき失った元の性質は二重らせんの再生によって回復される．

再生とは変性によっていったん解離した二つの相補的な塩基配列の間で起こる反応のことをいう．しかし，この方法を拡大して，どんな二つの相補的な塩基配列でも互いに**アニーリング**（会合）させて二本鎖構造をつくらせることができる．それぞれが由来の異なる核酸である場合，たとえば，一方が DNA でもう一方が RNA であるというような場合も含めて，この反応は一般的に**ハイブリダイゼーション**とよばれる．

ハイブリダイゼーションの原理は，2 種の一本鎖核酸試料を互いに混ぜ合わせ，形成された二本鎖の量を測定することである．図 1・24 に示してあるのはその操作である．DNA 試料を変性させ，一本鎖をフィルターに吸着させる．つぎに第二の変性させた DNA（または RNA）試料を加える．この試料はもともと吸着している DNA と塩基対ができたときにだけそのフィルターに吸着する．この実験操作では，通常ラジオアイソトープでラベルした RNA や DNA を第二の試料としてそのフィルターに加え，フィルターに吸着したラジオアイソトープの量を測定してその反応の量を測っている．

2 本の一本鎖核酸の間のハイブリダイゼーションの程度は両者の相補性の程度を示すと考えてよい．二つの配列が完全に相補的でなくてもハイブリダイズする．両者が非常に似ているが同一でない場合，相補的でない部分で塩基対の形成が中断され，不完全な二本鎖が形成される．

図 1・23 変性した一本鎖 DNA は，再生して二本鎖をつくる．

## 1・13 変異は DNA の塩基配列の変化である

**変　異**　mutation　突然変異．ゲノム DNA の塩基配列に起こった変化のすべて．
**自然突然変異**　spontaneous mutation　変異の頻度を増大させるような人為的な要因がない状態で起こる変異．複製の誤り（あるいは DNA の再生産に関与するその他の過程）や環境から受ける傷害によって生じるもの．
**バックグラウンドレベル**　background level　ある生物のゲノムに配列変化が蓄積する割合．この割合は自然突然変異の発生頻度と修復系による変異の排除とのバランスで決まり，それぞれの生物種に固有である．
**変異原**　mutagen　DNA 配列の変化を直接または間接的に誘発し，変異の出現頻度を増加させる物質．
**誘発変異**　induced mutation　変異原の作用によって生じた変異．変異原は直接 DNA の塩基に作用するものと，間接的に DNA 配列に変化をひき起こすような反応経路を誘発するものとがある．

- どんな生物においても変異は進化の基本である．
- 変異は自然に起こるか，あるいは変異原によって誘発される．
- 生物の変異率は変異の起こりやすさと細胞組織より変異を取除く働きの間のバランスによる．

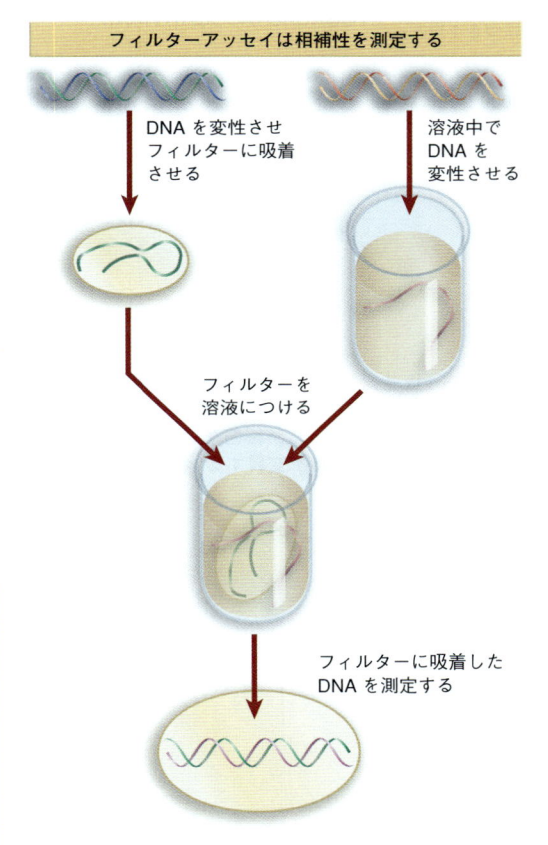

図 1・24 フィルターハイブリダイゼーションによって，変性した DNA（または RNA）の溶液がフィルターに固定した鎖に対して相補的な塩基配列を含んでいるかどうかを立証できる．

DNA の塩基配列はその生物の性質を決定する．個々の種における遺伝的性質の違いは DNA の塩基配列の違いによるものである．ある世代から次の世代へと伝わるゲノムの一連の流れの中で起こるどんな変化でも（突然）**変異**という．

すべての変異が生物の表現型に影響を与えるわけではないが，異なる表現型を示す変異をもった個体はその表現型を示さないものとは異なる．これは個体の間で選択が起こ

る進化の基盤となっている．

表現型に影響を及ぼすほとんどの変異は，いくつかのタンパク質の性質か量を変えている．DNAの塩基配列が変わるとタンパク質中のアミノ酸配列に変化が起こることから，DNAはタンパク質をコードしているといえる．ある遺伝子中に多くの変異が存在すれば，多様な型のタンパク質を比較することができ，さらに詳しく調べれば，個々の酵素活性や他の機能に対応するタンパク質の領域を特定することができる．

すべての生物は細胞の正常な働きや環境とのランダムな相互作用によって起こる，一定の数の変異を免れない．そのような変異を**自然突然変異**という．変異が起こる割合はそれぞれの生物に固有で，**バックグラウンドレベル**とよばれることもある．変異はまれにしか起こらず，遺伝子に損傷を与えるようなものは当然進化の過程で選択（除外）されてきている．自然の集団から多くの自然突然変異を得て研究するのが難しいのはこのためである．

ある種の化合物で処理することによって，変異の出現を増加させることができる．このような化合物は**変異原**とよばれ，それがひき起こす変化を**誘発変異**とよぶ．変異原の多くはDNAの特定の塩基を修飾したり，あるいは核酸に取込まれて直接働く．変異原としての有効性はバックグラウンドレベルに対してどの程度まで変異の出現率を高めるかによって判定される．変異原を用いることで，どの遺伝子にも多数の変異をひき起こすことができる．

変異が体細胞で起こるとき，その細胞をもった個体から派生した細胞をもった個体にのみ影響がある．変異が生殖系列の細胞に起これば，次世代に受継がれるものかもしれない．しかし，すべての生物はDNAに起こった変異を修正することにより変異を打ち消すような機能をもつ．変異が蓄積していく速度は変異が起こる割合と変異を取除く働きの作用のバランスに依存している．

遺伝子の働きを不活性化する自然突然変異は，ファージや細菌で，1世代当たり1ゲノムで $3 \sim 4 \times 10^{-3}$ という比較的一定の割合で起こる．図1・25に示すように，細菌では変異率が1世代当たり1遺伝子座で約 $10^{-6}$ であり，1世代当たり $10^{9} \sim 10^{10}$ 塩基対につき1塩基の平均変異率である．個々の塩基対での変異率は非常に幅広く，10,000 倍以上の割合で変動する．真核生物では実際には正確な測定例はないが，1世代当たり1遺伝子座での変異率は細菌とほぼ似通ったものと考えられている．

### 変異率は標的の大きさによって増加する

変異率
塩基対 $10^{9} \sim 10^{10}$ につき 1 塩基

遺伝子 $10^{5} \sim 10^{6}$ 世代につき 1 塩基
...AGCTGTCATGGGTACATTA...
...TCGACAGTACCCATGTAAT...

ゲノム 3000 世代につき 1 塩基

図1・25 塩基対は1世代当たり $10^{-9} \sim 10^{-10}$ の頻度で，1000 bp の遺伝子は1世代当たり約 $10^{-6}$ の頻度で変異する．また，細菌ゲノムは1世代当たり約 $3 \times 10^{-3}$ の頻度で変異する．

## 1・14 変異は一つの塩基対，あるいはより長い配列に影響を及ぼす

**点変異** point mutation DNA 配列に変化をもたらす1塩基対の置換．
**トランジション** transition 1個のピリミジンが別のピリミジンに，または1個のプリンが別のプリンに置換された点変異．
**トランスバージョン** transversion プリンがピリミジンに，またはピリミジンがプリンに置換された点変異．
**ミスマッチ** mismatch 塩基対を形成する塩基同士が通常の G・C あるいは A・T の塩基対となっていない DNA の部位．ミスマッチは複製の間に間違った塩基が取込まれたり，塩基に変異が生じることによって起こる．
**挿入** insertion DNA において，余分な塩基対として同定される部分．重複（duplication）は挿入の特殊な型とみなすことができる．
**トランスポゾン** transposon 自分の配列とまったく相同性のないゲノム中の新たな部位に自分自身（またはそのコピー）を挿入することのできる DNA 配列．転移因子ともいう．
**欠失** deletion DNA 配列の一部が取除かれ，（染色体の末端で起こる欠失を除けば）その両側末端同士がつながることにより生じる．

- 点変異は一つの塩基が他の塩基になる化学変化，もしくは複製中の間違いによって起こる．
- 挿入は最もありふれた変異で，転移因子の移動により起こる．

変異は長い DNA の挿入や欠失から1塩基対の変化までいろいろな形をとる．
DNA 中のどの塩基対でも変異を起こしうる．**点変異**は1塩基対だけの変化である．点変異が生じるのには二つの場合がある：

- DNAの化学的な修飾は直接一つの塩基を別の塩基に変える.
- DNA複製中の機能障害で間違った塩基がDNA合成中のポリヌクレオチド鎖に挿入される.

点変異は塩基置換の性質によって二つの型に分類できる：

- 最もよくある型は**トランジション**で，ピリミジンが別のピリミジンに，あるいはプリンが別のプリンに置換されたものである．その結果G・C対はA・T対に置換され，またその逆も起こる．
- **トランスバージョン**はトランジションほどには起こらないが，プリンがピリミジンに，ピリミジンがプリンに置換される変化で，その結果A・T対がT・A対またはC・G対になる．

ある塩基が化学的変化を受けて別の塩基に変わるようなトランジションの典型的な例に，亜硝酸の作用がある．図1・26に示すように，亜硝酸によりシトシンは酸化的脱アミノをひき起こしてウラシルに変わる．トランジションが起こった後に複製が起こると，UはもともとCが対をつくっていたGの代わりにAと対をつくる．したがって，その次の複製ではAがTと対をつくり，C・G対がT・A対に置換される．（亜硝酸はアデニンを脱アミノして，A・T対からG・C対へと逆のトランジションもひき起こす.）

トランジションはワトソン・クリック型の塩基対以外の，通常は対をつくらない相手と対をつくった**ミスマッチ**によっても起こる．ミスマッチは，たいていあいまいな対をつくる性質をもつ異常な塩基が導入された結果起こる．図1・27には，チミンのメチル基の代わりに臭素原子をもつチミン類似化合物，ブロモウラシル (BrU) の例を示す．ブロモウラシルはDNA上のチミンが入るべき所へ取込まれる．しかし臭素原子があるため，塩基の構造がケト形（=O）からエノール形（−OH）へ変換するので，あいまいな塩基対をつくる性質がある．エノール形の塩基はグアニンと塩基対を形成するので，A・T対からG・C対への置換が起こる．

ミスマッチはその塩基が初めて取込まれるときか，あるいは取込まれた後の複製の際に起こる．トランジションは各複製周期ごとに一定の割合で起こるので，いったんブロモウラシルがDNAに取込まれると継続的にDNAに影響が現れる．

長い間，遺伝子を変化させる主要なものは点変異だと考えられていた．しかし，現在ではある長さをもったポリヌクレオチド鎖の挿入が，かなり高頻度で起こっていることがわかってきた．挿入されたポリヌクレオチド鎖は，**トランスポゾン**（または転移因子）とよばれ，一つの部位から別の部位に移動することのできるDNAである．（これらの因子については21, 22章で詳しく述べる.）通常その挿入は遺伝子を失活させる．また，挿入に付随して，挿入を受けた配列の一部や全部が，またときにはそこに隣接した領域まで大きな**欠失**をひき起こしていることがある．

点変異とポリヌクレオチド鎖の挿入あるいは欠失との間の大きな違いは，点変異の頻度が変異原によって増加するのに対して，トランスポゾンによってひき起こされる変化はそのような試薬には影響されない．しかし，挿入と欠失は，たとえば，複製や組換えのときの間違いなど他の機構に関連しても起こる．もっとも，このような例はまれと思われる．

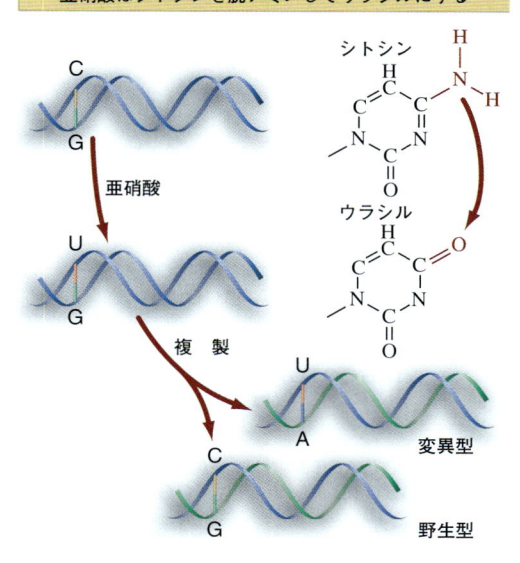

図1・26 塩基の化学的修飾で変異がひき起こされる.

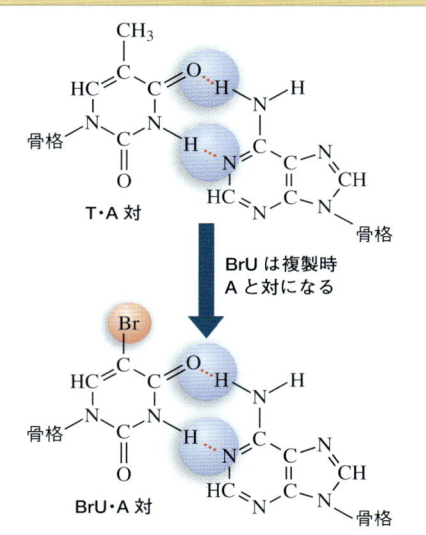

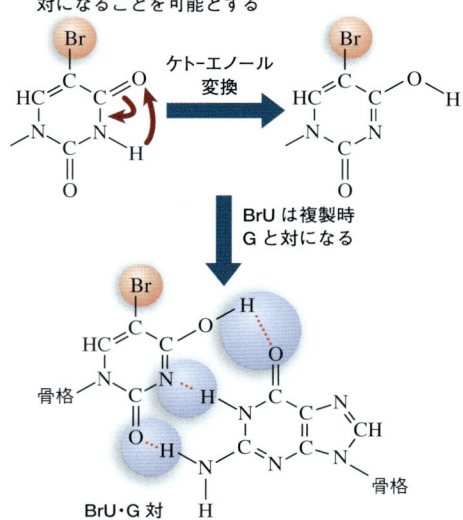

図1・27 塩基の類似化合物がDNAに取込まれて変異が起こる.

## 1・15 変異の作用は復帰可能なこともある

**復帰変異株** revertant 変異細胞や変異個体が野生型の表現型に変わったもの．
**正の変異** forward mutation 野生型遺伝子を不活性化させるような変異．
**復帰変異** back mutation 遺伝子を不活性化させた変異の影響を打ち消し，野生型に戻す変異．
**真の復帰変異** true reversion DNAの配列が変異を起こす前の配列に戻る復帰変異．
**二次的復帰変異** second-site reversion 最初の変異の影響が2番目に起こった変異によって抑圧されること．
**抑 圧** suppression DNAに起きた最初の変化（変異）を元に戻すのではなく，その変異の影響を減少させるような新たな変化が起こること．
**サプレッサー（抑圧変異）** suppressor 最初の変異の影響を相殺する，または変更するような第二の変異のこと．

**変異によって復帰可能である**

...ATCGGACTTACCGGTTA...
...TAGCCTGAATGGCCAAT...

↓ 点変異

...ATCGGACTCACCGGTTA...
...TAGCCTGAGTGGCCAAT...

↓ 復　帰

...ATCGGACTTACCGGTTA...
...TAGCCTGAATGGCCAAT...

...ATCGGACTTACCGGTTA...
...TAGCCTGAATGGCCAAT...

↓ 挿　入

...ATCGGACTTXXXXXACCGGTTA...
...TAGCCTGAAYYYYYTGGCCAAT...

↓ 欠失による復帰

...ATCGGACTTACCGGTTA...
...TAGCCTGAATGGCCAAT...

...ATCGGACTTACCGGTTA...
...TAGCCTGAATGGCCAAT...

↓ 欠　失

...ATCGGACGGTTA...
...TAGCCTGCCAAT...

**復帰は不可能**

図1・28　点変異や挿入は復帰できるが，欠失は復帰できない．

- 点変異と挿入は復帰が可能であるため，欠失と区別することができる．
- ある変異が他の変異の影響を打ち消す場合の抑圧は遺伝子内または遺伝子外で起こりうる．

図1・28に示すように，**復帰変異株**を観察すると点変異と挿入は欠失と区別される場合がある：

- 点変異は再度の変異で元通りの配列に戻る．あるいは，遺伝子の他の部位に前の変異を補償する別の変異を獲得することによって回復する．
- 余分な配列の挿入はその配列が欠失することにより回復できる．
- 遺伝子の一部に起こった欠失は回復できない．

遺伝子を不活性化する変異を**正の変異**という．その影響は**復帰変異**によって戻るが，これには二つの型がある．

元の変異を正確に復帰させるものを**真の復帰変異**とよぶ．A・T対がG・C対に置換された場合には，A・T対を回復させる別の変異によって，野生型の塩基配列が正確に再生する．もう一つは，その遺伝子のどこかに別の変異が生じ，その作用が最初の変異を補償するものである．これは**二次的復帰変異**とよばれる．たとえば，タンパク質中に起こった一つのアミノ酸変化により遺伝子の機能が失われるが，2番目の変化が最初の変化の埋め合わせをして，タンパク質の活性が回復する．

正の変異は遺伝子を不活性化するものであればどんな変化でも生じるが，復帰変異はある正の変異によって，損なわれたタンパク質の機能を回復させなければならない．このように，復帰変異には正の変異よりも多くの特異性が要求される．したがって，復帰変異の割合は正の変異よりもかなり低く，典型的な場合でその約1/10である．

他の遺伝子に起こった変異が元の遺伝子に起こった変異の影響を取除くことがある．これは変異の**抑圧**とよばれる．ある遺伝子座に起こった変異が，別の遺伝子座の変異を抑える場合（抑圧），その遺伝子座を**サプレッサー**（抑圧変異）とよぶ．

## 1・16　変異はホットスポットに集中する

**ホットスポット　hotspot**　ゲノム中で変異（や組換え）の頻度が非常に高まり，通常，周辺部位の少なくとも10倍になっている部位．

- それぞれの塩基対に起こる変異の頻度は，ホットスポットを除いて，統計的なゆらぎによって決まる．

ほとんどの遺伝子は一つの種の中で多かれ少なかれ同じ割合で変異を起こす．このことは遺伝子が変異の標的であり，どの部分が損傷を受けても機能を失うということを示している．その結果，変異の起きやすさはおおよそ遺伝子の大きさに比例する．つぎにDNAの塩基配列中の変異部位についても考えてみよう．遺伝子の中のすべての塩基が同じように変異を受けるのか，あるいは特に変異しやすい部位があるのだろうか．

たくさんの独立した変異を同一の遺伝子内で単離すると，どのようなことがわかるだろうか．それぞれ独立に生じた変異株をたくさん用意し，おのおのの変異の位置を決定したところ，ほとんどの変異は異なる位置に起こっているが，同じ位置に起こっているものもいくつかあった．独立に得た変異株で同じアミノ酸に置換を起こしたものはDNA上の同じ部位に変化を起こしていた．そのうちには同一の置換を起こしたもの（まったく同じ変異が2回以上起こったことになる）や，異なる変化を起こしたもの（一つの塩基対について三つの異なる変異が起こりうる）がある．

図1・29のグラフに大腸菌の*lacI*（ラックアイ）遺伝子の各塩基対に生じた変異の頻度を示す．特定の位置に2回以上の変異が起こる統計的確率は（ポアソン分布にみられるような）ランダムヒット反応機構になっている．ある位置が1回，2回または3回の変異を起こしても他の位置にはまったく変異が起こらないということもある．しかし，ある位置ではランダムな分布から予想されるよりもはるかに多くの変異が起こり，ランダムヒットに

**ホットスポットでは変異の頻度が10倍以上増加する**

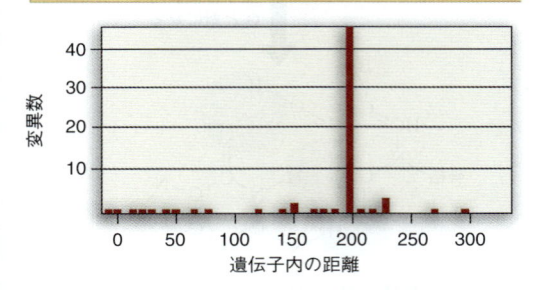

図1・29　自然突然変異は大腸菌の*lacI*遺伝子全体に分布しているが，特に集中するホットスポットがある．

よって予想されるよりも 10 倍あるいは 100 倍にも達していることさえある．このような変異部位は**ホットスポット**とよばれる．自然突然変異の部位はおそらくホットスポットであろう．変異原が異なるとホットスポットも違ってくる．

## 1・17　多くのホットスポットが修飾塩基によって生じる

> **修飾塩基**　modified base　DNA または RNA の通常の構成要素である 4 塩基（DNA なら T, C, A, G, RNA なら U, C, A, G）以外のすべての塩基のこと．核酸の合成後に起こる変化によって生じる．

■ ホットスポットの共通の原因は，修飾塩基 5-メチルシトシンであり，自発的な脱アミノによりチミンとなる．

大腸菌に生じる自然突然変異の大半は，DNA 中に存在する異常塩基により起こる．DNA には合成の際に取込まれる 4 種の塩基のほかに，**修飾塩基**がしばしば見受けられる．修飾塩基はその名前が示す通り，もともと DNA 中にすでにあった塩基の一つが化学的に修飾してできるものである．最も一般的なものは 5-メチルシトシンで，（DNA 中の特定の位置の）ほんの一部のシトシン残基にメチル基がメチル化酵素によって付加してできたものである．

5-メチルシトシンを含む位置は，自然（点）突然変異のホットスポットになる．どの例を調べても，変異は G・C から A・T へのトランジション型である．シトシンをメチル化できない大腸菌の株では，このようなホットスポットは存在しない．

ホットスポットが存在する理由は，シトシン塩基がかなりの頻度で自然に脱アミノを受けるからである．この反応で，アミノ基がケト基に置き換わる．シトシンの脱アミノでウラシルになることを思い出してほしい（図 1・26 参照）．**図 1・30** では，5-メチルシトシンの脱アミノでチミンになる反応を比較してある．DNA での脱アミノにより，それぞれ，G・U と G・T の塩基対がつくられ，ミスマッチが生じる．

すべての生物は修復系をもち，塩基の一つを除去あるいは置換して，ミスマッチ塩基対を修復する．この修復系により，G・U と G・T のようなミスマッチが，さらに変異を生じるかどうかが決定される．

**図 1・31** に示すように，脱アミノの結果は 5-メチルシトシンとシトシンでは異なる．（まれにしか存在しない）5-メチルシトシンの脱アミノでは変異を生じるが，通常存在するシトシンでは脱アミノの影響を受けない．これは，修復系が G・T よりも G・U をより効率的に認識して，G・U 対を効率良く G・C 対に変換することによる．

## 1・18　ゲノムサイズは大小さまざまである

> **ウイロイド**　viroid　タンパク質のコートをもたない，感染性の小さな核酸分子．
> **ウイルス粒子（ビリオン）**　virion　物理的にみた（細胞に感染したり複製したりする能力とは無関係な）ウイルスの粒子．
> **ウイルスより小さな病原体**　subviral pathogen　ウイルスより小さな感染因子．ウイルソイドはその例である．
> **プリオン**　prion　核酸をまったく含まないにもかかわらず，遺伝形質のような性質を示すタンパク質性の感染因子．プリオンの例として，ヒツジにスクレイピー，ウシにウシ海綿状脳症（BSE）という病気をひき起こす因子である $PrP^{Sc}$ や，酵母に遺伝的影響を与える［*PSI*］などがある．

■ 細胞のゲノムは二本鎖 DNA から成る．
■ DNA ゲノムをもつウイルスもあり，RNA ゲノムをもつウイルスもある．
■ ウイルスゲノムは二本鎖の核酸であったり，一本鎖であったりする．
■ ウイルスよりも小さな因子は感染性 RNA から成る．
■ いくつかの非常に小さな遺伝因子はタンパク質をコードしないが，遺伝する性質をもつ RNA やタンパク質から成る．

**脱アミノが起こると塩基が変化する**

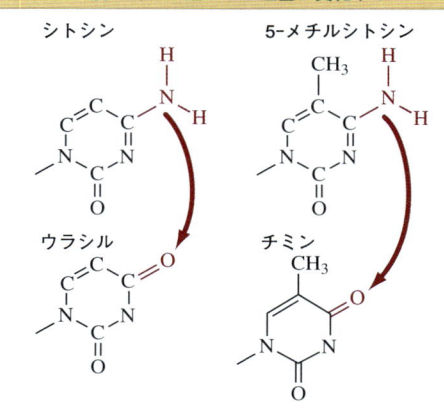

図 1・30　シトシンの脱アミノはウラシルを生じるが，5-メチルシトシンの脱アミノではチミンができる．

**ウラシルを除去すると変異は抑えられる**

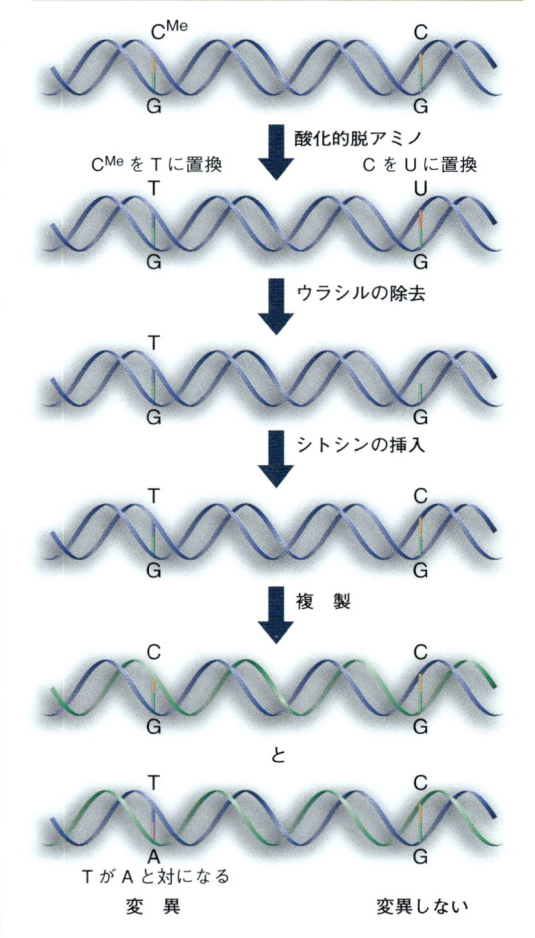

図 1・31　5-メチルシトシンの脱アミノでチミンが生成する（C・G から T・A へのトランジション）．一方，シトシンの脱アミノはウラシルを生成する（普通ウラシルは除去され，シトシンに置換される）．

## ゲノムは大きさがかなり異なる

| ゲノム | 遺伝子の数 | 塩基対 |
|---|---|---|
| **生 物** | | |
| 植 物 | <50,000 | $<10^{11}$ |
| 哺乳類 | 30,000 | $\sim3\times10^9$ |
| 虫 | 14,000 | $\sim10^8$ |
| ハ エ | 12,000 | $1.6\times10^8$ |
| 真 菌 | 6,000 | $1.3\times10^7$ |
| 細 菌 | 2〜4,000 | $<10^7$ |
| マイコプラズマ | 500 | $<10^6$ |
| **二本鎖 DNA ウイルス** | | |
| ワクシニア | <300 | 187,000 |
| パポバ（SV40） | 〜6 | 5,226 |
| T4 ファージ | 〜200 | 165,000 |
| **一本鎖 DNA ウイルス** | | |
| パルボウイルス | 5 | 5,000 |
| φX174 ファージ | 11 | 5,387 |
| **二本鎖 RNA ウイルス** | | |
| レオウイルス | 22 | 23,000 |
| **一本鎖 RNA ウイルス** | | |
| コロナウイルス | 7 | 20,000 |
| インフルエンザ | 12 | 13,500 |
| TMV | 4 | 6,400 |
| MS2 ファージ | 4 | 3,569 |
| STNV | 1 | 1,300 |
| **ウイロイド** | | |
| PSTV RNA | 0 | 359 |

図 1・32　ゲノム中の核酸の量には大きな幅がある．

遺伝情報を伝え，増やしていくための同じ原理が植物や両生類のきわめて大きなゲノムからマイコプラズマの小さなゲノム，さらに小さい DNA ウイルス，RNA ウイルスの遺伝情報にまで働いている．図 1・32 にゲノムの種類と大きさの範囲のいくつかの例をまとめて示す．

いろいろな生物をみると，ある生物のゲノムは他の生物の 100,000 倍にも及ぶが，そこには共通の原理が存在している．すなわち，DNA はその生物が合成しなくてはならないすべてのタンパク質をコードしており，タンパク質は（直接あるいは間接に）生存に必要な機能を提供する．同じような原理で DNA，RNA を問わずウイルスの遺伝情報の働きを述べることができる．核酸はゲノムを包むのに必要なタンパク質をコードし，また，宿主の機能に加えて感染サイクルでウイルスの生産に必要とされる諸機能をコードする．

**ウイロイド**は高等植物に病気を起こす感染因子で，非常に小さな環状 RNA 分子である．ウイルスではタンパク質のコートでゲノムを包んだ**ウイルス粒子**（ビリオン）が感染因子であるのに対して，ウイロイドは RNA 自体が感染因子として作用する．図 1・33 に示す例のように，ウイロイドは完全ではないが高度に塩基対を形成し，特徴のある棒状構造を形成する RNA だけからできている．この棒状構造に影響を与える変異により感染力は低下する．

ウイロイド RNA は単一の分子種から成っており，それが感染細胞中で自律的に複製する．塩基配列は正確に子孫に受継がれる．ウイロイドはいくつかのグループに分けられていて，それぞれの塩基配列の相同性によってどのグループに属するか決まる．たとえば，PSTV（ジャガイモスピンドルチューバーウイロイド；potato spindle tuber viroid）とそれに関連した 4 種のウイロイドは 70〜83％の相同性を示す．あるウイロイドの株を独立に分離すると，株によって互いに異なることがあり，その違いが感染細胞における表現型に影響を与えることがある．たとえば，PSTV の**弱毒株**と**強毒株**では三つの塩基置換が認められる．

ウイロイドは遺伝する核酸のゲノムをもっているという点でウイルスと似ており，これらは遺伝情報としての特質を満たしている．しかし，ウイロイドは構造，機能の両面でウイルスと異なっている．そのためウイロイドは**ウイルスより小さな病原体**とよばれることもある．ウイロイド RNA はタンパク質に翻訳されないようであり，したがって自己の生存に必要な機能を自分自身でコードすることはないらしい．このことからウイロイド RNA はどうやって複製するのか，そしてそれは感染植物細胞の表現型にどう影響を与えるのかという二つの疑問が生じる．

ウイロイドが病原性を示すのは，多分正常な細胞内の過程に干渉するためであろう．これはかなりランダムな方法で行われるようである．たとえば，複製に必須な酵素を取上げてしまうこと，あるいは細胞に必要とされる RNA の生産を妨害することなどが考えられる．また，ウイロイドは細胞の遺伝子の発現に特別な影響をもつ制御分子が異常になったものかもしれない．

もっと変わった因子はスクレイピー（scrapie）で見つかる．これはヒツジやヤギの神経の変性を伴う進行性の病気で，ヒトの脳機能に影響を与えるクールー（kuru）や

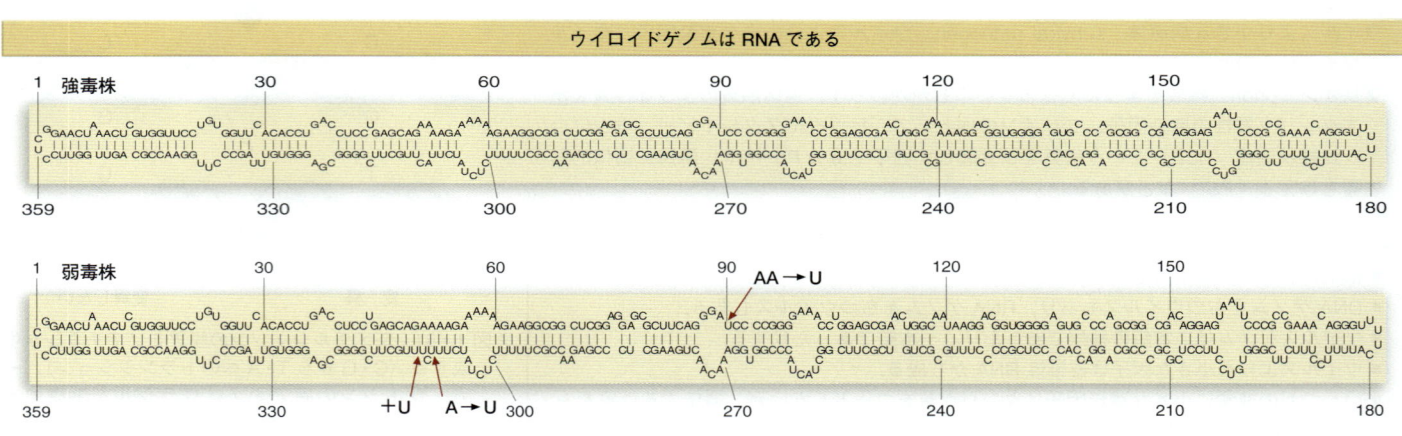

図 1・33　PSTV RNA は環状分子でたくさんの内部ループをもった二本鎖構造をつくっている．強毒株と弱毒株の違いは 3 箇所である．

クロイツフェルト・ヤコブ（Creutzfeldt-Jakob）病（CJD）と似たものと考えられる．

スクレイピーの感染因子は核酸を含まない．この異常な因子は**プリオン**（タンパク質性の感染因子）とよばれ，その正体は分子量 28,000 の疎水性糖タンパク質，PrP である．PrP は細胞の遺伝子にコードされ（哺乳類では保存されている），正常な脳でも発現している．このタンパク質は二つの形で存在し，正常な脳で見つかる産物は $PrP^C$ とよばれ，プロテアーゼで完全に分解されてしまう．感染の起こった脳に見つかるタンパク質は $PrP^{Sc}$ とよばれ，プロテアーゼに対しきわめて強い抵抗性を示す．修飾または構造変化により $PrP^C$ が $PrP^{Sc}$ に変換されてプロテアーゼに対する抵抗性を獲得するが，はっきりしたことはわかっていない．

スクレイピーの感染作用として，$PrP^{Sc}$ は何らかの方法で通常の細胞にある PrP の合成を変え，無害なものから感染性をもつものに変えてしまうに違いない（§31・8 参照）．*PrP* 遺伝子を欠損したマウスは感染してもスクレイピーにはならないが，このことは PrP がこの病気の発症に必須であることを示している．

## 1・19 要　　約

DNA は 5'-3' ホスホジエステル結合でヌクレオチド単位をつなげた鎖が互いに反対方向（アンチパラレル）に会合した，二重らせん構造をとる．骨格は外側に出て，プリンとピリミジン塩基は内側に入って，A と T，G と C が塩基対をつくり，隣合った塩基は互いに積み重なっている．半保存的複製では二本鎖がほどけ，相補的な塩基対により娘鎖を形成する．相補的な塩基対形成は，DNA 二本鎖のうち，一方の配列をもつ RNA が転写される際にも使われる．

変異により DNA 配列中の A・T と G・C 塩基対が変化する．コード領域に生じる変異は相当するタンパク質中のアミノ酸配列を変える．点変異は変異の起こったコドンに対応するアミノ酸のみが変わる．点変異は復帰変異によって元の配列に戻り，挿入変異は挿入配列が失われることにより復帰するが，欠失変異は復帰できない．変異の中には別の遺伝子の変異によって間接的に抑圧されるものもある．

変異が自然に発生する頻度は変異原によって上昇する．変異はホットスポットに集中している．ホットスポットで起こる点変異の一つとして，修飾された 5-メチルシトシンの脱アミノがある．

細胞の遺伝情報はすべて DNA に担われているが，ウイルスはゲノムとして二本鎖あるいは一本鎖の DNA か RNA をもっている．ウイロイドはウイルスよりも小さな病原体で小さな環状 RNA のみから成り，保護のための膜や殻をもっていない．その RNA はタンパク質をコードせず，増殖や病原性の様式は不明である．スクレイピーはタンパク質性の感染因子により起こる．

# 2 遺伝子はタンパク質をコードする

2・1 はじめに
2・2 1遺伝子は1ポリペプチドをコードする
2・3 同一遺伝子内の変異は相補性がない
2・4 変異により機能の喪失や機能の獲得が起こる
2・5 遺伝子座は多くの異なる変異型対立遺伝子をもつことができる
2・6 遺伝子座は二つ以上の野生型対立遺伝子をもつことができる
2・7 組換えはDNAの物理的な交換により起こる
2・8 組換えの確率はどのくらい離れているかに依存する
2・9 遺伝暗号はトリプレットで読まれる
2・10 すべての塩基配列には三つの読み枠が可能である
2・11 遺伝子からタンパク質が発現するにはいくつかの過程が必要である
2・12 タンパク質はトランスに働き,DNA上の結合部位はシスに働く
2・13 要 約

## 2・1 はじめに

> **対立遺伝子** allele 染色体上の一つの遺伝子座にある遺伝子に複数の遺伝子型がある場合,その遺伝子の一つを他の遺伝子の対立遺伝子という.
> **遺伝子座** locus 特定の形質を表す遺伝子が位置する染色体上の場所.任意の遺伝子座を占める遺伝子は,その遺伝子の対立遺伝子のいずれでもよい.
> **連 鎖** linkage 同じ染色体上にある遺伝子同士について,その位置関係によって一緒に受継がれていく傾向の度合いを示す用語.遺伝子座間の組換え率により計測される.

遺伝子は遺伝の機能単位である.おのおのの遺伝子はゲノム内の配列で,その機能は別々の産物(タンパク質であるかもしれないし,RNAであるかもしれないが)をつくることによる.生物のゲノムは少ないもの(細菌の一種であるマイコプラズマ)で500以下の遺伝子を,ヒトでは30,000以上の遺伝子をもっている.

遺伝子の基本的な性質は,100年以上も前にMendel(メンデル)によって明らかにされた.メンデルの二つの法則に要約されるように,遺伝子は親から子へ変化することなく受継がれる"粒子状の因子"と考えられる.一つの遺伝子にはいくつかの形が存在することもあり,これらは**対立遺伝子**とよばれる.

二倍体生物は2組の染色体をもち,それぞれの親から染色体1組ずつを受取る.これは遺伝子が示す性質とまったく同じであり,個々の遺伝子2コピーのうち一方は(父親から遺伝した)父系対立遺伝子であり,他方は(母親から遺伝した)母系対立遺伝子である.このことから染色体が遺伝子を運んでいるという発見につながった.

おのおのの染色体は,1列に並んだ遺伝子で構成されている.個々の遺伝子は染色体上の特定の位置にあり,これを**遺伝子座**とよぶ.対立遺伝子とは一つの遺伝子座にある異なった形のことである.

染色体上の遺伝子構成を理解する鍵は,遺伝的**連鎖**の発見にあった.連鎖とは,同一染色体上にある遺伝子はメンデルの法則によって予想されるように独立に分配されるのではなく,一緒に子孫へひき継がれる傾向があるということである.一度,組換え(再編成)の単位が連鎖の基準として導入されると,遺伝地図の作成が可能となる.

高等真核生物の組換え地図作成には,交配によって得られる子孫の数が少ないという制限がある.近い位置ではまれにしか組換えが起こらないため,同じ遺伝子内の異なる変異同士で組換えが観察されることはほとんどない.結果として,真核生物の連鎖地図は遺伝子を順に配置することはできるが,遺伝子内の関係を決めることはできない.1回の交配でたくさんの子孫を得ることができる微生物に目を向けてみると,遺伝子内でも組換えが起こることを立証でき,以前から推測してきたのとまったく同じ法則が遺伝子間の組換えにも当てはまる.

一つの遺伝子内の変異は1列に順を追って配置されていて,遺伝子自体も同じ染色体上に線状に1列に並べられている.それゆえ,遺伝地図は遺伝子座内でも遺伝子座間でも直線的であり,遺伝子が存在する所ではその配列が途切れることはない.この結論は**図2・1**に要約したように,染色体上の遺伝物質が多くの遺伝子を含む一続きの長いDNAから成るという現代の考え方に当てはまる.

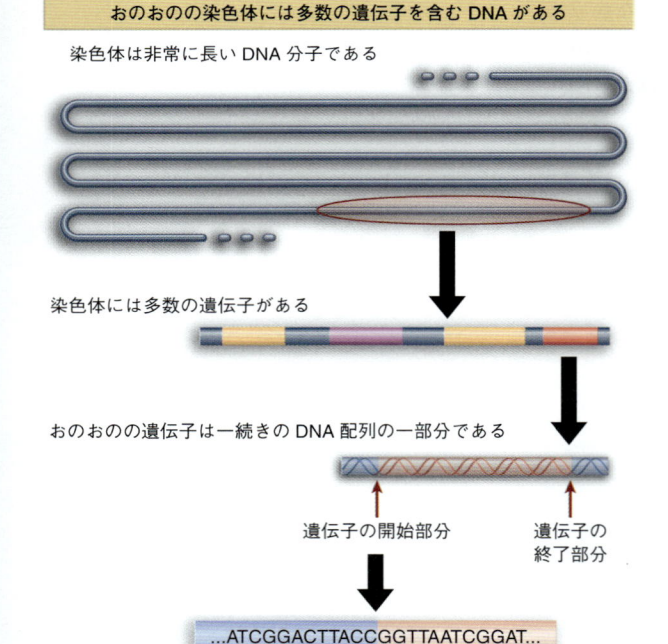

**図2・1** ゲノムは染色体に分けられる.各染色体には1本の長いDNA分子があり,個々の遺伝子の配列が含まれている.

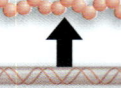

## 2・2　1遺伝子は1ポリペプチドをコードする

> ■ 1遺伝子1酵素仮説は現代遺伝学の基礎であり，1遺伝子は1ポリペプチド鎖をコードする一続きのDNAである．
> ■ ほとんどの変異は遺伝子機能を損なう．

　遺伝子と酵素の関係を系統的に示した最初の研究から，代謝経路の各段階はそれぞれ一つの酵素によって触媒され，それぞれの遺伝子の変異によって代謝経路の進行が妨げられることが示された．このことから1遺伝子1酵素仮説が提唱され，代謝経路のそれぞれの段階は個々の酵素により触媒され，酵素の合成は一つの遺伝子によるものとされた．遺伝子の変異は，そのタンパク質がもっているはずの活性を変えてしまう．

　タンパク質が2個以上のサブユニットから構成されているものについては，この仮説に修正が必要な場合がある．そのサブユニットがすべて同一の場合，そのタンパク質は**ホモ多量体**とよばれ，一つの遺伝子によってコードされている．異なるサブユニットで構成される場合には，**ヘテロ多量体**とよばれる．どんなヘテロ多量体のタンパク質にもあてはまるように一般化すると，1遺伝子1酵素仮説は，1遺伝子1ポリペプチド鎖仮説という方がより正確である．

　どのタンパク質がどの遺伝子からできたものかを明らかにするのは，時間のかかる仕事である．Mendelが使ったしわの寄った豆になる変異は，デンプンに枝分かれをつくる酵素の遺伝子が失活する変化だということが，1990年にようやく明らかになった．

　遺伝子が直接タンパク質をつくるのではないことを覚えておいてほしい．図1・2で説明したように，遺伝子はRNAをコードし，RNAはタンパク質をコードする．ほとんどの遺伝子はタンパク質をコードするが，いくつかはタンパク質をつくらないRNAをコードする．これらのRNAはタンパク質合成に必要な装置の構造成分であるか，もしくは遺伝子発現を調節する役割があるかもしれない．基本原理として，遺伝子とは独立した産物の配列を特定するDNAの塩基配列である．遺伝子発現の過程はRNAかタンパク質，どちらかの産物で終了する．

　遺伝子の構造を考えれば変異はランダムに起こるから，遺伝子の機能が損なわれたり，完全になくなってしまう変異が最も起こりやすい．遺伝子の機能に影響を与えるほとんどの変異は劣性である．すなわち，変異型遺伝子は正常な酵素を生産しないのでその遺伝子機能は欠損型となる．図2・2は劣性のものと野生型対立遺伝子との関係を説明したものである．ヘテロ接合体が1個の野生型と1個の変異型の対立遺伝子をもっている場合，野生型の対立遺伝子は酵素をつくることができる．したがって，野生型が優性となる．（この考えは，一方の遺伝子だけあれば十分量の酵素を生産できるという仮定に立っている．この仮定が成り立たない場合，つまり二つの遺伝子から生産される量に比べて，一つの遺伝子では量が不十分なときには，ヘテロ接合体では部分優性とよばれる中間的な表現型を示すことになる．）

**図2・2**　遺伝子はタンパク質をコードする．優性は変異タンパク質の性質で説明できる．劣性の対立遺伝子はタンパク質を生産しない（あるいは機能をもたないタンパク質を生産する）ため表現型に寄与しない．

## 2・3　同一遺伝子内の変異は相補性がない

> **相補性テスト** complementation test　二つの変異が同じ遺伝子の対立遺伝子であるかどうかを調べるテスト．同じ表現型をもつ二つの異なる劣性変異をかけ合わせ，野生型の表現型が現れるかどうかを調べる．野生型が現れればその変異は互いに相補するといい，おそらく同じ遺伝子の変異ではないだろうと考えられる．
> **相補性グループ** complementation group　変異体を二つずつトランスに変異をもつように組合わせたとき（相補性テスト），互いに相補することのできない一群の変異を1個の相補性グループという．一つの遺伝単位（シストロン）に相当する．
> **シストロン** cistron　シス-トランステストによって定義される遺伝的単位．遺伝子に相当する．
> **遺伝子** gene　ポリペプチド鎖の合成に関与するDNAの一部．シストロンと同じ意味である．コード領域に先立つ部分（リーダー）と後に続く部分（トレーラー）や，アミノ酸配列をコードした配列（エキソン）とその間に挟まれた配列（イントロン）を含む領域．

- 遺伝子内の変異は，その遺伝子の変異型コピーによってコードされるタンパク質にのみに影響し，他のいかなる対立遺伝子によってコードされたタンパク質にも影響を及ぼさない．
- 二つの変異がヘテロ接合体でトランスの配置で存在するとき，二つの変異が（野生型表現型を生じる）相補性を示さないことは，これらの変異が同一遺伝子の一部にあることを意味している．

二つの変異が同じ表現型を示すとき，それらが同じ遺伝子内にあるかどうかをどのように判断するのだろうか．もし，それらがごく近くに位置するならば，対立遺伝子とみなせるかもしれない．しかし，それらは同じ機能にかかわる二つのタンパク質をコードする別の遺伝子かもしれない．二つの変異が同じ遺伝子にあるのか，または異なる遺伝子にあるのかを決めるには**相補性テスト**を行う．その際には，（それぞれの変異をホモにもつ親を交配させ）二つの変異をもつヘテロ接合体をつくる．

両変異が同一遺伝子の中にあるとき親の遺伝子型は

$$\frac{m_1}{m_1} \text{と} \frac{m_2}{m_2}$$

と表される．ヘテロ接合体には第一の親から $m_1$，第二の親から $m_2$ が寄与されるので，

$$\frac{m_1}{m_2}$$

となる．ここには野生型は存在せず，したがって，ヘテロ接合体は変異型の表現型をとる．

一方，変異が異なる遺伝子に存在する場合，親の遺伝子型を

$$\frac{m_1 +}{m_1 +} \text{と} \frac{+ m_2}{+ m_2}$$

のように表すと，それぞれの染色体にはその遺伝子の野生型のコピー（＋は野生型を表す）ともう一つの遺伝子の変異型のコピーがあるので，そこから得られるヘテロ接合体は

$$\frac{m_1 +}{+ m_2}$$

になり，二つの親からそれぞれの遺伝子の野生型のコピーを受取っている．このヘテロ接合体は野生型の表現型を示す．このとき二つの遺伝子は相補性を示すという．

この相補性テストを図2・3に詳しく説明する．もし二つの変異が同じ遺伝子内にあるならば，トランス配置は変異型となる．なぜなら，おのおのの対立遺伝子は（異なる）変異をもつからである．もし二つの変異が異なる遺伝子内にあるなら，野生型となる．なぜなら，おのおのの遺伝子に一つの野生型と一つの変異型の対立遺伝子があるためである．

相補性を示さないならば，二つの変異は同一の遺伝子の一部分であることを意味している．互いに相補しない変異は同じ**相補性グループ**に属するという．相補性テストによって示されるこの遺伝単位を**シストロン**とよび，これは**遺伝子**と同じ意味である．本質的にこれら三つの言葉はどれも，RNA またはタンパク質の産物をコードするための1単位として機能する一続きの DNA を表している．遺伝子産物が一つの分子として作用する機能単位であることから，相補性に関する遺伝子の性質を説明できる．

**遺伝子は相補性テストにより決まる**

二つの変異が同じ遺伝子にある

相補しない
両方の対立遺伝子とも
変異タンパク質をつくる

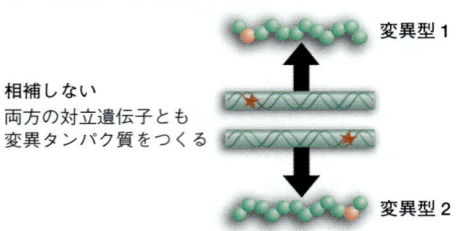

変異型1

変異型2

二つの変異が異なる遺伝子にある

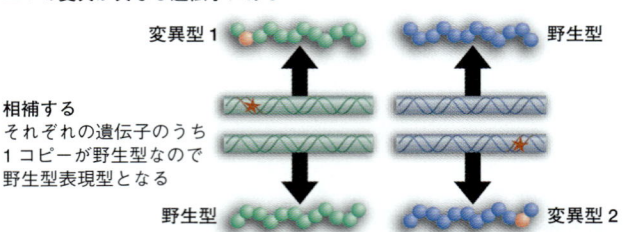

相補する
それぞれの遺伝子のうち
1コピーが野生型なので
野生型表現型となる

変異型1　野生型

野生型　変異型2

図2・3　シストロンはトランス配置における相補性テストによって定義される．遺伝子は棒で示す．★は変異の部位を示す．

## 2・4　変異により機能の喪失や機能の獲得が起こる

**ヌル変異**　null mutation　ある遺伝子の機能が完全に失われてしまうような変異．
**リーキー変異**　leaky mutation　元の機能がいくらか残っているような変異．変異タンパク質に機能が残っている場合（ミスセンス変異の場合）や，野生型タンパク質が少量つくられる場合（ナンセンス変異の場合）がある．

**機能喪失型変異** loss-of-function mutation ある遺伝子の活性が失われたり低下したりする変異．必ずではないが，多くは劣性変異である．
**機能獲得型変異** gain-of-function mutation 通常は，正常な遺伝子活性の上昇をひき起こす変異を指す．異常な性質が現れたものを指す場合もある．必ずではないが，多くは優性変異である．
**サイレント変異** silent mutation 遺伝子の配列変化が同義コドンを生じさせるため，産物タンパク質のアミノ酸配列を変化させない変異．
**中立置換** neutral substitution タンパク質の活性に影響を与えないようなアミノ酸の置換．

■ 遺伝子が必須であるかどうかをテストするには，ヌル変異（遺伝子の機能を完全に除去する変異）が必要である．

遺伝子の変異による種々の作用を図2・4に要約した．

遺伝子が同定されれば，その遺伝子を完全に失った変異体をつくり，その遺伝子の機能を推測することが原則的にはできる．遺伝子の欠失のように遺伝子の機能を完全に失った変異は，**ヌル変異**とよばれる．もしもその遺伝子が必須遺伝子なら，ヌル変異は致死となる．

遺伝子が表現型に影響するかどうか，あるいはどんな影響を与えるのかを決めるには，ヌル変異の解析が重要である．表現型に影響を及ぼさない変異の場合は変異が完璧ではない**リーキー変異**である．つまり活性は量的に減少しているか，あるいは野生型とは性質が異なってはいるが，その機能を果たすのには十分な活性をもった産物が生産されているのだろう．しかし，ヌル変異が表現型に影響しないならば，その遺伝子機能は必要ないという結論を下してよい．

ヌル変異や，遺伝子が機能しなくなる（たとえ完全でなくとも）変異は**機能喪失型変異**ともよばれる．機能喪失型変異は劣性である（図2・2に例を挙げている）．変異の中には逆の効果を示し，新たな機能を獲得したタンパク質を生じるものもある．そのような変化は**機能獲得型変異**とよばれる．機能獲得型変異は通常，優性である．

DNAに生じたすべての変異が，表現型に表れるほどの変化をもたらすわけではない．表立った影響のない変異は**サイレント変異**とよばれ，二つの型に分けられる．一つはタンパク質のアミノ酸に変化を起こさないDNAの塩基変化で，もう一つはアミノ酸を変化させるが，その置換がタンパク質の活性に影響を与えないものであり，これを**中立置換**とよんでいる．

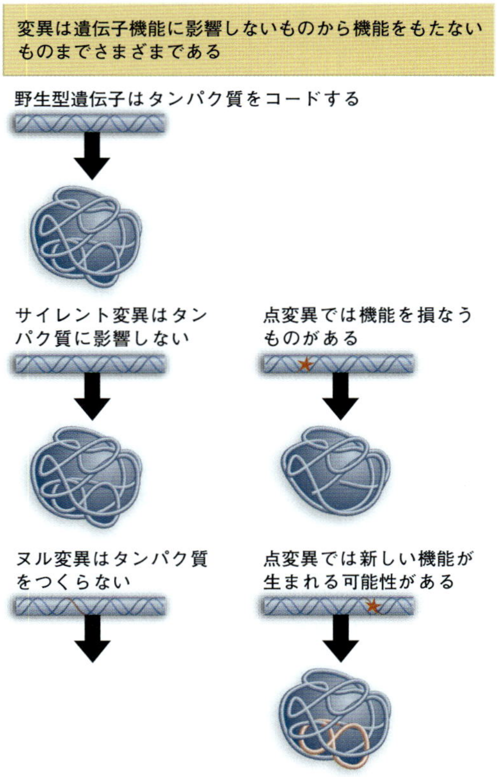

図2・4 タンパク質の配列や機能に影響を与えない変異はサイレントである．タンパク質の活性を完全に消失する変異はヌルである．機能喪失型の点変異は劣性であり，機能獲得型変異は優性である．

## 2・5 遺伝子座は多くの異なる変異型対立遺伝子をもつことができる

**複対立遺伝子** multiple allele ある遺伝子座に3個以上の対立遺伝子型がみられる場合，その遺伝子座は複対立遺伝子をもつという．それぞれの対立遺伝子により，異なる表現型が現れることがある．

■ 複対立遺伝子の存在によって，いろいろな変異型対立遺伝子の組合わせのヘテロ接合体ができる．

もし，遺伝子中のすべての変異が，活性のあるタンパク質の生産を妨げる劣性変異だったとすると，どの遺伝子にも多くの劣性変異ができることになる．多くのアミノ酸置換は，そのタンパク質の機能を十分に妨げるような構造変化をもたらす可能性がある．

同じ遺伝子で異なった変異をもつものを**複対立遺伝子**とよび，二つの異なった変異型対立遺伝子間でヘテロ接合体が生じる可能性がある．このような複対立遺伝子間の関係はさまざまである．

最も単純な例では，野生型遺伝子が機能をもつタンパク質をつくり，変異型の対立遺伝子は機能をもたないタンパク質をつくる．

しかし，一連の変異型対立遺伝子が異なる表現型を示す場合がよくある．たとえば，ショウジョウバエ（*Drosophila melanogaster*）の白眼（*w, white*）の遺伝子座の場合のよ

うに，この遺伝子座の示す野生型の機能が正常な赤眼の発現に必要である．この遺伝子座の名前は極端な変異（ヌル変異）の作用からつけられており，変異型ホモ接合体のハエは白眼になる．（その遺伝子は眼に色素を運ぶのに関連するタンパク質をコードする．）

野生型と変異型対立遺伝子を示すのに，野生型は遺伝子座の名前の右肩にプラス記号を書いて示す（$w^+$はショウジョウバエの赤眼の野生型対立遺伝子である）．ときには，＋記号だけで野生型対立遺伝子を表し，変異型対立遺伝子だけをその遺伝子座の名前で示すこともある．

完全に欠損した遺伝子（あるいは表現型が失われているとき）には，その名前の右肩にマイナス記号を付けて示す．多種類の性質の異なる変異型対立遺伝子があるときには，細かく区別するために $w^i$ や $w^a$ のように他の上付き文字を使う．

ヘテロ接合体で $w^+$ 対立遺伝子は他のどの対立遺伝子よりも優性である．多くの異なる変異型対立遺伝子があり，たとえば眼の色が変わる 250 以上もの対立遺伝子がある．図 2・5 に（ほんの少しの）例を示す．いくつかの対立遺伝子は無色の眼となるが，多くの対立遺伝子は何らかの色を生じる．したがって，これらの変異型対立遺伝子はそれぞれが異なる変異を表しているはずである．それらの変異はその遺伝子の機能を完全には失っておらず，特徴的な表現型をつくり出す活性をわずかながら残している．これらの対立遺伝子にはホモ接合体の眼の色の名前がついている．〔ほとんどの w 対立遺伝子は眼の色素の量に影響を与え，図に示した例は（おおよそ）色素の量が減る順番に並んでいるが，$w^{sp}$ のようなものは色素が沈着する状態を変える．〕

複対立遺伝子が存在する場合，二つの異なる変異型対立遺伝子をもつヘテロ接合体になることもある．そのようなヘテロ接合体の表現型は，それぞれの対立遺伝子に残されたわずかばかりの活性に依存する．二つの変異型対立遺伝子間の関係は，野生型と変異型対立遺伝子間の場合と原理的には変わらない．つまり，一方の対立遺伝子は優性か，§2・2で述べたような部分優性かあるいは以下に述べるような共優性である．

| 各対立遺伝子は異なる表現型を示す | |
|---|---|
| 対立遺伝子 | ホモ接合体での表現型 |
| $w^+$ | 赤(red)，野生型 |
| $w^{bl}$ | 血のような赤(blood) |
| $w^{ch}$ | チェリー色(cherry) |
| $w^{bf}$ | 黄褐色(buff) |
| $w^h$ | ハチミツ色(honey) |
| $w^a$ | アプリコット色(apricot) |
| $w^e$ | 淡桃色(eosin) |
| $w^i$ | アイボリー(ivory) |
| $w^z$ | レモンイエロー(zeste) |
| $w^{sp}$ | まだら(mottled)，多色 |
| $w^1$ | 白(white)，無色 |

図 2・5 w 遺伝子座にはさまざまな対立遺伝子があり，その表現型は野生型（赤眼）から完全に色素がないものまで多種多様である．

## 2・6 遺伝子座は二つ以上の野生型対立遺伝子をもつことができる

> **多 型 polymorphism** あるゲノムの集団の中で，任意の遺伝子座について同時に多くの変種がみられること．もともとは異なる表現型を示す対立遺伝子について使われた定義であったが，現在では制限酵素地図に影響を与える DNA の変化や，さらには単なる配列変化にも適用されている．実際に多型の例とみなして意味があるのは，一つの対立遺伝子がその集団の中で 1% より多くを占める場合である．

■ 遺伝子座によっては対立遺伝子が多型分布をしていて，唯一の野生型と考えられる独自の対立遺伝子は存在しないこともある．

どの特定の遺伝子座にも独自の野生型対立遺伝子があるわけではない．ヒトの血液型の決定の例をあげよう．機能の欠損はヌル変異である $O$ 対立遺伝子として現れる．しかし，機能をもった対立遺伝子 $A$ と $B$ は互いに共優性となり，$O$ に対しては優性となる．

ABO 血液型の前駆物質である O 抗原はすべての個体で生産され，タンパク質に付加する特異な糖質グループから成る．図 2・6 に $A/B/O$ 遺伝子座は O 抗原にさらに糖残基を付加する酵素，ガラクトシルトランスフェラーゼをコードしていることを示す．この酵素の特異性で血液型が決まる．$A$ 対立遺伝子は UDP-$N$-アセチルガラクトサミンという基質を必要とする酵素を生産し，A 抗原をつくる．一方，$B$ 対立遺伝子は UDP-ガラクトースという基質を使う酵素を生産し，B 抗原をつくる．トランスフェラーゼ A と B の間はおそらく 4 アミノ酸が異なるだけで基質の種類の認識に影響するのであろう．$O$ 対立遺伝子は抗原をつくるのに必要な酵素が変異（わずかな欠失）により除去されている．

このことから，$A$ と $B$ の対立遺伝子が $AO$ と $BO$ ヘテロ接合体に対してなぜ優性かということが説明できる．つまり，対応するトランスフェラーゼ活性が A か B の抗原を生み出している．$AB$ ヘテロ接合体では $A$ と $B$ の対立遺伝子は共優性である．なぜなら，

| ガラクトシルトランスフェラーゼは A 抗原と B 抗原をつくる |

O 抗原
Galβ1-R
2
↑
Fucα1

A 抗原
GalNAcα1
3
↓
Galβ1-R
2
↑
Fucα1

*A* 遺伝子

4 アミノ酸の違い

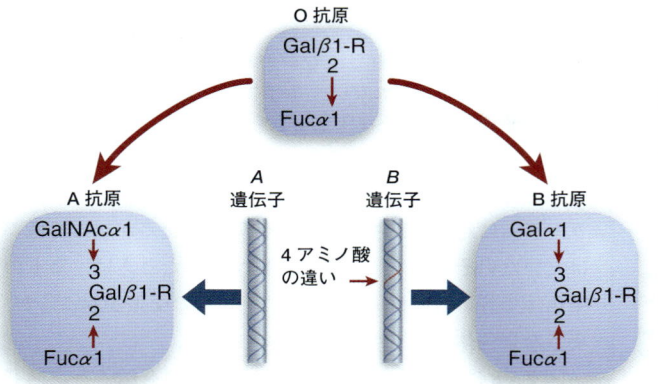

*B* 遺伝子

B 抗原
Galα1
3
↓
Galβ1-R
2
↑
Fucα1

| 表現型 | 遺伝子型 | 活 性 |
|---|---|---|
| O | OO | なし |
| A | AO または AA | N-アセチルガラクトサミニルトランスフェラーゼ |
| B | BO または BB | ガラクトシルトランスフェラーゼ |
| AB | AB | N-アセチルガラクトサミニルトランスフェラーゼとガラクトシルトランスフェラーゼ |

図 2・6　ABO 血液型遺伝子座はガラクトシルトランスフェラーゼをコードし，その特異性により血液型が決まる．

トランスフェラーゼ活性は両方とも発現しているからである．*OO* ホモ接合体はどちらの活性ももたず，したがってどちらの抗原ももたないヌル型である．

*A* と *B* は機能の喪失とか獲得というよりも，二つのうちのいずれかの活性を示すため，どちらかを唯一の野生型とみなすことができない．このような場合で，集団中に複数の機能をもった対立遺伝子がある状態を**多型**という（§4・3 参照）．

### 2・7　組換えは DNA の物理的な交換により起こる

> **交　差**　crossing-over　減数分裂の前期 I の間に起こる遺伝的組換えで，染色体 DNA 間の相互交換が起こる．
> **二価染色体**　bivalent　減数分裂の開始時に形成される，4 本すべての染色分体（うち 2 本はそれぞれの相同染色体）を含む構造体．
> **染色分体**　chromatid　1 本の染色体から複製によってつくられた同一の染色体のそれぞれを指す．通常，続いて起こる細胞分裂で分離する前の染色体について使われる名称．
> **キアズマ**　chiasma（*pl.* chiasmata）　減数分裂の間に，2 本の相同染色体が染色体の交換を行った場所．
> **切断・再結合**　breakage and reunion　2 組の二本鎖 DNA 分子のそれぞれ一方の鎖が対応する部位で切断され，互い違いに再結合する遺伝的組換えの様式．（結合部位周辺で一定の長さのヘテロ二本鎖 DNA が形成される．）

> ■ 組換えは，四つの染色分体のうち二つがキアズマで交差した結果である．

遺伝的組換えにより，二倍体生物においては各世代で起こる対立遺伝子の新しい組合わせができる．2 コピーある各染色体は，ある遺伝子座では異なった対立遺伝子をもつ．染色体間で対応する部分が交換され，親の染色体とは違う，組換わった染色体ができる．

染色体を構成する物質の物理的な交換により，組換えが起こる．これは，減数分裂（一倍体生殖細胞をつくる独特な分裂）の間に起こる**交差**として観察できる．減数分裂はすでに染色体が複製した細胞で始まるので，各染色体 4 コピーをもつ．減数分裂の初期に四つのコピーすべてが**二価染色体**という構造で会合している（染色体の対合）．この段階で個々の染色体単位は**染色分体**とよばれ，互いに接近して対合した染色分体の間で遺伝物質の交換が起こる．

交差の結果としてみられる構造を**キアズマ**とよび，図 2・7 に模式的に示す．キアズマは二価染色体の染色分体が対応する部位で切断された所を示す．切断された端は互い違いに再結合し新しい染色分体を形成する．それぞれの新しい染色分体の一方の側には一つの染色分体由来の物質が，反対側にはもう一方の染色分体由来の物質が配置されている．もう一方の組換え染色分体は逆の構造になっている．この反応は，**切断・再結合**とよばれている．この性質から，なぜ 1 回の組換えで 50％しか組換え型が得られないかを説明することができる．会合した四つの染色分体のうち，組換えにかかわるのは二つだけだからである．

| 交差は 4 本鎖になったところで起こる |

二価染色体にはそれぞれの親から 2 本ずつ受継いだ 4 本の染色分体がある

キアズマは 2 本の染色分体間の交差により生じる

2 本の染色体は親型（*AB* と *ab*）のままである．組換えの起こった染色体はそれぞれの親からの部分をもち，新たな遺伝的組合わせとなる（*Ab* と *aB*）

図 2・7　キアズマ形成により組換え型が出現する．

## 2・8 組換えの確率はどのくらい離れているかに依存する

- 遺伝子間の連鎖はそれらの距離によって決定される．
- ごく近い所にある遺伝子は，組換えがほとんど起こらないために強く連鎖している．
- 離れて存在する遺伝子は直接連鎖しないかもしれない．なぜなら，組換えが頻繁に起こり，異なる染色体上の遺伝子と同じ結果になってしまうからである．

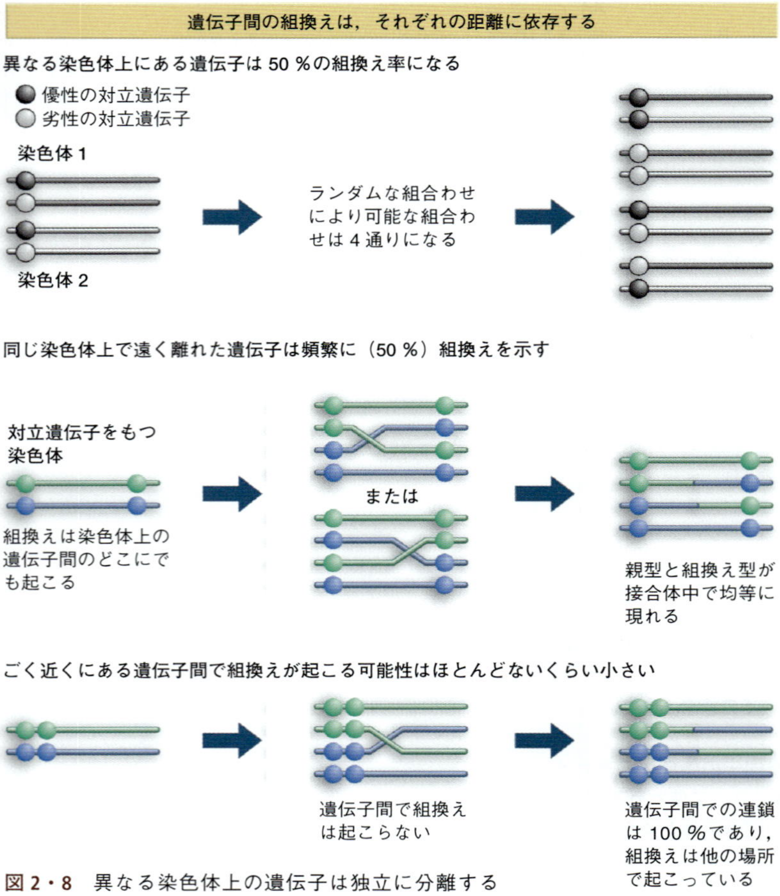

染色体全体からみれば，組換えは一定の頻度でだいたいランダムに起こる．特定の染色体領域で交差が起こる確率はだいたいその領域の長さに比例する．たとえば，ヒトの染色体で長いものは減数分裂で3～4回の交差が起こるが，小さな染色体では平均一つくらいである．

図2・8は異なる染色体上にある二つの遺伝子と，同じ染色体上で離れた位置にある遺伝子と，同じ染色体上でごく近い位置にあるものの三つの場合を比較したものを示す．異なる染色体上の遺伝子はメンデルの法則により独立に分離している．結果として，減数分裂中に50％の親型と50％の組換え型が生じる．遺伝子が同じ染色体上で十分遠い所にある場合，1回またはそれ以上の組換えが遺伝子間で起こる確率は高くなり，異なる染色体上で起こるメンデルの法則と同じようになり，50％の組換えを示す．

しかし，遺伝子がごく近い所にある場合，遺伝子間で起こる組換えの確率は減り，減数分裂のときにある割合でだけ起こる．たとえば，減数分裂のうち1/4で起こるなら組換え率は12.5％である（なぜなら，1回の組換えで50％の組換えが起こり，この場合は25％起こったことになる）．図2・8の下方に示したように，遺伝子がかなり近い場合，遺伝子間の組換えは高等生物の表現型としてはめったに観察されない．

このことから，染色体には多くの遺伝子が並んでいるということがわかる．それぞれの遺伝子は発現に関して独立した単位であり，タンパク質鎖をコードしている．遺伝子の性質は変異によって変わりうる．染色体上にある対立遺伝子の組合わせは組換えによって変わりうる．それでは，遺伝子の配列と遺伝子がコードするタンパク質鎖の配列の間にどのような関係があるのか考えてみよう．

**図2・8** 異なる染色体上の遺伝子は独立に分離するので，すべての可能な組合わせが同等の割合で生じる．同じ染色体上で遠く離れた遺伝子間では組換えが頻繁に起こり，実際のところ独立に分離する．しかし，遺伝子が近い所にある場合，組換えは少なくなり，隣合った遺伝子間ではほとんど組換えが起こらない．

## 2・9 遺伝暗号はトリプレットで読まれる

**遺伝暗号（遺伝コード）** genetic code DNA（またはRNA）のトリプレットとタンパク質中のアミノ酸との対応を示すもの．
**コドン** codon アミノ酸または終止シグナルを表す連続するヌクレオチド3個の配列．
**フレームシフト変異** frameshift mutation 3の倍数でない数の塩基の挿入や欠失によって起こる変異．タンパク質に翻訳されるトリプレットの読み枠が変わってしまうことによる．
**アクリジン** acridine DNAに働き，1対の塩基対の挿入や欠失をひき起こす変異原．遺伝暗号がトリプレットであることを決めるのに有用であった．
**サプレッサー（抑圧変異）** suppressor 最初の変異の影響を相殺する，または変更するような第二の変異のこと．

- 遺伝暗号はコドンとよばれる3個の塩基（トリプレット）で読まれる．
- トリプレットには重複がなく，決まった開始点から読まれる．
- おのおのの塩基の挿入や欠失による変異により，その後に続くトリプレットの枠組が変わってしまう．
- 3（または3の倍数の）塩基が同時に挿入や欠失した変異の組合わせではアミノ酸の挿入や欠失が起こるが，変異の後に続くトリプレットの読み枠は変わらない．

おのおのの遺伝子は特定のポリペプチド鎖に対応している．おのおののタンパク質はアミノ酸がそれぞれ1列につながったものである．遺伝子はDNAであるという発見により，DNA中の塩基配列がどのようにしてタンパク質のアミノ酸配列を決めるかという問題に直面することになった．DNAの塩基配列とそれに対応するタンパク質のアミノ酸配列との間の関係は，**遺伝暗号**（遺伝コード）とよばれている．

タンパク質の構造と酵素活性はアミノ酸の一次配列によって決まる．遺伝子はタンパク質中のアミノ酸の配列を決めることによって，活性をもつポリペプチド鎖の細部まで指定するのに必要なすべての情報をもっている．このように，構造的にはただ一つの型しかない遺伝子から，限りない種類のポリペプチドをつくることができる．

どの領域をとってもDNAの二つの鎖のうち一方だけがタンパク質をコードするので，遺伝暗号は（塩基対ではなしに）塩基配列で表される．遺伝暗号は三つの塩基のグループとして読まれ，各グループが一つのアミノ酸に対応している．3個の塩基配列はそれぞれ**コドン**とよばれる．遺伝子は一方の端にある開始点からもう一方の端の終止点まで連続して読まれる一続きのコドンから成り立っている．慣例に従って5'→3'の方向へ書くと，タンパク質をコードしているDNA鎖の塩基配列はN末端からC末端の方向に書いたタンパク質のアミノ酸配列に対応する．

遺伝暗号は決まった開始点から重複しないトリプレット（塩基3文字ずつの組）で読まれる：

- 重複しないということは，各コドンが三つの塩基から成り，連続したコドンは連続した3塩基で表されるということである．
- **決まった開始点を使う**ということは，タンパク質の組立てが一端から始まり，もう一方の端に向かうということであり，コードする配列の異なった部分が独立に読まれることはない．

遺伝暗号の性質から，2種類の変異が異なる作用をもたらすことが予想される．もし，ある特定の配列が連続的に読まれ，次のようになったとすると，

UUU　AAA　GGG　CCC　（コドン）
aa1　aa2　aa3　aa4　（アミノ酸）

点変異は一つのアミノ酸にしか影響を及ぼさない．たとえば，Aがそれ以外の塩基Xで置き換えられると，アミノ酸aa2はaa5に変わる．

UUU　AAX　GGG　CCC
aa1　aa5　aa3　aa4

これは2番目のコドンだけが変わったためである．

しかし，1塩基の挿入や欠失による変異は，その後に続く塩基配列の読み枠をすっかり変えてしまう．このような変化を**フレームシフト変異**とよぶ．挿入は次のような形をとる：

UUU　AAX　AGG　GCC　C
aa1　aa5　aa6　aa7

挿入により，新しいトリプレットの配列は挿入前の配列とはまったく違い，変異部位から後ろのタンパク質のアミノ酸配列はすっかり変わってしまう．したがって，そのタンパク質の機能は多くの場合完全に失われている．

**アクリジン**はDNAに結合し二重らせん構造をゆがめる化合物で，複製の間に塩基を付加したり除去したりしてフレームシフト変異をひき起こす．アクリジンで変異を起こすたびに塩基対がたった一つ加わったり除かれたりする．

アクリジンで起こった変異が，たとえば一つの塩基の付加によるものならば，その塩基が欠失すると野生型に戻るはずである．ただし，最初に付加した塩基に近い位置の別の塩基が欠失しても復帰変異は起こる．こうした変異の組合わせから遺伝暗号の本質に迫る証拠が明らかにされた．

図2・9にフレームシフト変異の性質を示した．挿入や欠失により変異が起こった箇所以後のタンパク質の配列すべてが変化する．しかし，挿入と欠失の組合わせでは，二つの変異部位の間だけは遺伝暗号が間違った読み枠で読まれるが，2番目の変異より後では再び正しい読み枠が回復する．

1961年，T4ファージの *rII* 領域に起こるアクリジン変異の遺伝的解析により，すべ

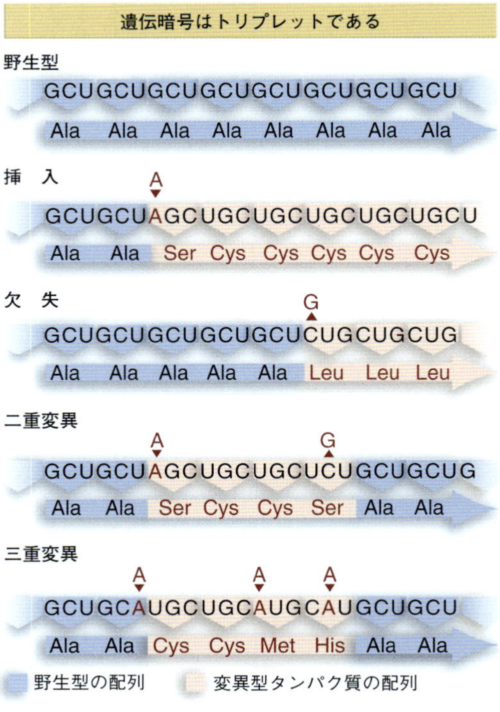

**遺伝暗号はトリプレットである**

野生型
GCUGCUGCUGCUGCUGCUGCUGCU
Ala Ala Ala Ala Ala Ala Ala Ala

挿入　　　　　A
GCUGCUAGCUGCUGCUGCUGCUGCU
Ala Ala Ser Cys Cys Cys Cys Cys

欠失　　　　　　　　　G
GCUGCUGCUGCUGCUGCUGCUGCUG
Ala Ala Ala Ala Ala Leu Leu Leu

二重変異　　　A　　　　G
GCUGCUAGCUGCUGCUCUGCUGCUG
Ala Ala Ser Cys Cys Ser Ala Ala

三重変異　　A　　A　　A
GCUGCAUGCUGCAUGCAUGCUGCU
Ala Ala Cys Cys Met His Ala Ala

■ 野生型の配列　　■ 変異型タンパク質の配列

図2・9　フレームシフト変異を使うと，遺伝暗号は決まった開始点からトリプレットで読まれることがわかる．

ての変異が（＋）か（－）で表されるどちらかに分類できることが示された．どちらの型の変異もフレームシフトで，（＋）は塩基の付加，（－）は塩基の欠失を示す．二重変異の組合わせのうち，（＋＋）型と（－－）型は変異の表現型を示すが，（＋－）型や（－＋）型は互いに変異の抑圧が起こり，一方の変異をもう一方の変異の**サプレッサー**（抑圧変異）であるという．

これらの結果から，遺伝暗号は開始点によって定められた一つの読み枠を使って読まれることがわかる．そこで，一つの付加と一つの欠失は互いに補い合うが，二つの付加や二つの欠失では変異のままである．しかし，このことからだけでは一つのコドンが何個の塩基から構成されているのかは明らかにならない．

三重変異が形成されると，（＋＋＋）と（－－－）の組合わせだけが野生型の表現型を示し，他の組合わせは変異のままである．3塩基の付加や3塩基の欠失が，全体で1個のアミノ酸の付加や1個のアミノ酸の欠失に相当するとすれば，コードがトリプレットで読まれるということを示している．間違ったアミノ酸の配列があるのは二つの変異の間であり，その領域以外は，図2・9のように野生型で保たれる．

### 2・10　すべての塩基配列には三つの読み枠が可能である

> **読み枠**　reading frame　3通りある塩基配列の読み方のうちの一つ．それぞれの読み枠は塩基配列を連続したトリプレットに分けたものである．どのような配列にも開始点の異なる3通りの読み枠がある．もし，第一の読み枠が塩基1の位置から始まるとすれば，第二の読み枠は2，第三の読み枠は3の位置から始まる．
> **オープンリーディングフレーム（ORF）**　open reading frame　アミノ酸に翻訳可能なトリプレットで構成された，開始コドンで始まり終止コドンで終わるDNAの配列．
> **開始コドン**　initiation codon　タンパク質合成の開始に使われる特別なコドン（普通はAUG）．
> **終止コドン**　stop codon, termination codon　タンパク質合成を終わらせる3種類のトリプレット（UAG，UAA，UGA）．その発見の経緯からナンセンスコドンともいう．発見の元となったナンセンス変異の名称に基づき，UAGはアンバー（amber），UAAはオーカー（ochre），UGAはオパール（opal）コドンとよばれる．
> **ブロックされている読み枠**　blocked reading frame　終止コドンが頻繁に出てくるためにタンパク質に翻訳されない読み枠．

■ 通常一つの読み枠しか翻訳されず，残り二つの読み枠は頻繁に出てくる終止コドンでブロックされる．

もし，遺伝暗号が重複しないトリプレットで読まれるとすれば，ある一つの塩基配列をタンパク質に翻訳するには，開始点のとり方によって三つの枠が考えられる．これは**読み枠**とよばれている．

```
ACGACGACGACGACGACG
```
という配列を例にとると，

```
ACG  ACG  ACG  ACG  ACG  ACG  ACG
 CGA  CGA  CGA  CGA  CGA  CGA  CGA
  GAC  GAC  GAC  GAC  GAC  GAC  GAC
```

という三つの読み枠が可能である．

アミノ酸をコードするトリプレットだけから成る読み枠を**オープンリーディングフレーム（ORF）**とよぶ．タンパク質に翻訳される配列は特別な**開始コドン**，**AUG**で始まり，アミノ酸をコードする一連のトリプレットが3種類の**終止コドン**（UAA，UGA，UAG）のうちの一つで終了するまでずっと続いている（§8・13参照）．

終止コドンがあるためにタンパク質に翻訳されない読み枠を**ブロックされている読み枠**という．三つの読み枠がすべてブロックされている場合，タンパク質をコードする機能をもたない．

機能がまだわかっていないDNA領域の塩基配列があると，それぞれに可能な読み枠は，それがORFであるかブロックされているかどうかを決めることができる．たいて

いの場合，どんなDNAの配列をとってきても，三つの読み枠のうち複数がORFになることはあまりない．図2・10に他の二つの読み枠では終止コドンが頻繁に出てくるためブロックされてしまい，一つの読み枠のみが翻訳できる例を示した．長いORFは偶然には存在しにくい．もしタンパク質に翻訳されないとすると，終止コドンが蓄積しないものだけが選択されることはありえない．したがって，かなりの長さのORFが見つかれば，この塩基配列はその読み枠でタンパク質に翻訳されているという，いちばん手っ取り早い証拠になる．ORFでも，そのタンパク質産物がわかっていないものを未確認の読み枠（URF；unidentified reading frame）とよぶこともある．

| DNA配列は通常一つのORFをもつ |
| --- |

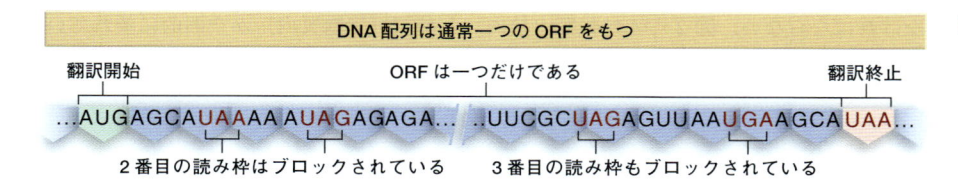

翻訳開始　　　　　ORFは一つだけである　　　　　翻訳終止
…AUGAGCAUAAAAAUAGAGAGA…　…UUCGCUAGAGUUAAUGAAGCAUAA…
　　　　2番目の読み枠はブロックされている　　　3番目の読み枠もブロックされている

図2・10　ORFはAUGで始まり，終止コドンまでトリプレットで続く．ブロックされている読み枠は，終止コドンによりしばしば中断される．

## 2・11　遺伝子からタンパク質が発現するにはいくつかの過程が必要である

**mRNA（メッセンジャーRNA）** messenger RNA　遺伝子のタンパク質をコードする方の鎖の塩基配列を伝える中間体．mRNAのコード領域はトリプレットの遺伝暗号によってタンパク質のアミノ酸配列に対応する．
**転　写** transcription　DNAを鋳型とするRNAの合成．
**翻　訳** translation　mRNAを鋳型にしたタンパク質の合成．
**コード領域** coding region　遺伝子の一部でタンパク質の配列に対応する部分．コード領域はコドンが連なったものである．
**リーダー** leader　mRNAにおいて，開始コドンより前にある，5′末端の非翻訳配列（5′UTR）．
**トレーラー** trailer　mRNAにおいて，終止コドンの後ろにある3′末端の非翻訳配列（3′UTR）．

- 原核生物の遺伝子はmRNAへの転写と，続くmRNAからタンパク質への翻訳により発現する．
- 真核生物では遺伝子は核内で転写されるが，mRNAが翻訳されるためには細胞質に移行しなければならない．
- mRNAは転写されない5′非翻訳リーダー，一つあるいは複数のコード領域，転写されない3′非翻訳トレーラーで構成される．

遺伝子をタンパク質と比較する際には，タンパク質の端から端までに対応するDNAしか調べられない．しかし，遺伝子は直接タンパク質に翻訳されるのではなく，実際にタンパク質の合成を指令するのに使われる核酸中間体（7章で詳しく示す），**メッセンジャーRNA**（**mRNA**）の生産を通して発現が行われる．

mRNAはDNAの複製と同様に相補的塩基対を用いて合成されるが，それがDNA二重らせんの一方の鎖とだけ対応することが重要な違いである．図2・11に示すように，mRNAの塩基配列はDNAの一方の鎖と相補的で，他方の鎖とは（TをUに置き換えた以外は）同一の配列である．DNAの配列は習慣的に上部の鎖を5′→3′の方向に書き，RNAと同じ配列になる．

遺伝子がタンパク質をつくる過程は**遺伝子発現**とよばれる．細菌では，遺伝子発現は二つの段階から成る．最初の段階は**転写**であり，DNAの一方の鎖からmRNAコピーがつくられる．次の段階はmRNAからタンパク質への**翻訳**である．この過程では，mRNAの配列がトリプレットとして読まれ，一つながりのアミノ酸から成る対応するタンパク質がつくられる．

mRNAには，タンパク質中のアミノ酸配列に対応する塩基配列がある．この部分の核酸を**コード領域**とよぶ．ただし，mRNAの両端には直接タンパク質をコードしない余分な塩基配列がある．5′非翻訳領域は**リーダー**とよばれ，3′非翻訳領域は**トレーラー**とよばれる．

| RNAはDNAの一方の鎖に相補的である |
| --- |

DNAは塩基対を形成した二本鎖から成る
上の鎖
5′ ATGCCGTTAAGACCGTTAGCGGACCT 3′
3′ TACGGCAATTCTGGCAATCGCCTGGA 5′
下の鎖

↓ RNA合成

5′ AUGCCGUUAAGACCGUUAGCGGACCU 3′

RNAはDNAの上の鎖と同一の配列となり，下の鎖と相補的になる

図2・11　DNAの一方の鎖を相補的な塩基対をつくるための鋳型としてRNAは合成される．

| 遺伝子は転写産物であるRNAと一致する |
| --- |

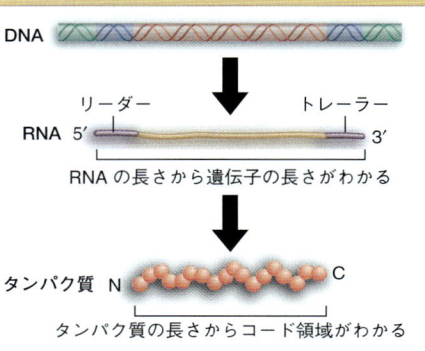

DNA
↓
　　　リーダー　　　　　トレーラー
RNA 5′━━━━━━━━━━━3′
RNAの長さから遺伝子の長さがわかる
↓
タンパク質 N●●●●●●●●●●●C
タンパク質の長さからコード領域がわかる

図2・12　遺伝子はタンパク質をコードする塩基配列よりも長い．

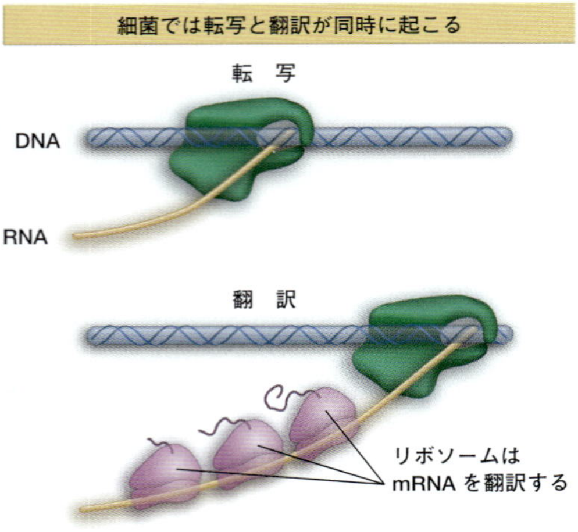

遺伝子とは mRNA に転写される領域全体をさしている．遺伝子の機能を妨げる変異が非コード領域に認められることがあり，そこが遺伝単位の不可欠な部分であることを示している．

図 2・12 に示したように，遺伝子はあるタンパク質をつくるのに必要とされる一つながりの DNA から成っていて，そのタンパク質をコードする配列とその両側にある塩基配列も含まれる．

細菌は 1 区画のみから成り，図 2・13 に示すように，転写と翻訳が同じ場所で起こる．

真核生物では転写が核内で起こり，つくられた RNA は翻訳のために細胞質に移行しなければならない．図 2・14 は転写（核内）と翻訳（細胞質内）が空間的に離れていることを示している．

**図 2・13** 細菌では転写と翻訳は同じ区画で起こる．

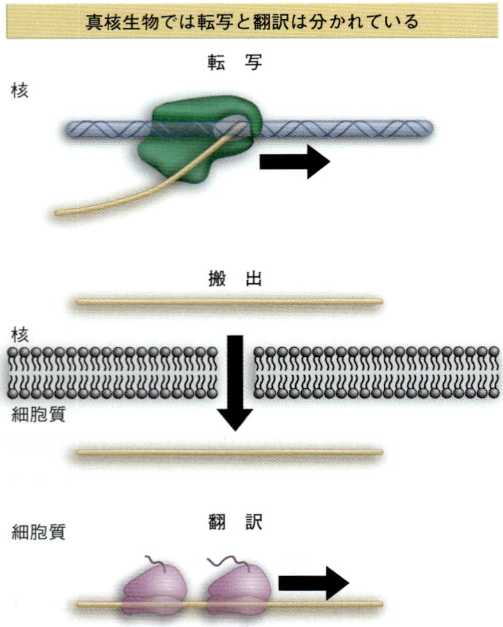

## 2・12 タンパク質はトランスに働き，DNA 上の結合部位はシスに働く

**シス cis** 二つの部位が同じ DNA 分子（染色体）にあるという位置関係を示す用語．
**トランス trans** 二つの部位が別の DNA 分子（染色体）にあるという位置関係を示す用語．
**シスに働く cis-acting** 自分と同じ DNA（または RNA）分子にある配列の活性にのみ影響を及ぼすこと．一般にこの性質により，シスに働く部位はタンパク質をコードしていないと示唆される．

- すべての遺伝子産物（RNA およびタンパク質）はトランスに働き，細胞内で遺伝子のどのコピーにも作用する．
- シスに働く変異によって同定される DNA 配列は，トランスに働く産物によって認識される標的である．これらは RNA やタンパク質として発現せず，隣接する一続きの DNA にのみ影響を与える．

遺伝子を定義するのに重要な点は，遺伝子の各部分すべてが一続きにつながった DNA 領域に存在するという認識であった．遺伝学用語では，同じ DNA に位置する領域は**シス**にあるという．DNA 上に異なって位置する部位を**トランス**にあるという．つまり，二つの変異はシス（同じ DNA）にあるか，トランス（異なった DNA）にあるかのどちらかである．相補性テストで二つの変異が同じ遺伝子にあるかどうかを決めるのは，この考え方によっている（§2・3 参照）．シス作用とトランス作用の違いを遺伝子のコード領域を定義することから，さらに遺伝子とその調節配列の間の相互作用にまで拡張して考えることもできる．

遺伝子の発現はコード領域近くの DNA に結合するタンパク質によって制御されていることを想定してみよう．図 2・15 に例を示すように，mRNA は DNA にタンパク質が結合した場合にのみ合成される．このタンパク質が結合する DNA 配列に変異が起こり，タンパク質が DNA を認識できないと想定しよう．この場合，DNA はもはや発現することはできない．

このように遺伝子は制御部位の変異あるいはコード領域の変異のどちらによっても不活性化される．どちらの変異も遺伝学的には区別することはできない．なぜなら，どちらもその変異の起こった対立遺伝子のみに影響を与える性質をもっているからである．両変異とも相補性テストで同じ性質を示し，制御部位の変異はコード領域の変異と同じように遺伝子を構成する一部として定義される．

図 2・16 では，制御部位の欠損はそれにつながったコード領域にのみ影響を与え，もう一方の対立遺伝子の発現には影響を与えないことを表している．一続きの DNA 配列にのみ影響を与える変異は**シスに働く**とよばれる．

調節タンパク質をコードする遺伝子の変異の性質は図 2・16 に示すシスに働く変異とははっきりと違う．図 2・17 に示すように，調節タンパク質の消失はどちらの対立遺伝子の発現も抑制する．このような変異はトランスに働くとよばれている．

言い方を換えれば，もし変異がトランスに働くものであれば，その作用は細胞内の多数の標的に働くある種の拡散性の物質（典型的にはタンパク質）によるものである．し

**図 2・14** 真核生物では転写は核内で起こり，翻訳は細胞質で起こる．

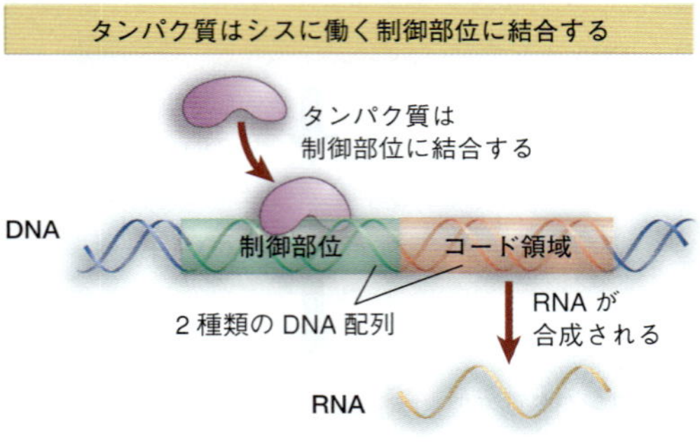

**図 2・15** DNA 上の制御部位はタンパク質の結合部位である．コード領域は RNA 合成を介して発現する．

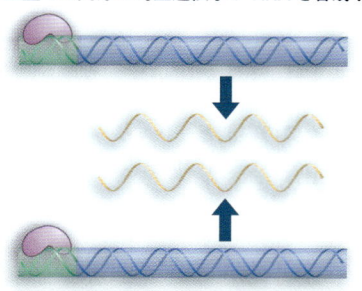

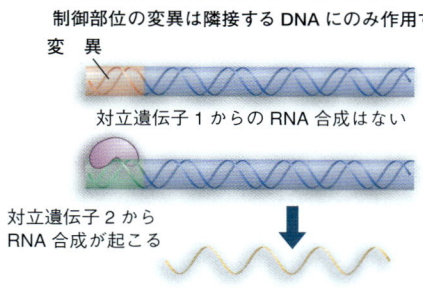

| 制御部位の変異はシスに働く | タンパク質は標的配列をもったすべてのコピーに結合する |
|---|---|
| 野生型では両方の対立遺伝子が RNA を合成する | 活性型タンパク質は両方の対立遺伝子に作用する |
| 制御部位の変異は隣接する DNA にのみ作用する<br>変異<br>対立遺伝子 1 からの RNA 合成はない<br>対立遺伝子 2 から RNA 合成が起こる | 変異タンパク質はどちらの対立遺伝子にも結合できない<br>対立遺伝子 1 からの RNA 合成はない<br>変異タンパク質<br>対立遺伝子 2 からの RNA 合成はない |

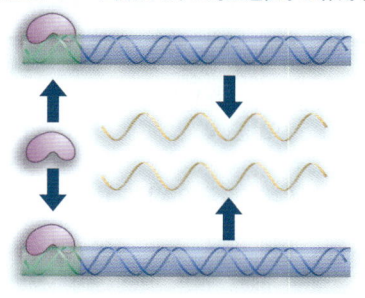

図 2・16 シスに働く部位は隣接する DNA を制御するが, 他の対立遺伝子には影響を与えない.

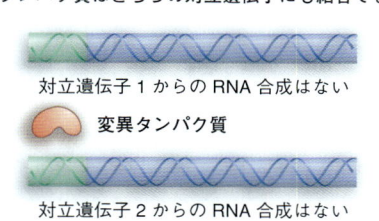

図 2・17 トランスに働くタンパク質の変異は, それが制御する遺伝子のどちらの対立遺伝子にも影響を与える.

かし, もし変異がシスに働くものであれば, それは隣接する DNA の性質に直接影響を与えるものであり, RNA やタンパク質の形で発現していないことを意味している.

## 2・13 要 約

染色体は多くの遺伝子をもった途切れることのない二本鎖 DNA からできている. おのおのの遺伝子(またはシストロン)は RNA に転写され, さらにその RNA がタンパク質をコードするならば, ひき続きポリペプチドに翻訳される. 遺伝子の産物である RNA またはタンパク質はトランスに働くといわれる. 遺伝子は, 相補性テストにより一つの単位として同定される一つながりの DNA である. 隣接する遺伝子の活性を制御する DNA の領域はシスに働いている.

遺伝子がタンパク質をコードする場合, DNA の塩基配列とタンパク質の配列との関係は遺伝暗号によって決められる. DNA 二本鎖のうちの 1 本がタンパク質をコードする. コドンは 3 塩基から成り, それは一つのアミノ酸を表している. DNA がコードする配列は一続きのコドンであり, 決まった開始点から読まれる. たいがい三つの可能な読み枠のうちの一つからタンパク質が翻訳される.

遺伝子は複数の対立遺伝子をもつことがある. 劣性の対立遺伝子はタンパク質の機能に欠陥がある機能喪失型となる. ヌル対立遺伝子はその機能が完全にないものである. 優性対立遺伝子はタンパク質中に新しい性質ができた機能獲得型の変異である.

# 3 分断された遺伝子

3・1 はじめに
3・2 mRNA と DNA を比較して分断された遺伝子が発見された
3・3 分断された遺伝子は mRNA よりもはるかに長い
3・4 分断された遺伝子の構成はよく保存されている
3・5 エキソンの配列は保存されているが，イントロンの配列には変化が多い
3・6 遺伝子の長さは広範囲に分布している
3・7 2種類以上のタンパク質をコードする DNA 配列もある
3・8 分断された遺伝子はどのように進化してきたのか
3・9 一部のエキソンはタンパク質の機能と一致する
3・10 遺伝子ファミリーのメンバーは共通の構成になっている
3・11 偽遺伝子は進化の袋小路である
3・12 要約

## 3・1 はじめに

> エキソン exon 完成した RNA に存在する分断された遺伝子の配列の一部分.
> イントロン intron 転写はされるが，両側の配列（エキソン）がつなぎ合わされるスプライシングによって転写産物から取除かれる DNA の一部分. 介在配列ともいう.
> 転写産物 transcript DNA の片方の鎖をコピーすることによってつくられた RNA 産物. 完成した RNA（実際に機能をもつ RNA）となるためにはプロセシングを経なければならない場合もある.
> RNA スプライシング RNA splicing イントロンに相当する配列を RNA から除去し，エキソンに相当する配列を連結してコード領域だけが連続した mRNA（成熟 mRNA）をつくり出す過程.

- 真核生物のゲノムには分断された遺伝子があり，（最終的に RNA 産物に残る）エキソンと（最初の転写産物より除かれる）イントロンが交互に並んでいる.
- エキソン配列は遺伝子と RNA では同じ順序で現れるが，分断された遺伝子はイントロンが存在するため最終の RNA 産物よりも長い.

遺伝子の最も単純な形状は長い DNA であり，タンパク質産物と 1 対 1 (colinear) に対応している. 細菌の遺伝子はほとんどこのタイプで，3N 個の塩基対の連続的なコード配列は 1N 個のアミノ酸のタンパク質を表している. しかし，真核生物では，タンパク質を表す配列を分断している余分な配列がコード領域内に含まれていることがある. これらの配列は遺伝子発現の過程で RNA 産物から取除かれ，遺伝暗号の法則に従ってつくり出されるタンパク質と正確に対応した塩基配列をもつ mRNA が生成する.

**分断された遺伝子**を構成する DNA の塩基配列は図 3・1 に示すように二つに分けられる：

- エキソンは完成した RNA にある塩基配列である. 遺伝子は RNA の 5′ 末端にあたるエキソンに始まり，3′ 末端にあたるエキソンで終わる.
- イントロンは介在配列であり，一次転写産物がプロセシングを受けて完成した（成熟）mRNA になる際に除かれる.

分断された遺伝子の発現には，分断されていない遺伝子にはない余分な段階が必要である. 分断された遺伝子の DNA からはそのゲノムの塩基配列を正確にコピーした RNA（**転写産物**）がつくられる. しかし，この RNA は単なる前駆体で，タンパク質の生産には使うことができない. まず RNA からイントロンが除かれて，エキソンだけが一続きにつながった mRNA にならなければならない. この過程は **RNA スプライシング**とよばれ，一次転写産物からイントロンが正確に除去され，その両端の RNA を再び共有結合で結合させて完全な分子を形成するのに関与している (26 章参照).

遺伝子は完成した mRNA の 5′ 末端と 3′ 末端の塩基に挟まれたゲノム上の領域から成る. 転写は mRNA の 5′ 末端で始まり，通常 3′ 末端を越えてさらに伸長し，余分な RNA は切断される (§26・14 参照). 遺伝子には，遺伝子の両側に位置して遺伝子発現の開始や（時として）終了に必要な調節領域も含まれる.

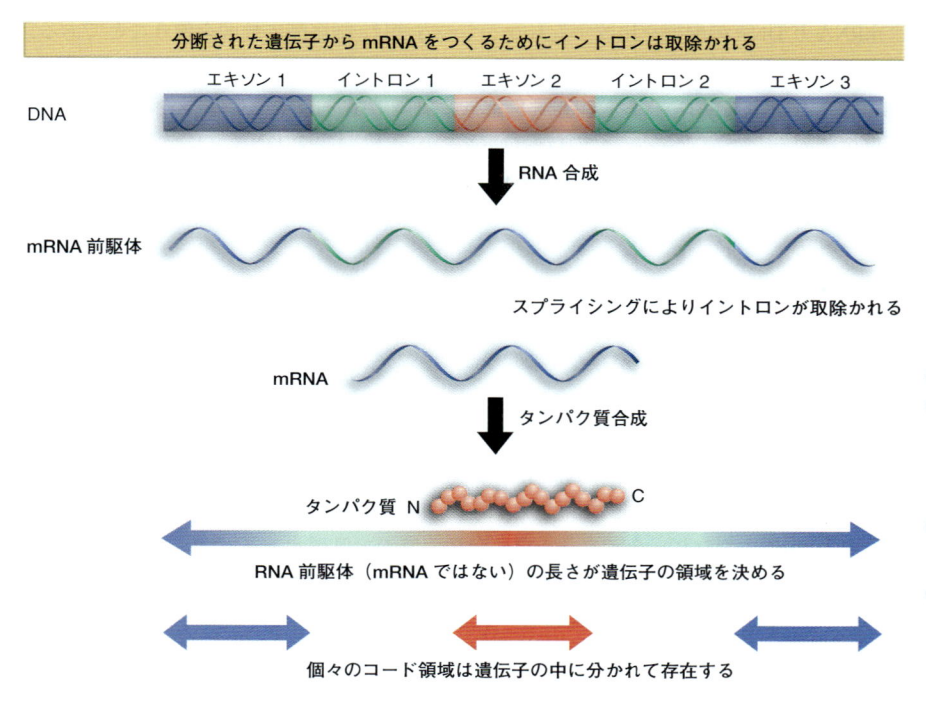

**分断された遺伝子から mRNA をつくるためにイントロンは取除かれる**

DNA：エキソン1 — イントロン1 — エキソン2 — イントロン2 — エキソン3

↓ RNA 合成

mRNA 前駆体

スプライシングによりイントロンが取除かれる

mRNA

↓ タンパク質合成

タンパク質 N — C

RNA 前駆体（mRNA ではない）の長さが遺伝子の領域を決める

個々のコード領域は遺伝子の中に分かれて存在する

**図 3・1** 分断された遺伝子は RNA 前駆体合成を経て発現される．前駆体からイントロンが除かれてエキソン同士がつながる．mRNA にはエキソンの塩基配列のみが含まれる．

## 3・2 mRNA と DNA を比較して分断された遺伝子が発見された

**制限酵素** restriction enzyme 特異的な短い DNA 配列を認識し，二本鎖 DNA を切断する酵素．切断部位は酵素の種類によって標的配列の内部にある場合もあれば，別の部位である場合もある．

**制限酵素地図** restriction map さまざまな制限酵素で切断される DNA の部位（制限部位）を直線状に並べて表したもの．

- 遺伝子と RNA 産物を制限酵素地図の作成や電子顕微鏡観察で比較すると，余分な領域が見つかりイントロンを検出できるが，最終的な決定はそれぞれの塩基配列の比較に基づく．
- 電子顕微鏡で mRNA・ゲノムハイブリッドの地図を作成すると，ゲノム DNA 中の余分な部分のループが見える．
- mRNA からつくられた cDNA とゲノム DNA の制限酵素地図を比較すると，ゲノム DNA 中の余分な領域が見つかる．
- イントロンは通常，タンパク質をコードしない．

物理的に DNA 地図を作成する技術が発展し，真核生物の遺伝子を観察することができるようになった．mRNA をゲノム配列と比較すると，ゲノム配列には mRNA 中に現れない余分な領域があることがわかる．

mRNA をゲノム DNA と比較するための一つの方法は，mRNA と相補 DNA 鎖とのハイブリッドをつくらせることである．もし，二つの配列が 1 対 1 に対応しているなら，二本鎖が形成されるだろう．**図 3・2** は分断されていない遺伝子からつくられた RNA がその遺伝子を含む DNA とハイブリッドを形成するときの典型的な例である．遺伝子の前後に当たる配列は RNA に含まれないが，遺伝子の配列は RNA とハイブリッドをつくり，連続的な二本鎖の領域を形成する．

ここで，分断された遺伝子からつくられた RNA で同様な実験をしてみよう．違いは mRNA になった配列が mRNA にはならなかった配列の両側にあることである．**図 3・3** では，RNA・DNA ハイブリッドは二本鎖を形成するが，中央にある反応しない配列は一本鎖のままループを形成し，二本鎖から飛び出していることを示している．ハイブリッドを形成する領域はエキソンと，飛び出したループの領域はイントロンと一致する．

mRNA・DNA ハイブリッド構造を電子顕微鏡で観察することができる．**図 3・4** は，分断された遺伝子をみた最初の例のうちの一つである．下図に示すようにこの構造の図解から，三つのイントロンは遺伝子の開始点にきわめて近い所に位置することがわかる．

**RNA は遺伝子の鋳型鎖とハイブリダイズする**

青色の領域の DNA は RNA と相補的である
灰色の領域は RNA に読まれない

↓ DNA を変性させる

＋

mRNA

↓ mRNA を DNA にハイブリダイズさせる

RNA・DNA ハイブリッドは連続した二本鎖領域を形成する

**図 3・2** 分断されていない遺伝子からつくられた mRNA をその遺伝子を含む DNA とハイブリダイズすると，遺伝子に相当する領域で二本鎖ができる．

**イントロンは mRNA とハイブリダイズしない**

青色の領域の DNA は RNA と相補的である
灰色の領域は RNA には読まれない

↓ DNA を変性させる

＋

mRNA

↓ mRNA を DNA にハイブリダイズさせる

イントロン
エキソン1　エキソン2

DNA と相補的でない領域はハイブリダイズせず一本鎖のループを形成する

**図 3・3** 分断された遺伝子の DNA と RNA をハイブリダイズすると，エキソンの部分は二本鎖を形成し，イントロンの部分はエキソン間で一本鎖のループになる．

### 多数のイントロンはハイブリダイゼーションでループを形成する

mRNA と DNA の配列を比較するもう一つの方法は，制限酵素地図を使うことである．この方法ではどの DNA 分子でも正確に決まった位置で切断して物理地図を作成することができる．二本鎖 DNA の特定の標的配列を**制限酵素**が認識して切断するので，切断部位を決めることができる．その技術は RNA から（二本鎖）DNA コピーをつくることにより，（一本鎖）の RNA に適用することができる．制限酵素の切断により，生成した断片の長さと順序が決まり，切断部位を1列に並べて表した**制限酵素地図**をつくることができる．

遺伝子が分断されていないとすると，その DNA の制限酵素地図は mRNA の地図と完全に一致するはずである．

遺伝子の中にイントロンが存在する場合でも，遺伝子のそれぞれの末端の制限酵素地図は mRNA の末端の地図と一致する．しかし，遺伝子の内部の地図は異なり，遺伝子の中には mRNA には存在しない余分な部分が加わっている．そのような領域はイントロンに相当する．βグロビンの遺伝子とその mRNA の制限酵素地図を比較した例を図3・5に示した．（mRNA の地図をつくる方法は，実際には cDNA（相補的な DNA）とよばれる mRNA のコピーをつくり，それを制限酵素で処理する．）二つのイントロンがあり，おのおののイントロンには cDNA にない制限部位がある．エキソンの制限部位のパターンは cDNA や遺伝子のものと一致している．

最終的には，ゲノム DNA と mRNA の塩基配列を比較することでイントロンを正確に決定できる．図3・6に示すように，イントロンは通常オープンリーディングフレーム（ORF，翻訳可能な読み枠）をもたず，スプライスされていない RNA の翻訳をブロックするだろう．完全な読み枠はイントロンの除去によって mRNA 配列中につくり出される．

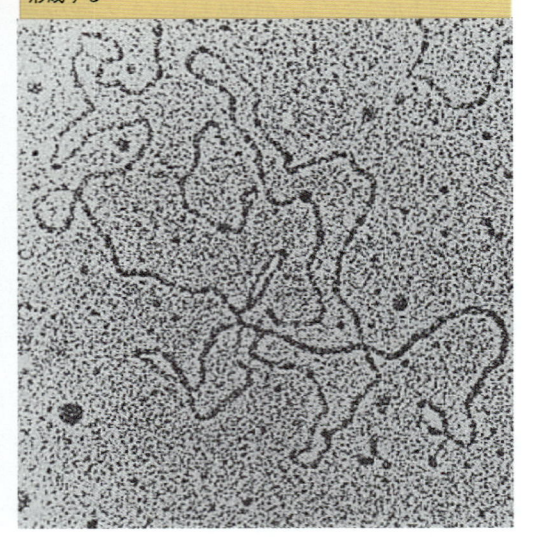

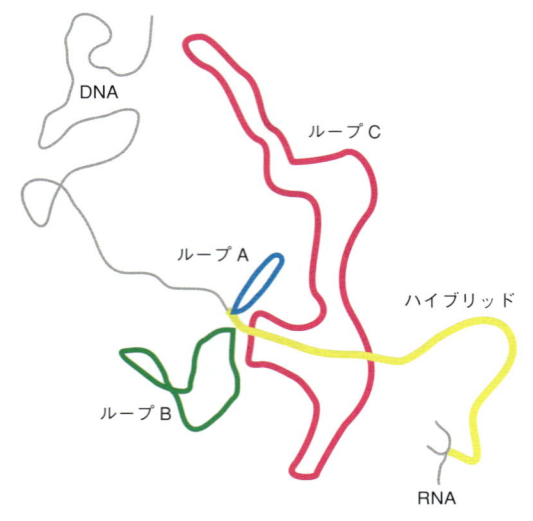

図3・4 アデノウイルスの mRNA とその DNA との間のハイブリダイゼーションにより遺伝子の先頭にあるイントロンが三つのループをつくることがわかる．写真は Philip Sharp 氏（Massachusetts Institute of Technology）のご好意による．

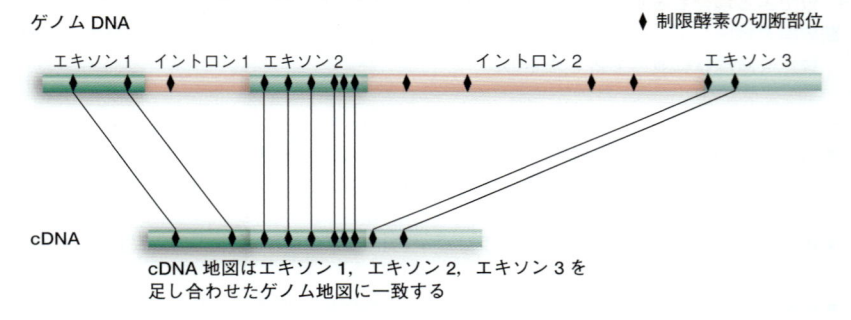

図3・5 マウスβグロビンの cDNA とゲノム DNA の制限酵素地図を比較すると，遺伝子は cDNA にはない二つの領域を余分にもっていることがわかる．他の領域は cDNA と遺伝子の間で完全に一致している．

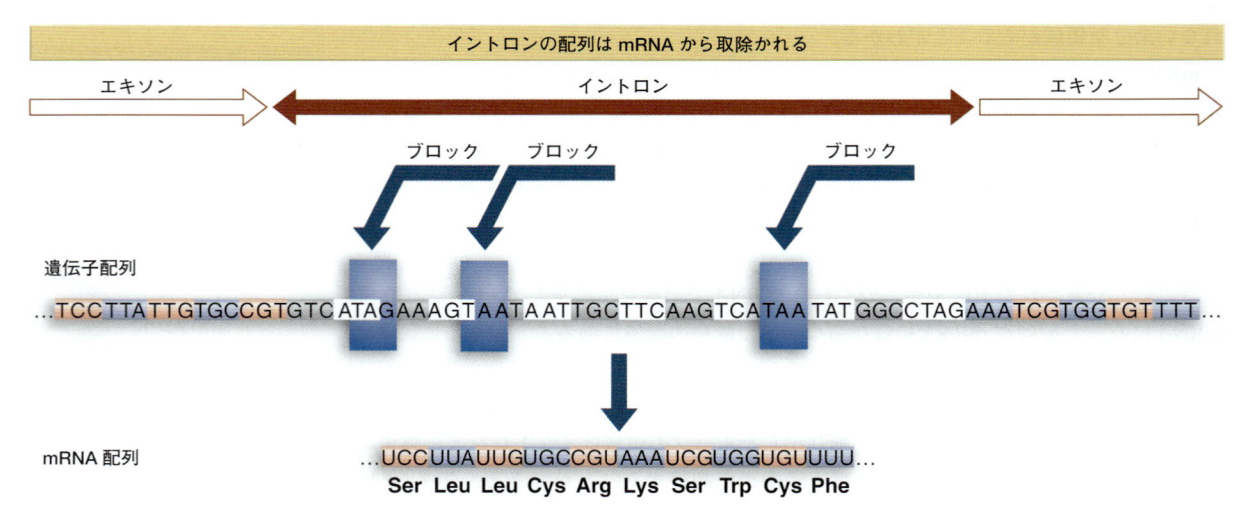

図3・6 イントロンは遺伝子にはあるが mRNA（ここでは cDNA 配列で示してある）にはない配列である．イントロン中ではどの3通りの読み枠でも終止コドンによりブロックされている．

### 3・3　分断された遺伝子はmRNAよりもはるかに長い

> - イントロンはRNAスプライシングの過程で取除かれる．これは個々のRNA分子上でシスにのみ起こる．
> - エキソンの変異だけがタンパク質配列に影響するが，イントロンの変異はRNAのプロセシングに影響を及ぼし，そのためタンパク質の生産が阻害される．

　イントロンの存在で遺伝子についての考えはどのくらい変わっただろうか．エキソンはスプライシングの後も，DNA中に並んでいたのと同じ順序でmRNA中に位置している．つまり，遺伝子とタンパク質が互いに一続きになっている関係は個々のエキソンとそれに対応するタンパク質の鎖の一部分の間に保たれている．図3・7に示すように，遺伝子中の塩基の並び順はタンパク質中のアミノ酸の並び順と同じである．しかし，遺伝子上の距離はタンパク質内の距離とはまったく対応しない．組換え地図上でみられる遺伝的距離は，タンパク質中の対応する部位間の距離とは関連がない．遺伝子の長さはmRNAの長さではなく，その前駆体RNAの長さによって決まる．

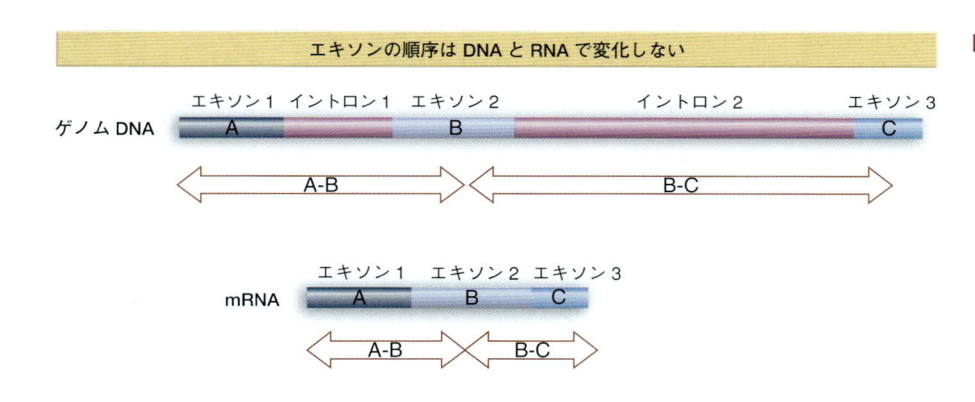

図3・7　mRNA中とDNA中でエキソンの順序は同じであるが，遺伝子中の間隔はmRNAやタンパク質中の間隔とは一致しない．遺伝子中でのA–Bの間隔はB–Cの間隔より小さいが，mRNA（およびタンパク質）中でのA–Bの間隔はB–C間よりも大きい．

　エキソンはすべて同じRNA分子上に並んでいるので，それらをつなぎ合わせるスプライシングは分子内反応である．異なったRNA分子間ではエキソンの結合は起こらない（訳注: トランススプライシングとよばれる例外がある．§26・12参照）．したがって，異なる対立遺伝子の間で塩基をつなぎ合わせるようなスプライシングは普通まったく起こらない．

　タンパク質の配列に直接影響を及ぼす変異はエキソン中になければならない．イントロン中に起こった変異はどんな影響を及ぼすだろうか．イントロンはmRNAには含まれないから，そこに起こった変異は直接タンパク質の構造には影響を与えない．しかし，mRNAをつくれないようにすること——たとえば，エキソン同士のスプライシングの阻害——は起こりうる．

　スプライシングに影響を及ぼす変異はたいてい有害である．そのような変異の大部分は，エキソン–イントロン連結部で起こる1塩基置換である．1塩基置換は，転写産物からエキソンが除かれたり，イントロンが含まれたりする原因となったり，異常な位置でのスプライシングをひき起こしたりする．最もよくみられる結果は終止コドンが頻出することで，タンパク質配列が切り詰められる．ヒトの病気をひき起こす点変異の約15%はスプライシングの破綻に起因している．

　分断された遺伝子はすべての生物種でみられる．高等真核生物では多くの核の遺伝子が分断され，イントロンは通常エキソンよりもずっと長いので，遺伝子はそのコード領域よりも著しく大きい．分断された遺伝子は下等真核生物（たとえば酵母）にもあるが，その割合は全遺伝子数に比べてかなり小さい．また，分断された遺伝子は下等真核生物ではミトコンドリアの遺伝子中に，植物では葉緑体の遺伝子中にもみられる．分断された遺伝子は細菌やファージの中にもあるが，原核生物のゲノムにはめったにみられない．

### 3・4　分断された遺伝子の構成はよく保存されている

> - 異なる生物間で相同な遺伝子を比較した場合，イントロンの位置は保存されている．

**グロビン遺伝子はイントロンの長さは異なるが同じ構造である**

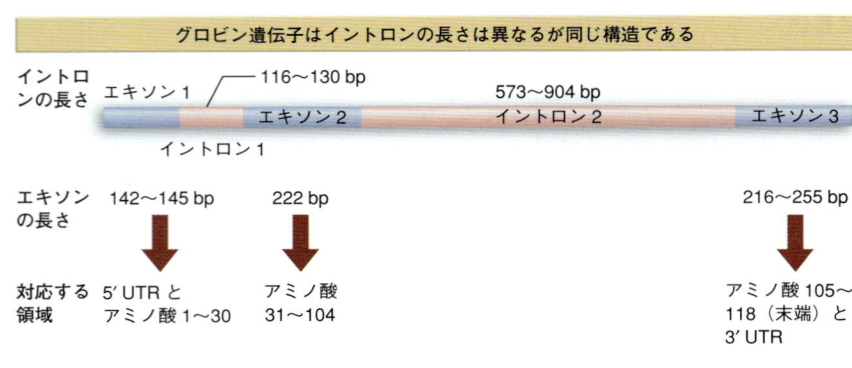

図3・8 実際に機能しているすべてのグロビン遺伝子は分断されており、三つのエキソンがある。図では哺乳類のβグロビン遺伝子の長さを示してある。

**DHFR遺伝子は一定の構造をもつ**

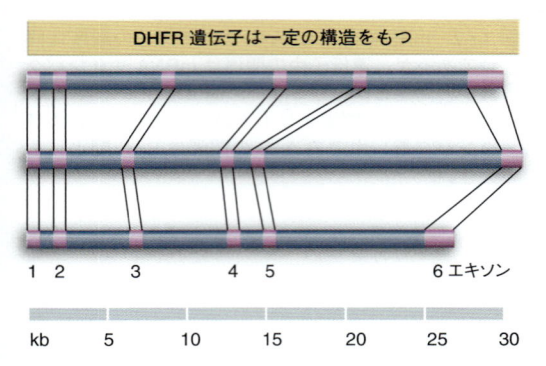

図3・9 哺乳類のDHFR遺伝子は比較的短いエキソンとかなり長いイントロンから構成されているが、互いによく似た構造をしている。しかし、イントロンの長さにはかなりばらつきがある。

**近縁遺伝子でもイントロンには相違がある**

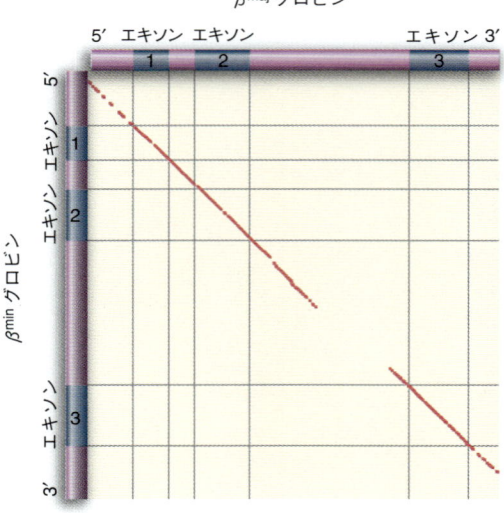

図3・10 マウスの$\beta^{maj}$グロビン遺伝子と$\beta^{min}$グロビン遺伝子は、そのコード領域で高い相同性がみられるが、隣接領域や長いイントロンでは異なっている。データはPhilip Leder氏のご好意による。

イントロンとエキソンの配置は関連した遺伝子の間でよく保存されている。これは、イントロンの配列や長さは大きく変わることがあるが、イントロンの位置はエキソンに対して同じ位置に保存されていることになる。グロビン遺伝子は詳しく研究された例である（§3・10参照）。普通にあるαとβの二つのグロビン遺伝子は、互いによく似た構造をしている。哺乳類のグロビン遺伝子は一貫して似た構造をしている。これら"一般的な"グロビン遺伝子の構造について図3・8に示した。

哺乳類、鳥類、カエルなどの実際に機能しているグロビン遺伝子を調べた限りでは、分断は（コード領域に対して）実によく似た位置で起こっている。最初のイントロンはいつもかなり短く、次のイントロンはより長いのが普通である。しかし、その実際の大きさは一定でない。グロビン遺伝子全体の長さの違いはそのほとんどがイントロン2の長さの違いによる。マウスではαグロビン遺伝子のイントロン2は150 bpしかなく、全長は850 bpである。これに対して、イントロンの長さが585 bpの$\beta^{maj}$グロビン遺伝子の全長は1382 bpである。このようにmRNAの長さの差に比べて遺伝子の長さの違いはずっと大きい（mRNAの長さはαグロビンで585塩基、βグロビンでは620塩基である）。

*DHFR*（ジヒドロ葉酸レダクターゼ；dihydrofolate reductase）遺伝子はもっと大きい遺伝子で、その例を図3・9に示した。哺乳類の*DHFR*遺伝子は六つのエキソンから成り、mRNAは2000塩基になる。しかし、イントロンが途方もなく長いのでDNAの長さはさらに大きくなっている。3種類の哺乳類の例では、エキソンの長さもイントロンのある相対的な場所もほとんど変わらないが、おのおののイントロンの長さは著しく違うため、遺伝子の長さは25～31 kbの幅がある。

グロビンや*DHFR*遺伝子はきわめて普通の例である。進化的に近い遺伝子は遺伝子構成が似ており、（少なくともいくつかの）イントロンの位置は保存されている。遺伝子の長さの違いは主としてイントロンの長さによって決まる。

### 3・5　エキソンの配列は保存されているが、イントロンの配列には変化が多い

- 異なる種間で関連した遺伝子を比較すると、対応するエキソンの配列はたいてい保存されているが、イントロンの配列はそれほど保存されていないことがわかる。
- イントロンには、タンパク質をつくるために有用な配列にかかる選択圧がないため、エキソンより速く進化する。

二つの遺伝子に類似性があるとき、それらのエキソン同士の関係はイントロン同士の関係よりも近い。極端な場合では、二つの遺伝子のエキソンは同じタンパク質配列をコードするが、イントロンの配列は異なるということもある。このことは、二つの遺伝子が共通の先祖に当たる遺伝子の重複に由来したことを示している。その後、二つのコピーには変異が蓄積されたけれども、正常に機能しないタンパク質に対する選択圧により、エキソンの部分で発生する変異は除外されてきた。

後ほど遺伝子の進化について考えるときに検討するように、エキソンはさまざまな組合わせで構築できるような基礎単位と考えることができる。ある遺伝子は他の遺伝子のエキソンと似たエキソンをいくつかもつことがあるが、別のエキソンは関連がない場合もある。このような遺伝子は個々のエキソンが重複や転座によって生じたと考えられる。通常、こういう場合でもイントロン間にまったく類似性がみられない。

二つの遺伝子の関連を図3・10のようにドットマトリックスで表し、比較することができる。二つの遺伝子間で同じ配列があった場合にそこを点で表すことにすると、この二つの配列がまったく同じものであった場合には傾き45°の直線ができる。この直線は、塩基配列が似ていない部分があるとそこで途切れ、一つの配列中で塩基の欠失や挿入があるとそこで水平や垂直方向に平行移動したり一方では途切れていたりする。

図3・10の中でマウスの二つのβグロビン遺伝子を比較すると、点線は三つのエキソ

ンと短いイントロンを通って伸びていて，遺伝子に隣接した領域と長いイントロンの中では途切れている．このようなパターンはよくみられる．つまり，タンパク質をコードする領域とエキソンの境界を越えた領域では塩基配列がよく保存されているが，遺伝子の両側や長いイントロンの内部では保存されていないことを示している．

二つのエキソン間の配列の差異はタンパク質のアミノ酸配列の差と関連しており，その多くは塩基の置換でひき起こされる．タンパク質に翻訳される領域ではエキソンはアミノ酸配列をコードしなければならないので，変化が起こるとしてもある程度の制限がある．塩基の置換の多くは非翻訳領域（これにはmRNAの5′リーダー配列やあるいは3′トレーラー配列も含まれる）に起こる．

対応するイントロン同士を比べた場合，それらには（塩基の欠失や挿入が起こったことを反映する）大きさの違いがあったり，塩基置換による変化が認められたりする．イントロンはエキソンより速く進化する．たとえば，同じ遺伝子を異なる種の間で比較した場合，エキソンの相同性は非常に高いが，イントロンでは対応する配列がほとんど認められないほど大きく変化している．

変異はエキソンにもイントロンにも同じ頻度で起こっているが，選択によってエキソンからより効率的に除かれる．しかし，タンパク質をコードするという制約がないイントロンでは，点変異による置換やさまざまな変化が蓄積しやすいと考えることができる．これはイントロンが塩基配列に依存した機能をもっていないことを意味している．

### 3・6　遺伝子の長さは広範囲に分布している

- 酵母ではほとんどの遺伝子は分断されていないが，高等真核生物では分断されている．
- エキソンは一般的に短く，通常100以下のアミノ酸をコードしている．
- 下等真核生物のイントロンは短いが，高等真核生物では数十 kb の長さにまで及ぶ．
- 遺伝子全体の長さはおおよそそのイントロンにより決まる．

図3・11には酵母やショウジョウバエ，哺乳類の遺伝子の全体的な構成を示した．酵母（*S. cerevisiae*）では大多数（96％以上）の遺伝子は分断されておらず，したがって，エキソンは普通小さくまとまっている．四つを超えるエキソンをもつ酵母遺伝子は今のところ見当たらない．

図3・11　酵母ではほとんどの遺伝子は分断されていないが，ショウジョウバエや哺乳類ではほとんどの遺伝子が分断されている．（分断されていない遺伝子はエキソンが一つであり，いちばん左の欄にその総計が示してある．）

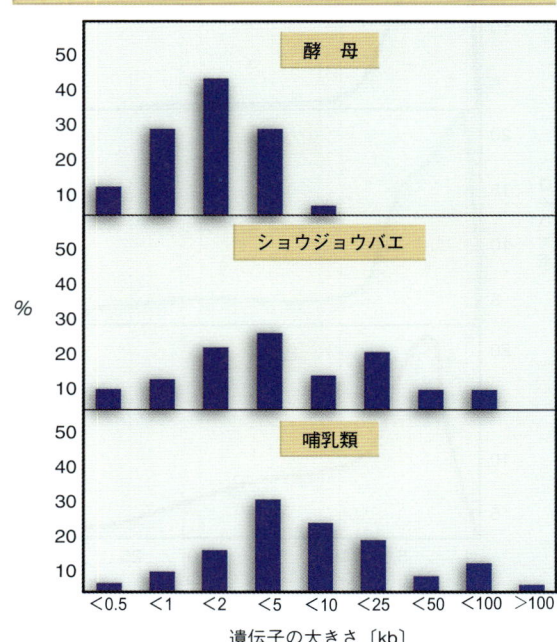

図3・12　酵母の遺伝子はかなり短いが，ショウジョウバエや哺乳類の遺伝子はかなり長いものにまでわたって分散した分布をしている．

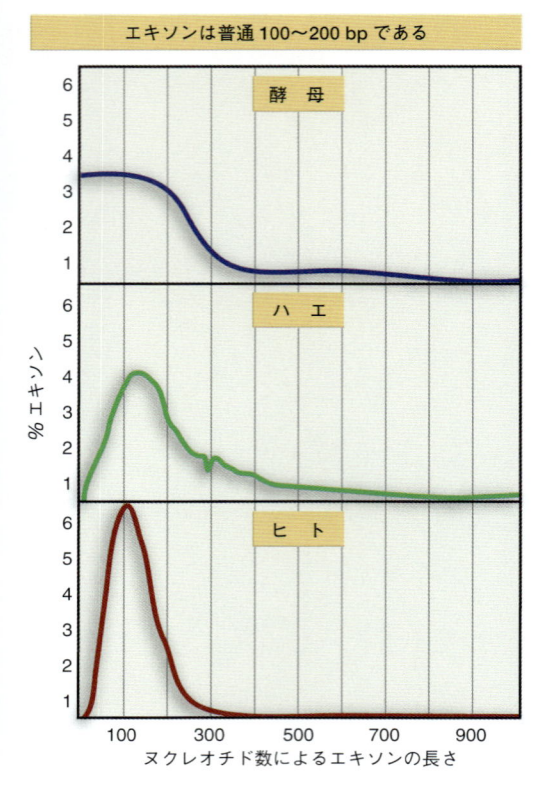

**図3・13** タンパク質をコードするエキソンは短い傾向にある．

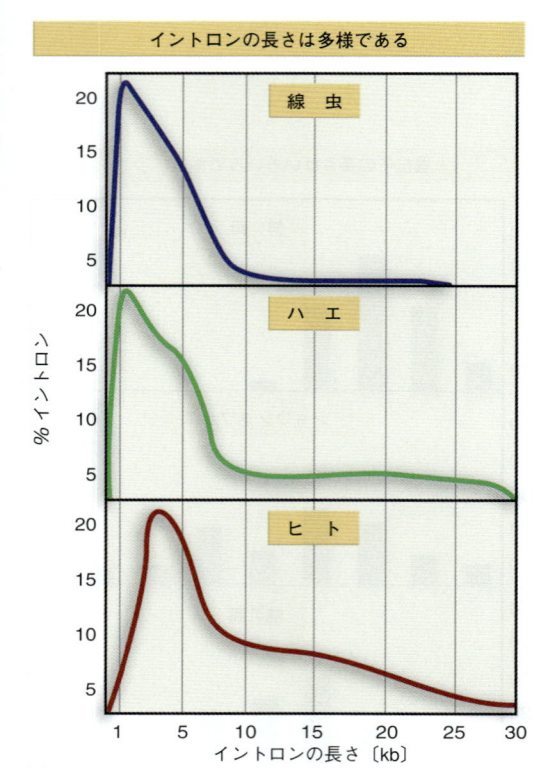

**図3・14** 脊椎動物のイントロンには長いものから短いものまである．

昆虫類〔たとえばショウジョウバエ（*Drosophila melanogaster*）〕や哺乳類はその逆で，タンパク質をコードする配列が分断されていない遺伝子はごく一部（哺乳類で6％）である．昆虫類の遺伝子は普通10未満の比較的少数のエキソンから成る．哺乳類の場合はもっと小さな断片に分かれており，数十のエキソンから成ることがある．また，哺乳類の遺伝子の約50％は10個以上のイントロンをもつ．

遺伝子全体の長さに対してエキソンの構成を調べてみると，図3・12にあるように，酵母と高等真核生物の間には著しい違いがある．酵母遺伝子は平均1.4 kbの長さをもち，5 kbより長いものは少ない．しかしながら，高等真核生物において分断された遺伝子が多いことは，タンパク質をコードする構成単位より遺伝子がずっと長いことを意味している．ハエと哺乳類では2 kbより短い遺伝子は比較的少なく，多くは5〜100 kbの長さである．ヒト遺伝子の平均長は27 kbである（図5・10参照）．

ほとんど分断されていない遺伝子から大部分が分断された遺伝子への進化上の変化は下等真核生物にみられる．真菌類（酵母は除く）ではほとんどの遺伝子が分断されているが，エキソンの数は少なく（6個未満），遺伝子は比較的短い（5 kb未満）．〔訳注：ここで述べられているのは子嚢菌類（かびの仲間）のことで，同じ真菌類でも担子菌類（きのこの仲間）ではエキソンは短くなり数が増え，多数の短いイントロンをもつものが大部分となる．〕長い遺伝子への進化上の変化は高等真核生物内で起こるが，遺伝子の大きさは昆虫類でもかなり長くなっている．遺伝子が長くなると，ゲノムの複雑度と生物の複雑性の関係が失われる（図5・5参照）．

ゲノムサイズが大きくなるにつれ，イントロンはより長くなる傾向があるのに対し，エキソンの長さはほとんど変化しない．

図3・13はタンパク質をコードするエキソンが非常に短い傾向にあることを示している．高等真核生物では平均的なエキソンは約50アミノ酸をコードしており，遺伝子全般の分布からみると，小さな個々のタンパク質ドメインをコードする構成単位を少しずつ加えて遺伝子は進化してきたという仮説によく合う（§3・8参照）．酵母の遺伝子では，コード配列が一続きで分断されていない，いくつかのより長いエキソンから成るものが存在する．5′と3′の非翻訳領域をコードするエキソンは，タンパク質をコードするものよりも長い傾向がある．

図3・14はイントロンが長さの点で変化に富むことを示している．線虫とハエでは，平均的なイントロンはエキソンよりそれほど長くはない．線虫には非常に長いイントロンは存在しないが，ハエにはかなりの割合で存在する．脊椎動物では，長さの分布はずっと広く，エキソンとほぼ同じ長さ（200 bp未満）から数十 kbの長さのものまであり，長いものでは最大で50〜60 kbに及ぶ．

遺伝子が長いのは大きな産物のためにコード領域が長いからではなく，イントロンが長いからである．高等真核生物では遺伝子の長さとmRNAの長さに相関はなく，遺伝子の長さとエキソンの数にも相関はない．したがって，遺伝子の長さはおのおののイントロンの長さによるところが大きい．哺乳類，昆虫類，鳥類では"平均して"遺伝子の長さはmRNAの5倍である．

### 3・7　2種類以上のタンパク質をコードするDNA配列もある

- 複数の開始または終止コドンのうち一つを選ぶことで2種類のタンパク質をつくることができ，一方は他方の断片に相当する．
- 二つの（重なり合う）遺伝子で異なる読み枠から翻訳された場合，同じDNA配列から異なったタンパク質がつくられる．
- 選択的スプライシングでは，一つのエキソンを含むか，あるいは除外するかによって，同じタンパク質でもある領域が存在するか欠損しているかの違いがつくられる．これには，個々のエキソンを含むか除くかという場合のほか，いくつかのエキソンのうちでどれを選ぶかという場合もある．

大部分の遺伝子のDNAの塩基配列は1種類のタンパク質しかコードしない（ただし，遺伝子の両端には非コード領域が，またコード領域の内部にはイントロンがあることもある）．しかし一つのDNA配列が2種類以上のタンパク質をコードする場合がある．

重なり合った遺伝子のうちで比較的単純なのは，一つの遺伝子の中に別の遺伝子が含まれている場合である．たとえば図3・15に示すように，一つの遺伝子の前半部（あるいは後半部）が独立して一つのタンパク質をつくり，このタンパク質は遺伝子全体がコードしているタンパク質の前半部（あるいは後半部）だけに相当する．最終的にはタンパク質に部分切断が起こって，全長に対応する分子とその部分から成る分子ができるのとちょうど同じことになる．

二つの遺伝子はかなり微妙に重なり合っていて，同じ塩基配列のDNAが二つの異なるタンパク質をつくる場合がある．このときにはDNAの同じ塩基配列が異なる読み枠で翻訳される．普通は細胞の遺伝子ではDNA配列は可能な三つの読み枠のうちの一つだけで読まれているが，ウイルスやミトコンドリアの遺伝子では，違った読み枠で読まれ，二つの遺伝子が隣接して重なり合っていることがある．例を図3・16に示す．重なり合った領域は通常比較的短いので，タンパク質をコードする塩基配列の大部分は一つのコード機能しかもっていない．

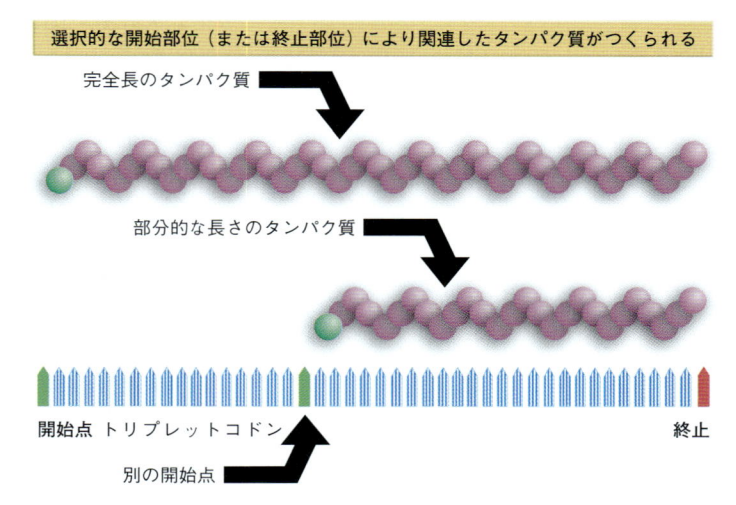

図3・15　一つの遺伝子上の異なった地点からの開始（または終止）によって2種類のタンパク質がつくられる．

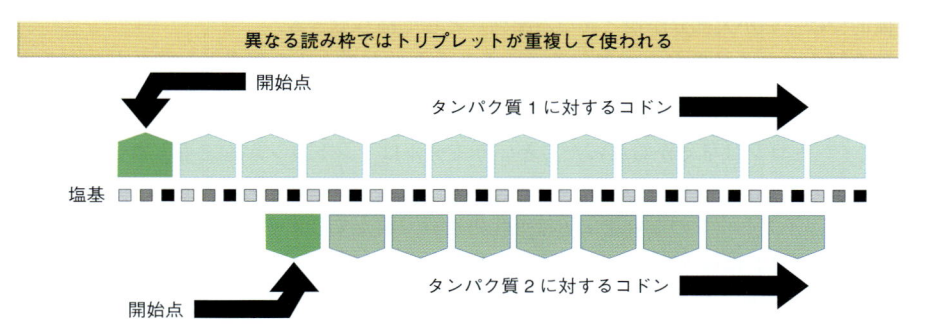

図3・16　異なる読み枠を使うことにより，二つの遺伝子がDNA上の同じ塩基配列を共有することがある．

遺伝子によっては，エキソンのつなぎ方を変えることにより遺伝子発現が2通りの様式を示すことがある．一つの遺伝子はどの異なるエキソンを使うかによって多くの種類のmRNAをつくり出すことができる．こうした違いは，いくつかのエキソンはあってもなくてもよく，mRNAにあってもスプライシングによって除かれてもよいことによる．もしくは，二つのエキソンのうち一つだけがmRNAに含まれ，同時に両方のエキソンは含まれないというように，エキソンが互いに排他的であるように扱われる場合もある．こうして選択的につくられたタンパク質は，その一部が共通で他の部分が異なったものとなる．

図3・17に示す例では，ラット筋のトロポニンT遺伝子の3′側には五つのエキソンがあり，個々のmRNAにはそのうちの四つしか含まれない．WXZの三つのエキソンは2通りの発現様式に共通であるが，一方ではXとZの間でαエキソンがスプライシングにより加わり，もう一方ではβエキソンが加わっている．そのため，トロポニンT遺伝子は翻訳の際に選択的エキソンα, βのうちどちらが用いられるかによって配列WからZまでのアミノ酸配列に差が生じ，α型，β型という二つの型をとる．mRNAがつくられるときには，選択的エキソンα, βのうちのどちらかが用いられ，同時に両方用

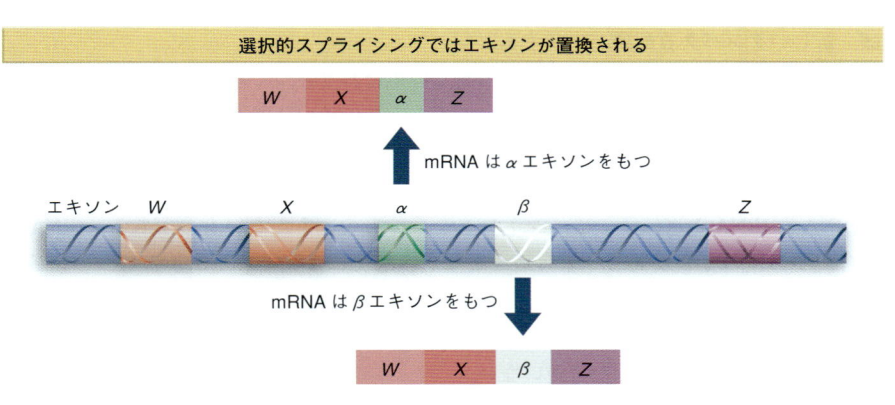

図3・17　トロポニンT遺伝子では選択的スプライシングが起こり，α型とβ型のトロポニンTが生じる．

3・7　2種類以上のタンパク質をコードするDNA配列もある

いられることはない．

このように，選択的スプライシング（もしくは異なるスプライシング）のために一つのDNAから何種類かの重なり合った配列をもつタンパク質がつくられることがある．選択的スプライシングにより，ハエと線虫ではタンパク質数が遺伝子数に対して約15％増えるが，ヒトではより影響が大きく，遺伝子の約60％が選択的な発現形態をもつ（§5・4参照）．選択的スプライシングの約80％はタンパク質配列の変化をもたらす．

### 3・8　分断された遺伝子はどのように進化してきたのか

> ■ 進化上重要な問題は，遺伝子はもともとイントロンにより分断された配列だったのか，あるいはもともとは分断されていなかったのかということである．
> ■ 大部分のタンパク質をコードする遺伝子はおそらく分断された形で始まったが，タンパク質をコードしないRNAの分断された遺伝子は元は分断されていなかったかもしれない．

真核生物の遺伝子は多数に分断されていて，真核生物のゲノムは，エキソンの島（時に非常に短い）が遺伝子を構成する個別の列島のように並んでいるイントロンの海（全面的ではないが大部分が他と異なる配列）として描写できる．

今日みられる分断された遺伝子は，もともとはどのような形をとっていたのだろうか．

- "イントロンは早くからあった"というモデルはイントロンがもともと遺伝子の重要な部分として存在していたという説である．遺伝子は最初から分断された形をとっており，イントロンのない遺伝子は進化の過程で消えてしまった．
- "イントロンは後からできた"というモデルでは，祖先となるタンパク質をコードする単位は分断されていないDNA配列であり，イントロンは後になって挿入されたと考える．

イントロンが早くからあったとするモデルでは，遺伝子のモザイク構造は，新しいタンパク質をつくるためにかつて遺伝子の再構成が行われた名残りと考える．最初のころの細胞にはいくつかの独立したタンパク質をコードする配列があったとする．進化の過程で異なるポリペプチドの単位を再編成したり隣合わせにしたりして，新しいタンパク質をつくる単位が形成されたと考えられる．これはDNAの組換えによってエキソンが一つの遺伝子から他の遺伝子に移って起きたのだろう．

図3・18はエキソンを含むランダムな配列が，ゲノムの新しい位置に転座した結果を表している．エキソンはイントロンと比べて非常に短いので，イントロンの内側に入っている可能性が高い．スプライシングにはエキソン-イントロン連結部の配列だけが必要とされるため，エキソンは両側をそれぞれ機能的な3'および5'スプライス部位に挟まれていると考えられる（§26・2参照）．

スプライス部位は対で認識されるので，元のイントロンの5'スプライス部位は，本来の相手ではなく新しいエキソンによりもたらされる3'スプライス部位と相互作用するであろう．同様に，新しいエキソンの5'スプライス部位は元のイントロンの3'スプライス部位と相互作用するであろう．結果として，新しいエキソンが元のRNA産物の二つのエキソンの間に挿入される．新しいエキソンが元のエキソンと同じ読み枠であれば，新しいタンパク質配列が生成する．

このことは，進化の過程でエキソンの新しい組合わせをつくるために必要であった可能性がある．この考えを支持する証拠は，異なる遺伝子中に関連のあるエキソンが存在することにある．4章で議論するが，まるでエキソンを混ぜ合わせ組合わせることによって，遺伝子は組立てられたかのようである．

rRNAやtRNAの遺伝子にはイントロンをもつものやもたないものがある．tRNAの場合，すべての分子が同じ一般構造をとるが，進化によりその遺伝子の二つの領域がくっついたとは考えられない．なにしろ，異なる二つの領域はその遺伝子の構造に重要な塩基対の形成にかかわっている．そのため，ここでは，もともと一続きであった遺伝子にイントロンが挿入されたに違いない．

**ランダムな転座が機能的な遺伝子を生むこともある**

イントロンはエキソンよりもずっと長い

5′ スプライス部位　　3′ スプライス部位

イントロン　　イントロン　　イントロン

RNA

エキソンをもつ配列がランダムな標的部位へ転座する

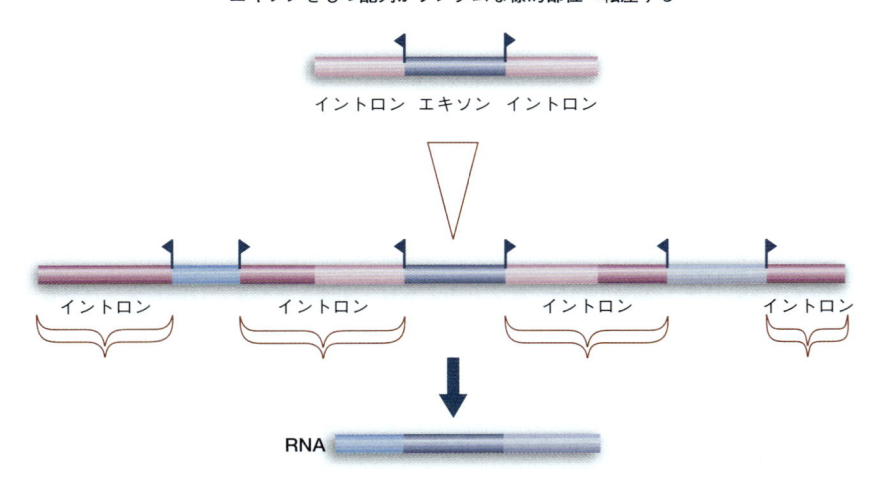

イントロン　エキソン　イントロン

イントロン　　イントロン　　イントロン　　イントロン

RNA

図 3・18　エキソンとその両側も含めてイントロン内に転座してきた配列はスプライスされて RNA 産物をつくり出すことがある．

## 3・9　一部のエキソンはタンパク質の機能と一致する

- エキソンが進化の基礎単位であることを示す根拠として：
  □ 遺伝子構造は非常に離れた種間でも保存されている．
  □ 多くのエキソンは特定の機能をもつタンパク質をコードする配列と一致している．
  □ 異なる遺伝子中に似通ったエキソンがみられる．

　エキソンが，独立して折りたたまれてつくられるタンパク質の一つのドメインをコードするということは比較的よくある．たとえば，インスリンのような分泌タンパク質では，ポリペプチドの N 末端領域をコードするエキソン 1 は，多くの場合膜からの分泌に関係するシグナル配列をつくっている．この配列は残りのタンパク質とは独立に働き，膜との結合を助けている．

　エキソンは一般にかなり小さいようで（図 3・13 参照），安定した折りたたみ構造をとりうる最小のポリペプチドの大きさに相当する 20〜40 残基のアミノ酸が普通である．タンパク質は，もともとかなり小さなモジュール（module）が寄り集まってできたものである．それぞれのモジュールは必ずしも現在の機能に対応している必要性はなく，いくつかのモジュールが集まって機能を表すものなのだと考えてもよい．タンパク質の大きさが大きくなるにつれてエキソンの数も増える傾向にあるが，しかるべきモジュールがつぎつぎと集まるにつれてタンパク質の機能も増えてくると考えれば当然であろう．

　エキソンが遺伝子の機能的な基礎単位であるという見解は，二つの遺伝子がお互いに関連のあるいくつかのエキソンをもつ一方で，他のエキソンは遺伝子の一方にのみみられるという例からみても妥当である．図 3・19 にはヒト LDL（plasma low density lipoprotein；低密度血清リポタンパク質）レセプタータンパク質と他のタンパク質との間の関係をまとめた．LDL レセプター遺伝子の中央の部分には EGF（epidermal growth factor；上皮増殖因子）前駆体遺伝子のエキソンと関連のあるエキソンがいくつ

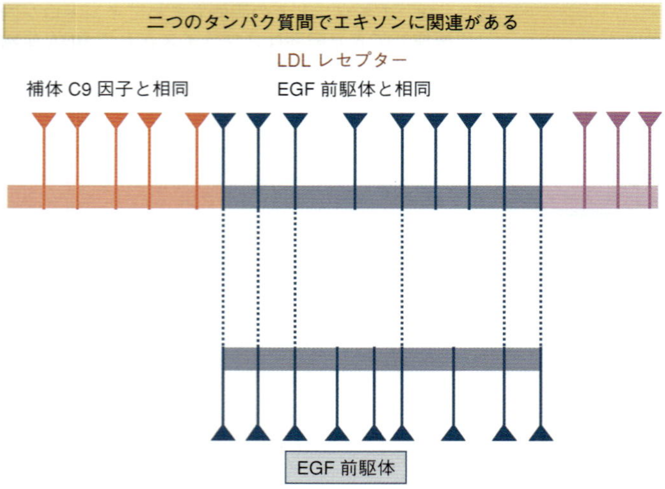

**図 3・19** LDL レセプター遺伝子は 18 個のエキソンから成り，そのうちいくつかは EGF 前駆体タンパク質や血中の補体 C9 因子と関連がある．三角形の印はイントロンの部分を示している．EGF 前駆体に対応する LDL 領域では二つの遺伝子の間でいくつかのイントロンだけ位置が一致している．

か存在している．このタンパク質の N 末端領域は，血中の補体タンパク質 C9 因子と関連した配列をコードするエキソンから構成されている．このように，LDL レセプタータンパク質の遺伝子は異なる機能を有するモジュールが集合してできあがったものである．これらのモジュールは他のタンパク質にも異なった組合わせで使われている．

このことは図 3・18 に示したように，タンパク質は一般的にエキソンの付加により進化するという見解を支持している．これは，イントロンが早くからあり，個々のタンパク質からさまざまな調整を受けながら真核生物の中で生き延びてきたことを意味している．しかし，原核生物からは失われている．

エキソンの特徴から遺伝子の進化に関するモデルを判別できるだろうか．たとえば，もしイントロンが遺伝子中にランダムに挿入されていたならば（イントロンは後からできたというモデル），イントロンとタンパク質ドメインの間の関係は期待できないであろう．しかし，もしエキソンがタンパク質の特徴と関係あるならば，それらはイントロンに囲まれた元からあった個々の単位であることが示唆される（イントロンは早くからあったというモデル）．

### 3・10　遺伝子ファミリーのメンバーは共通の構成になっている

**遺伝子ファミリー**　gene family　ゲノム内にあり，関連をもつまたは同じタンパク質をコードする遺伝子のセット．そのメンバーは先祖遺伝子の重複に由来し，各コピーの配列中には変異が蓄積されている．多くの場合，ファミリーのメンバー間に関連はあるが同一ではない．
**スーパーファミリー**　superfamily　現在ではかなりの多様性を示しているが，一つの共通の先祖遺伝子から生じたと考えられる関連遺伝子群．

- 遺伝子のセットにある共通の特徴から，それらが進化の過程で分かれる前にもっていた特性を推定できる．
- すべてのグロビン遺伝子は三つのエキソンと二つのイントロンという共通の構成でできており，これらが一つの先祖遺伝子に由来することが示唆される．

高等真核生物ゲノム中の多くの遺伝子は同じゲノム中の他の遺伝子と関連がある．**遺伝子ファミリー**は関連する，または同一のタンパク質をコードする遺伝子をもつグループと定義できる．遺伝子が重複すると，ファミリーが生じる．はじめは二つのコピーは同じであるが，その後それらに変異が蓄積して分岐する．重複と分岐によりファミリーはいっそう大きくなる．グロビン遺伝子は二つのサブファミリー（α グロビンと β グロビン）に分類されるファミリーの一例であるが，すべてのメンバーは同じ基本的な構造と機能をもっている．こうした考えはさらに広げられ，ずっと遠縁の遺伝子でもやはり共通の先祖をもつと認められるようになる．この場合，遺伝子ファミリーのグループは**スーパーファミリー**を構成すると考えられる．

α および β グロビンとそれに関係する二つのタンパク質には，進化の過程で保存されてきた非常に興味深い例がみられる．ミオグロビン（myoglobin）は動物にある単量体の酸素結合タンパク質で，そのアミノ酸配列からグロビンのサブユニットと（古いけれど）共通の起源をもつと示唆される．レグヘモグロビン（leghemoglobin）はマメ科の植物に存在する酸素結合タンパク質で，ミオグロビンと同様に単量体で他の酸素結合タンパク質と共通の起源をもつ．このようにグロビン，ミオグロビン，レグヘモグロビンはいずれも一つの（遠い）共通の先祖遺伝子から進化してきた遺伝子ファミリーのグループ，グロビンスーパーファミリーを構成している．

α および β グロビン遺伝子とも三つのエキソンをもっている（図 3・8 参照）．二つのイントロンはコード配列に対して一定の位置にみられる．中央のエキソンはグロビン鎖のヘム結合ドメインに対応している．

ミオグロビン遺伝子はヒトのゲノム中に 1 コピーしか存在しないが，その構造は他の

グロビンとほとんど同じである．したがって，3個のエキソンから成る構造はミオグロビンとグロビンの機能が分化する前から存在していることになる．

レグヘモグロビン遺伝子には三つのイントロンがあり，その最初と最後のイントロンはコード領域の中でグロビン遺伝子の二つのイントロンと同じ位置にある．この類似性からは，図3・20に示すように酸素結合タンパク質は非常に古い起源に由来していることがわかる．レグヘモグロビンの中央のイントロンはグロビンの中央にある一つのエキソンをコードしている塩基配列を二つに分断している．先祖遺伝子の中央にあった二つのエキソンが融合して，グロビン遺伝子の中央エキソンができたのだろうか．あるいは中央エキソンが一つあるのが先祖型なのだろうか．

ヘモグロビン遺伝子のように構造の違いから関係のある遺伝子の進化の過程がわかることもある．インスリンがその一例である．哺乳類と鳥類にはインスリンの遺伝子は一つしかないが，げっ歯類は例外で二つの遺伝子をもっている．図3・21にこれらインスリン遺伝子の構造を示した．

異なった種間で関連のある遺伝子の構造を比較するときには，二つの遺伝子に共通の構造は二つの種が進化して分離する前から存在していたということに注目する．ニワトリでは一つしかないインスリン遺伝子にはイントロンが二つあり，ラットにある二つのインスリン遺伝子の一方と同じ構造をしている．このような共通の構造が残っていることから，これらインスリン遺伝子の先祖にはやはり二つのイントロンがあったものと考えられる．ところが，二つ目のラット遺伝子にはイントロンは一つしかない．これはげっ歯類の中で遺伝子が重複し，そのうちの一方のコピーから一つのイントロンが正確に除去されて進化してきたからに違いない．

エキソンとタンパク質ドメインの関係はさまざまである．ある場合には明確な1：1の関係があり，他の場合では傾向が認められない．一つの可能性として，イントロンの除去が隣合うエキソンを融合させたことが考えられる．これは，イントロンがコード領域の完全性を変えることなく正確に除去されたことを意味する．別の可能性としては，一部のイントロンがちゃんとしたドメインの中に挿入されて生じたというものである．また，関連のある遺伝子を比較する際，エキソンの位置に変化があることを考えると，進化の過程でイントロンの位置が調節されたと考えられる．

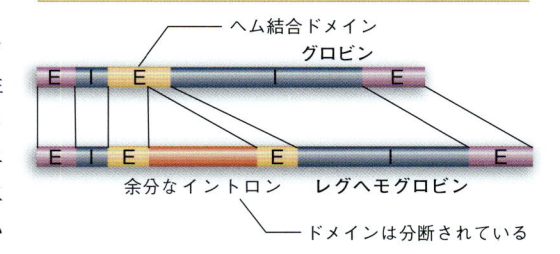

図3・20 グロビン遺伝子のエキソンの構造はタンパク質の機能部分と対応している．しかし，レグヘモグロビンの遺伝子には中央にもう一つイントロンがある．

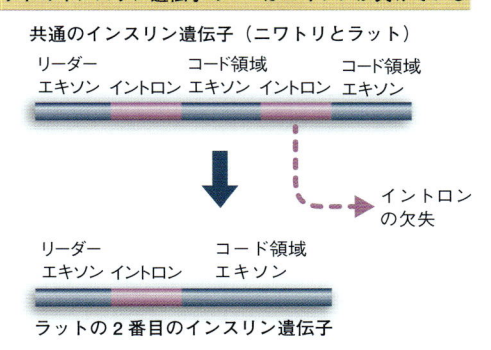

図3・21 ラットにはイントロンが1個しかないインスリン遺伝子があるが，これはイントロンを2個もつ先祖遺伝子から生じたものと思われる．

## 3・11 偽遺伝子は進化の袋小路である

> **プロセスされた偽遺伝子** processed pseudogene イントロンを欠く不活性な遺伝子で，活性のある遺伝子がイントロンによって分断された構造をもっているのとは対照的である．このような偽遺伝子は mRNA の逆転写によってつくられ，それが二本鎖になってゲノムに挿入されたものである．

> ■ 偽遺伝子はタンパク質をコードできないが，機能をもった遺伝子との塩基配列の類似性によって，その存在が認められる．（以前は）機能していた遺伝子に変異が蓄積して偽遺伝子が生じる．

偽遺伝子（ψ）とは，機能をもった遺伝子と類似した塩基配列であるが，機能のあるタンパク質をつくることのできないものである．

偽遺伝子には，機能をもった遺伝子と同じように，正常な位置にエキソンとイントロンに相当する配列を備えた一般的な構造をもつものがある．この場合は遺伝子発現のどこか，あるいはすべての段階を妨げるような変異で不活性になっている．変異には転写開始のシグナルが働けなくなったもの，エキソン-イントロン連結部でスプライシングができなくなったもの，あるいは翻訳が途中で終わってしまうものなどいろいろある．

通常，一つの偽遺伝子には有害な変異がいくつか蓄積している．おそらく，これは一度遺伝子が不活性化すると，さらに変異が蓄積するのに対して歯止めがなくなったからだろう．活性をもった遺伝子の不活性版ともいうべき偽遺伝子は，グロビン，免疫グロブリン，組織適合抗原などを含む多くの系にあり，活性をもった遺伝子の近傍に位置している．

典型的な例は活性をもったグロビンβ1遺伝子ときわめてよく似たウサギの偽遺伝

図3・22 βグロビン遺伝子に多くの変化が起こり,偽遺伝子となった.

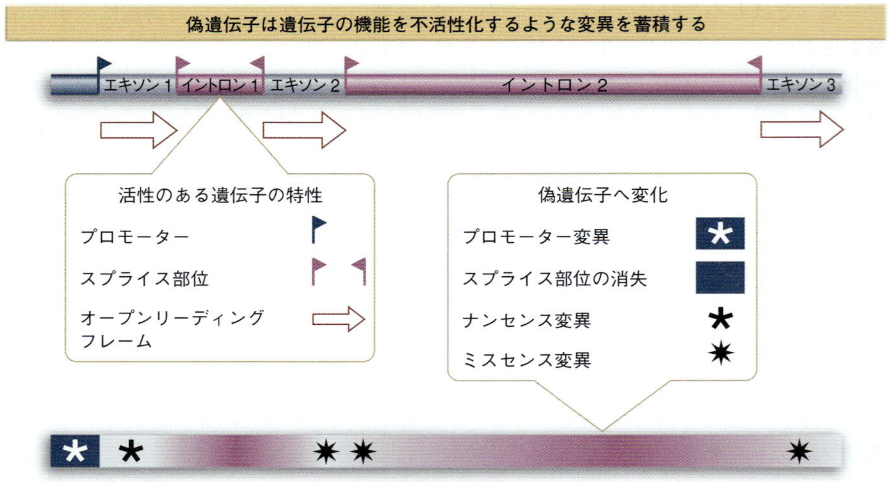

**偽遺伝子は遺伝子の機能を不活性化するような変異を蓄積する**

| 活性のある遺伝子の特性 | 偽遺伝子へ変化 |
|---|---|
| プロモーター | プロモーター変異 |
| スプライス部位 | スプライス部位の消失 |
| オープンリーディングフレーム | ナンセンス変異 |
| | ミスセンス変異 |

子, $\psi\beta 2$ で,これにはエキソンとイントロンがある.しかし機能をもたない.図3・22には偽遺伝子で起こった数多くの変化についてまとめてある.$\psi\beta 2$ には20番目のコドンの位置に1塩基対の欠失があって,フレームシフトが起こり,そのすぐ後で翻訳が停止してしまう.その後方にいくつかの点変異があり,一般にβグロビンで高度に保存されているアミノ酸のコドンを変えている.二つのイントロンはどちらも通常認められるエキソンとイントロンの境界となる配列を失っており,仮にこの遺伝子が転写されたとしてもスプライシングは起こらないと思われる.とはいえ,この遺伝子に対応する転写産物は見いだされていないことから,おそらく5′隣接領域にも変化が起こっているだろう.

こうした遺伝子の欠陥リストをみると,遺伝子発現のあらゆる段階を潜在的に妨げる変異が含まれているので,いったいどの変化が最初にこの遺伝子を不活性にしたかはっきりわからない.しかし,偽遺伝子と機能している遺伝子の分岐を比較すると,偽遺伝子がいつごろできたか,またいつごろから変異が蓄積し始めたかを推測することはできる.$\psi\beta 2$ 遺伝子は $\beta 1$ 遺伝子から分岐したとき活性のある遺伝子であったが,のちに不活性化し偽遺伝子になったと考えられる.

いくつかの場合で,偽遺伝子はいつも不活性な状態になっている.マウスの $\psi\alpha 3$ 遺伝子が一つの例である.その興味深い性質は二つのイントロンを正確に欠いているというものである.その配列は(蓄積した変異を見越して)αグロビン mRNA と並べることができる.不活性が表れる見かけ上の時間と元の重複とは同時に起こり,イントロンの欠失は元の遺伝子が不活性になった結果の一部であったことを示している.

転写産物である RNA に似たゲノム上の不活性な配列は,**プロセスされた偽遺伝子**とよばれる.それらは RNA 由来の産物がゲノムのランダムな部位に挿入されることによって生じ(22章参照),それらの特徴は図22・18にまとめてある.

もし偽遺伝子が進化の袋小路で,機能をもった遺伝子の再編成した際に出現した望ましくない付属物だとしたら,なぜそれらがゲノムの中に蓄えられているのだろうか.何らかの機能にかかわるのか,あるいはまったく目的をもたず,それを保存するようないかなる選択圧も働いていないのだろうか.

ここで,我々がみているのは現在の集団に生き残った遺伝子であるということを思い出す必要がある.過去にたくさんの偽遺伝子が消えたかもしれない.それらは塩基配列に欠失が起こったために一挙に除去されたかもしれないし,あるいは当初は塩基配列のうえでファミリーの一員であったが,変異が蓄積してもはや共通性すら認めることができなくなってしまったのかもしれない(おそらく一挙に除去されてしまわなければどの偽遺伝子も最終的にはこの運命をたどるだろう).

## 3・12 要約

あらゆる種類の真核生物ゲノムには分断された遺伝子がある.酵母ではその割合は低いが下等真核生物ではその数は増し,高等真核生物では分断されていない遺伝子はほと

んどない．

　イントロンはすべての種類の真核生物の遺伝子に存在する．分断された遺伝子にはエキソンがあり，DNA上に並んでいた順にエキソンはつなぎ合わされてRNAになり，通常イントロンがタンパク質をコードすることはない．イントロンはスプライシングによってRNAから除去される．遺伝子によっては選択的スプライシングにより，ある特定の塩基配列がイントロンとして除去されることもあり，エキソンとして残ることもある．

　異なる種間で相同遺伝子を比較してみると，イントロンの位置は保存されていることが多い．しかし，種間でイントロンの配列は異なっており，互いに関連は認められないが，エキソンはよく似たままで保存されている．エキソンの配列が保存されていることを利用して，異なった種からよく似た遺伝子を分離できる．

　遺伝子の長さはおもにイントロンの長さで決まる．イントロンは高等真核生物では早い時期に大きくなり，その結果，遺伝子の大きさも顕著に増大した．哺乳類の遺伝子の大きさは一般的に1〜100 kbであるが，さらに巨大な遺伝子が存在することもある．既知のもので最も長いものは，2000 kbのジストロフィン遺伝子である．

　遺伝子によってはエキソンの一部を他の遺伝子と共有している．これはそれぞれのタンパク質のモジュールに相当するエキソンが付加して組立てられてきたためと考えられる．このようなモジュールは種々の異なるタンパク質に組込まれてきたらしい．遺伝子がモジュールに対応するエキソンを獲得しながら組立てられてきたとすると，イントロンは原始的な生物にすでに存在していたことになる．相同遺伝子の間でその構造に関係が認められるのは，原始の遺伝子からイントロンが消失したことで説明できる．それぞれの分岐した子孫では，異なるイントロンが消失してきたのであろう．

# 4 ゲノムの内容

4・1 はじめに
4・2 ゲノムの地図は連鎖，制限部位，DNA 配列によって作成できる
4・3 個々のゲノムには大きなばらつきがある
4・4 RFLP と SNP は遺伝地図の作成に利用できる
4・5 ゲノムはなぜそれほど大きいのか
4・6 真核生物ゲノムには非反復配列と反復配列がある
4・7 保存されたエキソンを用いて遺伝子の単離ができる
4・8 病気に関する遺伝子は患者の DNA と正常な DNA を比べると同定できる．
4・9 ゲノム構造の保存性は遺伝子を同定する助けになる
4・10 細胞小器官には DNA がある
4・11 ミトコンドリアのゲノムは環状 DNA であり，細胞小器官のタンパク質をコードする
4・12 葉緑体ゲノムは多数のタンパク質と RNA をコードする
4・13 ミトコンドリアは細胞内共生から進化してきた
4・14 要　約

## 4・1 はじめに

遺伝子がいくつあるかということはゲノムに関して重要な問題である．ここでは，一連の遺伝子発現の状態に応じた四つのレベルで総遺伝子数を考えてみよう．

● ゲノムとは一つの生物の遺伝子すべてのセットである．実際のところ，配列だけからそれぞれの遺伝子を明確に同定するのは不可能かもしれないが，結局は完全な DNA 配列のことをいう．
● トランスクリプトームとは発現する遺伝子のセットである．これはコードされている RNA 分子のセットのことで，1 種類の細胞の場合もあり，あるいはもっと複雑な細胞の集合や個体全体の場合もある．遺伝子によっては複数の mRNA を生産するため，トランスクリプトームはゲノムから直接決められた遺伝子の数よりは多くなると思われる．トランスクリプトームには mRNA だけでなく，タンパク質をコードしていない RNA も含まれる．
● プロテオームとはタンパク質すべてのセットである．mRNA とタンパク質で相対的な量や安定性に細かい違いはあるだろうが，これはトランスクリプトームの mRNA に対応するはずである．プロテオームは全ゲノムによりコードされるタンパク質，あるいは特定の細胞や組織でつくられるタンパク質のセットについて述べるとき使われる．
● タンパク質はおのおの独立に，あるいは多数のタンパク質複合体の一部として機能する．もしタンパク質-タンパク質間の相互作用がすべてわかったなら，個々のタンパク質複合体の総数を明らかにできるだろう．

ゲノムの遺伝子数は，オープンリーディングフレーム (ORF) を決めることによって直接同定できる．分断されている遺伝子は，多くの離れ離れになった ORF から構成されているので，大規模な遺伝地図の作成は複雑になる．タンパク質の機能についての情報が必ずしも手に入るわけでもないし，実際にすべての ORF が発現しているという証拠すらないので，この手法ではゲノムのもつ可能性を同定しているにすぎない．しかしながら，保存されている ORF はいずれも発現していると強く信じられている．

もう一つの方法として，トランスクリプトーム（すべての mRNA を直接同定する），またはプロテオーム（すべてのタンパク質を直接同定する）によって遺伝子の数を直接決める場合がある．当然この方法で，個々の組織あるいは細胞でいくつの遺伝子が発現しているのか，その発現の程度に差があるのか，特定の細胞で発現している遺伝子のうちどれくらいがその細胞に固有なのか，それとも他の細胞でも発現しているのか，などがわかるであろう．

もちろん，すべての真核生物の遺伝子が核にあるわけではないことを忘れてはならない．ゲノムの情報に加えて，ミトコンドリア中の DNA が少量の情報をもち，植物細胞では葉緑体がそれに加えてさらに情報をもっている．

遺伝子の種類に関しては，ある遺伝子が細胞にとって必須かどうか，すなわちヌル変異体ではどうなるかを調べることができる．ヌル変異が致死的に働いたり，個体に明らかな欠陥がみられればその遺伝子が必須な働きをしていたり，少なくとも有利に選択さ

れてきたと結論できる．しかし，いくつかの遺伝子は欠失しても表現型に明らかな影響がない．これらの遺伝子は本当になくてもよいのか．それとも異なる環境下や長い期間にわたると，この遺伝子がないことによって何か選択的な不利益が生じるのではないだろうか．

## 4・2　ゲノムの地図は連鎖，制限部位，DNA配列によって作成できる

- ゲノムの物理的な地図作成の鍵は，塩基配列の重なり合った断片を利用して隣合う断片を間違いなくつなげていくことである．
- 物理的地図を遺伝的連鎖地図と関連づけるには，物理的地図上に変異の位置を決める必要がある．

ゲノムの中身を知るには，基本的には地図を作成すればよい．ここではいくつかの解像度に従って遺伝子やゲノムの地図作成について考える．

遺伝地図（連鎖地図）は，組換え頻度を基にした変異間の距離を表している．これは表現型に影響する変異がみつかるという点で限りがある．組換え頻度は二つの変異部位同士の物理的な距離と比べてずれることもあるので，遺伝地図が正確に遺伝物質の物理的な長さを表していることにはならない．図4・1は，約 $10^8$ bp に相当する，270地図単位もしくは 270 センチモルガン（cM）の解像度のショウジョウバエの遺伝地図をまとめたものである．実際に，遺伝的連鎖は約 25 cM あるいは染色体アームの半分に起こった変異間で作成されている．つまり，一つの変異の位置はおよそ 0.5 cM または 200 kb 未満にある．

連鎖地図はゲノム DNA 上にある二つの部位の間の組換え頻度を測ることによっても作成される．これらの部位では塩基配列に差があり，特定の（制限）酵素に対する切れ方が異なる．このような違いは一般的で，変異を利用しなくても，どんな生物でも連鎖地図が作成可能となる．どの連鎖地図も相対的な距離が組換えに基づいている点で同じ欠点をもっている．実際に制限部位の密度は変異が得られる頻度より大きいので解像度はよい．しかし，そのような地図でも近い位置の間で組換えがめったに起こらないという制約がある．

制限酵素地図は DNA を制限酵素で断片化し，それら切断点間の距離を測って作成する．制限酵素地図では DNA の長さを距離として表すので，遺伝物質の物理的地図となる．制限酵素地図は遺伝地図からさかのぼって（たとえば）1 cM の領域の部分について表すことができる．

究極的な地図は DNA の塩基配列である．この配列から遺伝子間の距離と遺伝子とを同定できる．DNA の塩基配列からタンパク質をコードしうる領域を分析し，その領域がタンパク質に対応するか否かを推測する．ここでは自然選択によって，タンパク質をコードする塩基配列には，それに損傷を与えるような変異が蓄積されていないと仮定する．逆に言うと，タンパク質をコードできる塩基配列は実際にタンパク質の生産に使用されるとみなす．

制限酵素地図は DNA 配列にのみ依存し，その機能には依存しない．制限酵素地図を遺伝地図と対応づけるには，変異が制限酵素の切断部位（制限部位）に及ぼす作用について調べる必要がある．ゲノム中の大きな変化は制限酵素により切断された断片の数や大きさに影響を及ぼすので同定可能であるが，点変異による差異の検出ははるかに難しい．究極的には，野生型 DNA と変異型 DNA の塩基配列を比較すれば，変異の種類とその正確な位置を決めることができる．こうして遺伝地図（変異の位置に基づいたもの）と物理的地図（DNA の塩基配列に基づいたもの）との関係が決められる．

遺伝子の同定や塩基配列決定，ゲノムの地図作成にも，もちろん規模に差はあるけれども，同様の技術が利用されている．それぞれの場合，互いに重なり合った一連のDNA 断片を集め，これらをつなぎ合わせて地図をつくるのが原則である．このような地図にとって重要な点は，地図上で互いに隣合う断片の重なり合った部分を調べ，断片同士の位置関係を明らかにすることにより，DNA 断片を一つでも欠いていないようにすることである．この原理は大きな断片を順に並べて地図をつくったり，DNA 断片の塩基配列をつなぎ合わせる際にも用いられる．

---

**ショウジョウバエの遺伝地図の解像度は 0.5〜25 cM である**

全ゲノム＝ $1.4 \times 10^8$ bp
（地図ができているのは約 $10^8$ bp の領域）

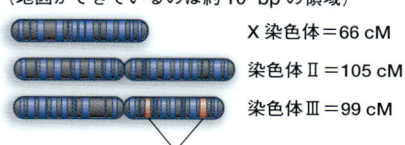

X 染色体＝66 cM
染色体 II＝105 cM
染色体 III＝99 cM

染色体アームの半分ほど離れた部位間で約 25 ％の組換えが起こる

図4・1　互いに約 25 cM 以内に位置するショウジョウバエの遺伝子は，それらの変異を交配すると約 0.5 cM の解像度で位置を決めることができる．

## 4・3 個々のゲノムには大きなばらつきがある

> **多　型** polymorphism　あるゲノムの集団の中で，任意の遺伝子座について同時に多くの変種がみられること．もともとは異なる表現型を示す対立遺伝子について使われた定義であったが，現在では制限酵素地図に影響を与える DNA の変化や，さらには単なる配列変化にも適用されている．実際に多型の例とみなして意味があるのは，一つの対立遺伝子がその集団の中で 1％ より多くを占める場合である．
>
> **一塩基多型（SNP）** single nucleotide polymorphism　一つのヌクレオチドの変化によって生じる多型（個体間にみられる配列の差異）．個体間の遺伝的差異のほとんどの原因である．
>
> **制限断片長多型（RFLP）** restriction fragment length polymorphism　制限酵素で切断される部位が，個体ごとに（たとえば標的部位の塩基の違いにより）遺伝的に異なること．この違いにより，その制限酵素で切断したときにできる断片の長さに違いが生じる．RFLP は，そのゲノムを従来の遺伝マーカーと直接に関係づけ，遺伝地図に当てはめるのに利用される．

> ■（遺伝的な）多型は，塩基配列が遺伝子の機能に影響する場合には表現型レベルで，制限酵素の標的部位に影響を及ぼす場合には制限酵素断片レベルで検出可能となり，また，DNA を直接解析して塩基配列レベルで検出することもできる．
> ■ 対立遺伝子は塩基配列レベルで広範囲の多型を示すが，塩基配列の変化の多くは機能に影響しない．

一つの遺伝子座について複対立遺伝子が共存するとき，これを遺伝的**多型**とよぶ．複対立遺伝子が集団中に安定な成分として存在する場合，これも定義としては多型である．対立遺伝子がその集団中，1％ 以上の頻度で存在するとき，通常，多型と定義する．

変異型対立遺伝子間の多型のもとになるのは何だろうか．これらの対立遺伝子はさまざまな変異をもち，タンパク質の機能を変え，表現型の変化をもたらす．これら対立遺伝子の制限酵素地図あるいは DNA 配列を比較すると，それぞれの地図や塩基配列が他と違うことから，これらもやはり多型といえるだろう．

ゲノムを制限部位，あるいは塩基配列のレベルで考えると，多型はさらにおびただしい数になる．野生型の集団中にも塩基配列の違いがありながら機能には影響が現れず，したがって表現型の変わらないいくつもの差異がある．ある特定の遺伝子座をみても多くの異なった塩基配列が存在する．その中には表現型に影響するのではっきりとわかるものもあれば，目に見えるような影響が現れないためにわからないものもある．ある遺伝子座には，DNA 配列は変化するがタンパク質の配列には変化のないもの，タンパク質の配列を変化させるがその機能には変化が起こらないもの，本来とは異なる活性をもつタンパク質を生み出すもの，機能を失った変異タンパク質を生み出すものなどさまざまな変化が起こりうる．

対立遺伝子を比較したとき，1 塩基の変化を**一塩基多型（SNP）**という．ヒトゲノムで SNP は約 1330 塩基に一つの割合で観察される．SNP で定義すれば，各個人は唯一無二である．

遺伝地図を作成する一つの目的は，よくみられる変異のカタログを得ることである．1 ゲノム当たりから観察される SNP の頻度から予測すると，ヒトの人口全体で（すべての生存個体の全ヒトゲノムを合計して），1％ 以上の頻度で生じる SNP は 1000 万箇所を超える．このうち，すでに 100 万箇所は同定されている．

異なる個体の制限酵素地図を比較することによって，ゲノムの多型が検出できることがある．制限酵素で切断して生じた断片のパターンが異なることで判断する．その例を図 4・2 に示す．一つの制限部位が，ある個体のゲノムにはあって他の個体のゲノムにはない場合，前者のゲノムからは切断によって 2 個の断片を生じるが，後者のゲノムからは 1 個の断片しか生じない．

制限酵素地図は遺伝子の機能とは独立に得られるので，塩基配列の変化が表現型に影響を及ぼすかどうかにかかわらず，このレベルでの多型が検出できる．実際には，ゲノム中にある制限部位の多型のうち，表現型にも影響を与えるのはごく少数のものに限られており，大部分は塩基配列に変化があっても（たとえば，遺伝子と遺伝子の間の配列に変化があって）タンパク質の生産には影響がないと考えられる．

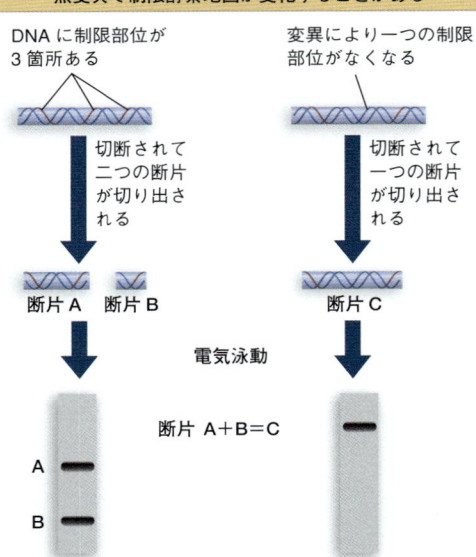

図 4・2　制限部位に影響を与えるような点変異は制限断片の差として検出される．

二つの個体の間で制限酵素地図が異なるとき，それを**制限断片長多型**（**RFLP**）とよぶ．基本的には RFLP は制限部位の中にある SNP である．RFLP は他のマーカーとまったく同様に遺伝マーカーとして使うことができる．表現型を調べる代わりに，制限酵素地図を調べて直接に遺伝子型を決めるのである．図 4・3 には 3 世代にわたる制限部位の多型の系図を示した．マーカーとなる DNA 断片のレベルではメンデルの分離の法則に従う．

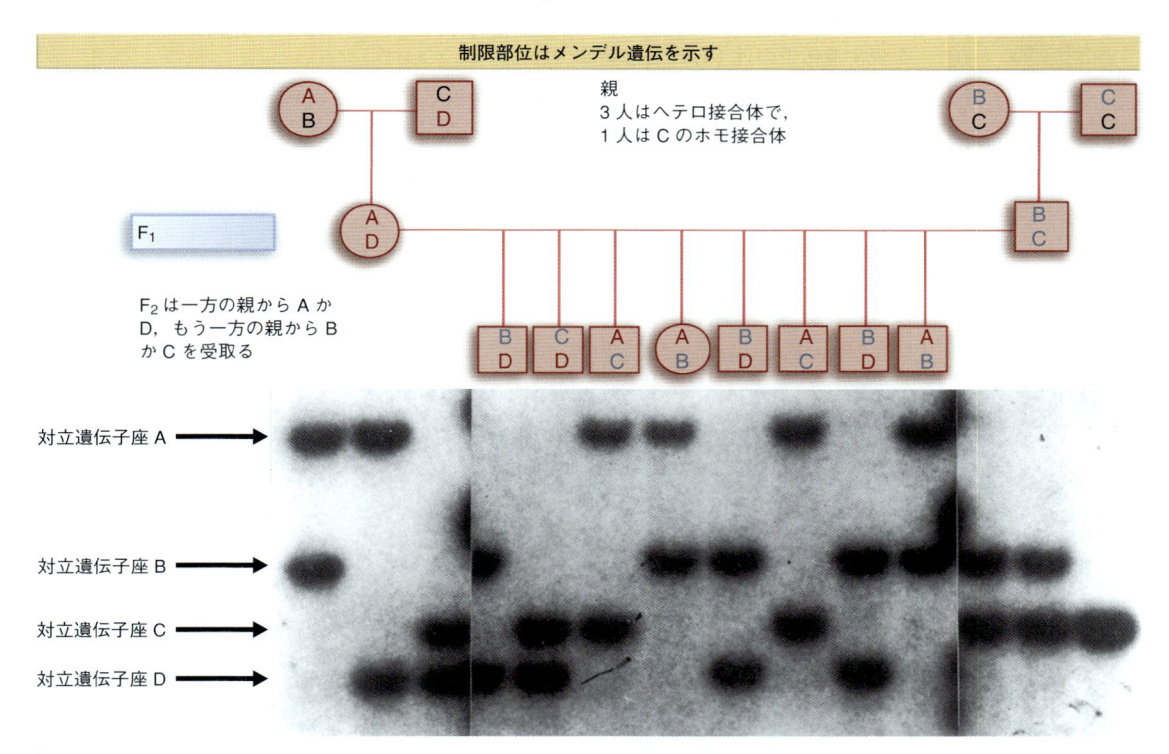

**図 4・3** 制限部位の多型はメンデルの法則に従って遺伝する．一つの制限部位マーカーに対応する四つの対立遺伝子が，可能なすべての組合わせで現れている．各世代でそれぞれは独立に分離している．写真は Raymond L. White 氏（Eccles Institute of Human Genetics）のご好意による．

## 4・4 RFLP と SNP は遺伝地図の作成に利用できる

**ハプロタイプ** haplotype ある染色体の限定された領域に存在する特定の対立遺伝子の組合わせで，小規模な遺伝子型といった意味である．元来は主要組織適合抗原（MHC）の対立遺伝子の組合わせを表すのに使われた用語だったが，現在では RFLP や SNP，その他の遺伝マーカーの特定の組合わせについても用いられている．

**DNA フィンガープリント法** DNA fingerprinting 制限酵素を用いてつくられた，短い反復配列を含む DNA 断片について個体間の差異を分析する方法．これらの断片による DNA 制限酵素地図はそれぞれの個体に特有なので，任意の 2 個体に特定の共通する断片があれば，遺伝的な共通性（親子関係など）があるといえる．

■ RFLP と SNP は連鎖地図の基礎になり，また，親子関係を確立するのにも有用である．

　制限部位マーカーは表現型に影響を及ぼすマーカーに限らないので，遺伝子座を分子レベルで決定する際に強力な助けとなる．代表的な問題として，ある変異がどのような表現型をもたらすかよくわかっていて，その関連する遺伝子座も遺伝地図上に決められているのに，その遺伝子やタンパク質については何もわからない場合がある．多くのヒトの命にかかわるような病気がこの範ちゅうに入る．たとえば，囊胞性繊維症（cystic fibrosis）はメンデル遺伝を示すが，その変異がどのような機能の変化によるのか分子レベルでは何もわかっていない．これはおそらく遺伝子を調べることにより同定できるだろう．（訳注：囊胞性繊維症の原因遺伝子はすでに同定され，イオンの透過に関与する膜タンパク質の欠損であることが判明している．）

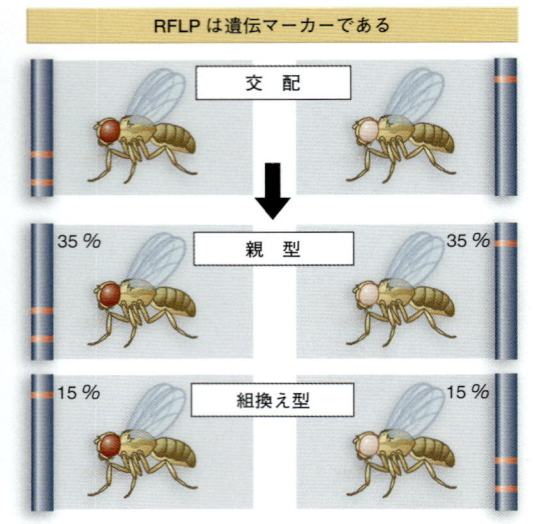

**RFLP は遺伝マーカーである**

交配

親型　35%　35%

組換え型　15%　15%

制限部位マーカーは眼の色のマーカーから 30 地図単位離れている

図 4・4　制限部位の多型は遺伝マーカーとしても用いられる．この例では眼の色という表現型マーカーと組換えを起こさせ，その距離を測定している．図は二倍体で一つのゲノムの対立遺伝子に対応する DNA バンドのみを示して単純化してある．

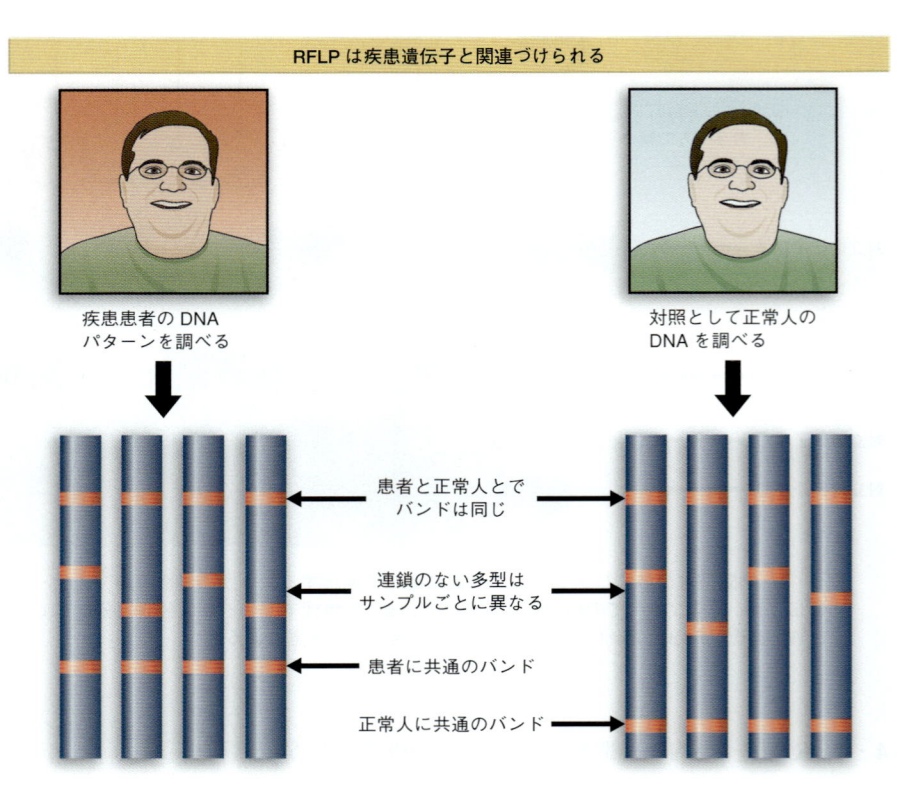

図 4・5　正常人に共通したバンドが患者に共通したバンドに変わるような変異ならば，病気の遺伝子がきわめて近くに連鎖している．

図 4・4 に示すように，マーカーとして使う制限部位と表現型マーカーの間の組換え頻度を測定することができる．こうして遺伝地図上に表現型に現れるマーカーと制限部位マーカーを示すことができる．

制限部位の多型がゲノム中にランダムに生じるとすれば，そのうちのあるものは問題の遺伝子の近くに存在することが期待される．そのような制限部位マーカーは変異型の表現型と強く連鎖しているので検出することができる．つまり，患者と正常人の DNA について制限酵素地図を比較すると，患者にのみ共通に認められる（または共通に欠けている）特定の制限部位が見いだされるはずである．そこで，その部位は病気の表現型を表す遺伝子の近くにあると結論づけられる．

この仮想上の例を図 4・5 に示す．制限部位マーカーと表現型の間には 100 % の連鎖があり，制限部位マーカーと変異遺伝子との間で組換えを起こし，両者が分離することはないものとしてある．

**RFLP は疾患遺伝子と関連づけられる**

疾患患者の DNA パターンを調べる

対照として正常人の DNA を調べる

患者と正常人とでバンドは同じ

連鎖のない多型はサンプルごとに異なる

患者に共通のバンド

正常人に共通のバンド

遺伝マーカーと RFLP または SNP との連鎖から地図上に未知の遺伝子をおくことができる．ヒトとマウスの RFLP 地図作成では，この目的に使うためにどちらのゲノムについても地図がつくられた．RFLP に十分な密度があれば，どんな未知のマーカーでも RFLP に最も近いマーカーと連鎖することで位置づけられる．ヒトゲノムには SNP が高頻度にみられるため，RFLP より遺伝地図の作成に有用である．すでに同定された $1.4 \times 10^6$ 個の SNP から，平均 1〜2 kb に一つの SNP があることがわかっている．SNP を用いれば，新しい疾患遺伝子を最も隣接する SNP の間に迅速に位置づけることが可能になる．

病気に関連する RFLP を同定することにより，二つの重要な結果が得られる：

- 病気を検出するための診断法を提供する．遺伝学的にはよく調べられているものの，分子レベルではほとんど理解されていないヒトの病気を診断するのは容易ではない．もし制限部位マーカーが表現型（病気）と十分に連鎖していれば，そのマーカーを病気の診断に使うことができる．

- その遺伝子の単離が可能になる．遺伝地図上で制限部位マーカーと病気の遺伝子との間でほとんど組換えを起こさないならば，二つの遺伝子座はごく近傍にあるに違いない．制限部位マーカーが遺伝地図上の遺伝子の"比較的近傍"にあるといっても，それは DNA の塩基対数で数えるとかなりの距離であろう．それでも，このマーカーは DNA をたどって問題の遺伝子に向かって進むための出発点として使うことができる．

多型が高頻度で見つかることは，各個人が独自の SNP や RFLP の配置をもっていることを示している．ある特定領域に見いだされる部位の組合わせを**ハプロタイプ**（小規模の遺伝子型）とよんでいる．これはゲノムのある限定された領域の対立遺伝子や制限部位（または他の遺伝マーカー）の組合わせを表している．

RFLP は親子関係を明らかにする手段としても使われている．親子関係が疑わしいケースでは，親と思われる個人と子供の間で適当な染色体領域の RFLP 地図を比較することにより親子関係を決定できる．DNA 制限酵素地図によって個人を同定する方法を **DNA フィンガープリント法**とよぶ．特に多様性の高い"ミニサテライト"配列の解析は，血縁関係を決定するのに使われる（§6・12 参照）．

## 4・5 ゲノムはなぜそれほど大きいのか

**C 値** C-value （一倍体当たりの）ゲノムに含まれる DNA の総量．
**C 値パラドックス** C-value paradox 生物の DNA 量（C 値）とそこに含まれるコード領域（遺伝子）の総数との間に関係がないことを述べた言葉．

- 生物が複雑になるにつれ，その生物を構成するのに必要な最小のゲノムサイズは増加する．
- 多くの系統的に同じグループ内でゲノムサイズは非常にばらついている．ゲノムサイズと遺伝的複雑さの間にはあまり相関はない．

一倍体当たりの全ゲノム DNA の量は生物種ごとに決まっており，それは **C 値**とよばれている．この C 値は大きな幅をもっており，小さなものはマイコプラズマのように $10^6$ bp に満たないものから，ある種の植物や両生類にみられる $10^{10}$ bp より大きなものまでさまざまである．図 4・6 に進化上異なる生物種についての C 値を示す．

おのおのの生物種に必要な最少の DNA 量をグラフにすると，図 4・7 にみられるように，ゲノムサイズの増加につれて複雑さの増加がみられる．

マイコプラズマは最も小さい原核生物であり，そのゲノムサイズは大きなファージの 3 倍くらいである．細菌は $2\times10^6$ bp くらいのゲノムサイズから始まる．単細胞の真核生物（その生活形態は原核生物に似ている）のゲノムは，細菌のゲノムよりやや大きいとはいうもののやはり小さい．つまり，真核細胞であってもそのゲノムは必ずしも大きくなるとは限らないのである．たとえば，酵母はおよそ $1.3\times10^7$ bp のゲノムサイズであるが，これは平均的な細菌ゲノムの大きさのわずか 2 倍程度にすぎない．

粘菌 (*Dictyostelium discoideum*) は単細胞としてもまた多細胞としても生活できるが，そのゲノムサイズは酵母の 2 倍で十分である．もう一段ゲノムサイズが増え，最も単純な多細胞生物である線虫 (*Caenorhabditus elegans*) はおよそ $8\times10^7$ bp のゲノム DNA を有している．

図 4・6 に示したように，昆虫類，鳥類，両生類や哺乳類のゲノムサイズは下等真核生物のゲノムサイズに比べて大きい．高等真核生物の間ではゲノムサイズと生物の形態的な複雑さの間の関係は薄いが，これらのうちいくつかのゲノムサイズに 1 桁以上の差がある．図 4・8 は最もよく解析されている生物のいくつかの種のゲノムサイズを示す一覧表である．

エキソン（コード領域）は遺伝子全体のわずかな部分しか占めないので，遺伝子はタンパク質をコードするのに必要な配列よりずっと大きいことがわかっている．さらに，遺伝子間にはかなり長い DNA が存在することもある．したがって，ゲノムサイズ全体から遺伝子数について何かを推論することはできない．

**C 値パラドックス**とはゲノムサイズと遺伝的な複雑さの間に直接的な相関がないことをいう．相対的なゲノムサイズには，きわめて興味深い変化がある．アフリカツメガエル (*Xenopus laevis*) の仲間のヒキガエルとヒトとでは，基本的に同じゲノムサイズをもっているが，ヒトは遺伝的進化という点からみるとより複雑であると考えられる．そして，いくつかの生物種では，複雑さがあまり変わらない生物間において，DNA 含量にきわめて大きな変化がみられる（図 4・6 参照）．たとえば両生類では，最も小さなゲノムは $10^9$ bp 以下であるが，大きなものでは $10^{11}$ bp にも及ぶ．これら両生類の発生過

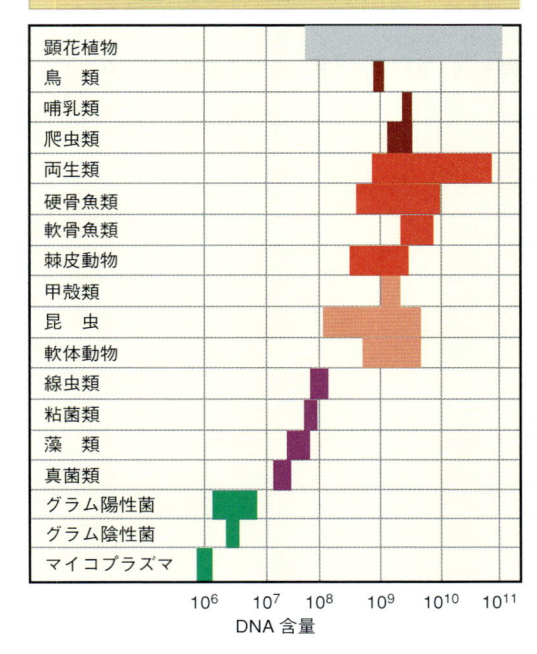

図 4・6 一倍体ゲノム当たりの DNA 含量と下等真核生物の形態的な複雑さとの間には相関がみられるが，高等真核生物では著しい幅になっている．

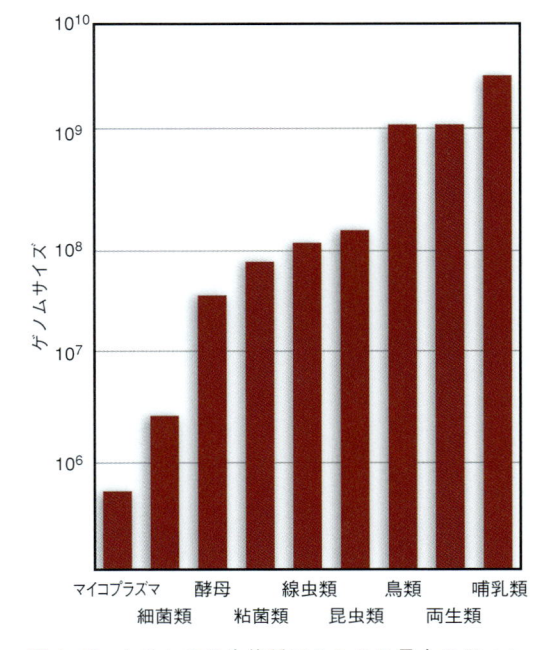

図 4・7 おのおのの生物種にみられる最小のゲノムサイズは原核生物から哺乳類へと増加する．

| 代表的なゲノムサイズ | | |
|---|---|---|
| 生物種 | 種 | ゲノム〔bp〕 |
| 藻 類 | *Pyrenomas salina* | $6.6 \times 10^5$ |
| 細 菌 | *M. pneumoniae*（マイコプラズマ） | $1.0 \times 10^6$ |
| 細 菌 | *E. coli*（大腸菌） | $4.2 \times 10^6$ |
| 酵 母 | *S. cerevisiae*（パン酵母） | $1.3 \times 10^7$ |
| 粘 菌 | *D. discoideum*（細胞性粘菌） | $5.4 \times 10^7$ |
| 線 虫 | *C. elegans* | $8.0 \times 10^7$ |
| 昆 虫 | *D. melanogaster*（ショウジョウバエ） | $1.8 \times 10^8$ |
| 鳥 類 | *G. domesticus*（ニワトリ） | $1.2 \times 10^9$ |
| 両生類 | *X. laevis*（アフリカツメガエル） | $3.1 \times 10^9$ |
| 哺乳類 | *H. sapiens*（ヒト） | $3.3 \times 10^9$ |

図4・8　実験によく用いられる生物のゲノムサイズ．

程をコードするのに必要な遺伝子の数には大きな違いはないと思われる．これが進化の結果であるかどうかについてはよくわかっていない．

## 4・6　真核生物ゲノムには非反復配列と反復配列がある

**非反復配列**　nonrepetitive sequence　二本鎖を解離させてから再会合させたとき，その反応速度から判断して反復のない配列．
**中頻度反復配列**　moderately repetitive sequence　一倍体（半数体）ゲノム中に，多くは完全には一致していないがよく似た配列が繰返しみられる場合，その反復配列をいう．
**高頻度反復配列**　highly repetitive sequence　二本鎖を解離させた変性DNAの再会合において最初に再会合する成分であり，単純配列DNA，サテライトDNAと同じものを意味する．
**トランスポゾン**　transposon　自分の配列とまったく相同性のないゲノム中の新たな部位に自分自身（またはそのコピー）を挿入することのできるDNA配列．転移因子ともいう．
**利己的DNA**　selfish DNA　その生物の遺伝子型に寄与せず，その生物のゲノム中で自己を保存するだけがその機能であるようなDNA配列．

- 真核生物ゲノムは非反復配列，中頻度反復配列，高頻度反復配列に分けられる．
- 遺伝子は一般に非反復配列にコードされている．
- 分類学上同じ生物群でゲノムサイズが大きい生物は，遺伝子が多くあるわけではなく，反復配列が豊富にある．
- 大部分の反復配列はトランスポゾンで構成されている場合がある．

真核生物ゲノムは三つの一般的な塩基配列のタイプに区分できる:

- **非反復配列**はほかにはない唯一の配列で，一倍体ゲノム当たりたった1コピーである．
- **中頻度反復配列**は複数のコピーがみられる．それらのコピーは互いに同一な場合もあるが，同一ではなく関係性がみられる場合が一般的である．
- **高頻度反復配列**は非常に短い配列から成り，これはしばしばタンデム（tandem，同方向に並んで存在する）な長い反復配列を構成している．サテライトDNAを構成するかなり大きな領域があり，より小さな領域はその長さに応じてミニサテライトまたはマイクロサテライトとよばれている（§6・9, 6・12参照）．

ゲノム中の非反復配列と反復配列の占める割合は生物により大きく異なっている．**図4・9**には代表的な生物のゲノムを構成する成分が示してある．原核生物はもっぱら非反復配列だけである．下等真核生物はそのほとんどが非反復配列であり，反復配列は20％未満にすぎない．多くの動物細胞ではDNAの半分は中頻度か高頻度反復配列であり，植物と両生類では，中頻度および高頻度反復配列がゲノムの80％近くを占めるため，非反復配列の割合は減って少数成分となる．

中頻度反復配列のかなりの部分は**トランスポゾン**であり，これはゲノム中で新たな場所に移動する能力，あるいは自分自身のコピーをつくる能力をもつ短いDNA配列（約1 kb）である．いくつかの高等真核生物ゲノムでは，それらは半分以上を占めることもある（21, 22章参照）．トランスポゾンは時々**利己的DNA**の考えに合致すると考えられ，その生物の発達には何の貢献もせずにただ増えるばかりの配列として定義される．トランスポゾンはゲノム再編成を助けると考えられ，自然選択に対して有利になる原因になりうると考えることもできる．しかし，トランスポゾンがゲノムの大部分を占めるまでなぜ選択圧が働かないか，ということを本当に理解できてはいないといってもよいだろう．

非反復配列を構成する成分の長さは，ゲノムサイズが約$3\times10^9$ bpに達するまではゲノムサイズの増加とともに増える傾向にある（哺乳類の特徴）．しかし，それよりゲノムサイズが増えると反復配列の量と割合が増すだけで，非反復配列が$2\times10^9$ bpを超える生物はめったにない．ゲノムの非反復配列の含量はその生物の相対的な複雑さによく

**非反復配列はゲノムのほんの一部でしかない**

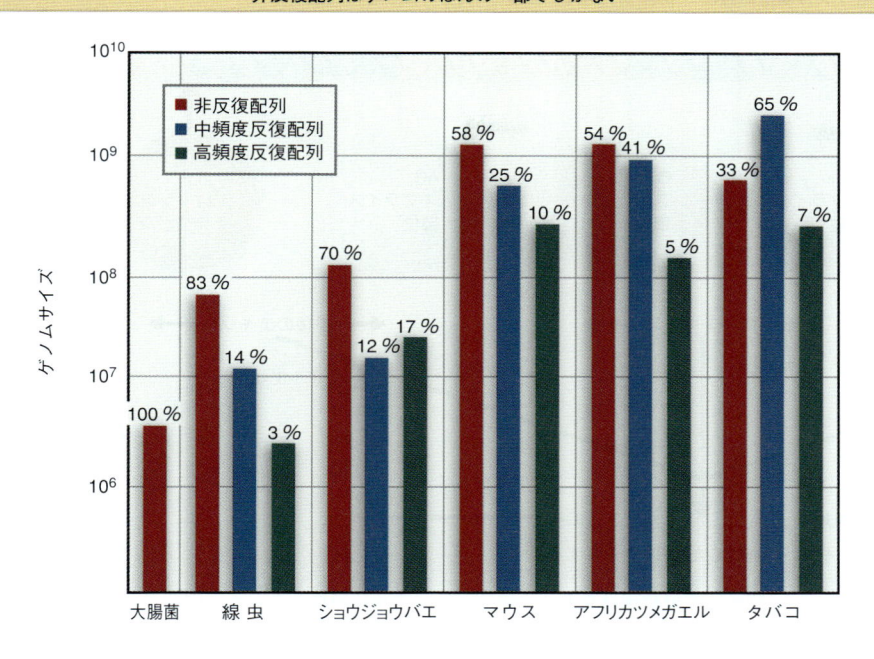

**図 4・9** 真核生物のゲノム中で，異なる配列をもった成分の割合はさまざまである．非反復配列の絶対量はゲノムサイズの増加とともに増え，約 $2 \times 10^9$ bp で頭打ちになる．

一致する．大腸菌（*E.coli*）は $4.2 \times 10^6$ bp であり，線虫（*C.elegans*）は 1 桁増えて $6.6 \times 10^7$ bp，ショウジョウバエ（*D.melanogaster*）はさらに増えて約 $10^8$ bp，哺乳類はそれより 1 桁増え約 $2 \times 10^9$ bp に達する．

## 4・7 保存されたエキソンを用いて遺伝子の単離ができる

> **ズーブロット　zoo blot** サザンブロットを利用して，一つの種から得た DNA プローブが他のさまざまな種のゲノムから得た DNA 断片とハイブリダイズするかどうかを調べるテスト．何種類もの生物種とハイブリダイズするならば，プローブとした DNA 断片はその遺伝子のエキソンである可能性が高い．

> ■ エキソン領域はよく保存されているので，この配列を使って多数の生物間で保存されているコード領域を同定できる．

　大規模な塩基配列の決定により，たとえ発現した産物については何も知らなくてもどうしたら塩基配列だけから遺伝子を同定できるかという問題が浮かび上がってくる．細菌の遺伝子は比較的同定が容易である．mRNA の転写の開始は一定の配列をもった部位（プロモーター）で起こる．転写の終結も一定の配列をもった特異的な部位で起こる．mRNA の配列の中に複数 ORF（オープンリーディングフレーム）があり，それぞれは開始シグナル（AUG トリプレットの配列）で始まり，終止トリプレット（UAA，UAG，UGA）で終了する．それぞれの ORF の前にはリボソーム結合配列がある．これらの特徴のうちの一つを見つけただけでは十分ではないが，それらがしかるべき順序に組合わされていればほとんど間違いなく機能をもった遺伝子と同定できる．細菌の遺伝子ではこれらの成分すべてが短い領域，たいがいは 1000 bp 程度の領域に見つかる．

　分断されている真核生物の遺伝子はほかにも特徴がある．**図 4・10** はそのような遺伝子を同定するための特徴をまとめたものである．遺伝子の開始部位のプロモーターの配列はさまざまであるが，原則としてプロモーターの可能性は配列から同定できる．通常，mRNA をコードする遺伝子に転写を終結するための特別な配列はないが，転写産物の 3′ 末端を形成するための特別な配列がある．プロモーターとターミネーター（転写終結配列）の配列はかなり離れているが，その間には多数の個別のエキソンがある．エキソンの塩基配列をつないでいくと一続きの ORF になる．最も単純な場合は，第一エキソンと最後のエキソンはそれぞれ，コード領域の始まりと終わり（同様に 5′ と 3′ の非翻訳領域）を含むが，より複雑な場合は，第一エキソンと最後のエキソンには非翻訳領

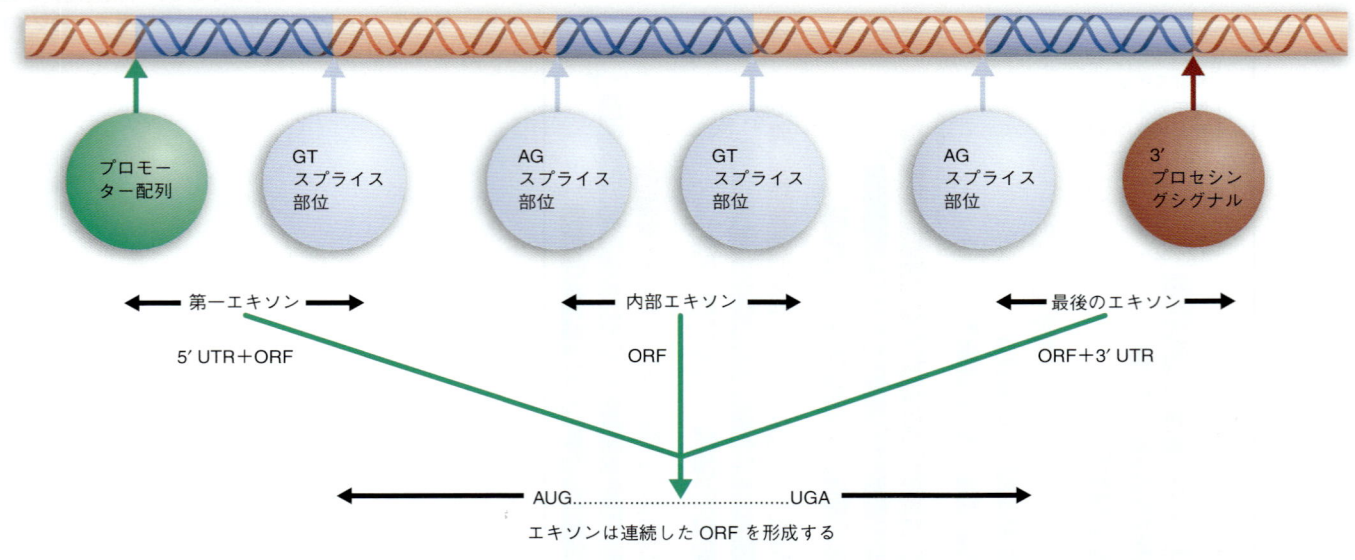

**エキソンは隣接配列とORFにより同定できる**

←第一エキソン→　　←内部エキソン→　　←最後のエキソン→
5′UTR＋ORF　　　　　　ORF　　　　　　ORF＋3′UTR

AUG..................................UGA
エキソンは連続したORFを形成する

図4・10　タンパク質をコードする遺伝子のエキソンは，（両端に非翻訳領域がある）適切なシグナルに隣接したコード配列として同定される．一連のエキソンは，適切な開始コドンと終止コドンをもつORFを形成しなくてはならない．

域しかなく，エキソンを見分けるのが難しいこともある．細菌の遺伝子のようにコード領域は開始コドンで始まり，終止コドンで終わる．エキソンの間にあるイントロンはスプライス部位とよばれる特異的な非常に短い配列で始まり，そして終わる．

分断された遺伝子はかなり長いので，エキソンを見つけることが同定の鍵となる．遺伝子を同定するおもな研究法は，塩基配列が保存されたエキソンと変化しているイントロンの比較によっている．種を越えて機能が保存されている遺伝子を含む領域では，タンパク質をコードする塩基配列には二つの明確な特徴が認められるはずである．すなわち，

● ORFがある，
● おそらく多くの他の種にもそれによく似た配列がある．

エキソンと思われる配列を見つける最も有効な目印となるのは，近縁の生物のエキソンは保存されているということである．ゲノム配列が利用できる以前，医学的に重要な遺伝子の探求は，他種生物のゲノムとハイブリダイゼーションを行って断片を同定し，つぎに，これらの断片についてORFを調べるということから始まった．エキソンの保存は**ズーブロット**とよばれる方法で調べられた．短いDNA断片を（ラジオアイソトープでラベルし）プローブとして使い，サザンブロット（Southern blotting）でさまざまな種の似たDNA断片を調べる．（訳注：サザンブロットとは，さまざまな制限酵素で消化したDNA断片をアガロースゲルで分離して，ラベルしたDNAとのハイブリダイゼーションにより目的の制限断片を同定する手法のことである．）もし，このプローブ（普通はヒトのプローブを使う）が何種類かの生物種に対してハイブリダイズしたとすると，このプローブにはその遺伝子の保存されたエキソンを含む確率が高い．

### 4・8　病気に関する遺伝子は患者のDNAと正常なDNAを比べると同定できる

■ ヒトの病気の遺伝子は患者のDNAの地図作成や塩基配列を決定して病気と遺伝的に連鎖のある正常なDNAとの違いを見つけることで同定できる．

ヒトの病気がある既知のタンパク質の変異によりひき起こされる場合，その遺伝子はタンパク質をコードしているので同定できる．病気の原因は，患者のDNA中には不活性化の変異があり，正常なDNAにはないことから確かめられる．しかし，多くの場合，分子レベルで病気の原因はわからず，タンパク質についての情報なしに遺伝子の同定が

**欠失変異を使って遺伝子が同定できる**

バンドXp21の部分に転座を認めるDMD患者の染色体

ヒトX染色体からこの欠失領域に相当する領域をクローニングする

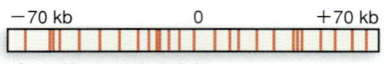

−70 kb　　　0　　　＋70 kb

プローブの位置から染色体歩行を行い制限酵素地図を作成する

DMD患者のDNAにはこの領域に欠失がある

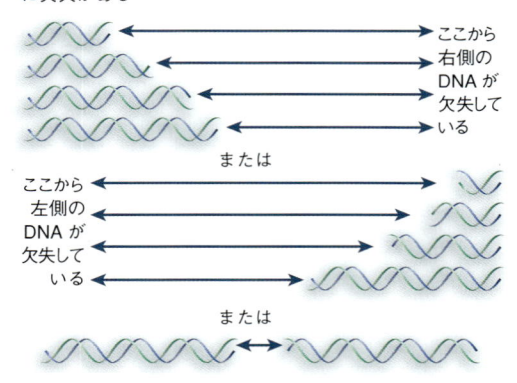

ここから右側のDNAが欠失している

または

ここから左側のDNAが欠失している

または

内側に欠失がある

図4・11　染色体地図作成と染色体歩行により，デュシェンヌ型筋ジストロフィー症の患者で欠失しているゲノム上の領域が同定され，この疾患の発症と関係があると考えられている．

必要になる．

　ヒトの病気にかかわる遺伝子を同定するための基本的な条件は，病気をもったどの患者にも不活性となる変異があり，正常な DNA にはないことを示すことである．しかし，個々のゲノム間で広範な多型があるということは，患者の DNA を正常な DNA と比較した場合に多くの違いがみつかるだろう．ヒトゲノムの塩基配列を決定する前に，遺伝的連鎖を利用して病気の遺伝子を含む領域を同定する．しかし，その領域には多くの遺伝子候補がある．非常に大きな遺伝子に関しては，ゲノムの長い範囲にわたってイントロンがあり患者の決定的な変異を同定することが難しかった．高解像度の SNP 地図とゲノム配列を利用できれば，患者と正常人の DNA の配列を直接比較できるほどの小さな遺伝子の領域にまで正確に狭めることができる．

　病気の遺伝子を同定した経過を示す例として，デュシェンヌ型筋ジストロフィー症（DMD；Duchenne muscular dystrophy）が挙げられる．この疾患は X 染色体に連鎖した進行性の筋肉の変性疾患であり，3500 人の男児出産例に対し 1 例の割合で認められる．この遺伝子を同定した過程を図 4・11 にまとめた．

　まず最初に DMD に関する連鎖解析の結果，この疾患の遺伝子座は染色体バンド Xp21 に存在することがわかった．この患者にはしばしばこのバンドを含む染色体の再編があることが知られていた．そこで正常人の DNA と患者の DNA とで，X 染色体から作成した DNA プローブをハイブリダイズさせて比較し，患者の DNA では再編が起こっているか欠けている領域に対応する DNA 断片を得ることができた．

　ひとたび目的遺伝子の周辺の DNA がいくつか得られれば，目的の遺伝子に到達するまで染色体に沿って"歩行する"ことが可能である．DMD を同定するための次の段階として，プローブの周辺 100 kb 以上の領域に関して染色体歩行が行われ，制限酵素地図が作成された．最後に多数の患者の DNA を解析し，この部分に広い欠失があり，その大部分は地図をつくった領域を超えていることがわかった．多数の欠失例の中で，この領域内だけに欠失のある例が見つかり，おそらくこの部分がこの未知の遺伝子の機能にとって重要であり，この領域内に遺伝子もしくはその一部が含まれていることが予想された．

　目的の遺伝子の領域がわかったので，つぎにこの中のエキソンとイントロンを同定する必要がある．DMD のズーブロットの結果，マウスの X 染色体や他の哺乳類の DNA とハイブリダイズする DNA 断片がわかった．図 4・12 にまとめたように，この DNA 断片の中の ORF とエキソン-イントロン連結部の配列を細かく探し，これらの条件に合致する DNA 断片をプローブとして，筋肉の mRNA から作成した cDNA ライブラリーをスクリーニングした．

　この遺伝子に対応する cDNA は mRNA にして 14 kb にも及ぶ異常に大きいもので，ゲノムとハイブリダイズさせると 60 以上ものエキソンがあり，DNA 全体で 2000 kb 以上あることがわかった．このように DMD の遺伝子は現在までに判明した中で最長である．

　この遺伝子はジストロフィン（dystrophin）とよばれる約 500 kDa のタンパク質をコードする．〔訳注：分子量を表すときは普通単位を付けないが，タンパク質の巨大分子集合体の場合は全体の分子量（粒子量）にドルトン（Da）を付ける習慣になっている．1000 Da＝1 kDa（キロドルトン）である．〕このタンパク質は筋肉の構成要素であり，量的にはかなり少ない．DMD の患者ではそのほとんどすべてにこの遺伝子座の欠失が認められ，ジストロフィンタンパク質が欠損（あるいは不完全な形を）している．

**DMD 遺伝子は筋肉のタンパク質をコードする**

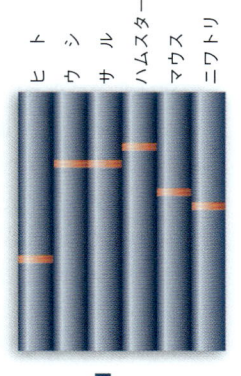

この領域の 50 個の非反復配列のクローンをさまざまな種の DNA とハイブリダイズする　このうち 2 個のクローンが調べたすべての哺乳類の DNA とハイブリダイズした

この断片の塩基配列はヒトとマウスの間で 95 % の相同性があり，ORF をもっていた

ヒト　　....GCCATAGAGCGAGAA....
マウス　....GCCATAGCACGAGAA....

この断片を用いて 14 kb の cDNA を探し出した．エキソンの地図は cDNA に一致した

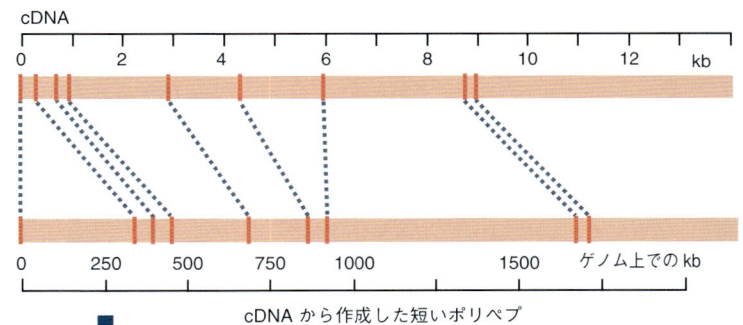

cDNA から作成した短いポリペプチド鎖に対する抗体がジストロフィンタンパク質を検出した

ジストロフィンタンパク質は約 500 kDa で，(a) 骨格筋，(b) 心筋組織に存在し，(c) その他の組織や (d) DMD 患者の骨格筋には存在しない

図 4・12　デュシェンヌ型筋ジストロフィー症の遺伝子がズーブロッティング，cDNA ハイブリダイゼーション，ゲノム DNA ハイブリダイゼーションにより同定され，さらにそのコードするタンパク質も同定された．

筋肉にはまた，27,000近いアミノ酸から成るタイチン（titin，コネクチンともいう）という知られている中で最大のタンパク質があるという特徴をもっている．その遺伝子はヒトゲノム中で最多のエキソン（178）をもち，また最長の単一エキソン（17,000 bp）をもつ．

### 4・9　ゲノム構造の保存性は遺伝子を同定する助けになる

> **シンテニー　synteny**　異種の生物の染色体の領域にみられる関係で，相同な遺伝子が同じ順序で並んでいる領域（相同領域）．

- 遺伝子を同定する手法は完璧ではなく，初期のデータ群には多くの訂正が必要である．
- 偽遺伝子は機能遺伝子と区別されなければならない．
- ゲノムのシンテニーの関係はマウスとヒトのゲノム間では広範であり，そして多くの機能遺伝子がシンテニーとなる．

ゲノム配列を構築した後，さらにその中の遺伝子を同定しなければならない．コード配列は非常に小さい割合しか占めない．エキソンは，適当な配列に挟まれた分断されていないORFとして識別される．一連のエキソンから機能遺伝子を同定するためには，どのような条件が満たされなければならないだろうか．

ゲノムが非常に大きく，そしてエキソンが非常に遠く離れているような場合，エキソンの連結に使われる手法は必ずしも有効ではない．たとえば，初期のヒトゲノムの解析では，32,000の遺伝子の中に170,000のエキソンの位置を決めた．しかし，これは正しくなさそうである．なぜなら，この結果では1遺伝子当たり平均5.3のエキソンがあるのに対して，完全に解析されている個々の遺伝子当たりの平均は10.2だからである．多くのエキソンを見逃したか，あるいはエキソンを全ゲノム配列の中，より少数の遺伝子として異なる形で連結するべきだったか，どちらかである．

遺伝子の構成が正確にわかっても，機能遺伝子と偽遺伝子とを区別するという問題が残る．多くの偽遺伝子は，複数の変異という明白な欠陥によって不活性なコード配列をつくることで認識できる．しかしながら，ごく最近になって生じた，またそれほど多くの変異を蓄積していない偽遺伝子の識別は，いっそう困難だろう．極端な例では，マウスには活性な*Gapdh*遺伝子（グリセルアルデヒド三リン酸デヒドロゲナーゼをコードする）が一つしかないが，偽遺伝子は400程度ある．しかし，最初のうちはこれらの偽遺伝子のうち100以上がマウスゲノム配列では活性型と考えられた．活性な遺伝子のリストからこれらを除外するために個別の試験が必要であった．

異なる種のゲノム領域を比較することによって，一つの遺伝子が活性型であるという確信を強めることができる．ヒト一倍体ゲノムに23本の染色体，マウス一倍体ゲノムに20本の染色体があるという単純な事実が示すように，マウスとヒトゲノムの間に配列の大規模で全般的な再編成があった．しかしながら，局所的なレベルでは遺伝子の順序はだいたい同じである．ヒトとマウスの相同な遺伝子を比較したとき，そのすぐ隣に位置する遺伝子は相同である傾向があり，この関係は**シンテニー**とよばれる．

**図4・13**はマウス第1染色体とヒト染色体セットの関係を示す．このマウス染色体に，ヒト染色体のシンテニーとして対応する21の区域を認識できる．ゲノム間で起こる再構成の範囲は，この区域が6本の異なるヒト染色体の間に分散しているということでわかる．同様の関係が，X染色体を除くすべてのマウス染色体に見いだされる．マウスX染色体はヒトX染色体に対してのみシンテニーをもっている．これは，X染色体が男性（1コピー）と女性（2コピー）間の相違を調整するために量的補償の適用を受けている特別な場合に相当する（§31・4参照）．これによりX染色体への，あるいはX染色体からの遺伝子の転座に対して選択圧がかかるかもしれない．

マウスとヒトのゲノム配列を比較すると，それぞれのゲノムの90％以上が，さまざまな大きさの（300 kbから65 Mbまで）

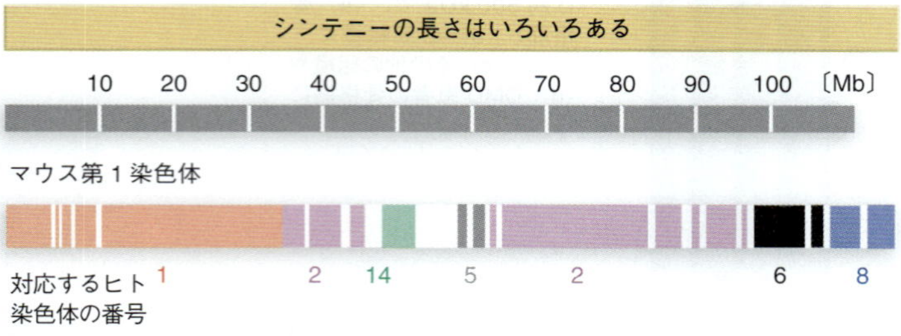

**図4・13**　マウス第1染色体には，1〜25 Mbの21の区域があり，それらは6本のヒト染色体の一部に対応する領域とシンテニー関係にある．

シンテニーの位置にある．平均長7 Mb（ゲノムの0.3％）で総計342のシンテニーがあり，マウス遺伝子の99％がヒトゲノムに相同遺伝子をもっている．そして96％の相同遺伝子がシンテニーである．

シンテニーが重要なことは，中に位置する遺伝子を1対ずつ比較するとわかる．配列の比較を基にして偽遺伝子の候補を探すことで，遺伝子がシンテニーにない（すなわち周辺の遺伝子が二つの種で異なる）ならば偽遺伝子である可能性が2倍高くなる．別の方法としては，本来の遺伝子座から離れた転座は偽遺伝子の生成に関係する傾向があるので，シンテニーに関連遺伝子がないというのは，一見遺伝子らしいものが実際には偽遺伝子ではないかと疑うための基礎となる．結局，当初のゲノム解析で同定された遺伝子の10％以上が偽遺伝子であると判明しているらしい．

一般的には，ゲノムを比較することで遺伝子の予測が非常にやりやすくなる．たとえば，ヒトとマウスのように機能遺伝子を示す配列の特性が保存されている場合，機能をもった相同遺伝子が同定される可能性が増す．

## 4・10 細胞小器官にはDNAがある

**母系遺伝** maternal inheritance 一方の親（通常は母親）の遺伝マーカーが優先的に子孫に受継がれること．
**核外遺伝子** extranuclear gene 核にではなく，ミトコンドリアや葉緑体などの細胞小器官にある遺伝子．

- ミトコンドリアと葉緑体は非メンデル遺伝を示すゲノムをもつ．典型的には，これらのゲノムは母系遺伝をする．
- 植物の細胞小器官ゲノムでは体細胞分離という現象が起こる．
- ミトコンドリアDNAの比較によれば，ヒトは20万年以前にアフリカにいた1人の女性に由来することが示唆される．

核以外にも遺伝子が存在するということは，植物における非メンデル遺伝により初めてわかった．（20世紀初頭，メンデル遺伝の再発見の直後に観察された．）

非メンデル遺伝の極端な例は，一方の親の遺伝子型のみが受継がれ，他方の親の遺伝子型は失われてしまうという片親型の遺伝である．それほど極端でない場合には，一方の親の遺伝子型が他方の親のものより多く子孫に伝わる．通常は母親の遺伝子型が優先的に（あるいは母親の遺伝子型のみが）受継がれ，これを**母系遺伝**とよぶこともある．変異株と野生株を交配したときの分離比が異常になるように，どちらか一方の親の遺伝子型が主となることが重要である．この点で，交配の結果両方の親の形質が同等に受継がれるメンデル遺伝と対照的である．

非メンデル遺伝は核の遺伝子とは独立に遺伝するミトコンドリアや葉緑体にゲノムDNAが存在することによる．実際細胞小器官のゲノムにあるDNA全体は細胞の中で物理的に隔離されているので，独自の発現と調節の機構を備えている．細胞小器官のゲノムは細胞小器官を維持するのに必要ないくつかあるいはすべてのRNAをコードする一方，自分を維持するのに必要なタンパク質のほんの一部しかコードしていない．他のタンパク質は核でコードされ，細胞質のタンパク質合成装置でつくられて，細胞小器官に運び込まれる．

核以外の所に存在する遺伝子は一般的に，**核外遺伝子**とよばれる．それらの遺伝子は自身の細胞小器官内（ミトコンドリアや葉緑体）で転写され翻訳される．それに比べて，核の遺伝子の発現は細胞質でのタンパク質合成によっている．（細胞小器官での遺伝子の動きについては，しばしば**細胞質遺伝**という言葉が用いられる．しかし，ここでは通常の細胞質内での現象と特定の細胞小器官で起こる現象とを区別することが重要なので，この語は本書では使わない．）

核外DNA分子には減数分裂や体細胞分裂に際して紡錘体がつかないので，ランダムに娘細胞に分かれていく．**図4・14**に示すように，父親と母親から受継いだミトコンドリアに異なる対立遺伝子があるときや，娘細胞が偶然に片親だけに由来するミトコンドリアをもつような不均等な分配を受けたときにこのようなことが起こる（§17・11参照）．

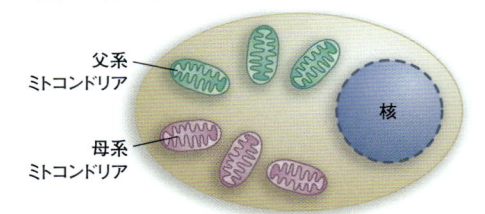

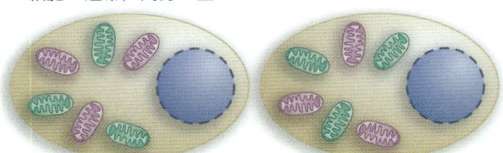

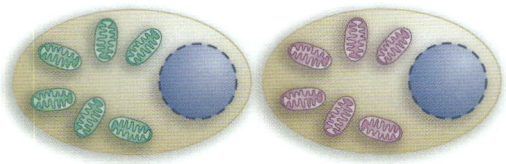

図4・14 父系と母系でミトコンドリアの対立遺伝子が異なるとき，細胞はミトコンドリアDNAを2セットもっている．体細胞分裂では両方のセットをもつ娘細胞が通常できる．不等分離で1セットのみをもつ娘細胞ができると，体細胞変異が起こるのだろう．

**動物 mtDNA は母親由来である**

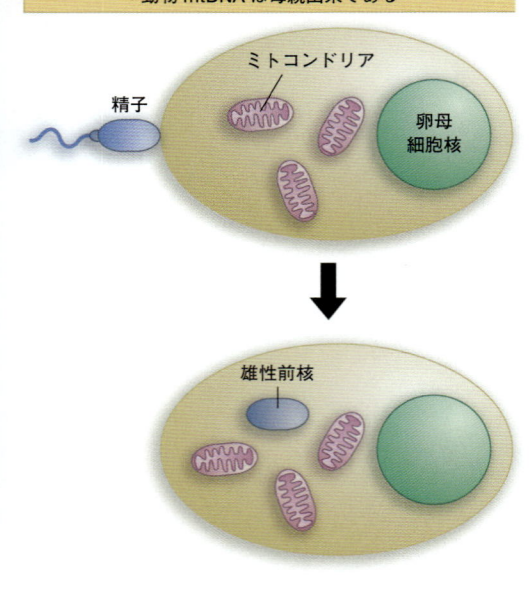

図4・15　精子由来の DNA は受精卵で雄性前核を形成するために卵母細胞へ入るが，ミトコンドリアはすべて卵母細胞より供給される．

高等動物ではミトコンドリアがすべて卵に由来し，精子からはまったく由来しないとすると，母系遺伝となることを説明できる．図4・15は精子が1コピーの核DNAのみを遺伝することを示している．この場合，ミトコンドリアの遺伝子はすべて母親由来で，父親のミトコンドリアは1世代で消滅することになる．

非メンデル遺伝は時として体細胞分離という現象にかかわっている．特に植物でみられるように，発生途上で生じる遺伝的違いに由来した体細胞組織に差が生じる場合に起こる現象である．体細胞分離は分裂時に遺伝子が不均等に分配されることに由来しており，非メンデル遺伝による減数分裂での不均等な分配と異なるものである．

細胞小器官は核とは異なった状況に置かれており，そのDNAは固有の速さで進化してきたと思われる．もし片親だけからの遺伝によっているとすると，親ゲノム間での組換えという現象は起こりようがない．また細胞小器官の場合，ゲノムが両親から伝わってきたとしても通常，組換えの起こらないことが多い．細胞小器官のDNAは核のDNAとは違う酵素によって複製するので，間違いの頻度も核のDNAとは異なっている．哺乳類の場合には核にあるDNAよりもずっと速くミトコンドリアのDNAに変異が蓄積する．ところが，植物の場合はミトコンドリアDNAには核のDNAほど変異は蓄積しない（葉緑体は両者の中間である）．

母系遺伝の結果，繁殖集団の大きさが小さくなると，ミトコンドリアDNAの配列は核のDNAよりも影響を受けやすい．異なる人種の間でミトコンドリアDNAの配列を比べると，それぞれの人種の進化系統樹を作成することができる．ヒトのミトコンドリアDNA配列には0.57%にも及ぶ違いがあり，これに基づいてそれぞれのミトコンドリアの多型は人類共通の（アフリカの）先祖から分離したとする系統樹を作成できる．哺乳類のミトコンドリアDNAには100万年当たり2〜4%の変異が蓄積するが，これはグロビン遺伝子に比べると10倍以上高い率である．このため14〜28万年の進化の間に，明らかなDNAの分岐が生じてくる．このことは現在の人類は20万年以前にアフリカに住んでいた一人の女性から生まれたことを示唆している．（訳注：この結論について，最近は異論も出ている．）

### 4・11　ミトコンドリアのゲノムは環状DNAであり，細胞小器官のタンパク質をコードする

> **ミトコンドリア DNA（mtDNA）** mitochondrial DNA　ミトコンドリアにある，核のゲノムとは独立したDNAで，普通は環状である．
> **葉緑体 DNA（ctDNA）** chloroplast DNA　植物の葉緑体にある，核のゲノムとは独立したDNAで，普通は環状である．

- 細胞小器官のゲノムは一般に（常に，ではない）環状DNAである．
- 細胞小器官のゲノムは細胞小器官で見いだされるタンパク質の，すべてではないがいくつかをコードしている．
- 動物細胞のミトコンドリアDNAはきわめて小さく，典型的には13個のタンパク質，2個のrRNA，22個のtRNAをコードしている．
- 酵母ミトコンドリアDNAは，長いイントロンが存在するため，動物細胞mtDNAより5倍も長い．

細胞小器官のゲノムの大部分は，特異的な塩基配列をもった一つの環状DNAである（以下 **mtDNA はミトコンドリア DNA**，**ctDNA は葉緑体 DNA** を示す）．少数の例外を除くと，大部分の下等真核生物ではミトコンドリアDNAは線状分子である．

普通それぞれの細胞小器官には数コピーのゲノムがある．細胞には細胞小器官が多数あるので，細胞当たりの細胞小器官のゲノムの数は多数となる．細胞小器官のゲノム自身は特異的であるが，核の非反復配列と比べると，mtDNAは反復配列で構成されていることになる．

ミトコンドリアのゲノム全体の大きさは種によって10倍ほど異なる．動物細胞のミトコンドリアは小さく，哺乳類では約16.5 kb である．細胞当たり数百個のミトコンドリアがあり，それぞれのミトコンドリアには多数のDNA分子がある．核のDNAに対

**ミトコンドリアは RNA とタンパク質をコードしている**

| 種 | 大きさ〔kb〕 | タンパク質コード遺伝子 | RNAコード遺伝子 |
|---|---|---|---|
| 真　菌 | 19〜100 | 8〜14 | 10〜28 |
| 原生動物 | 6〜100 | 3〜62 | 2〜29 |
| 植　物 | 186〜366 | 27〜34 | 21〜30 |
| 動　物 | 16〜17 | 13 | 4〜24 |

図4・16　ミトコンドリアゲノムはタンパク質（ほとんどが複合体 I〜IV）と rRNA，tRNA をコードする遺伝子をもっている．

するミトコンドリア DNA の総量は小さく 1％に満たない．

　酵母のミトコンドリアのゲノムはかなり大きく，パン酵母（S.cerevisiae）では株によって正確な大きさは異なるが，約 80 kb である．一つの細胞当たり約 22 個のミトコンドリアがあり，各ミトコンドリアあたりおよそ 4 個のゲノムがある．増殖中の細胞ではミトコンドリア DNA の割合は 18％に達する．（訳注：他の酵母には，もっと大きなゲノムサイズをもつミトコンドリアがある．）

　植物のミトコンドリア DNA の大きさは最小で約 100 kb だが，その違いはきわめて大きい．通常，単一の特異的な塩基配列が環状に並んでいる．この環状 DNA の中には短いが相同な配列があり，これらの配列の間で組換えが起こって，ゲノムの一部から成る小さな環状分子ができ，これが完全な"マスター"ゲノムと共存するため，植物のミトコンドリア DNA の複雑度が大きくみえる．

　多くの生物で塩基配列が決定されたミトコンドリアゲノムに関して，現在ではミトコンドリア DNA の機能について一般的な構造がいくつかわかっている．図 4・16 にミトコンドリアゲノムの遺伝子分布をまとめてある．タンパク質をコードする遺伝子の総数はどちらかというと少ないが，ゲノムサイズとは相関がない．哺乳類ミトコンドリアは 13 個のタンパク質をコードするのに 16 kb のゲノムを用いているが，酵母のミトコンドリアはわずか 8 個のタンパク質をコードするのに 60〜80 kb を使っている．もっと大きなミトコンドリアゲノムをもつ植物は，より多くのタンパク質をコードしている．とても小さな哺乳類のゲノムにはないが，ほとんどのミトコンドリアゲノムでイントロンが見いだされる．

　タンパク質をコードする活性の大部分は電子伝達系（呼吸）複合体 I〜IV の複合サブユニット集合体の構成成分に当てられている．二つの主要な rRNA は必ずミトコンドリアゲノムにコードされている．ミトコンドリアゲノムにコードされている tRNA の数は，まったくないものからすべてのセットがそろっているもの（ミトコンドリアでは 25〜26）までいろいろである．多くのリボソームタンパク質が原生動物や植物ミトコンドリアではコードされているが，真菌や動物のゲノムにはほとんど，もしくはまったくない．多くの原生動物のミトコンドリアゲノムには細胞内への物質の取込みにかかわるタンパク質をコードする遺伝子もある．

　動物のミトコンドリア DNA は非常に小さい．異なる動物種にみられる遺伝子構成にはかなりの違いがみられるが，限られた数の機能をコードする小さいゲノムという点では一般的原則が保たれている．イントロンはなく，いくつかの遺伝子が重なっており，ほとんどすべての塩基対が遺伝子に割当てられている．DNA 複製の開始に関与する D ループ領域を除くと，ヒトのミトコンドリアゲノムの 16,569 bp のうちわずか 87 bp がシストロン間の領域に存在しているにすぎない．ヒトのミトコンドリアゲノムの地図を図 4・17 にまとめて示したが，13 個のタンパク質をコードしている領域があり，すべてのタンパク質は呼吸にかかわる装置の成分になっている．

　酵母（S.cerevisiae，84 kb）と哺乳類（16 kb）のミトコンドリアゲノムは大きさにして 5 倍も違う．したがって，二つのゲノムは共通の機能をもっていても，遺伝的構成に大きな違いがあるはずである．図 4・18 の地図は，酵母のミトコンドリアのおもな RNA とそこからつくられるタンパク質を示している．遺伝子座が地図上に散在していることが特徴として目につく．分断された遺伝子の box（シトクロム b をコードする）と oxi3（シトクロムオキシダーゼのサブユニット 1 をコードする）の二つは特別な性質をもつ遺伝子座である．この二つの遺伝子を合わせただけで哺乳類のミトコンドリアのゲノム全体とほぼ同じ大きさになる．これらの遺伝子には長いイントロンがあり，そのいくつかには先行するエキソンと直接つながった ORF が存在する（§27・5 参照）．

## 4・12　葉緑体ゲノムは多数のタンパク質と RNA をコードする

■ 葉緑体ゲノムのサイズはさまざまであるが，rRNA と tRNA に加えて 50〜100 タンパク質をコードするのに十分なくらい大きい．

　葉緑体ゲノムはかなり大きく，通常，陸上植物で約 140 kb，藻類では 200 kb 近くある．この大きさはファージのものに匹敵する．たとえば，T4 ファージは約 165 kb であ

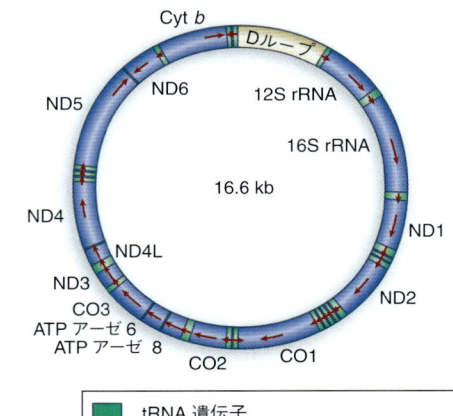

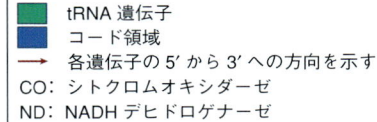

図 4・17　ヒトのミトコンドリア DNA には 22 個の tRNA 遺伝子，2 個の rRNA 遺伝子，および 13 個のタンパク質コード領域がある．タンパク質や rRNA の 15 のコード領域のうち，14 個は同一方向に転写される．tRNA 遺伝子のうち，14 個は時計回りに，8 個は反時計回りに転写される．

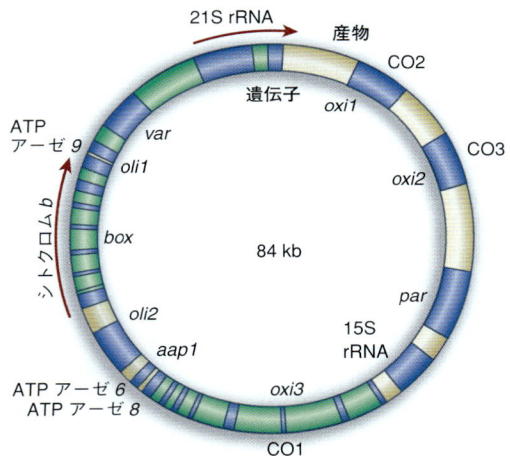

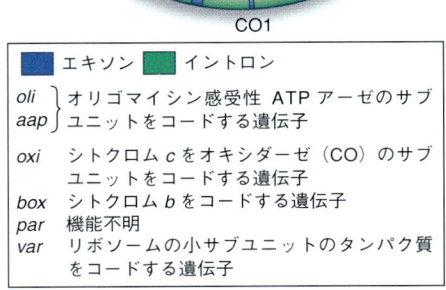

図 4・18　酵母のミトコンドリアのゲノムにはタンパク質コード遺伝子（分断された遺伝子と分断されていない遺伝子がある），rRNA 遺伝子および tRNA 遺伝子（位置は示していない）がある．矢印は転写の方向を示す．

| 葉緑体は100を越える遺伝子をもっている | |
|---|---|
| 遺伝子 | 種類 |
| RNAをコードするもの | |
| 16S rRNA | 1 |
| 23S rRNA | 1 |
| 4.5S rRNA | 1 |
| 5S rRNA | 1 |
| tRNA | 30〜32 |
| 発現している遺伝子 | |
| リボソームタンパク質 | 20〜21 |
| RNAポリメラーゼ | 3 |
| その他 | 2 |
| 葉緑体機能 | |
| Rubiscoとチラコイド膜 | 31〜32 |
| NADHデヒドロゲナーゼ | 11 |
| 合計 | 105〜113 |

図4・19 葉緑体ゲノムは4個のrRNA, 30個のtRNA, それに約60個のタンパク質をコードする.

る. 葉緑体当たりのゲノム数は, 植物では通常20〜40, 細胞当たりの葉緑体のコピー数は通常20〜40ある.

どんな遺伝子を葉緑体はもっているだろうか. 配列が決定された葉緑体ゲノム（合計30以上）には87〜183個の遺伝子がある. 図4・19には陸上植物の葉緑体ゲノムにコードされている機能を要約してある. 藻類の葉緑体ゲノムではさらに変動がある.

より多くの遺伝子があること以外は概してミトコンドリアと類似した状況である. 葉緑体ゲノムはタンパク質合成に必要なすべてのrRNAとtRNAをコードしている. 主要なrRNAに加えて, 二つの小さなrRNAも含まれる. tRNAはおそらく必要な遺伝子のすべてがある. 葉緑体ゲノムはRNAポリメラーゼやリボソームタンパク質を含む50〜100個程度のタンパク質をコードしている. ここでも, 細胞小器官の遺伝子は細胞小器官の装置で転写され翻訳されるのが決まりである. 葉緑体遺伝子がコードするタンパク質の約半分がタンパク質合成にかかわっている.

## 4・13 ミトコンドリアは細胞内共生から進化してきた

- ミトコンドリアゲノムは真核生物の核のゲノムより細菌のゲノムの方により近い.
- ミトコンドリアは, おそらく真核生物が"捕獲した"細菌に由来するだろう.
- ミトコンドリアが細胞の一員となるには, ミトコンドリアと核の間で双方向の遺伝情報のやりとりがあった.

細胞小器官は, その機能の一部の遺伝情報を自らもちながら, 他の機能は核によりコードされている. この状態はどのようにして進化してきたのだろうか. 図4・20は, ミトコンドリアの進化に関して, 原始的な細胞が細菌を捕獲し, その細菌が膜に囲まれたミトコンドリアや葉緑体に進化する機能をもっていたという細胞内共生モデルを示している. この観点からは, 原始的な細胞小器官にはその機能をつくり出すのに必要なすべての遺伝子があったに違いない.

ゲノム配列の相同性から, ミトコンドリアと葉緑体は真正細菌と共通する系統から別々に進化したことが示唆されている.

ミトコンドリアはα紅色細菌と同じ起源である. 細菌の中でミトコンドリアと最も近縁な既知の生物はリケッチア（*Rickettsia*, 発疹チフスの原因菌）であり, おそらく独立に増殖していた細菌に由来する偏性細胞内寄生体である. このことから, ミトコンドリアがリケッチアとも共通した先祖からの細胞内共生に由来するという考え方が強まる.

葉緑体の細胞内共生の起源は, 葉緑体の遺伝子とそれに対応する細菌の遺伝子の関係から明らかにされてきた. 特に, rRNA遺伝子の構成はシアノ細菌と近い関係にある. シアノ細菌は葉緑体と細菌との間の共通の祖先として重要視されてきた.

細菌が宿主細胞に組入れられるようになり, ミトコンドリア（もしくは葉緑体）に進化するにつれて, 遺伝子の消失と核への移転とが起きたに違いない. 細胞小器官は独立した細菌よりはるかに少ない遺伝子しかもたず,（代謝経路のような）独立生活に必要な遺伝子機能の多くを失っている. そして実際に, 細胞小器官の機能をコードしている遺伝子の主要部分が現在は核にあるので, これらの遺伝子は細胞小器官から核へ移転したに違いない.

細胞小器官から核への遺伝子の移転にはDNAの物理的移動が必要であり, もちろんうまく発現するにはコードしている配列の変化も要求される. 核の遺伝子によってコードされる細胞小器官のタンパク質は, それらが細胞質でつくられた後に細胞小器官へ取込まれるための特別な配列をもっている（§10・6参照）. 細胞小器官内でつくられるタンパク質にはこれらの配列は必要とされない. おそらく, 細胞小器官の区画がそれほど厳密に決められていない時期に遺伝子の再編が起こって, DNAが移転したり, タンパク質が合成された場にかかわりなく細胞小器官に入ったりするのが容易だったのだろう.

系統発生図によれば遺伝子の移転は多くの異なる系統で独立に起きたことが示されている. ミトコンドリア遺伝子の核への移転は, 動物細胞が進化した早い時期のみ起きたようであるが, 植物細胞ではまだ続いている可能性がある. 移転した遺伝子の数はかな

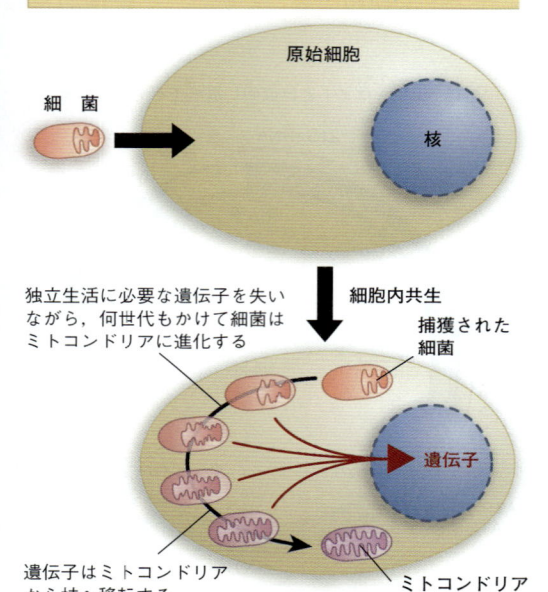

図4・20 ミトコンドリアは細菌が真核細胞に捕獲された内部共生に由来する.

りあり，他の植物の葉緑体にある遺伝子と関連する配列をもつシロイヌナズナ（*Arabidopsis*）の核の遺伝子は 800 以上ある．これらの遺伝子はもともと葉緑体に由来した遺伝子から進化したものの候補である．

## 4・14 要　約

真核生物ゲノムに含まれる DNA 配列は三つのグループに分類される：

- 非反復配列は唯一の配列である．
- 中頻度反復配列は，同一ではないが関連のあるコピーが散在して低頻度で繰返されている．
- 高頻度反復配列は短く，通常タンデムに繰返されている．

　大きいゲノムは非反復配列の割合が下がる傾向にあるが，配列の種類間の割合はそれぞれのゲノムに特有である．ヒトゲノムのほぼ 50 % が反復配列から成り，その大多数はトランスポゾン配列の仲間である．ほとんどの構造遺伝子は非反復配列内にある．非反復配列の量はゲノムサイズよりも生物種の複雑度をよく反映している．ゲノム中の非反復配列は最大量が $2\times10^9$ bp 程度に達する．

　非メンデル遺伝は細胞質にある細胞小器官に DNA が存在することで説明できる．ミトコンドリアも葉緑体もともに膜に囲まれた構造をとっていて，タンパク質のうちあるものは細胞小器官で合成され，他のものは外から運ばれてくる．細胞小器官のゲノムは通常環状の DNA で，細胞小器官にとって必要な RNA のすべてとタンパク質の一部をコードしている．

　ミトコンドリアのゲノムサイズは種によって大きな違いがあり，最小の哺乳類のゲノムの 16 kb から，大きなものでは高等植物のゲノムの 570 kb までさまざまである．おそらく大きなゲノムサイズをもつミトコンドリアには，ほかにも機能があると考えられる．葉緑体ゲノムは 120〜200 kb 程度の大きさで，塩基配列が決まったものでは構造もコード領域も互いによく似ている．ミトコンドリアでも葉緑体でも，主要なタンパク質の多くは細胞小器官の中で合成されるサブユニットと，細胞質から入ってくるサブユニットから成っている．

　酵母のミトコンドリア DNA はかなり頻繁に再編成が起こっている．また，ミトコンドリアゲノムや葉緑体ゲノムでは組換えが起こることも見つかっている．さらに，ミトコンドリアや葉緑体と核のゲノムの間には DNA の移転があった．

# 5 ゲノムの配列と遺伝子の数

5・1 はじめに
5・2 細菌の遺伝子数には 10 倍ぐらいの幅がある
5・3 いくつかの真核生物で全遺伝子数はわかっている
5・4 ヒトゲノムの遺伝子は予想より少ない
5・5 遺伝子とその他の配列はどのようにゲノムに分布しているのだろうか
5・6 Y染色体には雄に特有ないくつかの遺伝子がある
5・7 どのくらい異なった型の遺伝子があるだろうか
5・8 より複雑な生物種への進化は新しい機能をもつ遺伝子の追加による
5・9 いくつの遺伝子が必須なのか
5・10 真核生物の組織ではおよそ 10,000 個の遺伝子がさまざまなレベルで発現している
5・11 発現している遺伝子数はひとまとめに測定できる
5・12 要 約

## 5・1 はじめに

1995 年に最初のゲノムの塩基配列が決定されて以来,塩基配列を決定する速さと量の両方が急速に向上してきている.塩基配列が決定された最初のゲノムは小さな細菌のゲノムで,2 Mb 以下であった.3000 Mb あるヒトゲノムの塩基配列は 2002 年までに決定された.現在,多種類の生物のゲノム配列が決定されており,細菌,古細菌,酵母,下等真核生物,植物,そして線虫,ショウジョウバエ,げっ歯類,哺乳類のような動物が含まれている.

図 5・1 は年ごとに塩基配列が決定された報告をもとに細菌ゲノムの数を示したグラフである.また,いくつかの重要な真核生物のゲノムの配列が決定された年も示した.約 150 種の細菌ゲノムの配列が決定されており,1 週間におよそ一つの割合でさらに増え続けている.20 種以上の古細菌ゲノム,10 種以上の重要な真核生物のゲノム,さらに,1000 種以上のミトコンドリア DNA の塩基配列と 32 種以上の葉緑体ゲノムの塩基配列が決定されている.

おそらく,ゲノム配列決定により得られた情報のうち最も重要な一つは遺伝子の数である.決定されたゲノム配列の数量の情報を図 5・2 にまとめた.マイコプラズマ (*Mycoplasma genitalium*) は細胞に寄生して増える細菌で,あらゆる既知の生物の中で最も小さいゲノムをもち,遺伝子数はたった 470 個程度である.独立に増殖する細菌の遺伝子数は 1700〜7500 個の範囲にあり,古細菌の遺伝子数はそれと同じくらいの範囲である.単細胞真核生物はだいたい 5300 個である.線虫やショウジョウバエの遺伝子数はそれぞれ 18,500 個と 13,500 個程度であるが,マウスとヒトの遺伝子数はたった 30,000 個程度にしか増えていない.〔訳注: 原著ではマイコプラズマを偏性細胞内寄生細菌としているが,マイコプラズマの中には独立に増殖するもの,増殖に細胞(のつくる栄養素)を必要とするものなどさまざまである.また,細胞内に侵入して増殖するかどうかは必ずしも明確ではない.〕

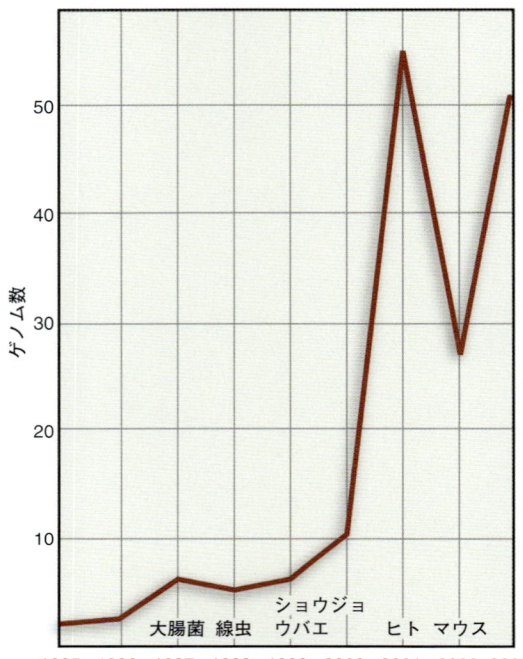

図 5・1 ここ 10 年のうちに 150 個以上のゲノムの全配列が決定されている.

図 5・3 は 6 種類の生物に見つかった遺伝子の最少数をまとめたものである.一つの生物をつくるのに約 500 個,独立して増殖する細胞では約 1500 個,核をもつ細胞では 5000 個以上,多細胞生物では 10,000 個以上,神経組織をもつ生物には約 13,000 個以上の遺伝子が必要である.もちろん多くの生物はその種に必要な最少遺伝子数より遺伝子が多いので,遺伝子の数は近縁種の間でさえ大きく変わりうる.

細胞や下等真核生物では,ほとんどの遺伝子は一つずつしかない.しかし,高等真核生物ゲノムでは,遺伝子を関連あるもの同士のファミリーに分けることができる.もちろん,いくつかの遺伝子は一つずつである(形式的にはそのファミリーは一つのメンバーしかもたない)が,多くは 10 以上のメンバーをもつファミリーに属する.それぞれのファミリーの数は遺伝子数よりは生物全体の複雑さに関連がある.

## 5・2 細菌の遺伝子数には 10 倍ぐらいの幅がある

■ ゲノム配列が示す遺伝子数は,寄生生活をする細菌では 500〜1200 個,独立に増殖する細菌では 1500〜7500 個,古細菌では 1500〜2700 個である.

細菌と古細菌のゲノム配列が示すように，実質的にすべて（典型的には85～90％）のDNAはRNAかタンパク質をコードする．図5・4から，細菌と古細菌のゲノムサイズに10倍ぐらいの幅があることや，ゲノムサイズが遺伝子の数に比例することがわかる．典型的な遺伝子の長さは約1000 bpである．

1.5 Mb以下のゲノムサイズの細菌はすべて，偏性寄生型で，低分子化合物を提供するような真核生物の細胞を宿主として生存する．それらのゲノムをみると，単細胞を構築するのに最低限必要な機能の数がわかる．大きいゲノムをもつ細菌と比べると，あらゆる種類の遺伝子で遺伝子数が少ないが，特に有意な減少がみられるのは代謝機能（多くが宿主細胞から提供される），あるいは遺伝子発現の制御にかかわる酵素をコードしている遺伝子座である．

古細菌は原核生物と真核生物との中間にあるような生物学的特徴をもつが，ゲノムサイズと遺伝子数は細菌と同じ程度である．ゲノムサイズは1.5～3 Mbで，1500～2700の遺伝子数に相当する．また，遺伝子発現の機構は原核生物よりも真核生物に近いが，細胞分裂の装置は原核生物に似ている．

古細菌と独立に増殖する最小の細菌によって，一つの細胞がこの環境で独立に機能するために必要最少の遺伝子数が同定できる．最小の古細菌ゲノムには約1500個の遺伝子が存在する．既知ゲノムで独立に増殖する最小の細菌は好熱菌（*Aquifex aeolicus*）であり，1.5 Mbのゲノムサイズで1512個の遺伝子がある．"典型的"なグラム陰性細菌のインフルエンザ菌（*Haemophilus influenzae*）は1743個の遺伝子をもち，各遺伝子の長さは約900 bpである．したがって，約1500遺伝子が独立に増殖する細菌に必要であると結論できる．

細菌のゲノムサイズは，およそ10倍の幅にわたり，最大およそ9 Mbに達する．大きなゲノムほど多くの遺伝子をもつ．最大のゲノムをもつ細菌は，根粒菌の1種（*Sinorhizobium meliloti*）とミヤコグサ根粒菌（*Mesorhizobium loti*）で，これらは植物の根に生存する窒素固定菌である．これらのゲノムサイズと遺伝子数（7000個以上）は酵母の遺伝子数に近い．

大腸菌（*Escherichia coli*）のゲノムサイズはこの範囲の中間に当たる．普通に研究室で使われている株は4288個の遺伝子で，平均の長さは約950 bpである．平均の遺伝子間の距離は118 bpである．しかし，株間には非常に有意な差があり，知られている大腸菌の最小の株では4.6 Mb，4249個の遺伝子があり，最大の株では5.5 Mb，5361個の遺伝子がある．

| ゲノムには470～30,000個の遺伝子がある | | | |
|---|---|---|---|
| 種 | ゲノム〔Mb〕 | 遺伝子 | 致死遺伝子座 |
| マイコプラズマ（*M. genitalium*） | 0.58 | 470 | ～300 |
| リケッチア（*R. prowazekii*） | 1.11 | 834 | |
| インフルエンザ菌（*H. influenzae*） | 1.83 | 1,743 | |
| メタン細菌（*M. jannaschii*） | 1.66 | 1,738 | |
| 枯草菌（*B. subtilis*） | 4.2 | 4,100 | |
| 大腸菌（*E. coli*） | 4.6 | 4,288 | 1,800 |
| パン酵母（*S. cerevisiae*） | 13.5 | 6,034 | 1,090 |
| 分裂酵母（*S. pombe*） | 12.5 | 4,929 | |
| シロイヌナズナ（*A. thaliana*） | 119 | 25,498 | |
| イネ（*O. sativa*） | 466 | ～40,000 | |
| ショウジョウバエ（*D. melanogaster*） | 165 | 13,601 | 3,100 |
| 線虫（*C. elegans*） | 97 | 18,424 | |
| ヒト（*H. sapiens*） | 3,300 | ～30,000 | |

図5・2 ゲノムサイズと遺伝子数は完全な配列に基づいている．致死遺伝子座は遺伝的データからの予測である．

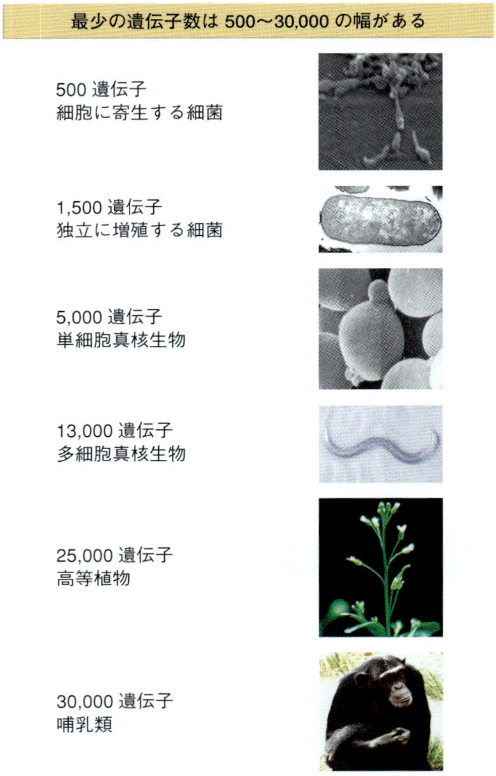

図5・3 あらゆる生物に必要な最少の遺伝子数は，複雑さとともに増加している．マイコプラズマの写真はA. Albay, K. FrantzおよびK. Bott氏の，細菌の写真はJonathan King氏のご好意による．

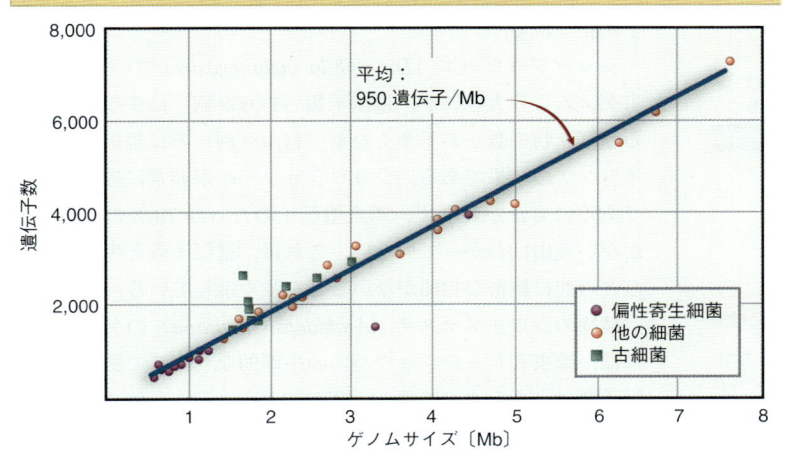

| 最少の遺伝子数は500～30,000の幅がある |
|---|
| 500遺伝子　細胞に寄生する細菌 |
| 1,500遺伝子　独立に増殖する細菌 |
| 5,000遺伝子　単細胞真核生物 |
| 13,000遺伝子　多細胞真核生物 |
| 25,000遺伝子　高等植物 |
| 30,000遺伝子　哺乳類 |

図5・4 細菌と古細菌のゲノムでは遺伝子の数とサイズはゲノムサイズに比例して増えている．

（グラフ：細菌のゲノムサイズと遺伝子数は相関している．平均：950遺伝子/Mb．凡例：偏性寄生細菌，他の細菌，古細菌）

すべての細菌の遺伝子の機能はまだわかっていない．これら大部分のゲノムのうち，約60％の遺伝子が他の生物の既知遺伝子との相同性で同定できる．（いくつかの古細菌や細菌は極限の状況下で生きている．この場合，他の生物と比較することで遺伝子を同定するのはより難しい．）同定された遺伝子は，代謝，細胞構造または構成成分の輸送，遺伝子発現とその制御に関与するタンパク質をコードするクラスに，ほぼ等分に分けられる．また実際のところ，どの細菌のゲノムも25％以上の遺伝子については機能がわかっていない．もっともこれらの遺伝子のうち多くのものは近縁の生物にもみられ，これらが保存された機能をもつことがわかる．

### 5・3 いくつかの真核生物で全遺伝子数はわかっている

■ 酵母には6000個の遺伝子が存在する．線虫では18,500個，ショウジョウバエでは13,600個，小さな植物であるシロイヌナズナには25,000個ある．マウスとヒトの遺伝子数はおそらく30,000個である．

真核生物ゲノムをみると，ゲノムサイズと遺伝子数の関係はなくなっていることに気付く．単細胞真核生物のゲノムサイズは最大の細菌ゲノムと同程度まで下がる．高等真核生物にはより多くの遺伝子があるが，図5・5に示すように，遺伝子数とゲノムサイズには関連がない．

下等真核生物の最も大規模なデータは，パン酵母（*Saccharomyces cerevisiae*）と分裂酵母（*Schizosaccharomyces pombe*）のゲノム配列から知ることができる．その最も重要な特徴を図5・6にまとめた．2種の酵母のゲノムサイズは12.5 Mbと13.5 Mbで，それぞれ約6000個の遺伝子と約5000個の遺伝子から成る．オープンリーディングフレーム（ORF）の平均長は約1.4 kbで，ゲノムの約70％はコード領域で占められる．これら二つの種の大きな違いは，パン酵母ではたった5％の遺伝子にしかイントロンはないが，分裂酵母では43％の遺伝子にイントロンがみられることである．遺伝子間の距離はパン酵母の方が少し短いが，どちらも遺伝子の密度は高く，構成はだいたい似ている．ゲノムのDNA配列から同定された遺伝子の約半分は既知遺伝子か既知遺伝子の関連遺伝子であった．残りは新規遺伝子で，これから新たに発見される可能性のある新しい種類の遺伝子が存在することを暗示している．

線虫（*Caenorhabditis elegans*）のゲノムDNAは遺伝子が密に詰まった領域からまばらな領域までさまざまである．線虫の遺伝子は約18,500個ある．このうち約42％だけが線虫類（Nematoda）以外にも対応する遺伝子が見つかる．

ショウジョウバエ（*Drosophila melanogaster*）のゲノムは線虫ゲノムより大きいが，遺伝子数（13,600個）は少ない．異なる転写産物の数が若干多くなる（14,100個）のは選択的スプライシングの結果である．ショウジョウバエが非常に複雑な生物であるにもかかわらず，線虫遺伝子のたった70％の遺伝子しかない理由はわかっていない．これは，遺伝子数と生物の複雑さとの間に精密な相関がないことを強く示している．

植物のシロイヌナズナ（*Arabidopsis thaliana*）のゲノムサイズは，線虫とショウジョウバエの中間的なサイズであるが，遺伝子数はどちらよりも多い（25,000個）．これもゲノムサイズと遺伝子数に明らかな相関がないことを示し，また植物は（祖先における遺伝子重複によって）動物細胞よりも多くの遺伝子をもっているという植物特有の性質によるものであろう．大部

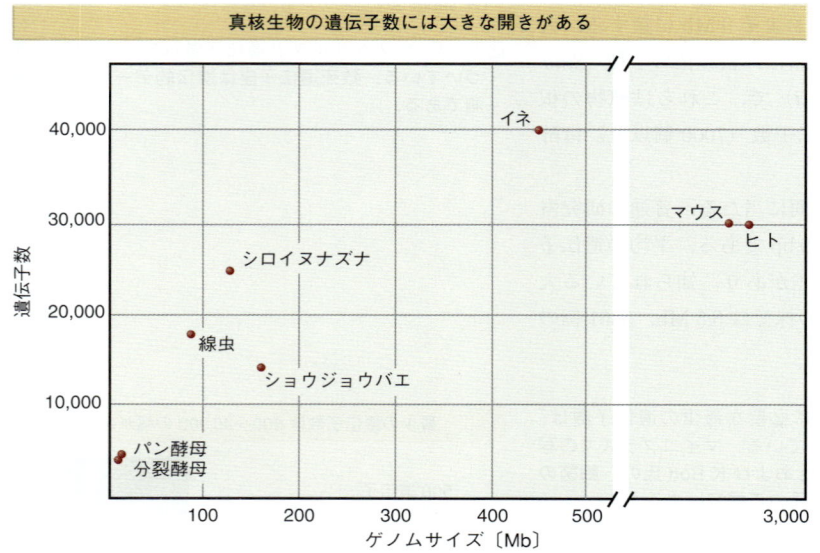

図5・5 真核生物の遺伝子数は6000〜40,000個までさまざまだが，ゲノムサイズや生物の複雑さとは相関がない．

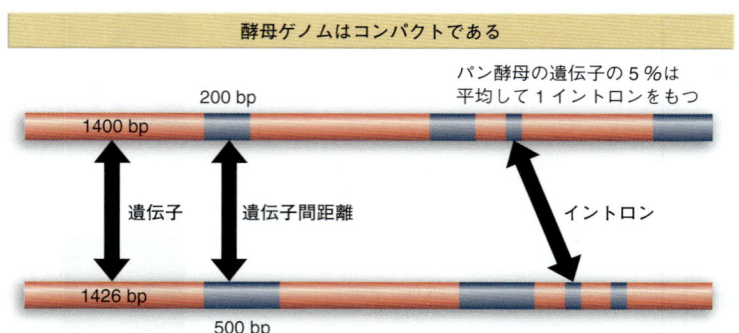

図5・6 13.5 Mbのパン酵母ゲノムは6000個の遺伝子をもつ．ほとんどは分断されていない．12.5 Mbの分裂酵母ゲノムは5000個の遺伝子をもつ．半分近くがイントロンをもつ．遺伝子サイズと遺伝子間距離はよく比例している．

分のシロイヌナズナゲノムは重複したセグメントであり，これは祖先で（四倍体になるため）ゲノムが倍になったことを示唆している．シロイヌナズナゲノムのうち，単独コピーとして存在するのは35％だけである．

イネ（*Oryza sativa*）ゲノムはシロイヌナズナの約4倍あるが，遺伝子数では約50％のみの増加で，おそらく約40,000個である．反復配列がゲノムの42〜45％を占める．シロイヌナズナにある遺伝子の80％以上がイネにもある．これらの共通遺伝子のうち約8000個はイネとシロイヌナズナにあるが，ゲノム配列が決定されたどの細菌，動物ゲノムにもない．光合成のような植物特有の機能をもつ遺伝子のセットがあると思われる．

ショウジョウバエのゲノムから，各機能にいくつの遺伝子が当てられているかについて推測がつく．図5・7では機能をさまざまなカテゴリーに分けている．同定された遺伝子産物のうち，約2500個の酵素，約750個の転写因子，約700個の輸送体とイオンチャネル，約700個のシグナル伝達に関係するタンパク質があった．しかし，半数程度の遺伝子は，機能未知の遺伝子産物をコードしている．約20％のタンパク質は細胞膜に存在する．

原核生物や古細菌から真核生物になるにつれ，タンパク質のサイズは大きくなる．古細菌のうちメタン細菌（*Methanococcus jannaschi*）と真正細菌である大腸菌のタンパク質の平均長は，それぞれ287，317アミノ酸である．一方，パン酵母と線虫では，それぞれ484，442アミノ酸である．大きなタンパク質（500残基より大きいもの）は細菌では珍しいが，真核生物ではかなりの部分（約3分の1）を占めている．長さの増加は余分なドメインの付加によるものであり，それぞれのドメインは100〜300アミノ酸を構成しているものが多い．しかし，タンパク質サイズの増加がゲノムサイズの増加に寄与している割合はわずかなものである．

発現している遺伝子を数えることによって，遺伝子数についてのもう一つの知見が得られる．1細胞当たりmRNAの種類の数を見積もると，平均的な脊椎動物の1細胞は約10,000〜15,000個の遺伝子（mRNA）を発現していることになる（訳注：ここでは単純に，1遺伝子は1種類のmRNAを発現すると考える）．また，異なる種類の細胞を比較したとき，mRNAの種類は著しく重複している．このことから，その生物全体のあらゆる種類の細胞で発現している遺伝子（mRNA）の総数はこの数字の数倍以内と考えられる．ヒトの全遺伝子数はおよそ30,000個であるという見積もりがあるが，これはどの細胞でも全遺伝子数のかなりの部分が実際に発現しているということを意味している．

機能遺伝子のほかに，機能を失った（タンパク質のコード配列の中断によってそのように認識された）遺伝子コピーもあり，これらは偽遺伝子とよばれる（§3・11参照）．偽遺伝子の数は多い場合もあり，マウスとヒトのゲノムでは，偽遺伝子の数は（潜在的に）活性のある遺伝子数の約10％である．

### 5・4 ヒトゲノムの遺伝子は予想より少ない

- ヒトゲノムのうち1％のみがコード領域である．
- エキソンはそれぞれの遺伝子の約5％に当たり，遺伝子（エキソンとイントロン）はゲノムの約25％になる．
- 現在までの推定ではヒトゲノムにはおよそ30,000の遺伝子がある．
- 約60％のヒト遺伝子は選択的スプライシングを受ける．
- 最大80％の選択的スプライシングによりタンパク質の配列が変わり，そのためタンパク質産物が約50,000〜60,000種類あると考えられている．

ヒトゲノムは脊椎動物のゲノムとしては最初に配列が決定された．この大規模な仕事により，ヒトの遺伝子の構成について，また一般的なゲノムの進化に関してたくさんの新情報が得られた．ヒトゲノムの配列と最近になって配列が決定されたマウスゲノムとをうまく比較することにより，その理解はさらに深まっている．

哺乳類とげっ歯類ゲノムは，サイズ的には一般に$3×10^9$bp程度の狭い範囲に収まる（§4・5参照）．ゲノムは類似の遺伝子ファミリーや遺伝子を含んでおり，多くの遺伝子は他のゲノムに対応する遺伝子をもっていて，機能が種に特異的である場合には特に，

---

ショウジョウバエの遺伝子ではたった半分しか機能がわかっていない

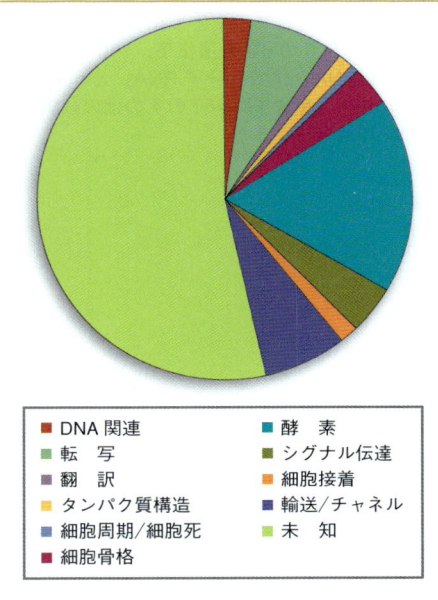

凡例：
- DNA関連
- 転写
- 翻訳
- タンパク質構造
- 細胞周期/細胞死
- 細胞骨格
- 酵素
- シグナル伝達
- 細胞接着
- 輸送/チャネル
- 未知

図5・7　20％程度のショウジョウバエ遺伝子が遺伝子の維持や発現に関するタンパク質をコードし，酵素をコードするものが20％程度，細胞周期や情報伝達系に関連するタンパク質をコードするものが10％以下である．ショウジョウバエ遺伝子の半数が機能未知の産物をコードする．

図5・8 マウスゲノムには約30,000のタンパク質をコードする遺伝子と約4000の偽遺伝子がある．RNAをコードする遺伝子は約1600で，そのデータは右側に拡大して示すように，約800のrRNA遺伝子，約500のtRNA遺伝子，150の偽遺伝子，そしてsnRNA（核内低分子RNA）とmiRNA（マイクロRNA）を含む約450のその他の翻訳されないRNAの遺伝子がある．

ファミリーのメンバー数に違いがみられる．マウスゲノムが30,000遺伝子をもつという予測は，ヒトゲノムでの予測とだいたい同じ範囲である．図5・8にマウス遺伝子の分布を示す．30,000のタンパク質コード遺伝子に加えて約4000の偽遺伝子がある．同様に約1600のRNAコード遺伝子があり，他のRNA遺伝子は一般的に少ない．これらのRNAコード遺伝子のおよそ半分が，tRNAをコードしており，その中には多くの偽遺伝子も同定されている．

ヒト（一倍体）ゲノムには22本の常染色体とXあるいはY染色体がある．染色体DNAの大きさは45〜279 Mbの範囲で，ゲノム全体では3286 Mb（約 $3.3 \times 10^9$ bp）になる．図5・9に示すように，ヒトゲノムのごく一部（約1％）が，タンパク質を実際にコードするエキソンによって占められている．遺伝子のうち残りの配列を構成するイントロンを含めると，タンパク質生産にかかわるDNAの合計は約25％に引き上げられる．図5・10に示すように，平均的なヒト遺伝子は全長27 kbで九つのエキソンから成り，コード配列の合計は1340 bpとなる．したがって，平均のコード配列は遺伝子全長のたった5％にすぎない．

他生物種との比較およびタンパク質をコードする既知の遺伝子との比較により，約24,000のヒト遺伝子が明確に同定できる．配列を解析すると，さらに約12,000の潜在的な遺伝子が同定できる．この数字は予測よりはるかに少なく——最近の予想では約100,000であった——植物のシロイヌナズナ（25,000）はいうに及ばず，ショウジョウバエと線虫（それぞれ13,600と18,500）より少し増えるだけである（図5・2参照）．しかしながら，より複雑な生物の形成に，膨大な数の追加遺伝子を必要としないという考えに，特に驚くことはない．ヒトとチンパンジー間のDNA配列における相違はきわめて小さく（99％以上の類似性がある），このように類似の遺伝子セット間の機能と相互作用が非常に異なる結果をもたらしうることは明白である．

ヒトの遺伝子数は選択的スプライシングのため，潜在的なタンパク質の数を下回る．ヒトでは選択的スプライシングの頻度がショウジョウバエや線虫より大きく，遺伝子のおよそ60％に影響を及ぼすので，他の真核生物と比較してヒトプロテオーム数の増加は遺伝子数の増加より大きいかもしれない．実際にタンパク質配列に変化をもたらす選択的スプライシングの割合は80％まで増加する．これでプロテオームのサイズを50,000〜60,000個まで増やすことが可能になる．

しかしながら，遺伝子のファミリーの数に関して，ヒトと他の真核生物との隔たりはそれほど大きくないようである．ヒト遺伝子の多くはファミリーに属している．約25,000個の遺伝子解析により，3500個の一つしかない遺伝子と10,300個の遺伝子ファミリーが同定され

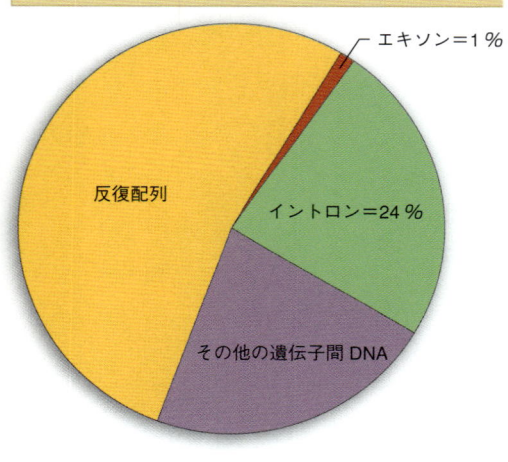

図5・9 遺伝子はヒトゲノムの25％を占めるが，タンパク質をコードする配列はそのごく一部にすぎない．

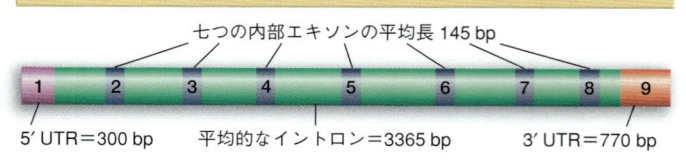

図5・10 平均的なヒト遺伝子は，27 kbの長さで九つのエキソンをもち，通常両端の二つの長いエキソンと七つの内部エキソンから成る．両端のエキソンのUTRは，遺伝子の両端にある非翻訳領域である．（これは平均値に基づいている．ある遺伝子が非常に長いため，中央値は七つのエキソンから成る14 kbである．）

た．これによって線虫あるいはハエよりわずかに多い遺伝子ファミリーが推定される（§5・7参照）．

ゲノムの比較により，種の進化について興味深い情報が得られる．マウスとヒトのゲノムにおける遺伝子ファミリーの数は同じであり，種間の主要な相違はいずれかのゲノムにおける特定のファミリーが特異的に拡大することにある．これは，特に種に独特な表現型をつくり出す遺伝子にみられる．マウスでサイズが拡大した25のファミリーのうち，14ファミリーが特にげっ歯類の生殖に関係する遺伝子を含み，5ファミリーが免疫機構に特異的な遺伝子を含む．

### 5・5 遺伝子とその他の配列はどのようにゲノムに分布しているのだろうか

- 反復配列（二つ以上のコピーが存在する）がヒトゲノムの50％以上を占める．
- 反復配列の大部分は機能をもたないトランスポゾンのコピーからできている．
- 染色体の大きな領域には2倍に増えているものが多数ある．

遺伝子はゲノム中に一様に分布しているのだろうか？　いくつかの染色体では遺伝子が比較的少なく，その配列の25％以上は"砂漠"——500 kb以上にわたって遺伝子がない領域——である．最も遺伝子に富んだ染色体でさえ，10％以上の配列が砂漠で占められている．全体でヒトゲノムの約20％程度が遺伝子のない砂漠から成る．

図5・11にみられるように，反復配列がヒトゲノムの50％以上を占め，これは五つのクラスに分類される．

- トランスポゾン（活性をもっていたりもっていなかったりする）が大多数（ゲノムの45％）を占める．すべてのトランスポゾンには多数のコピーが見いだされる．
- プロセスされた偽遺伝子（全部で約3000）が全DNAの0.1％ほどを占める．これらはゲノムへmRNA配列のコピーが挿入してできた配列である（§3・11参照）．
- 単純反復配列〔$(CA)_n$のような高頻度反復配列〕が約3％を占める．
- 部分的な重複（10〜300 kbの部分のコピーが新しい領域に転座した）は約5％を占め，これら重複で同じ染色体上に見いだされるものは少数で，他の大部分の重複配列は異なる染色体上にある．
- タンデムな反復配列は1種類の配列だけの領域を形成する（特にセントロメアとテロメアでみられる）．

ヒトゲノム配列ではトランスポゾンが重要なことがわかる．（トランスポゾンは自律的に複製し，新しい場所に挿入する能力をもつ．それらはもっぱらDNA因子として機能する場合もあれば（21章参照），RNAとして活性型になる場合もある（22章参照）．ヒトゲノム内でのトランスポゾンの分布を図22・17に要約する．）ヒトゲノムのトランスポゾンの大部分は機能がなく，今でも活性をもっているものはほとんどない．しかしながら，ゲノムの多くの部分がこれらのトランスポゾンによって占められているので，ゲノムを構築するうえでトランスポゾンが積極的な役割を果たしてきたことを物語っている．興味深いことに，いくつかの現存する遺伝子がトランスポゾンに由来し，トランスポゾンの能力を失って，現在の状態に進化したようである．およそ50の遺伝子がこのようにつくられたと考えられる．

最も単純な部分的な重複は，1個の染色体内におけるある領域のタンデム重複である（典型的には減数分裂における異常な組換えによる；§6・6参照）．しかしながら多くの場合，重複した領域は別の染色体上にある．これは，最初にタンデム重複が起こり，続いて新しい場所に一方のコピーが転座したか，あるいは重複がまったく異なる機構によって生じたことを暗示している．部分的な重複の極端なケースはゲノム全体のコピーができたもので，この場合，二倍体ゲノムはまず四倍体となる．重複したコピーでお互いに相違が生じるにつれて，ゲノムはだんだんに事実上二倍体になる場合もあり，この場合でも分岐したコピーに相同性が残っていればこうした経過の証拠となる．これは植物ゲノムで特によくみられる．

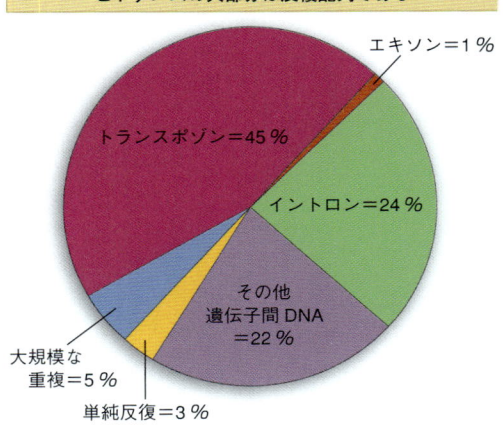

**図5・11** ヒトゲノムの最大の構成要素は，トランスポゾンである．他の反復配列は部分的な重複と単純反復より成る．

（円グラフ：ヒトゲノムの大部分は反復配列である
トランスポゾン=45％，イントロン=24％，その他遺伝子間DNA=22％，単純反復=3％，大規模な重複=5％，エキソン=1％）

### 5・6　Y染色体には雄に特有ないくつかの遺伝子がある

- Y染色体にはおよそ60個の遺伝子があり，精巣で特異的に発現している．
- 雄に特異的な遺伝子は，反復した染色体領域に複数のコピーをもつ．
- 複数のコピー間での遺伝子変換は，進化を通じて活性遺伝子を保存してきた．

ヒトゲノム配列決定により，性染色体についての役割の理解がかなり深まっている．XとY染色体は共通の（大変古い）常染色体に由来すると考えられている．進化の過程で，X染色体は元の遺伝子をほとんど保持してきたが，Y染色体は大部分を失ってしまった．

X染色体は雌には2コピーあるので，常染色体のようにふるまい，X染色体の間で組換えが起こる．X染色体上の遺伝子密度は他の染色体上の遺伝子密度に匹敵する．

Y染色体はX染色体に比べてかなり小さく，数個の遺伝子しかない．その特徴として雄のみがY染色体をもち，たった1コピーしかないことから，他のすべてのヒト遺伝子は2倍体であるのにY染色体にある遺伝子座は実際上1倍体となる．

何年もの間，Y染色体には雄性を決定する一つ（あるいは複数）の性決定遺伝子以外にはほとんど遺伝子がないと考えられていた．Y染色体の大部分は（配列の95％以上は）X染色体と交差をしておらず，不利な変異の蓄積を避ける手段をもたないのだから，活性遺伝子をもっていないという考えであった．雄の減数分裂の間，X染色体と頻繁に組換えをする短い偽常染色体領域はY染色体の両端にある．長い領域は当初は非組換え領域とよばれていたが，今では雄に特有な領域とよばれている．

図5・12に示すように，Y染色体の詳しい配列では雄に特有な領域に三つのタイプがある:

- X転移配列（X-transposed sequence）は約300〜400万年前，X染色体のq21バンドから転移して生じたかなり大きな領域から成り，全長3.4 Mbである．これは，ヒトの配列に独特なものである．これらの配列はX染色体と組換えを起こさず，大部分は不活性となっており，現在ではたった二つの活性型遺伝子しか含まれていない．
- Y染色体中のX重複配列（X-degenerate segment）は（XとY染色体が派生した共通の常染色体にさかのぼって）X染色体と共通の起源をもつ配列である．この配列にはX染色体と連鎖のある遺伝子や偽遺伝子があり，14個の活性遺伝子と13個の偽遺伝子を含んでいる．活性遺伝子は，減数分裂の際に組換えができない染色体領域から除かれないようにしている．
- 増幅配列（ampliconic segment）は全長10.2 Mbで，Y染色体上で内部に繰返し存在している．八つの大きなパリンドローム（回文配列）をもった領域がある．そこには九つのタンパク質をコードする遺伝子ファミリーがあり，1ファミリー当たり2〜35個のコピー数をもっている．"増幅配列"という名前はその配列がY染色体内で増幅されていることを反映している．

図5・12　Y染色体はX転移配列，X重複配列，増幅配列から成る．X転移配列とX重複配列には，それぞれ2個と14個の単コピー遺伝子がある．増幅配列は八つの大きなパリンドローム（P1〜P8）をもち，九つの遺伝子ファミリーをつくる．それぞれのファミリーには少なくとも二つのコピーがある．

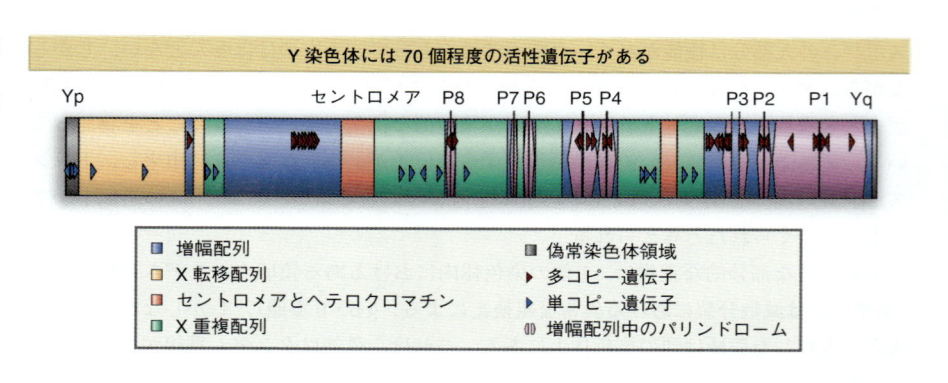

these三つの領域における遺伝子総数から，Y染色体は予想外に多くの遺伝子を含むことがわかる．156個の転写単位があり，そのうちの半分はタンパク質をコードする遺伝子で，残る半分は偽遺伝子である．

活性遺伝子の存在は増幅配列内にきわめてよく似た遺伝子のコピーがあることにより，複数のコピー間で遺伝子変換が起こりうることを説明している．遺伝子の複数のコ

ピーが必要になる最もありふれた理由は，量的なもの（より多くのタンパク質産物を供給するため）か質的なもの（わずかに違った性質のタンパク質をコードしたり違った時間や場所で発現される）である．この場合，複数のコピーの存在は Y 染色体自身の中で組換えを起こし，対立遺伝子をもった染色体間での組換えが起こり，進化的な遺伝子の多様化の代わりをするのだろう．

## 5・7　どのくらい異なった型の遺伝子があるだろうか

> **遺伝子ファミリー　gene family**　ゲノム内にあり，関連をもつまたは同じタンパク質をコードする遺伝子のセット．そのメンバーは先祖遺伝子の重複に由来し，各コピーの配列中には変異が蓄積されている．多くの場合，ファミリーのメンバー間に関連はあるが同一ではない．
> **プロテオーム　proteome**　ゲノム全体で発現するすべてのタンパク質のセット．遺伝子によっては複数のタンパク質をコードしているものもあるため，プロテオームの大きさは遺伝子数よりも大きくなる．プロテオームという用語は，ある時点で 1 個の細胞で発現しているタンパク質全体を指して使われる場合もある．
> **オルソログ　ortholog**　異なる種にあって互いに対応するタンパク質で，配列に相同性が認められる．

> - 一つしかない遺伝子はほんの少ししかない．他のものは同一でないけれど互いに関連をもったファミリーの一員である．
> - 一つしかない遺伝子の割合はゲノムの大きさが増えるに従って減少し，ファミリーに属する遺伝子の割合は増加する．
> - 細菌をコードするのに必要な遺伝子ファミリーは最少でも 1000 以上で，酵母では 4000 以上あり，高等真核生物では 11,000〜14,000 である．

遺伝子には複数のコピーが存在するか，あるいはお互いに関連しているので，異なる型の遺伝子の数は遺伝子の総数より少ない．エキソンと比較することによって，いくつかの遺伝子は**遺伝子ファミリー**に分類できる．関連した遺伝子のファミリーは，先祖遺伝子の重複と，コピー間の配列変化の蓄積によって生じる．ほとんどの場合ファミリーのメンバーは関連しているが，同一ではない．遺伝子の種類の数は，ファミリーの数に（ゲノム中に関連遺伝子がまったくない）一つしかない遺伝子の数を加えることによって計算できる．図 5・13 では 6 種の生物のゲノムについて，それぞれの遺伝子の総数と個別のファミリー数とを比較している．細菌ではほとんどの遺伝子が一つしかないので，個別のファミリー数は遺伝子総数に近くなる．この関係は，下等真核生物であるパン酵母ではすでに違いがみられ，かなりの割合で重複した遺伝子が存在する．最も顕著な結果は，高等真核生物で遺伝子数はきわめて急激に増加するが，遺伝子ファミリー数はそ

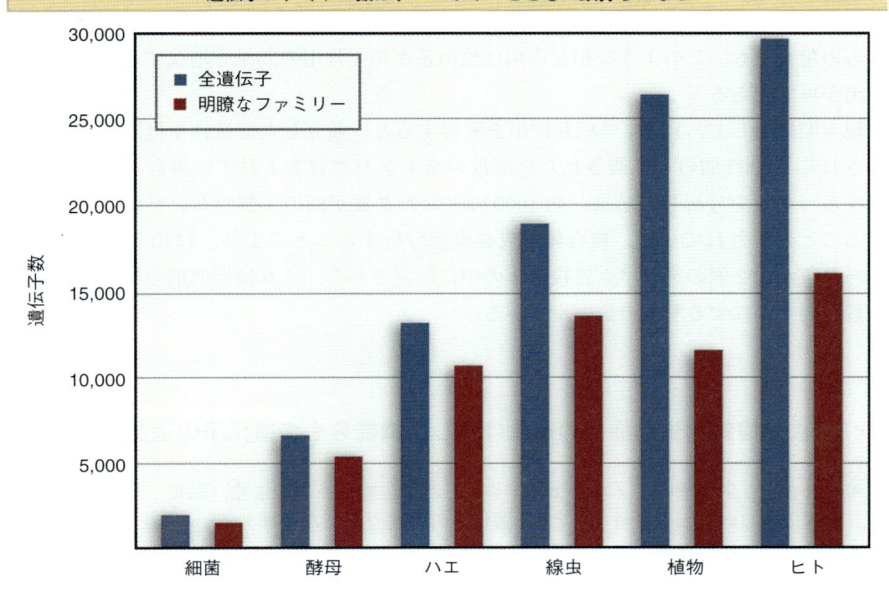

図 5・13　多くの遺伝子が重複しているため，異なる遺伝子ファミリーの数は遺伝子総数よりはるかに少ない．棒グラフは遺伝子の総数と個別の遺伝子ファミリーの数を比較している．

| ファミリーサイズはゲノムサイズに伴い増加する | | | |
|---|---|---|---|
| 生物種 | 一つしかない遺伝子 | 2〜4個のメンバーから成るファミリー | 5個以上のメンバーから成るファミリー |
| インフルエンザ菌 | 89 % | 10 % | 1 % |
| パン酵母 | 72 % | 19 % | 9 % |
| ショウジョウバエ | 72 % | 14 % | 14 % |
| 線虫 | 55 % | 20 % | 26 % |
| シロイヌナズナ | 35 % | 24 % | 41 % |

図5・14 多コピーある遺伝子の割合は, 高等真核生物ではゲノムサイズに伴って増加する.

図5・15 酵母タンパク質の細胞の異なった区画にある割当てをみると, 半分が細胞質に, 1/3が核に, 残りは固有の区画にあるのを示している.

（酵母は多くの独立した細胞区画をもつ）
- ミトコンドリア 容積の10 % タンパク質の12 %
- 核 容積の7 % タンパク質の33 %
- 細胞質 容積の48 % タンパク質の43 %
- 液胞 容積の7 % タンパク質の5 %
- 細胞周辺 容積の22 % タンパク質の5 %
- 小胞体とゴルジ体 容積の1 % タンパク質の7 %
- 細胞骨格 タンパク質の<3 %

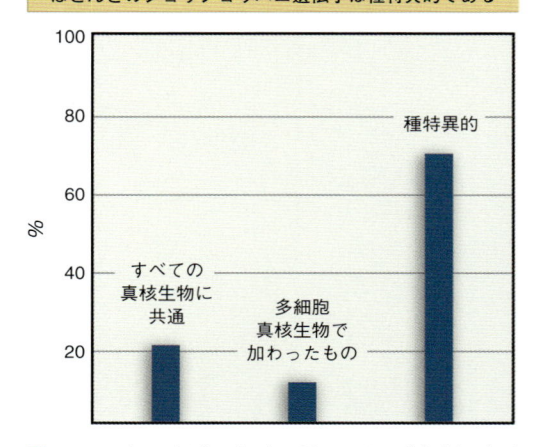

図5・16 ショウジョウバエゲノムは,（多分）すべての真核生物に存在している遺伝子,（多分）すべての多細胞真核生物で加わった遺伝子とショウジョウバエを含む種の一部に一つしかない遺伝子に分けることができる.

れほど変わらないことである.

図5・14に示すように, 一つしかない遺伝子の割合はゲノムの大きさに従って速やかに減少する. 遺伝子がファミリーをつくっているときには, ファミリーのメンバーは細菌と下等真核生物では少なく, 高等真核生物で多くなる. シロイヌナズナでゲノムサイズが増えた分の大部分は, 五つ以上のメンバーをもつファミリーによって説明できる.

すべての遺伝子が発現するとしたら, 遺伝子の総数は生物を構成するのに必要とされるタンパク質の総数（**プロテオーム**）と同じになるであろう. しかしながら, 次の二つの理由によりプロテオームは遺伝子総数とは一致しない. まず, 遺伝子が重複しているので, あるものは同じタンパク質をコードし（異なる時期や異なる場所で発現するかもしれないが）, またあるものは異なる時期や異なる場所で, 同じ役割を果たす関連したタンパク質をコードするかもしれない. そして, ある遺伝子は選択的スプライシングによって二つ以上のタンパク質をつくり出せるので, プロテオームは遺伝子の数より大きくなりうる.

何がプロテオームの基本 ── 生物において異なる種類のタンパク質の基本的な数 ── であろうか. 遺伝子ファミリーの数によって見積もられる最少の数は, 細菌で1400, 酵母で4000以上, ショウジョウバエと線虫では11,000〜14,000の範囲である.

プロテオームでのタンパク質の種類の分布はどうであろうか. 酵母プロテオームの6000個のタンパク質は, 5000個の水溶性タンパク質と1000個の膜貫通タンパク質に分けられる. 図5・15は個々の酵母タンパク質の分布と酵母の細胞区画の体積との比較をまとめたものである. 細胞質の体積は細胞の半分を占め, それと相応した数のタンパク質がある. 核は細胞体積のたった7%程度であるが, タンパク質の1/3があり, おそらく発現量の少ない多くの調節タンパク質があることを表している. ほとんどの細胞器官にあるタンパク質の数は多少なりともその体積に比例している. また細胞膜など周辺部は大きな容積を占めるが, 個々のタンパク質は比較的少なく, 簡単な構造をしている.

どのくらいの数の遺伝子が全生物に（あるいは細菌や高等真核生物のようなグループに）共通で, またどのくらいがそれぞれの生物種に特異的なのだろうか. 図5・16にはショウジョウバエについてのデータを酵母, 線虫と比較してまとめたものである. 異なる生物で互いに対応するタンパク質をコードする遺伝子は, **オルソログ**とよばれる. 慣例として, それらの配列が全長の80%を超えて似ていれば, 異なる生物の二つの遺伝子が対応する機能を担うであろうと判断する. この基準によると, 20%程度のショウジョウバエ遺伝子は酵母にオルソログをもつことになる. これらの遺伝子は, おそらくすべての真核生物に必要である. ショウジョウバエと線虫とを比較した場合, この割合は30%に増加するが, これはおそらく多細胞真核生物に共通した遺伝子の機能が加わっていることを示している. ここには, ショウジョウバエあるいは線虫のどちらかだけに特異的に必要であるタンパク質をコードする遺伝子の大部分は含まれていない.

ひとたびタンパク質の総数を知れば, それらがどのように相互作用するかを問題にすることができる. 構造タンパク質複合体のタンパク質は当然互いに安定した相互作用をしなくてはならない. シグナル伝達系のタンパク質は互いに一時的に相互作用する. どちらの場合でも, このような相互作用は検出系が相互作用の効果を増強するシステムで検出が可能である.

現実問題として, 1対ずつ相互作用を解析すると, 独立した構造体や経路の最少数が示される. 6000個の（予測された）酵母の全タンパク質を1対ずつ組合わせて相互作用する可能性を分析した結果, 約1000のタンパク質が別の1個のタンパク質と結合できることが示されている. 複合体形成を直接分析することにより, 1440個の異なるタンパク質が232個のタンパク質複合体の中に同定された. これは機能別の集合体や経路の数を明らかにする解析の第一歩である.

## 5・8 より複雑な生物種への進化は新しい機能をもつ遺伝子の追加による

- さまざまな生物種のゲノムを比較すると, 真核生物, 多細胞生物, 動物, 脊椎動物になって新しい遺伝子が付け加わり, 遺伝子の数がだんだんに増えていくことがわかる.
- 脊椎動物に特有な遺伝子の多くは免疫や神経系にかかわる.

**進化の過程で新しい機能をもつ遺伝子が追加される**

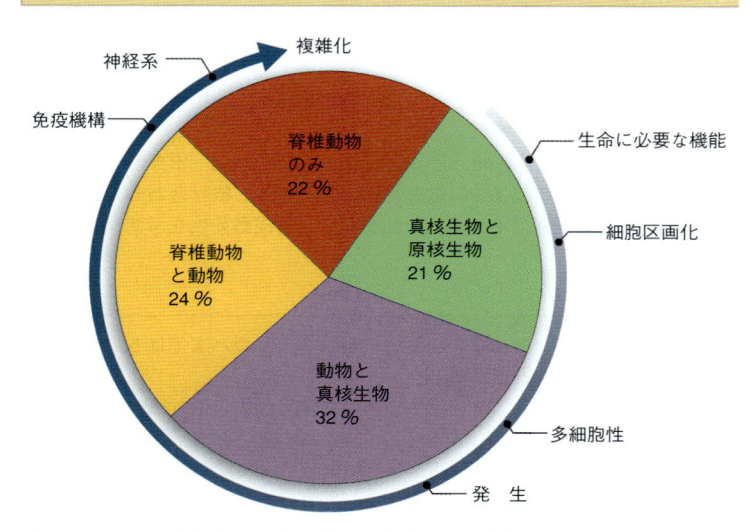

図5・17 ヒト遺伝子は，他の種に分布する相同遺伝子のレベルにより分類することができる．

**1300個の共通する機能が必須である**

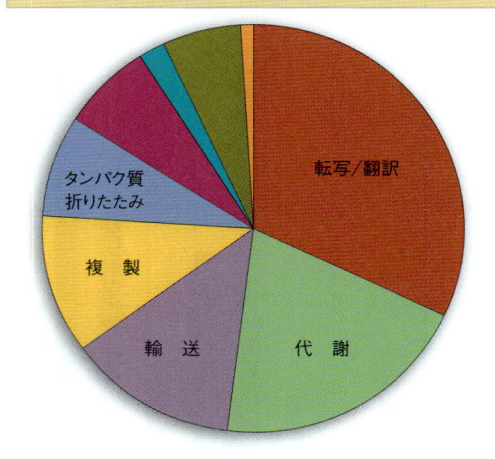

図5・18 真核生物に共通のタンパク質は必須な細胞機能にかかわる．

**生物の複雑さには細胞外機能を必要とする**

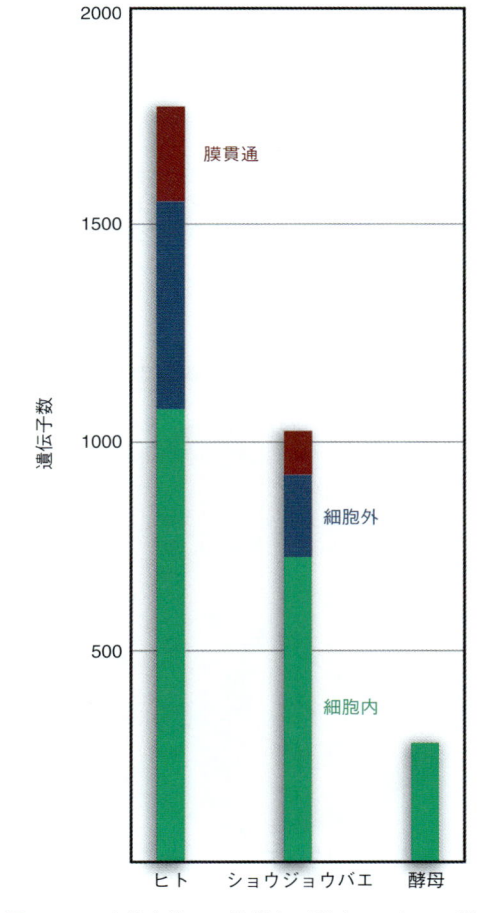

図5・19 真核生物では複雑さが増すにつれて，膜貫通や細胞外機能のための新しいタンパク質を蓄積してきた．

ヒトゲノムの配列と他の生物種の配列を比較すると進化の過程が明らかになる．図5・17ではヒト遺伝子が生物界に分布する程度を解析している．最も広く分布しているものから始めると（図の右上），21％の遺伝子は真核生物と原核生物に共通である．これらはすべての生物に必須なタンパク質——典型的には基本的な代謝，複製，転写，翻訳に必要とされるもの——をコードするものが多い．時計回りに進むと，次の32％の遺伝子は真核生物一般に共通しており，たとえば酵母にもみつけることができる．これらの遺伝子は真核細胞には必要であるが，細菌には必要でない機能をもつタンパク質をコードするものが多く，たとえば細胞小器官や細胞骨格の成分をつくるのに関与している．次の24％の遺伝子は動物であるために必要とされ，多細胞性や異なる型の組織の発生に必要な遺伝子である．残りの22％の遺伝子は脊椎動物に特有である．これらのほとんどは免疫や神経系のタンパク質をコードし，酵素をコードするものはきわめて少ないので，酵素は古い起源をもち，代謝経路は進化の初期に発生したという考えと一致する．そのため細菌から脊椎動物への発展には，それぞれの段階で必要な新しい機能をもった遺伝子群の付加が必要だったとみられている．

すべての生物に共通して必要なタンパク質を決定する一つの方法は，どのプロテオームにも存在するタンパク質を同定することである．ヒトプロテオームと他の生物のプロテオームをより詳細に比較すると，酵母プロテオームの46％，線虫プロテオームの43％，ハエプロテオームの61％がヒトプロテオーム中にもみられる．約1300個の鍵となるタンパク質が四つのプロテオームすべてに存在する．共通したタンパク質は，図5・18に要約したように分けられるが，細胞の維持に必須な機能をもった（ハウスキーピング）タンパク質である．おもな機能としては，転写と翻訳（35％），代謝（22％），輸送（12％），DNA複製と修飾（10％），タンパク質折りたたみと分解（8％），細胞の作用（6％）に関係している．

ヒトプロテオームの顕著な特徴の一つは，他の真核生物と比較して多くの新しいタンパク質をもつが，それに比べると新しいタンパク質ドメインはほとんどないということである．ほとんどのタンパク質ドメインは動物界に共通なようである．しかし，多くの新しいタンパク質の構造はドメインの新しい組合わせでつくられている．図5・19に示すように，タンパク質の最大の増加分は膜貫通タンパク質や細胞外タンパク質である．酵母では構造体の大部分が細胞内タンパク質である．ショウジョウバエ（もしくは線虫）では，その約2倍の細胞内構造体が見いだされるが，多細胞生物では細胞間の相互作用が必要な機能となることからわかるように，膜貫通タンパク質や細胞外タンパク質が顕著に増加している．脊椎動物（ヒト）をつくり出すために必要な細胞内構造体の増加は比較的少ないが，膜貫通タンパク質や細胞外タンパク質には大きな増加がみられる．

## 5・9 いくつの遺伝子が必須なのか

> **重複** redundancy 複数の遺伝子が同じ機能を担っており、そのうちの1個が欠失しても影響がでない状況を表す概念.
> **合成致死** synthetic lethal それぞれ単独では生存可能な変異が二つ組合わさって致死となること.
> **合成致死遺伝子アレイ解析（SGA）** synthetic genetic array analysis 出芽酵母で、ある変異体をマイクロアレイの約5000株の欠失変異体それぞれと掛け合わせて二重変異を系統的に作成し、二つの変異のそれぞれの組合わせが合成致死性を示すかどうかを決定する自動化された方法.

> - すべての遺伝子が必須というわけではない. 酵母やショウジョウバエでは50％近くの遺伝子を欠失させても目立った影響はない.
> - 二つ以上重複した遺伝子があるとき、そのうちの一つに変異が生じても検出できるほどの影響はない.
> - 明らかに必須ではない遺伝子がゲノム中で生き残っていることに関しては、十分にわかっていない.

自然選択はゲノム中に有用な遺伝子を残そうとする力である. 変異はランダムに起こり、変異がORFに及べば、たいがいはタンパク質産物が損傷を受ける. 有害な変異を被った生物は進化にとって不利であり、最終的にはその生物が競争に負け、その変異は取除かれる. 集団における不利な対立遺伝子の割合は、新しい変異の生成と古い変異の排除によって釣り合っている. 逆にいうと、ゲノム中に無傷なORFがあるときにはいつでも、その産物は生物内で有用な役割を担っていると考えられる. ゲノム中への変異の蓄積は自然選択により防がれてきたに違いない. 有用でなくなった遺伝子の最終的な運命は、見分けがつかなくなるまで変異が蓄積することである.

遺伝子が維持されていることは、それが生物の選択にとって有利に働くことを意味している. しかし進化の過程では、相対的に小さな利点でさえ自然選択の対象となり、表現型の欠損は、変異の結果のように必ずしもすぐに見つかるわけではない. だが、いくつの遺伝子が本当に必須であるかを知りたいものである. 必須とはその遺伝子を欠くと生物にとって致命的であることを意味する. 二倍体の生物の場合には、もちろんホモ接合体のヌル変異が致命的であるという意味である.

この遺伝子数の問題を解決する一つの道は、変異解析により必須遺伝子数を決定することである. 染色体の特定の領域で致死的な変異をとれるかぎり集めてくると、それぞれの変異はその領域中の致死遺伝子座の数に対応した相補性グループの数に一致する. これをゲノム全体に外挿すると、必須遺伝子の総数を計算できる.

最小のゲノムをもつ既知の生物（*M. genitalium*）では、ランダムな挿入によって検出可能な影響が出るのは約三分の二の遺伝子だけである. 同様に、大腸菌の遺伝子では必須なものは半分以下である. 酵母（*S. cerevisiae*）では割合はさらに低い. 5916個の遺伝子（同定された遺伝子の96％以上）のそれぞれを完全に欠失させた、より体系的な調査では、18.7％のみが完全栄養培地中で（すなわち、栄養が十分に供給されているとき）増殖に必須であることが示された. 図5・20 に示すように、これにはすべての種類の遺伝子が含まれている. 欠損が顕著に集中するのは、唯一タンパク質合成にかかわる遺伝子産物をコードする遺伝子で、50％程度が必須である. もちろんこの手法は、栄養がそれほどよく供給されないとき、酵母の野生株における必須遺伝子の数を過小評価していることになる.

図5・21 は線虫（*C. elegans*）における遺伝子の機能喪失の影響について、体系的解析で得られた結果を要約したものである. 表現型として検出できる影響は、機能を阻害された遺伝子のうちわずか10％で観察されたにすぎず、ほとんどの遺伝子は必須な役割を演じていないことを示唆している. 線虫の必須遺伝子のかなりの部分（21％）が他の真核生物にも存在するということは、広く保存された遺伝子はより基本的な機能を果たす傾向があることを示唆する.

欠失しても何の影響も及ぼさない遺伝子が生き残っていることについて、どのように説明できるであろうか. 最も適切な説明としては、同じような機能をする遺伝子を別にもっているということである. いちばん簡単な可能性は、**重複**があり、いくつかの遺伝

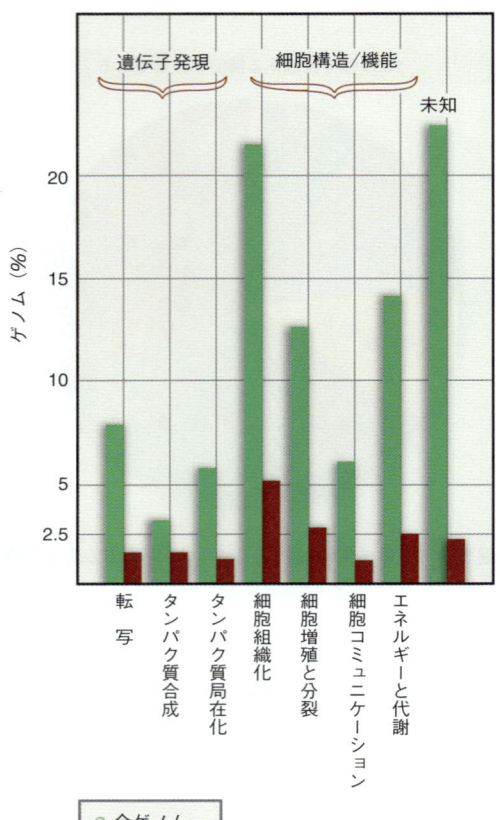

**図5・20** 酵母の必須遺伝子はすべてのクラスに見いだされる. 緑の棒は遺伝子のそれぞれのクラスにおける割合を示す. 赤の棒はその中で必須なものを示す.

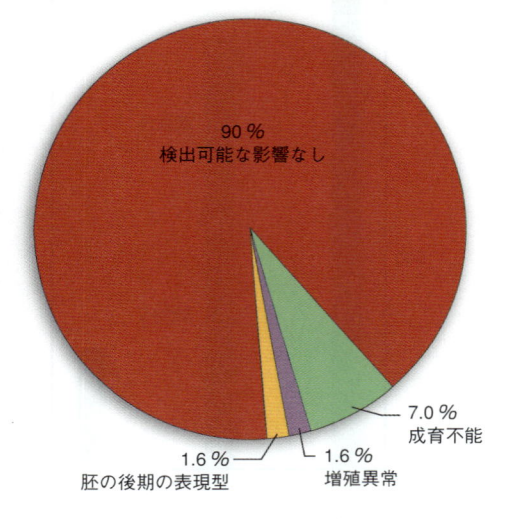

**図5・21** 線虫遺伝子の86％に対して機能喪失を体系的に解析した結果, わずか10％だけが表現型に検出可能な影響がある.

子には多数のコピーが存在することである．実際にそういう場合もあり，影響が現れるには複数の（関連した）遺伝子の欠失をつくらなければならない．もう少し複雑な場合には，ある活性を与えることができる二つの別の経路をもっていることで，そのどちらか一方の経路だけが不活性化しても害にはならないだろうが，両方の経路の遺伝子に同時に変異が起こると有害になるのであろう．

そのような例は変異を組合わせれば調べられる．どちらもそれ自身では致死的ではない二つの遺伝子の欠損を同じ一つの株につくり出す．もし，その二重変異株が死んだら，その株は**合成致死**になる．この方法は酵母では大変有効であり，二重変異の作成が自動化された．この手法を**合成致死遺伝子アレイ解析（SGA）**とよぶ．図 5・22 には SGA でスクリーンした解析結果をまとめてある．132 個の欠損可能な遺伝子それぞれに対して作成された SGA スクリーンと 4700 個の生存可能な欠損を組合わせても生きるかどうかのテストを行った．どのテストする遺伝子に対しても少なくとも一つは致死になる組合わせのパートナーをもっている．テスト遺伝子のほとんどは複数の致死となるパートナーがある．中間値は約 25 個のパートナーで，一つの遺伝子のテストで最大 146 個の致死パートナーが検出された．相互作用している変異体同士の一部（約 10％）は，物理的に相互作用するタンパク質がコードされていた．

この結果は，たくさんの欠失変異に影響がみられない理由をいくらか説明している．自然選択により，これらの欠失が，致死的な組合わせをつくらないように作用している．生物は遺伝子を重複させることにより，ある程度まで変異の悪影響を被らないようにしてきた．しかし，それ自身は悪さはしないが将来別のもう一つの変異と組合わさると，重大な問題をひき起こしかねない変異という"遺伝的な荷物"を蓄積するという代償を払う破目になった．自然選択の理論では，このような場合でも個々の遺伝子の欠失は一つの活性のある遺伝子を維持することに対して，進化の途上ではかなりの不利益になると考えられている．

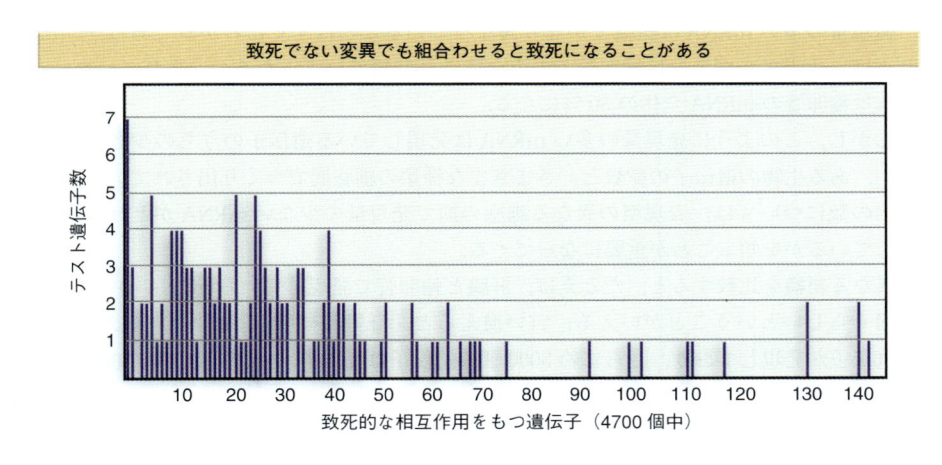

図 5・22 132 個のテスト遺伝子のそれぞれは，致死でない変異 4700 個それぞれと組合わせると致死に至るような場合がある．このグラフはそれぞれのテスト遺伝子に対して致死的となるような相互作用をしている遺伝子を表している．

## 5・10 真核生物の組織ではおよそ 10,000 個の遺伝子がさまざまなレベルで発現している

> **トランスクリプトーム** transcriptome　1 個の細胞，組織，または生物個体に含まれるすべての RNA のセット．トランスクリプトームに含まれる分子種の複雑さのほとんどは mRNA に依存するが，タンパク質に翻訳されない RNA も含んでいる．
> **発現量** abundance　細胞当たりの mRNA の平均分子数．
> **発現量の多い mRNA** abundant mRNA　種類は少なく，細胞当たりのコピー数が非常に多い mRNA．
> **発現量の少ない mRNA** scarce mRNA　それぞれは細胞中にごく少数しか存在しない多数の mRNA 分子種の集合．このような多数の分子種の存在によって，RNA 配列の複雑さが説明できる．たくさんの種類を含む mRNA ともいう．
> **ハウスキーピング遺伝子** housekeeping gene　どのような種類の細胞の維持にも必要な基本的機能を満たす遺伝子であるため，（理論的に）すべての細胞に発現している遺伝子．恒常的（構成的）遺伝子ともいう．
> **ぜいたくな遺伝子** luxury gene　特定の細胞種で（多くの場合）大量に合成される，特殊な機能をもつタンパク質をコードした遺伝子．

- どのような細胞でも，ほとんどの遺伝子は低レベルで発現している．
- 少数の遺伝子だけが高度に発現し，細胞の種類に特異的な遺伝子産物を生産している．
- さまざまな細胞を比較したとき，発現量の少ないmRNAはかなり共通している．
- 発現量の多いmRNAは通常は細胞の種類に特異的である．
- 10,000個程度の発現している遺伝子が高等真核生物のほとんどの細胞の種類に共通している．

酵母などの下等真核生物で発現している遺伝子は約4000個で，高等真核生物の体組織ではだいたい10,000～15,000個の間である．この数は植物でも脊椎動物でも似たようなものである．このうちのどれだけの遺伝子が異なった組織の間で共通して発現しているのだろうか．たとえば，ニワトリの肝臓では約11,000～17,000個の遺伝子が発現しているが，輸卵管では約13,000～15,000個の遺伝子が発現している．これらのうち，どれだけの遺伝子が共通のもので，どれだけが組織特異的なものなのだろうか．この問題は通常，RNAとして発現した配列のセットである**トランスクリプトーム**を分析することによって解決される．

トランスクリプトームは発現している遺伝子の数を測ったものである．その中で各遺伝子の発現レベルは大きく異なっている．細胞当たりの個々のmRNA分子の数を**発現量**とよぶ．mRNAの組成を発現量に応じて二つの大きなグループに分けることができる：

- **発現量の多いmRNA**は，1細胞当たり通常100種類以下のmRNAにすぎないが，そのコピー数は1000～10,000にも及んでいる．通常は全mRNAの多くがこれらのRNAで占められており，ときには50％にも及ぶことがある．
- mRNAのだいたい半分は10,000種類にものぼる大量の，それぞれのコピー数がたとえば10個以下の成分である．これは**発現量の少ないmRNA**もしくはたくさんの種類を含む**mRNA**である．

発現量の多いmRNAは組織でかなり異なっていることはすぐにわかるであろう．たとえば，オボアルブミンは輸卵管でのみ合成され肝臓ではまったくつくられていない．これは輸卵管のmRNA全体の50％になる．

しかし，このように発現量の多いmRNAは発現している遺伝子のうちの少数にすぎない．ある生物の遺伝子の総数と，さまざまな種類の細胞間でつくり出されている転写産物の数については，表現型の異なる細胞の間で発現量の少ないmRNAがどれだけ共通しているかを知ることが重要になってくる．

異なる組織を比較すると，たとえば，肝臓と輸卵管で発現しているmRNAの約75％が同一らしいということがいえる．言い換えると，肝臓と輸卵管との間で約12,000個の遺伝子が発現しており，さらに約5000個の遺伝子は肝臓のみで，そして約3000個の遺伝子は輸卵管のみで発現している．

発現量の少ないmRNAは非常によく共通している．マウスの肝臓と腎臓とで，発現量の少ないmRNAの90％近くは同じものであり，発現している遺伝子の1000～2000個が互いに異なったmRNAである．このように比較した結果をまとめると，mRNAのうちその細胞に特異的なものはたかだか10％しかなく，発現している遺伝子の大部分はおそらくすべては細胞に共通なものと考えてよい．

哺乳類の場合には共通に発現している約10,000個の遺伝子はすべての細胞に必要な機能を発現している遺伝子であると考えられる．このような機能をコードしている遺伝子は**ハウスキーピング遺伝子**，または**恒常的遺伝子**（構成的遺伝子）とよばれ，これらの機能はオボアルブミンやグロビンのような特別な細胞の表現型にのみ必要な分化した機能と区別している．分化した機能をもつ遺伝子を**ぜいたくな遺伝子**とよぶこともある．

## 5・11 発現している遺伝子数はひとまとめに測定できる

- "チップ"技術により1個の酵母細胞のゲノム全体の発現を1枚の図表で表せる．
- 酵母ゲノムの約75％（約4500個の遺伝子）が通常の生育条件で発現している．
- チップ技術では，関連した動物細胞を細かく比較して，（たとえば）正常細胞とがん細胞での発現の違いを測定できる．

最近の技術を用いれば，より体系的にかつ正確に発現している遺伝子の数を推定することができる．一つの方法（SAGE；serial analysis of gene expression）では各 mRNA を同定するために独特な配列タグ（目印）を使う．そしてこのタグの量を測定して mRNA の量を知る．この方法により，通常の条件下で生育している酵母（S.cerevisiae）では細胞当たり 0.3～200 以上にわたる幅をもって 4665 の遺伝子の転写産物が発現していることが同定された．図 5・23 は，発現量ごとの mRNA の割合いをまとめたものである．全遺伝子（約 6000）の約 75% がこの条件下で発現していることになる．

最も強力な新技術は，高密度オリゴヌクレオチドアレイ（HDA；high-density oligonucleotide array）をもったチップを使ったものである．これらのチップをつくるにはゲノム全体の配列についての知識が必要になる．酵母の場合，HDA 上に 6181 個のおのおのの ORF が，mRNA 配列と完全に一致する 20 個の 25 量体オリゴヌクレオチドと 1 塩基だけ異なる 20 個のミスマッチオリゴヌクレオチドとして並べられている．どの遺伝子の発現レベルも，完全に一致する配列のシグナルの平均値からミスマッチ配列のシグナル平均値を引いて算出される．酵母の全ゲノムは四つのチップで網羅されてしまう．この技術は 5460 遺伝子（ゲノムの約 90%）の転写産物を検出できるほど感度が高く，多くの遺伝子が細胞当たり 0.1～2 転写産物という低いレベルで発現していることが示された．細胞当たり 1 個以下の転写産物量から，ある与えられた時間にすべての細胞が転写産物のコピーをもっているわけではないことになる．

この技術は遺伝子発現のレベルを測れるだけではなく，野生型と比較した変異株の発現の差や培養条件の違いによる細胞増殖などを検出することができる．二つの状態を比較した結果をグリッド状に表すと，その中の四角形のそれぞれが個々の遺伝子を表し，発現の相対的変化が色で示される．図 5・24 左側は mRNA をつくる RNA ポリメラーゼ II という酵素の変異（*rpb1*）の影響を示しており，予想どおり多くの遺伝子の発現が極度に減っている．それに対し，図の右側は転写装置の補助的な成分の変異（*srb10*）がはるかに限られた影響しかもたないことを示しており，いくつかの遺伝子の発現は上昇している．

この技術を動物細胞に使うと，どんな種類の細胞でも，RNA ハイブリダイゼーション解析を基にしたおおまかな記述の結果を，発現している遺伝子やその産物量の正確な記録に置き換えることができるだろう．

## 5・12 要　約

配列が決定されているゲノムは，多くの細菌や古細菌，酵母，線虫，ショウジョウバエ，マウス，そしてヒトのものである．生きている細胞（偏性細胞内寄生体）をつくるのに必要な遺伝子の最少数は 470 個程度である．独立に増殖する細胞をつくるのに必要な最少数は 1700 個程度である．代表的なグラム陰性細菌は 1500 個程度の遺伝子をもっている．大腸菌（*E. coli*）の株は 4300～5400 個の間である．平均的な細菌の遺伝子は 1000 bp ほどの長さで，隣接する遺伝子とのすき間は 100 bp ほどである．分裂酵母（*S. pombe*）とパン酵母（*S. cerevisiae*）はそれぞれ 5000 と 6000 個の遺伝子をもっている．

ショウジョウバエ（*D.melanogaster*）はより複雑な生物で，線虫（*C.elegans*）よりも大きなゲノムをもつが，遺伝子の数は線虫（18,500 個）よりも少ない（13,600 個）．植物（*Arabidopsis*）は 25,000 個の遺伝子をもつ．ゲノムサイズと遺伝子数との間に明確な関係がないことは，イネゲノムは 4 倍大きくなるが遺伝子数の増加は 50% だけで 40,000 個程度にすぎないという事実が示している．マウスとヒトはおよそ 30,000 個の遺伝子をもっており，これは予想されていたよりもかなり少ない．生物の発生の複雑さは遺伝子の総数と同様に遺伝子間の相互作用の性質によるのだろう．

約 6000 個の遺伝子が原核生物と真核生物に共通であり，おそらく基本的な機能に関与している．さらに 10,000 個の遺伝子が多細胞生物で見いだされている．そのほかに 8000 個の遺伝子が動物をつくるために加えられ，さらに 6000 個の遺伝子（主として免疫と神経系にかかわる）が脊椎動物で見いだされている．配列が決定されている動物それぞれで，50% 程度の遺伝子だけが機能が明らかにされている．致死遺伝子の解析からは遺伝子内の少数のものだけがそれぞれの生物にとって必須であることを示唆している．

**酵母 mRNA の発現量には大きな差がある**

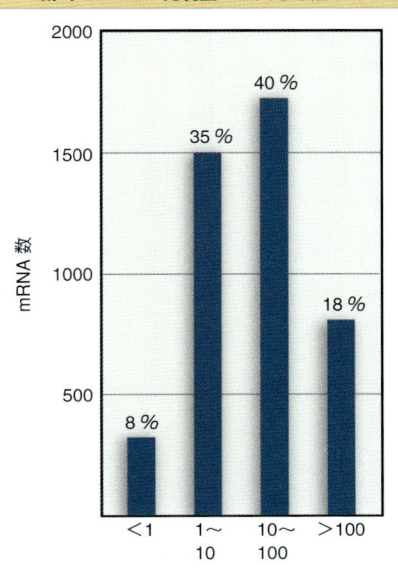

図 5・23　酵母 mRNA の発現量は細胞当たり（どの細胞も mRNA のコピーをもっているわけではない）1 個以下から 100 個以上と大きな差がある．

**個々の mRNA を測定できる**

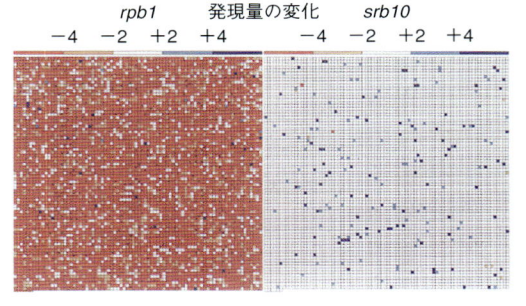

図 5・24　HDA 解析により，各遺伝子の発現量の変動を表すことができる．おのおのの正方形が一つの遺伝子を表している（左上が第 1 染色体の先頭の遺伝子，右下が第 16 染色体の最後の遺伝子）．野生株との相対的な発現量の変化は赤（減少），白（変化なし），青（増加）で示されている．写真は Rick Young 氏のご好意による．

遺伝子の発現量はさまざまである．細胞中の主要タンパク質をコードしている遺伝子のmRNAの場合は$10^5$コピー近くあり，発現量が10番目くらいまでのmRNAは，それぞれが$10^3$コピー近くある．ほとんど発現していない10,000個以上の遺伝子のmRNAは，それぞれが10コピー以下しか存在していない．表現型の異なる細胞それぞれで発現しているmRNAを比較してみると重複しているものが多く，mRNAの大半はどの細胞でも発現している．

# 6 クラスターと反復

6・1 はじめに
6・2 遺伝子重複は進化の重要な推進力である
6・3 グロビン遺伝子クラスターは重複と分岐によって形成されている
6・4 塩基配列の分岐が進化時計の基になる
6・5 中立的な置換率は反復配列の分岐から測定できる
6・6 不等交差によって遺伝子クラスターの再編成が行われる
6・7 rRNAの遺伝子は一定の転写単位によるタンデムな反復配列で構成されている
6・8 交差固定により同一の反復が維持できる
6・9 サテライトDNAはたいていヘテロクロマチンにある
6・10 節足動物のサテライトは特に短い同一の反復配列である
6・11 哺乳類のサテライトは階層構造をもった反復配列でできている
6・12 ミニサテライトは遺伝地図の作成に有用である
6・13 要約

## 6・1 はじめに

**遺伝子ファミリー** gene family ゲノム内にあり，関連をもつまたは同じタンパク質をコードする遺伝子のセット．そのメンバーは先祖遺伝子の重複に由来し，各コピーの配列中には変異が蓄積されている．多くの場合，ファミリーのメンバー間に関連はあるが同一ではない．

**転 座** translocation 染色体の一部が物理的な切断や異常な組換えのために元の染色体から切離され，別の染色体と結合すること．

**遺伝子クラスター** gene cluster 隣合って存在する，まったく同じか関連した一群の遺伝子．

**不等交差** unequal crossing-over 組換え反応で，塩基対形成の間違いや非相同部分による交差がかかわったことによるもの．一方の組換え体は欠失となり，もう一方は重複となる．

類似したエキソンまたは遺伝子を生じる最初の反応は重複である．先祖遺伝子から重複，変異によって生じた一連の遺伝子は，**遺伝子ファミリー**とよばれる．そのメンバーは一つにまとまってクラスターを形成していることもあれば，別の染色体上に分散していることもある（その両方のこともある）．ゲノム解析によって遺伝子の多くがファミリーに属していることが明らかになった．ヒトゲノムで見いだされた30,000遺伝子は15,000程度のファミリーに分けられる．つまり，たいていの遺伝子はゲノム中に1対の類似した配列をもつ（図5・13参照）．遺伝子ファミリーは，複数の同一メンバーで構成されているものから関連が薄いものまで，メンバー間での関連性の程度はさまざまである．遺伝子は一般的にエキソンのみが類似していて，イントロンは大きく変化している（§3・5参照）．

タンデムな重複では重複したものが近くにあり，複製や組換えの誤りにより生じるのだろう．一つの染色体から別の染色体にDNAが**転座**すると，重複した配列は分離する．ある領域で新たに生じる重複は，トランスポゾンの近傍でDNA領域がコピーされ，それが転座することで直接つくり出される．重複は，完全な遺伝子領域やエキソンが集まった領域，または個々のエキソン領域でも起こりうる．遺伝子全領域が重複した直後には，活性を区別できない遺伝子が2コピー生じるが，その後，通常それらのコピーは別々の変異を蓄積することで分岐する．

よく似た構造遺伝子ファミリーのメンバーは，発現時間や発現する細胞型は異なるが，通常関連した機能または同一の機能をもつ．異なるグロビンタンパク質が胚と成人赤血球において発現し，異なるアクチンが筋肉と筋肉以外の細胞で使われている．遺伝子が著しく分岐したとき，またはいくつかのエキソンのみが類似しているとき，タンパク質は異なる機能をもつことがある．

遺伝子ファミリーのメンバーがすべて同一という例もある．遺伝子が互いに同じ形に維持されるにはあらかじめクラスターをつくっていることが必須であるが，クラスターをなす遺伝子が同一であるとは限らない．**遺伝子クラスター**には重複によってできた2個の似た遺伝子が隣合って並んでいるような場合から，何百もの同じ遺伝子がタンデムに並んでいるような場合までいろいろある．同じ遺伝子産物が大量に必要とされる場合，遺伝子が何個もタンデムにつながって広範囲に存在することがある．このような例とし

て，rRNAやヒストンタンパク質の遺伝子がある．こうして，個々の遺伝子の独自性の維持や選択圧の影響に関して，特別な状況ができあがる．

遺伝子クラスターによって，個々の遺伝子よりも広範なゲノム領域における進化の影響を検証することができる．重複した配列は，特にそれらがほぼ同じ形で近接して存在する場合には，組換えによりさらに進化するための材料となる．通常の組換え反応は二つの染色体間で正確に交換し，親染色体と同じような構成の組換え染色体が生じる．しかし，反復配列が存在する場合，相同性のない二つの領域間で起こる組換えの結果として**不等交差**を生じる．

図 6・1 に示すように，ある染色体上に存在する反復配列中の 1 コピーが，相同染色体上にある反復配列中の同じコピーと組換えを起こす代わりに，同じ染色体上にある別のコピーと対をなし組換えを起こすと不等交差が生じる．このような組換えにより，一方の染色体では反復の数が増え，もう一方では減少する．実際には，組換えを起こした片方の染色体には欠失が生じ，もう片方には挿入が起こる．この機構が関連した配列のクラスターの進化にかかわっている．反復には全ゲノムのようにかなり大がかりなものやオリゴヌクレオチド配列のように短いものがある．同じ原理で，不等交差はクラスターや高頻度反復配列をもった DNA 領域の配列の大きさを増やしたり減らしている．

高頻度反復配列をもった部分のゲノムは，非常に短い反復単位がいくつもタンデムになっている．その一つは，DNAを密度勾配遠心法で解析すると独立したピークとして検出され，これは**サテライト DNA** とよばれている．多数のタンデムなコピーは，染色体の不活性な領域や，特にセントロメア（体細胞分裂期または減数分裂期に紡錘体が付着し分離が行われる）に関連していることが多い．これらは反復した構造をつくっているために，進化上タンデムな遺伝子のクラスターと同じような性質を示している．サテライト配列に加え，同じような性質をもつミニサテライトとよばれる短い DNA 配列がある．ミニサテライトは，個体のゲノム間で多岐にわたり変化しているので，遺伝地図の作成に有用である．

このように，ゲノムの編成を変化させてしまうようなことは非常に珍しい．しかし，こういった変化は進化の過程では非常に重要である．

### 6・2 遺伝子重複は進化の重要な推進力である

- 重複した遺伝子は分岐して異なる遺伝子になるか，コピーのうちの一つは機能を失う．
- 変異により遺伝子の機能が失われると，その遺伝子にはさらに変異が蓄積して偽遺伝子となる．これは機能をもつ遺伝子と相同であっても，機能的役割はない．

遺伝子が重複すると，自然選択に反することもなく，一方のコピーに変異が蓄積する．こうして変異したコピーが新しい機能を獲得し，おそらく元のコピーとは異なった時期や場所で発現し，異なる活性を獲得するのだろう．

図 6・2 には，これらの過程が起こる頻度について現在までわかっていることを要約してある．ある遺伝子に重複が起こる確率は 100 万年間に約 1 ％である．遺伝子が重複した後，それぞれのコピーに異なる変異が蓄積されて，それら遺伝子間で違いが生じる．これらの変異は 100 万年で約 0.1 ％の割合で蓄積する（§6・4 参照）．

生物にとって，同一遺伝子を 2 コピーもつことは必ずしも必要ではないように思われる．重複遺伝子間の違いが広がるにつれて，二つの現象のうち一つが起こるようである：

- 両方の遺伝子が必要となる．これは，両方の遺伝子の違いにより，異なる機能をもつタンパク質をつくるか，異なる時期や異なる場所で特異的に発現するかのどちらかである．
- 両方とも必要にならない場合は，遺伝子のうち 1 コピーは発現しなくなる．というのは，偶然に有害な変異が生じるからである．それには約 400 万年かかる．このような場合，2 コピーのうちどちらが機能を失うかはまったくの偶然である．（これは，異なる個体間で一致しないものが生じ，異なる集団で異なるコピーが機能を失う場合には，最終的に進化における種の分化へ寄与する可能性がある．）遺伝子が発現してい

---

**不等交差により反復配列の数が変化する**

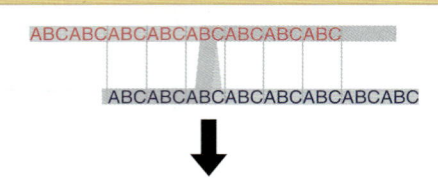

ABCABCABCABCABCABCABCABC
ABCABCABCABCABCABCABC

↓

ABCABCABCABCAB CABCABCABCABCABC

ABCABCAB CABCABCABC

図 6・1 相同性はあるがきちんと対応していない反復配列間で不等交差は生じる．ABC の配列で反復単位を示す場合，赤で示す染色体の 3 番目の反復配列は，青で示す染色体の最初の反復配列と並ぶ．この対をなす領域を通して，片方の染色体の ABC 単位は別の染色体の ABC 単位と並ぶことになる．この交差によって，それぞれ 8 回の反復配列をもつ親の染色体の代わりに，10 回と 6 回の反復配列をもつ染色体ができる．

---

**重複した遺伝子は分岐するか不活性化される**

重複は 1 遺伝子につき 100 万年で約 1 ％起こる

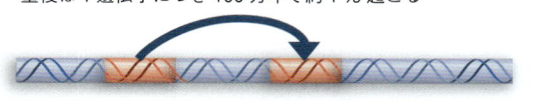

分岐は 100 万年で約 0.1 ％蓄積する

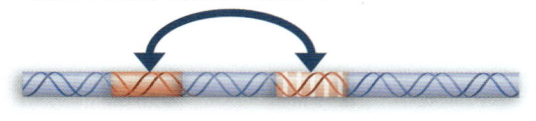

遺伝子 1 コピーの不活性化には約 400 万年かかる

活性化　　不活性化

図 6・2 遺伝子の重複が起こった後，それらのコピー間に相違が蓄積する．遺伝子は異なる機能を獲得するか，コピーのうちの一つは機能を失う．

ない状態になった後，最初は偽遺伝子として認識される．最終的には活性遺伝子とは遠く分岐し，互いの関係がわからなくなる．

## 6・3　グロビン遺伝子クラスターは重複と分岐によって形成されている

**非対立遺伝子**　nonallelic gene　同じ遺伝子の複数のコピーがゲノムの別の場所（遺伝子座）にあるとき，それらは非対立遺伝子であるという．〔これに対し，対立遺伝子の場合はそれぞれの親由来の同じ遺伝子のコピーは相同染色体の同じ場所（遺伝子座）にある．〕

- すべてのグロビン遺伝子は三つのエキソンをもつ先祖遺伝子の重複と変異に由来する．
- 先祖遺伝子からミオグロビン，レグヘモグロビン，$\alpha$と$\beta$グロビンが生じた．
- $\alpha$と$\beta$グロビンは脊椎動物の進化の初期段階で分かれ，重複した後，$\alpha$様，$\beta$様遺伝子のクラスターが生じた．

最もありふれた重複の型は，元の遺伝子の近くに2番目の遺伝子のコピーがつくられるというものである．二つのコピーが隣合ったままさらに重複が起こると，関連遺伝子のクラスターができる場合もある．遺伝子クラスターの中で最もよく解析されている例はグロビン遺伝子である．古くからの遺伝子ファミリーをつくっており，血流を介して酸素を運ぶという動物界で重要な機能にかかわっている．

赤血球のおもな構成成分はヘモグロビンで，グロビンの四量体のそれぞれが（鉄を結合する）ヘムと会合したものである．機能をもったグロビン遺伝子は図3・8に示したようにすべての生物種において三つのエキソンに分かれている．すべてのグロビン遺伝子は一つの先祖遺伝子に由来するものと考えてよい．それゆえ，種内および種間でのグロビン遺伝子それぞれの発生の過程をたどると，遺伝子ファミリーの進化に関する機構をいろいろと学ぶことができる．

成人のグロビン四量体は2個の$\alpha$鎖と2個の$\beta$鎖で構成されている．胚型赤血球は成人型とは異なったヘモグロビン四量体をもっており，2個の$\alpha$様鎖と2個の$\beta$様鎖から成っている．それぞれの鎖は成人にみられるポリペプチドと対応関係があり，後に成人型に置き換えられる．これは発生過程での制御の例であって，異なる遺伝子がその過程でつぎつぎと発現をオンにしたりオフにしたりしながら，異なった時期に機能を果たすべき産物をつくり出している．

グロビン鎖が$\alpha$様，$\beta$様に分かれることは遺伝子の構成ともよく合致する．各型のグロビン遺伝子はおのおの単一のクラスターをなす遺伝子がコードしている．霊長類のゲノムにおける二つのグロビン遺伝子クラスターの構成を図6・3に示す．

$\beta$クラスターは50 kb以上に広がっており，五つの機能をもった遺伝子（$\varepsilon$, 2個の$\gamma$, $\delta$, $\beta$）と，1個の機能をもたない遺伝子（$\psi\beta$）がある．2個の$\gamma$遺伝子がコードするポリペプチドの間では1個のアミノ酸だけが異なっており，G型は136番目がグリシン，A型はその位置がアラニンである．

$\alpha$クラスターはやや小さく，28 kbの範囲にまたがっており，1個の機能する$\zeta$遺伝子と$\zeta$偽遺伝子，2個の$\alpha$遺伝子と$\alpha$偽遺伝子2個，さらにまだ機能のわかっていない$\theta$遺伝子がある．二つの$\alpha$遺伝子は同じタンパク質をコードする．このように同一染色体上にある2個（あるいはそれ以上）の同じ遺伝子を**非対立遺伝子**とよぶ．

胚型と成人型のヘモグロビンの細かい関係は生物ごとに異なっており，ヒトの場合は胚型，胎児型および成人型の三つの段階から成る．胚型と成人型が異なるのは哺乳類に共通であるが，多くの成人期以前の段階は動物によって異なる．ヒトでは$\zeta$と$\alpha$は$\alpha$様鎖であり，$\varepsilon$, $\gamma$, $\delta$, $\beta$は$\beta$様鎖である．発生の過程において各鎖がそれぞれどのようにして異なる時期に発現するかを図6・4に示す．

ヒトでは，最初に発現する$\alpha$様鎖は$\zeta$で，それはまもなく$\alpha$鎖自身で置き換えられる．一方，$\beta$様鎖の方は，$\varepsilon$, $\gamma$が最初に発現し，後に$\delta$と$\beta$に置き換えられる．成人では$\alpha_2\beta_2$がヘモグロビンの97%，$\alpha_2\delta_2$が約2%，そして残りの約1%を胎児型の$\alpha_2\gamma_2$が占めている．

**グロビン遺伝子は二つのクラスターを構成する**

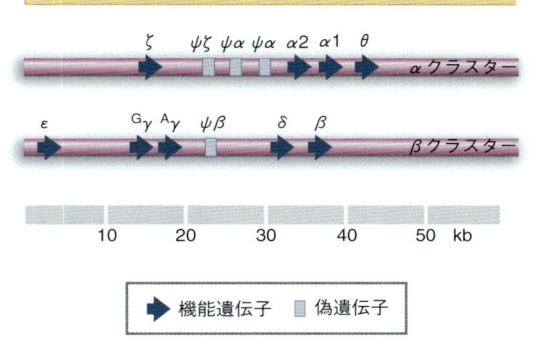

図6・3　ヒトの$\alpha$様および$\beta$様グロビン遺伝子ファミリーはそれぞれ一つのクラスターをなしており，その中には機能をもった遺伝子とともに偽遺伝子（$\psi$）も含まれている．

**ヘモグロビンの発現は発生過程で変化する**

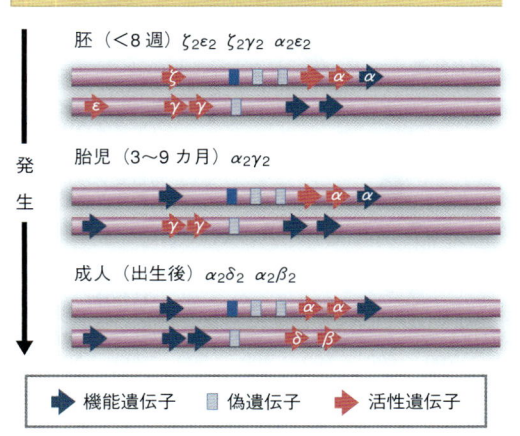

図6・4　ヒトの発生段階では胚型，胎児型，成人型という異なったヘモグロビン遺伝子を発現する．

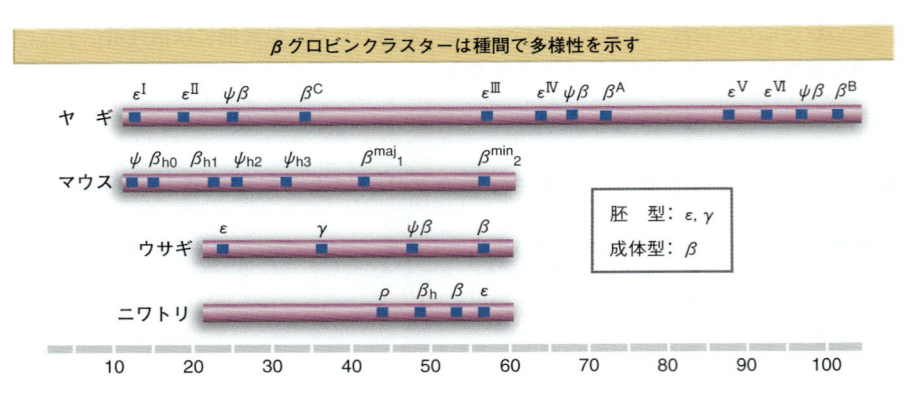

図6・5 βグロビン遺伝子と偽遺伝子のクラスターが脊椎動物に認められる．マウスでは2個の初期胚型，1個の後期胚型，2個の成体型，2個の偽遺伝子の7個の遺伝子がある．ウサギとニワトリではそれぞれ4個の遺伝子が同定されている．

**βグロビンクラスターは種間で多様性を示す**

ヤギ： $\varepsilon^I$  $\varepsilon^{II}$  $\psi\beta$  $\beta^C$   $\varepsilon^{III}$ $\varepsilon^{IV}$ $\psi\beta$ $\beta^A$   $\varepsilon^V$ $\varepsilon^{VI}$ $\psi\beta$ $\beta^B$

マウス： $\psi\beta_{h0}$ $\beta_{h1}$ $\psi_{h2}$ $\psi_{h3}$ $\beta^{maj}_1$ $\beta^{min}_2$

ウサギ： $\varepsilon$  $\gamma$  $\psi\beta$  $\beta$

ニワトリ： $\rho$ $\beta_h$ $\beta$ $\varepsilon$

胚　型：$\varepsilon, \gamma$
成体型：$\beta$

胚型グロビンと成人型グロビンにおける重要な違いは何だろうか．胚型と胎児型は酸素に対して強い親和性を示す．これは母親の血液から酸素を得るために必要である．このことは，胚の段階で体外（つまり卵の中）にいる（たとえば）ニワトリでは，なぜこういうふうになっていないかを説明している．

図6・5で説明するように，同様な構成が一般的に他の脊椎動物のグロビン遺伝子クラスターについてもみられるが，遺伝子の詳細なタイプや数，順序の違いはいろいろである．それぞれのクラスターには胚型と成体型の両方の遺伝子がある．クラスターの全長には大きな開きがある．最も長いものはヤギで，基本となる4個の遺伝子のクラスターが2回重複している．活性のある遺伝子と偽遺伝子の分布はそれぞれの種によって異なっており，重複遺伝子のうち1コピーが不活性状態になる変化がランダムであることを示している．

これらの遺伝子クラスターの解析は一つの重要な点を指摘している．すなわち遺伝子ファミリーは，その中に機能するものしないものを含めて，タンパク質の解析を基に推測した数よりもたくさんの遺伝子メンバーがありうる．機能をもった余分な遺伝子は一つの遺伝子の重複により生じ，同一のタンパク質をコードしている場合もあるだろうし，あるいは既知のタンパク質と似ているが少し違うものをつくっている場合もあるだろう（しかもその発現はごく限られた期間あるいは限られた量かもしれない）．

いろいろな生物種のグロビン遺伝子の構成を比べると，一つの先祖グロビン遺伝子から出発して現在のグロビン遺伝子クラスターへと進化した跡を追うことができる．図6・6に現在一般的な見解となっている進化系統図を示した．

グロビン遺伝子に関連のある植物のレグヘモグロビン遺伝子が先祖型であろう．現在のグロビン遺伝子の最も古い形までさかのぼると，それは一つの鎖から成る哺乳類のミオグロビンで，そのアミノ酸配列はこれが約8億年前にグロビンの系列から分岐したことを示している．ミオグロビン遺伝子はグロビンの遺伝子と同じ構成となっているので，3個のエキソンより成る構造が共通の先祖型と考えられる．

"原始的な"魚の中には一つのグロビン鎖しかもっていないものがあるが，これは先祖グロビン遺伝子に重複が起こって $\alpha$ および $\beta$ に分離するのよりも以前に進化の本流から分岐したのだろう．これはざっと5億年前——硬骨魚の進化の時期——に起こったようである．

次の進化の段階はアフリカツメガエル（*Xenopus laevis*）のグロビン遺伝子の状態からわかる．この生物には二つのグロビンクラスターがあるが，おのおののクラスターにはそれぞれ幼生型と成体型の $\alpha$ と $\beta$ の両遺伝子群が存在している．これらのクラスターは，$\alpha$ と $\beta$ がつながったコピーがまず重複を起こし，つぎにおのおののコピーで分岐が起こり，その後に全体が重複したのであろう．

両生類は哺乳類/鳥類から約3億5千万年前に分かれたので，$\alpha$ と $\beta$ グロビン遺伝子が分離したのは，おそらく哺乳類/鳥類の共通の先祖からその後に起こった転座に由来したものと考えられる．これはおそらく脊椎動物進化の初期あたりであろう．$\alpha$ グロビン遺伝子群と $\beta$ グロビン遺伝子群は鳥類でも哺乳類でもそれぞれ別々のクラスターをなして存在するところから，哺乳類と鳥類が共通の先祖から分岐したおよそ2億7千万年より以前に分離したに違いない．

個々の遺伝子の分岐について述べている§6・4をみればわかるように，別々に分かれた $\alpha$ と $\beta$ クラスターの中にさらに最近になって変化が起こったのである．

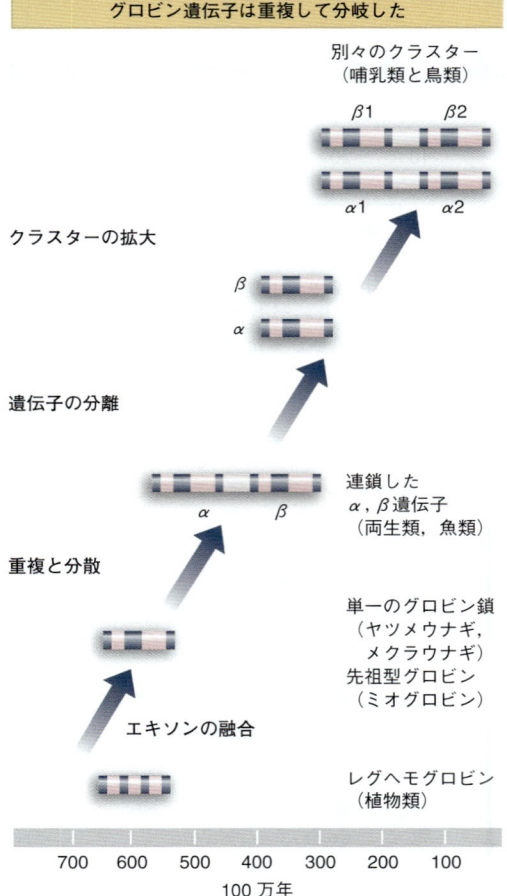

**グロビン遺伝子は重複して分岐した**

クラスターの拡大：別々のクラスター（哺乳類と鳥類） $\beta_1$ $\beta_2$ / $\alpha_1$ $\alpha_2$

遺伝子の分離：$\beta$ / $\alpha$

重複と分散：連鎖した $\alpha, \beta$ 遺伝子（両生類，魚類） $\alpha$ $\beta$

単一のグロビン鎖（ヤツメウナギ，メクラウナギ）先祖型グロビン（ミオグロビン）

エキソンの融合：レグヘモグロビン（植物類）

700　600　500　400　300　200　100
100万年

図6・6 すべてのグロビン遺伝子は一つの先祖遺伝子から，一連の重複，転座および変異を繰返して生じた．

## 6・4　塩基配列の分岐が進化時計の基になる

> **分　岐**　divergence　関連する二つのDNA配列の比較では塩基が異なっていること．あるいは二つのタンパク質の比較ではアミノ酸が異なっている場合．それぞれの割合をパーセントで表し，分岐率とする．
> **置換部位**　replacement site　遺伝子の中で，変異が起こるとそこにコードされているアミノ酸が変わる部位のこと．
> **サイレント部位**　silent site　コード領域の中にあって，そこに変異が起こっても産物であるタンパク質のアミノ酸配列に変化が起こらない部位．
> **進化時計**　evolutionary clock　ある一つの遺伝子に変異が蓄積する速さによって決まる，進化を測る分子時計．

> - さまざまな生物種の相同遺伝子の配列は，置換部位（変異はアミノ酸置換を起こす）とサイレント部位（変異はタンパク質の配列に影響を及ぼさない）で差異が生じる．
> - サイレント部位の変異は，置換部位の変異に比べて約10倍速く蓄積する．
> - 二つのタンパク質間での進化的な分岐は，対応するアミノ酸が異なっている部位の割合で計算できる．
> - 変異は遺伝子が分かれてからもほぼ一定の速度で蓄積するので，どのグロビン配列の間でも分岐は遺伝子が分かれてからの時間に比例する．

ほとんどのタンパク質のアミノ酸配列の変化は，小さな変異が時とともにゆっくりと蓄積して起こったものである．点変異や小さな挿入，欠失などは，変異が頻繁に起こるホットスポットを別にすれば，おそらくゲノムのあらゆる領域にほとんど等しい確率で偶然に起こる．アミノ酸配列の変化を伴う変異はほとんど有害なので，自然選択により除去される．

一つの種が二つの新しい種に分かれると，今度はそれぞれの種で独立に進化が始まる．この両種について対応するタンパク質を比較すれば，それらの先祖が互いに交配しなくなってから蓄積された相違がわかる．タンパク質によっては高度に保存され，種間でほとんどあるいはまったく違いがないことがある．それまでに起こったほとんどの変化が有害で，排除されてしまったことを示している．

大きな違いを示すタンパク質もある．タンパク質同士やタンパク質をコードする遺伝子同士の違い，つまりアミノ酸が異なる部位の割合を**分岐**率として表す．

タンパク質間の分岐はそれに対応する核酸の塩基配列の分岐と必ずしも同じではない．この差が出てくるのは1個のアミノ酸が3塩基のコドンで表され，しばしばその3番目の塩基の違いがアミノ酸に影響を及ぼさないからである．

タンパク質をコードする領域の塩基配列を，潜在的な**置換部位**と**サイレント部位**とに分ける：

- 置換部位に変異が起こるとコードするアミノ酸が変わるが，その影響（有害であるか，中立あるいは有益であるかということ）はどんなアミノ酸置換が起こったかによって決まる．
- サイレント部位での変異は一つのコドンを別の同義コドンで置き換えるだけで，タンパク質の変化はない（しかし，RNAの性質を変えることによって，遺伝子発現に影響を与えることもある）．
- 通常，置換部位は翻訳される配列の75％を占め，サイレント部位は25％である．つまり，置換部位での核酸の分岐率0.45％がアミノ酸の分岐率1％に対応することになる．

ヒトの$\beta$および$\delta$グロビン鎖を例にとると，146のアミノ酸残基のうち10個が異なっており，分岐率は6.9％となる．DNAの塩基配列では441個のうち31個が変異している．しかし，これらの変異の分布は置換部位とサイレント部位でかなり異なっており，置換部位330箇所には11個の変化があるが，サイレント部位では111箇所に対し20個もの変化がある．これから，置換部位で3.7％，サイレント部位で32％という（修正された）分岐率が導き出され，ほぼ10倍異なる．

置換部位とサイレント部位の分岐の著しい違いから，タンパク質の構成に影響を及ぼさない位置のヌクレオチドに比べ，影響を及ぼす位置のヌクレオチドがずっと大きな制

約を受けていることがわかる．

　もし，サイレント部位の変異率が変異の固定した速度を示すとみなせば，βおよびδ遺伝子が分岐して以来，330個ある置換部位の32％，すなわち全部で105個の変化が生じているはずである．しかし，現実にはこのうち11個だけを残して他はすべて排除されてしまっており，これは変異のざっと90％が生存できなかったことを意味している．

　どの二つのグロビン配列間の分岐も，その種が分岐してからの時間に（おおよそ）比例する．これによって，ある一つのタンパク質の進化の過程で，見かけ上一様な速度で起こってくる変異の蓄積を測る**進化時計**ができる．

　分岐が進む速度は，100万年の間に生じた違いを百分率で表して測る．逆に，進化単位時間（UEP; unit evolutionary period），つまり1％の分岐が起こるのに要する時間を100万年単位で表して使うこともある．種間で1組ずつ比較して，いったんこの時計が確立されると（種形成の時間を確立することは事実上困難であるが），それを同一種内の関連した遺伝子の比較に適用できる．こうして，遺伝子の重複が起こってからの時間を分岐率から計算できる．

　また図6・7に示すように，異なる種間で相同遺伝子の塩基配列を比較して，置換部位とサイレント部位の分岐率を求めることができる．1組ずつ比較すると，平均的な分岐率は約0.096％/100万年（UEP 10.4）である．種が分岐した時点があまり正確に見積もれないことを考えると，この結果はグロビンの進化において一次関数で表される時計があることを強く支持している．

　サイレント部位での速度と時間は比例していない．もし分離した年には分岐はなかったと仮定すれば，サイレント部位では分離後の最初の1億年ほどの間にきわめて大きな分岐を示したことになる．一つの解釈はサイレント部位のおおむね半分が速やかに（1億年のうちに）変異で飽和されてしまったと考えることだろう．つまり，この部分は中立的な部位としてふるまっている（§6・5参照）．サイレント部位の残りの部分では変異はずっと緩やかに，置換部位の速度とほぼ同じように蓄積している．この部分はタンパク質に関してはサイレントだが，何か別の理由で選択圧を受ける部位と考えられる．

　さて，分岐の速度から逆算して，同一種内で遺伝子が分かれてからの時間を割り出すこともできる．ヒトのβとδ遺伝子の相違は置換部位で3.7％である．UEP 10.4という値を使うと，これらの遺伝子は10.4×3.7＝40で4000万年前に分岐したものと見積もられる．これは新世界猿，旧世界猿，類人猿およびヒトの先祖となる系統が成立した時期である．これらの高等霊長類はすべてβ，δ遺伝子の両方をもっており，進化上この時点の直前に遺伝子の分岐が始まったことを示唆している．

　さらに昔にさかのぼると，γとε遺伝子の置換部位の分岐率は10％であり，これはおよそ1億年前に分離が起こった計算になる．したがって，胚型と胎児型グロビン遺伝子の分離は哺乳類の放散が起こる直前か，あるいはそれと同じころに起こったものだろう．

　ヒトのグロビン遺伝子群の進化系統樹を図6・8のようにまとめることができる．哺乳類の適応放散が生じる以前にできた特徴——たとえば，γグロビン遺伝子とβ/δグロビン遺伝子の分離——はすべての哺乳類に見いだされるはずであるし，後で生じた特徴——たとえばβとδグロビン遺伝子の分離——は個々の哺乳類の系列にみられるはずである．

　おのおのの種で遺伝子数の違いや（ヒトでは成人型βグロビン遺伝子は1個，マウスでは2個），型の違い（特に胚型と胎児型β様グロビン遺伝子が別個に存在するのかどうか）があるということをみると，どの種でも遺伝子クラスターの構成にごく最近に至るまで変化が起こっていたことがわかる．

　ある特定の遺伝子の配列について十分なデータが集められれば，これまでの議論を逆にたどり，異なる種の遺伝子の間の比較を基に種を分類することができる．

## 6・5　中立的な置換率は反復配列の分岐から測定できる

> **中立変異**　neutral mutation　遺伝子型に影響を与えず，自然選択に対して有利でも不利でもない変異．

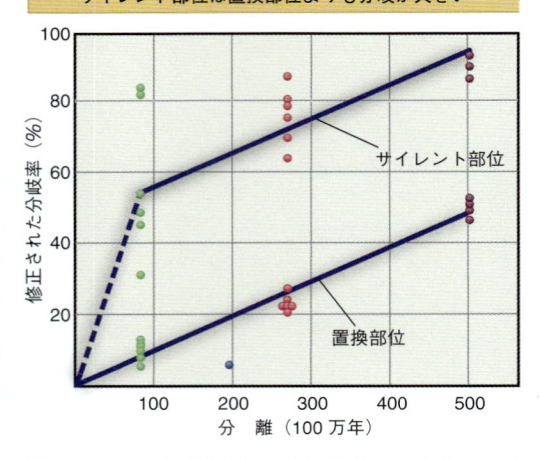

図6・7　DNA塩基配列の分岐は進化上の分離によるものである．グラフ上の各点は1組ずつ比較した値を示す．

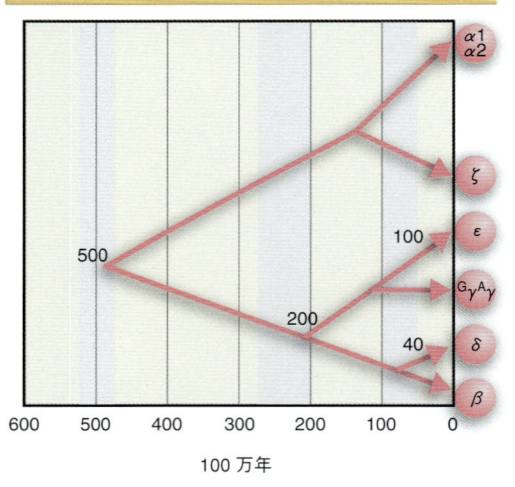

図6・8　βグロビン遺伝子群について置換部位の分岐を調べ，ヒトの遺伝子クラスターの歴史を再構成した．この系統樹はグロビン遺伝子のクラスの分離に関するものである．

- 中立的な部位における1年当たりの置換率は，ヒトゲノムよりもマウスゲノムの方が大きい．

何の影響も及ぼさない変異は**中立変異**とよばれる．中立的な部位での変異の蓄積から，固定した変異率に関する手がかりが得られる．タンパク質をコードしていない配列を調べることで，中立的な部位での置換率を概算することができる（タンパク質をコードしない領域なので，ここではサイレントではなくむしろ中立という言葉を用いる）．ヒトとマウスのゲノムで共通する反復配列ファミリーを比較すると有用な情報が得られる．

解析の原理を図6・9にまとめてある．重複と置換によって進化してきた類似配列のファミリーを用いて解析を始める．それぞれの部位で最も共通した塩基を基に，共通の先祖配列を推定する．つぎに，先祖配列と異なる塩基の割合について，それぞれのファミリーメンバーでの相違を計算する．この例では，個々のメンバーは0.13～0.18の間で変化し，平均値は0.16である．

ヒトとマウスのゲノムでこの解析に用いた遺伝子ファミリーは，人類とげっ歯類が分岐した後，機能をなくした遺伝子であると考えられる配列に由来する（LINESファミリー；§22・9参照）．これは，両種において同一期間に選択圧がかからない状態で相違が生じたことを示している．人類における分岐の平均は各部位当たり置換率が約0.17で，分岐してから7500万年以上の期間で年当たりの塩基置換率$2.2 \times 10^{-9}$に相当する．マウスのゲノムでは中立的な置換はその値の2倍の割合で，これはファミリー中の部位当たりの置換率で0.34，1年当たりの塩基置換率では$4.5 \times 10^{-9}$に相当する．しかしながら，1年当たりに代わって1世代当たりで計算する場合には，マウスよりもヒトのほうがより大きな値になるので注意が必要である（マウス約$10^{-9}$に対してヒト約$2.2 \times 10^{-8}$）．種間での違いから，それぞれの種には種特有の効率で機能するシステムがあると示唆される．

マウスとヒトのゲノムを比較することによって，相同（相当する）配列がよく保存されているか，あるいは中立的な塩基置換の蓄積から予想される比率と異なるかを評価することができる．これらの領域のうち約5％の部位に選択圧がかかったとみられる．これはタンパク質やRNAコード領域（約1％）の割合よりもかなり高い．ゲノムはタンパク質コード領域よりも，むしろ何もコードしていない領域に一連の重要な配列がより多く存在するらしい．既知の調節配列は，この割合のうちほんの一部しか占めないと考えられる．この数はゲノム配列のほとんど（残りの部分）が正確な配列に依存した機能をもたないことも示唆している．

**繰返しをもったファミリーのメンバーは先祖型配列から分岐する**

```
GCCAGCGTAGCTTCCATTACCCGTACGTTCATATTCGG    7/38=0.18
GCTGGCGTAGCCTACGTTAGCGGTACGTGCATATTGGG    6/38=0.16
GGTAGCCTACCTTAGGCTACCGGTTCGTGCTTGTTCGG    6/38=0.16
GGTAGCCTAGCTTAGGTTATTGGTAGGTGCATGTCCGG    6/38=0.16
GCTACCCTAGGTTACGTTATCGGTACGTGTCCGTTCGG    6/38=0.16
GCCACCCCAGCTCACGTTACCGGCACGTGCATGATCGC    7/38=0.18
CCTAGCCTCGCTTTCGTTAGCGGTACCTGCATCTTCCG    7/38=0.18
GCTTGCCTAGTTTACGTTACTGGTACGCGCATGTTGGG    5/38=0.13
GCCAGGCTAGCTTACGCCACCGGTACGTGGATGTCCGG    6/38=0.16
```

コンセンサス配列を計算する ↓　　↑ コンセンサス配列からの分岐率を計算する

GCTAGCCTAGCTTACGTTACCGGTACGTGCATGTTCGG

**図6・9** 遺伝子ファミリーにおける先祖型コンセンサス配列は，それぞれの部位で共通した塩基を用いて計算できる．現存するおのおののファミリーメンバーの分岐率は，先祖型配列と異なる塩基の割合として計算される．

## 6・6 不等交差によって遺伝子クラスターの再編成が行われる

**サラセミア** thalassemia $\alpha$または$\beta$グロビンが欠乏すると生じる赤血球の病気．正常なヘモグロビンである$\alpha_2\beta_2$に比べて異常な四量体$\beta_4$が非常に多く存在する状態から生じるHbH病（$\alpha$サラセミア）や，遺伝子間の不等交差によりひき起される$\beta$グロビン遺伝子クラスターの欠失（Hb Lepore型，Hb anti-Lepore型など）により生じる$\beta$サラセミアがある．
**胎児水腫** hydrops fetalis ヘモグロビン$\alpha$遺伝子の欠損により生じる致死的疾患．

- 遺伝子クラスターの非対立メンバー間の不等交差により新しい遺伝子がつくられ，それぞれのN末端部分は片方の親の遺伝子を，C末端部分はもう一方の親の遺伝子をもっている．
- いろいろなサラセミアは，$\alpha$または$\beta$グロビン遺伝子がなくなるようなさまざまの欠失によって生じる．病気の重症度はそれぞれの欠失に依存する．

互いに同じ遺伝子や，よく似た遺伝子が並ぶクラスターでは再編成が行われる機会が多い．これは図6・5に示した哺乳類の$\beta$クラスターを比較するとよくわかる．どのクラスターも同じ機能を果たし，基本的には同じ構成であるが，それぞれの間では大きさ

**不等交差は重複と欠失をひき起こす**

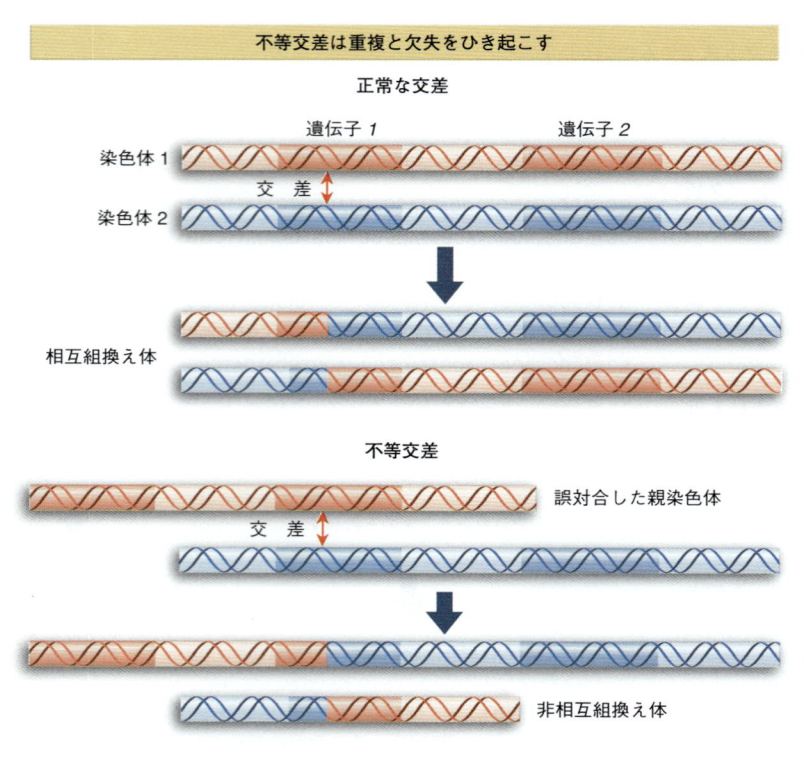

**正常な交差**

**不等交差**

図 6・10　遺伝子の数は不等交差によって変化する．一つの染色体の遺伝子 1 が別の染色体にある遺伝子 2 と対合すると，他の遺伝子対合から除外される．誤って対合した遺伝子の間に組換えが起こると，一方の染色体には 1 個の（組換え型）遺伝子のコピーが存在し，もう一方の染色体には 3 個の遺伝子コピー（両親から一つずつと組換わった遺伝子一つ）が存在することになる．

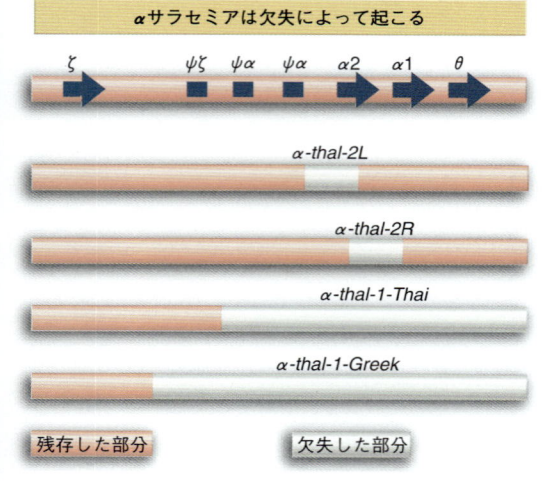

**αサラセミアは欠失によって起こる**

図 6・11　αサラセミアはαグロビン遺伝子クラスターのさまざまな欠失により起こる．

や，βグロビン遺伝子の総数や型にも差があり，また偽遺伝子の数や構造も異なっている．これらの変化はすべて哺乳類の適応放散が始まった約 8500 万年前以降に起こったものに違いない（それまではすべての哺乳類は共通した進化をたどってきたのである）．

これを比較すると，進化のうえでは個々の遺伝子のゆっくりとした点変異の蓄積ばかりでなく，遺伝子の重複，再編成，多様化がきわめて重要な役割を果たしてきたということがわかる．こうした遺伝子の再編成にはどのような機構が関与するのだろうか．

不等交差（非相互組換えともいう）は相同でない 2 領域間で対合した結果起こる．一般に，組換えは二つの相同な染色体が正しく対合した状態をとり，対応する DNA の配列の間で起こるものである．しかし，それぞれの染色体に 2 個ずつ遺伝子のコピーがあると，ときにその間で誤った対合をすることがある．（このとき対合が起こらぬ領域が近傍にできるはずである．）これは，短い反復配列領域（図 6・1 参照）や遺伝子クラスターで起こる．図 6・10 に示すように，遺伝子クラスターにおける不等交差は，遺伝子の量と質の両方に影響を及ぼす可能性がある：

● 反復配列の数は一方の染色体では増加し，もう一方の染色体では減少する．実際には，片方の組換え染色体では欠失が，もう片方の染色体では挿入が起こる．これは，交差する位置とは無関係に起こる．図中，1 番目の組換え染色体では遺伝子のコピー数が 2 から 3 へ増加しているが，2 番目の組換え染色体では 2 から 1 へ減少している．

● もしも組換えが（遺伝子と遺伝子の間ではなく）1 遺伝子内で起こった場合には，組換わった遺伝子が同一のものか類似したものかによって結果が異なる．対応していない遺伝子のコピー 1 とコピー 2 が全領域にわたって相同であると，どちらの遺伝子も配列上の変化はない．しかし，隣接している遺伝子が似ていさえすれば不等交差は起こる（ただし，その頻度は相同の場合よりも少ないであろう）．この場合，組換わったそれぞれの遺伝子はどちらの親とも異なる配列をもつ．

染色体が選択的に有利であるか不利であるかは，遺伝子のコピー数の変化と同様，遺伝子産物の配列にどのような変化が起こるかに依存するであろう．

**サラセミア**はαまたはβグロビンの合成が変異によって低下したり，あるいは阻害される病気である．サラセミアを調べてみるとヒトのグロビン遺伝子クラスターで明らかに不等交差が生じている．

図 6・11 にこれらのαサラセミアを起こす欠失をまとめて示す．α-thal-1 は大きな欠失をもち，その左端の位置はいろいろで，右端は既知の遺伝子を越えた所にあり両方のα遺伝子を欠いている．α-thal-2 の欠失は短く，二つのα遺伝子の一方のみがなくなっている．L 型はα2 遺伝子を含む 4.2 kb の DNA を失っている．欠失の端がおのおのψαとα2 遺伝子の右側の相同性のある所にあり，不等交差によることを強く示唆している．R 型では 3.7 kb の欠失が生じているが，これはちょうどα1 とα2 遺伝子間の距離に等しいので，α1 およびα2 遺伝子自身の間の不等交差で生じたものと思われる．これはまさに図 6・10 に示した例である．

サラセミアに関する染色体は二倍体なので，それぞれのヒトはα鎖を 0～3 個の範囲でもつことになる．正常のヒトと 3 個のα遺伝子をもつヒトの間ではほとんど差異は認められない．しかし，1 個のα遺伝子しかもたないヒトでは過剰なβ鎖によって異常な四量体 $\beta_4$ が蓄積して **Hb H 病**を起こす．α鎖がまったくないと**胎児水腫**を生じ，出生前か出産時に死亡してしまう．

**Hb Lepore** 型は，連鎖した遺伝子間の不等交差が欠失をひき起こした例として，古くから知られているものである．βとδ遺伝子の塩基配列は 7 %しか違わないが，不等交差によって両者の間の部分が欠失し，遺伝子が融合している（図 6・10 参照）．この融合遺伝子はδの N 末端側の配列とβの C 末端側の配列が結合した形の 1 本のβ様鎖

を生産する．

現在では Hb Lepore 型の変異はいくつか見いだされており，それぞれの例で δ 配列から β 配列へ移行する点が異なっている．つまり，δ と β 遺伝子が対合して不等交差をするときに組換えを起こす点が，まさにアミノ酸鎖における δ から β 配列への切換えの位置となっている．

これと逆のことが **Hb anti-Lepore** 型で起こっている．そこでは，β の N 末端側と δ の C 末端側をつないだ形の遺伝子が生じているが，この融合遺伝子は正常な δ と β 遺伝子の間にある．

種々の哺乳類のグロビン遺伝子クラスターを比べてみると，遺伝子重複と（時おり）それにひき続く変異がクラスターの進化において重要な役割をしていることがわかる．ヒトのサラセミアにおける欠失をみると，二つのグロビン遺伝子のクラスターで不等交差がひき続き起こっていることを示している．それぞれの反応で欠失と重複が生じるが，双方の組換え体が集団の中でどうなるかを考える必要もあろう．欠失は同一染色体上の相同な配列の間での組換えによっても（原則的には）起こりうる．この場合にはそれと対応する重複は生じない．

## 6・7 rRNA の遺伝子は 一定の転写単位によるタンデムな反復配列で構成されている

> **rDNA（リボソーム DNA）** ribosomal DNA　二つの大きな rRNA をつくるための 1 個の前駆体をコードする，反復配列がタンデムに並んでいる DNA．
> **核小体** nucleolus　核の中の特徴的な領域で，リボソームがつくられている場所．
> **核小体形成体** nucleolar organizer　rRNA をコードする遺伝子群がある染色体の領域．
> **非転写スペーサー** nontranscribed spacer　rRNA のタンデムな反復配列のクラスターの中の，転写単位と転写単位の間の領域．

> ■ rRNA は，一つあるいは複数のクラスターを形成したタンデムな反復配列をもった多数の同一遺伝子によってコードされる．
> ■ それぞれの rDNA クラスターは，主要 rRNA と非転写スペーサーが交互に並んだ前駆体が転写単位となるように構成されている．
> ■ 非転写スペーサー配列は短い反復単位から成り，その数が変化するので，それぞれのスペーサーの長さは異なる．

ここまで述べてきた多くの例では，遺伝子クラスター中のメンバーにはそれぞれ差があり，個々の遺伝子に独立に選択圧がかかっていた．それと対照的なのは，同じ遺伝子あるいは遺伝子群の同一のコピーを大量に含む二つの大きな遺伝子クラスターの場合である．たいていの生物は，染色体の主要構成成分であるヒストンタンパク質の遺伝子のコピーを多数もっている．また，rRNA をコードする遺伝子のコピーを多数もたない生物はほとんどない．これらの巨大な遺伝子クラスターは進化的に興味深い問題を含んでいる．

rRNA は転写産物の中でも圧倒的多数を占め，原核生物でも真核生物でも細胞内の RNA 全量の約 80〜90％ を占める．おもな rRNA 遺伝子数は大腸菌（*E.coli*）で 7 個，下等真核生物では 100〜200 個，高等真核生物では数百個に達する．大小の rRNA（それぞれリボソーム中の大小のサブユニット内に存在する）をコードする遺伝子は通常 1 対ずつタンデムな反復構造をとっている．（唯一の例外は酵母のミトコンドリアである．）

rRNA 分子の塩基配列には検出できるような差異がないので，おのおのの遺伝子のコピーはすべて同一と思われる．もし差があるとしても，rRNA ではせいぜい検出限界（約 1％）以下のはずである．ここで興味深いのは，どのような機構で個々の塩基配列に変化が生じないようにしているのかという問題である．

細菌では 1 対の rRNA 遺伝子が散在しているが，大部分の真核生物の核では rRNA 遺伝子はタンデムな配列が一つあるいは複数のクラスターをなしている．この領域は **rDNA** とよばれることもある．（DNA 全体の中に占める rDNA の割合はきわめて高く，かつ rDNA は特徴ある塩基組成なので，ゲノム DNA を剪断した試料から rDNA を直接

**図 6・12** タンデムな反復配列のクラスターでは，転写単位と非転写スペーサー部分が交互に現れるので，環状の制限酵素地図が作成できる．

**タンデムな反復配列のクラスターからは環状の制限酵素地図ができる**

線状のクラスター構成

反復1 → 反復2 → 反復3 → 反復4

非転写スペーサー　　　転写単位

制限酵素による切断部位

X A B C A B C A B C A B Y

制限酵素地図

分取することができる．）タンデムな反復配列のクラスターであれば，**図 6・12** に示したような環状の制限酵素地図が作成できるという重要な特徴がある．

おのおのの反復単位に 3 箇所の制限部位があるとする．この断片の地図を通常の方法で作成すると，A の次は B，B の次は C，C の次は A となるので環状の地図ができる．クラスターが大きければ，内部の DNA 断片（A, B, C）は隣接する DNA につながっている両末端の断片（X, Y）よりもはるかに大量に現れる．100 回反復をもつクラスターでは，X と Y は A, B, C の 1 ％の割合なので，制限酵素地図作成のために遺伝子クラスターの末端を得るのは困難となる．

核内で rRNA 合成が行われている領域には，特徴的な形態が現れる．顆粒状の外殻（cortex）に囲まれた繊維状の中心部（core）がつくられる．繊維状の中心部は DNA の鋳型から rRNA の転写が起こる所であり，顆粒状の外殻は生成した rRNA を取込んだリボ核タンパク質粒子の集合である．全体を **核小体** とよぶ．この特徴的な形態を **図 6・13** に示した．

核小体とくっついている染色体の特定の領域があり，**核小体形成体** とよばれている．おのおのの核小体形成体は一つの染色体上のタンデムに繰返した rRNA 遺伝子のクラスターに対応している．タンデムな rRNA 遺伝子が集中し，その転写がさかんに行われているので，核小体は特徴ある形態をとるのである．

大小のサブユニットの rRNA は，細菌でも真核生物の核でも 1 本の前駆体として転写される．転写後，前駆体は切断されて，それぞれの rRNA 分子となる．転写単位は細菌で最も短く，哺乳類で最も長い（沈降速度により 45S RNA として知られている）．一つの rDNA クラスターの中には多数の転写単位があり，各単位は **非転写スペーサー** で区切られている．この転写単位と非転写スペーサーの交互配列の模様を電子顕微鏡で直接見ることができる．**図 6・14** にあげた例はイモリ（*Notopthalmus viridescens*）の試料で，各転写単位はさかんに発現しており，一つの単位の中でもたくさんの RNA ポリメラーゼが同時に転写を行っている．ポリメラーゼは互いにごく接近して働いているの

**核小体は密集した顆粒状構造をとる**

顆粒状の外殻

繊維状の中心部

**図 6・13** 核小体の中心部では rDNA が転写されており，その周辺にある顆粒状の外殻の部分ではリボソームサブユニットが集合している．写真はイモリ（*N. viridescens*）の核小体の超薄切片像である．写真は Oscar L. Miller 氏（Department of Biology, University of Virginia）のご好意による．

で，少しずつ長い転写産物が順に並んでおり，転写単位に沿って動いていく特徴のある行列ができている．

ショウジョウバエ（*Drosophila melanogaster*）やアフリカツメガエルでは，すべての反復単位は一つの染色体上に一つのタンデムクラスターとして存在する．哺乳類においてはクラスターがいくつかに分散しており，ヒトでは5本の染色体上に，マウスでは6本の染色体上にある．一つの興味深い（まだ答えはわかっていない）問題は，いくつかのクラスターがあるとき，rRNAの塩基配列を確実に一定にするためにそれぞれのクラスター内で作用する補正機構がどのようになっているかということである．

転写単位の塩基配列はかなり保存されているが，1本の遺伝子クラスター当たりの非転写スペーサーの長さはさまざまである．哺乳類では，約13 kbの転写単位と約30 kbの非転写スペーサーから成っており，非転写スペーサーの長さは異なっているにもかかわらず，長い非転写スペーサーの塩基配列をみると，短い非転写スペーサーと相同性がある．これは，非転写スペーサーが内部に反復のある構造をしていることを意味し，スペーサーの長さの変化はそのサブユニットの反復数の変化によるものである．

非転写スペーサーの一般的な性質をアフリカツメガエルを例として図6・15に示す．長さが一定の領域とそうでない領域が交互に並んでいる．三つの反復領域はそれぞれ，さらに短い塩基配列の反復で構成されている．反復領域の一つは97 bpの単位で構成されており，他の二つは60 bpと81 bpの単位が混在した形になっている．この単位の反復数が一定でないために，スペーサー領域の長さが変化するのである．

転写単位と非転写スペーサーとの性質の違いには意味がある．転写単位が不変なのはその配列がかなり選択を受けたことを示している．一方，非転写スペーサーの長さが変化しているのは，配列が選択を受けておらず，頻繁に不等交差が起きていることを示唆している．非転写スペーサーでの交差はクラスターの長さを変えるが，それぞれの転写単位の特性は変わらない．§6・8では，さらに遺伝子コピーを均質化するために絶えず短縮と伸長が繰返される頻繁な交差機構が鍵となっていることを示す．

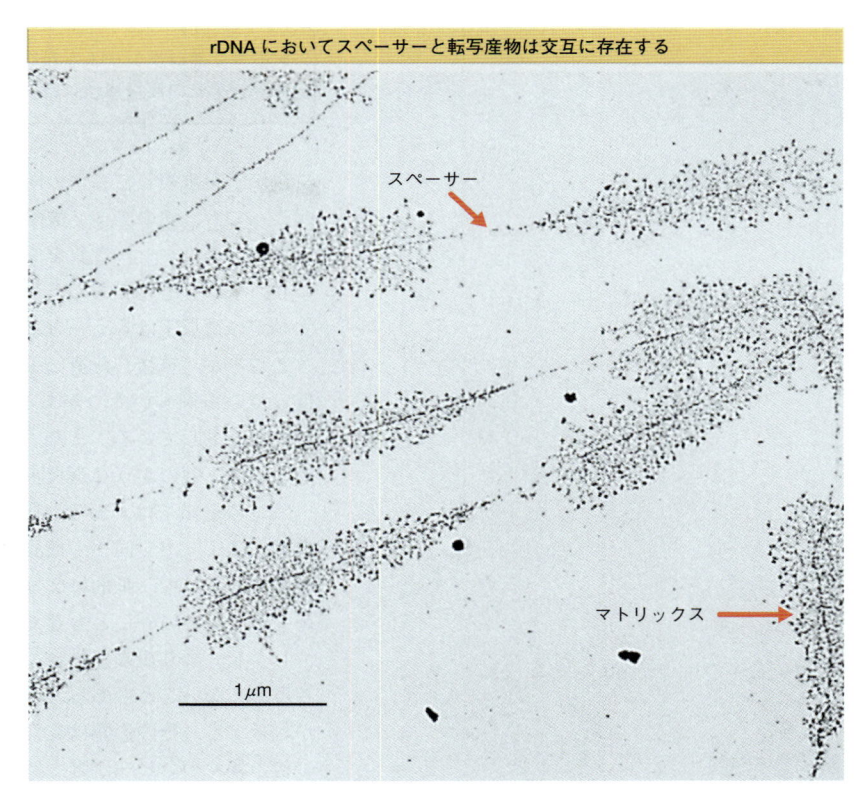

図6・14 rDNAクラスターの転写では一連のマトリックスが見え，それぞれが1個の転写単位に相当し，次の転写単位とは非転写スペーサーで隔てられている．写真はOscar L. Miller氏（Department of Biology, University of Virginia）のご好意による．

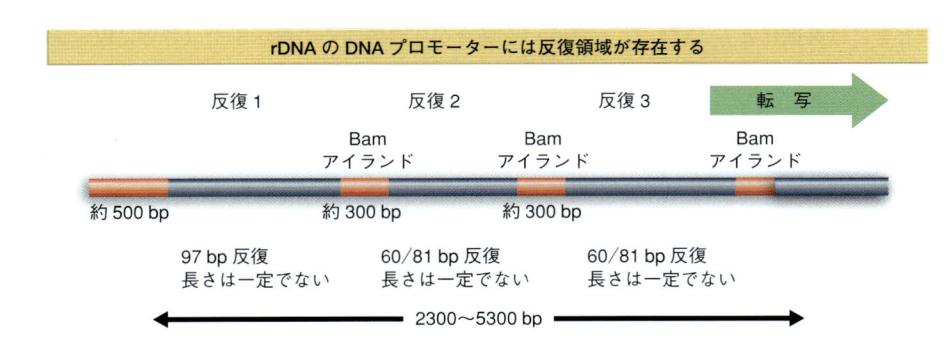

図6・15 アフリカツメガエルのrDNAの非転写スペーサーの内部には反復構造があり，長さの違いの原因となっている．Bamアイランド（制限酵素*Bam*HIにより分離された配列）は短く，反復領域を隔てて一定の配列をとっている．

## 6・8 交差固定により同一の反復が維持できる

**協調進化** concerted evolution 二つの遺伝子があたかも同一の単位であるかのように進化すること．同時進化，共進化ともいう．
**交差固定** crossover fixation 不等交差の結果，遺伝子クラスターの1箇所に起こった変異がクラスター全体に広がる（あるいは除去される）現象．

> - 不等交差はタンデムな反復配列のクラスターの大きさを変える．
> - それぞれの反復単位は除去されるか，そのクラスター内で増加する．

　遺伝子が重複して二つの同一なコピーができると，一方のコピーの塩基配列に変化が起こっても，元のアミノ酸配列はもう一方のコピーによりコードされるので，その生物は機能のあるタンパク質を失わずにすむ．こうして二つの遺伝子に対する選択圧は緩くなり，やがてそのうちの一つに変異が蓄積し，元のものから大きくかけ離れれば，再びすべての選択圧はもう一方にかかるようになる．

　ところが，重複した遺伝子が同じ機能，つまり同一のタンパク質をコードする能力を保っている例もいくつかある．ヒト α グロビン遺伝子は 2 個あって，同一のタンパク質をコードしている．また，二つの γ グロビンタンパク質はわずか一つのアミノ酸しか違わない．どのような選択圧が働いて同一の配列を維持しているのだろうか．

　二つの遺伝子は，ある（隠れた）性質，たとえば発現する時期や場所が異なるので，実際にはまったく同一の機能をもたないということはいかにもありそうである．また別の可能性として，量的に 2 コピー必要で，それぞれ単独では十分な量のタンパク質を生産できないということも考えられる．

　しかし，より極端な場合，どの一つの遺伝子のコピーも必須でないという結論に達せざるをえないこともある．遺伝子コピーがいくつもあれば，そのうちの 1 コピーに変異が起きても，その影響は非常にわずかなものになる．個々の変異が起きたとしても，その他の多くのコピーが野生型の配列を維持しているので変異の影響は薄められる．変異をもったコピーの多くは致死的な影響がでるまで蓄積され続けることになる．

　致死であるか否かは量的な問題で，アフリカツメガエルやショウジョウバエでは rDNA のクラスター全体から半分を取除いても悪影響はないという観察結果がある．それなら，どのようにしてこれらの反復単位に有害な変異が徐々に蓄積するのを防いでいるのだろうか．また，ごくまれにしか起こらない好ましい変異がクラスターの中で有利になる機会があるのだろうか．

　反復配列のコピーの中でその独自性を維持する方法を説明する基本的なモデルでは，非対立遺伝子は独立に子孫に伝えられるものではなく，絶えず前の世代のコピーのうちの一つを使ってつくり直されると考えることができる．最も簡単な例として二つの同一な遺伝子の場合，一つのコピーに変異が起こるとそれが偶然に排除されるか（もう一方のコピーが取って代わる），その変異が両方の遺伝子に広がる（変異の起こったコピーの方が優勢な型である）かのどちらかになる．拡散が起これば，変異には選択圧がかかることになる．こうして，二つの遺伝子があっても，あたかも一つの遺伝子座しかないときのように一緒に進化する．これは **協調進化**，あるいは **同時進化** とよばれている．（ときには **共進化** ともよばれる．）こういう場合が二つの同一の遺伝子や（さらに仮定を設けると）多くの遺伝子を含むクラスターに対して起こりうる．

　**交差固定** モデルはクラスター全体が不等交差によって頻繁に再編成されると考えるモデルである．もし不等交差によって一つのコピーから物理的にすべてのコピーの再生が起こるならば，多重遺伝子の協調進化を説明できる．

　たとえば図 6・10 に示したような場合に，三つの遺伝子座をもつ染色体では一つの遺伝子が欠失するおそれがある．残った二つの遺伝子のうちの $1\frac{1}{2}$ は一方のコピーに由来し，残る $\frac{1}{2}$ が他方のコピーに由来している．その結果，前半の領域に起こった変異は両方の遺伝子に現れ，選択を受ける対象となる．

　タンデムな反復配列のクラスターでは，配列がほとんど同じでクラスター内の位置が違う遺伝子同士の"誤対合"がさかんに起こるはずである．不等交差によって反復単位数が絶え間なく拡張と縮小を続けるために，一つのクラスターの反復単位すべてが比較的少数の先祖型クラスターの単位から生じることがあってもおかしくない．スペーサーにいろいろな長さがあるのは，内部で誤対合を起こしたスペーサー同士が不等交差を生じたためと考えられる．こうして，スペーサーが一定でないのに遺伝子は均質性を保っているという事実が説明できる．個々の反復単位がクラスター内で増幅するとき遺伝子は選択を受けるが，スペーサーは関係せず，そこに変化が蓄積するのである．

　非反復配列の領域で組換えが起こる際には，二つの相同な染色体が正しく対合し，相

互組換え体が生じる．正確に組換えが起こるのは，二本鎖DNA同士がきちんと対合するからである．ところが，似たエキソンをもつ多数の遺伝子のコピーがある場合には，イントロンやエキソンに隣接した配列が異なっていても，不等交差を起こすことがある．これは非対立遺伝子同士が互いに対応するエキソンを使って，誤対合を起こすからである．

ところで，同一あるいはほとんど同一の反復配列がタンデムな反復配列のクラスターをなしているときには，いったいどれくらいの頻度で誤対合が起こるのだろうか．クラスターの末端を除けば，連続した反復配列同士があまりによく似ているため，正確に対合する相手を探すことさえ不可能であろう．これにより二つの結果を生じる．クラスターの大きさが絶えず調整され続けられ，さらに反復配列の均質化が起こる．

いま，"ab" という反復単位があって，その末端は "x" と "y" である配列を考えてみよう．一方の染色体を黒で，もう一方を赤で描くと，"対立"する配列間の正確な対合は

xabababababababababababababababababy
xabababababababababababababababababy

である．しかし，おそらく一方の染色体のどのab ももう一方の染色体のどのab とでも対合するから

xabababababababababababababababababy
xabababababababababababababababababy

のような誤対合も生じるだろう．こうした形になってこの対合領域はやや短くなるが，対合している領域は正確に対合している領域と同じくらい安定である．組換えに先立つ対合がどのようにして起こるのかわかっていないが，おそらくそれは互いに対応する短い領域で始まり，ひき続き広がっていくものと考えられる．これがサテライトDNAの中から始まるときは，全体としては正確に対応しなくてもクラスター内の反復配列同士が対合してしまうだろう．

つぎに，不ぞろいな対合をした領域で組換えが起こると，できたものは異なる数の反復単位をもつことになる．その結果，クラスターの長さが変化し，一方では長くなり，もう一方では短くなる．

xabababababababababababababababababy
×
xabababababababababababababababababy

↓

xababababababababababababababababababababy
+
xababababababababababababababababy

ここで "×" は交差部位を示す．

この種の反応がよく起こるなら，タンデムな反復配列のクラスターは延長と短縮を繰返すことになる．そうすれば，**図6・16**に示すように，ある特定の反復単位がクラスター中に広がっていくことができる．クラスターが最初は abcde（それぞれの文字は反復単位に相当する）から成るとしよう．異なる反復単位はそれぞれ似ているので，組換えの際に誤対合を起こす．不均等な組換えの反復によって，この反復の領域は大きくも小さくもなるし，また一つの単位が他の単位に取って代わるほどに広がることも起こりうる．

交差固定モデルによると，どんなDNA配列でも，選択圧とは無関係にこうして形成される一連のタンデムな反復配列に取って代わられるはずである．このときに，交差固定が変異に比べてかなり急速に進行すると仮定すると，新しい変異は除去される（つまりその反復配列がなくなる）か，あるいはそれ自身がクラスター全体を占有することになる．もちろんrDNAクラスターの場合には，効率良く転写される配列を選択するためにさらに別の因子が存在する．

**反復配列は不等交差によって固定される**

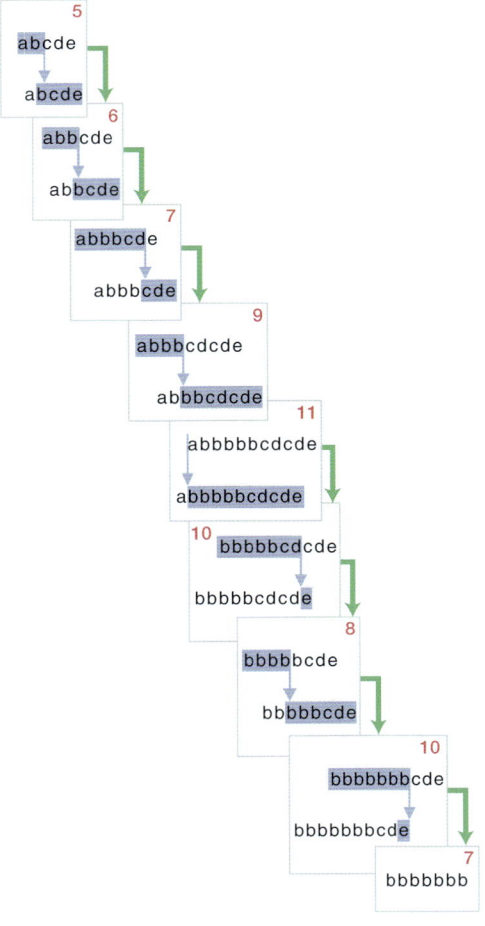

**図6・16** 特別な反復単位が不等交差によってクラスター全体を占めるようになる場合がある．数字は各段階における反復単位の長さを示す．

6・8 交差固定により同一の反復が維持できる

## 6・9 サテライトDNAはたいていヘテロクロマチンにある

> **サテライトDNA** satellite DNA 多数の短い（まったく同じかよく似た）基本配列単位がタンデムに反復して並んだもの．高頻度反復配列，単純配列DNAと同じものを意味する．
> **浮遊密度** buoyant density 物質がCsCl溶液などの基準となる液中で浮上するか沈降するかを示す値．
> **密度勾配** density gradient 巨大分子を密度の差を利用して分離するときに用いられる．密度勾配はCsClのような重い可溶性物質を用いてつくられる．
> **隠れたサテライト** cryptic satellite サテライトDNA配列の1種だが，密度勾配遠心によるピーク位置の差によっては分離されず，DNAの主要バンド中に存在するもの．
> **恒常的ヘテロクロマチン** constitutive heterochromatin 発現することのないDNA配列の不活性な状態を表す用語で，その多くはサテライトDNAである．
> *in situ* **ハイブリダイゼーション** *in situ* hybridization *in situ* ハイブリダイゼーションの方法は，まず，スライドガラス（またはカバーガラス）の上で細胞を押しつぶしてからそのDNAを変性させ，一本鎖RNAまたはDNAを加えたときに反応できるようにする．加える一本鎖RNAまたはDNAはラジオアイソトープでラベルしておき，細胞内のDNAのどの部分とハイブリッドを形成したか，オートラジオグラフィーで検出する．ここで述べられている方法は染色体内での遺伝子の位置決定を目的とするもので，ほかにも組織切片などにおいて目的遺伝子が発現している細胞を同定することを目的とし，おもにmRNAとのハイブリダイゼーションを行うものがある．細胞学的ハイブリダイゼーションともいう．

- サテライトDNAは非常に短い反復配列をもち，遺伝子をコードしない．
- サテライトDNAは異なる物理的特徴をもつ大きな（配列の）領域で起こる．
- サテライトDNAはセントロメアのヘテロクロマチンの主要構成要素である．

短い配列がタンデムに繰返していると特別な物理的性質を示す画分になることがあり，これを利用してそのDNAを取出すことができる．場合によっては，反復配列の塩基組成がゲノムの平均塩基組成と異なっていて，浮遊密度の差を使い分離できる．この画分を**サテライトDNA**とよぶ．この用語は単純配列DNAと本質的に同じ意味である．単純な配列であるため，このDNAは転写も翻訳もされない．

タンデムな反復配列は特に染色体の誤対合を起こしやすく，その結果，タンデムな反復配列のクラスターの大きさは個体ごとに大きな変化を伴い高度な多型を生じやすい．実際，このような配列の比較的小さなクラスターが"DNAフィンガープリント法"により個人のゲノムを判別するのに用いられている（§6・12参照）．

単純反復配列の一つの特徴はGC含量がゲノム平均と異なることである．GC含量により**浮遊密度**が決まるので，塩化セシウム（CsCl）の**密度勾配**を使ってそのような配列を遠心分離できる．DNAはその密度に応じた位置にバンドを形成する．普通GC含量が5％以上異なるDNAは密度勾配で分離できる．

真核生物のDNAを密度勾配遠心にかけると，その性質に応じて2種類のバンドが現れる：

- ゲノムのGC含量の平均に相当する浮遊密度を中心として，かなり幅広い範囲に大部分のゲノムDNA（断片）が分布する．これを主バンドとよぶ．
- 主バンドと別により小さいピーク（複数のときもある）が現れることがあり，これがサテライトDNAである．

サテライトは多数の真核生物ゲノムに存在する．それらは主バンドより重かったり，軽かったりする．しかし，それが全体の5％以上を占めることはめったにない．その良い例が図6・17に示されるマウスのDNAにみられる．これはマウスの全DNAをCsCl密度勾配遠心で分離した後，その分布を定量したものである．主バンドにはゲノムの92％が含まれ，浮遊密度の中心は$1.701\,\text{g}\cdot\text{cm}^{-3}$である（これは哺乳類に典型的な42％のGC含量に相当する）．小さいピークはゲノムの8％に相当し，主バンドとは異なる$1.690\,\text{g}\cdot\text{cm}^{-3}$の浮遊密度をもっている．このマウスのサテライトDNAのGC含量（30％）はゲノムのどの部分よりもはるかに低い．

ゲノム中の高頻度反復配列は，ほとんどの場合にサテライトの形で取出せる．サテラ

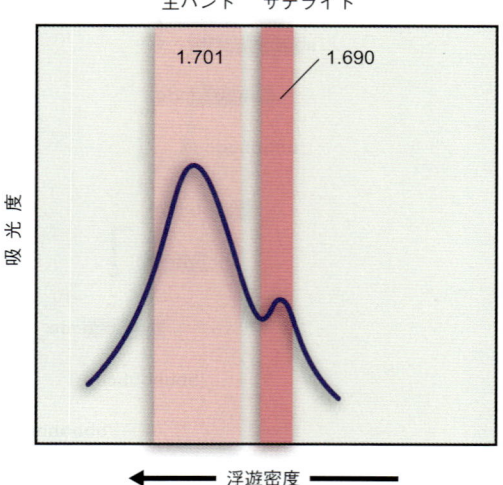

**図6・17** マウスのDNAをCsCl密度勾配遠心にかけると，主バンドとサテライトが分離する．

マウスのサテライトDNAは明瞭なバンドを形成する

主バンド 1.701　サテライト 1.690

吸光度／浮遊密度

イト DNA としては分離できない高頻度反復配列もあるが，この場合にも性質はサテライト DNA と似ており，多数のタンデムな反復配列のために遠心で異常な挙動をする．このような性質をもつものを単離したときに，**隠れたサテライト**とよぶことがある．隠れたものと普通のものとを合わせたサテライト DNA の中には高頻度反復配列のタンデムな反復配列の領域のほとんどすべてが含まれる．ゲノム中に複数の種類の高頻度反復配列がある場合には，それぞれが別々のサテライトの領域をつくっている．（しかし，往々にして異なる領域が隣合っている．）

サテライト DNA は**恒常的ヘテロクロマチン**の領域に検出される．ヘテロクロマチンは染色体の中でいつも強く凝縮した構造になっており，不活性な領域を示している．これに対してゲノムの大部分を占めるのは，**真正クロマチン**である（§28・5 参照）．クロマチンは条件的（その状態が可逆的である）か，恒常的（いつもその状態のままである）かのどちらかである．恒常的ヘテロクロマチンは普通セントロメアでみられる（セントロメアでは体細胞分裂や減数分裂のときにキネトコアが形成され，染色体の移動をつかさどる）．サテライト DNA がセントロメアにあることから，それは染色体の構造に関与した働きをもつと思われる．したがって，これは染色体分配の過程と結び付いて働いている可能性が強い．

サテライト DNA の局在の例として，マウスの全染色体の場合を図 6・18 に示す．これは ***in situ* ハイブリダイゼーション**によるもので，ラジオアイソトープでラベルしたプローブが直接，間期の染色体のサテライト DNA の配列にハイブリダイズしている．この図では染色体の一方の端がラジオアイソトープでラベルされているが，マウスの染色体ではここにセントロメアが位置している．

（訳注：セントロメアというのは，染色体の維持，分配に関する遺伝学的な機能をもったおもに DNA の領域で，キネトコアは細胞学的な観察による紡錘体が結合する染色体上の領域を指す．扱う生物種によりどちらも動原体と訳されることがある．）

**マウスのセントロメアはサテライト DNA を含む**

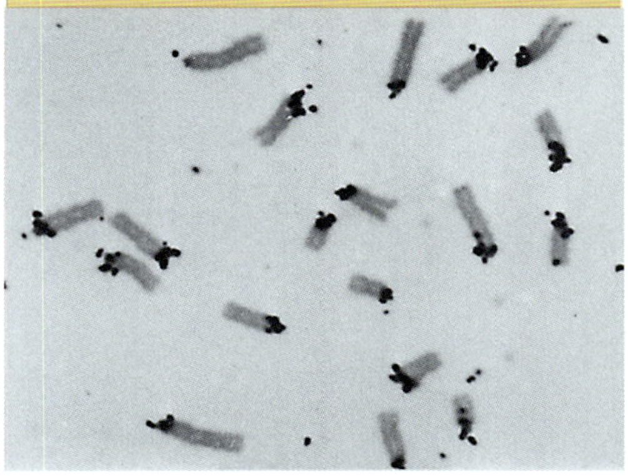

図 6・18　*in situ* ハイブリダイゼーションによりマウスのサテライト DNA がセントロメアに局在していることがわかる．写真は Mary Lou Pardue 氏と Joseph G. Gall 氏のご好意による．

## 6・10　節足動物のサテライトは特に短い同一の反復配列である

■ 節足動物のサテライト DNA の反復単位はたった数塩基ほどの長さである．その配列のコピーのほとんどは同一である．

昆虫やカニで代表される節足動物のサテライト DNA は，かなり均質な核酸である．通常，サテライトの 90 % 以上はごく短い単独の反復単位で占められているので，塩基配列の決定は比較的簡単である．

クロショウジョウバエ（*D. virilis*）では三つのおもなサテライトと一つの隠れたサテライトがあり，合わせてゲノムの 40 % に達する．このサテライトの塩基配列を図 6・19 にまとめた．おもな三つのサテライトは互いによく似た塩基配列をもっており，サテライト I の配列からサテライト II または III の配列をつくるには 1 塩基の置換で十分である．

サテライト I はクロショウジョウバエに近縁の他のショウジョウバエにもあるので，種分化以前に生じたものであろう．サテライト II や III はクロショウジョウバエに特異的なので，種分化以後にサテライト I から生じたものと思われる．

これらのサテライトのおもな特徴は，反復の単位が著しく短く，7 bp しかないことである．他の種でも同様なサテライトがあって，たとえばキイロショウジョウバエ（*D. melanogaster*）にもいろいろのサテライトに混じって，非常に短い反復単位（5, 7, 10, 12 bp）がある．よく似たサテライトがカニでも見いだされている．

**クロショウジョウバエは四つの類似したサテライトをもつ**

| サテライト | 主立った配列 | 全　長 | ゲノム中の割合 |
|---|---|---|---|
| I | ACAAACT<br>TGTTTGA | $1.1 \times 10^7$ | 25 % |
| II | ATAAACT<br>TATTTGA | $3.6 \times 10^6$ | 8 % |
| III | ACAAATT<br>TGTTTAA | $3.6 \times 10^6$ | 8 % |
| 隠れたサテライト | AATATAG<br>TTATATC | | |

図 6・19　クロショウジョウバエのサテライト DNA は互いに関連がある．各サテライトの 95 % 以上は主立った配列がタンデムな構造をしている．

クロショウジョウバエではサテライト同士がよく似ていたが，これは必ずしも他のゲノムへ一般化できることではなく，サテライト同士の塩基配列には関連のないことも多い．各サテライトはごく短い塩基配列の増幅によって生じたことは疑いない．これらの配列は以前にあったサテライトから変異によって生じたり（クロショウジョウバエの場合のように），あるいはまったく異なるものに由来している．

サテライトは絶えずつくられてはゲノムから失われている．そのため，現在あるサテライトは，すでに失われてしまったサテライトから生じたものだという可能性も十分考

えられるので，サテライトの進化上の関係を解明することは難しい．こうしたサテライトの大切な特徴は，配列の複雑度がとても低い配列のDNAが長く連なっていながら，その中の配列は安定に保たれているということである．

### 6・11　哺乳類のサテライトは階層構造をもった反復配列でできている

> ■ マウスサテライトDNAは重複と変異によって進化して，234 bpの基本的な反復単位から成るが，この配列にはそれぞれ1/2, 1/4, 1/8の反復配列が認められる．

げっ歯類の例でもわかるように，哺乳類のそれぞれのサテライトを構成する塩基配列はタンデムな反復配列の間にかなりの分岐がみられる．DNAを化学的あるいは酵素的に処理して切断すると，オリゴヌクレオチド断片の中に大量に出現する共通した短い塩基配列がある．しかし，そうした特に目立つ短い塩基配列は通常，全体のコピーのほんの少数にすぎず，他の短い配列はその主要な配列に置換，欠失，挿入などの起こったものである．

しかし，こうした一連の短い配列の単位が集まって長い反復単位を構成し，それがまた若干異なりつつタンデムに繰返している．このように哺乳類のサテライトDNAには，反復単位の階層構造がある．

サテライトDNAの反復単位の中に制限部位があると，その単位から1種類の切断断片が現れる．実際に真核生物のゲノムのDNAを制限酵素で切断すると，切断部位はランダムに分布しているため，DNAの大部分の断片は電気泳動をしてもバンドとしてはっきり出ず，全体に広がった薄くぼんやりしたパターンになるが，サテライトDNAの部分からは明瞭なバンドが出現する．これは一定間隔で分布する制限部位で切れるために，同一あるいはほとんど同一な断片が多数生じるからである．

マウスのサテライトDNAを*Eco*RⅡで切って電気泳動すると，234 bpの単量体を主成分とするバンドを含む一連のバンドが生じる．この塩基配列は単量体のバンドの切断によって生じるサテライトDNAの60〜70％を占め，その中であまり変化なく繰返して並んでいるものと考えられる．この配列をさらに小さな反復単位に分けて分析することができる．

図6・20は反復配列の1/2ずつ，つまり，234 bpを前半の117 bpと後半の117 bpとに分けて，それぞれが対応づけられるように描いたものである．二つの1/2反復配列が

| マウスのサテライトDNAの1/2の反復配列は非常によく似ている |
|---|
| 　　　10　　　　20　　　　30　　　　40　　　　50　　　　60　　　　70　　　　80　　　　90　　　100　　　110<br>GGACCTGGAATATGGCGAGAAAACTGAAAATCACGGAAAATGAGAAATACACACTTTAGGACGTGAAATATGGCGAGAAACTGAAAAGGTGGAAAATTAGAAATGTCCACTGTA<br>120　　　130　　　140　　　150　　　160　　　170　　　180　　　190　　　200　　　210　　　220　　　230<br>GGACGTGGAATATGGCAAGAAAACTGAAAATCATGGAAAATGAGAAACATCCACTTGACGACTTGAAAATGACGAAATCACTAAAAAACGTGAAAAATGAGAAATGCACACTGAA |

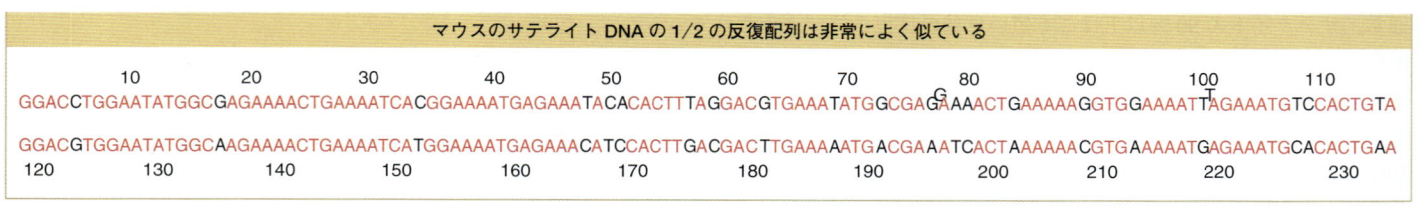

図6・20　マウスのサテライトDNAの反復単位は2個の1/2反復配列からできている．同一な配列（赤）がわかるように並べてある．

| マウスのサテライトDNAは1/4反復配列で構成されている |
|---|
| 　　　10　　　　20　　　　30　　　　40　　　　50<br>GGACCTGGAATATGGCGAGAAAACTGAAAATCACGGAAAATGAGAAATACACACTTTA<br>　　　60　　　　70　　　　80　　　　90　　　100　　　110<br>GGACGTGAAATATGGCGAGAAAACTGAAAAAGGTGGAAAATTAGAAATGTCCACTGTA<br>　　　120　　　130　　　140　　　150　　　160　　　170<br>GGACGTGGAATATGGCAAGAAAACTGAAAATCATGGAAAATGAGAAACATCCACTGA<br>　　　180　　　190　　　200　　　210　　　220　　　230<br>CGACTTGAAAAATGACGAAATCACTAAAAAACGTGAAAAATGAGAAATGCACACTGAA |

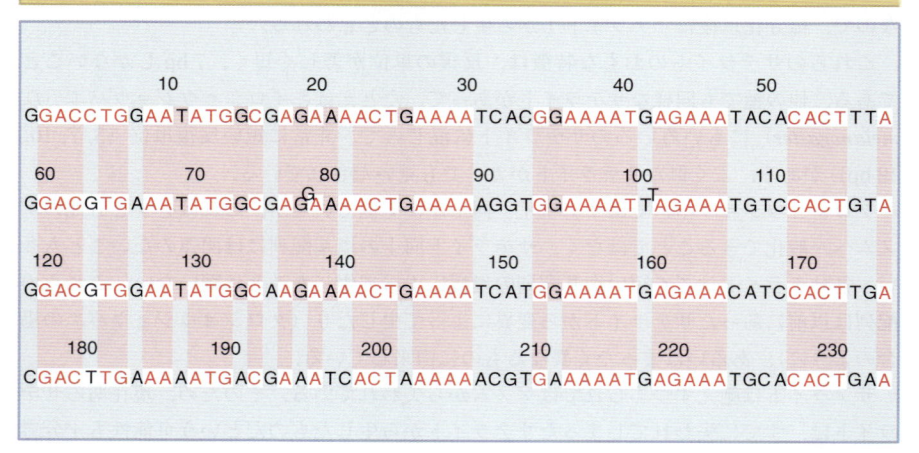

図6・21　1/4反復配列を対応させて並べると，おのおのの1/2反復配列がさらに2個ずつの反復単位からできていることがわかる．四つの1/4反復配列で同じものは着色してあり，1/4反復配列のうち三つの配列が同一のものはピンクの領域に黒色文字で示した．

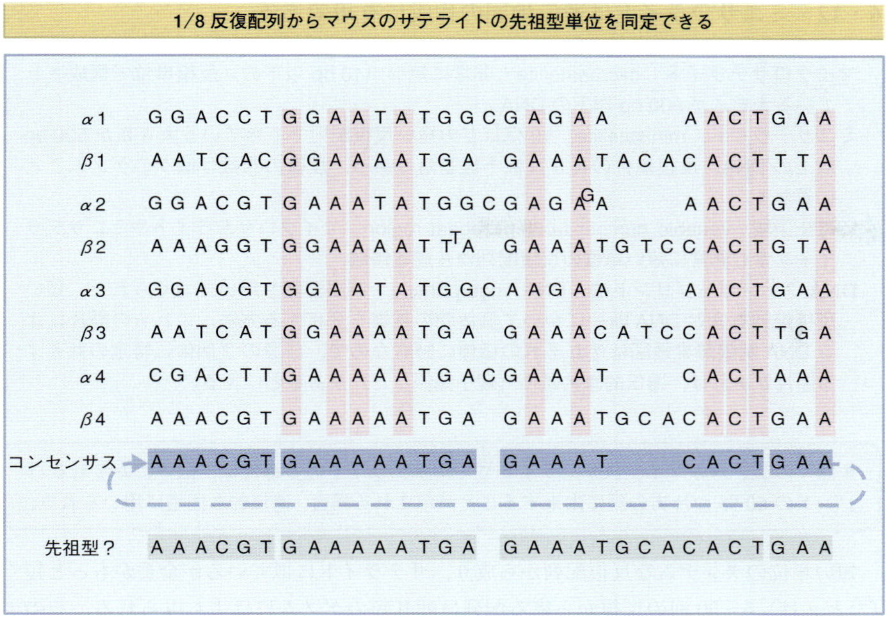

### 1/8 反復配列からマウスのサテライトの先祖型単位を同定できる

```
α1        GGACCTGGAATATGGCGAGAA    AACTGAA
β1        AATCACGGAAAATGA   GAAATACACACTTTA
α2        GGACGTGGAATATGGCGAG^GA   AACTGAA
β2        AAAGGTGGAAAATT^TA  GAAATGTCCACTGTA
α3        GGACGTGGAAAATGGCAAGAA    AACTGAA
β3        AATCATGGAAAATGA   GAAACATCCACTTGA
α4        CGACTTGGAATATGCGAAAT     CACTAAA
β4        AAACGTGAAAATGA   GAAATGCACACTGAA
コンセンサス → AAACGTGAAAAATGA   GAAAT    CACTGAA
先祖型?     AAACGTGAAAAATGA   GAAATGCACACTGAA
```

図 6・22  1/8 反復配列を並べると，1/4 配列が α と β の半分ずつから成り立っていることがわかる．コンセンサス配列はそれぞれの位置に最も高頻度に現れる塩基で表してある．"先祖型"配列はコンセンサス配列に酷似しており，α，β 単位の原型と考えられる．（サテライト配列は連続しているから，コンセンサス配列を見つけだすには最後の GAA が最初の 6 bp とつながるよう環状に循環させて考える．）

相互によく似ていることがわかる．両者は 22 箇所異なり，19％の分岐率に相当する．これは現在認められる 234 bp の反復単位が過去に 117 bp 単位の重複によって形成され，その後に両コピーの間で変異が蓄積したものと考えられる．

この 117 bp の単位の中にさらに二つのサブユニットが認められる．これは全体のサテライトに対して 1/4 反復配列となる．四つの 1/4 反復配列を図 6・21 に並べて示す．上の 2 行は図 6・20 の前半の 1/2 反復配列に相当し，下の 2 行は後半の 1/2 反復配列である．四つの 1/4 反復配列の間には 58 箇所のうち 23 箇所が違い，40％の分岐率となる．最初の三つの 1/4 反復配列はかなりよく関連しているが，4 番目の 1/4 反復配列に変化が多いので分岐の度合いが大きくなっている．

1/4 反復配列の内部には，さらに図 6・22 に示すように二つの互いに関連したサブユニット構造，α，β 反復（1/8 反復配列）がある．共通なコンセンサス配列に加えて，α 反復にはすべて C の挿入があり，β 反復にはすべて 3 塩基の挿入がある形となっている．このことから，1/4 反復配列はコンセンサス配列に似た塩基配列が重複して生じたもので，その後さらに変化が起こって現在あるような α や β 成分が生じたものらしいことがわかる．こうしてタンデムに繰返された α，β に変化が集積して，今日みるような個々の 1/4 配列や 1/2 配列が形成された．1/8 反復の間には現在 19/31＝61％の分岐率がある．

コンセンサス配列を直接解析した結果を図 6・23 に示した．ここでは現在のサテライト配列が，9 bp より成る単位から派生してきたことがよくわかる．図 6・23 のいちばん下の部分に示したように，サテライト配列の部分に違いのある 3 種類の変異型を認めることができる．それらの 9 bp の塩基配列に共通して最も頻繁に現れる塩基配列に，さらに 2 番目に頻繁に現れる塩基も加えてみると，よく関連した 9 bp の配列が三つ得られる．

```
GAAAAACGT
GAAAAATGA
GAAAAACT
```

これら 3 種類の 9 bp 配列のうち一つが増幅してサテライト配列の起源となったのだろう．現在のコンセンサス配列は全体として $GAAAAA^{AG}_{TC}T$ であり，それは実際上 9 bp の反復配列 3 個の混合物である．

マウスのサテライト DNA の単量体断片の平均的な塩基配列をみると，いろいろな特徴がよく現れている．234 bp の最も長い反復単位は，制限酵素による切断でわかる．変性させたサテライト DNA を再生すると，117 bp の 1/2 反復配列が単位となる．つまり，234 bp の断片がそのまま全体で会合することもあり，また 1/2 の大きさだけで会合することもある（後者の場合，ある鎖の前半の 1/2 反復配列が別の鎖の後半の 1/2 反復配列と会合する）．

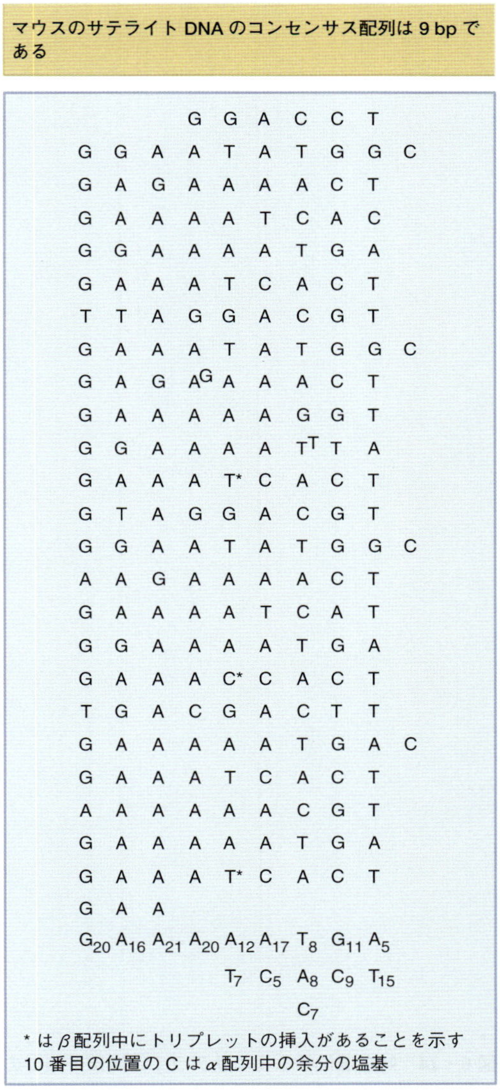

### マウスのサテライト DNA のコンセンサス配列は 9 bp である

```
            G G A C C T
G G A A T A T G G C
G A G A A A A C T
G A A A A T C A C
G A A A A T G A
G A A A T C A C T
T T A G G A C G T
G A A A T A T G G C
G A G A^G A A A C T
G G A A A A G G T
G G A A A A T^T A
G A A A T*C A C T
G T A G G A C G T
G G A A T A T G G C
A A G A A A A C T
G A A A A T G A
G A A A C*C A C T
T G A C G A C T T
G A A A A T C A C T
A A A A A T G A
G A A A A T A G A
G A A A T*C A C T
G A A
G_{20} A_{16} A_{21} A_{20} A_{12} A_{17} T_8 G_{11} A_5
                T_7 C_5 A_8 C_9 T_{15}
                        C_7
```

\* は β 配列中にトリプレットの挿入があることを示す
10 番目の位置の C は α 配列中の余分の塩基

図 6・23  サテライトの塩基配列を 9 bp の反復として並べると，全体を代表するコンセンサス配列のあることがわかる．

## 6・12 ミニサテライトは遺伝地図の作成に有用である

> マイクロサテライト　microsatellite　非常に短い（10 bp 以下の）反復単位で構成されている大きさが 500 bp 以下の DNA.
> ミニサテライト　minisatellite　10 個ほどの短い反復配列でできている大きさが 500 bp 以上の DNA. 反復単位の長さは数十塩基対である．反復の回数は個々のゲノムごとに異なる．
> VNTR 領域　variable number tandem repeat region　マイクロサテライトやミニサテライトを含む非常に短い単位の反復配列から成る領域．
> DNA フィンガープリント法　DNA fingerprinting　制限酵素を用いてつくられた，短い反復配列を含む DNA 断片について個体間の差異を分析する方法．これらの断片による DNA 制限酵素地図はそれぞれの個体に特有なので，任意の 2 個体に特定の共通する断片があれば，遺伝的な共通性（親子関係など）があるといえる．

> ■個々のゲノムのマイクロサテライトやミニサテライトの多様性は，個体にみられるバンドの 50 % が片方の親に由来することが示される場合，遺伝的な同定に用いられる．

短い単位のタンデムな反復配列から成り，サテライトに似ているが全長がもっと短く（たとえば）5〜50 回の反復から成る配列は哺乳類のゲノムにはよくみられる．そのような配列はヒト DNA のゲノムライブラリーの中から長さが著しく異なる DNA 断片として偶然に見つけられた．同じゲノム領域の分子集団の中に長さの異なる DNA 断片が数多くあれば，その変化を見いだすことができる．おのおのを調べてみると多型がたくさん見つかったり，多くの異なる対立遺伝子が見つかったりする．

**マイクロサテライト**という名前は，通常，反復単位が 10 bp 以下のときに，**ミニサテライト**という名前は反復単位がおよそ 10〜100 bp のときに用いられるが，これらの用語は正確には定義されていない．それらの配列は **VNTR 領域**とよばれる．

マイクロサテライトやミニサテライトで個々のゲノムの長さが異なる原因は，個々の対立遺伝子の反復単位の数が違うためである．たとえば，一つのミニサテライトは 64 bp の反復の長さをもち，次のような分布で集団中に見いだされる．

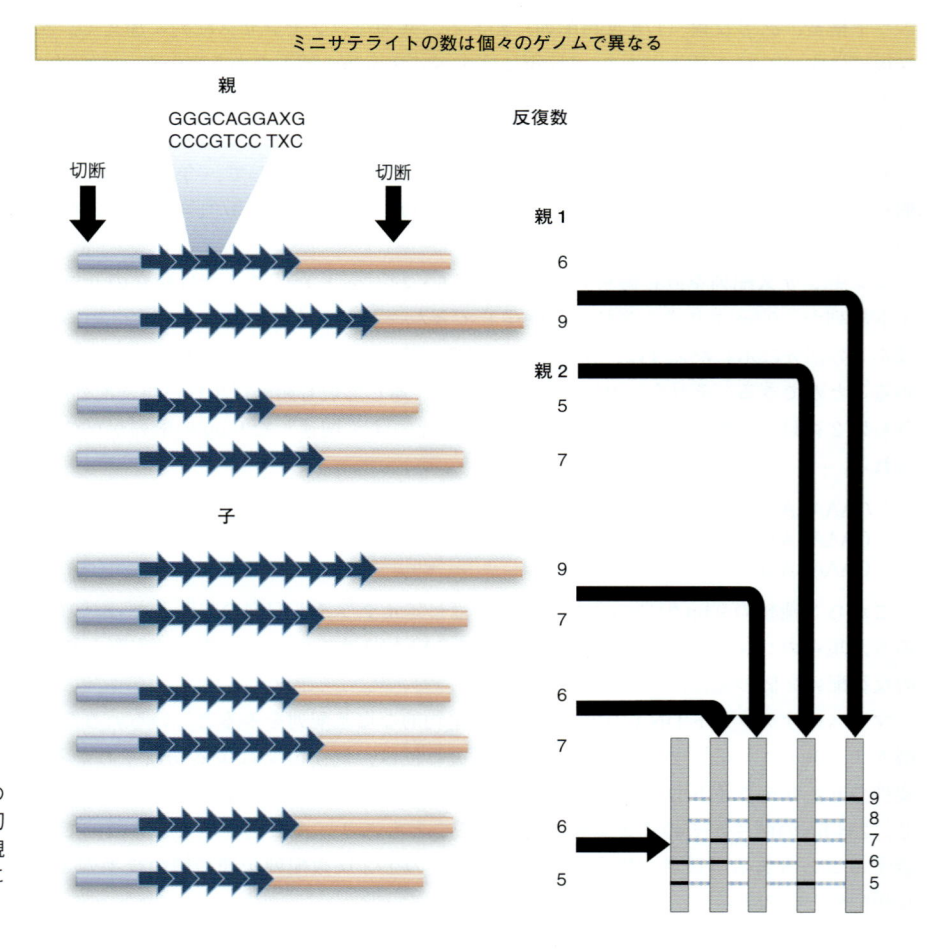

図 6・24　対立遺伝子はミニサテライト遺伝子座での反復の数が異なるため，それぞれの対立遺伝子の切断により長さの異なる制限酵素断片を生じる．両親の間で長さの異なるミニサテライトを用いることにより，遺伝のパターンがわかる．

```
 7 %      18 回反復
11 %      16 回反復
43 %      14 回反復
36 %      13 回反復
 4 %      10 回反復
```

ミニサテライト配列の遺伝的組換え頻度は減数分裂時，すなわちランダムな DNA 配列での相同組換え頻度と比べても約 10 倍以上高い．高頻度の組換えでできるミニサテライトは，各個体の遺伝子座でも対立遺伝子間に多くの変異が期待できるので，特にゲノムの遺伝地図作成には大変役に立つ．ミニサテライトを利用した遺伝地図作成の例を図 6・24 に示す．これは極端な例で，二つともミニサテライトの遺伝子座がヘテロ接合体で，その結果四つとも対立遺伝子が異なっている．すべての子は通常通り両親より一つの対立遺伝子を得るので，子のおのおのの対立遺伝子の由来は正確に決定できる．ヒトの遺伝学の場合には，この図に示した減数分裂は対立遺伝子間の差異のため非常に有用な情報が得られる．

図 6・24 ではこのような配列がたくさんあり，数倍になった場合を考えよう．おのおのの遺伝子座の変異の結果，各個人に特有のパターンができてくる．これをもとに個人のバンドの 50 %が一方の親に由来していることを示せば，親と子の間の遺伝をはっきりと示すことができる．これが **DNA フィンガープリント法** として知られている方法の基になっている．

原因はそれぞれ異なるが，マイクロサテライトとミニサテライトはどちらも不安定である．マイクロサテライトは同一鎖内で誤対合を起こし，図 6・25 に示すように，複製のスリップが反復配列の伸長をひき起こす．DNA 損傷，特にミスマッチ塩基対を認識する修復系は，修復遺伝子が不活性化したときに高頻度に増加する事実に示されるように，塩基対の変化を元に戻すのに重要である．修復系における変異はがん化に寄与する因子として重要で，腫瘍細胞ではマイクロサテライト配列に頻繁に多様性がみられる（§20・11 参照）．

ミニサテライトは，サテライトの項で議論した反復配列間と同様な不等交差が起こる（図 6・1 参照）．

反復配列がどのくらいの長さになると，複製のスリップから組換えへの変化をひき起こすかは明らかではない．

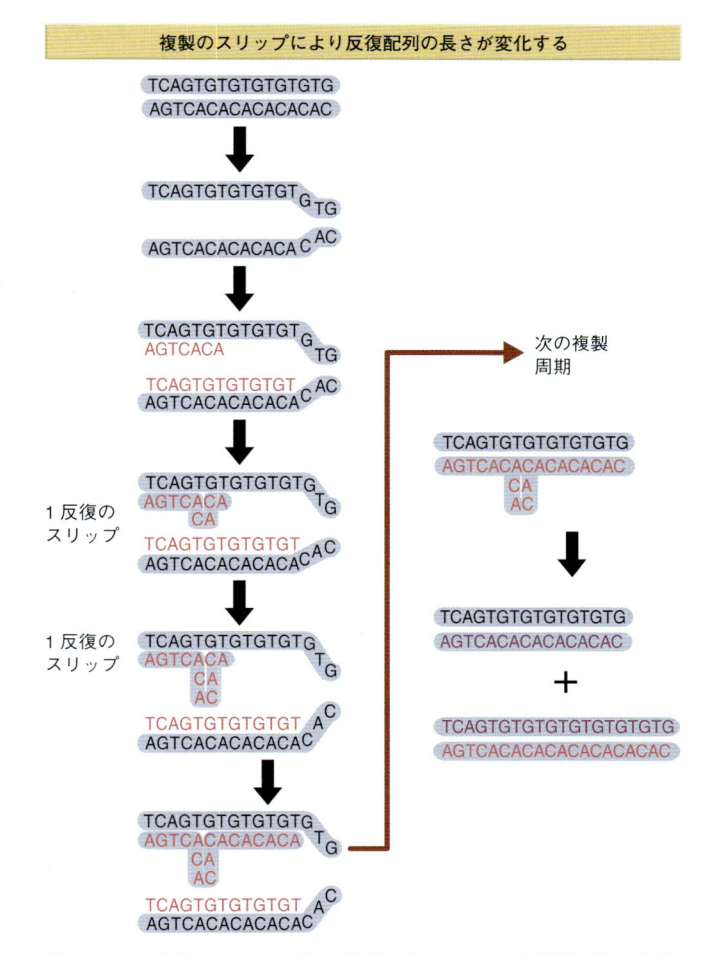

図 6・25 複製のスリップは，娘鎖がずれて，1 反復単位戻った部位で鋳型鎖と対合する場合に起こる．それぞれのスリップは娘鎖に 1 反復単位を付加する．余分な反復配列は単鎖ループとして突き出る．次の周期にこの娘鎖の複製は，増加した反復単位数で二本鎖 DNA をつくる．

## 6・13 要　約

ほとんどすべての遺伝子はファミリーをつくっており，これはお互いのエキソンの中にきわめて関連性の高い配列をもっていることでわかる．ファミリーに属する遺伝子は一つ，あるいは複数の遺伝子が重複してできたもので，その後，それぞれのコピーの間で分岐が起こったのであろう．それらのコピーのうちのあるものは，遺伝子を不活性化させるような変異が起こって，もはやその機能を失い偽遺伝子となっている．このような偽遺伝子の中には mRNA の配列が DNA としてコピーされた例もある．

一緒に進化する遺伝子のセットは，クラスターとして距離的に近い部分に存在したり，あるいは染色体に起こる再編成によって新しい場所に散らばっていたりしている．既存のクラスターの構成を調べると，以前その遺伝子に起こった出来事を類推することが可能となる．このような出来事はその遺伝子の機能の変化よりむしろ塩基配列の変化として起こることが多いので，活性型の遺伝子だけでなく偽遺伝子にも起こる．

変異は（アミノ酸配列に変化を及ぼす）置換部位よりむしろサイレント部位に蓄積しやすいものなので，置換部位での分岐率を求めることで，100 万年当たりに何パーセントの分岐が起こっているかという一種の時計を決めることができる．このような時計はファミリーに属する二つの遺伝子のメンバーの間での分岐の時間経過を追うのに用いることができる．

タンデムな反復配列のクラスターは転写配列や非転写スペーサーを含む反復単位の多数のコピーから成り立っている．rRNA 遺伝子のクラスターは 1 種類の rRNA 前駆体しかコードしない．活性型遺伝子がクラスターの中で変化しないように維持されるためには，クラスターの中に変異を広げていく遺伝子変換や，不等交差などがどの程度起こるかに依存している．したがって，これらの遺伝子は進化の圧力にさらされているということができる．

　サテライト DNA は短い塩基配列がタンデムにいくつも繰返したものから成り立っている．密度勾配遠心の際に独特なバンドをつくるので，それが偏った塩基組成をもっていることがわかる．サテライト DNA はセントロメアにあるヘテロクロマチンの部分に集中しているが，その機能に関しては（たとえあったとしても）ほとんどわかっていない．節足動物のサテライト DNA のそれぞれの反復単位はまったく同じものである．哺乳類のサテライト DNA は似てはいるが同一のものではなく，階層性をもっている．このことから，サテライト DNA はあるランダムに選ばれた配列が増幅しつつ分岐を繰返して進化してきたものであろうと考えられる．

　おもに不等交差がサテライト DNA の構成を決定する働きをもつようである．また交差固定によっても変異型がクラスターの中に広がっていくことを説明できる．

　ミニサテライトとマイクロサテライトは，マイクロサテライトが 10 bp 以下，ミニサテライトが 10〜50 bp の，サテライトよりも短い反復配列から成っている．反復単位の数は通常 5〜50 回である．個体のゲノムにおいて反復配列の数は非常に多様である．マイクロサテライトの反復単位数は複製時にスリップする結果，多様となる．その頻度は DNA の損傷を認識し修復するシステムによって影響を受ける．ミニサテライトの反復単位数は組換えと同様の現象によって変化する．反復数の多様性は DNA フィンガープリント法として知られている技術によって遺伝的な関係を決定するのに用いられる．

# II
## タンパク質

# 7 メッセンジャー RNA

7・1　はじめに
7・2　mRNA は転写によってつくられ，翻訳される
7・3　tRNA はクローバーの葉の形をしている
7・4　受容アームとアンチコドンは三次構造をとった tRNA の両端に分かれている
7・5　mRNA はリボソームによって翻訳される
7・6　たくさんのリボソームが 1 分子の mRNA に結合する
7・7　細菌の mRNA の合成から分解まで
7・8　真核生物の mRNA は転写の途中や後で修飾される
7・9　真核生物の mRNA の 5′ 末端にはキャップ構造がある
7・10　真核生物の mRNA の 3′ 末端にはポリ(A)が付加している
7・11　細菌の mRNA の分解には複数の酵素が関与する
7・12　真核生物の mRNA の分解経路は二つある
7・13　ナンセンス変異は品質管理システムを誘導する
7・14　真核生物の RNA は輸送される
7・15　mRNA は特異的な局在化をすることがある
7・16　要　約

各節のタイトル下の ▨ はその節で使われる重要語句を，▭ はその節の要点をまとめている．

## 7・1　はじめに

**mRNA（メッセンジャー RNA）** messenger RNA　遺伝子のタンパク質をコードする方の鎖の塩基配列を伝える中間体．mRNA のコード領域はトリプレットの遺伝暗号によってタンパク質のアミノ酸配列に対応する．
**tRNA（転移 RNA）** transfer RNA　遺伝暗号を解釈してタンパク質合成を行うための中間体．1 分子の tRNA はそれぞれ 1 個のアミノ酸を結合することができる．tRNA はアミノ酸に対応するトリプレットのコドンに相補的なアンチコドン配列をもっている．
**rRNA（リボソーム RNA）** ribosomal RNA　リボソームの主要な構成成分である．リボソームの 2 個のサブユニットのそれぞれに主要な rRNA と多数のタンパク質が含まれている．

RNA は遺伝子発現において中心的な役割を果たす．その機能は初めはタンパク質合成の中間体と位置づけられていたが，その後，遺伝子発現の別の段階でも構造的あるいは機能的な役割を果たす RNA が発見された．遺伝子発現に関する多くの機能に RNA がかかわっていることから，一般に，遺伝子発現の過程は"RNA を生命の起源とする世界"で進化してきたのではないかという見方ができる．つまり，本来は RNA が遺伝情報の維持と発現を行う活性物質であったと考えられるのである．これらの機能の多くは後に，おそらく用途も効率も向上したタンパク質に補助されたり取って代わられたりした．

図 7・1 にまとめたように，3 種類の RNA がタンパク質の生成に直接関与している：

- **メッセンジャー RNA（mRNA）**はタンパク質に翻訳される DNA 配列のコピーであり，遺伝情報をタンパク質に伝える中間体である．
- **転移 RNA（tRNA）**は小さな RNA 分子で，mRNA の特定のコドンに対応するアミノ酸を運ぶために使われている．
- **リボソーム RNA（rRNA）**はリボソームの構成要素である．リボソームは RNA 成分とともに多くのタンパク質を含む大きなリボ核タンパク質複合体で，アミノ酸を実際にポリペプチド鎖へと重合させる装置となっている．

これらの RNA が機能するとき，その機能の果たし方はそれぞれの RNA ごとにまったく異なっている．

mRNA ではコード領域内に並んでいるコドンのそれぞれが対応するタンパク質のアミノ酸 1 個に相当するため，塩基配列が重要である．ただし mRNA の構造，特にコード領域の両側にある配列が形成する構造も活性調節，ひいてはつくられるタンパク質の量の制御に関して重要な役割を果たす場合がある．

tRNA の機能の果たし方には，一般に RNA が機能する際にみられる二つの共通原則がある．一つはその三次構造が重要であることで，もう一つは別の RNA（この場合は mRNA）と塩基対を形成することである．まず三次構造が酵素によって認識されることにより，特定のアミノ酸の結合に適した標的として働く．アミノ酸の結合によりアミノアシル tRNA ができ，タンパク質合成に使われる構造体として利用される．アミノアシ

**タンパク質合成には 3 種類の RNA が使われる**

mRNA はタンパク質をつくるための塩基配列をもつ
大きさは 500〜10,000 塩基である

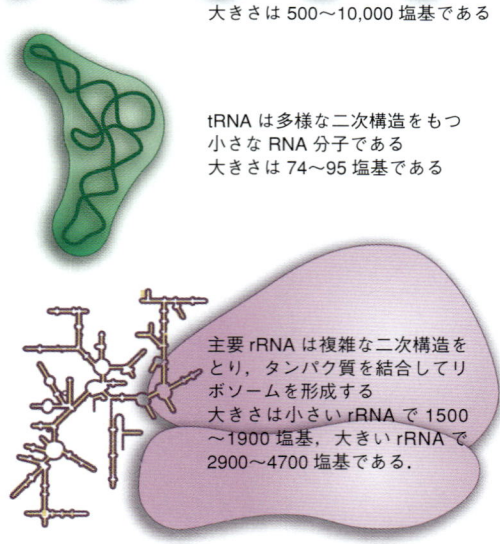

tRNA は多様な二次構造をもつ小さな RNA 分子である
大きさは 74〜95 塩基である

主要 rRNA は複雑な二次構造をとり，タンパク質を結合してリボソームを形成する
大きさは小さい rRNA で 1500〜1900 塩基，大きい rRNA で 2900〜4700 塩基である．

図 7・1　遺伝子発現には普遍的に 3 種類の RNA 分子，すなわち mRNA（遺伝子の配列を伝達する役割を果たす），tRNA（おのおののコドンに対応するアミノ酸を供給する），rRNA（リボソームの主たる構成要素でタンパク質合成の場を提供する）が必要である．

ル tRNA がタンパク質合成に使われる際には，tRNA にある 3 塩基から成る短い配列（アンチコドン）が，対応するアミノ酸をコードする mRNA 上のコドンと塩基対形成を行うことによって特異性の制御が行われる．

rRNA にはさらに異なる活性がある．rRNA の役割の一つは構造の形成であり，リボソームタンパク質が結合するための骨組みとなっている．しかし，rRNA はリボソームの活性に直接関与もしている．リボソームの非常に重要な活性の一つは，アミノ酸がタンパク質に取込まれるためのペプチド結合の形成を触媒することである．この活性をもつのは，複数ある rRNA 分子のうちの一つなのである．

この基礎知識の重要な点は，タンパク質合成について考えるとき，RNA は活性をもった成分であると同時に，調節のためにタンパク質や他の RNA の標的物質になりうる成分であるとの見方をしなければならないということである．またタンパク質合成に使われるそれぞれの装置の起源が，もともと RNA を中心にしたものであったかもしれないということも頭に置いておくべきである．RNA のもつ活性のすべてに共通するのは，タンパク質合成についてもその他のことについても，その機能には塩基対の形成がきわめて重要という点である．塩基対の形成は，二次構造の形成，別の RNA 分子との特異的な相互作用の両方に重要なのである．mRNA がもつタンパク質をコードする機能は RNA の機能としては独特であるが，tRNA や rRNA はより一般的な，タンパク質をコードしない種類の RNA の例であり，遺伝子発現におけるさまざまな機能をもっている．

## 7・2　mRNA は転写によってつくられ，翻訳される

> **転　写**　transcription　DNA を鋳型とする RNA の合成.
> **翻　訳**　translation　mRNA を鋳型にしたタンパク質の合成.
> **コード領域**　coding region　遺伝子の一部でタンパク質の配列に対応する部分．コード領域はコドンが連なったものである．
> **コドン**　codon　アミノ酸または終止シグナルを表す連続するヌクレオチド 3 個の配列.
> **鋳型鎖**　template strand　コード鎖に相補的で，mRNA の合成に際して鋳型として働く側の DNA 鎖．アンチセンス鎖ともいう.
> **コード鎖**　coding strand　mRNA と同じ配列をもつ DNA 鎖で，その遺伝暗号はタンパク質のアミノ酸配列に直接対応している．センス鎖ともいう.

■ RNA に転写されタンパク質へと翻訳されるのは DNA の二本鎖のうちの一方だけである．

遺伝子の発現の過程には二つの段階がある．

- **転写**では二本鎖 DNA の一方の鎖と同じ配列の一本鎖 RNA がつくられる．
- **翻訳**では mRNA のヌクレオチドの配列がタンパク質を構成するアミノ酸の配列に変換される．mRNA の全長が翻訳されるのではなく，それぞれの mRNA が少なくとも 1 個もっている**コード領域**が翻訳される．コード領域は遺伝暗号によってタンパク質のアミノ酸配列に対応しており，**コドン**が切れ目なく連なったものである．おのおののコドンはそれぞれアミノ酸 1 個に対応するトリプレット（連続する 3 塩基配列）である．

DNA の二本鎖のうち，一方の鎖だけが mRNA へと転写される．DNA の 2 本の鎖の区別は**図 7・2** で説明している:

- 相補的な塩基対の形成によって mRNA の合成に直接かかわる方の DNA 鎖は**鋳型鎖**あるいは**アンチセンス鎖**とよばれる．（アンチセンスとは mRNA に相補的な DNA 鎖あるいは RNA 鎖の配列について述べるときに使われる一般的な用語である.）
- もう一方の DNA 鎖は mRNA と（U が T に置き換わっていること以外は）同じ配列をもち，**コード鎖**あるいは**センス鎖**とよばれる．

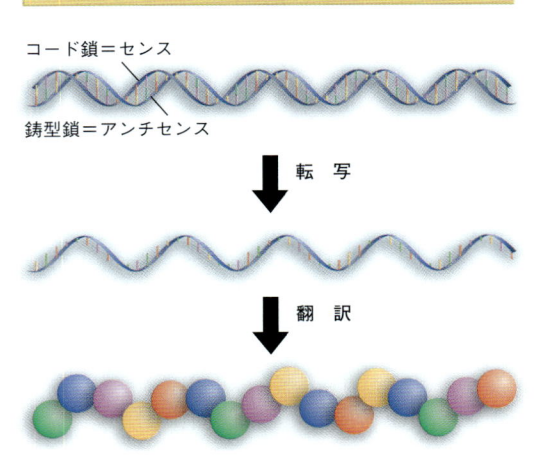

**図 7・2**　転写によって，DNA 鋳型鎖に相補的で DNA コード鎖と同じ配列の RNA がつくられる．翻訳によってトリプレットそれぞれが一つのアミノ酸として読まれる．DNA の二重らせん 3 ターンには 30 塩基対があり，10 個のアミノ酸をコードしている．

## 7・3 tRNA はクローバーの葉の形をしている

> **アンチコドン** anticodon　mRNA のコドンに相補的な tRNA 中のトリヌクレオチド配列で，これによって tRNA はコドンに対応する適切なアミノ酸を配置することができる．
> **ループ** loop　RNA（または一本鎖 DNA）のヘアピンループ構造の末端にある一本鎖領域．
> **ステム** stem　RNA 分子中に形成されるヘアピンループ構造の中で，塩基対が形成されている部分．
> **クローバーの葉** cloverleaf　二次元的に描いた tRNA の構造．明確な 4 個のアームとループから成る構造がみられる．
> **アーム** arm　tRNA に四つ（ときに五つ）あるステム-ループ構造（ヘアピンループ構造ともいう）で，これが tRNA の二次構造をつくっている．
> **受容アーム（アクセプターアーム）** acceptor arm　tRNA 分子内でアミノ酸が結合する CCA 配列を末端にもつ短い二本鎖部分．
> **アンチコドンアーム** anticodon arm　tRNA のステム-ループ構造で，一端にアンチコドントリプレットが含まれる．
> **アミノアシル tRNA** aminoacyl-tRNA　アミノ酸を結合している tRNA．アミノ酸の COOH 基が tRNA の 3′ 末端の 3′- または 2′-OH 基に結合している．
> **アミノアシル-tRNA シンテターゼ** aminoacyl-tRNA synthetase　アミノ酸を tRNA の 2′- または 3′-OH 基に共有結合させる酵素．

> - tRNA は 74～95 個の塩基で構成されており，四つ（塩基数の多い tRNA では五つ）のアームをもつクローバーの葉の形の二次構造をとっている．
> - tRNA は tRNA 前駆体がプロセシングを受けてできる．tRNA の 3′ 末端は，まず切断され，つぎに末端の数塩基が削られた後，共通末端配列 CCA が付加されてつくられる．
> - tRNA にアミノ酸が結合してアミノアシル tRNA が形成される．これは tRNA の受容アームの末端にあるアデノシンの 2′- または 3′-OH 基とアミノ酸の COOH 基との間でエステル結合が形成されることによる．
> - アンチコドンの配列のみがアミノアシル tRNA の特異性を決定する．

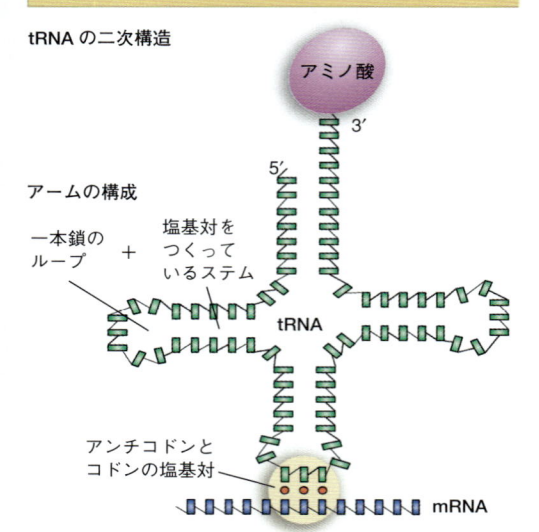

mRNA が翻訳に必要な装置とは独立したものであることは，in vitro でタンパク質を合成する無細胞系により示された．ある一つの細胞由来のタンパク質合成系が他の細胞種の mRNA を翻訳することができるので，遺伝暗号，翻訳装置ともに普遍的であることがわかる．

mRNA の各トリプレットはアミノ酸を表している．適合する特定のアミノ酸をそれぞれのコドンにひき合わせる"アダプター"の役目を果たすのは，**転移 RNA（tRNA）** である．tRNA には二つの重要な特徴がある．まず第一に，それぞれの tRNA は 1 個のアミノ酸を認識し，そのアミノ酸と共有結合をつくる．そして第二に，それぞれの tRNA にはそのアミノ酸を表すコドンに対して相補的なトリプレット，**アンチコドン**がある．tRNA は，アンチコドンがコドンと相補的な塩基対を形成することにより，コドンを認識することができる．

すべての tRNA は共通した二次構造，三次構造をとる．tRNA の二次構造は，**図 7・3** に示すように，葉に当たる一本鎖の**ループ**を相補的な塩基同士が塩基対を形成した**ステム**（葉柄）が支えている**クローバーの葉**の形に描くことができる．このステム-ループ構造は tRNA の**アーム**とよばれている．tRNA の配列には，ポリヌクレオチド鎖合成後に標準的な 4 種の塩基が修飾されてできる"普通にはない"塩基が含まれる．

クローバーの葉の構造は図 7・4 にさらに詳しく示してある．その四つの主要なアームにはそれぞれの構造や機能に基づく名前が付けられている:

- **受容アーム**（アクセプターアーム）は塩基対をつくっているステムでできており，その末端には塩基対をつくっていない配列があって，その遊離 2′- または 3′-OH 基がアミノ酸を結合することができる．
- **"TΨC アーム"** は特徴的な TΨC のトリプレット配列をもっていることから名づけられた．（Ψ は修飾塩基であるシュードウリジンを表している.）
- **アンチコドンアーム**はループの中央に必ずアンチコドントリプレットをもつ．

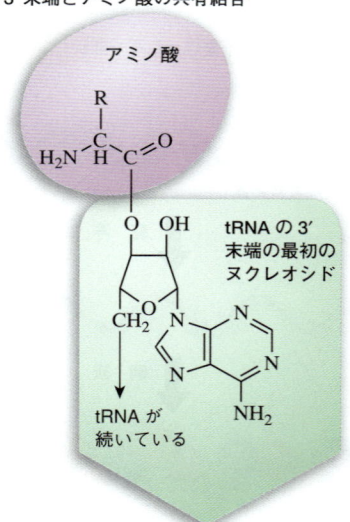

図 7・3　tRNA にはアミノ酸とコドンの両方を認識するアダプターとしての性質がある．3′ 末端のアデノシンはアミノ酸に共有結合している．アンチコドンは mRNA のコドンと塩基対をつくる．

- "D アーム"はジヒドロウリジン（D，tRNA に含まれる別の修飾塩基）を含むことから名づけられた．
- tRNA の中には第五のアームとして"エキストラアーム"をもつものがある．エキストラアームは TΨC アームとアンチコドンアームの間にあり，3〜21 塩基から成る．

tRNA の塩基に番号を付けてみると，一定の構造をとっていることがよくわかる．塩基の位置は，76 残基から成る最も共通性の高い tRNA の構造に従い，5′→3′ 方向に番号を付けて表される．tRNA 全体の塩基数は 74〜95 の幅がある．この長さの多様性は D アームとエキストラアームの長さの違いから生じている．

tRNA の二次構造を維持している塩基対の形成は図 7・4 に示すようにどの分子でもほとんど変わらない．tRNA の中にある大部分の塩基対は通常の A・U，G・C の組合わせであるが，ときおり G・U，G・Ψ，A・Ψ の塩基対もみられる．この型の塩基対は通常の塩基対より不安定だが，RNA による二重らせん構造をつくることはできる．

tRNA の塩基配列を比較してみると，いくつかの位置で塩基が保存された所がある．つまり，一定の位置に決まった塩基が見いだされるのである（ほぼすべて同一の場合，不変なということもある）．いくつかの場所は半保存的（半不変的）とよばれている．それらの場所を占めるのは一つのタイプの塩基（プリンもしくはピリミジンのどちらか）に限られているが，そのタイプの塩基のどちらでもよいからである．

tRNA はいずれも一端または両端に余分な部分をもつ前駆体 RNA 鎖として合成される．この余分な配列はエンドヌクレアーゼ，エキソヌクレアーゼの両方が作用することにより取除かれる．すべての tRNA に共通する特徴の一つとして，3′ 末端に必ず CCA というトリプレット配列があり，この配列がゲノムにはコードされておらず，tRNA のプロセシングの過程で付加される点が挙げられる．CCA 配列は酵素によって付加される．CCA の付加にかかわる酵素，および酵素が CCA の塩基配列を決めていく過程は生物種ごとに異なっている．

アンチコドンに対応したアミノ酸が tRNA に付加したものを**アミノアシル tRNA** とよぶ．この分子では，アミノ酸のカルボキシ基が tRNA の 3′ 末端のヌクレオシド（常にアデノシン）のリボースの 2′- または 3′-ヒドロキシ基とエステル結合をつくっている．tRNA にアミノ酸を付加する反応は，その反応に特異的な酵素である**アミノアシル-tRNA シンテターゼ**によって触媒される．アミノアシル-tRNA シンテターゼは 20 種類あり，それぞれが一つのアミノ酸とそのアミノ酸を受取ることになっている tRNA のすべてを認識する．

それぞれのアミノ酸に対し，少なくとも一つ（通常は複数）の tRNA がある．tRNA はその右肩にアミノ酸の 3 文字の略称を付けて表す．一つのアミノ酸に対応する tRNA が複数ある場合は，右下に数字を入れてそれらを区別する．したがってチロシンに対応する二つの tRNA は $tRNA_1^{Tyr}$，$tRNA_2^{Tyr}$ と表される．アミノ酸を運搬している tRNA —— つまりアミノアシル tRNA —— は，そのアミノ酸を示す略称を前に置いて表す．たとえば Ala-tRNA はアミノ酸のアラニンを運んでいる $tRNA^{Ala}$ を示している．

アミノアシル tRNA が正しいコドンを認識するのはアンチコドンの働きのみによるのだろうか．これを確かめた古典的実験を図 7・5 に示す．Cys-$tRNA^{Cys}$ のアミノ酸を還元脱硫すると，Ala-$tRNA^{Cys}$ が得られる．この tRNA は UGU コドンに対応するアンチコドンをもっている．アミノ酸の修飾によってアンチコドン-コドンの塩基対の特異性は影響を受けず，タンパク質分子の中でシステインのあるべき位置にアラニン残基が取込まれる．いったん tRNA に付加されたアミノ酸はもはや特異性に関しては役割を果さず，特異性の決定はすべてアンチコドンによって行われる．

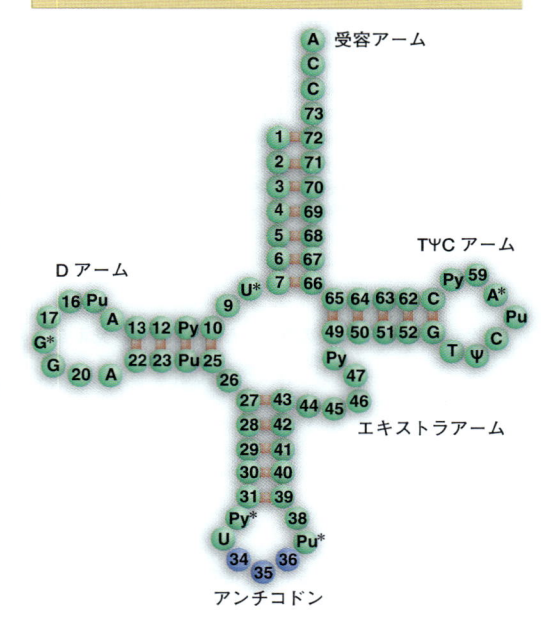

図 7・4 クローバーの葉形をした tRNA には保存された塩基と半保存的塩基があり，塩基対による相互作用が保存されている．＊は修飾塩基であるが，修飾の種類が一定でないものを示す．

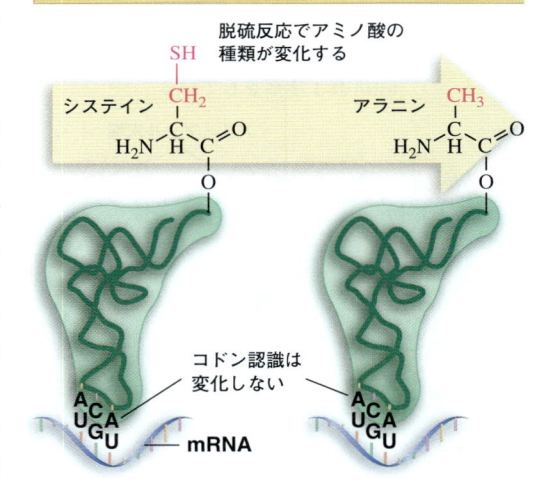

図 7・5 tRNA の特異性はそれに結合しているアミノ酸ではなく，そのアンチコドンによって決定される．

## 7・4 受容アームとアンチコドンは三次構造をとった tRNA の両端に分かれている

- クローバーの葉の形の二次構造は L 字形の三次構造をつくる．このとき受容アームは L 字の一方の端に，アンチコドンアームはもう一方の端に位置する．

**tRNA の三次構造はすべて共通している**

**クローバーの葉形には四つのアームがある**

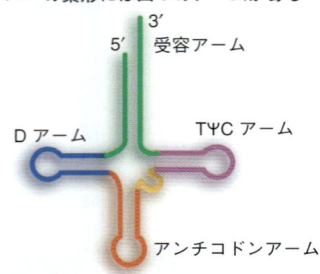

**二次元投影図では二つの直交した二本鎖領域が見える**

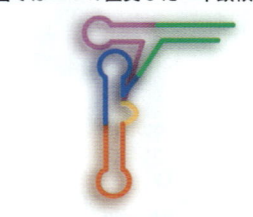

**L字形構造中の骨格の位置**

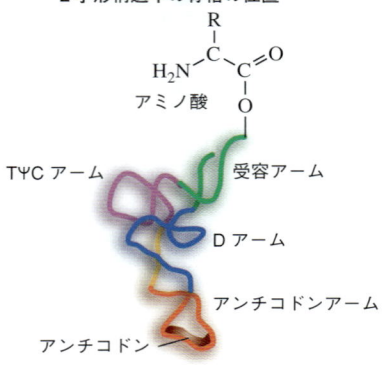

図 7・6 tRNA は小さく折りたたまれた L 字形の三次構造をとっていて，一方の末端にアミノ酸が，もう一方の末端にはアンチコドンが位置する．

**tRNA は L 字形をしている**

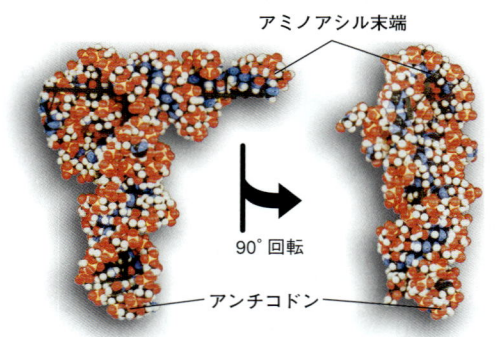

図 7・7 tRNA$^{Phe}$ の三次構造が小さく折りたたまれていることを示す空間充塡モデル．tRNA を 90° 回転させて 2 方向から見たもの．写真は Sung-Hou Kim 氏（Department of Chemistry, University of California, Berkeley）のご好意による．

それぞれの tRNA の二次構造は小さくまとまった L 字形の三次構造にたたみ込まれ，その状態ではアミノ酸に結合する 3′ 末端と mRNA に結合するアンチコドン部分は位置的に離れている．tRNA は個々に多少の違いはあるにせよ，すべて共通した三次構造をつくっている．

二次構造上での塩基対形成による二重らせんのステムは，二つの二重らせんが互いに直交するように配置された，図 7・6 に示すような三次構造をつくっている．受容ステムと TΨC ステムで 1 個のギャップ（途切れ目）がある連続した二重らせんをつくり，D ステムとアンチコドンステムで同じように 1 個のギャップがあるもう一つの連続した二重らせんをつくっている．二つの二重らせんの間の L 字の折れ曲がりの部分に当たる領域には，TΨC ループと D ループがある．したがってアミノ酸は L 字形の一方の腕の末端に付き，アンチコドンループが L 字形のもう一方の端を形成している．

三次構造は，おもに二次構造の形成にあずからなかった塩基の水素結合によってつくり出されている．完全に，あるいはほとんどの場合に保存されている塩基の多くがこれらの水素結合の形成に関与しており，このことから，なぜそれらの塩基が保存されているのかが説明できる．これらの相互作用のすべてが普遍的なわけではないが，おそらくこれらの相互作用により tRNA の典型的な形がつくり出され，tRNA の構造が確立されるのだろう．

酵母の tRNA$^{Phe}$ の構造の分子モデルを図 7・7 に示す．左の写真が図 7・6 のいちばん下の図に相当するものである．他の tRNA の三次構造と比較するとそこには差異が認められ，これで，すべての tRNA はよく似ているがそれらの間の相違も認識できなければならないというジレンマが解ける．たとえば，tRNA$^{Asp}$ では二つの軸の間の角度はわずかに大きく，分子はもう少し開いた高次構造をとっている．

この構造から，tRNA の機能について一般的な結論を引き出すことができる．特定の機能を果たす部位は最大限に離れているということである．アミノ酸は可能なかぎりアンチコドンから離れている．このことはタンパク質合成における tRNA の役割とよく合っている．

### 7・5 mRNA はリボソームによって翻訳される

> **リボソーム** ribosome リボソームは RNA とタンパク質でできた大きな複合体で，鋳型となる mRNA のもつ情報に従ってタンパク質の合成を行う．細菌のリボソームの沈降係数は 70S，真核生物のリボソームの沈降係数は 80S である．1 個のリボソームは解離すると 2 個のサブユニットに分かれる．

- リボソームは沈降速度で区別される（細菌のリボソームは 70S，真核生物のリボソームは 80S である）．
- リボソームは大きなサブユニット（細菌では 50S，真核生物では 60S）と小さなサブユニット（細菌では 30S，真核生物では 40S）で構成されている．
- リボソームは，アミノアシル tRNA が合成中のポリペプチド鎖に対応するトリプレットコドンに応じたアミノ酸を付加するための場を提供する．
- リボソームは mRNA に沿って 5′→3′ 方向に移動する．

mRNA をポリペプチド鎖に翻訳する反応を触媒するのは**リボソーム**である．リボソームは習慣として（およその）沈降速度で表される．〔沈降速度はスベドベリ（Svedberg）単位で表し，S 値が大きいほど沈降速度が速く分子量が大きいことを示す．〕細菌のリボソームの沈降速度は通常約 70S である．高等真核生物の細胞質のリボソームはより大きく，その沈降速度は通常約 80S である．

リボソームは二つのサブユニットから成る小さなリボ核タンパク質粒子である．それぞれのサブユニットは非常に大きな RNA 分子 1 個を含む RNA 成分と，多数のタンパク質とから構成されている．リボソームとそのサブユニットとの関係は図 7・8 に示してある．*in vitro* では $Mg^{2+}$ の濃度を下げると二つのサブユニットは解離する．いずれの場合も大きなサブユニットは小さなサブユニットの約 2 倍の分子量である．細菌のリボソーム（70S）は 50S と 30S の沈降速度をもつサブユニットから成っている．真核生

物の細胞質リボソーム（80S）のサブユニットの沈降速度は60Sと40Sである．二つのサブユニットはリボソームの構成成分として協調して機能するが，それぞれタンパク質合成における異なる反応を触媒する．

ある一つの細胞や細胞小器官中にあるリボソームはすべて同一である．リボソームは実際のコード配列をもったさまざまなmRNAと会合していろいろな種類のタンパク質を合成する．

リボソームはmRNAのコドンとtRNAのアンチコドンとが互いにうまく識別できるような場を提供している．一連のトリプレットとして並んだ遺伝暗号を読みながら，タンパク質合成はコード領域の最初から最後まで進む．リボソームがmRNAに沿って動くにつれ，N末端からC末端に向かって順番にアミノ酸が付加してタンパク質がつくられる．

リボソームはコード領域の5′末端から翻訳を開始し，3′末端に向かって移動しながらそれぞれのトリプレットコドンをアミノ酸に翻訳していく．おのおののコドンごとに，しかるべきアミノアシルtRNAがリボソームに結合し，アミノ酸をポリペプチド鎖の末端につないでいく．リボソームには隣合う二つのコドンに対応する二つのアミノアシルtRNAが常に結合でき，それによって対応する二つのアミノ酸の間のペプチド結合の形成が可能になる．合成中のポリペプチド鎖はリボソームが1コドン分進むたびにアミノ酸1個分ずつ長くなっていく．

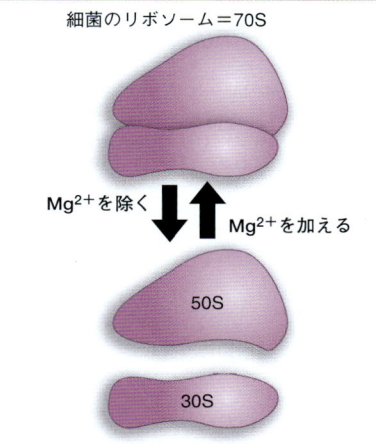

**図7・8** リボソームは二つのサブユニットから成る．

## 7・6　たくさんのリボソームが1分子のmRNAに結合する

**ポリソーム　polysome**　ポリリボソームのこと．同時に複数のリボソームによって翻訳されている1本のmRNA．

■ 1分子のmRNAは同時に数個のリボソームによって翻訳される．その個々のリボソームでは，mRNAに沿って進むタンパク質合成の進行段階が異なっている．

新しく合成されたタンパク質と結合した状態の，活発に働いているリボソームを単離すると，mRNA分子に複数のリボソームがついた形が単位になっている．これを**ポリリボソーム**または**ポリソーム**とよぶ．おのおののリボソームの30SサブユニットはmRNAと結合し，50Sサブユニットは新しく合成されたタンパク質を運んでいる．tRNAは両方のサブユニットにまたがっている．

ポリソーム中のそれぞれのリボソームは，mRNAの配列の上を動きながら，それぞれがポリペプチドを1分子つくる．その本質は，mRNAがリボソームの中に引き込まれて通り抜ける間に，おのおののトリプレットがアミノ酸に翻訳されるということである．したがって図7・9に示すように，mRNAに結合している一連のリボソームに付いているポリペプチド鎖の長さは，リボソームが5′末端から3′末端に移動するにつれ，徐々に長くなっている．この合成過程にあるポリペプチド鎖を"合成中のタンパク質"とよぶことがある．

合成中のポリペプチド鎖のうち，新たに合成された約30〜35アミノ酸の部分はリボソームの構造内にあり，周辺の環境から保護されている．おそらく，それより先に合成されていた部分はすべてリボソームの外に出ており，しかるべき構造に折りたたまれ始めているのであろう．このように，タンパク質はその合成が終了する以前から，完成した高次構造を部分的にとることが可能である．

ポリソームの典型的な例を図7・10の電子顕微鏡写真に示す．この写真では，1本のmRNAに5個のリボソームが結合したペンタソームによってグロビンタンパク質が合成されている様子を示している．これらのリボソームは直径およそ7 nm（70 Å）の球が押しつぶされたような形をしており，1本のmRNAの糸に連なっている．リボソームはmRNA上のあちこちに付いている．一方の端にあ

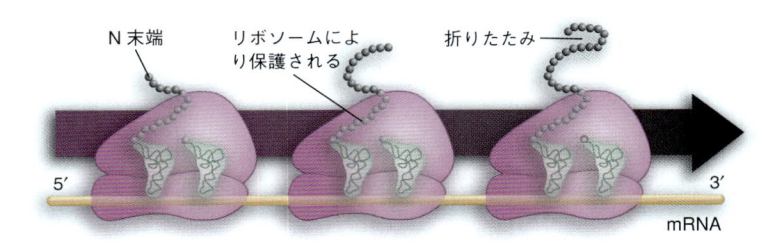

**図7・9** ポリソームは，5′→3′方向にmRNA上を移動しながら同時に翻訳を行っている数個のリボソームとそのmRNAとでできている．各リボソームには2個のtRNA分子が結合しており，1番目は合成中のタンパク質を，2番目は次に付加されるアミノ酸を運んでいる．

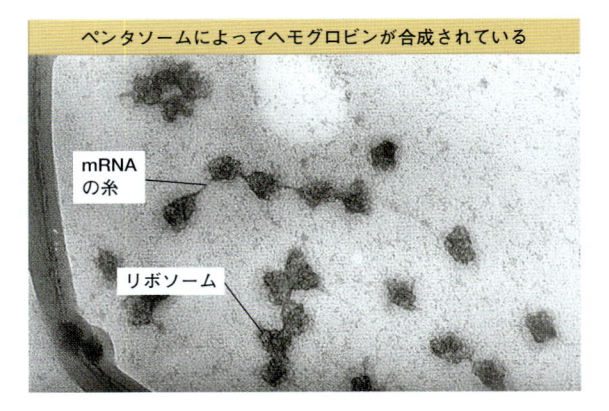

**図7・10** タンパク質合成はポリソームで起こる．写真はAlexander Rich氏（Department of Biology, MIT）のご好意による．

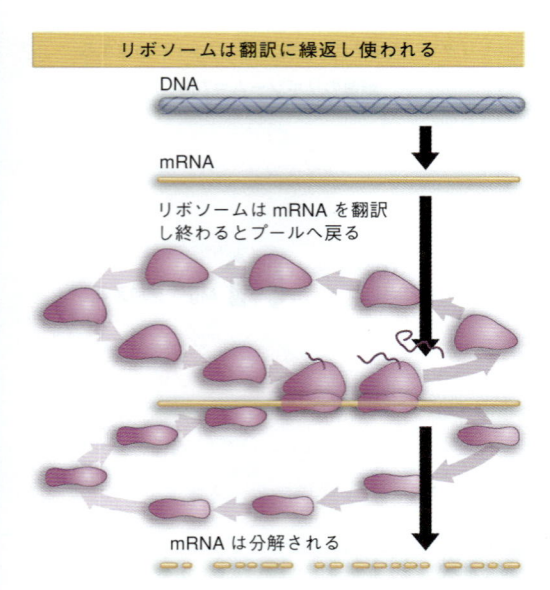

**図7・11** mRNAの翻訳には，プールされているリボソームが繰返し利用される．

| 成分 | 乾燥菌体に占める割合(%) | 分子数/細胞 | 異なる種類の数 | それぞれの種類のコピー数 |
|---|---|---|---|---|
| 細胞壁 | 10 | 1 | 1 | 1 |
| 細胞膜 | 10 | 2 | 2 | 1 |
| DNA | 1.5 | 1 | 1 | 1 |
| mRNA | 1 | 1,500 | 600 | 2〜3 |
| tRNA | 3 | 200,000 | 60 | >3,000 |
| rRNA | 16 | 38,000 | 2 | 19,000 |
| リボソームタンパク質 | 9 | $10^6$ | 52 | 19,000 |
| 可溶性タンパク質 | 46 | $2.0 \times 10^6$ | 1,850 | >1,000 |
| 低分子化合物 | 3 | $7.5 \times 10^6$ | 800 | |

細菌の乾燥質量の25％は遺伝子発現にかかわる成分である

**図7・12** 大腸菌をその構成成分からみたもの．

るリボソームはちょうどタンパク質合成を始めたところであり，反対の端にあるリボソームはポリペプチド鎖の合成をほぼ完了したところである．

ポリソームの大きさに影響する要因はいくつかある．細菌のポリソームは非常に大きく，数十個ものリボソームが同時に翻訳を行っている．ポリソームが大きいのは，一つにはmRNAが長いためであり（細菌のmRNAは通常，数個のタンパク質をコードしている），また，一つにはリボソームがmRNAに結合する効率が高いためである．

真核生物のポリソームは細菌のものよりも概して小さい．普通はmRNAがそれほど大きくなく（真核生物では1種類のタンパク質しかコードしない），また，mRNAにリボソームが結合する頻度も低いからである．真核生物のmRNAには平均して一度に約8個のリボソームが結合しているようである．

1回のタンパク質合成にかかわるリボソームとmRNAのライフサイクルを**図7・11**に示す．mRNAは合成されるとすぐにリボソームと結合する．リボソームはプール（実際にはプールされているのはリボソームのサブユニットである）から取出され，mRNAを翻訳するのに使われ，そして次のサイクルのためにプールに戻っていく．

細菌全体のタンパク質合成についての分析結果のあらましを**図7・12**に示す．リボソームは細菌1個当たりにおよそ20,000個あり，細胞の乾燥重量の4分の1を占めている．tRNA分子はそれぞれが3000コピー以上ずつ存在するため，総計では分子数にしてリボソームのほぼ10倍にもなる．そのほとんどがタンパク質合成にすぐ利用できるアミノアシルtRNAの形になっている．mRNA分子は不安定なためその数を計算するのは難しいが，合成と分解の途上にあるものも含めておよそ1500分子といったところだろう．細菌には約600種類の異なるmRNAがある．したがってそれぞれのmRNAは細菌当たりに2〜3コピーずつしか存在しないことになる．一つのmRNAは平均で約3個のタンパク質をコードしている．異なる可溶性タンパク質が1850種類あり，細菌1個当たりのタンパク質分子数が平均 $2.0 \times 10^6$ 個であるとすれば，それぞれのタンパク質は細菌1個当たり平均1000コピー以上あることになる．

## 7・7 細菌のmRNAの合成から分解まで

> **合成中のRNA** nascent RNA 合成されつつあるリボヌクレオチド鎖．その3′末端はDNAと塩基対を形成しており，そこでRNAポリメラーゼが伸長反応を行っている．
> **モノシストロニックmRNA** monocistronic mRNA タンパク質1個のみをコードしているmRNA.
> **ポリシストロニックmRNA** polycistronic mRNA 2個以上の遺伝子に対応するタンパク質をコードしているmRNA.
> **コード領域** coding region 遺伝子の一部でタンパク質の配列に対応する部分．コード領域はコドンが連なったものである．
> **リーダー** leader mRNAにおいて，開始コドンより前にある，5′末端の非翻訳配列（5′UTR）．
> **トレーラー** trailer mRNAにおいて，終止コドンの後ろにある3′末端の非翻訳配列（3′UTR）．
> **シストロン間領域** intercistronic region ある遺伝子の終止コドンと次の遺伝子の開始コドンとの間の領域．

> ■ 細菌ではmRNAの合成が完了する前にリボソームが翻訳を開始するため，転写と翻訳は同時に起こる．
> ■ 細菌のmRNAは不安定で，その半減期はほんの数分である．
> ■ mRNAにはいくつもの異なる遺伝子に対応する複数のコード領域をもつものがあり，それらをポリシストロニックmRNAという．

mRNAはすべての細胞で同じ機能をもつが，原核生物と真核生物のmRNAでは合成の方法や構造の細かい点で重要な違いがある．

mRNA合成についての主要な差異は翻訳と転写が行われる場所の違いから生じる：

● 細菌では細胞内にたった一つの区画（コンパートメント）しかなく，そこでmRNAの転写も翻訳も行われる．これら二つの過程は非常に密接に連動しており，同時進行

する．細菌ではmRNAの転写が完了しないうちにリボソームが取り付くため，そのポリソームはDNAにくっついたままである可能性が高い．細菌のmRNAは通常不安定で，そのためタンパク質に翻訳されるのはほんの数分間だけである．
- 真核生物ではmRNAの合成と完成は核内でしか起こらない．これらの過程が完了して初めてmRNAは細胞質に搬出され，そこでリボソームによって翻訳される．真核生物のmRNAは比較的安定で，数時間は翻訳され続ける．

図7・13に示すように細菌では転写と翻訳が密接に関連している．転写は，RNAポリメラーゼがDNAに結合して始まり，DNAの一方の鎖をコピーしながら移動する．転写が始まるとすぐに，リボソームがmRNAの5′末端に結合し，mRNAの残りの部分がまだ合成途上にあるうちに翻訳が開始される．細菌の翻訳は非常に効率的で，mRNAはほとんどの場合，まだ合成中のmRNA上を動いていく密に並んだ多数のリボソームによって翻訳されていく．mRNAの3′末端は転写が終結したときに生じる．リボソームはmRNAが存在するかぎりその翻訳を続けるが，mRNAは非常に速く分解されていく．個々のmRNA分子の寿命はほんの数分かそれ以下にすぎない．

細菌の転写と翻訳はほぼ同じ速度で進行する．37℃ではmRNAの転写は約40塩基/秒の速さで進行している．この速度はおよそ15アミノ酸/秒というタンパク質合成の速度とよく一致している．180 kDaのタンパク質に相当する5000塩基のmRNAを転写し翻訳するにはおよそ2分かかる．ある遺伝子が新しく発現を開始すると，そのmRNAは普通約2.5分以内に細胞内に出現し，おそらく対応するタンパク質はその後0.5分もすれば現れる．

ほとんどの細菌のmRNAは驚くほど不安定である．mRNAの分解は転写開始後1分もたたないうちに始まり，mRNAの3′末端の合成あるいは翻訳が完了する前に5′末端から分解が始まるものと思われる．

mRNAの安定性は生産されるタンパク質の量に大きな影響を与える．安定性は通常，半減期で表される．特定の遺伝子についてみればそのmRNAの半減期は特有のものだが，平均すると細菌ではmRNAの半減期はおよそ2分である．

このような一連の反応は，もちろんmRNAの転写，翻訳，そして分解のすべてが同一方向に進行するからこそ可能となっている．遺伝子発現の動態は図7・14の電子顕微鏡写真にその現場が写されている．これら（何のかは不明）の転写単位では，いくつかのmRNAが同時につくられ，そのそれぞれに多くのリボソームが付き，翻訳をしている．（これは図7・13の2番目の欄に示した段階に相当する．）合成が完了していないRNAはしばしば**合成中のRNA**とよばれる．

細菌の一つのmRNAがコードしているタンパク質の数はいろいろである．ただ1個の遺伝子を転写してつくられるmRNAを**モノシストロニックmRNA**という．大多数のものは数個のタンパク質をコードし，**ポリシストロニックmRNA**とよばれている．この場合には，1本のmRNAが互いに隣合った遺伝子群を一続きに転写してつくられている．（そのような一連の遺伝子群はオペロンをつくっており，一つの遺伝的な単位として調節を受けている．12章参照．）

すべてのmRNAは二つの領域から成り立っている．**コード領域**はそのタンパク質のアミノ酸配列を表すコドンが連続した領域で，（普通）開始コドンで始まり終止コドンで終わる．しかしmRNAの全長は常にそのコード領域よりも長く，余分な領域がコード領域の両端に付いている．コード領域の翻訳開始部位の前に付いている5′末端の塩基配列は**リーダー**または**5′ UTR**（untranslated region）と称される．翻訳終止シグナルの後ろに付いていて3′末端を形成している塩基配列は**トレーラー**または**3′ UTR**とよばれる．これらの塩基配列は転写単位の一部をなしているが，タンパク質をコードするのには使われていない．

図7・15に示すように，mRNAがポリシストロニックの場合には

**転写→翻訳→分解**

0分　転写が始まる

0.5分　リボソームが翻訳を始める

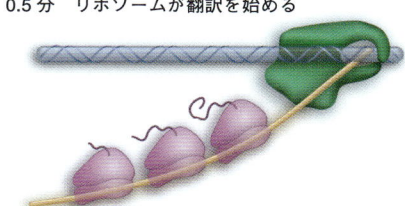

1.5分　5′末端で分解が始まる

2分　RNAポリメラーゼが3′末端で転写を終える

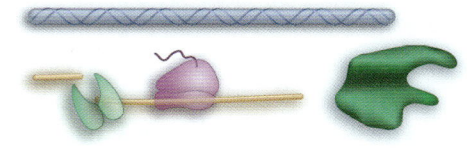

3分　分解が続き，リボソームは翻訳を完了する

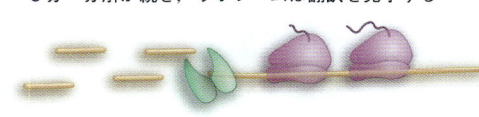

図7・13　概観：細菌ではmRNAはたて続けに転写され，翻訳され，そして分解される．

**細菌のmRNAは転写が完了する前に翻訳され始める**

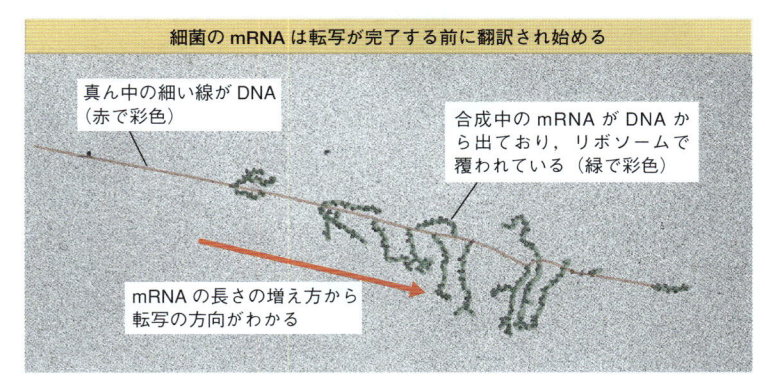

真ん中の細い線がDNA（赤で彩色）

合成中のmRNAがDNAから出ており，リボソームで覆われている（緑で彩色）

mRNAの長さの増え方から転写の方向がわかる

図7・14　細菌の転写単位を直接観察できる．写真はOscar L. Miller氏（Department of Biology, University of Virginia）のご好意による．

**細菌のmRNAには複数のシストロンがある**

開始コドンの上流にリーダー配列がある

シストロン間の距離は−1から＋40塩基とさまざまである

終止コドンの下流にトレーラー配列がある

図7・15　細菌のmRNAには翻訳領域だけではなく非翻訳領域も含まれている．各コード領域にはそれ自体の開始シグナルと終止シグナルがある．典型的な細菌のmRNAには数個のコード領域がある．

7・7　細菌のmRNAの合成から分解まで

さらに**シストロン間領域**というものがある．シストロン間領域の長さはさまざまであり，細菌の mRNA の場合，30 塩基に達することもあれば（ファージ RNA の場合にはさらに長いこともある），非常に短くて一つのタンパク質の終止コドンと次のタンパク質の開始コドンとの間が 1〜2 塩基しかないこともある．極端な例では二つの遺伝子が重なり合っており，一つのコード領域の最後の塩基が次のコード領域の最初の塩基である場合すらある．

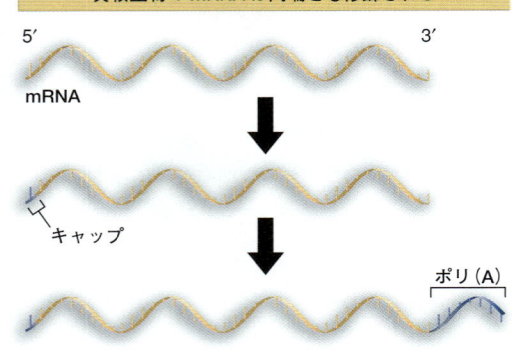

## 7・8　真核生物の mRNA は転写の途中や後で修飾される

**ポリ(A)**　poly(A)　mRNA の転写後，その 3′ 末端に付加される約 200 塩基のポリアデニル酸の鎖．

- 真核生物の mRNA 転写産物は，転写の途中や転写直後に核内で修飾される．
- 修飾には 5′ 末端へのメチル基を伴うキャップの付加や，3′ 末端へのポリ(A)配列の付加がある．
- mRNA は，すべての修飾が完了した後，核から細胞質へと搬出される．

真核生物の mRNA を完成させるには，転写後にさらなる過程が必要である．転写は通常通りに行われ，5′-三リン酸末端から始まる．しかし転写の終結は固定した終結点で起こるのではなく，転写産物を切断することによって 3′ 末端がつくられる．これらのイントロンにより分断された遺伝子から生じた RNA は，スプライシングによってイントロンを取除き，より小さな，切れ目のないコード配列をもつ mRNA にする必要がある．

図 7・16 は，転写された RNA の両端がヌクレオチドの付加により修飾されることを示している（これには別の酵素群が必要とされる）．RNA の 5′ 末端は，転写開始後すぐに"キャップ"とよばれる構造の付加によって修飾される．キャップではもともとの RNA 末端の三リン酸が，反対方向を向いた（3′→5′）ヌクレオチドで置換され，それにより 5′ 末端は"封印"されている．3′ 末端は切断後すぐに一連のアデニル酸ヌクレオチド〔ポリアデニル酸（**ポリ(A)**）〕の付加によって修飾される．真核生物では，修飾やプロセシングがすべて完了して初めて，核から細胞質への mRNA の搬出が可能になる．転写後，細胞質に送り出されるまでにかかる時間は平均約 20 分である．細胞質に到達すると，mRNA にはリボソームが結合し，翻訳されるようになる．

図 7・17 に示すように，真核生物の mRNA の寿命は細菌のものよりずっと長い．動物細胞の転写速度は細菌とだいたい同じで，毎秒約 40 塩基である．真核生物の遺伝子は大きいものが多く，10,000 bp の遺伝子の転写にはおよそ 5 分かかる．

真核生物の mRNA は細胞中の全 RNA のごく一部（重量比で約 3％）にすぎない．その半減期は酵母では比較的短く，1〜60 分である．高等真核生物では mRNA の安定性は格段に高くなる．動物細胞の mRNA は比較的安定で，半減期は 4〜24 時間である．

真核生物のポリソームはある程度安定である．mRNA の両端が修飾されていることが安定を保つのに役立っている．

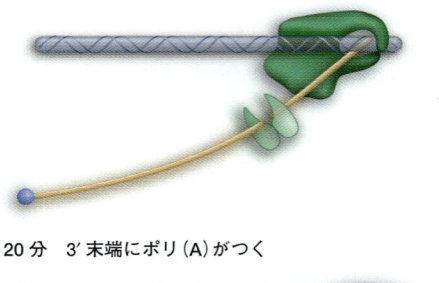

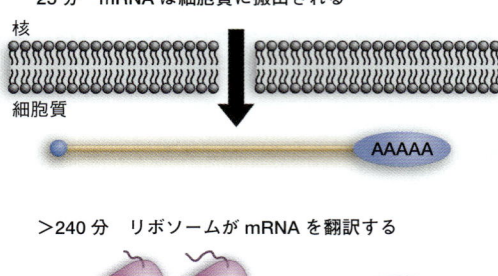

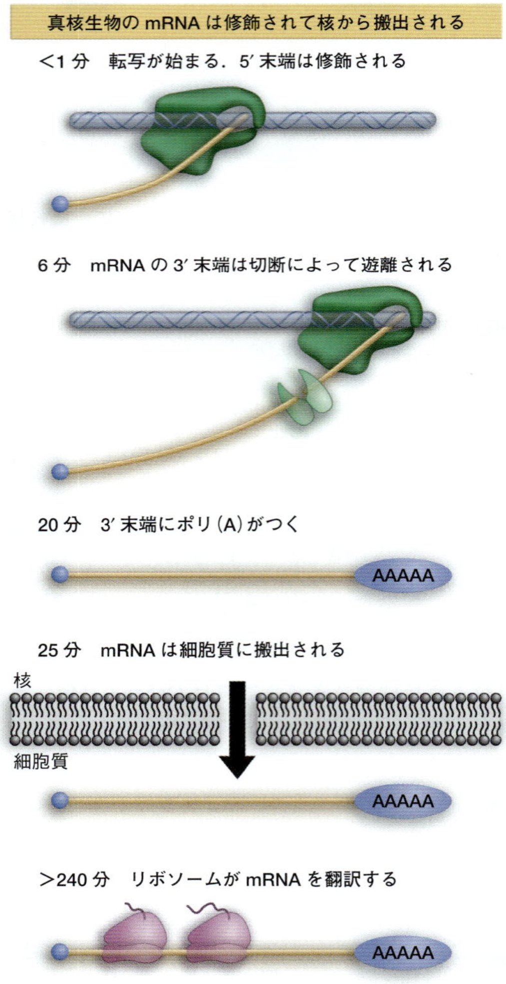

## 7・9　真核生物の mRNA の 5′ 末端にはキャップ構造がある

**キャップ**　cap　真核生物 mRNA の 5′ 末端の構造．転写後に，新たな GTP の 5′ 位の末端リン酸基と mRNA の末端の塩基とが結合してつくられる．付加された G（他の塩基の場合もある）は 7 位がメチル化され，7MeG5′ppp5′Np……という形の構造をつくる．キャップ 0 は，mRNA の 5′ 末端グアニンの 7 位にメチル基が一つだけ付加されている．キャップ 1 は，5′ 末端グアニンの 7 位と次の塩基の 2′-O 位にメチル基が付加されている．キャップ 2 は，mRNA の 5′ 末端に 3 個のメチル基をもっていて，末端グアニンの 7 位，次のヌクレオシドの 2′-O 位，3 番目のヌクレオシドの 2′-O 位がメチル化されている．

---

**真核生物の mRNA は両端とも修飾される**

図 7・16　真核生物の mRNA は，5′ 末端のキャップと 3′ 末端のポリ(A)により修飾されている．

**真核生物の mRNA は修飾されて核から搬出される**

- ＜1 分　転写が始まる．5′ 末端は修飾される
- 6 分　mRNA の 3′ 末端は切断によって遊離される
- 20 分　3′ 末端にポリ(A)がつく
- 25 分　mRNA は細胞質に搬出される
- ＞240 分　リボソームが mRNA を翻訳する

図 7・17　概観：動物細胞での mRNA の発現には，転写，修飾，プロセシング，核から細胞質への搬出，そして翻訳の各段階が必要である．

> ■ 5′末端のキャップ構造は，グアニリルトランスフェラーゼにより，5′末端の塩基に5′-5′結合を介してGが付加されることによって形成される．
> ■ 新たな末端グアノシンの塩基や末端から2番目，3番目のリボースに1〜3個のメチル基が付加される．

転写はヌクレオシド三リン酸で始まる（普通，プリン塩基のAまたはGである）．最初のヌクレオチドは5′-三リン酸基をそのままの形でもち，その3′位と次のヌクレオチドの5′位のリン酸基との間に通常のホスホジエステル結合を形成する．このため，転写開始部の塩基配列は次の形をとる．

$$5'\ ppp{}^A_G pNpNpNp\cdots$$

この5′-三リン酸末端は，転写開始直後に5′末端へのGの付加により修飾される．この反応は核内酵素であるグアニリルトランスフェラーゼによって触媒され，2個のヌクレオチドが5′-5′三リン酸結合によって連結されているという独特の構造をつくり出す．この反応は全体として，GTPとRNAの本来の5′末端にある三リン酸との縮合反応である．つまり，

$$\begin{array}{c} 5'\quad\quad 5' \\ Gppp + pppApNpNp\cdots \\ \downarrow \\ 5'\text{-}5' \\ GpppApNpNp\cdots + pp + p \end{array}$$

RNAの末端に結合した新しいG残基は，その分子の他のすべてのヌクレオチドと反対方向を向いている．

この新しく付け加えられた末端構造はmRNAの**キャップ**とよばれる．キャップにはメチル化を受ける部位が数箇所ある．メチル基がすべて付加された後のキャップ全体の構造を図7・18に示す．キャップはメチル化の数で分類される：

- 最初のメチル化はすべての真核生物で起こるもので，末端グアニンの7位へのメチル基付加である．このメチル基一つをもつキャップ構造は**キャップ0**とよばれる．単細胞真核生物ではこの反応だけが起こる．この修飾を行う酵素は（グアニン-$N^7$-）-メチルトランスフェラーゼとよばれる．
- つぎに，端から2番目の塩基（この塩基は修飾反応が起こる前の一次転写産物の最初の塩基である）の2′-$O$位にもう一つメチル基が付加される．この反応は前とは別の酵素，（ヌクレオシド-2′-$O$-）-メチルトランスフェラーゼによって触媒される．二つのメチル基が付いたキャップは**キャップ1**とよばれる．これは，単細胞真核生物を除く全真核生物の大半のキャップ構造にみられる．
- 高等真核生物ではきわめて少数派であるが，さらにもう一つメチル基が2番目の塩基に付加されることがある．この反応はその塩基がアデニンであるときにのみ起こり，$N^6$位にメチル基が付加される．この反応を触媒する酵素は，すでに2′-$O$位にメチル基をもっているアデノシンのみに作用する．
- ある種の生物では，キャップをもつmRNAの3番目の塩基にもメチル基の付加が起こる．この反応の基質となるものは，すでに二つのメチル基をもったキャップ1 mRNAである．3番目の塩基に起こる化学修飾は必ずリボースの2′-$O$位のメチル化である．こうしてできた構造を**キャップ2**という．通常，キャップ2が占める割合は全キャップ構造の10〜15％にも満たない．

真核生物のmRNAには必ずキャップがある．キャップ構造の中でそれぞれの型が占める比率は生物種ごとに特有のものである．ある特定のmRNAがもつキャップ構造はいつも同じなのか，それとも複数のキャップ構造をもつこともできるのかということはわかっていない．

高等真核生物だけであるが，キャップ構造形成に伴うメチル化のほかに，低頻度ながらmRNAの内部にある塩基にもメチル化が起こる．およそ1000塩基に1個の頻度で$N^6$-メチルアデニン塩基がつくられる．高等真核生物の代表的なmRNAには一つか二つのメチルアデニンがある．しかしmRNAの中にはこの修飾塩基のないものもあり，その存在が必須というわけではない．

真核生物のmRNAの5′末端にはメチル化されたキャップ構造がある

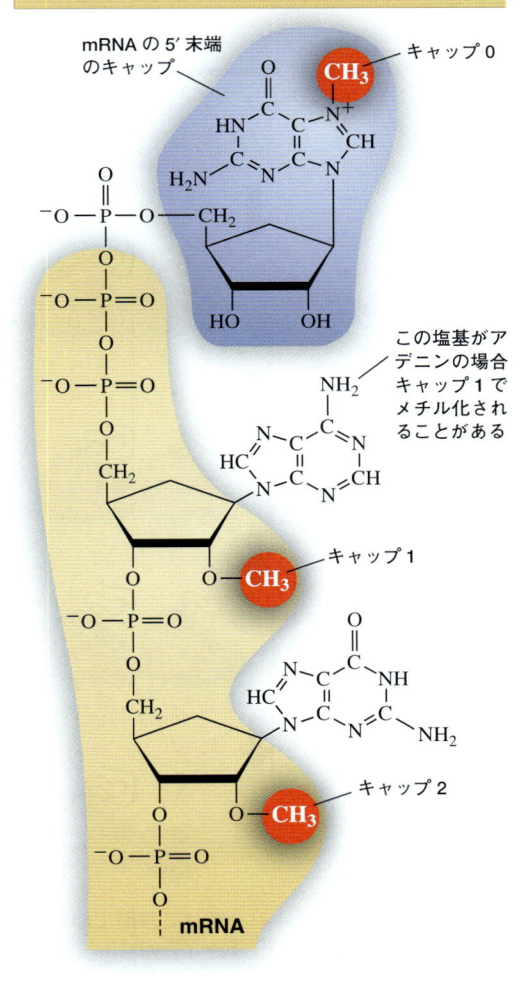

図7・18 キャップ構造はmRNAの5′末端を修飾し，数箇所でメチル化を受ける．

## 7・10 真核生物のmRNAの3′末端にはポリ(A)が付加している

> **ポリ(A)⁺ mRNA** poly(A)⁺ mRNA  3′末端にポリ(A)が付加したmRNA.
> **ポリ(A)ポリメラーゼ (PAP)** poly(A) polymerase  真核生物のmRNAの3′末端にポリ(A)を付加する酵素. ポリ(A)ポリメラーゼは鋳型を使わない.
> **ポリ(A)結合タンパク質 (PABP)** poly(A)-binding protein  真核生物のmRNAの3′末端にあるポリ(A)に結合するタンパク質.

> - 約200塩基の長さのポリ(A)が転写後の核内転写産物に付加される.
> - ポリ(A)にはポリ(A)に特異的なタンパク質 (PABP) が結合している.
> - ポリ(A)が付いているとそのmRNAは分解されにくくなり, 安定になる.

ほとんどすべての真核生物では, mRNAの3′末端は遺伝子にコードされている配列に複数のA残基が付加されることによって修飾されている. この付加された配列はポリ(A)テールとよばれ, この特徴をもつmRNAは**ポリ(A)⁺**と表される. ポリ(A)の付加反応は**ポリ(A)ポリメラーゼ**に触媒され, mRNAの遊離3′-OH末端に200個ほどのA残基が付加される.

核内のRNAおよびmRNAのポリ(A)部分にはともに**ポリ(A)結合タンパク質 (PABP)** というタンパク質が結合している. これと似たタンパク質は多くの真核生物に見いだされている. PABPは約70 kDaで, ポリ(A)テール10〜20残基ごとに単量体の形で結合している. つまり, 多くの, あるいはほとんどの真核生物のmRNAに共通な特徴として, その3′末端はポリ(A)鎖に大量のタンパク質が結合した構造をとっている. ポリ(A)の付加は, 酵素複合体によってmRNAの3′末端がつくられ, 修飾される反応の一部である (§26・14参照).

ポリ(A)の存在はmRNAの3′末端の構造に直接的な影響を与える. ところが, ポリ(A)は5′末端にも間接的に影響する. PABPは5′末端に結合するタンパク質 (タンパク質合成の開始因子eIF-4G) に結合する. この結合反応によってmRNAの5′末端と3′末端が一つのタンパク質複合体中に捕捉されることになり, 閉じたループ状構造ができる (図8・16参照). mRNAの性質にポリ(A)が与える影響のいくらかは, この複合体が形成されることによって生じるのかもしれない. ポリ(A)の効果として最も一般的なのが, mRNAの分解に対抗する安定化作用である. mRNAの安定化にはPABPの結合が必要である.

初期胚発生では, 特定のmRNAにポリ(A)が付加することでそのmRNAの翻訳が制御されている例が多数ある. mRNAがポリ(A)を付加されない状態で蓄えられており, 翻訳が必要になったときにポリ(A)が付加される例や, ポリ(A)⁺ mRNAのポリ(A)鎖が取除かれることによって翻訳が低下する例などがある.

## 7・11 細菌のmRNAの分解には複数の酵素が関与する

> **デグラドソーム** degradosome  細菌の酵素複合体で, RNase, ヘリカーゼ, エノラーゼ (解糖系の酵素) を含み, mRNAの分解に関与しているらしい.

> - 細菌のmRNAの分解の方向は, 全体としては5′→3′である.
> - mRNA全体の分解は, エンドヌクレアーゼがmRNAを内部で切断し, 続いて切断された断片をエキソヌクレアーゼが3′→5′方向に端から分解していくことによって起こる.

細菌のmRNAはエンドヌクレアーゼとエキソヌクレアーゼの両方の働きによって分解されている. エンドヌクレアーゼはRNAを内部で切断する. エキソヌクレアーゼは端から1残基ずつ切落とす (trimming) 反応を行う. 一本鎖RNAに働く細菌のエキソヌクレアーゼは核酸の3′末端から作用していく.

この2種類のヌクレアーゼがどのように協同して働き, mRNAを分解していくかを図7・19に示した. 細菌のmRNAの分解は, エンドヌクレアーゼによる攻撃で始まる. mRNA内部でのエンドヌクレアーゼの切断によって, いくつもの3′末端が生じる

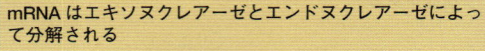

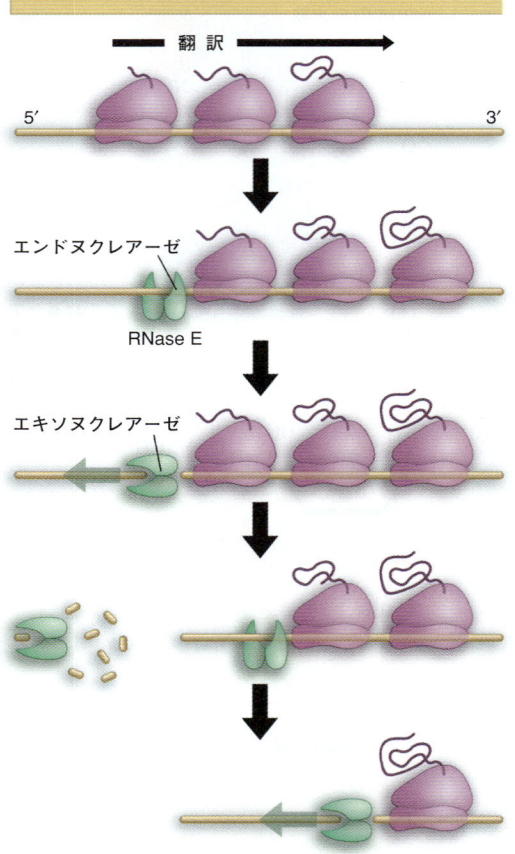

図7・19 細菌のmRNAの分解は2段階で起こる. リボソームの後を追って, 5′→3′方向にエンドヌクレアーゼにより切れ目が入る反応が進む. そこで遊離した断片が3′→5′方向に進むエキソヌクレアーゼで順次分解されていく.

こともある．分解（タンパク質合成能の低下を指標として測定）の方向は，全体としては5'→3'である．これはおそらくいちばん最後のリボソームを追いかけるようにして，つぎつぎとエンドヌクレアーゼによる切断が起こるためだろう．生じたmRNA断片は，続いて新たに生じた3'-OH末端から5'末端方向（つまり転写と反対方向）に，エキソヌクレアーゼによってヌクレオチドへと分解される．おのおののmRNAの安定性は，そのmRNAがもつ特定の配列のエンド，エキソ両ヌクレアーゼの分解に対する感受性により決まる．

大腸菌（E.coli）にはおよそ12個のリボヌクレアーゼがある．エンドリボヌクレアーゼの変異株は（影響のみられないリボヌクレアーゼI変異株を除いて）プロセシングを受けていない前駆体のままのrRNAやtRNAを蓄積するが，生育は可能である．エキソヌクレアーゼの変異株では見かけ上，表現型に変化のないことがほとんどで，一つの酵素がなくても他の酵素で代用できることを示唆している．複数の酵素を欠く変異株では生育不能になる場合もある．

分解の過程はリボヌクレアーゼE（RNase E）とポリヌクレオチドホスホリラーゼ（PNPase，3'-5'エキソヌクレアーゼの1種），ヘリカーゼを含む多酵素複合体（**デグラドソーム**とよばれることがある）によって触媒されている．リボヌクレアーゼEは二重の役割を果たす．リボヌクレアーゼEのN末端ドメインにはエンドヌクレアーゼ活性があり，mRNAの最初の切断を行う．（このドメインはrRNAの前駆体からrRNAを切り出すという特異的なプロセシング過程を担う酵素でもある．）リボヌクレアーゼEのC末端ドメインは他の構成要素をひとまとめにする結合の足場となる．ヘリカーゼは基質のRNAをほどき，（エキソヌクレアーゼである）PNPaseが作用できるようにする．このモデルによれば，リボヌクレアーゼEは最初の切断を行い，できた断片を複合体の他の構成要素に渡して分解を進行させる．切断されたRNAのプロセシングを完成させるためには他のエキソヌクレアーゼが働いてもよく，いずれか1種類のエキソヌクレアーゼに変異があっても影響はみられない．

## 7・12　真核生物のmRNAの分解経路は二つある

> **エキソソーム　exosome**　いくつものエキソヌクレアーゼから成る複合体で，RNAの分解に関与する．

> - mRNAはその両末端の修飾によってエキソヌクレアーゼによる分解から保護されている．
> - mRNA中の特定の塩基配列がmRNAの安定化あるいは分解促進の効果をもつことがある．
> - ポリ(A)を失うとmRNAの分解が誘発されることがある．
> - 動物細胞のデアデニラーゼは5'末端のキャップに直接結合する．
> - 酵母のmRNAの分解経路の一つには，エキソヌクレアーゼによる5'→3'方向の分解が含まれる．
> - 酵母の別の分解経路では，数種類のエキソヌクレアーゼから成る複合体が3'→5'方向へと分解していく．

mRNAの安定性に影響するおもな特徴は図7・20にまとめてある．構造と塩基配列の両方が重要である．5'と3'の両末端の構造は分解を妨げ，mRNA中の特定の塩基配列は分解を誘導する標的配列もあれば，分解を妨げる働きをするものもある：

- mRNAの5'-，3'-の両末端の修飾はエキソヌクレアーゼからの攻撃を妨げるために重要な役割を果たす．キャップは5'-3'エキソヌクレアーゼがmRNAの5'末端を攻撃するのを妨げ，またポリ(A)は3'-5'エキソヌクレアーゼが3'末端を攻撃するのを妨げる．
- mRNA中の特定の塩基配列がmRNAの安定性に影響を与えることがある．mRNAを不安定にする塩基配列は3'末端側の非

**真核生物のmRNAの安定性はその構造と配列によって決まる**

キャップは5'-3'エキソヌクレアーゼから保護する　　ナンセンスコドンは品質管理システムを誘導する　　分解配列はエンドヌクレアーゼの攻撃を受ける　　ポリ(A)は3'-5'エキソヌクレアーゼから保護する

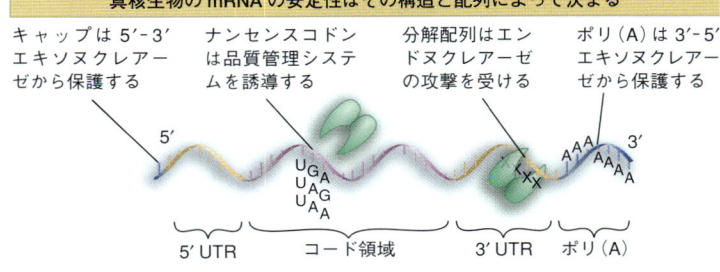

5'UTR　　コード領域　　3'UTR　　ポリ(A)

図7・20　末端が修飾されているとmRNAは分解されにくくなる．mRNA内部の配列が分解系を活性化する場合がある．

**mRNA 内部の配列が分解を促進することがある**

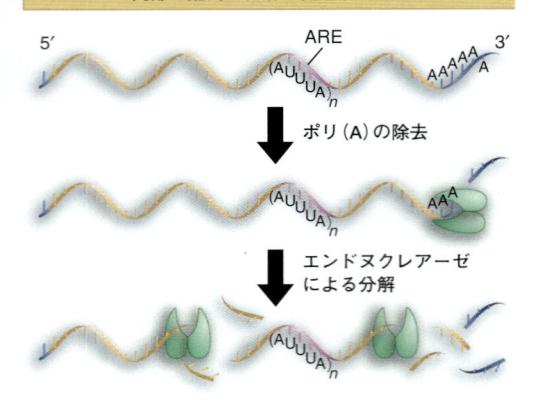

**図7・21** 3′非翻訳領域の ARE が mRNA の分解を開始する.

**キャップの除去が 5′→3′ 方向の分解につながる**

**図7・22** ポリ(A)の除去によりキャップの除去が起こり, その結果, 5′末端からのエキソヌクレアーゼによる分解が起こる.

**3′→5′ 方向の分解経路には三つの段階がある**

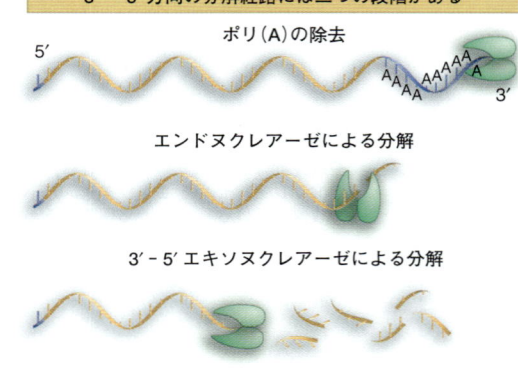

**図7・23** ポリ(A)の除去は, 直接, エンドヌクレアーゼおよび 3′末端からのエキソヌクレアーゼによる分解につながる.

翻訳領域内にあることが最も多い. そのような塩基配列があると, その mRNA の寿命は短くなる.

● コード領域内では, 終止コドンをつくり出してしまうような変異が品質管理システムを誘導し, その mRNA を分解へと導く (§7・13 参照).

不安定な mRNA の中には, 約 50 塩基の AU に富む配列 (ARE とよばれている) が 3′トレーラー領域に存在するという共通した特徴をもつものがある. ARE には共通して数回の 5 塩基配列 AUUUA の反復がみられる. 図7・21 は, ARE が分解をひき起こす過程は 2 段階であることを示している. まず mRNA からポリ(A)配列が除かれ, ついで分解が起こる. ポリ(A)の除去はおそらく 3′領域を安定化するポリ(A)結合タンパク質を取除くために必要なのであろう.

mRNA の分解の機構が最もよくわかっているのは酵母についてである. 基本的に二つの分解経路があり, いずれの経路もポリ(A)テールの除去から始まる. ポリ(A)テールの除去は, 特異的な酵素であり, おそらくは大きなタンパク質複合体の一部として機能するデアデニラーゼ (アデニル酸除去酵素) によって触媒される. その触媒サブユニットは細菌のリボヌクレアーゼ D に相同性をもつタンパク質である. この酵素の作用は端からつぎつぎに進んでいく. つまり, いったんある mRNA の分解にとりかかると, その mRNA を 1 塩基ずつ, つぎつぎと切落としていく.

二つの分解経路のうちの主要な方をまとめたものが図7・22 である. 3′末端のポリ(A)が除去されると, 5′末端のキャップの除去が誘導される. この関係の基本は, PABP がポリ(A)に結合しているとキャップ除去酵素が 5′末端に結合できないということにある. ポリ(A)の長さが 10〜15 残基以下になると, PABP が遊離する. キャップは 5′末端から 1〜2 塩基の所で mRNA を切断することによって除かれる.

mRNA のそれぞれの末端はもう一方の末端で起こる反応に影響を及ぼす. これは, タンパク質合成にかかわる複数の因子によって mRNA の両末端が一つに合わさっているという事実をみると納得できる (図8・16 参照). PABP がキャップの除去を妨げる効果をもつため, 3′末端が 5′末端を安定化することができるのである. また, 5′末端の構造と 3′末端の分解の間にも関係がある. デアデニラーゼは直接, 5′末端のキャップに結合する. そして事実, この 5′末端のキャップへの結合がポリ(A)へのエキソヌクレアーゼの攻撃のために必要なのである.

キャップの除去によりエキソヌクレアーゼによる 5′→3′ 方向の分解経路が誘導される. この経路で mRNA は 5′-3′ エキソヌクレアーゼ XRN1 によって急速に 5′末端から分解される.

第二の分解経路では, ポリ(A)を除かれた mRNA は 10 個以上のエキソヌクレアーゼから成る複合体である**エキソソーム**の 3′-5′ エキソヌクレアーゼ活性により分解される. エキソソームは rRNA の前駆体のプロセシングにもかかわっている. 個々のエキソヌクレアーゼが集合してエキソソームという複合体を形成することにより, 3′-5′ エキソヌクレアーゼ活性の調和のとれた制御が可能になるようである. エキソソームはまた, エンドヌクレアーゼによる切断によって生じた mRNA 断片も分解する. 図7・23 に示すように 3′→5′ 方向の分解経路では, 実際にエンドヌクレアーゼによる切断とエキソヌクレアーゼによる分解の両方が組合わさっている. エキソソームは核にも存在し, スプライシングを受けていない mRNA の前駆体を完成した mRNA にする反応も行っている.

## 7・13 ナンセンス変異は品質管理システムを誘導する

> **ナンセンス変異による mRNA の分解** nonsense-mediated mRNA decay 最後のエキソンより前にナンセンスコドンをもつ mRNA が分解される反応経路.
> **品質管理システム** surveillance system 核酸に起こる誤りを監視する機構. この用語はいくつかの内容的に異なる意味に使われる. ナンセンス変異をもつ mRNA を分解する機構はその一例である. 二重らせんに起こった傷害に反応する機構もいくつかある. 共通点は, 役に立たない配列や構造を認識してそれに応じた反応をひき起こすことである.

- ナンセンス変異があると，そのmRNAは分解される．
- 分解系に属するタンパク質をコードする遺伝子が酵母と線虫で見つかっている．

真核生物におけるmRNAの分解にはもう一つ別の経路があり，**ナンセンス変異によるmRNAの分解**という現象が見つかっている．遺伝子にナンセンス変異（タンパク質合成を中断させてしまう変異）を導入すると，図7・24に示すように，mRNAの分解が促進されるということがよくある．この分解は翻訳終止反応と直結しており，細胞質中で起こる．これは機能のないmRNAを排除するための**品質管理システム**となっている．

この品質管理システムは酵母と線虫で最もよく研究されているが，動物細胞でも重要な役割を果たしているようである．たとえば，免疫系の細胞における免疫グロブリンやT細胞レセプターの形成の際に，遺伝子は体細胞組換えと体細胞変異によって改変される（23章参照）．これにより多数の機能しない遺伝子が生じ，そのRNA産物は品質管理システムによって処分される．

この分解過程に必要な遺伝子がパン酵母（*S.cerevisiae*，*UPF*遺伝子座）と線虫（*C. elegans*，*smg*遺伝子座）で同定されている．これらの遺伝子はナンセンス変異がひき起こす分解のサプレッサーとして見つかった．これらの遺伝子の変異は異常なmRNAの分解を遅らせるが，ほとんどの野生型転写産物の安定性には影響を与えない．これらの遺伝子の一つ（*UPF1/smg2*）は真核生物全般に保存されており，ATP依存性ヘリカーゼ（二本鎖の核酸分子をほどいて一本鎖にする酵素）をコードしている．これにより，mRNAが分解の標的と認識されるためには，その構造が変化する必要があることがうかがえる．

Upf1タンパク質は遊離因子（eRF-1，eRF-3）と相互作用し，タンパク質合成の終止反応を触媒する．おそらくこの機能によって翻訳の終止を認識しているのだろう．翻訳終止後，Upf1はmRNAに沿って3′方向へと"動いていき"，下流にある特定の配列（分解配列，DSE）にたどり着いてそこで実際に分解が開始されるのだろう．

哺乳類の細胞では品質管理システムは最後のエキソンより前にある変異にのみ機能するようである．言い換えれば，変異部位の後にイントロンがなければならない．したがってこのシステムでは，イントロンがスプライシングによって取除かれる前に，核の中で何らかの反応が起こる必要がある．その候補としては，スプライシング反応の際に，mRNAのエキソン-エキソン連結部にタンパク質が結合する反応が考えられる．図7・25に品質管理システムがどのように働くかを表した一般的なモデルを示す．この機構はmRNAが核から搬出されるために印を付けられる機構と似ている（§26・9参照）．エキソン-エキソン連結部へのタンパク質の結合はスプライシング反応の印となり，そのまま細胞質にもち出される．パン酵母のUpf2およびUpf3タンパク質に相同なヒトのタンパク質はmRNAに印を付けるシステムに関与している可能性がある．これらのタンパク質はスプライシングを受けたmRNAに特異的に結合する．

図7・24 ナンセンス変異がmRNAの分解をひき起こすことがある．

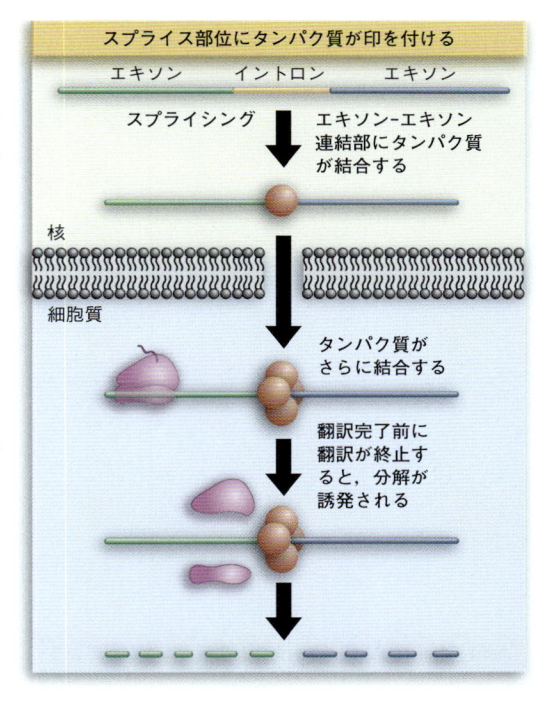

図7・25 品質管理システムにかかわる要素は2種類ありうる．まず核内で，スプライシングが終わったことを示すタンパク質がmRNAに結合しなければならない．このほかに，核内あるいは細胞質内で，始めのタンパク質に結合するタンパク質があるかもしれない．リボソームが翻訳を中断してしまうと，これらのタンパク質はmRNAを分解する方向に働く．

## 7・14 真核生物のRNAは輸送される

- RNAはリボ核タンパク質粒子の形で膜を通過して輸送される．
- 真核生物の細胞質中で働くRNAはすべて核から運び出されなければならない．
- tRNAとリボヌクレアーゼの構成要素のRNAはミトコンドリアに運び込まれる．
- 植物ではmRNAは細胞から細胞へと長距離を移動することがある．

細菌は1個の区画から成っているため，そのRNAは合成されたのと同じ環境内で働く．これが最も顕著に現れるのがmRNAの場合で，翻訳が転写と同時に行われる（§7・7参照）．

真核生物の細胞では，RNAは図7・26にまとめたさまざまな場合のように膜を通過して運ばれる．大きな負の電荷をもったRNAに疎水性の膜を通過させようとすると，重大な熱力学的な問題が起こる．これを解決するのがRNAをタンパク質に包み込んで輸送する方法である．

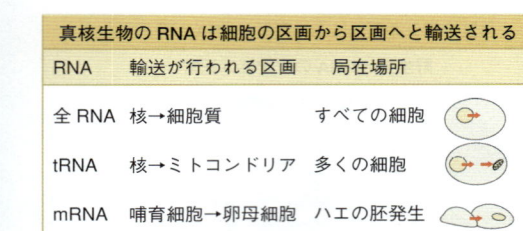

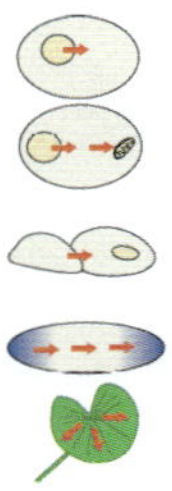

| 真核生物のRNAは細胞の区画から区画へと輸送される | | |
|---|---|---|
| RNA | 輸送が行われる区画 | 局在場所 |
| 全RNA | 核→細胞質 | すべての細胞 |
| tRNA | 核→ミトコンドリア | 多くの細胞 |
| mRNA | 哺育細胞→卵母細胞 | ハエの胚発生 |
| mRNA | 卵母細胞前部→卵母細胞後部 | ハエの胚発生 |
| mRNA | 細胞→細胞 | 植物篩部 |

図7・26 RNAはさまざまな系で膜を通り抜けて輸送される.

すべての真核細胞でRNAは核内で合成されるが，mRNA，tRNA，rRNAが機能するのはいずれも細胞質内である．それぞれのRNAは，翻訳を行う装置を形成するために細胞質に運ばれなければならない．rRNAはリボソームタンパク質とともに未完成のリボソームサブユニットを形成し，これが輸送の基質となる．tRNAは特別なタンパク質の系によって輸送される．mRNAは，核内でRNA転写産物上に直接タンパク質がついて形成されるリボ核タンパク質の形で運ばれる（26章参照）．

特にmRNAの輸送に関しては，どのようにしてプロセシングを受けて完成したmRNAとプロセシングを終了していない前駆体（たとえばイントロンが残っているもの）とを区別しているのかが問題となる．これは，ある種の品質管理システムで使われている方法と同じ方法，すなわちRNAのスプライシングの際に結合するタンパク質をmRNAの搬出装置の構成要素として要求することで達成されるのかもしれない（§26・9参照）．

RNAの中には，核でつくられ，細胞質に搬出された後，さらにミトコンドリアに搬入されるものがある．ある種の生物のミトコンドリア遺伝子はタンパク質合成に必要なtRNAの一部しかコードしていない．このような場合には足りない分のtRNAは細胞質から運び込まれなければならない．RNAとタンパク質サブユニットの両方を含むリボヌクレアーゼPは核の遺伝子にコードされているが，核とミトコンドリアの両方から見つかる．つまり，そのRNAはミトコンドリアに運び込まれたのである．

mRNAが細胞と細胞の間を行き来することさえある．ショウジョウバエの卵形成においては，ある種のmRNAが卵母細胞近傍の哺育細胞（ナース細胞）から卵母細胞へと輸送される．哺育細胞は卵母細胞との間に特殊な連結を形成しており，初期発生に必要な物質はそこを通ることができる．この物質の中に，特定のmRNAが取込まれている．これらのmRNAは卵母細胞に入ると特異的な局在化が起こる．中には，入り口である前端からただ拡散するだけのものもあるが，微小管に付随するモーターによって，卵母細胞を横切り，後端まで輸送されるものもある（§7・15参照）．

mRNAの輸送に関して最も際立つ例は植物で見つかっている．核酸が長い距離を移動する例が最初に発見されたのは植物であり，ウイルスの移動タンパク質がRNAウイルスのゲノムに原形質連絡（plasmodesma，細胞間の連結）を通過させることによって，ウイルス感染を拡大させる．植物はウイルス感染の拡大を食い止める防御系ももっており，この系でもRNAを含む細胞成分が細胞から細胞へと長距離を移動している可能性がある．現在では，植物では同様の系によりmRNAが細胞間を輸送される場合があることが判明している．

## 7・15 mRNAは特異的な局在化をすることがある

- 酵母のAsh1のmRNAはリボ核タンパク質を形成してミオシンモーターに結合し，モーターの働きによりアクチンフィラメントに沿って娘細胞となる芽の中へと運ばれる．
- 運ばれたAsh1のmRNAは芽の中に固定されて翻訳されるため，発現したタンパク質は芽の中だけに見いだされる．
- ショウジョウバエの卵母細胞中に前部形成系および後部形成系を確立するmRNAは，哺育細胞中で転写され，細胞質架橋を通って卵母細胞へと輸送される．
- bicoid mRNAは進入部位付近に局在化するが，oskar mRNAとnanos mRNAは微小管に結合しているモーターによって卵母細胞を横切って輸送され，後端に達する．

細胞質は高濃度のタンパク質で満たされた，混雑した場所である．ポリソームがどの程度自由に細胞質内を拡散できるのかはわかっていない．おそらく，ほとんどのmRNAでは翻訳される場所は特に決まっておらず，細胞質に入った地点とそこから漂った距離で位置が決まっているのだろう．しかし，中には特定の場所で翻訳されるmRNAもある．場所を決める機構はいくつか考えられる：

- mRNAが翻訳される場所まで特異的に輸送される．
- mRNAは全体に広がるが，翻訳が行われる場所以外の場所では分解されてしまう．
- mRNAは自由に拡散するが，翻訳が行われる場所にくるとそこに捕えられる．

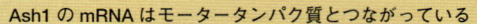

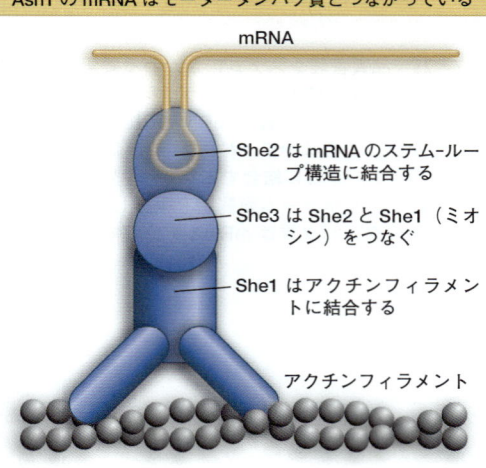

図7・27 Ash1のmRNAはミオシンモーターを含むリボ核タンパク質を形成し，ミオシンモーターの働きでアクチンフィラメントに沿って運ばれる．

細胞内における mRNA の局在化のうち，最もよくその機構が明らかにされているのは酵母の Ash1 の場合である．Ash1 の mRNA は母細胞中でつくられるが，そのすべてが母細胞から出芽中の娘細胞の中に運び込まれてしまうため，機能するのは出芽中の娘細胞の中のみである．SHE1～5 とよばれる 5 個の遺伝子のいずれかが変異を起こすと Ash1 の mRNA の分布は特異性を失い，母細胞と娘細胞の両方に一様に分布するようになる．She1，She2，She3 の各タンパク質は Ash1 の mRNA に結合してリボ核タンパク質粒子となり，mRNA を娘細胞に運ぶ．図 7・27 に各タンパク質の機能を示す．She1 タンパク質はミオシン（かつては Myo4 と名づけられていた）であり，She2 と She3 はミオシンと mRNA とを結合させるタンパク質である．ミオシンはモータータンパク質であり，Ash1 の mRNA をアクチンフィラメントに沿って動かす．

図 7・28 は Ash1 の mRNA が局在化する過程の全体をまとめたものである．Ash1 の mRNA はリボ核タンパク質の形で核から運び出される．細胞質では，まず She2 が Ash1 の mRNA の二次構造にあるステム-ループ構造を認識して結合する．つぎに She3 が She2 に結合し，その後でミオシンである She1 が結合する．するとこの粒子はアクチンフィラメントにくっつき，芽の中へと移動する．Ash1 の mRNA は芽の中に到着すると，おそらく Ash1 の mRNA に特異的に結合するタンパク質によって，そこに固定される．

他の mRNA が特定の場所に運ばれる場合も，同様の原理に従っている．mRNA は，普通，3′ 末端の非翻訳領域にあり特定の二次構造をとるシスに働く配列によって認識される．その mRNA はリボ核タンパク質粒子（RNP）の中に包み込まれ，mRNP となる．場合によっては，輸送された mRNA が mRNA 顆粒とよばれる非常に大きな粒子として顕微鏡で観察できることもある．この粒子はたいへん大きく（リボソームの数倍はある），数多くのタンパク質と RNA 成分を含んでいる．

ショウジョウバエの初期胚発生では，特定の mRNA が卵の一方の端に局在化することが必要である．これらの mRNA はどのようにして適切な場所に到達し，何によってそこに維持されるのだろうか．卵母細胞は周囲の哺育細胞と細胞質架橋によってつながっている．図 7・29 に示すように，数種類の遺伝子が哺育細胞中で転写され，それからその mRNA が細胞質架橋を通って卵母細胞中に運び込まれる．運び込まれた mRNA はそれぞれ卵母細胞中の異なる場所に向かう．bicoid mRNA は前端に残り，oskar mRNA は卵の全長を移動して後端に運ばれる．

mRNA が特定の部位に運ばれる典型的な方法は，原則的にアクチンフィラメントまたは微小管から成る "トラック（道筋）" に沿った移動である．ATP 分解によって移動をひき起こすモータータンパク質により mRNA がトラックに結合する．ショウジョウバエの卵母細胞の例では，微小管がこれらの mRNA を輸送するトラックである．実際，微小管は，細胞質架橋を通じて卵母細胞と哺育細胞を結ぶ連続的なネットワークを形成している．モータータンパク質であるダイニンが，これらの mRNA 顆粒を微小管に沿って移動させるのに使われている．

これらの mRNA の輸送に必要な遺伝子は，mRNA が正しく局在化しない変異体により同定された．最も典型的なパターンの異常は mRNA が単に卵全体に散在しているもので，これらの輸送遺伝子の中でいちばん詳しく調べられているのが，exuperantia (exu) と swallow (swa) である．Exu タンパク質は大きなリボ核タンパク質複合体の一成分である．この複合体は哺育細胞内で会合し，微小管トラックにより細胞質架橋に移動する．そして，微小管に依存しないで細胞質架橋を越えて卵母細胞に入る．卵母細胞の中では，複合体は微小管に結合してその正しい位置に移動する．

exu と swa 変異体の性質から，mRNA が異なってもその輸送と局在化には共通する成分が存在することがわかった．異なる mRNA を輸送する複合体間にどのような違いがあるのかはまだわかっていない．しかし，それぞれの複合体に，対応する mRNA を正しい位置に移動させる成分があるに違いない．輸送される mRNA が何であれ，対応する複合体はまず卵母細胞の前端に運ばれ，そこに集合するようである．それから，さらに局在化する部位が決定され，複合体は正しい位置へと運ばれる．

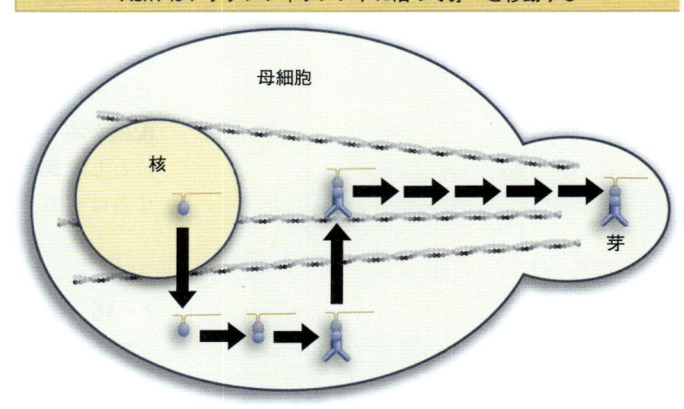

図 7・28 Ash1 の mRNA は核から細胞質へと搬出されると，そこで She タンパク質群と複合体を形成する．この複合体が Ash1 をアクチンフィラメントに沿って芽の中へと輸送する．

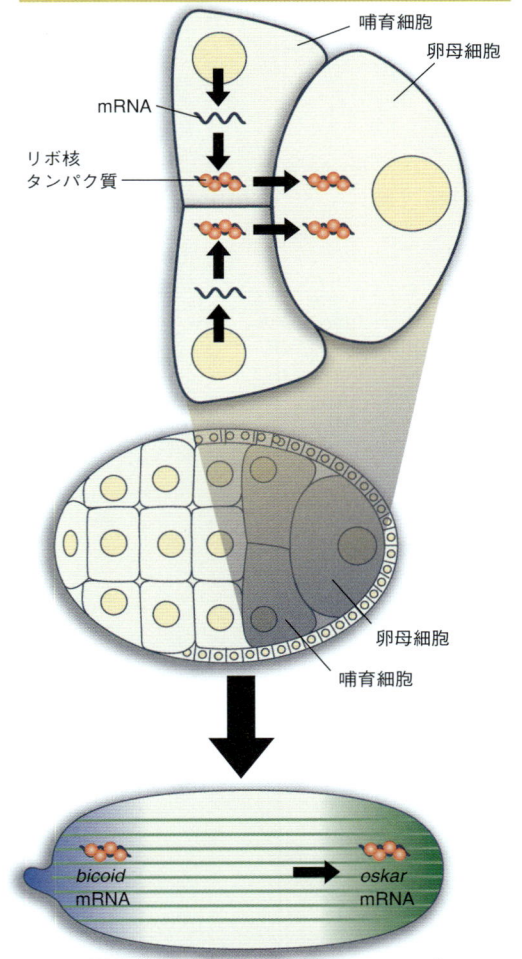

bicoid mRNA は前端部に局在化する；oskar mRNA はトラックに沿って後端部に移動する

図 7・29 ある種の mRNA はリボ核タンパク質粒子としてショウジョウバエの卵母細胞に輸送される．それらは微小管と相互作用することで，最終目的部位に到達する．

*bicoid* mRNA の卵母細胞前端部への局在化は，その 3′ 非翻訳領域中の配列に依存していることはわかっている．*oskar* と *nanos* mRNA の局在化も同様に制御されており，これは共通した機構である．これらの 3′ 配列の中に，局在化にかかわる特異的タンパク質との結合部位があると考えられている．すなわち，それぞれの mRNA 内に対応する配列があり，その mRNA を卵母細胞内に正しく位置させるタンパク質に対する結合部位として働くのであろう．しかしこれを裏付けるような，mRNA の局在化配列に結合するはずのタンパク質はまだ同定されていない．

## 7・16 要　約

DNA のもつ遺伝情報の発現には二つの段階がある．1 段階目は DNA から mRNA への転写，2 段階目は mRNA からタンパク質への翻訳である．mRNA は DNA の一方の鎖から転写され，その塩基配列はこの（非コード）鎖に相補的で，もう一方の（コード）鎖と同一である．mRNA の塩基配列は，5′ → 3′ 方向のトリプレットコドンの形で N 末端から C 末端方向のアミノ酸配列に対応している．

コドンの意味を解読するアダプターは tRNA で，小さく L 字形に折りたたまれた三次構造をとっている．tRNA の一方の端にはコドンに相補的なアンチコドンがあり，もう一方の端には目的とするコドンに対応した特異的なアミノ酸が共有結合で付くことができる．アミノ酸を結合している tRNA はアミノアシル tRNA とよばれる．

リボソームはアミノアシル tRNA を mRNA のコドンに対応させる装置である．リボソームの小さなサブユニットは mRNA に結合しており，大きなサブユニットは合成中のポリペプチドを運んでいる．リボソームは 5′ 領域の開始点から 3′ 領域の終止点まで mRNA に沿って動いていき，mRNA のコドンに反応して対応する適切なアミノアシル tRNA がアミノ酸を置いていくことにより，リボソームが一つのコドンを通過するたびに成長中のポリペプチド鎖は 1 残基ずつ伸長する．

翻訳装置は組織あるいは生物に特異的ではない．ある一つの生物材料から抽出された mRNA は別の生物材料のリボソームや tRNA によって翻訳可能である．1 分子の mRNA が何回翻訳されるかは，リボソームの翻訳開始点への親和性と mRNA の安定性に相関して決まる．一群の，あるいは個々の mRNA の翻訳が特異的に阻害される場合があり，これは翻訳調節とよばれる．

典型的な mRNA には，コード領域のほかに，翻訳されない 5′ リーダー領域と 3′ トレーラー領域がある．細菌の mRNA は通常ポリシストロニックで，シストロン間に非翻訳領域がある．おのおののシストロンは，特異的な開始点で始まり終止点で終わるコード領域に相当する．リボソームサブユニットはそれぞれのコード領域の開始点で会合し，終止点で解離する．

増殖中の大腸菌には 1 細胞当たり約 20,000 個のリボソームと約 200,000 個の tRNA があり，tRNA のほとんどがアミノアシル tRNA になっている．mRNA は約 1500 分子あり，600 種類の異なる mRNA のそれぞれについて 2〜3 コピーずつあることになる．

一つの mRNA は同時にたくさんのリボソームによって翻訳可能で，ポリリボソーム（ポリソーム）が形成される．細菌のポリソームは大きく，1 分子の mRNA に数十個のリボソームが結合しているのが普通である．それに比べて真核生物のポリソームは小さく，一般に結合しているリボソームは 10 個以下である．真核生物ではおのおのの mRNA は一つのコード配列しかもっていない．

細菌の mRNA の半減期は非常に短く，わずか数分である．5′ 末端の翻訳は下流の配列の転写が終わらないうちに始まる．分解は，リボソームが 5′ → 3′ 方向に進行するのを追いかけるように mRNA のところどころをエンドヌクレアーゼが切断することによって始まり，その後で，エキソヌクレアーゼが断片となった mRNA を新たに生じた 3′ 末端から 5′ 末端方向へとヌクレオチドにまで分解していく．細菌の mRNA では，個々の配列が分解を促進したり妨害したりすることがある．

真核生物の mRNA は，翻訳の場である細胞質へ輸送される前に，核内でプロセシングを受けなければならない．5′ 末端にはメチル化したキャップが付加される．これは 5′-5′ 結合によって，もともとの RNA の末端にヌクレオチドが付加され，その後メチル基が付け加えられてできる．真核生物の mRNA のほとんどは，転写後に核内で 3′ 末端

に付加された約200塩基のポリ(A)をもつ．真核生物のmRNAはリボ核タンパク質粒子として存在し，普通，数時間は安定である．真核生物のmRNAは分解を誘導する配列を複数もっていることがあり，そのような分解配列がmRNAの分解の制御にかかわっている複数の例が知られている．

酵母のmRNAは（少なくとも）二つの経路によって分解される．いずれの経路も始まりは3′末端からのポリ(A)の除去であり，その結果としてポリ(A)結合タンパク質が失われ，さらにそれが5′末端からのメチル化されたキャップの除去につながる．分解経路の一つでは，エキソヌクレアーゼによってmRNAを5′末端から分解していく．もう一つの分解経路では，複数のエキソヌクレアーゼを含む複合体であるエキソソームによってmRNAを3′末端から分解していく．

ナンセンス変異によるmRNAの分解機構で，最後のエキソンより前に終止（ナンセンス）コドンをもつmRNAは破壊される．酵母では*UPF*遺伝子座，線虫では*smg*遺伝子座がこの過程に必要とされる．これらの遺伝子座には，mRNAをほどくためのヘリカーゼ活性をもつタンパク質と，タンパク質合成を終わらせる種々の因子と相互作用するタンパク質がコードされている．哺乳類の細胞におけるこの分解過程の特徴から，これらのタンパク質のいくつかは，イントロンを除去するスプライシングが起こる際に核内でmRNAに結合すると考えられる．

mRNAは細胞内の特異的な場所に輸送されることがある．（この現象は胚発生においてしばしばみられる．）酵母のAsh1がかかわる系では，アクチンフィラメント上を動くミオシンモーターによって，mRNAが母細胞から娘細胞へと輸送される．植物では，mRNAが細胞から細胞へと長い距離を輸送されることがある．

# 8 タンパク質合成

8・1 はじめに
8・2 タンパク質合成には開始，伸長，終止の過程がある
8・3 タンパク質合成を正確に行うための特別な機構がある
8・4 細菌の翻訳開始には 30S サブユニットと補助因子が必要である
8・5 特別な開始 tRNA がポリペプチド鎖の合成を始める
8・6 mRNA が 30S サブユニットに結合すると，IF-2 と fMet-tRNA$_f$ との複合体に対する結合部位ができる
8・7 真核生物ではリボソームの小さなサブユニットが翻訳開始部位を求めて mRNA 上を移動する
8・8 伸長因子 EF-Tu がアミノアシル tRNA をリボソームの A サイトへと導く
8・9 ポリペプチド鎖がアミノアシル tRNA へと転移する
8・10 トランスロケーションによってリボソームが動く
8・11 2 種類の伸長因子が交互にリボソームに結合する
8・12 アミノ酸を結合していない空の tRNA が存在するとリボソームはストリンジェント応答を誘発する
8・13 タンパク質合成を終止させるコドンは三つある
8・14 リボソームのどちらのサブユニットでも rRNA はサブユニット全体に広がっている
8・15 リボソームにはいくつかの活性中心がある
8・16 タンパク質合成において 16S RNA は重要な役割を果たす
8・17 要 約

## 8・1 はじめに

mRNA にはアミノアシル tRNA のアンチコドンと相互作用する一連のコドンが並んでおり，対応する一連のアミノ酸がポリペプチド鎖へと取込まれていく．リボソームは mRNA とアミノアシル tRNA の相互作用を調節する場を提供する．リボソームはいわば小さな動く工場で，鋳型に沿って移動しながらペプチド結合の形成を繰返し迅速に行っている．その間，アミノアシル tRNA はすごい速さでリボソーム粒子に飛び込んではアミノ酸を置いて飛び出し，伸長因子はリボソームとの周期的な会合と解離を行う．リボソームはその補助因子とともにタンパク質合成の各段階に必要なすべての活性を提供する．

図 8・1 にタンパク質合成装置の各要素の大きさが比較できるように並べて示してある．リボソームは二つのサブユニットで構成されており，それぞれのサブユニットはタンパク質合成において特異的な役割を担っている．mRNA はリボソームの小さなサブユニットと会合し，常に約 30 塩基が結合している．mRNA は小さなサブユニットの表面に沿って二つのサブユニットの会合部を縫うように進む．タンパク質合成にかかわっている tRNA は常に 2 分子であり，したがってポリペプチド鎖の伸長にかかわっている反応はリボソームの中に隠れている（およそ）10 コドンのうちの二つだけで行われている．その 2 分子の tRNA は両サブユニットの内部にまたがっているくぼみに入り込む．さらに，タンパク質合成に使われた後の tRNA が 1 分子，リボソーム内に残って再利用系に入るのを待っていることがある．

リボソームの基本的な形態は進化の過程を通じて保存されているが，細菌，真核生物の細胞質，そして細胞小器官のリボソームを比べると，大きさおよび RNA とタンパク質の含有比にはかなりの差がある．図 8・2 では細菌と哺乳類のリボソームの構成成分を比べている．

リボソームのそれぞれのサブユニットには主要な rRNA と一群の小さなタンパク質が（r タンパク質として知られている）含まれている．大きなサブユニットにはより小さな rRNA が含まれていることもある．大腸菌（*E.coli*）の場合，小さな（30S）サブユニットは 16S RNA と 21 個のタンパク質から成っている．大きな（50S）サブユニットは 23S RNA と小さな 5S RNA，それに 31 個のタンパク質で構成されている．細菌のリボソームでは，主要 rRNA がリボソームの実質のかなりの部分を構成している．主要 rRNA はリボソーム全体に広がっており，実際，リボソームタンパク質のほとんど，あるいはすべてが rRNA と接触している．つまり，主要 rRNA は構造の大半を占める一つながりの糸で，それぞれのサブユニットの骨格とでもいうべき構造

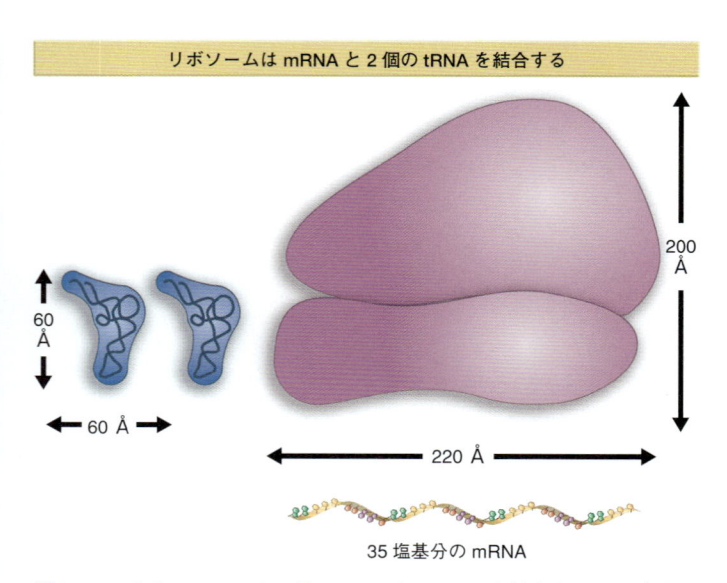

**図 8・1** リボソームには 2 個の tRNA と mRNA を結合するのに十分な大きさがある．

**リボソームはリボ核タンパク質粒子である**

| リボソーム | | rRNA | r タンパク質 |
| --- | --- | --- | --- |
| 細菌（70S）<br>質量：2.5 MDa<br>66 % RNA | 50S | 23S=2904 塩基<br>5S=120 塩基 | 31 |
| | 30S | 16S=1542 塩基 | 21 |
| 哺乳類（80S）<br>質量：4.2 MDa<br>60 % RNA | 60S | 28S=4718 塩基<br>5.8S=160 塩基<br>5S=120 塩基 | 49 |
| | 40S | 18S=1874 塩基 | 33 |

**図 8・2** リボソームは大きなリボ核タンパク質粒子で，タンパク質より RNA を多く含み，大小二つのサブユニットに解離する．

を形成しており，リボソームタンパク質の配置を決めていると考えられる．（ミトコンドリアのリボソーム以外のすべてのリボソームにおいて）リボソームの大きなサブユニットには 120 塩基の 5S RNA が含まれており，この RNA は非常に多くの塩基対を形成した構造をとっている．

高等真核生物の細胞質にあるリボソームは細菌のものよりも大きい．RNA，タンパク質ともにその総量は多く，主要 rRNA 分子（18S RNA，28S RNA，5S RNA とよばれる）が長くてタンパク質の数も多い．おそらくほとんど，あるいはすべてのタンパク質が 1 コピーずつしかない．RNA は真核生物でもリボソームの質量の半分以上を占める構成成分である．真核生物の細胞質リボソームでは，大きなサブユニット中にさらに別の小さな RNA 分子があり，5.8S RNA とよばれている．5.8S RNA の塩基配列は原核生物の 23S RNA の 5′ 末端に相当している．

真核生物の rRNA の一次構造の特徴として，メチル化された残基の存在がある．16S RNA には約 10 個のメチル基が（その大半は 3′ 末端側に）あるし，23S RNA には約 20 個のメチル基がある．哺乳類の細胞では 18S RNA と 28S RNA にそれぞれ 43 個と 74 個のメチル基があり，ヌクレオチド全体の約 2％ がメチル化されていることになる（細菌の場合のメチル化の割合の約 3 倍である）．

リボソームにはいくつかの活性中心があり，そのそれぞれは rRNA の一領域とそこに結合した一群のタンパク質とから構成されている．活性中心には rRNA が直接関与する必要があり，構造的な役割，あるいは触媒作用さえも担っている．触媒作用のいくつかには個々のタンパク質が必要とされるが，単離したタンパク質やタンパク質群に活性をもたせることはできず，タンパク質はリボソームという環境の中でのみ機能する．

## 8・2 タンパク質合成には開始，伸長，終止の過程がある

> **A サイト** A site アミノアシル tRNA がコドンと塩基対を形成するリボソームのサイト．
> **P サイト** P site リボソームのサイトの一つで，合成中のポリペプチド鎖を結合しているペプチジル tRNA が入っている場所．P サイトに入っているペプチジル tRNA は，A サイトで結合したコドンに結合したままである．
> **ペプチジル tRNA** peptidyl-tRNA タンパク質合成の間に，ペプチド結合の形成に続いて合成中のポリペプチド鎖を受取った tRNA．
> **脱アシル tRNA** deacylated tRNA タンパク質合成でリボソームから放出されようとしている，アミノ酸もポリペプチド鎖も結合していない役割の終わった tRNA．
> **トランスロケーション** translocation 合成中のポリペプチド鎖にアミノ酸が 1 個付加されるたびにリボソームが 1 コドン分 mRNA に沿って移動すること．
> **開始** initiation 巨大分子（DNA，RNA，タンパク質）の合成反応（複製，転写，翻訳）における最初のサブユニット分子（ヌクレオチド，アミノ酸）の取込みに先立つ段階であり，合成反応の開始部位に必要な成分が結合する種々の反応を含む．タンパク質合成においては，リボソームの各サブユニットが mRNA の翻訳開始部位に結合することが必要である．
> **伸長** elongation 巨大分子（DNA，RNA，タンパク質）の合成反応（複製，転写，翻訳）における 1 段階で，ヌクレオチド鎖やポリペプチド鎖が個々のサブユニット分子の付加によって伸びていく段階．
> **終止（終結，終了）** termination 巨大分子（DNA，RNA，タンパク質）の合成反応（複製，転写，翻訳）を，それぞれのサブユニット分子の付加を止め，（多くの場合）合成装置の解離をひき起こすことによって終わらせる，伸長反応とは異なる反応過程．翻訳の場合は終止，転写の場合は終結，複製の場合は終了という．

> - リボソームには tRNA 結合部位が三つある．
> - アミノアシル tRNA は A サイトに入る．
> - ペプチジル tRNA は P サイトに結合している．
> - 脱アシル tRNA は E サイトを経由してリボソームから出ていく．
> - ポリペプチド鎖へのアミノ酸の付加は，P サイトのペプチジル tRNA から A サイトのアミノアシル tRNA にポリペプチド鎖を転移することにより行われる．

アミノ酸はアミノアシル tRNA によってリボソームへと運ばれてくる．このアミノアシル tRNA と一つ前のアミノ酸を運んできた tRNA との相互作用によって，合成中のタ

**P サイトと A サイトにアミノアシル化された tRNA が入る**

コドン "n"　　P サイトにはペプチジル tRNA が入る
コドン "n+1"　A サイトにはアミノアシル tRNA が入ってくる

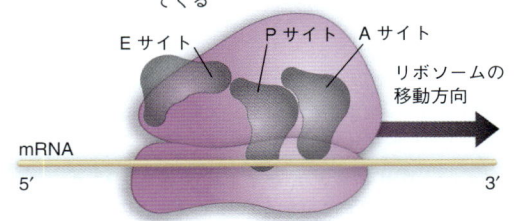

1. ペプチド結合ができる前　P サイトにはペプチジル tRNA，A サイトにはアミノアシル tRNA が位置する

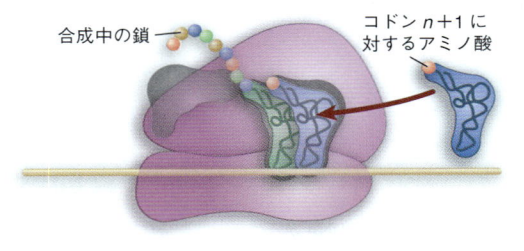

2. ペプチド結合の生成　P サイトのペプチジル tRNA から A サイトのアミノアシル tRNA にポリペプチド鎖が移る

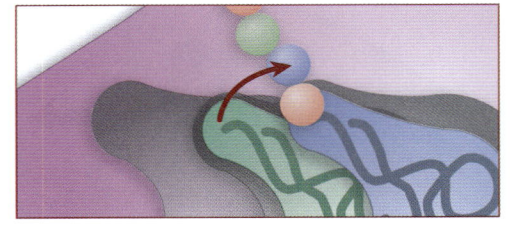

3. トランスロケーション　リボソームが 1 コドン分移動し，ペプチジル tRNA は P サイトに移り，アミノ酸の外れた tRNA は E サイトを通って出ていく．A サイトは次のアミノアシル tRNA のために空になる

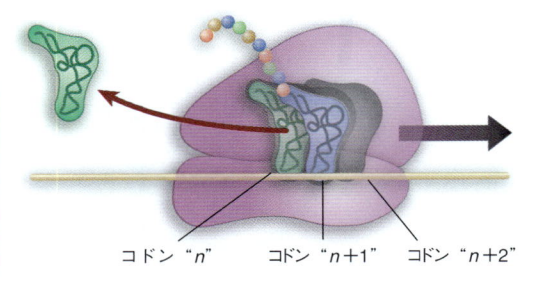

終止コドンに到達するまで 1〜3 を繰返す

図 8・3　リボソームには，アミノ酸が付加した tRNA を 2 個結合できるサイト（部位）がある．

ンパク質鎖にアミノ酸が付加される．これらのtRNAは，それぞれリボソームの特定のサイト（部位）に結合している．図8・3に二つのサイトが違った特徴をもっていることを示してある：

- **A サイト**は新たに入ってくるアミノアシル tRNA が結合する部位である．この部位には次にポリペプチド鎖に付加されるアミノ酸のコドンがある．
- **P サイト**は合成中のポリペプチド鎖に付加されたばかりの最後のアミノ酸に対応するコドンがある部位で，合成中のポリペプチド鎖を結合している tRNA である**ペプチジル tRNA** がこの部位に結合している．

図8・4 に，tRNA のアミノアシル末端はリボソームの大きなサブユニット中に位置し，もう一方の末端にあるアンチコドンは小さなサブユニットに結合した mRNA と相互作用している様子を示す．つまり，P サイト，A サイトともにリボソームの両方のサブユニットにまたがって存在している．

リボソームがペプチド結合の形成を行うためには，P サイトにペプチジル tRNA，A サイトにアミノアシル tRNA が結合している，図8・3の"1"の状態になっている必要がある．この状態から，ペプチジル tRNA が運んでいるポリペプチド鎖がアミノアシル tRNA が運んでいるアミノ酸に転移され，ペプチド結合が形成される．この反応を触媒するのはリボソームの大きなサブユニットである．

ポリペプチド鎖の転移によって，リボソームは図8・3の"2"の状態になる．アミノ酸の付いていない，**脱アシル tRNA** が P サイトに残され，新しいペプチジル tRNA が A サイトに形成されている．このペプチジル tRNA は，図8・3の"1"でPサイトにあったペプチジル tRNA よりアミノ酸残基1個分だけ長くなっている．

つぎに，リボソームは mRNA に沿ってトリプレット1個分移動する．この反応段階は**トランスロケーション**とよばれる．この移動によって，脱アシル tRNA はPサイトから外れ，ペプチジル tRNA がPサイトに移動する（図8・3の"3"参照）．こうして次に翻訳されるコドンが A サイトに位置するようになって新しいアミノアシル tRNA を受け入れる準備ができ，再びサイクルが繰返される．図8・5に tRNA とリボソームとの関係をまとめてある．

脱アシル tRNA は，また別の tRNA 結合部位である E サイトを経由してリボソームから出ていく．E サイトは，tRNA がPサイトから外れた後，リボソームから細胞質中へ放出されるまでの経路として一時的に使われる．このように tRNA は A サイトから入り，Pサイトを経て E サイトから出ていく．図8・6 は tRNA と mRNA の動きを示しており，両者の動きはコドン-アンチコドンの相互作用によって稼動する歯車になぞらえることができる．

タンパク質の合成を開始したり終止したりするためには，特別な反応が必要である．したがって，タンパク質合成は図8・7 に示すような三つの過程に分けられる：

- **翻訳開始**は，タンパク質の最初の二つのアミノ酸の間にペプチド結合が形成される以前に起こる反応である．開始反応ではリボソームの二つのサブユニットが会合して完

**tRNA 結合部位は両サブユニットにまたがっている**

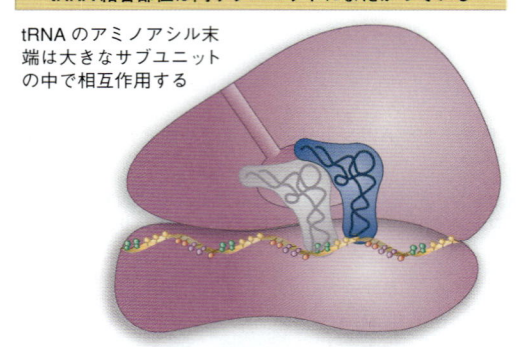

tRNA のアミノアシル末端は大きなサブユニットの中で相互作用する

アンチコドンは小さなサブユニットの中で mRNA の隣合うコドンに結合している

図8・4　P サイトと A サイトに入ることによって2個の相互作用する tRNA はリボソームの両方のサブユニットにまたがる位置に収まる．

**ペプチド結合の形成ではアミノアシル tRNA へのポリペプチド鎖の転移が起こる**

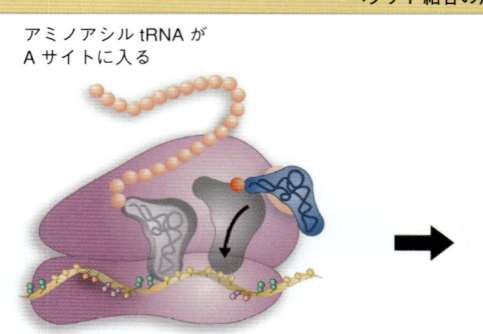

アミノアシル tRNA が A サイトに入る

ポリペプチド鎖がアミノアシル tRNA に転移する

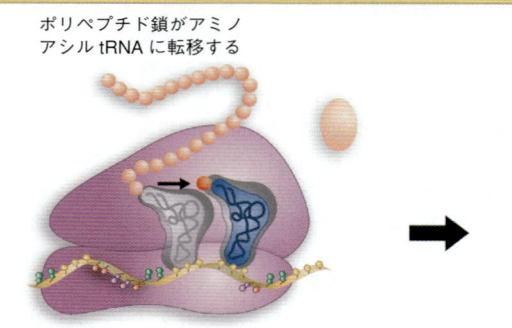

トランスロケーションによってペプチジル tRNA が P サイトに移動する

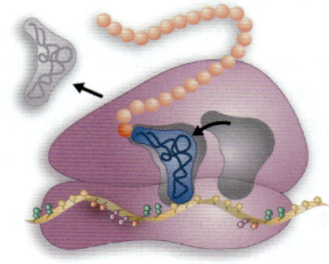

図8・5　アミノアシル tRNA は A サイトに入り，ペプチジル tRNA からポリペプチド鎖を受取り，P サイトに移動させられて次の伸長反応に備える．

**mRNA と tRNA はリボソームの中を通り抜ける**

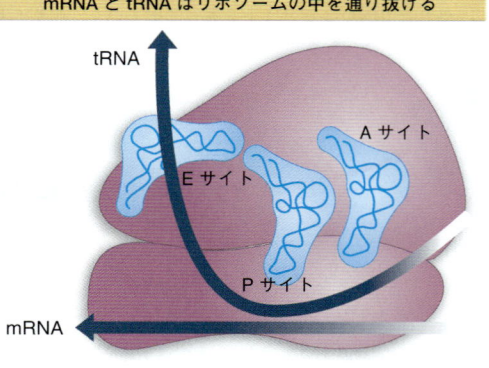

tRNA

E サイト　A サイト

P サイト

mRNA

図8・6　tRNA と mRNA はリボソーム中を同じ方向に通り抜けていく．

全なリボソームを形成し，最初のアミノアシル tRNA が結合する．これはタンパク質合成過程の中でも比較的ゆっくり進む反応で，mRNA が翻訳される速度は普通ここで決まってくる．

- 翻訳**伸長**は，最初のペプチド結合の形成からペプチド鎖への最後のアミノ酸の付加までの全反応である．アミノ酸は一度に一つずつペプチド鎖に加えられていく．このアミノ酸を付加していく反応は，タンパク質合成において最も速く進む過程である．伸長反応の間，mRNA はリボソームの中を通り抜けながら 3 塩基ずつ翻訳されていく．
- 翻訳**終止**は，合成が完了したポリペプチド鎖を遊離するために必要な反応である．同時に，リボソームも mRNA から解離し，おのおののサブユニットに分離する．

それぞれの段階で異なる組合わせの補助因子がリボソームを助けている．さまざまな段階で GTP の加水分解によってエネルギーが供給される．エネルギーを供給するこれらの補助因子には共通して GTP アーゼ活性があり，その活性はリボソームの特定の部位に結合したときだけ発揮される．

## 8・3　タンパク質合成を正確に行うための特別な機構がある

■ 翻訳の各段階に，タンパク質合成を正確に行うための特別な機構がある．

タンパク質のアミノ酸配列を決定する場合にたいしてばらつきがみられないことから，タンパク質合成がおおむね正確に行われるということはわかっている．誤りが起こる確率を *in vivo* で精密に計測した例はあまりないが，だいたい，$10^4 \sim 10^5$ 個のアミノ酸の取込みにつき誤りが 1 回起こる程度であろうと考えられている．その程度の誤りでは細胞の表現型に影響は現れない．

どうして誤りの確率をそんなに低くすることができるのだろうか．実際，特定の要素をいかに識別するかということは遺伝子発現における複数の段階においてもち上がる一般的な問題である．どうやって，アミノ酸を tRNA に結合する酵素は対応する tRNA とアミノ酸を認識するのだろうか．どうやって，リボソームは A サイトにあるコドンに対応する tRNA だけを認識するのだろうか．どうやって，DNA や RNA を合成する酵素は鋳型に相補的な塩基のみを認識するのだろうか．いずれの例からも同様な問題が提起される．どうやって，同じ全体的な特徴をもつ一そろいの分子から特定の 1 種類を見つけ出すのか，という問題である．

おそらく，初めはどの分子もランダムに活性中心に接触できるが，誤った分子は拒絶され，適正な分子のみが受け入れられるのであろう．適正な分子種は常に少数派（アミノ酸なら 20 分の 1，tRNA の場合は約 40 分の 1，DNA や RNA の場合なら 4 分の 1）なので，識別の基準は厳密なはずである．重要なことは，基質の表面に接触するだけで達成される，より厳密な識別ができる機構をそれぞれの酵素が備えているはずだということである．

図 8・8 に，タンパク質合成の正確さに影響を与える各段階における，誤りの起こる頻度を示す．

mRNA の転写時にはめったに誤りは起こらず，その頻度はおそらく $10^{-6}$ 以下である．1 個の mRNA 分子から多くのタンパク質のコピーがつくられるため，この段階は正確さを維持するうえで重要である．その機構についてはほとんどわかっていない．

リボソームがタンパク質を合成するときに起こしうる誤りには 2 種類ある．まず mRNA を 1 塩基とばして読んでしまい，フレームシフトを起こす（あるいは一つのコドンの最後の塩基を次のコドンの最初の塩基としてもう一度読むことにより 1 塩基を二度読んでしまい，逆方向のフレームシフトを起こす）誤りで，このタイプの誤りの頻度は低く，およそ $10^{-5}$ である．またリボソームが間違ったアミノアシル tRNA にコドンと対をつくらせてしまい，誤ったアミノ酸が取込まれてしまうこともある．おそらくこれがタンパク質合成で最も頻繁に起こる誤りであり，その頻度はおよそ $5 \times 10^{-4}$ である．この段階はリボソームの構造と翻訳の速度によって制御されている．

tRNA シンテラーゼが起こしうる誤りは 2 種類である．tRNA は適正だが，結合させるアミノ酸を間違えてしまう場合．あるいはアミノ酸は適正だが，間違った tRNA に結

### タンパク質合成には 3 段階ある

**開始**　mRNA の結合部位上の 30S サブユニットにアミノアシル tRNA と 50S サブユニットが結合する

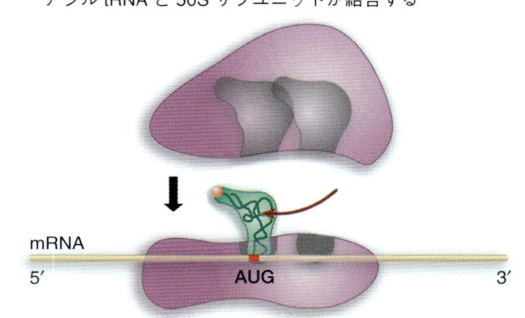

**伸長**　ペプチジル tRNA からアミノアシル tRNA への転移によりポリペプチド鎖は伸長し，リボソームは mRNA に沿って移動する

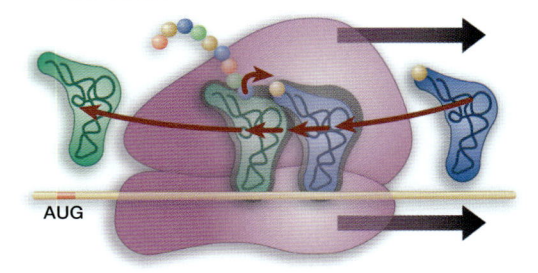

**終止**　ポリペプチド鎖は tRNA から遊離し，リボソームは mRNA から解離する

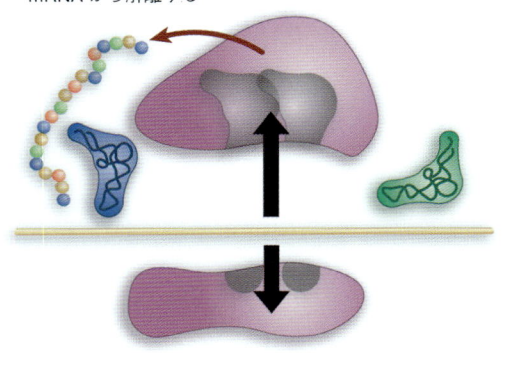

図 8・7　タンパク質合成は三つの段階に分けられる．

### 遺伝子発現の各段階で誤りの起こる頻度は異なる

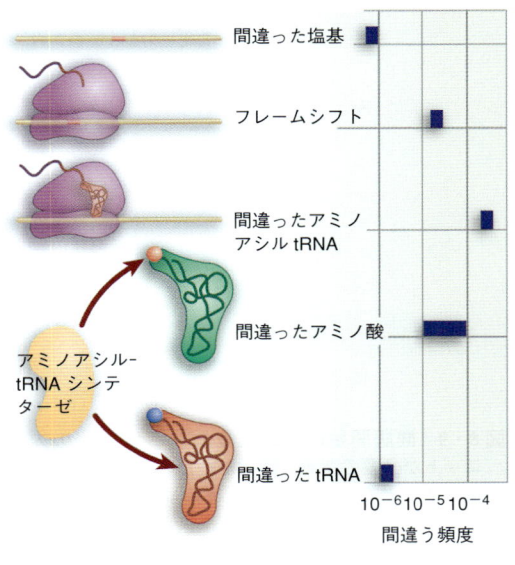

図 8・8　タンパク質合成の誤りは合成のそれぞれの段階で $10^{-6} \sim 5 \times 10^{-4}$ の頻度で起こる．

合させてしまう場合．この2種類では，アミノ酸を間違える方が高頻度に起こる．おそらく，tRNAの方が表面積が大きくてシンテターゼとより多く接触でき，特異性を確認できるためであろう．アミノアシル-tRNAシンテターゼには間違ったtRNAが遊離される前に誤りを正すための特別な機構が備わっている．

タンパク質合成にかかわるさまざまな過程を考えると，その各段階に正確を期するための機構があることの重要性をよく認識する必要がある．

## 8・4　細菌の翻訳開始には30Sサブユニットと補助因子が必要である

**リボソーム結合部位**　ribosome-binding site　細菌のmRNAにある開始コドンを含む配列で，タンパク質合成の初期段階にリボソームの30Sサブユニットが結合する．
**開始複合体**　initiation complex　細菌のタンパク質合成の開始複合体には，リボソームの小さいサブユニット，開始因子，mRNAの開始コドンAUGに結合した開始アミノアシルtRNAが含まれている．
**開始因子**　initiation factor　原核生物ではIF，真核生物ではeIFと表記される．タンパク質合成の開始段階に特異的にリボソームの小さいサブユニットに結合するタンパク質．IF-1は開始複合体を安定化させる．IF-2は開始tRNAを開始複合体に結合させる．IF-3はリボソームの30SサブユニットがmRNAの開始部位に結合するために必要である．IF-3には30Sサブユニットが50Sサブユニットに結合するのを妨げる役割もある．

- タンパク質合成の開始には，リボソームの30Sと50Sに解離したサブユニットが必要である．
- リボソームの30Sサブユニットに結合する開始因子（IF-1, 2, 3）も必須である．
- 開始因子を結合したリボソームの30SサブユニットはmRNAの翻訳開始部位に結合し，開始複合体を形成する．
- リボソームの50Sサブユニットが30Sサブユニット・mRNA複合体と会合するためにはIF-3は放出されなければならない．

タンパク質合成を行っている細菌のリボソームは70S粒子である．翻訳終止時にはmRNAから離れ，遊離型リボソームのプールに入る．増殖中の細胞では大多数のリボソームがタンパク質合成を行っており，遊離してプールにあるリボソームは20%程度のようである．

プール中の遊離型リボソームはそれぞれのサブユニットに解離できる．つまり遊離型70Sリボソームと，30Sと50Sサブユニットとは動的平衡にある．会合した状態のリボソームにはタンパク質合成を開始する機能はなく，その機能をもつのは解離したサブユニットであり，両サブユニットは開始反応の途中で会合する．図8・9は細菌のタンパ

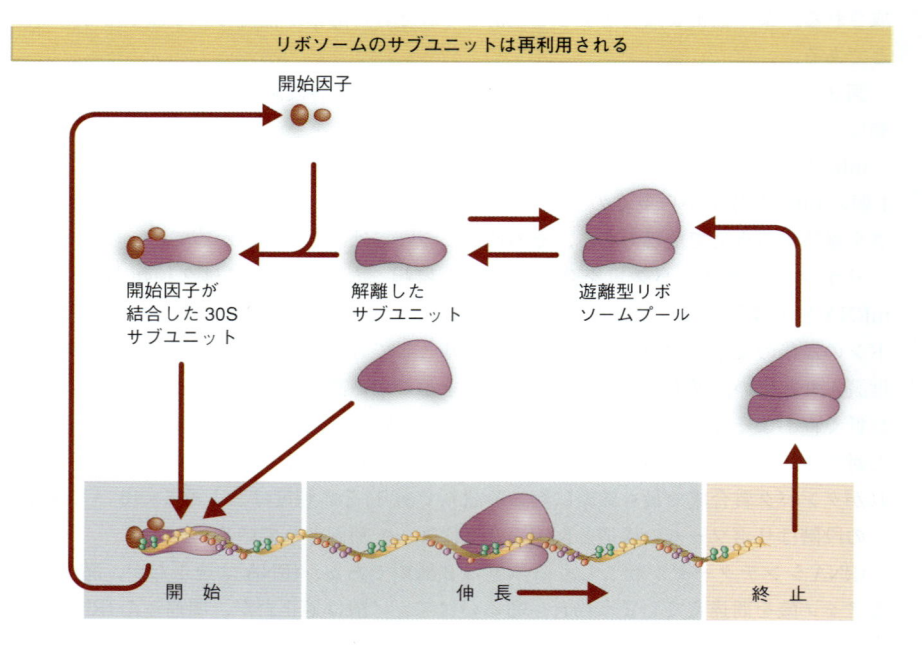

図8・9　翻訳開始には遊離型のリボソームサブユニットが必要である．翻訳が終止してリボソームが解離すると30Sサブユニットには開始因子が結合し，リボソームの両サブユニットが解離して遊離型サブユニットになる．翻訳開始で両サブユニットが再び会合して機能をもつリボソームになるときに開始因子は放出される．

ク質合成におけるリボソームのサブユニットのサイクルをまとめたものである．

翻訳開始はmRNA上の**リボソーム結合部位**とよばれる特別な配列で起こる．これはコード領域の前にある短い配列である．リボソームの小さなサブユニットと大きなサブユニットはリボソーム結合部位で会合して完全なリボソームになる．開始反応は2段階で起こる：

- mRNAが認識され，リボソーム結合部位に小さなサブユニットが結合して**開始複合体**が形成される．
- 続いて開始複合体に大きなサブユニットが加わって完全なリボソームが形成される．

30Sサブユニットは開始反応にかかわるが，30Sサブユニットだけではm RNAやtRNAと結合することはできない．開始反応には**開始因子**（IF）とよばれる別のタンパク質群が必要である．これらの因子は30Sサブユニットにだけ結合し，30Sサブユニットが50Sサブユニットと会合して70Sリボソームを形成すると外れてしまう．このことから開始因子とリボソームの構造タンパク質とは区別できる．開始因子は開始複合体の形成のみに関与し，70Sリボソームには存在せず，伸長反応にはまったく関与しない．図8・10に開始反応の経過をまとめて示す．

細菌には三つの開始因子があり，それぞれ**IF-1**, **IF-2**, **IF-3**と番号が付けられている．これらの開始因子はmRNA, tRNAのいずれもが開始複合体に加わるのに必要とされる：

- IF-3は30SサブユニットがmRNAの開始部位へ特異的に結合する際に必要である．
- IF-2は特別な開始tRNAと結合し，開始tRNAがリボソームに入る所の制御を行っている．
- IF-1は完全な開始複合体の一部としてのみ30Sサブユニットに結合している．結合部位はAサイトで，アミノアシルtRNAが入るのを妨げている．またその結合位置から，30Sサブユニットが50Sサブユニットと結合するのを妨げている可能性もある．

IF-3にはいくつもの機能がある．まず（遊離の）30Sサブユニットを安定化させるために必要とされる．次に30SサブユニットがmRNAと会合できるようにする．そして

**翻訳開始には開始因子と遊離型サブユニットが必要である**

1. 30SサブユニットがmRNAに結合する

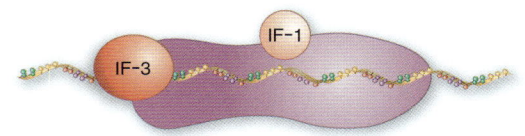

2. IF-2がtRNAをPサイトに運ぶ

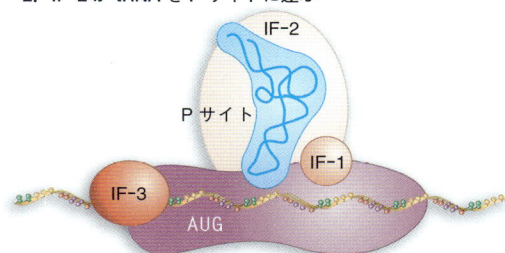

3. 開始因子は放出され，50Sサブユニットが結合する

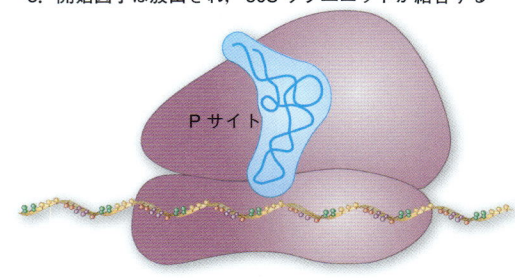

図8・10　開始因子は遊離型30Sサブユニットを安定化し，開始tRNAを30Sサブユニット・mRNA複合体に結合させる．

**IF-3がリボソームとサブユニットの平衡状態を制御する**

遊離型サブユニット　　70Sリボソームのプール

動的平衡

IF-3が結合した30SサブユニットはmRNAと結合できるが50Sサブユニットとは結合できない

50Sサブユニットが結合するためにはIF-3が解離していなければならない

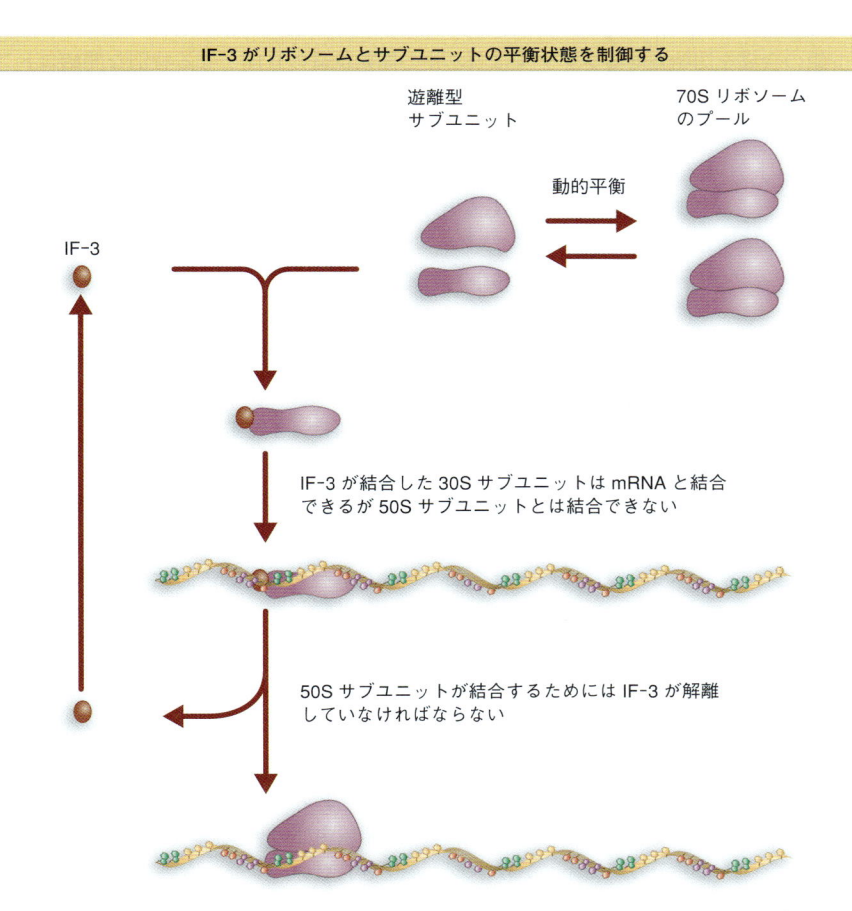

図8・11　翻訳開始にはIF-3の付いた30Sサブユニットが必要である．

さらに 30S サブユニット・mRNA 複合体の一部として，最初のアミノアシル tRNA が正しく認識されているかどうかを確かめる．

IF-3 の第一の機能により，図 8・11 に示したようにリボソームの動的平衡が調節される．IF-3 は 70S リボソームのプールから解離した遊離型 30S サブユニットに結合する．IF-3 が結合していると 30S サブユニットは 50S サブユニットと再結合できなくなる．IF-3 と 30S サブユニットの間の反応は当量的であり，サブユニット当たり 1 分子の IF-3 が結合する．IF-3 は細胞中に比較的少量しか存在しないので，この量によって遊離型 30S サブユニットの数が決まる．

30S サブユニットが mRNA とともに開始複合体を形成するためには IF-3 を結合していなければならないが，30S サブユニット・mRNA 複合体に 50S サブユニットが結合できるようにするためには，IF-3 は解離しなければならない．IF-3 は開始複合体から解離すると直ちに別の 30S サブユニットを見つけて結合する．

## 8・5 特別な開始 tRNA がポリペプチド鎖の合成を始める

**開始コドン** initiation codon　タンパク質合成の開始に使われる特別なコドン（普通は AUG）．
**$tRNA_f^{Met}$**　細菌において，タンパク質合成を開始する特別な tRNA．$tRNA_f^{Met}$ が認識するコドンはほとんどが AUG であるが，GUG や UUG にも反応する．
**$tRNA_m^{Met}$**　読み枠内に存在する AUG コドンに反応してメチオニンを挿入する tRNA．
**$tRNA_i^{Met}$**　真核生物において，タンパク質合成の開始コドンに反応する特別な tRNA．

- タンパク質合成を開始するアミノ酸は，普通，AUG でコードされたメチオニンである．
- 開始反応にかかわる Met-tRNA と伸長反応にかかわる Met-tRNA は異なる．
- 開始 tRNA は他のすべての tRNA と異なる独特な構造的特徴をもっている．
- 細菌の開始 tRNA に結合したメチオニンのアミノ基はホルミル化されている．
- 真核生物の開始 tRNA は，伸長反応に使われる Met-tRNA とは異なる Met-tRNA であるが，そのメチオニンはホルミル化はされていない．

すべてのタンパク質合成は同じアミノ酸，すなわちメチオニンから始まる．ポリペプチド鎖の合成を開始させるシグナルは読み枠の開始位置の目印となる特別な**開始コドン**である．普通開始コドンはトリプレット AUG であるが，細菌では GUG あるいは UUG も使用される．

AUG コドンはメチオニンとして認識されるが，このアミノ酸を運ぶ tRNA には 2 種類ある．一つは翻訳開始に使われ，もう一つはペプチド鎖の伸長反応中に現れる AUG コドンを認識する．

細菌および真核生物の細胞小器官では，開始 tRNA に結合しているメチオニンはアミノ基がホルミル化されており，$N$-ホルミルメチオニル tRNA（fMet-$tRNA_f^{Met}$）分子を形成している．この開始 tRNA は **$tRNA_f^{Met}$** と表される．

この開始 tRNA の修飾アミノ酸は，2 段階の反応を経てつくられる．最初にメチオニンが $tRNA_f^{Met}$ と結合して Met-$tRNA_f^{Met}$ となる．つぎに，図 8・12 に示すようなホルミル化反応が起こって遊離のアミノ基が修飾される．アミノ基が修飾された開始 tRNA はペプチド鎖の伸長に使えなくなるが，タンパク質の翻訳開始のためには支障をきたさない．

この tRNA は翻訳開始のためだけに使われ，AUG あるいは GUG（まれに UUG）コドンを認識する．しかし，この三つのコドンは同じ効率で認識されるわけではなく，GUG コドンは AUG の約半分，UUG はさらにその半分程度の効率でしか翻訳を開始できない．

コード領域内部にある AUG コドンを認識する tRNA は **$tRNA_m^{Met}$** である．この tRNA はコード領域内部の AUG コドンにのみ反応し，そのメチオニンはホルミル化されない．

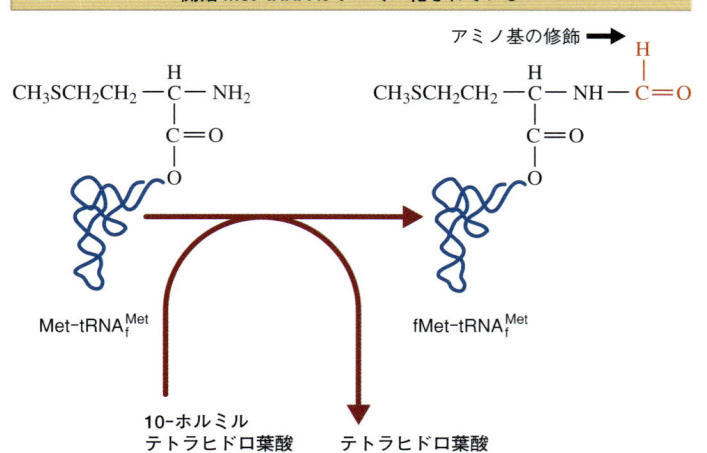

図 8・12　開始 tRNA である $N$-ホルミルメチオニル tRNA（fMet-$tRNA_f^{Met}$）はホルミルテトラヒドロ葉酸をコファクターとして Met-$tRNA_f^{Met}$ をホルミル化してつくられる．

2種類のtRNA^Metの違いを決定づけているのはtRNAそのものの塩基配列である．メチオニンがホルミル化されているとその開始tRNAが使われる効率は上がるが，ホルミル化は必須ではない．

開始メチオニンのホルミル基は特異的なデホルミラーゼによって除去され，普通のN末端になる．合成されるタンパク質のN末端がメチオニンの場合には，この段階で反応は完了する．約半数のタンパク質ではさらに続いて末端のメチオニンがアミノペプチダーゼで除かれてR2アミノ酸（メチオニンの次にペプチド鎖に取込まれたアミノ酸）がN末端になる．

真核生物の開始反応は全体としては細菌のものと変わりない．真核生物の細胞質では，AUGが開始コドンとして使われる．開始tRNAは特別なtRNAであるが，運んでいるメチオニンはホルミル化されていない．真核生物細胞質の開始tRNAは**tRNA$_i^{Met}$**と表される．つまり，開始反応に使われるMet-tRNAと伸長反応に使われるMet-tRNAとの違いはtRNA分子そのものの違いであり，開始反応にはMet-tRNA$_i$が，伸長反応にはMet-tRNA$_m$が使われる．これら二つのtRNAは三次構造の違い，および開始tRNAでは64番塩基のリボースの2'位がリン酸化されていることによって区別される．

## 8・6 mRNAが30Sサブユニットに結合すると，IF-2とfMet-tRNA$_f$との複合体に対する結合部位ができる

> **コンテクスト** context mRNAにおけるコドンのコンテクストとは，隣合う配列によって，アミノアシルtRNAによるコドンの認識や，タンパク質合成の終止効率が変化する場合があることをいう．
> **リボソーム結合部位** ribosome-binding site 細菌のmRNAにある開始コドンを含む配列で，タンパク質合成の初期段階にリボソームの30Sサブユニットが結合する．
> **シャイン・ダルガーノ配列** Shine-Dalgarno sequence プリン塩基が連なった配列AGGAGGの一部または全部の配列．細菌のmRNAにみられ，開始コドンAUGの上流約10 bpに中心がある．シャイン・ダルガーノ配列は，16S RNAの3'末端にある配列に相補的である．

- 細菌のmRNAの翻訳開始部位は，開始コドンAUGとそのおよそ10塩基上流にあり6個のプリン塩基より成るシャイン・ダルガーノ配列とで構成されている．
- 細菌のリボソームの30SサブユニットのrRNAにはシャイン・ダルガーノ配列と相補的な配列があり，開始反応に際し両者の間に塩基対が形成される．
- IF-2は開始fMet-tRNA$_i^{Met}$に結合し，fMet-tRNA$_i^{Met}$が30Sサブユニット上の部分的なPサイトに入れるようにする．

AUGおよびGUGコドンが表すアミノ酸はそれらが置かれている**コンテクスト**（前後の状況，文脈）で変わる．AUGが開始コドンとして使われる場合はホルミルメチオニンとして読まれ，コード領域内部にあるときはメチオニンとして読まれる．GUGコドンの場合は位置による違いがさらに大きく，最初のコドンのときには開始反応の際にホルミルメチオニンとして読まれるが，遺伝子の内部にあるときには通常のtRNAの一つであるVal-tRNAによって読まれ，通常の遺伝暗号に従ってバリンに対応する．

開始反応では，mRNAの**リボソーム結合部位**への30Sサブユニットの結合が起こる．細菌のリボソーム結合部位の特徴は二つあり，一つは開始コドンAUGがあること，もう一つはその上流約10塩基の所に次のようなプリン塩基が連なった6塩基配列があることである：

$$5'...AGGAGG...3'$$

このプリン塩基が並んだ部分は，**シャイン・ダルガーノ配列**とよばれている．この配列は16S RNAの3'末端近くにあるよく保存された配列と相補的である．16S RNAの6塩基配列を反対方向から書くと，

$$3'...UCCUCC...5'$$

である．

このシャイン・ダルガーノ配列はmRNAとリボソームが結合するときに，rRNA中の相補的な配列と塩基対をつくっている．シャイン・ダルガーノ配列またはそれに相補

### 30S サブユニットが翻訳を開始し，70S リボソームが伸長を行う

fMet-tRNA$_f^{Met}$ のみが mRNA に結合した 30S サブユニット上の部分的 P サイトに入ることができる

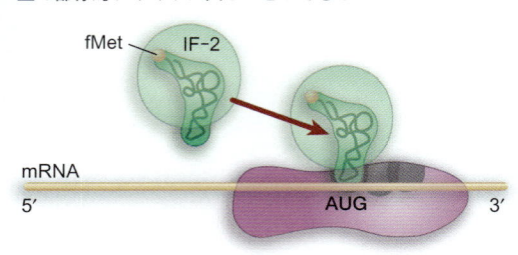

アミノアシル-tRNA のみが，完全な 70S リボソームの A サイトに入ることができる

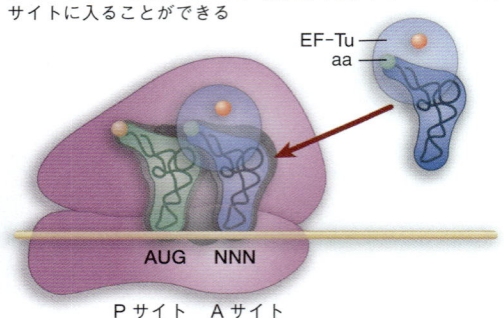

図 8・13 30S サブユニットによる翻訳開始反応に使われる tRNA は fMet-tRNA$_f^{Met}$ のみである．70S リボソームによる伸長反応にはその他のアミノアシル tRNA（aa-tRNA）のみが使われる．

的な rRNA の配列のいずれかに変異が起こると mRNA は翻訳されなくなる．この相互作用は細菌のリボソームに特有であり，原核生物と真核生物の翻訳開始機構の大きく異なる点である．

図 8・13 に開始コドンの AUG とコード領域の内部にある AUG がどのように区別されているかを示す．mRNA のリボソーム結合部位で開始複合体が形成されるとき，開始コドンは小さなサブユニットの部分的 P サイトの中に位置するようになっている．開始 tRNA は開始複合体の一部分となりうる唯一のアミノアシル tRNA であって，部分的 P サイトに直接入り込んで開始コドンを認識するという，他の tRNA にはない性質をもっている．

大きなサブユニットがこの複合体に会合すると，部分的だった tRNA 結合部位は完全な P サイトと A サイトになる．P サイトには開始 fMet-tRNA$_f^{Met}$ が結合しており，A サイトには遺伝子の 2 番目のコドンと相補的なアミノアシル tRNA が入り込めるようになる．最初のペプチド結合は開始 tRNA と次のアミノアシル tRNA との間で形成される．

30S サブユニットの部分的 P サイトに結合できるのが開始 tRNA だけであるため，開始反応は AUG（または GUG）コドンがリボソーム結合部位内にあるときに起こる．続く遺伝子内部の読み取りはコドンが mRNA の翻訳を続けて行っているリボソームに出合うと行われるが，これがうまくいくのは通常のアミノアシル tRNA だけが 70S リボソーム内の（完全な）A サイトに入ることができるためである．

アミノアシル tRNA がリボソームと結合する能力の調節には，補助因子が重要な役割を果たしている．すべてのアミノアシル tRNA は補助因子と結合することによって初めてリボソームと結合できるようになる．開始反応に使われる補助因子は IF-2 である．（§8・4 参照．伸長反応に使われる補助因子 EF-Tu については§8・8 参照．）

開始因子 IF-2 は開始 tRNA を P サイトへと導く．IF-2 は fMet-tRNA$_f^{Met}$ とだけ特異的に複合体を形成し，通常のアミノアシル tRNA のいずれでもなく，開始 tRNA だけが

### 三つの開始因子が翻訳開始を制御する

IF-1　IF-2　IF-3　GDP　P$_i$

30S・mRNA 複合体

GTP 結合型 IF-2 が複合体に加わる

開始 tRNA が加わる

50S サブユニットが結合し，IF-1, 2, 3 は解離する

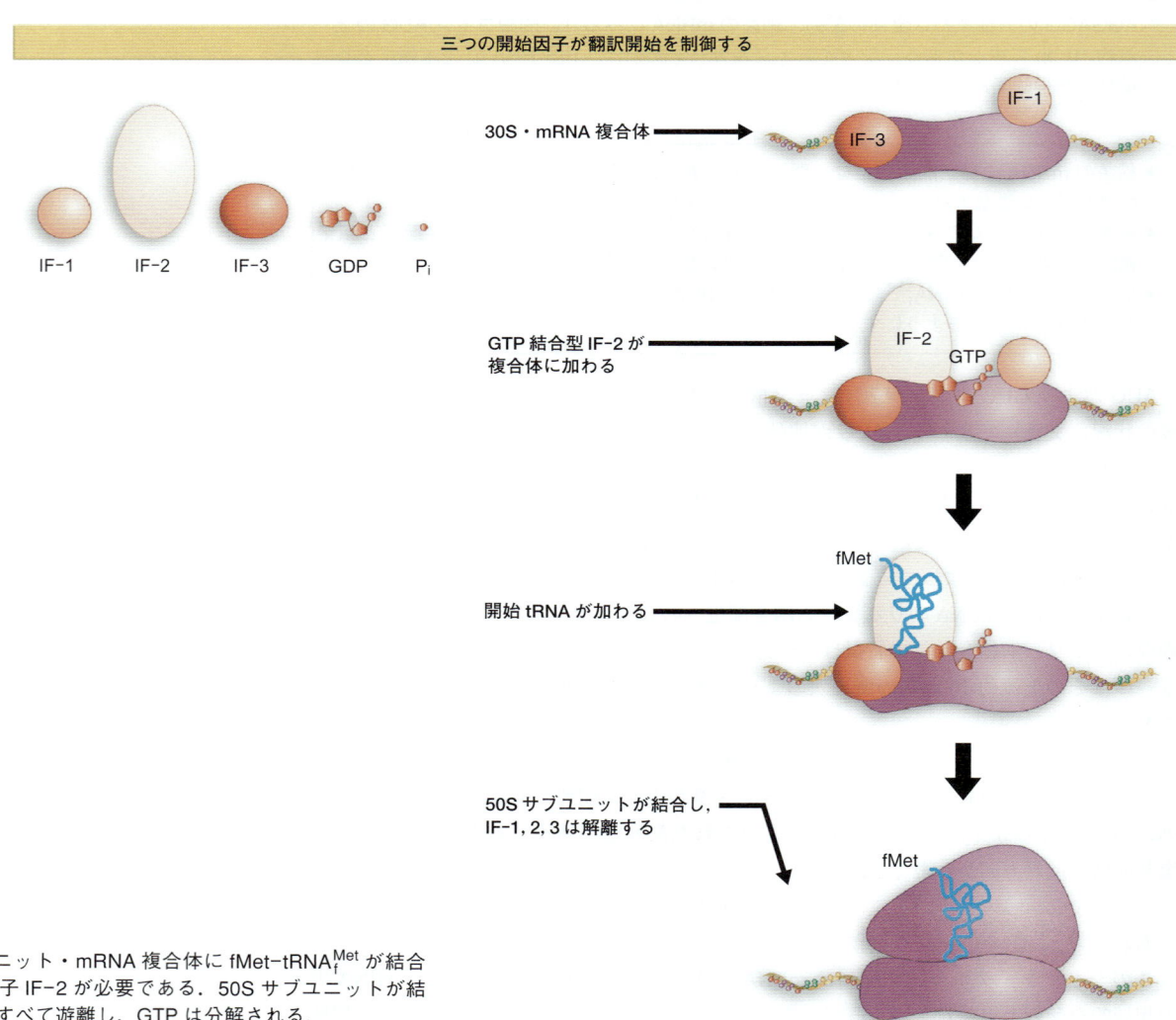

図 8・14　30S サブユニット・mRNA 複合体に fMet-tRNA$_f^{Met}$ が結合するためには開始因子 IF-2 が必要である．50S サブユニットが結合すると開始因子はすべて遊離し，GTP は分解される．

開始反応に関与するように働く.

逆に, アミノアシル tRNA を A サイトに導く補助因子は fMet-tRNA$_f^{Met}$ とは結合できず, そのため fMet-tRNA$_f^{Met}$ は伸長反応に使われることはない.

IF-3 も開始反応が正確に行われるよう助けている. IF-3 は開始コドン AUG の 2 番目と 3 番目の塩基対形成が正しく行われていることを認識して, 開始 tRNA の結合を安定化させる.

図 8・14 に, IF-2 が開始 fMet-tRNA$_f^{Met}$ を P サイトに導くまでの一連の反応を詳細に示す. GTP 結合型 IF-2 が 30S サブユニットの P サイトに結合すると, この時点で 30S サブユニットにすべての開始因子がそろう. つぎに 30S サブユニット上の IF-2 に fMet-tRNA$_f^{Met}$ が結合し, ついで IF-2 が開始 tRNA を部分的 P サイトに転移させる.

IF-2 にはリボソーム依存的な GTP アーゼ活性があり, 50S サブユニットが会合して完全なリボソームになるときに活性を示す. この IF-2 による GTP の加水分解により, 両サブユニットが会合するときに起こる高次構造変化に必要なエネルギーが供給されるのだろう.

## 8・7 真核生物ではリボソームの小さなサブユニットが翻訳開始部位を求めて mRNA 上を移動する

- 真核生物のリボソームの 40S サブユニットは mRNA の 5' 末端に結合し, 翻訳開始部位に到達するまで mRNA 上を移動する.
- 真核生物の翻訳開始部位は AUG コドンを含む 10 塩基の配列でできている.
- 開始因子は開始反応のすべての段階, すなわち開始 tRNA の結合, 40S サブユニットの mRNA への結合と mRNA に沿っての移動, および 60S サブユニットとの会合に必要とされる.
- eIF-2 と eIF-3 が開始 tRNA である Met-tRNA$_i^{Met}$ および GTP を結合し, その複合体が mRNA と会合する前の 40S サブユニットに結合する.
- リボソームの 60S サブユニットは翻訳開始部位で開始複合体に会合する.

真核生物の細胞質におけるタンパク質合成の開始は細菌における反応と似ているが, 反応の順序が異なり, 補助因子の数ははるかに多い. 開始反応の違いのいくつかは, 真核生物の 40S サブユニットは開始コドンに到達するために mRNA 上を移動しなければならないことに関係している.

真核生物ではすべての mRNA が事実上モノシストロニックであるが, それぞれの mRNA は対応するタンパク質をコードするのに必要な分よりもかなり長いのが普通である. 真核生物の細胞質にみられる mRNA は, 長さ 1000〜2000 塩基, その 5' 末端にはメチル化されたキャップ構造があり, リーダーとよばれる比較的短い (通常 100 塩基以下の) 5' 側の非翻訳領域が一つしかないコード領域まで続いている. 3' 側の非翻訳領域であるトレーラーはかなり長い場合が多く, 時に約 1000 塩基にもなり, 3' 末端には 100〜200 塩基のポリ(A)がある, というのが平均的な姿である.

真核生物の mRNA の翻訳のときにリボソームが最初に認識する目印は, 5' 末端にあるメチル化されたキャップ構造である. 40S サブユニットが mRNA に結合するにはいくつかの開始因子が必要であるが, その中にはキャップを認識するタンパク質群も含まれている. 翻訳開始の AUG コドンが mRNA の 5' 末端から 40 塩基以内にある場合には, キャップと AUG コドンはリボソームが結合している領域の中に同時に存在することになる. しかし多くの場合, キャップと AUG コドンはかなり離れており, 極端な場合には 1000 塩基ほども離れている例がある. それでもやはりキャップ構造は開始コドンで安定な複合体が形成されるのに必要である. リボソームはどのようにしてそんなに離れた二つの部位に依存しているのだろうか.

図 8・15 に示すスキャニングモデルでは, 40S サブユニットがまず 5' 末端のキャップを認識し, mRNA に沿って "移動する" と考えられている. この 5' 末端からのスキャニングは直線的な移動の過程であり, 移動を妨げる mRNA の二次構造は, リボソームが開始因子の助けを借りてほどいていく.

翻訳開始の AUG コドンに到達すると 40S サブユニットの移動は止まる. 必ずというわけではないが, 普通は mRNA の 5' 末端からみて最初に現れる AUG トリプレットが

### mRNA 上にはリボソームで認識される二つの特徴がある

1. 小さなサブユニットがメチル化されたキャップ構造に結合する
2. 小さなサブユニットはリボソーム結合部位まで移動する
3. リーダー配列が長い場合にはいくつもの小さなサブユニットが列をなして並ぶことがある

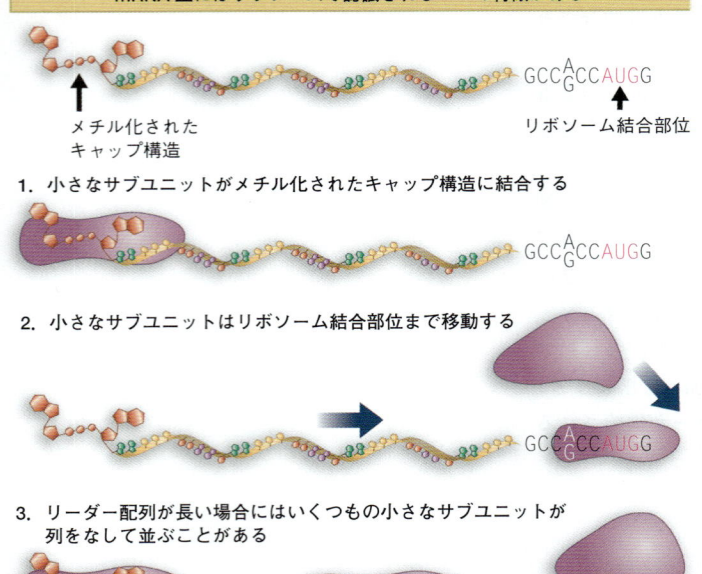

図 8・15　真核生物のリボソームは mRNA の 5′ 末端から，AUG 開始コドンを含むリボソーム結合部位まで移動してくる．

開始コドンである．しかし AUG トリプレットだけではリボソームの移動を止めるのには十分でないらしい．AUG トリプレットはそのコンテクストが翻訳に適した条件にあるときだけ，開始コドンとして認識される．最も開始に適した配列は NNNPuNNAUGG である．コンテクストの中でも翻訳開始部位の判定に最も重要なのは－4 から +1 までの塩基配列である．AUG コドンの 3 塩基前にあるプリン（A または G）と，AUG コドンの直後にある G が最も大切で，翻訳の効率に 10 倍も影響する．リーダーが長い場合，最初の 40S サブユニットが翻訳開始部位から離れないうちに次の 40S サブユニットが 5′ 末端を認識し，リーダーに沿って開始部位までをいくつものサブユニットが行列して進むことになる．

真核生物では開始反応のほとんどの場合に 5′ 末端のキャップからスキャニングが行われるが，別の開始の方法もある．40S サブユニットは mRNA 内部の IRES（internal ribosome entry site, mRNA 内部のリボソーム結合部位）とよばれる部位に直接結合する．（これにより 5′ 末端の非翻訳領域に AUG コドンがあっても完全に回避される．）これまでに見つかっている IRES には共通する配列はほとんどみられない．最も普通にみられるタイプはその上流側の端に開始コドン AUG をもつものである．リボソームの 40S サブユニットは 5′ 末端からの開始反応に必要とされる補助因子に対応する一そろいの補助因子を使って，直接この IRES に結合する．

mRNA の 5′ 末端の修飾はほとんどすべての細胞質およびウイルス mRNA にみられ，この修飾は真核生物の細胞質中でその mRNA が翻訳されるために必要である．この原則に対する唯一の例外は（ポリオウイルスなどの）数種類のウイルスのみにみられ，それらの mRNA にはキャップがない．これらのウイルスは IRES 経路を利用している．このことは，IRES 経路が最初に発見されたピコルナウイルスの感染では特に重要である．なぜならピコルナウイルスが感染するとキャップ構造が破壊され，本来キャップ構造に結合するはずの開始因子が結合できなくなるからである．これにより宿主細胞の mRNA は翻訳されなくなってしまう．その一方でウイルスの mRNA は IRES 経路により翻訳される．

真核細胞には細菌よりも多くの開始因子がある．現在のところ，直接あるいは間接に開始反応に必要とされる因子が 12 個同定されている．これらの因子には細菌と同様に，時には細菌の因子との類似性によって名前が付けられ，真核生物由来であることを示すために名前の最初に "e" の文字が付されている．これらの因子は開始反応のすべての段階で働き，その中には，次のようなものがある：

- mRNA の 5′ 末端で開始複合体を形成する．
- Met-tRNA$_i^{Met}$ とともに複合体を形成する．
- mRNA・開始因子複合体と Met-tRNA$_i^{Met}$・開始因子複合体を結合させる．
- リボソームが mRNA の 5′ 末端から最初の AUG までスキャンできるようにする．
- 翻訳開始点の AUG へ開始 tRNA が結合したことを認識する．
- 60S サブユニットの会合を仲介する．

図 8・16 に翻訳開始の各段階をまとめ，どの開始因子がどの段階で関与するかを示す．eIF-4A，eIF-4B，eIF-4E，eIF-4G は mRNA の 5′ 末端のキャップに結合する．eIF-2 と eIF-3 は開始 tRNA とともに三元複合体を形成してリボソームの 40S サブユニットに結合し，43S 複合体をつくる．それからこの 43S 複合体は mRNA 上を移動して開始コドンを探す．この移動の間，補助因子には mRNA に塩基対を形成している箇所があればそれをほどくのを助ける役割がある．eIF-1 と eIF-1A はリボソームサブユニット・mRNA 複合体に結合する．

ここで，キャップに複合体が結合した mRNA は PABP と eIF-4G との間の相互作用により mRNA の 5′ 末端と 3′ 末端が近接し，図 8・16 に示されているようにループ状になっていることに注意しよう．

## 8・8 伸長因子 EF-Tu がアミノアシル tRNA を
## リボソームの A サイトへと導く

**伸長因子** elongation factor 原核生物では EF，真核生物では eEF とも表される．ポリペプチド鎖にアミノ酸1個が付加されるたびに，周期的にリボソームに結合するタンパク質．
**EF-Tu** 細菌のタンパク質合成において，アミノアシル tRNA に結合し，リボソームの A サイトに運び込む伸長因子．

- EF-Tu・GTP はアミノアシル tRNA を結合し，リボソームの A サイトに運び込む．
- アミノアシル tRNA がコドンと塩基対を形成すると GTP が加水分解され，それにより EF-Tu がリボソームから解離する．

開始コドンの所で P サイトに開始 Met-tRNA が結合した状態で完全なリボソームが形成されると，A サイトにアミノアシル tRNA を受け入れる準備が整う．A サイトには開始 tRNA 以外のどのアミノアシル tRNA でも入ることができる．この過程を補助するのは**伸長因子**（**EF**，細菌では **EF-Tu**）である．この過程は真核生物でも似通っている．EF-Tu は細菌とミトコンドリアを通じて非常に保存性の高いタンパク質で，真核生物の伸長因子にも相同性を示す．活性型の EF-Tu は GTP を結合している．

翻訳開始反応のときの IF-2 と同様に，伸長因子の EF-Tu はアミノアシル tRNA を導入する間だけリボソームに結合する．いったんアミノアシル tRNA が導入されると，EF-Tu は解離して，次のアミノアシル tRNA に作用する．

図 8・17 は，アミノアシル tRNA が A サイトに運び込まれる際に EF-Tu が果たす役割を示している．EF-Tu・GTP 二元複合体は，アミノアシル tRNA と結合してアミノアシル tRNA・EF-Tu・GTP 三元複合体を形成する．この三元複合体はペプチジル tRNA がすでに P サイトに入っているリボソームの A サイトだけに結合する．この反応はアミノアシル tRNA とペプチジル tRNA がペプチド結合を形成するために正確な位置に入るのに重要である．

アミノアシル tRNA の A サイトへの導入には二つの段階がある．まずアンチコドン末端が 30S サブユニットの A サイトに結合する．つぎにコドン-アンチコドンの認識によってリボソームの高次構造が変化する．これが tRNA の結合を安定化させ，EF-Tu には GTP の加水分解をひき起こす．EF-Tu・GDP 二元複合体が遊離し，ここで初めて

**真核生物の翻訳開始にはいくつもの複合体の段階がある**

43S 複合体
eIF-2, eIF-3
Met-tRNA$_i^{Met}$

キャップ結合複合体
＋mRNA
eIF-4A, 4B, 4E, 4G

43S 複合体が mRNA の 5′ 末端に結合する

48S 複合体が開始コドンの所に形成される
eIF-2, eIF-3
eIF-1, 1A
eIF-4A, 4B, 4E, 4G

図 8・16　いくつかの開始因子が 40S サブユニットに結合して 43S 開始複合体を形成する．別のいくつかの開始因子は mRNA に結合する．43S 開始複合体が mRNA に結合すると，開始コドンを求めて mRNA 上を移動していく．この複合体は 48S 複合体として単離できる．

**EF-Tu は GTP 結合型と GDP 結合型の変換を繰返す**

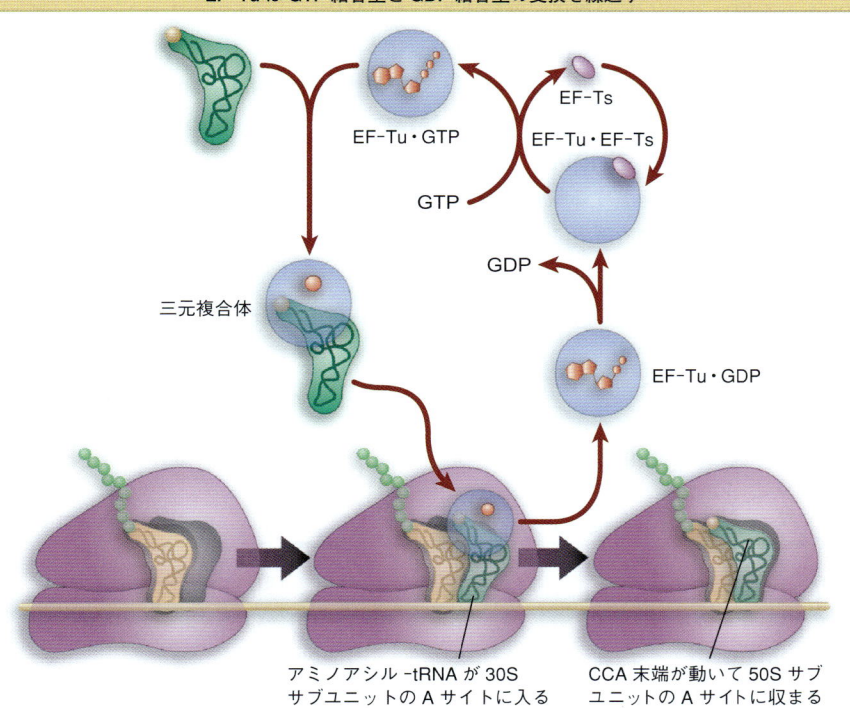

図 8・17　EF-Tu・GTP はアミノアシル tRNA をリボソームに配置した後，EF-Tu・GDP として放出される．つまりこの反応では GTP が消費され GDP が放出される．その GDP と GTP の置換には EF-Ts が必要である．

tRNAの3′末端が動いて50SサブユニットのAサイトに収まる．EF-Tu・GDPは不活性で，アミノアシルtRNAとはうまく結合できない．使用済みのEF-Tu・GTPは別の補助因子であるEF-Tsによって活性型のEF-Tu・GTPに再生される．

EF-TuはアミノアシルtRNAのアミノアシル末端が50SサブユニットのAサイトに入るのを妨げる（図8・22参照）．そのためリボソームがペプチド結合の形成を行わせるためにはEF-Tu・GDPの解離が必要となる．同じことがタンパク質合成の他の段階でも見受けられる．すなわち一つの反応がきちんと完了していなければ次の反応へと進むことができない．

真核生物では，伸長因子eEF-1αがアミノアシルtRNAをリボソームに導入するのにかかわっており，この反応もやはりGTPの高エネルギー結合の切断を伴う．eEF-1αは細菌の伸長因子EF-Tuと相同で，同じように豊富に存在するタンパク質である．GTPの加水分解後の活性型への再生は細菌のEF-Tsに相当するeEF-1βγによって行われる．

## 8・9　ポリペプチド鎖がアミノアシルtRNAへと転移する

**合成中のポリペプチド鎖がアミノアシルtRNAに転移する**

**ペプチジルトランスフェラーゼ**　peptidyl transferase　リボソームの50Sサブユニットがもつ酵素活性で，成長しつつあるポリペプチド鎖にアミノ酸を付加しペプチド結合をつくる．実際の触媒活性はrRNAがもつ性質である．
**ピューロマイシン**　puromycin　アミノアシルtRNAに構造が似ており，アミノアシルtRNAの代わりに合成中のポリペプチド鎖に結合してタンパク質合成を中断させてしまう抗生物質．

- リボソームの50Sサブユニットにはペプチジルトランスフェラーゼ活性がある．合成中のポリペプチド鎖はPサイトのペプチジルtRNAからAサイトのアミノアシルtRNAへと転移する．
- ペプチド結合の形成によって，Pサイトには脱アシルtRNAが，AサイトにはペプチジルtRNAができる．

PサイトのtRNAに結合したポリペプチドがAサイトにあるアミノアシルtRNAに転移して新しいペプチド結合が形成される．この反応は図8・18に示されている．ペプチド結合の合成を行う活性をもった酵素は**ペプチジルトランスフェラーゼ**とよばれている．ペプチジルトランスフェラーゼ活性は，リボソームの大きい（50Sまたは60S）サブユニットの機能の一つである．Aサイトに入っているアミノアシルtRNAからEF-Tuが遊離すると，アミノアシルtRNAは向きを変え，そのアミノアシル末端がペプチジルtRNAの末端に近づくと転移反応が始まる．この部位にペプチジルトランスフェラーゼ活性があり，その本質的機能はポリペプチド鎖をアミノアシルtRNAに素早く転移させることである．ペプチジルトランスフェラーゼ活性にはrRNAと50Sサブユニットのタンパク質の両方が必要であるが，実際に触媒作用を担っているのはリボソームの50Sサブユニットを構成するrRNA自身である（§8・16参照）．

タンパク質合成を阻害する抗生物質**ピューロマイシン**によって転移反応の性質が明らかにされた．ピューロマイシンはtRNAの末端のアデノシンにアミノ酸が結合した構造

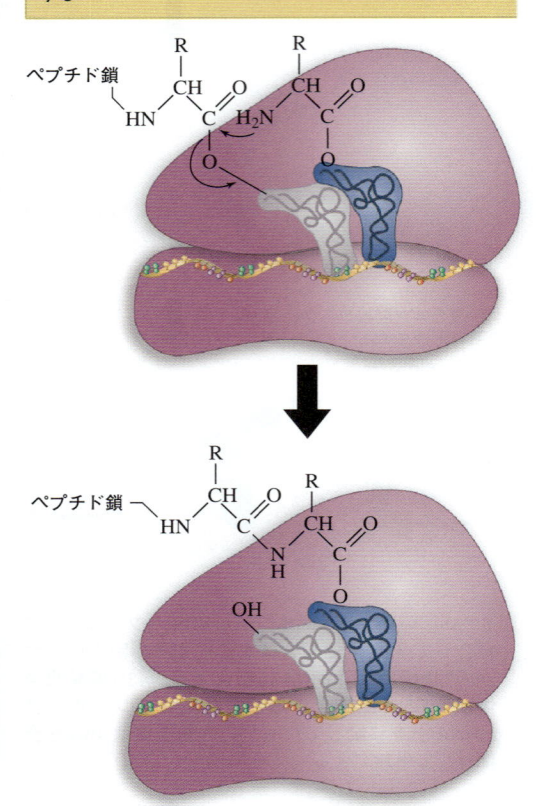

図8・18　ペプチド結合の形成は，PサイトのペプチジルtRNAのポリペプチド鎖とAサイトのアミノアシルtRNAのアミノ酸との反応によって起こる．

**ピューロマイシンはアミノアシルtRNAに似ている**

図8・19　ピューロマイシンは糖−塩基部分に結合した芳香族アミノ酸に似ているので，アミノアシルtRNAと同様にふるまう．

とよく似ている．図8・19に示したように，アミノ酸と結合するtRNAのOに相当する原子がピューロマイシンではNになっている．リボソームはこの抗生物質をアミノアシルtRNAが入ってきたものとみなし，ペプチジルtRNAのポリペプチド鎖はピューロマイシンの$NH_2$基に移る．

しかし，ピューロマイシン分子はリボソームのAサイトに結合していないので，できたポリペプチジルピューロマイシンはリボソームから放出される．このようにしてタンパク質合成を中断させてしまうことがこの抗生物質の作用機構であり，その作用は致死的である．

## 8・10　トランスロケーションによってリボソームが動く

> **トランスロケーション**　translocation　合成中のポリペプチド鎖にアミノ酸が1個付加されるたびにリボソームが1コドン分mRNAに沿って移動すること．

> - リボソームのトランスロケーションによって，リボソームの中を通っているmRNAが3塩基分移動する．また脱アシルtRNAはEサイトに，ペプチジルtRNAはPサイトに移動し，Aサイトは空になる．
> - ハイブリッド中間体モデルによれば，トランスロケーションは2段階で起こる．まず50Sサブユニットが30Sサブユニットに対して移動し，それから30SサブユニットがmRNAに沿って動いてもともとの高次構造を回復する．

伸長しつつあるポリペプチド鎖にアミノ酸を付加する反応のサイクルは，**トランスロケーション**によって完結し，この反応でリボソームはmRNAに沿って3塩基分前進する．図8・20に示すように，トランスロケーションの結果，アミノ酸を離したtRNAはPサイトから追い出され，新しいペプチジルtRNAがAサイトからPサイトに移動する．このようにして再びAサイトが空になり，次のコドンに対応するアミノアシルtRNAがリボソームに結合できる状態になる．図8・20に示したように，細菌ではアミノ酸を離したtRNAはPサイトからEサイトに移動する（ついで，Eサイトから細胞質中に放出される）．真核生物ではtRNAは直接，細胞質中に放出される．

トランスロケーションはハイブリッド中間体モデルに従うとする考え方が主流である．このモデルではトランスロケーションは2段階の反応であると考える．図8・21に示すように，第一段階では50Sサブユニットが30Sサブユニットに対する相対的位置を変えるように移動し，続く第二段階では30SサブユニットがmRNAに沿って移動してもともとの高次構造を回復する．

まずリボソーム内の両tRNAのアミノアシル末端（50Sサブユニット内に位置する）が新しいサイトに移動する（このときアンチコドン末端はまだ30Sサブユニット内でアンチコドンに結合したままである）．この段階で両tRNAはハイブリッドになったサイト（50S E/30S Pサイトと50S P/30S Aサイト）にうまく結合している．つぎに移動が30Sサブユニットに及び，コドン-アンチコドンの塩基対形成部位が正しい場所に収まる．ハイブリッド中間体を形成する方法として最も可能性が高いのは，リボソームのサブユニット同士が互いに相対的に動くことである．そうすればトランスロケーションは実際に2段階になり，正常なリボソームの構造が2段階目に回復する．

## 8・11　2種類の伸長因子が交互にリボソームに結合する

> **EF-G**　細菌のタンパク質合成におけるトランスロケーションの段階に必要とされる伸長因子．

> - EF-Gがトランスロケーションで機能するためにはGTPが必要である．また，EF-Gの構造はアミノアシルtRNA・EF-Tu・GTP三元複合体に似ている．
> - EF-TuとEF-Gは同時にリボソームに結合することはできない．
> - トランスロケーションはGTPの加水分解を必要とする．GTPの加水分解がEF-Gの変化をひき起こし，EF-Gの変化がリボソームの構造変化をひき起こす．

**tRNAは3箇所のリボソーム結合部位をつぎつぎに通る**

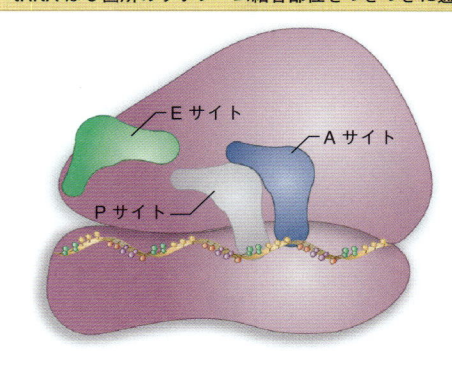

トランスロケーション前:
ペプチジルtRNAはPサイトに入っている
アミノアシルtRNAはAサイトに入っている

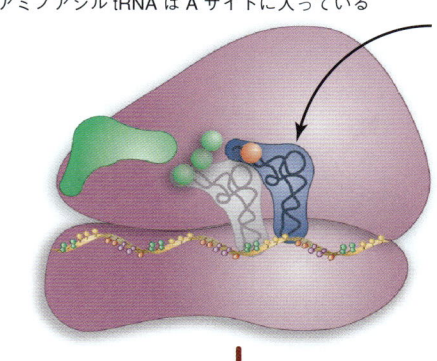

トランスロケーション後:
脱アシルtRNAがEサイトに移動する
ペプチジルtRNAがPサイトに移動する

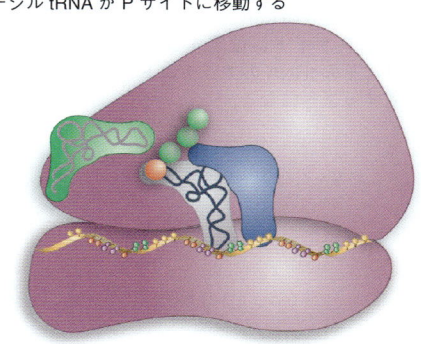

図8・20　細菌のリボソームにはtRNA結合部位が三つある．アミノアシルtRNAはPサイトにペプチジルtRNAが入っているリボソームのAサイトに入る．ペプチド結合が形成されるとPサイトのtRNAはアミノ酸を失い，AサイトのtRNAはペプチジルtRNAとなる．トランスロケーションにより，脱アシルtRNAはEサイトへ，ペプチジルtRNAはPサイトへと移動する．

### トランスロケーションは2段階の反応である

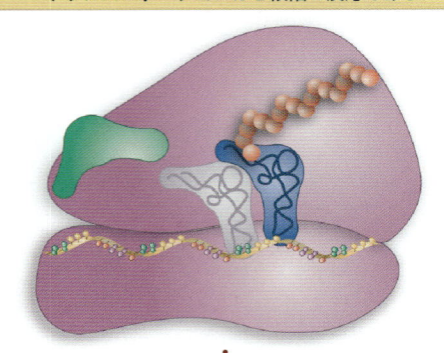

**50Sサブユニットが30Sサブユニットに対して動く**

**アミノ酸が外れたtRNAはEサイトを経由して離れる**

**新しいアミノアシルtRNAが入ってくる**

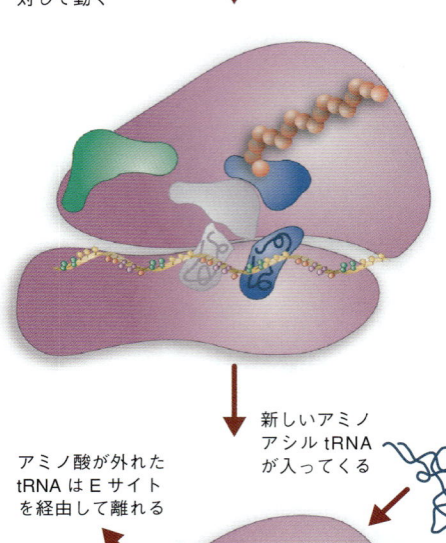

図8・21　トランスロケーションの第一段階は，ペプチド結合形成時にAサイトのtRNAのアミノアシル末端がPサイトに位置するようになる．第二段階では，そのtRNAのアンチコドン部分もPサイトに位置するようになる．

トランスロケーションには，GTPともう一つの伸長因子 **EF-G** が必要である．EF-Gは細胞内に多量にある成分の一つで，リボソーム粒子1個に対しおよそ1分子の割合（細胞当たり20,000分子）で存在する．

リボソームにEF-TuとEF-Gが同時に結合することはできないので，図8・22に示すように，タンパク質合成はこの二つの因子が交互にリボソームに付いたり離れたりを繰返して進行する．つまり，EF-Gが結合する前にEF-Tu・GDPは解離しなければならないし，EF-Gはアミノアシル tRNA・EF-Tu・GTP 三元複合体が結合する前に解離しなければならない．

アミノアシル tRNA・EF-Tu・GTP 三元複合体と EF-G の構造が非常によく似ていることが図8・23に示されている．EF-Gの構造は，アミノアシル tRNAの受容ステムにEF-Tuが結合したときの全体の構造にそっくりである．このことからそれらがリボソーム上の同じ結合部位を競合しているのだろうと推測される．一方の因子が結合する前にもう一方の因子が解離する必要があることで，タンパク質合成の反応が順序正しく進むことが保証される．

どちらの伸長因子も典型的な単量体で存在するGTP結合タンパク質で，GTP結合型が活性をもち，GDP結合型が不活性である．リボソームに結合するためにはGTP結合型になっていなければならないため，機能の発揮に必要なGTPを伴っている因子のみがリボソームに結合できる．

### 8・12　アミノ酸を結合していない空のtRNAが存在するとリボソームはストリンジェント応答を誘発する

> **ストリンジェント応答**　stringent response　栄養条件の悪い培地中に置かれたときに細菌が示す ppGpp を介した応答反応で，細菌が tRNA とリボソームの合成を停止すること．
> **アラーモン**　alarmone　細菌がストレスを受けたときに生じる低分子化合物で，遺伝子発現の状態を変える働きをする．アラーモンの例として，通常にはみられない ppGpp や pppGpp などのヌクレオチドがある．
> **ppGpp**　グアノシン四リン酸．二リン酸基がグアノシンの5'位と3'位の両方に結合している．
> **pppGpp**　グアノシン五リン酸．グアノシンの5'位に三リン酸基が，3'位に二リン酸基が結合している．
> **リラックス変異株**　relaxed mutant　アミノ酸（およびその他の栄養源）の欠乏に際してストリンジェント応答を示さない大腸菌の変異株．
> **ストリンジェント因子**　stringent factor　リボソームに結合しているタンパク質 RelA のこと．アミノ酸を結合していない空の tRNA がリボソームの A サイトに入ると，RelA は ppGpp や pppGpp を合成する．
> **空回り反応（アイドリング反応）**　idling reaction　アミノ酸を結合していない空の tRNA がリボソームの A サイトに入ると，リボソームによって pppGpp や ppGpp の合成が行われる反応で，ストリンジェント応答の結果起こる．

- 生育条件が悪化すると，大腸菌は低分子調節因子 ppGpp や pppGpp をつくる．
- アミノ酸を結合していない空の tRNA がリボソームの A サイトに入ると，ストリンジェント因子 RelA の (p)ppGpp 合成酵素活性が増強され，ppGpp や pppGpp をつくる反応が誘発される．
- アミノ酸を結合していない空の tRNA が1回 A サイトに入るたびに1分子の (p)ppGpp がつくられる．

リボソームはタンパク質合成において中心的な役割を果たすだけでなく，数種類の調節応答反応をもひき起こす．これらの応答反応をひき起こす最初の刺激は（生育条件の悪化による）アミノ酸の不足であり，アミノ酸が不足すると次にはアミノアシル tRNA ができなくなる．アミノアシル tRNA が十分に供給されなくなるとタンパク質合成を行うことができなくなるため，リボソームはアミノアシル tRNA の不足を感知する重要な立場にある．一般にアミノアシル tRNA が不足すると，環境の悪化などの警告に対する応答反応が誘発される．また特定のアミノアシル tRNA の不足が，対応するアミノ酸を

つくる代謝系の調節に使われている場合もある（§13・5参照）．

細菌は，タンパク質合成を維持するのに十分なアミノ酸が供給されない生育条件におかれると，いろいろな活動を停止してしまう．これは**ストリンジェント応答**とよばれる．厳しい欠乏の条件を生き抜くための機構と考えてよい．栄養条件が改善されるまで最小限の活動しかせずに物資を倹約する．

ストリンジェント応答によって，rRNAとtRNAの合成は極度（1/10～1/20）に減少する．これだけで全RNA合成は正常の5～10％に低下する．一部のmRNAの合成も低下し，全mRNA合成は約1/3になる．タンパク質の分解速度が上がり，ヌクレオチド，糖，脂質の合成が減少するなど，いろいろな代謝上の調節が起こる．

ストリンジェント応答では2種類の異常なヌクレオチド（**アラーモン**とよばれることがある）の蓄積が起こる．**ppGpp**はグアノシン四リン酸であり，二リン酸基が5'位および3'位の両方に結合している．**pppGpp**はグアノシン五リン酸であり，5'位に三リン酸基，3'位に二リン酸基が結合している．これらのヌクレオチドは，標的タンパク質に結合してその活性を変化させる典型的な低分子の作用因子である．しばしば両者あわせて(p)ppGppと表記される．

アミノ酸の一つが欠乏したり，あるいはアミノアシル-tRNAシンテターゼのどれか一つが不活性化するような変異は，それだけでストリンジェント応答をひき起こす．一連の変化すべてを起こす引き金となるのは，空のtRNAがリボソームのAサイトに結合することである．通常の条件ならば，当然ながら，アミノアシルtRNAだけがEF-TuによってAサイトに結合する（§8・8参照）．しかし，ある一つのコドンに対応するアミノアシルtRNAがない場合には，空のtRNAがそこに入ることができるようになるのである．

ストリンジェント応答ができない細菌変異株は**リラックス変異株**とよばれる．最もよく起こるリラックス変異は*relA*遺伝子の変異で，**ストリンジェント因子**というタンパク質をコードしている．この因子はリボソームと会合しているが，量はかなり少なくて200リボソーム当たり1分子以下しかない．したがって，ストリンジェント応答ができるのはごく一部のリボソームだけなのかもしれない．

空のtRNAがAサイトに入ると，タンパク質合成が阻害され，野生型のリボソームでは**空回り（アイドリング）反応**がひき起こされる．Aサイトに入っている空のtRNAがAサイトのコドンと正しく対応している場合には，RelAタンパク質はGTPまたはGDPの3'位にATPからピロリン酸（二リン酸）基を転移する反応を触媒する．このRelAタンパク質の活性に対する正式名称は(p)ppGppシンテターゼである．

図8・24に(p)ppGppの合成経路を示す．RelA酵素はおもにGTPを基質にするので，主要な産物はpppGppであるが，これは他の何種類かの酵素によりppGppへと変換される．この脱リン酸反応を行うことのできる酵素の中には，伸長因子であるEF-TuやEF-Gもある．pppGppを経てppGppがつくられる経路が最も一般的であり，ストリンジェント応答においては通常ppGppが作用因子となっている．

空のtRNAが入ったときのリボソームの応答を，正常なタンパク質合成と比較して図8・25に示す．EF-TuによりアミノアシルtRNAがAサイトに導入されるとペプチド結合が形成され，ついでリボソームは移動する．しかし，空のtRNAがコドンと対をつくりAサイトに導入されたときにはリボソームは止まったまま空回り反応を起こす．空のtRNAのAサイトへの侵入とRelAの活性化とを結び付けるのは，50Sサブユニットを構成するリボソームタンパク質の一つ，L11である可能性がある．L11はコドンとの塩基対形成は正しくできるが空のtRNAがAサイトに入った場合に対応できる，AサイトとPサイトの近傍に位置する．またリラックス変異がL11の遺伝子の変異である場合がある．

ppGppはいくつもの反応を制御する作用因子である．制御を受ける反応の中には転写の阻害が含まれる．特に，ppGppはrRNAをコードするオペロンのプロモーターからの転写を特異的に阻害する．またppGppは全体の転写速度も低下させる．これらの効果を合わせると細胞が遺伝子発現に使うエネルギーを大幅に削減でき，ストリンジェント応答がどのようにして成り立っているかが理解できる．

生育条件が正常に戻ったとき，ppGppはどのようにして取除かれるのであろうか．図8・24に示しているように，*spoT*遺伝子はppGpp分解を触媒する主要な酵素をコー

### リボソームはEF-TuとEF-Gに交互に結合する

アミノアシルtRNAの結合

アミノアシルtRNA・EF-Tu・GTP複合体 → EF-Tu・GDP

ペプチド結合の形成

トランスロケーション

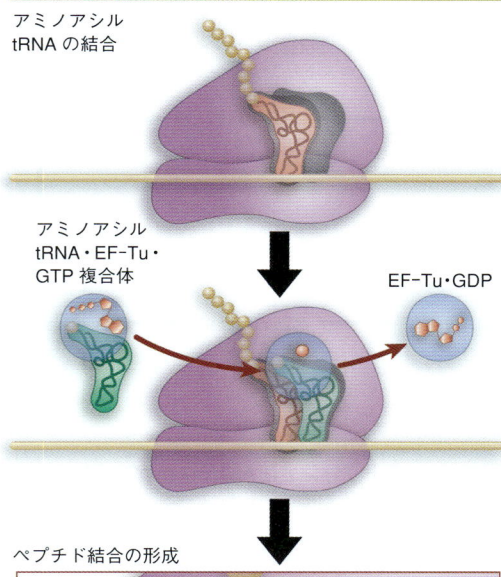

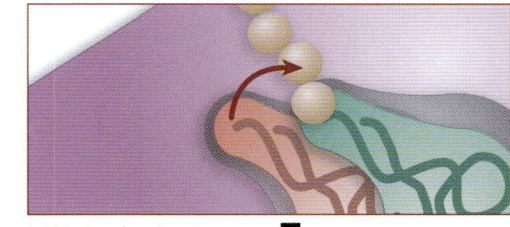

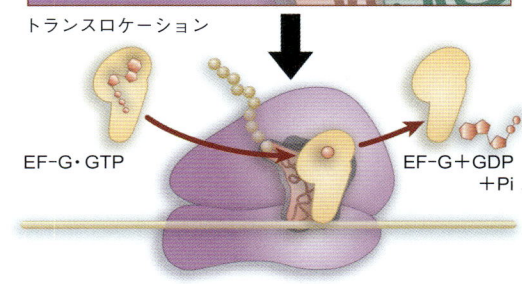

EF-G・GTP → EF-G+GDP+Pi

図8・22　EF-TuとFF-G因子は，リボソームが新しいアミノアシルtRNAを結合し，ペプチド結合をつくり，トランスロケーションを起こすときに，入れ代わりで結合する．

### EF-Gの構造とアミノアシルtRNAの構造は似ている

アミノアシルtRNA・EF-Tu・GTP　　EF-G

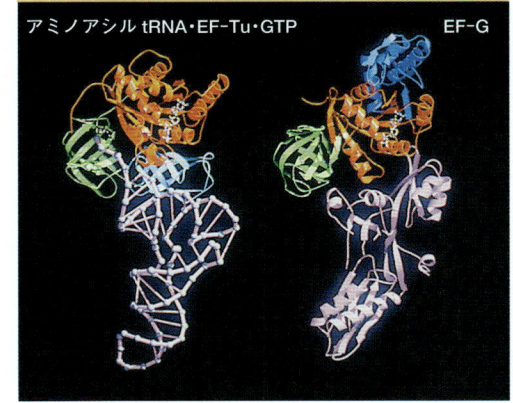

図8・23　アミノアシルtRNA・EF-Tu・GTPの三元複合体（左）の構造はEF-G（右）の構造に似ている．EF-TuとEF-Gの構造的に保存されたドメインは赤と緑で描かれている．tRNAとEF-G上でtRNAに似たドメインは紫で描かれている．写真はPoul Nissen氏のご好意による．

**図8・24** ストリンジェント因子は pppGpp と ppGpp の合成を触媒する．リボソームタンパク質は pppGpp を脱リン酸して ppGpp にする．ppGpp は必要がなくなると分解される．

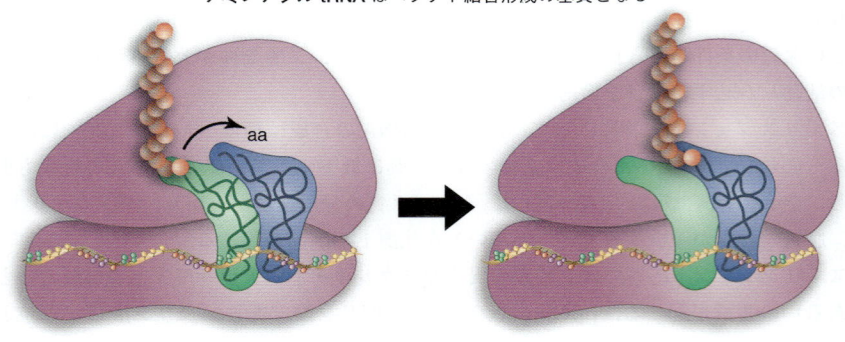

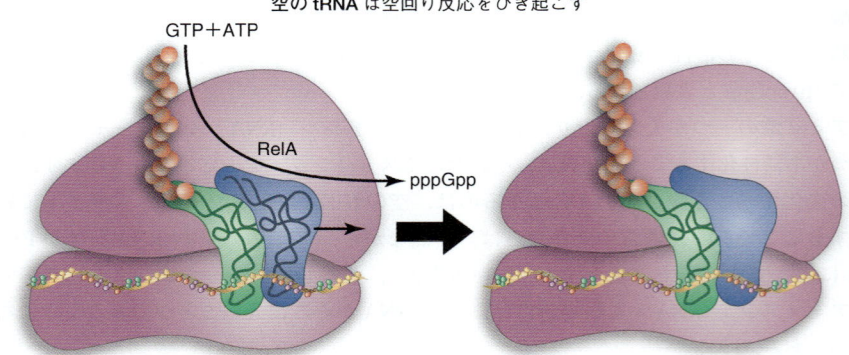

**図8・25** 通常のタンパク質合成においてはアミノアシル tRNA が A サイトに入ると，ペプチジルトランスフェラーゼが働いてポリペプチド鎖の転移が起こる．続いて EF-G の働きによりリボソームの移動が起こる．しかし，ストリンジェント応答が起こるような条件下では空の tRNA が存在するため RelA タンパク質による (p)ppGpp の合成が起こり，空の tRNA がリボソームから除去される．

ドしている．この酵素により ppGpp は半減期約 20 秒という速さで急速に分解される．したがって，(p)ppGpp の合成が止まるとストリンジェント応答は速やかに解除されてしまう．

### 8・13 タンパク質合成を終止させるコドンは三つある

> **終止コドン** stop codon, termination codon タンパク質合成を終わらせる 3 種類のトリプレット (UAG, UAA, UGA)．その発見の経緯からナンセンスコドンともいう．発見の元となったナンセンス変異の名称に基づき，UAG はアンバー (amber)，UAA はオーカー (ochre)，UGA はオパール (opal) コドンとよばれる．
>
> **遊離因子 (RF)** release factor 完成したポリペプチド鎖とリボソームを mRNA から遊離させる，タンパク質合成の終止に必要な因子．個々の因子は番号で区別される．真核生物のものは eRF とよばれる．**RF-1** はタンパク質合成を終止させるシグナルとしてコドン UAA と UAG を認識する．**RF-2** はタンパク質合成を終止させるシグナルとしてコドン UAA と UGA を認識する．**RF-3** はタンパク質合成の伸長因子 EF-G に似ていて，タンパク質合成を終止させるために働いた RF-1 または RF-2 をリボソームから遊離させる．

- 細菌では三つの終止コドンが使われ，その使用頻度順は UAA＞UGA＞UAG である．
- 終止コドンはアミノアシル tRNA ではなく，タンパク質の遊離因子によって認識される．
- クラス 1 の遊離因子（大腸菌では RF-1 と RF-2）の構造はアミノアシル tRNA・EF-Tu 複合体や EF-G に似ている．
- クラス 1 の遊離因子はそれぞれ特異的な終止コドンに対応し，ポリペプチド鎖と tRNA との間の結合を加水分解により切断する．
- GTP 依存性のクラス 2 の遊離因子がクラス 1 の遊離因子を補助する．

■ 細菌（2種類のクラス1の遊離因子をもつ）と真核生物（クラス1の遊離因子を1種類しかもたない）の翻訳終止機構は似ている．

トリプレットのうち61種類がアミノ酸に対応し，残りの3種はタンパク質合成を終わらせる**終止コドン**である．それぞれの終止コドンはその発見の経緯に基づいた通称名をもち，UAGは**アンバー**，UAAは**オーカー**，UGAは**オパール**コドンとよばれる．これらUAG，UAA，UGAのトリプレットはタンパク質合成を終止させるために必要かつ十分であり，通常通りに遺伝子の末端にある場合でも変異によってコード領域の内部に生じた場合でもその効果は変わらない．

（これら3種の終止コドンのトリプレットをナンセンスコドンとよぶこともある．しかし，これらのコドンが変異を受けた遺伝子にとって好ましくない存在だとしても，本来は意味のあるものなので"ナンセンス"というのは実は誤った命名だといえよう．）

細菌の遺伝子ではUAAが最も広く使われている終止コドンである．UGAはUAGよりも読み間違いが起こりやすいにもかかわらず，より多く使われている．（間違ってアミノアシルtRNAが終止コドンに対応してしまうと，次の終止コドンに出合うまでタンパク質合成が続いてしまう．）

翻訳の終止過程には二つの段階がある．**翻訳終止反応**は最後のtRNAからタンパク質鎖を切離す反応それ自体である．**翻訳終止後反応**にはtRNAとmRNAが遊離し，リボソームがそれぞれのサブユニットに解離する反応が含まれる．

終止コドンに対応するtRNAはない．このコドンは他のコドンとはまったく異なった様式で機能し，タンパク質因子によって直接認識される．（この反応はコドン-アンチコドンの相互作用にはまったく依存しないので，なぜ終止反応にトリプレットの塩基配列が必要なのか，その特別な理由は見当たらない．おそらくこれは遺伝暗号の進化を反映しているのだろう．）

終止コドンはクラス1の**遊離因子**（**RF**）によって認識される．大腸菌では二つのクラス1遊離因子が見つかっており，それぞれ認識する配列が異なる．**RF-1**はUAAとUAGを認識し，**RF-2**はUGAとUAAを認識する．両因子はリボソームのAサイトで働くが，その際，ポリペプチドを結合したtRNAがPサイトにあることが必要である．遊離因子はリボソームに作用してペプチジルtRNAを加水分解させる．tRNAからのポリペプチド鎖の切離しは普通のペプチド鎖の転移と同様の反応で起こるが，ペプチド鎖を受取るのはアミノアシルtRNAではなくH₂O分子である．遊離因子の量は開始因子や伸長因子よりもはるかに少なく，細胞当たりそれぞれ約600分子しか存在しない．これは10個のリボソームにつき1個の遊離因子に相当する．多分，昔は一つの遊離因子がすべての終止コドンを認識していたが，それぞれの塩基配列に特異的に働く二つの因子に進化したのだろう．真核生物にはクラス1の遊離因子は1種類しかなく，eRFとよばれている．

クラス1の遊離因子はコドンに対する特異性をもたないクラス2の遊離因子の補助を受ける．大腸菌では，クラス2の遊離因子である**RF-3**の役割はクラス1の遊離因子をリボソームから解離させることである．RF-3は伸長因子に類似性のあるGTP結合タンパク質である．

RF-3はEF-TuやEF-GのGTP結合ドメインに似ており，RF-1とRF-2はtRNAに似た形状をもつEF-GのC末端ドメインに似ている．このことから遊離因子は伸長因子と同じ部位を利用することが示唆される．図8・26は，これらの因子すべてがだいたい同じ形をしており，つぎつぎとリボソームの同じ部位（Aサイトとほぼ同じかAサイトと大きく重なる領域）に結合するという基本的な考え方を示している．

真核生物のクラス1遊離因子eRF-1は3種の終止コドンすべてを認識する一つのタンパク質である．eRF-1の構造はおなじみの原則に従っている．すなわち，図8・27に示すように，eRF-1はtRNAの形状によく似た構造をとり，三つのドメインから成り立っている．

翻訳終止反応では完成したポリペプチド鎖は遊離するが，脱アシルtRNAやmRNAはまだリボソームに結合したままである．図8・28は残りの要素（tRNA，mRNA，30Sサブユニット，50Sサブユニット）の解離にリボソーム再生因子（RRF；ribosome recycling factor）が必要であることを示す．RRFはEF-Gと協同してGTPの加水分解

**補助因子のいくつかはよく似た形をしている**

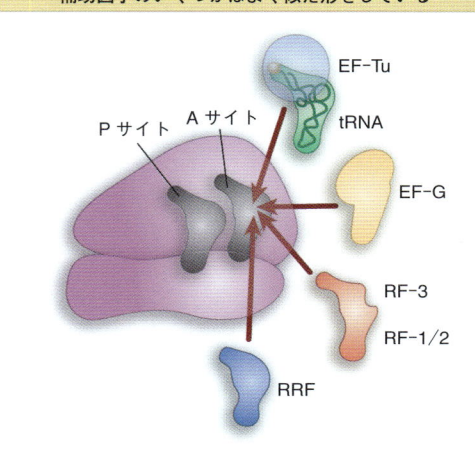

図8・26 分子の形状が互いによく似ているため，伸長因子EF-Tu・tRNA複合体，トランスロケーション因子EF-G，遊離因子RF1/2・RF3，また図8・28で役割が示されているリボソーム再生因子RRFもリボソームの同じ部位に結合することができる．

**eRF-1の構造はtRNAに似ている**

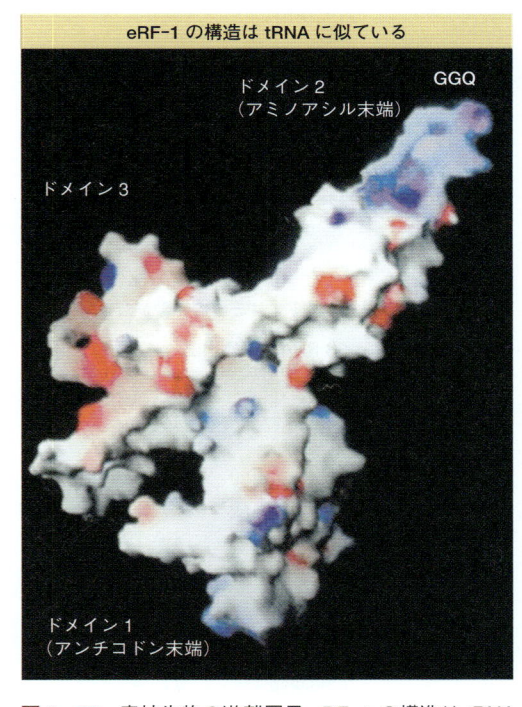

図8・27 真核生物の遊離因子eRF-1の構造はtRNAに似ている．ドメイン2の先端にあるGGQモチーフはtRNAからポリペプチド鎖を加水分解するときに必要である．写真はDavid Barford氏のご好意による．

8・13 タンパク質合成を終止させるコドンは三つある

を伴う反応を行う．各要素の遊離反応にかかわる他の因子と同様，3′末端のアミノ酸結合領域をもっていないことを除けば，RRF の立体構造も tRNA とよく似ている．IF-3 も必要とされる．RRF は 50S サブユニットに働き，IF-3 は脱アシル tRNA を 30S サブユニットから取除く働きをする．また当然ながら，二つのサブユニットが解離した後も，サブユニット同士の再会合が起こらないようにするために IF-3 はひき続き必要である．

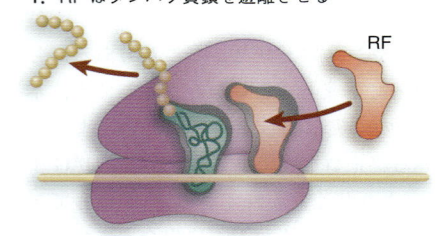

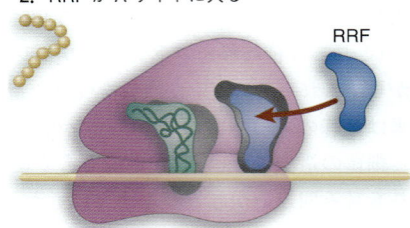

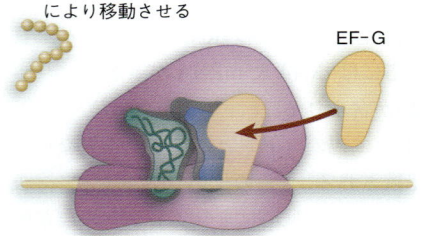

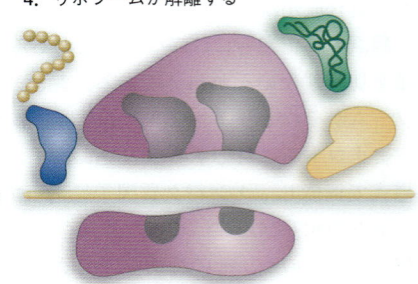

図 8・28　RF（遊離因子）はタンパク質鎖を遊離させることにより，タンパク質合成を終止させる．RRF（リボソーム再生因子）が最後の tRNA を遊離させ EF-G が RRF を遊離させるとリボソームが離れる．

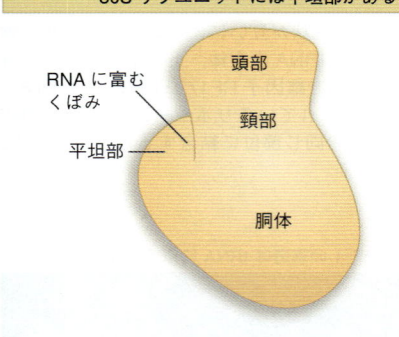

**翻訳終止にはいくつかのタンパク質でできた因子が必要である**

1. RF はタンパク質鎖を遊離させる
2. RRF が A サイトに入る
3. EF-G が RRF をトランスロケーションにより移動させる
4. リボソームが解離する

図 8・29　リボソームの 30S サブユニットは頭部が胴体から頸部で隔てられた構造をしており，そこから平坦部が突き出している．

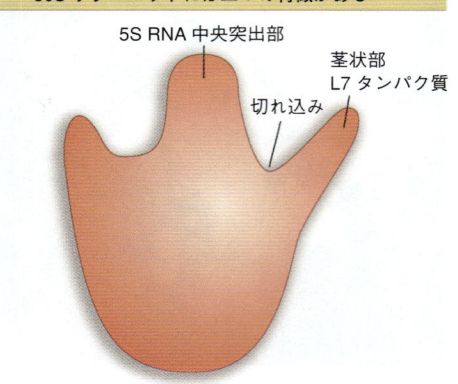

図 8・30　リボソームの 50S サブユニットは 5S RNA が位置する中央の突出部と L7 タンパク質でできた茎状部が両者の間の切れ込みで隔てられた構造をしている．

## 8・14　リボソームのどちらのサブユニットでも rRNA はサブユニット全体に広がっている

- rRNA のそれぞれに，いくつかのはっきりと分かれ，独立して折りたたまれたドメインがある．
- 事実上すべてのリボソームタンパク質が rRNA と接触している．
- リボソームのサブユニット同士の接触は，そのほとんどが 16S RNA と 23S RNA との接触である．

　細菌のリボソームの質量の 3 分の 2 は rRNA でできている．大きな RNA 分子の二次構造を分析するのに最も有効な手段は，関連のある生物間で対応する rRNA の塩基配列を比較することである．二次構造が重要な領域は塩基対形成による相互作用の可能性が期待される．もしある塩基対が必要ならば，どの rRNA でも対応する位置に塩基対が形成されるはずである．このような比較により，16S および 23S RNA の詳細なモデルがつくられた．

　主要な rRNA はいくつかのはっきりとしたドメインに分かれた二次構造をとっている．16S RNA はだいたい四つのドメイン構造から成り立っていて，全塩基配列のちょうど半分弱が塩基対をつくっている（図 8・38 参照）．23S RNA は六つのドメインで構成されている．個々の二重らせん部分は比較的短い（8 bp 未満）．二本鎖部分はしばしば不完全で，塩基対をつくっていない塩基が突き出している．同様のモデルがミトコンドリアの rRNA（短く，ドメイン構造も少ない）や真核生物の細胞質の rRNA（大きく，ドメイン構造はより多い）についても描かれている．真核生物の rRNA が大きいのは，新たにドメイン構造が付け加わったことがおもな原因である．リボソームの結晶構造解析から，それぞれのサブユニットの主要 rRNA のドメインは独立して折りたたまれており，分かれて入っていることが示されている．

　70S リボソームは非対称な形をしている．図 8・29 は 30S サブユニットの構造の概要を描いたものである．30S サブユニットは頭部，頸部，胴体，平坦部の四つの領域に分かれている．図 8・30 は 50S サブユニットについて同様に構造を描いたもので，中央の突出部（ここに 5S RNA が位置している）と茎状部（複数の L7 タンパク質が集合し

てできている）の二つの特徴が目に付く．図8・31は小さなサブユニットの平坦部が大きなサブユニットの切れ込み部分にはまることを示している．二つのサブユニットの間には空洞があり，ここにいくつかの重要な部位がある．

30Sサブユニットの構造は16S RNAに準拠しており，構造的に特徴のあるそれぞれの部分がrRNAのそれぞれのドメインに対応している．30Sサブユニットの胴体は5′末端ドメインに，平坦部は中央ドメインに，頭部は3′末端ドメインにそれぞれ対応する．図8・32は30Sサブユニットの中でRNAとタンパク質の分布が非対称であることを示す．特に目を引くのは，50Sサブユニットとの接合部となる30Sサブユニットの平坦部がほとんどRNAだけで構成されていることである．わずかに2個のタンパク質（S7タンパク質のごく一部と，確実ではないがS12タンパク質の一部）だけが接合部の近くに位置している．したがって，リボソームの両サブユニットの会合や解離は16S RNAとの相互作用に依存して起こっているはずである．このようにRNAの関与が大きいので，リボソームの起源はタンパク質ではなく，RNAでできた粒子から進化してきたのではないかと考えられている．

50Sサブユニットの構成成分の分布は30Sサブユニットより均一で，長い棒状の二本鎖RNAが組合わさるようにして構造をつくっている．RNAはらせんがぎっしり詰まった固まり状になっている．外側の表面はペプチジルトランスフェラーゼの活性中心を除けば，大部分タンパク質でできている．23S RNAの個々の配列部分のほとんどすべてがタンパク質と結び付いているが，タンパク質の多くは特に構造をとっていない．

70Sリボソームにおいて，サブユニット同士の会合では16S RNA（その多くは平坦部で）と23S RNAとが接触している．また，それぞれのサブユニットのrRNAともう一方のサブユニットのタンパク質との間にもいくらか結び付きがある．また，タンパク質同士の関係もある．図8・33はrRNAの構造中でサブユニット同士の接触にかかわっている部位を示している．図8・34ではリボソームを開いた状態にして（図中に示した軸の周りを50Sサブユニットは反時計回りに，30Sサブユニットは時計回りに回転させて）それぞれのサブユニットの表面に露出した接触点の位置を示している．

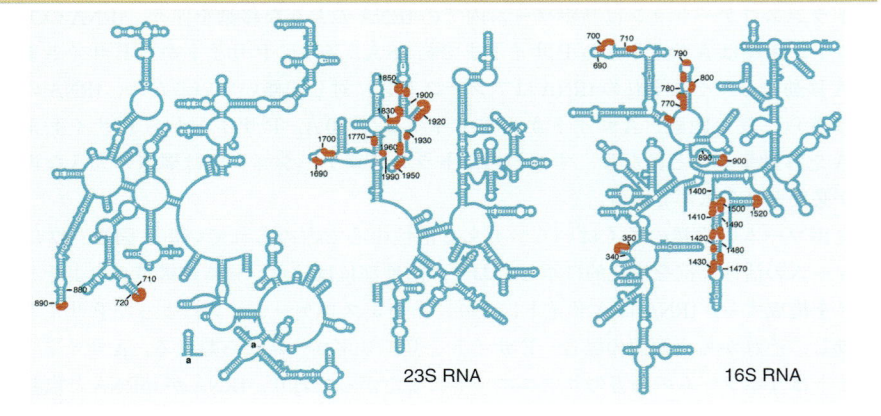

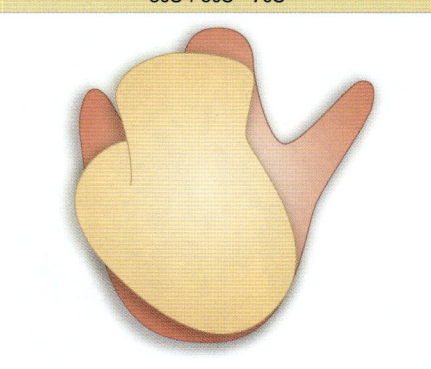

図8・31 30Sサブユニットの平坦部が50Sサブユニットの切れ込みにはまり込んで70Sリボソームを形成する．

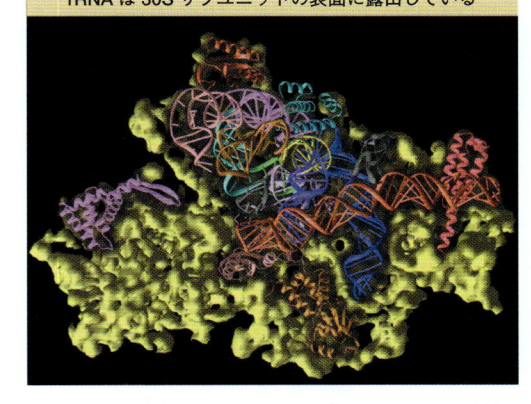

図8・32 リボソームの30Sサブユニットはリボ核タンパク質粒子である．図の黄色の部分がタンパク質である．写真はVenkitaraman Ramakrishnan氏のご好意による．

図8・33 rRNA間の接触点は16S RNAでは二つのドメインに，23S RNAでは一つのドメインに集中している．写真はHarry Noller氏のご好意による．

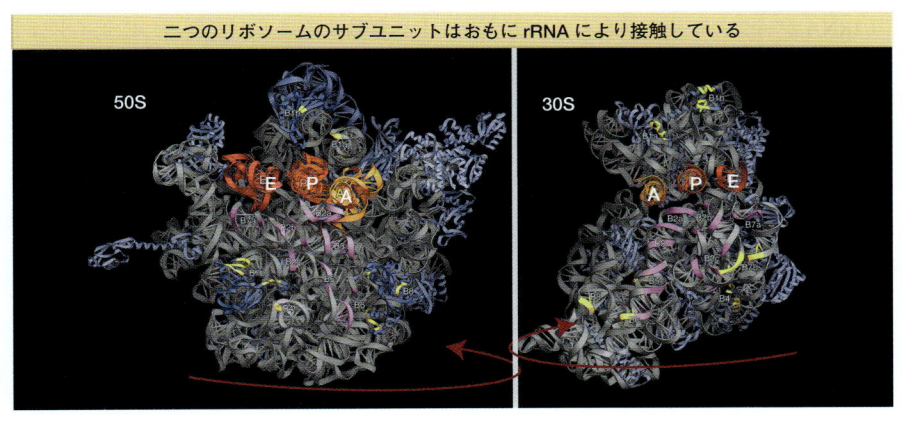

図8・34 リボソームのサブユニット同士の接触はほとんどそのRNA同士の接触である（紫で示されている）．タンパク質が関与する接触は黄色で示されている．2個のサブユニットはお互いから離れるように回転させて接触していた面が見えるように並べてある．すなわち，紙面に垂直な接触面から50Sサブユニットは反時計回りに，30Sサブユニットは時計回りに90度回転させてある（これにより30Sサブユニットは普通の図と反対向きになっている）．写真はHarry Noller氏のご好意による．

8・14 リボソームのどちらのサブユニットでもrRNAはサブユニット全体に広がっている

## 8・15 リボソームにはいくつかの活性中心がある

- rRNA が関与する相互作用がリボソームが機能を果たすうえで重要である．
- tRNA 結合部位の環境を決定しているのはおもに rRNA である．

リボソームについて覚えておくべき基本事項は，リボソームはタンパク質合成の間，活性部位間の関係の変化に対応して協同して働く構造体であるということである．リボソームの活性部位は酵素のものと違って独立した小さな領域から成るものではなく，大きな領域を占め，その構造と活性はリボソームタンパク質とともに rRNA にも大きく依存している．それぞれのサブユニットの結晶構造解析および細菌のリボソームから得られる知見から，その構成の全体像をかなり正確に類推することができ，また rRNA の役割の重要性が認識できる．構造に関して 5.5 Å の解像度で得られた最新の知見では，tRNA や機能部位の位置がはっきりとわかる．これでリボソームの機能の多くを構造に関係づけて説明することができるようになった．

リボソームの機能は tRNA との相互作用が中心になっている．図 8・35 は三つの結合部位に tRNA を結合した状態の 70S リボソームである．A サイトと P サイトの tRNA はほぼ平行に並んでいる．三つの tRNA はいずれもアンチコドンループを 30S サブユニットの RNA がつくる溝に結合させて並んでいる．各 tRNA の残りの部分は 50S サブユニットに結合している．それぞれの tRNA の周辺環境はほとんど rRNA でできている．どの tRNA 結合サイトについても，tRNA の構造が普遍的に保存されている複数の部位に rRNA が接触するようになっている．

どのようにして二つの大きな tRNA 分子が隣同士に収まって隣合うコドンを読むことができるのかは大きな謎であった．結晶構造解析によると，P サイトと A サイトの間で mRNA は 45°の角度で折れ曲がっており，それにより二つの tRNA は図 8・36 に示すようにうまく収まることができる．P, A それぞれのサイトに入っている二つの tRNA はアンチコドンの部分で互いに対して 26°傾いている．P サイトと A サイトの tRNA 同士が最も近接しているのは 3′末端部分で，両 3′末端は 5 Å 以内に（図の面に直交して）接近している．これにより P サイトのペプチジル tRNA から A サイトのアミノアシル tRNA にポリペプチド鎖を転移することができる．

トランスロケーションはリボソーム内での tRNA の大きな移動を伴う．tRNA のアンチコドン末端は A サイトから P サイトまで約 28 Å，さらに P サイトから E サイトまで 20 Å 移動する．それぞれの tRNA はアンチコドンに対して傾いているため，tRNA の大半はさらに長い距離，A サイトから P サイトまで 40 Å，P サイトから E サイトまで 55 Å を移動することになる．すなわち，トランスロケーションには構造の大きな再編成が必要となるはずである．

リボソームの構造の多くはいくつもある活性中心で占められている．図 8・37 はリボソームの活性部位を模式的に示しており，活性部位はリボソームの構造のおよそ 3 分の 2 を構成する．tRNA は A サイトに入り，トランスロケーションによって P サイトに移動し，それから（細菌の場合）E サイトを経てリボソームから離れる．A サイトと P サイトはリボソームの両方のサブユニットにまたがっており，tRNA が mRNA と塩基対を形成するのは 30S サブユニット内だが，ポリペプチド鎖の転移は 50S サブユニット内で起こる．A サイトと P サイトは隣接していて，このためトランスロケーションにより tRNA が一つのサイトからもう一方のサイトへ移動することができる．E サイトは P サイトの近くに存在する（50S サブユニットの表面へ出ていく途中に位置する）．ペプチジルトランスフェラーゼの活性中心は 50S サブユニット上の，A サイトや P サイトにある tRNA のアミノアシル末端に近い位置にある（§8・16 参照）．

タンパク質合成にかかわる GTP 結合タンパク質（EF-Tu, EF-G, IF-2, RF-1, RF-2, RF-3）は同じ結合部位（GTP アーゼ中心とよばれることもある）に結合し，この結合部位が GTP の加水分解を誘発すると考えられている．この結合部位はリボソームの大きなサブユニットの茎状部の付け根にある．リボソームの大きなサブユニットの茎状部は L7/L12 タンパク質でできている（L7 は L12 が修飾されたもので，N 末端にアセチル基がある）．GTP の加水分解に関与するもう一つの構造として，L11 タンパク質と 23S RNA のうちの 58 塩基にわたる領域で構成されている複合体がある．これは GTP

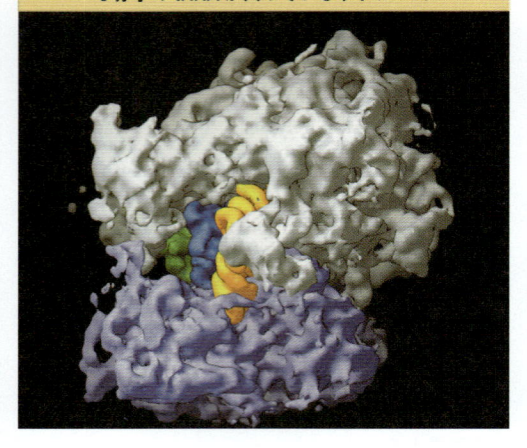

図 8・35 70S リボソームは 50S サブユニット（灰色）と 30S サブユニット（青）で構成されており，3 分子の tRNA は表面近くに位置する．図では黄色が A サイト，青が P サイト，緑が E サイトに入っている tRNA を示す．写真は Harry Noller 氏のご好意による．

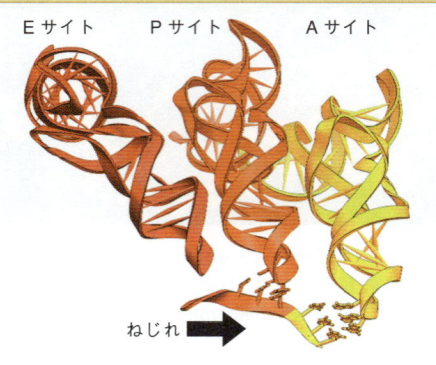

図 8・36 リボソームに入っている 3 分子の tRNA の向きは互いに異なっている．mRNA は P サイトと A サイトの間で曲がっており，二つのアミノアシル tRNA が隣合うコドンに結合できるようになっている．写真は Harry Noller 氏のご好意による．

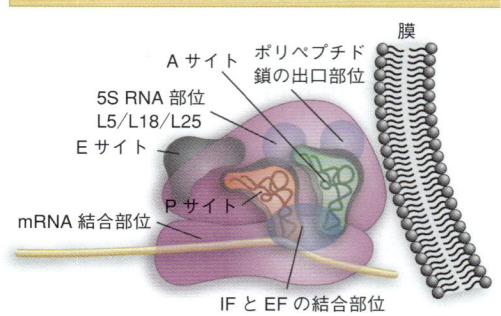

図 8・37 リボソームにはいくつかの活性中心がある．リボソームは膜と会合している場合もある．A サイトと P サイトは互いにある角度をなしているので，mRNA は両サイトを通過する際に折れ曲がることになる．E サイトは P サイトの後ろ側にある．ペプチジルトランスフェラーゼ部位（示していない）は A サイトと P サイトの上部にまたがっている．伸長因子結合部位は A サイトと P サイトの基部にある．

アーゼ活性に影響を与えるいくつかの抗生物質の結合部位である．リボソームにおけるこれらの構造のいずれにも実際には GTP アーゼ活性はないが，GTP アーゼ活性が発揮されるために必要とされるらしい．リボソームの役割はこの結合部位に結合した G タンパク質による GTP の加水分解の引き金を引くことである．

30S サブユニットが mRNA に結合するときに最初に必要とされるのが S1 タンパク質で，S1 は一本鎖の核酸に対して強い親和性をもっている．S1 は 30S サブユニットが結合した mRNA を一本鎖の状態に維持しておく役目を担っている．この作用は mRNA が塩基対を形成して翻訳に適さない高次構造になってしまうのを妨げるために必要である．S1 は非常に細長い構造をしており，S18 および S21 タンパク質と結合している．この三つのタンパク質は mRNA への最初の結合と開始 tRNA の結合に関与するドメインを構成している．このことから，mRNA 結合部位はリボソームの小さなサブユニットのくぼみの近くにあるとわかる（図 8・29 参照）．mRNA の翻訳開始部位と塩基対を形成する rRNA の 3′ 末端もこの領域内に位置している．

合成中のタンパク質は活性部位を離れると，リボソームの中を通り抜けて外の領域へ出ていく．その領域ではリボソームは膜に結合していることもある．ポリペプチド鎖はペプチジルトランスフェラーゼ部位から 50S サブユニットの表面へと通じる出口通路を通ってリボソームから外へ出る．通路となるトンネルの大半は rRNA でできている．通路はかなり狭く，幅は 1〜2 nm で，長さは約 10 nm である．通路のトンネルにはおよそ 50 個のアミノ酸をとどめておくことができ，おそらくは出口ドメインから出るまでポリペプチド鎖の折りたたみが起こらないようにする働きがあるのだろう．

## 8・16　タンパク質合成において 16S RNA は重要な役割を果たす

- 16S RNA は 30S サブユニットが機能を発揮するためにその活性を担う役割を果たしている．16S RNA は mRNA，50S サブユニット，および P サイトや A サイトに入っている tRNA のアンチコドンと直接に相互作用をする．
- ペプチジルトランスフェラーゼ活性は 23S RNA だけにある．

当初，リボソームはさまざまな触媒活性をもったさまざまなタンパク質が，タンパク質-タンパク質相互作用や rRNA に結合することによって，一つにまとまったものだと考えられていた．しかし，触媒作用をもった RNA 分子が発見されると（26，27 章参照），直ちに rRNA がリボソームの機能の中でもっと活性にかかわる役割を果たしているのではないかと考えられるようになった．現在では，rRNA が翻訳の各段階で mRNA や tRNA と相互作用をし，タンパク質は rRNA が触媒機能を発揮しやすい構造を維持するために必要とされることがわかっている．rRNA の特異的な領域がかかわる相互作用としては，以下のようなものがある：

- rRNA の 3′ 末端は翻訳開始時に mRNA と直接相互作用する．
- 16S RNA の特定の領域は A サイトと P サイトにある tRNA のアンチコドン領域と直接相互作用している．同様に，23S RNA はペプチジル tRNA が P サイトにあるときも A サイトにあるときもその CCA 末端と相互作用する．
- リボソームのサブユニット間の相互作用には 16S RNA と 23S RNA の相互作用が関与する（§8・14 参照）．

反応を特定の段階で止める抗生物質を用いることにより，細菌のタンパク質合成の個々の段階について多くの知識が得られている．抗生物質の標的はそれに耐性となる変異が起こる成分によって同定される．抗生物質によっては個々のリボソームタンパク質に作用するが，rRNA に作用しているものもあり，このことは rRNA がリボソームの機能の多く，もしかしたらすべてにかかわっていることを示唆している．

rRNA の機能を知るために 2 通りの方法による研究が行われてきた．構造解析では，rRNA の特定の領域がリボソーム中の重要な部位に位置していること，その領域の塩基を化学修飾するとリボソームの特定の機能が妨害されることが示された．また，変異の解析により，それぞれのリボソームの機能に必要な rRNA 中の塩基が同定された．図

8・38 は，こうした方法によって同定された 16S RNA の部位をまとめて示したものである．

tRNA は P サイト，A サイトの両方で 23S RNA と接触する．tRNA と 23S RNA が重要な相互作用をしているかどうかは，以前から tRNA の変異が rRNA の変異によって補償されるかどうかが判断の基準とされていたが，その基準が満たされていることが確認されている．つまり rRNA は両方の tRNA 結合部位とごく近くで相互作用していることになる．実際，A サイト，P サイト間の tRNA の移動は，rRNA との結合をつくったり壊したりという観点から説明しようとする方向にある．

ペプチジルトランスフェラーゼの機能をもつ 50S サブユニット上の部位とはどんなものなのだろうか．長年にわたりペプチジルトランスフェラーゼの触媒活性を担うリボソームタンパク質の探索が行われてきたが見つからず，そしてついに 23S RNA にペプ

**rRNA はリボソームが機能するために重要である**

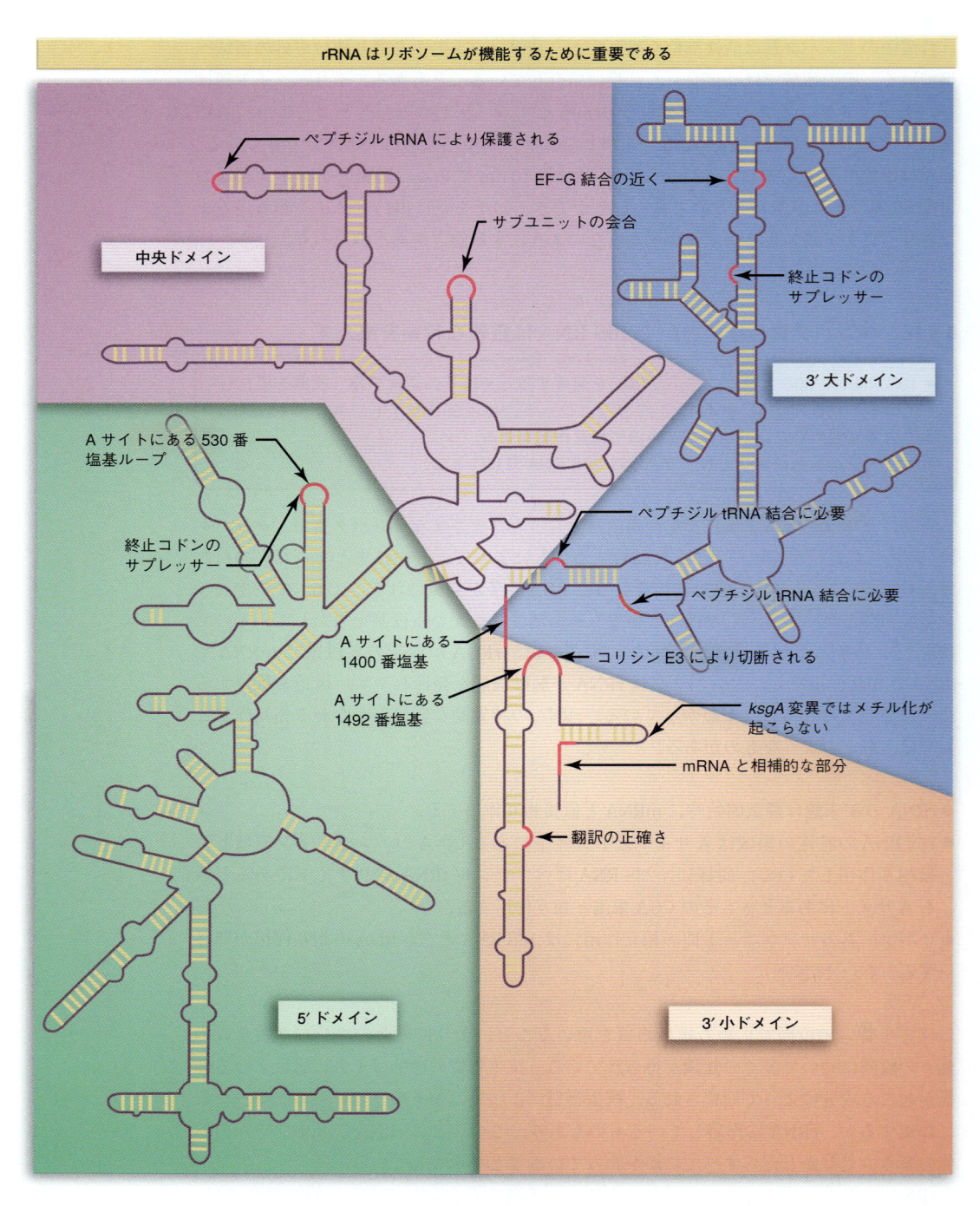

**図 8・38**　16S RNA 中のいくつかの部位は，50S サブユニットが 30S サブユニットと会合したり，アミノアシル tRNA が A サイトに結合したりすると，化学修飾試薬から保護される．変異が起こるとタンパク質合成に影響する部位もある．終止コドンのサプレッサー部位は終止コドンにおける終止反応に影響する．色分けした大きな区画は 16S RNA の四つの大きなドメインを示している．

チジル tRNA とアミノアシル tRNA との間にペプチド結合を形成させる触媒活性があることが発見された．その活性は 23S RNA のドメイン V に変異が起こると消失した．ドメイン V は P サイトに位置するドメインである．古細菌の 50S サブユニットの結晶構造解析結果をみると，ペプチジルトランスフェラーゼ部位は基本的に 23S RNA で構成されている．ペプチジル tRNA とアミノアシル tRNA との間で転移反応が起こる活性部位の 18Å 以内には，タンパク質は存在していない．

単離された rRNA の触媒活性はきわめて低く，rRNA が in vivo で適正な構造をとるためには，ペプチド鎖転移反応が起こる領域外で 23S RNA に結合しているタンパク質が必要なのはまず間違いない．rRNA が触媒活性をもった成分であることは，RNA の複数のプロセシング反応に RNA の触媒活性がかかわっているという，26 章で議論されている結果とも通じるところがある．これは，もともと RNA がもっていた機能からリボソームが生まれてきたとする概念にも合っている．

## 8・17 要　　約

mRNA 中のコドンは，これと相補的なアンチコドンをもち，それに対応するアミノ酸を結合しているアミノアシル tRNA によって認識される．特別な開始 tRNA（原核生物では fMet-tRNA$_f^{Met}$，真核生物では Met-tRNA$_i^{Met}$）はすべてのコード領域の始まりにある AUG コドンを認識する．原核生物では GUG コドンも使われる．終止（ナンセンス）コドンである UAA，UAG，UGA だけはアミノアシル tRNA によって認識されない．

タンパク質合成を終えたリボソームは遊離型リボソームのプールに入り，小さなサブユニットと大きなサブユニットに解離した状態と平衡を保っている．小さなサブユニットは mRNA に結合した後，大きなサブユニットと会合して完全なリボソームとなりタンパク質合成を行う．原核生物の翻訳開始部位は，rRNA の 3′末端にある配列が mRNA の開始コドン AUG（または GUG）の上流にあるシャイン・ダルガーノ配列と塩基対をつくることで認識される．真核生物では mRNA の 5′末端のキャップに結合することで mRNA を認識する．キャップに結合した後，小さなサブユニットは AUG コドンを探して翻訳開始部位まで動いていく．（必ずというわけではないが，普通は最初に出合った）適切な AUG コドンを見つけると，大きなサブユニットと会合する．

1 個のリボソームには同時に 2 個のアミノアシル tRNA が入ることができる．P サイトにはそれまでに合成されたポリペプチド鎖をもつペプチジル tRNA が入っており，A サイトには次にペプチド鎖に付加されるアミノ酸をもつアミノアシル tRNA が入る．細菌のリボソームにはさらに E サイトもあり，タンパク質合成に使われた後の脱アシル tRNA がリボソームから放出される前に通り抜ける部位である．P サイトのポリペプチド鎖が A サイトのアミノアシル tRNA に転移すると，P サイトには脱アシル tRNA が残り，A サイトにはペプチジル tRNA ができる．

ペプチド結合の形成に続いてリボソームは mRNA に沿って 1 コドン分のトランスロケーションを起こし，脱アシル tRNA を E サイトに，ペプチジル tRNA を A サイトから P サイトに移動させる．トランスロケーションを触媒するのは伸長因子 EF-G で，リボソームの機能の別の段階でもみられるように，GTP の加水分解を必要とする．トランスロケーションの間に，リボソームは 50S サブユニットが 30S サブユニットに対して相対的に移動するハイブリッド中間体という段階を通る．

タンパク質合成のそれぞれの段階でそれぞれの補助因子が必要とされる．これらの因子は入れ替わり立ち替わりリボソームに結合し解離することがわかっている．原核生物の翻訳開始には開始因子（IF）が関与する．IF-3 は 30S サブユニットが mRNA に結合するために必要で，また 30S サブユニットを解離したままにしておく役割がある．IF-2 は fMet-tRNA$_f^{Met}$ が 30S サブユニットに結合するのに必要で，また他のアミノアシル tRNA を開始反応から除外する役割がある．開始 tRNA が開始複合体に結合した後，GTP の加水分解が起こる．開始因子は大きなサブユニットが開始複合体と結合できるようにするために遊離されなければならない．

真核生物の翻訳開始反応には原核生物よりも多くの開始因子が関与する．開始因子のいくつかはキャップ構造をもつ mRNA の 5′末端に 40S サブユニットが結合するのにか

かわる．それから別の一群の開始因子の働きによって開始 tRNA が結合する．この始めの結合反応の後，小さいサブユニットは正しい AUG コドンにたどり着くまで mRNA に沿って動いていく．AUG コドンを見つけた時点で開始因子を解離し，60S サブユニットが開始複合体に会合する．

原核生物の伸長反応には伸長因子（EF）が関与する．EF-Tu はアミノアシル tRNA を 70S リボソームに結合させる．EF-Tu の遊離に伴い GTP が加水分解され，EF-Tu を活性型に戻すには EF-Ts が必要である．EF-G はトランスロケーションに必要である．EF-Tu と EF-G の両因子は同時にリボソームに結合することができず，これにより次の反応が始まる前に前の反応が完了することが保証される．

タンパク質合成のレベル自体が重要な協調的調節のためのシグナルを生み出す．アミノアシル tRNA が不足するとリボソーム上で空回り反応が起こり，異常なヌクレオチド ppGpp の合成が行われる．これは特定のプロモーターからの転写を妨げる作用因子であるが，すべての鋳型の転写伸長反応を妨げる働きもある．

翻訳の終止は三つの特別なコドン，UAA, UAG, UGA のうちのいずれか一つで起こる．終止コドンを特異的に認識するクラス 1 の遊離因子（RF）がリボソームを活性化し，ペプチジル tRNA を加水分解する．クラス 1 の遊離因子をリボソームから遊離させるにはクラス 2 の遊離因子が必要である．GTP 結合因子である IF-2, EF-Tu, EF-G, RF-3 はすべてよく似た構造をしており，後の二つは前の二つが tRNA を結合したときの RNA・タンパク質複合体と構造上よく似ている．これら四つの因子はすべてリボソームの同じ部位，伸長因子結合部位に結合する．

リボソームはリボ核タンパク質粒子で，その質量の大部分は rRNA が占めている．すべてのリボソームの形はだいたい似たようなものだが，細菌のリボソーム（70S）の形は特に詳細に研究されている．小さな（30S）サブユニットは指で押しつぶしたような形をしており，体積の 3 分の 2 を占める"胴体"が間の"頸部"によって"頭部"から仕切られている．大きな（50S）サブユニットはより球形に近い形をしており，右側に目立って突き出した"茎状部"と中央の"突出部"をもっている．30S サブユニットでは全タンパク質のおよその位置がわかっている．

それぞれのサブユニットには主要な rRNA が一つずつ入っており，原核生物では 16S と 23S，真核生物の細胞質のものでは 18S と 28S である．そのほかに小さめの rRNA もあり，大きなサブユニットの 5S RNA が最もよく知られている．主要な rRNA は両方ともたくさんの塩基対を形成しており，その大部分は不完全な塩基対形成による二本鎖の短いステムと一本鎖のループでできている．さまざまな生物の rRNA の塩基配列と二次構造を比較することにより，rRNA のよく保存された特徴を見つけることができる．16S RNA には四つのはっきりと独立したドメインがあり，23S RNA には六つの独立したドメインがある．真核生物の rRNA にはさらに多くのドメインがある．

結晶構造解析によれば，30S サブユニットでは RNA とタンパク質が非対称的に分布している．RNA は 50S サブユニットと向き合う面に集中している．50S サブユニットは外側をタンパク質が取囲んでおり，構造の内部では長い二本鎖 RNA が網の目のように張り巡らされている．30S と 50S の両サブユニットが会合するときには 16S RNA と 23S RNA との間に接触が起こっている．

それぞれのサブユニットにはいくつかの活性中心があり，これはタンパク質合成が起こるリボソームの翻訳ドメインに集中している．タンパク質は出口ドメインを通ってリボソームから離れるが，この出口ドメインは膜と会合することもできる．活性部位のおもなものには，P サイト，A サイト，E サイト，EF-Tu と EF-G の結合部位，ペプチジルトランスフェラーゼ，mRNA 結合部位がある．リボソームの高次構造はタンパク質合成の各段階で変化するらしく，主要 rRNA の特定の領域で塩基の露出度が変化することが認められている．

A サイトと P サイトに入っている tRNA は互いに平行に並んでいる．そのアンチコドンループは 30S サブユニットの溝にはまっている mRNA に結合している．それぞれの tRNA のアンチコドンループ以外の部分は 50S サブユニットに結合している．A サイトに入っている tRNA のアミノアシル末端が P サイトに入っているペプチジル tRNA の末端と隣同士に並ぶために，A サイトに入っている tRNA の高次構造が変化することが必要である．P サイトと A サイトの間を占めるペプチジルトランスフェラーゼ部位は

23S RNAでできている．適正な構造をとるためにはおそらくタンパク質も必要なのだろうが，この23S RNA自身がペプチジルトランスフェラーゼ活性をもっている．

　タンパク質合成においてrRNAが能動的な役割を担っていることは，リボソームの機能に影響を与える変異，化学的架橋実験によって検出されるmRNAやtRNAとの相互作用，tRNAやmRNAと個々に塩基対を形成して相互作用を維持する必要性によって示された．翻訳開始反応において，rRNAの3′末端領域はmRNAと塩基対を形成する．rRNAの内部の領域はPサイトおよびAサイトに入っているtRNAと個々に接触する．rRNAはタンパク質合成を阻害する抗生物質やその他の薬剤の標的になっている．

# 9 遺伝暗号を解読する

9・1 はじめに
9・2 関連のあるコドンは関連のあるアミノ酸を表す
9・3 コドン-アンチコドンの認識にはゆらぎがある
9・4 tRNA は修飾塩基を含んでいる
9・5 修飾塩基がコドン-アンチコドンの塩基対形成に影響を与える
9・6 普遍的な遺伝暗号にもときたま例外がみられる
9・7 特定の終止コドンに新奇なアミノ酸が対応することがある
9・8 tRNA にアミノ酸を付加するのはシンテターゼである
9・9 アミノアシル-tRNA シンテターゼは二つのグループに分けられる
9・10 シンテターゼは校正機構を用いて正確を期している
9・11 サプレッサー tRNA はアンチコドンに変異があり新たなコドンを読む
9・12 リコーディングでコドンの意味が変わる
9・13 滑りやすい配列でフレームシフトが起こる
9・14 リボソームの動きで読み飛ばしが起こる
9・15 要 約

## 9・1 はじめに

DNA のコード鎖の配列を 5′→3′ 方向に読むと，N 末端から C 末端へ読んだタンパク質のアミノ酸配列に対応したトリプレット（コドン）の配列になっている．DNA の塩基配列とタンパク質のアミノ酸配列を決めると，両者の配列を直接比較することができる．コドンは 64 種類ある（コドンの三つの塩基位置それぞれに 4 種類の塩基が入ることが可能なので，$4^3=64$ の 3 塩基配列が可能となる）．

遺伝暗号の解読では，遺伝情報はトリプレットの形で保存されていることが第一に示されたが，その段階ではどのようにしておのおののコドンが対応するアミノ酸を特定するのかは明らかにならなかった．塩基配列が決定できるようになる以前には，コドンの決定は二つの *in vitro* の研究を基に行われた．Nirenberg は 1961 年，合成ポリヌクレオチドを翻訳する系を導入し，ポリウリジル酸〔ポリ(U)〕を鋳型にするとフェニルアラニンが重合してポリフェニルアラニンになることを示した．この結果は UUU がフェニルアラニンを表すコドンであることを意味する．これに続く第二の系は，トリヌクレオチドをコドンとし，それに対応するアミノアシル tRNA がリボソームに結合することを利用したものである．アミノアシル tRNA のアミノ酸成分を同定することによってコドンとの対応がわかる．これら二つの方法から得られた結果を照合することで，アミノ酸を表すコドンの意味をすべて決定することができた．

64 種類のコドンのうち 61 種類はアミノ酸に対応している．残りの 3 種類はタンパク質合成を終止させる．アミノ酸のコドンへの割り付けはでたらめではなく，3 番目の塩基がコドンの意味に与える影響が小さくなるような関係になっている．また，関係の深いアミノ酸は関連性のあるコドンと対応していることが多い．アミノ酸を表すコドンの意味は，そのコドンに対応する tRNA によって決められる．終止コドンの意味は，直接，タンパク質因子によって決められる．

## 9・2 関連のあるコドンは関連のあるアミノ酸を表す

> **同義コドン** synonym codon 遺伝暗号で同じ意味をもつコドン．同族 tRNA は同じアミノ酸を結合し，同義コドンに応答する．
> **第三塩基の縮重** third-base degeneracy コドンの 3 番目の塩基がコドンの意味に与える影響が小さいことを表す用語．
> **終止コドン** stop codon, termination codon タンパク質合成を終わらせる 3 種類のトリプレット（UAG，UAA，UGA）．その発見の経緯からナンセンスコドンともいう．発見の元となったナンセンス変異の名称に基づき，UAG はアンバー（amber），UAA はオーカー（ochre），UGA はオパール（opal）コドンとよばれる．

> ■ トリプレットで表すことが可能な 64 種類の遺伝暗号のうち 61 種類が 20 種類のアミノ酸をコードしている．
> ■ 残りの 3 種類のコドンはアミノ酸に対応せず，翻訳を終止させる．
> ■ 遺伝暗号は進化の早い段階に決まったまま変わっておらず，普遍的である．

- ほとんどのアミノ酸に複数のコドンが対応している．
- 1種類のアミノ酸に対応するコドンには普通，関連性がある．
- 関連のあるアミノ酸には関連のあるコドンが対応していることが多く，それにより変異の影響は最小限に抑えられる．

遺伝暗号表を図9・1にまとめた．実際には，遺伝暗号はmRNA上で読まれるので，コドンは普通RNAに存在する四つの塩基U, C, A, Gで表される．アミノ酸の数（20）よりコドンの数（61）の方が多いので，ほとんどすべてのアミノ酸に対して複数のコドンが対応する．例外はメチオニンとトリプトファンだけである．同じ意味をもつコドンは**同義**コドンとよばれる．

同じ，あるいは関連のあるアミノ酸を表すコドンは塩基配列が互いに似た傾向にある．コドンの3番目の塩基はあまり重要でないことが多い．というのは，3番目の塩基だけが異なる4種類のコドンはしばしば同じアミノ酸を表すからである．また3番目の位置で区別されるのはプリンとピリミジンだけという例もある．3番目の塩基による特異性が低いことを**第三塩基の縮重**とよんでいる．

さらに性質の似たアミノ酸が塩基配列の似たコドンで表される傾向にあることにより，変異の影響は最小限に抑えられている．つまり，ランダムに1個の塩基が変化してもアミノ酸の置換が起こらない場合や，性質の似たアミノ酸に置換する確率が高いのである．たとえば，CUCがCUGに変わっても影響がない．この場合，どちらのコドンもロイシンを表すからである．またCUUがAUUに変異するとロイシンはよく似た性質をもつイソロイシンに置換される．

図9・2は大腸菌において各アミノ酸を表すコドンの数に対して，タンパク質にそのアミノ酸が使われる頻度を表したものである．よく使われるアミノ酸の方がより多くのコドンに表されている傾向がわずかにあるだけなので，アミノ酸の使用頻度を基に遺伝暗号が最適化されているわけではないようである．

アミノ酸を表さない三つのコドン（UAA, UAG, UGA）はタンパク質合成を終わらせるために特異的に用いられる．これらの**終止**コドンはそれぞれの遺伝子の末端の目印となる．

ごくわずかな例外を除けば，遺伝暗号はすべての生物で同じである．遺伝暗号が普遍的であることから，それは進化のごく初期に確立したと考えられる．ひょっとすると遺伝暗号はもっと原始的な形で始まったのかもしれない．そこでは少数のコドンがかなり少ない数のアミノ酸に対応して使われ，おそらく一つのコドンが性質の似た一群のアミノ酸のどれにでも対応していた可能性もある．より厳密なコドンの確立や他のアミノ酸への対応は後に付け加わったものかもしれない．当初はコドンの三つの塩基のうち最初の二つだけが使われており，3番目の塩基の区別は後に進化したという可能性も考えられる．

遺伝暗号システムが非常に複雑になり，コドンの意味が少しでも変わると，すでに存在しているタンパク質に許容できないアミノ酸の置換が起こって役に立たなくなった時点で，コドンの進化は"凍結"してしまったのかもしれない．コドンの普遍性から考えると凍結が起こったのは非常に早い段階であり，現存するすべての生物はこの凍結が起こった一群の原始的な細胞に由来しているのだろう．

**遺伝暗号はトリプレットである**

| | U | C | A | G |
|---|---|---|---|---|
| U | UUU }Phe<br>UUC<br>UUA }Leu<br>UUG | UCU<br>UCC }Ser<br>UCA<br>UCG | UAU }Tyr<br>UAC<br>UAA 終止<br>UAG 終止 | UGU }Cys<br>UGC<br>UGA 終止<br>UGG Trp |
| C | CUU<br>CUC }Leu<br>CUA<br>CUG | CCU<br>CCC }Pro<br>CCA<br>CCG | CAU }His<br>CAC<br>CAA }Gln<br>CAG | CGU<br>CGC }Arg<br>CGA<br>CGG |
| A | AUU<br>AUC }Ile<br>AUA<br>AUG Met | ACU<br>ACC }Thr<br>ACA<br>ACG | AAU }Asn<br>AAC<br>AAA }Lys<br>AAG | AGU }Ser<br>AGC<br>AGA }Arg<br>AGG |
| G | GUU<br>GUC }Val<br>GUA<br>GUG | GCU<br>GCC }Ala<br>GCA<br>GCG | GAU }Asp<br>GAC<br>GAA }Glu<br>GAG | GGU<br>GGC }Gly<br>GGA<br>GGG |

（最初の塩基／2番目の塩基）

**図9・1** すべてのトリプレットコドンには意味がある．61種類のコドンはアミノ酸に対応し，3種類は翻訳終止コドンである．

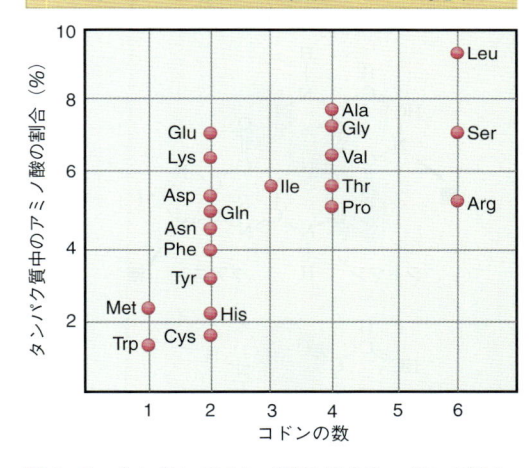

**図9・2** それぞれのアミノ酸に対するコドンの数と，タンパク質でそのアミノ酸が使われる頻度との間に厳密な相関性はない．

## 9・3 コドン-アンチコドンの認識にはゆらぎがある

**ゆらぎ仮説 wobble hypothesis** tRNAが複数のコドンを認識できることを説明するもので，これはtRNAがコドンの3番目の塩基と普通にはつくらない（G・CやA・Tではない）塩基対を形成することによる．

- 同じアミノ酸に対応する複数のコドンでは，3番目の塩基が違っていることが最も多い．
- アンチコドンの最初の塩基とコドンの3番目の塩基の間での塩基対形成におけるゆらぎはtRNAのアンチコドンループの構造に由来する．

タンパク質合成において tRNA が機能を発揮するのはリボソームの A サイトでコドンを認識するときである．アンチコドンとコドンの相互作用は塩基対形成を介して行われるが，通常の G・C，A・U という組合わせを超えて，広範囲な塩基対形成の規則に従っている．それぞれのコドンに対応するアンチコドンの塩基配列から，相互作用を支配している規則を推測することができる．

遺伝暗号自体から，コドン認識の過程について重要な手掛かりを得ることができる．図 9・3 には第三塩基の縮重の様子を示したが，ほとんどの場合，3 番目の塩基はどうでもよいか，あるいはプリンかピリミジンかという区分だけが大切なことがわかる．

まず最初の 2 塩基が共通する 4 コドンすべてが同一のアミノ酸に対応するコドンファミリーが 8 種類，3 コドンが同じアミノ酸を表すコドンファミリーが 1 種類あり，これら 35 コドンでは 3 番目の塩基はアミノ酸の指定にまったく関与していない．また，3 番目の塩基がピリミジンでありさえすれば同じアミノ酸に対応するコドンペアが 7 種類，3 番目がプリンでありさえすれば同じアミノ酸に対応するコドンペアが 5 種類ある．

3 番目の位置に存在するのが特定の 1 塩基でないとその意味にならない例は三つしかない．すなわち，AUG（メチオニン），UGG（トリプトファン），UGA（終止コドン）である．このことから，C および U が 3 番目の位置にあるときは単独の暗号になることはけっしてなく，また A が 3 番目の位置にあるときに独自のアミノ酸の暗号にはならないことがわかる．

アンチコドンはコドンに相補的であるため，習慣的に 5′→3′ 方向に書いたコドンの 3 番目の塩基と対をなすのは，同じように書かれたアンチコドンの 1 番目の塩基である．そこで，

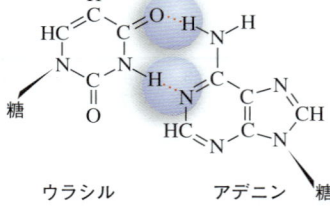

コドン　　　　　　5′ ACG 3′
アンチコドン　　　3′ UGC 5′

の組合わせは，コドン ACG/アンチコドン CGU と記す．ここで，そのコドンと相補的にするには，アンチコドンの配列を逆方向に読まなければならない．

混乱を避けるために，塩基配列はすべて従来の約束に従って 5′→3′ 方向に書くことにするが，アンチコドンの配列についてはコドンとの関係を思い起こさせるように逆向きの矢印を付けて示すことにする．すなわち，上述のコドン-アンチコドンペアの場合はそれぞれ ACG および $\overleftarrow{\text{CGU}}$ のように表す．

各トリプレットコドンについてそれと相補的なアンチコドンをもつ独自の tRNA がないといけないのだろうか．それとも単一の tRNA がコドンペアの両方のメンバーやコドンファミリーの 4 メンバーすべて（またはそのうちのいくつか）と反応するのだろうか．

一つの tRNA が複数のコドンを認識できる場合はよくある．このことは，アンチコドンの 1 番目の塩基がコドンの 3 番目の対応する位置にある別の塩基と塩基対をつくることができるに違いないということを意味している．この位置での塩基対の形成は，通常の G・C および A・U 対に限定されない．

この認識パターンをつかさどっている規則は **ゆらぎ仮説** としてまとめられている．この説では，コドンの始めの二つの位置に関してはコドンとアンチコドンの塩基対形成が通常の規則に従うのに対し，3 番目の位置では例外的なゆらぎが起こると考えるのである．ゆらぎが起こるのは tRNA のアンチコドンループの高次構造により，アンチコドンの 1 番目の塩基が柔軟な対応をすることができるからである．図 9・4 に，通常の塩基対に加え，G・U 塩基対の形成が可能であることを示した．

この一つの変更のおかげで，3 番目の位置に A があってももはや単独の暗号とはならない（なぜなら A を認識する U は G も認識するから）．同様に，C もまた単独の暗号とならない（なぜなら C を認識する G は U も認識するから）．図 9・5 に認識のパターンをまとめて示す．

## 9・4 tRNA は修飾塩基を含んでいる

> **修　飾　modification**　最初にポリヌクレオチド鎖に取込まれた後にヌクレオチドに起こる変化をすべて修飾という．

図 9・3　3 番目の塩基はコドンの意味に与える影響が最も少ない．同じ枠内に示してあるのは 3 番目の塩基の縮重のために同一のアミノ酸を意味するコドンのグループを示す．

| 3 番目の塩基の関係 | 同じアミノ酸を指定する 3 番目の塩基 | コドンの数 |
|---|---|---|
| 3 番目の塩基は無関係 | U, C, A, G | 32 |
|  | U, C, A, | 3 |
| プリンかピリミジンかで分かれている | A または G | 10 |
|  | U または C | 14 |
| 3 番目の塩基で決定 | G のみ | 2 |

図 9・4　塩基対形成におけるゆらぎにより，コドンの 3 番目の塩基とアンチコドンの 1 番目の塩基との間で G・U の塩基対形成が可能となる．

- 完成したtRNAには50種類以上の修飾塩基がみられる．
- 修飾は普通，tRNA中の一次配列に含まれる塩基を直接変更することによって行われるが，例外的に塩基を取除いて別の塩基に置き換える修飾も行われることがある．

tRNAは塩基のうちの一つがポリリボヌクレオチド鎖に取込まれた後に**修飾**されてできた塩基が数多くあるという点からみて，核酸の中でも独特な存在である．

どんな種類のRNAにもある程度の修飾塩基があるが，tRNAのほかはみな，メチル基の付加など単純な修飾に限られている．tRNAの場合は，単純なメチル化からプリン環の大規模なつくり替えに至るまでのさまざまな修飾が行われている．修飾はtRNA分子のすべての部位にみられる．tRNAにみられる修飾塩基は50種類を超えている．

図9・6には比較的よくみられる修飾塩基をいくつか示す．ピリミジン（CおよびU）の修飾の方が，プリン（AおよびG）の場合ほど複雑でない．塩基自身の修飾に加えて，リボース環の2'-Oの位置のメチル化もみられる．

ウリジンで最もよくみられる修飾は単純で，ピリミジン環の5の位置がメチル化されてリボチミジン（T）を生じるものである．この塩基はDNAでは普通にみられるが，tRNAの場合はデオキシリボースではなくリボースに結合している．RNAではチミンは普通にはみられない塩基であり，Uの修飾によって生じる．

| コドンの3番目の塩基にはゆらぎがある | |
|---|---|
| アンチコドンの<br>1番目の塩基 | コドンの3番目で<br>認識される塩基 |
| U | AまたはG |
| C | Gのみ |
| A | Uのみ |
| G | CまたはU |

図9・5　コドン-アンチコドン対の形成ではコドンの3番目の位置にゆらぎがある．

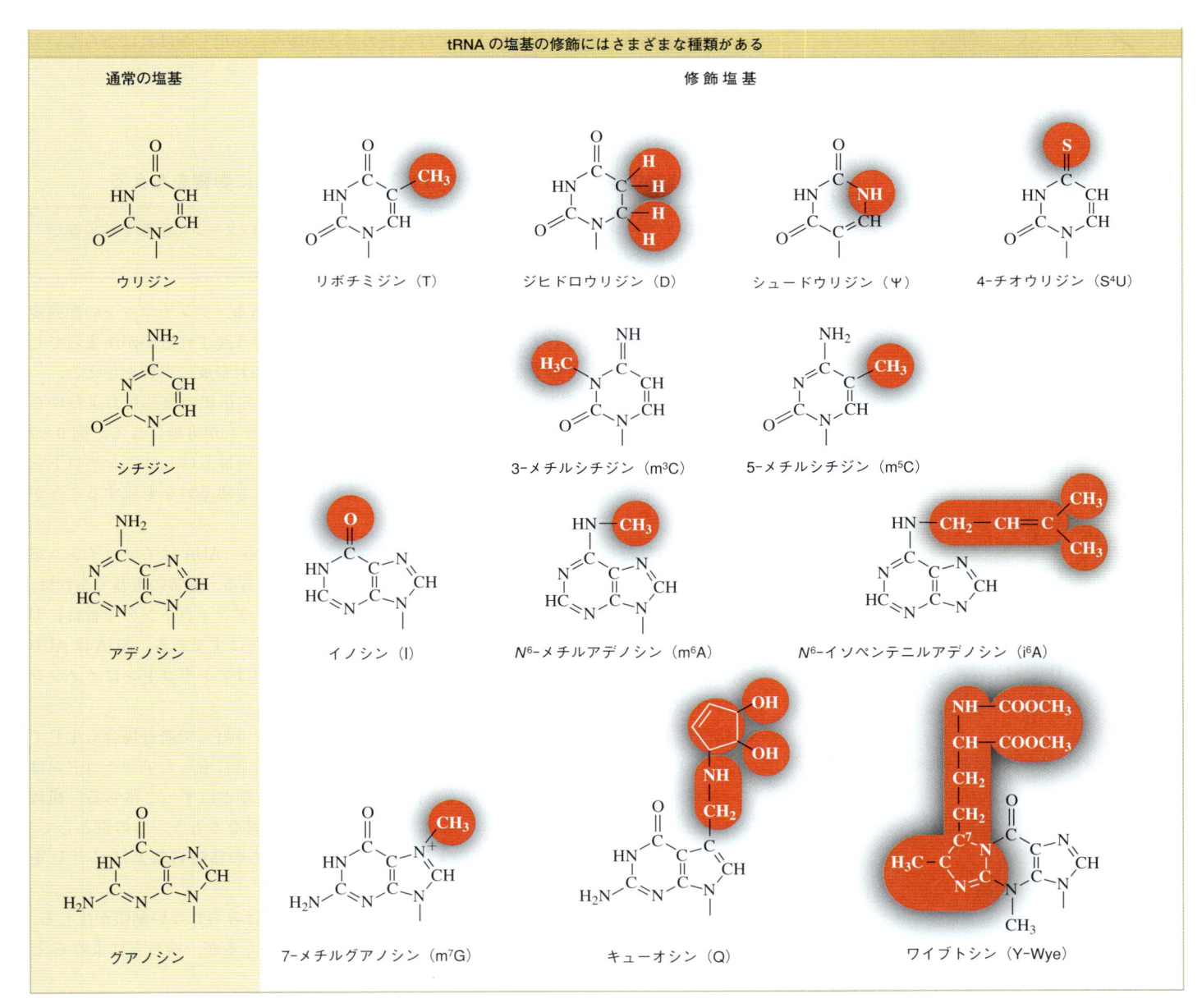

図9・6　tRNAにある4種類の塩基はすべて修飾されうる．〔訳注：グアノシンの修飾塩基ワイブトシンに類似の塩基として，先に発見されたワイオシン（Y）があるが，トルラ酵母でしか見つかっていない．ワイオシンは7位がCHのみである．〕

### イノシンは3種類の塩基と塩基対を形成する

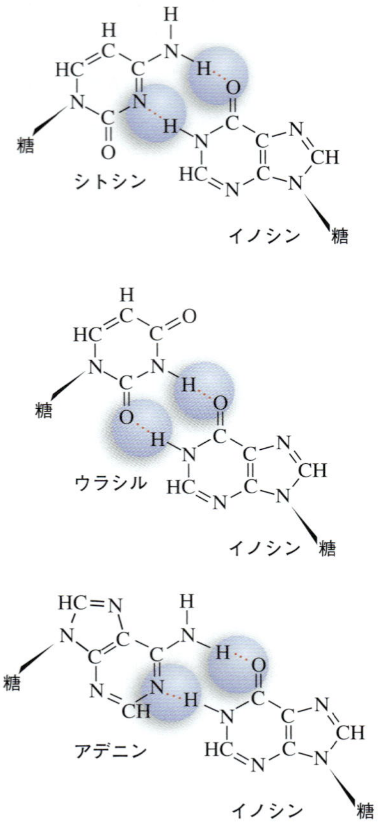

**図9・7** イノシンはU, C, Aのいずれとも塩基対を形成することができる. (イノシンはヌクレオシド名である.)

### 2-チオウラシルが形成する塩基対は限定されている

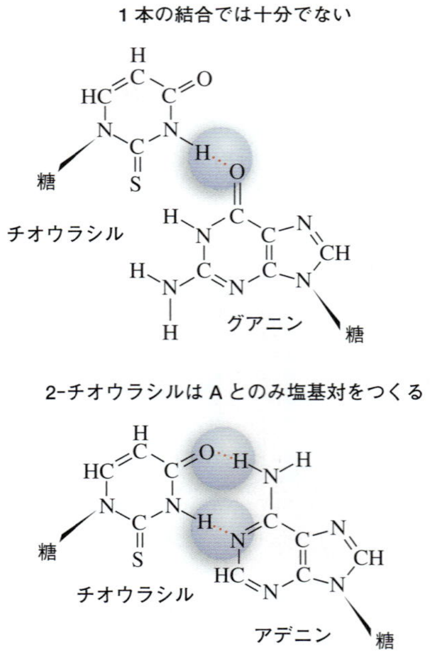

1本の結合では十分でない

2-チオウラシルはAとのみ塩基対をつくる

**図9・8** Uの修飾によってできたチオウラシルは, Gとは水素結合を一つしかつくれないため, Aとだけ塩基対をつくる.

ジヒドロウリジン (D) は二重結合の部分が飽和することによって生じ, 環の構造が変化している. シュードウリジン (Ψ) はN原子とC原子の位置が入れ替わっている (図26・31参照). また, 4-チオウリジンはO原子がS原子で置換されている.

イノシン (I) というヌクレオシドはプリンの生合成経路の中間体として細胞内で普通にみられる. しかしIが直接RNAに取込まれることはなく, RNAではAの修飾によりIがつくり出される. Aの修飾にはこのほかに複雑な基の付加もある.

すべてのtRNA分子に共通な修飾もいくつかある. たとえば, Dアームの名前の由来となったD残基や, TΨC配列にみられるΨがそうである. アンチコドンの3'側には常に修飾されたプリンが存在している. ただしその修飾の種類は多様である.

特定のtRNAやtRNAのグループに特異的な修飾もある. たとえばワイオシンやワイオシンに類似するワイブトシンなどは, グアノシンが複雑な修飾を受けてできるもので, 細菌, 酵母, 哺乳類のtRNA$^{Phe}$に特有である. また, 生物種に特異的な修飾のパターンもある.

修飾塩基はそれぞれ特異的なtRNA修飾酵素によってつくられる. tRNAの修飾を行う酵素は数多くあり (酵母では約60種類), その特異性はさまざまである. 単一の酵素がtRNA中の特定の1箇所で特定の修飾を行う場合もあれば, 一つの酵素がtRNA中の何箇所かの標的部位で塩基を修飾する場合もある. 特定の1分子のtRNAと1回しか反応しない酵素もあれば, 一群の基質分子と反応する酵素もある. tRNA修飾酵素が認識する基質の特徴は解明されていないが, おそらく修飾部位周辺の構造的特徴をとらえているのであろう. 修飾の種類によっては複数の酵素が順々に作用しなければならないものもある.

### 9・5 修飾塩基がコドン-アンチコドンの塩基対形成に影響を与える

■ アンチコドンに起こる修飾は塩基対形成におけるゆらぎのパターンに影響を与えるため, tRNAの特異性を決めるうえで重要である.

修飾の影響が最も直接的にみられるのがアンチコドンである. アンチコドンの配列変化はコドンとの塩基対形成に影響を及ぼすため, tRNAがどう読まれるかが決まってしまう. アンチコドン自体でなくその付近に起こる修飾も塩基対形成に影響を与える.

アンチコドン内の塩基が修飾されると, A, C, U, Gによる正規の塩基対およびゆらぎによる塩基対に加えて, さらに違った塩基対形成のパターンが可能になる. 図9・7にイノシン (I) が塩基対形成に使われる例を示す. イノシンはしばしばアンチコドンの1番目の位置に存在し, U, C, Aの三つの塩基のいずれとも塩基対を形成することができる.

この能力は特にイソロイシンのコドンの場合に重要である. AUAはイソロイシンをコードするが, 一方AUGはメチオニンをコードするからである. 通常の塩基であれば, 3番目の位置にあるAだけを識別することは不可能なので, アンチコドンの1番目にUをもつtRNAはいずれもAUAとAUGを認識せねばならないはずである. AUAはAUUやAUCと同じように読まれなければならないが, その問題はアンチコドンにイノシンをもつtRNAがあることによって解決されている.

修飾によっては, 他のコドンよりもある特定のコドンをより好んで読む場合も生じてくる. ウリジン-5-オキシ酢酸と5-メトキシウリジンを1番目にもったアンチコドンはコドンの3番目のAとGを効率良く認識し, Uを認識する効率はずっと落ちる. 複数のものと塩基対を形成するが, コドンによって好まれ方が異なるもう一つの例として, 一連のキューオシンとその誘導体によるものがある. これらの修飾G塩基はCとUを認識するが, Uとの塩基対がより容易にできる.

アンチコドンに2-チオウリジンがあると, 通常の規則ではみられない制限が生じる. この修飾によってその塩基はAとは依然として塩基対をつくるが, ゆらぎによるGとの塩基対はできなくなることを図9・8に示す.

このように塩基対の形成方法にはいろいろあるので, アミノ酸に対応する61種類のコドン全部を認識できるtRNAの1式のそろえ方はたくさんあるということがわかる.

特定の修飾の経路が欠けるといくつかの認識の方法が利用できなくなることはあるが，どの生物についてみても塩基対認識に関して特定の様式が支配的になっている様子はない．したがって，ある一つのコドンファミリーが違う生物では違ったアンチコドンをもった tRNA によって読まれていることもある．

　一つのコドンに対する tRNA はしばしば重複しており，ある一つのコドンが2種類以上の tRNA によって読まれることがある．そのような場合にはそれぞれのコドンの認識の効率に違いがあることがある．（一般的にいって，よく使われるコドンは効率良く読まれる．）すべてのコドンを認識できる tRNA の1式があったうえで，さらに同じコドンに対応する tRNA が複数存在することもある．

　ゆらぎによる塩基対形成の予測は，ほとんどすべての tRNA の実際の機能から得た結果と非常によく一致する．しかし，tRNA によって認識されるコドンがゆらぎの規則から予測されるものとは異なっている例外もある．おそらくそのような現象は，隣接する塩基の影響や tRNA の全体の三次構造の中でアンチコドンループがどのような高次構造をとるかによって生じるのであろう．実際アンチコドンループの構造の重要性は，本来ゆらぎ仮説それ自体の考えに由来するものである．アンチコドン以外の領域の1塩基の変化によってコドンを認識するアンチコドンの能力が変化した変異株がしばしば分離されるので，周囲の構造が影響するという考えには裏づけがあるということになる．

## 9・6　普遍的な遺伝暗号にもときたま例外がみられる

- 生物種によっては，普遍的な遺伝暗号に変更がみられる．
- ミトコンドリアのゲノムでは遺伝暗号の変更はより一般的で，この変更を基に系統樹が作成されている．
- 核ゲノムでは遺伝暗号の変更は散発的で，多くの場合，影響するのは終止コドンのみである．

　遺伝暗号が普遍的なのは驚くばかりであるが，いくつかの例外もある．それは，翻訳の開始あるいは終止にかかわるコドンに変更がある場合で，ある特定のコドンに対する tRNA が存在する（あるいは不在である）ことによる．ゲノム本体（細菌あるいは核の）で見つかる変化を図9・9にまとめて示す．

　あるコドンの意味に変更が生じて新たなアミノ酸をコードするようになる場合，その元のコドンはほとんど必ず終止コドンである．最も頻繁にみられる変更は，UGA が翻訳の終止には使われず，代わりにトリプトファンの暗号となるものである．繊毛虫類（単細胞の原生動物）の中には，UAA と UAG を翻訳の終止としてではなく，グルタミンの暗号として使うものがある．アミノ酸の暗号が別のアミノ酸の暗号に置き換わった例は，唯一，カンジダ属の酵母で見つかっており，CUG がロイシンではなくセリンを意味する．〔そして UAG はセンスコドンとして使用される．（訳注：かつてそういう報

**遺伝暗号の変更には，普通，終止コドンあるいは意味をもたないコドンが関係する**

| | | | | | | | |
|---|---|---|---|---|---|---|---|
| UUU | Phe | UCU | | UAU | Tyr | UGU | Cys |
| UUC | | UCC | Ser | UAC | | UGC | |
| UUA | Leu | UCA | | UAA | 終止 → Gln | UGA | 終止 → Trp, Cys, Sel |
| UUG | | UCG | | UAG | | UGG | |
| CUU | Leu | CCU | | CAU | His | CGU | Arg |
| CUC | | CCC | Pro | CAC | | CGC | |
| CUA | | CCA | | CAA | Gln | CGA | |
| CUG | Leu → Ser | CCG | | CAG | | CGG | Arg → 意味なし |
| AUU | Ile | ACU | | AAU | Asn | AGU | Ser |
| AUC | | ACC | Thr | AAC | | AGC | |
| AUA | Ile → 意味なし | ACA | | AAA | Lys | AGA | Arg → 意味なし |
| AUG | Met | ACG | | AAG | | AGG | Arg |
| GUU | Val | GCU | | GAU | Asp | GGU | Gly |
| GUC | | GCC | Ala | GAC | | GGC | |
| GUA | | GCA | | GAA | Glu | GGA | |
| GUG | | GCG | | GAG | | GGG | |

図9・9　細菌のゲノムや真核生物の核ゲノムの遺伝暗号の変更では，終止コドンに何らかのアミノ酸が割り当てられるか，コドンの変化によってアミノ酸を意味しなくなるのが普通である．あるアミノ酸から別のアミノ酸へと意味が変化することはめったに起こらない．（Sel はセレノシステインを示す．）

告もあったが，その後確認されておらず，通常の終止コドンと考えられている．）〕

終止コドンがアミノ酸を意味するようになるためには2種類の変化が起こる必要がある．一つはtRNAが変異してそのコドンが読めるようになることで，もう一つはそのコドンで翻訳が終止しないように，クラス1の遊離因子がその終止コドンを認識しなくなることである．

遺伝暗号にみられるもう一つの種類の変更は，あるコドンに対応するtRNAが失われ，そのコドンがどのアミノ酸も意味しなくなることである．そのようなコドンの所で何が起こるかは，翻訳終止因子がそのコドンを認識するようになるかどうかに依存して決まる．

これらのすべての変化は突発的に，つまり進化上の特定の系列で独自に起こったようにみえる．終止コドンが変更されてもあるアミノ酸が別のアミノ酸に置き換わることはないために，遺伝暗号の変更は終止コドンに集中しているのかもしれない．進化のごく初期に遺伝暗号が確立してしまってからは，あるコドンの意味が変わると，そのアミノ酸を含むすべてのタンパク質でアミノ酸の置換が起こることになる．そのような変化は少なくとも一部のタンパク質では有害であるはずで，その結果，そのような変化を除去するような強い選択圧がかかることになる．終止コドンの使われ方が多様性を示すのは，通常のアミノ酸を表す暗号のために"取っておいた"結果なのかもしれない．もしまれにしか使われない終止コドンがあれば，tRNAを変化させてそれを認識できるようにし，暗号として使うことができるからである．

普遍的な遺伝暗号の例外はいくつかの種のミトコンドリアで発見されている．図9・10はミトコンドリア遺伝暗号の変化の系統樹である．ミトコンドリアの進化のさまざまな点で普遍的な暗号に変更があったことが図から示唆される．最も早い変化はトリプトファンをコードするUGAの採用で，これは（植物を除く）すべてのミトコンドリアに共通である．

なぜ，ミトコンドリアの暗号の進化でこのような変化が可能だったのだろうか．ミトコンドリアで合成されているタンパク質の数はごく少ないので（約10種類），コドンの意味の変化による混乱という問題はそれほど深刻ではない．おそらく変化を受けたコドンはアミノ酸の置き換えが起こっては困る部分にはあまり使われていなかったのだろう．さまざまな生物種のミトコンドリアで発見されたコドンの変化の多様性をみると，ミトコンドリアの暗号はそれぞれの生物種ごとに別々に進化してきたもので，一つのミトコンドリアの暗号をもった祖先から出てきた共通の子孫ではないことがわかる．

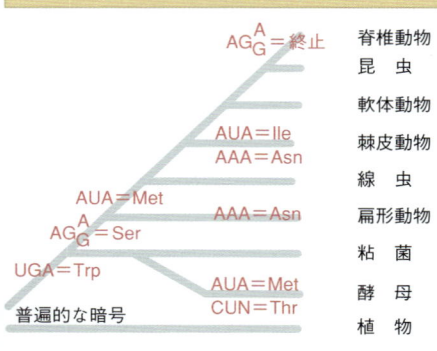

**図9・10** ミトコンドリアの遺伝暗号が変化した様子は系統発生学的にたどることができる．AUA＝MetとAAA＝Asnの変化がおのおの独自に2回起こり，初期のAUA＝Metの変化が棘皮動物で逆戻りしたと考えると，独立に起こった変化の最少の場合の数を計算できる．

## 9・7 特定の終止コドンに新奇なアミノ酸が対応することがある

- 個々の遺伝子においては，特定のコドンの読み替えが起こることがある．
- 特定のUGAコドンに対してセレノシステイニルtRNAを挿入するには，Cys-tRNAを修飾し，それをリボソームに運び込むための数種類のタンパク質が必要とされる．
- 特定のUAGコドンに対してピロリジンが挿入されることがある．

個々の遺伝子についてみると，遺伝暗号の読み方に特異的な変化がみられることがある．このような変化が個別的に起こることから，特定のコドンの読み方がその周辺の塩基によって影響されることが示唆される．

この顕著な例としては，修飾されたアミノ酸であるセレノシステインが原核，真核生物のセレン含有タンパク質の遺伝子のいくつかでUGAコドンの場所に取込まれることが挙げられる．通常はこれらのタンパク質は酸化還元反応を触媒し，セレノシステイン残基を1個含んでいて，それが活性部位を形成している．このUGAコドンの使い方は，大腸菌のギ酸デヒドロゲナーゼのアイソザイムをコードする三つの遺伝子に関して最もよくわかっている．コード領域内のUGAコドンはセレノシステイニルtRNAによって読まれている．

大腸菌におけるこの系は，セレン含有タンパク質の合成ができなくなる変異となる，四つの遺伝子の変異により発見された．*selC*は（UCAのアンチコドンをもつ）tRNAをコードし，このtRNAにはセリンが付加される．*selA*と*selD*はセリンをセレノシステインに修飾するのに必要となる．SelBはセレノシステイニルtRNAのための翻訳伸長

因子である．SelB はグアニンヌクレオチド結合タンパク質で，リボソームのAサイトにセレノシステイニル tRNA を入れるための特異的な翻訳因子として働く．つまり，SelB は1個の tRNA のために伸長因子 EF-Tu の代わりをしている．SelB のアミノ酸配列は EF-Tu，IF-2 の両方に似ている．

どうしてセレノシステイニル tRNA は特定の UGA コドンの所にのみ挿入されるのであろうか．これらの UGA コドンの下流には mRNA が形成するステム-ループ構造が続いている．図 9・11 にこの構造のステムが SelB の付加的なドメイン（EF-Tu や IF-2 にはないドメイン）によって認識される様子を示す．哺乳類にある UGA コドンにも同様の機構で読まれるものがあるが，適切な UGA コドンを認識するために2種類のタンパク質が必要とされる．その一つ（SBP2）は UGA コドンのずっと下流にあるステム-ループ構造（SECIS 配列）に結合する．もう一つは SelB に相同なタンパク質（EF-Sec）で，SBP2 に結合し，対応する tRNA を UGA コドンに結合させる．

特別なアミノ酸を挿入するもう一つの例は，UAG コドンに対してピロリジンを配置するものである．この現象は古細菌および細菌でみられる．その機構はおそらくセレノシステインの挿入と類似のものであろう．すなわち普通とは異なる tRNA にリシンが結合し，その後修飾を受けてピロリジンとなるのだろう．この tRNA はアンチコドンとして CUA をもち，UAG コドンに対応する．この系にも，適切な UAG コドンのみに対応を限定するためのほかの要素があるに違いない．

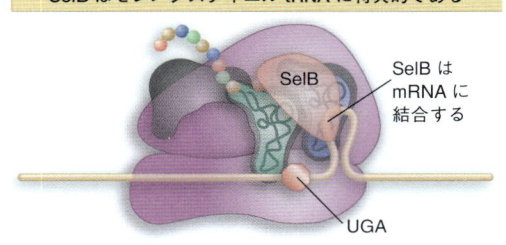

**図 9・11** SelB は翻訳伸長因子で，mRNA のステム-ループ構造の前にある UGA コドンにセレノシステイニル tRNA を特異的に結合させる．

### 9・8 tRNA にアミノ酸を付加するのはシンテターゼである

> **同族 tRNA** cognate tRNA 同じアミノアシル-tRNA シンテターゼによって認識される tRNA．これらの tRNA はすべて同じアミノ酸を運ぶ．アイソアクセプター tRNA ともいう．

- アミノアシル-tRNA シンテターゼは，ATP のエネルギーを利用して2段階の反応で tRNA にアミノ酸を付加し，アミノアシル tRNA をつくる酵素である．
- おのおのの細胞に20種類のアミノアシル-tRNA シンテターゼがある．そのそれぞれが，特定の1種類のアミノ酸に対応する tRNA すべてにアミノ酸を付加する．
- アミノアシル-tRNA シンテターゼは tRNA 中の塩基配列のほんの数箇所との接触によってその tRNA を認識する．

tRNA は一定の特徴を共通にもっていながら，なおかつそれぞれが区別される必要がある．それが可能なのは tRNA が特有の三次構造に折りたたまれるという重要な特徴をもっているからである．"L字形"をつくる二つのアームの角度や個々の塩基の突出のような細かい構造の変化によって一つ一つの tRNA が区別されるのであろう．

すべての tRNA はリボソームの P サイトおよび A サイトにうまく収まることができ，そこで tRNA の一方の端はコドン-アンチコドン対の形成によって mRNA と会合し，もう一方の端ではポリペプチド鎖の転移が起こる．同様に，すべての tRNA は（開始 tRNA を除いて）伸長因子（EF-Tu または eEF-1）によって認識されてリボソームと結合するという能力を共有している．開始 tRNA だけはその代わりに IF-2 または eIF-2 によって認識される．このように，（開始 tRNA を除く）一そろいの tRNA は伸長因子と相互作用するという共通の性質をもっており，開始 tRNA だけが区別されている．

アミノ酸がタンパク質合成経路に入るときはアミノアシル-tRNA シンテターゼの助けを借りる．この酵素はアミノ酸と核酸とを連結する仲介役として働く．すべてのシンテターゼは図 9・12 に示したように2段階の機構で働く：

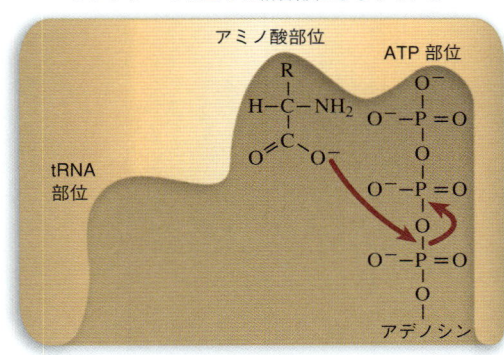

- 最初にアミノ酸と ATP が反応してピロリン酸が放出され，アミノアシルアデニル酸ができる．この反応に必要なエネルギーは ATP の高エネルギー結合の分解によって供給される．
- つぎに，この活性化されたアミノ酸は tRNA に転移し，AMP が放出される．

シンテターゼはアミノ酸と tRNA を分類して対応した組合わせをつくっていく．それぞれのシンテターゼはアミノ酸1種類と，そのアミノ酸を付加する一群の tRNA すべて

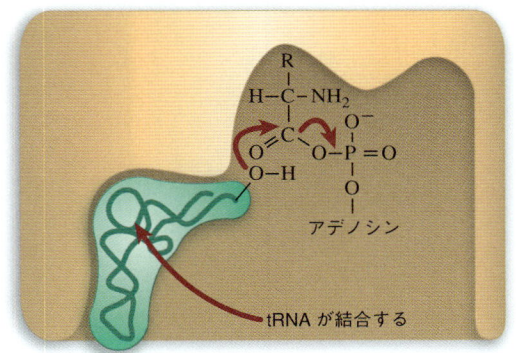

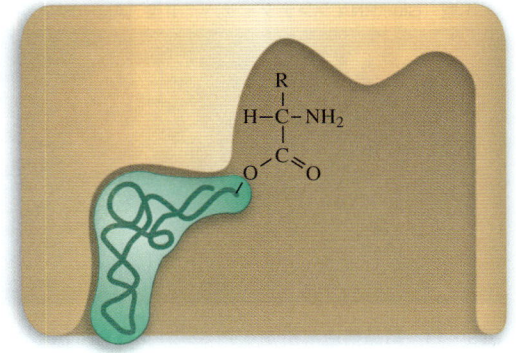

**図 9・12** アミノアシル-tRNA シンテターゼは tRNA に1個のアミノ酸を付加する．

を認識する．通常おのおののアミノ酸には複数の tRNA が対応する．同義コドンに対応する tRNA がいくつもある場合のほかに，いくつもの種類の異なる tRNA が同じコドンと反応することもある．複数の tRNA が同一のアミノ酸に対応しているとき，それらを**アイソアクセプター tRNA** とよぶ．これらはすべて同じシンテターゼによって認識されるので，**同族 tRNA** ともよばれる．

同一グループの同族 tRNA は，その tRNA に付加されるアミノ酸に特異的な 1 種類のアミノアシル-tRNA シンテターゼのみによってアミノ酸を付加されなければならない．したがって同族 tRNA には，シンテターゼがその tRNA を他の tRNA と区別できるような，何らかの共通の特徴があるに違いない．完全な一そろいの tRNA は 20 種類の同族グループに分けられ，そのそれぞれはそのグループに固有のシンテターゼに認識される．

同族 tRNA の塩基配列から類似点を見つけ出す試みや，アミノ酸の付加反応に影響を与えるような化学修飾の導入実験から，tRNA の認識方法は tRNA ごとに違っており，必ずしも tRNA の一次構造や二次構造が示す特徴だけで認識されるわけではないことがわかってきた．シンテターゼによる tRNA の認識は，通常 1～5 個という少数の塩基との接触を通じて行われている．このために 3 種類の特徴がよく使われる:

● 通常（必ずではない）アンチコドンの少なくとも 1 塩基が認識される．アンチコドンのすべての塩基が重要であることもある．
● 受容ステムの最後の 3 塩基対の一つが認識されることも多い．極端な例として，アラニン tRNA では受容ステムの中の特別な塩基対ただ一つだけで認識される．
● 受容ステムと CCA 末端との間にあるいわゆる認識塩基は同族 tRNA の間で常に一定である．

これらの特徴のどの一つをとっても 20 種類の同族 tRNA を区別する唯一の方法ではなく，十分な特異性を与えるものでもない．tRNA の認識は個々に特有な方法によっていて，それぞれが別々の法則に従っているようにみえる．認識機構は tRNA 分子の両末端に集中した数箇所の接触点と，シンテターゼの活性部位を構成する少数のアミノ酸との間の相互作用によって行われる．受容ステムとアンチコドンの重要性の度合いは，それぞれの tRNA とシンテターゼの組合わせごとに異なっている．

### 9・9 アミノアシル-tRNA シンテターゼは二つのグループに分けられる

■ アミノアシル-tRNA シンテターゼは，アミノ酸配列と構造の類似性から I 型と II 型の二つのグループに分けられる．

シンテターゼは共通した機能をもっているにもかかわらず，かなり多様なグループに分かれる．個々のサブユニットは 40～110 kDa とさまざまで，酵素は単量体のもの，二量体のもの，四量体のものがある．シンテターゼは活性部位をもつドメインの構造を基にして大まかに二つのグループに分けられ，そのそれぞれには 10 種類の酵素が含まれる．これら二つのグループの間に類似性はみられない．多分，二つのグループは互いに独立に進化してきたのであろう．だとすれば，原始的な生物はどちらかの型の酵素でコードされる 10 種類のアミノ酸のみから成るタンパク質でできていたという考えも成り立つかもしれない．

シンテターゼと tRNA の結合に関する全体的なモデルから，L 字形をした tRNA 分子の"側面"にタンパク質が結合していると予想される．すべてのシンテターゼと tRNA の結合についていえることは，tRNA はその両末端で結合しており，他の大部分の tRNA の配列はシンテターゼの認識には関与していないということである．しかし，結晶構造に基づく図 9・13 に示すモデルからわかるように，細かい部分では I 型と II 型の酵素の相互作用は異なっている．二つの型の酵素はそれぞれ tRNA の反対側から近づくので，その tRNA-シンテターゼのモデルは互いにちょうど鏡像関係になる．

ある I 型酵素（Gln-tRNA シンテターゼ）は tRNA の D ループ側から近づき，結合部位の一方の端で受容ステムのつくる小さな溝を認識し，

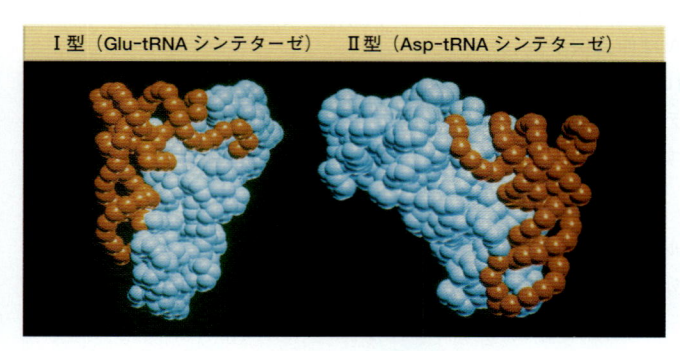

図 9・13 結晶構造解析からアミノアシル-tRNA シンテターゼの I 型と II 型は基質である tRNA の反対側に結合することがわかる．tRNA は赤で，シンテターゼは青で示してある．写真は Dino Moras 博士のご好意による．

もう一方の端でアンチコドンループと相互作用している．図 9・14 は tRNA^Gln・シンテターゼ複合体の結晶構造を模式的に表したものである．酵素との結合により tRNA 上の重要な 2 箇所で構造変化が起こることが示されている．これはアンチコドンループと受容ステムに描かれた点線と実線を比較するとわかるであろう:

- アンチコドンループにある U35 と U36 の塩基が tRNA からタンパク質の側へ引き離されている．
- 受容ステムの末端は大きくゆがめられ，U1 と A72 の間に形成されていた塩基対は壊されている．ステムの端にできた一本鎖部分は，ATP 結合部位のある，シンテターゼタンパク質の深いくぼみに入り込む．

この構造から，U35，G73，あるいは U1・A72 塩基対に変化が起こると，どうしてシンテターゼによる tRNA の認識が損なわれるのかが理解できる．これらのすべての場所でシンテターゼと tRNA との間に水素結合が形成される．

ある II 型酵素（Asp-tRNA シンテターゼ）は，図 9・15 に描かれているように，tRNA に反対側から近づき，アンチコドンループおよび受容ステムの大きな溝を認識する．受容ステムは正常ならせん構造を保っている．ATP はおそらく末端のアデニンの近くに結合しているのだろう．結合部位のもう一方の端はアンチコドンループと強く接触し，アンチコドンループの高次構造が変化して，シンテターゼとアンチコドンとが密着できるようになっている．

### I 型酵素への結合に合わせて tRNA に構造変化が起こる

Gln-tRNA シンテターゼ

- U1・A72 の塩基対は壊されている
- 受容ステムはタンパク質の深い溝の中にある
- ATP は受容ステムの近くに結合する
- アンチコドンループの U35-U36 の構造はゆがんでいる

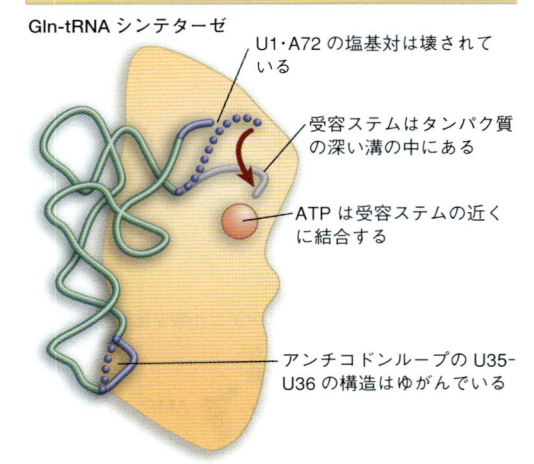

図 9・14　I 型のアミノアシル-tRNA シンテターゼは受容ステムの小さな溝とアンチコドンで tRNA と接触している．

## 9・10　シンテターゼは校正機構を用いて正確を期している

**反応速度論的校正　kinetic proofreading**　間違った反応は正しい反応より取込みの反応速度が遅いことに依存した校正機構．この校正機構では，新しいサブユニットが多量体の鎖に付加される前に，間違った反応は撤回される．
**化学的校正　chemical proofreading**　タンパク質や核酸の合成中に間違ったサブユニットが取込まれてしまったときに，付加反応の逆を行って訂正する校正の機構．

- アミノ酸と tRNA の認識の特異性は，間違った成分が取込まれた場合はアミノアシル-tRNA シンテターゼが触媒反応を元に戻す校正反応を行うことによって制御されている．

### II 型シンテターゼは tRNA の二つの領域と接触する

Asp-tRNA シンテターゼ

- 一本鎖部分の末端はタンパク質の内側深く入り込んでいる
- ATP は受容ステムの近くに結合する
- アンチコドンループはゆがんでいる

図 9・15　II 型のアミノアシル-tRNA シンテターゼは受容ステムの大きな溝とアンチコドンループで tRNA と接触している．

アミノアシル-tRNA シンテターゼには難しい仕事が課せられている．それぞれのシンテターゼは 20 種類のアミノ酸から 1 種類を，また一そろいの tRNA（おそらく計 100 種類ほど）の中から同族 tRNA（通常 1〜3 種類）を見分けなければならない．

多くのアミノ酸が互いによく似ており，またすべてのアミノ酸は特定の合成経路で生じる代謝中間体に似ている．特に，炭素鎖の長さが（$CH_2$ 基 1 個分）違うだけの差しかない二つのアミノ酸を区別するのは非常に難しい．そのような二つのアミノ酸がもともともっている結合エネルギーの差に基づく固有差は約 1/5 にしかならない．シンテターゼはこの比率を約 1000 倍も改善する．

tRNA 同士の区別はアミノ酸同士よりは易しい．なぜなら tRNA の方が表面積が大きく，接触点が多くなるからである．しかし，それでもやはり tRNA の全体的な構造は同じであり，同族 tRNA をその他の tRNA から区別する特徴はきわめて限られている．

シンテターゼは tRNA とアミノ酸の識別の両方の制御に校正機構を使っている．すなわち，シンテターゼは反応のいずれかまたはすべての段階で反応の結果を確認し，間違った tRNA やアミノ酸が使われていた場合には反応前の状態に戻す機構をもっている．それにより，アミノ酸同士あるいは tRNA 同士の間に存在する固有差は著しく改善される．しかし，アミノ酸あるいは tRNA 同士のもともとの固有差の大きさに呼応して，アミノ酸の選択で起こる間違い（間違いの割合 $10^{-4}$〜$10^{-5}$）は tRNA の選択に際し起こる間違い（間違いの割合 $10^{-6}$）より大きい（図 8・8 参照）．

シンテターゼは**反応速度論的校正**を使って tRNA の識別の正確さを向上させている．この機構は正しいシンテターゼへの同族 tRNA の親和性が他の tRNA より高いことを利用している．正しいシンテターゼに結合した tRNA はシンテターゼの活性部位の表面と

**シンテターゼは化学的校正を行う**

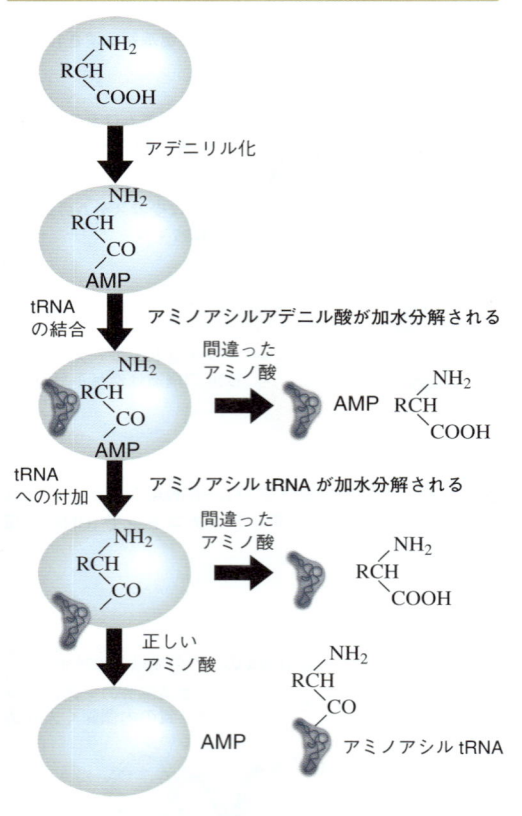

図9・16 シンテターゼに間違ったアミノ酸が結合して校正機構が働くためには，同族 tRNA の結合が必要となる．この結合による構造変化で，正しくないアミノアシルアデニル酸が加水分解されるか，あるいはアミノ酸が tRNA に移された後に加水分解されて校正が行われる．

**誤りは各段階で抑制される**

| 過程 | 誤りが起こる確率 |
|---|---|
| バリンを活性化して Val-AMP を生成 | 1/225 |
| Val-tRNA$^{Ile}$ の解離 | 1/270 |
| 全体の誤りが起こる確率 | 1/225×1/270＝1/60,000 |

図9・17 tRNA$^{Ile}$ に付加をするシンテターゼの反応の正確さは二つの段階で校正される．

十分に接触し，それによりシンテターゼはその tRNA を素早くアミノアシル化することができる．間違ったシンテターゼに結合した tRNA は活性部位との接触点が少なく，シンテターゼによるアミノアシル化反応を素早くひき起こすことができない．これにより間違った tRNA は反応が開始される前にシンテターゼから解離する時間を与えられることになる．

アミノ酸に対する特異性はシンテターゼによりさまざまである．最初から非常に特異的に1種類のアミノ酸を結合するものもあるが，本来の基質と近縁のいろいろなアミノ酸を活性化してしまうものもある．アミノ酸の類似物の中には時にアデニリル化された形に変換されるものも見受けられるが，誤って活性化された類似物が実際に安定なアミノアシル tRNA になってしまう例は知られていない．

アミノアシル tRNA の合成では不適切なアミノアシルアデニル酸を校正する段階が二つある．図9・16 は，両方とも**化学的校正**を使っており，触媒反応が逆戻りすることを示している．そのどちらが有力な経路であるかはシンテターゼにより異なっている．校正機構が働くためには，一般に同族 tRNA の存在が必要である：

● 非同族アミノアシルアデニル酸は同族 tRNA が結合した段階で加水分解される．この反応機構はメチオニン，イソロイシン，バリンなどのいくつかのシンテターゼでよく使われている．

● いくつかのシンテターゼではそれより後の段階で化学的校正を行っている．誤ったアミノ酸は実際に tRNA に付加されてしまうが，tRNA 結合部位でその構造によって間違いが認識され，加水分解を受けて解離する．この校正方法では，正しいアミノ酸が tRNA に付加されるまで結合と解離が何度も繰返される必要がある．

アミノ酸の選別に tRNA がなければならないことを示した典型的な例としては，大腸菌の Ile-tRNA シンテターゼがある．この酵素はバリンに AMP を付加することができるが，tRNA$^{Ile}$ を加えるとバリルアデニル酸は加水分解される．図9・17 にまとめたように，反応全体として間違いが起こる割合は個々の段階の特異性に依存している．間違いの割合は $1.5\times10^{-5}$ で，この値は（ウサギのグロビンについて）イソロイシンがバリンに置換される割合の実測値の $2\sim5\times10^{-4}$ より低い．したがって tRNA へ誤ったアミノ酸を付加する間違いは，実際にタンパク質合成中に起こる誤りの中でわずかな割合を占めるにすぎない．

Ile-tRNA シンテターゼはアミノ酸分子の大きさを識別に使っている．図9・18 に示すように，Ile-tRNA シンテターゼには合成部位（活性化部位）と加水分解部位（校正部位）という二つの活性部位がある．この酵素の結晶構造解析により，ロイシン（イソロイシンによく似たアミノ酸）は合成部位が小さすぎて入れないことが示された．イソロイシンより大きなアミノ酸はすべて合成部位に入ることができず，活性化反応から除外される．合成部位に入ることのできるアミノ酸は tRNA に付加される．つぎに酵素はアミノ酸を付加された tRNA を加水分解部位に移動させようとする．イソロイシンは大きすぎて加水分解部位に入れないため，加水分解を免れる．しかしバリンはこの部位に入ることができ，その結果，Val-tRNA$^{Ile}$ という間違った分子は加水分解される．本質的にこの酵素は2段階の分子ふるいとして働き，よく似たアミノ酸が大きさで識別される．

### 9・11 サプレッサー tRNA はアンチコドンに変異があり新たなコドンを読む

**サプレッサー（抑圧変異）** suppressor 最初の変異の影響を相殺する，または変更するような第二の変異のこと．
**ナンセンスサプレッサー** nonsense suppressor 少なくとも1種類の終止コドンに対応してアミノ酸を挿入することのできる変異 tRNA をコードする遺伝子．
**ミスセンスサプレッサー** missense suppressor ミスセンス変異を抑圧する変異で，tRNA が通常とは異なるコドンを認識するように変異したもの．この tRNA が変異を起こしたコドンに別のアミノ酸を挿入することにより，もともとの変異の影響が抑圧される．
**読み過ごし** readthrough 転写または翻訳に際して，RNA ポリメラーゼやリボソームが鋳型の変異や補助因子の働きによって終止シグナルを無視して読み進むこと．

- サプレッサー tRNA は，普通，アンチコドンが変異しており，対応するコドンが変わっている．
- ナンセンス変異は，いずれの終止コドンに対するものでも，そのコドンを認識する変異アンチコドンをもつ tRNA によって抑圧されうる．
- 変異したアンチコドンが終止コドンに対応する場合，その終止コドンに対応してアミノ酸が挿入され，ポリペプチド鎖は終止コドンを越えて合成され続ける．その結果，ナンセンス変異部位では変異の抑圧が起こり，本来の終止コドンでは読み過ごしが起こる．
- サプレッサー tRNA は，同じアンチコドンをもち，それに対応する同じコドンを読む野生型 tRNA や，同じ終止コドンを認識する遊離因子と競合する．
- ナンセンス変異の抑圧の効率が高いと，正常な終止コドンを越えて読み過ごしが起こってしまうため，有害である．
- ミスセンス変異の抑圧が起こるのは，tRNA が通常と異なるコドンを認識するようになり，あるアミノ酸が別のアミノ酸に置き換えられるようになった場合である．

変異した tRNA を分離すると，ある tRNA が mRNA 中のコドンに対応する能力を分析したり，tRNA 分子のいろいろな部分がコドン-アンチコドンの認識のときに働く役割を決めたりするのに有力な手段として使える．

変異 tRNA は，タンパク質をコードする遺伝子に起こった変異の作用を打ち消す能力を利用して分離できる．一般的な遺伝学用語で，ある変異の作用を克服（抑圧）できる変異を**サプレッサー**とよぶ．

tRNA によるサプレッサーでは，最初の変異で mRNA 内のコドンの一つに変化が生じ，そのため生産されるタンパク質はもはや機能を失っている．次に起こったサプレッサー変異によって tRNA の一つのアンチコドンに変化が生じ，それが元来のコドンの代わりに（あるいは，元来のコドンとともに）変異の起こったコドンを認識するようになる．そして，変異 tRNA が挿入するアミノ酸のおかげでタンパク質の機能は回復される．そのようなサプレッサーは，始めに起こったタンパク質の側の変異の性質によって，**ナンセンスサプレッサー**あるいは**ミスセンスサプレッサー**とよばれる．

ナンセンスサプレッサーをもたない細胞では，ナンセンス変異は遊離因子のみによって認識され，タンパク質合成は終止してしまう．サプレッサー変異を起こした細胞では，終止コドンを認識できるアミノアシル tRNA がつくられるので，終止コドンでもアミノ酸の挿入が起こり，ナンセンス変異の部位より先までタンパク質合成が続けられる．図 9・19 に示すように，この新しい活性による翻訳で完全な長さのタンパク質が合成できる．サプレッサーによって挿入されるアミノ酸が野生型タンパク質のその位置にある本来のアミノ酸と異なる場合，タンパク質の活性が変化していることもある．おのおののナンセンスサプレッサーは三つの終止コドンのうちの一つに特異的である．すなわち，サプレッサーのアンチコドンは UAA，UAG，UGA のうちのいずれか一つを認識する．

ナンセンスサプレッサーはナンセンス変異に対応してそれを抑圧するものとして分離された．しかし，ナンセンスコドンのトリプレットは細胞の中で正常に働いている終止コドンの一つである．ナンセンス変異のサプレッサーである変異 tRNA は，理論的にはそのナンセンスコドンを終止コドンとするすべての遺伝子の終止点も読み続けてしまうはずである．この**読み過ごし**が起こり，C 末端に余分なアミノ酸が付加した長いタンパク質が合成される場合を図 9・20 に示した．長くなったタンパク質の合成は，同じ読み枠の下流部分に現れる次の終止のトリプレットで終わるのだろう．終止コドンのサプレッサーの効率が良すぎると，異常に長くなり，機能が変わってしまったタンパク質が生産されるので，細胞に対して有害となるものと思われる．

アンバーコドンは大腸菌におけるタンパク質合成の終止では比較的使用頻度の低い終止コドンであり，そのためアンバーサプレッサーの効率は比較的高い（10〜50％）ことが多い．オーカーコドンは本来の終止コドンとして最も頻繁に使われているため，サプレッサーを分離するのは難しく，その効率は常に低い（10％未満）．UGA は本来の機能からすると最も効率の悪い終止コドンである．野生株の中でも 1〜3％の頻度で Trp-tRNA が誤って読んでしまう．この欠陥にもかかわらず，このコドンは細菌遺伝子の翻訳を終止させるためにアンバーコドンよりも広範に使われている．

## 2 段階分子ふるいモデルでは二つの活性部位を使う

加水分解部位は合成部位より小さい

合成部位　　　加水分解部位

ロイシンは大きすぎて合成部位に入れない

イソロイシンは合成部位には入れるが加水分解部位には入れない

バリンは合成部位から加水分解部位に移動する

図 9・18　Ile-tRNA シンテターゼには活性部位が二つある．イソロイシンより大きなアミノ酸は合成部位に入れないため活性化されない．イソロイシンより小さなアミノ酸は加水分解部位に入ることができるので取除かれる．

## サプレッサー tRNA は終止コドンを認識する

野生型: UUG コドンは Leu-tRNA で読まれる

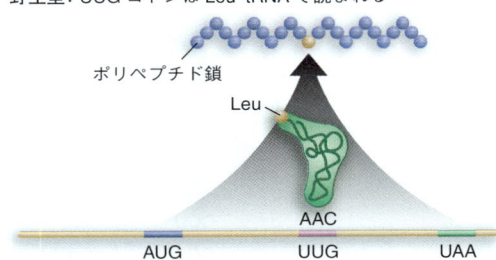

ポリペプチド鎖
Leu
AAC
AUG　UUG　UAA

ナンセンス変異: UAG コドンで停止する

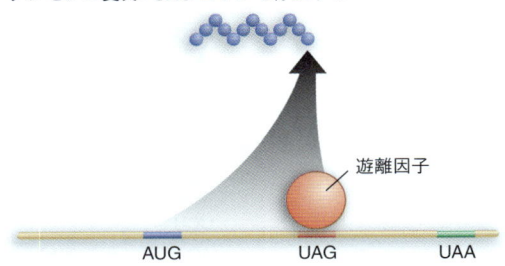

遊離因子
AUG　UAG　UAA

サプレッサー変異: Tyr-tRNA のアンチコドンが変異している

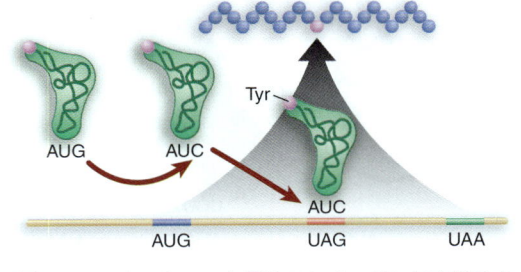

Tyr
AUG　AUC　AUC
AUG　UAG　UAA

図 9・19　ナンセンス変異はアンチコドンに変異のある tRNA によって回復することができる．この図の例では，変異 tRNA によって変異コドンの位置でアミノ酸が挿入され，本来 Leu であるべき部位が Tyr で置換された完全な長さのタンパク質がつくられる．

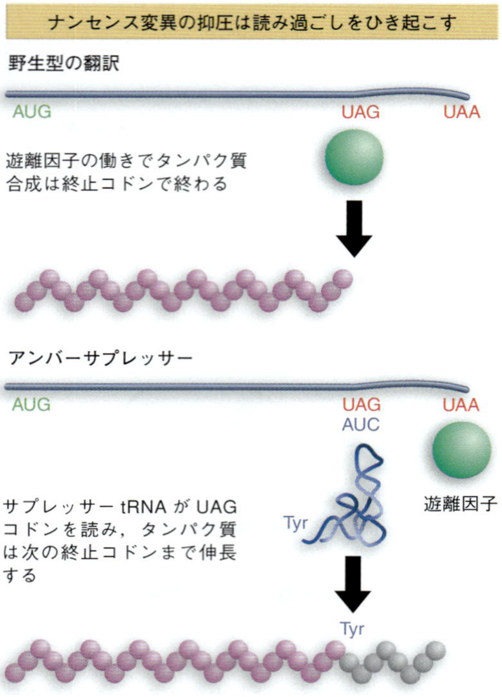

### ナンセンス変異の抑圧は読み過ごしをひき起こす

**野生型の翻訳**

AUG — UAG — UAA

遊離因子の働きでタンパク質合成は終止コドンで終わる

**アンバーサプレッサー**

AUG — UAG (AUC) — UAA

サプレッサー tRNA が UAG コドンを読み，タンパク質は次の終止コドンまで伸長する

**図 9・20** ナンセンスサプレッサーにより本来の終止コドンを読み過ごすので，野生型より長いタンパク質の合成が起こる．

### ミスセンスサプレッサー tRNA は野生型 tRNA と競合する

**野生型**: GGA コドンは Gly-tRNA で読まれる

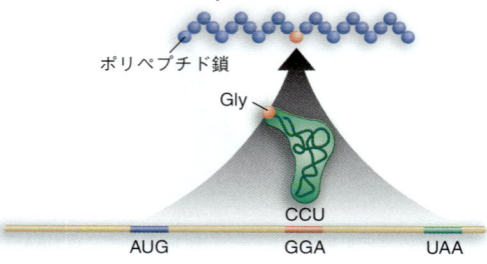

**ミスセンス変異**: AGA コドンは Arg-tRNA で読まれる

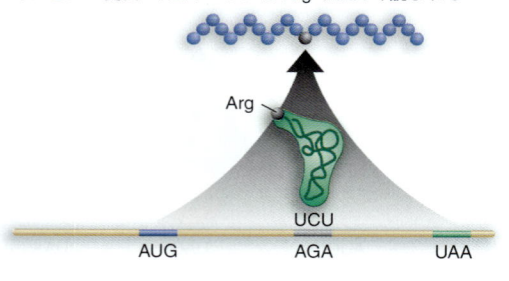

**サプレッサー変異**: AGA コドンが Gly-tRNA で読まれる

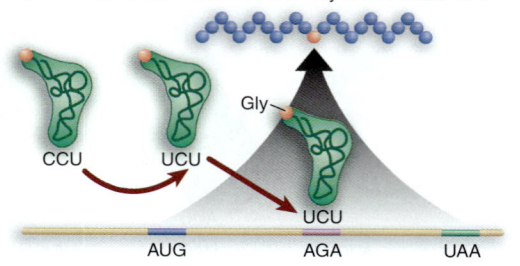

**図 9・21** ミスセンスサプレッサーは tRNA のアンチコドンに変異が起こり，誤ったコドンに応答する．野生型 tRNA もサプレッサー tRNA も AGA に応答できるので，サプレッサーとしての効率はほんの部分的なものにすぎない．

---

ミスセンス変異は，あるアミノ酸を指定していたコドンが別のアミノ酸を指定するものに変わり，そのためにタンパク質の機能が失われるものである．（形式的にはアミノ酸の置換すべてがミスセンス変異であるが，実際上はそれがタンパク質の活性を変化させる場合にしか検出できない．）変化の起こった部位に，前と同じアミノ酸またはタンパク質が機能を発揮できるような別のアミノ酸を取込ませるサプレッサー変異が起これば，この変異は打ち消される．

図 9・21 に示すように，ミスセンスサプレッサーによる回復もナンセンスサプレッサーの場合と同様である．すなわち，適合できるアミノ酸を運ぶ tRNA のアンチコドンが変異し，変異コドンに対応できるようになるのである．つまり，ミスセンスサプレッサーは，コドンの意味を一つのアミノ酸から別のアミノ酸に変換したものである．

ナンセンスサプレッサーの場合と同様に，ある部位でミスセンス変異を抑圧する変異は別の部位で野生型のアミノ酸を新しいアミノ酸に置き換えてしまう可能性がある．そのようなアミノ酸の置換は正常なタンパク質の機能を阻害するかもしれない．強いミスセンスサプレッサーがないという事実は，もしそれがあるとアミノ酸の置換をあちこちで効率良く起こしてしまい，有害となるからなのだろうと解釈される．

変異の抑圧はほとんどの場合，コドンの読み方が変わる変異として考えられる．しかしながら，野生型でも終止コドンがある低い頻度でアミノ酸として読まれる状況が存在する．最初に発見されたのは RNA ファージ Qβ のコートタンパク質遺伝子の例である．感染性の Qβ 粒子を形成するためには，この遺伝子の末端にある終止コドンが低頻度で抑圧され，ごく一部，C 末端が延長されたコートタンパク質がつくられなければならない．つまり，この終止コドンはタンパク質合成を完全には止めない．それは，Trp-tRNA が低頻度でこの終止コドンを読むからである．

終止コドンを越えて翻訳が継続する読み過ごしは真核生物細胞でも起こり，RNA ウイルスに利用されていることが多い．この過程には Tyr-tRNA，Gln-tRNA，Leu-tRNA による UAG/UAA の抑圧，あるいは Trp-tRNA，Arg-tRNA による UGA の抑圧が関与していることがある．これらの部分的抑圧の程度はそのコドンのコンテクストによって決まってくる．

### 9・12 リコーディングでコドンの意味が変わる

> **リコーディング** recoding 単一あるいは一連のコドンの意味が，もともとの遺伝暗号とは違ってしまう現象．リボソーム（が動いていく速度）に影響されて，mRNA とアミノアシル tRNA 間の相互作用が変わってしまうことによる．

> - コドンの意味は，変異 tRNA あるいは特別な性質をもつ tRNA によって変わることがある．
> - 読み枠は，mRNA の性質に依存して起こるフレームシフトや読み飛ばしによって変わることがある．

mRNA の読み枠は通常一定である．翻訳は AUG コドンから始まり，トリプレット単位で進み，終止コドンで終わる．読み取り作業は意味内容を気にせずに進むので，1 塩基の挿入や欠失が起こるとその変異点の下流では読み枠がずれ，フレームシフト変異となってしまう．リボソームや tRNA はトリプレットごとに進むしかなく，本来できるはずのものとはまったく違ったアミノ酸配列のポリペプチドを合成してしまう．

この通常の翻訳様式にはいくつかの例外があり，それによりナンセンスコドンやフレームシフト変異などの何らかの原因で中断した読み枠が正常化され，完全な長さのタンパク質の合成が可能になる．通常の法則に例外をもたらすのはコードの変更（リコーディング）とよばれる現象である．

一つのコドンの意味の変更で，あるアミノ酸が別のアミノ酸の場所に置き換わって入ったり，終止コドンの場所にアミノ酸が挿入されたりする．このような変化がコドンに対応する個々の tRNA の性質が変化することによって起こることを図 9・22 に示した:

- 通常は別のコドンを認識するはずの（変異した）tRNA がコドンを認識することにより，変異の抑圧が起こる（§9・11 参照）．
- アミノアシル tRNA の修飾により，コドンの意味が異なったものになる（§9・11 参照）．

また，読み枠の変更という別の種類のリコーディングが起こる状況が2種類ある：

- フレームシフトを起こす状況で多いのは，アミノアシル tRNA が1塩基分（+1 前に，あるいは-1 後ろに）ずれて結合し，読み枠が変わるものである（§9・13 参照）．図9・23 に示す例では，終止コドンを越えて翻訳が続く．
- 読み飛ばしでは，リボソームが mRNA に沿って移動し，P サイトに入っているペプチジル tRNA と塩基対をつくるコドンが変わる．これら二つのコドンの間にある塩基配列はタンパク質に翻訳されないことになる．図9・24 に示すように，読み飛ばしが起これば，間に挟まれた領域にある終止コドンを迂回して翻訳を続けることができる．

**特別なあるいは変異した tRNA はコドンを違う意味に読む**

変異の抑圧はアンチコドンの変異によって起こる

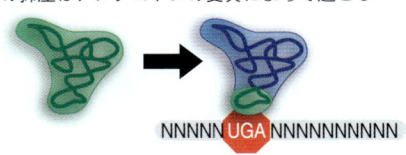

特別な因子＋特別な tRNA でコドンを認識する

図9・22 個々の tRNA の変異（アンチコドンに起きるのが普通）により，コドンが通常とは違う意味に読まれることがある．ある特別な例では，特定のtRNA に普通とは異なる翻訳伸長因子が結合し，ヘアピン構造に隣接した終止コドンを認識できるようになる．

## 9・13 滑りやすい配列でフレームシフトが起こる

> **プログラムされたフレームシフト** programmed frameshifting ある特異的な部位より下流にコードされているタンパク質の発現に必要とされ，特定の頻度でその特異的な部位に起こる+1 または-1 のフレームシフト．

> - 読み枠は mRNA の配列やリボソームの状態に影響されることがある．
> - 滑りやすい配列では，いったんはコドン–アンチコドン対を形成した tRNA が1塩基分ずれることがあり，それによって読み枠が変化する．
> - 遺伝子には，プログラムされたフレームシフトが定期的に起こることによって翻訳されるものもある．

以下のような2種類の場合に，読み枠の変更が特異的な tRNA によって起こることがある．第一に，フレームシフト変異を回復させる変異 tRNA が，通常の3塩基コドンではなく，4塩基をコドンとして認識する場合．第二に，mRNA にある特定の"滑りやすい"塩基配列で，A サイトに入っている tRNA が1塩基分，mRNA の上流側あるいは下流側に動く場合．

変異遺伝子外の要因によるフレームシフトサプレッサーのなかで最も単純なタイプは，同一の塩基が連続している位置にさらに同じ塩基が一つ挿入されて生じた変異の読み枠を訂正するものである．たとえば，Gが数個連なった所へさらに G がもう1個挿入された場合である．サプレッサーは tRNA$^{Gly}$ で，アンチコドンループにもう1個余分な塩基が入ってアンチコドンが通常の3塩基配列 CCC から4塩基配列 CCCC に変わっている．このサプレッサー tRNA は4塩基の"コドン"を認識する．

フレームシフトが遺伝子の正常な働きの中でも起こる例はファージやウイルスで知られている．このようなフレームシフトはタンパク質合成が続行するかあるいは停止するかに影響することがあり，その mRNA がもともともっている性質によって起こる．

レトロウイルスでは，最初の遺伝子の翻訳は同じ読み枠に出てくるナンセンスコドンで終了する．2番目の遺伝子は最初のとは異なる読み枠にあり，（いくつかのウイルスでは）フレームシフトにより2番目の読み枠に移り，その結果終止コドンを迂回して翻訳される（図9・23，§22・3 参照）．このフレームシフトが起こる効率は低く，通常5％ほどである．実際，この効率の低さはウイルスの生態にとって重要で，効率が上がるとウイルスにとって障害になることがある．図9・25 は酵母の Ty 因子における同様な状況を図解したものである．下流の *TyB* 遺伝子を読むためには，*TyA* 遺伝子の終止コドンがフレームシフトにより回避されることが必要である．

このような例は，"読み誤り"がまれに（しかし予期できる程度に）起こることが本来の翻訳に必要なステップとして頼りにされるという重要な点を示している．これはプログラムされたフレームシフトとよばれる過程である．プログラムされたフレームシフトは特異的部位で高い頻度で起こり，これはプログラムされていない部位で誤って起こ

**フレームシフトにより翻訳終止を回避できる**

レトロウイルスである HIV では-1 のフレームシフトが起こる

NNNNUUUUUAGGNNNNNNNN
本来の読み枠の最後のコドン
新しい読み枠での最初のコドン

フレームシフトが起こらない場合の読み方

NNNNUUUUUAGGNNNNNNNN

フレームシフト後の読み方

NNNNUUUUUAGGNNNNNNNN

図9・23 tRNA がコドンと塩基対をつくるときに1塩基ずれるとフレームシフトが起こり，終止コドンを回避できる．その効率は通常約5％である．

**読み飛ばしでは二つの同じコドンの間を省いて翻訳する**

T4 ファージの 60 遺伝子では 60 塩基を読み飛ばす

GAUGGAUGAC..........AUUGGAUUA
本来の読み枠の最後のコドン
新しい読み枠での最初のコドン

読み飛ばしをしない場合の読み方

GAUGGAUGAC..........AUUGGAUUA

読み飛ばしを行った場合の読み方

GAUGGAUGAC..........AUUGGAUUA

図9・24 読み飛ばしはリボソームが mRNA に沿って移動することによって起こる．P サイトのペプチジル tRNA はコドンとの塩基対をいったん解消し，移動後に移動先のコドンと再び塩基対を形成する．

### フレームシフトにより翻訳が調節される

翻訳様式に 2 種類あり，Tya または Tya-Tyb がつくられる

Arg-tRNA が AGG を認識し，通常の翻訳が進行する

Tya タンパク質

Tya と Tyb の融合タンパク質

Arg-tRNA がないと Leu-tRNA が 1 塩基分ずれ，Gly-tRNA が GGC を認識する

フレームシフト

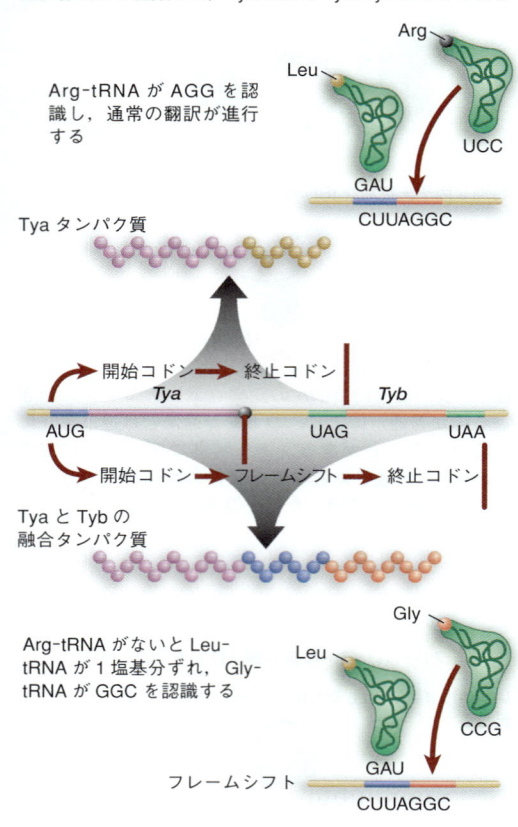

図 9・25 酵母の Ty 因子の *Tyb* 遺伝子が発現するためには +1 のフレームシフトが起こることが必要である．このフレームシフトは二つのロイシンのコドンの後に使用頻度の低いアルギニンのコドンが続くという 7 塩基配列の部分で起こる．

るフレームシフトの頻度（1 コドン当たり約 $3 \times 10^{-5}$ 回）の 100〜1000 倍である．

この種のフレームシフトには共通する特徴が二つある：

- "滑りやすい"配列の所でアミノアシル tRNA はそのコドンと塩基対を形成し，それから +1 塩基（めったにない）あるいは -1（より多くみられる）だけ動き，元のトリプレットと一部重複し，やはりアンチコドンと塩基対をつくることのできる別のトリプレットと塩基対を形成する．
- フレームシフト部位では，リボソームはアミノアシル tRNA が塩基対形成を再編する時間がとれるようにゆっくり動く．この遅れの原因には，次のコドンがまれなアミノアシル tRNA を必要とする場合や，遊離因子による認識が遅い終止コドン，リボソームを遅らせるような mRNA の構造障害（たとえば RNA がとる特定の高次構造である"シュードノット (pseudoknot)"）がある場合などが考えられる．

滑り込みはどちら向きにも起こる．tRNA が後ろに動くと -1 のフレームシフトが起こり，前に動くと +1 のフレームシフトが起こる．いずれの場合も結果として，A サイトにある読み枠のずれたトリプレットを次のアミノアシル tRNA に対して提供することになる．フレームシフトはペプチド結合が形成される前に起こる．最もよくあるタイプは，下流で mRNA がヘアピン構造を形成している滑りやすい配列の所でフレームシフトが誘発されるもので，周りの配列がフレームシフトの効率に影響を与える．

図 9・25 に示したフレームシフトでは典型的な滑りやすい配列での反応が描かれている．7 塩基配列 CUUAGGC は通常，CUU で Leu-tRNA に，続いて AGG で Arg-tRNA に認識される．ところが Arg-tRNA は数が少なく，そのためにリボソームの進行が遅くなると Leu-tRNA が CUU コドンから重複する UUA トリプレットに滑り込む．これにより，新しい読み枠にある次のトリプレット (GGC) が Gly-tRNA によって読まれることになり，フレームシフトが起こる．滑り込みは通常（実際には Leu-tRNA が合成中のポリペプチド鎖をもつペプチジル tRNA になった後に）P サイトで起こる．

### 9・14 リボソームの動きで読み飛ばしが起こる

> ■ リボソームが特定のステム-ループ構造の中で終止コドンに隣接する GGA コドンに出合うと，そのリボソームはポリペプチド鎖にアミノ酸を付加することなく，直接，下流にある特定の GGA コドンに移動する．

特定の配列により，リボソームが翻訳を中断し，ペプチジル tRNA が P サイトに入ったままの状態で mRNA に沿って移動し，移動後に翻訳を再開するという読み飛ばしが誘発される．これはめったに起こらない現象で，確認されているのは 3 例のみである．最も劇的な読み飛ばしの例は図 9・24 に示した T4 ファージの *60* 遺伝子でみられるもので，リボソームは mRNA に沿って 60 塩基分移動する．

読み飛ばしの系で重要な点は，読み飛ばされる配列の両側に同じ（または同義の）コドンがあることである．これらのコドンは"離陸コドン"と"着陸コドン"とよばれることもある．読み飛ばしの前のリボソームでは，P サイトのペプチジル tRNA は離陸コドンと塩基対を形成しており，A サイトは空いていてアミノアシル tRNA が入ってくるのを待っている状態である．図 9・26 に示すように，リボソームはこの状態で mRNA に沿って滑っていき，着陸コドンまでくるとペプチジル tRNA が着陸コドンと塩基対を形成する．この系の驚くべき特徴はその高い効率にあり，約 50％にも達する．

読み飛ばしを誘発するのは mRNA 中の塩基配列である．ここで重要な特徴は，離陸コドンと着陸コドンとして二つの GGA コドンがあること，二つのコドンの間に間隔があること，離陸コドンを含むステム-ループ構造が形成されること，離陸コドンに隣接して終止コドンがあることである．合成中のタンパク質も関与する．

離陸の段階で，ペプチジル tRNA は対応するコドンとの塩基対を解消しなければならない．続いて mRNA が動くとペプチジル tRNA がそのコドンと再び塩基対を形成するのが妨げられる．ついでリボソームは，tRNA が着陸反応でコドンと塩基対を再形成するまで mRNA に沿って動いていく．続いてアミノアシル tRNA が通常通り A サイトに

入ると，タンパク質合成が再開される．

　フレームシフトと同様に，読み飛ばし反応も一時的なリボソームの停止に依存して起こる．Pサイトに入っているペプチジル tRNA がそのコドンとの塩基対を解消する確率は，アミノアシル tRNA が A サイトに入るのが遅くなれば大きくなる．細菌がアミノ酸飢餓の状態になると，A サイトに入ることのできるアミノアシル tRNA がなくなって遅れが生じるため，読み飛ばしが誘発されることがある．T4 ファージの 60 遺伝子では mRNA の構造が翻訳終止の効率を下げ，離陸反応に必要とされる遅れを起こさせる役割も果たしているようである．

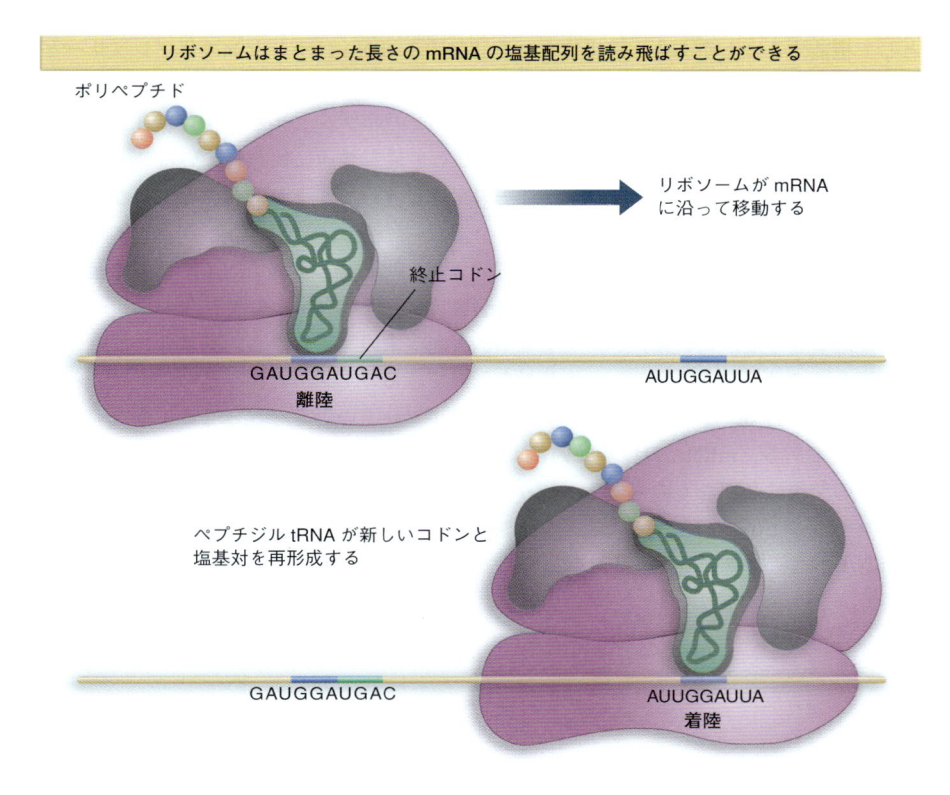

図 9・26　読み飛ばしの際には P サイトに tRNA が入っているリボソームが翻訳を中断することができる．リボソームは mRNA に沿って移動し，移動先で P サイトに入っているペプチジル tRNA が新たなコドンと塩基対を形成すると，タンパク質合成が再開される．

## 9・15　要　　約

　5′→3′方向へのトリプレットごとに読まれた mRNA の塩基配列は，遺伝暗号によりタンパク質の N 末端→C 末端方向へのアミノ酸配列に対応づけられる．64 種類のトリプレットのうちアミノ酸をコードしているのは 61 種類で，3 種類は翻訳の終止を表すコドンである．同一のアミノ酸を表す同義コドンは 3 番目の塩基だけが異なる場合が多く，互いに似ている．この第三塩基の縮重に加えて，似たアミノ酸同士は似たコドンで表される傾向にあることによって，変異の影響は最小限に抑えられている．遺伝暗号はすべての生物に普遍的で，進化の非常に早いうちに確立したに違いない．ミトコンドリアではいくつかの遺伝暗号の変化が進化の間に起こったが，核ゲノムにおける変化はきわめてまれである．

　複数の tRNA が一つのコドンに対応することがある．それぞれのアミノ酸を指定するいろいろなコドンに対応する tRNA のセットは，それぞれの生物ではっきり決まっている．コドン-アンチコドンの認識には，アンチコドンの最初の位置（コドンの 3 番目の位置）で塩基対のゆらぎがあり，これによっていくつかの tRNA は複数のコドンを認識できる．すべての tRNA には tRNA の構造の中の標的となる塩基を認識する酵素によって導入された修飾塩基がある．コドン-アンチコドン対の形成はアンチコドン自体の修飾に加え，隣接した塩基，特にアンチコドンの 3′側の塩基によっても影響を受ける．

　個々のアミノ酸は特定のアミノアシル-tRNA シンテターゼにより認識され，アミノアシル-tRNA シンテターゼはそのアミノ酸に対応する tRNA 全部を認識する．アミノアシル-tRNA シンテターゼは変化に富んでいるが，その触媒ドメインの構造に従って大まかに二つのグループに分けることができる．それぞれのグループのシンテターゼは

tRNAの側面から結合し，受容ステムとアンチコドンステム-ループの二つの末端と接触する．二つのグループのシンテターゼはそれぞれtRNAの反対側に結合する．特異的なtRNAを認識するためにアンチコドン領域と受容ステムのどちらが重要であるかはそれぞれのtRNAごとに異なっている．アミノアシル-tRNAシンテターゼは校正機能をもっており，アミノアシルtRNAをいちいち吟味し，正しくないアミノ酸を結合したアミノアシルtRNAを加水分解する．

変異により，tRNAは本来とは異なるコドンを読めるようになることがある．このような変異のうち最もありふれているのはアンチコドン自身に起こるものである．tRNAの特異性が変化すると，タンパク質をコードする遺伝子に起こった変異のサプレッサーとして機能することがある．終止コドンを認識するtRNAはナンセンスサプレッサーとなり，コドンに対応させるアミノ酸が変わったtRNAはミスセンスサプレッサーとなる．UAGとUGAコドンのサプレッサーはUAAコドンのサプレッサーよりもずっと効率が良く，このことはUAAが本来の終止コドンとして最も普通に使われていることを考えれば理解できる．もっとも，サプレッサーの効率はすべて，それぞれの標的となるコドンのコンテクストに依存している．

＋1のフレームシフトは4塩基から成る"コドン"を読む変異tRNAによって起こることがある．また，mRNAの滑りやすい配列によって＋1，－1の両方向のフレームシフトが起こりうる．これは，ペプチジルtRNAが本来のコドンから，本来のコドンと一部重複してやはりアンチコドンと塩基対を形成できるコドンへと滑り込むことによって起こる現象である．このフレームシフトにはリボソームの動きを遅らせるような別の配列も必要である．mRNAの塩基配列によって起こるフレームシフトのなかには本来の遺伝子の発現に必要なものもある．読み飛ばしはリボソームが翻訳を中断し，PサイトにペプチジルtRNAが入ったままの状態でmRNAに沿って移動し，移動後にペプチジルtRNAが適切なコドンと塩基対を形成して翻訳が再開される現象である．

# 10 タンパク質の局在化と局在化シグナル

10・1 はじめに
10・2 タンパク質の膜透過は翻訳後あるいは翻訳と共役して起こる
10・3 シグナル配列は SRP と相互作用する
10・4 SRP は SRP レセプターと相互作用する
10・5 トランスロコンは膜を貫通する孔を形成する
10・6 翻訳後のタンパク質の膜への挿入はリーダー配列に依存して起こる
10・7 細菌は翻訳と共役した膜透過と翻訳後の膜透過の両方を使っている
10・8 要約

## 10・1 はじめに

**小胞体** endoplasmic reticulum（ER） 脂質，膜タンパク質，分泌タンパク質の合成にかかわる細胞小器官．核の外膜から細胞質へと伸び出した一つながりのコンパートメントである．（リボソームが付着していない）滑面小胞体と（リボソームが付着した）粗面小胞体とがある．

**ゴルジ体** Golgi apparatus 小胞体から新たに合成されたタンパク質を受取り，それらを加工して他の目的地へと送り出す細胞小器官．平たい円盤状の囊胞が数層重なり合ってできている．

- 細胞小器官に運ばれるタンパク質は細胞質中の遊離型リボソームで合成される．
- 小胞体–ゴルジ体の系に入るタンパク質は小胞体膜に結合したリボソームで合成される．

タンパク質はすべて，2種類の場所のいずれかにあるリボソームで合成される．大半のタンパク質は細胞質中のリボソームによって合成され，ごく一部のタンパク質が細胞小器官（ミトコンドリアや葉緑体）中のリボソームによって合成される．

細胞質中で合成されるタンパク質はそのタンパク質を合成するリボソームによって二つの大きなグループに分けることができる．基本的にはそのリボソームが"遊離型"で

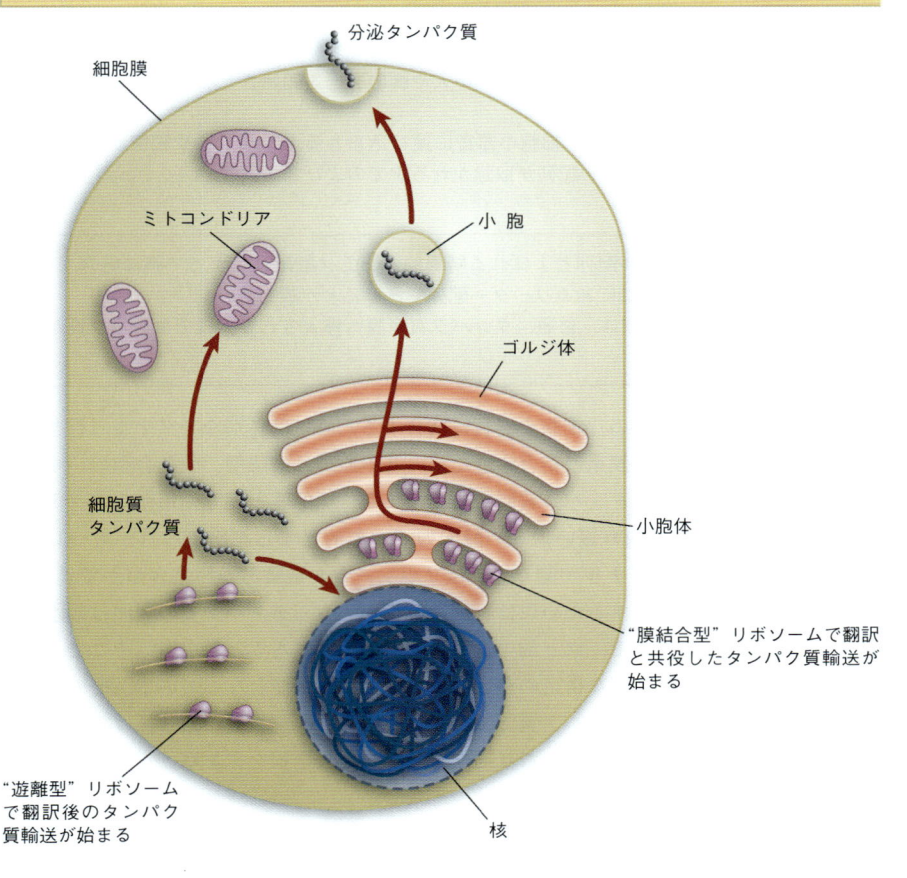

図10・1 遊離型リボソームで合成されたタンパク質は細胞質中に放出される．これらのタンパク質の中には核やミトコンドリアなどの細胞小器官に輸送されるためのシグナルをもつものがある．膜結合型リボソームは新しく合成されたタンパク質を直接小胞体に移行させる．小胞体に移行したタンパク質の一部は膜系に沿ってゴルジ体や細胞膜，あるいは細胞外へと運ばれていく．

あるか"膜結合型"であるかによって区別される．図10・1に細胞を図式化し，新たに合成されたタンパク質が最終目的地に至る道筋と輸送のシステムを示した．

膜に結合していない遊離型リボソームで合成されるタンパク質は，合成が完了すると細胞質中に放出される．これらのタンパク質は細胞質中に放出された後でどのように局在するかによって三つのグループに分けられる：

- 一部のタンパク質は細胞小器官や他の構造体に結合せず，浮遊した状態で細胞質中にとどまる．
- 繊維構造，微小管，中心小体などの，細胞質中の巨大分子構造体に結合するタンパク質もある．この結合は新しく合成されたポリペプチド鎖と細胞質中にすでに存在する構造との間のタンパク質-タンパク質相互作用に依存する．
- さらに一部のタンパク質は核内，あるいはミトコンドリア（あるいは植物細胞では葉緑体）などのその他の細胞小器官内に輸送される．すべての核タンパク質，およびミトコンドリアのほとんどのタンパク質は細胞質内で合成される．

真核細胞には，核の外膜から伸び出した**小胞体**（**ER**）とよばれる複雑に連なった膜系がある．小胞体の近傍には膜に囲まれた嚢が積み重なった形の**ゴルジ体**があり，細胞膜の方に広がっている．小胞体やゴルジ体，あるいは細胞膜に結合するタンパク質はすべて，小胞体に結合したリボソームで合成される．これらのリボソームは"膜結合型"とよばれることがある．

### 10・2　タンパク質の膜透過は翻訳後あるいは翻訳と共役して起こる

> **膜透過**　translocation　膜を通り抜けるタンパク質の移動．真核生物ではタンパク質が細胞小器官の膜を通り抜けることであり，細菌ではタンパク質が細胞膜を通り抜けることである．タンパク質が透過する膜には，それぞれ膜透過のための特異的な通路がある．
> **翻訳後の膜透過**　post-translational translocation　タンパク質合成が完了し，リボソームから放出された後に起こるタンパク質の膜透過．
> **翻訳と共役した膜透過**　co-translational translocation　合成中のタンパク質がまだリボソームで合成されつつあるときに小胞体膜の膜透過装置に結合して起こるタンパク質の膜透過．普通，リボソームが膜の通路に結合している場合に限って使われる．この形式での膜透過は小胞体膜に限って起こると考えてよい．
> **リーダー**　leader　タンパク質に膜への挿入や膜の通過を開始させるための短いN末端配列．
> **プレタンパク質**　preprotein　細胞小器官に運び込まれるタンパク質や細菌から分泌されるタンパク質のリーダー配列が取除かれるまでのよび名．

- タンパク質はシグナル配列とよばれる特異的なアミノ酸配列によって膜に結合する．
- シグナル配列はN末端にあるリーダー配列であることが最も多い．
- N末端のシグナル配列は，普通，タンパク質が膜へ挿入される過程でタンパク質から切離される．

タンパク質が（膜などの）細胞小器官に結合するためには特別なシグナル（行き先案内標識）が必要である．膜系に結合するための基本原理は遊離型，膜結合型のいずれのリボソームで合成されたタンパク質にも当てはまる．標的膜と相互作用するシグナルは合成されたタンパク質内の短いアミノ酸配列で，標的とする細胞小器官がもつレセプターに認識される．シグナルが働く様式はリボソームが遊離型か膜結合型かで異なる．

タンパク質が膜に結合するためには特別な準備がいる．タンパク質の表面は親水性であるが，膜は疎水性である．水と油のように，両者は混ざろうとしない．そこで，タンパク質と膜との結合は特別な構造の存在によって初めて可能となっている．その構造とは膜内に形成されているタンパク質でできた通路で，タンパク質が通り抜けることができる．タンパク質が膜に入り込んだり通り抜けたりする過程をタンパク質の**膜透過**とよぶ．

**翻訳後の膜透過**は，タンパク質がリボソームから放出されてから膜と結合する過程を

いう．この種のタンパク質にはレセプターと相互作用する配列があり，レセプターはそのタンパク質を通路内に導いたり通路を通って運び入れたりする．細胞質の遊離型リボソームから放出されるタンパク質に使われているシグナルのいくつかを図10・2にまとめてある．細胞質のリボソームで合成されるミトコンドリアと葉緑体のタンパク質は，リボソームから放出された後で細胞小器官の膜に結合する．これらのタンパク質にはN末端に約25アミノ酸から成る配列があり，この配列がミトコンドリアあるいは葉緑体の外膜にあるレセプターによって認識される．（核に搬入されるタンパク質にも同様の原理が使われている．核タンパク質には"核移行シグナル"があり，このシグナルをもつタンパク質は核膜孔を通り抜けることができる．）シグナルには非常に短いC末端の配列もあり，タンパク質をペルオキシソーム（膜に囲まれた細胞小器官）に輸送するのに使われている．

リボソームから小胞体-ゴルジ体の系に入るタンパク質では，シグナルの作用機構が異なっている．この場合，図10・3に示すように，合成中のタンパク質はリボソームから直接小胞体内に合成されながら入っていく．その後，そのタンパク質はさらに膜系をゴルジ体あるいは細胞膜まで輸送されていったり，あるいは細胞から分泌されたりする．タンパク質合成の間にそのタンパク質が膜に結合するため，この過程は**翻訳と共役した膜透過**とよばれる．

翻訳後の膜透過でも，翻訳と共役した膜透過でも，膜と結合するかどうかはタンパク質自身の配列によって決定される．翻訳と共役した小胞体への輸送や，ミトコンドリアや葉緑体への翻訳後の輸送には，ともにタンパク質のN末端の配列が使われており，次のような共通した特徴をもっている．N末端の配列は最終的に完成したタンパク質には含まれない**リーダー**である．リーダー配列をもったタンパク質を**プレタンパク質**とよぶ．これは完成したタンパク質になるまでの一時的な中間体である．リーダー配列はタンパク質の膜透過の際にタンパク質から切離される．

### 10・3 シグナル配列はSRPと相互作用する

> **シグナル配列** signal sequence タンパク質にある短い領域で，そのタンパク質を小胞体膜に導き，翻訳と共役した膜透過を行わせる．
> **シグナル認識粒子（SRP）** signal recognition particle シグナル認識粒子はリボ核タンパク質複合体であり，翻訳中のタンパク質のシグナル配列を認識してそのリボソームを膜透過のための通路へと導く．異なる生物のシグナル認識粒子の構成成分は異なる場合もあるが，すべて関連タンパク質と関連RNAを含んでいる．
> **シグナルペプチダーゼ** signal peptidase 小胞体膜の内腔側に位置する酵素で，膜を透過して小胞内に入ってくるタンパク質からシグナル配列を特異的に除去する．同様の活性は細菌，古細菌，真核生物の細胞小器官にも認められる．細胞小器官がタンパク質の目的地となる場合，タンパク質は自分がもつ標的を認識する配列（リーダー配列）の働きによって膜を透過してその中に入り，認識配列が切断される．シグナルペプチダーゼはより大きなタンパク質複合体の一成分として存在する．

- シグナル配列はSRP（シグナル認識粒子）に結合する．
- シグナル配列がSRPに結合すると，タンパク質合成が一時停止する．
- SRPが膜にあるSRPレセプターと結合すると，タンパク質合成が再開する．
- シグナル配列は，膜の"内側"表面に存在するシグナルペプチダーゼによって，膜を通過中のタンパク質から切離される．

小胞体内へのタンパク質の膜透過の過程は大きく二つの段階に分けられる．1段階目で合成中のポリペプチド鎖をもつリボソームが膜と結合し，2段階目でそのポリペプチド鎖が膜の通路に受け渡されて膜を透過する．この過程は合成中のタンパク質のリーダー配列によって開始される．このリーダー配列は**シグナル配列**ともよばれる．通常，シグナル配列はN末端の15〜30個のアミノ酸から成り，膜透過の間にタンパク質から切離される．シグナル配列のN末端あるいはそのすぐ近くには極性のあるアミノ酸が数個あり，配列中央には完全に，あるいはほとんどが疎水性のアミノ酸からできた領域がある．ほかにはこれとわかる共通した特徴はない．図10・4に一例を示してある．

---

**タンパク質は短いシグナル配列によって局在化する**

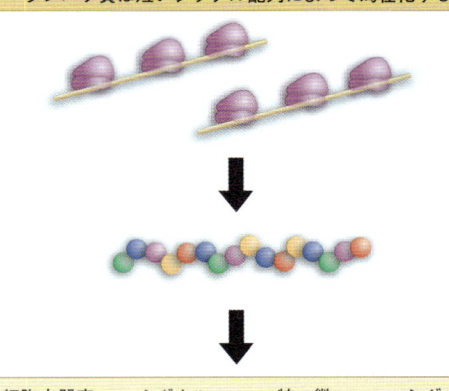

| 細胞小器官 | シグナルの位置 | 特徴 | シグナルの長さ（残基数） |
|---|---|---|---|
| ミトコンドリア | N末端 | 両親媒性のヘリックス | 12〜30 |
| 葉緑体 | N末端 | 電荷をもつ | >25 |
| 核 | 内部 | 塩基性または2部構成 | 4〜9 |
| ペルオキシソーム | C末端 | 短い4塩基配列 | 3〜4 |

図10・2 細胞質中の遊離型リボソームでつくられたタンパク質はリボソームから離れた後，短いシグナル配列の働きでそれぞれの目的地に向かう．

**タンパク質は合成中にしか小胞体に入れない**

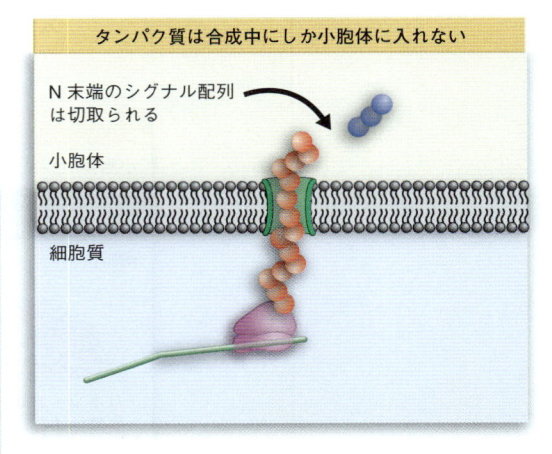

図10・3 タンパク質は合成中に小胞体膜に結合することによってのみ，小胞体-ゴルジ体の経路に入ることができる．

## N末端のシグナル配列は疎水性である

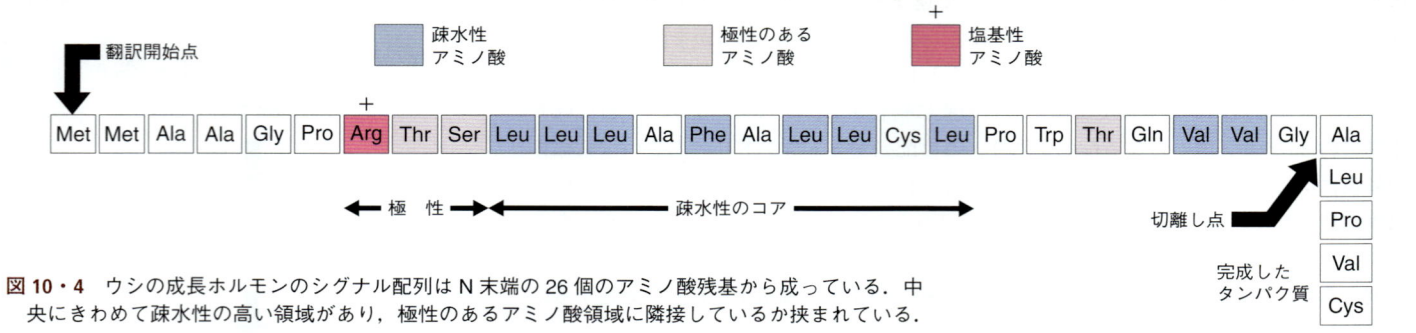

翻訳開始点 ／ 疎水性アミノ酸 ／ 極性のあるアミノ酸 ／ 塩基性アミノ酸

Met-Met-Ala-Ala-Gly-Pro-Arg(+)-Thr-Ser-Leu-Leu-Leu-Ala-Phe-Ala-Leu-Leu-Cys-Leu-Pro-Trp-Thr-Gln-Val-Val-Gly-Ala

← 極 性 → ← 疎水性のコア →

切離し点 → Ala-Leu-Pro-Val-Cys 完成したタンパク質

図10・4 ウシの成長ホルモンのシグナル配列はN末端の26個のアミノ酸残基から成っている．中央にきわめて疎水性の高い領域があり，極性のあるアミノ酸領域に隣接しているか挟まれている．

リボソームが膜に結合するためには**シグナル認識粒子（SRP）**が必要である．SRPには二つの重要な働きがある：

- 合成中の分泌タンパク質のシグナル配列に結合する．
- 膜にあるタンパク質（SRPレセプター）に結合する．

SRPとSRPレセプターの作用によって，タンパク質合成中のリボソームは膜に運ばれる．第一段階はSRPによるシグナル配列の認識である．つぎにSRPがSRPレセプターに結合し，リボソームが膜に会合する．膜タンパク質の翻訳の各段階を図10・5にまとめてある．

タンパク質輸送におけるSRPレセプターの役割は一時的なものである．SRPがシグナル配列に結合すると，翻訳が停止する．およそ70個くらいのアミノ酸がポリペプチド鎖に取込まれたところでこの阻害が起こる（この時点でリーダー配列の25アミノ酸

## タンパク質はシグナル配列によって膜に入る

1. 小胞体／細胞質／リーダー — リボソームは"遊離の"mRNA上でタンパク質合成を開始する
2. SRPレセプター／SRP — SRPがリーダー配列に結合し，翻訳が一時停止する
3. SRPがSRPレセプターと結合してリボソームが膜に会合すると翻訳が再開する
4. リーダー配列が膜に入る
5. タンパク質が膜を通り抜けるとリーダー配列は切取られる．翻訳は継続する
6. タンパク質全体が膜を通り抜けて分泌される．リボソームサブユニットはmRNAから離れる

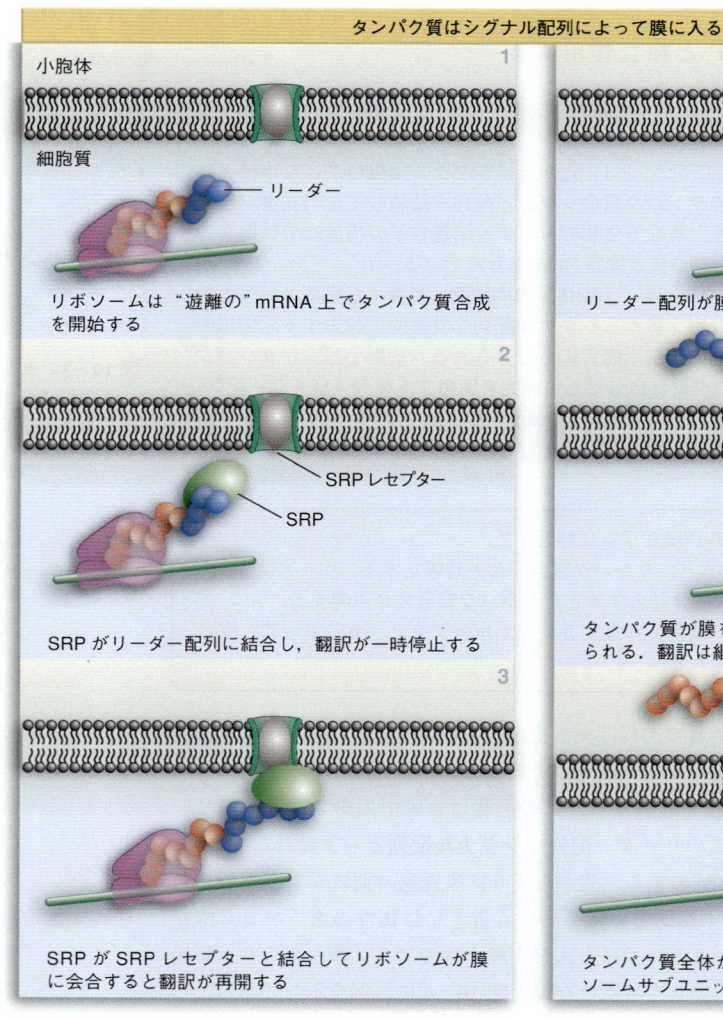

図10・5 分泌タンパク質を合成しているリボソームは合成中のポリペプチド鎖のシグナル配列を介して膜と会合している．

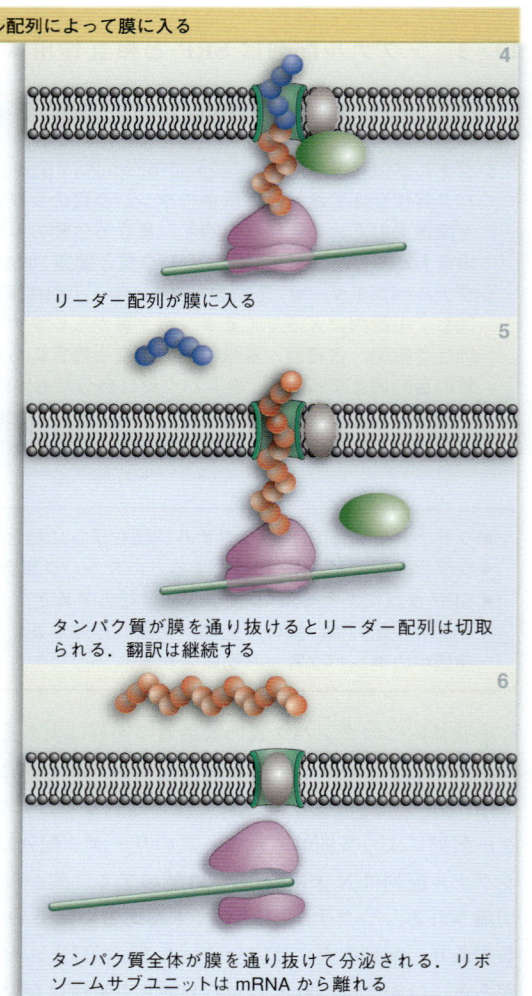

残基は外に出ているが，続くおよそ40残基はまだリボソーム内に隠れている）．

ついでSRPがSRPレセプターに結合すると，SRPはシグナル配列から離れる．リボソームは膜の他の構成成分によって膜につなぎとめられる．この時点で翻訳が再開される．リボソームが膜に渡されてしまうと，SRPとSRPレセプターはその役目を終えて解放され，また別の合成中のポリペプチドを膜に会合させる反応に再び使われる．

この過程はそのタンパク質の高次構造の制御にも必要である場合がある．もし，合成中のタンパク質がそのまま細胞質中に遊離してしまうと，膜を横切ることができないような高次構造を形成してしまう可能性がある．したがって，リボソームが膜に渡されるまではSRPが翻訳を阻害しておくということは，タンパク質が親水性の環境に遊離するのを阻害するという意味で重要なのである．

シグナル配列の切断は，5種類のタンパク質から成る**シグナルペプチダーゼ**という複合体によって行われる．この複合体はSRPやSRPレセプターよりも数倍は多く存在する．その量は膜結合型リボソームの量とほぼ同じであり，構造的な機能も考えられる．シグナルペプチダーゼは小胞体の内腔側の膜表面に局在しており，このことはシグナル配列全体が膜を通り抜けて初めて切断されることを示している．これと相同なシグナルペプチダーゼは真正細菌，古細菌，および真核生物からも見つかる．

## 10・4　SRPはSRPレセプターと相互作用する

**Alu ドメイン**　Alu domain　SRP（シグナル認識粒子）の7SL RNAの配列のうち，Alu RNAに関係のある部分．
**S ドメイン**　S domain　SRP（シグナル認識粒子）の7SL RNAの配列のうち，Alu RNAと関係ない部分．

- SRPは7SL RNAと6個のタンパク質との複合体である．
- 細菌では，SRPに相当するものは4.5S RNAと2個のタンパク質の複合体である．
- SRPレセプターは二量体である．
- SRPはSRPレセプターと相互作用した後，GTPの加水分解に伴ってSRPレセプターから離れる．

SRPとSRPレセプターの相互作用は，合成中のタンパク質をもつリボソームを膜へと運ぶ，真核生物の翻訳において重要な反応である．同様の相互作用を行う系は細菌にもあるが，その役割は真核生物よりは限られている．

SRPは沈降係数11Sのリボ核タンパク質複合体で，6個のタンパク質（総量240 kDa）と小さな（305塩基，100 kDa）7SL RNAから成る．**図10・6**に示すように7SL RNAはSRPの構造の骨格となっている．7SL RNAがなければ個々のタンパク質は集合体とはならない．（訳注：7SL RNAは7S RNAと表記することもある．）

SRP中の7SL RNAは二つの領域からできている．5′末端側の100塩基と3′末端側の45塩基は哺乳類によくみられる小さなRNAである*Alu* RNAの配列ときわめて近い関係にある．この部分は**Alu ドメイン**と名づけられている．残りのRNAの部分は**S ドメイン**を形成する．

図10・6に示したSRPの構造の各部分は，タンパク質の行き先を決めるうえで，それぞれ違った役目を担っている．SRP54は最も重要なサブユニットである．RNAがつくる構造の一方の端に位置し，シグナル配列に結合することにより基質タンパク質の認識に直接かかわっていると考えられる．SRP54は，7SL RNAの中央部に結合しているSRP68・SRP72二量体とともにSRPレセプターにも結合する．SRP9・SRP14二量体はSRP分子の反対側に結合しており，翻訳伸長反応の阻害にかかわっている．

SRPは柔軟な構造体である．シグナル配列に結合していないときには，図10・6の結晶構造図からわかるように，かなり伸びた形状をとっている．シグナル配列に結合すると高次構造の変化がひき起こされ，SRPはヒンジで折れ曲がってSRP54末端がリボソームのタンパク質の出口部位と接触するようになり，またSRP9・SRP14二量体はヒンジを軸として回転し，伸長因子結合部位に接触するようになる．この様子を**図10・7**に示す．その結果，翻訳伸長反応は阻害され，膜にある膜透過部位に到達する時間が得

**図10・6** SRP（シグナル認識粒子）の7SL RNAには二つのドメインがある．各タンパク質は上の二次元模式図に示されているように結合し，下の図に示されているような結晶構造を形成する．SRPのそれぞれの機能は，構造上で分かれている各部に結び付いている．

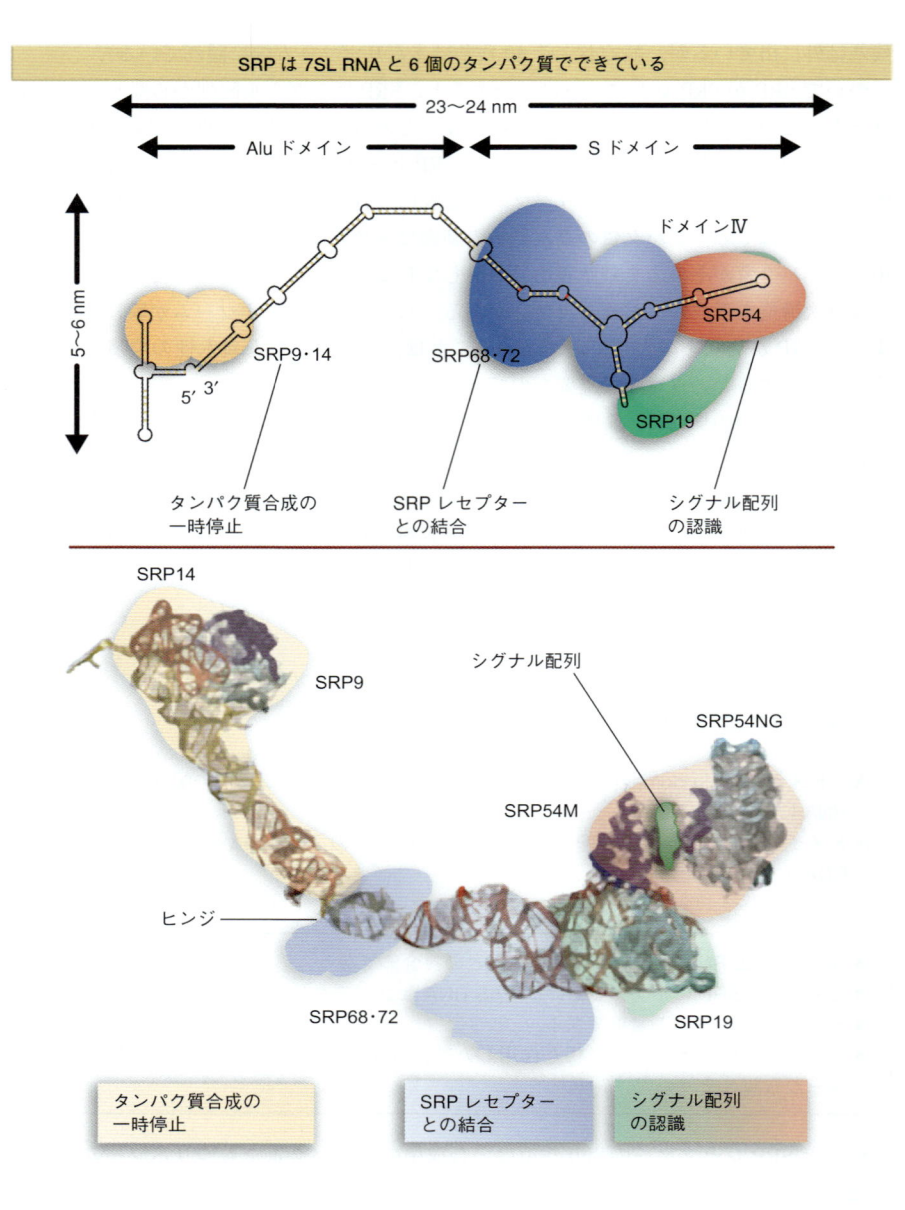

**SRPは7SL RNAと6個のタンパク質でできている**

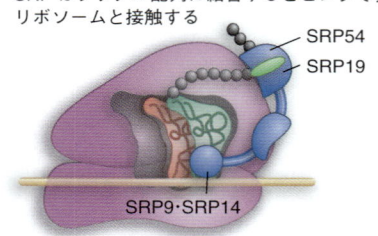

**図10・7** シグナル配列がリボソームから外に出てくるとすぐにSRPが結合する．この結合の結果SRPはヒンジで折れ曲がり，それによりSRP54はリボソームのタンパク質出口部位に，SRP9・SRP14は別の部位に接触することになる．

られる．

SRPレセプターはSRα（72 kDa）とSRβ（30 kDa）の両サブユニットから成る二量体である．SRβは膜に埋め込まれた内在性の膜タンパク質である．大きい方のSRαのN末端はSRβによって膜につなぎ止められており，残りの大部分は細胞質に突き出ている．このタンパク質の細胞質にある領域の大半は正電荷をもつアミノ酸残基に富み，核酸結合タンパク質に似ている．このことはSRPレセプターがSRP中の7SL RNAを認識している可能性を示している．

構成成分の数は少ないが，SRPに相当する成分は細菌にもある．大腸菌にはSRPの7SL RNAに相同性をもつ4.5S RNAがあり，リボソームに結合する．4.5S RNAには二つの構成成分が結合している．一つはFfhで，SRP54に相同性がある．もう一つはFtsYで，SRαに相同性がある．実際，FtsYはSRαとSRβの両方の機能に対応する．FtsYのN末端ドメインはSRβと同様，膜への局在化に関与し，C末端ドメインは標的タンパク質と相互作用する．

細菌の4.5S RNA複合体の役割はSRP-SRPレセプターが果たす役割よりは限られている．おそらく4.5S RNA複合体は，合成中のタンパク質が分泌のための装置の他の成分と相互作用するまで適切な高次構造を保っておくという役割を担っているのであろう．4.5S RNA複合体は膜内在性タンパク質の膜透過に必要とされる．基質の選択は，大腸菌のSRPがタンパク質内の膜透過シグナルとなりうる配列を認識することに基づいている．葉緑体にはFfhやFtsYに相当するタンパク質はあるが，RNA成分は必要としない．

どうしてSRPはRNA成分をもっているのだろうか．その答えはSRPが進化してきた

過程にあるに違いない．SRP は進化のごく初期，RNA が中心的役割を担っていた時代に，おそらくは機能のほとんどを RNA が遂行するリボソームとともに生まれてきたのに違いない．細菌の 4.5S RNA と Ffh はタンパク質合成と分泌を結び付ける本来の姿を反映しているのかもしれない．真核生物では SRP が新たな機能を獲得し，翻訳の一時停止と行き先となる膜の選択を担うようになったと考えられる．

4.5S RNA のタンパク質結合ドメインと Ffh の RNA 結合ドメインとの複合体の結晶構造解析の結果，RNA は SRP の機能において今でも役割を果たしていることが示唆されている．4.5S RNA のある領域（ドメインⅣ）は，7SL RNA のドメインⅣに非常によく似ている（図 10・6 参照）．Ffh は三つのドメイン（N, G, M）から成る．M ドメイン（メチオニンの含量が高いことから名づけられた）がタンパク質への結合において重要な役割を果たす．M ドメインには DNA 結合タンパク質に典型的なヘリックス-ターン-ヘリックスモチーフがある（§14・10 参照）．M ドメインのヘリックス-ターン-ヘリックスモチーフは 4.5S RNA のドメインⅣの二本鎖領域に結合する．M ドメインのヘリックス-ターン-ヘリックスモチーフの横にはメチオニン残基の側鎖によってつくられた疎水性のくぼみがあり，これが標的タンパク質のシグナル配列に結合する．このように各成分が並列することから，シグナル配列は実のところ SRP のタンパク質成分と RNA 成分の両方に結合する可能性がある．

GTP の加水分解はシグナル配列を膜に挿入するうえで重要な役割を担っている．SRP も SRP レセプターも GTP アーゼとして機能できる．SRP のシグナル配列に結合するサブユニットである SRP54 は GTP アーゼである．また，SRP レセプターでは両方のサブユニットが GTP アーゼである．これらの GTP アーゼ活性はすべて，合成中のタンパク質が膜に運ばれるのに必要である．図 10・8 は SRP がシグナル配列に結合するときは GDP 結合型であることを示す．結合後にリボソームが GDP の GTP への置換を促す．シグナル配列は GTP の加水分解を阻害する．これにより，この複合体が SRP レセプターと出合うとき，SRP は GTP 結合型になっている．

合成中のタンパク質が SRP から膜へと移行するためには，SRP は SRP レセプターから離れなければならない．図 10・9 はこの反応には SRP と SRP レセプターの両方の GTP の加水分解が必要であることを示す．この反応は細菌の系でよく調べられており，Ffh は FtsY による GTP の加水分解を促進し，FtsY は逆に Ffh による GTP の加水分解を促進する．

図 10・8　シグナル配列に結合するときには SRP には GDP が結合している．その GDP はリボソームの働きによって GTP に置換される．

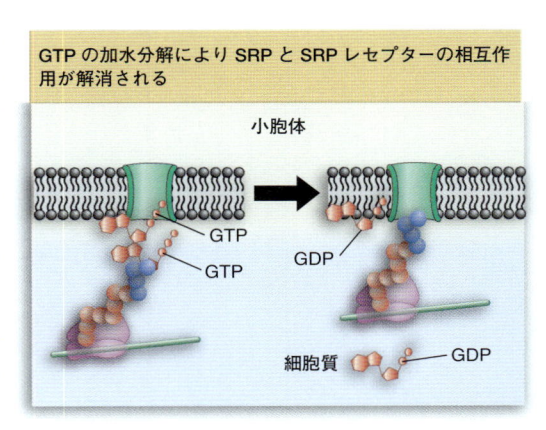

図 10・9　SRP と SRP レセプターはともにシグナル配列が膜に渡されると GTP を加水分解する．

## 10・5　トランスロコンは膜を貫通する孔を形成する

**トランスロコン**　translocon　膜の中にあり，（親水性の）タンパク質が膜を通過できるような通路を形成している構造体．

- Sec61 三量体はタンパク質が膜を通過するための通路を形成している．
- 膜を通過中のタンパク質は細胞質中に露出することなく，リボソームから直接，トランスロコンに移行する．

親水性であるタンパク質が疎水性の膜を通り抜けることには，基本的に問題がある．電荷をもつタンパク質と疎水性の脂質とが相互作用するのは，エネルギー的に非常に都合の悪いことなのである．ところが，小胞体膜を通過しつつあるタンパク質は脂質二重層を貫通する通路がつくり出す水性の環境にとどまっている．その通路が小胞体膜に組込まれたタンパク質で形成されていることを図 10・10 に示す．膜透過しようとするタンパク質はリボソーム内部を通るトンネルから直接この水性の通路に入っていき，脂質二重層とではなく膜の構成成分であるタンパク質と相互作用しながら進む．

この，小胞体膜を貫通する通路はトランスロコンとよばれている．トランスロコンはヘテロ三量体タンパク質 Sec61 を成分とする筒状の構造体である．Sec61 ヘテロ三量体（3 個の膜貫通タンパク質 Sec61α, β, γ より成る）が 3〜4 個集まった集合体が，直径約 85 Å，中心孔の径約 20 Å の円筒状のオリゴマーを形成する．この複合体は進化の過程でよく保存されており，細菌や古細菌では SecYEG とよばれている（§10・7 参照）．

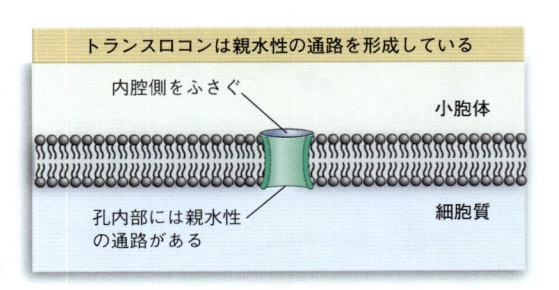

図 10・10　トランスロコンは Sec61 の三量体で，膜を貫通する通路を形成している．通路は小胞体内腔側がふさがれている．

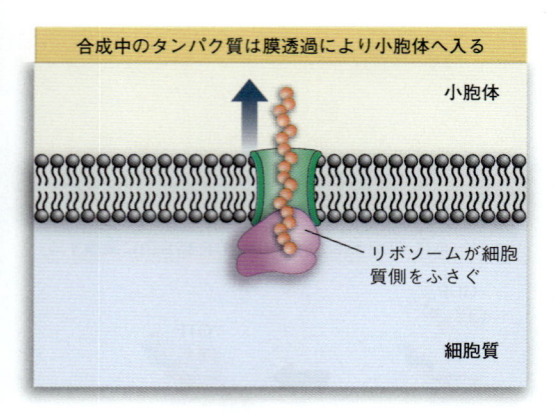

**図10・11** 合成中のタンパク質はリボソームから直接トランスロコンへと移行する．リボソームは通路の細胞質側をふさいでいる．

同様の三量体から成る構造が通路を形成している例はあらゆる生物に見つかる．Sec61のαサブユニット（あるいは細菌や古細菌ではそれに相当するSecYサブユニット）がタンパク質が通過できる孔の部分を形成しており，アミノ酸配列が最もよく保存されている．活性のある孔は2個のSec61三量複合体が背中合わせに並んでできた二量体が集合したオリゴマーで，Sec61のαサブユニットが1本の通路を形成している．

通路への出入り口は膜の両側で管理されている（"開閉調節が行われている（gating）"といういい方をする）．リボソームが会合するまでは，通路の孔は内腔側で閉じており，小胞体の内腔と細胞質との間でイオンが自由に行き来することのないようになっている．図10・11に示すように，リボソームが会合するとリボソームが細胞質側の入り口をふさいでしまう．合成中のタンパク質が通路を完全に横切る長さになると，通路の内腔側が開く．膜透過中のタンパク質が通路を完全にふさいでいるので，タンパク質の膜透過中はイオンは通ることができない．つまり，通路のどちらか一方の端は常に閉じており，細胞質，小胞体内それぞれのイオン強度を維持している．

トランスロコンの用途は広く，いくつもの様式でタンパク質の膜透過を行う：

- 合成中のタンパク質が細胞質中のリボソームから小胞体の内腔に運ばれるのに使われる．
- 小胞体膜の膜内在性タンパク質が膜に移行するときの通り道でもある．このためには通路の構造そのものが開くかばらばらになり，タンパク質が横方向に移動して脂質二重層に入る必要がある．
- タンパク質は小胞体から細胞質に逆輸送されることもあり，細胞質中で分解される．この輸送は逆向き膜透過とよばれる．

### 10・6 翻訳後のタンパク質の膜への挿入はリーダー配列に依存して起こる

> **TOM複合体** TOM complex ミトコンドリアの外膜にあって，タンパク質を細胞質からミトコンドリアの外膜と内膜の間の膜間腔に運び込むタンパク質複合体．
> **TIM複合体** TIM complex ミトコンドリアの内膜にあって，タンパク質を外膜と内膜の間の膜間腔からミトコンドリア内部のマトリックスへと輸送するタンパク質複合体．

> - N末端のリーダー配列はタンパク質がミトコンドリアや葉緑体の膜に会合するための情報を提供する．
> - リーダー配列のN末端部分によって，そのタンパク質はミトコンドリアのマトリックスあるいは葉緑体の内腔に向かう．
> - リーダー配列のN末端部分に隣接する配列によって，さらに内膜，外膜のいずれか，あるいは膜間腔へと振り分けられる．
> - それぞれの配列は順次タンパク質から切離される．
> - ミトコンドリアの外膜と内膜を通り抜ける輸送では別々のレセプター複合体が使われる．
> - 外膜にあるTOM複合体は基質タンパク質を認識し，外膜を通過させる．
> - 内膜では，基質タンパク質の目的地によって異なるTIM複合体が使われる．
> - タンパク質はTOMからTIMへと直接渡される．

ミトコンドリアと葉緑体は自分のタンパク質の一部だけしか合成しない．ミトコンドリアが合成するミトコンドリアタンパク質はほんの10種類ほどであり，葉緑体は約50種類の葉緑体タンパク質を合成する．細胞小器官のタンパク質の大半は細胞質タンパク質の合成に使われるのと同じ遊離型リボソームによって細胞質中で合成される．それらのタンパク質は合成後に細胞小器官へと運び込まれなければならない．

翻訳後にミトコンドリアや葉緑体に輸送されるタンパク質の多くはリーダー配列をもっており，それが細胞小器官の外膜における最初の認識を行っている．図10・12に簡略化して示したように，リーダー配列によりプレタンパク質と細胞小器官の膜との間の相互作用が始まる．タンパク質が膜を通り抜けると，細胞小器官がもつプロテアーゼによってリーダー配列は切断される．

ミトコンドリアや葉緑体に運び込まれるタンパク質のリーダー配列には，普通，疎水

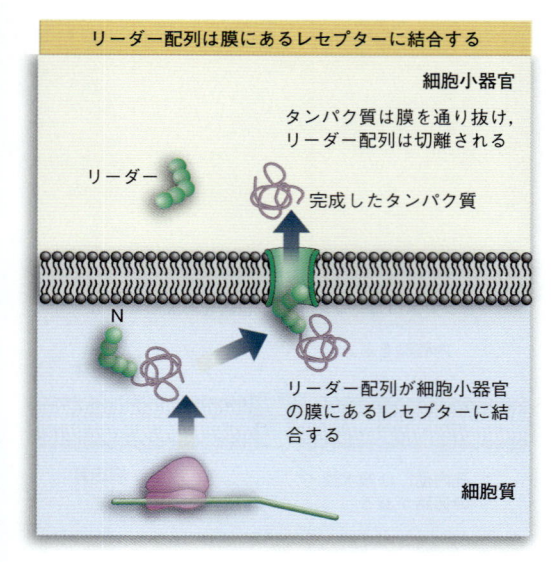

**図10・12** リーダー配列があれば，タンパク質は翻訳終了後にミトコンドリアや葉緑体を見つけることができる．

### ミトコンドリア局在化シグナルはN末端にある

→ 翻訳開始点　　□ 疎水性アミノ酸　　□ 極性のあるアミノ酸　　■ 塩基性アミノ酸　　→ 切離し点

Met - Leu - Ser - Leu - **Arg** - Gln - Ser - Ile - **Arg** - Phe - Phe - **Lys** - Pro - Ala - Thr - **Arg** - Thr - Leu - Cys - Ser - Ser - **Arg** - Tyr - Leu - Leu

←―――― マトリックス局在化シグナル ――――→

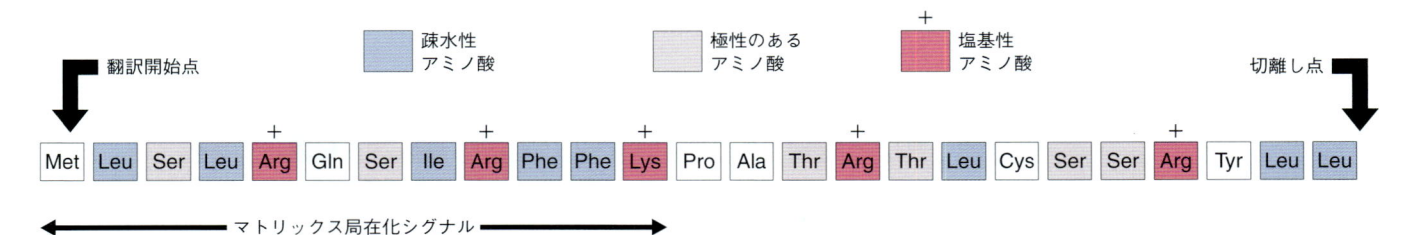

図10・13　酵母のシトクロム *c* オキシダーゼのサブユニットⅣのリーダー配列は25個の中性および塩基性のアミノ酸からできている．最初の12個のアミノ酸だけで，どんなポリペプチドでもミトコンドリアのマトリックスへ輸送するのに十分である．

性アミノ酸と塩基性アミノ酸の両方が含まれている．一連の電荷をもたないアミノ酸が塩基性アミノ酸で仕切られたような構造をしており，酸性アミノ酸が含まれていないこと以外にはこれといった共通点は認められない．リーダー配列の一例を図10・13に示してある．リーダー配列はアミノ酸配列そのものによって認識されるよりは，むしろ，片側に疎水性アミノ酸が並び，反対側には塩基性アミノ酸が並んでいる両親媒性のヘリックス構造をとりうる点がその認識に重要であると思われる．

　ミトコンドリアは2層の膜から成る袋に囲まれている．ミトコンドリアに輸送されるタンパク質は，外膜，膜間腔，内膜，マトリックスのいずれかに局在化することになる．これらの膜の成分となるタンパク質は膜のいずれかの側に面して配置されていることがある．

　ミトコンドリアのタンパク質はどのようにしてミトコンドリア内部のしかるべき局在場所に運ばれていくのだろうか．細胞小器官のタンパク質が局在化するために必要な情報はすべてリーダー配列に含まれている．ミトコンドリアに輸送されるタンパク質は，"特に指定がない場合"には外膜と内膜の両方を通り抜けてマトリックスに入る．この特性はリーダー配列のN末端部分によって決まっている．膜間腔，あるいは内膜そのものに局在化するタンパク質は，ミトコンドリア内部での目的地を特定するためにさらにシグナルを必要とする．図10・14にまとめてあるように，そのようなタンパク質のリーダー配列は複数の部分から成っており，複数のシグナルが段階的に機能するようになっている．最初の部分はタンパク質をミトコンドリアまで運ぶが，もしマトリックス以外の場所が目的地ならば，次の部分が必要となる．リーダー配列のこの二つの部分は順次切断され除かれていく．

　この両方のシグナルをもったリーダー配列のそれぞれの部分のアミノ酸組成は異なっている．図10・15に示すように，N末端の35個のアミノ酸は他の細胞小器官のリーダー配列と似て，電荷をもたないアミノ酸に富み，塩基性アミノ酸で区切られている．しかし続く19個のアミノ酸は電荷をもたないアミノ酸が切れ目なく続き，これは脂質二重層を貫通するのに十分な長さである．この配列は小胞体膜へ移行するタンパク質にみられる，膜への移行を担う配列と似ている．

　マトリックスに局在化するタンパク質に起こる唯一のプロセシングはマトリックス局在化シグナルの切断である．膜間腔に局在化するタンパク質でもこのマトリックス局在化シグナルは同様に切離される．しかしその場合には，切断によって現れた膜局在化シグナル（この段階ではN末端に存在する）が，さらにタンパク質を目的地である外膜，膜間腔，あるいは内膜へと導いていき，そこで今度は膜局在化シグナルが切離される．

　葉緑体やミトコンドリアでは，外膜，内膜を通り抜けるタンパク質輸送のためにそれぞれ別のレセプターがある．外膜と内膜にあるレセプターは，葉緑体ではそれぞれTOCとTIC，ミトコンドリアではそれぞれ**TOM複合体**と**TIM複合体**とよばれる．

　TOM複合体を通過してタンパク質の膜透過が起こるとき，タンパク質は細胞質に露出した状態から膜間腔に露出した状態へと移行する．しかしタンパク質は膜間腔には遊離せず，直接TIM複合体に引き渡されるのが普通である．内膜には2種類のTIM複合体があり，異なる種類のタンパク質の輸送に使われる．

　ミトコンドリアのタンパク質は，膜を通過する前と後では違った条件下で折りたたまれる．細胞質中とミトコンドリアのマトリックス中とでは，イオン環境も違うし存在するシャペロンタンパク質の折りたたみを助けるタンパク質も異なっている．したがって

### 段階的なシグナル配列はそれぞれ独立して働く

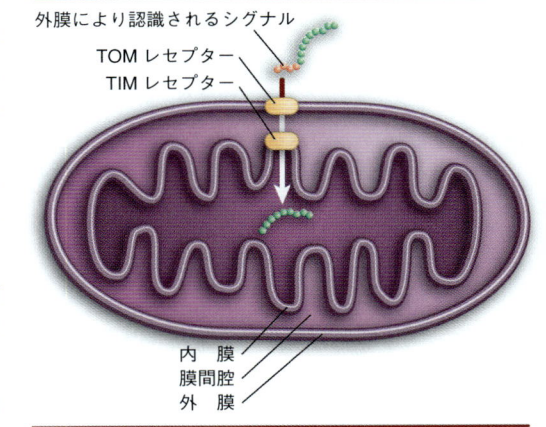

図10・14　ミトコンドリアでは外膜と内膜にタンパク質輸送のためのレセプターがある．タンパク質は外膜で認識されると両方の膜のレセプターを通ってマトリックスへと運ばれ，そこでリーダー配列が切離される．タンパク質に膜局在化シグナルがある場合は，もう一度外向きに輸送されるのであろう．

**ミトコンドリアのリーダー配列に二つの独立したシグナルがある例**

↓翻訳開始点

← ミトコンドリア局在化のための，電荷をもったリーダー配列の領域 →

Met Phe Ser Asn Leu Ser Lys⁺ Arg⁺ Trp Ala Gln Arg⁺ Thr Leu Ser Lys⁺
Ser
Thr Leu Lys⁺ Gly Ser Lys⁺ Ser Ala Ala Gly Thr Ala Thr Ser Tyr Phe
Glu
Lys⁺

← 切離し点 1

Leu Val Thr Ala Gly Val Ala Ala Ala Gly Ile Thr Ala Ser Thr Leu Leu Tyr Ala

← 内膜に局在化するための，電荷をもたないアミノ酸の続くリーダー配列の領域 →

Asp⁻ Ser Leu Thr Ala Glu⁻ Ala

切離し点 2 →

図 10・15　酵母のシトクロム $c_1$ のリーダー配列にはタンパク質をミトコンドリアに局在化させるN末端領域と，それに続く（N末端領域が切離された後で）タンパク質をミトコンドリア内膜に局在化させる領域がある．リーダー配列は2回の切断反応によって取除かれる．

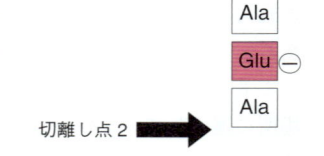

**細菌には2層の膜がある**

図 10・16　細菌のタンパク質には翻訳後に運び出されるものと翻訳と共役して運び出されるものがある．これらのタンパク質は内膜，外膜，ペリプラズムのいずれかに局在化するか，あるいは細胞外に分泌される．

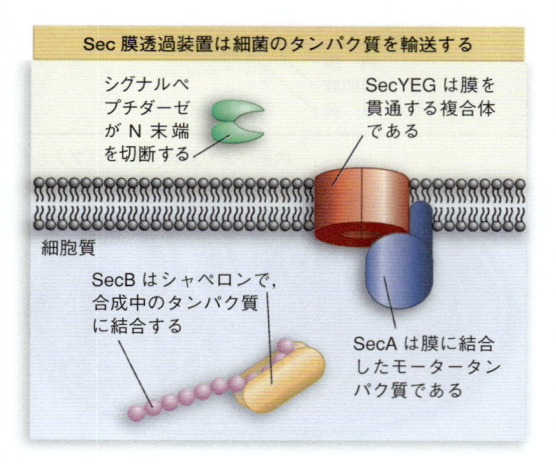

**Sec 膜透過装置は細菌のタンパク質を輸送する**

図 10・17　Sec 系は，膜に埋め込まれたトランスロコンの SecYEG，タンパク質を通路に押し込む膜結合タンパク質の SecA，新しく合成されつつあるタンパク質を SecA に渡すシャペロンの SecB，通過したタンパク質からN末端のシグナル配列を切断するシグナルペプチダーゼで構成されている．

形成される高次構造も異なっている可能性がある．すなわち，ミトコンドリアのタンパク質はミトコンドリア内でのみ，最終的な正しい高次構造をとることができるのかもしれない．

### 10・7　細菌は翻訳と共役した膜透過と翻訳後の膜透過の両方を使っている

**ペリプラズム**　periplasm　細菌の細胞表層の内膜と外膜の間の領域．

- 膜に組込まれたり膜を通り抜ける細菌のタンパク質には，翻訳後に輸送されるものと翻訳と共役して膜透過を行うものの両方がある．
- 細菌の内膜にある SecYEG トランスロコンは真核生物の Sec61 トランスロコンと似ている．
- 分泌タンパク質をトランスロコンへと導くためにさまざまなシャペロンが働いている．

細菌の細胞表層は2層の膜でできている．この2層の膜の間の空間は**ペリプラズム**とよばれる．タンパク質は細胞質から送り出されて細胞表層に局在化したり，細胞外へと分泌されたりする．細菌におけるタンパク質の分泌機構は真核生物でわかってきたものと似ており，似ている成分もいくつか認められる．細胞質から送り出されたタンパク質の行き先は次の四つのうちの一つであることを図 10・16 に示す．

- 内膜に挿入される．
- 内膜を通過し，ペリプラズムに局在化する．
- 外膜に挿入される．
- 外膜を通過し，細胞外に分泌される．

内膜では，タンパク質が膜を通り抜けるのか，内膜内にとどまるのかに依存して別々のタンパク質複合体がそのタンパク質の輸送を行う．これは，内膜，外膜のそれぞれについて別々の複合体が，異なる種類の基質タンパク質群をその目的地に応じて輸送する

ミトコンドリアでの状況に似ている（§10・6参照）．細胞小器官へのタンパク質の輸送と異なる点は，大腸菌では膜への移行が翻訳と共役して，あるいは翻訳後のいずれかで起こる点である．中には翻訳と共役してでも翻訳後でも分泌されるタンパク質もあり，このバランスは膜を通り抜ける分泌の速度と翻訳速度との関係で決まる．

　内膜を通り抜けるための輸送系はいくつもある．最もよく調べられているのはSec系で，その構成要素は図10・17に示されている．内膜に埋め込まれているトランスロコンは哺乳類や酵母のSec61の構成要素と似通った三つのサブユニットから成る．サブユニットのそれぞれは膜内在性の膜貫通タンパク質である．機能のあるトランスロコンは各サブユニットを一つずつ含む三量体である．このトランスロコンにタンパク質を導く主要な経路はSecBとSecAから成る．SecBは合成中のタンパク質に結合してその折りたたみを制御し，ついでタンパク質をSecAに渡す．そのタンパク質を今度はSecAがトランスロコンへと渡す．

　図10・18に，タンパク質をSec系の通路に導くおもな経路を二つ示す：

● SecBシャペロンを含む系
● 4.5S RNAを骨格にもつSRP

　SecBは合成中のタンパク質に結合して折りたたみを遅らせる．その役割は新しく合成されたタンパク質が間違った形に折りたたまれないようにすることである．SecBの第二の機能は，SecAに対して親和性をもっていることである．これにより，SecBは前駆体タンパク質を膜へと導くことができる．このSecB-SecYEG経路はペリプラズムへと分泌されるタンパク質の膜透過に使われるもので，図10・19にまとめてある．4.5S RNAをもつSRPは膜に組込まれるタンパク質に使われる．

## 10・8　要　　　約

　細胞質中のタンパク質合成は遊離型リボソームで始まる．細胞から分泌されたり小胞体の膜に組込まれたりするタンパク質はN末端のシグナル配列から合成され，そのシグナル配列によってリボソームが小胞体膜に会合する．このタンパク質は翻訳と共役して膜を通過する．この過程はSRP（シグナル認識粒子，リボ核タンパク質粒子の1種）がシグナル配列を認識することによって始まり，SRPは翻訳を一時停止させる．ついでSRPは小胞体膜にあるSRPレセプターに結合し，シグナル配列を膜のSec61レセプターに引き渡す．するとタンパク質合成が再開し，タンパク質は合成されるに従って膜を通過していく．ただし翻訳と膜透過の間にはエネルギー的な関連はない．膜を貫いている通路の内部の環境は親水性であり，通路はおもにSec61タンパク質で構成されている．分泌タンパク質は膜を完全に通過して小胞体の内腔に達する．膜内在性タンパク質は通路から横移動して膜内に入る．分泌タンパク質のシグナル配列は通常N末端にあり，タンパク質が膜の内腔側に達したときに切離される．膜内在性タンパク質の中にはタンパク質内部にシグナル配列をもつものもある．タンパク質は一般に折りたたまれていない伸びた形で通路を通過し，通路から出た時点で他のタンパク質（シャペロン）と結合することが正しい高次構造に折りたたまれるために必要である．

　ミトコンドリアや葉緑体に運び込まれるタンパク質は，細胞質の遊離型リボソームから放出された後でそれぞれの細胞小器官の膜にあるレセプターに結合する．ミトコンドリアと葉緑体には外膜と内膜のそれぞれに別々のレセプター複合体があり，それぞれが通路を形成している．ミトコンドリアに運び込まれるタンパク質はすべて，外膜にあるTOM複合体から内膜にあるTIM複合体に直接渡される．膜間腔や外膜に局在化するタンパク質は，いったんマトリックスに入った後，再びTIM複合体を通って運び出される．TOM複合体では，運び込まれるタンパク質のシグナル配列がN末端にあるかタンパク質内部にあるかによって異なるレセプターが使われる．そして両方のタイプのタンパク質をTom40から成る通路に誘導する．内膜には2種類のTIMレセプターがあり，一つはマトリックスに局在化するタンパク質に使われ，もう一つは膜間腔や外膜へと再び運び出されるタンパク質に使われる．どのレセプターに認識されるかを決めるシグナルは，普通，タンパク質のN末端にある．

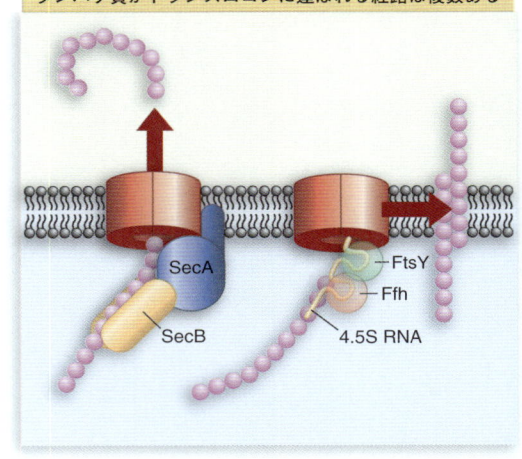

図10・18　SecBとSecAは膜を通り抜けるタンパク質の輸送を担う．4.5S RNAは膜の中に組込まれるタンパク質の輸送を請け負っている．

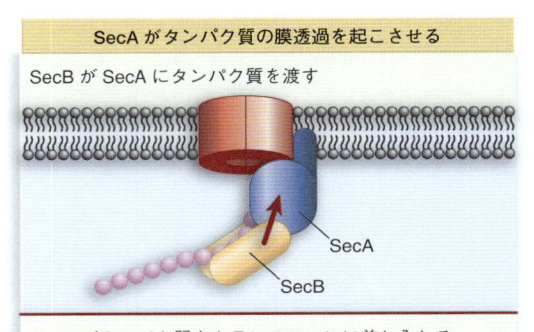

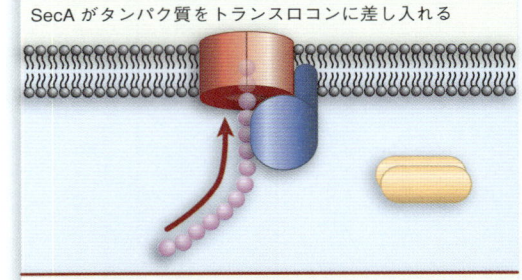

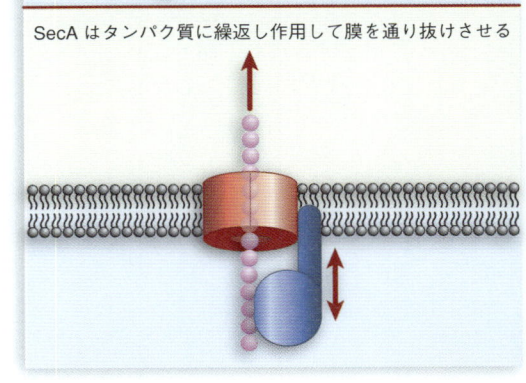

図10・19　SecBが合成中のタンパク質をSecAに渡し，SecAはそのタンパク質を通路に差し入れる．ここでのタンパク質の膜透過にはATPの加水分解とプロトン駆動力が必要である．SecAは通路と結合したり離れたりを周期的に繰返してタンパク質を通路に押し込む駆動力となる．

# III

## 遺伝子発現

# 11 転　　写

11・1　はじめに
11・2　"転写バブル"内でDNAが解離してリボヌクレオチドと塩基対を形成することで転写が起こる
11・3　転写の段階は3段階に分けられる
11・4　結晶構造解析により考えられるRNAポリメラーゼの動きに関するモデル
11・5　RNAポリメラーゼはコア酵素とσ因子から成る
11・6　RNAポリメラーゼはどのようにプロモーターを見つけるか
11・7　σ因子はRNAポリメラーゼのDNA結合能を調節する
11・8　プロモーターにはコンセンサス配列がある
11・9　変異によりプロモーターの転写効率が変わる
11・10　超らせん構造は転写に大きな影響を与える
11・11　σ因子の置き換えによる転写開始の調節
11・12　σ因子はDNAと相互作用する
11・13　大腸菌には2種類のターミネーターがある
11・14　固有のターミネーターにはヘアピン構造とUに富む配列が必要である
11・15　ρ因子はどのように働くか
11・16　抗転写終結による調節
11・17　要　約

各節のタイトル下の▢▢▢はその節で使われる重要語句を，▭はその節の要点をまとめている．

## 11・1　はじめに

**コード鎖**　coding strand　mRNAと同じ配列をもつDNA鎖で，その遺伝暗号はタンパク質のアミノ酸配列に直接対応している．センス鎖ともいう．
**鋳型鎖**　template strand　コード鎖に相補的で，mRNAの合成に際して鋳型として働く側のDNA鎖．アンチセンス鎖ともいう．
**RNAポリメラーゼ**　RNA polymerase　DNAを鋳型にしてRNAを合成する酵素（正式名称はDNA依存性RNAポリメラーゼである）．
**プロモーター**　promoter　RNAポリメラーゼが転写を開始するために結合するDNAの領域．
**転写開始点**　startpoint　RNAとして合成される最初の塩基に対応するDNA上の位置．
**ターミネーター（転写終結配列）**　terminator　RNAポリメラーゼに転写を終結させるDNAの配列．
**転写単位**　transcription unit　1個のRNAポリメラーゼ分子が読み取る転写開始点からターミネーターまでの間のDNA配列．複数の遺伝子を含む場合もある．
**上　流**　upstream　遺伝子が発現する方向とは逆にある配列をいう．たとえば細菌のプロモーターは転写単位の上流にあり，開始コドンはコード領域の上流にある．
**下　流**　downstream　遺伝子が発現する方向の先方にある配列をいう．たとえば，コード領域は開始コドンの下流にある．
**一次転写産物**　primary transcript　転写単位から直接転写された，何の修飾も受けていない転写直後のRNA産物．

　転写によりDNA二本鎖の一方の配列に相当するRNA鎖がつくられる．図11・1に示すように，転写されたRNA配列は**コード鎖**とよばれるDNAの一方の鎖の配列と同じである．すなわち，RNA配列は合成のための**鋳型鎖**となるもう一方のDNA配列に相補的である．

　RNA合成は**RNAポリメラーゼ**とよばれる酵素により触媒される．転写はRNAポリメラーゼが遺伝子の先頭にある**プロモーター**とよばれる特定の場所に結合することで開始する．プロモーターにはRNAに転写される最初の塩基対（**転写開始点**）が含まれる．ここを起点として，RNAポリメラーゼは鋳型に沿ってRNAを合成しながら**ターミネーター（転写終結配列）**とよばれる配列に到達するまで移動する．この一連の反応によっ

**DNAの片側の鎖がRNAに転写される**

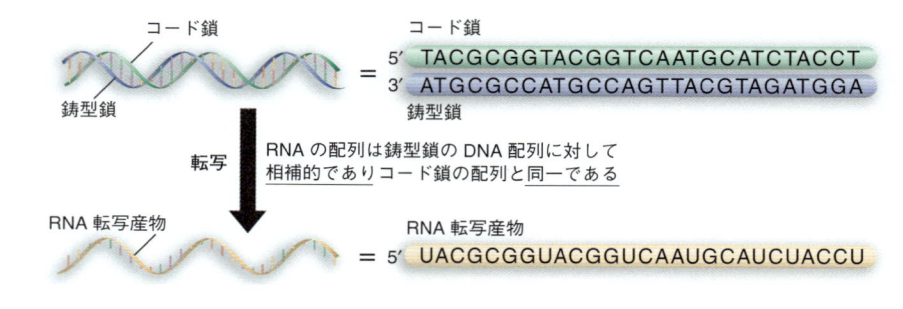

コード鎖
= 5′ TACGCGGTACGGTCAATGCATCTACCT
　 3′ ATGCGCCATGCCAGTTACGTAGATGGA
鋳型鎖

転写 ↓　RNAの配列は鋳型鎖のDNA配列に対して相補的でありコード鎖の配列と同一である

RNA転写産物
= 5′ UACGCGGUACGGUCAAUGCAUCUACCU

図11・1　RNAはDNA二本鎖中の鋳型鎖から転写される．

て決まるのが，プロモーターからターミネーターに至る一つの**転写単位**である．図11・2に示したように，転写単位の重要な特徴は，一続きのDNAから構成され1個のRNA分子に読みとられるという点である．転写単位は一つの遺伝子だけから成っていることもあるし，複数の遺伝子を含んでいることもある．

転写開始点の前方に位置する配列のことを**上流**配列とよび，転写開始点に続く（転写される）配列を**下流**配列とよぶ．DNA配列は普通は左（上流）から右（下流）に向かって書き表す．これはmRNAを5′末端から3′末端に向かって書くのに対応している．

DNAの配列として，単にコード鎖に相当する配列，すなわちRNAと同じ配列のみを記述することが多い．塩基の位置は転写開始点を起点として番号を付ける．転写開始点を＋1位として示し，下流に向かうほど数を増やしていく．また転写開始点の上流に関しては，転写開始点のすぐ前の塩基を−1位とし，上流に向かって負の番号を付ける．（0と番号付けられる塩基はない．）

転写直後のRNA産物は**一次転写産物**とよばれ，本来の5′および3′末端を保持したプロモーターからターミネーターに至る配列に相当するRNAと考えてよい．しかし，この一次転写産物はほとんどの場合たちどころに修飾を受ける．原核生物においては，mRNAは翻訳されると同時に分解されてしまうし，rRNAやtRNAは切断されて最終産物として完成する．真核生物においては，mRNAはその両末端が修飾を受け，すべての種類のRNAは切断を受けて完成した産物になる．

転写は遺伝子発現の最初の段階であり，その発現制御における最も主要な段階である．ある特定の遺伝子が転写されるか否かは，転写を調節するタンパク質によって決まる．発現制御の最初の（そして，ときには唯一の）段階は，その遺伝子を転写するかしないかを決めるところである．転写の調節は一般的には開始の段階で行われるが，その後の段階（あるいは転写以外の段階）で調節されることもある．

このような背景の下に遺伝子発現に関して二つの基本的な問題がある:

- RNAポリメラーゼはDNA上のプロモーターをどのようにして見つけるのだろうか．これはより一般的な問題の一例である．すなわち，タンパク質はどのような方法でDNAの特異的な結合部位を見いだすのだろうか．
- 個々の調節タンパク質はRNAポリメラーゼと（あるいはお互い同士）どのように相互作用して，転写の開始，伸長あるいは終結の段階を特異的に活性化したり抑制したりするのだろうか．

この章では細菌のRNAポリメラーゼとDNAの相互作用について，遺伝子との接触から始まり，転写を経て，転写完了後に解離するまでの過程を解析する．12章では調節タンパク質がRNAポリメラーゼによる個々の遺伝子の転写を助けたり，妨げたりするいろいろな方法について述べる．13章では小さな調節RNAなど別の調節のやり方に関して考察する．14章では個々の調節がどのようにしてもっと複雑なネットワークへとつながるのかなどについて考察する．24章と25章では真核生物のRNAポリメラーゼと鋳型DNAの間にみられる同様の反応について考える．

## 11・2 "転写バブル"内でDNAが解離してリボヌクレオチドと塩基対を形成することで転写が起こる

- RNAポリメラーゼはDNA二本鎖を引きはがして一過的な"バブル"を形成し，鋳型となる鎖に対して相補的な配列をもつRNAを合成する．
- バブルの大きさは約12〜14 bpに相当するが，そこで形成されるRNA・DNAハイブリッドは約8〜9 bpである．

転写は正確な相補的塩基対の形成を通じて進行する．図11・3に転写過程の一般的原理を示す．RNA鎖の合成は，DNAが一時的にほどけ，一本鎖に解離して形成された"転写バブル"で進行し，鋳型鎖が直接転写されてRNA鎖が合成される．

RNA鎖は5′末端から3′末端に向かって合成される．すでにRNA鎖に付加された最後のヌクレオチドの3′-OH基が次に付加されるヌクレオチドの5′-三リン酸基と反応して鎖が伸びる．付加されるヌクレオチドは末端の2個のリン酸基（γ位とβ位）を失い，

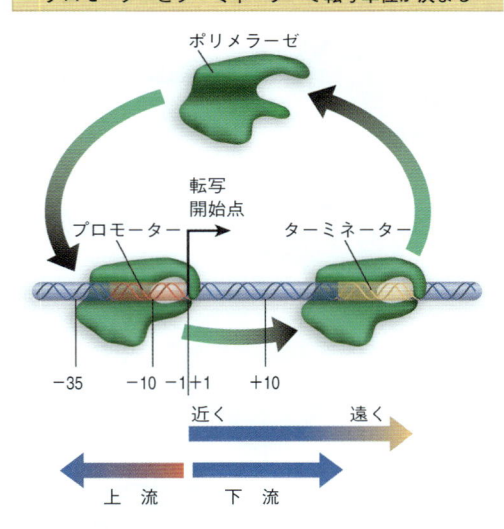

図11・2 転写単位とは1本のRNAへと転写されるDNA配列であり，プロモーターから始まりターミネーターで終わる．

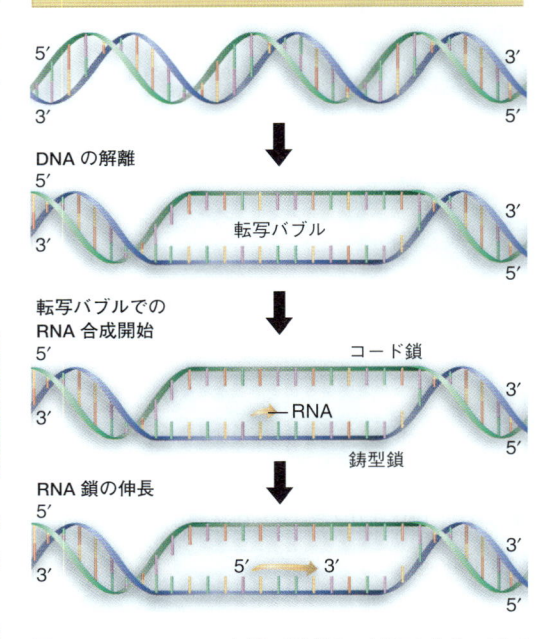

図11・3 DNAの二本鎖が解離して転写バブルができる．DNA鎖の一方と相補的な塩基対を形成しながらRNAが合成される．

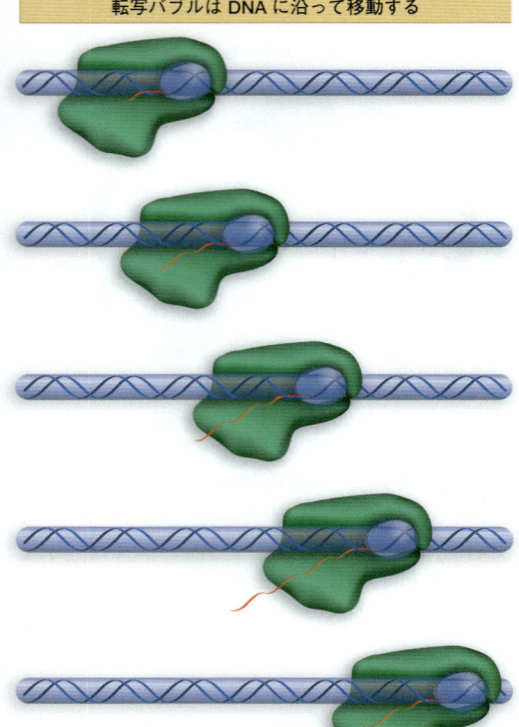

**転写バブルは DNA に沿って移動する**

図 11・4 転写はバブル内で起こり，一時的にほどかれた領域内で DNA の一方の鎖と塩基対を形成することで RNA が合成される．転写バブルが移動するにつれて，RNA は 1 本のポリヌクレオチド鎖として離れ，後方では DNA の巻き直しが起こる．

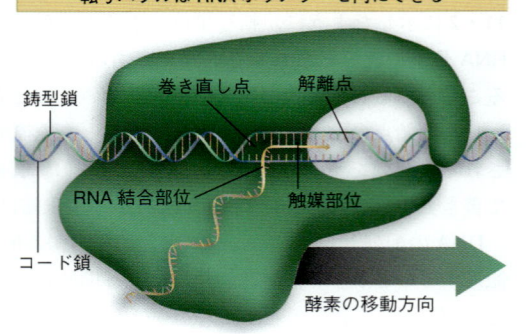

**転写バブルは RNA ポリメラーゼ内にできる**

鋳型鎖／巻き直し点／解離点／RNA 結合部位／触媒部位／コード鎖／酵素の移動方向

図 11・5 転写の過程で，DNA の前方では鎖がほどけ後方では巻き直されるが，転写バブルは RNA ポリメラーゼ結合部位内に形成，維持されて RNA が合成される．

α位のリン酸基は RNA 鎖とのホスホジエステル結合形成に使われる．全体の反応速度は 37 ℃の条件で（細菌の RNA ポリメラーゼの場合）毎秒約 40 塩基である．これは翻訳の速度（毎秒 15 アミノ酸）にほぼ匹敵するが，DNA の複製の速度（毎秒 800 bp）よりはずっと遅い．

RNA ポリメラーゼがプロモーターに結合すると転写バブルができる．図 11・4 に示すように，DNA 上を酵素が移動するにつれて転写バブルも移動して RNA 鎖はより長く伸びていく．転写バブル内での塩基対の形成や付加は酵素により触媒され校正される．

RNA ポリメラーゼが結合して DNA が転写バブルになっている領域を拡大して図 11・5 に示す．鋳型となる DNA 上を RNA ポリメラーゼが移動するにつれて，転写バブルの先端（解離点）では DNA 鎖がほどけ，後端（巻き直し点）では巻き直しが起こる．転写バブルの長さは約 12～14 bp であるが，RNA・DNA ハイブリッドが形成されている部分はそれよりも短く約 8～9 bp である．なぜならば，RNA ポリメラーゼが移動するにつれて二本鎖 DNA が再形成され，RNA は一本鎖のポリヌクレオチドとして離れていくからである．伸長しつつある鎖の最後にある少なくとも 25 塩基に相当する RNA が DNA や酵素と複合体を形成していると思われる．

## 11・3 転写の段階は 3 段階に分けられる

開 始 initiation 転写においては RNA を構成するヌクレオチドの最初の結合が形成されるまでの段階．RNA ポリメラーゼのプロモーターへの結合や，必要な短い DNA 領域を一本鎖にほどく反応などが含まれる．
伸 長 elongation 転写においてはヌクレオチド鎖が個々のヌクレオチドの付加によって伸びていく段階．
終 結 termination ヌクレオチドの付加を止めることにより転写を終わらせ，RNA ポリメラーゼは DNA から遊離する，伸長反応とは異なる反応過程．

- RNA ポリメラーゼが DNA 上のプロモーターに結合して転写が始まる．
- 転写の伸長段階では転写バブルが DNA に沿って移動していき，RNA 鎖は 5′→3′の方向に伸びていく．
- 転写が終結すると DNA 二本鎖が再生され，RNA ポリメラーゼはターミネーター部位で遊離する．

**RNA ポリメラーゼが転写を触媒する**

鋳型の認識：RNA ポリメラーゼが二本鎖 DNA に結合する

プロモーター領域で DNA がほどける

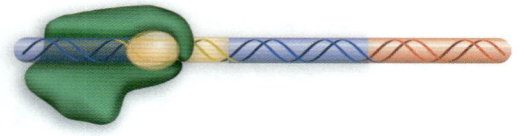

転写開始：2～9 塩基の RNA が合成され遊離する

転写伸長：RNA ポリメラーゼが RNA を合成する

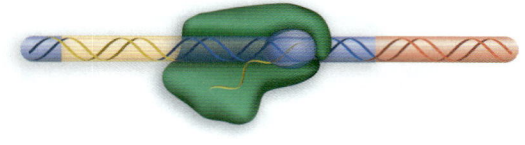

転写終結：RNA ポリメラーゼと RNA 鎖は遊離する

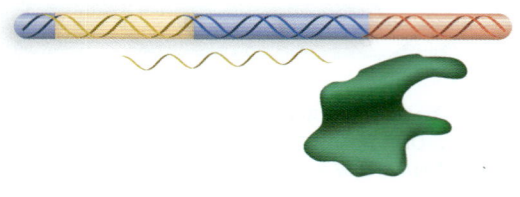

転写の各反応は図 11・6 に示したような段階に分けることができる．転写バブルの形成，RNA 合成の開始，転写バブルの DNA 鎖上での移動，そして最後に転写の終結段階である．

図 11・6 転写はいくつかの段階に分けることができる．RNA ポリメラーゼはプロモーターに結合して DNA 二本鎖の解離をひき起こすが，転写開始段階が完了するまではそこに止まっている．伸長段階では鋳型に沿って移動し，終結段階で遊離する．

鋳型の認識は，プロモーター二本鎖DNAへのRNAポリメラーゼの結合で始まり，"閉じた複合体"が形成されるが，DNAは二本鎖のままである．ついで，鋳型鎖がリボヌクレオチドと塩基対を形成できるようにDNAが解離して"開いた複合体"が形成される．こうして，RNAポリメラーゼが結合した場所でDNAが解離して転写バブルが形成される．

転写**開始**は，RNA鎖の最初のヌクレオチド結合を形成する段階である．最初の約9塩基から成るRNA鎖を合成する間はRNAポリメラーゼはプロモーターにとどまっている．この段階はRNAポリメラーゼが短い転写産物（9塩基以下）をつくっては捨て去るという転写開始の失敗によるやり直しが起こるために長引き，不完全な転写産物は遊離し，再びRNA合成が開始される．一定の長さ（9塩基以上）のRNA鎖の合成がうまくいった時点で転写の開始段階が終了して，酵素はプロモーターを離れる．RNAポリメラーゼの活性部位がRNAで首尾よく埋まるまで開始のやり直しが繰返されるのだろう．もしRNAが外れてしまい転写開始に失敗するともう一度やり直さなくてはならない．酵素が首尾よく鋳型に沿って動き次のDNA領域が活性部位に入ると転写の開始が完了する．このように，プロモーターとはRNAポリメラーゼがDNAに結合して転写を開始するのに必要なDNA配列である．

転写**伸長**はRNAポリメラーゼがDNAに沿って動き，RNA鎖を伸長させる過程をいう．酵素は動きながらDNAの二重らせんをほどいて新たな鋳型部分を一本鎖の状態に露出していく．伸長しつつあるRNA鎖の3'末端にヌクレオチドが共有結合で付け加わり，ほどけた領域にRNA・DNAハイブリッドが形成される．酵素の通り過ぎた部分では鋳型鎖はコード鎖と塩基対をつくり，二重らせんが再生する．すでに合成されたRNAは遊離の一本鎖として鋳型DNAから離れる．このように，転写の伸長過程では，DNA二本鎖が局所的にほどけた部分（転写バブル）が移動し，伸長点では一時的にほどけた鋳型鎖が合成中のRNAと塩基対を形成している．

転写**終結**ではRNAポリメラーゼによりRNA鎖にそれ以上ヌクレオチドを付加する必要のない点が認識される．転写終結には，ホスホジエステル結合の形成が止まり，そして転写複合体の解離が起こる必要がある．RNA鎖に最後のヌクレオチドが加わって，RNA・DNAハイブリッドが壊れるに従い転写バブルは消失し，DNAは元の二本鎖の状態に戻り，酵素とRNAがそこから遊離する．この一連の反応に必要なDNAの塩基配列をターミネーターとよぶ．

RNAポリメラーゼはRNAを合成するだけでなく，転写が阻害されるような状況も乗り切らなければならない．このようなモデル的状況は，必要なヌクレオチド基質の一つを欠いた *in vitro* 転写系を用いて転写の伸長を中断させることでつくり出すことができる．欠けていたヌクレオチドを添加すると，合成途中のRNAの3'末端が切断され，新たに伸長のための3'末端をつくり出すことで転写の中断が克服される．この切断反応には補助因子が必要であるが，実際の切断は酵素自身が触媒する．その様子を図11・7に示したが，酵素がDNA上を後ずさりする様子がうかがえる．RNAの3'末端が一本鎖状態になって露出し，ついで切断が起こり正常な転写伸長複合体が再生する．

## 11・4 結晶構造解析により考えられる RNAポリメラーゼの動きに関するモデル

- 酵母では，DNAはRNAポリメラーゼの溝に沿って移動し，転写の活性部位で大きく曲げられる．
- ブリッジの役割をするタンパク質の構造変化により活性部位へのヌクレオチドの供給が調節される．

細菌や酵母のRNAポリメラーゼの結晶構造が決まったことでRNAの構造と機能に関して多くの情報が得られた．細菌と酵母のRNAポリメラーゼともに，DNAの通り道となるような約25Åの"溝（channel）"をもつ点で似通った構造をしている．溝の長さから考えて，細菌の場合は約16 bpのDNAが，真核生物の場合は約25 bpのDNAが保持できると思われる．しかし，この長さは転写過程でRNAポリメラーゼに結合しているDNA全体の一部分にしか相当しない．

**RNAポリメラーゼは立ち往生から復帰できる**

伸長反応途中のRNAポリメラーゼ

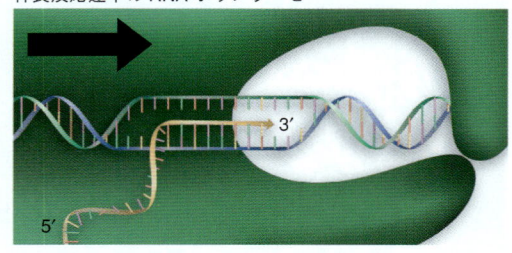

RNAポリメラーゼは立ち止まって後ずさりする

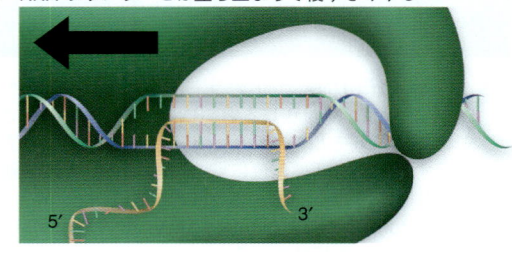

RNAの3'末端が切断される

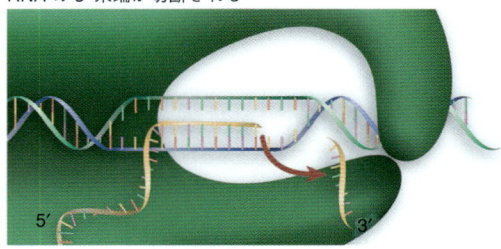

新しい3'末端が触媒部位にはまる

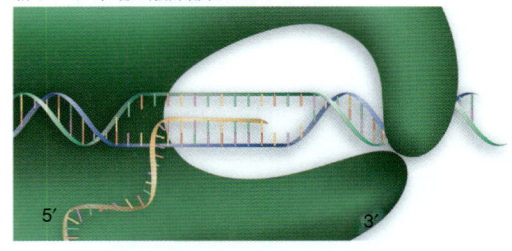

触媒部位での伸長反応が再開する

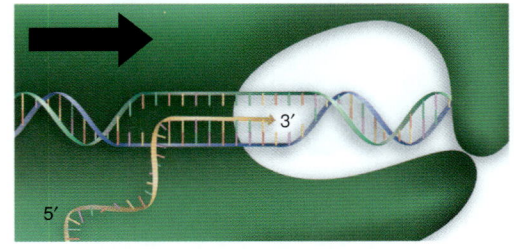

図11・7 立ち往生したRNAポリメラーゼは転写産物の3'末端が切断されて解放される．

| 側面から見た RNA ポリメラーゼ II | 端から見た RNA ポリメラーゼ II |
|---|---|

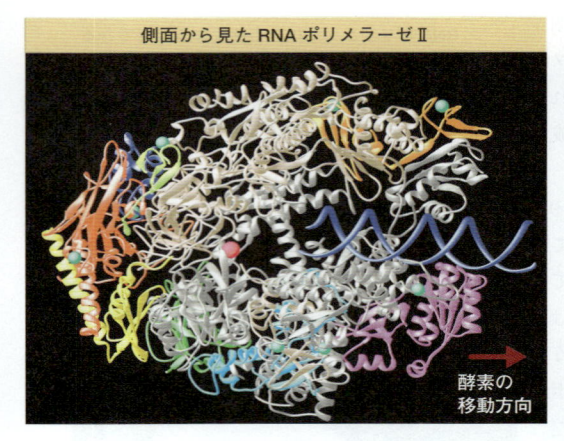

図 11・8 酵母 RNA ポリメラーゼ II の結晶構造を DNA に沿って横から見ると, DNA は 1 対のあごで支えられて, そして, ちょうど $Mg^{2+}$ (ピンクの玉で示す) を含む活性部位に留められていることが見てとれる. 写真は Roger Kornberg 氏 (Department of Structural Biology, Stanford University, School of Medicine) のご好意による.

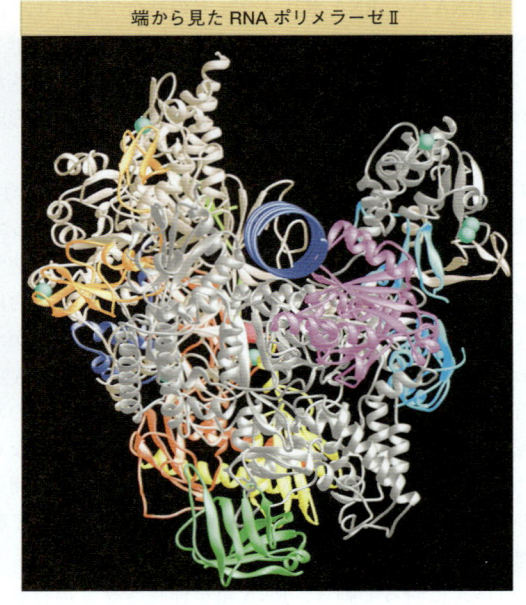

図 11・9 酵母 RNA ポリメラーゼ II の結晶構造を DNA の一方の端から見ると, 約 270°にわたりタンパク質で囲まれていることがわかる. 写真は Roger Kornberg 氏 (Department of Structural Biology, Stanford University, School of Medicine) のご好意による.

図 11・8 と図 11・9 に示した酵母 RNA ポリメラーゼの結晶構造から, 酵素が DNA を取囲んでいる様子が見てとれる. 活性部位には触媒反応にかかわる $Mg^{2+}$ が見つかる. 図 11・10 に示すように, DNA は活性部位の入り口の所でその先にある壁のために無理やり曲げられている. RNA・DNA ハイブリッドの長さはもう一つのかじを切る働きをするタンパク質が障害物となって制限される. おそらくヌクレオチドはこの図の下の方から穴を通って活性部位へと入ってくる.

転写バブルには 9 bp の RNA・DNA ハイブリッドが含まれている. DNA が折れ曲がった所で下流の部分の塩基が DNA ヘリックスから引っ張り出されている. 酵素が進むにつれて, 折れ曲がり部分の先頭に位置する鋳型鎖側の塩基がヌクレオチドの入り口に面するように引っ張り出される. RNA・DNA ハイブリッドの長さは 9 bp であり, RNA の 5′末端がかじを切る働きをするタンパク質にぶつかって DNA から引き離される.

いったん DNA 二本鎖が解離すると, それぞれの鎖は転写バブル内で自由な構造をとれるようになる. こうして DNA が活性部位の方向へと曲がることができる. 転写が開始する前の DNA らせんは比較的強固でまっすぐな構造をとっている. このような構造物がどのようにして壁にぶつかることなく RNA ポリメラーゼ内に入っていくのだろうか. そのためには, 酵素側に大きな構造変化が起こることが必要であろう. 壁のすぐそばに留め金 (clamp) がある. DNA と結合していない RNA ポリメラーゼでは, DNA が酵素にまっすぐ入ってこられるように留め金部分が振り子のようにして離れている. いったん DNA が解離して転写バブルが形成されると留め金は壁に向き合った位置に戻る.

RNA ポリメラーゼや DNA ポリメラーゼの抱えるジレンマの一つは, 酵素は基質や産物としっかりと相互作用しなければならないが, それぞれのヌクレオチドを付加するたびにその相互作用を壊してはつくり直さなくてはならないことである. 図 11・11 に示すような状況を考えてみよう. 酵素は特定の場所にある塩基と特異的に接触している. たとえば, 接触部位"1"は伸長しつつある鎖の最後の塩基との間でつくられ, 接触部位"2"は次に付加されるヌクレオチドと相補的な鋳型鎖塩基との間で形成される. しかし, ヌクレオチドが新しく付加されるたびにこれらの接触部位を占める塩基は入れ代わらなければならない.

上段と下段の図はそれぞれ同じ状況を示している. まさに伸長鎖にヌクレオチドが付加されようとしている. 違うのは, 下の図ではすでに 1 塩基余分に伸びている点である. 立体的な構造は両者まったく同じであるが, 下の図の接触部位"2"では鎖に沿って 1 個分先に進んだ部位にある塩基と接触している. 真ん中の図に示すように, ヌクレオチドが付加された後で酵素が前進して次の塩基と接触できるよう, 前の塩基と形成されていた特定の接触が壊されなくてはならない.

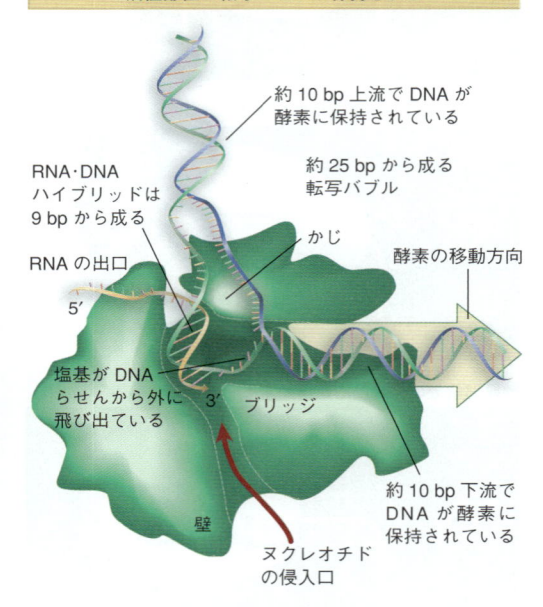

図 11・10 DNA は酵素の活性部位でタンパク質の壁に阻まれて無理やり曲げられる. RNA・DNA ハイブリッド内では塩基が DNA らせんから外に飛び出している. ハイブリッドは, かじに相当する部位の働きによりその長さが限定されている. ヌクレオチドは穴を通って取込まれる.

RNAポリメラーゼの構造を見ることで，接触部位の破壊と再形成を行っている間，どのようにして酵素が基質との相互作用を保持しているかに関してある考えが浮かぶ．接触部位の近くに"ブリッジ"とよばれる構造がある（図11・10参照）．図11・12で示唆するように，ブリッジ構造の変化は酵素の核酸に沿っての移動と密接に関連している．

酵素の移動サイクルの最初の段階では，ブリッジはヌクレオチドの入り口の近くでまっすぐな構造をとっている．こうして次のヌクレオチドが入り口に入ってくることができる．ブリッジは新しく付加されたヌクレオチドと接触している．ついで酵素が鋳型に沿って1塩基分動く．ブリッジは曲がったように形を変えながら元の塩基との接触を保っている．この構造ではヌクレオチドの入り口が隠される．最後にはブリッジが元のまっすぐな構造に戻り，再びヌクレオチドが入り口に接近できるようになる．ブリッジは伸長しつつある鎖を保持したままDNAとRNAが自由に移動できるように歯止めのような役割をしている．

**図11・11** ポリメラーゼが移動するには酵素の特定部位での塩基との結合が壊されたりできたりする必要がある（二つの接触部位を番号で示す）．結合にあずかる塩基すべては酵素が1塩基ずつ移動するたびに変化する．

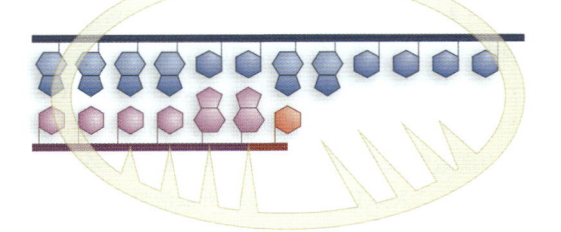

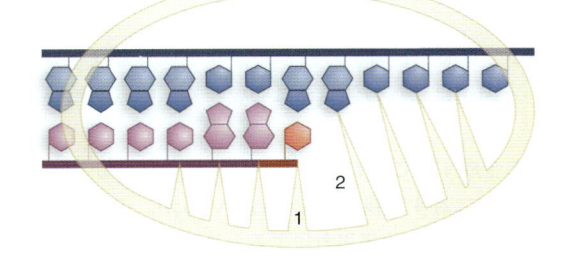

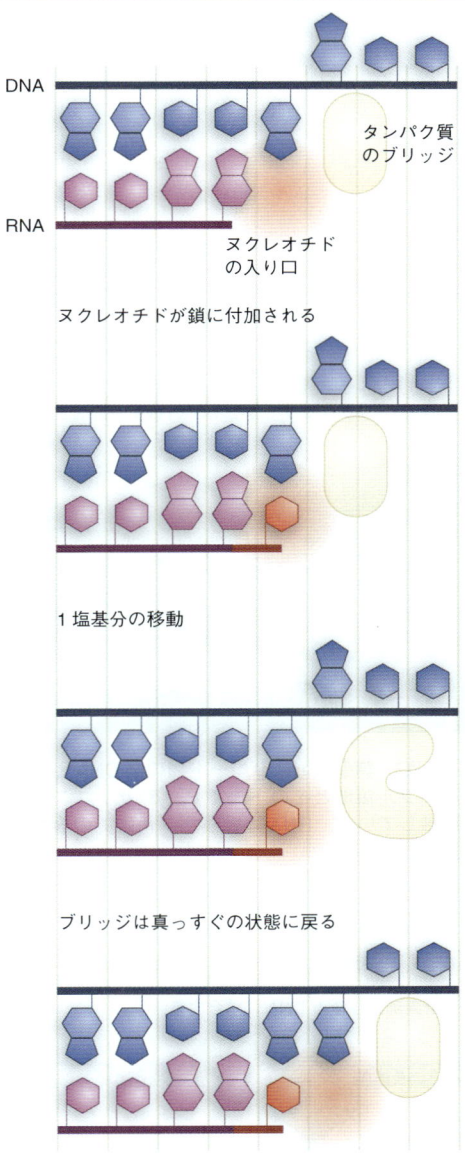

**図11・12** RNAポリメラーゼによる伸長サイクルは，ヌクレオチドの入り口近くでタンパク質のブリッジが真っすぐ伸びた状態で開始される．ヌクレオチドが加わると酵素は1塩基分動き，ブリッジは新しく付加された塩基との接触を維持しつつ曲がる．ブリッジが塩基から解離して再び次のサイクルが繰返される．

## 11・5 RNAポリメラーゼはコア酵素とσ因子から成る

**ホロ酵素** holoenzyme 完全な酵素．細菌のRNAポリメラーゼでは，コア酵素（$\alpha_2\beta\beta'$）とσ因子とを合わせた5個のサブユニットから成る複合体をいう．転写開始に十分な酵素．

**コア酵素** core enzyme RNAポリメラーゼ複合体においてRNAの伸長を担うサブユニット．コア酵素には，転写開始反応や終結反応に必要となるその他のサブユニットや因子は含まれない．

**σ因子** sigma factor 細菌のRNAポリメラーゼのサブユニットで，転写開始に必要な因子．プロモーターの選択に大きく影響する．

**緩い結合部位** loose binding site 転写を行っていないRNAポリメラーゼのコア酵素が結合する任意のDNA配列．

- 細菌のRNAポリメラーゼは転写を触媒する$\alpha_2\beta\beta'$コア酵素と転写開始にだけ必要な$\sigma$因子の二つの部分に分けられる．
- DNAと結合する溝は$\beta$と$\beta'$サブユニットの境界面にある．
- $\sigma$因子はRNAポリメラーゼのDNA結合能を変化させてプロモーターへの親和性を高め，他のDNAへの親和性を低下させる．
- RNAポリメラーゼのDNAへの親和性はプロモーターごとに6桁以上も開きがあり，この違いがそれぞれのプロモーターの転写開始頻度に相当する．

最もよく研究されているRNAポリメラーゼは細菌のものであり，その代表例は大腸菌（E.coli）である．細菌では，一つの型のRNAポリメラーゼがmRNA，rRNA，tRNAのすべての合成を行っている．大腸菌細胞中に存在するRNAポリメラーゼ分子の総数は7000個前後である．そしてそのうちの大部分が実際に転写にかかわっている．生育条件によるが，2000〜5000個の酵素が常時RNAを合成していると思われる．

大腸菌の**ホロ酵素**，すなわち**完全な酵素**は五つのサブユニットから成り，その分子量は約465 kDaである．ホロ酵素（$\alpha_2\beta\beta'\sigma$）は**コア酵素**（$\alpha_2\beta\beta'$）およびプロモーターの特異性を決める**$\sigma$因子**（$\sigma$ポリペプチド）の二つの成分に分けることができる．

$\beta$と$\beta'$サブユニットが反応中心を形成している．それらのアミノ酸配列は真核生物のRNAポリメラーゼの最も大きなサブユニットの配列に似ているので（§24・2参照），すべてのRNAポリメラーゼの働きには共通の性質があると考えられる．$\alpha$サブユニットは酵素の集合に必要である．$\alpha$サブユニットは一部の調節因子とRNAポリメラーゼとの相互作用にも関与している．

細菌のRNAポリメラーゼの結晶構造によると，DNAが横たわる溝が$\beta$と$\beta'$サブユニットの境目にある．DNAはRNAが合成される活性部位で巻き戻される．架橋実験から，RNAポリメラーゼサブユニットと接触するDNA上の点が特定できる．図11・13にそれらをまとめた．$\beta$と$\beta'$サブユニットは活性部位の下流にある多くの点でDNAと接触している．転写バブルにあるコード鎖ともいくつかの点で接触することで解離した一本鎖を安定化している．RNAとの接触点はもっぱら転写バブル内にある．

薬剤リファンピシン（抗生物質リファマイシンファミリーの1種）は細菌のRNAポリメラーゼの転写能を阻害する．これは結核菌に用いられる主要な薬剤である．リファンピシンを結合したRNAポリメラーゼの構造からその作用メカニズムがわかる．リファンピシンは$\beta$サブユニット内のポケットに入り込む．その場所は活性部位から12Å以上離れているが，伸長しつつあるRNAの通り道を阻止するような場所に当たる．RNAが活性部位から2〜3塩基伸びた所で，リファンピシンに邪魔をされてそれ以上の転写伸長が阻害される．

ホロ酵素だけが転写を開始することができる．$\sigma$因子の働きによりホロ酵素はプロモーターDNAにだけ安定に結合する．$\sigma$因子は転写の伸長には必要なく，転写開始後に遊離するようだ．

コア酵素はDNAを鋳型としてRNAを合成することができるが，適切な場所からの転写開始ができない．コア酵素自身がDNAに対する親和性をもっているが，それはおもに塩基性のタンパク質と酸性の核酸との間の静電的親和力によるものである．このような，より一般的な様式でRNAポリメラーゼが結合するDNAの（任意な）塩基配列を**緩い結合部位**とよぶ．DNAに変化はなく二本鎖のままである．その部位での複合体は安定であり，DNAから酵素が解離する半減期は約60分である．コア酵素はプロモーターと他のDNA配列を区別しない．

図11・14に示すように，$\sigma$因子はRNAポリメラーゼのDNAに対する親和性を大きく変化させる．ホロ酵素が緩い結合部位を認識する能力――すなわちDNA上の任意の塩基配列に結合する能力――はコア酵素と比較して極端に小さい．そのような複合体の半減期は1秒以下となる．このように，$\sigma$因子は緩い結合部位への結合能力を大きく低下させる．

しかし，$\sigma$因子はまた特異的な結合部位を認識できるようにもする．ホロ酵素はプロモーターに非常に強く結合し，その会合定数はコア酵素の（平均値として）1000倍，半減期は数時間である．

ホロ酵素のプロモーターへの結合は他の配列と比較して約$10^7$倍の特異性を示すが，

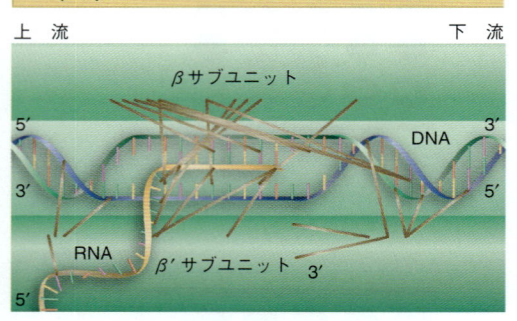

図11・13 鋳型鎖およびコード鎖の両DNAともに転写バブル領域とその下流で$\beta$，$\beta'$サブユニットと接触している．RNAは転写バブル内でのみ酵素と接触している．

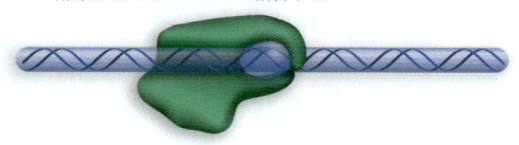

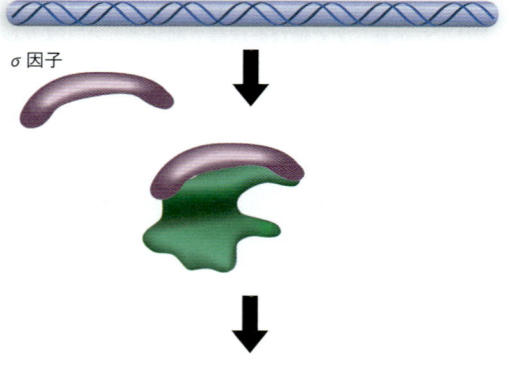

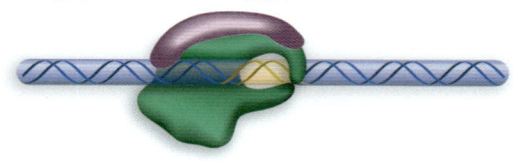

図11・14 コア酵素はあらゆるDNAに見境なく結合する．このような配列非特異的なDNA親和性は$\sigma$因子により弱められ，プロモーターに対する特異性が高まる．

この会合定数はあくまでも平均値である．なぜなら実際には，ホロ酵素が結合する速度にはプロモーターの塩基配列の違いによって大きな開きがあるからである．この違いが，あるプロモーターでどのくらいの頻度で転写開始が起こるかを決定している要因である．

## 11・6　RNAポリメラーゼはどのようにプロモーターを見つけるか

■ ランダムな拡散では説明できないほどRNAポリメラーゼは素早くプロモーターに結合する．
■ おそらくRNAポリメラーゼはどこでもいいからまずDNAに結合し，素早く結合部位を取っかえ引っかえしてプロモーターを見つけるのだろう．

各状態のRNAポリメラーゼの細胞内分布はどのようになっているだろうか．重要な点は，実際上すべてのRNAポリメラーゼはDNAに結合しており，遊離のコアおよびホロ酵素はほとんど存在しないことである．図11・15に，その分布を（いくぶん推測を交えて）示す：

● 過剰にあるコア酵素はほとんどが閉じた緩い複合体として存在するであろう．なぜならこの酵素は素早く複合体を形成するが，解離は遅いからである．
● σ因子の数からみて，約1/3のポリメラーゼがホロ酵素として存在していると考えられる．これらのホロ酵素は非特異的な部位に緩い複合体として存在しているか，あるいはプロモーターに二元複合体（たいてい閉じた状態）として存在しているかのどちらかである．
● 約半分のRNAポリメラーゼは転写を行っているコア酵素として存在するだろう．

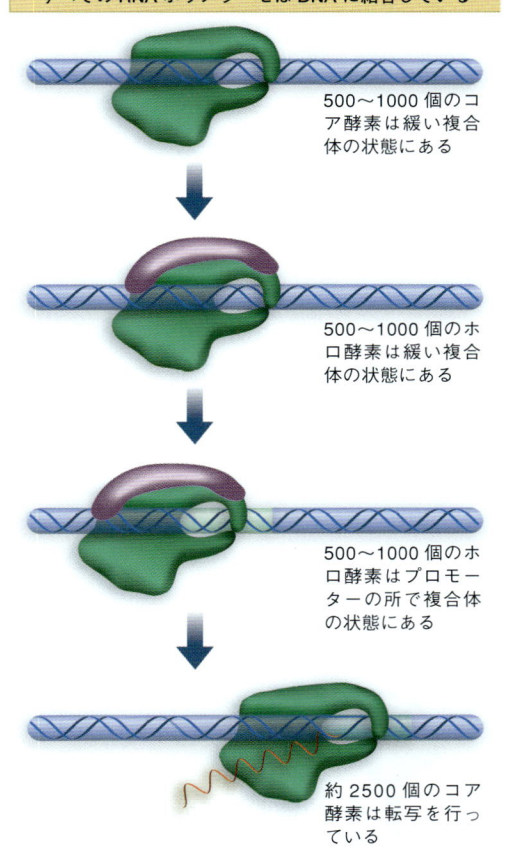

RNAポリメラーゼはゲノムの塩基配列の中からプロモーターを探し出さねばならない．プロモーターを約60 bpとしたとき，それを大腸菌のゲノム $4\times10^6$ bpの中からどのようにして探し出すのか？

最も単純なモデルは，RNAポリメラーゼがランダムに拡散すると考えることである．ホロ酵素は緩い結合部位に素早く付いたり離れたりする．こうして，酵素は（偶然）プロモーターに遭遇するまで閉じた複合体をつくったり壊したりしつづけるだろう．この場合，ある部位から別の部位への移動の速さは溶液中を拡散する速さにより決まってくる．しかし，実際のRNAポリメラーゼは拡散から予想されるよりもずっと素早くプロモーターを見つける．こう考えると，RNAポリメラーゼがランダムな拡散によりプロモーターを見つけるという考えは除外される．

そこでRNAポリメラーゼが結合部位を探し出すために別の手段をとらなくてはならなくなる．図11・16に示すように，もしもRNAポリメラーゼの最初の標的が特異的なプロモーターの配列だけではなく，ゲノム全体であるとすると，この過程での速度は上昇する．標的の大きさを大きくするとその分だけDNAに対する拡散の速度定数は増加し，もはや制限もなくなるのである．

この考え方が正しければ，RNAポリメラーゼがいったんDNAに結合すると，DNAから離れず結合したまま存在することになるが，それではどのようにしてDNA上のランダムな（緩い）結合部位からプロモーターへと動いていくのだろうか．最もありそうなのは，結合状態にある塩基配列が直接他の配列と置換されるというモデルである．酵素はDNAを捕らえた状態で他の配列と素早く交換反応を行い，プロモーターが見つかるまで手当たり次第に配列を交換し続ける．プロモーターが見つかると安定な開いた複合体を形成して転写が開始される．酵素の結合と解離はほとんど同時に起こり，結合部位を行ったり来たりする時間もかからないので，プロモーターを探し出す過程ははるかに速くなる．この直接的な置換により方向性をもった移動が生じる．すなわち酵素は弱い結合部位から強い結合部位へと優先的に移行する．

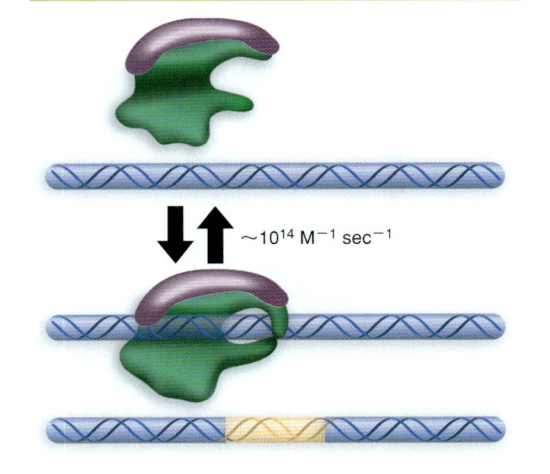

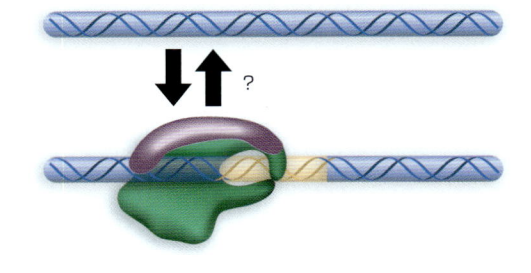

図11・16　RNAポリメラーゼはランダムな塩基配列に素早く結合し，結合配列を直接取っかえ引っかえしてプロモーターを見つける．

**すべてのRNAポリメラーゼはDNAに結合している**

500〜1000個のコア酵素は緩い複合体の状態にある

500〜1000個のホロ酵素は緩い複合体の状態にある

500〜1000個のホロ酵素はプロモーターの所で複合体の状態にある

約2500個のコア酵素は転写を行っている

図11・15　コア酵素とホロ酵素はともにDNAに結合しており，遊離のRNAポリメラーゼはほとんど存在しない．

**素早くランダムなDNAに結合する**

$\sim 10^{14}$ $M^{-1}$ $sec^{-1}$

**素早くプロモーターへと置き換わる**

## 11・7 σ因子はRNAポリメラーゼのDNA結合能を調節する

> **開いた複合体** open complex 転写開始反応の段階の一つで，RNAポリメラーゼがDNAの二本鎖を一本鎖に開裂させて"転写バブル"を形成した状態.
> **強い結合** tight binding RNAポリメラーゼがDNAへ結合した後，(DNAの二本鎖がほどけて) 開いた複合体が形成される過程.
> **三元複合体** ternary complex RNAポリメラーゼ，DNA，RNA産物の最初の2塩基に相当するジヌクレオチドより成る転写の開始複合体.
> **転写開始の失敗** abortive initiation RNAポリメラーゼが，いったん転写を開始してからプロモーター内で転写を停止する反応過程．停止後，また新たに転写を開始する．この反応過程は転写伸長反応が開始する前に何回も繰返されることがある.

> - RNAポリメラーゼがプロモーターに結合するとDNA二本鎖が解離して転写バブルが形成され，9ヌクレオチドほどがRNAに取込まれる．
> - RNAポリメラーゼは伸長段階に入る前に転写開始の失敗を繰返す．
> - σ因子は合成途中のRNAの長さが8～9塩基になるとRNAポリメラーゼから解離する．
> - σ因子がコア酵素から遊離することでDNAに対する親和性が変化して，コア酵素はDNAに沿って動けるようになる．

つぎに，鋳型DNAと多様な構造をとるRNAポリメラーゼの間の相互作用という点から転写の各段階を考えてみよう．図11・17にまとめた典型的な各パラメーターを用いて転写開始の過程を記述する：

- ホロ酵素とプロモーターの相互作用は閉じた二元複合体を形成することから始まる．"閉じた"とはDNAがいまだに二本鎖であることを示している．
- 酵素が結合した比較的狭い範囲でDNA鎖の"解離"が起こり，閉じた複合体は**開いた複合体**へと変換される．開いた複合体の形成に至る一連の過程は，**強い結合**とよばれる．σ因子はDNAの解離反応にかかわっている (§11・11参照).
- 次の段階は，最初の2個のヌクレオチドの取込みと，その間でのホスホジエステル結合の形成である．この段階で酵素・DNA・RNAから成る**三元複合体**が形成される．さらにヌクレオチドの取込みがみられるが，9個の塩基から成るRNA鎖が形成されるまで酵素は同じ位置に止まったままである．塩基が付加される過程でRNA鎖がRNAポリメラーゼから遊離してしまう可能性もある．このことは**転写開始の失敗**となり，RNAポリメラーゼは最初の塩基から転写開始をやり直さなくてはならない．このような転写開始の失敗が繰返されることにより，短いオリゴヌクレオチドの生成が起こる．
- 転写開始がうまくいくと，酵素からσ因子が離れコア酵素・DNA・合成中のRNAから成る伸長型の三元複合体が形成される．この段階での重要なパラメーターは，RNAポリメラーゼがプロモーターから離れて伸長過程に入り，次のRNAポリメラーゼが転写開始に入るのにどれくらい時間がかかるかということである．この値はプロモータークリアランス時間といって，短くても1～2秒かかり，最高で毎秒1回弱の割合で転写開始が起こる．その後，RNAポリメラーゼは鋳型DNAに沿って移動して，10塩基を越えたRNA鎖が合成される．

σ因子は転写開始後にコア酵素から解離するという考えが，この因子が発見された当初から信じられてきた．しかし厳密には正しくないかもしれない．転写伸長過程にあるRNAポリメラーゼに関して直接計ってみると，その約70％がσ因子を依然保持している．1/3の酵素がσ因子を欠いていることから，伸長にはσ因子がいらないとする当初の考えは確かに間違いではない．コア酵素と結合している場合には，おそらくσ因子とコア酵素との結合様式は転写開始前とは変化している．

RNAポリメラーゼは転写の開始と伸長の両方の要求を満たすためにジレンマに陥る．すなわち転写開始時には特別な配列 (プロモーター) だけに強く結合しなければならないし，伸長のときには酵素が転写を行うすべての配列に強く結合しなければならない．この問題はσ因子とコア酵素との可逆的な結合によって解決されるが，この様子を図11・18に示してある．

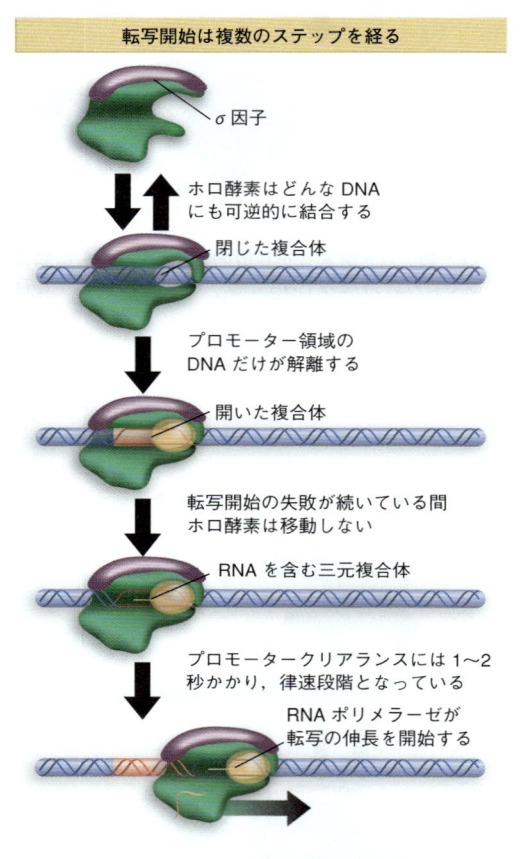

図11・17 転写の伸長反応が開始されるまでにはいくつかの段階が必要である．閉じた二元複合体は開いた複合体となり，ついで三元複合体に変換される．

σ因子は転写開始だけにかかわっている．転写開始の失敗が克服されてRNAポリメラーゼが首尾よく転写を開始できればσ因子は不要になる．この時点でコア酵素は三元複合体の中にあって非常に強くDNAと結合しており，伸長反応が終わるまで"ロックされた"状態にある．転写が終わるとコア酵素はDNAから離れる．そして，DNA上の緩い結合部位に"蓄えられる"．

コア酵素はDNAに対して本来強い親和性をもっているが，新しく合成されているRNAがあるとその親和力がさらに増加する．しかし，緩い結合部位に対する親和性も非常に高いので，プロモーターと他の塩基配列を能率良く区別できない．σ因子は緩い複合体の安定度を減少させ，この過程が素早く起こるようにし，そして強い結合部位への結合を安定化させることによって，反応を不可逆的に開いた複合体形成へと駆りたてている．σ因子が解離するか（転写開始後に結合様式が変化するかして），すべてのDNAに対してその配列にかかわりなく一定の親和性をもつコア酵素に戻って，転写を続けることになる．

σ因子の働きによりホロ酵素はプロモーターに特異的に結合できるようになる．σ因子単独ではDNAに結合しない．しかし，ホロ酵素として強い結合複合体を形成しているときには，σ因子は転写開始点上流のDNAと相互作用できる．このような違いがあるのは，σ因子がコア酵素に結合すると高次構造が変化するからである．単独で存在しているときには，σ因子のN末端側がDNA結合を妨げている．コア酵素に結合すると阻害効果が解除されてプロモーター配列に特異的に結合できるようになる（§11・12, 図11・30参照）．単独で存在するσ因子がプロモーター配列を認識できないという事実は重要である．もしσ因子が単独でプロモーターに結合するとしたら，ホロ酵素による転写開始を阻害してしまうかもしれない．

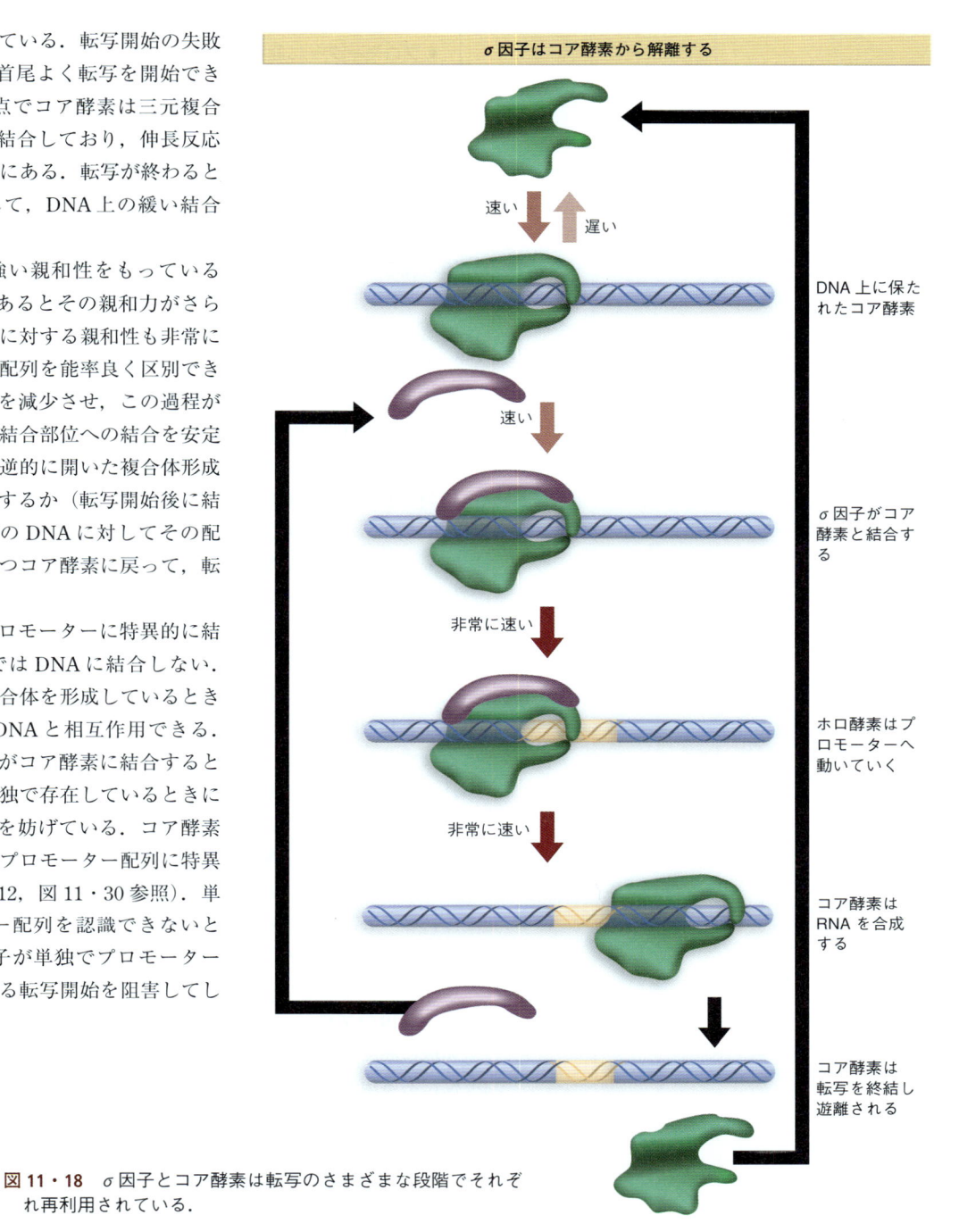

図11・18 σ因子とコア酵素は転写のさまざまな段階でそれぞれ再利用されている．

## 11・8 プロモーターにはコンセンサス配列がある

**保存された配列** conserved sequence ある核酸またはタンパク質についてその配列を比較したとき，同じ塩基またはアミノ酸が特定の位置に常に見いだされる配列．
**コンセンサス配列** consensus sequence 実際の多くの配列を比較したとき，配列の各位置で最も高頻度にみられる塩基を並べて理想化した配列．
**−10配列** −10 sequence 細菌の遺伝子の転写開始位置の約10 bp上流にあるコンセンサス配列．転写開始反応の際，DNAの二本鎖の解離に関与する．
**−35配列** −35 sequence 細菌の遺伝子の転写開始位置の約35 bp上流にあるコンセンサス配列．RNAポリメラーゼによる転写開始位置の認識に関与する．

- プロモーターには決まった場所に短いコンセンサス配列がある．
- プロモーターにあるコンセンサス配列としては，転写開始点（＋1）のプリン塩基，−10配列 TATAAT，−35配列 TTGACA がある．
- 実際の個々のプロモーターでは1塩基またはそれ以上がコンセンサスから外れている．

> - プロモーターに結合した細菌のRNAポリメラーゼは−35と−10のコンセンサス配列に結合している．
> - RNAポリメラーゼはDNAの一方の面に結合している．

　タンパク質の認識部位として働いているDNAの塩基配列と同じように，プロモーター配列は転写や翻訳されたりする領域の配列とは異なっている．プロモーター機能にとってはDNAの配列そのものが意味をもち，構造自体がすなわちシグナルである．先に定義したように，これはシスに働く部位の典型的な例である（図2・15，2・16参照）．これとは対照的に，転写されるDNA領域の配列はその情報が他の核酸やタンパク質へ変換された後に初めて意味をもつ．

　すべてのプロモーターはRNAポリメラーゼが認識する特徴的な塩基配列をもっている．細菌のゲノムでは，認識シグナルとして働くDNAの最小の長さは12 bpである．（これより短い塩基配列は偶然に何度も現れるので，誤ったシグナルを頻発してしまう．特異的な認識に必要な最小の塩基配列の長さはゲノムの大きさに応じて増える．）その12 bpの塩基配列は連続していなくてもよい．実際，ある決まった数の塩基対が割り込んでそれを二つに分割しているときには，分割された塩基配列の和は12 bpよりも短くてもよい．その塩基配列を分離させている**距離**もシグナルの一部となるからである（間に挟まった**塩基配列**自身は意味をもたなくてもよい）．

　RNAポリメラーゼの結合に必要なDNAの特徴を明らかにしようという試みから，いろいろなプロモーターの塩基配列の比較が行われた．すべてのプロモーターには，不可欠な塩基配列があるはずである．そうした塩基配列を**保存された配列**という．しかし，保存された配列はすべての塩基について完全に同一である必要はなく，多少の変化は許されている．どうしたらDNAの塩基配列が認識のシグナルとして働けるように保存されているかどうかを知ることができるだろうか．

　これに関しては，おのおのの部位に最もよく出現する塩基を並べてみて，理想化した塩基配列を仮に認識配列として考えるのがよい．既知の配列をすべて比較して，相同性が最大になるように並べたものを**コンセンサス配列**とよぶ．コンセンサス配列というからには，各部位に特定の塩基が高頻度に出現しており，個々の実際の塩基配列のどれもがコンセンサス配列と一つか二つ塩基が置換したくらいであまり変わっていない必要がある．

　大腸菌のプロモーターの塩基配列で，RNAポリメラーゼと結合する60 bpにわたる領域に高度に保存されている塩基配列が見あたらないのは驚くべきことである．結合部位にある塩基配列のうち，大部分は実際には結合と無関係なのかもしれない．しかし，プロモーターの中にはいくらかの短い配列が保存されている．そしてそれはプロモーターの機能にとって重要である．原核生物や真核生物のゲノムでは（プロモーターのような）調節領域の典型的な特徴として，非常に短いコンセンサス配列が保存されている．

　細菌のプロモーターには保存された特徴がある．転写開始点，−10配列，−35配列，それと−10配列から−35配列の間の距離である：

- 転写開始点は，たいがい（90％以上）プリン塩基である．転写開始点はCATという塩基配列の中央の塩基であることが多いが，このトリプレットはそれほどよく保存されていないので，これが必須のシグナルだということはできない．
- 転写開始点の上流には，ほとんどすべてのプロモーターでそれとわかる6塩基の配列がある．この6塩基配列の中心は一般に開始点の10 bp上流付近にあるが，プロモーターごとに一定しておらず，−18〜−9の位置にある．その位置から名づけて，この6塩基配列は**−10配列**とよばれることが多い．そのコンセンサス配列はTATAATで，

$$T_{80}A_{95}T_{45}A_{60}A_{50}T_{96}$$

となる．ここで右下に添えた数字はその部位に最もよく現れる塩基の出現頻度であり，45〜96％の範囲にある．（特に決まった塩基が出現するわけではない部位はNで表す．）もし，それぞれの塩基の出現頻度がRNAポリメラーゼの結合に意味をもっているとするならば，高度に保存されている最初のTAとほぼ完全に保存されている最後のTが，−10配列で最も重要な塩基だと考えてよいであろう．

- 開始点の上流 35 bp 付近を中心とした所にももう一つの 6 塩基から成る保存された配列がある．この配列は **-35 配列**とよばれる．コンセンサス配列は TTGACA であるが，さらに詳しく表すと，

$$T_{82}T_{84}G_{78}A_{65}C_{54}A_{45}$$

となる．

- -35 配列と -10 配列の間の距離は，プロモーター中の 90 % が 16〜18 bp で，例外的に短いもので 15 bp, 長いもので 20 bp という値をとるものもある．その間の領域の実際の塩基配列はそれほど重要ではないと思われるが，その距離は RNA ポリメラーゼの形にぴったり合うよう二つの部位を正しい間隔に保つうえで大切と思われる．
- あるプロモーターではさらに上流に AT に富む配列がある．これは UP エレメントとよばれ RNA ポリメラーゼの α サブユニットと相互作用する．典型的には，rRNA 遺伝子のように転写活性の強いプロモーターにみられる．

多くのプロモーターは -35 に 6 塩基の配列をもち，そこから 17 bp 離れた所，つまり，-10 に 6 塩基の配列，さらにここから 7 bp 下流に転写開始点があるという基本型をもっているといってよい．かなりの変化はあるとしても，典型的なプロモーターの構造を図 11・19 に示す．

RNA ポリメラーゼは，まずプロモーターの -50 から +20 の領域に結合する．図 11・20 には，典型的なプロモーターにおける RNA ポリメラーゼと DNA の接点を示す．接触部位のほとんどが -35 および -10 領域に集中している．

三次元的にみた場合，-10 配列より上流の接触点はすべて DNA の片側の面にある．ほとんどの接触点はコード鎖上にある．これらの塩基は，閉じた二元複合体が形成されるときに最初に認識される部位なのだろう．RNA ポリメラーゼは DNA の一方の側からやってきて，その面を認識するのだと思われる．DNA をほどく反応が始まると，DNA の反対側の面にあった部位がさらに認識されるようになり，そして結合するのだろう．

RNA ポリメラーゼ・DNA 二元複合体の中でほどけている DNA の領域は，その化学変化により直接決定することができる．DNA の二本鎖がほどけていると，塩基対をつくっていない塩基は，対をつくっている塩基には反応しない試薬の作用を受けるようになる．このような実験を行うことで，-9〜+3 の間がまずほどけることがわかる．つまり，転写開始反応に際してほどける領域は，-10 配列の右端から開始点をちょうど過ぎたあたりまでである．

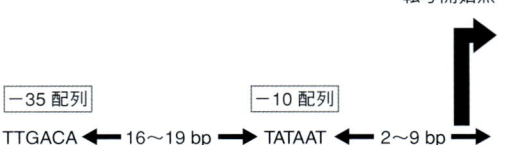

**図 11・19** 典型的なプロモーターは，-35 配列，-10 配列の二つのコンセンサス配列および転写開始点の三つの要素から成っている．

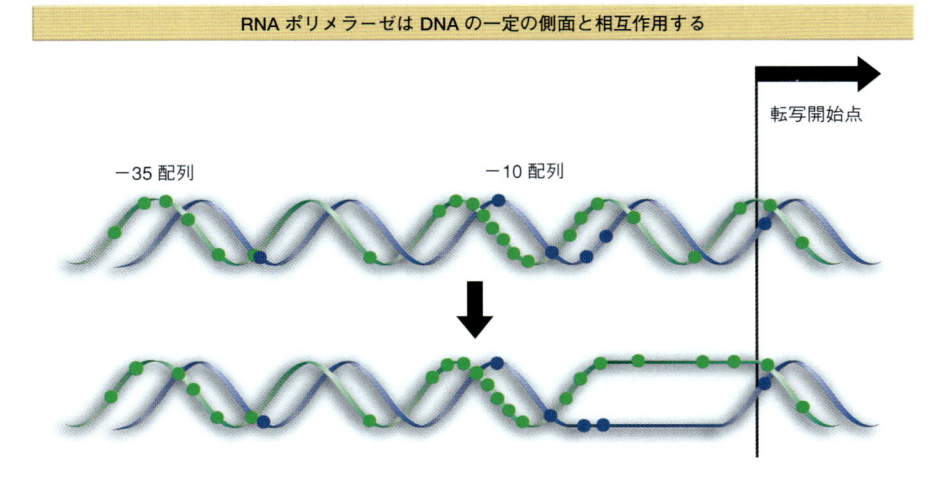

**図 11・20** プロモーターでは DNA の一方の面が RNA ポリメラーゼと接触する（鎖上に丸印で示す）．最初に解離する領域は -10 配列から転写開始点を過ぎたあたりまで及ぶ．

## 11・9 変異によりプロモーターの転写効率が変わる

**ダウン変異** down mutation 遺伝子の転写頻度（効率）を低下させるような，プロモーターに起こる変異．

**アップ変異** up mutation 遺伝子の転写頻度（効率）を上昇させるような，プロモーターに起こる変異．

- プロモーターの効率が低下する変異では普通は配列がコンセンサスから外れ，上昇する変異では逆にコンセンサスに近づく．
- −35配列に変異が起こるとRNAポリメラーゼのプロモーターへの結合が変化する．
- −10配列に変異が起こると閉じた複合体から開いた複合体への変換に伴うDNA解離反応に変化が起こる．

プロモーターに起こった変異は，遺伝子産物そのものは変化させずに遺伝子の発現レベルに影響を与える．ほとんどの場合，変異によって隣接する遺伝子の転写ができなくなったり，極端に低下したりする．これを**ダウン変異**とよんでいる．まれではあるが，プロモーターからの転写を増すような変異もあり，これは**アップ変異**とよばれている．

コンセンサス配列そのものをもつプロモーターは最も効率が良いのだろうか．実際，アップ変異ではコンセンサス配列への相同性がより大きくなっているか，二つの認識配列の間が17 bpに近くなっているのに対し，ダウン変異ではコンセンサス配列との相同性が小さくなるか，両認識配列間の距離が17 bpよりも長くなっていることが多い．特に，ダウン変異ではコンセンサス配列の中で最もよく保存されている所に変化の起こっているものが多いので，これらの部位がプロモーターの効率を決めるのに大切な意味をもっていることがわかる．しかし，これらの規則にはまれに例外がある．

種々のプロモーターについてRNAポリメラーゼとの結合能を *in vitro* で比較すると100倍ほどの差があり，その強さは *in vivo* での遺伝子の発現の強さとかなりよい一致を示す．転写開始反応の二つの段階を区別するには閉じた複合体の形成と，それが開いた複合体に変わる速度定数を求めるのがよい．こうすると，二つのコンセンサス配列における変異はそれぞれ異なった影響を及ぼすことがわかる：

- −35配列に生じたダウン変異では，閉じた複合体を形成する速度は低下するが，そこから開いた複合体になる速度は変わらない．
- −10配列に生じたダウン変異では，閉じた複合体形成は正常に起こるが，それが開いた複合体になる過程が進行しにくい．

これらのことから図11・21に示すモデルが考えられる．つまり，−35配列はRNAポリメラーゼに認識されるシグナルとして働き，−10配列は閉じた複合体が開いた複合体に変わる過程で働くものと考えられる．プロモーター領域において−35配列が"認識ドメイン"を形成し，−10配列が"解離ドメイン"を形成していると考えられる．

−10配列はA・T対のみから成っているので，ここからDNAが一本鎖に解離し始めるのではないかと思われる．G・C対よりもA・T対を解離させる方がエネルギーが低くてすむので，A・T対の続いた領域で最も鎖の分離が起こりやすいからである．

転写開始点近傍の配列は転写開始の過程に影響を与える．また，最初に転写される領域の配列（+1〜+30）もRNAポリメラーゼがプロモーターから離れる速度に影響を与え，結果としてプロモーター強度に影響する．これらの理由により，全体としてのプロモーター強度は−35配列と−10配列のコンセンサス配列からだけでは予測できない．

"典型的な"プロモーターはRNAポリメラーゼにより認識される−35配列と−10配列に依存しているが，いくつかの（例外的な）プロモーターではその一方あるいは両方が欠けていることもある．そのような場合には，プロモーターはRNAポリメラーゼだけでは認識されず，補助因子の助けを必要とする．おそらく，補助因子が隣接した配列に結合することにより，プロモーターの欠損が補われるのであろう．

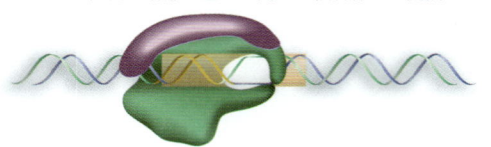

**図 11・21** RNAポリメラーゼはまず−35配列を認識して結合し，−10配列で解離が起こり，閉じた複合体から開いた複合体に変換される．

接触→結合→DNAの解離
−35　　−10　　転写開始

1. RNAポリメラーゼはまず−35配列と結合する
2. プロモーター領域全体で閉じた複合体が形成される
3. −10配列で解離が起こり開いた複合体へと変換される

## 11・10 超らせん構造は転写に大きな影響を与える

- いくつかのプロモーターでは負の超らせんがDNA鎖の解離を促進して転写効率が上がる．
- 転写の進行方向では正の超らせんが，後方には負の超らせんが形成され，それらはジャイレースやトポイソメラーゼにより解消される必要がある．

超らせんは転写の開始と伸長の両方に大きな影響を及ぼす．負の超らせんをもつDNAの二つの鎖はより緩く絡まっている状態となり，さらに著しい負の超らせんが導

入されると鎖が解離することもある（§1・7参照）．

　負の超らせんはDNA鎖の解離を促すことで転写の開始を助けるだろう．実際のところ，いくつかのプロモーターの効率は超らせんの程度に影響される．あるプロモーターは超らせん構造によって影響を受けるのに，他のプロモーターは影響を受けないのはなぜだろうか．一つの可能性として考えられるのは，すべてのプロモーターごとに超らせん構造にどう依存するかがその塩基配列によって決まっているということである．プロモーターによっては簡単にほどける（したがって超らせん構造に対する依存性が少ない）塩基配列をもっているものもあれば，ほどけにくい（超らせん構造をとる必要性が高い）塩基配列をもっているものもあるということが予想される．これとは別に，超らせんの程度が細菌染色体の領域によって違っており，したがって，プロモーターの占める位置が重要であるという可能性も考えられる．

　超らせんは転写中も絶え間なく関与している．RNAポリメラーゼによる転写の過程で，DNA鎖の解離と巻き直しが起こる．DNAの回転による影響を，転写による二つの超らせんのドメインモデルとして図11・22に示してある．RNAポリメラーゼが二重らせんに沿って進むので，前方には正の超らせん（よりきつく巻かれたDNA）を生じ，後方には負の超らせん（部分的に緩くなったDNA）を生じる．RNAポリメラーゼが通過するとおのおのの二重らせん1ターン当たり+1ターンの超らせんが前方に生じ，−1ターンの超らせんが後方に生じる．

　したがって，転写によりDNAの局所的な構造が大きな影響を受ける．結果的に，（負の超らせんを導入する）ジャイレースと（負の超らせんを除く）トポイソメラーゼⅠはそれぞれRNAポリメラーゼの前方ならびに後方にできた超らせんを元に戻すのに必要とされる．そこで，もしジャイレースやトポイソメラーゼⅠの活性が阻害されると，転写によりDNAの超らせんが大きい影響を受ける．たとえば，大腸菌では負の超らせんを解消する酵素を欠いていると，転写されている領域では負の超らせんの密度が2倍になる．これは，細胞内で起こる超らせんの大部分は転写により生じることを意味している．

　複製の際も同様であり，複製フォークが動いていく際にDNAはほどけなければならない．こうして生じた一本鎖DNAを鋳型として新生鎖を合成できるようになる．

図11・22　転写によりRNAポリメラーゼの前方はきつく巻かれた（正の超らせん）構造のDNAを生じ，後方では緩く巻かれた（負の超らせん）構造のDNAとなる．

## 11・11　σ因子の置き換えによる転写開始の調節

**初期遺伝子　early gene**　ファージDNAにおいて複製以前に転写される遺伝子で，調節因子や，その後の感染過程に必要とされるいくつかのタンパク質をコードしている．
**中期遺伝子　middle gene**　ファージ遺伝子のうち，初期遺伝子にコードされたタンパク質によって制御されるもの．中期遺伝子にコードされたタンパク質のうち，いくつかはファージDNAの複製を行い，別のタンパク質が後期遺伝子の発現の制御を行う．
**後期遺伝子　late gene**　ファージDNAにおいて複製後に転写される遺伝子で，ファージ粒子の構成成分をコードしている．
**胞子形成　sporulation**　（形態変化によって）細菌，または（減数分裂の産物として）酵母が胞子を形成すること．
**増殖期　vegetative phase**　細菌の通常の生長と分裂の時期をいう．胞子形成を行う細菌の場合，増殖期は胞子を形成する胞子形成期と対を成す用語である．

- 大腸菌には複数の種類のσ因子があり，RNAポリメラーゼによるそれぞれ特異的な−35配列と−10配列をもつプロモーターからの転写を促す．
- 一般の転写にはσ$^{70}$が用いられ，他のσ因子はそれぞれ特定の条件下で活性化される．
- 一つのσ因子が次に働くσ因子をコードする遺伝子を転写することでカスケードが成立する．
- σ因子のカスケードにより，ある種のファージ感染サイクルや細菌の胞子形成が調節されている．

　σ因子により転写開始部位の選択ができるので，この因子を置き換えることで転写の特異性を調節できる．図11・23にその基本的な考え方を示す．σ因子が置き換わってもRNAポリメラーゼは前と同じように働くが，別のプロモーター配列に結合するようになる．

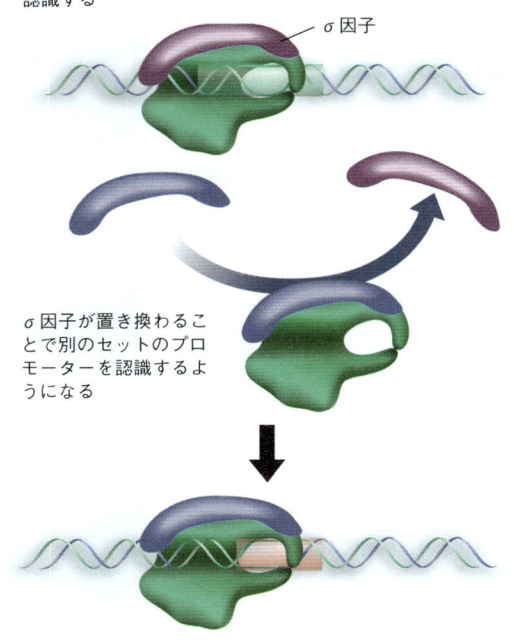

図11・23　σ因子はコア酵素に結合することで転写を開始するプロモーターのセットを決めている．

| 大腸菌には複数のσ因子がある | | |
|---|---|---|
| 遺伝子 | σ因子 | 用途 |
| rpoD | $\sigma^{70}$ | 一般的 |
| rpoS | $\sigma^S$ | ストレス |
| rpoH | $\sigma^{32}$ | 熱ショック応答 |
| rpoE | $\sigma^E$ | 熱ショック応答 |
| rpoN | $\sigma^{54}$ | 窒素飢餓応答 |
| fliA | $\sigma^F$ ($\sigma^{28}$) | 鞭毛形成 |

図11・24 大腸菌には$\sigma^{70}$のほかにいくつかのσ因子があり，それぞれ特定の環境条件下で誘導される．

大腸菌は環境の変化に応答して働くいろいろなσ因子をもっている．それらを図11・24に示す．(遺伝子産物の分子量や遺伝子名を用いて命名されている．) 通常の条件で，ほとんどの遺伝子の発現にかかわっているのは$\sigma^{70}$である．代わりのσ因子のうちで，$\sigma^S$，$\sigma^{32}$，$\sigma^E$，$\sigma^{54}$は環境変化に応答して働いている．$\sigma^F$は正常に増殖している細胞の鞭毛遺伝子の発現に使われるが，その発現のレベルは環境にも左右される．$\sigma^{54}$を除くすべてのσ因子は同じファミリーに属し，先に述べたような一般的様式で働いている．

温度変化は環境変化のありふれた例である．原核生物および真核生物を問わず多くの生物が似たやり方で温度変化に応答する．温度の上昇に伴い，それまでつくられていたタンパク質の合成は止まるか減少し，一群の新しいタンパク質の合成が始まる．これらの新しいタンパク質は熱ショック遺伝子の産物である．これらは環境ストレスから細胞を保護する役割をもっているが，熱ショック同様他のストレスにも応答してつくられる．大腸菌では，17種類の熱ショックタンパク質の合成が転写レベルでひき起こされる．rpoH遺伝子は熱ショック応答の開始に必須の調節遺伝子であり，その産物である$\sigma^{32}$は熱ショック遺伝子の転写をひき起こすσ因子として機能している．

熱ショック応答は温度が上昇したときに起こる$\sigma^{32}$の量の増加によってひき起こされ，温度が変化して量が減少すると収まる．$\sigma^{32}$増産の要因となる本来のシグナルは，温度の上昇によって細胞内にほどけた (一部変性した) タンパク質が蓄積することである．$\sigma^{32}$は不安定であり，その量が急激に増えたり減ったりする．$\sigma^{70}$は$\sigma^{32}$とコア酵素を奪い合い，そのバランスによって熱ショック時に転写される遺伝子のパターンが決まってくる．

さらに複雑な調節回路がσ因子のカスケードを形成することでできあがる．このようなカスケードでは，あるσ因子により転写される遺伝子セットの中に別のセットの遺伝子を転写するσ因子をコードする遺伝子が含まれている．図11・25には，(枯草菌に感染する) ファージSPO1の調節遺伝子がどのようにしてカスケードに組込まれているかを示す．

ファージの感染は3段階の遺伝子発現を経る．感染直後には，ファージの**初期遺伝子**が宿主のホロ酵素により転写される．初期遺伝子のプロモーターは宿主のそれとほとんど区別がつかず，RNAポリメラーゼ$\alpha_2\beta\beta'\sigma^{43}$によって認識される ($\sigma^{43}$は枯草菌の主要σ因子である)．初期遺伝子の一つは遺伝子28とよばれ，σ因子 (gp28) をコードし，宿主のσ因子に置き換わってファージ**中期遺伝子**を転写する．二つの中期遺伝子 (33と34) がgp28に取って変わるタンパク質のサブユニットをコードしている．こうしてRNAポリメラーゼによる**後期遺伝子**の転写が起こる．

σ因子をつぎつぎに置き換えることで二重の効果が出てくる．サブユニットの置換が起こるたびに，RNAポリメラーゼは新しい遺伝子群を認識できるようになり，それとともに前の遺伝子を認識しなくなる．このような切換えは，RNAポリメラーゼ活性の全面的な変化につながる．おそらく，細胞内のコア酵素は実際のところすべてそのときのσ因子と結合してしまっているのだろう．

**胞子形成**の際にσ因子が置き換わるのもよく知られた例である．胞子形成は一部の細菌が採用しているもう一つの生活様式である．**増殖期**の終わりになると，培地中の栄養分が枯渇してくるので対数増殖は止まる．こうして胞子形成が始まり，DNA複製が起こった後に娘染色体が母細胞と胞子に分配される．胞子形成には非常に多くの遺伝子が関係しており，細胞の生合成活性を劇的に変える．この制御は，基本的に転写レベルで行われている．増殖期に機能していた遺伝子のうち，一部は胞子形成の際に発現しなくなるが，大部分は発現を続ける．そのほかに胞子形成に特異的に働く遺伝子がこの期間に発現を始める．胞子形成の最終段

σ因子の置き換えによるファージ感染段階の制御

**初期**
細菌のホロ酵素によりファージのプロモーターが認識される

初期遺伝子 28 は新しいσ因子をコードしており，細菌のσ因子に置き換わる

**中期**
gp28を含む酵素により中期遺伝子が転写される

中期遺伝子 33 と 34 がコードするσ因子でgp28が置き換えられる

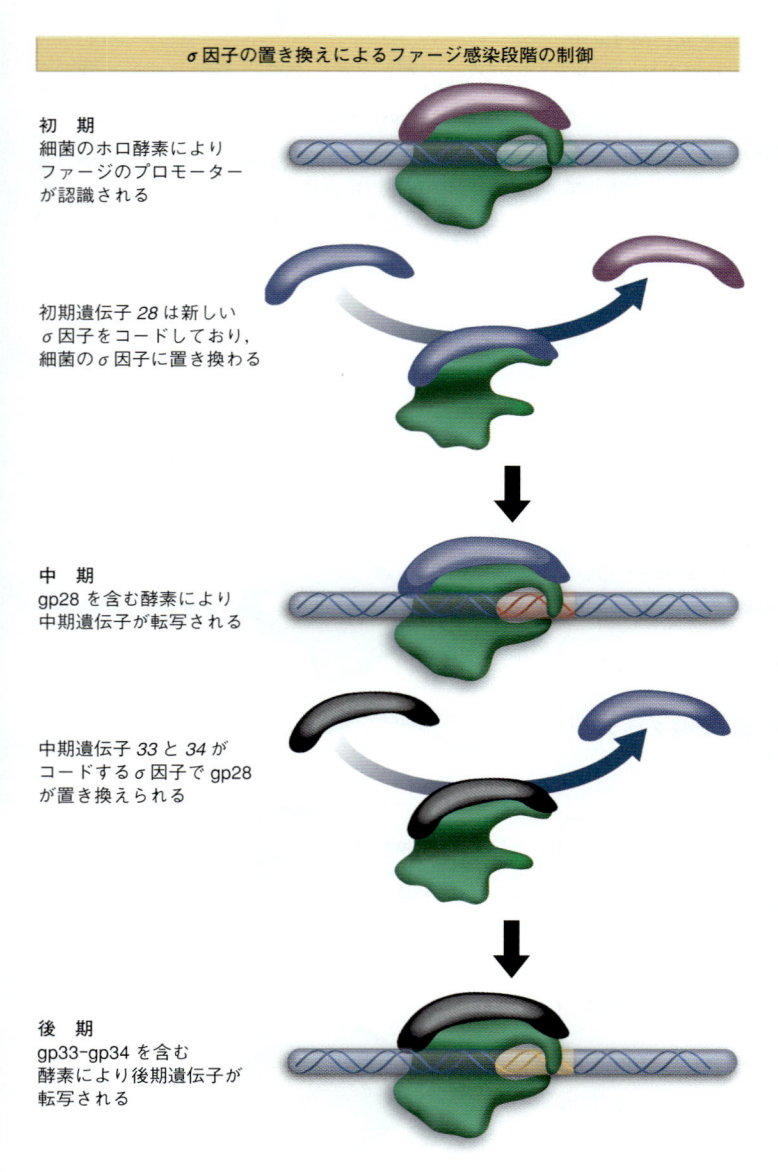

**後期**
gp33-gp34を含む酵素により後期遺伝子が転写される

図11・25 転写開始の特異性を変えるσ因子を2段階に置換して，ファージSPO1の遺伝子の転写は制御される．

階になると，細胞の mRNA の約 40％は胞子形成に特異的なものとなっている．

胞子形成を行っている細胞では新しい型の RNA ポリメラーゼが活性化されている．コア酵素は増殖型細胞のものと同じだが，増殖型の $\sigma^{43}$ が異なるタンパク質で置換されている．母細胞と胞子の両方で転写の特異性の変化が起こる．その基本的仕組みは，それぞれの細胞の区画で既存の σ 因子がつぎつぎに新しい種類の因子に置き換わり，前とは異なった一連の新しい遺伝子の転写をひき起こす，というものである．

各 σ 因子は特定のプロモーターからの一連の転写をひき起こす．これらのプロモーター配列を解析することにより，それぞれの組のプロモーターはそれぞれに特異的な配列から成っていることがわかる．プロモーター配列にこのような特異性があるために，適切な σ 因子によって導かれた RNA ポリメラーゼだけが特定のプロモーターを認識できる．

大腸菌の σ 因子や枯草菌の胞子形成にかかわる σ 因子に認識される遺伝子を同定することにより，プロモーター認識に関する一般的規則を推定することができる．それぞれの酵素にとって重要なプロモーターの特徴は，それらが同じ大きさであり，転写開始点からみて同じ位置に存在し，−35 配列と −10 配列近傍に保存された配列をもつ点である．

図 11・26 にまとめたように各セットのプロモーターに特異的なコンセンサス配列を比較すると，それぞれの −35 配列か −10 配列の一方，あるいは両方が互いに異なっている．その結果，特定の σ 因子を含むホロ酵素はそれ自身に固有のプロモーターしか認識できず，別のセットのプロモーターの転写はできない．したがって，ある σ 因子が別の σ 因子に置き換えられると，古いセットの遺伝子の転写は止まり新しいセットの転写が始まる．〔一つのプロモーターがそれぞれ異なったセットのコンセンサス配列をもつことで，複数種類の σ 因子（言い換えれば RNA ポリメラーゼ）により転写が調節される遺伝子もある．〕

### σ 因子はプロモーターのコンセンサス配列を認識する

| 遺伝子 | σ因子 | −35 配列 | 間隔 | −10 配列 |
|---|---|---|---|---|
| rpoD | $\sigma^{70}$ | TTGACA | 16〜18 bp | TATAAT |
| rpoH | $\sigma^{32}$ | CCCTTGAA | 13〜15 bp | CCCGATNT |
| rpoN | $\sigma^{54}$ | CTGGNA | 6 bp | TTGCA |
| fliA | $\sigma^{F}(\sigma^{28})$ | CTAAA | 15 bp | GCCGATAA |
| sigH | $\sigma^{H}$ | AGGANPuPu | 11〜12 bp | GCTGAATCA |

図 11・26　大腸菌の各 σ 因子は，それぞれ異なったコンセンサス配列をもつプロモーターを認識する．

## 11・12　σ 因子は DNA と相互作用する

- $\sigma^{70}$ はコア酵素と相互作用をすると構造が変化して DNA 結合領域が露出する．
- $\sigma^{70}$ は −35 配列および −10 配列に結合する．

プロモーター認識における σ 因子の影響から考えると，σ 因子そのものがプロモーター配列と相互作用しているに違いない．たとえ異なった σ 因子でも，−35 配列と −10 配列近傍でプロモーターとちゃんとした相互作用ができるように，すべて同じ様式でコア酵素に結合する必要がある．

コア酵素とホロ酵素の結晶構造を比較すると，σ 因子はコア酵素の表面に長く横たわっていることがわかる．図 11・27 に示すように，σ 因子は DNA 結合部位を横切って伸びる長い構造をしている．こうして DNA 結合部位への最初の位置付けが決まる．結合した DNA がつぎに活性部位に入るためには最初の位置から 16 Å 程度移動せねばならない．図 11・28 はこの動きを図式化したものであり，DNA ヘリックスを輪切りにした方向から眺めている．

σ 因子が直接 −35 と −10 の両コンセンサス配列と相互作用している証拠として，コンセンサス配列内に起こった変異を抑圧する σ 因子の変異があげられる．プロモーターの特定部位が変異すると RNA ポリメラーゼによる認識ができなくなるが，もしこの変異プロモーターを再び認識できるような変異が σ 因子の変異として取得できたとすると，変異により置換されたアミノ酸はプロモーター内の変化した塩基と相互作用していると考えるのが最も妥当である．

いくつかの細菌の σ 因子のアミノ酸配列を比較すると，保存された共通領域をもつことがわかる．その中でもプロモーター DNA と相互作用する領域は特に大切である．そのような二つの短い領域（2.4 と 4.2 とよばれる）が，それぞれ −10 配列および −35 配列と相互作用

### σ 因子はコア酵素の表面に沿って伸びた構造をしている

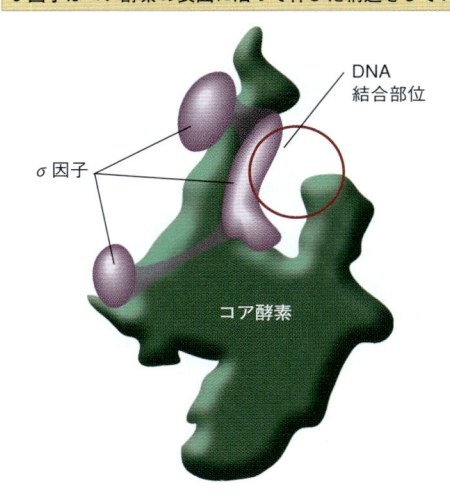

図 11・27　σ 因子は長く伸びた構造をしており，コア酵素の表面に沿って寄り添うように結合してホロ酵素を形成する．

### ホロ酵素とコア酵素では DNA との結合様式が異なる

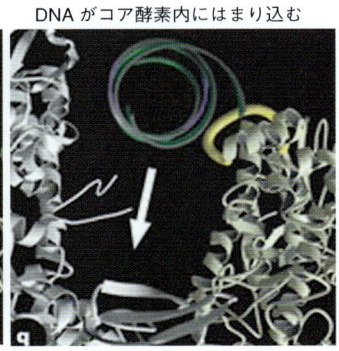

図 11・28　DNA はまず σ 因子（ピンク）と接触し，ついでコア酵素（灰色）と接触する．DNA は深くもぐり込んで −10 配列領域でコア酵素と結合する．σ 因子が遊離すると DNA をくわえ込んでいる部分の幅が広がる．写真は Roger Kornberg 氏（Department of Structural Biology, Stanford University, School of Medicine）のご好意による．

### σ因子のDNA認識特異性は2.4ヘリックスで決まる

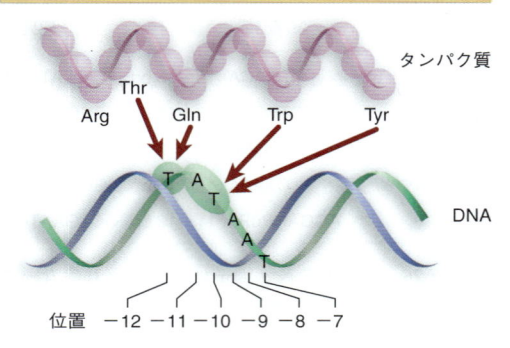

**図11・29** $\sigma^{70}$ の2.4領域にあるαヘリックスは－10配列のコード鎖上の塩基と特異的な相互作用をする．

### σ因子のDNA結合能はそのN末端ドメインで調節される

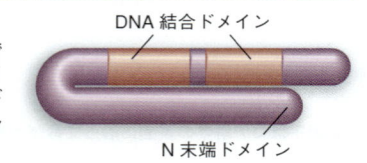

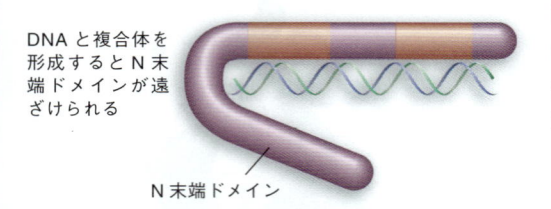

**図11・30** σ因子のN末端ドメインはDNA結合ドメインがDNAに結合するのを妨げている．開いた複合体が形成されるとN末端ドメインは20Å遠ざかり，二つのDNA結合ドメインは15Å離れる．

---

する．両領域とも短いαヘリックス構造をとっている．これらの領域はコード鎖と相互作用しており，その結合はDNAがほどけた状態にある間も保持されている．このことから，σ因子はDNAを解離する反応にも重要だろう．

二本鎖DNAの認識において，タンパク質のαヘリックス構造が用いられることはよく知られている（§14・10参照）．αヘリックス上で3～4個分離れた二つのアミノ酸残基は同一面に並ぶので，それぞれ隣接したDNA上の塩基と接触できる．図11・29には，領域2.4のαヘリックスの片面に並んだアミノ酸が，－10配列中の－10と－12に位置する塩基と接触している様子を示す．

$\sigma^{70}$ のN末端ドメインは重要な調節機能をもっている．その部分を取除くと $\sigma^{70}$ 単独でプロモーター配列に特異的に結合できるようになる．このことはN末端ドメインが自己抑制ドメインとして働いていることを示唆する．$\sigma^{70}$ が単独で存在するときには，そのN末端ドメインがDNA結合ドメインを覆って自己抑制しているが，コア酵素と結合すると高次構造に変化が起こり抑制が外れてDNAに結合できるようになる．

図11・30には開いた複合体を形成したときにσ因子にみられる構造変化を模式化した．$\sigma^{70}$ がコア酵素に結合するとN末端ドメインは二つのDNA結合ドメインから20Å近く離れ，それぞれのDNA結合ドメインは15Å近く離れてDNAと適切に相互作用できるような伸びた構造になる．－10と－35のどちらの配列に変化が起こっても，（N末端ドメインを欠いた）$\sigma^{70}$ が結合できなくなることから，$\sigma^{70}$ は－10と－35の両配列に同時に結合しているものと思われる．

まだDNAに結合していないホロ酵素では，σ因子のN末端ドメインはコア酵素の活性部位に位置しており，転写複合体が形成されたときにちょうどDNAが占めるべき場所に収まっている．ホロ酵素が開いた複合体を形成するとN末端ドメインは活性部位から移動する．したがって，σ因子のN末端ドメインと残りの部分との位置取りには柔軟性があり，コア酵素に結合した時点で変化し，さらにホロ酵素がDNAに結合した時点でも変化する．

## 11・13 大腸菌には2種類のターミネーターがある

> **ターミネーター（転写終結配列）** terminator　RNAポリメラーゼに転写を終結させるDNAの配列．
> **固有のターミネーター** intrinsic terminator　細菌のRNAポリメラーゼによる転写を補助因子なしで終結させることのできるターミネーター．ρ因子非依存性ターミネーターともいう．
> **ρ因子依存性ターミネーター** rho-dependent terminator　ρ因子の働きによって，細菌のRNAポリメラーゼによる転写を終結させる配列．
> **ρ因子** rho factor　細菌のRNAポリメラーゼが特定のターミネーター（ρ因子依存性ターミネーター）で転写を終結するのを助けるタンパク質．
> **抗転写終結** antitermination　転写終結の調節機構の1種で，特定のターミネーター配列では転写終結反応が妨げられ，RNAポリメラーゼがターミネーター以降の遺伝子の転写を継続するもの．
> **読み過ごし** readthrough　転写または翻訳に際して，RNAポリメラーゼやリボソームが鋳型の変異や補助因子の働きによって終止シグナルを無視して読み進むこと．

■ 転写終結に必要なことは，RNAポリメラーゼによるDNA上のターミネーター配列の認識とRNA産物によるヘアピン構造の形成である．

RNAポリメラーゼは転写をいったん開始すると，**ターミネーター**（$t$）に出合うまでRNAを合成しながら鋳型の上を移動し続ける．ターミネーターでRNAポリメラーゼは伸長しているRNA鎖へのヌクレオチドの付加を停止し，完結したRNA産物を遊離して鋳型DNAから離れる．転写終結にはRNA・DNAハイブリッドを保っている水素結合が壊れることが必要で，その後でDNAは二本鎖に巻き直される．

大腸菌では2種類のターミネーターが知られていて，RNAポリメラーゼが *in vitro* で転写終結するのに補助因子が必要か否かによって区別されている：

- ある部位では *in vitro* で補助因子を必要とせずコア酵素のみによって転写終結が起こる．このような部位を**固有のターミネーター**あるいはρ因子非依存性ターミネーターとよんでいる．
- **ρ因子依存性ターミネーター**は，ρ因子（ρ）の働きを必要とする部位のことである．

二つの種類のターミネーターは図11・31に示すような共通の特徴をもつ．

- ターミネーター配列はRNAに付加される塩基よりも上流に存在している．転写終結に必要な領域はRNAポリメラーゼによってすでに転写された塩基配列の中にあると思われる．つまり，ポリメラーゼは現在転写している鋳型DNAやRNA転写産物を調べ，それに応じて停止するのである．
- 多くのターミネーターでは，転写されているRNAがヘアピン形の二次構造をつくる必要がある．こうしてRNAポリメラーゼはターミネーター配列付近で立ち止まり，その間に転写終結が起こる．

ターミネーターの転写終結の効率は多様である．あるターミネーターでは，RNAポリメラーゼと相互作用する特異的な補助タンパク質により，そこで起こるはずの転写終結反応が妨げられる．このような**抗転写終結**によって，RNAポリメラーゼはターミネーター配列を通り過ぎて転写を続行してしまう．これは**読み過ごし**とよばれる（リボソームがサプレッサーによって終止コドンを読み続けてしまうときにもこれと同じ用語が使われる）．

転写終結を考えるうえで，これが単にRNAの3′末端をつくり出す過程ではなく，遺伝子の発現制御と深く結び付いた過程であることを理解する必要がある．したがって，RNAポリメラーゼがDNAと結合し（転写開始），そしてDNAから離れる（転写終結）両段階のいずれもが特異的に制御されている．転写の開始と終結に用いられている機構には興味深い類似点がある．両方とも水素結合の開裂を伴う（転写開始においてDNA二本鎖がほどけるのと，転写終結におけるRNA・DNAハイブリッドの解離である）．また，ともにコア酵素と相互作用する他のタンパク質の存在を必要としている．

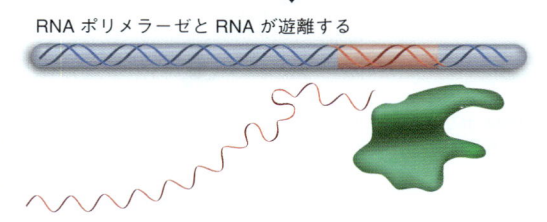

**図11・31** 転写終結に必要なDNA配列は，ターミネーターの上流に存在する．RNA転写産物にヘアピン構造が形成されることが重要と思われる．

## 11・14 固有のターミネーターにはヘアピン構造とUに富む配列が必要である

■ 固有のターミネーターではG・C塩基対に富んだヘアピン構造の後に転写終結を促すUに富む配列が続く．

固有の（ρ因子非依存性）ターミネーターには構造上二つの特徴があり，図11・32に示した．一つはヘアピン形の二次構造であり，もう一つは塩基配列の末尾にUに富む配列があることである．どちらも転写終結に必要である．ヘアピン構造の根本の部分には普通GCに富む領域がある．ヘアピン構造とUに富む配列の距離は最も普通には7～9塩基である．大腸菌の約半分の遺伝子が固有のターミネーターをもっている．

RNAに形成されるヘアピンの役割はRNAポリメラーゼを立ち止まらせることであろう．こうして転写終結の機会が増える．一時停止はターミネーターに似た場所でも起こるが，ヘアピンとUに富む配列がやや長い（10～11塩基）．しかし，この停止部位がターミネーターでないと酵素は再び動き始めて転写を続ける．一時停止の長さはまちまちであるが，最も普通のターミネーター部位では約60秒ほどである．

RNAポリメラーゼがヘアピンで立ち止まり，Uに富む領域はRNA・DNAハイブリッドを不安定化する．rU・dAのRNA・DNAハイブリッドは並外れて弱い塩基対をつくる構造なので，この二つの鎖の会合を壊すために必要なエネルギーのレベルはRNA・DNAハイブリッドの中でも最低である．ポリメラーゼが停止すると，RNA・DNAハイブリッドの結合がきわめて弱いrU・dA末端領域から解きほどけるものと思われる．実際の転写終結反応は，しばしばUに富む配列の末端や，あるいはその手前で起こっている．それはあたかも，酵素が転写終結の間"もじもじして"いるかのようである．もちろんUに富む所は，DNAのATに富む領域に相当する．それでATに富む領域は転写開始だけでなく，ρ因子非依存性転写終結にも重要であることがわかる．

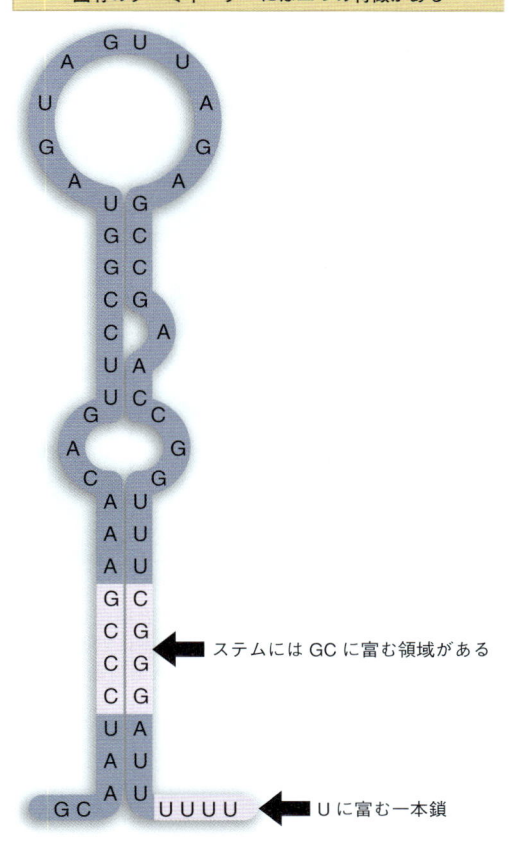

**図11・32** 固有の（ρ因子非依存性）ターミネーターには，7～20 bpにわたる長さのヘアピン構造をつくるパリンドローム領域が存在する．ステム・ループ構造はGCに富む領域を含み，その後にはUに富む配列が続いている．

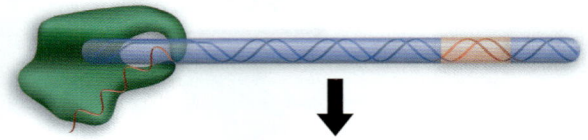

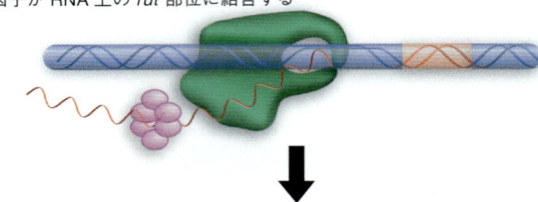

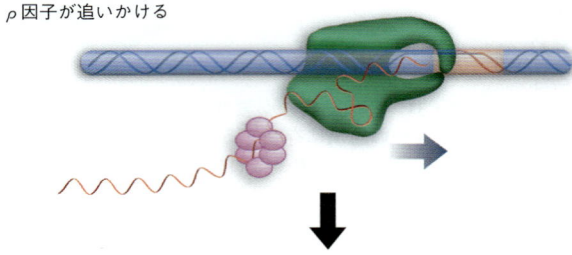

ヘアピン構造およびUに富む配列の長さの両方が転写終結の効率に影響する．しかし，in vitroで観察される転写終結の効率は2～90%とさまざまであり，固有のターミネーターでのヘアピン構造やUに富む領域の塩基の数とのはっきりとした関係もわかっていない．したがって，ヘアピン構造やUに富む領域は必要だが，それだけで十分ではなく，まだ何かわからない他の要因がターミネーターとRNAポリメラーゼの相互作用に影響を与えているに違いない．特に固有のターミネーターの上流および下流の配列が転写終結効率に影響する．

真核生物のポリメラーゼの転写終結のためのシグナルや補助因子についてはあまりわかっていない．RNAポリメラーゼの種類によって転写終結機構も異なっている（26章参照）．

## 11・15　ρ因子はどのように働くか

■ ターミネーター因子であるρ因子はヘリカーゼであり，転写途中のRNA上にある rut 部位とよばれるCに富みGが少ない配列に結合し，RNAに沿ってRNAポリメラーゼに到達するまで移動することで鋳型DNAからRNAを解離させる．

ρ因子は大腸菌の生育に必須のタンパク質であり，転写の終結段階にだけ働いている．この因子は，大腸菌のターミネーターの約半分ほどを占めているρ因子依存性ターミネーターに働く．

どのようにしてρ因子が働くかを図11・33に示す．まず，ρ因子は転写終結部位よりも上流にあるRNA配列に結合する．この配列を rut 部位とよぶ（rho utilization の略である）．ついで，ρ因子はRNAポリメラーゼを捕捉するまでRNAに沿って移動する．転写終結部位に到達すると，RNAポリメラーゼ内にあるRNA・DNAハイブリッドに働いてRNAを解離させる．RNAポリメラーゼがターミネーターで立ち止まっていて，その間にρ因子がハイブリッドまで移動して時間を稼ぐことができる．これは転写終結の重要な特徴である．

この例から，一般的で重要な原則を学ぶことができる．すなわち，あるタンパク質の働きを発揮するDNA上の場所を特定できたとしても，タンパク質が最初に認識する配列に相当すると推定することはできない．最初の認識配列は離れた場所にあり，両者の配列間の距離には一定の関係がみられないこともありうる．事実，rut 部位を異なった転写産物間で比べると，ターミネーターからの距離はまちまちである．抗転写終結因子に関しても同じようなことがいえる（§11・16参照）．

rut 部位の共通の特徴は，その配列がC塩基に富みG塩基が少ないことである．その一例を図11・34に示すが，C塩基が圧倒的に多く（41%），G塩基は最も少ない（14%）．ρ因子は六量体で働くATP依存性ヘリカーゼファミリーの一員である．各サブユニットにはRNA結合ドメインとATP加水分解ドメインがある．RNA結合ドメインが集合して六量体を形成し，その中央の穴にRNAを通すようにして働く．

図11・35に示すように，RNAは一方の端でρ因子のN末端ドメインの表面と結合し，RNAの他方の端が内側に押し込まれるようにして六量体のC末端ドメインと結合する．ρ因子は転写部位であるRNA・DNAハイブリッド領域に到達すると，ヘリカーゼ活性を発揮して二本鎖構造を解きほぐしてRNA

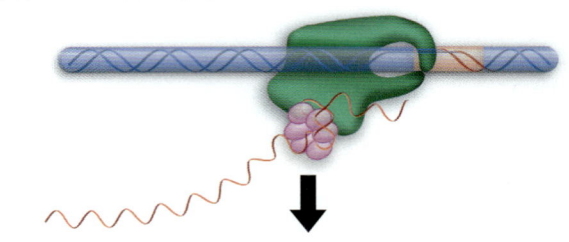

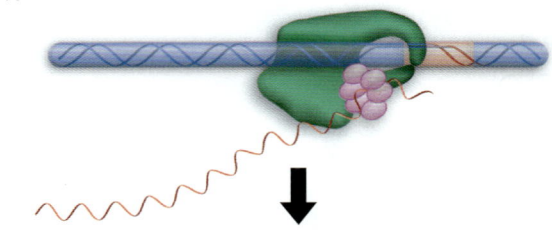

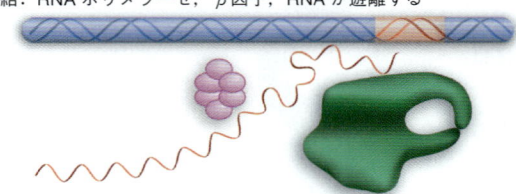

図11・33　ρ因子は rut 部位でRNAと結合し，RNAポリメラーゼ内のRNA・DNAハイブリッドに到達するまでRNAに沿って移動して，DNAからRNAを遊離させる．

図11・34　転写終結部位の上流にあるC塩基に富みG塩基が少ない配列は rut 部位とよばれる．ここで示した配列はRNAの3′末端に相当する．

**ρ因子依存性ターミネーターには保存された配列がある**

AUCGCUACCUCAUAUCCGCACCUCCUCAAACGCUACCUCGACCAGAAAGGCGUCUCUU

| 塩基 | |
|---|---|
| C | 41% |
| U | 20% |
| A | 25% |
| G | 14% |

← この領域が欠失すると転写終結が起こらない

3塩基のうちの一つで転写が終結する

を解離させる．

ρ因子に起こったある種の変異は別の遺伝子の変異により抑圧される．こうした変異を解析することはρ因子と相互作用するタンパク質を知るための優れた方法であり，そのようなタンパク質としてRNAポリメラーゼのβサブユニットが知られている．

ρ六量体はRNAに沿って移動する

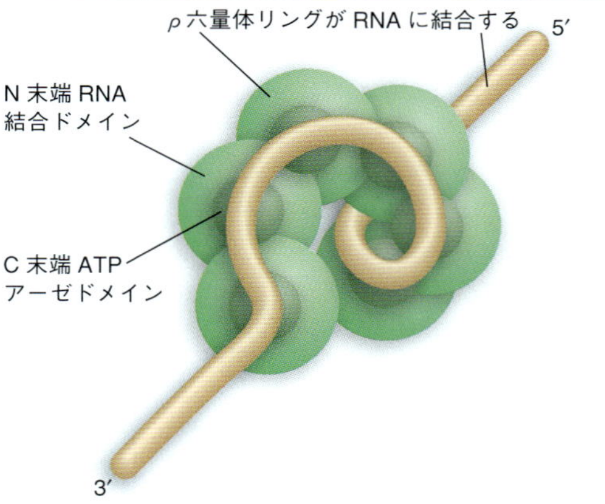


図11・35　ρ因子のN末端にはRNA結合ドメインが，C末端にはATPアーゼドメインがある．一部に切れ目のある六量体リングの外側に並んだN末端ドメインに沿ってRNAが結合する．RNAの5′末端は六量体の内側にある別の部位に結合する．

## 11・16　抗転写終結による調節

**抗転写終結**　antitermination　転写終結の調節機構の1種で，特定のターミネーター配列では転写終結反応が妨げられ，RNAポリメラーゼがターミネーター以降の遺伝子の転写を継続する．

**抗転写終結因子**　antitermination factor　特定のターミネーター配列を通り越してRNAポリメラーゼに転写を続けさせるタンパク質．

- 抗転写終結因子がRNAポリメラーゼに作用して特定のターミネーターあるいは複数のターミネーターを読み過ごさせることで転写終結が阻害される．
- λファージには二つの抗転写終結因子pNとpQがあり，それぞれ別の転写単位に働く．
- 抗転写終結因子が作用する部位はターミネーターより上流にある．
- この抗転写終結部位はプロモーター領域に存在することもあるし転写単位内に存在することもある．

**抗転写終結**はファージの調節回路や細菌のオペロンの制御機構に使われている．図11・36には抗転写終結によってRNAポリメラーゼがターミネーターを越えて下流の遺伝子を転写する様子を示す．この図に示した例では，RNAポリメラーゼは領域1の終わりにある本来の場所で転写を終結する．しかし，抗転写終結により領域2まで転写が続行する．プロモーターは変わらないので，両者とも同じ5′末端配列をもったRNAができる．違うのは抗転写終結が起こると，RNAは3′末端に新しい延長配列をもつことである．

抗転写終結はファージの感染過程に見いだされた．ファージの感染過程の制御機構の共通の特徴として，ファージ遺伝子群のうちの最初はほんのわずかなもの（“初期”遺伝子）しか宿主のRNAポリメラーゼにより転写されない．しかしその中には，ひき続いて起こる一群のファージ遺伝子の発現に必要な複数の調節遺伝子が含まれている（§14・4参照）．このような調節因子の一つに**抗転写終結因子**がある．図11・37に示す

ターミネーター部位での転写調節

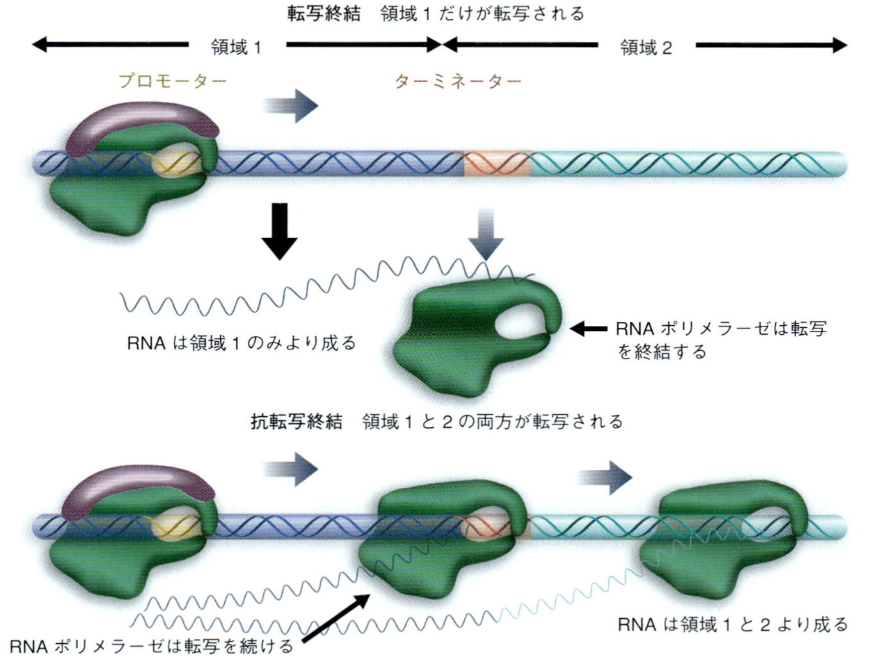


図11・36　抗転写終結は転写の制御に使われるが，RNAポリメラーゼが転写を終結してしまうかターミネーターを読み過ごして次の遺伝子を転写するかを決めている．

**図 11・37** 抗転写終結因子が RNA ポリメラーゼに作用して特定のターミネーターを読み過ごさせる.

**抗転写終結因子により転写が続行する**

RNA ポリメラーゼはプロモーターからターミネーターまでを転写する

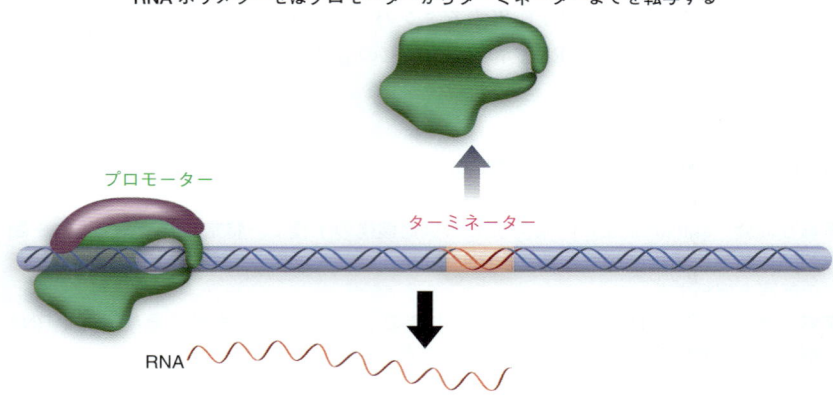

RNA ポリメラーゼが抗転写終結因子の働きでターミネーターを読み過ごす

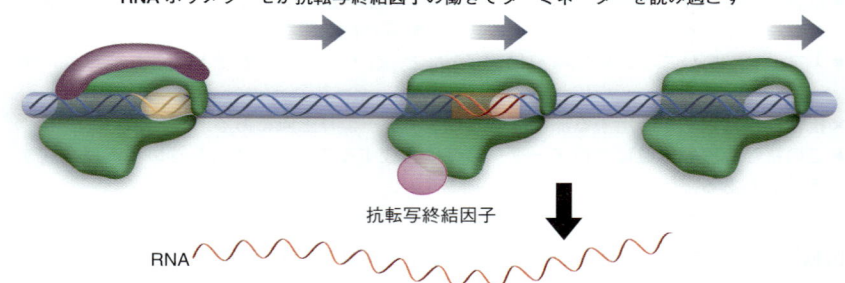

抗転写終結因子

**抗転写終結因子は特定のターミネーターに作用する**

| 転写単位 | プロモーター | ターミネーター | 抗転写終結因子 |
|---|---|---|---|
| 先発型初期 | $P_L$ | $t_L$ | pN |
| 先発型初期 | $P_R1$ | $t_R1$ | pN |
| 後　期 | $P_{R'}$ | $t_{R'}$ | pQ |

ように，この因子は RNA ポリメラーゼにターミネーターを読み過ごさせて転写を続行させる．抗転写終結因子がないとターミネーターで転写終結をする（上図）．抗転写終結因子があるとターミネーターを通り越して転写を続ける（中図）．

抗転写終結が最もよく調べられている例はこの現象の発見に至った λ ファージである．λ ファージの生育段階の二つの段階で抗転写終結因子が使われている．図 11・37 の下図に示すように，各段階でつくられる抗転写終結因子は，それぞれの段階で発現する固有の転写単位に特異的に働く．

宿主の RNA ポリメラーゼによって転写される λ ファージの二つの遺伝子を**先発型初期遺伝子**とよぶ．次の段階への発現の移行の調節は，先発型初期遺伝子の末端にある転写終結を防ぐかどうかにかかわっており，結果として**後発型初期遺伝子**が発現される．（14 章で λ ファージの増殖の全体的な調節機構をもっと詳しく説明する.）抗転写終結因子 pN（N タンパク質）は先発型初期遺伝子の転写単位に特異的に働く．感染の後期には別の抗転写終結因子 pQ（Q タンパク質）が後発転写単位に特異的に働き，転写終結配列を乗り越えて転写を続行させる．

pN と pQ の特異性が異なることは，RNA ポリメラーゼと転写単位との相互作用において一つの補助因子は特定の抗転写終結にしか働かないという重要な一般的原理を示している．実際に転写終結は，転写開始と同じ精密さで制御されている．

どのような部位が抗転写終結の特異性を決めるのだろうか．pN の抗転写終結活性は非常に特異的である．しかし，抗転写終結反応は $t_L1$ と $t_R1$ ターミネーターで決められているわけではない．抗転写終結に必要な認識部位が転写単位の上流部分，すなわち，転写終結が実際に起こる転写終結点とは違う部分にある．

pN の認識部位は *nut*（N utilization）とよばれている．左方向と右方向の抗転写終結を決定するのに必要な部位をそれぞれ *nutL* および *nutR* と表す．**図 11・38** に示すように，それぞれの転写単位に対する相対的な位置はまったく異なっている．*nutL* は $P_L$ の開始点と N のコード配列の始まりの間にある．対照的に，*nutR* は *cro* 遺伝子の終わり

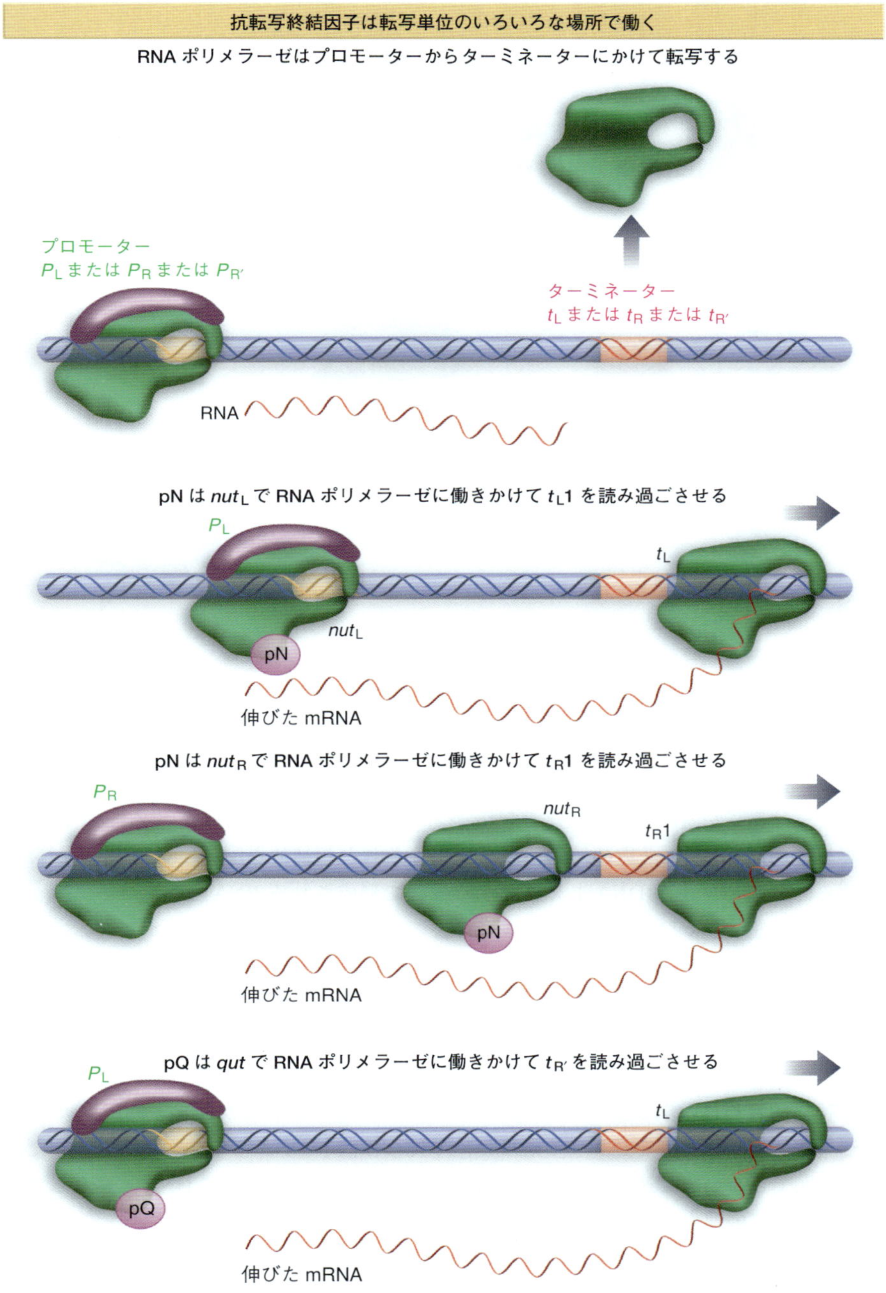

## 抗転写終結因子は転写単位のいろいろな場所で働く
### RNAポリメラーゼはプロモーターからターミネーターにかけて転写する

**図11・38** 宿主のRNAポリメラーゼがλファージの遺伝子を転写してターミネーターで転写を終結する．pNの働きで $t_L1$ 部位と $t_R1$ 部位での読み過ごしが起こり，pQの働きで $t_{R'}$ での読み過ごしが起こる．pNがRNAポリメラーゼに結合する部位（*nut*）とpQが結合する部位（*qut*）は，転写単位のどこにあるかという点からみると互いに異なっている．

と $t_R1$ の間にある．*nutL* は転写単位の始めに近い所にあるのに対し，*nutR* はターミネーターの近くにある．（*qut* はさらに異なり，プロモーターの前にある．）

どのような機構で抗転写終結が起こるのであろうか．pNは *nut* 部位を認識して結合するが，それはRNAポリメラーゼに作用して，もはやターミネーターに応答しなくなるように働いているに違いない．*nut* 部位が特定の場所に限定されていないことから考えて，この現象は転写の開始や終結過程と直接関連しているのではなく，RNAポリメラーゼがまさに *nut* 部位を越えて伸長反応を行っている過程で起こるのだろう．図11・39に示すように，RNAポリメラーゼは転写終結シグナルを無視して，ターミネーターを乗り越えて暴走する．

pNが転写単位内にある短い配列を認識する能力は，他の抗転写終結機構においても広く使われているだろうか．λファージと似た他のファージも *N* 遺伝子をもっているが，異なった抗転写終結特異性を示す．*nut* 部位が存在するファージゲノム上の領域をみると，ファージごとにその塩基配列が異なっているので，各ファージごとに特異的 *nut* 部位をもっているに違いない．それぞれのファージのpNは，転写装置と相互作用して抗転写終結をひき起こすという点では共通の性質を示すが，そのDNA配列の特異性という点では異なっている．

図 11・39　RNA ポリメラーゼが nut 部位を通過するときに補助因子が結合する．その働きで RNA ポリメラーゼがターミネーターに近づいても ρ 因子が作用できない．

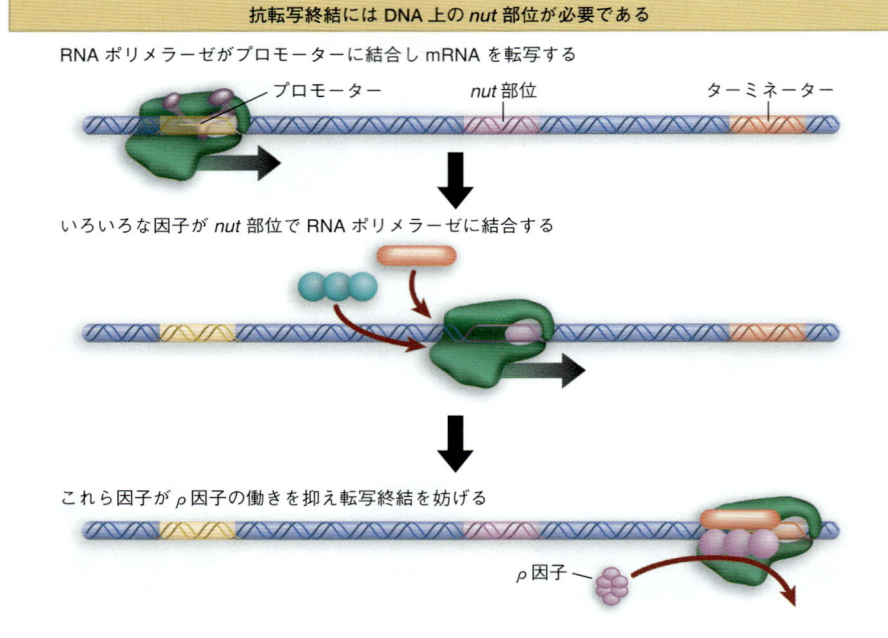

抗転写終結には DNA 上の nut 部位が必要である

RNA ポリメラーゼがプロモーターに結合し mRNA を転写する

プロモーター　　nut 部位　　ターミネーター

いろいろな因子が nut 部位で RNA ポリメラーゼに結合する

これら因子が ρ 因子の働きを抑え転写終結を妨げる

ρ 因子

## 11・17　要　約

　転写単位はプロモーターからターミネーターに至る DNA から成り立っている．プロモーターは転写が開始される配列であり，ターミネーターはそれが終結する配列である．転写単位内の DNA の一方の鎖が鋳型となり，それと相補的な配列をもつ RNA が合成される．転写バブルが DNA 上を移動する過程で形成される RNA・DNA ハイブリッドはきわめて短く，かつ一時的なものである．細菌の RNA ポリメラーゼホロ酵素は大きく二つの要素に分けることができる．コア酵素は $\alpha_2\beta\beta'$ から成る多量体であり，RNA 鎖の伸長を行っている．σ因子は単一のサブユニットから成り，転写開始時のプロモーター認識に関与している．

　コア酵素は DNA に対して非特異的な親和性を示す．σ因子を加えると DNA に対する非特異的親和性が弱まると同時に，プロモーターへの親和性が高まる．RNA ポリメラーゼがプロモーターを認識する速度は，単純な拡散と DNA とのランダムな衝突だけでは説明できないほど速い．したがって，RNA ポリメラーゼは常に DNA と結合しており，結合部位の速やかな交換反応が起こっているのだろう．

　細菌のプロモーターは，転写開始点を基準にして $-35$ 配列と $-10$ 配列に相当する二つの短い保存された配列から成っている．ほとんどのプロモーターはこの 2 箇所にコンセンサス配列と似た配列をもっている．両コンセンサス配列は 16～18 bp 離れており，RNA ポリメラーゼはまず $-35$ 配列をめがけて接触し，ついで $-10$ 配列へと接触部位を広げていく．結果として，約 77 bp から成る DNA 領域を RNA ポリメラーゼが覆う．DNA と RNA ポリメラーゼは，初期には"閉じた"二元複合体を形成し，ついで"開いた"二元複合体へと変換される．この過程には，$-10$ 配列から転写開始点にかけての約 12 bp から成る DNA の解離が伴う．$-10$ 配列付近の AT に富む配列がこの解離に必要と思われる．

　転写二元複合体は，ついでリボヌクレオチド前駆体の取込みを伴って三元複合体へと変換される．RNA ポリメラーゼは，とても短い RNA をつくっては遊離するという転写開始の失敗を何回も繰返し，なかなかプロモーターから離れない．首尾よくこの段階が過ぎると構造が変化してコア酵素は約 50 bp から成る DNA を覆う．σ因子は解離するか，形を変えてコア酵素に結合したままとなる（約 30 % が解離する）．ついでコア酵素は RNA を合成しながら DNA 上を移動する．転写バブルもコア酵素の動きにつれて移動する．

　プロモーターの"強度"とは，RNA ポリメラーゼが転写を開始する頻度であり，$-35$ 配列と $-10$ 配列がどれくらい理想的なコンセンサス配列に適合しているかによっている．しかしプロモーター強度は転写開始点のすぐ下流の配列にも影響される．負の超ら

せん構造はある種のプロモーターの強度を高める．転写の過程では，RNA ポリメラーゼが進行する前方で正の超らせん構造が，後方には負の超らせん構造が蓄積する．超らせんはトポイソメラーゼにより解消される．

　コア酵素は σ 因子を置き換えることにより異なったコンセンサス配列をもつプロモーターを認識できるようになる．大腸菌において，熱ショックや窒素飢餓といった劣悪な生育条件下では異なった σ 因子が働くようになる．枯草菌の主要 σ 因子は大腸菌と同じ特異性をもっていて，そのほかに量的には少ないが何種類もの σ 因子をもっている．別の一連の σ 因子が働くことにより胞子形成が開始する．胞子形成は娘胞子と母細胞のそれぞれで起こる σ 因子の置き換えによる二つのカスケードで制御されている．同様な転写制御機構が枯草菌の SPO1 ファージの感染時にも働いている．

　どのような σ 因子を含んでいようとも（$\sigma^{54}$ は例外であるが），ホロ酵素がプロモーターを認識して結合しているときの立体的配置は似通っている．各 σ 因子は RNA ポリメラーゼに働きかけ，それぞれに特異的な $-35$ および $-10$ のコンセンサス配列をもつプロモーターからの転写を促す．σ 因子が $-35$ 配列および $-10$ 配列で直接 DNA と接触していることが大腸菌 $\sigma^{70}$ において証明されている．大腸菌の $\sigma^{70}$ の N 末端には自己抑制ドメインがあり，そのままでは自らの DNA 結合ドメインが DNA を認識しないよう妨げている．ホロ酵素が開いた複合体を形成した時点で自己抑制ドメインは DNA によって別の位置にどかされる．

　細菌の RNA ポリメラーゼは，2 種類の部位で転写を終結する．固有の（ρ 因子非依存性）ターミネーターは GC に富むヘアピン構造とそれに続く U に富む領域から成っている．この構造はコア酵素単独でも認識される．ρ 因子依存性ターミネーターは，ρ 因子の存在を必要とする．ρ 因子は実際の転写終結部位よりも上流にある *rut* 部位とよばれる C 塩基に富み G 塩基が少ない配列に結合する．ρ 因子は六量体 ATP 依存性ヘリカーゼとして働くことで，ポリメラーゼが形成している転写バブルにある RNA・DNA ハイブリッドの所まで RNA に沿って移動する．これら二つの型のターミネーターで RNA ポリメラーゼが立ち止まることは，転写終結がしっかりと起こるための時間をかせぐのに重要である．

　細菌の遺伝子では抗転写終結はあまり使われていないが，ある種のファージにおいては一連の遺伝子発現を段階的に進行させるための制御機構として頻繁に使われている．λ ファージの N 遺伝子は，RNA ポリメラーゼが先発型初期遺伝子群の端にあるターミネーターを読み過ごすのに必要な抗転写終結因子（pN）をコードしている．もう一つの抗転写終結因子 pQ は感染後期に必要である．pN や pQ は RNA ポリメラーゼが（それぞれ *nut*, *qut* とよばれる）特別な部位を通過する段階で RNA ポリメラーゼに作用する．これらの部位が転写単位のどこにあるかは，それぞれの場合によって違っている．

# 12 オペロン

- 12・1 はじめに
- 12・2 構造遺伝子のクラスターは協調的な発現調節を受ける
- 12・3 *lac*遺伝子の発現はリプレッサーにより調節される
- 12・4 *lac*オペロンは誘導を受ける
- 12・5 リプレッサーの働きは低分子インデューサーにより調節される
- 12・6 シスに働く構成的変異によりオペレーターの作用がわかる
- 12・7 トランスに働く変異により調節遺伝子の作用がわかる
- 12・8 リプレッサーは二つの二量体から成る四量体である
- 12・9 リプレッサーのオペレーターへの結合はアロステリックな構造変化で調節される
- 12・10 リプレッサーは3箇所のオペレーターに結合し，RNAポリメラーゼと相互作用する
- 12・11 オペレーターと低親和性部位は競合してリプレッサーに結合する
- 12・12 抑制は複数の場所でひき起こされる
- 12・13 オペロンの抑制と誘導
- 12・14 インデューサー cAMP で活性化される CRP は多くのオペロンに働く
- 12・15 翻訳段階での調節
- 12・16 要約

## 12・1 はじめに

> **トランスに働く** trans-acting 標的 DNA（または RNA）のすべてのコピーに機能することができる産物（RNA またはタンパク質）．したがって，トランスに働く産物は拡散可能なタンパク質または RNA であると考えられる．
> **シスに働く** cis-acting 自分と同じ DNA（または RNA）分子にある配列の活性にのみ影響を及ぼすこと．一般にこの性質により，シスに働く部位はタンパク質をコードしていないと示唆される．
> **構造遺伝子** structural gene 調節領域以外の，RNA やタンパク質産物をコードする遺伝子．
> **調節遺伝子** regulator gene 他の遺伝子の発現を調節する産物（多くの場合タンパク質）をコードする遺伝子．この調節は転写レベルで行われるのが普通である．
> **負の調節** negative regulation 負の調節によって調節される遺伝子は，何の制御も受けなければ常に発現する状態にある．発現を抑えるためには特定の制御が必要である．
> **リプレッサー** repressor 遺伝子発現を抑制するタンパク質．DNA のオペレーター部位に結合して転写を阻害したり，mRNA に結合して翻訳を阻害したりするもの．
> **オペレーター** operator リプレッサータンパク質が結合する DNA の部位で，ここにリプレッサーが結合すると隣合うプロモーターからの転写開始が妨げられる．
> **正の調節** positive regulation 遺伝子発現の制御様式のうち，何らかの作用で活性化されないかぎり遺伝子発現が起こらないものをいう．
> **転写因子** transcription factor RNA ポリメラーゼが特異的なプロモーターで転写を開始するために必要であるが，自分自身は RNA ポリメラーゼの一部ではない因子．

細菌の転写制御がどのようなものかに関する基本的な考え方は，1961年に Jacob と Monod により提唱された遺伝子発現に関するモデルに明確に述べられている．彼らは DNA の配列を二つに分けて考えた．トランスに働く因子をコードする配列と，DNA 上でのみ働くシス配列である．遺伝子は，**トランスに働く遺伝子産物**（普通はタンパク質）と**シスに働く配列**（普通は DNA 上の部位）との特異的な相互作用により制御されている．さらに一般的に述べれば；

- 遺伝子とは，ある拡散する産物をコードする DNA 領域のことである．（ほとんどの遺伝子では）産物はタンパク質であるが，（tRNA や rRNA をコードする遺伝子のように）RNA のこともある．いずれの場合も遺伝子の重要な特徴は，その産物が合成された場所から離れ，どこか別の場所で機能を発揮する点である．どんな遺伝子産物でもそれが自由に拡散して標的に作用する場合は，トランスに働くという．
- シスに働くとは，他のどのようなものにも変換されず，物理的に隣接した DNA に対してのみ作用する DNA 配列自身を指す．（ある場合には，シスに働く配列が DNA でなく RNA 分子中にみられることもある．）

遺伝子発現の制御回路の要素とそれにより制御される遺伝子を区別するために，しばしば構造遺伝子や調節遺伝子という用語が用いられる．タンパク質（あるいは RNA）をコードしているどんな遺伝子も単に**構造遺伝子**とよばれる．構造遺伝子は，構造タン

パク質や触媒活性をもつ酵素，あるいは調節タンパク質など，実に多種多様な構造的および機能的役割を担うタンパク質をコードしている．構造遺伝子の中でも，特に遺伝子の発現調節にかかわるようなタンパク質（あるいはRNA）をコードしているものを**調節遺伝子**とよんでいる．

最も単純な調節モデルを図12・1に示した．調節遺伝子は，特定のDNA部位に結合することにより転写を調節するタンパク質をコードしている．この相互作用が，標的遺伝子を（発現が誘導される）正の様式，あるいは（発現が抑えられる）負の様式で制御する．調節タンパク質の結合部位は（必ずというわけではないが）標的遺伝子のすぐ上流に位置している．

転写の開始点と終結点，すなわちプロモーターおよびターミネーターは転写単位の始めと終わりを示す場所で，シスに働く部位の例である．プロモーターはそれと隣接したDNA上にある遺伝子（あるいは遺伝子群）にのみ働いて転写の開始を促す配列であり，ターミネーターはその上流にある遺伝子を転写してきたRNAポリメラーゼの働きを妨げて転写を終結させる配列である．

細菌の遺伝子のおよそ半分は**負の調節**を受けており，**リプレッサータンパク質**により発現が抑制されている．図12・2には，RNAポリメラーゼがプロモーターを認識して遺伝子の発現が起こっている状態を示してある．しかし，プロモーターの近傍に**オペレーター**とよばれるもう一つのシスに働く部位が存在し，ここがリプレッサーの標的になっている．リプレッサーがオペレーターに結合するとRNAポリメラーゼは転写を開始することができず，遺伝子の発現は抑えられる．

**正の調節**も細菌では（おそらく）負の調節と同じくらい使われているが，真核生物では最も一般的な制御様式である．RNAポリメラーゼがプロモーターからの転写を開始するためには**転写因子**の助けが必要とされる．図12・3には，真核生物の遺伝子において，正の調節が働いていない，典型的な何も起こっていない状態を示してある．RNAポリメラーゼはそれだけではプロモーターで転写を開始することができない．何種類ものトランスに働く因子がプロモーター近傍を標的とし，そのいくつかあるいはすべてが結合することにより，初めてRNAポリメラーゼによる転写の開始が可能となる．

一般的にいえば，調節タンパク質は，特定の遺伝子の上流に存在するシスに働く配列を認識するトランスに働く因子である．その結果，遺伝子の発現はそこに働く調節タンパク質の種類によって活性化されたり抑制されたりする．調節タンパク質の特徴は，実際にはもっと長いDNA領域を覆っているにもかかわらず，きわめて短いDNA配列（通常10 bp以下）を認識して働く点である．細菌のプロモーターはその良い例である．RNAポリメラーゼは70 bp以上のDNA領域を覆っているが，その特異的認識に必要な配列は−35配列および−10配列とよばれるそれぞれ6塩基から成る短い配列である．

タンパク質やRNAが単一の遺伝子の発現を調節する原理を拡張することで，細菌では多くの遺伝子の発現が協調して起こることが見てとれる．複数の遺伝子が同時に調節される最も簡単な例は，それらの遺伝子がシスに働く同じ調節領域をもつ場合である．こうして同じオペレーター配列をもつ複数の遺伝子は単一のリプレッサーにより協調的に発現が抑制される．同じタイプのプロモーター構造をもつ遺伝子は，RNAポリメラーゼによるプロモーターからの転写を促す特定の因子により協調して活性化される．

### 12・2　構造遺伝子のクラスターは協調的な発現調節を受ける

> **オペロン　operon**　細菌の遺伝子の発現と制御の単位で，複数の構造遺伝子と，調節遺伝子の産物によって認識される調節配列とから成る．

> ■ 同じ経路で働くタンパク質をコードする遺伝子群は互いに隣接して存在することがあり，ポリシストロニックmRNAである単一の転写単位として発現調節される．

細菌では，互いに関連した働きをするタンパク質をコードする構造遺伝子がクラスターを形成している場合が多い．ある特定の代謝経路を構成するすべての酵素群をコー

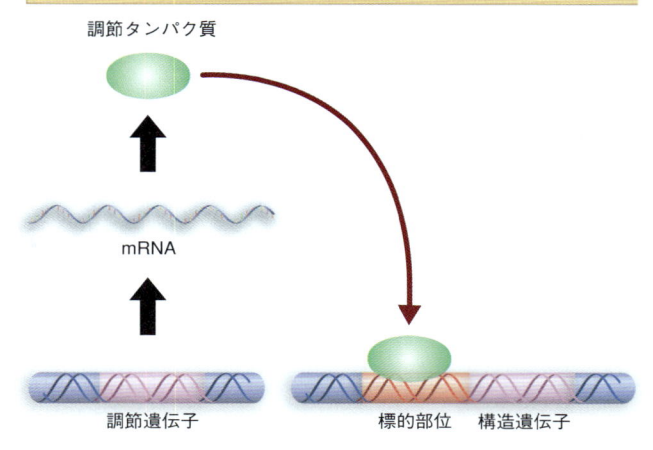

**図12・1**　調節遺伝子にコードされるタンパク質がDNA上の標的部位に作用する．

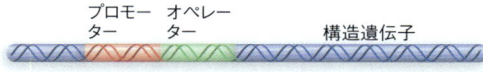

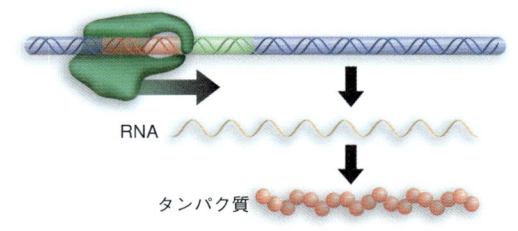

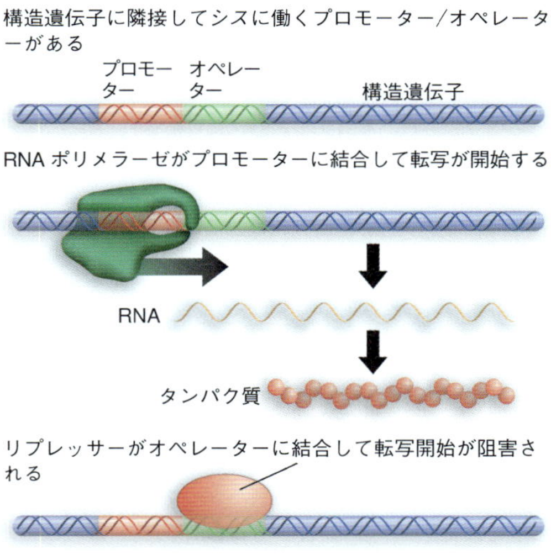

**図12・2**　負の調節ではトランスに働くリプレッサーがシスに働くオペレーターに結合して，転写を抑制する．

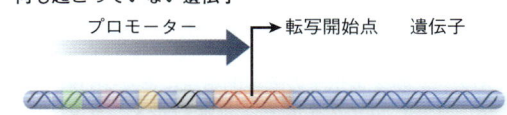

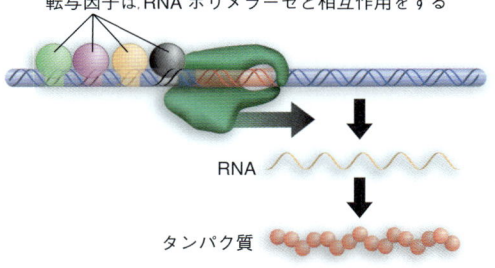

**図12・3**　正の調節では，トランスに働く因子がシスに働く部位に結合することによりRNAポリメラーゼがプロモーターからの転写を開始する．

ドする遺伝子がクラスターを形成し，その発現が協調的に調節されていることがよくある．一連の代謝酵素のみならず，それと関連した機能を担っているタンパク質をコードする遺伝子も協調的な発現調節系に組込まれている場合もある．たとえば，低分子基質を細胞内に取込むタンパク質などがこの例にあたる．構造遺伝子がクラスターを形成することで，これらの遺伝子を単一のプロモーターで協調的に調節できるようになる．こうした調節により，これらの遺伝子セット全体が転写されるか転写されないかが決まる．

ラクトース代謝系の三つの構造遺伝子 *lacZYA* はクラスターの典型的な例であり，図 12・4 にはこれら構造遺伝子やシスに働く調節領域，トランスに働く調節遺伝子（リプレッサー）がどのように編成されているかが示してある．ここで鍵となる特徴は，構造遺伝子のクラスターは転写開始調節を受ける一つのプロモーターから一つのポリシストロニック mRNA として転写されることである．

その遺伝子産物はラクトースのような β-ガラクトシドを取込んだり代謝したりすることができる．三つの構造遺伝子の働きは以下のようである：

- *lacZ* 遺伝子は β-ガラクトシダーゼをコードする．β-ガラクトシダーゼの活性型は約 500 kDa の四量体で，β-ガラクトシドを単糖に分解する．たとえば，ラクトースはグルコースとガラクトースに分解される（これらはさらに代謝される）．
- *lacY* 遺伝子は β-ガラクトシドパーミアーゼをコードしている．これは 30 kDa の膜結合型タンパク質で，膜輸送系を構成していて β-ガラクトシドを細胞内に取込む．
- *lacA* 遺伝子はガラクトシドアセチルトランスフェラーゼをコードしている．これはアセチル CoA から β-ガラクトシドにアセチル基を転移させる酵素である．

*lacZ* または *lacY* に変異が起こると，遺伝子型は $lac^-$ になり，細胞はラクトースを利用できなくなる．〔"*lac*" と何も付けずに書かれている遺伝学的表示は，その遺伝子の機能が失われていることを示す．（訳注：それではわかりにくい部分もあるので，変異については $lacI^-$，$lacZ^-$ というように $^-$ を付けて表示した．野生株を強調する場合には $^+$ を付けることもある．）〕$lacZ^-$ 変異では酵素活性はなくなり，ラクトースの代謝が直接妨げられる．$lacY^-$ 変異では培地からラクトースを取込む能力が失われる．*lacA* の役割は不明である．

構造遺伝子およびその発現を調節するシステム全体が一つの共通した制御単位をつくり上げている．これを**オペロン**とよぶ．オペロンの発現は，シスに働く調節部位，およびそこに相互作用するタンパク質をコードする調節遺伝子により制御されている．

図 12・4 *lac* オペロンは約 6000 bp の DNA である．左側は *lacI* 遺伝子で独自のプロモーターとターミネーターがある．*lacI* 領域の終わりは *lacZYA* のプロモーター（P）と隣接している．オペレーター（O）は *lacZ* 遺伝子の転写開始点にあり 26 bp を占めている．*lacZ* 遺伝子は非常に長く，その後に *lacY*，*lacA* の遺伝子とターミネーターが続いている．

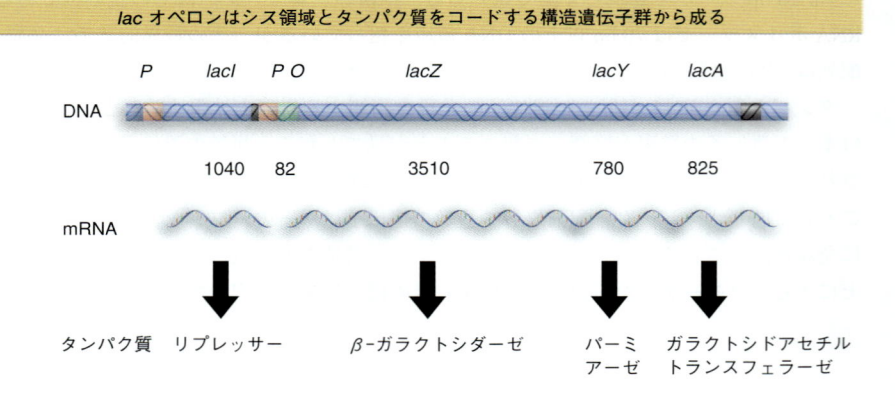

### 12・3　*lac* 遺伝子の発現はリプレッサーにより調節される

**負の調節**　negative regulation　負の調節によって調節される遺伝子は，何の制御も受けなければ常に発現する状態にある．発現を抑えるためには特定の制御が必要である．

- *lacZYA* 遺伝子クラスターの発現は，その先頭にあるプロモーターと重なって存在するオペレーターに結合するリプレッサーにより調節される．
- リプレッサーはホモ四量体であり，*lacI* 遺伝子にコードされる．

構造遺伝子と調節遺伝子は，変異株を調べると区別できる．たとえばある構造遺伝子に変異が起こった場合には，その遺伝子がコードしていたタンパク質のみが欠失するが，変異が調節遺伝子に起こった場合には，それが調節していた構造遺伝子の発現がすべて影響を受ける．その影響を調べると発現調節の仕組みも見当がつく．

*lacZYA* 遺伝子の転写は *lacI* 遺伝子にコードされているリプレッサーにより制御されている．*lacI* 遺伝子は構造遺伝子に隣接しているが，それは独自のプロモーターとターミネーターをもった独立した転写単位を形成している．*lacI* の産物は自由に拡散できるので，原理的には *lacZYA* 遺伝子の近傍に存在する必要はない．その遺伝子の位置を遠く離したとしても働くであろうし，たとえ別の DNA 分子上に存在していたとしても同様に働くであろう（これらの特性はトランスに働く因子を調べるときに用いられる）．

*lac* 遺伝子の場合は**負の調節**が働いている．つまり，*lac* 遺伝子群は調節タンパク質によってスイッチが切られていないときには転写を行っている．したがって調節因子を不活性化するような変異が起こると，この遺伝子群は常に発現する状態になってしまう．*lacI* 遺伝子産物は構造遺伝子の発現を抑えるので，*lac* リプレッサー（ラクトースリプレッサー）とよばれる．

*lac* リプレッサーは *lacZYA* 遺伝子の転写開始点付近に存在するオペレーター（$O_{lac}$ とよばれる）部位に結合して働く．このオペレーターはプロモーター（$P_{lac}$）と構造遺伝子（*lacZYA*）との間に存在している．リプレッサーがオペレーターに結合すると，RNA ポリメラーゼによる転写が妨げられる．リプレッサーは 38 kDa の単一サブユニットから成る四量体であり，通常は細胞内に四量体として 10 分子ほど存在している．

図 12・5 に *lacZYA* 構造遺伝子の転写開始点近傍の構造を模式的に示す．$O_{lac}$ は転写開始点のすぐ上流 −5 の位置からその下流にある転写単位内の +21 の位置までを含む．すなわち，プロモーターの右端と重なり合っている．RNA ポリメラーゼの働きをリプレッサーがどのようにして抑えるのか，その正確な機構に関しては，§12・10 でさらに詳しく考えることにする．

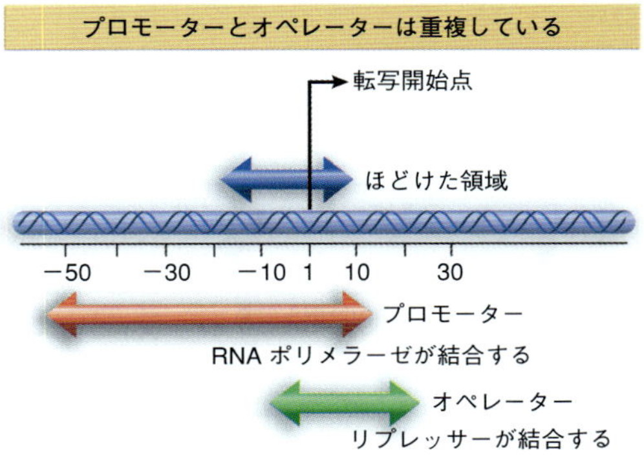

図 12・5　リプレッサーと RNA ポリメラーゼは *lac* オペロンの転写開始点近傍にある重なりあった部位に結合する．

## 12・4　*lac* オペロンは誘導を受ける

> **誘　導**　induction　基質が存在するときのみ，その基質に対する酵素を合成する細菌（または酵母）の能力．遺伝子発現の観点から述べるなら，インデューサーが調節タンパク質と相互作用して転写を開始させること．
> **基底レベル**　basal level　刺激を受けていない状態におけるある系の応答レベルのこと．（ある遺伝子の転写の基底レベルとは，特異的な活性化をまったく受けていない場合の転写レベルのこと．）
> **抑　制**　repression　特定の酵素の産物が存在するときに，その酵素の合成を停止する細菌の能力．より一般的に言えば，リプレッサータンパク質が DNA（または mRNA）の特異的な部位に結合することにより，転写（または翻訳）が阻害されること．
> **インデューサー（誘導物質）**　inducer　調節タンパク質に結合して遺伝子の転写を誘導する低分子物質．
> **コリプレッサー**　corepressor　調節タンパク質に結合して転写の抑制を誘導する低分子物質．

- オペロンの発現を誘導する低分子物質は誘導される酵素の基質かそれと関連した物質である．
- β-ガラクトシドは *lacZYA* 遺伝子にコードされる酵素の基質である．
- β-ガラクトシドが存在しないときには *lac* オペロンはきわめて低い（基底）レベルでしか発現されない．
- β-ガラクトシドを加えるとオペロンにコードされる三つの遺伝子すべての転写が誘導される．
- *lac* mRNA は不安定なので誘導状態は素早く元に戻る．
- 代謝酵素系をコードするオペロンがその基質により誘導されるのと同じやり方で，生合成酵素系をコードするオペロンの発現がその最終産物により抑制される．

細菌は環境の変化に対して素早く対応できることが必要である．栄養供給は気まぐれに変動する可能性があり，細菌が生き残れるかどうかは，一つの基質から他の基質へと

代謝系を切換える能力があるかどうかにかかっている．したがって，細菌の世界では柔軟性が重要である．とはいえ，環境の要求に対してエネルギー的に高くつく対応をしていては不利なので，経済性も重要である．実際，基質がないために使えない代謝経路の酵素を不必要に合成し続けるのは不経済である．そこで細菌は，基質がないときにはその代謝経路の酵素合成をやめ，基質が現れたときにはその酵素を合成できるようにしてうまくやっている．

ある基質の存在に対応して起こる酵素合成の現象は**誘導**とよばれている．この種の調節は細菌では広くいきわたっており，下等真核生物（たとえば酵母）でもみられる．大腸菌のラクトース代謝系はこの種の調節機構のモデル系となっている．

大腸菌を$\beta$-ガラクトシドのない条件下に増殖させると，$\beta$-ガラクトシダーゼは必要ないので細胞内にごく少数——5分子に満たない——しか存在しない．適当な基質が与えられると，細菌内に酵素活性が急激に現れてくる．かなりの酵素が2～3分のうちに現れ，すぐに細胞当たりの酵素は5000分子くらいにまではね上がる．（適当な条件では$\beta$-ガラクトシダーゼは細菌の全可溶性タンパク質の5～10％を占めるまでになる．）基質が培地からなくなると，酵素の合成は開始したときと同様に急激に停止する．

図 **12・6** に誘導の様式に関する要点を示す．インデューサー（誘導物質）が存在しない場合には，lac オペロンはきわめて低いレベル（**基底レベル**）でしか転写されない．図の上部に示すように，lac 遺伝子はきわめて速やかにインデューサーに応答する．インデューサーが添加されるとすぐに転写が開始し，lac mRNA量は合成と分解のバランスの釣り合った一定のレベルにまで急速に上昇する．

lac mRNA は非常に不安定であり，半減期はたったの3分ほどである．誘導を素早く解除できるのはこのためである．インデューサーが取除かれると転写は直ちに停止し，さらにすべての lac mRNA は短い期間に分解されてしまうので，細胞内のレベルは速やかに基底レベルに戻る．

タンパク質が合成される様子を図の下部に示す．lac mRNA が翻訳されると，$\beta$-ガラクトシダーゼが合成される（他の lac 遺伝子の産物も合成される）．lac mRNA が現れる時間と最初に完成した酵素分子が現れる時間との間には短いずれがある（mRNA が基底レベルから上昇した約2分後に酵素分子は増え始める）．同様なずれは mRNA およびタンパク質のそれぞれの量が最高値に達する時間にも認められる．インデューサーが取除かれると，（mRNA は速やかに分解されるので）酵素の合成は直ちに止まってしまう．しかし，細胞内の $\beta$-ガラクトシダーゼは mRNA よりもはるかに安定なので，酵素活性そのものは誘導レベルで長く維持される．

栄養源の供給の変化に対するこのような素早い応答は，新しい基質の代謝が必要となったときだけでなく，細胞が合成していたのと同じ化合物が急に培地中に現れてその合成が停止するときにもみられる．たとえば，大腸菌ではトリプトファンはトリプトファンシンターゼによってつくられる．しかし，大腸菌の培地中にトリプトファンが供給されると，すぐさまこの酵素の合成は止められてしまう．この現象を**抑制**とよんでいる．これによって不必要な合成活動のために資材を浪費しなくてすむ．

誘導と抑制は同じ現象である．一方は（ラクトースのような）与えられた基質を利用する能力を調節するものであり，もう一方は（必須アミノ酸のような）特定の代謝中間体を合成する能力を調整するものである．どちらの調整においても，引き金となるものはそれぞれ酵素の基質や酵素反応でつくられた産物などの低分子物質である．このように低分子物質で，それ自身を代謝する酵素の生産をひき起こすものは**インデューサー**とよばれ，また低分子化合物で，それを合成する酵素の発現を妨げるものは（リプレッサータンパク質と区別するために）**コリプレッサー**とよばれる．

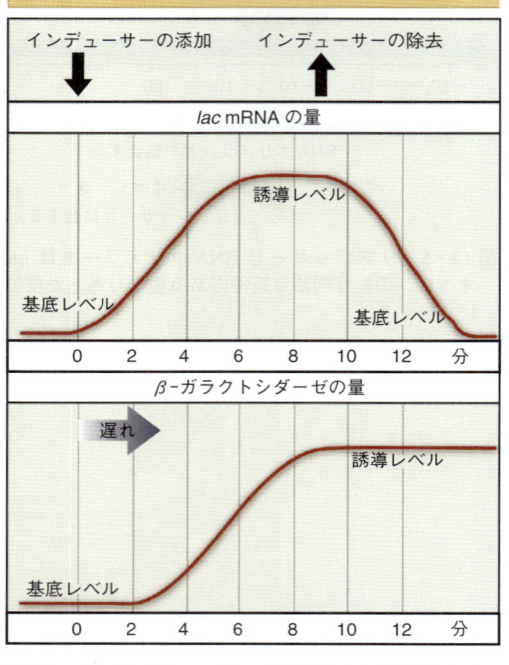

**図 12・6** インデューサーの添加により急激な lac mRNA 量の誘導があり，やや遅れて酵素の合成が起こる．インデューサーが除かれると mRNA の合成は素早く止まる．

## 12・5　リプレッサーの働きは低分子インデューサーにより調節される

> **代謝されないインデューサー**　gratuitous inducer　転写の本来のインデューサーに似ているが，誘導した酵素の基質とならない化合物．
> **アロステリック調節**　allosteric regulation　タンパク質のある部位に小分子が結合すると他の部位で高次構造（ひいては活性）が変化することによる，タンパク質の活性調節能．

**同調的調節** coordinate regulation 一群の遺伝子が共通の調節下に置かれること．

- インデューサーはリプレッサーを不活性化する．
- リプレッサーには二つの結合部位があり，一方はオペレーターに他方はインデューサーに結合する．
- インデューサーが結合するとアロステリックな相互作用により DNA 結合部位の性質が変わり，リプレッサーは不活性化される．

インデューサーやコリプレッサーとして働く物質の能力は非常に特異的で，基質や産物もしくはそれにごく似通った分子のみがその働きを示す．しかしその低分子物質は，これを標的としている酵素と直接に相互作用しなくてもよい．β-ガラクトシダーゼに対し本来のインデューサーと似通っているけれども，酵素によって代謝されないものもインデューサーになりうることがある．**代謝されないインデューサー**は細胞内でも最初の構造を保ったままなのでとりわけ実験に役立つ（真のインデューサーは代謝されるので実験系を乱すこともあろう）．lac 調節系では代謝されないインデューサーとしてイソプロピルチオガラクトシド（IPTG）が用いられる．

インデューサーに応答して働く成分は lacI 遺伝子にコードされているリプレッサータンパク質である．lacZYA 構造遺伝子群は lacZ のすぐ上流にあるプロモーターから一つの mRNA として転写される．リプレッサーの状態によってプロモーターはスイッチがオンになるかオフになるかが決まる：

- 図 12・7 に示すように，インデューサーがないときにはリプレッサーは活性のある状態にあり，オペレーターに結合するので遺伝子の転写は起こらない．
- 図 12・8 に示すように，インデューサーが加えられるとリプレッサーは失活した状態になりオペレーターから離れる．プロモーターからの転写が開始され，lacA の 3' 末端を越えた所に存在するターミネーターに到達するまで転写が進行する．

この調節系には，リプレッサーのもつ二つの特性が重要な役割を果たしている．その第一は転写を妨げることであり，第二は低分子のインデューサーを認識することである．つまり，リプレッサーにはインデューサーとオペレーターに対する二つの結合部位がある．インデューサーがリプレッサーに結合すると，タンパク質の高次構造に変化が起こり，オペレーター結合部位の活性に影響を与える．この種の相互作用は，**アロステリック調節**の例である．

誘導により**同調的調節**が可能になり，遺伝子群がそろって発現されたり抑制されたりする．mRNA は 5' 末端から順に翻訳され，その結果，β-ガラクトシダーゼ，β-ガラクトシドパーミアーゼ，ガラクトシドアセチルトランスフェラーゼの順に発現が起こることになる．また，一つの mRNA から三つの遺伝子の翻訳が行われるので，さまざまな誘導の条件において三つの酵素の相対的な量が一定に保たれていることが理解できる．

### 12・6 シスに働く構成的変異によりオペレーターの作用がわかる

**非誘導性** uninducible この変異の影響を受けた遺伝子（群）が発現できなくなるような変異を非誘導性という．
**恒常的な（構成的な）** constitutive 常に起こっていて，刺激や外的条件に左右されないこと．

- オペレーターに変異が起こると三つの lac 構造遺伝子は恒常的に発現される．
- オペレーター変異はシスに働き，それと直接つながった DNA 上にある遺伝子だけに影響を与える．

野生型オペロンの発現は制御されているが，調節系に変異が生じると，もはや発現しなくなるかその発現が調節機構に応答しなくなる．まったく発現が起こらないような変異のことを**非誘導性**という．制御を受けず常時発現するようになった遺伝子については**恒常的な（構成的な）**発現という．

---

**リプレッサーは四量体としてオペレーターに結合する**

lacI 遺伝子からリプレッサー単量体がつくられ四量体を形成する

四量体がオペレーターに結合して転写を妨げる

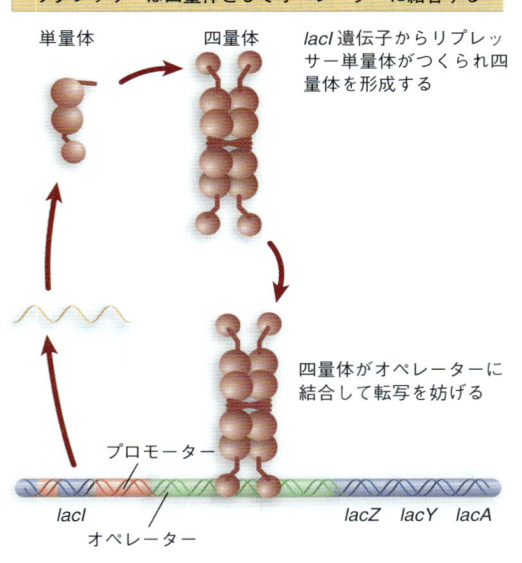

図 12・7 リプレッサーがオペレーターに結合して，lac オペロンは不活性な状態に保たれる．結晶構造解析から，リプレッサーはいくつかのドメインがつながった構造をしていることがわかった．

**インデューサーがリプレッサーを不活性化する**

インデューサーを加えるとリプレッサーは不活性型となり，オペレーターに結合できなくなる

RNA ポリメラーゼがプロモーターに結合して転写が起こる

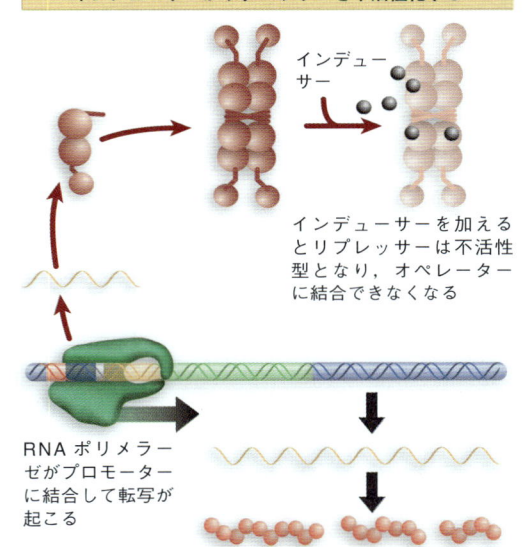

mRNA は 3 種類のタンパク質に翻訳される

図 12・8 インデューサーの添加によりリプレッサーは DNA に結合できない不活性型になる．結果として RNA ポリメラーゼによる転写が可能になる．

**構成的変異をもつオペレーターにはリプレッサーが結合できない**

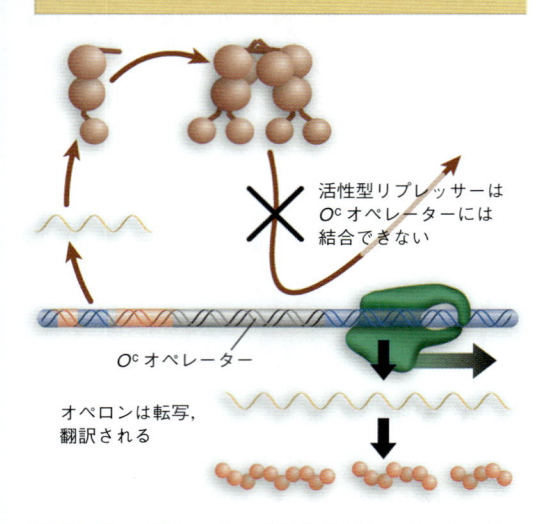

**図 12・9** リプレッサーが結合できないオペレーター変異をもつオペロンでは，RNA ポリメラーゼが邪魔されずにプロモーターに結合できるため，その発現は恒常的に起こる．$O^c$ 変異はシスに働き，オペレーターに隣接した構造遺伝子にのみ影響を与える．

あるオペロンの発現を制御しているシステムの要素を解析するには，すべての構造遺伝子の発現に一律に影響を与え，かつ構造遺伝子領域外に見つかる変異を調べればよい．それらは二つのグループに分けることができる．プロモーターやオペレーターは（RNA ポリメラーゼやリプレッサーなどの）調節タンパク質の標的であり，これらはシスに働く変異として同定することができる．*lacI* はリプレッサーをコードする遺伝子であり，トランスに働く変異により同定できる．

オペレーターはもともと構成的変異として同定され，$O^c$ と表記されるが，その第一の特性は，拡散する産物によらないで機能するということである．

隣接した構造遺伝子は $O^c$ 変異により常に発現される．これはオペレーターに変異が起こり，その結果リプレッサーが結合できなくなり，リプレッサーによる RNA ポリメラーゼ転写開始阻害が起こらないからである．オペロンは図 12・9 に示すように連続的に転写される．

このオペレーターは隣にある *lac* 遺伝子だけしか調節しない．こうした特徴からオペレーターは典型的なシスに働く部位と定義づけられ，トランスに働く因子により DNA 配列が認識されることで機能を発揮する．シス優性を示すのは，その部位が調節する DNA の領域と物理的につながっている場合のみである．したがって，ポリシストロニック mRNA の一部分に調節部位があるならば，そこに生じた変異は DNA のシス優性変異と同じように作用することになるだろう．つまり，調節部位はそれが作用する遺伝子と物理的に分離できないということが大切な特徴である．遺伝学的にみれば，この部位と遺伝子は一緒にあれば DNA 上であろうと RNA 上であろうと問題ではない．

### 12・7 トランスに働く変異により調節遺伝子の作用がわかる

**DNA 結合部位** DNA-binding site タンパク質中で DNA に結合する部位．DNA 結合部位としていくつかのモチーフが知られている．調節タンパク質では，そのタンパク質の他の部位に結合した低分子物質によってひき起こされる高次構造変化により DNA 結合部位の活性が調節されている場合もある．

**インデューサー結合部位** inducer-binding site リプレッサータンパク質やアクチベータータンパク質（活性化因子）にあり，低分子物質であるインデューサーが結合する特定の部位．インデューサーはアロステリック相互作用により DNA 結合部位の構造に影響を与える．

**対立遺伝子間相補性** interallelic complementation 異なる変異をもつ二つの対立遺伝子にコードされたサブユニットの相互作用によってもたらされる，ヘテロ多量体タンパク質の性質の変化．この複合タンパク質では，いずれか一方のみのサブユニットで構成されたホモ多量体タンパク質よりも，活性が高い場合も低い場合もありうる．

**負の相補性** negative complementation 対立遺伝子間相補性によって，多量体タンパク質の変異サブユニットが野生型サブユニットの活性を抑制することをいう．

**ドミナントネガティブ** dominant negative ドミナントネガティブ変異は変異遺伝子産物が野生型遺伝子産物の機能を阻害する場合に起こり，変異型と野生型の両方の対立遺伝子をもつ細胞中でその遺伝子の活性の喪失あるいは低下が認められる．原因としては，その遺伝子産物と相互作用する別の因子が変異産物によって捕捉されてしまう，あるいは複合体に変異サブユニットが入って阻害的な相互作用が起こる，などが考えられる．

- *lacI* 遺伝子の変異はトランスに働き，細胞内に存在するすべての *lacZYA* クラスターの発現に影響を与える．
- *lacI* 遺伝子の機能が損なわれる変異は恒常的発現をもたらし劣性である．
- DNA 結合部位に変異をもつリプレッサーはオペレーターに結合できず，恒常的発現をもたらす．
- インデューサー結合部位に変異をもつリプレッサーは不活性化されず，非誘導性となる．
- 活性のあるリプレッサーは同一のサブユニットから成る四量体である．
- 変異型および野生型サブユニットが混在するとき，一つでも *lacI*$^{-d}$ 変異サブユニットがあると他のサブユニットがたとえ正常でも四量体は不活性になる．
- *lacI*$^{-d}$ 変異は DNA 結合部位に起こる．この変異の性質から，四量体を形成するすべてのサブユニットの DNA 結合部位がリプレッサー活性に必要なことがわかる．

*lacI*遺伝子に変異が起こるとオペロンが誘導されなくなる（いかなる条件下でも発現が起こらない）か，恒常的に活性化される（条件によらず常に発現する）．こうした二つのタイプの変異を解析することでリプレッサー内に異なった活性部位が見いだせる．
　恒常的な転写は，リプレッサーの機能が失われる*lacI*⁻変異によっても起こる（遺伝子の欠失も含まれる）．リプレッサーが不活性化したり失われたりすると，プロモーターからの転写が起こる．*lacI*⁻変異によりインデューサーが存在するか否かにかかわらず構造遺伝子が常に発現している（恒常的）様子を図12・10に示す．こうした*lacI*⁻変異の重要なサブグループは（後述するように*lacI*⁻ᵈとよばれ），リプレッサーの **DNA結合部位** に変異をもつ．オペレーターとの接触にかかわる部位に傷害が生じることで転写を阻害する能力が失われる．
　リプレッサーがインデューサーを結合する能力を失うような変異が生じると非誘導性となる．こうした変異は*lacI*ˢと表記される．この変異ではリプレッサーは活性化型に"固定され"，常にオペレーターに結合して転写を阻害する．こうした変異から **インデューサー結合部位** がわかる．インデューサーを加えても結合部位がないので何も起こらず，リプレッサーを不活性化できない．こうした変異リプレッサーは細胞内にあるすべての*lac*オペレーターに結合して転写を阻害するし，どのような性質をもつ野生型リプレッサーが共存しようとオペレーターからはがれることはない．
　リプレッサーが多量体タンパク質であることは，その機能を考えるうえで重要である．リプレッサーのサブユニットは細胞内でランダムに会合して，活性型の四量体タンパク質を形成する．もし，異なる*lacI*遺伝子が共存すると，それぞれの遺伝子からつくられたサブユニットが互いに会合して，ヘテロ（異種）四量体を形成し，ホモ（同種）四量体とは異なった性質をもつことがある．この種のサブユニット間の相互作用は多量体タンパク質が示す特性であり，**対立遺伝子間相補性** とよばれる．
　リプレッサー変異の組合わせによっては，対立遺伝子間相補性の一種である **負の相補性** が起こる．*lacI*⁻ᵈ変異単独ではオペレーターに結合できないリプレッサーを生産するので，*lacI*⁻遺伝子と同じく恒常的に発現することになる．*lacI*⁻変異をもったリプレッサーは不活性なので，普通は野生型に対して劣性のはずである．しかし，−dの記号はこの変異が野生型遺伝子に対して優性となることを示している．このような変異を **ドミナントネガティブ**（変異型の優性）変異とよぶ．こうした現象が起こるのは，§12・8で考えるように四量体に含まれる変異サブユニットが野生型サブユニットの機能を拮抗的に阻害するからである．

**リプレッサーの欠失変異により恒常的発現が起こる**

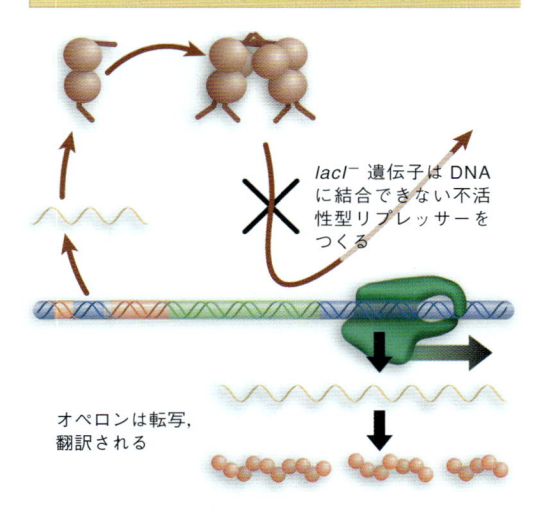

図12・10　*lacI*遺伝子が不活性化した変異株では，変異リプレッサーはオペレーターに結合できないので，オペロンは恒常的に発現する．

## 12・8　リプレッサーは二つの二量体から成る四量体である

> **ヘッドピース**　headpiece　*lac*リプレッサーのDNA結合ドメイン．

- リプレッサーサブユニットはN末端側のDNA結合ドメイン，ヒンジ，コアの部分から成る．
- DNA結合ドメインには二つの短いαヘリックスがあり，DNAの主溝に結合する．
- インデューサー結合部位とオリゴマー形成にかかわる領域がコアドメインにある．
- 単量体はコアドメイン2とオリゴマー形成ヘリックスで相互作用して二量体になる．
- 二量体はオリゴマー形成ヘリックス間で相互作用して四量体になる．
- リプレッサーサブユニットの異なったドメインごとに異なった表現型を示す．

　図12・11に結晶構造を模式化したように，リプレッサーはいくつかのドメイン構造から成る．そのおもな特徴は，DNA結合ドメインが残りのタンパク質部分から隔たって存在することである．
　DNA結合ドメインは1〜59番目のアミノ酸から成り，二つのαヘリックスの間にターン構造が狭まった形になっている．これは，ありふれたDNA結合モチーフであり，ヘリックス-ターン-ヘリックス（HTH）モチーフとして知られている．二つのαヘリックスはDNAの主溝にはまり込み，特異的な塩基と接触する（§14・10参照）．これはヒンジ（つなぎ目）を介してタンパク質本体につながっている．リプレッサーがDNAに結合した状態では，ヒンジは短いαヘリックスを形成している（図を参照）．

**lacリプレッサーにはいくつかのドメインがある**

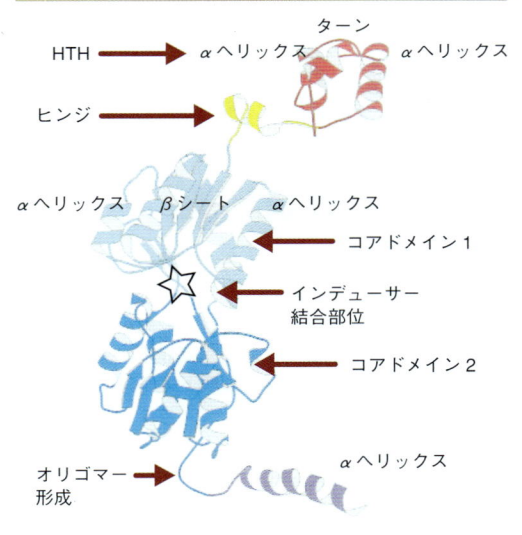

図12・11　単量体*lac*リプレッサーの構造にはいくつかの独立したドメインが見てとれる．写真はMitchell Lewis氏（Department of Biochemistry & Biophysics, University of Pennsylvania）のご好意による．

**調節因子が DNA 上の標的部位に結合する**

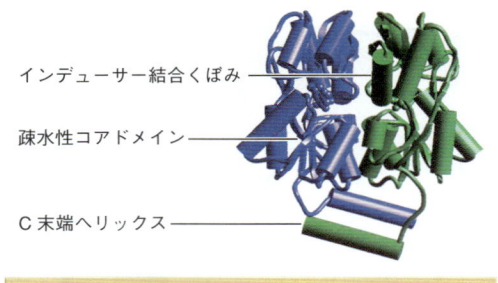

- インデューサー結合くぼみ
- 疎水性コアドメイン
- C 末端ヘリックス

**二つの二量体から四量体ができる**

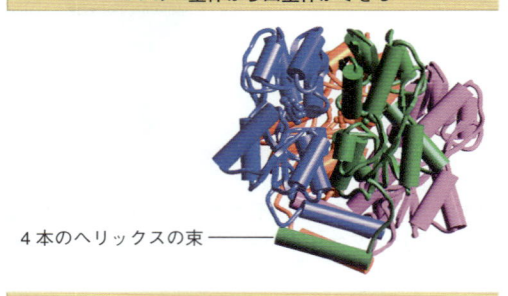

- 4 本のヘリックスの束

**変異を調べると機能部位がわかる**

- 二量体形成面での $I^s$ 変異
- インデューサー結合くぼみでの $I^s$ 変異
- オリゴマー形成変異
- オリゴマー形成変異

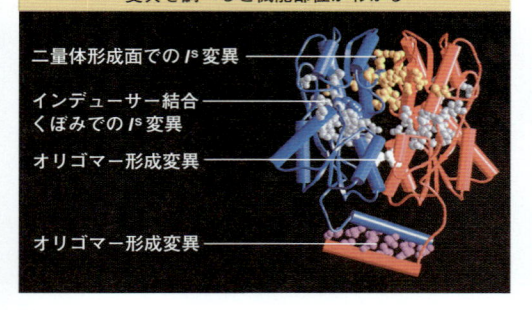

図 12・12　lac リプレッサーのコアドメインの結晶構造から四量体中の各単量体間の相互作用が見てとれる．それぞれの単量体を違った色で示す．変異の色は，二量体形成面：黄，インデューサー結合：灰色，オリゴマー形成：白と紫，である．写真は Alan Friedman 氏のご好意による．

**リプレッサーは二つの二量体から成る四量体である**

- DNA 結合ドメイン
- コアドメイン
- オリゴマー形成ドメイン

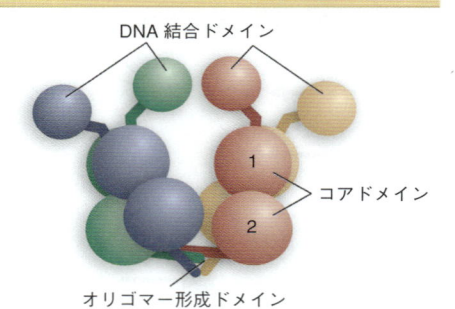

図 12・13　四量体リプレッサーは二つの二量体から構成される．二量体はオリゴマー形成ヘリックスおよびコアドメイン 2 を介した相互作用により形成される．二量体はオリゴマー形成ドメインで結び付いて四量体となる．

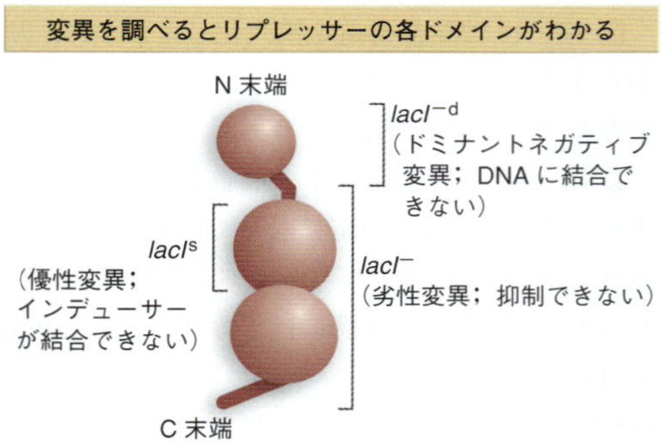

DNA に結合していないときには，ヒンジは目立った構造をとっていない．HTH とヒンジを合わせた領域が**ヘッドピース**に相当する．

コア全体は互いに構造のよく似た二つの領域（コアドメイン 1 と 2）から成る．それぞれ，両側を二つずつの α ヘリックスで挟まれた並列した 6 本の β シートから成っている．インデューサーはこれら二つの領域に挟まれたくぼみに結合する．

C 末端には二つの 7 残基隔たったロイシン反復配列をもつ α ヘリックスがある．これはオリゴマー形成ドメインで，四つの単量体のオリゴマー形成ヘリックスが結合して四量体を形成する．

図 12・12 には四量体を形成したコアドメインを示す（図 12・11 とは違った分子モデルを用いている）．コアドメインは実際上，二つの二量体から成っている．二量体全体は，単量体コアの N 末端側の部分，インデューサーが結合するくぼみ，疎水性コアドメインのそれぞれで接触を保っている（上部の図参照）．各単量体の C 末端領域は，互いに平行になるよう突き出ている．（図には示されていないが，N 末端にあるヘッドピースはてっぺんに集まっているだろう．）各二量体は，C 末端の四つの α ヘリックスで一つに束ねられている（中央の図参照）．

下部の図にリプレッサーに起こった変異の位置をファンデルワールス型の分子モデルで示す．$lacI^s$ 変異が起こるとリプレッサーはインデューサーに応答できずオペロンは非誘導性となる．これらの変異は二つのグループに分かれる．灰色球はインデューサーを結合する溝に起こった変異を，黄球は二量体の接触面に起こった変異を示す．最初の変異ではインデューサーの結合部位が失われ，後の変異ではインデューサーが結合した効果が DNA 結合部位に及ばなくなってしまう．オリゴマー形成に影響する $lacI^-$ 変異も二つのグループに分かれ，コアドメイン 2 における白球で示した変異は二量体形成を阻害し，紫球はオリゴマー形成ヘリックスで二量体からの四量体形成を阻害する変異を示す．

これらの解析結果は図 12・13 のように模式化することができ，どのようにして単量体から四量体が構成されるかを示している．二つの単量体はコアドメイン 2 とオリゴマー形成ヘリックスで相互作用して二量体となる．二量体は一方の端に DNA 結合ドメインをもち，反対側の端にはオリゴマー形成ヘリックスをもつ．ついで二つの二量体はオリゴマー形成ヘリックス面で相互作用して四量体になる．図 12・14 に模式化してまとめたように，それぞれのタイプの変異をリプレッサーの構造上に位置付けることができる．

ドミナントネガティブ変異である $lacI^{-d}$ 変異は，リプレッサーのサブユニットが DNA と結合する部位に存在する．つまり，混合四量体がオペレーターと結合できないのは，結合部位の数が減少しオペレーターとの特異的な親和性が低下するためであると考えられる．N 末端領域が DNA と特異的な結合をするということを支持するもう一つの事実は，"強く結合する" 変異が同じ場所に起こるということである．このような変異はオペレーターに対するリプレッサーの親和性を高め，インデューサーが結合しても DNA から遊離しないことも多い．ただし，こうした変異は非常にまれである．

非誘導性の $lacI^s$ 変異は，インデューサー結合部位からヒンジドメインにわたるコアドメイン 1 に見つかる．その一つのグループはインデューサーと相互作用するアミノ酸残基内に見つかり，これらの変異ではインデューサーの結合が妨げられる．他の変異は，インデューサーが結合したときに起こるアロステリックな構造変化をヒンジドメインに伝える部位に存在する．

**変異を調べるとリプレッサーの各ドメインがわかる**

- N 末端
- $lacI^{-d}$（ドミナントネガティブ変異；DNA に結合できない）
- $lacI^s$（優性変異；インデューサーが結合できない）
- $lacI^-$（劣性変異；抑制できない）
- C 末端

図 12・14　lac リプレッサーに起こる 3 種類の変異をドメイン構造上に位置付ける．抑制のきかなくなった劣性の $lacI^-$ 変異はタンパク質のどこででも起こる．抑制ができないドミナントネガティブ $lacI^{-d}$ 変異は DNA 結合部位に位置付けられる．インデューサーが結合できず誘導ができなくなった $lacI^s$ 変異はコアドメイン 1 に位置付けられる．

## 12・9 リプレッサーのオペレーターへの結合はアロステリックな構造変化で調節される

> パリンドローム　palindrome　二本鎖DNAの配列を5'→3'方向へと読んだとき，両方の鎖の配列が同じになっている配列．同じ配列が逆向きに並んでできている．

- リプレッサータンパク質はオペレーター二本鎖DNA配列に結合する．
- オペレーターはパリンドローム構造をした26 bpの配列である．
- オペレーターの反復配列は，それぞれ一つのリプレッサーサブユニットのDNA結合部位に結合する．
- 各単量体のDNA結合ドメインはDNAの主溝にはまり込む．
- 活性のあるリプレッサーは，各二量体の二つのDNA結合ドメインが連続した二重らせんの繰返しにはまり込むような構造をしている．
- インデューサーが結合すると構造変化が起こり，二つのDNA結合ドメインが同時にはDNAに結合できないような配置になる．

どのようにしてリプレッサーはオペレーターDNAの特異的な配列を認識するのだろうか．このオペレーターは，細菌の調節タンパク質が認識する部位に共通な特徴，つまりパリンドローム構造をもっている．そのような逆方向反復配列を図12・15に示す．それぞれの反復配列がオペレーターの半分に相当している．

リプレッサーと接触する塩基，あるいは変異を起こすとリプレッサーの結合に影響を及ぼすような塩基を見つけることでオペレーター配列内の特に重要な塩基を特定することができる．リプレッサーと接触するDNA領域は26 bpに及ぶが，この領域内に恒常的発現変異をもたらす部位が8箇所だけ見つかる．このことはプロモーター変異の解析からも導かれた次の考えをさらに支持している．つまりDNAとタンパク質との特異的結合は，ある領域内の少数の必須な部位のみを使って行われているのである．

塩基配列の対称性は，タンパク質の対称性と関連している．リプレッサーは同じサブユニットから成る四量体なので，それぞれのサブユニットは同じDNA結合部位をもっているはずである．オペレーターのそれぞれの逆方向反復配列（半分の配列）は，リプレッサー単量体とそれぞれ同じ様式で結合する．このことから，リプレッサーとオペレーターの相互作用には対称性が認められ（+1〜+6にかけての結合パターンは+21〜+16にかけてのものと同じである），それぞれの逆方向反復配列に起こる恒常的な発現を示す変異のパターンも互いによく一致している．

当初から，ヘッドピースはコアドメインとは比較的独立していることが示唆されていた．ヘッドピースは単独でも，ちょうど完全なリプレッサーが示すのと同じような様式でオペレーター内の認識配列（半分の配列）に結合できる．しかし，DNAへの親和性は完全なリプレッサーに比べ何桁も低い．この違いは，完全なリプレッサーは二量体を形成することで各ヘッドピースがオペレーターの半分ずつに同時に結合できるからである．図12・16は，二量体のもつ二つのDNA結合ドメインが連続した主溝にはまり込んで相互作用している状態を示している．このことでオペレーターへの親和性がとても強くなる．

インデューサーが結合すると，たちどころにリプレッサーに構造変化が起こる．四量体のリプレッサー当たり2分子のインデューサーが結合すれば，抑制の解除に十分である．インデューサーが結合すると，コアに対するヘッドピースの相対的な位置関係が変化して，結果として，二量体中の二つのヘッドピースはもはや同時にはオペレーターDNAに結合できなくなる．こうしてリプレッサーが多量体であることの意味が失われ，オペレーターへの結合能は低下してしまう．

インデューサーによりリプレッサーがオペレーターにまったく結合できなくなる程度にまで親和性が下がる．細胞内にインデューサーが取込まれるとリプレッサーに結合する．その結果，オペレーターに結合したすべてのリプレッサーが解離する．遊離のリプレッサーのオペレーターに対する親和性はオペレーターに結合するにはあまりにも低すぎる．

### lac オペレーター配列は2回対称である

```
       →mRNA        対称軸
TGTTGTGTGGAATTGTGAGCGGATAACAATTTCACACA
ACAACACACCTTAACACTCGCCTATTGTTAAAGTGTGT
 -10   -5    +1   +5   +10  +15   +20   +25
```

図12・15　*lac* オペレーターは対称的な塩基配列をとる．塩基配列は転写開始点を+1として番号を付けた．2回対称配列（パリンドローム構造）を左右に伸びたピンクの矢印で示す．同一の塩基を緑で囲った．

### インデューサーはリプレッサーの構造を調節する

ヘッドピースが連続したターンの主溝に結合する

インデューサーが結合するとヒンジで構造が変化し，ヘッドピースが溝に合わなくなる

インデューサー

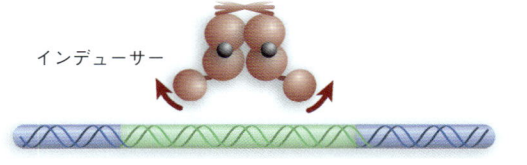

図12・16　インデューサーが結合することによりコアドメインの構造が変化して，二量体リプレッサーのヘッドピースはもはやDNAに結合できないような方向を向いてしまう．

## 12・10 リプレッサーは3箇所のオペレーターに結合し、RNAポリメラーゼと相互作用する

- 各二量体が一つのオペレーターに結合するので、四量体は二つのオペレーターに同時に結合できる。
- 完全な抑制には、リプレッサーが lacZ 遺伝子近傍にあるオペレーターだけでなく、その上流や下流にある別のオペレーターに結合する必要がある。
- リプレッサーがオペレーターに結合することで RNA ポリメラーゼのプロモーターへの結合が促進される。

インデューサーの結合によりアロステリックな構造変化が起こる。なぜ完全な抑制には四量体である必要があるのだろうか。

四量体リプレッサーの各二量体がオペレーター配列に結合できる二つのヘッドピースをもっているので、完全なリプレッサーは2箇所のオペレーターに同時に結合できるはずである。実際に、lac オペロンの転写開始部位付近にはもう二つ別のオペレーター配列が存在する。O1 とよばれる本来のオペレーターは lacZ 遺伝子のちょうど転写開始点にある。これはリプレッサーに対して最も強い親和性を示す。親和性の比較的弱い（擬似オペレーターともよばれる）配列が O1 の両側にある。O2 は転写開始点の 410 bp 下流にあり、O3 は 83 bp 上流にある。

図 12・17 には、一つの DNA 結合タンパク質が DNA の離れた場所に同時に結合すると何が起こるかを示している。二つの結合部位に挟まれた DNA はタンパク質が結合した部位を起点にしてループを形成する。ループの長さは二つの結合部位の距離により決まってくる。lac リプレッサーが O1 に加え擬似オペレーターのどちらか一方に同時に結合すると、その間にある DNA は比較的短いループを形成して無視できないひずみが DNA に生じる。図 12・18 に、四量体リプレッサーが二つのオペレーターに同時に結合した状態の分子モデルを示す。

このような付加的なオペレーターへの結合が抑制の程度に影響する。下流（O2）か上流（O3）のオペレーターを取除いてしまっても、抑制の効率は 2〜4 倍悪くなる程度である。しかし、両方一緒に取除いてしまうと、抑制の効率は 100 倍も低下する。このことは、完全な抑制には、リプレッサーが O1 に加えて二つの別のオペレーターのどちらか一方に同時に結合できることの重要性を意味している。このような協調的結合がどうして抑制の効率を上げるのかわかっていない。

オペレーター（O1）にリプレッサーが結合したときの影響については非常によくわかっている。以前は、リプレッサーが結合することで RNA ポリメラーゼのプロモーターへの結合が妨げられると考えられていた。しかし今では、これら二つのタンパク質は同時に DNA に結合できることがわかっている。それどころか実際には、リプレッサーは RNA ポリメラーゼが DNA へ結合するのを促進する。しかし、こうして結合した RNA ポリメラーゼは転写の開始ができない。リプレッサーは RNA ポリメラーゼをプロモーター上に待機させる働きをする。インデューサーが加えられるとリプレッサーは解離し、RNA ポリメラーゼはたちどころに転写を開始することができる。リプレッサーの働きを総合すると、このことは結果的に誘導を迅速にしている。

このようなモデルは他のシステムにも適用できるだろうか。RNA ポリメラーゼとリプレッサーのプロモーター/オペレーター領域での相互作用は各系ごとに異なっている。このことは、オペレーターはいつもプロモーター領域と重なり合って存在しているわけではないことからもわかる（図 12・22 参照）。λ ファージの場合には、オペレーターはプロモーターの上流に存在し、リプレッサーにより RNA ポリメラーゼの結合が阻害される（14 章参照）。したがって他のシステムでは、リプレッサーが必ずしも同じ様式で RNA ポリメラーゼと相互作用しているわけではない。

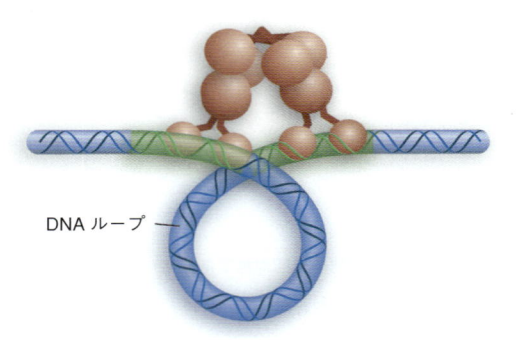

図 12・17 四量体リプレッサーの各二量体が同時に DNA に結合すると、二つの結合の間で DNA はループを形成する。

図 12・18 四量体リプレッサーが二つのオペレーターに同時に結合すると、それに挟まれた DNA はむりやりにループ構造をとらされる（ループを形成した DNA の中に見える青色の構造は、この領域に結合するもう一つのタンパク質である CAP を示している）。写真は Mitchell Lewis 氏（Department of Biochemistry & Biophysics, University of Pennsylvania）のご好意による。

## 12・11 オペレーターと低親和性部位は競合してリプレッサーに結合する

- 特異的 DNA 配列に高い親和性をもつタンパク質は、他の DNA 配列に対しても低い親和性を示す。

- 細菌のゲノム上のどの塩基対も低親和性部位の一部になりうる．
- 低親和性部位がたくさんあるので，すべてのリプレッサーは常に DNA に結合した状態にある．
- リプレッサーは結合と非結合の平衡を繰返すのではなく，低親和性部位から移動することでオペレーターに結合する．
- インデューサーがないと，オペレーターはリプレッサーに対して低親和性部位に比べ $10^7$ 倍も高い親和性を示す．
- 10 分子のリプレッサーがありさえすれば時間平均にして 96 % はリプレッサーがオペレーターに結合している．
- 誘導により，リプレッサーのオペレーターへの親和性は低親和性部位に対して $10^4$ 倍程度に減少するので，オペレーターの 3 % ほどしかリプレッサーが結合していないことになる．
- 誘導により，リプレッサーはオペレーターから除かれて低親和性部位へと直接移動する．

特異的な DNA 配列に高い親和性をもつすべてのタンパク質は，おそらくランダムな DNA 配列に対しても低いながら親和性を示すと思われる．たとえ親和性が低い部位でも大量に存在すれば，リプレッサー四量体の親和性の高い部位への結合と拮抗するであろう．大腸菌ゲノムには 1 箇所の親和性の高い部位，つまりオペレーターがあり，残る DNA は親和性の低い結合部位ということになる．ゲノムのすべての塩基対が低親和性部位を提供できる（ゲノム上で 1 塩基対ずつずらしていくと，オペレーター自身の場所以外で新たな低親和性部位が生じる）ので，$4.2 \times 10^6$ 個の低親和性部位が存在する．

このことは，たとえ特異的な結合部位が存在しなくても，ほとんどすべてのリプレッサーは DNA と結合していて，けっして単独で存在しているのではないことを意味している．0.01 % を除いたすべてのリプレッサーが DNA にランダムな結合をしている．実際リプレッサーは細胞当たり約 10 分子しかないので，遊離したリプレッサータンパク質はまったくないことを意味している．このことは，オペレーターとリプレッサーの相互作用を考えるうえで重要な意味をもってくる．問題となるのは DNA 上でのリプレッサーの分配であり，たった一つの高親和性部位が非常に多くの低親和性部位と拮抗しあっている事実である．

したがって，抑制の効率は他の（ランダムな）DNA 配列と比較したときのリプレッサーのオペレーターへの相対的親和性により決まる．その親和性は多数存在するランダムな DNA 部位への結合に十分打ち勝つほどに高くなくてはならない．こうしたことがどのように成り立っているかは，lac リプレッサーとオペレーターの結合に関する平衡定数をリプレッサーと一般 DNA の結合に関するそれと比較することで見てとることができる．図 12・19 に示すように，活性型リプレッサーの相対的親和性の強さは $10^7$ 倍もあり，したがってオペレーターには 96 % の確率でリプレッサーが結合しているので，オペロンは効率良く抑制されている．しかしインデューサーが加えられるとその割合は $10^4$ 倍にまで低下する．このレベルになるとわずか 3 % ほどの確率でしかオペレーターにリプレッサーが結合しておらず，オペロンは効率的に誘導される．

このような親和性の結果として，誘導を受けていない細胞では，通常，四量体リプレッサーが 1 個オペレーターに結合しており，残りのほとんどすべてのリプレッサーは図 12・20 に示すように DNA の他の領域にランダムに結合している．DNA に結合していない四量体リプレッサーは，細胞内にほとんど存在していないのだろう．

インデューサーを加えるとリプレッサーのオペレーターへの特異的結合が失われる．オペレーターに結合していたリプレッサーはランダムな（低親和性）部位に結合する．こうして誘導を受けた細胞では，四量体リプレッサーは DNA 上のランダムな場所に"貯蔵される"．誘導されていない細胞ではリプレッサーはオペレーターに結合し，残りのリプレッサーは非特異的な部位に結合する．したがって誘導の効果は遊離のリプレッサーを生じさせるのではなく，DNA 上のリプレッサーの分布を変えるのである．RNA ポリメラーゼが結合部位をここからあそこへと素早く交換することでプロモーターと他の DNA 部位の間を移動するのと同じやり方で，リプレッサーも移動するにあたり結合部位を直接取り替えるのかもしれない．

DNA に対する特異的および非特異的結合に関する平衡関数を比較することで，調節

| リプレッサーはオペレーター DNA に特異的に結合する | | |
|---|---|---|
| DNA | リプレッサー | リプレッサー＋インデューサー |
| オペレーター | $2 \times 10^{13}$ | $2 \times 10^{10}$ |
| 他の DNA | $2 \times 10^6$ | $2 \times 10^6$ |
| 特異性 | $10^7$ | $10^4$ |
| オペレーターへの結合 | 96 % | 3 % |
| オペロンの状態 | 抑 制 | 誘 導 |

図 12・19 lac リプレッサーはオペレーターに非常に強く特異的に結合し，インデューサーにより解離する．すべての平衡定数は $M^{-1}$ で表されている．

図 12・20 細胞内に存在するリプレッサーのほとんどが DNA と結合している．

**抑制か誘導かはリプレッサーの DNA 結合様式で決まる**

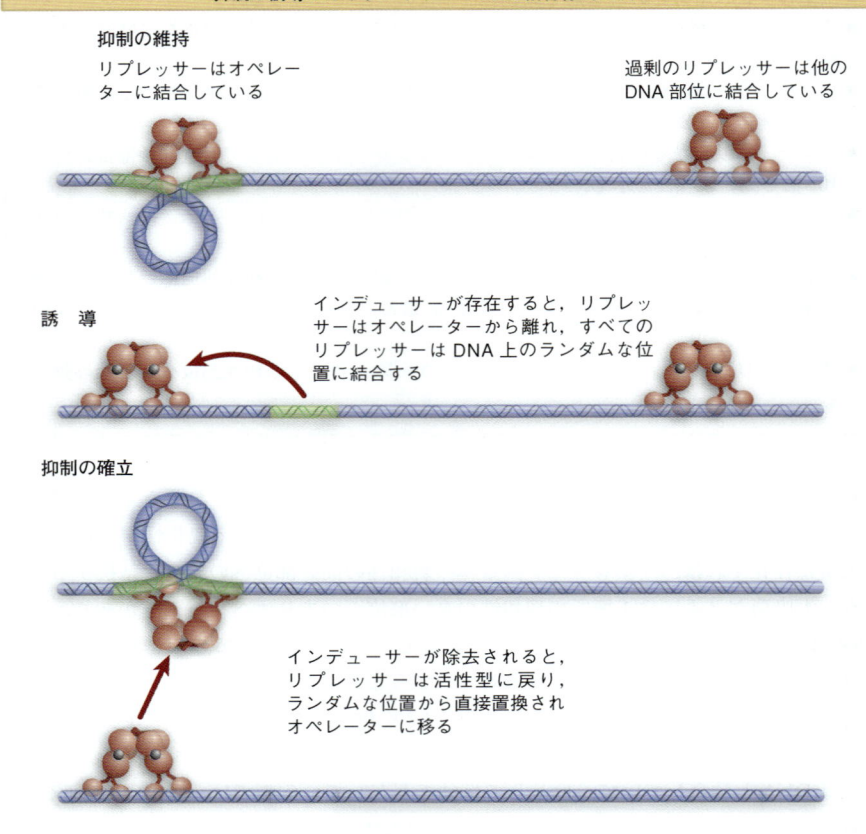

抑制の維持
リプレッサーはオペレーターに結合している

過剰のリプレッサーは他の DNA 部位に結合している

誘導
インデューサーが存在すると，リプレッサーはオペレーターから離れ，すべてのリプレッサーは DNA 上のランダムな位置に結合する

抑制の確立
インデューサーが除去されると，リプレッサーは活性型に戻り，ランダムな位置から直接置換されオペレーターに移る

タンパク質が標的部位を占有する能力に影響するパラメーターを決めることができる．直感的に予測できるように，重要なパラメーターは以下のようである：

- タンパク質の特異的部位への結合能はゲノムのサイズが増すにつれて低下する．
- タンパク質の特異的親和性を高めることで，このような DNA 量の効果を緩和することができる．
- 必要とされるタンパク質量はゲノムの総 DNA 量に比例し，かつ特異性の高さに反比例する．
- タンパク質の量は特異的結合部位の総和を適度に上回る必要があり，そこで，多くの標的をもつ調節タンパク質は少ない標的をもつものより細胞内に多量に存在することが予測される．

### 12・12 抑制は複数の場所でひき起こされる

■ リプレッサーは，標的となるオペレーター配列をもつ複数の場所に作用する．

*lac* リプレッサーは *lacZYA* 遺伝子クラスターのオペレーターにのみ作用する．しかし他のリプレッサーの中には複数のオペレーターに結合し，あちこちにある複数の構造遺伝子の制御を行っているものもある．たとえば *trp*（トリプトファン）リプレッサーの場合には互いに隣接していない三つの遺伝子を制御している：

- コリスミ酸からトリプトファンを合成する酵素の合成は，構造遺伝子 *trpEDBCA* クラスターが一つのオペレーターにより同調して制御されている．
- 別の遺伝子座を占める *aroH* 遺伝子のオペレーターも制御を受けている．この遺伝子は芳香族アミノ酸生合成の共通経路の最初の反応を触媒する三つの酵素のうちの一つをコードしている．
- *trpR* 調節遺伝子は，それ自身の産物であるリプレッサー（TrpR）により抑制される．リプレッサーは，自分自身の合成を抑えるように働いている．これは自己調節の一例で，調節遺伝子についてほぼ共通しており，負か正のいずれかの調節を受けている．

*trp* リプレッサーの作用する三つの遺伝子座にはそれぞれに，21 bp の似通ったオペレーター配列がある．図 12・21 にその配列が互いによく保存されていることを示す．おのおのには（同一ではないが）2 回対称が認められる．おそらく，この三つのオペレーターすべてに共通する塩基配列の中に *trp* リプレッサーが接触する重要な部位が含まれているのだろう．これで一つのリプレッサーが複数の遺伝子座で作用する仕組みが説明できる．つまり，それぞれの遺伝子座に一つずつ特異的な DNA 結合配列があり，それをリプレッサーが見分けるのである（これは，それぞれのプロモーターが互いにコンセンサス配列をもつのと同様である）．

| | *trp* リプレッサーが結合するオペレーターには共通配列がある |
|---|---|
| *aroH* | GCCGAATGTACTAGAGAACTAGTGCATTAGGCTTATTTTTTGTTATCATGCTAA → mRNA |
| *trp* | AATCATCGAACTAGTTAACTAGTACGCA → mRNA |
| *trpR* | TGCTATCGTACTCTTTAGCGAGTACAACC → mRNA |

←→ オペレーター領域

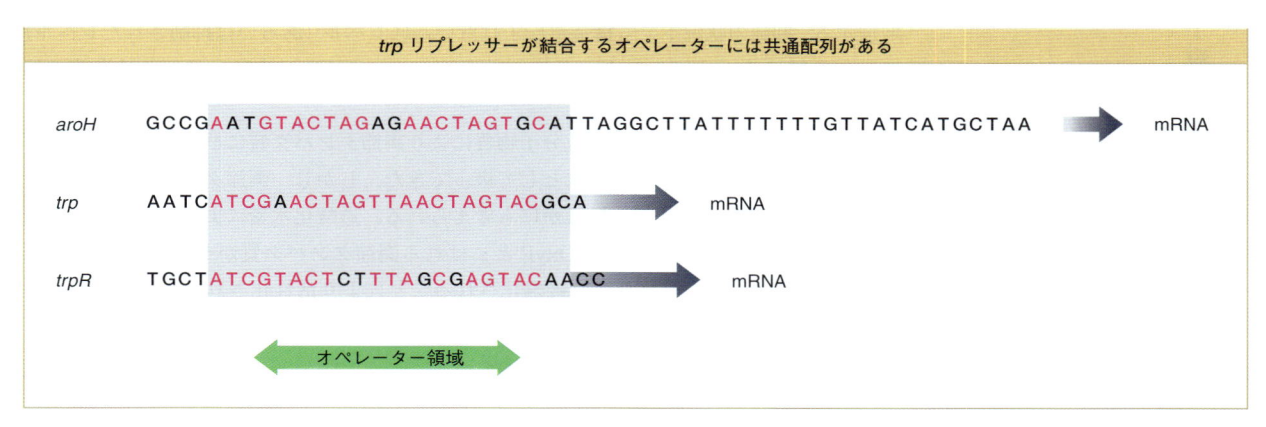

図 12・21　*trp* リプレッサーは三つの遺伝子座にあるオペレーターをそれぞれ認識する．各オペレーター間で保存された塩基配列を赤で示してある．mRNA に相当する場所はそれぞれ異なっており，青い矢印で示す．

図 12・22 はいろいろな種類のオペレーターとプロモーターとの位置関係をまとめたものである．TrpR により認識される散在するオペレーターの際立った特徴は，それぞれの遺伝子座ごとにプロモーター近傍の異なった場所に位置していることである．*trp* オペロンではオペレーターは $-23 \sim -3$ の位置にあり，*trpR* では $-12 \sim +9$，*aroH* ではさらに上流の $-49 \sim -29$ の間にある．オペレーターはプロモーターより上流および下流にあることもあり（*lac* の場合），あるいは一見プロモーターのすぐ上流にあると思えることもある．（*gal* の場合．ただし，この抑制効果についてはまだよくわかっていない．）リプレッサーが，標的とするプロモーターから異なった位置にあるオペレーターと相互作用して機能を発揮するということは，RNA ポリメラーゼによるプロモーターからの転写開始が妨げられるという共通の特徴はあるものの，正確にみると抑制機構にはいくつかの違ったものがあるということを示唆している．

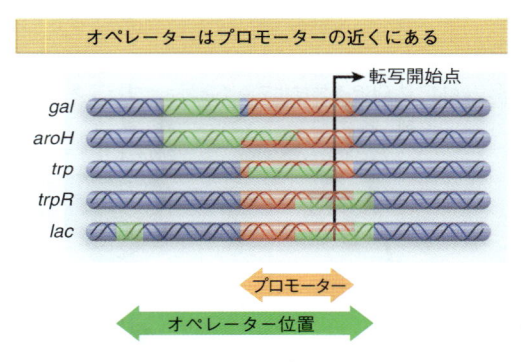

| オペレーターはプロモーターの近くにある |
|---|
| → 転写開始点 |
| *gal* |
| *aroH* |
| *trp* |
| *trpR* |
| *lac* |
| ← プロモーター → |
| ← オペレーター位置 → |

図 12・22　オペレーターとプロモーターの位置関係は一定でない．

## 12・13　オペロンの抑制と誘導

**抑制が解除されている**　derepressed　コリプレッサーとよばれる低分子物質が存在しないために発現している遺伝子の状態．誘導によって調節される遺伝子において，低分子のインデューサーによって誘導されている状態と同じ効果をもつ．変異の影響について述べるとき，"抑制が解除されている" と "恒常的な" とは同じ意味である．

**過剰に抑制されている**　super-repressed　抑制可能なオペロンに起きる変異した状態で，抑制の解除ができなくなり，そのオペロンが常に非発現状態にあること．（これは，誘導により調節されるオペロンが非誘導状態にあるのに相当している．）

■ 低分子のコリプレッサーがリプレッサーを活性化する場合には，コリプレッサーを添加するとオペロンは抑制される．

抑制型の系では，オペロンの活性化した状態を表すのに，**抑制が解除されている**という語を使う．これは誘導されているということと同じ意味である．また，（ある変異によって）オペロンの抑制が解除できないものを**過剰に抑制されている**という場合がある．これは誘導することができないという語と完全に同じ意味である．

*trp* オペロンは抑制系の例である．トリプトファンは一連の合成酵素により触媒され

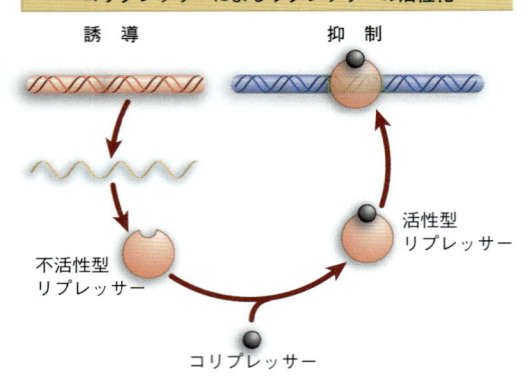

**図 12・23** リプレッサーはコリプレッサーにより活性化されてオペレーターに結合できるようになり、オペロンが抑制される.

る反応の最終産物であり，トリプトファンシンターゼ系の活性ならびに合成は細胞内のトリプトファンの濃度により調節を受ける．

トリプトファンは，リプレッサーを活性化するコリプレッサーとしても機能している．これは有名な抑制機能で，図 12・23 に示した例の一つである．トリプトファンが豊富にある状態では，リプレッサーとコリプレッサーの複合体がオペレーターに結合しているのでオペロンは抑制される．トリプトファンが不足するとリプレッサーは不活性化され，オペレーターに対する特異性が減少してしまい，どこかほかの DNA 上に蓄えられる．

リプレッサーがなくなると *trp* プロモーターからの転写開始の頻度がおおよそ 70 倍増加する．抑制の状況下でも構造遺伝子は低い基底レベル（あるいは抑制されたレベル）で発現を続ける．オペレーターの抑制効率は *lac* オペロン（基底レベルは誘導時の約 1/1000）と比べてもかなり悪い．

これまで誘導および抑制を，低分子物質により調節タンパク質にひき起こされたアロステリックな変化に依存した現象として扱ってきた．しかし，調節タンパク質の活性を制御するのに使われる仕組みはほかにも考えられる．過酸化水素により誘導される遺伝子の転写アクチベーターである OxyR とよばれる調節タンパク質がその良い例である．OxyR タンパク質はそれ自身が直接酸化されることにより活性化され，酸化ストレスを敏感に感知できると考えられる．もう一つのよくある調節タンパク質の機能を制御するシグナルの例はリン酸化による修飾である．

## 12・14　インデューサー cAMP で活性化される CRP は多くのオペロンに働く

**CRP（cAMP 受容タンパク質）** cyclic AMP receptor protein　cAMP によって活性化される正の調節タンパク質．大腸菌において，RNA ポリメラーゼによるオペロンの転写開始に必須である．
**アデニル酸シクラーゼ** adenylate cyclase　ATP を基質として cAMP を生成する酵素であり，ATP のリボース環の 3′ 位と 5′ 位をリン酸基を介して結合させる．

- アクチベータータンパク質 CRP 二量体は 1 分子の cAMP により活性化されて標的プロモーター近傍に結合する．
- CRP 結合部位とプロモーターの距離はまちまちである．
- CRP は RNA ポリメラーゼと相互作用するが，その詳細な様式は CRP 結合部位とプロモーターの距離に依存して異なる．

多くのプロモーターは何かの調節機構が働いて転写開始が妨げられないかぎり RNA ポリメラーゼにより認識される．しかし，いくつかのプロモーターは転写開始のために追加のタンパク質を必要とする．転写の開始に必要な補助タンパク質はアクチベーターとよばれる．リプレッサーと同様に，これらも特定のプロモーターからの転写開始の調節にかかわるが，その役割は RNA ポリメラーゼの働きを妨げることではなく補助することである．たとえば −35 配列や −10 配列に不完全なコンセンサス配列をもつプロモーターの欠陥をアクチベーターが補うと考えられる．

アクチベーターのうち最も広く働いているのは，大腸菌でいろいろなオペロンの活動を制御しているタンパク質であり，**CRP** とよばれる．このタンパク質は正の調節因子であり，CRP 依存性プロモーターからの転写開始に必要である．CRP は cAMP の存在下でのみ活性を示す．図 12・24 にその調節様式を示す．

cAMP（サイクリック AMP）は**アデニル酸シクラーゼ**により合成される．この反応では ATP を基質として 3′-5′ ホスホジエステル結合がつくられ，図 12・25 に示された構造が生じる．

CRP は DNA と結合する．cAMP・CRP・DNA 複合体は，CRP が働いているプロモーターから単離できる．この因子は，22.5 kDa の同一サブユニットが 2 個会合した分子である．この二量体は 1 分子の cAMP により活性化される．CRP 単量体は 1 箇所の DNA 結合部位と転写の活性化部位をもつ．

CRP 二量体は対応するプロモーター近傍にある約 22 bp の配列に結合する．結合部位

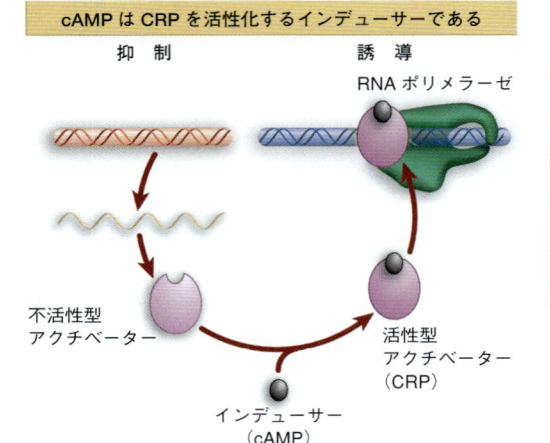

**図 12・24** 低分子のインデューサー（cAMP）によりプロモーターに結合できるようになったアクチベーター（CRP）は，RNA ポリメラーゼによる転写開始を補助する.

**図 12・25** cAMP は一つのリン酸基が糖の 3′ および 5′ の両方と結合した構造をもつ.

には図 12・26 に示したコンセンサス配列のさまざまな変種が含まれる．CRP の作用を妨げる変異は，よく保存された 5 塩基の配列 TGTGA/ACACT の中に起こり，この短い塩基配列は CRP の認識に必須である．CRP は二つの 5 塩基の配列をもつ（逆方向をとっている）部位に最も強く結合する．二つのサブユニットとも効率良く DNA に結合するためである．二量体の多くの結合部位では一方の 5 塩基の配列を欠いているが，この場合でも 2 番目のサブユニットは別の配列に結合しているに違いない（もし DNA に結合するとしたら）．異なった遺伝子が in vivo でいろいろな cAMP の濃度で活性化されるのは，CRP に対する結合親和性の違いによるのだろう．

| CRP はコンセンサス配列に結合する |
|---|
| 転　写　→ |
| AANTGTGANNTNNNTCANATTNN<br>TTNACACTNNANNNAGTNTAANN |
| よく保存された　　　あまり保存されて<br>5 塩基の配列　　　　いない 5 塩基の配列 |

図 12・26　CRP が認識するコンセンサス配列はよく保存された 5 塩基の配列 TGTGA と，（しばしば）その逆位の配列（TCANA）から成る．

## 12・15　翻訳段階での調節

**自己調節**　autogenous regulation　遺伝子産物がそのタンパク質をコードしている遺伝子の発現を抑制（負の自己調節）または活性化（正の自己調節）する作用．

- リプレッサータンパク質が翻訳開始コドンにリボソームが結合するのを妨げて翻訳を調節する．
- r タンパク質オペロンでは，その産物の一つがポリシストロニック mRNA に結合して自らの翻訳を調節する．
- 自己調節は高分子集合体に取込まれるタンパク質の合成制御にしばしばかかわっている．

リプレッサーが DNA に結合して RNA ポリメラーゼによるプロモーターの利用が妨げられるのと同じような機構で，いくつかの系で翻訳の調節が行われている．リプレッサーの抑制機能は，タンパク質が mRNA の標的領域に結合してリボソームによる翻訳開始領域の認識ができなくなるために起こる．図 12・27 にこのような相互作用の最も一般的な特徴を示してある．調節タンパク質が直接 AUG 開始コドンを含む配列に結合してリボソームの結合を妨げる．

翻訳のときに働くいくつかのリプレッサーとその標的について図 12・28 にまとめてある．典型的な例は R17 ファージ RNA のコート（外殻）タンパク質の場合である．コートタンパク質はファージ mRNA のリボソーム結合部位を囲むヘアピン構造に結合する．同様に T4 ファージの RegA タンパク質はいくつかの T4 初期 mRNA の翻訳開始コドン AUG を含むコンセンサス配列に結合する．さらに T4 DNA ポリメラーゼはリボソームの結合に必要なシャイン・ダルガーノ配列を含む自身の mRNA の配列に結合する．

タンパク質（あるいは RNA）が自らの発現を調節する場合に**自己調節**が働く．普通みられるその効果としては，タンパク質が蓄積するとそれ以上そのタンパク質がつくられないように転写や翻訳の段階が妨げられる．ある場合には，個々のタンパク質のレベルで起こり，たとえば T4 ファージ p32 タンパク質などでは自らの mRNA の翻訳を阻害する．別の場合には，リボソームタンパク質オペロンの翻訳阻害にみられるように，一つのタンパク質の蓄積がオペロンに含まれるすべてのタンパク質の合成を止める．

リボソームタンパク質（r タンパク質）をコードする遺伝子は，数種のグループに分かれてオペロンを形成している．それぞれのオペロンにおいて，一つのタンパク質の蓄積が，自分自身に加え他のいくつかの遺伝子産物の合成を阻害する．それぞれ調節因子として働くのは rRNA に結合する r タンパク質である．翻訳への影響は，そのタンパク質が自らの mRNA に結合する能力によりもたらされる．これらのタンパク質が結合する mRNA 上の部位は翻訳開始部位やその近傍の配列と重なっており，おそらく mRNA の構造変化をひき起こすことで，翻訳開始部位へのリボソームの接近に影響を与えるの

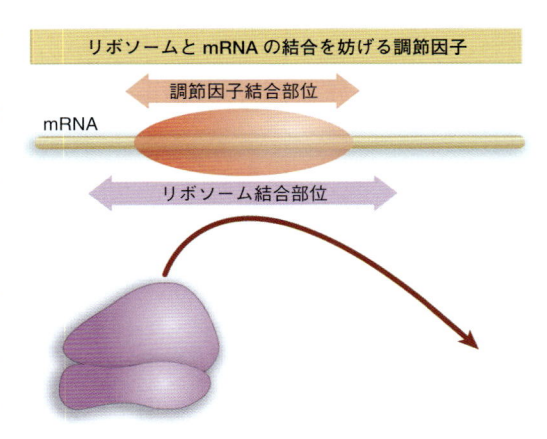

図 12・27　mRNA 上の翻訳開始コドン近傍にあるリボソーム結合部位に調節タンパク質が結合すると翻訳を阻害することがある．

| 翻訳調節因子は mRNA に結合する |||
|---|---|---|
| リプレッサー | 標的遺伝子 | 作用部位 |
| R17 コートタンパク質 | R17 レプリカーゼ | リボソーム結合部位にあるヘアピン構造 |
| T4 RegA タンパク質 | T4 初期 mRNA | 翻訳開始コドンを含む配列 |
| T4 DNA ポリメラーゼ | T4 DNA ポリメラーゼ | シャイン・ダルガーノ配列 |
| T4 p32 タンパク質 | 遺伝子 32 | 一本鎖 5′ リーダー配列 |

図 12・28　mRNA 上の翻訳開始領域の配列に結合するタンパク質は翻訳のリプレッサーとして働く．

**rRNA が遊離の r タンパク質量を調節する**

rRNA が合成されると r タンパク質は結合する．
r タンパク質 mRNA の翻訳はひき続いて起こる

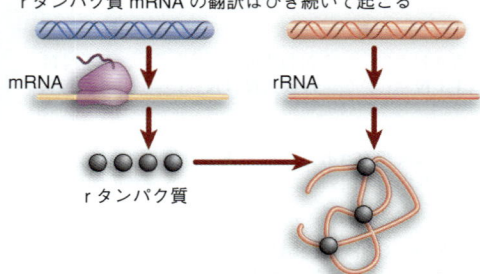

rRNA 量が少なくなると遊離の r タンパク質がたまる．
このような r タンパク質の一つが mRNA に結合して翻訳を抑える

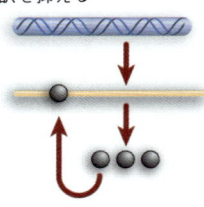

図 12・29　r タンパク質オペロンの翻訳は rRNA 量に対応するように自己調節が行われている．

だろう．

　rRNA に結合する r タンパク質が自己調節を行うということから，直ちに，r タンパク質の合成と rRNA の合成を連携させているのはこの仕組みなのではないかと考えられる．図 12・29 にそのモデルを挙げる．今，自己調節因子の r タンパク質が rRNA 上の部位と結合する程度が，mRNA 上の部位と結合する程度よりもずっと強いと仮定しよう．そうすると，遊離した rRNA があるかぎり，新たに合成された r タンパク質は rRNA と結合して，リボソームへの集合を行うことになる．そして mRNA に結合する遊離の r タンパク質がないかぎり，その翻訳は進行する．しかし，rRNA の合成が止まったりスピードが落ちたりすると，直ちに遊離の r タンパク質が蓄積し始め，それが自分自身の mRNA に結合するので，それ以上の翻訳進行は抑制される．この調節回路では，どの r タンパク質オペロンも同じように rRNA 量に応答し，rRNA に比べて r タンパク質が過剰になるとすぐに r タンパク質の合成を抑えるのである．

　自己調節は高分子集合体に取込まれるタンパク質によくあるタイプの調節機構である．集合した粒子そのものはあまりに大きくて，多量にあり，存在場所も限定されているので調節因子としては適さないだろう．しかし，その構成要素がどれくらい必要かは遊離の前駆体サブユニットのプール状況に反映されるであろう．何らかの理由で集合経路が阻害されたとすると，遊離のサブユニットが蓄積し，構成要素のそれ以上の無駄な合成を止める．

## 12・16　要　　約

　転写はトランスに働く因子とシスに働く部位の相互作用により制御されている．トランスに働く因子は調節遺伝子の産物であり，通常はタンパク質であるが RNA の場合も考えられる．この因子は細胞内で拡散し，しかるべき標的遺伝子に作用する．シスに働く DNA（あるいは RNA）部位は *in situ*（本来の場所）で認識されて機能を発揮する塩基配列であり，遺伝子産物をコードしていない．しかもそれと物理的につながっている配列にのみ作用する．機能的に関連のあるタンパク質をコードする細菌の遺伝子，たとえば代謝経路でつぎつぎと作用する酵素の遺伝子はクラスターを形成し，一つのプロモーターからポリシストロニック mRNA を転写しており，このプロモーターの制御により経路全体の発現が調節される．構造遺伝子とシスに働く部位を含む調節の単位をオペロンとよんでいる．

　転写の開始はプロモーターの近くで起こる種々の相互作用により調節されており，RNA ポリメラーゼは他のタンパク質により転写開始が妨げられたり，活性化されたりする．スイッチが切れないかぎり活性な状態にある遺伝子は負の調節下にあるという．一方，スイッチが入ったときのみ活性な遺伝子は正の調節下にあるという．制御のタイプは変異株間で恒常的に抑制が解除される（永久にスイッチオン）か，あるいは過剰に抑制されて非誘導性になる（永久にスイッチオフ）か，その優性/劣性の関係を調べることによって判明する．

　リプレッサーは RNA ポリメラーゼのプロモーターへの結合を妨げるか，あるいは RNA ポリメラーゼによる転写の活性化を妨げる．リプレッサーは通常転写開始点の近くあるいは上流にある標的配列であるオペレーターに結合する．オペレーター配列は短く，しばしばパリンドローム構造をもっている．リプレッサーは同一分子から成る多量体で，その対称性は標的の対称性を反映している．

　リプレッサーのオペレーターへの結合には低分子物質による調節が行われている．インデューサーはリプレッサーが DNA に結合するのを妨げる．コリプレッサーはリプレッサーを活性化する．インデューサーやコリプレッサーが結合することで，リプレッサーの DNA 結合部位の構造が変化する．このようなアロステリックな反応は，遊離のリプレッサーでも，すでに DNA に結合した状態のリプレッサーでも起こる．

　ラクトースの分解経路は，インデューサーの β-ガラクトシドがオペレーターへのリプレッサーの結合を妨げることにより誘導される．転写とそれに続く *lacZ* 遺伝子の翻訳により β-ガラクトシダーゼが生産され，β-ガラクトシドを代謝する．トリプトファン合成経路には抑制機構が働く．コリプレッサー（トリプトファン）がリプレッサーを活性化し，それがオペレーターに結合してトリプトファンの生合成を行う酵素をコード

する遺伝子の発現を妨げる．リプレッサーはオペレーターのコンセンサス配列があれば多くの標的に作用しうる．

　特定の標的配列に高い親和性をもつタンパク質はすべてのDNA配列に低い親和性を示す．その親和性の比により特異性が決まってくる．ゲノム中には特異的結合部よりもはるかに多くの非特異的部位（任意のDNA配列）があるので，リプレッサーやRNAポリメラーゼのようなDNA結合タンパク質はDNA上に"保持"されており，非結合型のものはまったく存在しないか，あってもわずかである．標的配列に対する親和性は，特異的結合部位に比べはるかに多く存在する非特異的部位に十分打ち勝てるくらい高いに違いない．細菌タンパク質は，その細胞内濃度と特異性のバランスが，"オン"の条件下では標的部位を特異的に認識でき，"オフ"の状態では標的部位から完全に解離するように調節されている．

　特異的なアクチベーターがないとRNAポリメラーゼにより認識されない（あるいはわずかにしか認識されない）プロモーターがある．アクチベーターもまた低分子化合物により調節を受けている．CRPはcAMPの存在下に標的配列に結合する．CRPに反応するすべてのプロモーターには少なくとも1個の標的配列があり，その標的への結合によりDNAの屈曲が起こる．CRPのサブユニットの一つとRNAポリメラーゼが直接接触することが転写の活性化にかかわっている．

　翻訳調節のありふれた機構としては，翻訳開始コドン近傍のリボソーム結合部位を含むmRNA配列にタンパク質因子が結合することが考えられる．このことでリボソームによる翻訳開始が妨げられる．T4ファージのRegAタンパク質は翻訳レベルで数種のmRNAに働くので，一般的な調節因子といえる．翻訳を抑える多くのタンパク質は本来の機能的役割に加えてこの機能をもっている．特に，遺伝子産物が自分自身のオペロンの発現を自己調節する場合には翻訳の段階で制御される．

# 13 調節 RNA

13・1　はじめに
13・2　RNA 二次構造による翻訳や転写の調節
13・3　枯草菌の *trp* オペロンの転写終結はトリプトファンと tRNA^Trp により調節される
13・4　大腸菌 *trp* オペロンにはアテニュエーションによる調節がある
13・5　アテニュエーションは翻訳過程を介した調節である
13・6　遺伝子発現を阻害するのにアンチセンス RNA が用いられる
13・7　低分子 RNA は翻訳を調節する
13・8　細菌では sRNA による調節がある
13・9　多くの真核生物でマイクロ RNA が調節因子として働く
13・10　RNA 干渉は遺伝子サイレンシングと関連がある
13・11　要　約

## 13・1　はじめに

■ RNA は（分子内や分子間）二次構造を形成して標的となる配列の性質を変化させることで調節因子として働く.

　遺伝子の発現は，DNA や mRNA の特異的配列あるいは構造を認識して作用する因子により，タンパク質が合成されるまでのどこかの段階で調節できる，というのが細菌の遺伝子発現の調節における基本的な考え方である．調節の対象が DNA の転写調節であったり，RNA の翻訳調節であったりする．転写調節といっても，転写の開始段階の調節もあるし終結段階の調節もある．調節因子はタンパク質と RNA のいずれでもよい．"調節"の意味するところは，遺伝子発現のスイッチを切る（抑制する）ことかもしれないし，スイッチを入れる（活性化する）ことかもしれない．標的遺伝子が調節因子の認識配列や構造を共通してもつ場合には，それら多くの遺伝子が 1 種類の調節因子により協調的に制御できる．環境条件に応じて変化する低分子物質により調節因子の働き自体も調節される．また，調節因子が別の調節因子に制御されて複雑な調節回路を形成することもある．それでは，これら異なった調節様式がどのように働くか比較してみよう．

　調節タンパク質の働きはアロステリック効果の原理に従う．調節タンパク質には二つの結合部位があり，一つは標的核酸に対するもので，もう一つは低分子物質に対するものである．低分子物質の結合により波及的な構造変化が起こり，核酸結合部位の親和性が変化する．*lac* リプレッサーに関してその詳細な仕組みがわかっている（§12・9 参照）．調節タンパク質はしばしば多量体を形成し，DNA 上のパリンドローム配列に二つのサブユニットが並んで結合できるよう対称構造をしている．こうして協調的結合効果が生まれて，より敏感な応答が可能になる．

　RNA を介した調節では，標的との結合に二次構造の変化を使っている．調節作用に応じて RNA が異なった構造に変化する能力は，タンパク質構造のアロステリック変化の核酸版といえる．構造変化が生じるのは分子内相互作用によることもあるし，分子間相互作用によることもある．

　分子間相互作用が構造変化をもたらす最も一般的な原理は，RNA 分子が異なった塩基対の組合わせを用いて異なった二次構造をとることである．このような二つの構造が示す性質は互いに異なるであろう．mRNA の二次構造が変化すれば翻訳に供される程度にも違いが生じるであろうし，mRNA の二次構造の違いが転写の終結に影響するような場合には転写終結の調節にもつながる．

　分子間相互作用において，調節 RNA はおなじみの塩基対の相補性を利用して特異的標的を認識する．図 13・1 に示すように，調節 RNA は普通は二次構造に富んだ低分子 RNA であるが，標的の一本鎖領域に相補的な一本鎖領域をもっている．調節因子と標的分子間で二本鎖領域が形成されると次の 2 通りのことが起こりうる:

● 二本鎖構造ができるだけで調節には十分かもしれない．もしタンパク質が一本鎖状態の標的配列にだけ結合できるとすると，二本鎖状態ではその結合が妨げられてしまう．もう一つの場合としては，二本鎖領域が RNA 分解酵素の結合認識部位となり，結果として遺伝子の発現が妨げられる．

● 標的 RNA が特定の二次構造をとらないようにするため，調節 RNA がその配列の一部を覆うようにして二本鎖領域を形成することも重要であろう．

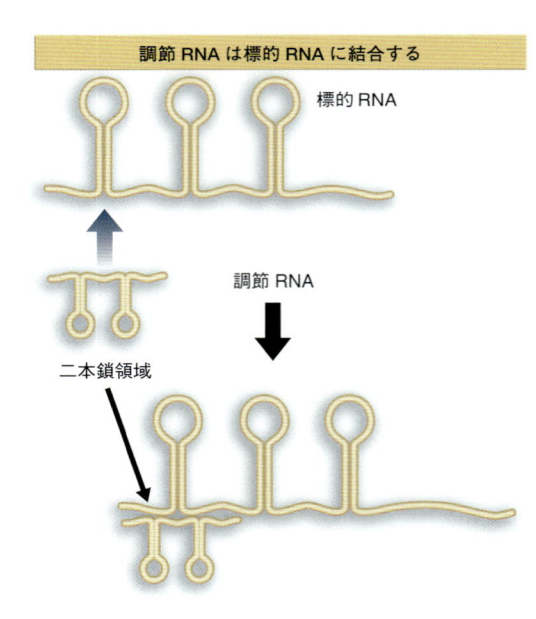

図 13・1　調節 RNA は標的 RNA の一本鎖領域と塩基対を形成する一本鎖領域をもつ低分子 RNA である．

## 13・2　RNA 二次構造による翻訳や転写の調節

> **アテニュエーション（転写減衰）** attenuation　細菌のオペロンで，最初の構造遺伝子の前に位置する部位で転写終結の調節を行う機構．
> **アテニュエーター** attenuator　転写終結配列の1種で，アテニュエーションを起こす内在的ターミネーターの1種．

- ポリシストロニック mRNA では，一つのシストロンの翻訳に伴い二次構造が変化して，別のシストロンの翻訳が調節されることがある．
- アテニュエーションは転写終結に必要な RNA のヘアピン構造の形成を調節することで起こる．
- ヘアピン構造を安定化あるいは不安定化するタンパク質によりアテニュエーションが直接調節される．

あるシストロンの翻訳のために RNA の二次構造の変化が必要とされる場合には，そしてその変化が直前のシストロンの翻訳に続いて初めて起こるような場合には，別の様式の翻訳の制御がみられる．このようなことはいつも決まった順序で翻訳されるファージ RNA によくみられる．図 13・2 は，ファージ RNA が二次構造をとり，一方の翻訳開始配列だけが利用できる状況を示している．2 番目の開始配列は RNA のほかの領域と塩基対を形成しているのでリボソームに認識されない．しかし，最初のシストロンの翻訳が進行して二次構造が壊れると，リボソームが次のシストロンの開始部位に結合できるようになる．この mRNA では，このようにして RNA の二次構造が翻訳を制御している．

いくつかのオペロンは**アテニュエーション**（転写減衰）により調節されている．この機構は，転写単位の先頭にある ρ 因子非依存性ターミネーターである**アテニュエーター**を RNA ポリメラーゼが読み過ごせるかどうかによっている．アテニュエーションに共通にみられる特徴は，ある外的要因が ρ 因子非依存性ターミネーターに必要なヘアピン構造の形成を制御している点である．もしヘアピン構造が形成できれば，転写終結により構造遺伝子の転写が阻止される．もしヘアピン構造がとれなければ，RNA ポリメラーゼはターミネーターを読み過ごして，遺伝子の発現が起こる．RNA 構造の調節には異なったシステムごとに違った機構が用いられている．

アテニュエーションは，転写終結に必要なヘアピン構造を安定化あるいは不安定化する RNA 結合タンパク質により調節されることがある．図 13・3 にはタンパク質が転写終結ヘアピンの形成を妨げる例を示した．このようなタンパク質の活性はそれ自体で発揮されることもあるし，リプレッサーがコリプレッサーに応答する場合と同様に低分子物質により調節されることもある．

## 13・3　枯草菌の *trp* オペロンの転写終結はトリプトファンと tRNA$^{Trp}$ により調節される

- 転写終結を促進する TRAP がトリプトファンにより活性化されて *trp* オペロンの転写を阻害する．
- アミノ酸を付けていない tRNA$^{Trp}$ により（間接的に）TRAP の活性が阻害される．

転写終結を介した調節回路では，低分子の産物や基質のレベルに応答するやり方に直接と間接の 2 通りがある．いずれにしろその基本原理は，代謝経路の産物が十分にある場合にはその合成にかかわる酵素の生産を止めるために転写が終結することである．このような調節については，トリプトファン合成系に関して大変よく解析されている．

枯草菌では，（かつては MtrB とよばれた）TRAP（*trp* RNA-binding attenuation protein）がトリプトファンにより活性化されて転写途中の mRNA のリーダー配列に結合する．TRAP は 11 個のサブユニットから成る複合体である．それぞれのサブユニットが 1 分子のトリプトファンおよび RNA 中のトリヌクレオチド（GAG か UAG）と結合する．RNA は TRAP 複合体の周りに巻き付く．その結果，図 13・4 に示すように転写終結ヘアピンが形成可能になる．そして，転写終結によりトリプトファンシンターゼが合成さ

---

**リボソームが mRNA 上を移動することで翻訳が調節される**

最初は一つの開始部位だけが使用可能である

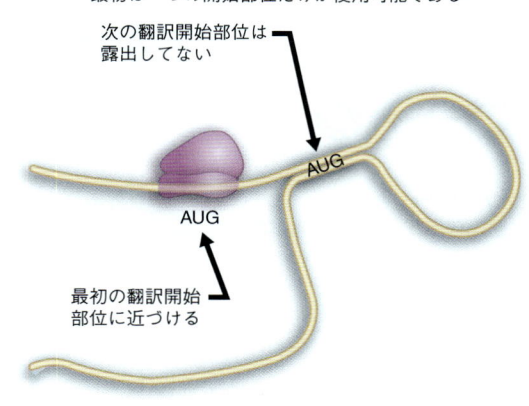

次の翻訳開始部位は露出してない

最初の翻訳開始部位に近づける

翻訳が進むと 2 番目の開始部位が現れる

リボソームが二次構造を壊していく

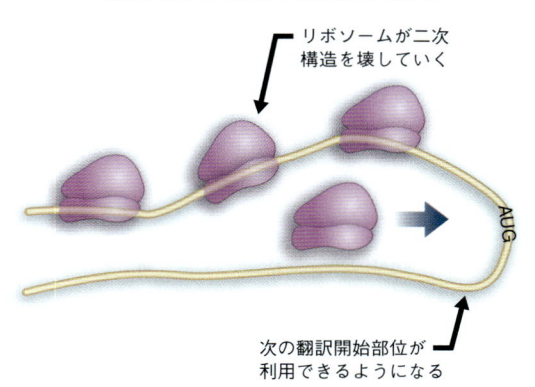

次の翻訳開始部位が利用できるようになる

図 13・2　RNA の二次構造により翻訳開始が制御される．ファージ RNA では最初はただ一つの翻訳開始部位だけしか使えない．しかし最初のシストロンが翻訳されると RNA の高次構造が変化するので，他の翻訳開始部位も使えるようになる．

---

**ヘアピンができると転写が終結する**

プロモーター　　　ターミネーター

転写終結ヘアピン

ヘアピンができないと転写が続く

タンパク質が結合してヘアピンが解消される

図 13・3　転写終結 RNA ヘアピンの形成が妨げられるとアテニュエーションが起こらない．

**TRAPは枯草菌の trp オペロンを調節する**

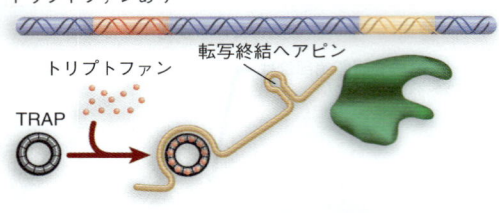

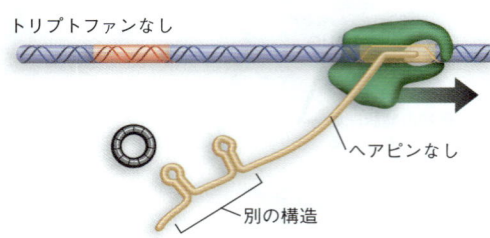

図13・4　トリプトファンにより活性化されたTRAPが trp mRNA に結合する．これにより転写終結ヘアピンが形成され，結果としてRNAポリメラーゼは転写を止めて，遺伝子の発現は起こらない．トリプトファンがないとTRAPは結合せず，mRNAは転写終結ヘアピンができないような構造をとる．

**アンチTRAPの発現はtRNA$^{Trp}$により調節される**

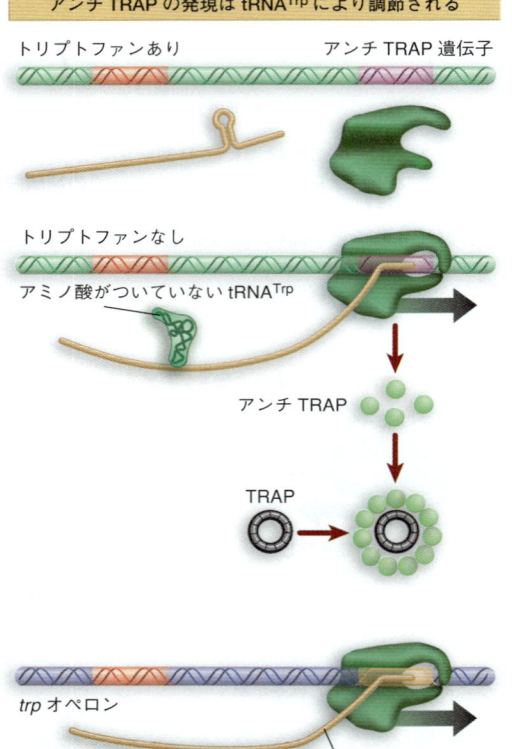

図13・5　通常条件下（トリプトファンあり）では，転写はアンチTRAPをコードする遺伝子の前で終結する．トリプトファンが欠乏するとアミノ酸が付いていないtRNA$^{Trp}$がアンチTRAPをコードするmRNAに結合して転写終結ヘアピンの形成が妨げられてアンチTRAP遺伝子の発現が起こる．

れなくなる．こうして，TRAPは実質的にトリプトファンの濃度に応答するターミネーターとして働く．TRAPがない場合には，別のRNA二次構造ができて転写終結ヘアピンの形成が妨げられる．

　しかし，TRAPはtRNA$^{Trp}$によっても調節されている．図13・5に示すように，アミノ酸を付けていないtRNA$^{Trp}$はアンチTRAPとよばれるタンパク質をコードするmRNAに結合する．このことでアンチTRAP-mRNA内に転写終結ヘアピンが形成されるのが妨げられる．結果としてTRAPに結合するアンチTRAPがつくられて，トリプトファンオペロンを抑制するTRAPの働きが阻害される．こうした一連の仕組みにより，トリプトファンが欠乏するとアミノ酸を付けていないtRNAが増え，それによりアンチTRAPの合成が促進され，ひいてはTRAPの機能が抑制され，ついにはトリプトファン合成遺伝子の発現が起こる．

　こうして枯草菌 trp 遺伝子の発現はトリプトファンとtRNA$^{Trp}$により調節される．トリプトファンが存在すれば合成する必要はない．そこで，トリプトファンはTRAPを活性化して自らを合成する酵素の発現を抑える．トリプトファンを付けていないtRNAが存在することは，トリプトファンが欠乏したことを意味している．このトリプトファンを付けていないtRNAはアンチTRAPを活性化して，結果として trp 遺伝子の転写を高める．

### 13・4　大腸菌 trp オペロンにはアテニュエーションによる調節がある

- アテニュエーター（内在的ターミネーター）は trp オペロンの先頭の遺伝子とプロモーターの間に存在する．
- トリプトファンがないと転写終結が抑制されて，転写が10倍ほど促進される．

　大腸菌にも複雑な調節システムが備わっている（アテニュエーション機構はこの細菌において最初に見つかった）．アテニュエーションを調節するmRNAの二次構造変化はリボソームの位置で決まってくる．図13・6に示すように，転写終結にはリボソームがmRNAの trp 遺伝子に先立つリーダー領域を翻訳することが必要である．リボソー

**翻訳と連動して転写終結が調節される**

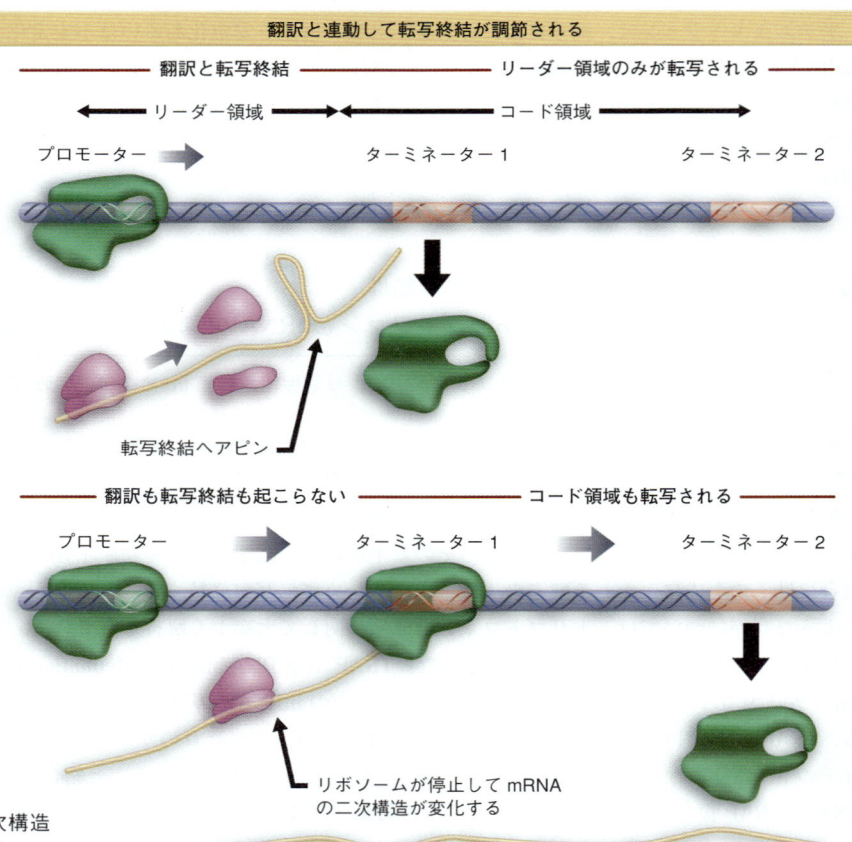

図13・6　リボソームの動きに応じてRNA二次構造が変化し，それによって転写終結が調節される．

ムがリーダー領域を翻訳できると，転写終結ヘアピン構造がターミネーター1の場所に形成される．しかし，リボソームがリーダー領域を翻訳できないと，転写終結ヘアピンは形成されず，RNAポリメラーゼはコード領域を転写できる．そこで，**抗転写終結機構は**リボソームのリーダー領域上での移動に影響を与えるような外的要因に依存している．

*trp* オペロンには五つの構造遺伝子が一続きに並んでおり，コリスミ酸をトリプトファンに変換する三つの酵素がコードされている．このオペロンの発現は二つの異なった様式で制御されている．プロモーターのすぐ隣にあるオペレーターに結合するリプレッサー（別の場所にある *trpR* 遺伝子にコードされている）により，転写が抑制される．一方，アテニュエーションにより，RNAポリメラーゼが最初の構造遺伝子の手前で転写を止めてしまうかどうかが制御されている．アテニュエーター（内在的ターミネーター）は *trpE* 遺伝子とそのプロモーターの間にある．これが構造遺伝子内へ転写が進行するのを妨げる障壁となっている．RNAポリメラーゼは *in vivo* でも *in vitro* でもここで転写を終結して140塩基から成る転写産物を生じる．

図13・7 に示すとおり，アテニュエーターで転写終結が起こるかどうかは，トリプトファン濃度に依存する．トリプトファンが適量あれば終結の効率が良い．しかしトリプトファンがなければ，RNAポリメラーゼは構造遺伝子内に進むことができる．

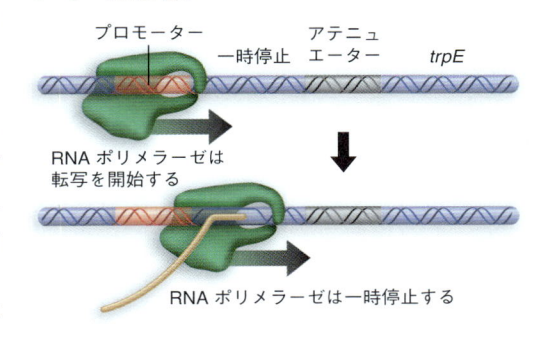

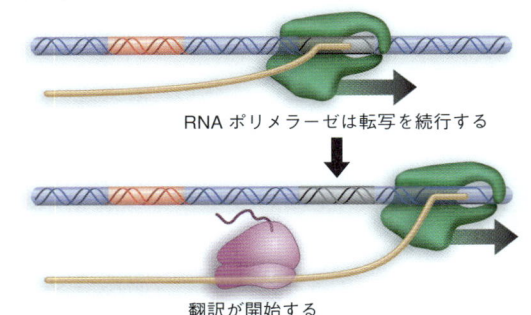

抑制とアテニュエーションは同じようにトリプトファンの濃度に応答する．トリプトファンが適量あればオペロンは抑制されるが，たとえRNAポリメラーゼがうまく抑制を逃れてプロモーターから転写を開始したとしても，ほとんどがこのアテニュエーターで転写を終結させられてしまう．しかし，トリプトファンがない場合には，RNAポリメラーゼはプロモーターから自由に転写を始め，途中で転写を終結させられることもない．

アテニュエーションにより転写は約10倍変化する．トリプトファン存在下ではこのアテニュエーターまで進んできたRNAポリメラーゼのうち約10％だけがここを通過できる．トリプトファン非存在下ではアテニュエーションは起こらず，おそらく大部分のRNAポリメラーゼが転写を続行できる．抑制解除の結果，転写開始が約70倍に増加することを考え合わせると，およそ700倍程度のオペロンの調節が可能である．

### 13・5 アテニュエーションは翻訳過程を介した調節である

> **リーダーペプチド** leader peptide トリプトファンオペロンなどのオペロンのリーダー部位（先導領域）にコードされている短い配列の翻訳によって生じる産物．リボソームの進行を制御することにより，そのオペロンの転写調節を行う機構に使われている．
> **リボソームの停止** ribosome stalling 翻訳中のリボソームが対応するアミノアシルtRNAが周りにないコドンに達したときに，リボソームの移動が停止してしまうこと．

- *trp* オペロンのリーダー領域には14個のコドンから成る読み枠があり，2個のトリプトファンコドンが含まれる．
- この読み枠が翻訳されるかどうかでアテニュエーター部位のRNA構造が決まる．
- トリプトファンがあるとリーダー領域が翻訳されてアテニュエーター部位に転写終結ヘアピンができる．
- トリプトファンがないとリボソームはトリプトファンコドンで立ち往生し，違うRNA二次構造が形成されて転写終結ヘアピンができずに転写は続行する．

アテニュエーター部位での転写の終結はどのようにしてトリプトファンの量に反応するのだろうか．リーダー領域の塩基配列をみるとその機構が予想できる．図13・8 に示すようにリーダー領域には14アミノ酸から成る**リーダーペプチド**をコードする短いコード配列がある．この配列には二つのトリプトファンコドンが並んでいる．細胞内にトリプトファンがなくなると，リーダーペプチドを合成途中のリボソームはトリプトファンコドンの所で立ち往生する．mRNAの塩基配列から考えると，この**リボソームの停止**がアテニュエーター部位での転写終結に影響を与えるのであろう．

リーダー領域の塩基配列は，2通りの塩基対による二次構造をつくることができる．そこで，リボソームがリーダー領域の中をどこまで進むことができるかによって，リーダー配列のとる構造を制御できる．つまり，その構造によって，mRNAが転写終結

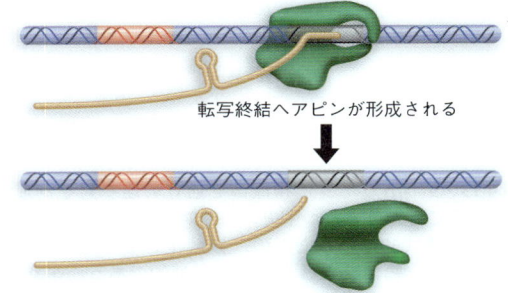

**図13・7** アテニュエーターはRNAポリメラーゼが *trp* 遺伝子内にまで進行するのを調節する．RNAポリメラーゼはプロモーターから転写を開始した後，＋140にあるアテニュエーターに至る手前，すなわち＋90の位置まで進んでいったん停止する．トリプトファンがないときには，RNAポリメラーゼは構造遺伝子内にまで転写を継続する（＋163から *trpE* 遺伝子が始まる）．トリプトファンがあるときには，RNAポリメラーゼはアテニュエーターまでくると約90％の確率で転写を終結して，140塩基のリーダーRNAを遊離する．

図 13・8 トリプトファンオペロンにはオペレーターとアテニュエーターの間にリーダーペプチドをコードする短い配列がある．

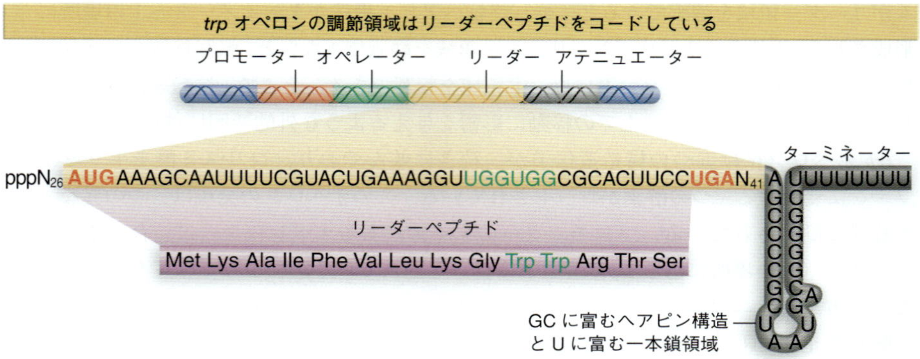

**trp オペロンの調節領域はリーダーペプチドをコードしている**

プロモーター　オペレーター　リーダー　アテニュエーター

pppN$_{26}$ AUGAAAGCAAUUUUCGUACUGAAAGGUUGGUGGCGCACUUCCUGAN$_{41}$AUUUUUUUU ターミネーター

リーダーペプチド
Met Lys Ala Ile Phe Val Leu Lys Gly Trp Trp Arg Thr Ser

GC に富むヘアピン構造と U に富む一本鎖領域

　必要な特徴をもつ分子形になるかどうかが決定されるだろう．
　図 13・9 はこれらの構造を描いたものである．最初に領域 1 と領域 2 が対をつくると領域 3 と領域 4 も対をつくる．そして領域 3, 4 の対は U$_8$ 配列の手前でヘアピンを形成する．これは ρ 因子非依存性転写終結に必須の信号である．おそらくこの RNA は外部からの干渉を受けなければ，この構造をとるのであろう．

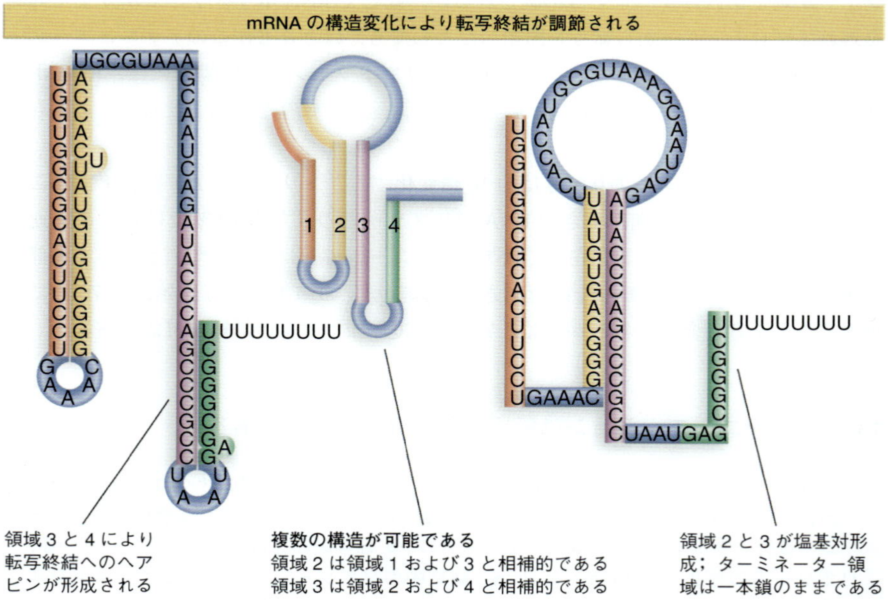

**mRNA の構造変化により転写終結が調節される**

図 13・9 trp リーダー領域は 2 通りの塩基対を形成することができる．中央: 塩基対のできる四つの領域を模式的に示したもの．領域 1 と 2 は互いに相補的で，領域 2 と 3 も互いに相補的である．また，領域 3 と 4 も相補的である．左: 領域 1 と 2，領域 3 と 4 が塩基対を形成したときにつくられる構造．右: 領域 2 と 3 が塩基対をつくり，領域 1 と 4 は塩基対ができないままになっている構造．

領域 3 と 4 により転写終結へのヘアピンが形成される

複数の構造が可能である
領域 2 は領域 1 および 3 と相補的である
領域 3 は領域 2 および 4 と相補的である

領域 2 と 3 が塩基対形成; ターミネーター領域は一本鎖のままである

　ところが領域 1 と領域 2 の塩基対形成が阻害されると別の構造が形成される．この場合，領域 2 は領域 3 と塩基対をつくる．すると領域 4 は対を組む相手がなくなるので一本鎖のままでいなくてはならなくなり，転写終結のヘアピン構造はできない．
　図 13・10 が示すように，リボソームの位置によってどの構造をとるかが決まり，その結果トリプトファンがない場合には転写終結が回避される．重要な点はリーダーペプチドのコード領域内にある Trp コドンの位置である．
　トリプトファンがあるときには，リボソームはリーダーペプチドを合成する．合成は mRNA のリーダー部分を通過して，領域 1 と 2 の間にある UGA コドンまで続く．図の下部に見られるように，この位置まで進んだリボソームは領域 2 と相互作用しているので，この領域は塩基対をつくれない．その結果領域 3 は領域 4 と塩基対を形成して転写終結のヘアピン構造ができあがる．したがってこのような条件の下では，RNA ポリメラーゼはアテニュエーターで転写を終結する．
　トリプトファンがなければ，リボソームは先述の Trp コドンで停止する．図の上部に示すようにこれらのコドンは領域 1 の中にあるので，領域 1 はリボソームと相互作用して，領域 2 と塩基対を形成できない．その結果，領域 4 が転写される前に領域 2 と 3 とが塩基対をつくってしまう．すると領域 4 は一本鎖の形に保たれ，転写終結のヘアピン構造ができないので，RNA ポリメラーゼはアテニュエーターを通過して転写を続けることになる．

218　13. 調節 RNA

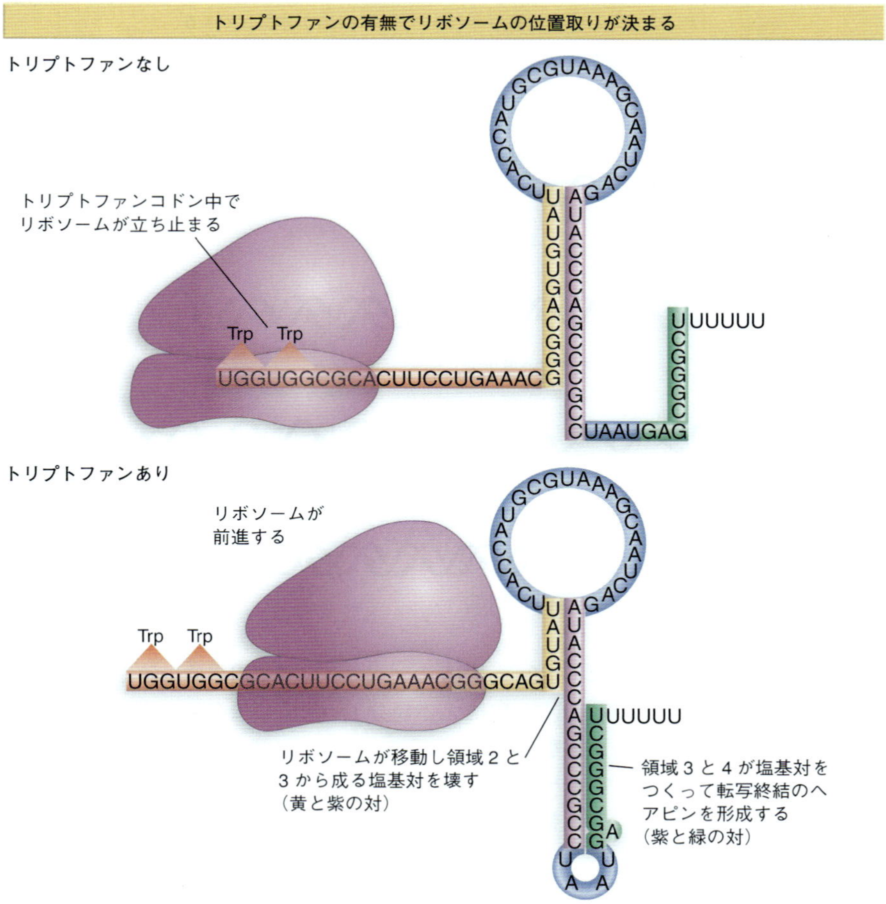

**図 13・10** RNA ポリメラーゼのアテニュエーターでの作用は，リボソームの位置に依存し，領域3と4が対をつくって転写終結のヘアピンを形成するかどうかで決まる．

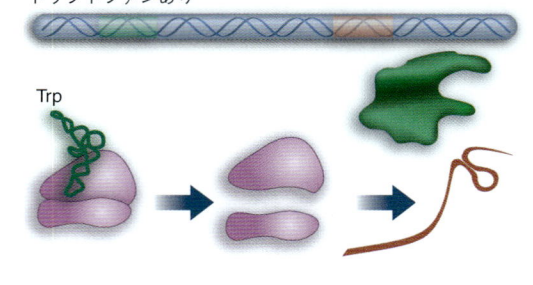

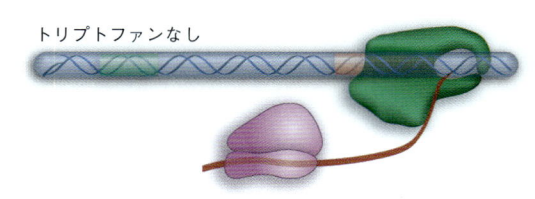

トリプトファンの有無でリボソームの位置取りが決まる

トリプトファンなし

トリプトファンコドン中でリボソームが立ち止まる

トリプトファンあり

リボソームが前進する

リボソームが移動し領域2と3から成る塩基対を壊す（黄と紫の対）

領域3と4が塩基対をつくって転写終結のヘアピンを形成する（紫と緑の対）

Trp-tRNA が大腸菌 *trp* オペロンの発現を直接調節している

トリプトファンあり

トリプトファンなし

**図 13・11** Trp-tRNA があると，リボソームはリーダー領域を翻訳して mRNA から解離する．すると転写終結のヘアピンが形成されて RNA ポリメラーゼは転写を止める．Trp-tRNA がないとリボソームが立ち往生して転写終結のヘアピンが形成されず，RNA ポリメラーゼは転写を続行する．

図 13・11 には *trp* オペロンの発現調節における Trp-tRNA の役割をまとめた．Trp-tRNA の供給が不十分なときにこれを感知するアテニュエーションの機構によって，タンパク質合成の際にどの程度細胞がトリプトファンを必要としているかが直接的に反映されるわけである．

したがって，大腸菌も枯草菌も tRNA の有無に応答して mRNA の構造を調節するという同じような機構を使っている．しかし，mRNA と tRNA の相互作用の様式はそれぞれ異なっている．どちらも結果は同じであり，トリプトファンが過剰なときには合成を阻害し，トリプトファンを結合していない tRNA^Trp がたまると合成が促進される．

## 13・6 遺伝子発現を阻害するのにアンチセンス RNA が用いられる

> **アンチセンス遺伝子** antisense gene 標的とする RNA に相補的な配列をもつ（アンチセンス）RNA をコードする遺伝子．

- 真核細胞に遺伝子を逆向きにして導入すると，対応する内在性遺伝子の発現が阻害される．

塩基対の形成は，ある RNA が別の RNA を調節するための強力な方法である．原核，真核生物を問わず，（普通は短い）一本鎖 RNA が mRNA の相補的領域と塩基対を形成してその発現を抑制する例が数多くある．このような効果の最初の事例は真核細胞にアンチセンス遺伝子を導入するという人工的な方法で示された．

アンチセンス遺伝子ではプロモーターに対する遺伝子の方向が逆に構築されており，図 13・12 に示すように "アンチセンス" 鎖の転写が起こる．アンチセンス RNA は効率の良い合成調節因子であり，原核および真核細胞のいずれの場合においても標的 RNA を不活性化する．

アンチセンス RNA はどの段階で発現を抑えるのだろうか．原理的には本来の遺伝子

図 13・12 アンチセンス RNA をつくる遺伝子は，野生型遺伝子をプロモーターに対して反対方向に組込むことでつくることができる．アンチセンス RNA は野生型 RNA と塩基対を形成して RNA・RNA 二本鎖となる．

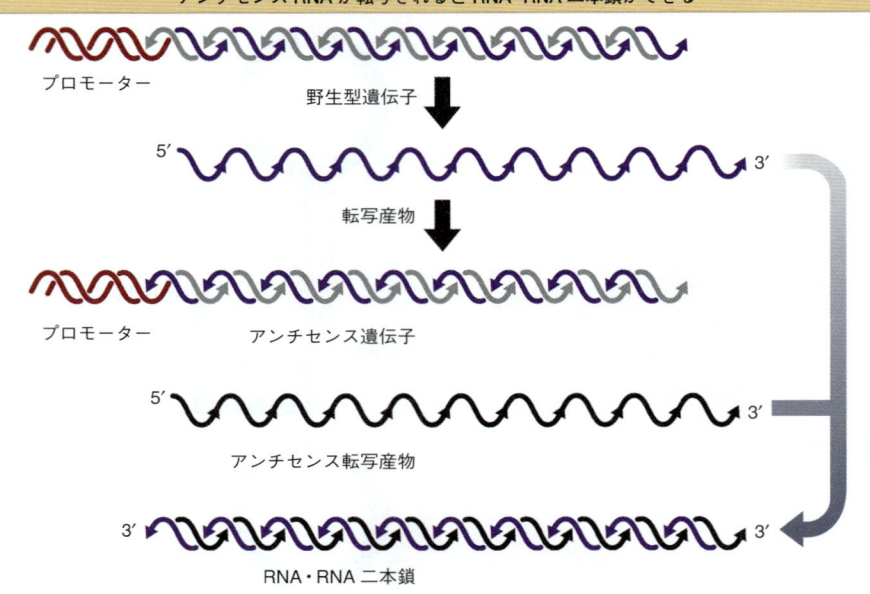

**アンチセンス RNA が転写されると RNA・RNA 二本鎖ができる**

プロモーター　野生型遺伝子

転写産物

プロモーター　アンチセンス遺伝子

アンチセンス転写産物

RNA・RNA 二本鎖

の転写，RNA 産物のプロセシング，mRNA の翻訳の各段階で阻害的に働くことができる．いくつかの系では阻害が RNA・RNA 二本鎖分子の形成に依存し，核あるいは細胞質のどちらでも起こることが観察されている．アンチセンス遺伝子が安定に維持されている培養細胞ではセンス-アンチセンス RNA 鎖が核内で形成され，センス RNA の正常なプロセシングや（あるいは）輸送が妨げられる．細胞質にアンチセンス RNA を注入した場合は mRNA の 5′ 領域とその RNA が二本鎖を形成して翻訳の阻害が起こる．

この方法は遺伝子を意のままに抑制できる有効な方法である．たとえばアンチセンス RNA を導入することにより，調節遺伝子の役割が研究できる．低分子 RNA が相補的な配列をもつ RNA の発現を阻害するという発見によって，その原理を用いて今ではさらに巧妙な調節が可能である（§13・10 参照）．

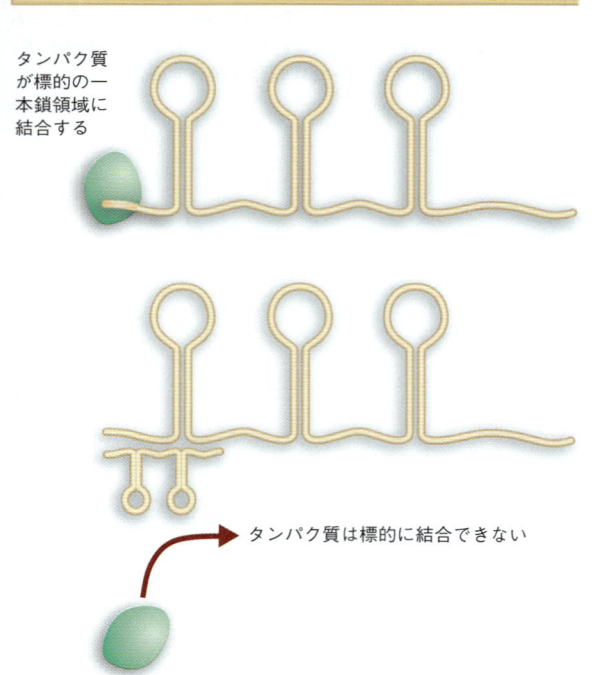

## 13・7　低分子 RNA は翻訳を調節する

**リボスイッチ　riboswitch**　低分子リガンドに応答して活性化あるいは阻害される，触媒作用をもつ RNA．

- 調節 RNA は標的遺伝子と二本鎖を形成して働く．
- 二本鎖の形成により，翻訳阻害あるいは転写終結が起こるようである．エンドヌクレアーゼによる切断部位が形成されるかもしれない．

リプレッサーやアクチベーターはトランスに働くタンパク質である．だが調節因子として RNA を用いても，制御の回路を同様につくることができる．実際，当初のオペロン説では，調節因子が RNA かタンパク質かについて言及していなかった．最近では，合成アンチセンス RNA がある種の調節 RNA と類似の機能を発揮することがわかり，調節 RNA はますます重要になってきている．

タンパク質の調節因子同様，小さな調節 RNA は独立して合成され，特異的な塩基配列をもった標的部位に向かって拡散していく．調節 RNA の標的となるのは一本鎖の核酸であろう．調節 RNA は標的と相補性によって二本鎖を形成して機能を発揮する．

調節 RNA の作用に対して二つの機構が考えられる：

- 標的核酸と二本鎖を形成することにより，たとえば必要な部位が隠されてしまうことで直接 mRNA の機能が妨げられる．図 13・13 に示すように，一本鎖 RNA に結合するタンパク質の機能が二本鎖領域ができることで妨げられ

**調節 RNA がタンパク質の RNA への結合を阻害する**

タンパク質が標的の一本鎖領域に結合する

タンパク質は標的に結合できない

図 13・13　標的 RNA の一本鎖領域に結合するタンパク質は標的 RNA 部位と二本鎖を形成する調節 RNA の働きにより排除される．

る．図13・14に示すのは逆の状況であり，二本鎖領域が形成されることでエンドヌクレアーゼの結合部位が形成されて標的RNAが分解される．

● 標的分子の一部が二本鎖を形成すると他の領域の構造が変わり，間接的に機能に影響が及ぶ．図13・15に例を示す．この機構は本質的にはアテニュエーションでみた二次構造の活用に似ている（§13・2参照）．違うのは，相互作用にあずかる領域が同一RNA分子内ではなく異なるRNA分子間に存在する点である．

RNA分子による調節は，どちらの場合にも標的mRNAの二次構造を変化させることによっている．

小さな調節RNAの働きは，それをコードする遺伝子の転写を調節することで機能をオンにしたり，分解する酵素の働きで機能をオフにすることで調節できる．そうでないと普通は調節RNAの働きをコントロールすることはできない．実際のところ，オペロンを調節するリプレッサータンパク質と異なり，RNA分子はその標的認識能を変化させるような低分子物質に応答できないであろうから，調節RNAにアロステリックな性質をもたせることはできないと思われてきた．

リボスイッチの発見はこうした考えの例外である．図13・16に代謝産物GlcN6P（グルコサミン6-リン酸）の合成調節系をまとめる．*glmS*遺伝子は，Fru6P（フルクトース6-リン酸）とグルタミンからGlcN6Pを合成する酵素をコードする．そのmRNAはコード領域に先立って長い5′非翻訳領域（UTR）をもつ．このUTRに含まれるのがリボザイム ── 触媒活性のあるRNA配列である（§27・4参照）．この場合の触媒活性とは，自らのRNAを切断するエンドヌクレアーゼ活性である．リボザイムに代謝産物GlcN6Pが結合するとエンドヌクレアーゼが活性化される．そこで，GlcN6Pが蓄積するとリボザイムが活性化されてmRNAが切断され，それ以上の翻訳が起こらなくなる．この例は，代謝経路の最終産物によるリプレッサータンパク質のアロステリック調節に見事に対応している．細菌にはこのようなリボスイッチともよべる例がいくつか知られている．

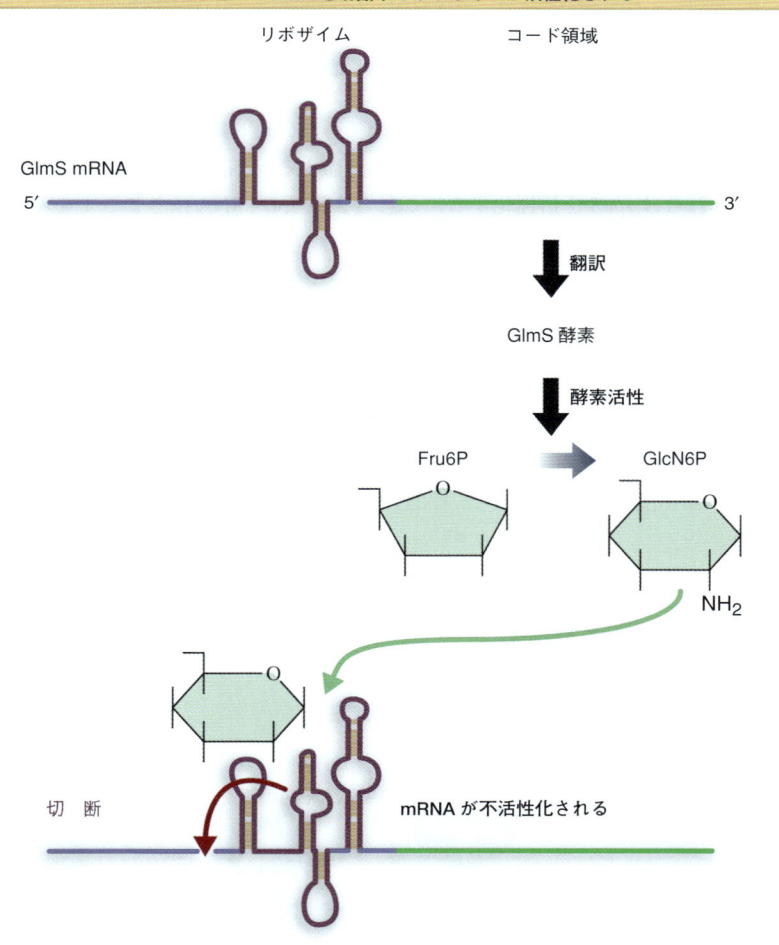

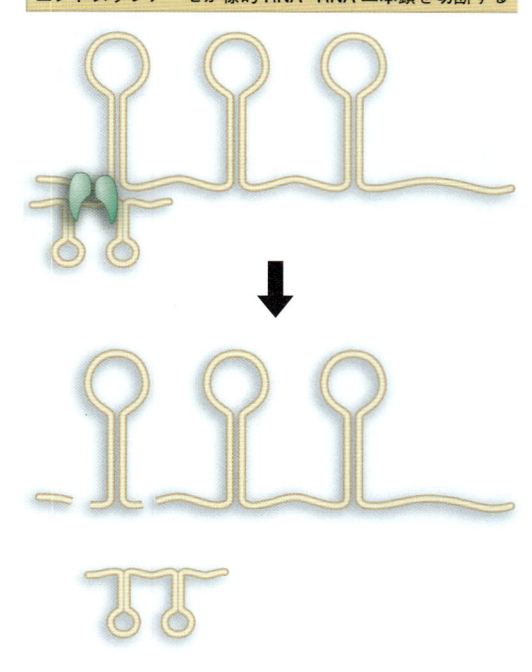

図13・14 調節RNAが標的RNAと二本鎖を形成することでヌクレアーゼによる切断部位ができる．

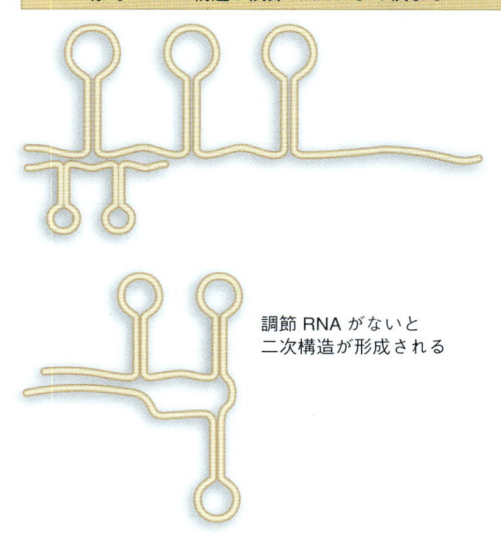

図13・15 調節RNAと塩基対を形成することで，標的RNA分子内の特定の二次構造形成が妨げられる．ここで示した例では，標的RNAの3′末端領域と5′末端領域の分子内塩基対形成が妨げられる．

図13・16 GlcN6Pを合成する酵素がコードするmRNAの5′非翻訳領域には代謝産物GlcN6Pで活性化されるリボザイムが含まれる．リボザイムによりmRNAが切断，不活性化される．

13・7 低分子RNAは翻訳を調節する

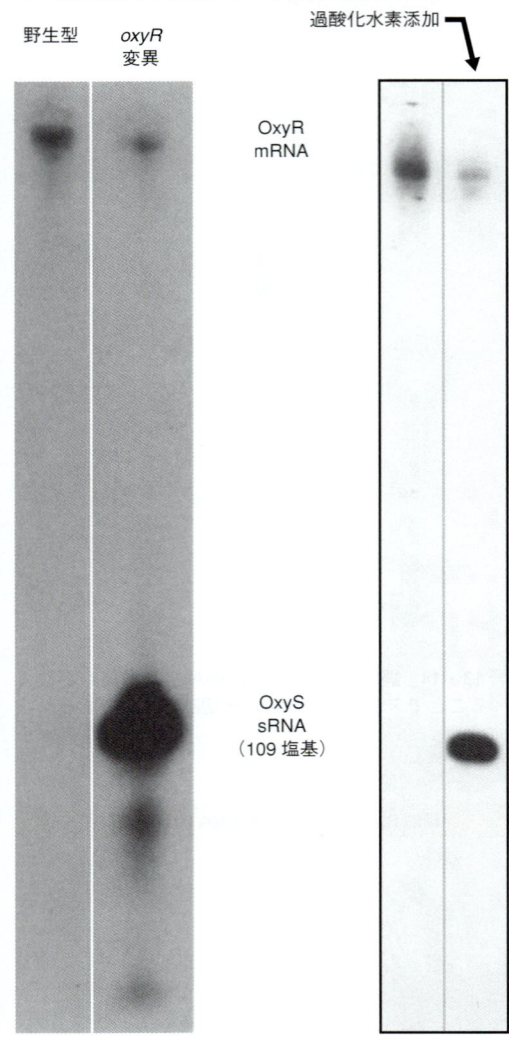

**図 13・17** 左のゲルの写真に示すように，恒常的 *oxyR* 変異株では OxyS sRNA が誘導される．右のゲルでは，野生株を過酸化水素で処理をすると 1 分以内に OxyS sRNA の誘導が起こることを示している．写真は Gisela Storz 氏のご好意による．

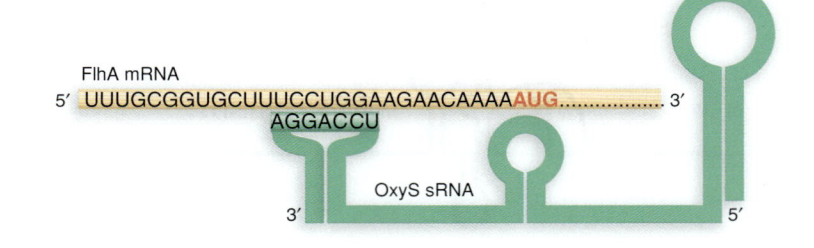

**図 13・18** OxyS sRNA は FlhA mRNA の AUG 翻訳開始コドンのすぐ上流部位で塩基対を形成することで翻訳を阻害する．

## 13・8 細菌では sRNA による調節がある

**sRNA** 細菌の低分子 RNA で，遺伝子発現の調節因子として機能する．

- 大腸菌にはいくつかの sRNA があり，多くの標的遺伝子の発現を協調的に調節している．
- OxyS sRNA は 10 種類以上の遺伝子の発現を転写後の段階で活性化または抑制する．

細菌の調節 RNA はまとめて **sRNA** とよばれる小さな分子である．大腸菌には少なくとも 17 種類の sRNA が見つかる．これらのいくつかは一般的調節因子として多くの標的遺伝子に影響を与える．RNA が調節因子として使われる興味深いシステムとして酸化ストレス応答がある．細菌は活性酸素分子種にさらされると抗酸化防御遺伝子を誘導して応戦する．過酸化水素により転写アクチベーター OxyR が活性化され，いくつかの標的遺伝子の発現が誘導される．誘導される遺伝子の一つが *oxyS* であり，低分子 RNA（sRNA）をコードしている．

図 13・17 には *oxyS* の発現調節に関する二つの目立った特徴を示す．この遺伝子は普通に生育させた野生株では発現していない．図の左側にある 1 対のゲルの写真からわかるように，恒常的に活性化された型の *oxyR* 遺伝子をもつ変異株では *oxyS* の発現レベルが高い．こうして *oxyS* 遺伝子が *oxyR* の標的であることがわかる．図の右側のゲルの写真からは，野生株を過酸化水素にさらすと 1 分以内に OxyS sRNA が転写されることがわかる．

OxyS sRNA の配列は短く，タンパク質をコードしていない．この RNA はトランスに働く調節因子として転写後の段階で遺伝子発現に影響を与える．その標的部位が大腸菌染色体上に 10 箇所以上あり，ある場所では発現を誘導し，別の場所では抑制する．図 13・18 には標的 FlhA mRNA に対する抑制作用を示す．OxyS sRNA の二次構造をみると三つのステム-ループ構造があり，3′末端側に近いループは FlhA mRNA の翻訳開始コドンのすぐ上流の配列と相補的である．OxyS と FlhA の各 RNA 間で塩基対が形成され，リボソームが開始コドンに結合できなくなって翻訳が妨げられる．FlhA コード領域内にももう 1 箇所塩基対を形成する配列がある．

*oxyS* の別の標的として *rpoS* 遺伝子があり，これは（一般的ストレス応答をひき起こす）代替 σ 因子をコードしている．*oxyS* はこの σ 因子の発現を抑制することで，酸化ストレスに特異的な応答が結果として別の関係のないストレス応答系の引き金を引いてしまわないようにしている．*rpoS* 遺伝子を調節する sRNA が別に二つあり（DsrA と RprA），これらは *rpoS* を活性化する．これら 3 種類の sRNA はさまざまな環境条件に協調的に応答するための汎用型調節因子である．

これらの sRNA は Hfq とよばれる RNA 結合タンパク質の助けを借りて働く．Hfq は元来 RNA ファージ Qβ の複製に必要な宿主因子として見いだされた．Hfq は真核生物の snRNA（低分子核内 RNA）に結合する Sm タンパク質と関連がある（§26・5 参照）．Hfq は多面的タンパク質であり，変異が起こるといろいろな影響が現れる．Hfq は多くの大腸菌 sRNA に結合するが，たとえば，OxyS sRNA の標的 mRNA への結合能を促進して sRNA の効果を高める．Hfq の作用は，おそらく OxyS sRNA の二次構造を整えて一本鎖領域の露出度を高めることで，標的 mRNA との塩基対の形成をやりやすくすることだろう．

**OxyS sRNA の 3′末端にあるループが FlhA mRNA の翻訳開始点と塩基対を形成する**

## 13・9　多くの真核生物でマイクロRNAが調節因子として働く

> **マイクロRNA（miRNA）** microRNA　非常に短いRNA分子で，遺伝子発現の調節を行っていることもある．

- 動物や植物のゲノムにはマイクロRNAとよばれる短い（約22塩基）RNAが数多くコードされている．
- マイクロRNAは標的mRNAの相補的配列と塩基対を形成して発現を調節する．

多くの真核生物において，きわめて短いRNAが遺伝子発現調節因子として働いている．その最初の例は線虫（C.elegans）で見いだされ，調節遺伝子 *lin4* とその標的である *lin14* の相互作用が解析された．図 13・19 にこの調節システムの働きを示す．*lin14* の発現は *lin4* により制御されているが，これは22塩基から成る短いRNAをコードしている．*lin4* の転写産物はLin14 mRNAの3′末端の非翻訳領域にある10塩基の7回反復配列と相補的である．*lin4* の発現により *lin14* の発現が転写後の段階で抑制されるが，これは二つのRNAが塩基対を形成してmRNAの分解がひき起こされるからであろう．

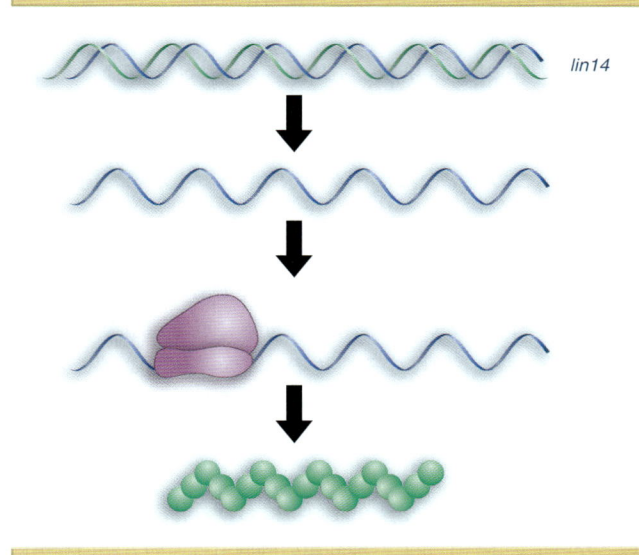

Lin4 RNAは**マイクロRNA（miRNA）**の一例である．線虫には21〜24塩基から成るマイクロRNAをコードする遺伝子が55種類ほどある．これらの遺伝子の発現パターンには発生段階に応じた変化があり，遺伝子発現調節因子として働いているようだ．多くの線虫マイクロRNAは大きな（15S）リボ核タンパク質粒子の中に存在している．

これらの線虫マイクロRNAには哺乳類にも相同なものが多くあるので，この機構は生物に広く保存されているようだ．植物にも認められ，シロイヌナズナの16種のマイクロRNAのうちの8種類は完全にイネでも保存されているので，この調節機構がいかに広く保存されているかがうかがえる．

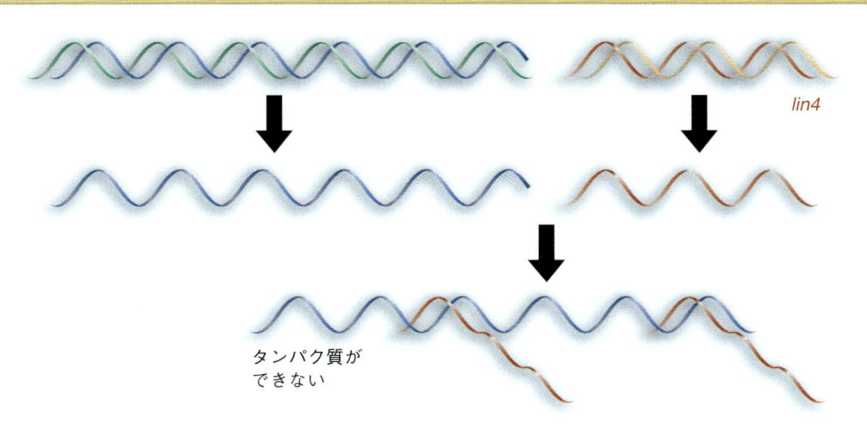

図 13・19　Lin4 RNAは *lin14* の3′末端の非翻訳領域に結合してその発現を抑える．

マイクロRNAがつくられる機構も広く保存されている．*lin4*を例にとると，この遺伝子は二本鎖領域をもつ産物として転写され，ダイサー（Dicer）とよばれるヌクレアーゼの標的となる．ダイサーはN末端側に二本鎖領域を巻き戻すヘリカーゼ活性をもち，それに加えて細菌のリボヌクレアーゼIIIと関連した二つのヌクレアーゼドメインをもつ．関連した酵素は，ハエ，線虫，植物に見つかる．前駆体の転写産物が分解されて活性のあるマイクロRNAができる．この酵素活性を阻害するとマイクロRNAができなくなる．

### 13・10　RNA干渉は遺伝子サイレンシングと関連がある

> **RNA干渉（RNAi）** RNA interference　二本鎖RNAを細胞に導入し，標的遺伝子の活性を消失または低下させる手法．標的遺伝子に相同な配列をもつ二本鎖RNAがあると，それに相補的な配列が標的遺伝子のmRNAの分解をひき起こす作用をもつために起こる．
> **RNAサイレンシング** RNA silencing　植物において，二本鎖RNA（dsRNA）が対応する遺伝子の発現を体系的に抑制する性質．
> **共抑制（コサプレッション）** cosuppression　（おもに植物で）遺伝子の導入によって，対応する内在性遺伝子の発現も抑制される現象．

- 短いdsRNA（二本鎖RNA）によるRNA干渉では，dsRNAのどちらかの鎖と相補的な標的mRNAの分解がひき起こされる．
- dsRNAは宿主細胞の遺伝子にサイレンシング効果をもたらすかもしれない．

RNA干渉（RNAi）とよばれる現象を利用して，マイクロRNAによるmRNAの調節機構を人工的に模倣することができる．この現象の発見の発端は，アンチセンスRNAでもセンスRNAでも同等に遺伝子発現を阻害できることが観察されたことである．この現象が見つかったのは，一本鎖RNA（と思っていた）試料中に実際には少量の二本鎖RNA（dsRNA）が混ざっていたことによる．

dsRNAはATP依存的に分解されて21～23塩基のオリゴヌクレオチドになる．こうしてできた短いRNAはsiRNA（short interfering RNA）とよばれる．**図13・20**にはその切断様式を示すが，長いdsRNAの両末端において短い（2塩基）3′末端突出型の切込みが入るように切断される．この反応にはマイクロRNAをつくるのと同じ酵素（ダイサー）がかかわっている．

RNA干渉は転写後の段階で起こり，siRNAが働いてそれと相補的なmRNAが分解される．**図13・21**からうかがえるように，siRNA断片はそれと片方あるいは両方が相補的なmRNAと塩基対を形成することでヌクレアーゼによる分解に導く鋳型を形成するのだろう．おそらく，塩基対の形成を手助けするためのヘリカーゼも必要だろう．siRNAの働きは，塩基対を形成した領域の中央でmRNAの切断が起こるようにしむけることである．これらの反応はRISC（RNA-induced silencing complex）とよばれるリボ核タンパク質複合体中で起こる．

RNA干渉は線虫やショウジョウバエといった無脊椎動物における特異的遺伝子の発現阻害のための強力な手段となっている．しかし，哺乳類の細胞ではこの方法の利用に限界がある．というのは，哺乳類細胞ではdsRNAがタンパク質合成を阻害したりRNA

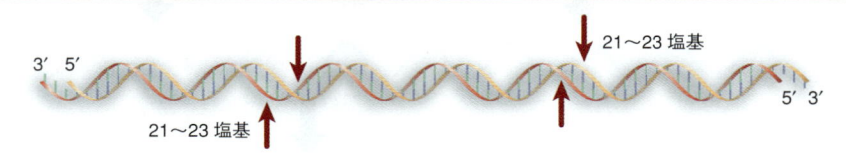

**図13・20**　RNA干渉を仲介するsiRNAは，ds RNAがより短く切断されてできる．切断は3′末端から21～23塩基で起こり，生じたsiRNAは3′末端が突出している．

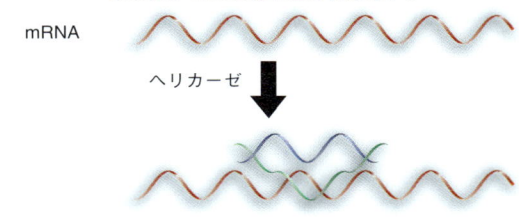

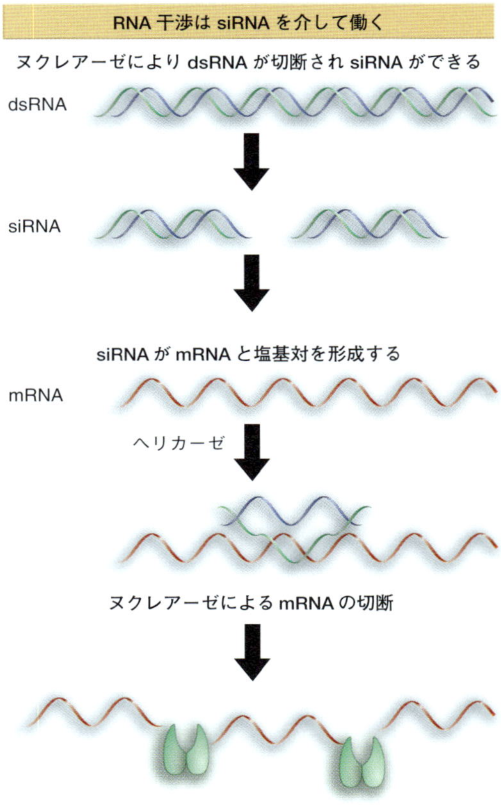

分解をひき起こしたりしてもっと非特異的な応答が起こるからである．こうしたことが二つの反応を介して起こることを図 13・22 に示す．dsRNA は酵素 PKR（二本鎖 RNA 依存性プロテインキナーゼ；dsRNA-dependent protein kinase）を活性化し，PKR は翻訳開始因子 eIF-2a の活性を阻害する．同時に dsRNA は（2′-5′）オリゴアデニル酸合成酵素（2-5A 合成酵素）を活性化し，この酵素の産物が RNA 分解酵素（リボヌクレアーゼ L）を活性化することであらゆる mRNA が分解されてしまう．しかし，これらの反応には 26 塩基より長い dsRNA が必要とされることがわかった．より短い（21〜23 塩基の）dsRNA をヒトの細胞に導入すると，まさに線虫やハエの RNA 干渉と同じように相補的 mRNA の特異的分解がひき起こされる．これらの利点を活用することで，おそらく RNA 干渉は特異的遺伝子の発現を阻害する普遍的な手法を提供するであろう．

RNA 干渉は自然界で起こっている遺伝子発現抑制機構と関連している．植物やカビは **RNA サイレンシング**〔PTGS（post-transcriptional gene silencing）ともよばれる〕機構をもっており，dsRNA を介して遺伝子発現を阻害する．dsRNA の最もありふれたものとして複製途中のウイルスがある．RNA サイレンシング機構はウイルス防御機構として獲得されたのだろう．植物にウイルスが感染すると dsRNA がつくられ，ウイルス遺伝子の発現を抑制する引き金が引かれる．さらに目を見張る性質として，RNA サイレンシングが起こるのは単にウイルスの侵略を受けた細胞だけにとどまらない．その効果は植物全体に伝搬する．おそらく RNA あるいはその断片が伝搬することでシグナルの増幅が起こるのだろう．これにはウイルスの伝搬にかかわっている特性と同じ何かが必要とされるかもしれない．RNA サイレンシングには RNA 依存性 RNA ポリメラーゼによるシグナルの増幅がかかわっており，この新奇な酵素により siRNA をプライマーとして使い，相補的 RNA を鋳型にしてさらに多くの RNA がつくられる可能性がある．

関連した機構として，導入遺伝子を取込むとそれに対応した内在性遺伝子の発現が同時に抑制される **共抑制**（コサプレッション）という現象がある．この現象はおもに植物で調べられた．想像するに，導入遺伝子からセンスおよびアンチセンス RNA の両コピーがつくられ，こうしてできた dsRNA が内在性遺伝子の発現を抑制するのだろう．

サイレンシングは RNA-RNA 相互作用を介して起こると考えられる．しかし，dsRNA が DNA に直接相互作用して遺伝子の発現を抑制することも可能である．もしウイルス RNA の DNA コピーが植物ゲノムに組込まれたとすると，ウイルス RNA の複製時に同時にメチル化される．このことは RNA 由来の配列が DNA のメチル化を誘導することを示唆している．特定の dsRNA に対応した DNA を標的としたメチル化が起こることが植物でわかっている．DNA のメチル化は転写の抑制に関連しており，dsRNA による遺伝子発現の抑制の別のやり方として DNA のメチル化も考えられる．しかし，その機構に関しては何もわかっていない．

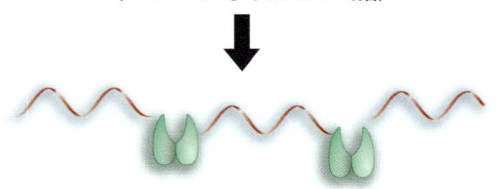

図 13・21 dsRNA が切断されて，その断片が対応する mRNA の分解をひき起こすことで RNA 干渉が起こる．

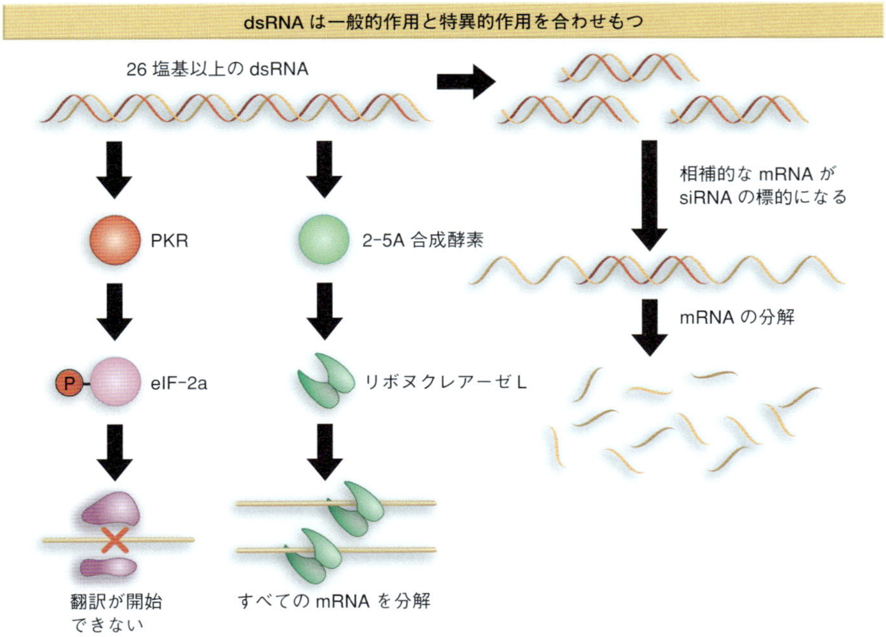

図 13・22 哺乳類細胞では，dsRNA が配列特異的な阻害作用を示すだけでなく，翻訳系を阻害することですべての mRNA を分解する．

## 13・11 要　約

　遺伝子の発現はアクチベーターによる正の調節やリプレッサーによる負の調節を受ける．まず考えられるありふれた調節は転写開始の段階であるが，転写の終結段階での調節も可能である．mRNAと相互作用する因子により翻訳が制御されることもある．調節因子は，アロステリック効果を介して環境条件に応じて機能が制御される調節タンパク質であるかもしれないし，標的RNAと塩基対を形成してその構造を変化させることで働く調節RNAかもしれない．一つの調節因子の合成や活性が，別の調節因子により制御されることで調節因子間で連携ができて調節ネットワークが形成される．

　アテニュエーションは細菌のオペロンで用いられている調節機構の一つで，転写終結を調節することによって転写レベルの発現を制御している．アミノ酸の生合成にかかわる酵素をコードするオペロンでよく使われている．オペロンのポリシストロニックmRNAの始まり部分は，2通りの二次構造をとりうる．一つの構造はヘアピンループで，構造遺伝子の上流で働く $\rho$ 因子非依存性ターミネーターとなる．もう一つの構造はヘアピンをもたない．いろいろな相互作用によりヘアピンができるかどうかが決まる．タンパク質が結合してmRNAが一方の構造しかとれないようにする方法があり，枯草菌の *trp* オペロンではTRAPがこの役割をする．TRAPの活性はアンチTRAPにより調節され，さらにアンチTRAPの合成はアミノ酸が付いていない $tRNA^{Trp}$ のレベルに応じて調節される．大腸菌の *trp* オペロンでは，どちらの構造をとるかは短いリーダー配列の翻訳が進むかどうかで決まり，リーダー配列にはその系でつくられるアミノ酸のコドンが含まれる．そのアミノ酸に対応するアミノアシルtRNAがあればリボソームはリーダー領域を翻訳し，それによって転写終結をひき起こすような二次構造が形成される．このアミノアシルtRNAがないときはリボソームがそこで立ち往生するので，転写終結に必要なヘアピン構造がとれないような二次構造になる．アミノアシルtRNAの供給に逆比例してアミノ酸生合成が調節されている．

　小さな調節RNAが原核，真核生物を問わず見つかる．大腸菌には17種類近くのsRNAが見つかる．そのうち，OxyS sRNAは約10種類の標的遺伝子の発現を翻訳後の段階で調節する．ある標的遺伝子は抑制され，別のものは活性化される．抑制はsRNAが標的mRNA上のリボソーム結合部位を含む領域と二本鎖構造をとることで起こる．多くの真核生物に見つかるマイクロRNAは約22塩基の長さであり，長い転写産物が切断されてできる．これらのRNAは標的RNAと塩基対を形成して，エンドヌクレアーゼの基質となる二本鎖領域をつくる．こうしてmRNAが分解されて発現が抑制される．RNA干渉（RNAi）は真核生物における遺伝子破壊法としてまたとない普遍的手法となりつつある．この方法を用いると，一方の鎖が標的RNAと相補的な短いdsRNAを導入することで標的RNAの分解がひき起こされる．この現象はRNAサイレンシングとよばれる，植物が天然にもつ防御機構と関連があるかもしれない．

# 14 ファージの作戦

| | |
|---|---|
| 14・1　はじめに | 14・10　リプレッサーはヘリックス-ターン-ヘリックスモチーフでDNAに結合する |
| 14・2　溶菌サイクルは2段階に分けられる | |
| 14・3　溶菌サイクルの調節はカスケードで行われる | 14・11　リプレッサー二量体は協調的にオペレーターに結合する |
| 14・4　溶菌カスケードは二つの様式で調節される | 14・12　リプレッサーによる自己調節系の確立 |
| 14・5　λファージの先発型と後発型初期遺伝子は溶原化および溶菌サイクルの両方に必要である | 14・13　協調的相互作用による敏感な調節 |
| | 14・14　溶原化には $cII$ と $cIII$ 遺伝子が必要である |
| 14・6　溶菌サイクルは抗転写終結によっている | 14・15　いくつかの条件が溶原化に必要である |
| 14・7　溶原化はリプレッサーにより維持される | 14・16　Cro リプレッサーは溶菌サイクルに必要である |
| 14・8　免疫性はリプレッサーとそれが結合するオペレーターにより決まる | 14・17　何によって溶原化と溶菌サイクルのバランスが決まるのだろうか |
| 14・9　リプレッサーは二量体としてDNAに結合する | 14・18　要　約 |

## 14・1　はじめに

**バクテリオファージ (ファージ)** bacteriophage (phage)　細菌に感染するウイルス.
**溶菌感染** lytic infection　子ファージの放出に伴ってその細菌が破壊されるような，ファージの細菌への感染様式で，その一連の過程を溶菌サイクルとよぶ.
**溶　菌** lysis　ファージの溶菌サイクルの終わりに，(ファージの酵素が細菌の細胞膜や細胞壁を破壊するため) 細菌が破れて子ファージが放出されることによる細菌の死.
**溶原化** lysogeny　ファージが安定なプロファージとして細菌ゲノムの構成要素となり，細菌の中で維持されること.
**プロファージ** prophage　細菌の染色体の一部に入りこみ，共有結合で連結されたファージゲノム.
**組込み** integration　ウイルスあるいはその他のDNA配列の両端が，宿主DNAに共有結合でつながった状態で宿主ゲノムに挿入されること.
**誘　発** induction　プロファージの溶原化のリプレッサーが分解され，ファージDNAが細菌染色体から切出されて遊離する結果，プロファージが溶菌サイクルに入ること.
**切出し** excision　ファージ，エピソーム，あるいはその他の配列が宿主染色体から切出され，自律的なDNA分子となること.

　ウイルスは核酸ゲノムとそれを覆うタンパク質のコート (外殻) からできている．ウイルスが増殖するには宿主の細胞に感染する必要がある．典型的な感染では，宿主細胞の機能を乗っ取り非常にたくさんの子ファージ粒子がつくられる．細菌に感染するウイルスは一般に**バクテリオファージ**とよばれるが，単に**ファージ**と略されることが多い．通常，ファージが感染すると細菌は死滅する．ファージが細菌に感染して増殖し，ついで宿主を死滅させる**溶菌感染**の一連の過程を溶菌サイクルとよぶ．溶菌サイクルをみると，ファージのDNA (またはRNA) が宿主菌に入り，その遺伝子がある決まった順序で転写され，ファージのゲノムが複製され，ファージ粒子を構成するタンパク質がつくられる．最後に宿主菌は**溶菌**の過程で子ファージを放出して菌体は溶けてしまう．子ファージが新しい宿主に感染してサイクルが繰返される．

　ある種のファージは自らのゲノムを存続させるために細菌染色体中にその全配列を挿入するという別の感染様式をとる．この過程を**溶原化**とよぶ．溶原菌では，ファージゲノムは細菌ゲノムの一部となって細菌の遺伝子と一緒に娘細胞に受継がれる．細菌に溶原化した状態のファージを**プロファージ**とよぶ．真核細胞に感染するある種のウイルスにおいて似通った増殖サイクルがみられる (22章参照)．もともとは独立していたファージゲノムがプロファージとなって細菌ゲノムの一部となり直鎖状につながる過程を**組込み**とよぶ．細菌が染色体とは独立して存在する小さなプラスミドとよばれるゲノムをもつことがあるが，こうしたプラスミドでも時として同様に宿主ゲノムへの組込みが起こる (こうした性質をもつプラスミドはエピソームとよばれる)．

　溶原化と溶菌サイクルとは相互に転換できる．図14・1に示すように，溶菌で生じたファージが新しい宿主に感染すると溶菌を繰返すこともできるし，溶原化へと進むこ

図 14・1 溶菌サイクルに入ると子ファージ粒子が生産され宿主菌は壊される．溶原化するとファージゲノムは宿主菌の遺伝子系に組込まれてその一部となる．

**ファージは溶菌あるいは溶原化の生活様式をとる**

ともできる．いずれの方向をとるかは感染の条件と，ファージまたは宿主菌の遺伝子型によって決まる．

プロファージは**誘発**とよばれる過程によって溶原化の拘束から逃れることができる．まず，DNA は**切出し**によって細菌染色体から遊離され，遊離ファージ DNA となってから溶菌サイクルへと進む．

ファージがどちらの方式で増殖するかは，転写レベルの調節によって決定されている．溶原化はファージリプレッサーとオペレーターの相互作用により維持されている．溶菌サイクルに入るには段階的な転写調節が必要である．二つの生活様式は抑制の維持（溶菌サイクルから溶原化へ），または抑制の解除（溶原化から溶菌サイクルへ）によって転換する．これらの調節過程は，どのようにして一連の比較的単純な調節作用が結び付いてきわめて巧妙な調節回路ができあがるかを知る優れた例になる．

## 14・2　溶菌サイクルは 2 段階に分けられる

**感染初期** early infection　ファージの溶菌サイクルの一部で，ファージ DNA が菌へ侵入してから複製開始までの段階．この時期にファージは自らの DNA 複製に必要な酵素を合成する．
**感染後期** late infection　ファージの溶菌サイクルの一部で，DNA 複製から宿主細胞の溶菌までの段階．この時期に DNA 複製が行われ，ファージ粒子の構成要素が合成される．

- ファージの溶菌サイクルは初期過程（ファージ DNA 複製前）と後期過程（複製後）に分けられる．
- ファージの感染により複製と組換えを経て子ファージのプールができる．

ファージのゲノムは本質的に小さい．すべてのウイルスにはタンパク質のコートにこれらの核酸を包み込まなければならないという制約があるからである．この制約からウイルスの増殖の作戦が決められている．典型的な例は，ファージが宿主細胞の装置を乗っ取り，宿主遺伝子の代わりにファージの遺伝子を複製させ発現させる場合である．

一般に，ファージは自分の DNA を優先的に複製させるための遺伝子をもっている．これらの遺伝子の中には複製の開始に関与するものから，新しい DNA ポリメラーゼをつくるものまである．たいていの場合，宿主の転写に携わる機能に変化を生じさせるもので，RNA ポリメラーゼが置き換わったり，転写の開始や終結の機能が変わったりする．その結果は同じで，ファージの mRNA の優先的転写が起こる．タンパク質合成は宿主の装置を使えば十分で，細菌の mRNA をファージの mRNA に置き換えることによりその活性を変更させている．

溶菌サイクルではファージ遺伝子が一定の順序で発現する過程をたどり，その結果，所定の時間にそれぞれの構成成分が適量つくられる．その過程は図 14・2 に説明するように，大きく分けて二つの部分から成っている：

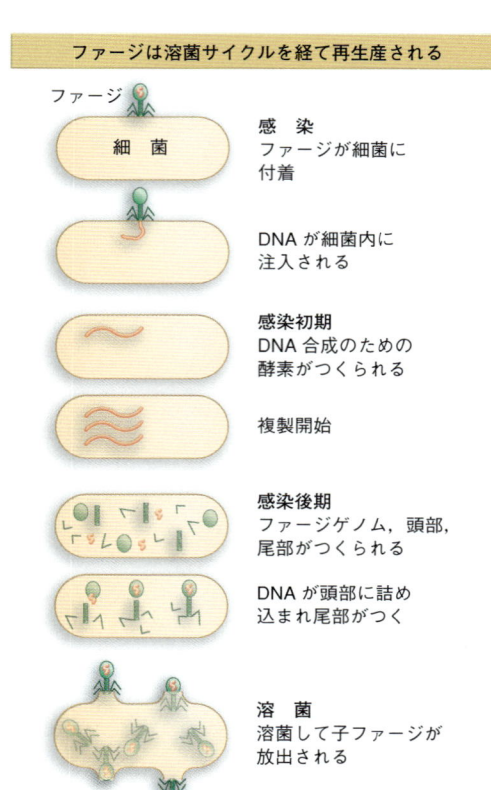

図 14・2　溶菌サイクルでファージのゲノムとタンパク質粒子が生産され，それらが集合して子ファージがつくられる．

- **感染初期**はDNAの侵入からその複製開始までの期間である．
- **感染後期**は複製の開始から細菌が溶菌して子ファージ粒子を放出する最後の段階までである．

通常は，初期段階ではもっぱらDNAの複製に関与する酵素の合成が起こる．この中にはDNA合成，組換え，修飾などに関与する酵素が含まれる．これらの働きでファージゲノムのプールができる．プールの中でゲノムは連続的に複製と組換えを行うので，1回の溶菌サイクルではファージのゲノムが数多くできる．

後期段階が始まると，ファージ粒子の構成タンパク質がつくられる．頭部や尾部の構造をつくりあげるには多種類のタンパク質が必要なので，ファージゲノムの大部分はこの後期機能に割当てられている．さらにこの時期には構成タンパク質に加えて，それ自体は粒子中には組込まれないが，粒子を構築するために必要な"構築タンパク質"などもつくられる．これらの構成成分から頭部や尾部が形成されるまでにDNA複製の速度も最大に達している．やがて，ゲノムは空の頭部タンパク質に取込まれ，それに尾部が付き，宿主細胞が溶かされて新生ウイルス粒子が放出される．

## 14・3 溶菌サイクルの調節はカスケードで行われる

> **カスケード** cascade 一つの反応が次の反応をつぎつぎと誘発して起こる反応の連鎖．転写調節におけるカスケードとは，胞子形成やファージの溶菌サイクルにみられるように，いくつもの段階に分かれて制御が行われており，各段階で発現する遺伝子の一つが次の段階の遺伝子群の発現に必要な調節因子をコードしている．
> **初期遺伝子** early gene ファージDNAにおいて複製以前に転写される遺伝子で，調節因子や，その後の感染過程に必要とされるいくつかのタンパク質をコードしている．
> **先発型初期遺伝子** immediate early gene 他のファージの初期遺伝子に相当するλファージの遺伝子．宿主細菌へ感染した直後に宿主のRNAポリメラーゼによって転写される．
> **後発型初期遺伝子** delayed early gene 他のファージの中期遺伝子に相当するλファージの遺伝子．先発型初期遺伝子にコードされている調節タンパク質が合成されるまでは転写されない．
> **中期遺伝子** middle gene ファージ遺伝子のうち，初期遺伝子にコードされたタンパク質によって制御されるもの．中期遺伝子にコードされたタンパク質のうち，いくつかはファージDNAの複製を行い，別のタンパク質が後期遺伝子の発現の制御を行う．
> **後期遺伝子** late gene ファージDNAにおいて複製後に転写される遺伝子で，ファージ粒子の構成成分をコードしている．

> ■ 感染後に宿主RNAポリメラーゼにより転写される初期遺伝子には中期遺伝子の発現に必要な調節因子が含まれる．
> ■ 中期遺伝子には後期遺伝子の転写に必要な調節因子が含まれる．
> ■ こうしたカスケードを通して遺伝子の順序立った発現が起こる．

多くのファージでは，溶菌サイクルの順序を非常によく反映した遺伝地図をもっている．ここではオペロンという考え方がすみずみにまで適用できて，関連した機能のタンパク質をコードする遺伝子は最も経済的に制御できるようにクラスターをつくっている．このおかげで，溶菌サイクルは少数の調節スイッチで制御できる．

溶菌サイクルでは，各グループに属するファージ遺伝子が適当なシグナルが与えられると発現できるように正の調節が働いている．図14・3には調節遺伝子が**カスケード**となって働く様子を示すが，始めの段階で特定の遺伝子が発現することが，次の段階の遺伝子が発現するために必要となる．

遺伝子発現の最初の段階では宿主細胞の転写装置が必要とされる．普通，この段階で発現されるのはファージ遺伝子のうち，2，3個にすぎない．それらの遺伝子のプロモーターは，宿主の遺伝子とほとんど区別がつかない．このクラスに属する遺伝子にはファージごとに違う名がつけられているが，多くの場合，**初期遺伝子**とよばれる．λファージの場合には**先発型初期遺伝子**，つまり，初期を喚起するという意味の名がつけられているが，名前とはかかわりなく，いちばん最初の期間の予備的開始にかかわっ

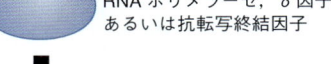

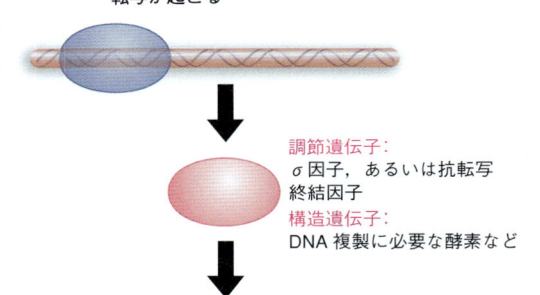

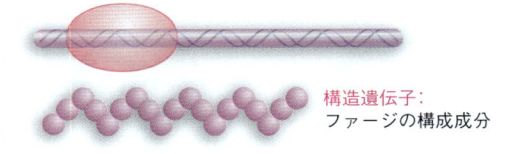

**図14・3** 溶菌サイクルでは，各段階での遺伝子産物が次の段階の遺伝子発現に必要とされるような調節カスケードを経て進行する．

ていることを表すために使われている．また，時によっては，次の過程へ移行するだけの期間に対応する場合もある．いずれにせよ，これら初期遺伝子の中には，必ず一つは次に働く遺伝子群の転写に必要なタンパク質をコードするものがある．

次に発現する遺伝子は**後発型初期遺伝子**とか**中期遺伝子**などとよばれている．これらの遺伝子は初期遺伝子の産物である調節タンパク質が利用できるようになると発現する．初期遺伝子の中でも最初に発現していたものは，調節系の性質によってはそのまま続くものもあれば，停止するものもある．一般に宿主遺伝子の発現は弱められることが多い．ファージ粒子のコートそのものの形成に必要な遺伝子と細胞を溶かすのに必要な遺伝子を除けば，二つの初期遺伝子群で必要なファージの機能はすべて説明できる．

ファージ DNA の複製が始まると，**後期遺伝子**の発現が始まる．たいていの場合，前に働いていた遺伝子群（後発型初期，あるいは中期）の中にもう一つの調節遺伝子が組込まれており，それが後期遺伝子の転写を準備する．このような調節タンパク質は抗転写終結因子（λファージの場合）のこともあるし，新しい σ 因子（SPO1 ファージの場合）のこともある．

図 14・3 に示した 3 段階のカスケードは一般的なものである．第一段階には宿主の RNA ポリメラーゼで転写される初期遺伝子が含まれる（この段階での産物は調節タンパク質だけのこともある）．第二段階の遺伝子の発現は，最初の段階の産物である調節タンパク質に支配されている（これらの遺伝子のほとんどは，ファージ DNA の複製に必要な酵素をコードしている）．最後の段階で発現する遺伝子はファージの構成成分をコードしており，その発現は第二段階でつくられた調節タンパク質に支配されている．

このように，それぞれの遺伝子群の中に次の遺伝子群の発現に必要な調節遺伝子があり，連続的に遺伝子の発現を制御する仕組みにより特定の時期に特定の遺伝子群の発現を開始する（ときには止める）反応のカスケードが形成されている．ファージによってこのカスケードを構成するための手段は異なるが，結果はよく似ている．

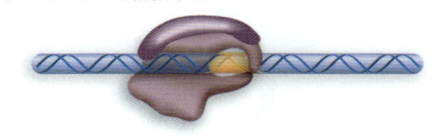

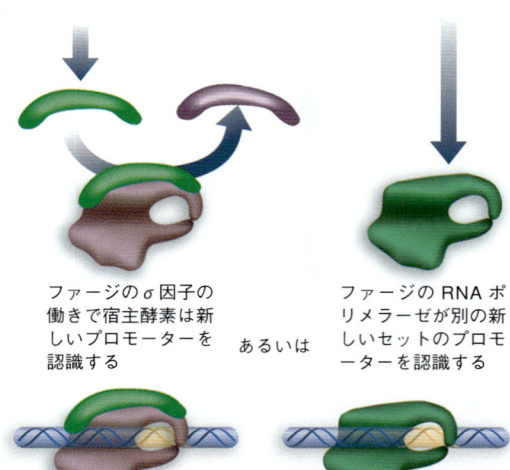

## 14・4 溶菌カスケードは二つの様式で調節される

■ ファージにおけるカスケードの調節タンパク質は，宿主 RNA ポリメラーゼが新しい（ファージ）プロモーターからの転写を助けるか転写ターミネーターを読み過ごすようになっている．

遺伝子発現のすべての段階において，次の段階に必要な調節タンパク質をつくる一つまたは複数の遺伝子が発現する．これらの調節タンパク質は新しい RNA ポリメラーゼであったり，宿主の RNA ポリメラーゼの特異性を変化させる σ 因子であったり，新しい遺伝子群を転写できるようにする抗転写終結因子であったりする（§11・16 参照）．ここで，転写の開始と終結で遺伝子発現を調節するスイッチを比較してみよう．

図 14・4 にファージがプロモーターの認識を変化させる 2 通りのやり方を示す．一つには，宿主酵素の σ 因子を別の因子で置き換えて転写開始の特異性を変化させるやり方がある．別の機構として，新しいファージ RNA ポリメラーゼを合成するやり方もある．どちらの場合も，宿主の RNA ポリメラーゼが本来認識するのとは違うプロモーターをファージがもつことが，新しいセットの遺伝子を見分けて転写するために重要である．図 14・5 に示した 2 組の転写単位は独立しており，新しい σ 因子や RNA ポリメラーゼが合成されると，結果として初期遺伝子の発現は止まってしまう．

抗転写終結は，ファージが初期遺伝子の発現を次の発現段階に切り換えるための別のやり方である．図 14・6 に示すように，初期遺伝子は次に発現する遺伝子と並んで存在するが，後者とはターミネーターにより隔てられている．もしこれらの部位で転写終結が妨げられると，ポリメラーゼは次にある遺伝子を続けて転写する．こうして抗転写終結では，同じプロモーターが RNA ポリメラーゼにより認識され続ける．したがって新しい遺伝子は，3' 末端側に新しい遺伝子配列を，そして 5' 末端には初期遺伝子の配列を含んだ RNA 鎖が合成されることで初めて発現するようになる．これら二つの配列はつながったままなので，初期遺伝子の発現も間違いなく持続する．

図 14・4　ファージは，宿主の σ 因子に代わる新しい σ 因子を合成したり，ファージ固有の新しい RNA ポリメラーゼを合成したりして転写を調節できる．

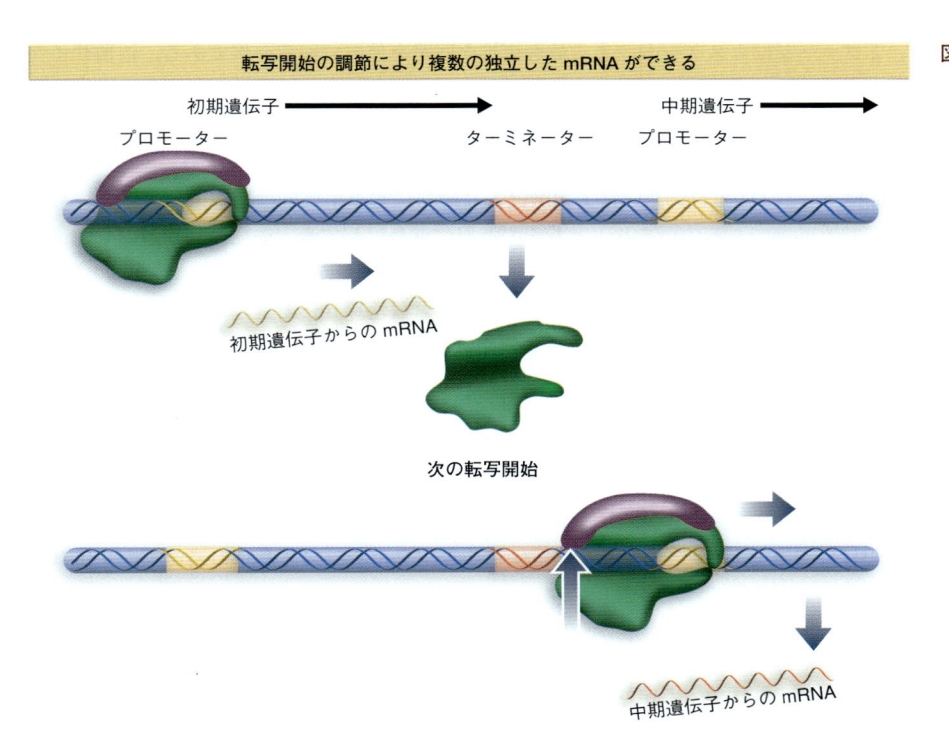

**図14・5** 転写の開始段階の調節には，それぞれ自前のプロモーターとターミネーターをもった独立した転写単位が使われ，独立した mRNA がつくられる．各転写単位は互いに近接している必要はない．

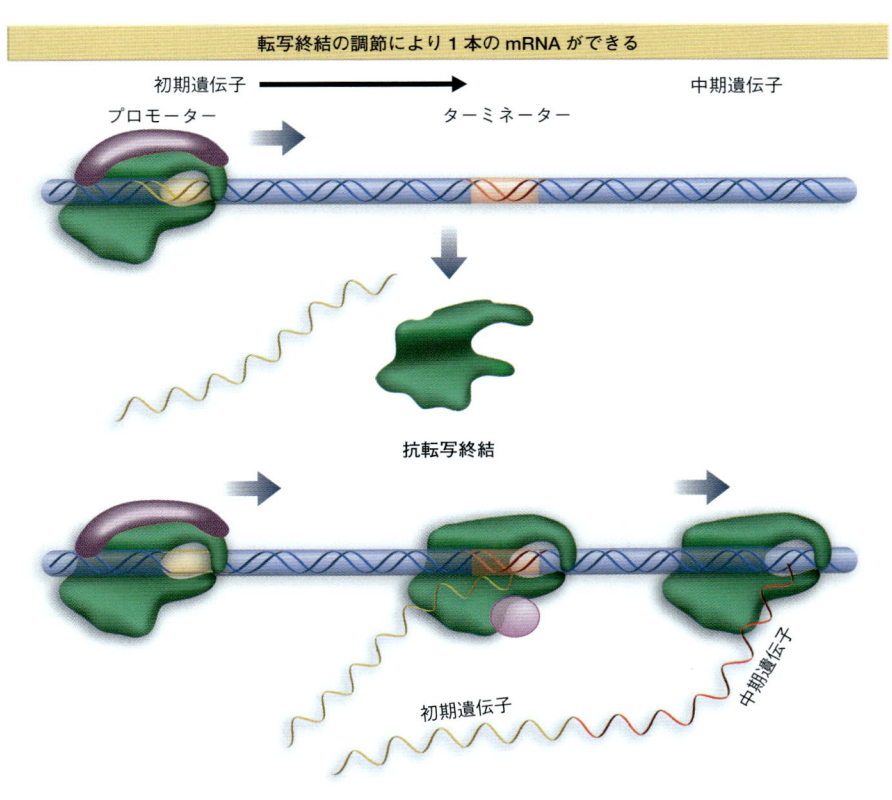

**図14・6** 転写の終結段階での調節には，初期遺伝子から次への読み過ごしができるように隣接した転写単位が必要である．こうして，両方の遺伝子セットをコードする1本の mRNA がつくられる．

## 14・5　λファージの先発型と後発型初期遺伝子は溶原化および溶菌サイクルの両方に必要である

- λファージは宿主 RNA ポリメラーゼで転写される二つの先発型初期遺伝子，$N$ と $cro$ をもつ．
- $N$ は後発型初期遺伝子の発現に必要である．
- 後発型初期遺伝子には三つの調節因子がある．
- 溶原化には後発型初期遺伝子 $cII$–$cIII$ が必要である．
- 溶菌サイクルには先発型初期遺伝子 $cro$ と後発型初期遺伝子 $Q$ が必要である．

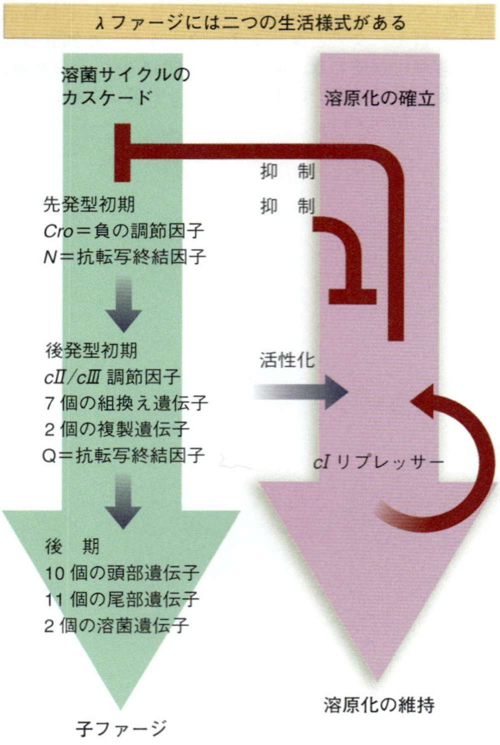

## λファージには二つの生活様式がある

**溶菌サイクルのカスケード**

先発型初期
Cro＝負の調節因子
N＝抗転写終結因子

↓

後発型初期
cⅡ/cⅢ 調節因子
7個の組換え遺伝子
2個の複製遺伝子
Q＝抗転写終結因子

↓

後　期
10個の頭部遺伝子
11個の尾部遺伝子
2個の溶菌遺伝子

↓

子ファージ

**溶原化の確立**

抑制
抑制
活性化
cⅠリプレッサー

↓

溶原化の維持

図 14・7　λファージの溶菌サイクルのカスケードと溶原化の経路とは互いに関連し合っている．

---

λファージはカスケードによる最も複雑な回路を使っている一例である．溶菌サイクルのカスケード自体は直接的で，二つの調節因子が次に続く段階を制御している．しかしこの溶菌サイクルに働く経路は，図 14・7 にまとめて示すように，溶原化に働く経路と組合わさっている．

λファージ DNA が新しい宿主細胞に入り最初に起こす反応は，溶菌サイクルにも溶原化にも共通である．つまり，どちらの経路に進むにしても，先発型初期遺伝子と後発型初期遺伝子の発現が必要である．その後，後期遺伝子が発現されれば溶菌へと進み，溶原化に必要なリプレッサーの合成が維持されれば溶原化へと進む．

λファージの先発型初期遺伝子は 2 個だけであり，宿主の RNA ポリメラーゼによってそれぞれ独立に転写される：

- $N$ は抗転写終結因子をコードし，それが $nut$ 部位に働くので，後発型初期遺伝子群の転写が可能になる（§11・16 参照）．
- $cro$ は二つの機能をもつ．リプレッサーの合成を妨げるとともに（溶菌サイクルに進むには必要である），先発型初期遺伝子の発現を止める（それらの遺伝子の発現は溶菌サイクル後期では不必要）．

後発型初期遺伝子には二つの複製のための遺伝子（溶菌サイクルに必要）と七つの組換えのための遺伝子（溶菌サイクルのときに組換えを行うものと，溶原化のときに細菌の染色体に λファージ DNA を組込むために必要な二つの遺伝子）と三つの調節因子が含まれている．これらの調節因子には次のような相反する働きがある：

- 調節因子 cⅡ-cⅢ はリプレッサーの合成開始に必要である．
- 調節因子 Q は宿主 RNA ポリメラーゼが後期遺伝子へと転写を進めるうえで必要な抗転写終結因子である．

したがって，後発型初期遺伝子は 2 通りの使われ方をしている．つまり，あるものはファージが溶原化へ進むために使われ，他のものは溶菌サイクルの順序を指令している．

## 14・6　溶菌サイクルは抗転写終結によっている

- N タンパク質は抗転写終結因子であり，RNA ポリメラーゼが二つの先発型初期遺伝子の転写終結のターミネーターを越えてさらに転写を続けさせる．
- 後発型初期遺伝子の産物である Q タンパク質も抗転写終結因子であり，RNA ポリメラーゼが後期遺伝子を転写できるようにする．
- λファージ DNA は感染後に環状になるので，後期遺伝子は単一の単位として転写される．

この二つの経路を理解するために，まず溶菌サイクルについて考えることにしよう．図 14・8 は λファージの遺伝地図である．調節に関与する一群の遺伝子は，組換えと複製に必要な遺伝子群に囲まれている．そしてファージの粒子をつくるための遺伝子は一固まりになっている．これら溶菌サイクルに必要な遺伝子群は三つのプロモーターからそれぞれポリシストロニックに転写される．

図 14・9 に示すように，宿主の RNA ポリメラーゼで転写される二つの先発型初期遺伝子 $N$ と $cro$ がある．$N$ 遺伝子は左方向に，$cro$ 遺伝子は右方向に転写される．転写はその遺伝子の終わりで終結する．N タンパク質（pN）の働きにより，後発型初期遺伝子の転写が可能になる．これは $t_L1$ と $t_R1$ ターミネーターの働きを抑える抗転写終結因子として働く．pN があると $N$ 遺伝子のさらに左方向に転写が進み，組換えに必要な遺伝子が転写される．そして，$cro$ 遺伝子の右方向にも転写が進んで，複製に必要な遺伝子が転写される．

図 14・8 の遺伝地図は λファージ粒子の内部にある DNA のものであるが，この末端同士は感染後すぐに環状になる．図 14・10 に感染後の λファージ DNA の実際の状態を示す．線状 DNA の右端にある溶菌遺伝子 $S$-$R$ と左側にある頭部，尾部遺伝子 $A$-$J$ 部分とがつながって，一つの後期遺伝子グループができあがる．

### λファージ遺伝子群は機能ごとにクラスターを形成している

```
────── 溶菌サイクルのためのプロモーター ──────        P_L P_R              P_R'
頭部遺伝子      尾部遺伝子              組換え     調節     複製    溶菌
AWBCNu3DEF_I F_II ZUVGTHMLKIJ         att int xis αβγ cIII N cI cro cII O P Q S R
```

必要性:
- 溶原化 ── cIIIはcIIの機能を維持する
- 溶原化と溶菌 ── Nは後発型初期遺伝子を発現させる
- 溶原化 ── cIは溶原化のリプレッサーとして働く
- 溶菌 ── croはリプレッサーの発現を抑える
- 溶原化 ── cIIはリプレッサーの発現を促進する
- 溶菌 ── Qは後発遺伝子を発現させる

**図14・8** 48,514 bpから成るλファージゲノムの遺伝地図をみると,関連した機能を担う遺伝子がクラスターをなしている.

後期遺伝子群は$Q$と$S$の間にあるプロモーター$P_{R'}$から始まる一つの転写単位として発現する.この転写は恒常的に起こりはするが,$Q$遺伝子(右向きに転写される後発型初期遺伝子の最後の遺伝子)の産物(pQ)がないときには,$t_R3$の部位で終結してしまう.これによって生じた転写産物は194塩基の長さをもち,6S RNAとよばれる.pQができると,$t_R3$で終結しなくなり,6S RNAはより長くなって,後期遺伝子が十分に発現できるようになる.

## 14・7 溶原化はリプレッサーにより維持される

- cI遺伝子に変異が起こると溶原化が維持できない.
- cIは$O_L$と$O_R$に作用するリプレッサーをコードしており,先発型初期遺伝子の転写を阻害する.
- 先発型初期遺伝子により調節カスケードがひき起こされるので,その発現が抑制されると溶菌サイクルが進行しない.
- リプレッサーは$O_L$に結合し$P_L$からの$N$遺伝子の転写を阻害する.
- リプレッサーは$O_R$に結合しcro遺伝子の転写を阻害するが,一方でcI遺伝子の発現には必要である.
- そこで,これらのオペレーターに結合したリプレッサーは溶菌サイクルへの進行を阻害するとともに自らの合成を促進する.

λファージの溶菌サイクルのカスケードをみると,そのプログラムは,先発型初期遺伝子である$N$と$cro$のそれぞれのプロモーター$P_L$と$P_R$からの転写開始によりつぎつぎと起こり始める.次の段階(後発型初期)の発現には抗転写終結因子を用い,二つのプロモーターは初期の間ずっと使われ続ける.

図14・11の調節領域を拡大した地図からわかるように,$P_L$と$P_R$プロモーターはリプレッサーをコードするcI遺伝子の両側にある.両プロモーターに隣接してオペレーター$O_L$,$O_R$があり,そこにリプレッサーが結合するとRNAポリメラーゼによる転写は抑制される.これらのオペレーターとプロモーターの配列は一部重なっているので,この調節領域はしばしば$P_L/O_L$,$P_R/O_R$と記される.

溶菌サイクルのカスケードは連続的に起こるので,これらの調節領域が全過程の開始を制御する関門となっている.リプレッサーはこれらのプロモーターにRNAポリメラーゼを近づけないようにするので,ファージゲノムは溶菌サイクルに入れない.ファージリプレッサーは細菌のリプレッサーと同じ様式,すなわち特異的オペレーターに結合して働く.

λファージのリプレッサー(λリプレッサー)はcI遺伝子でコードされる(cIタンパク質).この遺伝子に変異が起こったものは溶原化を維持できず,必ず溶菌サイクル

### λDNAの左右両方向への転写には似た調節機構が働いている

λファージにはそれぞれ左方向と右方向への転写単位がある

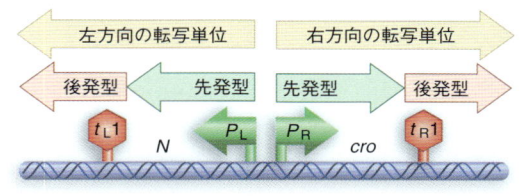

Nとcro遺伝子は先発型初期遺伝子として転写される

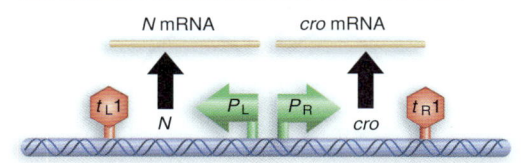

pNが発現するとその働きにより転写は後発型初期遺伝子へと進んでいく

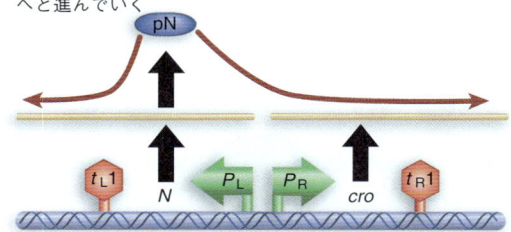

**図14・9** λファージには二つの初期転写単位がある."左方向の転写単位"では,"上側"の鎖が左方向に転写される."右方向の転写単位"では,"下側"の鎖が右方向に転写される.$N$や$cro$は先発型初期の働きをしており,後発型初期遺伝子とはターミネーターで隔てられている.$N$の働きでRNAポリメラーゼは$t_L1$ターミネーターを左方向に,そして$t_L2$を右方向に読み過ごして転写する.

### λファージDNAは3段階で発現する

λファージDNAの状態 / 発現の時期と活性

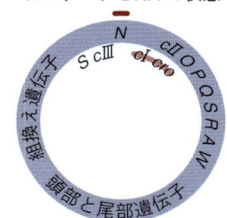

**先発型初期**
宿主RNAポリメラーゼでは$N$と$cro$は$P_L$と$P_R$からそれぞれ転写される

**後発型初期**
転写は同じプロモーターから続けられるが$N$と$cro$を越えて進行する

**後 期**
転写は$P_{R'}$($Q$と$S$の間)から始まり,すべての後期遺伝子が読まれる

**図14・10** λファージのDNAは感染後に環状化するので,後期遺伝子群が一つの完全な転写単位となる.

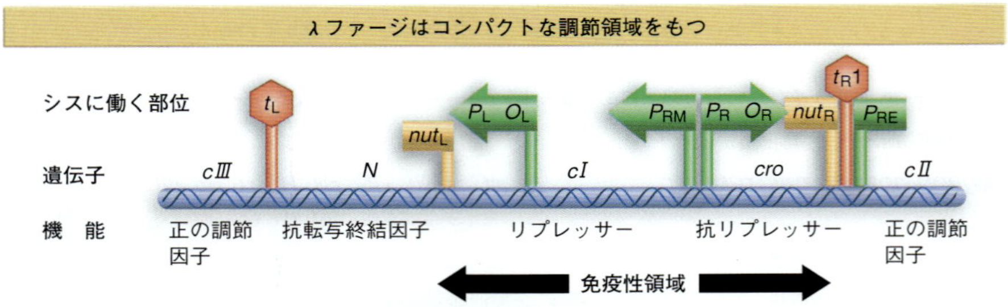

**図 14・11** λファージの調節領域内では，トランスに働く機能領域と，シスに働く部位がクラスターをなしている．（$P_{RM}$，$P_{RE}$ の添字 RM，RE はそれぞれ repressor maintenance，repressor establishment を表す．）

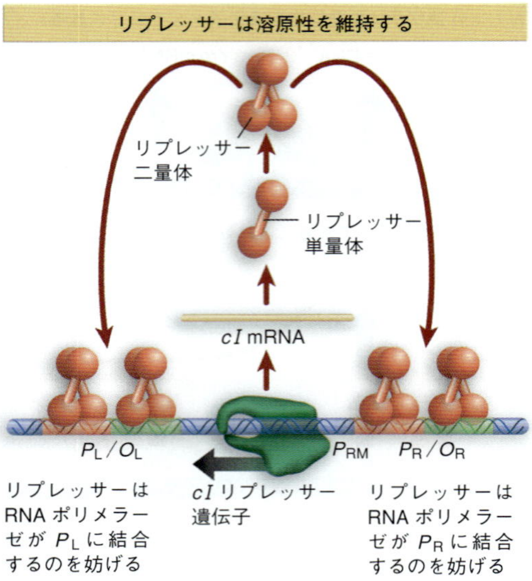

## λファージはコンパクトな調節領域をもつ

シスに働く部位　$t_L$　　$P_L$　$O_L$　$nut_L$　　　　$P_{RM}$　$P_R$　$O_R$　$nut_R$　$t_R1$　$P_{RE}$

遺伝子　　　　cⅢ　　　　N　　　　　　　cI　　　　　cro　　　　　　cⅡ

機　能　　正の調節　抗転写終結因子　　リプレッサー　抗リプレッサー　正の調節
　　　　　　因子　　　　　　　　　　　　　　　　　　　　　　　　　　因子

　　　　　　　　　　　　　　　←───── 免疫性領域 ─────→

**図 14・12** リプレッサーが左右のオペレーターに働いて先発初期遺伝子（$N$ と $cro$）の転写を妨げる．また，リプレッサーは $P_{RM}$ プロモーターに結合した RNA ポリメラーゼに働いて，自らの遺伝子の発現を促進する．

### リプレッサーは溶原性を維持する

リプレッサー二量体　リプレッサー単量体　cI mRNA

$P_L/O_L$　cI リプレッサー遺伝子　$P_{RM}$　$P_R/O_R$

リプレッサーは RNA ポリメラーゼが $P_L$ に結合するのを妨げる

リプレッサーは RNA ポリメラーゼが $P_R$ に結合するのを妨げる

に入る．リプレッサーが発現すると二つのことが起こる．溶原状態が維持されるとともに，溶原菌への新しい λファージゲノムの多重感染を防ぐ免疫性が付与される．

　リプレッサーは独立におのおののオペレーターに結合する．リプレッサーがこれら関連するプロモーターからの転写を阻害する働きを**図 14・12** に示す．

　$O_L$ では，リプレッサーは他の調節機構で論じたのと同様に働いて，RNA ポリメラーゼによる $P_L$ からの転写開始を妨げる．その結果，$N$ 遺伝子の発現が止まる．$P_L$ はすべての左向きの初期遺伝子の転写に使われるので，左向き初期遺伝子の発現がまったくできなくなり，溶菌サイクルはその後の段階には進めず，抑えられてしまう．

　一方，$O_R$ にリプレッサーが結合すると，$P_R$ が使われるのを妨げるので，cro や他の右向きの初期遺伝子の発現ができなくなる．また，$O_R$ に結合したリプレッサーは $P_{RM}$ からの自分自身の転写を促進する．

　この調節系の性質から，溶原化の生物学的特徴もうまく説明できる．リプレッサー量が適量である間は cI 遺伝子の発現が続くので，溶原化は安定に保たれる．その結果 $O_L$ と $O_R$ は常時リプレッサーに占められ，溶菌に向かうカスケードが抑えられ，プロファージはじっとしたままの状態に保たれる．

## 14・8 免疫性はリプレッサーとそれが結合するオペレーターにより決まる

> **免疫性** immunity　プロファージが示す，同種の別のファージが宿主細胞に感染するのを妨げる性質．プロファージのゲノムによってファージリプレッサーが合成されることによる．
> **ビルレント変異（毒性変異）** virulent mutation　ビルレント変異をもつファージは溶原化できない．
> **免疫性領域** immunity region　ファージゲノムの一部分で，プロファージになったときに同種の別のファージが宿主細胞に感染するのを妨げる役割をもつ領域．この領域にはファージリプレッサーがコードされており，またそのリプレッサーの結合部位も含まれている．

- 何種類かのλ類縁ファージは異なった免疫性を示す．
- 溶原化により，同じ免疫性領域をもつファージの多重感染を妨げる免疫性が成立する．

　**免疫性**の現象もリプレッサーによって説明できる．溶原菌に別のλファージ DNA が入ると，プロファージゲノムから合成されたリプレッサータンパク質が直ちに新しいゲノムの $O_L$ と $O_R$ に結合し，別のファージが溶菌サイクルに入るのを妨げるのである．

　オペレーターはもともと**ビルレント変異**（毒性変異，vir と略す）を得ることによりリプレッサー作用の標的部位として同定された．これらの変異ファージの $O_L$ や $O_R$ にはリプレッサーが結合できないので，ファージが新たに宿主に感染すると必然的に溶菌サイクルへと進む．さらに，λvir 変異のファージは溶原菌に対しても感染する．つまり感染したファージには $O_L$ や $O_R$ 変異があるので，内在のリプレッサーを無視して溶菌サイクルに入ることができる．λvir 変異は細菌のオペロンにみられるオペレーターの構成的変異と等価のものである．

　リプレッサーが不活性化されると溶原化が維持できず，溶菌サイクルに入りプロファージの誘発が起こる（§14・9 参照）．リプレッサーがなくなると，RNA ポリメラーゼが $P_L$ と $P_R$ に結合し，**図 14・13** に示すように溶菌サイクルが始まる．

**溶菌サイクルにおいて RNA ポリメラーゼは $P_L$ と $P_R$ から転写を開始し，$P_{RM}$ からは開始しない**

*N* mRNA

RNA ポリメラーゼが $P_L$ からの転写を開始

RNA ポリメラーゼはリプレッサーがないと $P_{RM}$ からの転写を開始できない

RNA ポリメラーゼが $P_R$ からの転写を開始

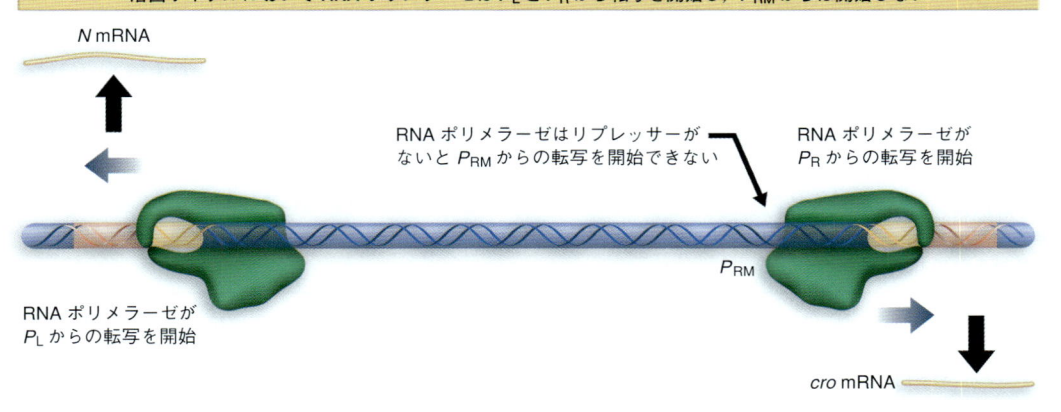

$P_{RM}$

*cro* mRNA

図 14・13　リプレッサーがないと RNA ポリメラーゼは左右のプロモーターからの転写を行うが，$P_{RM}$ プロモーターからの転写は開始できない．

　左右にあるオペレーターと，リプレッサーをつくる *cI* 遺伝子および *cro* 遺伝子を含む領域で，λ ファージの免疫性が決定されている．リプレッサーと，それが結合する部位は λ ファージに特異的であるから，これと同じ領域をもつファージは同じ免疫性を示す．そこで，この領域を**免疫性領域**とよぶ（図 14・11 に矢印で示した）．λ 類縁ファージのうちの 4 種のファージ，φ80, 21, 434, λ はおのおの異なる免疫性領域をもっている．同型のファージに対する免疫性をより正確に定義すると，溶原化による免疫は同じ免疫性領域（他の領域は関係ない）をもつファージに対して成り立つといえる．

### 14・9　リプレッサーは二量体として DNA に結合する

- リプレッサー単量体には二つの異なったドメインがある．
- N 末端ドメインに DNA 結合部位がある．
- C 末端ドメインは二量体を形成する．
- リプレッサーは，二つの DNA 結合ドメインが同時にオペレーターに結合できるよう二量体として DNA に結合する．
- リプレッサーが二つのドメイン間で切断を受けるとオペレーターへの親和性が低下して溶菌サイクルが誘導される．

　リプレッサーのサブユニットは 27 kDa のポリペプチドで，図 14・14 に示すように二つのドメインから成っている：

- 1〜92 残基から成る N 末端ドメインは，オペレーターへの結合部位である．
- 132〜236 残基から成る C 末端ドメインは，二量体の形成にかかわっている．

　各ドメインは互いに独立に機能する．C 末端側の断片はオリゴマーを形成し，N 末端側の断片は完全なリプレッサーより親和性は低いけれどオペレーターと結合できる．したがって，DNA と特異的に結合する情報は N 末端ドメインに含まれているわけだが，その結合の効率は，C 末端ドメインがあると増強される．

　リプレッサーの二量体構造は，溶原化の維持に不可欠である．溶原化しているプロファージの誘発に際して，リプレッサーサブユニットはつなぎ目で切断される．（これは細菌のオペロンのリプレッサーが低分子のインデューサーと結合し，そのアロステリックな構造の変化で不活性化するのと対照的で，溶原化リプレッサーにはこういう性質はない．）溶原菌が紫外線にさらされるという特定のストレス条件下でリプレッサーは分解を受け，ファージの誘発が起こる．

　完全なリプレッサー分子は C 末端ドメインを使って二量体を形成しているので，DNA と結合する際には N 末端のドメインが双方とも同時に DNA と接触することができる．しかし切断が起こると，C 末端ドメインが N 末端ドメインから離れてしまう．この切断の結果，図 14・15 に示すように，N 末端ドメインは二量体ではなくなり，結果としてオペレーターへの親和性が低下して DNA に結合できにくくなる．また，二つの二量体がオペレーターへ協調的に結合しており，切断によりこの協調的相互作用も不安定になる．

**リプレッサーは二つの二量体から成る**

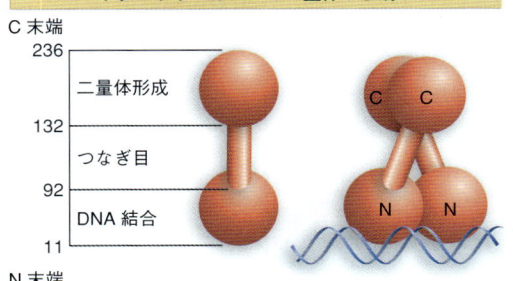

C 末端
236
　二量体形成
132
　つなぎ目
92
　DNA 結合
11
N 末端

図 14・14　リプレッサーの N 末端ドメインと C 末端ドメインは別々のドメインを形成している．C 末端ドメインは二量体の形成に関与し，N 末端ドメインは DNA との結合に関与する．

**リプレッサーが切断され溶菌サイクルが誘導される**

単量体は二量体と平衡状態にあり，二量体が DNA と結合する

溶原化

切断により二量体が DNA から解離する

切　断

図 14・15　リプレッサー二量体はオペレーターに結合する．N 末端ドメインの DNA への親和性は C 末端ドメインの二量体形成により調節されている．

## 14・10 リプレッサーはヘリックス-ターン-ヘリックスモチーフでDNAに結合する

**ヘリックス-ターン-ヘリックス（HTH）** helix-turn-helix DNA結合部位を形成するモチーフで，二つのαヘリックスの配置が，一つはDNAの主溝にはまり込み，もう一つはそれに覆いかぶさるように位置している．

**認識ヘリックス** recognition helix ヘリックス-ターン-ヘリックスモチーフの二つのヘリックスのうちの一つで，DNAの特定の塩基に特異的に直接結合する．これにより結合するDNA配列の特異性が決まる．

- リプレッサーのそれぞれのDNA結合ドメインはDNAの半分の部位と相互作用する．
- リプレッサーのDNA結合ドメインにはDNAの連続した主溝にぴったりはまる二つの短いヘリックスがある．
- DNAの結合部位は17 bpから成る（不完全な）パリンドローム配列である．
- 認識ヘリックスのアミノ酸配列はオペレーターにある特定の塩基と接触する．

リプレッサーは二量体でDNAに結合する．リプレッサーは，中央の塩基を軸としたとき部分的に対称的な17 bpの配列を認識する．図14・16に結合部位の一例を示す．中央の塩基の両側にある配列を"半分の部位"とよぶ．リプレッサーのN末端ドメインそれぞれが一方の半分の部位と結合する．細菌の転写を調節するDNA結合タンパク質の中には同じような結合様式を共有しているものがあり，その活性ドメインにはDNAと結合する二つの短いαヘリックスが存在する．（真核生物の転写因子も同じようなモチーフを使っている．§25・11参照．）

λリプレッサーのN末端ドメインには図14・17に模式的に示すようにいくつかのαヘリックスがある．二つのヘリックスがDNAとの結合に関与している．図14・18にヘリックス-ターン-ヘリックス（HTH）モチーフを示す．各単量体にヘリックス-3とよばれる9個のアミノ酸から成る領域と，その前にヘリックス-2とよばれる7個のアミノ酸から成る領域が一定の角度を保って存在している．二量体になったとき，2個のヘリックス-3は互いに34 Å離れており，ちょうど二つ連続して並んだDNAの主溝にはまり込める．ヘリックス-2はこの溝にちょうど覆いかぶさるような角度になる．二量体が対称的に結合することは，それぞれのN末端ドメインは半分の部位にある似たセットの塩基に接触していることを意味している．

このλリプレッサーのHTHモチーフに関連した構造は，いろいろなDNA結合タンパク質，たとえばCRP（cAMP受容タンパク質），lacリプレッサー，幾種類かのファージリプレッサーなどに認められる．これらのタンパク質のDNA結合能を比較することでそれぞれのヘリックスの役割を知ることができる．

- ヘリックス-2とヘリックス-3の接触は疎水性アミノ酸により維持される．
- ヘリックス-3とDNAの結合はアミノ酸側鎖と塩基対の中で露出している部分との水素結合による．このヘリックスは標的DNAの特異的な塩基配列を認識するので，**認識ヘリックス**とよばれることもある．図14・19にまとめた接触パターンを比較すると，リプレッサーとCroとでは最も好む標的DNA配列が異なることが見てとれるが，これはヘリックス-3において対応する場所のアミノ酸が異なっているからである．
- ヘリックス-2は核酸の骨格をなすリン酸基と水素結合をつくる．この相互作用は，DNAとタンパク質との結合には必要だが，標的を識別する特異性には関係がない．これらの相互作用のほかに，タンパク質とDNAの相互作用のエネルギーの大部分はリン酸基との間のイオン結合によっている．

リプレッサー分子内の認識ヘリックスのアミノ酸を操作して，別のよく似たリプレッサー分子に相当するヘリックスと置き換えた新しい分子をつくるとどうなるだろうか．このハイブリッドタンパク質の特異性は新しい認識ヘリックスによって決まる．つまり，この短い領域にあるアミノ酸配列は，それぞれのタンパク質が識別するDNAの塩基配列の特異性を決め，それが残りのポリペプチド鎖と一緒になって働く．

ヘリックス-3と接触している塩基は図14・19に示したDNAのヘリックスの模式図のようにDNAの同一側面に並んでいる．リプレッサーはこのほかにDNAの他の面と

---

**オペレーターはパリンドローム構造をもつ**

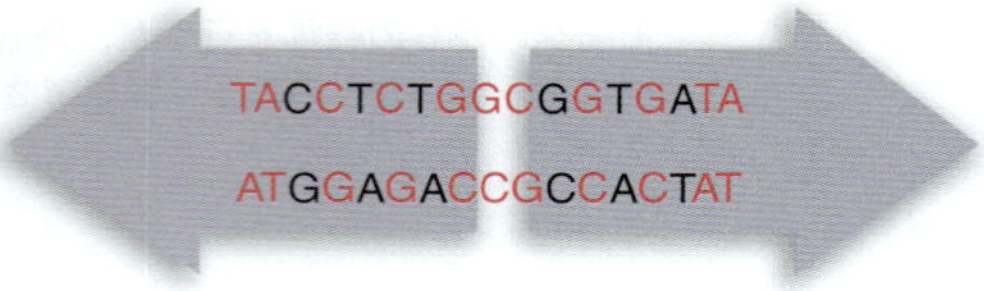

TACCTCTGGCGGTGATA
ATGGAGACCGCCACTAT

図14・16 オペレーターは中央の塩基対を対称軸とした17 bpの配列より成る．それぞれ半分の部位を矢印で，半分のオペレーターで同一の塩基対を赤で示した．

**リプレッサーはHTHモチーフをもつ**

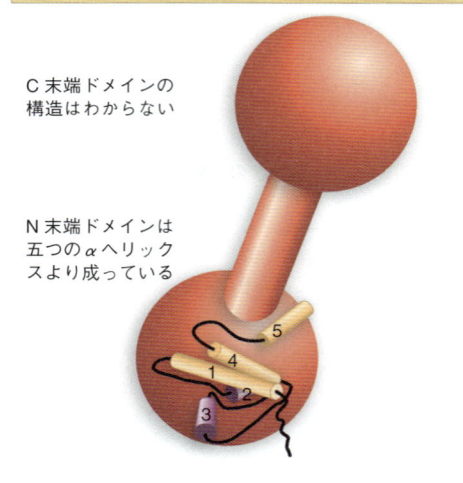

C末端ドメインの構造はわからない

N末端ドメインは五つのαヘリックスより成っている

図14・17 λリプレッサーのN末端ドメインには五つのαヘリックス構造が存在し，ヘリックス-2とヘリックス-3がDNAと結合する．

**リプレッサーは二つのヘリックスを介してDNAに結合する**

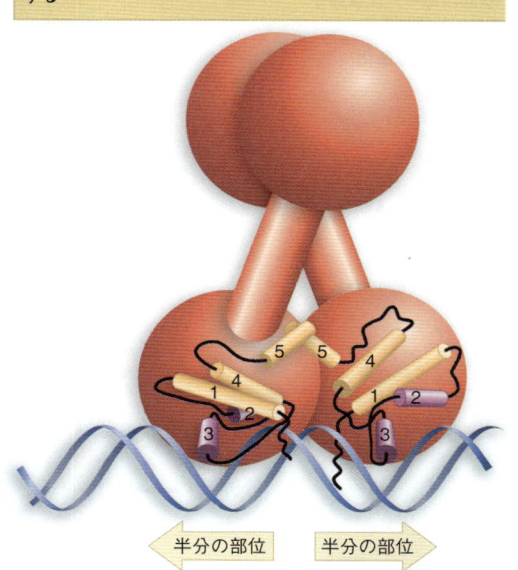

半分の部位　半分の部位

図14・18 二つのヘリックスを使ってDNAと結合するモデル．各単量体のヘリックス-3はDNAの主溝に同じ側からはまり込んでおり，ヘリックス-2はDNAの溝に覆いかぶさっているのがわかる．

**ヘリックス-3 が DNA に対する特異性を決める**

リプレッサー-$O_R1$ / Cro-$O_R3$

```
TACCTCTG      TATCCCTT
ATGGAGACC     ATAGGGAAC
```

アーム

図 14・19　二つのヘリックスを使って λ ファージのオペレーターを認識する 2 種類のタンパク質を比べてみると，それぞれのヘリックス-3 のアミノ酸の違いにより DNA への親和性が決まっていることがわかる．

も接触をしている．N 末端ドメインの N 末端から 6 個のアミノ酸は "アーム" を形成して接触面の反対側へと伸びていると考えられる．図 14・20 には裏側から見た図を示してある．アーム内の Lys は DNA の主溝の中にある G 塩基，および DNA 骨格のリン酸基と接触している．このようなアームと DNA との接触は DNA との結合に深くかかわっており，アームを欠いたリプレッサーでは DNA 親和性が 1/1000 にもなってしまう．

**N 末端アームは DNA に巻き付いている**

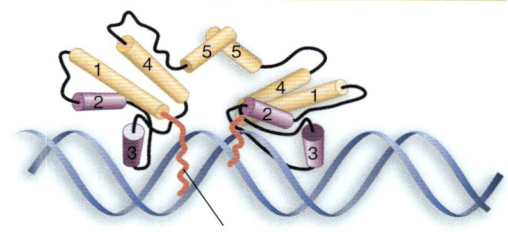

ヘリックス-1 のアーム

図 14・20　リプレッサーと DNA の結合を裏側から見た図であり，リプレッサー本体は DNA の一方の面と接触しているが，N 末端側のアームは DNA の反対側の面に到達している．

## 14・11　リプレッサー二量体は協調的にオペレーターに結合する

- 一つのオペレーターにリプレッサーが結合すると，それと隣接したオペレーターに別のリプレッサー二量体が結合しやすくなる．
- $O_L1$ と $O_R1$ オペレーターはほかに比べて 10 倍も親和性が高いので，リプレッサーはまずここに結合する．
- 濃度が低くても協調性のおかげでリプレッサーは $O_L2$，$O_R2$ 部位に結合できる．

オペレーターには，それぞれ 3 個のリプレッサー結合部位がある．図 14・21 に示すように，6 個あるリプレッサー結合部位のどの二つをとってもその塩基配列がまったく同じものはないが，コンセンサス配列を考えることはできる．各オペレーターの中でリプレッサーが結合する部位は，A・T 塩基対に富む 3〜7 bp のスペーサーで区切られている．それぞれのオペレーター上の部位には番号を付け，$O_R$ では $O_R1$-$O_R2$-$O_R3$ という順序に，$O_L$ では $O_L1$-$O_L2$-$O_L3$ という順序に並んでいる．それぞれ 1 と番号の付けられた部位はプロモーター部分の転写開始点に最も近く，部位 2 と 3 はその上流にある．

それぞれのオペレーターに三つ並んだ結合部位に対して，どれからリプレッサーが結合していくかはどのように決まるのだろうか．両オペレーターとも，部位 1 は他の部位よりもリプレッサーに対する親和力が強いので（約 10 倍），まず $O_L1$ と $O_R1$ にリプレッサーの結合が起こる．

λ リプレッサーはそれぞれのオペレーター内の次の配列と協調的に結合する．まず二量体が部位 1 にいると次の二量体が部位 2 に結合する親和力が増す．部位 1，部位 2 の両方がふさがっていても，この相互作用はもはや次の部位 3 までは到達しない．通常の溶原菌のリプレッサー濃度では，オペレーターの部位 1 と 2 がリプレッサーで占有されても，部位 3 は空いている．

C 末端ドメインはサブユニット間の二量体形成はもちろん，二量体間の協調的相互作用にもかかわっている．図 14・22 に示すように，相互作用にはそれぞれの二量体の両サブユニットがかかわっている．それぞれのサブユニットは他方の二量体の対応するサブユニットと接触して四量体構造を形成する．

協調的な結合の結果，生理的な濃度でリプレッサーのオペレーターへの実際の親和力

### それぞれのプロモーターはオペレーターと重複している

```
← RNAポリメラーゼ結合部位 (P_RM)
リプレッサータンパク質
Lys Thr Ser Met NH2
AAAACACGAGUAppp
    cI mRNA          O_R3                    O_R2                    O_R1
TTTTTGTGCTCATACGTTAAATCTATCACCGCAAGGGATAAATATCTAACACCGTGCGTGTTGACTATTTTACCTCTGGCGGTGATAATGGTTGC
AAAAACACGAGTATGCAATTTAGATAGTGGCGTTCCCTATTTATAGATTGTGGCACGCACAACTGATAAAATGGAGACCGCCACTATTACCAACG
                                                                                      pppAUG
                                                                                      cro mRNA
                                                                      RNAポリメラーゼ結合部位 (P_R) →

                 O_L3                    O_L2                    O_L1
CAGATAACCATCTGCGGTGATAAATTATCTCTGGCGGTGTTGACATAAATACCACTGGCGGTGATACTGAGCACATCA
GTCTATTGGTAGACGCCACTATTTAATAGAGACCGCCACAACTGTATTTATGGTGACCGCCACTATGACTCGTGTAGT
                                                                      pppAUGA
                                                                      N mRNA
                                                      ← RNAポリメラーゼ結合部位 (P_L) →
```

図 14・21　各オペレーターにはそれぞれ3箇所のリプレッサー結合部位があり，RNAポリメラーゼの結合部位であるプロモーターと重なっている．$O_L$の向きは$O_R$と比較しやすいように通常の配列とは逆向きに示してある．

### λリプレッサーはDNAに協調的に結合する

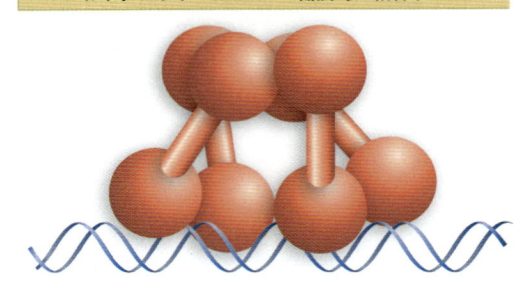

図 14・22　二つのλリプレッサー二量体が協調的に結合して，各二量体の一つのサブユニットは他方の二量体と接触している．

が増すことになる．つまりリプレッサーが低濃度でもオペレーターを占領することが可能となる．これは抑制の解除が不可逆的な結果につながるような系では特に重要である．

図 14・21 に示した塩基配列でもわかるように，$O_L1$と$O_R1$はそれぞれ$P_L$と$P_R$のRNAポリメラーゼ結合部位の中心に近い所にある．$O_L1$-$O_L2$ と $O_R1$-$O_R2$ にリプレッサーが結合すると，RNAポリメラーゼはそれぞれのプロモーターに物理的に近づけなくなる．

### 14・12　リプレッサーによる自己調節系の確立

- $O_R2$ に結合したリプレッサーのDNA結合部位はRNAポリメラーゼと相互作用して$P_{RM}$に安定に結合させる．
- これがリプレッサーの自己調節系の基礎となっている．

λファージの$cI$遺伝子は$P_R/O_R$の近くにある$P_{RM}$プロモーターにより右端から転写される〔(添字の"RM"は repressor maintenance (リプレッサーの維持) を表す〕．この遺伝子の左端で転写は終結する．mRNAはAUG開始コドンから始まり，リボソーム結合部位を欠いていることから，mRNAの翻訳の効率はいくぶん悪くて少量のリプレッサーしかできない．

$O_R$に結合したリプレッサーは二つの作用を示す．$P_R$からの転写を阻害する．しかし，$P_{RM}$からの転写には促進的に働く．RNAポリメラーゼは$O_R$にリプレッサーが結合しているときにだけ$P_{RM}$からの転写を効率良く開始できる．リプレッサーは$cI$遺伝子の転写に必要な正の調節因子のようにふるまう．$cI$遺伝子の産物はリプレッサーそのものなので，ここに正の自己調節系が成立し，リプレッサー自身が自らを持続的に合成するために必要である．

$P_{RM}$におけるRNAポリメラーゼの結合部位は$O_R2$と隣り合わせである．このことから，どのようにしてリプレッサーが自らの遺伝子を調節するかが見てとれる．二つのリプレッサー二量体が$O_R1$-$O_R2$に結合すると，$O_R2$にある二量体のN末端ドメインがRNAポリメラーゼと相互作用する．正の調節能を失ってRNAポリメラーゼによる$P_{RM}$からの転写を促進できないリプレッサー変異を解析することで相互作用の中身がわかる．このような変異は比較的狭い領域に位置しており，ヘリックス-2かヘリックス-2とヘリックス-3の間のターンに位置する．これらの変異はこの領域の負電荷を減らしている．逆に負電荷を増すような変異は，RNAポリメラーゼの活性化を増強する．このグループのアミノ酸は"酸性のパッチ"を構成しており，RNAポリメラーゼの塩基性の領域との静電気的な結合に関与していると考えられる．

このようなリプレッサーの"正の調節能力を失った変異"の起こる部位を図14・23に示す．これをみると，これらの部位はRNAポリメラーゼと相互作用をするDNAのリン酸基近くにある．つまり，正の調節にかかわるリプレッサー上のアミノ酸のグループはRNAポリメラーゼと接触するのにふさわしい所にある．重要な点は，タンパク質-タンパク質の接触により遊離されるエネルギーを転写開始に必要な過程に使っているということである．

リプレッサーが相互作用するRNAポリメラーゼ内の標的は$\sigma^{70}$サブユニットであり，それも-35配列と相互作用する部位である．こうしたリプレッサーとRNAポリメラーゼの相互作用が転写開始に必要である．

このことから，どのようにして少量のリプレッサーにより自らの合成が正に調節されるかが説明できる．$O_R2$に結合するに足りる十分なリプレッサーが存在するかぎり，RNAポリメラーゼによる$P_{RM}$からの$cI$遺伝子の転写は維持される．

**ヘリックス-2はRNAポリメラーゼと相互作用する**

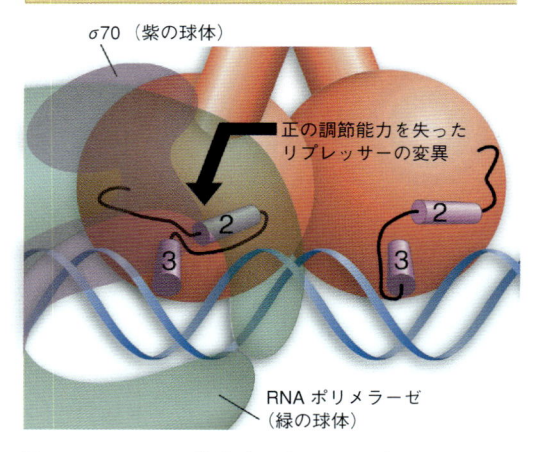

図14・23 正の調節能力を失ったリプレッサーの変異の解析から，ヘリックス-2の小さな領域がRNAポリメラーゼと直接相互作用することがわかる．

## 14・13 協調的相互作用による敏感な調節

- $O_L1$と$O_L2$に結合した二つのリプレッサー二量体は，それぞれ$O_R1$と$O_R2$に結合した二量体と相互作用して八量体を形成する．
- こうした協調的相互作用により鋭敏に調節される．

左右のオペレーターに結合したリプレッサー二量体は協調的に相互作用するので，リプレッサーによりオペレーターが占有された通常条件下では部位1，2の両方に二量体が存在する．しかし，それだけではない．溶原菌においてオペレーターがリプレッサーにより占有された状態を示す図14・24に見られるように，二つの四量体が相互作用して八量体を形成する．リプレッサーは$O_L1$，$O_L2$，$O_R1$，$O_R2$を占有している．$O_R2$に結合したリプレッサーは$P_{RM}$からの転写を開始するRNAポリメラーゼと相互作用する．

二つのオペレーターが相互作用する結果としていくつかのことが起こる．リプレッサーの結合が安定化されてオペレーターの占有がより低濃度でも起こる．$O_R2$に結合したリプレッサーはRNAポリメラーゼの$P_{RM}$への結合を安定化するので，低い濃度のリプレッサーで自己合成調節ができる．

$O_L$と$O_R$に挟まれたDNA領域（すなわち$cI$遺伝子）はリプレッサー八量体によって保持されて大きなループを形成する．この八量体は$O_L3$と$O_R3$を接近させる．結果として，図14・25に示すように二つの二量体がこれらの部位に結合し，かつ互いに相互作用する．$O_R3$が占有されると$P_{RM}$へのRNAポリメラーゼの結合が妨げられてリプレッサーの合成が止まる．

こうして，いかに$cI$遺伝子の発現がリプレッサーの濃度に敏感かが見てとれる．最も濃度が低いときには八量体を形成してRNAポリメラーゼを活性化することで正の自己調節が働く．濃度が上昇すると$O_L3$と$O_R3$に結合して転写を阻害することで負の自己調節が働く．こうしたことが起こるのに必要なリプレッサーの濃度域は協調的な相互作用により低く保たれるので，全体として調節感度は一層鋭敏になる．リプレッサーの濃度がどのように変動しようとも，溶原性を維持するための適切な反応が起こる．

そして，この系全体に必要なリプレッサー濃度はさらに（協調効果により三分の一にまで）低減されるので，プロファージを誘発する必要が生じたときに除かなくてはならないリプレッサー量もより少なくてすむ．こうして誘発の効率も上昇する．

**$O_L$と$O_R$に結合したリプレッサーは相互作用して八量体を形成する**

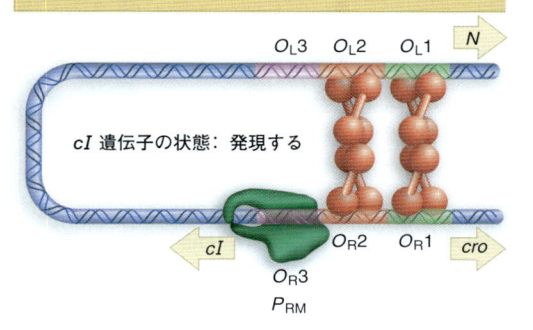

図14・24 溶原化状態では，$O_L1$と$O_L2$に結合したリプレッサーは$O_R1$と$O_R2$に結合したリプレッサーと相互作用する．RNAポリメラーゼは（$O_R3$と重なった）$P_{RM}$に結合し，$O_R2$に結合したリプレッサーと相互作用する．

**リプレッサーは濃度が高くなると$O_L3$と$O_R3$に結合する**

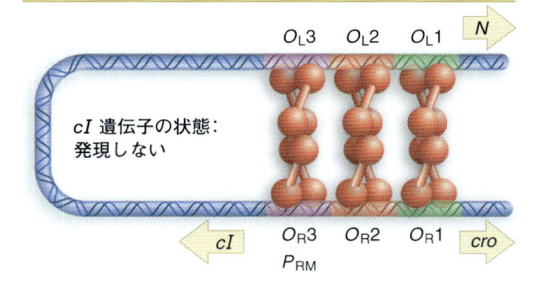

図14・25 リプレッサー八量体が形成されて$O_L3$と$O_R3$が接近させられ，リプレッサーの濃度上昇に伴ってこれらの部位に二量体が結合し相互作用する．

## 14・14 溶原化には$cII$と$cIII$遺伝子が必要である

- 後発型初期遺伝子産物$cII$と$cIII$はRNAポリメラーゼが$P_{RE}$プロモーターから転写を開始するのに必要である．
- $cII$はプロモーターに直接作用し，$cIII$は$cII$の分解を防ぐ．
- $P_{RE}$からの転写によりリプレッサーが合成され，加えて$cro$の転写も阻害される．
- $P_{RE}$は不完全な-10配列と-35配列をもつ．
- RNAポリメラーゼは$cII$タンパク質があって初めてプロモーターに結合できる．
- $cII$は-35配列の近くに結合する．

溶原化を維持する調節系には一つの矛盾がある．それはリプレッサータンパク質がそれ自身の合成に必要だということである．溶原化がどうやって永続するかは説明できるが，最初のリプレッサー合成はどのようにして始まるのだろうか．

$\lambda$ファージDNAが新しい宿主細胞に侵入したとき，RNAポリメラーゼは$cI$を転写できない．それは$P_{RM}$にRNAポリメラーゼが結合するのを助けるリプレッサーがないからである．しかし同時に，リプレッサーが存在しないので，$P_R$と$P_L$が利用できる．このため$\lambda$ファージのDNAが細菌に感染すると最初に遺伝子$N$と$cro$の転写が起こる．ついで，つくられたpNにより転写領域が拡張されるので，$cIII$を始めとする遺伝子が左側で転写され，同時に$cII$などほかの遺伝子が右側で転写され始める（図14・11参照）．

$cII$と$cIII$遺伝子に変異が起こると$cI$と同様，溶原化に影響する．しかし違いが一つあり，$cI$変異株が溶原化の確立も維持もできないのに対し，$cII$や$cIII$の変異株は溶原化は確立できないが，いったん溶原化が確立されるとすでに述べた$cI$自己調節系によって維持できる．

$cII$，$cIII$タンパク質はリプレッサー合成系に必要なもう一つの正の調節因子である．$cI$の自己調節系は，まったく新しい合成にとりかかれないが，それを回避して$cI$の発現を開始するためにだけ$cII$，$cIII$タンパク質を必要とするのであり，それらはつくられ続ける必要はない．

$cII$タンパク質は遺伝子の発現調節に直接関与する．$cro$と$cII$遺伝子の間に，$P_{RE}$とよばれるもう一つのプロモーターがある．〔添字の"RE"は repressor establishment（リプレッサーの確立）を表す．〕このプロモーターは$cII$タンパク質のあるときだけRNAポリメラーゼによって認識される．この作用を図14・26に示す．

$P_{RE}$の−10配列領域はコンセンサス配列とそれほど一致しないし，−35配列領域にはコンセンサス配列が存在しない．このためこのプロモーターは$cII$に依存しなければ働かないのだと思われる．事実，このプロモーターは，RNAポリメラーゼだけでは転写されないが，$cII$を与えると転写される．$cII$はRNAポリメラーゼによるプロモーターからの転写開始を促進する典型的な正の調節因子である．

$cII$タンパク質は *in vivo* ではとても不安定である．宿主のもつ *Hfl* 遺伝子の働きにより分解されてしまうからである．（*Hfl* とは high frequency lysogenization（高頻度の溶原化）の略であり，分解系が不活性化されることで起こる表現型に由来する．）$cIII$タンパク質はこの分解から$cII$を保護する役割を担っている．

$P_{RE}$からの転写は2通りの方法で溶原化を促進する．直接的には$cI$からリプレッサータンパク質を翻訳し，間接的には$cro$遺伝子を含む領域の"間違った"方向からの転写を促進する．RNAの5′末端は$cro$のmRNAに対してアンチセンスの関係になる．このRNAは本来の$cro$ mRNAとハイブリダイズし，その翻訳を阻害してしまう．$cro$の発現は溶菌サイクルに入るために必要なので，この現象が溶原化に重要な意味をもつことになる（§14・16参照）．

$P_{RE}$の転写産物中の$cI$のコード領域は非常に良い効率で翻訳される（先に述べた$P_{RM}$転写産物の翻訳が弱々しいのとは対照的である）．実際のところ，リプレッサーは$P_{RM}$転写産物からのときよりも$P_{RE}$からのときの方が7〜8倍高い効率で合成される．これは，$P_{RE}$転写産物が効率の良いリボソーム結合部位をもっているのと比較して，$P_{RM}$の転写産物はリボソーム結合部位を欠くのみならず，実際のところAUG開始コドンに相当する所から始まっているからである．

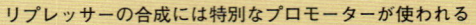

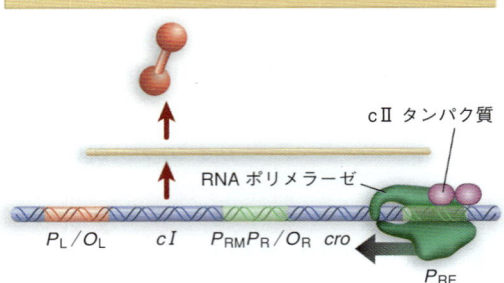

図14・26　リプレッサー合成の確立には，$cII$タンパク質とRNAポリメラーゼが$P_{RE}$に作用して転写が始まり，$cro$遺伝子のアンチセンスRNAを経て$cI$遺伝子へと転写が続く．

## 14・15　いくつかの条件が溶原化に必要である

- $cII/cIII$によりリプレッサーの合成が確立され，加えて後期遺伝子の発現が阻害される．
- リプレッサーが合成されると中期および後期遺伝子の発現が止まる．
- リプレッサーは自らの発現を維持する回路を成立させる．
- 最終段階として$\lambda$ファージDNAは細菌の染色体に組込まれ溶原化する．

これまでの知見に基づいて，$\lambda$ファージの感染後に溶原化がいかにして確立するのか理解できる．図14・27に初期の段階をまとめ，$cIII$と$cII$の発現の結果何が起こるかを

**図 14・27** 溶原化の確立にはカスケードが必要であるが，いったん確立されると，今度はリプレッサー合成を維持するための自己調節系に切換わる．

**溶原経路ではリプレッサーの合成が起こる**

先発型初期　$N$と$cro$が転写される

後発型初期　pN 抗転写終結因子の働きにより$cII$と$cIII$が転写される

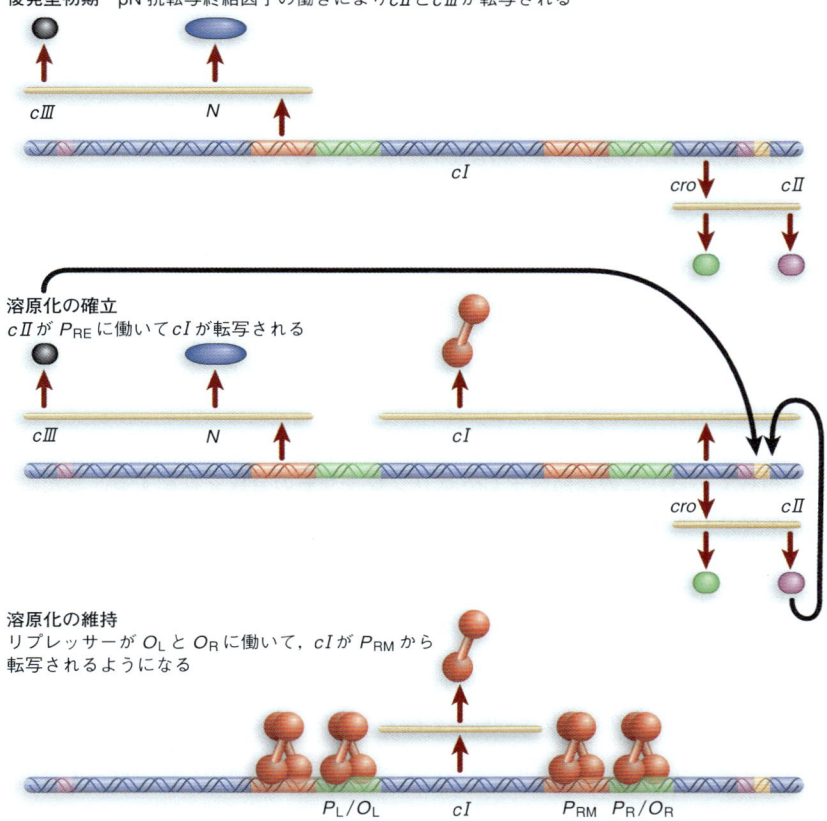

溶原化の確立　$cII$が$P_{RE}$に働いて$cI$が転写される

溶原化の維持　リプレッサーが$O_L$と$O_R$に働いて，$cI$が$P_{RM}$から転写されるようになる

示す．$cII$ができると，$P_{RE}$から転写が起こって$cI$が読まれる．この転写産物から大量のリプレッサーが合成され，リプレッサーは直ちに$O_L$，$O_R$に結合する．

リプレッサーが結合すると$P_L$と$P_R$からの転写は直接抑えられて，すべてのファージ遺伝子の発現は停止する．したがって，$cII$と$cIII$タンパク質の合成も止まるが，これらのタンパク質は不安定なのですぐに崩壊し，その結果$P_{RE}$はもはや働かなくなる．こうして溶原化確立のための調節系が関与したリプレッサーの合成が停止する．

しかし，リプレッサーが今度は$O_R$に結合しているので，$P_{RM}$からの発現が起こり，溶原化維持の経路が働き出す．そして$P_{RM}$に特徴的な低いレベルではあるが，リプレッサー合成が継続する．このようにリプレッサー合成の確立に際しては，高レベルのリプレッサー合成がまず始まるので，リプレッサーが他のすべての機能を停止させてしまう．それと同時に，そのリプレッサーは溶原化を維持するのに適当な低いレベルで働く維持調節系をオンの状態にする．

溶原化を確立するのに必要な他の機能については詳しく論じないが，感染した$λ$ファージ DNA が細菌のゲノムに組込まれる過程について簡単に述べる必要がある (§19・12 参照)．この組込み反応には遺伝子 $int$ の産物が必要であり，$cII$ 存在下にそれ自身のプロモーター$P_I$から発現する．つまり，溶原化を制御する系の確立に必要な機能と，DNA を物理的に組込ませるのに必要な機能とは同じ調節系の支配を受けるのである．このように溶原化の確立に必要なすべてのことが，同じ時期に起こるように制御されている．

λファージにみられる巧妙なカスケードをみてみると，cIIももう一つの間接的な方法で溶原化を促進することがわかる．cIIはQ遺伝子内にある$P_{anti-Q}$からの転写を促進する．この転写産物はQ mRNAにとってのアンチセンスRNAであり，Q mRNAと塩基対を形成して溶菌に必要なpQの合成を抑えてしまう．したがって，cIリプレッサー遺伝子が転写され直接溶原化が促進される機構が，間接的にはcroおよび溶原化に抗抗する溶菌サイクルに必要な調節因子であるQの発現を抑えてしまい，溶原化の促進を助けている．

### 14・16 Croリプレッサーは溶菌サイクルに必要である

- Croはリプレッサーと同じオペレーターに結合するが親和性が違う．
- Croが$O_R3$に結合するとRNAポリメラーゼは$P_{RM}$に結合できなくなり，リプレッサーの合成が維持できなくなる．
- Croが別のオペレーターである$O_R$か$O_L$に結合すると，先発型初期遺伝子の発現を妨げ（間接的に）リプレッサーの合成が維持できなくなる．

λファージは溶原化するか溶菌を起こすか，どちらかを選択できる．そして溶原化は自己調節を維持する系を確立することに始まり，この系は二つの部位を抑えて溶菌に向かうカスケードを止める．溶原化を確立させる過程には，先に溶菌サイクルへのカスケードの所で述べた反応の一部が使われる（N遺伝子が発現して，後発型初期遺伝子の発現が起こることが必要である）．それでは，ファージはどのようにして溶菌サイクルに入るのだろうか．

もう一つのリプレッサーをコードしているcro遺伝子が溶菌サイクルにとって重要な役割を担っている．この調節因子Croはリプレッサーの合成を抑制する．したがって溶原化を確立できなくなる．$cro^-$の変異株は，溶菌サイクルに入らず溶原化を持続する．それはリプレッサー合成を起こす状態から切換えられなくなっているからである．

Croは小さな二量体を形成して免疫性領域に作用する．このタンパク質には二つの働きがある：

- $P_{RM}$からの転写を抑えて溶原化維持のためのリプレッサーの合成を抑制する．
- $P_L$と$P_R$から始まる初期遺伝子の転写を抑える．

このことは，ファージが溶菌サイクルに入るときに，Croがリプレッサーの合成を抑制し，かつ（その結果として）初期遺伝子の発現を低下させる役割をもっていることを示している．

これらの機能を果たすのは，Croとリプレッサーは同じオペレーター部位に結合するからである．なぜ2種のタンパク質が同じ部位に作用しながら，このような反対の効果を示すのだろうか．それは，両タンパク質がそれぞれのオペレーターの結合部位に違った親和性をもっているからである．$O_R$について考えてみよう．このオペレーターはよく解析されており，そこではCroが2通りの効果を発揮する．この様子を図14・28に示す（始めの二つの段階は図14・27に示した溶原化経路と同じである点に注目）．

Croは$O_R2$か$O_R1$よりも，$O_R3$に強い親和性を示す．したがって最初に$O_R3$に結合し，RNAポリメラーゼが$P_{RM}$に結合するのを妨げる．このようにCroはまず，溶原化の維持機構が働き出すのを抑える役を果たす．

その後，Croは$O_R2$か$O_R1$に結合する．これらの部位への親和性は同程度で，協調的結合は起こさない．この結合のためにRNAポリメラーゼは$P_R$を使うことができなくなり，初期機能（Cro自身も含む）の発現が止まる．cIIタンパク質は不安定なので，$P_{RE}$も使えなくなる．したがってCroの二つの作用によりリプレッサーの生産は完全に止まってしまう．

溶菌サイクルに関しては，Croは初期遺伝子の発現を低下させる（完全になくしてしまうわけではない）．この不完全な効果は，$O_R1$か$O_R2$への親和性がリプレッサーの1/8程度しかないことで説明できる．このCroの効果はpQができて，初期遺伝子が多少余分になるまで作用しない．このときにはファージは後発型遺伝子の発現を始めており，子ファージの生産に熱中している．

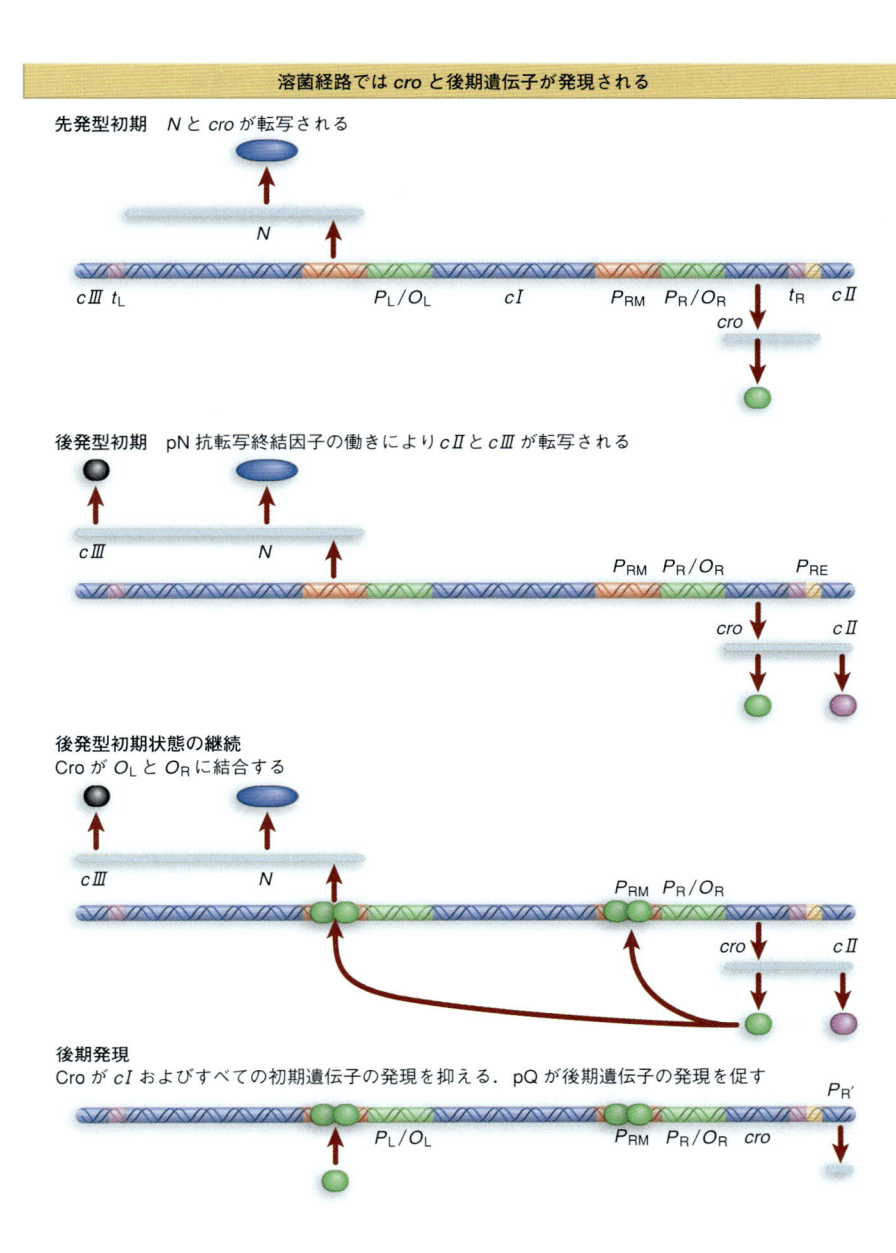

**溶菌経路では cro と後期遺伝子が発現される**

先発型初期　N と cro が転写される

後発型初期　pN 抗転写終結因子の働きにより cII と cIII が転写される

後発型初期状態の継続　Cro が $O_L$ と $O_R$ に結合する

後期発現　Cro が cI およびすべての初期遺伝子の発現を抑える. pQ が後期遺伝子の発現を促す

**図 14・28** 溶菌サイクルへのカスケードには Cro タンパク質が必要である. このタンパク質は $P_{RM}$ によるリプレッサーの維持を直接妨げると同時に, 後発型初期遺伝子の発現を直接抑え, $P_{RE}$ から始まるリプレッサーの確立も間接的に妨げる.

## 14・17　何によって溶原化と溶菌サイクルのバランスが決まるのだろうか

- Cro とリプレッサーが合成される後発型初期段階は溶原化と溶菌サイクルに共通である.
- 重要なことは, Cro の作用に打ち勝つのに十分なリプレッサーが合成されるかどうかである.

　溶原化と溶菌サイクルのプログラムは非常に密接に関係しているので，新しい宿主に入った個々のファージゲノムの運命を予測することは難しい．リプレッサーと Cro の拮抗作用が図 14・27 に示したような自己調節による溶原化維持系を確立するか，図 14・28 に示したリプレッサー合成を止めて後期過程に入り溶菌サイクルに行くか，ということを決めるのだろうか．

　どちらも先発型初期遺伝子の発現とそれに続いて起こる後発型初期遺伝子の発現を伴い，決定の直前まで同じ過程が働いている．両者の違いはリプレッサーと Cro のどちらがオペレーターを占有するかという問題に帰着する．

　このどちらの経路に向かうかという決定は早い時期に行われてしまう．ファージがどちらの経路をたどるにせよ，$P_L$ と $P_R$ が抑えられると初期遺伝子の発現はすべて抑えられてしまう．そのため cII と cIII が消失して，$P_{RE}$ からのリプレッサーの生産が起こらなくなる．

　そこで，$P_{RE}$ からの転写が止まったとき，$P_{RM}$ が活性化されて溶原化が起こるのか，

**図 14・29** 溶原化と溶菌の分かれ道は後発型初期遺伝子が発現するときに決まる．もし cⅡ により十分量のリプレッサーが合成されるとオペレーターが占有されて溶原化が成立する．さもないと Cro がオペレーターに結合して溶菌サイクルに入る．

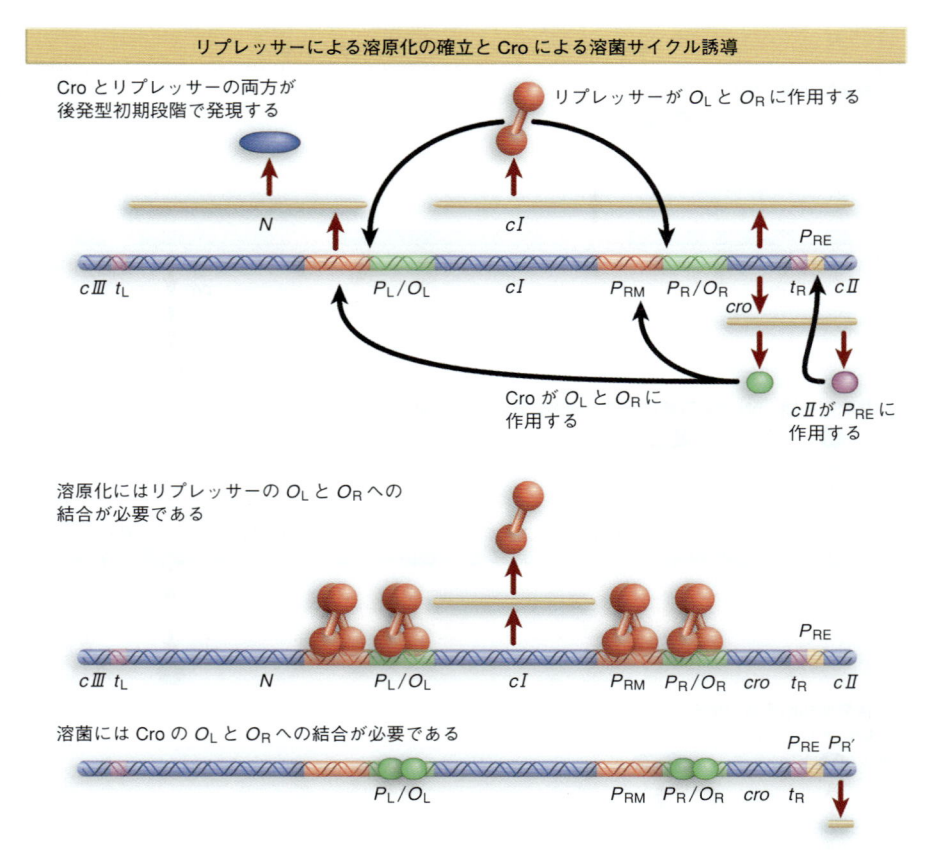

あるいは，$P_{RM}$ が働かずに調節因子である pQ が働いて溶菌サイクルを進めるのかということが最も重要な問題になる．図 14・29 には，リプレッサーと Cro の両方が生産されている重要な段階が示してある．

溶原化が確立する際には，最初の $O_L1$ と $O_R1$ にリプレッサーが結合する．そして直ちに次のリプレッサー二量体が $O_L2$ と $O_R2$ に協調的に結合する．このため Cro の合成は止まり，$P_{RM}$ からのリプレッサー合成が開始される．

溶菌サイクルに入る際の最初の反応は Cro の $O_R3$ への結合である．これにより $P_{RM}$ で開始される溶原化維持の経路が停止する．つぎに Cro は $O_R1$ か $O_R2$，および $O_L1$ か $O_L2$ に結合して初期遺伝子の発現を低下させる．こうして cⅡ と cⅢ の生産が止まると，$P_{RE}$ からのリプレッサー合成も停止する．リプレッサー合成は，不安定な cⅡ と cⅢ タンパク質が崩壊したときに停止する．

溶原化と溶菌サイクルの切換えに決定的な影響を及ぼすのは cⅡ である．cⅡ の活性がある場合にはリプレッサーは溶原化確立のプロモーターから合成され，その結果，オペレーターをリプレッサーが占有してしまう．cⅡ が不活性の場合には，リプレッサーによる溶原化確立は失敗し，Cro がオペレーターに結合する．

感染の結果を決めるのは，どんな状況でもとにかく cⅡ の濃度である．cⅡ を安定化する変異が生じると溶原化の頻度は増大する．そのような変異は，cⅡ 自身に起こることもあれば別の遺伝子に起こることもある．cⅡ が不安定なのは宿主のプロテアーゼにより分解を受けるからである．cⅡ の濃度は，cⅡ の分解を保護する働きをしている cⅢ によっても影響を受ける．cⅢ がありさえすれば cⅡ が必ず生き残るというわけではないが，とにかく cⅢ がないと cⅡ は不活性化されてしまう．

宿主遺伝子の産物がこの経路に作用している．宿主遺伝子 *hflA* と *hflB* に変異が起こると，溶原化が増大する．おそらくこれらの変異が宿主菌のプロテアーゼを不活性化するので，そのために cⅡ が安定化されるのだと思われる．

このように宿主は cⅡ のレベルに影響を与えることによって，溶菌か溶原化かの決定に関与する道を開いているのかもしれない．たとえば，cⅡ タンパク質を分解する宿主のプロテアーゼは，栄養の良い培地での培養では活性化されているので，λ ファージは生育の良い宿主菌を溶菌に導くが，飢餓状況におかれた菌では（溶菌に必要な成分も欠乏しているし）溶原化の頻度が上昇するようである．

## 14・18 要　約

　ファージには溶菌の生活環があり，宿主細菌に感染すると多くの子ファージを生産し，宿主菌を溶かし，ファージ粒子を放出する．このほかに溶原化して存在するファージもあり，ここではファージのゲノムは細菌の染色体に組込まれ，活性のない潜伏した状態で細菌のゲノムと同様に遺伝し受継がれていく．

　溶菌サイクルは典型的には三つの段階より成る．最初の段階でファージは宿主のRNAポリメラーゼを使って少数のファージ遺伝子を転写する．これらの中には第二の段階で発現する遺伝子群の発現に必要な調節因子が少なくとも一つ以上含まれる．この様式は第二の段階でも繰返され，少なくとも一つ以上の遺伝子は第三の段階の遺伝子発現に必要な調節因子である．始めの二つの段階で発現する遺伝子はファージDNAを増やすために必要な酵素を，最後の段階の遺伝子はファージ粒子の構造物をコードしている．後の段階ではその前の段階で発現していた遺伝子の発現は止められてしまうのが普通である．

　$\lambda$ファージでは，遺伝子はグループごとにそれぞれの発現が調節されている．先発型初期遺伝子$N$は抗転写終結因子をコードし，初期遺伝子のプロモーター$P_R$と$P_L$から，後発型初期遺伝子の左向きおよび右向きの遺伝子群の転写を可能にする．後発型初期遺伝子$Q$も同様な抗転写終結機能をもち，プロモーター$P_{R'}$からすべての後期遺伝子の転写をひき起こす．溶菌サイクルを抑え，溶原化を保つには$cI$遺伝子の発現が必要で，この産物はオペレーター$O_R$と$O_L$に作用してプロモーター$P_R$と$P_L$からの発現をそれぞれ抑えるリプレッサーである．溶原化したファージゲノムはプロモーター$P_{RM}$から$cI$遺伝子のみを発現している．このプロモーターからの転写は正の自己調節を受けており，$O_R$に結合したリプレッサーは$P_{RM}$に結合したRNAポリメラーゼを活性化する．

　おのおののオペレーターにはリプレッサー結合部位が三つ存在する．それぞれの結合部位はパリンドロームになっており，半々に分かれた対称的な構造をとっている．リプレッサーは二量体として機能する．オペレーターの半分の結合部位おのおのがリプレッサー単量体と接触している．リプレッサーのN末端ドメインには，DNAと結合するHTHモチーフが含まれている．ヘリックス-3は認識ヘリックスで，オペレーター内で塩基対との特異的結合に関与している．ヘリックス-2はヘリックス-3をDNA上に正しく位置づけるほか，$P_{RM}$でのRNAポリメラーゼとの接触にもかかわっている．C末端ドメインは二量体形成に必要である．N末端ドメインとC末端ドメインを切離すとDNA結合に必要な領域が二量体の形で働けなくなるので，DNAへの親和性が低下し溶原化を保つことができなくなり，ファージの誘発が起こる．リプレッサーとオペレーターの結合は協調的で，一つ目の二量体が最初の部位に結合すると，二つ目の二量体はより容易に隣の部位に結合できる．

　HTHモチーフは他のDNA結合タンパク質にも用いられている．その中の一つに$\lambda$ファージのCroタンパク質がある．これは同じオペレーターに結合するが，ヘリックス-3の違いにより，それぞれのオペレーター部位により異なった親和性を示す．Croは単独でまずオペレーターの$O_R3$と非協調的に結合する．Croは溶菌サイクルを進めるのに必要なタンパク質で，$O_R$に結合するとまず$P_{RM}$からのリプレッサーの合成が抑えられ，後に発現し続けていた先発型初期遺伝子が抑えられる．この効果は$O_L$への結合に際しても同様である．

　リプレッサー合成を確立するにはプロモーター$P_{RE}$を用いるが，これは$cII$タンパク質によって活性化される．$cIII$タンパク質は$cII$タンパク質の分解を防ぎ，安定化するのに必要である．Croは$cII$と$cIII$の発現を停止することによって溶原化を妨げている．リプレッサーは自分以外のすべての転写を抑えることによって溶菌サイクルを抑えている．溶菌と溶原化のどちらを選択するかは，感染に際してリプレッサーとCroのどちらがオペレーターを占有できるかによっている．感染した細菌内での$cII$タンパク質の安定性が最も重要な決定要因なのかもしれない．

# IV

## DNAの複製と組換え

# 15 レプリコン

15・1 はじめに
15・2 複製開始点から通常，両方向に複製が始まる
15・3 細菌のゲノムは単一の環状レプリコンである
15・4 複製開始点でのメチル化は複製開始を調節しているだろうか
15・5 真核細胞の各染色体には多数のレプリコンがある
15・6 複製開始点は複製開始点認識タンパク質複合体に結合する
15・7 MCMタンパク質からできているライセンス因子は複製の再開を制御する
15・8 要約

各節のタイトル下の □ はその節で使われる重要語句を，□ はその節の要点をまとめている．

## 15・1 はじめに

**レプリコン** replicon 複製を基準にしたゲノムDNAのユニット．個々のレプリコンには1個の複製開始点がある．
**単コピー型制御** single-copy control 細菌細胞1個につき1個しかレプリコンがない複製制御の様式．細菌の染色体およびある種のプラスミドはこの様式でコピー数が制御されている．
**多コピー型制御** multicopy control プラスミドが個々の細菌細胞に1コピーより多く存在するとき，そのプラスミドは多コピー型制御を受けているという．

DNA複製は細胞分裂を制御する鍵である．細胞が分裂する場合はいつも，全DNA配列の完全なセットが一度，それもただ一度だけ複製されなければならない．これは複製の開始を制御することによって達成される．この複製開始は**複製開始点**とよばれる特別なDNA領域でしか起こらない．

複製開始点は個々の複製反応が始まるDNA領域と定義される．**レプリコン**は複製開始点をもったDNAであり，その複製開始点で開始反応が始まると必ず複製される．図15・1に，原核生物と真核生物におけるレプリコンとゲノムの一般的性質を示した．

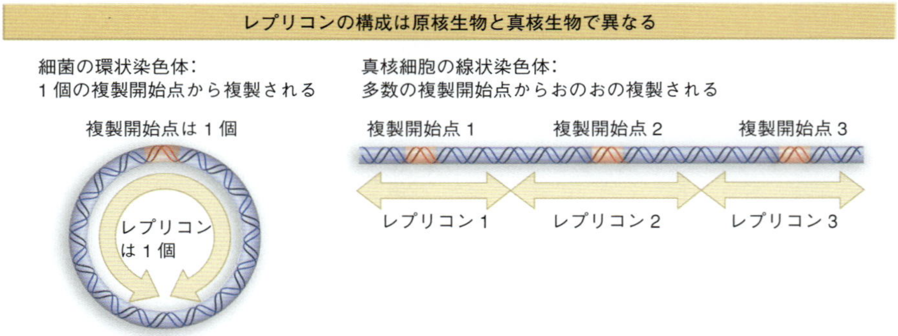

図15・1 細菌の染色体は普通環状で1個の複製開始点から複製されるが，真核生物の各染色体は多数のレプリコンから成り，おのおの対応する複製開始点がある．

**レプリコンの構成は原核生物と真核生物で異なる**

細菌の環状染色体: 1個の複製開始点から複製される
真核細胞の線状染色体: 多数の複製開始点からおのおの複製される

原核細胞のゲノムは（通常環状のDNAであり）単一のレプリコンである．これは，細菌の全染色体の複製が，唯一の複製開始点からのたった1回の複製開始に依存していることを意味している．この複製開始は細胞が分裂するごとに1回起こり，**単コピー型制御**とよばれる．細菌の複製開始点からの複製開始の頻度はメチル化の状態により制御されている（§15・4参照）．

細菌は染色体のほかにプラスミドとしてさらに遺伝情報をもっている場合がある．プラスミドは独立のレプリコンをもち，自律的に増殖する環状のDNAである．プラスミドには（単コピー型として）染色体と同様に複製するものと，これとは異なる制御を受けるものとがある．プラスミドのコピー数が細菌の染色体より多い場合，**多コピー型制御**で複製するという．ファージやウイルスDNAもレプリコンであるが，これらは感染している間，何回も複製を開始できる．それゆえ，原核細胞のレプリコンを記述するには定義を逆にしてみるのがよさそうである．複製開始点をもつDNA分子は細胞内で自律的に複製できる．

細菌と真核細胞のゲノム構成の大きな違いは複製にある．（通常非常に長い線状DNA分子である）真核細胞の染色体はたくさんのレプリコンに分けられている．（複製開始点がレプリコンの真ん中にあるのはなぜなのかについては後で考える．）細菌染色体の

単一レプリコンと同様，これら各レプリコンは1回の細胞周期当たりたった一度だけ"点火される". 真核細胞の複製開始点がどう用いられるかはそこに結合するタンパク質因子によって変わることも知られている（§15・7参照）. 真核生物ゲノムではすべてのレプリコンが同時に活性化されることはないが，すべてのレプリコンが細胞周期のS期に活性化されることははっきりしている. これは，各レプリコンが1回は必ず点火され，それも1回だけしか点火されないようにする，さらに別の制御方法が存在していることを意味している. また，多くのレプリコンがばらばらに点火されるとすれば，すべてのレプリコンの複製の全過程が完了したことを知らせるシグナルも存在するに違いない.

単コピー型制御を受けている染色体とは対照的に，ミトコンドリアや葉緑体のDNAは多コピー型制御に似た調節を受けていると思われる. 1個の細胞当たりこれら細胞小器官のDNAにはそれぞれ多数のコピーが存在し，それらのDNA複製は細胞周期と連携した調節を受けているに違いない.

これらすべての系について，複製開始点として機能する塩基配列を決め，それが複製装置を構成するどのようなタンパク質によってどのように識別されるのかを知る必要がある. ここでは細菌と真核生物におけるレプリコンの基本的な構成とそのいろいろな型について考察することから始め，16章で細菌における染色体以外の自律複製単位について考察する. 17章では，ゲノムの複製と細菌の分裂がどのように共役して行われているか，ゲノムを娘細胞に分配する際に機能しているものは何かという問題を考える.

## 15・2 複製開始点から通常，両方向に複製が始まる

**複製の目** replication eye まだ複製されていない長い領域の中に生じた，すでに複製された領域.
**複製フォーク（複製分岐点）** replication fork 複製の進行に伴って親二本鎖DNAのそれぞれの鎖が解離している場所. 複製フォークにはDNAポリメラーゼを含むタンパク質複合体がある.

- 複製フォークは複製開始点から出発してDNA上を順々に動いていく.
- 複製開始点で2個の複製フォークがつくられ，それらが複製開始点から互いに逆方向に進行すると，両方向複製となる.

複製は複製開始点から始まりDNA二本鎖がほどけながら進行する. ついで，親鎖おのおのが相補的な新生鎖合成の鋳型となる（図15・2）.

複製中のDNA分子は二つの領域から成っている. 図15・3に示すように，複製中のDNAを電子顕微鏡で観察すると，まだ複製していないDNAに挟まれた複製中の部分は目の形（**複製の目**）に見える. 未複製の領域は親の二本鎖のままであり，複製の済んだ所ではこれが二つに開いて二つの娘二本鎖となる.

複製がまさに進行している部分は**複製フォーク**（複製分岐点），あるいは成長点とよばれる. 複製フォークは複製開始点から出発してDNA上を順々に動いていく.

最も普通にみられる複製の型は両方向複製で，図15・4に示すように，複製は一つの複製開始点から始まり，二つの複製フォークが反対方向に進みながら進行する. 複製が進み複製フォークがお互いに離れていくにつれて複製の目は大きくなり，ついには複製していないDNA領域よりはるかに大きくなる.

## 15・3 細菌のゲノムは単一の環状レプリコンである

- 細菌のレプリコンは普通環状で，1個の複製開始点から両方向に複製される.
- 大腸菌の複製開始点は oriC とよばれ，長さは245 bp である.
- 二つの複製フォークはゲノム上を回って環状ゲノムのほぼ中央で出合うのが普通である. 何らかの理由で一つの複製フォークの進行が遅れると，複製を止める ter 配列で早く進んできた複製フォークが止まり，遅い複製フォークの到着を待つ.

図15・2 複製開始点は複製が始まるDNA配列で，親鎖はこの開始点からほどけていき，新しいDNA鎖の合成がそこから始まる. 新しく合成された鎖それぞれは，合成の鋳型として利用された各親鎖に相補的である.

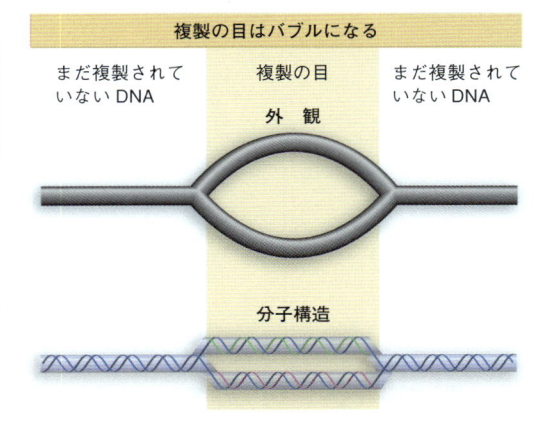

図15・3 複製の目はまだ複製されていないDNAに挟まれた複製中のDNAである.

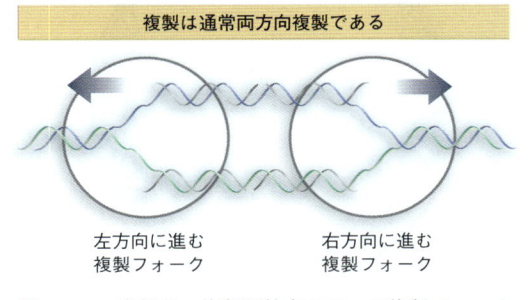

図15・4 複製は，複製開始点で二つの複製フォークができ，おのおのが逆の方向に進む両方向複製が普通である.

原核生物のレプリコンは普通環状，すなわちDNAは遊離末端のない閉環状である．細菌の染色体自身も環状構造であるが，すべてのプラスミド，そして多くのファージもそうである．葉緑体やミトコンドリアDNAも一般に環状である．図15・5に環状染色体が複製する様子をまとめた．複製開始点から複製が始まった後，二つの複製フォークが反対方向に進み出す．環状染色体ではこの段階で，ギリシャ文字の$\theta$のように見える，$\theta$構造となる．環状構造に由来する重要な問題は，この過程が完了すると二つの染色体は一方の環がもう一方の環を通り抜けている連環（カテナンとよばれる）となるので，このカテナンを分離して二つの染色体に分ける特異的な酵素系が必要となる（§17・7参照）．

図15・5 細菌環状染色体の両方向複製は1個の複製開始点から始まる．二つの複製フォークは染色体上を動いていく．複製された二つの環状染色体が連環したカテナンの状態にあると，これらを娘細胞に分配できるようにするにはこの連環を外さなければならない．

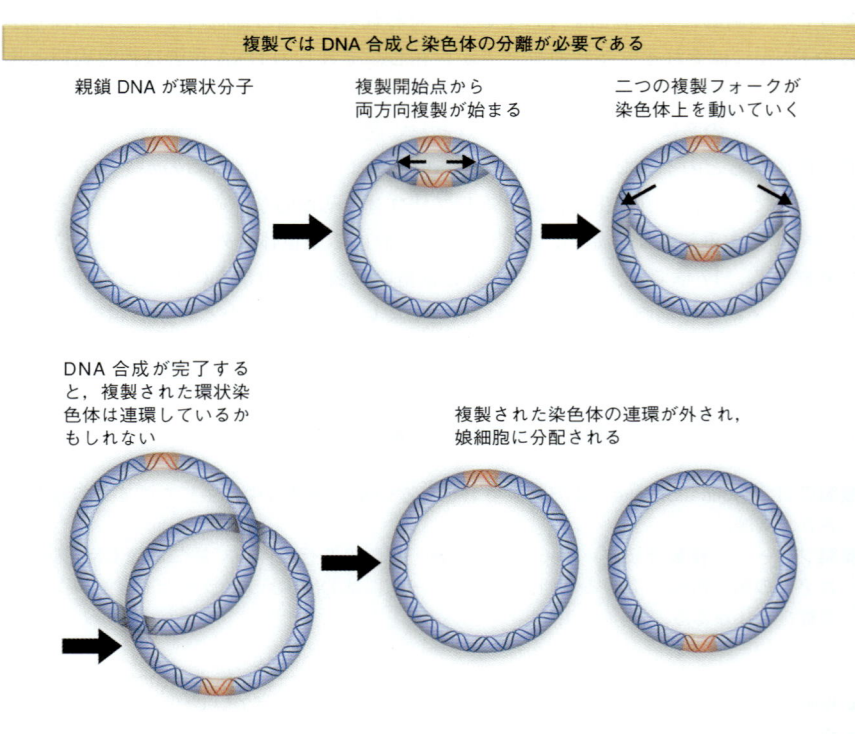

大腸菌（E.coli）のゲノムは単一の複製開始点，oriCとよばれる遺伝子座の所から両方向に複製が始まる．oriCから始まって逆向きに（ほぼ同じ速さで）進行している二つの複製フォークはゲノム上を回って出合うことになる．終了反応も決まった領域で起こる．二つの複製フォークが出合うとき，その出合っている領域にあるDNAを正しく複製させているのは何かというのは興味深い問題である．

複製終了をひき起こす配列をter配列とよぶ．ter配列はin vitroで複製終了を起こす短い（約23 bp）配列である．この配列は一方向の終了に対してのみ有効である．このter配列は，（大腸菌ではTusタンパク質，枯草菌ではRTPタンパク質という）タンパク質によって認識され，複製フォークの進行が止められる．しかしながら，ter配列が欠失しても正常な複製周期が妨げられることはなく，この欠失は娘染色体の分離に影響する．

大腸菌および枯草菌（B.subtilis）の複製終了点には，図15・6に示すようにおもしろい性質がある．複製フォークは通常複製開始点より染色体を半周した点で出合い，複製を止めることがわかっている．しかし，2箇所の終了領域（大腸菌ではterE, D, AとterC, B．そして枯草菌ではterⅠ，terⅡ，およびこのほかの2～3の部位）が同定され，それらはこの遭遇点の両側約100 kbに位置していた．二つの終了領域はそれぞれ複製の終了配列をもち，おのおの一方向に進行する複製フォークに特異的で，一つの複製フォークに有効な終了配列に到達するためにはもう一方の複製フォークを通り過ぎてこなければならないように配置されている．この配置によって"複製フォークの待ち伏せ"ができる．すなわち何らかの理由で一方の複製フォークの進行が遅れ，普通は中央で出合うはずの両フォークがそこで出合えなくても，速く進んできた方がter領域で止まって遅いフォークの到着を待つのであろう．

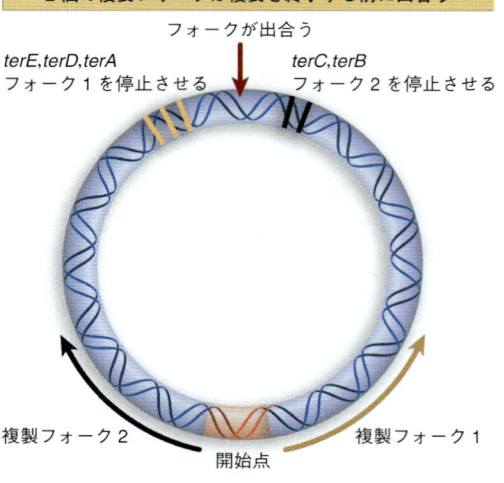

図15・6 大腸菌の2個の複製終了点は複製フォークが実際に出合う点を越えた所に存在する．

複製フォークがDNAに結合しているタンパク質に出合ったらどうなるだろうか．複製フォークがたとえばDNAに結合しているリプレッサーに出くわすと，多分そのリプレッサーがいったんどかされ再び結合するに違いない．複製フォークが転写中のRNAポリメラーゼに出くわしたら何が起こるだろうかという問題は特におもしろい．複製フォークはRNAポリメラーゼより10倍以上速く動く．もし両方が同じ方向に進行している場合には，複製フォークがRNAポリメラーゼをどけてしまうか，複製フォークの進行速度を遅くしてRNAポリメラーゼが転写終結点にたどりつくのを待つであろう．RNAポリメラーゼと同じ方向に進行しているDNAポリメラーゼは，転写を中断させることなく何らかの"迂回経路"をとることができるようであるが，その機構については不明である．

複製フォークが違う向きに進行している，すなわちこっちに向かっているRNAポリメラーゼと出合うときには衝突が起こる．複製フォークはRNAポリメラーゼをどけるだろうか．あるいは複製も転写もともに停止してしまうのだろうか．大腸菌染色体の編成からこのような衝突が容易ならざる事態であることが示唆される．活発に機能しているほとんどすべての転写単位は，複製フォークの進行方向と同じ方向に転写されるよう配置されている．例外はすべて，まれにしか発現しない短い転写単位である．高発現遺伝子の方向を逆向きにするのが難しいことから考えると，複製フォークと一連の転写中のRNAポリメラーゼとの正面衝突は致死的であるのかもしれない．

## 15・4　複製開始点でのメチル化は複製開始を調節しているだろうか

**ヘミメチル化DNA**　hemimethylated DNA　両方の鎖にシトシンをもつ標的配列の一方の鎖だけがメチル化されているDNA．

- *oriC* には11個の $^{GATC}_{CTAG}$ 反復配列があり，両鎖ともアデニンがメチル化される．
- 複製によりヘミメチル化DNAが生じる．この状態では複製開始は起こらない．
- この $^{GATC}_{CTAG}$ 反復配列が再度メチル化されるのは複製後13分経過してからである．

細菌の複製開始点にはいくつかのメチル化された配列が存在し，これら配列のメチル化状態は複製の前後で異なる．この違いは，複製開始点が複製したものか，これから複製すべきものかを見分ける目印となる．

大腸菌の複製開始点 *oriC* には11個の $^{GATC}_{CTAG}$ 配列があり，これは *dam* メチラーゼがアデニンのN6位をメチル化する場合の標的配列である．図15・7にこの反応を示す．

複製前はパリンドローム構造をもった標的部位の両鎖ともアデニンはメチル化されている．複製により新生鎖に（修飾されていない）普通の塩基が挿入されると，一方の鎖はメチル化されており，もう一方はメチル化されていない**ヘミメチル化DNA**を生じる．つまり，複製の結果，自動的に *dam* 標的部位が完全なメチル化からヘミメチル化状態に変化する．

複製に対する影響は何であろうか．*oriC* に依存したプラスミドが *dam*⁻ の大腸菌で複製できるかどうかは，メチル化の状態によっている．図15・8に示すように，もしプラスミドがメチル化されていれば複製が1回進行し，ヘミメチル化産物となる．このヘミメチル化プラスミドは次第に蓄積するが，これは複製周期を開始する場合，ヘミメチル化状態の開始点は利用できないことを示している．

2通りの説明が考えられる．すなわち，複製開始には開始点の *dam* 標的部位がともにメチル化されている必要があるのかもしれない．あるいは，ヘミメチル化部位は複製開始を阻害するのかもしれない．この2番目の考えが現実的に思える．というのは，まったくメチル化されていないDNAから成る開始点は効率良く機能できるからである．

ヘミメチル化状態の複製開始点は，*dam* メチラーゼによって完全にメチル化された複製開始点となるまでは再び複製を開始することはできない．複製開始点にあるGATC配列は，複製後およそ13分間ヘミメチル化状態のままで存在する．この時間の長さは普通ではない．というのは，ゲノム中のほかの典型的なGATC配列はどこにあっても，複製後直ちに（1.5分以内）再メチル化されるからである．

**図15・7**　メチル化DNAは複製されるとヘミメチル化DNAとなる．*dam* メチラーゼが完全にメチル化した状態に戻すまで，GATCの部分はそのままの状態でいる．

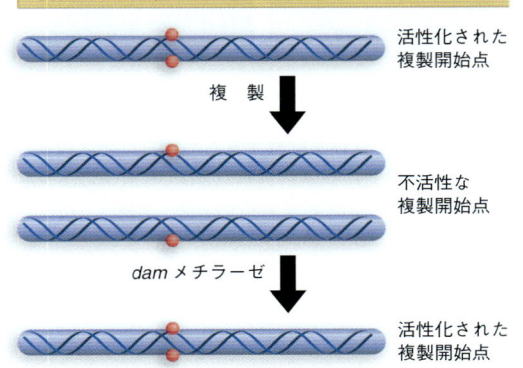

**図15・8**　完全にメチル化された複製開始点のみが複製の開始にあずかることができる．ヘミメチル化された新生DNAの複製開始点は完全にメチル化された状態になるまでは複製開始点として使われない．

## 15・5　真核細胞の各染色体には多数のレプリコンがある

> **S 期**　S phase　真核生物の細胞周期において，DNA 合成が起こる特定の期間．

> - 真核細胞のレプリコンの長さは 40〜100 kb である．
> - 一つの染色体は多数のレプリコンに分かれている．
> - おのおののレプリコンは S 期の決まった時期に活性化される．
> - 互いに隣接したレプリコン同士が同時に活性化される機構の存在が示唆されている．

真核細胞では，DNA 複製は細胞周期の特定の時期にだけ起こる．S 期は間期の一部で，高等真核細胞ではたいがい数時間持続する．真核細胞の染色体では大量の DNA を複製させるために，一つの染色体が多数のレプリコンに分かれている．これらレプリコンのほんの一部が S 期のいずれかの時点で複製しているにすぎない．おのおののレプリコンは S 期の決まった時期に活性化されるものと思われるが，これに関するはっきりしたことはわかっていない．

S 期は最初のレプリコンの活性化が合図となって始まる．ひき続き数時間にわたって他のレプリコンの複製開始の反応が秩序正しく起こる．染色体のレプリコンは普通は両方向複製を行っている．

真核生物の個々のレプリコンは比較的小さく，たとえば酵母やショウジョウバエでは約 40 kb，動物細胞では約 100 kb である．しかしこの大きさは同一ゲノム内でも 10 倍以上のばらつきがある．複製速度は約 2000 bp/分で細菌の複製フォークの進行速度，約 50,000 bp/分に比べるとずっと遅い．

複製の速度から計算すると，哺乳類のゲノムは，もしすべてのレプリコンが同時に活性化されるならば約 1 時間で複製されるだろう．しかし，典型的な体細胞の S 期は実際のところ 6 時間以上も続く．このことはある瞬間に活性化しているレプリコンは全体のうちたったの 15 ％であることを意味している．

どのようにして S 期の間の異なった時点で複製するレプリコンの複製開始点を区別するのであろうか．パン酵母（S.cerevisiae）ではシスに働く配列があり，この配列をもたないレプリコンは複製時期が早く，もっているレプリコンは複製時期が遅くなるようである．

染色体のレプリコンには複製フォークの動きを止め，（おそらく）複製装置が DNA から離れる終了点はないだろうとする根拠がいくつかある．おそらく隣合う開始点から進行してきた複製フォークが互いに出合うまで複製を続けるようである．複製フォーク同士が出合うときに二つの新しく合成された DNA をつなげるための高次構造上の問題が起こることについてはすでに述べた．

このように一群のレプリコンがいっせいに活性化され"局所的"に調節されるのではないかと考える証拠もある．そうした領域では，ゲノムのあちこちで個々のレプリコンが一つ一つ勝手に活性化される機構とは異なって，一群のレプリコンが多少とも同調して複製を開始する．大規模な編成があるらしいことは二つの構造的特徴から示唆される．染色体のかなり大きな領域を"初期に複製する領域"と"後期に複製する領域"との二つに分けることができる．このことは早い時期に複製するレプリコンと遅れて複製するレプリコンが染色体上に少なくとも均一に分散していないことを示している．DNA 前駆体でラベルした複製フォークを観察すると，均一に染まるのではなくて，染色体当たり 100〜300 の"フォーカス（集中した点）"になることが判明した．図 15・9 に示すそれぞれのフォーカスにはおよそ 300 以上の複製フォークが含まれている．このようなフォーカスは染色体上の特定の領域でいっせいに DNA が複製していることを示している．

**複製フォークはフォーカスになる**

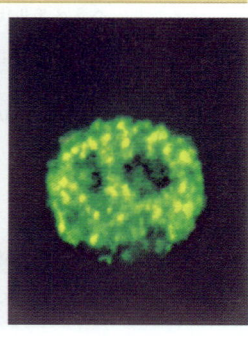

図 15・9　複製フォークは核内でフォーカスとして存在する．細胞をブロモデオキシウリジンで標識する．左図は DNA 全体を観察するためにヨウ化プロピジウムで染色し，右図は複製した DNA を検出するためにブロモデオキシウリジンに対する抗体を用いて染色した．写真は A. D. Mills 氏と Ron Laskey 氏のご好意による．

## 15・6　複製開始点は複製開始点認識タンパク質複合体に結合する

> ***ARS***（自律複製配列）　autonomous replication sequence　酵母における複製開始点．異なる *ARS* 配列でも A ドメインとよばれる 11 bp の共通配列が高度に保存されている．

- 酵母の複製開始点はA・T塩基対に富む11 bpの必須な塩基配列である.
- 複製開始点認識タンパク質複合体（ORC）は，6種のタンパク質から成る複合体で，酵母の自律複製配列（ARS）に結合する．ORCは細胞周期を通じて常に結合しており，S期でのみ活性化される．
- ORC様複合体は高等真核生物でも見いだされている．

　細菌染色体の複製開始点は複製できなくなった変異体の変異部位を解析して同定したが，真核生物の染色体には複数のレプリコンが存在し（あるレプリコンが失活しても別のレプリコンにより複製が進行するので），細菌で利用できたこの方法によって直接複製開始点を同定することができない．しかし，どんなDNA断片でも複製開始点をもっていれば複製できるはずである．真核生物の複製開始点を調べた最初の方法は，このようなDNA断片を人工的に調製し，DNA分子が複製できるかどうかを試験するものである．酵母で効率的に複製できるこのような配列は **ARS**（自律複製配列）とよばれる．ARSの構成要素は染色体の複製開始点に由来したものである.

　ARSはATに富む領域からできており，その中には変異が起こる開始点としての機能に影響するいくつかのはっきり識別できる部位がある．このほかの領域では塩基配列というより塩基組成が大切なようである．図15・10に複製開始点全領域にわたって組織的に行われた変異解析の結果を示す．A・T塩基対から成る11 bpのコンセンサス配列を含む"コア"領域（Aドメイン）に変異を起こすと，開始点としての機能は完全に失われる．このAドメインのコンセンサス配列〔*ARS*コンセンサス配列（*ARS* consensus sequence）にちなんで*ACS*とよぶこともある〕だけが既知の*ARS*間で共通に認められる配列である．

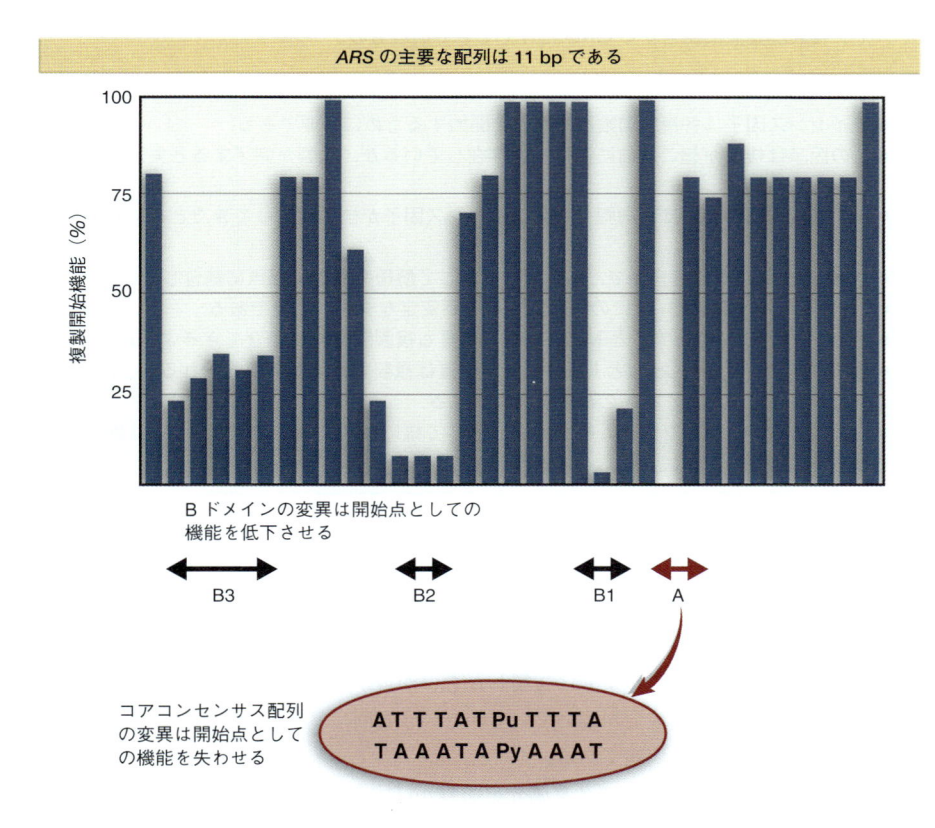

図15・10　*ARS*は約50 bpにわたっており，その中にはコンセンサス配列（A）とその他のドメイン（B1〜B3）がある．

　B1〜B3とよばれる三つのBドメインに変異が起こると，開始点としての機能が低下する．正規のAドメインをもつ*ARS*は二つのBドメインさえあれば実際上開始点として有効に機能する．（11塩基中9塩基が一致している不完全なコアコンセンサス配列がBドメインの近くやBドメインに一部重なっている所にも存在するが，これら配列は開始点としての機能に必須ではないようである．）

　ORC（複製開始点認識タンパク質複合体; origin recognition complex）は複製開始点を標的とする6種類のタンパク質から成る複合体で，約400 kDaである．ORCはATに富む鎖のAおよびB1ドメインに結合し，細胞周期を通じて常に*ARS*に結合してい

るので，複製開始は開始点への新たな ORC の結合によるというより，結合状態の変化によって起こるのであろう（§15・7参照）．ORC が結合する部位の数を数え上げることによって，酵母ゲノムには約 400 個の複製開始点が存在すると推定できる．これはレプリコンの平均長が約 35 kb であることを意味している．

ORC はパン酵母（*S.cerevisiae*）で最初に発見された（ScORC とよばれる）が，現在分裂酵母（*S.pombe*, SpORC），ショウジョウバエ（*Drosophila melanogaster*, DmORC）およびアフリカツメガエル（*Xenopus laevis*, XlORC）でも同様の複合体の性質が調べられている．これら ORC のどれも DNA に結合する．結合部位についてパン酵母と同じほど詳しく解析が完了している例はないが，数例で複製開始に関係のある領域に存在していることが示されている．ORC が複製開始点を認識してその部位に結合する複製開始複合体であるのは確かのようである．ORC は多くの生物で保存されているけれども，高等真核生物で *ARS* 機能をもつ複製開始点はまだ同定できていない．

## 15・7　MCM タンパク質からできているライセンス因子は複製の再開を制御する

> **ライセンス因子**　licensing factor　核内にあり，複製に必要とされ，1 回の複製を終えると不活性化されるか破壊されるような（仮想的）物質．さらなる複製が起こるためには新たなライセンス因子が供給される必要がある．
> **複製前複合体**　prereplication complex　パン酵母の複製開始点に結合するタンパク質・DNA 複合体で，DNA の複製に必要とされる．複製前複合体には ORC，Cdc6，および MCM タンパク質が含まれている．
> **複製後複合体**　postreplication complex　パン酵母におけるタンパク質・DNA 複合体で，複製開始点に結合する ORC だけでできているもの．

- ライセンス因子は各複製開始点が複製を開始するために必要である．
- この因子は複製が起こる前には核内に存在しているが，複製が完了すると失活するか壊される．
- 次の複製周期の開始は，細胞分裂後ライセンス因子が核内に入ってきたときに初めて可能となる．
- ORC はタンパク質複合体で，細胞周期を通じて酵母の複製開始点に結合している．
- Cdc6 タンパク質は $G_1$ 期にのみ合成される不安定なタンパク質である．
- Cdc6 が ORC に結合すると MCM タンパク質も複製開始点に結合できるようになる．
- 複製が開始すると，Cdc6 と MCM タンパク質は複製開始点から取除かれる．Cdc6 タンパク質が分解され，複製の再開が抑えられる．
- 一部の MCM タンパク質は，細胞周期を通じて核に存在するが，他の MCM は細胞分裂の完了後初めて核に入る．

真核生物のゲノムは多くのレプリコンに分かれており，各レプリコンの複製開始点は 1 回の細胞分裂周期に 1 回，それもただ 1 回だけ活性化される．このような制御機構は，複製開始点でただ 1 回だけ機能する何らかの律速成分が存在するか，すでに利用された複製開始点で複製が再発しないようにする抑制物質が存在するかによるであろう．どのようにしてある複製開始点がすでに複製したものか否かを見分けているのか，そのためにどのようなタンパク質成分が働いているかという質問に答えることが，この機構を明らかにするための重要な問題である．

このような性質をもつタンパク質成分を明らかにするために，基質 DNA がただ 1 回だけ複製するシステムが利用されてきた．アフリカツメガエルの卵には DNA 複製に必要なすべての成分が含まれており —— 受精後最初の数時間は，新たな遺伝子発現がなくても 11 回の分裂周期が進行する —— 核を卵に注入すると，核内の DNA を複製させることができる．図 15・11 にこの系の特徴をまとめてある．

精子や分裂間期の核を注入すると，その DNA は 1 回だけ複製される．卵のタンパク質合成を抑えておけば，注入した核の膜はそのままであり，DNA がもう一度複製されることはない．しかし，タンパク質合成が起こると，正常な細胞分裂が進行する場合と同様に核膜の崩壊が起こり，次の複製周期が進行する．核膜の透過性を高めても同様の結果が得られる．これは，核内には複製に必要なタンパク質が含まれており，このタン

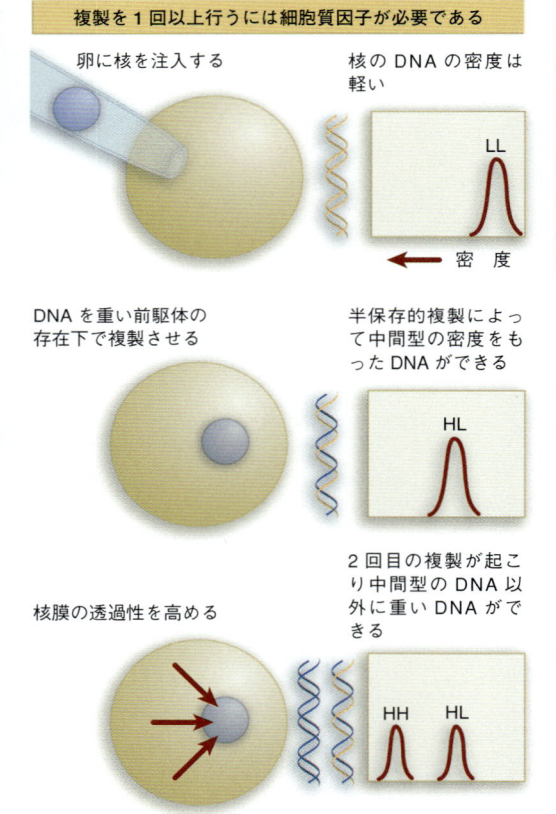

図 15・11　アフリカツメガエルの卵に注入された核は，ただ 1 回だけ複製できる．次の複製周期に入るには，核膜の透過性を高めなければならない．

パク質は1回の複製周期の進行によって使い切られてしまうか，何らかの方法で処分されてしまうこと，さらに，卵の細胞質にはこのタンパク質がたくさん存在しているが，これは核膜を通過できず，核膜の崩壊によって初めて核の内部に取込まれることを示唆している．

図15・12に，このような性質をもつタンパク質を**ライセンス因子**と仮定して，複製の再開を制御する手段を説明してある．このタンパク質は複製が起こる前にすでに核内に存在している．1回の複製が起こるとこの因子は失活するか壊されてしまい，新たにこの因子が供給されないかぎり次の複製は始まらない．細胞質にあるこの因子が核内の物質に近づけるのは，次回の分裂期に核膜が崩壊するときだけである．

複製を制御している反応のうち鍵となるものは，複製開始点におけるORC複合体の挙動である．驚くべきことに，ORCは細胞周期を通して複製開始点に結合し続けている．だから，ORC・複製開始点複合体に結合する他のタンパク質により変化が起こる．図15・13に複製開始点で起こる一連の変化をまとめてある．

細胞周期の終了時には，ORCは複製開始点のA-B1ドメインに結合しており，この結合によりA-B1ドメインはデオキシリボヌクレアーゼに切断されにくくはなっているが，B1の中央に超感受性部位がある．$G_1$期の間にこのパターンが変化し，この超感受性部位は明らかに超感受性でなくなる．これはCdc6がORCに結合するためである．酵母ではCdc6はきわめて不安定（半減期が5分以下）なタンパク質で，M期後半から$G_1$期を通して合成され，M期を脱出してから$G_1$後期まで，基本的にはORCに結合している．このタンパク質はすぐ分解されてしまうので，細胞周期の後半には利用できないことになる．哺乳類の細胞では別の制御方法が用いられている．Cdc6はS期にリン酸化され，その結果核から搬出される．Cdc6はORCとライセンス制御および複製開始反応に関与している複合体とを結び付ける．Cdc6はATPアーゼ活性をもっており，この活性はCdc6が開始反応を担うために必要である．

ライセンス因子とそのシステムが酵母で有効に利用されていることは，二つの異なる突然変異の解析によって同定されている：

- ライセンス因子は酵母の*MCM2, 3, 5*の変異として同定され，複製が開始しない表現型を示す．
- DNA量が過剰に蓄積するという逆の表現型を示す変異として，いくつかのタンパク質の分解を担っているユビキチン系を構成する成分の遺伝子変異が見つかっている．このことは複製周期が始まるとライセンス因子は分解されてしまうことを示唆している．

酵母のMcm2, 3, 5タンパク質は細胞分裂時にのみ核内に入る．動物細胞にも相同タンパク質が見いだされており，そのうちMcm3は複製前には染色体と結合しているが，複製終了後そこから放出される．動物細胞のMcm2, 3, 5複合体は細胞周期を通じて核内に存在している．これは，この複合体はライセンス因子の成分かもしれないが，分裂期にのみ核内に入ることができ，Mcm2, 3, 5が染色体と会合できるようにしている別の因子が存在していることを示している．

酵母では，Cdc6タンパク質の存在によりMCMタンパク質は複製開始点複合体に結合する．複製開始点で複製が開始するためには，Cdc6とMCMが存在していることが必須である．それゆえ，複製開始点はORC，Cdc6，およびMCMがそろって含まれている**複製前複合体**という形でS期に入る．複製が開始するとCdc6とMCMが除かれて複製開始点にはORCのみが結合している**複製後複合体**という状態に戻る．S期ではCdc6はすぐに分解されてなくなってしまうので，MCMが複製開始点に再度結合することができなくなり，S期にもう一度利用されることはない．

Mcm2〜7の6種のタンパク質は六量体としてDNAの周りを取囲むリング構造を形成する．ORCタンパク質には，DNAポリメラーゼをDNA上に装着する複製タンパク質に似ているものもある．ORCはATPの加水分解を利用して，MCMリングをDNAに装着できる．アフリカツメガエルの抽出液を用いた実験では，ORCがCdc6とMCMタンパク質をDNAに装着し，このORCがDNAから離れると複製が始まる．これは，ORCのおもな役割が複製開始点を認識し，Cdc6とMCMタンパク質が開始反応とライセンス制御を実行できるようにすることであることを示している．

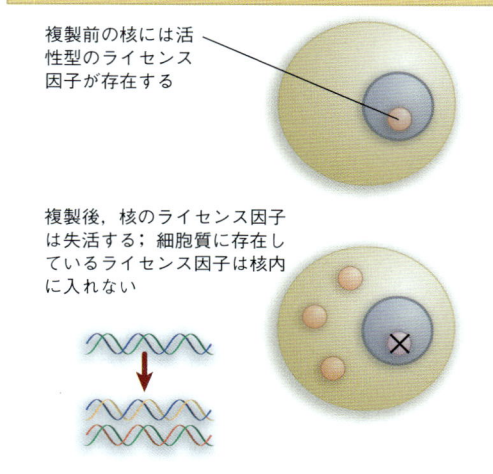

図15・12 核内のライセンス因子は複製後失活する．分裂時に核膜が崩壊するときだけ，新たにライセンス因子が供給される．

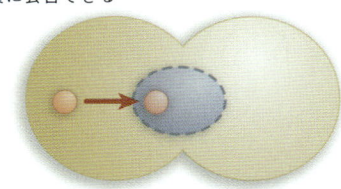

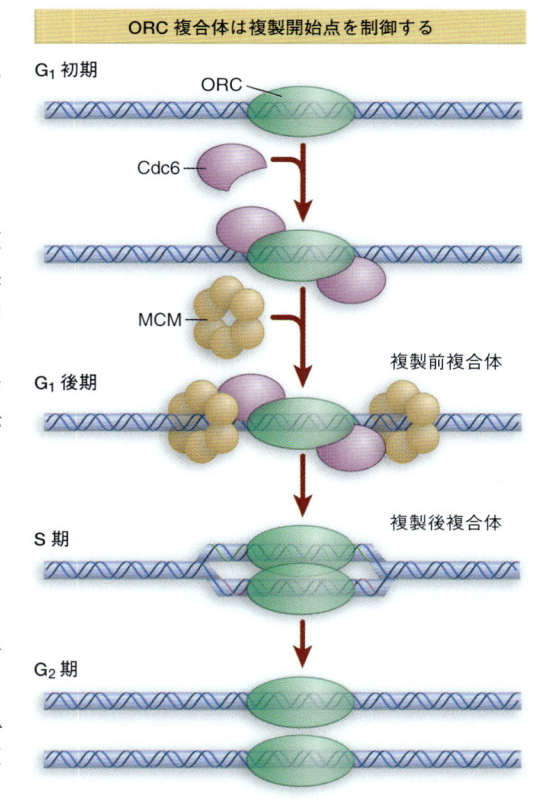

図15・13 複製を開始するかどうかは，複製開始点にあるタンパク質によって制御される．

## 15・8 要　約

　細菌と真核生物のレプリコンは一つの共通した特徴をもっている．複製は複製開始点から始まり，細胞分裂周期で1回，それもただ1回だけ起こる．複製開始点はレプリコンに存在し，複製は通常両方向複製で，二つの複製フォークは複製開始点から逆方向に離れながら動いていく．複製は特定のDNA配列で終了するのではなく，環状レプリコンではちょうど半回転した所で，あるいは二つの線状レプリコンではこれらレプリコンの連結部分で，DNAポリメラーゼがもう一つのDNAポリメラーゼと出合うまで続く．

　DNA複製が始まる複製開始点にはいくつかのはっきり識別できる配列がある．また，複製開始点はA・T塩基対に富む傾向にある．細菌の染色体には，分裂するごとにそこから1回だけ複製が始まる1個の複製開始点が存在する．大腸菌の複製開始点 $oriC$ は245 bpの配列であり，この配列をもつどんなDNA分子も大腸菌で複製できる．環状の細菌染色体の複製では，複製を始めたころは小さな複製の目が，複製が進行すると $\theta$ 構造が観察される．複製は複製の目から始まり全染色体の複製が完了するまで続く．細菌の染色体の複製開始点にはDNA両鎖にメチル化される配列があり，一度複製するとその複製開始点はもう一度複製を開始することができないヘミメチル化DNAとなる．ヘミメチル化された複製開始点が再びメチル化され，複製開始点として機能できる完全にメチル化された状態に変わるまでには一定の時間がかかり，複製がつぎつぎに起こってしまわないようにしている．

　真核生物の染色体は多くの個々のレプリコンに分かれている．複製は細胞周期の特定の時期（S期）に起こるが，すべてのレプリコンが同時に活性化されないのでS期は数時間続く．真核生物の複製速度は細菌の複製速度より少なくとも1桁遅い．個々のレプリコンの複製開始点は，両方向複製を保証し，S期で多分決まった順に利用される．また，個々のレプリコンは細胞周期で1回だけ活性化される．酵母の複製開始点は $ARS$ として単離されているが，これはどんなDNA配列でもこの $ARS$ につなげると複製できるようになるためである．$ARS$ のコアは11 bpのATに富む配列で，細胞周期を通じてORCタンパク質複合体が常に結合している．複製開始点の利用はORCと相互作用するMCMライセンス因子によって制御される．

# 16 プラスミドやウイルスのレプリコン

- 16・1 はじめに
- 16・2 線状 DNA では末端の複製が問題となる
- 16・3 末端タンパク質によりウイルス DNA では末端から複製が始まる
- 16・4 ローリングサークル方式によりレプリコン多量体がつくられる
- 16・5 ファージゲノムの複製にはローリングサークル方式が使われる
- 16・6 F 因子は接合によって細菌の間を移動する
- 16・7 接合では一本鎖 DNA が移動する
- 16・8 細菌の Ti プラスミドは遺伝子を植物に移動させる
- 16・9 T-DNA の伝達過程は細菌の接合に似ている
- 16・10 要約

## 16・1 はじめに

> **プラスミド** plasmid 環状の染色体外 DNA. 自己複製能をもち, 宿主染色体とは独立して自律増殖する.
> **溶原化** lysogeny ファージが安定なプロファージとして細菌ゲノムの構成要素となり, 細菌の中で維持されること.
> **エピソーム** episome 細菌の染色体に組込まれることのできるプラスミド.
> **不和合性** incompatibility あるプラスミドが維持されている細胞に同じ型の別のプラスミドが侵入してきたとき, 後者が同じ細胞中に維持されるのを妨げるプラスミドの能力. 一般に, 後から侵入したプラスミドの複製を妨げることによる. 免疫性ということもある.

細菌は, 自分自身の染色体のほかに, 染色体とは独立に複製する遺伝単位の宿主でもある. これらの染色体以外のゲノムは一般的に二つに分類される. プラスミドとバクテリオファージ (ファージ) である. いくつかのプラスミドとすべてのファージが菌から菌へと感染していくことができる. これらの重要な違いは, プラスミドは独立した DNA ゲノムとしてのみ存在するが, ファージはタンパク質の殻に核酸ゲノムを包み込み, 感染の最後に細菌から放出されるウイルスである点である.

**プラスミド**は自己複製する環状 DNA 分子で, 細菌中に安定に独自のコピー数で維持されている. コピー数は世代が変わっても代々一定で, 単コピープラスミドは細菌宿主染色体と同じ数, すなわち細菌当たり 1 個である. 宿主染色体と同様, 細菌が分裂するたびに固有な分配装置によって等しく分配される. 多コピープラスミドは細菌当たり多数存在するが, この場合は単に確率的な分布に従って (ランダムな分配によっても個々の娘細胞が常にいくつかのプラスミドを得られるほど十分なコピー数が存在する) 娘細菌に分配されると考えられる.

プラスミドとファージの定義は細菌中に存在できる独立した遺伝単位というものである. しかし, ある種のプラスミドやいくつかのファージは細菌ゲノム内の配列として存在できる. この場合, プラスミドやファージゲノムと同じ DNA 配列が細菌染色体上に認められ, 細菌の他の遺伝子と同じように子孫に伝えられていく. 細菌染色体に組込まれ, 染色体の一部となったファージは**溶原化**しているといわれ, 同様に細菌染色体に組込まれる能力を持ったプラスミドは**エピソーム**とよばれる. ファージやエピソームが細菌染色体から切出される場合にも, 組込む際に利用したのと似た工程が利用される.

溶原ファージの場合と同様に, プラスミドやエピソームも同じ種類の因子が菌の中で安定に共存できないように宿主菌を独占する仕組みをもっている. これは**不和合性**とよばれている (免疫性ということもある). ただし, プラスミドによる不和合性と溶原ファージによる免疫性とは異なる分子論的仕組みによって起こる.

図 16・1 に菌体内で独立したゲノムとして増殖できる遺伝単位の種類をまとめてある. 溶菌ファージのゲノムで

| ファージやプラスミドは細菌細胞内で生き延びる | | | |
|---|---|---|---|
| 遺伝単位の種類 | ゲノム構造 | 増殖の様式 | 結果 |
| 溶菌ファージ | 二本鎖か一本鎖 DNA および RNA 直鎖状あるいは環状 | 宿主菌への感染 | 通常は宿主菌を殺す |
| 溶原ファージ | 二本鎖 DNA | 宿主菌染色体に組込まれた直鎖状 DNA | 重感染に対して免疫性を示す |
| プラスミド | 環状二本鎖 DNA | 宿主菌内で一定のコピー数を保って自己複製 他の宿主菌に伝達されることもある | 同じグループに属するプラスミドに対して不和合性を示す |
| エピソーム | 環状二本鎖 DNA | 遊離した環状 DNA や宿主菌染色体に組込まれた直鎖状 DNA | 宿主菌 DNA を伝達することもある |

図 16・1 細菌には多種類の独立した遺伝単位が存在する.

はその核酸の種類は特に限られておらず，感染性粒子として宿主細胞間で伝達される．溶原ファージはプラスミドやエピソームと同じように二本鎖DNAをゲノムとしてもつ．ある種のプラスミドやエピソームは接合過程（供与菌と受容菌が直接接触することを通じて）を経て細胞間で伝達される．これらの過程の特徴として，まれに宿主菌の遺伝子がファージやプラスミドDNAと一緒に運ばれることもある．この現象は細菌間での遺伝情報の交換に一役買っている．

これら遺伝単位のふるまいを決めている鍵となる特徴は複製開始点の利用のされ方にある．細菌や真核生物の複製開始点は，あるレプリコンを複製するうえで1回の複製開始に利用される．しかしながら，他の型の複製を保証するためにレプリコンを利用することもできる．最も普通の例は，小さな，独立したウイルスの複製単位である．ウイルスが複製サイクルに入る目的は，宿主細胞が溶解してウイルスを放出する前に，ウイルスゲノムを多数つくることである．宿主が分裂する場合に，いくつかのウイルスは宿主ゲノムと同様に1回の複製開始反応によって2個のコピーとなり，分裂増殖した宿主に伝わり，これらおのおのは再び複製し，これを繰返して数を増やしていく．しかし別の複製法として，タンデムに複製単位を配列することによって，1回の複製開始反応で多数のコピーを生産する方法もある．エピソームはこのような型をとっており，組込まれて不活性な状態にあるプラスミドDNAが複製サイクルを始める場合，このような複製が開始される．

多くの原核生物のレプリコンは環状であり，この特徴を多数のタンデムなコピーをつくり出すのに利用している．しかしながら，いくつかの染色体外レプリコンは線状であり，このような場合は線状DNAの末端を複製できることを説明しなければならない．（もちろん，真核生物の染色体は線状なので，レプリコンのそれぞれの末端において同様の末端複製問題が生じる．しかし，真核生物はこの問題を解決するシステムをもっている．）

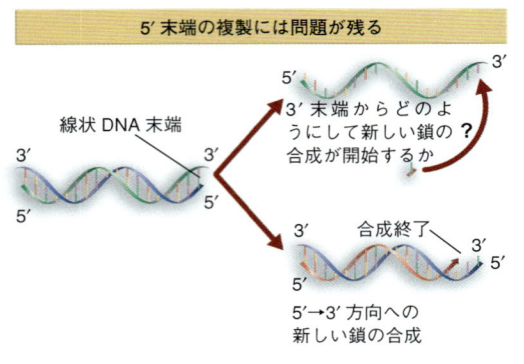

図 16・2　線状のDNA鎖では新しい鎖の3′末端の合成は終了するが，5′末端で合成を開始できるだろうか．

## 16・2　線状DNAでは末端の複製が問題となる

既知のDNAポリメラーゼやRNAポリメラーゼはすべて，新しい鎖を合成する場合 5′→3′方向にしか進めないので，線状レプリコンの末端ではDNAがどう合成されるのかという問題が起こる．図 16・2のような二本鎖のDNAを考えると，たとえば下側の鎖では問題がなく，この鎖を鋳型として右端までDNA鎖合成が進行したら，ポリメラーゼはそこで離れればよい．しかし，上側の鎖の末端の相補鎖を合成しようとするには，いちばん端の塩基から開始しなければならない（さもないと，この鎖は複製周期が起こるに従い短くなってしまうであろう）．

線状DNAの末端からの複製開始というものが可能なのかどうかまだ明らかでない．普通，ポリメラーゼは塩基が取込まれる場所の付近に結合するものと考えられているので，線状レプリコンの末端の複製には特別な機構を考えねばならない．末端を正確にコピーする仕組みについては次のような解決方法が予測できる：

- 線状のDNAは分子をいったん環状か多量体分子に変換すれば問題は回避できる．T4やλファージは明らかにこのケースである（§16・4参照）．
- DNAが異常な構造 —— たとえば末端でヘアピン構造を形成して，事実上遊離末端がない形 —— をとる可能性も考えられる．ゾウリムシの線状ミトコンドリアDNAの複製の場合には，架橋反応が起こっている．
- 末端が正確には決まらずにいろいろと変化している場合もある．真核生物の染色体の末端部分はその例で，DNAの末端に短い反復配列があり，その数は一定していない（§28・12参照）．この単位を増やしたり減らしたりする仕組みがありさえすれば，複製をきっちりと端まで行わなくてもよいわけである．
- タンパク質を介して末端からの複製開始をすることも可能である．数種の線状ウイルスの核酸ではタンパク質がDNAの5′末端の塩基に共有結合している．最もよく研究されている例は，アデノウイルスDNA，φ29ファージDNAおよびポリオウイルスRNAである．

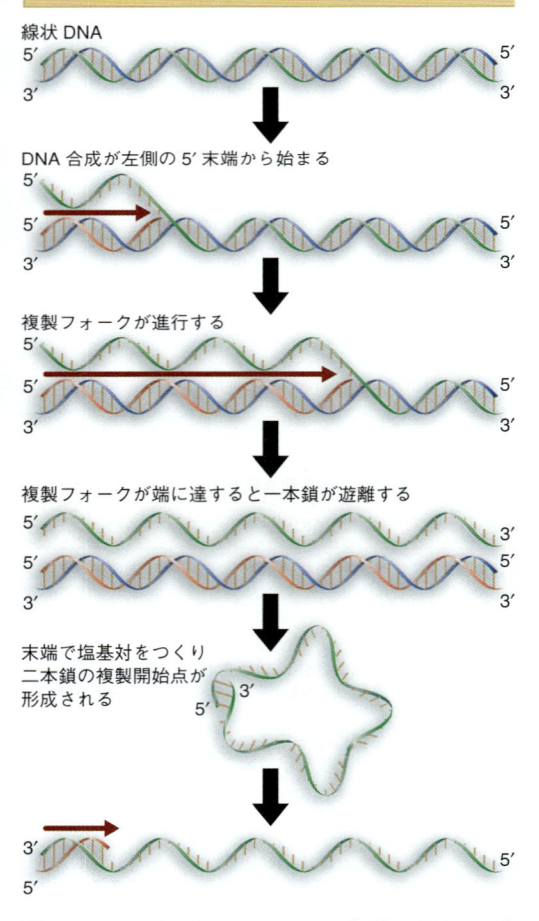

図 16・3　アデノウイルスDNAの複製は分子の両末端から独立に始まり，鎖を置換しながら進行する．

## 16・3 末端タンパク質によりウイルスDNAでは末端から複製が始まる

**鎖置換** strand displacement ある種のウイルスの複製様式で, 元の二本鎖DNAの一方の鎖をはがしながら新しいDNA鎖 (はがした鎖に相同な鎖) が伸長するもの.
**末端タンパク質** terminal protein 線状ファージのゲノムの複製は末端タンパク質によって末端から開始される. 末端タンパク質はゲノムの5′末端に共有結合で結合しており, DNAポリメラーゼと結合する. 末端タンパク質にはシチジン残基が含まれ, これがゲノム合成のプライマーとなる.

- 二本鎖DNAウイルスであるアデノウイルスや $\phi29$ ファージは末端タンパク質をもっており, この末端タンパク質がプライマーの役目を果たし新しい5′末端として複製を開始する.
- 新しく合成された鎖が元の二本鎖から遊離する.
- 遊離した鎖が両末端で塩基対をつくり二本鎖の複製開始点が形成され, そこから相補鎖の複製が開始する.

線状DNAの末端における複製開始の代表例はアデノウイルスと $\phi29$ ファージで, 図16・3に示すような**鎖置換**の機構で両末端から複製が開始される. つまり同じ反応が独立に両方の末端から起こる. 新しいDNA鎖の合成が始まり, これまで塩基対をつくっていた二本鎖DNAの相同鎖と置き換わりながら進行する. DNA合成が進んで複製フォークが反対側の末端に到達すると, 置換された鎖は1本の遊離した鎖として放出される. この遊離した鎖も独自に複製されるが, そのためには, この分子の末端で短い相補的な配列同士の塩基対がつくられ, 二本鎖の複製開始点が形成される必要がある.

こういう反応機構で複製するいくつかのウイルスは, それぞれの5′末端にタンパク質を共有結合している. 図16・4に示すように, アデノウイルスの場合は完成したウイルスDNAが**末端タンパク質**のセリンとホスホジエステル結合で結合している.

タンパク質を結合することで複製開始の問題をどのように解決できるだろうか. 末端タンパク質には, プライマーとなるヌクレオチドのシチジンをもっていることと, DNAポリメラーゼと会合するという二つの役割がある. 実際, アデノウイルスDNAが存在するときだけ, DNAポリメラーゼによる末端タンパク質とヌクレオチドとの結合がみられる. これらのことから図16・5のようなモデルが考えられる. プライマーとなるシチジンをもつ末端タンパク質はDNAポリメラーゼと複合体を形成し, さらにアデノウイルスDNAの末端に結合する. ついでシチジンの遊離した3′-OH末端がDNAポリメラーゼによる伸長反応のプライマーとなり, 5′末端がこのシチジンと共有結合した新しい鎖が合成される. (この反応は, 末端タンパク質が新たにDNAと結合するというよりはむしろ, タンパク質が置き換わるといった方がよい. アデノウイルスDNAの5′末端には, 前回の複製で利用された末端タンパク質が結合したままになっている. 新たに複製を開始するたびに, この古い末端タンパク質は新しい末端タンパク質と置き換わる.)

この末端タンパク質はDNA分子の末端から9〜18 bpの間に結合する. これに隣合った17〜48 bpの間の領域はやはり複製開始反応に必要な宿主由来の核因子Ⅰ (NF Ⅰ; nuclear factor Ⅰ) の結合に不可欠である. したがって複製開始複合体はDNA分子の実際の末端から一定の距離だけ離れた9〜48 bpの間で形成される.

図16・4 アデノウイルスDNAの5′末端のリン酸基はそれぞれ55 kDaアデノウイルス末端タンパク質中のセリン残基と共有結合している.

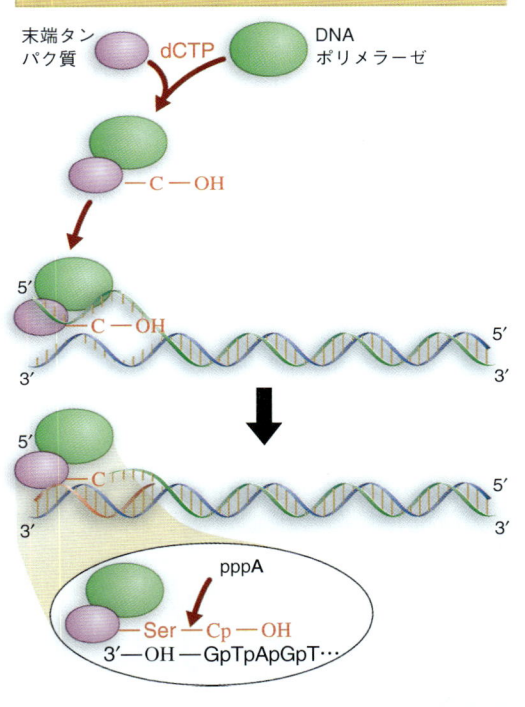

図16・5 アデノウイルスの末端タンパク質はDNAの5′末端に結合し, 新しく合成されるDNA鎖合成のプライミングのためのC-OH末端を供給する.

## 16・4 ローリングサークル方式によりレプリコン多量体がつくられる

**ローリングサークル** rolling circle 複製フォークが環状の鋳型DNAに沿ってぐるぐると繰返し回りながら複製を行う複製様式. 1回転ごとに新たに合成されるDNA鎖を前の回に合成されたDNA鎖が鋳型から解離させるため, 環状の鋳型DNA鎖に相補的な配列が連なった線状DNAのテールができる.

- ローリングサークル方式によって元のDNA配列と同じレプリコン多量体がつくられる.

### ローリングサークル方式で複製されるDNAもある

鋳型は環状二本鎖DNAである

複製開始反応は一方の鎖で始まる

3′—OH
5′—P　複製開始点でニック

合成される鎖が伸長するにつれて，古い鎖は追い出されていく

成長点
5′
追い出された鎖（テール）

1回りすると追い出された鎖がほぼ1単位の長さになる

伸長反応が続くと追い出された鎖が多数の単位をもった長さになる

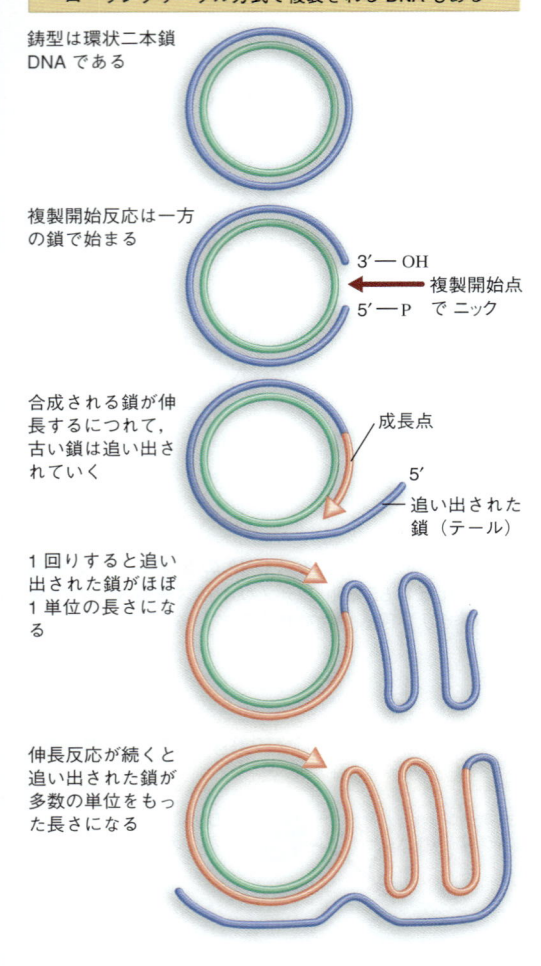

図16・6　ローリングサークルにより一本鎖の多量体から成る"テール"ができる．

### ローリングサークルを電子顕微鏡で観察する

線状一本鎖のテール

鋳型となった環状二本鎖

図16・7　ローリングサークルを電子顕微鏡で見ると環状分子に線状のテールが付いた形に見える．写真はDavid Dressler博士（Harvard University）のご好意による．

---

複製によってつくり出される分子の形は，鋳型と複製フォークとの関係によって変わる．ここで大切な要素は，鋳型が環状か線状かということと，複製フォークでDNAの両方の鎖が合成されるのか，一方の鎖のみが合成されるのかということである．

環状二本鎖分子の片方の鎖のみを複製してコピーをつくる場合がある．一方の鎖にニック（二本鎖のうち一方の鎖に入った切れ目）が入って開き，ついでこのニックで生じた3′-OH末端からDNAポリメラーゼによる伸長が始まる．新たに合成された鎖は元の親の鎖を追い出し，やがて図16・6に示すような形のものになる．

このような構造を**ローリングサークル**とよぶ．この名前の由来は，複製フォークが環状の鋳型の周囲を回る（rolling）ように描かれるからである．原理的にはこの反応を無限に続けることができる．複製フォークが動くにつれて外側の鎖を伸長し，以前にあった古い鎖を追い出していく．その1例を図16・7の電子顕微鏡写真にみることができる．

新しく合成された鎖は旧来の鎖に共有結合し延長したものなので，追い出された鎖の5′末端には元のゲノムの1単位分の長さのDNAがあり，その後には何回も続けて鋳型の周りを回って合成した新しいゲノムの1単位分がつながっていく．1回転するたびにその前のサイクルで合成されたDNAが追い出され多量体のテールを形成する．

ローリングサークルは *in vivo* でも何通りか使われている．元の環状二本鎖DNAが形成される経路を図16・8に示す．

1単位分の長さのテールが切断されると，元の環状レプリコンの線状コピーが生じる．この線状コピーは一本鎖として維持されるか，あるいは相補鎖（元のローリングサークルの鋳型と同じ配列である）が合成されて二本鎖に変わる．

ローリングサークルは元の（1単位の）レプリコンを増幅する一つの手段である．この方式はアフリカツメガエルの卵母細胞でrDNAを増幅させるときにも働いている．rRNAの遺伝子はゲノム中で多数の連続した反復構造になっており，この場合，ゲノムにある反復単位の一つがローリングサークルに変換される．追い出されたテールの部分にはいくつものDNAの単位があり，それらは二本鎖DNAに変換され，適当な所でローリングサークルから切離されて両末端が結合し，増幅した巨大な環状rDNAを生じる．つまり，増幅したDNAは単位DNAがたくさん反復した形になっている．

### 16・5　ファージゲノムの複製にはローリングサークル方式が使われる

> **リラクセーズ（弛緩酵素）** relaxase　二本鎖DNAの1本の鎖にニック（切れ目）を入れると同時に生じた5′末端に結合するという活性をもつ酵素．

> ■ファージφX174のAタンパク質はシスにしか働かないリラクセーズで，ローリングサークル方式で生じたテールから環状一本鎖DNAをつくり出す．

ファージではローリングサークル方式による複製が一般的である．追い出されたテールから1単位ずつの長さのゲノムを切出し，生じた単量体のゲノムはファージ粒子に詰め込まれるか，あるいはさらに次の複製周期に使用される．φX174ファージは一本鎖環状DNAをもち，このDNAはプラス（＋）鎖とよばれる．複製の第一段階として，これに相補的な鎖，マイナス（－）鎖が合成されると，図16・9のいちばん上に示す環状二本鎖DNA複製型となり，ついでローリングサークル方式で複製が起こる．

この環状二本鎖DNAが閉環状に変換されると，超らせん構造をとる．ファージゲノムがコードしているAタンパク質は特異的な複製開始点で二本鎖DNAのプラス鎖にニックを入れる．複製開始点でニックを入れた後，Aタンパク質は5′末端に結合したまま残り，3′末端側ではDNAポリメラーゼによる伸長反応が進行する．

DNAの構造がこの反応で重要な役割を演じている．というのはニックが入るのはDNAが**負の超らせん構造**（DNA二本鎖を自分自身の軸の周りで二重らせんの向きと逆方向にねじるとできる立体的な構造．§1・7参照）をとっているときだけである．Aタンパク質は，そのニックを入れる場所を取囲む約10塩基の一本鎖DNAを結合する．Aタンパク質結合部位として，一本鎖領域を露出させるために超らせん構造が必要と思われる．〔二本鎖DNAにニックを入れ，生じた5′末端に結合する酵素活性をもつタンパ

ク質を**リラクセーズ**（弛緩酵素）とよぶことがある.〕ニックにより3′-OH末端と（Aタンパク質と共有結合している）5′-リン酸末端が生じ，そのどちらもφX174の複製に重要な役割を演じている.

ローリングサークル方式ではニックにより生じた3′-OH末端から新しいDNA鎖が伸長していく．環状マイナス鎖の鋳型をぐるっと1周して出発点に到着し，複製開始点まで置き換わる．ここでAタンパク質が再び機能を発揮する．Aタンパク質は追い出されて出てくるテールの5′末端に結合していると同時にローリングサークルとの連結も保っており，それゆえ複製フォークが開始点を過ぎるときにはAタンパク質も開始点の近傍に位置しやすくなる．そしてこの同じAタンパク質が開始点を認識しニックを入れ，新たなニックにより生じた5′末端に結合する．このサイクルは永久に繰返される．

この新しいニック形成によって，追い出されたプラス鎖は環状になって遊離する．Aタンパク質はこの環状化にも関与している．実際プラス鎖の3′末端と5′末端の結合はAタンパク質によって遂行される．これは1周期の複製が終了し，次の周期の開始を行うための反応の一部である．

Aタンパク質はこのような活性にかかわる特異な性質をもっている．このタンパク質は*in vivo*ではシスにしか働かない．（しかし，無細胞系ではどんなDNAでも鋳型として作用するので，*in vitro*系ではこの反応を再現できない．）つまり，*in vivo*では特定のゲノムからつくられたAタンパク質はそのゲノムのみに結合して働くことになる．これがどのような機構で起こっているのかはわかっていない．しかし*in vitro*のデータによると，Aタンパク質は一つの親鎖（マイナス鎖）に相補的な鎖と結合して離れないでいる．Aタンパク質は二つの活性部位をもっている．それにより，"古い"開始点に結合したままで，"新しい"開始点にニックを入れ，ついで追い出された鎖を環状につなぐのだろう．

追い出されて生じたプラス鎖が環状になると，次の二つの運命のいずれかをたどるであろう．ウイルス感染後の複製時には相補的なマイナス鎖合成の鋳型となり，ついで環状二本鎖は多くの子孫を残すためにローリングサークルとして利用されるのだろう．ファージ粒子が形成されるときには，遊離したプラス鎖がファージ粒子に取込まれる．

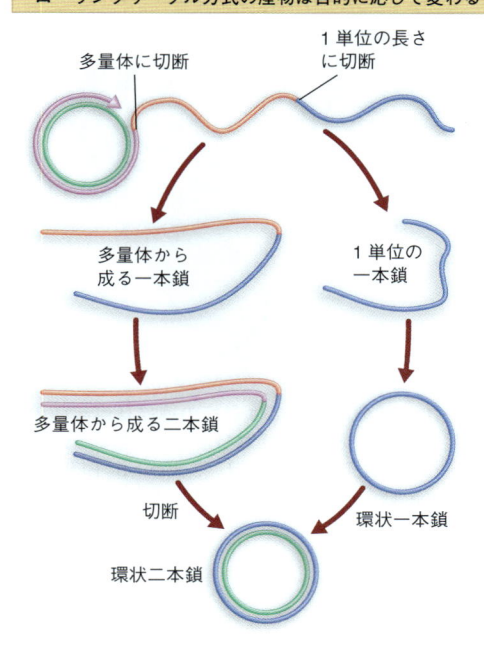

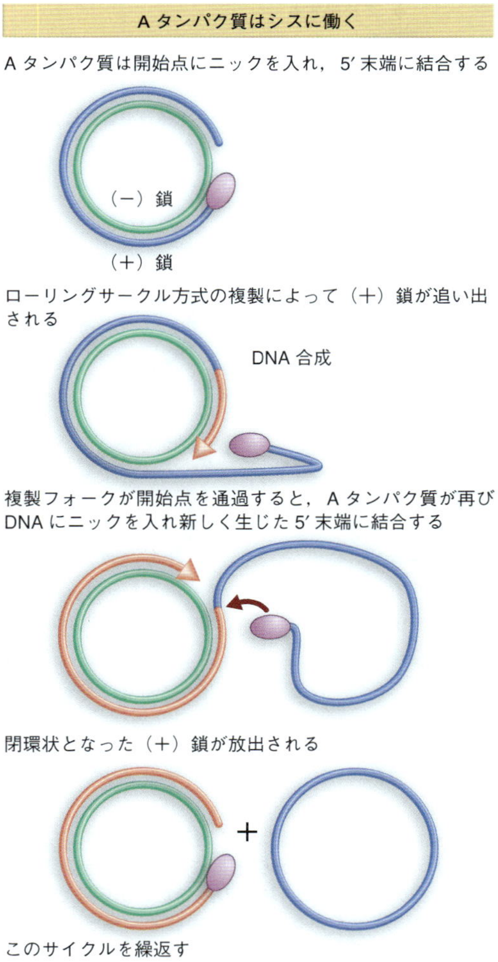

図16・9 φX174複製型DNAは一本鎖環状ウイルスDNAの合成の鋳型となる．Aタンパク質は特定のゲノムに結合したままでとどまり，何回もゲノムを1周するたびにウイルス（＋）鎖の複製開始点にニックを入れて新しい5′末端をつくり出す．同時に放出されたウイルス（＋）鎖は環状になる．

図16・8 ローリングサークル方式は，追い出されて生じたテールがどのようになるかによっていろいろな目的に利用される．1単位の長さで切断されると単量体が生じ，これは環状の二本鎖に変換される．多量体として切断されると，元の長さが同方向に反復し，一続きに並んだ鎖になる．二本鎖への変換が，ローリングサークルからテールが切り出される前に起こる可能性もあることに留意してほしい．

## 16・6 F因子は接合によって細菌の間を移動する

**接　合**　conjugation　二つの細胞が接触して遺伝物質を交換する過程．細菌では供与菌から受容菌へDNAが移行する．原生動物ではDNAがそれぞれの細胞からもう一方の細胞へと移行する．
**F因子（Fプラスミド）**　F plasmid　大腸菌中で独立して存在することも染色体に組込まれることもできるエピソームで，いずれの状態でも大腸菌の接合に関与する．
**伝達領域**　transfer region　細菌の接合に必要とされる，F因子の部分配列．
**線毛（ピリ）**　pilus（*pl.* pili）　細菌表層にある，細くて短く，しなやかに曲がる棒のように見える付属器官で，細菌が他の細菌細胞に付着するために使われる．細菌の接合のときには性線毛を使ってDNAを一方の細胞からもう一方の細胞に移行させる．
**ピリン**　pilin　線毛のサブユニットで，重合して細菌の線毛となる．

- 染色体とは別に独立して存在するF因子は，細菌の染色体当たり1個の割合で維持されるレプリコンである．
- F因子は自分自身の複製系が抑制されると染色体に組込まれることもある．
- F因子がコードするF線毛によってF⁺菌がF⁻菌に接触し，接合を始めることができる．

細菌の**接合**は一つの遺伝単位の複製と増殖の関係を知るうえでの良い例である．接合によってプラスミドゲノムや宿主染色体が一つの細菌から別の細菌へ移動する．

接合は典型的なエピソームである **F 因子**（**F プラスミド**）の仲介で起こる．F 因子は独立した環状プラスミドとして存在することもあり，（溶原ファージのように）線状になって細菌染色体に組込まれることもある．F 因子は長さが約 100 kb の大きな環状 DNA である．

F 因子は大腸菌染色体上のいろいろな部位に組込まれるが，それはたいてい宿主染色体にも F 因子にも存在する特定の配列（IS 因子，§21・2 参照）間の組換え反応によっている．染色体とは独立した（プラスミド）型の場合，F 因子は自分自身の複製開始点（*oriV*）と制御機構を利用し，細菌染色体当たり 1 コピー程度に維持される．細菌染色体に組込まれるとこの機構は抑制され，F 因子の DNA は染色体の一部として複製される．

独立した形であろうと組込まれた状態であろうと，F 因子の存在は宿主である細菌に重大な結果をもたらす．F をもっている細菌（F⁺）は，F をもたない細菌（F⁻）と接合（あるいは交配）することができる．接合の過程で供与菌（F⁺）と受容菌（F⁻）は接触し，接触に続いて F 因子の移行が起こる．独立した F 因子として供与菌に存在する場合はプラスミドとして伝達され，この移動によって F⁻ 受容菌は F⁺ 状態に変わる．一方，組込まれた状態で存在している場合には細菌染色体の一部あるいはそのすべてを移行させることができる．多くのプラスミドは接合システムをもっており，その機構はおおむね似通っている．F 因子はそのうちで最初に発見され，これまでのところこの型の遺伝子の伝達の典型となっている．

接合には F 因子の **伝達領域** とよばれる大きな（約 33 kb）領域が必要である．そこには DNA の伝達に必要な約 40 の遺伝子があり，これら遺伝子は *tra* および *trb* とよばれる．この主要転写単位内にある *tra* 遺伝子のうち DNA の伝達に直接関係しているものは四つだけで，その多くは細菌細胞表層の性質に関するものと接合している細菌の接触を維持するためのものである．

F⁺ 細菌の表面には F 因子がコードする **線毛**（ピリ）がある．*traA* 遺伝子は線毛の 1 種類のサブユニットタンパク質である **ピリン** をコードしており，ピリンが重合して線毛になる．少なくとも 12 の *tra* 遺伝子がピリンの修飾と線毛への重合に必要である．F 線毛は 2〜3 μm の長さの毛状で，細菌の表面から突き出ている．典型的な F⁺ 細胞には 2〜3 本の線毛がある．ピリンサブユニットは重合して，直径約 8 nm，軸の中心に 2 nm の穴をもつ中空の筒になる．

接合は F 線毛の先端が受容菌の表面に接触することから始まる．図 16・10 に接合が始まった大腸菌の細胞を示す．供与菌は F 因子をもつ他の細胞とは接触しない．これは *traS* と *traT* 遺伝子がコードしている "表層排除" タンパク質により細胞がこのような接触をしにくくなっているためである．こうして F⁺ 菌は効率良く F⁻ 細菌と接合するように仕掛けられている．（F 線毛は別の目的にも利用されていることも注意してほしい．たとえば F 線毛は RNA ファージやいくつかの一本鎖 DNA ファージが結合する部位でもある．それゆえ，F⁺ 細菌はこれらのファージの感染を受けるが，F⁻ 細菌はこれらのファージに耐性である．）

供与菌と受容菌の間の接触は初めのうちは簡単に壊れてしまうが，他の *tra* 遺伝子の働きで次第にその結合は安定化され，接合している細胞同士が近づいてくる．F 線毛は最初に起こるペアの形成には必須であるが，接合している細胞がより接近する過程で引っ込んでしまったり，あるいはばらばらになったりする．DNA が通過する通路があるに違いないが，線毛がそれをつくっているわけではないようである．

## 16・7 接合では一本鎖 DNA が移動する

> **Hfr 株**　Hfr strain　染色体中に組込まれた F 因子をもつ細菌．Hfr は高頻度組換え（high frequency recombination）を意味し，染色体遺伝子が Hfr 細胞から F⁻ 細胞へと移行する頻度が F⁺ 細胞から F⁻ 細胞へと移行する頻度よりもずっと高いという事実に基づいている．

- F 因子の移行は，*oriT* でローリングサークル方式の複製が起こるときに始まる．
- 受容菌への移行は一本鎖 DNA の 5′ 末端側から始まる．
- 移行した一本鎖 DNA は受容菌で二本鎖 DNA となる．

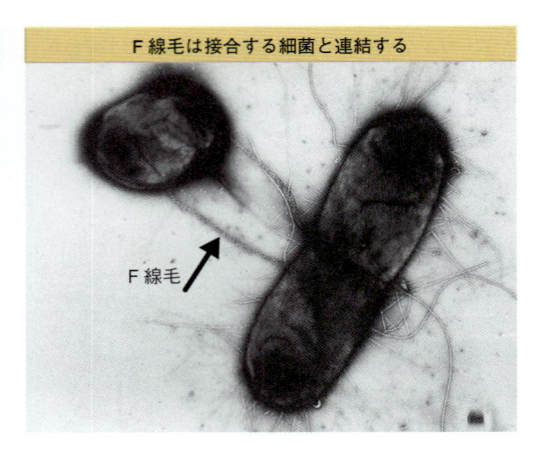

図 16・10　細菌の接合では最初の連結は供与菌の F 線毛の先端が受容菌に接触したときに起こる．写真は Ronald A. Skurray 教授（School of Biological Science, University of Sydney）のご好意による．

図 16・11　DNA の伝達は，F 因子の *oriT* にニックが入り，一本鎖 DNA が 5′ 末端に導かれて受容菌に移ることから始まる．1 単位の長さだけが伝達される．供与菌に残っている一本鎖と受容菌に移った一本鎖に対する相補鎖がおのおの合成される．

- F因子が遊離した状態にある場合，接合はF因子のコピーが受容菌に"感染"するとみなせる．
- F因子が染色体に組込まれている場合，F因子に導かれて供与菌染色体の一部が受容菌に移行する．この移行は接合している細菌間の接触が（ランダムに）壊れてしまうことによって終わる．

F因子の伝達は伝達領域の一端にある伝達開始点，*oriT*部から始まる．伝達の過程はTraMにより接合対の形成が確認されると始まり，ついでTraYが*oriT*近傍に結合し，これがTraIの結合をひき起こす．TraIはφX174ファージのAタンパク質同様リラクセースである．すなわち，TraIは*nic*とよばれる部位で*oriT*にニックを入れ，生じた5′末端と共有結合をつくる．さらにTraIは約200 bpにわたるDNAをほどく．図16・11に遊離した5′末端が受容菌への伝達を先導する様子を示す．受容菌では伝達された一本鎖に相補的な鎖が合成され，その結果受容菌はF$^+$状態に変わる．

移ってしまった鎖を補うために，供与菌でも相補鎖が合成されなければならない．この合成が伝達とともに起こっているとすると，F因子の状態は図16・6に示したローリングサークルに似ているであろう．接合中のDNAは普通ローリングサークルのようにみえるが，複製自体は伝達を促進するエネルギーの供給に必要なわけではなく，一本鎖の伝達はDNA合成とは独立したものである．F因子はその1単位の長さのみが受容菌に伝達される．これはある（未知の）機構によって1回りした所で伝達が止まり，端が共有結合して完全なF因子が再生することを意味している．

組込まれたF因子が接合を開始する場合には，伝達領域とは逆の方向に受容菌へのDNA伝達が進行する．図16・12には，F DNAの配列に続いて，細菌DNAが伝達される様子を示してある．この過程は接合している細菌間の接触が壊れて中断されるまで続く．細菌の全染色体が伝達されるのに約100分かかり，通常の条件下では全染色体が伝達を終える前にこの接触はたいてい壊れてしまう．

受容菌に入った供与菌由来のDNAは二本鎖に変わり，受容菌の染色体と組換えをする．このような接合は（普通に起こっている無性的な増殖と対照的な）細菌間での遺伝子物質の交換をもたらす一つの手段となっている．F因子を組込んだ大腸菌株は（F因子が組込まれていない株に比べて）比較的高い頻度でこのような組換えを起こし，このような株を **Hfr**（高頻度組換え）株とよぶ．F因子が組込まれる染色体上の位置によってそれぞれ異なるHfr株が生じ，細菌染色体マーカーが受容菌の染色体へ伝達されるパターンはそれぞれのHfrに特徴的なものとなる．

図16・12 染色体DNAの伝達は，組込まれたF因子の*oriT*にニックが入ることから始まる．DNAの伝達は，F DNAのうちのほんの短い部分から始まり，細菌同士の接触が失われるまで続く．

## 16・8 細菌のTiプラスミドは遺伝子を植物に移動させる

> **クラウンゴール病** crown gall disease アグロバクテリウムの感染によって植物にひき起こされる，腫瘍をつくる病気．
> **Tiプラスミド** Ti plasmid アグロバクテリウム中に存在するエピソームで，感染植物にクラウンゴール病をひき起こす原因となる遺伝子をもっている．
> **オパイン（オピン）** opine クラウンゴール病に感染した植物細胞によって合成されるアルギニンの誘導体の総称で，ノパリン，オクトピンなどが知られている．
> **T-DNA** transferred DNA アグロバクテリウムのTiプラスミドの一部分で，感染するとこの部分が植物細胞の核内に送り込まれる．T-DNAは植物細胞をトランスフォームする遺伝子を含んでいる．

- 細菌アグロバクテリウムの感染は植物細胞を腫瘍細胞にトランスフォームできる．
- 感染により伝搬される実体はこの細菌により運ばれるプラスミドである．
- このプラスミドには腫瘍細胞が利用するオパイン類（アルギニン誘導体）の合成と代謝にかかわる遺伝子も担われている．
- TiプラスミドDNA（T-DNA）の一部だけが植物細胞の核に移動，伝達されるが，T-DNA領域の外側にある*vir*遺伝子はこの伝達過程に必要である．

細菌とある種の植物間の相互作用では細菌ゲノムから植物ゲノムへのDNAの転移が起こる．図16・13に示したクラウンゴール病は土壌細菌アグロバクテリウム（*Agro-*

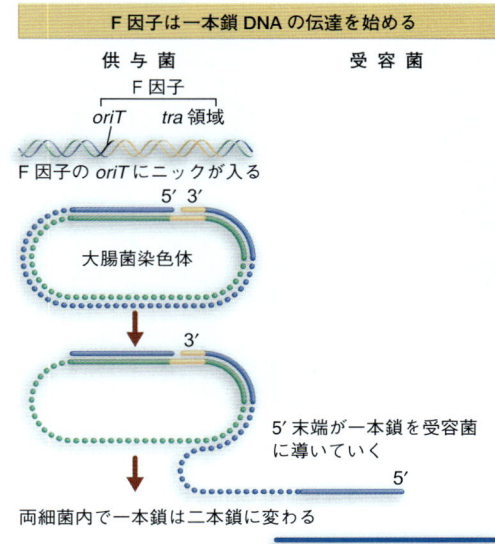

**図 16・13** ノパリン型の Ti プラスミドをもつアグロバクテリウムが誘発した奇形腫. 分化した構造体が現れてくる. 写真は Jeff Schell 氏のご好意による.

**T-DNA は植物ゲノムに挿入される**

アグロバクテリウム　植物細胞
Ti プラスミド
T-DNA
ゲノム

T-DNA の植物への移行

T-DNA が植物細胞のゲノムに組込まれる

植物細胞は腫瘍化する

腫瘍はオパインを合成し細菌が増殖に利用する

**図 16・14** Ti プラスミドをもったアグロバクテリウムから T-DNA が植物細胞へ伝達される. T-DNA は核のゲノムに組込まれて宿主を腫瘍化する.

*bacterium tumefaciens*) により, ほとんどの双子葉植物にひき起こされる病気である. この細菌は植物に寄生して真核生物である宿主に遺伝的な変化を起こし, 細菌と宿主の両方に影響をもたらす. つまりそれは寄生体である細菌の生存に有利な条件をつくり出す一方, 植物細胞には腫瘍化, つまりクラウンゴールをつくらせるのである.

アグロバクテリウムはクラウンゴールの誘発には必要だが, その状態の維持には細菌がずっと居続ける必要はない. 動物の腫瘍と同様に, 植物細胞はトランスフォームされて, 増殖や分化が今までと異なる機構で制御される状態になる. トランスフォーメーションは細菌に由来する遺伝情報が植物の細胞で発現した結果ひき起こされる.

腫瘍誘発 (tumor-inducing) を担っているのはアグロバクテリウムの **Ti プラスミド**であり, 独立したレプリコンとして細菌中に存在する. このプラスミド上には, 細菌および植物のさまざまな働きに関係する遺伝子群があり, 植物をトランスフォームするのに必要な遺伝子や, **オパイン**（アルギニンの誘導体でオピンともいう）の合成と利用にかかわる遺伝子群などがある. Ti プラスミド（およびそれをもっているアグロバクテリウム）は合成するオパインの種類により四つのグループに分けられる.

アグロバクテリウムと植物細胞の相互作用を図 16・14 に模式的に示す. 細菌は植物細胞内へ入っていくことはないが, Ti プラスミドの一部分を植物の核内へ送り込む. Ti ゲノムの中でも, 送り込まれる部分は **T-DNA** とよばれる. これは植物ゲノムに組込まれ, オパイン合成や植物細胞をトランスフォームするのに必要な機能を発現する.

植物細胞をトランスフォームするには, アグロバクテリウムがもつ 3 種類の機能を必要とする:

- アグロバクテリウム染色体上の三つの遺伝子, *chvA*, *chvB*, *pscA* は細菌が植物細胞に結合する最初の段階で必要とされる. これらは細菌の表層にある多糖の合成にかかわっている.
- Ti プラスミドの T-DNA の外にある *vir* 領域 (§16・9 参照) が, プラスミド DNA から T-DNA の分離と, その植物細胞への移行の開始に必要とされる.
- T-DNA は植物細胞をトランスフォームするのに必要とされる.

Ti ゲノム約 200 kb のうちの約 23 kb を占める T-DNA 領域は, 植物細胞をトランスフォームされた状態に維持しておくのに必要なタンパク質をコードしている. しかし, 腫瘍形成にかかわる遺伝子（がん遺伝子）は T-DNA 領域以外にもある. これら T-DNA 領域以外にある遺伝子は腫瘍をつくり出すのには関与するが, それを維持するのには必要でない. それらは T-DNA を植物の核に運ぶのに関係しているかもしれないし, ひょっとしたら, 感染した組織の植物ホルモンのバランスを保つといった補助的な働きをしているのかもしれない.

## 16・9　T-DNA の伝達過程は細菌の接合に似ている

- *vir* 遺伝子の発現は植物に傷が付くと放出されるフェノール化合物により誘導される.
- 膜タンパク質 VirA にインデューサーが結合するとヒスチジン残基が自己リン酸化され, ついで VirA から VirG がリン酸基を受取り活性化される.
- T-DNA 合成は, その右側の端にニックが入り新しい DNA 鎖合成のためのプライマーができて起こる.
- すでにある一本鎖 DNA が新しく合成された鎖に押しのけられるようにして植物細胞の核に移る.
- DNA 合成が T-DNA の左端にあるニックに到達すると移行が終わる.
- T-DNA は一本鎖結合タンパク質 VirE2 と複合体を形成した一本鎖状態で送り込まれる.
- T-DNA は二本鎖に変換された後に植物ゲノムに組込まれる.
- この組込み機構は不明である. T-DNA は植物の核に異種 DNA を組込むのに利用される.

アグロバクテリウムから植物細胞に T-DNA を伝達するのに必要な機能は六つの *vir* 遺伝子 (virulence, 毒性), *virA~G* にコードされており, これらは T-DNA の外側の 40 kb 領域にある. 図 16・15 にそれらの構成をまとめた. それぞれの遺伝子は別々に転写

| | | | | | | |
|---|---|---|---|---|---|---|
| 遺伝子 | virA | virB | virG | virC | virD | virE |
| タンパク質 | VirA | VirB1〜11 | VirG | VirC1〜2 | VirD1,D2 | VirE2 |
| 発現量：通常 | 低い | | 低い | | | |
| 発現量：誘導時 | | 高い | 高い | 高い | 高い | 高い |
| 局在の場所 | 細胞膜 | 細胞膜 | 細胞質 | 細胞質 | 核 | 核 |
| 機能 | アセトシリンゴンに対するレセプター | 接合に関係 | 他のvir遺伝子の転写を誘導 | オーバードライブDNAに結合 | エンドヌクレアーゼ；T-DNAにニックを入れる | 一本鎖DNA結合タンパク質 |

*vir*遺伝子の働きでT-DNAが植物細胞の核に移る

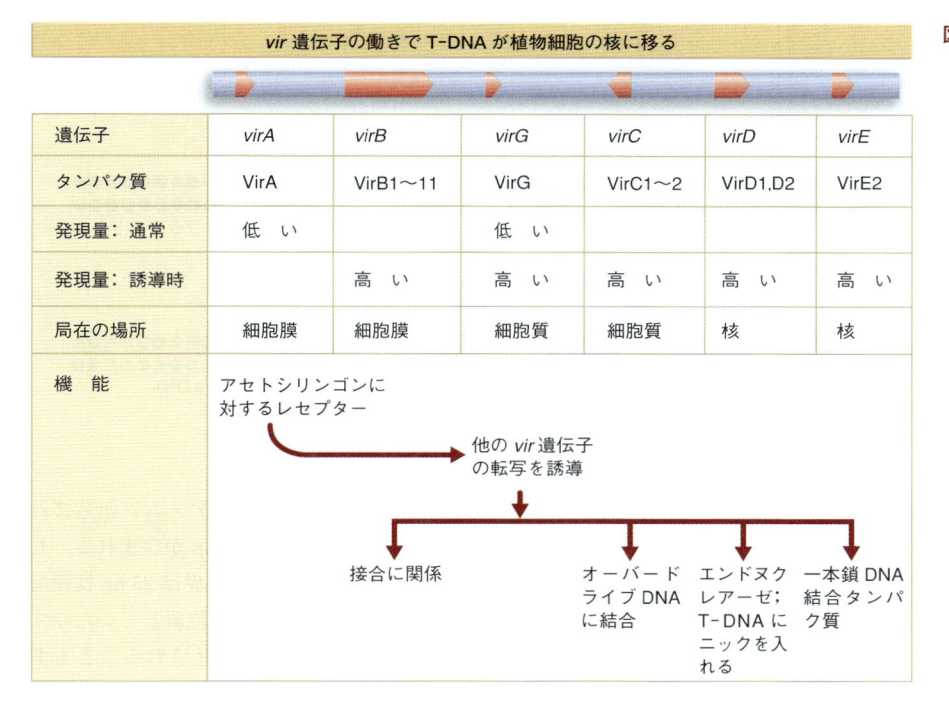

図 16・15 Tiプラスミドのvir領域には六つの遺伝子があり，感染した植物にT-DNAを伝達する働きをもっている．

されるが，その中には複数のオープンリーディングフレームをもっているものもある．
トランスフォームする過程は（少なくとも）二つの段階に分けられる：

- アグロバクテリウムが植物細胞と接触しvir遺伝子が誘導される．
- vir遺伝子の産物がT-DNAを植物細胞の核内に送り込み，T-DNAがゲノム内へ組込まれる．

vir遺伝子群は，これらの段階に対応して二つのグループに分けられる．virAとvirGは調節遺伝子であり，他の遺伝子の誘導に必要である．したがって，virAとvirGの変異は他のvir遺伝子を発現できなくなるので，植物に対する病原性を失い無害となる．virB, C, D, EはDNAの伝達にかかわるタンパク質をコードしていると考えられている．virBとvirDの変異はすべての植物に対して無害となるが，virCとvirEの変異の作用は宿主植物の種類により異なる．

virAとvirGだけが低レベルながら常に発現している．他のvir遺伝子の発現は傷ついた植物がつくり出すフェノール系化合物がシグナルとなり誘発される．図 16・16に一例を示す．タバコ（*N.tabacum*）はアセトシリンゴン（acetosyringone）とα-ヒドロキシアセトシリンゴン（α-hydroxyacetosyringone）をつくる．これらの物質にさらされるとvirAが活性化され，つぎにvirGがさらに高いレベルで発現するようになりvirB, C, D, Eの新たな発現を誘導する．こうしてアグロバクテリウムは傷ついた植物にしか感染できないようになっている．

VirAとVirGは，自己リン酸化能をもつセンサータンパク質を刺激すると次のタンパク質にリン酸基が転移される典型的な細菌のシステムの例である．VirAは細胞膜の内膜に存在するホモ二量体である．これはペリプラズム空間にあるフェノール系化合物に応答するようである．これらのフェノール系化合物でVirAを処理するとヒスチジン残基での自己リン酸化が起こる．リン酸基はついでVirGのアスパラギン酸残基に移る．リン酸化型VirGはvirB, C, D, E遺伝子のプロモーターに結合して転写をひき起こす．virG遺伝子が活性化されたときは，恒常的発現に使われていたプロモーターとは異なる新しい開始点からの転写が起こり，VirGタンパク質の量が増える．

他のvir遺伝子の中で最もよくわかっているのはvirDである．virD遺伝子には四つのオープンリーディングフレームがある．virDがコードするタンパク質のうちの二つ，VirD1とVirD2は一つのエンドヌクレアーゼを構成し，これはT-DNAの特定の場所にニックを入れDNAの伝達を開始させる．

DNAの伝達の過程ではT領域が選択的に植物に送り込まれる．ノパリンプラスミド（Tiプラスミドの一つ）中のT-DNAは，左右の端で2 bpだけ違った25 bp反復配列で

図 16・16 アセトシリンゴン（4-アセチル-2,6-ジメトキシフェノール）は，傷ついたタバコによりつくり出され，アグロバクテリウムからT-DNAの伝達を誘導する．

16・9 T-DNAの伝達過程は細菌の接合に似ている

**図 16・17** Ti プラスミド中の T-DNA は，両端にほぼ同じ配列から成る 25 bp の同方向反復配列をもつ．右側の反復配列は植物ゲノムへの移行と組込みに必要である．植物ゲノムに組込まれた T-DNA は，右側の連結部では反復配列の 1～2 bp を残して正確に組込まれているが，左側の連結部は一定せず左側の反復配列から 100 bp 以上短いこともある．

**T-DNA は同方向反復配列に挟まれている**

TGGCAGGATATATTGNNTGTAAAC　　　　TGACAGGATATATTGNNGGTAAAC

Ti プラスミド　左側の反復配列　　　右側の反復配列　Ti プラスミド

T-DNA の移行と組込み

植物 DNA　連結部は左側の反復配列から 100 bp 以下　右側の反復配列の 1～2 bp が連結部となる　植物 DNA

**T-DNA はローリングサークル方式で複製される**

T-DNA

エンドヌクレアーゼが最初のニックを入れる

エンドヌクレアーゼ

ニックから DNA 合成が始まる

左側の反復配列近くで次のニックが入る

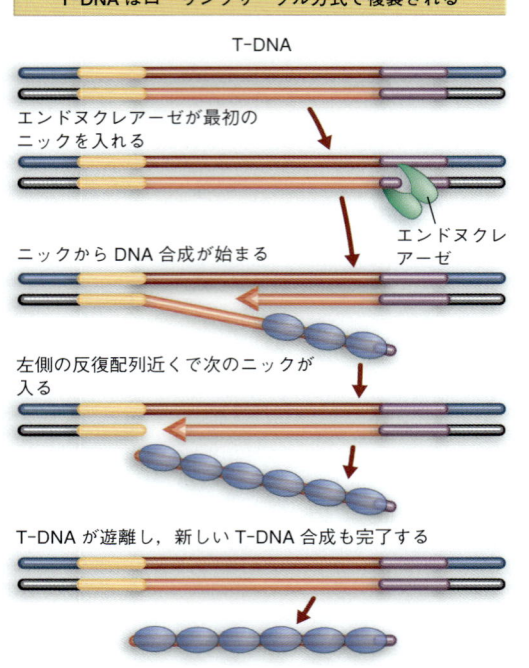

T-DNA が遊離し，新しい T-DNA 合成も完了する

**図 16・18** 右側の反復配列にできたニックから DNA の合成が始まり，T-DNA が押しのけられて生じる．この反応は左側の反復配列近くでニックが入って終わる．

区切られている．この様子を図 16・17 に示した．T-DNA が植物のゲノムに組込まれたとき右側の境界はきちんと決まっており，右側の反復配列の 1～2 bp が含まれる．しかし左側の連結部にはかなり変化があり，植物ゲノムと T-DNA の境界は 25 bp 反復配列内にあったり，T-DNA 内部約 100 bp にわたっていろいろな場所に位置していたりする．ときには T-DNA のいくつかのタンデムなコピーが 1 箇所に組込まれることもある．

伝達過程のモデルを図 16・18 に示す．右側の 25 bp 配列の 1 箇所にニックが入り，これにより一本鎖 DNA 合成のためのプライマー末端が生じる．新しい DNA 鎖は合成されるにつれて古い鎖を押しのけていき，古い方の鎖が伝達される．DNA 合成が左側の反復配列の中のニックに達すると伝達は終わる．このモデルはどうして右側の配列が必要なのか，そして伝達される DNA の方向が決まっていることも説明できる．もし左側の反復配列部分にニックが入らないと，Ti プラスミドのさらに広い範囲が伝達されることになるだろう．

伝達の過程では感染細菌内で 1 分子の一本鎖 DNA がつくられる．これは T 複合体とよばれる DNA・タンパク質複合体として伝達される．この DNA は VirE2 一本鎖 DNA 結合タンパク質に覆われている．このタンパク質は核局在化シグナルをもち，植物細胞の核に T-DNA を送り込んでいる．エンドヌクレアーゼの D2 サブユニットの一つの分子は 5′ 末端に結合したままである．*virB* オペロンは伝達反応での 11 個の産物をコードする．

T-DNA の伝達に関するこのモデルは，大腸菌の染色体が細胞間を一本鎖の状態で移行する細菌の接合の過程と非常によく似ている．*virG* オペロンにある遺伝子群は細菌プラスミドがもつ接合に関与する *tra* 遺伝子群と相同性がある（§ 16・6 参照）．違うのは細菌の接合では前もって決められた終了点がないが，T-DNA の伝達は（普通）左側の境界により限定されている点である．

送り込まれた DNA が植物ゲノムに組込まれる仕組みはわかっていない．新しく生じた一本鎖 DNA はある段階で二本鎖に変換されるはずである．感染した植物細胞の中で見つかる環状 T-DNA は，左右の 25 bp 反復配列の間で組換えを起こして生成したものらしいが，中間体なのかどうかはわからない．実際には，T-DNA とその挿入部位の間に相同性が見あたらないので非相同組換えを介しているようだ．

実用面では，T-DNA を植物ゲノムに送り込むアグロバクテリウムの能力は，植物に新しい遺伝子を導入する道具となる．伝達/組込みの機能と腫瘍化の機能は分離しているので，ある遺伝子が植物にどう作用するかをみたい場合には，Ti プラスミドの腫瘍化に関係した領域と置換した新しいプラスミドをつくり出すことができるはずである．植物ゲノムへ遺伝子を導入するシステムが自然界に存在することは，植物の遺伝子工学の発展の大きな助けになるに違いない．

## 16・10 要　　約

ローリングサークルは環状 DNA 分子を複製するもう一つの方式である．複製開始点はニックとして生じ，ここがプライマーとなる．ここから一本鎖 DNA が合成され，元

の鎖と置き換わる．元の鎖は追い出され，テールのように突き出る．環状DNAに沿って回転を続けることにより多くのゲノムを生産できる．

ローリングサークル方式はいくつかのファージの複製に利用されている．φX174ファージの複製開始点でニックを入れるAタンパク質にはシスに働く特異な性質がある．このタンパク質はこれを合成したDNAにしか作用しない．また，DNA全体が合成されるまで置き換えられたDNAに結合したまま存在し，次の開始点で再びニックを入れ，置き換えられたDNAを遊離させると同時に新しい複製周期を開始させる．

ローリングサークルは細菌の接合過程にもみられる．F因子が供与菌から受容菌に移る場合，始めにF線毛を介してこれら細胞が接触する．独立したF因子が別の細胞に伝わるときにこのローリングサークル方式が利用される．染色体に組込まれたF因子により *Hfr* 株ができ，このF因子は染色体DNAまで伝達することができる．接合の場合，複製により供与菌に残った一本鎖DNAと受容菌に移った一本鎖DNAに対して相補的な鎖が合成されるが，このDNA合成は鎖を移動させる原動力にはなっていない．

アグロバクテリウムは傷ついた植物に腫瘍を形成する．傷ついた植物細胞はフェノール系化合物を分泌し，これが細菌のTiプラスミド上にある *vir* 遺伝子を活性化する．*vir* 遺伝子産物はプラスミドのT-DNA領域から一本鎖DNAをつくり出し，植物細胞の核へ伝達する．伝達はT-DNAの一方の境界部分から始まるが，終わる場所は一定していない．一本鎖DNAは二本鎖に変換され，植物ゲノムに組込まれる．T-DNA上にある遺伝子が植物細胞をトランスフォームし，さらにその細胞に特定の種類のオパイン（アルギニン誘導体）を合成させる．アグロバクテリウムはTiプラスミド上の遺伝子の働きで，腫瘍化した植物細胞が合成したオパインを代謝して利用する．T-DNAを利用して植物細胞への遺伝子導入のためのベクターが開発されている．

# 17 細菌の複製は細胞周期に連携している

- 17・1 はじめに
- 17・2 細菌はマルチフォーク染色体を生じうる
- 17・3 細菌は隔壁によりそれぞれに染色体をもつ娘細胞に分離する
- 17・4 細胞分裂と染色体分配に関する変異は細胞の形に影響する
- 17・5 FtsZ タンパク質は隔壁形成に必要である
- 17・6 min 遺伝子は隔壁を形成する位置を調節する
- 17・7 染色体の分配には部位特異的組換えが必要である
- 17・8 染色体の分離には分配機構がかかわっている
- 17・9 単コピープラスミドは分配機構をもっている
- 17・10 プラスミドの不和合性はレプリコンによって決まる
- 17・11 ミトコンドリアはどのように複製し，どのように分配されるのだろうか
- 17・12 要約

## 17・1 はじめに

> **単位細胞** unit cell 新しい細胞分裂によってつくられる大腸菌の状態．単位細胞は長さ 1.7 μm で単一の複製開始点をもつ．

原核生物と真核生物の主要な違いの一つは，複製を制御し，複製と細胞周期を連携させる方法である．

真核生物では染色体は核に存在し，各染色体には多数のレプリコンがある．DNA 複製には，細胞周期の特定時期に DNA を合成するためのこれらレプリコンの調整，細胞周期を制御するいろいろな経路による複製開始時期の決定が必要である．そして，細胞が分裂するときには複製された染色体が特殊な装置によって娘細胞に分配される．

図 17・1 は，細菌において細胞の体積がある閾値を超えると 1 個の複製開始点から複製が始まり，隔壁が細菌を二つに分けるように形成され，同時に各娘染色体がこの隔壁の両側にくるように分離することを示す．

細胞はどのようにして複製周期の開始時期を知るのだろうか．DNA 複製開始反応が起こるのは，染色体の複製開始点に対して細胞の体積が一定の比になったときである．速やかに増殖している細胞は，体積がより大きくなり，複製開始点の数もより多くなる．大腸菌の増殖そのものは 1.7 μm の長さをもつ細胞を一つの**単位細胞**と考えることができる．細菌は単位細胞当たり 1 個の複製開始点をもつ．速やかに増殖しており，2 個の複製開始点をもつ細胞の長さは 1.7〜3.4 μm である．

どのようにして細胞が自らの体積を測るのだろうか．複製開始タンパク質が細胞周期の間一定の速度で合成される．これが一定のレベルまで蓄積すると開始反応の引き金となる．これはタンパク質合成が複製開始反応の前提として必要だという事実を説明できる．もう一つの可能性としては，複製開始を阻害するタンパク質が細胞周期のある時点で合成され，細胞の体積が増加するにつれて有効な濃度以下に希釈されるという考え方がある．

娘染色体を分配する場合に起こるいくつかの出来事は細菌染色体が環状であることによる．二つの環状染色体が鎖のようにお互いにつながってカテナンを形成している場合，これらを分離するためにはトポイソメラーゼが必要となる．組換え反応が起こるともう一つの型の構造が形成される．二つの単量体が組換えを 1 回起こすと 1 個の二量体が生じる．この二量体は部位特異的組換え系によって個々の単量体に分離する．分配の過程は本質的に特別な DNA 配列に直接作用する酵素系によって操作される．

**細胞の成長，DNA の複製，および細胞の分裂は連携している**

- 1 個の単位細胞には 1 個の環状染色体がある
- 細胞の大きさが閾値を超えると複製が始まる
- 複製によってカテナン状の娘染色体が生じる
- 娘染色体が分離する
- 隔壁が細胞を分ける
- 娘細胞が分離する

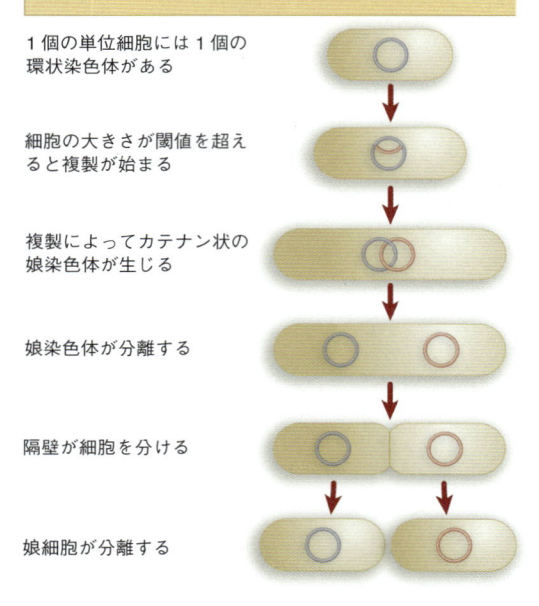

図 17・1 細菌細胞の大きさが閾値を超えると複製開始点から複製が始まる．複製が完了しても二つの娘染色体は組換えによってつながっているかもしれないし，カテナンを形成しているかもしれない．これらは，細胞が分裂する前に分離し，隔壁の両側に動いていく．

## 17・2 細菌はマルチフォーク染色体を生じうる

> **世代時間** doubling time 分裂によって生じた細菌細胞が再び分裂するまでにかかる時間．通常，分の単位で表される．
> **マルチフォーク染色体** multiforked chromosome 1 回の複製周期が完了する前に次の複製周期が開始されると生じる，複製フォークが複数個ある染色体．

- 大腸菌染色体を複製するのに必要な時間は約40分と定まった時間であり，その後細胞が分裂するまでに必要な時間は20分である．
- 細胞の世代時間が60分より短くなると，前回の複製周期が完了する前に新しい複製周期が始まる．

細菌の増殖速度は**世代時間**，すなわち細胞数が2倍になるのにかかる時間で表される．世代時間が短ければ短いほど増殖時間は速くなる．大腸菌細胞の世代時間は速いときは18分，遅いときは180分以上と広い範囲にわたる．細菌の染色体は単一のレプリコンなので，複製周期の頻度はただ一つしかない複製開始点でDNA合成が開始される回数により制御されている．大腸菌の複製周期は二つの定数を使って定義することができる：

- $C$ は細菌の全染色体が複製するのに必要な時間で，約40分と定まっている．これはそれぞれの複製フォークが毎分約50,000 bpの速さで動いていく速度に相当する．（DNA合成の速度は一定温度の下ではほぼ一定で，前駆物質の供給さえ制限されなければ，そして制限されるまではほぼ一定の速度で進行する．）
- $D$ は複製が完了し，それにひき続いて細胞分裂が起こるまでに経過する時間で，約20分と一定している．この時間内に分裂に必要な諸成分を集めることが必要なのであろう．

（定数 $C$ と $D$ は細菌がそれぞれの過程を完了することのできる最高速度を表すものとみなす．これが当てはまるのは世代時間が18〜60分の範囲の場合であって，細胞周期が60分以上かかる場合には，これら二つにかかる時間はさらに長くなる．）

染色体の複製周期は細胞分裂前の一定の時間，$C+D=60$ 分前に開始されねばならない．60分より短い間隔で分裂増殖している細胞の場合には，前回の分裂周期が終わらないうちに新たな複製周期が始まらなければならない．細胞が次の世代の染色体合成を始めた状態で分裂するというわけである．

35分ごとに分裂している細胞を例にとって考えるなら，第2回目の分裂周期は先行している第1回目の周期の終了に対応する細胞分裂よりも25分前に開始されていなければならない．この状況を図17・2に示す．ここでは，1周期を5分間隔で区切って染色体の様子を示してある．

分裂のとき（35/0分），細胞は部分的に複製の始まっている染色体を受取る．複製フォークは進行し，10分の時点ではこの"古い"フォークはまだ終了点に到達していないが，細胞の体積は閾値を超え，部分的に複製したDNA分子上にある二つの開始点から新たな複製が始まる．このように"新しい"複製フォークができると**マルチフォーク染色体**が生じる．

15分——つまり次の分裂の20分前——になると，古い複製フォークは終了点に達し，そこで二つの娘染色体が分離する．このときに各娘染色体はすでに新しい（この時点で唯一の）複製フォークをもち，一部複製が進行したDNAとなっている．二つの複製フォークは進み続ける．

分裂の時点では二つの染色体が部分的に複製の始まった形のまま分裂する．こうして出発点に戻る．先ほどから続いている一つの複製フォークは"古い"複製フォークとなり，それはあと15分で終了し，さらに20分を経て次の分裂が起こる．複製の開始反応は，それを終了し分裂の起こる時点よりも $1\frac{25}{35}$ 細胞周期だけ早く始まっているのである．

複製開始と細胞周期の間には，細胞が早く成長するほど（細胞周期が短くなるほど），分裂に先立つ開始反応の回数が増加するという一般的関係が成り立っている．それに応じて1個の細菌細胞内の染色体の数が増えることになる．これは細胞が周期の短縮に見合うように $C$ と $D$ を短縮できない事情に対処するためなのだろう．

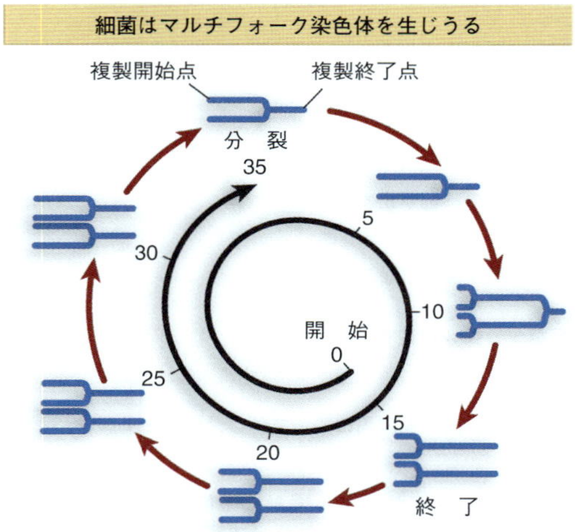

図17・2 複製が始まり細胞が分裂するまでには60分という一定の時間が必要なので，増殖速度の大きな細胞の中ではマルチフォーク染色体ができる．複製フォークの動きは一方向しか示していないことに注意してほしい．実際は，環状染色体上にある1対の互いに逆方向に動く複製フォークにより対称的に染色体が複製される．

## 17・3 細菌は隔壁によりそれぞれに染色体をもつ娘細胞に分離する

**核様体** nucleoid 原核生物の中のゲノムを含んでいる領域．DNAはタンパク質に結合して存在し，膜には包まれていない．

**無核細胞** anucleate cell　核様体をもたないが野生株と同様の形状をもつ細菌の細胞．
**隔　壁** septum　分裂中の細菌の中央に形成される構造で，娘細菌細胞同士が分離する部位．また植物細胞において，細胞分裂の終わりに2個の娘細胞の間に形成される細胞壁にも同じ用語が使われる．
**ペリセプタル環** periseptal annulus　細胞の周りをぐるりと1周するように形成される帯状の部分で，これによって内膜と外膜がつながっているように見える．ペリセプタル環が隔壁形成の場所を決定する．

- 隔壁形成は細胞膜の構造が変化して細胞の周りにできる環構造の位置で始まる．
- 新しい環構造は細胞の末端と隔壁とのちょうど真ん中にできる．
- 細菌が分裂するとおのおのの娘細胞の中央にこの環構造が存在することになる．
- 細胞がある長さになると細胞分裂が始まる．
- 隔壁は細胞膜と同じペプチドグリカンでできている．

　細菌の染色体分配は DNA そのものが分配機構に深くかかわっているので特に興味深い．細菌の分配装置は，細胞分裂に複雑な装置を使う真核生物の装置に比べより単純であるが，きわめて正確で，**核様体**（細菌 DNA の集積部位）のない**無核細胞**が生じる率は細胞集団の 0.03 ％以下である．

　1個の細菌は**隔壁**の形成により，2個の娘細胞に分裂する．隔壁は周辺の細胞膜が陥入して細胞の中央に形成される構造である．隔壁は細胞の二つの部分の間に通り抜けのできない障壁を形成し，結局二つの娘細胞はその部位で完全に分離する．細胞分裂における隔壁の役割に関して相互に関連した二つの問題がある．隔壁を形成する場所を決めているのは何か？　娘染色体が確実に隔壁の両側にくるのを保証しているのは何か？

　隔壁形成に先立って**ペリセプタル環**の構築が起こる．大腸菌やネズミチフス菌（*S. typhimurium*）では1本の帯状に見え，膜の構造が変化して内膜が細胞壁および外膜にずっと近づき連結している．名前から予想されるようにその環は細胞の周りをぐるっと1周している．図 17・3 にそれが成長していく様子を示す．

　この環は新しい細胞の中央に存在し，細胞が成長するにつれて二つの反応が起こる．この環で定められた細胞の中央に隔壁が形成される．新しく2個の環が始めにあった環の両側に形成される．これらの新しい環は細胞の中央から動き出し，細胞の長さの 1/4 と 3/4 の位置にくるまで細胞に沿って動いていく．この位置は次の分裂が起こると細胞の中心になる．ペリセプタル環が正しい位置まで動いていくことはきわめて重大で，分裂して同じ大きさの娘細胞が生じるのを保証しているのだろう．（この移動がどのような仕組みで起こるのかわかっていない．）細胞が一定の長さ（$2L$）になり，新しくできたペリセプタル環の間の距離が $L$ になると分離が始まる．細胞がどのように長さを測定するのかは不明であるが，（面積や体積ではなく）直線距離そのものを測っているようである．

　隔壁は細胞膜と同じ成分でできている．内膜と外膜の間にあるペリプラズム層には硬いペプチドグリカン層が存在する．このペプチドグリカン層は，二糖に3ないしは5個のペプチドが結合してできた2種類のサブユニット間の結合（ペプチド転移反応や糖転移反応）を介し重合したものである．一方細菌の形を棒状に保つには，細胞膜の成長に関与する PBP-2（ペニシリン結合タンパク質2）と RodA という二つのタンパク質の活性が関与している．これらは相互作用しあうタンパク質で同じオペロンにコードされている．RodA タンパク質は SEDS ファミリー〔SEDS という名は，形（shape），伸長（elongation），分裂（division），および出芽（sporulation）に由来している〕の一員で，細胞壁ペプチドグリカン層をもつすべての細菌に存在している．SEDS ファミリーの各タンパク質はともにペプチドグリカン層での架橋形成を触媒する特異的なトランスペプチダーゼである．PBP-2 タンパク質は RodA タンパク質とともに働くトランスペプチダーゼである．これらタンパク質のどちらかに変異が起こると，細菌の形は長く伸びた棒状ではなく，丸くなってしまう．このことから，細胞の形や硬さは原則としてポリマー構造を単純に伸長することで決まっていることがわかる．隔壁のペプチドグリカン形成を請け負っている別の酵素も知られている（§17・5 参照）．隔壁は始め2層のペプチドグリカン層としてできるが，EnvA タンパク質がこの2層間の共有結合を切断し，娘細胞が分離する．

| 隔壁が細胞を二つに分ける |
| --- |
| 中央に環をもった細胞の成長が始まる |
| 新しい環が生まれる |
| 新しい環が成長し両極方向に移動する |
| 新しい環の移動が止まる |
| 中央の環が隔壁になる |
| 細胞が分裂し同じサイクルを繰返す |

環が細胞の周りを円周に沿って伸び，内膜と外膜をつないでいる

図 17・3　ペリセプタル環が二つに分かれ移動することにより，細胞を二つに分ける隔壁の形成が始まる．

## 17・4 細胞分裂と染色体分配に関する変異は細胞の形に影響する

> ミニセル　minicell　大腸菌の無核細胞で，核様体をもたない細胞質を生じるような細胞分裂異常によってできる．

> ■ *fts* 変異株は長い繊維状になるが，これは隔壁が形成されずに分裂して娘細胞ができないからである．
> ■ あまりに多くの隔壁ができてしまう変異株はミニセルを生じる．それらは小さく，DNA がなくなっている．
> ■ 染色体の分配が異常な変異株は，細胞の大きさは正常な無核細胞を生じる．

細胞分裂にかかわる変異体の単離が難しいのは，生物にとってきわめて重要な機能における変異は致死的であったり，あるいは多くの機能に変化をもたらすためである．たとえば，環構造の形成が起こる場所が膜そのものの成長にとって必須な部位であるとすると，環構造の形成を特異的に妨害する変異と通常の膜の成長を阻害する変異とを区別することは困難であろう．分裂装置の変異体のほとんどは条件致死変異株として同定されてきた（これら変異株の分裂は非許容条件下では影響を受け分裂できなくなる．典型的な例は温度感受性である）．細胞分裂と染色体分配に関する変異は，どちらかといえば意外な表現型を示す．図 17・4 と図 17・5 に，細胞分裂の失敗と染色体分配の失敗が対照的な表現型となった例を示す：

- 長い繊維状細胞は，隔壁形成が阻害され，DNA 複製は何の影響も受けていない場合に生じる．細菌は増殖を続け，その娘染色体の分配も正常に続いたとしても，隔壁が形成されないので細胞はきわめて長い繊維状の構造となり，それぞれの核様体は長い細胞内に等間隔に分布している．この表現型は *fts* 変異体（temperature-sensitive filamentation から名づけられた）に特徴的で，細胞の分裂自体に欠損があることを表している．
- ミニセルは隔壁の形成の頻度があまりに高かったり，不適当な場所で起こったりして，新しい娘細胞が染色体を欠いた場合にできる．ミニセルはやや小さくて，DNA がないことを除けば形態的には正常である．無核細胞は染色体分配が異常な場合に形成され，ミニセルと同様に染色体をもっていないが，隔壁形成は正常なので娘細胞の大きさは正常である．*par*（partition, 分配）変異体（この名前は染色体分配の欠損に由来している）はこの表現型を示す．

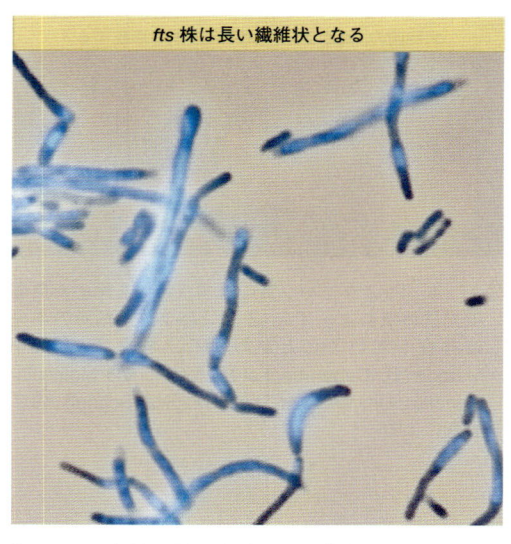

図 17・4　細胞分裂が失敗すると多核の繊維状細胞を生じる．写真は平賀壯太氏のご好意による．

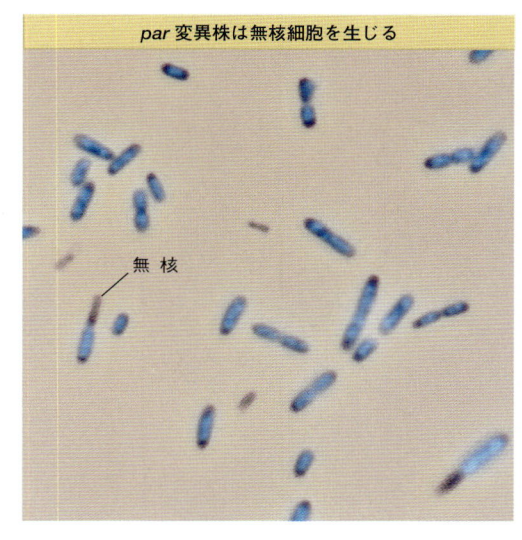

図 17・5　大腸菌では染色体分配に失敗すると無核細胞が生じる．染色体のある細胞は青く染まり，染色体を欠いた娘細胞は青く染まらない．この写真は *mukB* 変異株で，正常な分裂と異常な分裂が見える．写真は平賀壯太氏のご好意による．

## 17・5　FtsZ タンパク質は隔壁形成に必要である

> セプタル環　septal ring　大腸菌の *fts* 遺伝子群にコードされた数種類のタンパク質から成る複合体で，細胞の中央に形成される最終的な構造．細胞分裂の際には，ここから隔壁が形成される．この環に最初に取込まれるのは FtsZ タンパク質であり，そこから最初にできてくる構造には Z 環の名前がつけられた．

> ■ *ftsZ* 遺伝子は前もって決められた場所に隔壁を形成するために必要である．
> ■ GTP アーゼ活性をもつ FtsZ タンパク質は細胞膜の内側に環構造を形成し，細胞骨格の成分に結合する．

*ftsZ* 遺伝子は細胞分裂の中心的役割を果たしている．*ftsZ* の変異株では隔壁が形成されず，細胞は繊維状になる．一方過剰に発現させると単位細胞体積当たりの隔壁形成が増加しミニセルができる．*ftsZ* 変異体はペリセプタル環が移動する時期や隔壁の形態形成などさまざまな段階で影響を与える．それゆえ，FtsZ タンパク質は，すでに存在している隔壁形成の場所が利用できる場合に必要となり，ペリセプタル環の形成やその場所そのものには影響しない．

FtsZ タンパク質は隔壁形成の初期の段階で作用している．分裂周期の初期には FtsZ タンパク質は細胞質全体に分布している．細胞が長くなり中央がくびれ始めると，FtsZ タンパク質は円周に沿ってリング状に局在するようになる．この構造は時に **Z 環**とよ

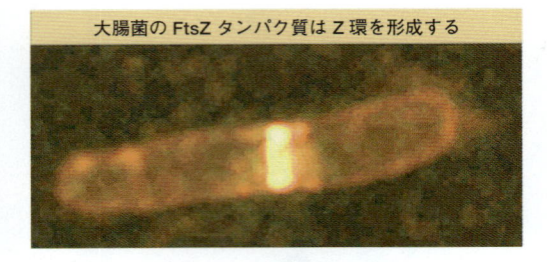

**図17・6** FtsZ タンパク質に対する抗体を用いた免疫蛍光抗体法によって FtsZ タンパク質が細胞の中央に存在していることがわかる．写真は William Margolin 氏（Department of Microbiology & Molecular Genetics, University of Texas Medical School）のご好意による．

ばれる．図17・6 は，この Z 環が図 17・3 に示した中央の環の位置に実際に存在していることを示す．Z 環形成は隔壁形成の律速段階である．通常の分裂周期では，Z 環は分裂後 1〜5 分後に細胞の中央にでき，15 分ほどそのまま存在しており，その後急に細胞を締めつけるように収れんし，その結果細胞は 2 個の娘細胞に千切れてしまう．

FtsZ タンパク質の構造はチューブリン（真核細胞の微小管繊維のサブユニット）に似ており，環の形成と真核生物の微小管形成が近縁であることを示唆している．FtsZ タンパク質は GTP アーゼ活性をもっているので，FtsZ 単量体が多数集まってできるこのリング構造の形成には，GTP の分解が利用されている可能性がある．Z 環は動的な構造で，そのサブユニットが細胞質プールにあるサブユニットと常に入れ替わっている．

さらに，ZipA と FtsA という二つのタンパク質も分裂に必要で，これらはおのおのFtsZ タンパク質と直接および間接に相互作用する．ZipA タンパク質は膜内在性タンパク質で，細菌細胞の内膜に存在し，FtsZ タンパク質を膜につなぎとめる働きをしている．FtsA タンパク質は細胞質に存在するタンパク質であるが，しばしば結合した状態で見いだされる．Z 環は ZipA タンパク質，あるいは FtsA タンパク質の一方が存在しなくても形成されるが，両方ともになくなると形成できなくなる．このことから，これら両タンパク質が Z 環を安定化させるうえで同じ役割を担っていることが示唆され，それは多分 Z 環を膜につなぎ止めておくことであろうと思われる．

FtsA タンパク質が取込まれた後，いくつかの *fts* 遺伝子産物が決まった順序で Z 環形成に参加する．これら産物はすべて膜貫通型タンパク質であり，最終的にでき上がった構造は**セプタル環**とよばれる．これは多数のタンパク質から成る複合体で，膜を締めつける能力をもっていると思われる．セプタル環に加わる最後の成分の一つが，SEDS ファミリーに属している FtsW タンパク質である．*ftsW* 遺伝子は *ftsI* 遺伝子と同じオペロンの一部として存在し発現する．*ftsI* 遺伝子は一つのトランスペプチダーゼ（ペニシリン結合タンパク質 3，略して PBP-3）をコードしている．この PBP-3 タンパク質は膜に結合しており，その触媒部位はペリプラズムに位置している．FtsW タンパク質は FtsI タンパク質をセプタル環に運び込む役割を担っている．以上から隔壁形成に関する一つのモデルが示唆される．トランスペプチダーゼ活性によりペプチドグリカンは内向きに成長し，このために内膜は押され，外膜はひっぱり込む．

FtsZ タンパク質は分裂に関与する細胞骨格の主要成分である．このタンパク質は細菌には共通に存在し，葉緑体にも見いだされている．ミトコンドリアと細胞も進化上共通の先祖から分かれたと考えられているが，ミトコンドリアには FtsZ タンパク質がない．その代わりに，ダイナミン（dynamin）とよばれるタンパク質の変種（バリアント）を利用している．ダイナミンは真核生物の細胞膜から小胞をつくり出すときに利用されるタンパク質である．このダイナミンは細胞膜の外側からその膜を押しつけていき，細胞にくびれを入れる．

細菌，葉緑体，およびミトコンドリアの分裂に共通して，これら生体の周囲に環を形成する細胞骨格タンパク質を利用し，膜を引いたり押したりしてくびれを入れている．

## 17・6 *min* 遺伝子は隔壁を形成する位置を調節する

- 隔壁の位置は *minC, D, E* 遺伝子に制御されている．
- 隔壁の数とその位置は MinE/MinCD タンパク質の量比によって決まる．
- 隔壁は MinE タンパク質が環を形成する所にできる．
- 正常の濃度では，MinCD タンパク質によって MinE タンパク質の環が細胞の中央にでき，極にはできないようになっている．

隔壁が形成される位置に関する情報は，ミニセル変異体の解析により明らかになってきた．最初に見つかったミニセル変異は *minB* 遺伝子座に起こったもので，*minB* が欠失すると細胞の中央でだけでなく（そのほかに）極の近くでも隔壁形成が起こり，その結果ミニセルが生じる．これは細胞の中央でも極でも隔壁形成を開始できること，さらに野生型の *minB* 遺伝子座が両極での隔壁形成を抑制する役割をもつことを示唆している．図17・3 に示したプロセスについて考えてみると，新しく生じた細胞は潜在的に中

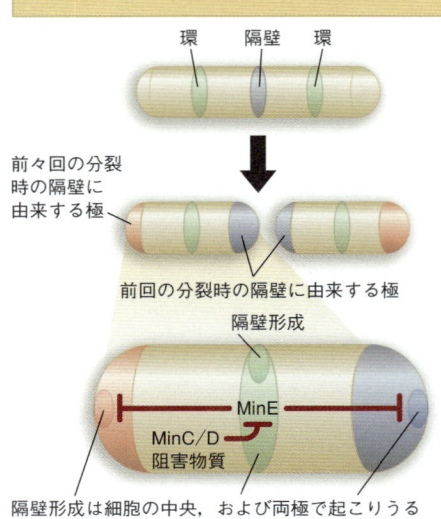

**図17・7** MinCD は分裂阻害物質であるが，MinE によってその作用が及ぶ範囲が両極に限定される．

央の環と極の環の両方に隔壁を形成できる部位をもっていることになる．細胞の一方の極は前回の分裂時の隔壁に由来しており，もう一方の極は前々回の分裂時の隔壁に由来している．極には元あった環に由来した残さが存在しており，多分この残りかすが隔壁形成をひき起こすのであろう．

$minB$ 遺伝子座は三つの遺伝子 $minC, D, E$ から成っている．各遺伝子の役割を図 17・7 にまとめた．$minCD$ 遺伝子産物は分裂を阻害する．MinD タンパク質は MinC タンパク質を活性化するのに必要で，この MinC タンパク質は FtsZ タンパク質が重合して Z 環になるのを妨げる．

$minE$ がない条件下で $minCD$ が発現すると，あるいは $minE$ がある場合でも $minCD$ が過剰に発現すると，分裂は全般的に阻害され，その結果成長した細胞は隔壁のない長い繊維状となる．$minCD$ の量に見合った量の $minE$ が発現すると隔壁形成の抑制は極に限られ，正常な成長を回復する．MinE タンパク質は細胞の中央では隔壁形成の阻害が起こらないようにしている．$minE$ を過剰に発現させると，中央や極での隔壁形成阻害は中和されてしまい，これらの場所で隔壁が形成され，ミニセルが誘導される．

それゆえ，正しい位置（細胞の中央）で隔壁を形成するという決定は MinCD タンパク質と MinE タンパク質の量比によって決まる．野生型の量比では，極での隔壁形成が妨げられ，中央での隔壁形成が進行する．MinCD と MinE の作用は逆の関係にあり，$minCD$ 遺伝子の欠損や MinE タンパク質が過剰に存在すると見境なく隔壁形成が起こりミニセルが形成される．一方，MinCD が多すぎたり MinE がない場合は，極のみならず中央での隔壁形成が阻害され細胞が繊維状になる．

MinE は隔壁が形成される場所に環を形成する．MinE がある程度蓄積されるとその近くでは MinCD の作用が抑制され，(FtsZ や ZipA を含む) 隔壁の形成が起こる．

## 17・7 染色体の分配には部位特異的組換えが必要である

**部位特異的組換え** site-specific recombination 二つの特異的な配列間に起こる．ファージ DNA の組込みや切出し，あるいはトランスポゾンの転移に伴って挿入された DNA が除去される場合などがその例である．

- 環状プラスミド間での相同組換えによって二量体や多量体が生じる．
- 部位特異的組換え機構をもつプラスミドは分子内組換えによって単量体を生じる．
- 相同組換えによって細菌染色体が二量体となっても，Xer 部位特異的組換えシステムが染色体の複製終了領域近くにある標的配列に作用して単量体に変える．

複製によって細菌染色体やプラスミドのコピーができる．これらコピーは組換えを起こすことができる．図 17・8 にその結果を示す．2 個の環状プラスミド間で 1 回の組換えが起こると，2 個の輪がつながって 1 個の二量体の輪となる．さらに組換えが起こると，多くの環状プラスミドがつながった多量体も生じうる．このような組換えが起こると物理的に分配のユニットの数が減ることになる．極端な例を考えてみよう．ちょうど複製したばかりの単コピープラスミドが組換えにより二量体を形成すると，その細胞に分配すべきユニットが 1 個しか存在しないことになり，それゆえ一方の娘細胞からプラスミドが失われるのは避けられない．このようなことが起こるのを防ぐために，プラスミドは**部位特異的組換え**機構をもっている場合が多い．この機構は，特別な配列に作用して分子内組換えを起こし，プラスミドが必ず単量体の状態に戻るようにしている．

細菌染色体自身も同様な機構を使っているが，どのように染色体分離が関与するかを図 17・9 に示してある．組換え反応が起こらなければ，二つの娘染色体はおのおのの娘細胞に分配されるので何も問題はない．しかし，染色体の複製周期によってできた二つの娘染色体間で相同組換えが起こると，染色体同士が連結した二量体となるであろう．このような組換え反応が起こると娘染色体は分離できないので，プラスミドの二量体を解消するのと同様な別の組換え方法が必要となる．

環状染色体をもつ多くの細菌は Xer 部位特異的組換え機構をもっている．大腸菌ではこの機構には，染色体の終了領域にある $dif$ とよばれる 28 bp の標的部位に作用する二つのリコンビナーゼ，XerC と XerD タンパク質がある．Xer による組換え機構の利用は

**図 17・8** 分子間組換えによって単量体が二量体になる．分子内組換えによって多量体から個々の単量体が放出される．

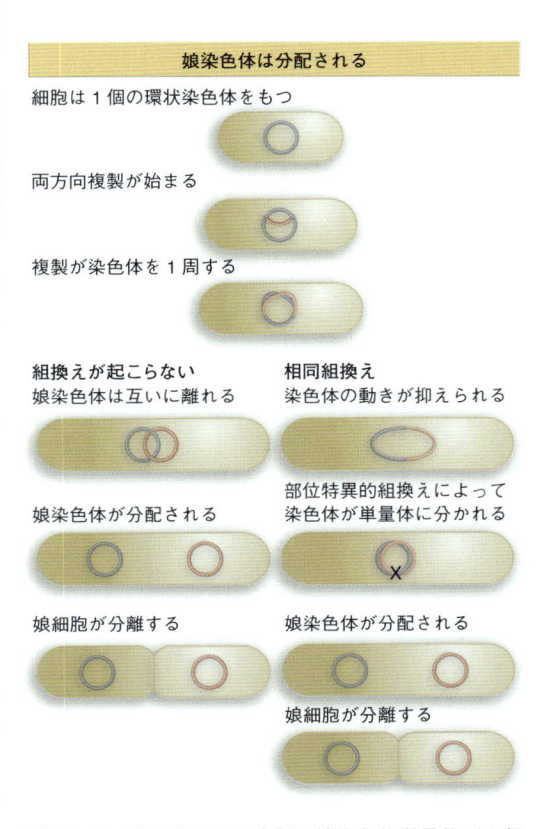

**図 17・9** 環状染色体が複製し娘染色体単量体が 2 個でき，娘細胞に分配される．しかし，相同組換えが起こると染色体の二量体が 1 個できる．この二量体は部位特異的組換えによって 2 個の単量体に分かれる．

**Xer が連結した染色体を分離するには FtsK タンパク質が必要である**

染色体は組換え部位で連結している

Xer リコンビナーゼが dif 部位で染色体をつなぐ

FtsK タンパク質は分離するのに必要である

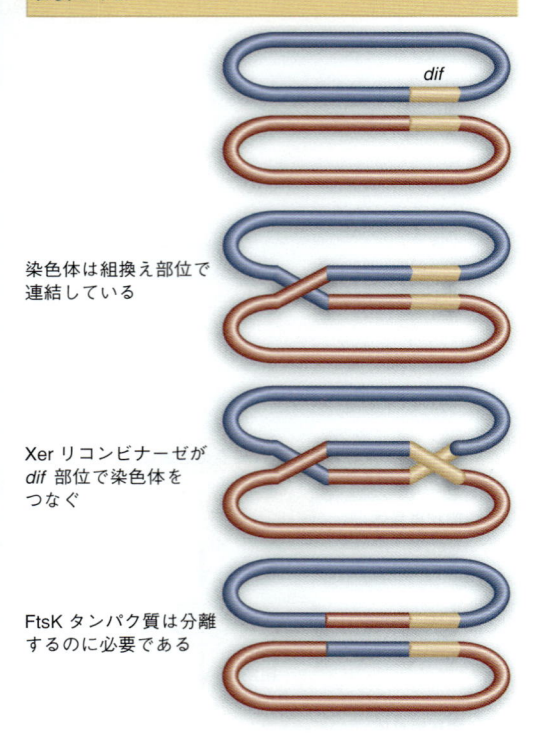

図 17・10　組換え機構により二つの連結した染色体ができる．Xer によって dif 部位でホリデイ構造ができるが，FtsK タンパク質が存在する場合にのみ染色体は分離できる．

興味深いことに細胞分裂と関連している．図 17・10 におもな反応をまとめた．XerC タンパク質は 1 対の dif 配列に結合し，両染色体間にホリデイ構造（§19・2 参照）が形成される．染色体の上にある短い dif 配列同士がお互いの存在を必ず認識するのかという問題は，複製フォークが dif 配列を通過した直後にこの複合体構造ができると考えれば矛盾なく説明できる．dif 標的配列は約 30 kb の領域内に存在していなければならない．もしこの標的配列をこの領域外に移すとこのシステムは機能しない．

　組換え体が組換え部位で分離するためには，FtsK タンパク質の存在が必要となる．この FtsK タンパク質は染色体分離にも細胞分裂にも必要な隔壁の存在する部位にある．FtsK タンパク質は大きな膜貫通タンパク質である．この N 末端ドメインは膜に結合しており，このタンパク質を隔壁の近傍に位置づけている．C 末端ドメインには二つの機能がある．一つは Xer システムが二量体を二つの単量体に分離する働きである．また ATP アーゼ活性があり，DNA に沿って動いていくことができる．この働きによって，DNA が隔壁を通って運び出されることも可能となろう．Xer システムをもつ細菌には常に FtsK と相同なタンパク質があり，その逆も成り立つ．このことは，このシステムが分離方法と隔壁形成を連動させて進化してきたことを示唆している．

　それゆえ，部位特異的組換えは染色体の終了配列が隔壁の近くにある場合に可能となる．しかし，細菌では相同組換えがすでに起こって二量体になっているときにのみこの部位特異的組換えが起こる．（そうでないと，部位特異的組換えによって二量体ができてしまう．）どのようにしてこのシステムは娘染色体が独立した単量体として存在しているか，あるいは組換えによって二量体になっているのかがわかるのであろうか？

　この答えは多分，染色体分離が染色体の複製直後に始まるという点にあるのだろう．もし組換えが起こっていなければ二つの染色体はお互いに離れ離れになっているだろう．しかし二量体が形成されると，これら二つの染色体はお互いに離れていくことができなくなる．そして，この二つの染色体の標的配列は隔壁近くに残り，Xer システムが働きやすくなっている．

### 17・8　染色体の分離には分配機構がかかわっている

- 複製してできた 2 本の染色体は，おのおの細胞の中央から 1/4 と 3/4 の位置まで突如として動く．
- 複製開始点は細菌の内膜に結合しているらしい．

　分配とは隔壁の形成された場所のそれぞれの側に二つの娘染色体を位置づける過程である．正しい分配が起こるためには二つの反応が必要である：

- 2 個の娘染色体は複製終了後お互いに離れ離れになり，分離されなければならない．このためには DNA 合成の終了点近傍で互いにコイル状に絡まった DNA 領域をほぐす必要がある．分配に関する変異の多くはトポイソメラーゼをコードする遺伝子である．この酵素は絡まった二本鎖 DNA を互いに通り抜けさせてほぐすことができる．変異株は娘染色体の分離を妨げるので，その結果 DNA は細胞の中央で大きな固まりとして存在する．この状態で隔壁が形成すると 1 個の無核細胞と二つの娘染色体をもつ 1 個の細胞ができてくる．このことは，染色体を分離しておのおのを異なる娘細胞に分配するために，細菌は染色体のトポロジカルなもつれをほぐせなければならないことを示している．

- 分配機構そのものに関する変異はまれにしか得られない．2 種類の変異があると期待される．一つはシスに働く分配過程の標的となる DNA 配列の変異，もう一つはトランスに働き分配をひき起こすタンパク質をコードしている遺伝子の変異である．後者には DNA に結合するタンパク質や DNA が結合する膜上の位置を調整するタンパク質が含まれる．プラスミドの分配機構においては両タイプの変異が見いだされているが，細菌染色体においてはトランスに働く機能の変化しか得られていない．さらに，プラスミドに部位特異的組換え機構の変異があるとプラスミドを失いやすくなる（なぜなら，分裂中の細胞内には 2 個の単量体ではなく，1 個の二量体しか存在しないからである）．それゆえ，表現型は分配に関する変異と似たものになる．

染色体分離過程には，娘染色体が細胞分裂の際に隔壁を挟んでおのおの反対側にあることを確認する過程が必要である．図 17・11 は複製開始点が隔壁を挟んでおのおの反対側に結合していれば，隔壁の形成によりそれぞれの染色体は異なる娘細胞に分配されることを示している．それゆえ問題は，娘染色体がこの位置に正確に来るようにしている方法は何かということになる．複製した染色体はその最終位置，細胞の長さの 1/4 と 3/4 の位置まで突如として動くことができる．また，複製が終了する前にタンパク質合成を阻害すると，染色体の分配は起こらず細胞の中央位置近くにとどまっている．しかし，タンパク質合成を再開すると，膜の伸長がまったく起こらなくても染色体は細胞長の 1/4 の位置まで移動する．このことは，タンパク質合成を必要とし，染色体を特定の位置まで積極的に動かす機構があることを示唆している．

染色体分配は muk 遺伝子群の変異によって中断される．この変異では二つの娘染色体が分配されないで隔壁の同じ側に残ってしまうために，無核の娘細胞を生じる頻度が高くなる．muk 遺伝子の変異体は致死的ではなく，染色体を分配する装置の成分かもしれない．mukA 遺伝子はすでに知られている外膜タンパク質の遺伝子（tolC）と同じで，この遺伝子産物は染色体を膜に結合させるのに関与しているかもしれない．mukB 遺伝子は大きな（180 kDa）球状タンパク質をコードし，真核生物染色体の凝縮と保持の両方に関係している二つのグループの SMC タンパク質と共通した全体的構成をしている〔SMC という言葉は染色体構造の維持（structural maintenance of chromosome）を示す〕．SMC 様タンパク質は他の細菌でも見いだされている．

MukB タンパク質の役割を考えるのに役立ちそうな発見として，mukB 変異のいくつかがトポイソメラーゼ I をコードしている topA 遺伝子の変異によって抑圧されるという事実がある．このことから，MukBEF タンパク質の機能は核様体を凝縮することではないかというモデルが生まれる．そして，MukB タンパク質がこの機能を失えば染色体は凝縮できなくなり，染色体分配も正しく進行しない．トポイソメラーゼが欠損することによって負の超らせんを弛緩することができなくなるが，このことと MukB の欠損により染色体が凝縮できなくなることがお互いに補い合うことになり，結局超らせん構造が多く残ることによって，正しい凝縮状態を復活させ分配が進行する．

ゲノムが細胞内でどのようにその位置を決めているのかについてはよくわかっていないが，多分染色体凝縮と関連しているようである．図 17・12 に現行のモデルを示す．親のゲノムは細胞の真ん中に位置している．複製装置を通過するためには脱凝縮しなければならない．複製を終えて生じた 2 個の娘細胞は，トポイソメラーゼによってもつれをほどかれ，この未凝縮状態で MukBEF タンパク質に渡される．MukBEF タンパク質はこれら染色体を娘細胞の中央になるべき位置で凝縮する．

細菌の DNA と膜の間には物理的な関係があるのではないかとながらく推定されてきたが，証拠は間接的でしかない．細菌の DNA は膜画分に見いだされるし，そこには複製開始点や複製フォーク，複製終了点付近のマーカー遺伝子が濃縮される傾向がある．この膜画分に存在するタンパク質は複製開始を妨害する変異によって影響を受けるかもしれない．複製している部位は膜上の構造であって，複製を開始するときそこに複製開始点が結合するのかもしれない．

図 17・11 細菌の DNA は細胞膜に結合している．この結合を通して，染色体の娘細胞への分配が行われる．

図 17・12 親の核様体の DNA は複製中は凝縮していない．MukB タンパク質は娘核様体を凝縮する装置に必要な成分である．

## 17・9 単コピープラスミドは分配機構をもっている

コピー数　copy number　細菌染色体の複製開始点の数に対して宿主細菌中に維持されているプラスミドの数．

- 細菌染色体の複製開始点当たり 1 個存在するプラスミドが単コピープラスミドである．
- 細菌染色体の複製開始点当たり 2 個以上存在するプラスミドが多コピープラスミドである．
- 分配機構は細胞分裂によって生じた 2 個の娘細胞おのおのに，複製で生じた 2 個のプラスミドを間違いなく分配する．

細胞の分裂によって生じる 2 個の娘細胞おのおのに確実にプラスミドが分配されるようにするための分配機構はプラスミド自身の複製機構の種類によっている．それぞれの

プラスミドは宿主細菌中に独自の**コピー数**を維持している：

- 単コピー型制御機構は細菌染色体の制御機構に類似したもので，細胞分裂当たり1回の複製を行う．単コピープラスミドは細菌染色体と対等に効率良く維持される．
- 多コピー型制御機構では細胞周期当たり何回もの複製開始が起こり，その結果細菌当たり複数個のプラスミドが存在することになる．多コピープラスミドは細菌染色体当たり特定の数（通常は10〜20コピー）存在している．

コピー数を決めるのはおもに複製の調節機構であり，複製開始の調節は細菌当たり何個の開始点が存在できるかによって決まっている．個々のプラスミドは単一のレプリコンなので，開始点の数はプラスミド分子の数と同じである．

単コピープラスミドは細菌の染色体の複製開始に働くのと似た機構をもっている．単一の開始点から1回だけ複製が始まり，二つになった開始点はおのおの別の娘細胞に入る．

多コピープラスミドではたくさんの複製開始点が細胞内に存在できるような複製システムをもっている．コピー数が十分に多い（実際には細菌当たり10個以上）場合には，プラスミドの娘細胞への分配が単に確率的な分布に従って起こったとしても，プラスミド喪失の頻度は$10^{-6}$以下となるので，特別に分配の機構が必要というわけではない．

細菌集団においては，プラスミド喪失の頻度はきわめて低い（単コピープラスミドの場合でさえも1回の分裂当たり$10^{-7}$以下）．プラスミド喪失の頻度は高まるが，複製自身には何の影響も及ぼさない変異株によってプラスミドの分配を制御する機構を明らかにすることができる．細菌集団でプラスミドの生存を保証するために利用されているいくつかの機構がある．プラスミドは異なった型のいくつかの機構をもっているのが普通で，その生存を確実にするためにすべての機構は独立に働いている．

単コピープラスミドには，複製して2個になったプラスミドが細胞分裂の際に隔壁を挟んでおのおの反対側にあることを確認できる分配機構が必要であり，この機構によってそれぞれ娘細胞に分配される．実際，分配に関与している機能はプラスミドで最初に明らかにされた．図17・13に分配機構に共通に認められる成分をまとめてある．一般的には，二つのトランスに働く成分（*parA*と*parB*）とこの二つをコードする遺伝子のすぐ下流にあるシスに働く成分（*parS*）とから成っている．ParAタンパク質はATPアーゼで，ParBタンパク質に結合する．ParBタンパク質はプラスミドDNA上の*parS*部位に結合する．これら三つのどれを欠いてもプラスミドの分配はうまくいかない．この分配機構はプラスミドF，R1およびP1ファージで解析された．しかし，これらプラスミドの分配機構の全体像はよく似ているにもかかわらず，対応する遺伝子同士あるいはシスに働く部位同士には配列上の相同性は何ら認められない．

*parS*は真核生物染色体のセントロメアと同様な役割を果たしている．ParBタンパク質の*parS*への結合によってプラスミドコピーをもう一方の娘細胞に分配するための構造ができる．細菌のタンパク質であるIHFタンパク質もこの構造を構成する成分として*parS*に結合する．ParBタンパク質，IHFタンパク質，*parS*との複合体は分配複合体とよばれる．*parS*は34bpの配列で，IHFタンパク質の結合する部位の両側にParBタンパク質の結合するボックスAとボックスB配列をもっている．

IHFタンパク質はλファージのDNA組込みに必要な宿主因子（integration host factor）で，（λファージDNAが宿主染色体に組込まれる際に形成される構造として）最初に発見された役割にちなんで名づけられた．IHFタンパク質はDNAをその表面に包み込んだ大きな構造体を形成できるヘテロ二量体である．その役割は，図17・14に示すように，DNAを曲げて，離れて存在しているボックスAとボックスBにParBタンパク質が同時に結合できるようにする．分配複合体は，*parS*にIHFタンパク質のヘテロ二量体が結合すると，ParBタンパク質二量体がさらに結合するようになる．ParAタンパク質のこの分配複合体構造と相互作用は，複合体形成に必須であるが一過的な反応である．

λファージDNAの組込みの際にIHFタンパク質を介して形成されるタンパク質・DNA複合体は互いに組換えが行われる二つのDNA分子に結合している．分配複合体の役割はこれとは異なる．すなわち，2分子のDNAを確実にお互いに離すことである．現在この複合体がどのようにその役割を遂行しているかについては不明であるが，一つの可能性は，この複合体がある物理的部位（たとえば膜）にDNAを結合させ，そして

**ParAおよびParBタンパク質は*parS*部位に作用する**

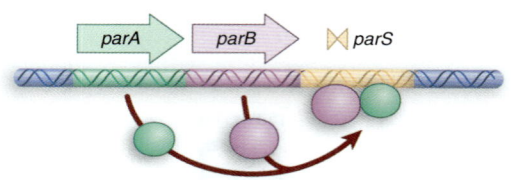

図17・13 分配機構に共通して認められる成分は*parA*，*parB*遺伝子およびこれら遺伝子の産物が結合する*parS*部位である．

**分配複合体が*parS*部位で形成される**

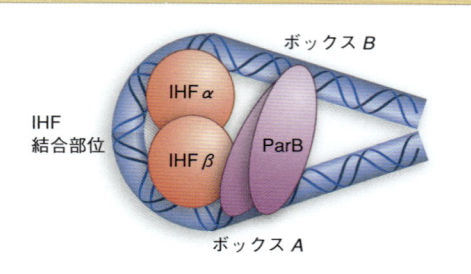

図17・14 IHFタンパク質が*parS*部位でDNAに結合し，折り曲げるので，ParBタンパク質が両方の部位に結合できる．このようにして分配複合体が形成する．この複合体の形成はIHFヘテロ二量体およびParBタンパク質二量体の結合によって始まるが，さらにParBタンパク質二量体がいくつもこの複合体に結合していく．

結合部位が隔壁形成によって分離するという考え方である．

ParAタンパク質とParBタンパク質に類似したタンパク質はいくつかの細菌でみつかっている．枯草菌（*B.subtilis*）ではそれぞれSoj, SpoOJとよばれている．これらに変異が起こると胞子形成が起こらない．なぜなら，娘染色体を前胞子に分配できないからである．胞子形成中の細胞では，SpoOJタンパク質は一方の極に局在しており，複製開始点をそこに局在させているのだろう．SpoOJタンパク質は古い複製開始点と新しく合成された複製開始点の両方に結合し，両染色体がそれぞれ両極に分配されるまで両染色体が対合した状態と同じように維持していると考えられる．カウロバクター（*C.crescentus*）では，ParAタンパク質とParBタンパク質はこの細菌の両極に局在し，ParBタンパク質が複製開始点近傍のDNA配列に結合して複製開始点を極に局在させている．以上の結果は複製開始点を極に局在させるための特別な装置が存在していることを示唆している．次のステップはこの装置と相互作用する細胞側成分の解析と同定であろう．

## 17・10 プラスミドの不和合性はレプリコンによって決まる

> **不和合性グループ** incompatibility group 同一の細菌内に共存できない一群のプラスミドを，同じ不和合性グループに属するプラスミドという．

> ■ 不和合性グループにあるプラスミド同士の複製開始点は，共通の調節機構によって制御されている．

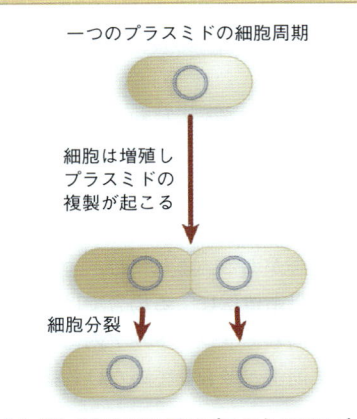

プラスミドが不和合性を示す性質は，プラスミドのコピー数の調節と分配に関係している．**不和合性グループ**というのは，同一の細菌中に共存できない一群のプラスミドとして定義されている．プラスミドの維持に不可欠な仕組みの中に個々のプラスミドを見分けることができない過程があると不和合性が現れる．DNA複製や分配がこのような過程に相当する．

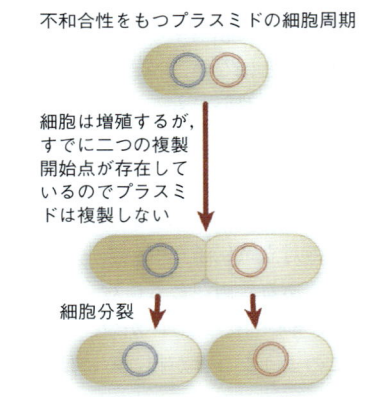

プラスミドの不和合性を説明するための負の調節モデルでは，コピー数の調節が複製開始点の数を測るリプレッサーの合成によって行われているという考え方をとっている．（形式上，これは細菌の染色体の複製を調節する測量モデルと同じである．）

同じ不和合性グループに属している第二のプラスミドがもち込まれて新たに開始点が余分に加わると，前からあったプラスミドが複製した場合とそっくり同じ状況になる．つまり，二つの開始点が存在することになる．それで，図17・15に示すようにそれぞれのプラスミドが異なる細胞に分配され，互いに複製前の正常なコピー数に低下するまで新たな複製が抑えられる．

2種のプラスミドを区別できないときにもプラスミドを娘細胞に分配する機構は同じ結果になる．つまり，もし2種のプラスミドの分配に関してシスに働く部位がまったく同じであるとすると，この部位に対して競合が起こり，プラスミドは別の細胞に分配さ

図17・15 複製開始に際して複製開始点が互いに区別できないとき，二つのプラスミドは不和合性を示す（同一の不和合性グループに属する）．分配に関しても同じモデルで説明できる．

れるように働く．それゆえ同じ細胞の子孫中には共存できない．

細胞内に一つのプラスミドがすでに居着いていても，別の不和合性グループに属するプラスミドが共存することに直接は影響を及ぼさない．細菌内では一つの不和合性グループについて一つのレプリコン（単コピープラスミドの）しか維持されないが，別の不和合性グループのレプリコンとは互いに干渉しない．

## 17・11　ミトコンドリアはどのように複製し，どのように分配されるのだろうか

- mtDNA の複製，およびその娘ミトコンドリアへの分配は確率論的に起こる．
- ミトコンドリア自身の娘細胞への分配もまた確率論的に起こる．

ミトコンドリアは細胞周期に連携して自分自身が倍に増える必要があり，かつ，娘細胞に分配されなければならない．この過程を説明するいくつかの機構は知られているが，その調節についてはわかっていない．

ミトコンドリアの増殖の各段階 ―― ミトコンドリア DNA（mtDNA）の複製，複製したミトコンドリアへの mtDNA の分配，細胞小器官の娘細胞への分配 ―― は個々のコピーがランダムに分配される方式に従っており，単に確率論的に進行しているようにみえる．これは細菌の多コピープラスミドの分配方式に似ている（§17・9 参照）．すなわち個々の娘細胞が少なくとも 1 個のプラスミドコピーをもつためには，親細胞に 10 コピー以上のプラスミドが存在しなければならないという計算に基づいた方式に似ている．対立遺伝子の表現型が異なる変種 mtDNA が存在する場合（これは親の対立遺伝子の表現型が異なっていた場合とか，変異によって生じることもある）には，確率論的分配方式では表現型の同じ対立遺伝子しかもたない子孫細胞が生じる可能性がある．

特定のコピー数をもつように制御するシステムをもたないので，mtDNA の複製も確率論的に起こり，細胞周期において，ある mtDNA 分子が別の mtDNA 分子よりも多く複製されることもありえる．ミトコンドリアゲノムの細胞当たりの総数は，細菌の場合にみられた方法と同じように，細胞の体積を測定することによって制御されているのかもしれない．

ミトコンドリアは，その周囲にぐるっと環をつくって締めつけ，2 個の娘ミトコンドリアに千切れる．この機構は原理的に細菌の分裂機構と同じである．植物細胞のミトコンドリアで使われている分裂装置は細菌の装置と似ており，細菌の FtsZ タンパク質の相同体が使用されている（§17・5 参照）．動物細胞のミトコンドリアで使われている分裂装置はこれとは異なり，膜小胞の形成に関係しているダイナミンが使用されている．また個々のミトコンドリアには複数のミトコンドリアゲノムが存在している．

ミトコンドリアには mtDNA 分子を分配する分配機構があるのか，あるいはただ単に分裂して 2 個の娘細胞となる領域にたまたま存在していた mtDNA がそのまま娘細胞に伝達されるにすぎないのかという疑問はまだ解決されていない．図 17・16 に mtDNA の複製とその分配との関連を示す．2 個の娘ミトコンドリアへの mtDNA の割り振り方は確率論的であり，娘ミトコンドリアへのミトコンドリアゲノムの分配が，2 個の娘ミトコンドリアに相当する親ミトコンドリア中に存在した複製開始点の数に依存するというようなことはない．

細胞分裂においても，ミトコンドリアの娘細胞への分配はランダムに起こるようである．もちろんこれは植物の体細胞変種での観察で，メンデルの法則に従わないで，娘細胞に伝達されず失われていく遺伝子が存在する可能性を初めて示唆した例である．

ミトコンドリア DNA は母系遺伝により伝達されると考えられていたが，父系と母系の両方の対立遺伝子をもつミトコンドリアが存在する場合がある．これには二つのことが必要である．両親ともに対立遺伝子を接合体に渡し（母系遺伝による場合では起こりえない．§4・10 参照），かつ，これら対立遺伝子両方が同じミトコンドリア内に存在する．このようなことが起こるには両親のミトコンドリア同士が融合していなければならない．

また，個々のミトコンドリアの大きさ自身も厳密にはわかっていない．あるミトコン

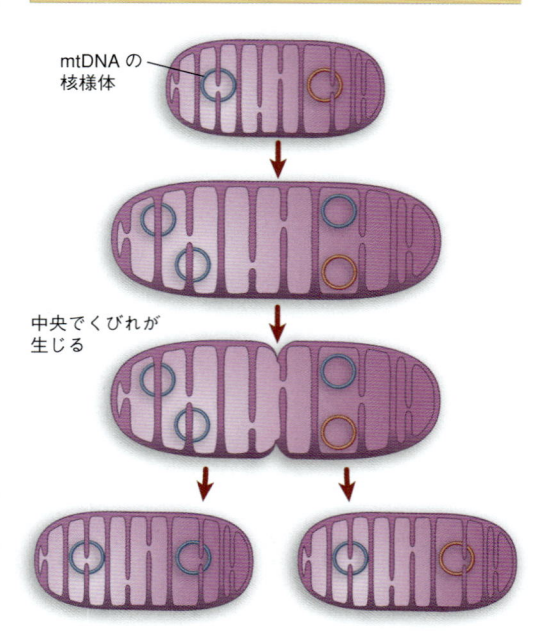

図 17・16　ミトコンドリア DNA はミトコンドリアの体積が増加するとその体積に比例してゲノム数を増加させようとして複製する．しかし，個々のゲノムが同じ回数複製したことを確認しないので，娘ミトコンドリアの対立遺伝子の表現型に違いが現れることになる．

ドリアが特異的な明確なコピーなのか，あるいは他のミトコンドリアと自由に融合することができ，それゆえ，絶え間なく動的に変化している器官なのかという疑問はずっと続いている．酵母の中ではミトコンドリアは融合できる．というのは，mtDNAの組換えが2個の一倍体酵母が交配して二倍体になった後でも起こるからである．これは2個のmtDNA分子が同じミトコンドリアの中でお互いを認識できる状態で存在しているに違いないことを示している．動物細胞を融合した後で対立遺伝子間の相補性を調べることによって，動物細胞でも同様のことが起こるかどうかずっと試されてきたが，結果はまだ明らかでない．

## 17・12 要 約

大腸菌染色体を複製するのに必要な時間は40分と定まっており，さらに細胞分裂が完了するまでに20分が必要である．細胞が60分より速く分裂する場合，前回の分裂周期が終わらないうちに新たな複製周期が始まる．このようにしてマルチフォーク染色体が生じる．複製開始反応はおそらく開始タンパク質の蓄積度を目安にした細胞体積の増大に依存して起こる．開始反応は膜で起こっているようである．なぜなら複製開始点は複製開始後の短期間膜に結合しているからである．

細胞を二つに分割する隔壁は，隔壁が形成される前から存在しているペリセプタル環の位置に形成される．隔壁形成の場所を中央のペリセプタル環の位置にするか，前回の分裂時に存在した環が残っている両極にするかを調節する産物をコードしている三つの遺伝子座（*minCDE*）がある．隔壁が欠損すると多核の繊維状細胞が生じ，隔壁形成が過度に起こると無核のミニセルが生じる．

多くの膜貫通タンパク質が隔壁を形成するために相互作用する．細菌の内膜にあるZipAタンパク質はFtsZタンパク質に結合する．このFtsZタンパク質はチューブリン様のタンパク質で，重合してZ環とよばれる細い繊維状の環状構造となる．細胞質にあるFtsAタンパク質はこのFtsZタンパク質に結合する．いくつかの*fts*遺伝子産物（これらはすべて膜貫通タンパク質である）がZ環に順序よく加わりセプタル環を形成する．最後に加わるタンパク質はSEDSファミリーに属するFtsWタンパク質とトランスペプチダーゼである*ftsI*産物（PBP-3）で，これらは一緒になって隔壁のペプチドグリカンをつくり出す．葉緑体はFtsZ様のタンパク質をもっており類似した分裂機構を用いているが，ミトコンドリアはダイナミン様タンパク質によって膜が千切れるように締めつけられて分裂するという異なる方法を用いている．

プラスミドと細菌には部位特異的組換え機構があり，相同組換えによって生じた二量体を2個の構成分子，すなわち単量体に戻す．Xerは染色体の末端領域にある一つの標的配列に作用する．この組換え機構は隔壁のFtsKタンパク質が存在するときにのみ活性化されるが，この性質によって二量体を単量体に分けるとき確実に作用するようにしている．

プラスミドの分配機構にはParBタンパク質が*parS*標的部位と相互作用し，IHFタンパク質を含む一つの構造体をつくり出す段階がある．この分配複合体は複製して2本になった染色体を2個の娘細胞おのおのに分配する．分配機構にはDNAの移動というステップが存在し，これは多分複製を終えたDNAを別々の場所で凝縮するMukBタンパク質の作用によると思われる．

プラスミドには分配が正しく行われるのを保証する，あるいはそれを補佐するいくつかの機構があり，個々のプラスミド自身もいくつかのこのような種類の機構をもっている．プラスミドのコピー数は，細菌染色体と同じレベル（細胞に1個）存在する場合と，より多数存在する場合がある．プラスミドの不和合性は（単コピープラスミドの場合）複製または分配の機構に関与している．2種のプラスミドが同じ複製制御システムを利用する場合は不和合性を示す．なぜなら，複製の回数が細菌のゲノム当たりたった1個のプラスミドとなることを決めているからである．

# 18　DNA 複 製

18・1　はじめに
18・2　DNA ポリメラーゼは DNA を合成する酵素である
18・3　DNA ポリメラーゼは複製の忠実度を制御する
18・4　DNA ポリメラーゼには共通した構造がある
18・5　新しい 2 本の DNA 鎖はそれぞれ異なる方式で合成される
18・6　複製にはヘリカーゼと一本鎖 DNA 結合タンパク質が必要である
18・7　DNA 合成を開始するにはプライミング反応が必要である
18・8　DNA ポリメラーゼホロ酵素は 3 種類の複合体から構成されている
18・9　クランプはコア酵素と DNA の結合を制御する
18・10　ラギング鎖とリーディング鎖の合成は同時に起こる
18・11　岡崎フラグメントはリガーゼによって連結される
18・12　真核生物では DNA 複製開始と DNA 鎖の伸長が別種の DNA ポリメラーゼによって行われる
18・13　複製開始点で複製フォークが形成される
18・14　複製を再開するにはプライモソームが必要である
18・15　要　約

## 18・1　はじめに

> **レプリソーム**　replisome　これから DNA を複製しようとしている細菌の複製フォークにつくられる，複数のタンパク質から成る構造．DNA ポリメラーゼなどの酵素を含む．

二本鎖 DNA の複製には，複製の開始，伸長，および終了の各段階にそれぞれ異なる反応が必要となる．図 18・1 にこの過程の最初の段階を示す：

- 開始反応は，タンパク質から成る大きな複合体による複製開始点の認識で始まる．DNA 合成が始まる前に親 DNA 鎖が一時的に解離し，安定な一本鎖 DNA の状態になる．ついで，複製フォークで娘鎖 DNA の合成が始まる．
- 伸長反応は別のタンパク質複合体，**レプリソーム**により行われる．これは複製フォークで独特な構造をしている DNA にだけ形成されるタンパク質複合体としてのみ存在し，独立した単位（たとえばリボソームなど）ではない．しかし，複製サイクルごとに複製開始点で新たに集合し組立てられる．レプリソームが DNA に沿って動くにつれて親の二本鎖はほどけ，そこに娘の DNA 鎖が合成される．
- レプリコンの終わる所では連結反応や終了反応が必要である．終了反応に続いて，複製した染色体を互いに分離しなければならないが，このためには DNA の高次構造を変換する必要がある．

増殖している細胞にとって DNA 複製ができないことは致命的である．それゆえ，複製変異株は**条件致死変異株**，すなわち許容条件（通常の培養温度）では複製が起こり，非許容条件（42℃という高温度）でのみ欠陥が現れる変異株として得られる．大腸菌ではこのような一連の温度感受性変異株が徹底的に解析され，*dna* 遺伝子とよばれる遺伝子座が同定されている．

**レプリソームは複製開始点で形成される**

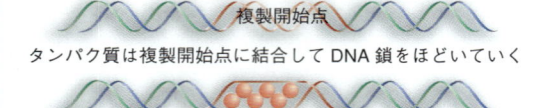

複製開始点

タンパク質は複製開始点に結合して DNA 鎖をほどいていく

DNA ポリメラーゼや他のタンパク質が会合してレプリソームを形成する

レプリソームが娘鎖を合成する

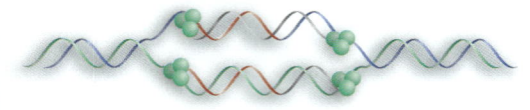

図 18・1　DNA 複製はタンパク質複合体が複製開始点に結合し，そこから DNA 二本鎖をほどいていくことから始まる．つぎに，DNA ポリメラーゼを含め，レプリソームの成分がそこに集合し，レプリソームが形成される．レプリソームは DNA に沿って動いていき，2 本の新しい DNA 鎖を合成していく．

## 18・2　DNA ポリメラーゼは DNA を合成する酵素である

> **複　製**　replication　二本鎖 DNA の複製は，2 本の親鎖それぞれに相補的な新しい DNA 鎖が合成されることによる．親二本鎖 DNA はなくなり，まったく同じ 2 組の娘二本鎖 DNA が生じる．娘二本鎖 DNA の鎖の 1 本は親由来，もう 1 本は新たに合成された新生鎖である．娘 DNA の半分に親由来の鎖がそのまま残っているため，この複製の様式は半保存的であるという．
> **修　復**　repair　傷害を受けた DNA の修復方法には，傷害を受けた鎖が切出され，その除かれた部分が新しく合成される修復合成がある．また組換え修復という方法もあり，これは障害を受けた二本鎖領域をゲノムに存在するもう 1 対のコピーから取出し，傷害を受けていない領域と置き換えるものである．
> **DNA ポリメラーゼ**　DNA polymerase　（鋳型 DNA 鎖に依存して）相補する DNA を合成する酵素．いずれのポリメラーゼも DNA の修復または複製（あるいはその両方）に関与している可能性がある．
> **DNA 複製酵素**　DNA replicase　複製に特異的な DNA ポリメラーゼ．

- DNAは半保存的複製機構とDNA修復反応によって合成される．
- 細菌と真核生物ではいくつかの異なったDNAポリメラーゼがある．
- 細菌には，半保存的複製を行うDNAポリメラーゼが1種類と修復反応に関与する数種のDNAポリメラーゼがある．
- 真核生物の核，ミトコンドリア，葉緑体はそれぞれ自身のDNA複製に必要な一つの特別なDNAポリメラーゼと，複製に補助的に働くか修復反応に関与する数種のDNAポリメラーゼをもっている．

DNA合成には二つの基本的な型がある．

図18・2には半保存的複製によるDNA合成を示す．塩基対を形成していた二本鎖は分離し，それぞれのDNA鎖はおのおの新しいDNA合成の鋳型となる．この対を形成していた親鎖はお互いに新しく合成された新生鎖と置き換わり，親鎖と新生鎖が対を形成したDNA二本鎖が2本生じる．

図18・3にはDNA修復の反応を示す．二本鎖DNAの一方が傷害を受けると，この傷害部位が除去され，除去したDNAと置き換わるかたちで新たにDNAが合成される．

DNA鎖を鋳型として新たなDNA鎖を合成する酵素を**DNAポリメラーゼ**とよぶ．原核生物にも真核生物にも複数のDNAポリメラーゼがある．しかし，実際に複製にかかわっているのはそのうちのいくつかだけで，それらは**DNA複製酵素**とよばれる．それ以外のポリメラーゼは複製に際して補助的に働くか，DNAに生じた傷害を除去する修復合成に働く．

原核，真核生物を問わず，すべてのDNAポリメラーゼの合成反応様式は基本的に同じである．どれも一度に1個ずつ3′-OH末端にヌクレオチドを付加してDNA鎖を伸ばす．この反応を図18・4に示す．どのヌクレオチドがDNA鎖に加わるかは，鋳型のDNA鎖と塩基対をつくるかどうかで決まっている．

いくつかのDNAポリメラーゼは独立した酵素として機能するが，ほか（特にDNA複製酵素として働く場合）はいろいろなサブユニットが集まった大きなタンパク質複合体の一員になっている．DNA合成のためのサブユニットはこの複合体，レプリソームのもついくつかの機能の中の一つにすぎない．レプリソームの機能としては，たとえばDNAを巻き戻す活性とか，DNA合成の開始反応活性などいろいろある．

大腸菌は5種類のDNAポリメラーゼをもっている．DNAポリメラーゼⅢはDNA複製酵素である．DNAポリメラーゼⅠ（*polA*遺伝子がコードしている）は傷害を受けたDNAの修復を行うが，副次的働きとしては半保存的複製にも関与している．DNAポリメラーゼⅡは傷害を受けたDNA部位で複製フォークが立ち往生しているときに複製を再開するのに必要となる．DNAポリメラーゼⅣとⅤはおのおのに特有な修復反応に関与しており，傷害乗越えDNAポリメラーゼ（translesion DNA polymerase）とよばれる．これはこれら酵素が傷害塩基を含むDNA鎖を鋳型鎖としてDNA合成を行うことができるからである．

真核生物のDNAポリメラーゼは数種類が同定されている．DNAポリメラーゼδとεは核に存在する複製酵素であり，DNAポリメラーゼαは複製の"プライミング（DNA鎖の合成開始）"にかかわっている．ほかにも核DNAの修復に働いたり（βとε），ミトコンドリアのDNA複製を行う（γ）DNAポリメラーゼが知られている．

## 18・3　DNAポリメラーゼは複製の忠実度を制御する

**プロセッシブな反応性**　processivity　一つの酵素が触媒反応を1回終えるたびに鋳型から解離するのではなく，一つの鋳型上にとどまったまま複数回の触媒反応を行う能力．
**校正（プルーフリーディング）**　proofreading　タンパク質や核酸の合成反応において，それぞれの鎖に成分が取込まれた後で，個々の成分を吟味してその誤りを修正する機構の総称．

- DNAポリメラーゼには3′-5′エキソヌクレアーゼ活性をもつものが多い．この活性は正しくない塩基対を除去するのに使用される．
- DNA複製の忠実度は校正機能によって約100倍高まる．

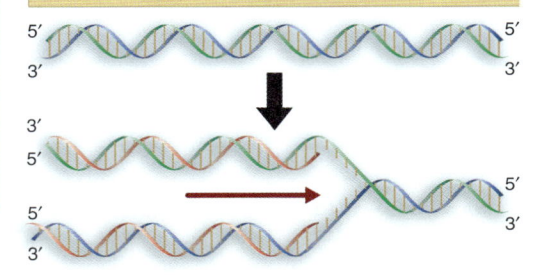

図18・2　半保存的複製によって2本の新しいDNA鎖が合成される．

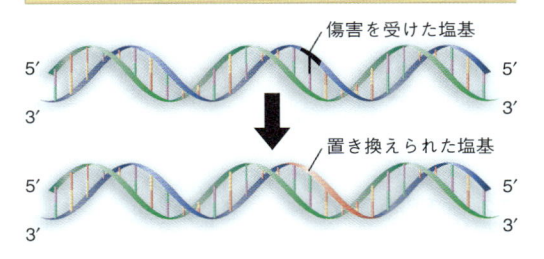

図18・3　傷害を受けた塩基をもつDNA鎖の短い部分だけが修復合成では置き換えられる．

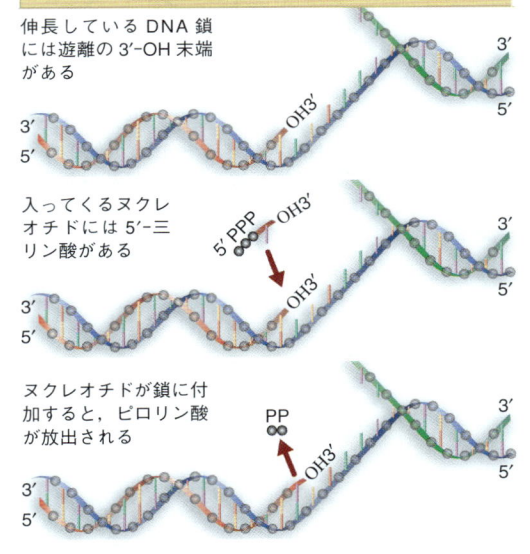

図18・4　DNA合成では伸長しているDNA鎖の3′-OH末端にヌクレオチドの付加が起こり，新しいDNA鎖は常に5′→3′方向に合成されていく．DNA合成の前駆体はヌクレオシド三リン酸で，反応の際に末端のピロリン酸を失う．

複製の忠実度については，（たとえば）翻訳の正確さを考えたとき直面したのと同じ問題がある．忠実度は塩基対形成の特異性に依存しているが，その特異性が単に塩基間の化学的相互作用にのみ依存すると仮定した場合には，複製反応で1個の塩基の導入当たりおよそ $10^{-3}$ の誤りが生じるものと見積もられる．しかし実際には，細菌で起こる誤りの頻度は $10^{-8}$〜$10^{-10}$ くらいである．これは大腸菌のゲノムに対して複製1000回当たりおよそ1回の誤りに当たり，1遺伝子当たり1世代で約 $10^{-6}$ になる．

複製中にDNAポリメラーゼが起こす誤りは二つに分類できる：

- フレームシフトは，1個のヌクレオチドがよけいに挿入されたり，欠失した場合に起こる．フレームシフトの起こりやすさは酵素の**プロセッシブな反応性**，つまり酵素がDNAから離れたり再結合したりせず一つの鋳型の上にとどまる性質に依存する．これはたとえば $dT_n : dA_n$ のような長いホモ多量体領域を複製する場合に特に重要である．というのは，"複製のスリップ"によってこのようなホモ多量体領域の長さが変わるからである．一般的に，プロセッシブな反応性が強ければこのようなことは起こりにくくなる．多くのサブユニットから成るDNAポリメラーゼには，触媒活性にとっては不必要であるが，プロセッシブな反応性を増大させる機能をもつ特別なサブユニットが普通存在する．

- 塩基置換は誤った（正常な塩基対をつくれない）ヌクレオチドが取込まれた場合に起こる．この誤りが起こる程度は**校正**（プルーフリーディング）作業の能率の善しあしによって決まる．校正作業では新たに形成された塩基対を詳細に調べ，もしミスマッチしていたら，この新たに取込まれたヌクレオチドを取除く作業が行われる．

細菌のDNAポリメラーゼはすべて3'-5'エキソヌクレアーゼ活性をもっている．その反応はDNA合成とは逆の方向に進み，図18・5に模式的に示すように合成後の校正機能に関与している．DNA鎖伸長の段階では，伸長している鎖の端に前駆体のヌクレオチドが入って結合する．そこで酵素は1塩基分前進し，次のヌクレオチドが入りうる状態となる．しかし，もし間違いがあると酵素は逆戻りして，この3'-5'エキソヌクレアーゼ活性を用いて今加えたばかりのヌクレオチドを除去する．

DNAポリメラーゼによっては，合成活性と校正機能の方法が異なる場合もある．一つのタンパク質サブユニットがこれら両活性を担っている場合もあるし，異なるサブユニットによる場合もある．それぞれのDNAポリメラーゼは誤りを起こす頻度が異なり，この頻度は校正活性によって減少する．一般的に校正作業によって複製中に誤りの起こる頻度は約 $10^{-5}$〜$10^{-7}$ に減少する．複製後すぐに誤りを認識し，この誤りを正すシステムが機能し，誤りのいくつかが除去されると，複製された塩基対当たりに起こる誤りの率は，全体的にみて $10^{-9}$ 以下になる（§20・6参照）．

図18・5 細菌のDNAポリメラーゼは，伸長中のDNA鎖の末端部分で塩基対を調べ，塩基対が合っていないときは付け加えたばかりのヌクレオチドを除去する．

## 18・4 DNAポリメラーゼには共通した構造がある

- 多くのDNAポリメラーゼには大きな溝がある．三つのドメインによって構成されており，手の平になぞらえることができる．
- DNAは，"指"と"親指"，"手の平"からできる溝に横たわるように位置している．

すべてのDNAポリメラーゼに共通して認められる構造的特徴を図18・6に示す．DNAポリメラーゼの構造をいくつかの独立したドメインに分けて考えることができるが，これらは人の右手にたとえられる．DNAは三つのドメインによって構成される大きな1本の溝に結合する．"手の平（palm）"ドメインは保存された配列モチーフをもつが，このドメインには重要な触媒活性部位がある．"指（fingers）"ドメインには基質を正しく活性部位に位置づける働きがあり，"親指（thumb）"ドメインはDNAがこの酵素上を動き出す場合にDNAのプロセッシブな反応性を良くするために大切な働きをする．これら三つのドメインおのおのがもつ最も重要な部分は，活性部位に向かって次第にまとまるようにして連続した面になっている部分である．エキソヌクレアーゼ活性はこれら3ドメインとは独立したドメインにあり，その活性部位もそこに存在する．N末端ドメインはヌクレアーゼドメインの方向に伸びている．DNAポリメラーゼはそのアミノ酸配列に基づいて五つのファミリーに分類できる．手の平はこれらファミリーで

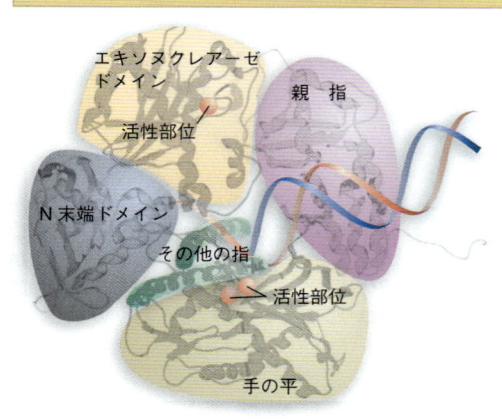

図18・6 DNAポリメラーゼに共通して認められる構造は，活性部位のある手の平，鋳型を正しく配置する指，DNAを結合しプロセッシブな反応性に重要な親指，独立した活性部位をもつエキソヌクレアーゼドメイン，およびN末端ドメインである．

最もよく保存されている．親指とその他の指はアミノ酸配列は異なっているが類似した二次構造をとる要素をつくる配列となっている．

　DNAポリメラーゼによる触媒反応は活性部位で起こり，そこでヌクレオチド三リン酸は（まだ塩基対を形成していない）一本鎖DNAと塩基対を形成する．DNAは親指と他の4本の指の間にできたくぼみにはまりこんでいる．図18・7にT7ファージの酵素が（鋳型鎖にプライマーが相補的な塩基対をつくっている）DNAおよびプライマーに結合する瞬間のヌクレオチドと複合体を形成している所の結晶構造を示す．DNAは典型的なB型二重らせん構造をとっているが，プライマーの3'末端側の2残基だけはより開いた形のA型構造をとっている．そしてこの部分が鋭く曲がっていて鋳型となる塩基が挿入されるヌクレオチドに向かって露出している．（ヌクレオチドが結合する）プライマーの3'末端は，指と手の平によってしっかり捕らえられている．この結果，ホスホジエステル結合の骨格による接触でDNAの位置が決まる．（こうして，どんな塩基配列のDNAに対してもポリメラーゼが機能できるようになっている．）

　このファミリーのDNAポリメラーゼがDNAとのみ複合体を形成している（すなわち挿入されるヌクレオチドが含まれていない）場合には，Oヘリックス（図18・7のO，O1，O2）が手の平から離れる方向に動き，親指と他の指と手の平のなす角度がより開いた形となっている．このことは，Oヘリックスが内側に回転することによって，挿入されるヌクレオチドをつかみ，活性部位をつくり出すことを示唆している．1個のヌクレオチドが結合すると，指ドメインは60°だけ手の平側に回転し，指の先としては30Å動くことになる．親指ドメインも手の平側に8°回転する．これらの変化が周期的に繰返される．ヌクレオチドがDNA鎖に取込まれ，DNA鎖がこの酵素の上を移動すると，これらのドメインは元の位置に戻り，空となった部位が再びできる．

　エキソヌクレアーゼ活性はミスマッチした塩基を取除く役目をする．しかし，エキソヌクレアーゼドメインの活性部位はDNA合成ドメインの活性部位から遠く離れている．この酵素は，DNAの3'末端に対して，DNA合成の活性部位とエキソヌクレアーゼの活性部位とが競い合うことによって，酵素の構造をDNA合成型に変えたり，校正型に変えたりすることができる．DNA合成の活性部位のアミノ酸は，ミスマッチした塩基があれば酵素の構造が影響を受けるように入ってきた塩基と接触する．ミスマッチ塩基対がDNA合成の活性部位を占めると指は手の平側に回転できなくなり，次に入ってくるヌクレオチドにも結合できず，そのため3'末端は遊離する．DNAが酵素の中で回転することによってエキソヌクレアーゼ領域の活性部位に結合できるようになる．

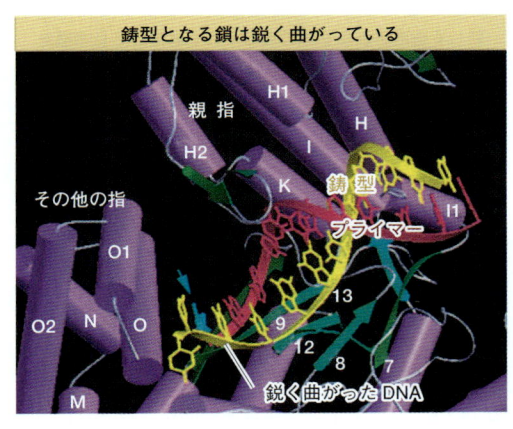

図18・7　T7ファージDNAポリメラーゼの結晶構造から，鋳型鎖は新しく付加されるヌクレオチドが入りやすいように鋭く曲がっていることがわかる．写真はCharles Richardson氏とTom Ellenberger氏（Department of Biological Chemistry and Molecular Pharmacology, Harvard Medical School）のご好意による．

## 18・5　新しい2本のDNA鎖はそれぞれ異なる方式で合成される

> リーディング鎖　leading strand　二本鎖DNAの複製において，DNAが5'→3'方向に連続的に合成される方の鎖．
> ラギング鎖　lagging strand　二本鎖DNAの複製において，DNAが全体として3'→5'方向に合成される方の鎖．ラギング鎖では，DNAは（5'→3'方向に）短い断片として不連続に合成され，後で断片同士が共有結合で連結されるという合成様式をとっている．
> 岡崎フラグメント　Okazaki fragment　DNAのラギング鎖で行われる不連続複製の間につくられる1000～2000塩基の短いDNA断片．岡崎フラグメント同士は後で共有結合により連結され，切れ目のない鎖となる．

■ DNA複製酵素はリーディング鎖（5'-3'）を合成する場合には連続して合成を進めるが，ラギング鎖を合成する場合には短いフラグメントとして合成し，最後にこれらフラグメント同士を連結する．

　DNAの二本鎖は互いに逆平行なので，複製に関して問題が生じる．複製フォークが進むにつれて一本鎖になったそれぞれの親DNA鎖の上で新生DNAがつくられなくてはならないが，この複製フォークの動きは一方の鎖にとっては5'→3'方向，もう一方の鎖にとっては3'→5'方向となる．しかし，核酸の合成は5'→3'方向だけである．この問題は，平常通りの5'→3'方向に短いDNA鎖がつぎつぎと合成され，全体としては3'→5'に進行するということで解決されている．

### 新しく合成される2本の鎖はそれぞれ異なった特徴を示す

**ラギング鎖の合成**

前に合成された断片　最も新しい断片　一本鎖　親のDNA

**リーディング鎖の合成**

ヌクレオチドは連続的に 3′ 末端に付加される

**図 18・8** リーディング鎖は連続的に合成され，ラギング鎖は不連続的に合成される．

複製フォークのすぐ後の領域（図 18・8）を考えよう．新しく合成される2本の鎖それぞれについて，異なる点を考えてみよう：

- **リーディング鎖**では，親の二本鎖がほどけていくにつれて 5′→3′ 方向に連続的に新しい DNA 鎖の合成が進む．
- **ラギング鎖**では，親の DNA 鎖がある程度一本鎖となって露出され，（複製フォークの進行方向とは）逆方向に新しい DNA 鎖の断片が合成される．このような 5′→3′ 方向の DNA 断片がつぎつぎと合成され，ついで互いに結合してラギング鎖が完成する．

不連続複製は，非常に短時間ラジオアイソトープでラベルして調べられる．ラベルは 7～11 S の沈降係数をもち，およそ 1000～2000 塩基の新しく合成された DNA の短い断片に取込まれる．この**岡崎フラグメント**は原核生物，真核生物を問わずすべての複製している DNA にみられ，さらに長い時間培養するとラベルはより大きい DNA の画分へ取込まれる．この変化は岡崎フラグメントが共有結合により連結したことによる．

## 18・6 複製にはヘリカーゼと一本鎖 DNA 結合タンパク質が必要である

> **ヘリカーゼ** helicase　ATP の加水分解によるエネルギーを利用して二本鎖 DNA を一本鎖にほどく酵素．
> **一本鎖 DNA 結合タンパク質（SSB）** single-strand binding protein　一本鎖 DNA に結合し，その DNA 鎖が二本鎖を形成するのを防ぐタンパク質．

複製フォークが進むにつれて二本鎖 DNA はほどかれていく．一方の鋳型となるリーディング鎖は，新生鎖が合成されるに従ってどんどん二本鎖になる．もう1本のラギング鎖は逆方向に合成されるわけだが，岡崎フラグメントの合成を始めるのに十分な長さになるまで一本鎖のままで存在している．それゆえ，一本鎖 DNA 状態の出現とその維持は DNA 複製においてきわめて重要な局面である．二本鎖 DNA が一本鎖状態に変化するには二つの機能が必要である：

- **ヘリカーゼ**は二本鎖 DNA を一本鎖にほどく酵素であり，必要なエネルギーを得るのに普通 ATP の分解を利用する．
- **一本鎖 DNA 結合タンパク質（SSB）**は一本鎖 DNA に結合し，二本鎖の状態に戻ってしまうのを防ぐ．SSB は単量体として一本鎖 DNA に結合するが，すでに SSB が結合している複合体に対して次の単量体が結合しやすくなるという協同的な結合をする典型的な例である．

ヘリカーゼはいろいろな状況で二本鎖 DNA を分離する．たとえば，複製フォークでの二本鎖 DNA の分離や組換えにおいて，ホリデイ構造（§19・2 参照）の分枝点（ホリデイジャンクション）の移動を触媒する，などである．大腸菌では 12 種類のヘリカーゼが知られている．ヘリカーゼは通常多量体で，六量体のものが多い．多量体なので多数存在する DNA 結合部位を使って DNA に沿って移動する．

図 18・9 に一般的な六量体のヘリカーゼの作用を描いたモデルを示す．ヘリカーゼは，二本鎖 DNA に結合する高次構造と一本鎖 DNA に結合する高次構造をとることができるようである．この二つの高次構造を交互にとることで二本鎖 DNA をほどく力を発揮し，そのため ATP の加水分解を必要とする．1対の塩基対を解離させるために通常1個の ATP が加水分解される．ヘリカーゼは一本鎖 DNA に隣接した二本鎖 DNA の部分からほどき始めるのが普通で，一本鎖 DNA 上を 3′→5′ 方向に移動するヘリカーゼ（3′-5′ ヘリカーゼ）と 5′→3′ 方向に移動するヘリカーゼ（5′-3′ ヘリカーゼ）というように方向性が存在する．

通常 *in vivo* の条件下では，二本鎖の解離反応，SSB の結合反応，および複製反応は順々に起こる．複製フォークが進むにつれて SSB が DNA に結合し，親の二本鎖 DNA はほどけたままになるので，鋳型として働くのに適した状況がつくり出される．SSB は複製フォークでそれに見合う量が必要となる．（ファージによっては異なる SSB を利用している．特に T4 の場合は，複製装置の成分とその SSB 間に特殊な相互作用があるかもしれない．）

### ヘリカーゼは ATP の加水分解を利用して DNA をほどく

ヘリカーゼがラギング鎖の周りを囲んでいる

ヘリカーゼが二本鎖 DNA に結合する

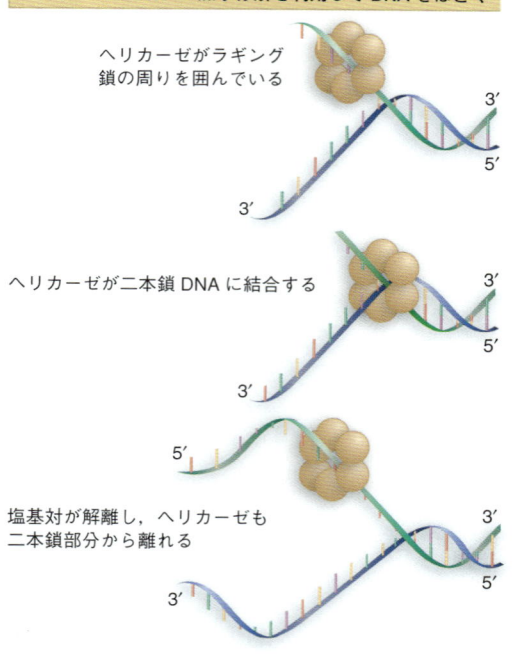

塩基対が解離し，ヘリカーゼも二本鎖部分から離れる

**図 18・9** 六量体のヘリカーゼは DNA の片方の一本鎖に沿って動いていく．二本鎖部分に結合すると，おそらく高次構造を変えて，ATP の加水分解を利用して二本鎖を解離し，ついで一本鎖に結合していたときと同じ高次構造に戻る．

## 18・7　DNA合成を開始するにはプライミング反応が必要である

> **プライマー** primer　短い核酸（多くの場合RNA）の配列で，DNAの一方の鎖と塩基対を形成し，DNAポリメラーゼがDNA鎖の合成を開始するのに必要な3'-OH末端を提供する．
> **プライマーゼ** primase　RNAポリメラーゼの1種で，DNA複製のときにプライマーとして使われる短いRNA断片を合成する酵素．

> - すべてのDNAポリメラーゼはDNA合成を始めるためにプライマーとして3'-OH末端を必要とする．
> - この3'-OH末端はRNAプライマーとして，あるいはDNAにニックが入って，あるいはプライミングタンパク質として準備される．
> - DNA複製では，プライマーゼという特殊なRNAポリメラーゼによってプライマー用のRNAが合成される．
> - 大腸菌では二つの型のプライミング反応がみられる．一つは大腸菌の複製開始点（oriC）でみられ，もう一つはφX174の複製開始点でみられる．
> - 二本鎖DNA複製のプライミング反応では常にヘリカーゼ，SSB，およびプライマーゼが必要である．

すべてのDNAポリメラーゼに共通している特徴は，ヌクレオチドだけを材料として新たなDNA鎖の合成は開始できないという点である．DNA鎖の合成の開始に必要な反応の特徴を図18・10に示す．新しい鎖の合成は，あらかじめ存在している3'-OH末端に限って始めることができる．そして，鋳型鎖は一本鎖状態に変換されていなければならない．

この3'-OH末端は**プライマー**とよばれ，いろいろな型がある．プライミング反応（最初のエステル結合の生成）の型を図18・11にまとめてある:

- 鋳型DNA上でRNA断片が合成され，RNA鎖の遊離3'-OH末端にDNAポリメラーゼがヌクレオチドを付加し，伸長していく型がある．これは細胞のDNA複製に普通使われるもので，いくつかのウイルスでも利用されている．
- あらかじめ合成されたRNAが鋳型と塩基対を形成し，その3'-OH末端をDNA合成開始のプライマーとして提供する型もある．この機構はRNAの逆転写のプライマーとしてレトロウイルスに利用されている（§22・4参照）．
- 二本鎖DNA中にプライマーとなる末端が生じる型もある．最も一般的な機構はニックの生成で，ローリングサークル方式の複製を開始する場合に利用されている．この場合，すでに存在していた鎖は新しく合成された鎖と入れ替わる（図16・6参照）．
- あるタンパク質が，DNAポリメラーゼにプライマーとしてヌクレオチドを提供する型もある．この反応は，ある種のウイルスで利用されている（§16・2参照）．

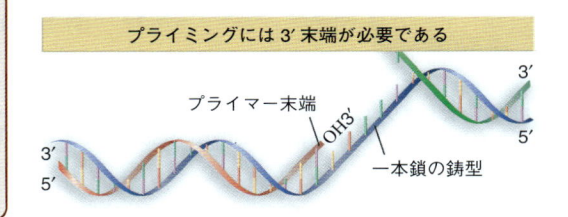

リーディング鎖およびラギング鎖両方において，DNA鎖の合成を始めるために3'-OH末端をつくり出すプライミング活性が必要である．リーディング鎖の場合には，複製開始点で起こるたった1回の開始反応があればよい．しかし，ラギング鎖の場合，岡崎フラグメントはそれぞれが新たな合成を開始しなければならないから，つぎつぎと複製開始が起こらねばならない．個々の岡崎フラグメント合成はプライマーから始まる．プライマーは3'-OH末端をもった11～12塩基ほどの長さのRNAで，そこからDNAポリメラーゼによるDNA鎖の伸長が始まる．

**プライマーゼ**は実際のプライミング反応を触媒するのに必要である．*dnaG*遺伝子の産物は特別なRNAポリメラーゼ活性をもっており，60 kDaの1本のポリペプチド（RNAポリメラーゼよりかなり小さい）でできた酵素である．プライマーゼは，DNA合成のプライマーとして利用される短いRNAを合成するという特殊な状況でのみ使用されるRNAポリメラーゼの1種である．DnaGプライマーゼは一過性に複製複合体に結合し，普通11～12塩基のプライマーを合成する．プライマーの合成は鋳型の3'-GTC-5'配列に相補的な，pppAG配列から始まる．

大腸菌には二つの型のプライミング反応がある:

- 細菌の複製開始点に由来する*oriC*レプリコンでは，（リーディング鎖が複製を開始す

図18・10　DNAポリメラーゼはDNA複製を始めるために3'-OH末端を必要とする．

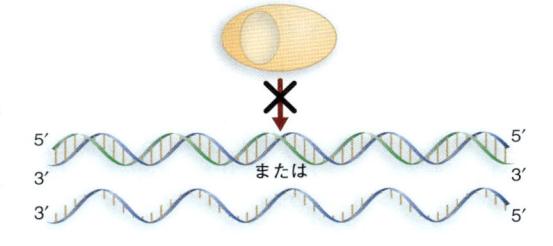

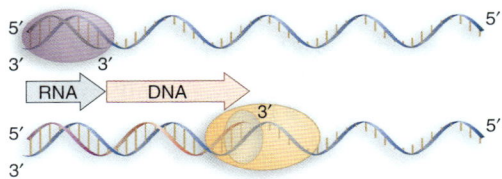

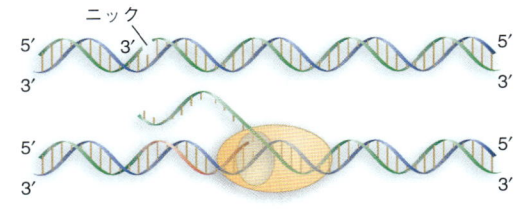

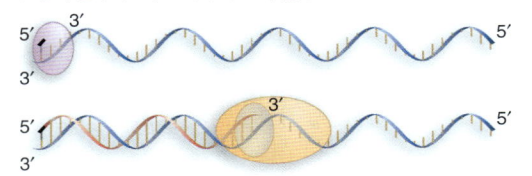

図18・11　DNA合成を開始する際にDNAポリメラーゼが必要とする遊離3'-OH末端をつくり出すにはいくつかの方法がある．

### プライミングにはヘリカーゼ，SSB およびプライマーゼが必要である

**DnaB ヘリカーゼ** 5'-3' ヘリカーゼ

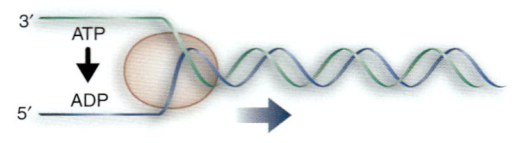

**SSB** 一本鎖結合タンパク質（約 60/複製フォーク）

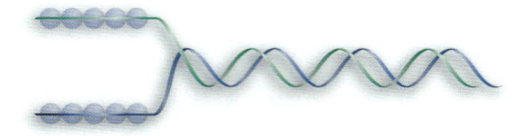

**PriA**（φX レプリコンの場合のみ）
プライモソームを構築する部位を認識し，SSB をはがす

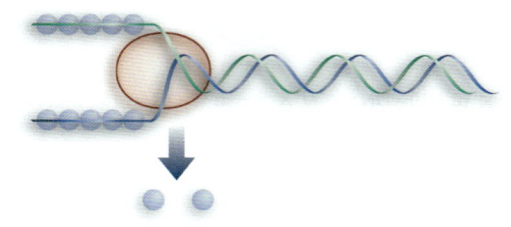

**DnaG** RNA を合成するプライマーゼ

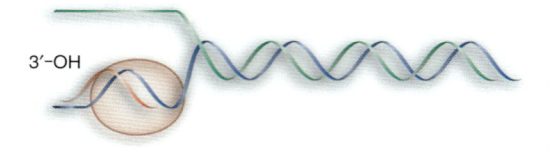

図 18・12 プライミング反応にはいくつかの酵素活性が必要である．それらはヘリカーゼ活性，一本鎖 DNA 結合タンパク質の活性，およびプライマーを合成する活性などである．

### 二量体がラギング鎖とリーディング鎖を合成する

クランプ装着因子（χ, φ, δε, γ, δ）は ATP を分解し，クランプを DNA 上に装着する

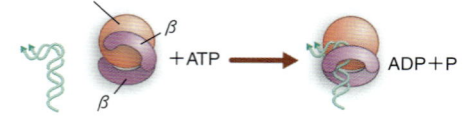

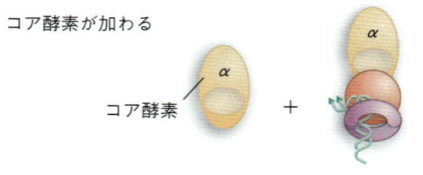

コア酵素が加わる

τと2個目のコア酵素が加わり，非対称な二量体となる

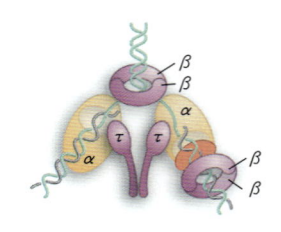

図 18・13 DNA ポリメラーゼⅢホロ酵素は順々に集合し，酵素複合体は二本鎖 DNA の両方の新しい鎖を合成する酵素となる．

---

る）複製開始点とラギング鎖で個々の岡崎フラグメントが合成されるたびに DnaG プライマーゼによるプライミング反応が起こる．

- φX174 ファージの名前にちなむ φX レプリコンでは，プライモソームとよばれるタンパク質複合体が必要である（§18・14 参照）．

それぞれのレプリコンはときどき，φX 型あるいは *oriC* 型というよび方もされる．プライミング反応に関与している活性を図 18・12 にまとめた．大腸菌の他のレプリコンではこれらタンパク質の代わりにいくつかの異なる別のタンパク質が利用されているようだが，どの場合でも基本的には同様の活性が必要とされる．ヘリカーゼは二本鎖 DNA を一本鎖 DNA の状態にするのに必要であり，一本鎖 DNA 結合タンパク質（SSB）はこの一本鎖状態を維持するために必要であり，プライマーゼは RNA プライマーを合成するために必要である．

## 18・8　DNA ポリメラーゼホロ酵素は 3 種類の複合体から構成されている

**クランプ　clamp**　DNA 鎖を取囲むタンパク質複合体．DNA ポリメラーゼに結合してプロセッシブな反応性を保証している．
**クランプ装着因子　clamp loader**　5 個のサブユニットから構成されるタンパク質複合体で，DNA の複製フォークにおいて β クランプを DNA に装着させる働きをする．

- 大腸菌の複製酵素である DNA ポリメラーゼⅢホロ酵素は 900 kDa の二量体構造である．
- 各単量体単位には，コア酵素，二量体形成を維持するサブユニット，およびプロセッシブな反応性を高める成分（β クランプ）が存在する．
- クランプ装着因子はプロセッシブな反応性を高めるサブユニットを DNA 上に装着し，このサブユニットは DNA の周りに結合し，環状のクランプを形成する．
- 親二本鎖 DNA の鋳型鎖おのおのに 1 分子のコア酵素が結合する．

現在 DNA ポリメラーゼⅢ（PolⅢ）のサブユニット構造と DNA 合成に必要な活性とを関連づけ，それに基づいて一つのモデルを示すことができる．ホロ酵素は 900 kDa の複合体で，10 種類のタンパク質が組織化されてできる 4 種類のサブ複合体から構成される：

- 触媒作用をもつコア酵素は 2 分子存在する．各コア酵素は α サブユニット（DNA ポリメラーゼ活性），ε サブユニット（3'-5' エキソヌクレアーゼ活性），および θ サブユニット（このエキソヌクレアーゼ活性を増強する）から成る．
- コア酵素をつなげて二量体構造を維持する 2 分子の τ サブユニットがある．
- コア酵素を鋳型鎖に保持する 2 分子の**クランプ**がある．クランプは 2 個の β サブユニットから成るホモ二量体で，DNA 鎖を取囲みプロセッシブな反応性を確かなものにしている．
- 5 種類のタンパク質から成る γ 複合体は**クランプ装着因子**で，クランプを DNA 鎖に装着する．

DNA ポリメラーゼⅢの会合に関する一つの想像上のモデルを図 18・13 に示してある．DNA 上でホロ酵素が構築されるまでには三つの段階がある：

- まず，クランプ装着因子が β 二量体を鋳型・プライマー複合体に結合させるために ATP を加水分解する．
- DNA との結合によって，β 二量体の高次構造が変化し，コア酵素に対する親和性が増大する．こうしてコア酵素が DNA に結合しやすくなり，DNA のもとにやってくる．
- τ 二量体はコア酵素に結合し，もう一つのコア酵素（別の β クランプと結合している）と二量体を形成する反応を助ける．ホロ酵素はクランプ装着因子を一つしか含まないので，非対称である．

ホロ酵素のそれぞれのコア複合体はおのおの 1 本の新しい DNA 鎖合成を行う．クラ

ンプ装着因子はDNAからβ二量体を外す場合にも必要なので，二つのコアの間ではDNAからの解離しやすさに差が生じる．この差が，一方では連続的なリーディング鎖合成（ポリメラーゼは鋳型にずっとくっついている）の要求にかなっており，もう一方では不連続なラギング鎖合成（ポリメラーゼは鋳型鎖からの解離，鋳型鎖への会合を繰返す）に適している．ラギング鎖を合成するコア酵素にはクランプ装着因子が結合しており，個々の岡崎フラグメント合成において鍵となる役割を演じている．

### 18・9　クランプはコア酵素とDNAの結合を制御する

- リーディング鎖上のコア酵素はクランプによってDNA上に保持されているので，プロセッシブな反応性が高い．
- ラギング鎖上ではコア酵素と結合しているクランプは岡崎フラグメントの末端にくるといったん解離し，次の岡崎フラグメント合成に備えて再会合する．
- DnaBヘリカーゼはDnaGプライマーゼと相互作用して岡崎フラグメントの合成開始に参加する．

β二量体はホロ酵素のプロセッシブな反応性を高めている．β二量体はDNAに強く結合し，二本鎖に沿って滑っていくこともできる．β二量体の結晶構造の解析によってリング型の二量体を形成していることが示された．図18・14に示すモデルは，β二量体のリングとDNAの二重らせんとの位置関係を示している．このリングは外径80Å，内径は35Åである．この内径はDNA二重らせんの直径（20Å）のほぼ2倍である．タンパク質のリングとDNAの間は水分子で満たされている．βサブユニット自身には三つの球状ドメインがあり，各ドメインの形は（アミノ酸配列は異なるが）類似している．結果として，β二量体は6回対称で，12個のαヘリックスが内側に並んだ形をしている．

この二量体はDNA二本鎖を取囲み，DNAに沿ってホロ酵素が滑っていけるような"クランプ"となっている．この構造によって高いプロセッシブな反応性を生じるわけ——酵素は外れ落ちようがない——が説明できる．内側にあるαヘリックスは正電荷をもっており，水分子を介してDNAと相互作用する．このβクランプは直接DNAと接触してはいないので，まさに"アイススケート"のように，水分子を介してDNAに沿って滑っていくことができる．

クランプがDNA上に装着される仕組みはどうなっているのだろうか．このクランプはサブユニットの輪がDNAを取囲んでいる形をしているので，これをDNA上に装着したり逆に外したりするには，クランプ装着因子によるエネルギーに依存した過程が必要である．クランプ装着因子は，5個のサブユニットから成る環状構造をしており，開いたβリングと結合し，DNA上に装着する準備をする．実際，このβリングは二つのβサブユニットの間の一方をクランプ装着因子のδサブユニットによって空けておく．クランプ装着因子はATPを分解して得たエネルギーを利用して，このβリングを開き，その内側の穴にDNAを入れる．

クランプとクランプ装着因子の関係は，ファージから動物細胞にわたって，DNA複製酵素が使用するシステムに共通した例である．クランプは多量体（二量体であったり，三量体の場合もある）で，全体的にみると12個のαヘリックスが6回対称な構造をつくり，DNAの周りにリングを形成している．クランプ装着因子には，反応を進めるのに必要なエネルギーを得るためにATPを加水分解するサブユニットが存在する．

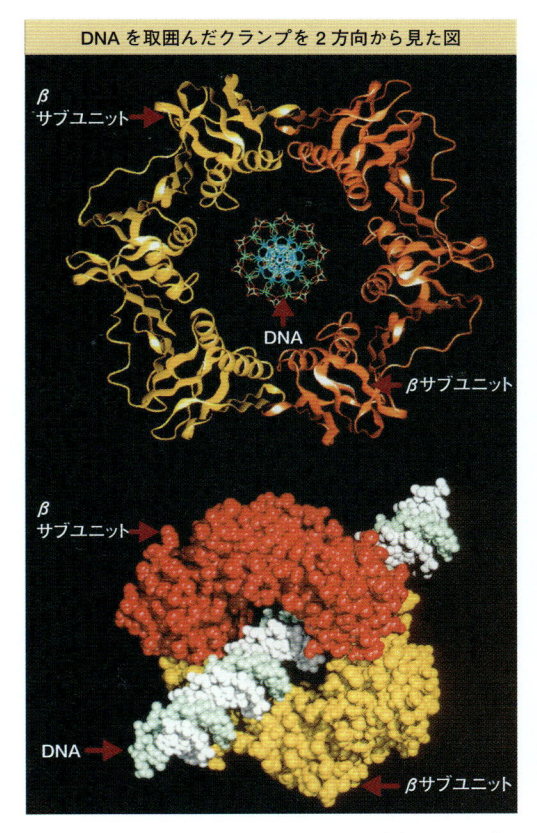

図18・14　DNAポリメラーゼⅢホロ酵素のβサブユニットは，頭と尾が合わさった型の二量体から成っており（二つの単量体はおのおの赤と黄色で示してある），そこにできた輪が完全にDNA二本鎖（真ん中に示す）を取囲んでいる．写真はJohn Kuriyan博士（University of California, Berkeley）のご好意による．

### 18・10　ラギング鎖とリーディング鎖の合成は同時に起こる

- リーディング鎖とラギング鎖の合成には構成成分の異なる複製酵素ユニットが必要である．
- 大腸菌ではこれら複製酵素ユニットのDNA合成を担うサブユニットは同じDnaEである．
- 他の生物ではリーディング鎖とラギング鎖合成に用いられるこのサブユニットは異なると考えられる．

## ラギング鎖とリーディング鎖の合成は別の酵素システムが行う

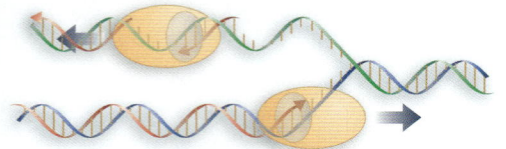

### ラギング鎖の酵素は新しい断片をつぎつぎに合成する

### リーディング鎖の酵素は連続的に伸ばしていく

図 18・15　リーディング鎖とラギング鎖を合成するポリメラーゼは逆方向に動く．

## リーディング鎖とラギング鎖を合成する複製酵素ユニットのふるまいは異なる

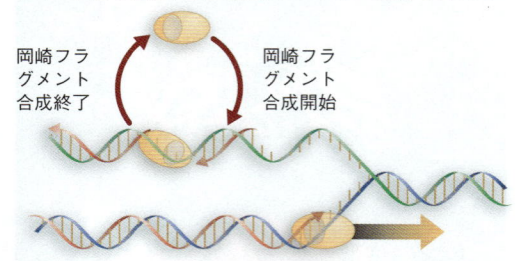

### ラギング鎖を合成する複製酵素ユニットは解離，会合する

岡崎フラグメント合成終了　岡崎フラグメント合成開始

### リーディング鎖を合成する複製酵素ユニットはプロセッシブに働く

図 18・16　複製酵素にはリーディング鎖とラギング鎖を合成する独自の複製酵素ユニットが存在する．

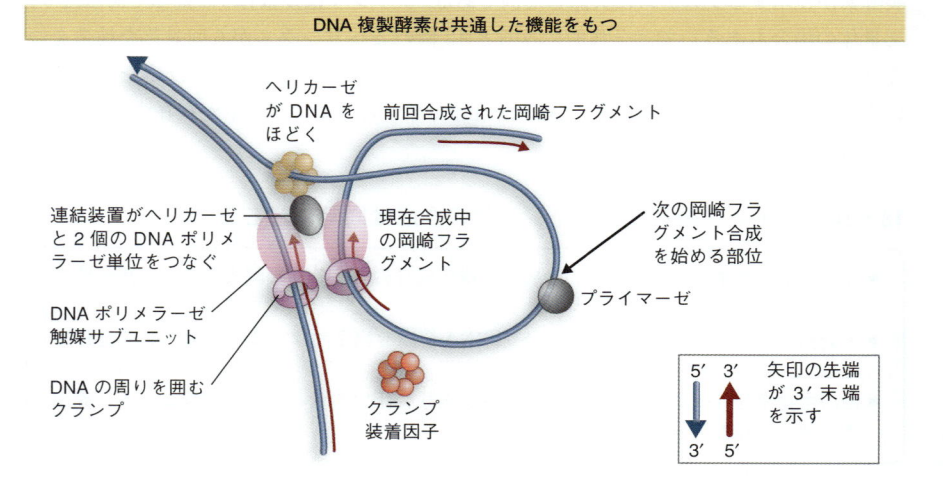

図 18・17　複製フォークをつくり出すヘリカーゼは 2 個の DNA ポリメラーゼ触媒サブユニットと連結している．各 DNA ポリメラーゼはクランプによって DNA に保持されている．リーディング鎖を合成するポリメラーゼは，この鎖上を連続的に移動していく．ラギング鎖を合成するポリメラーゼは，岡崎フラグメントを合成し終わるといったん解離して，次の岡崎フラグメントを合成するために一本鎖の鋳型ループにあるプライマーに再び結合する．

リーディング鎖側とラギング鎖側での新しい DNA の合成は，独自の複製酵素ユニットによって行われる．図 18・15 は，これら複製酵素ユニットによって新しい DNA が合成される場合，新しく合成される DNA 鎖はお互いに逆方向に伸びていくことを示している．片方の複製酵素ユニットは DNA がほどけていく点とともに移動し，連続的にリーディング鎖を合成する．もう一つの複製酵素ユニットはほどけていく方向とは "反対向き" に露出した一本鎖 DNA に沿って動いていく．この場合，各 1 回ごとに露出する一本鎖 DNA はきわめて短い．一つの岡崎フラグメントの合成が終わると，リーディング鎖が伸長している点近くの新しい部位から次の岡崎フラグメントの合成を開始する必要がある．それゆえ，ラギング鎖を合成する酵素は DNA 上を移動する必要がある．

最もよく知られている大腸菌の場合，複製で利用される DNA 合成活性をもつ触媒サブユニットは DnaE タンパク質というただ 1 種類だけである．活性のある複製酵素は二量体であるが，この二量体を構成している一つ，触媒サブユニットは DnaE タンパク質である．DnaE を保持している他のタンパク質はリーディング鎖とラギング鎖合成にあずかる複製酵素ユニットで異なっている．枯草菌では二つの異なる触媒サブユニットが利用されている．PolC は大腸菌の DnaE 相同体であり，リーディング鎖を合成する．ラギング鎖を合成するのは関連したタンパク質ではあるが別種のタンパク質 DnaE$_{BS}$ である．真核生物の DNA ポリメラーゼについても，リーディング鎖とラギング鎖を合成する複製酵素ユニットは異なるという一般的特徴は細菌の酵素と同じであるが，これらの触媒サブユニットとして同型のタンパク質が使われているか異なるものなのかについては明確にわかっているとはいえない（§ 18・12 参照）．

各 DNA 鎖合成に独自の複製酵素ユニットが利用されるということから一つの疑問が生まれる．ラギング鎖合成はリーディング鎖合成とどのように調整されているのか？ これら複製酵素ユニットのふるまいにはある違いが存在することを図 18・16 に示す．レプリソームが DNA に沿って動いていくにつれて親の二本鎖はほどけ，複製酵素ユニットの一つがリーディング鎖をプロセッシブに伸ばしていく．もう一つの複製酵素ユニットは一つの岡崎フラグメントを合成すると DNA から離れ，次の岡崎フラグメントの合成を始めるためにすでに存在しているプライマーの近くに再会合する．

二量体ポリメラーゼモデルの基本原理は，一つのポリメラーゼがリーディング鎖を連続的に合成し，もう一つのポリメラーゼが，ラギング鎖の鋳型鎖によって形成される大きな一本鎖 DNA ループ内で周期的に岡崎フラグメント合成の開始と終了を繰返しているということである．図 18・17 にこのような複製酵素の作業に対する一般的なモデルを示す．複製フォークが六量体で環状構造をしているヘリカーゼによってつくり出され，このヘリカーゼはラギング鎖の鋳型となる鎖上を 5′→3′ 方向に動いていく．ヘリカーゼは，クランプそれぞれに結合した 2 個の DNA ポリメラーゼ触媒サブユニットに連結している．

DnaB タンパク質は $\phi$X レプリコンと *oriC* レプリコンの主要成分である．このタンパク質は DNA を巻き戻す 5′-3′ ヘリカーゼ活性をもち，この活性には ATP を加水分解して得られるエネルギーが利用される．DnaB タンパク質は本質的に複製フォークが進んでいく伸長部位で働く成分である．*oriC* レプリコンでは，この DnaB タンパク質は最

### DNA 複製酵素は共通した機能をもつ

ヘリカーゼが DNA をほどく　前回合成された岡崎フラグメント
連結装置がヘリカーゼと 2 個の DNA ポリメラーゼ単位をつなぐ
現在合成中の岡崎フラグメント
次の岡崎フラグメント合成を始める部位
DNA ポリメラーゼ触媒サブユニット
プライマーゼ
DNA の周りを囲むクランプ
クランプ装着因子

| 5′ | 3′ | 矢印の先端が 3′ 末端を示す |
|---|---|---|
| 3′ | 5′ | |

初に大きな複合体の一部として複製開始点に装着され（§18・13参照），複製フォークが進行するにつれてほどかれていくDNA二本鎖上の伸長部位を形成する．

　岡崎フラグメント合成の開始部位を認識するのは何であろうか．*oriC*レプリコンではプライミング反応と複製フォークの連携はDnaBのもつ二つの性質による．すなわちDnaBは複製フォークを進行させるヘリカーゼであり，またDnaGプライマーゼと適切な部位で相互作用をする．プライマー合成にひき続きプライマーゼが遊離する．RNAプライマーの長さは8〜14塩基に限定されており，DNAポリメラーゼⅢがプライマーゼをどける役を務めている．

　酵素複合体の個々の成分について，DNAポリメラーゼⅢのモデルを図18・18に示すように描くことができる．触媒活性のあるコアはそれぞれの鋳型DNA鎖に結合している．ホロ酵素はリーディング鎖側の鋳型に沿って連続的に移動していく．ラギング鎖側の鋳型は岡崎フラグメント合成が進むにつれて"たぐりよせられ"，DNAはループ状になる．DnaBはDNA二本鎖をほどきながら，DNAに沿って"前方"に移動していく．

　リーディング鎖が合成されるにつれて，ラギング鎖合成の鋳型となる一本鎖DNA領域がはみ出し，ループ状になる．このループはDNAをほどいている点が進行するに従い大きくなる．次の岡崎フラグメント合成が始まると，ラギング鎖のコア複合体が，βクランプを通して一本鎖の鋳型DNAをたぐりよせながら新しい鎖を合成する．ラギング鎖を合成するポリメラーゼ複合体が1単位の岡崎フラグメント合成を完了し，次の合成に入るときには，このはみ出してきた一本鎖DNAの鋳型は少なくとも1単位の岡崎フラグメント分の長さになっているに違いない．

　一つの岡崎フラグメント合成が完了すると，このループでは何が起こるのであろうか．プライマーゼとβクランプ以外の複製装置の成分はどれもプロセッシブに機能する（すなわち，DNA上に存在し続ける）．一つの岡崎フラグメント合成が完了するとプライマーゼとβクランプが複製装置から解離し，ループから離れる様子を図18・19に示す．そして，次の岡崎フラグメント合成を開始するために，新しいβクランプがクランプ装着因子によって再装着される．ラギング鎖のポリメラーゼは複製複合体から完全に離れ去ってしまうのではなくて，多分各サイクルごとに一つのβクランプから次のβクランプへと移っていくものと思われる．

**リーディング鎖とラギング鎖の合成は協調して起こる**

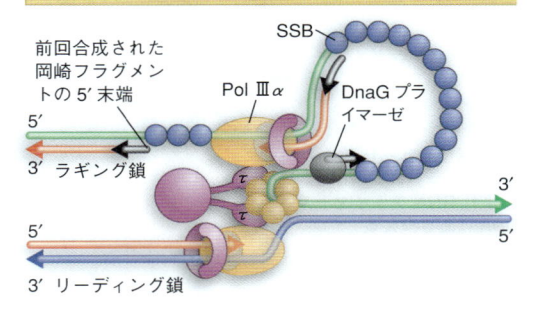

図18・18　DNAポリメラーゼⅢ（PolⅢ）の触媒作用を行うコア酵素がそれぞれ娘鎖を合成する．DnaBは複製フォークを前進させる．プライモソームはラギング鎖の鋳型DNAを引きずり出す．

**コア酵素とクランプのリサイクル**

図18・19　コア酵素とβクランプは岡崎フラグメント合成が完了するとDNAから離れ，それぞれも解離するが，次の岡崎フラグメント合成を始める部位で再び会合する．

### 18・11　岡崎フラグメントはリガーゼによって連結される

**DNAリガーゼ**　DNA ligase　二本鎖DNAの一方の鎖にニックがあるとき，隣合う3′-OH末端と5′-リン酸末端を結合させる酵素．

### それぞれの岡崎フラグメントは別々のユニットとして合成される

プライマーゼ　RNA プライマーの合成

DNA ポリメラーゼⅢ
RNA プライマーから岡崎フラグメントを伸長

つぎの岡崎フラグメントの合成

DNA ポリメラーゼⅠ
ニックトランスレーションにより RNA プライマーを DNA に置き換える

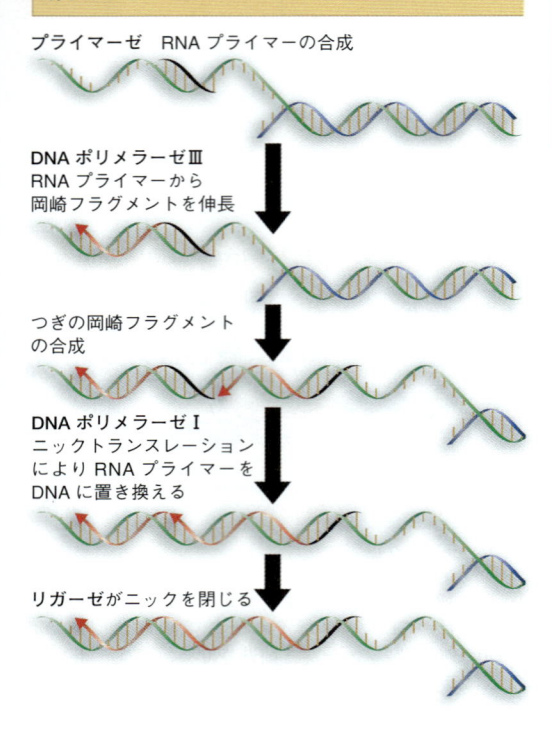

リガーゼがニックを閉じる

図 18・20　岡崎フラグメントの合成にはプライミング, 伸長, RNA の除去, ギャップの充てん, ニックの連結が必要である.

### DNA リガーゼは AMP 中間体を利用する

酵素＋補助因子 ATP
あるいは
酵素＋補助因子 NAD

↓

酵素-AMP

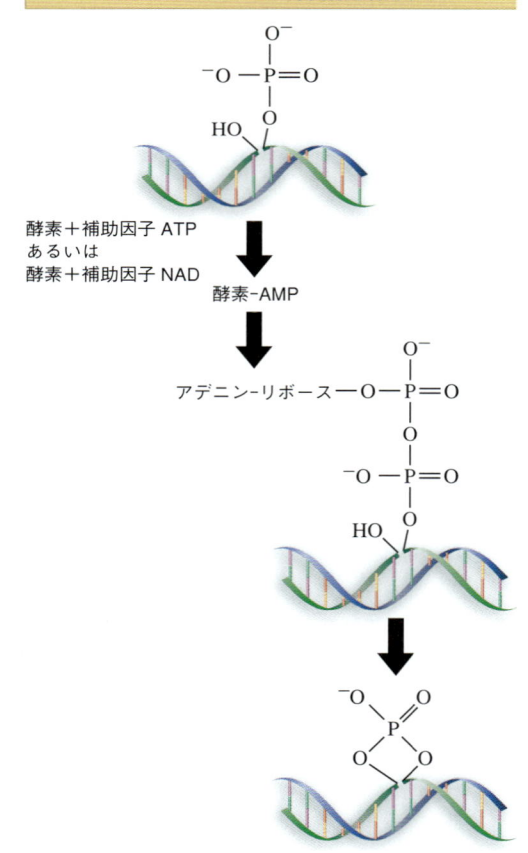

アデニン-リボース—O—P=O …

図 18・21　DNA リガーゼは酵素・AMP 中間体を介して隣合ったヌクレオチド同士の間にあるニックを連結する.

---

- 岡崎フラグメントの合成はプライマーから始まり, 次の岡崎フラグメントの手前で終わる.
- DNA ポリメラーゼⅠは, プライマーを除去して, プライマー部分を DNA に置き換える.
- DNA リガーゼは, 岡崎フラグメントの 3′ 末端と次の岡崎フラグメントの始めである 5′ 末端を結合する接着剤である.

　岡崎フラグメントが互いに結合するまでの反応を考えると図 18・20 に示したようになる. その順序は完全には明らかでないが, RNA プライマーの合成, DNA の伸長, RNA プライマーの除去, その部分の DNA による置き換え, 隣合った岡崎フラグメント同士の共有結合による連結が必須である.

　岡崎フラグメントの合成が, すでに合成されているフラグメントの RNA プライマーの手前まで進んだ所で停止する. プライマーを除去するとギャップ（すき間）が残るが, これを埋めるのは DNA ポリメラーゼⅠと思われる. 岡崎フラグメントの 3′-OH 末端から進行してきた DNA 合成は, 5′-3′ エキソヌクレアーゼ活性を使ってその前の岡崎フラグメントの RNA プライマーを除去し, さらに DNA 合成を続けるものと思われる. 哺乳類の系では（5′-3′ エキソヌクレアーゼ活性をもつ DNA ポリメラーゼが存在しないので）, RNA プライマーは 2 段階の反応で除去される. 最初にリボヌクレアーゼ H（RNA・DNA ハイブリッドに特異的に作用するリボヌクレアーゼ）がエンドヌクレアーゼ活性により RNA を切断し, ついで FEN1 とよばれる 5′-3′ エキソヌクレアーゼが RNA を除去する.

　RNA が除去され, DNA に置き換わると, 後は隣接する岡崎フラグメント同士を結合しなければならない. 一つのフラグメントの 3′-OH 末端が, その直前に合成されたフラグメントの 5′-リン酸末端と隣合わせになる. 酵素 DNA リガーゼは AMP と複合体を形成し, この複合体が岡崎フラグメント同士をつなげる. 図 18・21 に, この酵素複合体の AMP がニックの 5′-リン酸基に結合し, 次にニックの 3′-OH 末端とホスホジエステル結合が形成すると, 酵素と AMP が解離する過程を示す.

## 18・12　真核生物では DNA 複製開始と DNA 鎖の伸長が別種の DNA ポリメラーゼによって行われる

- 複製フォークでは, DNA ポリメラーゼα・プライマーゼ複合体 1 個と DNA ポリメラーゼδ, または ε 複合体 2 個の複合体が働いている.
- DNA ポリメラーゼα・プライマーゼ複合体は両鎖の複製開始反応を行う.
- 1 個の DNA ポリメラーゼδ 複合体はリーディング鎖の伸長反応を行い, もう 1 個の DNA ポリメラーゼδ 複合体あるいは DNA ポリメラーゼε 複合体がラギング鎖の伸長反応を行う.

　真核生物は多数の DNA ポリメラーゼをもっている. これら DNA ポリメラーゼは大きく分けて, 半保存的複製を担うものと, 傷害を受けた DNA の修復を担うものとに分類できる. DNA ポリメラーゼ α, δ, ε は核の DNA の複製を行い, DNA ポリメラーゼ γ はミトコンドリア DNA の複製を行う. 他のすべての酵素は, 傷害を受けた DNA 領域を新しくつくり直す修復に関する酵素である. 図 18・22 をみると, 核 DNA の複製を行うすべての複製酵素は大きなヘテロサブユニットから構成された四量体であることがわかる. どの場合も, これらサブユニットのうちの 1 個が DNA 合成そのものを行う触媒サブユニットであるが, 残りのサブユニットはプライミング反応やプロセッシブな反応性, 校正作業といった補助的な役割を担っている. ミトコンドリアの酵素の忠実度は若干低いが, これら酵素はどれも高い忠実度をもっており, 誤った塩基を取込んだ DNA が合成されることはほとんどない. 修復を担うポリメラーゼはより単純な構成をしており, 一本鎖のポリペプチドで単量体である場合が多い.（しかし, いくつかの修復酵素同士が一緒に作用するということはあるかもしれない.）修復を担う酵素のうちで, DNA ポリメラーゼ β だけが複製酵素にほぼ匹敵する忠実度をもっている. 他の酵素による修復 DNA 合成はすべて誤りが多い.

核DNAの複製を行う3種類の酵素はおのおの異なる機能をもっている:

- DNAポリメラーゼαは新しいDNA鎖を合成する場合の開始反応を行う.
- DNAポリメラーゼδはリーディング鎖を伸長させる.
- DNAポリメラーゼεは他にも役目があるが,ラギング鎖の合成に関係していると考えられる.

DNAポリメラーゼαは新しいDNA鎖合成の開始反応を行う特別な酵素である.この酵素はリーディング鎖とラギング鎖の両方のDNA合成の開始反応に使用される.この酵素はプライミング活性とDNA鎖の伸長という二つの機能を合わせもつので,DNAポリメラーゼα・プライマーゼ(Polα・プライマーゼ)とよばれることもある.Polα・プライマーゼは,複製開始点で開始複合体に結合し,約10塩基のRNAに20〜30塩基のDNAが継ぎ足された短い鎖(iDNAとよばれることもある)を合成する.そして,この鎖をさらに伸長する酵素と置き換えられる.リーディング鎖ではこの酵素はDNAポリメラーゼδである.この酵素の置き換えはポリメラーゼスイッチといわれ,開始複合体を構成しているいくつかの成分間での相互作用によって起こる.

DNAポリメラーゼδはリーディング鎖をプロセッシブに合成する酵素である.プロセッシブな反応性が高いのは,DNAポリメラーゼδと2種のタンパク質,RF-CとPCNAとの相互作用の結果である.

RF-CとPCNAの役割は,大腸菌のγ(クランプ装着因子)とβ(クランプ)の役割に類似している(§18・9参照).RF-CはPCNAをDNAに装着するクランプ装着因子である.RF-CはiDNAの3′末端に結合し,ATPを加水分解したエネルギーを利用してPCNAのリングを開け,PCNAがDNA鎖を取囲めるようにする.DNAポリメラーゼδのプロセッシブな反応性の高さは,DNAポリメラーゼδを鋳型DNAにつなぎとめる金具の役割をするPCNAによって維持されている.〔PCNA(増殖細胞特異的核抗原;proliferating cell nuclear antigen)とは,発見の歴史的経緯に由来している.〕結晶構造解析によって,PCNAの構造は大腸菌のβサブユニットにきわめてよく似ていることが判明した.三量体がリングを形成しDNAを取囲んでいる.アミノ酸配列とサブユニット構成は,二量体であるβクランプとは異なっているが,その機能は同じらしい.

ラギング鎖で起こっていることについてはあまり確かでない.一つの可能性は,ラギング鎖での伸長反応もDNAポリメラーゼδが担っているという考え方である.DNAポリメラーゼδは二量体として存在できるので,大腸菌の複製酵素と同様なモデルが予想される(§18・8参照).しかし,もう一つの可能性,DNAポリメラーゼεがラギング鎖での伸長反応を担っていることを示すいくつかの証拠もある.この酵素は別の役割によってずっと知られていた.

全体的なモデルは以下のようである.複製フォークにはDNAポリメラーゼα・プライマーゼ複合体1個とほかに2個の複合体が存在する.後者の2個の複合体の一つはDNAポリメラーゼδであり,もう一つは別のDNAポリメラーゼδ,あるいはDNAポリメラーゼεである.DNAポリメラーゼδ・ε二量体は,大腸菌の2個のDNAポリメラーゼⅢがレプリソームとしてふるまうのと同様にふるまう.一方のDNAポリメラーゼδはリーディング鎖を合成し,もう一方のDNAポリメラーゼはラギング鎖で岡崎フラグメントを合成する.MF1エキソヌクレアーゼは岡崎フラグメントのRNAプライマーを除去する.DNAリガーゼⅠは完成した岡崎フラグメント同士の間のニックをつないで連結する.

| DNAポリメラーゼ | 機能 | 構造 |
|---|---|---|
| **高い忠実度をもつ複製酵素** | | |
| α | 核DNAの複製 | 350 kDa 四量体 |
| δ | 核DNAの複製 | 250 kDa 四量体 |
| ε | 核DNAの複製 | 350 kDa 四量体 |
| γ | ミトコンドリアDNAの複製 | 200 kDa 二量体 |
| **高い忠実度をもつ修復酵素** | | |
| β | 塩基の除去修復 | 39 kDa 単量体 |
| **忠実度の低い修復酵素** | | |
| ζ | チミン二量体を迂回 | 多量体 |
| η | 傷害塩基の修復 | 単量体 |
| ι | 減数分裂に必要 | 単量体 |
| κ | 欠失と塩基置換 | 単量体 |

図18・22 真核生物には多数のDNAポリメラーゼがある.複製を担う複製酵素は高い忠実度をもつ.ポリメラーゼβを除くと修復酵素の忠実度は低い.複製酵素は異なる活性をもつサブユニットで構成されており,大きな構造をつくっている.修復酵素は単純な構造をしている.

## 18・13 複製開始点で複製フォークが形成される

- oriCでの複製開始反応には大きなタンパク質複合体の順序立った形成が必要である.
- DnaAは短い反復のあるDNA配列に結合して複合体のオリゴマーを形成し,二本鎖DNAの一部が解離する.
- 6個のDnaC単量体がDnaB六量体にそれぞれ結合し,この複合体が複製開始点に結合する.
- DnaB六量体は複製フォークをつくり出す.この反応にはジャイレースやSSBも必要である.

二本鎖DNAの複製周期が始まるには，順序立ったいくつかの活性が必要となる：

- 最初に二本鎖DNAがほどけなければならない．これは短い領域のDNAに起こる解離反応である．
- 二本鎖DNAのほどけた部分は広がっていく．この点は複製フォーク形成の目印となり，伸長反応の間中進行し続ける．
- 新しい鎖の最初の数ヌクレオチドがプライマーとして生成しなければならない．この作用はリーディング鎖では1回必要であるが，ラギング鎖ではおのおのの岡崎フラグメントの開始ごとに繰返し必要になる．

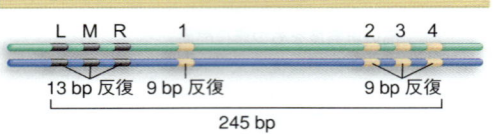

oriCの複製開始は，DnaA, DnaB, DnaC, HU, ジャイレースおよびSSBという6種のタンパク質を必要とする複合体形成から始まる．プレプライミング反応（プライミングの準備）にかかわるこれら6種のタンパク質のうちDnaAは注目に値する．というのは，伸長反応ではなく，開始反応に特有な唯一のものだからである．DnaB/DnaCは開始点で複製を開始させる"エンジン"である．

複合体形成の最初の段階はDnaAタンパク質のoriCへの結合である．この反応は二つの異なる配列，9 bpおよび13 bpが繰返されている部位で起こる．この9 bpと13 bpの反復配列両方が，図18・23に示すように，245 bpという最小の複製開始点の境界を決めている．oriCの右側にある4個の9 bpコンセンサス配列はDnaAタンパク質が最初に結合する領域となる．さらに，DnaAタンパク質が協同的に結合し，oriC DNAがその周りを取り巻き，中心となるコアを形成する．これらの過程を図18・24に示す．つぎに，DnaAタンパク質がoriCの左側の3個のATに富む13 bpのタンデムな反復配列に作用する．ATPの存在下で，DnaAはDNA鎖をこれらおのおのの部位でほどき，開いた形とする．反応を次の段階に進めるためには，これら3個の13 bp反復配列全部が解離しなければならない．

2〜4個のDnaA単量体が一緒に複製開始点に結合し，ついでDnaB・DnaCが結合し"プレプライミング複合体"が2個形成される．それゆえ，（両方向複製で生じる）二つの複製フォークのおのおのに対し，1個のプレプライミング複合体が存在することになる．各DnaB・DnaC複合体は，6個のDnaC単量体がDnaB六量体に結合したものである．それぞれのDnaB・DnaC複合体はDnaB六量体を反対側のDNA鎖に渡す．DnaBが遊離するためにDnaCがATPを加水分解する．

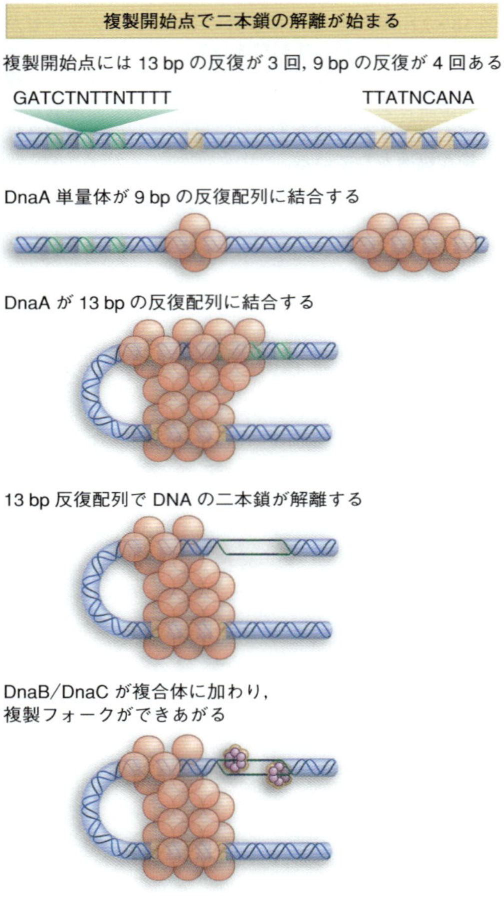

この開いた複合体でのDNA鎖が解離した領域は十分大きく，2個のDnaB六量体が結合して，2個の複製フォーク形成を開始させる．DnaBが結合すると，13 bpの反復配列からDnaAが外れ，開いたDNA領域が広がっていく．このとき，二本鎖DNA領域をほどいていくためにヘリカーゼ活性が利用される．それぞれのDnaBはDnaGプライマーゼを活性化し，リーディング鎖の合成とラギング鎖での最初の岡崎フラグメント合成が始まる．

二本鎖をほどく反応を助けるためにさらに数種のタンパク質が必要である．ジャイレースは1本の鎖がもう一方の周りを回りながらほどく，スウィブル（swivel, 回転する）を行いやすくしている．この反応がなければ，二本鎖がほどけるにつれDNAにはねじれが生じる．一本鎖DNAが生成すると，SSBが結合してそれを安定化する．複製を開始するために通常ほどかれる二本鎖DNAの長さは，多分60 bpより短い．DNAを屈曲させることができ，通常のDNA結合タンパク質であるHUタンパク質も，DNAの開いた構造をつくり出すことにかかわっているらしい．

プレプライミング反応のいくつかの場面で，ATPによるエネルギーの供給が必要である．DNA鎖をほどくのに必要であるDnaBのヘリカーゼ作用はATPの加水分解に依存している．そしてスウィブルに必要なジャイレースの作用もATPの加水分解を要求する．ATPはプライマーゼの作用にも，DNAポリメラーゼIIIの活性化にも必要である．

図18・23 必要最小限の複製開始点には，左端に13 bpの反復配列が，右端に9 bpの反復配列がある．

図18・24 プレプライミング反応では，タンパク質が順次会合することによる複合体の形成が起こり，その結果DNA二本鎖が解離する．

## 18・14 複製を再開するにはプライモソームが必要である

プライモソーム primosome φX型の複製開始点からの複製開始にたずさわるタンパク質複合体で，一時停止している複製フォークからの複製の再開にも関与する．

- φX174 DNA の複製開始点には，複製開始点に結合している SSB を外すためにプライモソームが必要である．
- 複製フォークは傷害のある DNA 部位にくると，その進行が止まる．
- 傷害が修復されると，複製開始を再び始めるためにプライモソームが必要となる．

初期の複製の研究では φX174 ファージが頻繁に使われ，プライミング反応がもっと複雑であることが発見された．φX174 ファージの一本鎖 DNA が SSB で覆われると，プライモソーム結合部位（*pas*；primosome assembly site）とよばれる一本鎖 DNA 上の特定の部位にプライモソームが形成される．*pas* は φX174 DNA の相補鎖を合成する際の複製開始点と同一である．プライモソームは 6 種のタンパク質，PriA, PriB, PriC, DnaT, DnaB, DnaC から成る．プライモソームを特定の位置に形成するうえで鍵となるのは，一本鎖 DNA に結合している SSB を PriA が外す活性である．

プライモソームは最初 φX174 DNA の *pas* で形成されるが，プライマーの合成はさまざまな場所から開始される．PriA は SSB をどかしながら一本鎖 DNA に沿ってプライミング反応の起こる場所まで動いていく．*oriC* 型レプリコンの場合と同様に φX 型レプリコンでも，DnaB が DNA をほどいたりプライミングをしたりするのに中心的役割を果たす．PriA の役割は複製フォークを形成するために DnaB を DNA に装着することである．

φX の複製開始点が，細菌の複製開始点には不要なほど複雑な構造をしていることは常に不思議に思われてきた．どうして細菌はこのような複雑なシステムの成分を用意するのか．

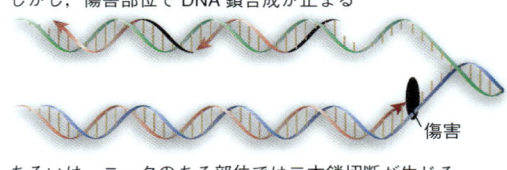

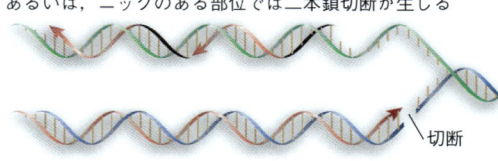

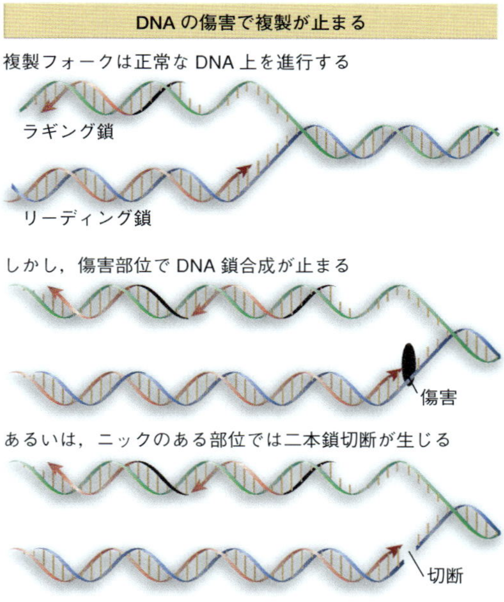

この答えは，複製フォークの進行が止まって立ち往生している複製フォークがどのような運命をたどるか，という研究によって与えられている．図 18・25 は DNA の塩基に傷害が起こったり，DNA の片方の鎖にニックが入ったときに，進行してきた複製フォークがどうなるのかを示している．どちらの場合も DNA 合成は止まり，複製フォークはそこで立ち往生するか，壊されてしまうかのどちらかである．複製フォークの立ち往生はよく起こることのようで，大腸菌での予測によると，染色体 DNA を複製する間にこの問題に出くわす大腸菌は，18〜50% も存在することが示唆されている．

傷害を受けた複製フォークは修復されなければならないが，その典型的な方法は傷害部位を削って置き換えるか組換え修復による（§20・8 参照）．傷害が修復されると，複製フォークの進行が再開する．図 18・26 に修復が完了し，プライモソームの形成が起こり，DnaB が再装着されて，ヘリカーゼ活性が再開される過程を示す．

複製フォークの再活性化は普通によく起こる（それゆえ重要な）反応であり，染色体 DNA の複製周期において常に必要であろう．傷害を受けた DNA を正しい DNA と置き換える修復系やプライモソームの成分に変異が起こると，この反応が妨げられる．

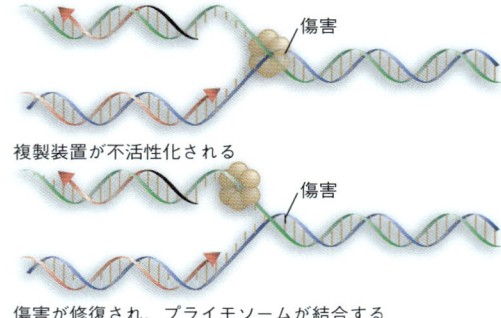

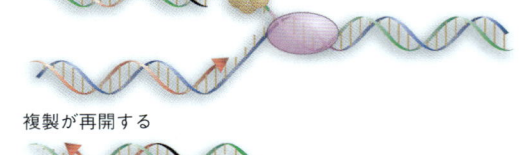

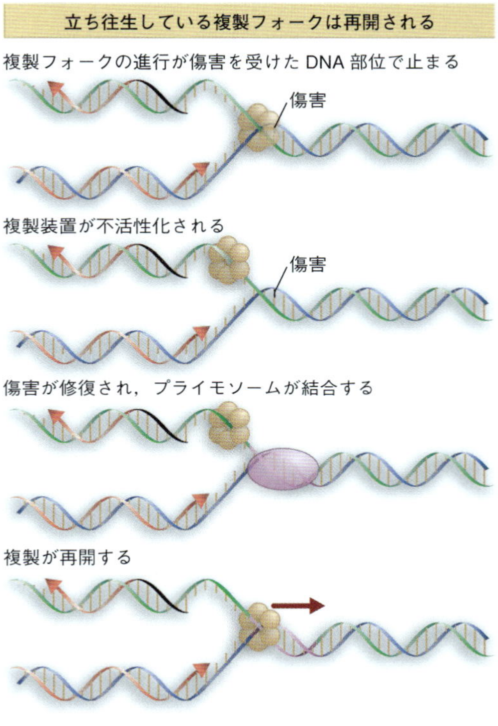

図 18・25 傷害を受けた塩基や DNA に生じたニックによって，DNA 複製は止まる．

図 18・26 DNA が修復された後で，止まっていた複製フォークが再度動き出すために，プライモソームが必要である．

## 18・15 要　約

DNA は半不連続複製によって合成される．すなわち，5′→3′ 方向に成長するリーディング鎖は連続的に伸長するが，ラギング鎖はそのおのおのが 5′→3′ 方向に合成される短い岡崎フラグメントとしてつくられ，全体としては 3′→5′ 方向に成長する．ラギング鎖の各岡崎フラグメントおよびリーディング鎖は RNA プライマーから複製を開始し，DNA ポリメラーゼによって伸長する．細菌も真核生物も，それぞれ複数の DNA ポリメラーゼ活性をもっている．大腸菌の DNA ポリメラーゼⅢはラギング鎖，リーディング鎖の両方を合成する．この酵素は，複製周期が始まる前に複製開始点に会合してできあがるレプリソームの成分である．

レプリソームには DNA ポリメラーゼⅢ二量体が非対称的に配置されている．新しい DNA 鎖それぞれは，触媒サブユニット（α）を含む，別々のコア複合体によって合成される．コア複合体のプロセッシブな反応性は，DNA の周りをリング状に取巻く構造の β クランプによって行われる．この β クランプはクランプ装着因子によって DNA に装着される．原核生物から真核生物にわたって，DNA 複製システムには類似した構造的特徴をもったクランプとクランプ装着因子のペアがみつかっている．

複製フォークのループモデルでは，二量体中の一方がリーディング鎖を合成するのに

伴い，二量体のもう一方はDNAを一本鎖のループ状にひきずり出し，これがラギング鎖の鋳型になる．また，一つの岡崎フラグメント合成が完了すると，このラギング鎖合成にかかわっていた触媒サブユニット自身がDNAから離れ，次の岡崎フラグメントのプライミング部位で$\beta$クランプに再度結合することが必要となる．

　DnaBは複製フォークでヘリカーゼ活性として作用するが，これはATPの分解に依存している．*oriC*レプリコンで，DnaBはRNAを合成するプライマーゼであるDnaGと周期的に相互作用しながら，それ自身プライモソームとして機能する．

　$\phi$X系でのプライミング反応にもDnaB，DnaC，およびDnaTが必要である．PriAは$\phi$Xレプリコンのプライモソーム結合部位（*pas*）を決定する成分で，ATPを分解してDNAからSSBをはがす．PriB，PriCもプライモソームの成分である．細菌にとってのプライモソームの重要性は，複製フォークがDNAの傷害部位に出くわしてその進行が止まっているときに，複製を再び開始するためにこのプライモソームを利用する点にある．

　複製開始点の活性化では，二本鎖DNAの局部的な解離の開始と，それに続くさらに広い領域を一本鎖DNAにほどく反応が起こる．大腸菌の複製開始点ではいくつかのタンパク質が順序良く作用する．DnaAが一連の9 bp反復配列に結合し，大腸菌の複製開始点での複製が開始する．ついで，一連の13 bp反復配列への結合が起こり，ATPの加水分解によるエネルギーを利用してDNA二本鎖の一部をほどく．DnaC・DnaBプレプライミング複合体がDnaAをDNAから外す．DnaCのATP加水分解活性により得たエネルギーを利用して，DnaBが移動する．DnaBは複製酵素と一緒になり，お互い逆方向に進んでいく複製フォークでの複製が始まる．

# 19 相同組換えと部位特異的組換え

- 19・1 はじめに
- 19・2 切断・再結合はヘテロ二本鎖DNAを介して起こる
- 19・3 二本鎖切断で組換えが開始する
- 19・4 組換え過程の染色体同士はシナプトネマ複合体を形成する
- 19・5 シナプトネマ複合体は二本鎖切断が起こった後で形成される
- 19・6 RecBCD複合体が組換えに必要な遊離のDNA末端をつくる
- 19・7 一本鎖DNAの取込みを触媒するタンパク質
- 19・8 Ruv複合体はホリデイ構造を解消する
- 19・9 トポイソメラーゼはDNAに働き，超らせんを弛緩させたり導入したりする
- 19・10 トポイソメラーゼはDNA鎖を切断して再結合する
- 19・11 部位特異的組換えはトポイソメラーゼによる反応に似ている
- 19・12 部位特異的組換えには特別な配列が使われる
- 19・13 組換えによる酵母の接合型変換
- 19・14 一方向の転移は受容部位であるMATの側から始まる
- 19・15 要 約

## 19・1 はじめに

**二価染色体** bivalent 減数分裂の開始時に形成される，4本すべての染色分体（うち2本はそれぞれの相同染色体）を含む構造体．

**対 合** synapsis(chromosome pairing) 減数分裂の開始時に，2組の姉妹染色分体（相同染色体に相当する）がくっつくこと．対合の結果として生じる構造体を二価染色体という．

**シナプトネマ複合体** synaptonemal complex 対合した染色体の形態的構造をシナプトネマ複合体という．

**切断・再結合** breakage and reunion 2組の二本鎖DNA分子のそれぞれ一方の鎖が対応する部位で切断され，互い違いに再結合する遺伝的組換えの様式．（結合部位周辺で一定の長さのヘテロ二本鎖DNAが形成される．）

**キアズマ** chiasma (*pl.* chiasmata) 減数分裂の間に，2本の相同染色体が染色体の交換を行った場所．

組換えは減数分裂の中でも特に長い時間を要する前期で起こる．図19・1では，減数分裂中に二本鎖DNA間で遺伝物質の交換が起こるときの分子レベルの相互作用を5段階に分けて目に見える染色体の変化に沿って比較した．

減数分裂の開始により，まずおのおのの染色体がはっきり見分けられるようになる．これらの染色体はすでに複製を完了した2本の姉妹染色分体から成り，それぞれが二本鎖DNAを含んでいる．相同染色体は互いに接近して，1箇所あるいはそれ以上の場所で対を形成し始め，**二価染色体**を形成する．このような染色体の対の形成はやがて相同染色体同士が全領域でぴったりと寄りそうまでに及ぶ．この過程は**対合**とよばれる．この過程が完了すると，染色体は横並びに会合した**シナプトネマ複合体**を形成する．この複合体の構造の詳細には種間で大きな差があり，生物の種それぞれに特有の構造をとる．

染色体間の組換えではその一部が物理的に交換される．これは通常，**切断・再結合**といって，姉妹染色分体ではない2本の染色体同士（おのおのが二本鎖DNAを含んでいる）が切断され，それぞれが互い違いにつながったものである．染色体が分離し始めると，それらが特定の場所で結合した**キアズマ**という構造が見える．キアズマの形成は交差に対応していると考えられる．

これら一連の反応の分子機構はどのようなものであろうか．それぞれの姉妹染色分体には一つの二本鎖DNAがあるので，二価染色体それぞれには4本の二本鎖DNA分子が含まれる．組換えには一つの姉妹染色分体の二本鎖DNAが，別の染色体由来の姉妹染色分体の二本鎖DNAと相互作用する機構が必要である．核酸がその塩基配列に基づいて互いを認識できる唯一の機構は，一本鎖DNA間の相補性を使うことである．図19・1には組換えに一本鎖DNAがかかわるという一般的なモデルを示してある．一本鎖DNAが生じる最初の段階は，まず一つの二本鎖DNAにニックが入ることである．つぎにこの二本鎖の一方あるいは両方の鎖が遊離してくる．（少なくとも）一つの鎖が他の二本鎖DNAの対応する鎖と入れ替わったとすると，二つの二本鎖DNAは対応する塩基配列で特異的に結合していることになる．両方の鎖を交換しその後切断すると，もともとの二本鎖DNA分子を交差によって結び付けることができる．

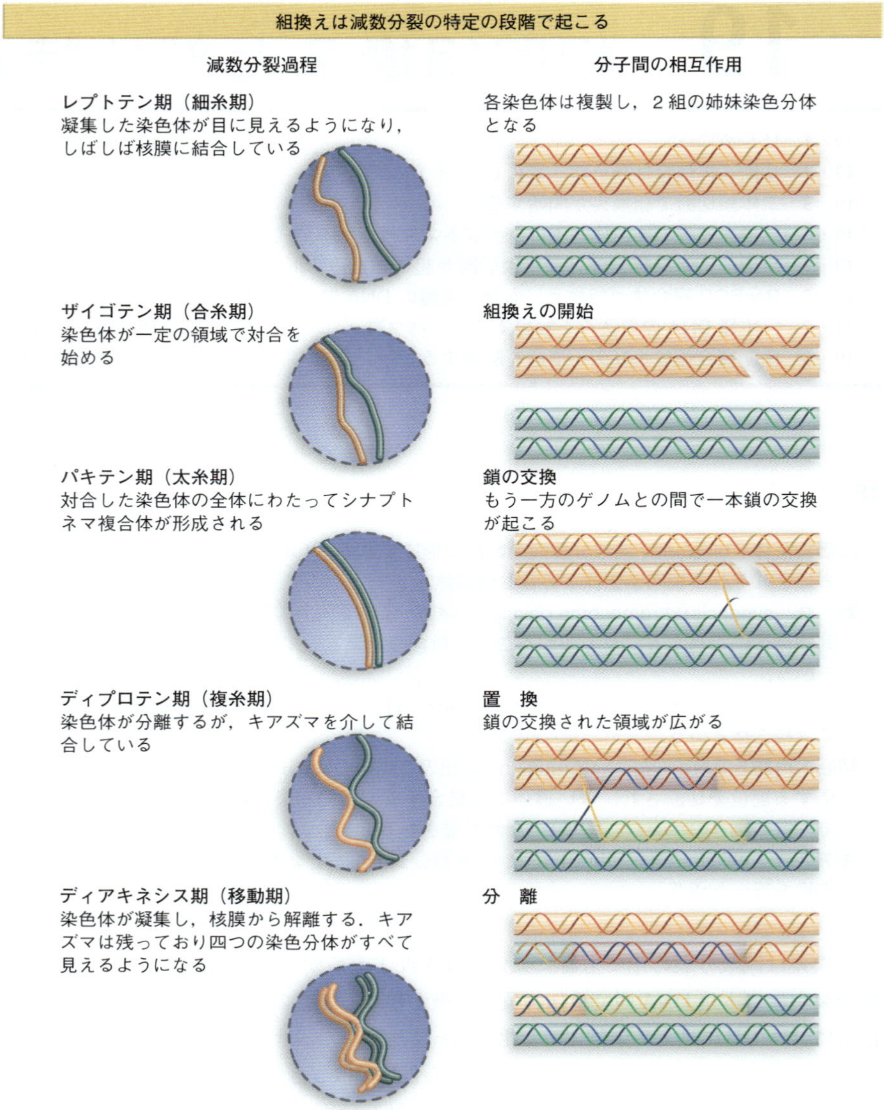

図 19・1　組換えは減数第一分裂前期に起こる．分裂前期の特徴は染色体が目に見えるようになることであり，それぞれは複製を終えた二つの姉妹染色分体から成る．複製した状態としては終わりごろになって初めて目に見えるようになる．個々の交差反応にみられる DNA 分子間の相互作用には，四つの二本鎖 DNA のうち二つが関与している．

| 組換えは減数分裂の特定の段階で起こる | |
|---|---|
| 減数分裂過程 | 分子間の相互作用 |
| **レプトテン期（細糸期）**<br>凝集した染色体が目に見えるようになり，しばしば核膜に結合している | 各染色体は複製し，2組の姉妹染色分体となる |
| **ザイゴテン期（合糸期）**<br>染色体が一定の領域で対合を始める | 組換えの開始 |
| **パキテン期（太糸期）**<br>対合した染色体の全体にわたってシナプトネマ複合体が形成される | 鎖の交換<br>もう一方のゲノムとの間で一本鎖の交換が起こる |
| **ディプロテン期（複糸期）**<br>染色体が分離するが，キアズマを介して結合している | 置　換<br>鎖の交換された領域が広がる |
| **ディアキネシス期（移動期）**<br>染色体が凝集し，核膜から解離する．キアズマは残っており四つの染色分体がすべて見えるようになる | 分　離 |

## 19・2　切断・再結合はヘテロ二本鎖 DNA を介して起こる

**連結分子**　joint molecule　それぞれ1本ずつの鎖を相互に交換することによって連結している，1対（2組）の二本鎖 DNA．

**組換え連結部**　recombinant joint　組換えを行っている2本の DNA 分子が（互いに二本鎖 DNA の片方の鎖を提供しあって）連結している場所（ヘテロ二本鎖領域の端）．

**ヘテロ二本鎖 DNA**　heteroduplex DNA　異なる親二本鎖 DNA 分子に由来するそれぞれ1本の DNA 鎖が，相補的な部分で塩基対を形成してできた二本鎖 DNA．遺伝的組換えの際に形成される．ハイブリッド DNA ともいう．

**分枝点移動**　branch migration　DNA 鎖が二本鎖 DNA 中の相補する部分と塩基対を形成し，自分と相同な元の DNA 鎖と置き換わりながら塩基対の形成を延長すること．

**ホリデイ構造**　Holliday structure　相同組換えの中間体で，2組の二本鎖 DNA がそれぞれ二本鎖の1本ずつを交換した状態で交換途中の2本の鎖で連結されている構造．この連結分子は DNA 鎖にニックが入って2組の二本鎖 DNA に戻るときに分離すると考えられている．

**つなぎ合わせ組換え体**　splice recombinant　ホリデイ構造が分離するとき，交換してない方の鎖を切ることによってできる組換え体．この組換え体では，二本鎖 DNA のどちらの鎖も，鎖を交換したヘテロ二本鎖領域より前の部分は一方の染色体由来，ヘテロ二本鎖領域より後の部分はもう一方の染色体由来となる．

**パッチ組換え体**　patch recombinant　ホリデイ構造が分離するとき，交換した方の鎖を切ることによってできる組換え体．それぞれの二本鎖 DNA の大部分は元のままで，相同な染色体由来の DNA 配列が一方の鎖の一部に残るだけである．

- 組換えの核心は二本鎖 DNA 分子間での鎖の交換である．
- 一方の DNA 由来の一本鎖が他方の DNA の対応する鎖と置き換わり分枝構造を形成する．
- 鎖の交換により各親 DNA の片方の鎖同士でヘテロ二本鎖 DNA ができる．
- 連結分子をつくるにはそれぞれ二つの鎖（相互）交換が必要である．
- 連結分子はそれを結び付けている鎖にそれぞれニックが入ることで別々の二本鎖に分離する．
- もともと交換された方の鎖にニックが入るか，それともその相補鎖に入るかで組換えが起こるかどうかが決まる．

二つの二本鎖 DNA 分子を結び付ける反応は組換え過程の核心である．したがって，分子レベルで組換えを解析するには，組換え中の相補的な一本鎖間での塩基対の形成を基にそれをさらに拡張するところから始めよう．組換え反応を一本鎖の交換という点から想像してみることが役に立つ（しかし，実際に組換えがどのようにして始まるかを必ずしも意味してないことが後でわかる）．なぜなら，こうしてできた分子の性質が組換えに関する過程を理解するための中心となるからである．

図 19・2 に示す過程では，二つの対合した二本鎖 DNA のうち相同な鎖の対応する点が切断されることから始まる．切断によりニックの入った遊離末端が自由に動けるようになる．おのおのの一本鎖は塩基対を形成していた相手の鎖から離れ，もう一方の二本鎖の相補する部分と塩基対を形成して交差が起こる．

鎖交換が相互に起こると二つの二本鎖 DNA 間の結合が成立する．二本鎖 DNA が結合した対を**連結分子**とよぶ．また，それぞれの DNA 鎖で一方の二本鎖からもう一方へ一本鎖がまたがっている点を**組換え連結部**とよぶ．

組換えの起こっている場所ではそれぞれの二本鎖にはそれぞれの親の DNA に由来する鎖を 1 本ずつ出し合っている領域がある．この領域を**ヘテロ二本鎖 DNA**，または**ハイブリッド DNA** とよんでいる．

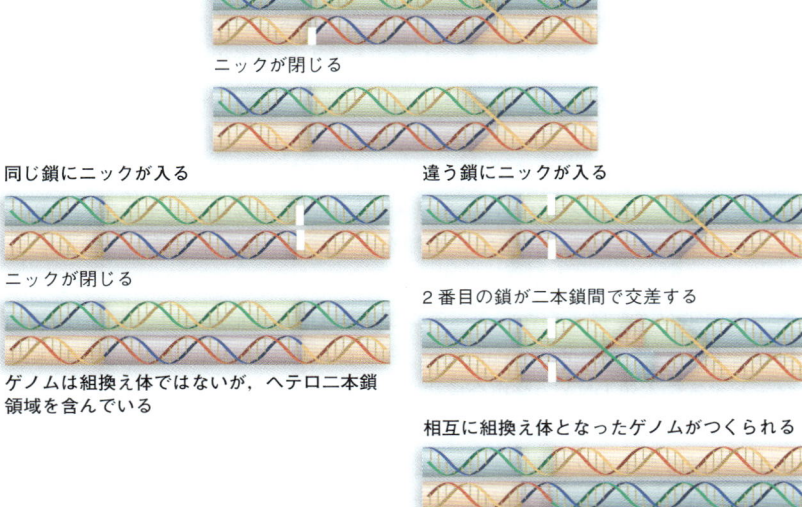

図 19・2 対合した二つの二本鎖 DNA の間の組換えは一本鎖の相互的な交換で始まり，分枝点移動を経て，ニックが入ると分離が起こる．

**分枝点は移動できる**

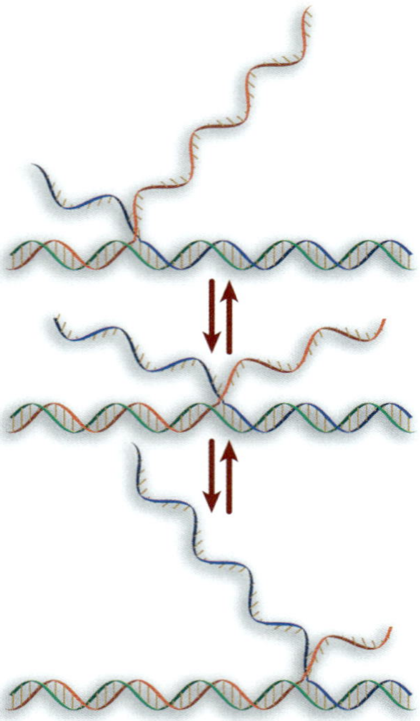

図19・3 塩基対をつくっていない一本鎖が二本鎖中の一本鎖を置換した状況で，分枝点移動によりどちらの方向にも進むことができる．

**組換え体の解消には2通りある**

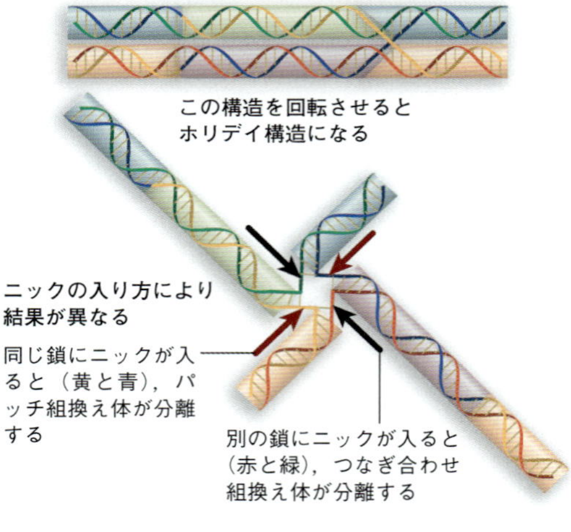

この構造を回転させるとホリデイ構造になる

ニックの入り方により結果が異なる

同じ鎖にニックが入ると（黄と青），パッチ組換え体が分離する

別の鎖にニックが入ると（赤と緑），つなぎ合わせ組換え体が分離する

図19・4 ホリデイ構造が分離する場合，どちらの鎖にニックが入るかによって元と同じ二本鎖ができたり組換え体ができたりする．どちらの場合でも，その一部にヘテロ二本鎖領域をもっている．

組換え連結部は二本鎖に沿って自由に移動できるという重要な特徴をもっている．このような動きを**分枝点移動**とよぶ．図19・3は二本鎖中にある一本鎖の分枝点移動を示している．分枝点は一つの鎖がもう一方の鎖によって置き換わりながらどちらの方向にも移動できる．したがって，組換え中間体における分枝点もどちらの方向にも移動できる．

鎖の交換でできた連結分子は，その後別々の二本鎖DNA分子に分離しなければならない．分離にはもう1組のニックが入る必要がある．その結果がどうなるかは，平面上で**ホリデイ構造**をとった連結分子によって容易に見て取れる．これを図19・4に示すが，これは図19・2の構造を一方の二本鎖を他方に対して回転させた状態にあたる．どちらの対の鎖にニックが入るかによって反応の結果は違ってくる．

もし，最初にニックの入らなかった方の鎖（鎖の交換が開始されなかった方の組）にニックが入った場合，元の4本の鎖全部にニックが入ったことになる．このときには，**つなぎ合わせ組換え体**DNA分子ができる．つまり片方の親に由来する二本鎖DNAが，もう片方の親に由来する二本鎖DNAとヘテロ二本鎖の部分を介して共有結合で結合した形になる．この場合，ヘテロ二本鎖領域を隔てて存在する遺伝マーカーの間では，典型的な組換えが起こっている．

もし，最初にニックの入った二本鎖と同じ二本鎖に再びニックが入ると，もう一方の二本鎖は元のままで残る．ニックが入ることによって，ある長さのヘテロ二本鎖DNA領域が残って連結分子を形成していた名残をとどめる以外には，親の二本鎖DNAと同じものに戻る．これを**パッチ**（一部分だけの）**組換え体**とよぶ．

連結分子がこのような2通りの分離をするので，二本鎖DNAの間で鎖の交換が起こったときには必ずヘテロ二本鎖の領域が後に残るが，組換え体になるときもあれば，ならないときもある．

## 19・3 二本鎖切断で組換えが開始する

**二本鎖切断（DSB）** double-strand break　DNAの二本鎖が同時に同じ部位で切断されること．遺伝的組換えは二本鎖の切断から始まる．また，細胞には時間的にずれて形成された二本鎖の切断に働く修復系がある．

- 一方の（受容体）DNAに二本鎖切断が起こり組換えが始まる．
- エキソヌクレアーゼにより3′末端をもつ一本鎖ができて他方の（供与体）DNAに入り込む．
- 分解を受けた部分のDNAが新規に合成されて修復される．
- こうして二つのDNAがヘテロ二本鎖領域を介して結び付いた組換え連結分子ができる．

図19・1の一般的なモデルでは，遺伝的交換の反応に必要な一本鎖DNAがほどけた末端を生じるためには，一方の鎖に切断が起こる必要があることが示してある．遺伝的交換が完了するには二本鎖の両方とも切断されねばならない．図19・2には，一本鎖の切断がそれぞれ順番に起こるモデルを示した．しかし，最近の組換えのモデルでは，遺伝的交換反応は**二本鎖切断**（DSB）により開始されることが支持されている．このモデルを図19・5に示す．

組換えは，"受容側"分子にあたる一方の二本鎖DNAを切断するエンドヌクレアーゼの作用から始まる．その切り口にエキソヌクレアーゼが働いてギャップになり，さらに一方の鎖が削り取られるに従って3′末端をもった一本鎖が生じる．この遊離3′末端はもう一方の"供与側"二本鎖分子の相同領域に入り込む．そこで供与側分子の二本鎖のうち一方の鎖が置き換えられて，ヘテロ二本鎖DNAが形成され，もともとのDNA鎖が外れてDループ（displacement loop）をつくる．このDループは遊離3′末端をプライマーとする二本鎖DNAの修復合成によってさらに広がる．

Dループはさらに広がり，受容側分子のギャップの全長にあたる大きさに達し，押し出された一本鎖はギャップのもう一方の端まで到達して，一本鎖の相補的領域と塩基対をつくる．こうしてギャップの両側にヘテロ二本鎖領域をもったDNAが生じ，ギャッ

プ自身は一本鎖Dループとなる．

ギャップの左側の3'末端をプライマーとする修復合成が起こると，ギャップ領域は完全な二本鎖に戻る．ギャップは結局，2回の一本鎖DNA合成によって修復される．

分枝点移動があると，この構造体は組換え連結部を2個もった分子に変換され，それは鎖の切断により分離する．

両方の組換え連結部が，たとえば同じ側で切れて分離が起こると，交差の起こっていない元と同じ分子になるが，二つの分子には交換のあった痕跡として遺伝情報の変化した領域が残る．組換え連結部が逆の切れ方をして分離すると，遺伝的な交差が起こる．

分離前に2箇所で連結している分子の構造をみると，二本鎖切断によるモデルと一本鎖交換だけによるモデルの間の本質的な違いがわかる：

● 二本鎖切断モデルに従えば，ヘテロ二本鎖DNAは交換の起こる領域の両末端に形成されており，2個のヘテロ二本鎖部分の間にはギャップに対応する領域があり，両方の分子とも供与側DNAの塩基配列をもっている（図19・5）．このようにヘテロ二本鎖の領域は非対称となり，片方の分子に由来する部分がもう一方の分子の塩基配列に変わってしまっている（反応を開始する側のDNAを受容側分子とよぶのはこのためである）．
● 相互的一本鎖交換モデルに従うと，それぞれの二本鎖DNAは鎖交換の始めの点から分枝点が移動した領域すべてがヘテロ二本鎖になっている（図19・2）．

二本鎖切断のモデルでも，ヘテロ二本鎖形成の重要性は失われていない．これしか2個の二本鎖分子同士が相互作用を保てるような手段はなさそうである．しかし，組換えが一本鎖でなく二本鎖の切断によって始まるという考えは，細胞がDNAをどのように扱っているのかという問題に関する見解にかかわるものといえる．

**二本鎖切断により組換えが始まる**

受容側の鎖に二本鎖切断が起こる（黄と赤）

切断が3'末端をもつギャップを広げる

3'末端（黄）がもう一方の二本鎖に移る  — Dループ

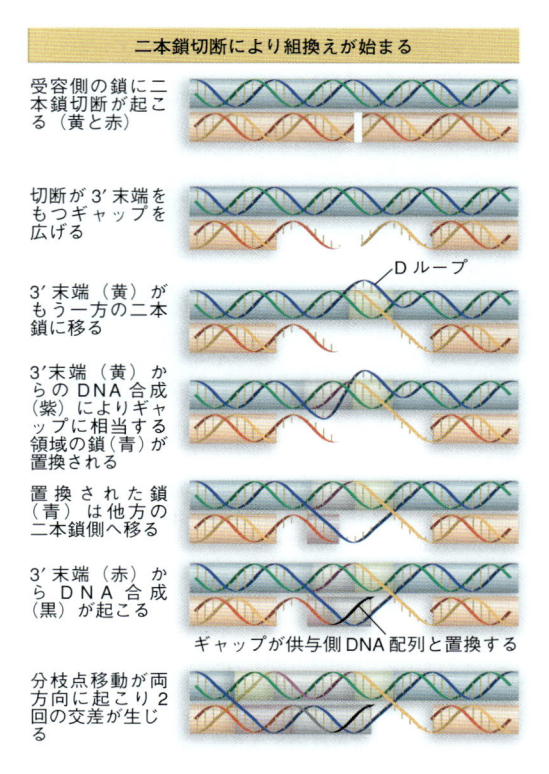

3'末端（黄）からのDNA合成（紫）によりギャップに相当する領域の鎖（青）が置換される

置換された鎖（青）は他方の二本鎖側へ移る

3'末端（赤）からDNA合成（黒）が起こる  — ギャップが供与側DNA配列と置換する

分枝点移動が両方向に起こり2回の交差が生じる

**図19・5**　組換えは二本鎖の切断，3'末端をもつ一本鎖領域の生成，そのうちの一つが相同的な塩基対を形成するという過程を経て起こる．

## 19・4　組換え過程の染色体同士はシナプトネマ複合体を形成する

> **シナプトネマ複合体**　synaptonemal complex　対合した染色体の形態的構造をシナプトネマ複合体という．
> **縦軸構造**　axial element　相同染色体の対合の開始に伴ってその周りに染色体が凝縮している，タンパク質を含む構造体．
> **並列構造**　lateral element　シナプトネマ複合体にみられる構造で，染色体の縦軸構造が別の染色体の縦軸構造と並列に並んだものである．
> **中央構造**　central element　シナプトネマ複合体の中央に位置する構造で，これに沿って相同染色体が並列構造を形成している．Zipタンパク質でできている．
> **コヒーシン**　cohesin　姉妹染色分体を一つにつなぐ役目を果たすタンパク質複合体．SMCタンパク質のいくつかもコヒーシンに含まれる．

> ■ 減数分裂の初期段階で相同染色体がシナプトネマ複合体を形成して対合する．
> ■ それぞれの相同染色体のクロマチンの大部分はタンパク質複合体を介して相互に隔てられている．

組換えにみられる根本的な矛盾の一つは，親の染色体同士がDNAの組換えが起こるのに十分なほど接近しているようにはみえないことである．複製を完了した染色体は（姉妹染色分体）対を形成して減数分裂に入り，このとき染色体はクロマチンの固まりとして見える．染色体は対をなしてシナプトネマ複合体を形成する．長い間，この複合体は組換えに関連しており，多分DNAの交換のために必要な初期過程であろうと思われてきた．しかし最近では，シナプトネマ複合体形成は組換えの原因というよりはむしろ結果であると考えられている．いずれの場合にしろ，シナプトネマ複合体の構造がDNA分子間の接触とどのように関連づけられるのかわかっていない．

染色体対合はそれぞれ染色体（1対の姉妹染色分体）が縦軸構造とよばれるタンパク質様の構造体の周りに凝集することから始まる．ついで対応した染色体の縦軸構造は1列に並び，シナプトネマ複合体が3層構造として形成される．この状態の縦軸構造は**並列構造**とよばれ，**中央構造**によって互いに分離された構造をとる．図19・6にその一例を示す．

**図19・6** シナプトネマ複合体は染色体を並置させる．この例はネオテリア（*Neotellia*）のシナプトネマ複合体であり，写真は M. Westergaard 氏と D. von Wettstein 氏のご好意による．

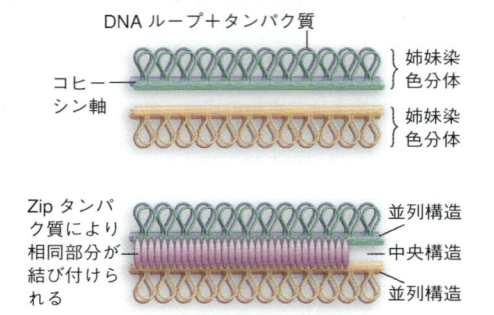

**図19・7** それぞれの姉妹染色分体に沿ってコヒーシンでできた軸があり，そこからクロマチンループが飛び出ている．Zip タンパク質を介して二つの軸が結び付けられてシナプトネマ複合体が形成される．

この段階では，それぞれの染色体は並列構造で区切られたクロマチンの固まりのように見える（この例では縞模様の構造として見える）．二つの並列構造は細いが濃く見える中央構造によって互いに隔てられている．3層の平行した濃い縞は軸に沿って曲がり，あるいはねじれて一つの平面に並んでいる．相同な染色体間の距離は分子レベルでみてもかなり離れており 200 nm 以上もある（DNA の直径は 2 nm である）．したがって，そこに相同染色体が並んでいたとしても，相同な DNA 分子を接触させるにはその距離がずいぶんと離れているのは，このような複合体の役割を理解するうえでの大きな問題である．

シナプトネマ複合体に際立った表現型を与える酵母変異株の解析から2種類のタンパク質グループが見つかった．図 19・7 には，シナプトネマ複合体形成におけるそれらの役割を示す．

- コヒーシンは体細胞分裂と減数分裂の両方でクロマチン構造の形成にかかわる一般的なタンパク質のグループに属し，染色体に沿うようにして特異的な部位に結合する．体細胞分裂時に，コヒーシンは姉妹染色分体の各ペアに対して図 19・6 に示した並列構造に相当する直線軸を形成してそれらを結び付ける．そこからクロマチンループが飛び出している．コヒーシンの変異では二本鎖切断が起こっても組換えは阻害されるので，並列構造の形成は組換え後期の進行に必要なのかもしれない．
- 並列構造はそれを縦方向に横切る繊維状分子により結び付けられているが，これは図 19・6 における中央構造に相当する．これらは Zip タンパク質でできている．Zip グループの三つのタンパク質が各姉妹染色分体の並列構造を結び付ける縦方向の繊維を形成する．Zip1 タンパク質の N 末端ドメインは中央構造内に局在するが，C 末端ドメインは並列構造内にある．並列構造が形成されて染色体が横並びになるが互いに密着できない *zip* 変異から Zip タンパク質の役割が見て取れる．*zip* 変異では並列構造が形成されて染色分体は並ぶけれど密着しない．

減数分裂の第一段階は染色体の対合である．対合にひき続き相同な配列が相互作用して組換えへと導かれ，シナプトネマ複合体形成が形成される．ところで，そもそも相同染色体を対合させるのは何であろうか．

パン酵母の *Hop2* 遺伝子は相同染色体間相互作用の特異性を調節している．*hop2* 変異では減数分裂時にシナプトネマ複合体は普通に形成されるが，複合体には非相同的な染色体が含まれている．このことから，シナプトネマ複合体の形成は染色体の相同性に依存しているのではないと思われる（したがって，広い範囲で DNA 配列を比較検証しているわけではない）．通常 Hop2 タンパク質の働きは非相同的な染色体の相互作用を阻止することである．

### 19・5　シナプトネマ複合体は二本鎖切断が起こった後で形成される

- 組換えを開始する二本鎖切断がシナプトネマ複合体の形成に先立って起こる．
- 組換えが阻害されるとシナプトネマ複合体は形成されない．
- 対合に関する変異とシナプトネマ複合体形成に関する変異はそれぞれ相互に影響を与えない．

相同組換えと部位特異的組換えのどちらの場合も，二本鎖切断によって組換えが始まる．相同組換えにおいて，二本鎖切断により組換え開始のホットスポットが形成される．ホットスポットから両側へ離れるにつれ，組換え頻度はだんだんと減少する．組換えの頻度は，二本鎖切断が起こった所から離れるにつれて減少する一本鎖部分ができる確率に依存している．

組換えに伴って起こる分子レベルの反応と細胞学的な反応を比較して解析できる方法はほとんどないが，ただ最近，パン酵母の減数分裂の解析からこの点に関する進歩がみられた．反応の起こる相対的時期を図 19・8 に示す．

60 分ほどの間に，二本鎖切断が生じそして消滅する．おそらく組換え中間体と思われる最初の連結分子は二本鎖切断が消滅したすぐ後に現れる．このような一連の出来事

### 減数分裂における DNA の分子レベルの変化と形態変化は関連している

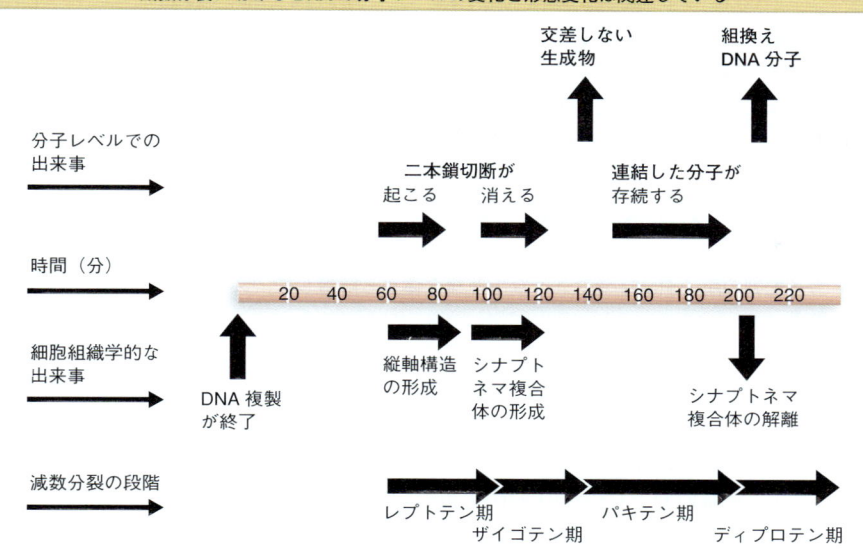

**図 19・8** 二本鎖切断は縦軸構造が形成される時期に生じ,シナプトネマ複合体の形成が進むと消失する.連結分子が形成され,パキテン期の終わりに組換え DNA 分子が認められるまで存続する.

から,二本鎖切断,対合反応,組換え構造の形成はそれぞれ染色体上の同じ場所で連続して起こることがうかがえる.

二本鎖切断は縦軸構造が形成されるときに起こり,対合した染色体がシナプトネマ複合体に変わる途中で消失する.シナプトネマ複合体の形成は二本鎖切断が起こって組換えが開始したこと,そしてそれが組換え中間体へと変換されることに起因していると示唆される.パキテン期の終わりに組換え体が出現することを示せるようになった.このことは明らかに,組換えが完了するのはシナプトネマ複合体の形成よりも後であることを意味している.

組換え開始の二本鎖切断が起こった後でシナプトネマ複合体が形成され,これは組換え分子ができるまで維持される.正常なシナプトネマ複合体形成ができない変異株でも組換え体ができることから,シナプトネマ複合体形成は必ずしも組換えに必須なわけではなさそうである.けれども,組換えができない変異株ではシナプトネマ複合体の形成もできなくなる.このことから,この複合体は染色体対合にひき続いて起こる組換えの結果として形成されるものであり,減数分裂の後期に必要であると思われる.

今では,このような考えを分子レベルで説明できる.図 19・5 のモデルに示したように,二本鎖切断を受けた両方の平滑末端は,その後,両側とも 3′ 末端をもった長い一本鎖に速やかに変換する.平滑末端を 3′ 突出末端に変換できなくなった変異株(*rad50*)では組換えに欠損がある.このことは二本鎖切断が組換えに必須であることを示している.

*rad50* 変異株では切断された二本鎖の 5′ 末端は Spo11 タンパク質と結合したままであるが,このタンパク質はある種のⅡ型トポイソメラーゼの活性サブユニットに配列が似ている.トポイソメラーゼは空間的な DNA 構造を変化させる酵素である(§19・9 参照).相同および部位特異的組換えにかかわる酵素の働く仕組みはトポイソメラーゼのそれに大変似ている.

このことは二本鎖切断をするのはトポイソメラーゼであることを意味している.**図 19・9** に示す反応モデルからわかるように,Spo11 と DNA の相互作用は可逆的と考えられ,Spo11・DNA 複合体から Spo11 を解離させる別のタンパク質の働きにより最終的な構造に変換される.Spo11 が解離すると DNA の切断が起こる.二本鎖切断には少なくとも別の九つのタンパク質がかかわっている.あるグループのタンパク質は二本鎖切断を 3′-OH が突出した一本鎖末端に変換するのに必要であり,別のグループのタンパク質は相同的な二本鎖 DNA 内に一本鎖末端を突っ込ませる.

組換えのいろいろな段階が阻害される各種変異株が利用できるので,組換えにかかわる酵素の研究は酵母において最もよく解析されているが,二本鎖切断やその後の反応の仕組みは生物一般に保存されている.Spo11 相同タンパク質はいくつかの高等真核生物に見つかる.

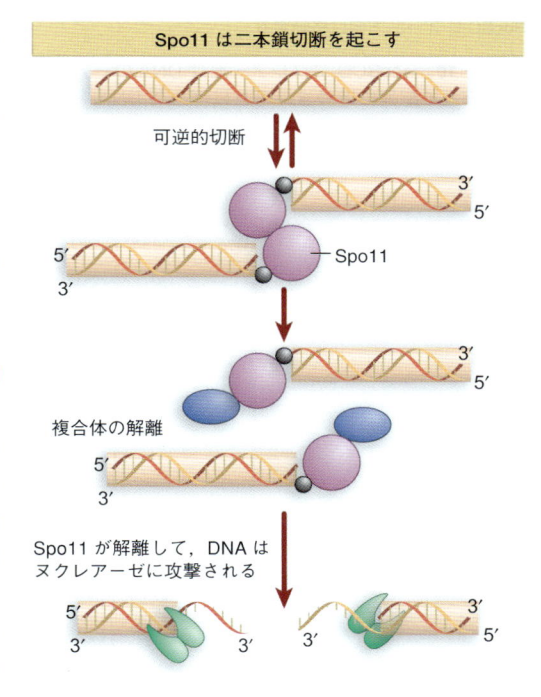

**図 19・9** Spo11 タンパク質は二本鎖切断された 5′ 末端に共有結合している.

19・5 シナプトネマ複合体は二本鎖切断が起こった後で形成される

## 19・6　RecBCD 複合体が組換えに必要な遊離の DNA 末端をつくる

> ***rec⁻*変異**　*rec⁻* mutation　通常の組換えを行えなくなった大腸菌の変異.
> **カイ配列**　chi ($\chi$)　大腸菌の DNA 中に存在する 8 塩基配列で,ここで RecA を介した遺伝的組換えが高頻度で起こる.

> - RecBCD 複合体はヌクレアーゼとヘリカーゼ活性をもつ.
> - 複合体はカイ配列の下流に結合し,二本鎖をほどきながらカイ配列に向かって移動し,片方の鎖を 5′→5′方向に分解する.
> - カイ配列の所で RecD サブユニットが複合体から解離して,ヌクレアーゼ活性が失われる.

DNA 分子間で塩基配列の交換が起こる際の反応の性質を調べるには,細菌の組換え系を調べる必要がある.細菌の系では塩基配列を認識することが組換え機構の一部分であって,それには染色体全体というよりは DNA 分子の限られた領域だけが関与している.しかし,通常の分子レベルの反応の順序は相同組換えとよく似ている.遊離の一本鎖が必要であり,相手の二本鎖と相互作用し,対合した領域が拡大し,そしてエンドヌクレアーゼの働きにより DNA 分子間の相互作用が解消される.

細菌では普通あまり広い範囲での二本鎖の交換はみられないが,さまざまなやり方で組換えが開始される.ある場合には,遊離の一本鎖 3′末端をもつ一本鎖 DNA の存在により開始される(接合にみられるように,§16・7 参照).放射線照射でも二本鎖 DNA に一本鎖のギャップが生じるし,一本鎖末端はローリングサークル方式で複製途中のファージ DNA に由来することもある.ほかにも,両方の DNA が二本鎖の場合には,3′末端をもつ一本鎖領域が生じる必要がある.

組換えに関与している細菌の酵素は,それらをコードする遺伝子に起こる *rec⁻* という変異によってわかる.Rec⁻の表現型では相同組換えが起こらない.Rec⁻の表現型を示すおよそ 10～20 の遺伝子座が知られている.組換えにおいて最も鍵となる反応は RecBCD 酵素複合体により一本鎖の 3′末端がつくられることであり,これが一本鎖と二本鎖 DNA 間の相互作用を触媒する RecA 酵素の基質となる.

RecBCD はいくつかの違った活性を示す.ある種のヌクレアーゼ活性をもつが,二つのサブユニットはヘリカーゼ活性を示す.RecBCD の働きは**カイ**とよばれる短い特異的な配列が存在すると促進される.図 19・10 に,どのようにして RecBCD による反応が基質となるカイ配列 DNA 上で協調的に起こるかを示す.RecBCD は二本鎖切断部位で DNA に結合する.DNA に沿って移動しながら 5′→3′方向へのヘリカーゼ活性をもつ RecD を使って DNA をほどく.一本鎖になったカイ配列の片方を認識して RecBCD は立ち止まり,鎖を切断して 3′末端を生じる.RecD は解離して活性を失うが,3′→5′方向のヘリカーゼ活性をもつ RecB を使って DNA をほどきながら RecBC はさらに移動する.これら全体の反応の結果,カイ配列の所に 3′末端をもつ一本鎖 DNA ができる.

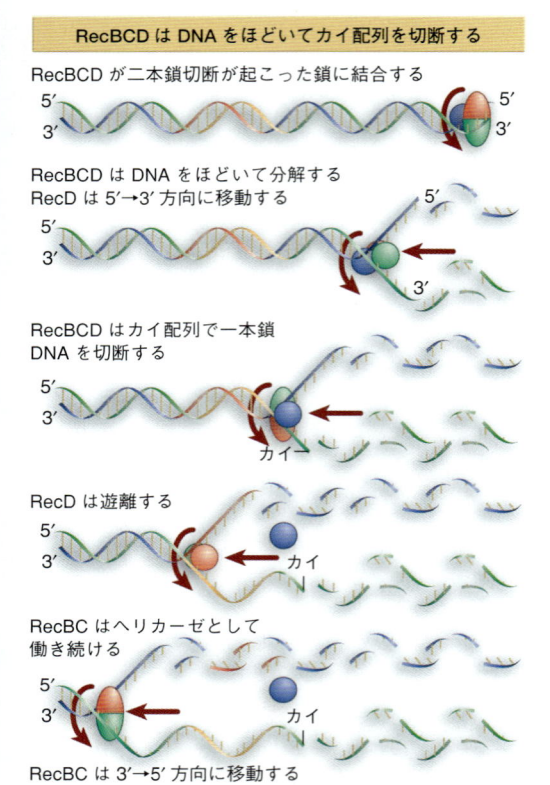

図 19・10　RecBCD ヌクレアーゼは DNA の一方の端からカイ配列に近づき,それに伴って DNA を分解する.カイ配列の所にくると立ち止まって DNA の 3′末端を切断する.ヘリカーゼ活性だけが残る.

## 19・7　一本鎖 DNA の取込みを触媒するタンパク質

> **一本鎖の取込み**　single-strand assimilation, single-strand uptake　RecA タンパク質の機能で,一本鎖 DNA とそれに相補的な二本鎖 DNA があるとき,一本鎖 DNA に相補的な領域で二本鎖 DNA を解離させて一本鎖 DNA と塩基対をつくらせること.二本鎖 DNA 分子に一本鎖 DNA 分子が取込まれることになる.

> - RecA は一本鎖や二本鎖 DNA と繊維状構造を形成し,遊離の 3′末端をもつ一本鎖 DNA が DNA 二本鎖中の対応する側をどかして置き換わる反応を進める.

大腸菌 RecA は最初に見いだされた DNA 鎖を取込むタンパク質の例である.RecA は,他の細菌や古細菌,酵母の Rad51(最も良く調べられている),高等真核生物の Dmc1 を含むグループの代表格である.酵母の *rad51* 変異の解析により,このタンパク質は組換えにおいて中心的役割を果たしていることが示された.この変異では二本鎖切断は蓄

積するがシナプトネマ複合体が形成されない．このことは，シナプトネマ複合体形成に二本鎖DNA間での鎖の交換が関与しているという考えを強く支持している．

細菌のRecAは二つのまったく異なった活性を示す．一本鎖DNAとそれと相補的な二本鎖DNA中にある鎖の対合を促進するし，また修復にかかわる一群の遺伝子の協調的な発現をひき起こすSOS応答を誘起する．SOS応答は，RecAが修復遺伝子群の共通のリプレッサーであるLexAを不活性化することで誘起される．これらRecAの二つの反応は独立に発揮されるが，両反応ともATPの存在のもと一本鎖DNAにより活性化される．

RecAは一本鎖DNAと二本鎖中の相補的配列とで塩基対をつくらせる．この反応は**一本鎖の取込み**とよばれる．この取込み反応はいくつかの構造上の特徴をもつDNA分子間で起こり，以下に述べる三つの一般的な条件を必要とする：

- DNA分子のうちの一つは一本鎖領域をもっていなければならない．
- DNA分子のうちの一つは3′末端をもっていなければならない．
- 一本鎖領域と遊離した3′末端はDNA分子間の相補的領域に位置しなければならない．

図19・11にこの反応様式を示す．線状一本鎖DNAが二本鎖DNAに入り込むことで，もともと相補的であった一方の相手の鎖と置き換わる．反応は追い出しと置換が起こる相手の鎖に沿って，5′→3′方向に向かって進行する．言い換えれば，これらの反応では交換する（少なくとも）一方の鎖は遊離の3′末端をもっている．

細菌や古細菌のRecAファミリーのタンパク質はすべて一本鎖あるいは二本鎖DNAを取込んだ長い繊維を形成する．RecA繊維はDNAを取込んだ深い溝をもつらせん構造をしており，そのらせんは1回転当たり6分子のRecA単量体から成っている．RecA単量体の結合する割合は3bp当たり1分子である．この状態のDNAはB型の二本鎖DNAと比較して1.5倍にも伸びており，18.6bpで1ターンとなっている．二本鎖DNAの副溝でRecAタンパク質と接触して，主溝は他のDNA分子と接触が可能な状態に保たれている．

二つのDNA分子の相互作用はこの繊維構造内で起こる．一本鎖DNAが二本鎖DNAに取込まれるときには，まず第一段階としてRecAタンパク質が一本鎖DNAに結合して繊維状になる．ついで二本鎖DNAが取込まれ，おそらくある種の三本鎖構造が形成される．染色体対合は物理的な鎖の交換に先立って起こると考えられる．なぜならば，DNAに遊離した末端がなくて鎖の交換が不可能な場合でも，塩基対の形成反応だけは起こるからである．鎖の交換には結合にあずかっていない遊離した3′末端が必要とされる．この反応は繊維構造内で起こり，RecAはもともと一本鎖であった鎖に結合したままであるが，反応の最後には二本鎖DNAにも結合する．

一本鎖の取込みは組換え開始の鍵となる段階である．組換えに関するどのようなモデルでも，一方あるいは両方の一本鎖が二本鎖DNA間で交差した中間体の存在を必要としている（図19・2と19・5を参照）．鎖の取込みタンパク質の働きは3′末端をもつ一本鎖DNAが存在することで誘発されるが，以下のいくつかの状況下でこのようなことが起こる．

- 大腸菌においては，RecBCDによりカイ配列が切断されてできた3′末端をもつ一本鎖DNAをRecAがとらえて，それを相同的な二本鎖配列と反応させて連結分子をつくる．
- 細菌において一本鎖末端が生じるような状況は，おもにDNAに損傷がある所で複製フォークが立ち往生したときであろう．
- 接合の間，一本鎖DNAは標的細胞内に移行して二本鎖に変換され，ついで宿主染色体中に組込まれるのにRecAが必要である．
- 酵母においては，二本鎖切断はDNA傷害や正常な組換え過程で生じるようである．いずれの場合も切断点が処理されて一本鎖の3′末端ができ，それがRad51を含む繊維に取込まれ，ついでそれと対合する二本鎖配列が探される．こうした様式は修復と組換えの両方に使われる．

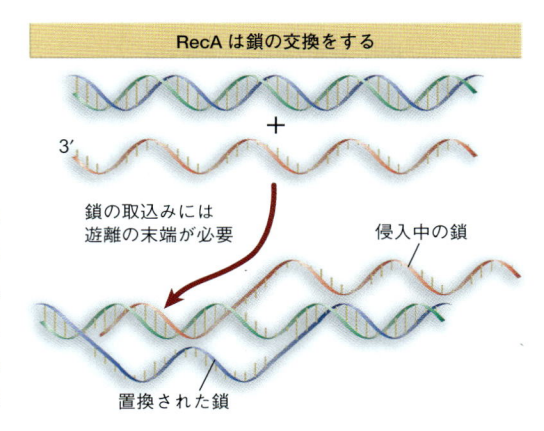

図19・11 RecAタンパク質は二本鎖DNAの中への一本鎖DNAの取込みを促進する．反応に関与するDNA鎖の一つには遊離した末端が必要である．

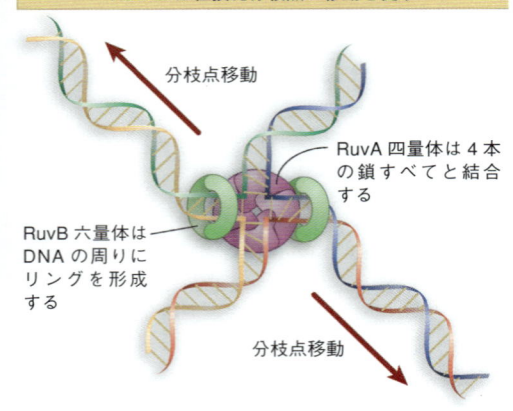

**図19・12** RuvAB は非対称構造をした複合体であり，ホリデイ構造にみられる分枝点移動を促進する．

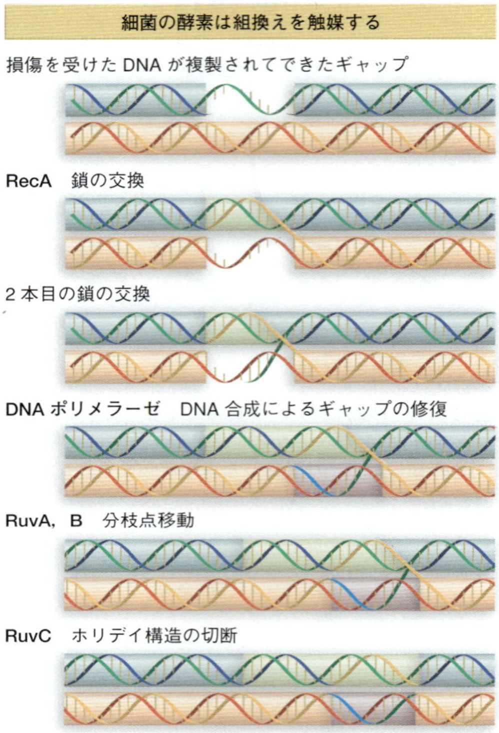

**図19・13** 細菌の一連の酵素の働きにより，適当な基質となる DNA 分子ができさえすれば，修復過程で起こる組換えのすべての反応が触媒される．

## 19・8 Ruv 複合体はホリデイ構造を解消する

- Ruv 複合体は組換え分枝点で働く．
- RuvA が分枝点構造を認識する．RuvB は分枝点移動を促すヘリカーゼである．
- RuvC は分枝点を切断して組換え中間体をつくる．

組換えの最も重要な段階の一つはホリデイ構造の解消であり，この段階で相互組換えになるか，あるいは短いヘテロ二本鎖 DNA だけを含む元の構造に戻るかが決まる（図19・2 と 19・4 参照）．鎖の交換部位から分枝点移動が起こる（図19・3 参照）距離によりヘテロ二本鎖 DNA の長さが決まってくる（相互組換えを伴うか伴わないかにかかわらず）．ホリデイ構造の安定化と解消にかかわるタンパク質として大腸菌 *ruv* 遺伝子産物が同定された．これらの働きを図19・12 に示す．

RuvA タンパク質はホリデイ構造を認識する．このタンパク質は十字を形成した四つの DNA 鎖すべてに結合し，DNA を挟み込むように二つの四量体を形成する．RuvB タンパク質はある種の ATP アーゼであり六量体として働くが，ヘリカーゼ活性をもっており，分枝点移動のモーターとして働く．RuvB 六量体リングは十字構造の上流のそれぞれの二本鎖の周りに結合する．RuvAB により RecA は DNA からはがされる．

RuvC はホリデイ構造を切断して組換え中間体を解消する．共通の 4 塩基配列が RuvC タンパク質によるホットスポットとなっている．この 4 塩基配列（ATTG）は非対称なので，DNA 鎖のどちらの対にニックを入れるかを決めているようであり，（全体での組換えは起こらない）パッチ組換えが起こるか，（両側の遺伝マーカーが組換わる）つなぎ合わせ組換えが起こるかが決まってくる．RuvC やホリデイ構造を解消する別のタンパク質の結晶構造を見ると，それらが同じ働きをするにもかかわらずほとんど似ていない．

これら Ruv タンパク質は，ホリデイ構造の解消はもちろん，分枝点移動を触媒する酵素を含んだ"リゾルベソーム（resolvasome）"の一部として働いているかもしれない．哺乳類の細胞にも同じような働きをする複合体が存在するが，構成成分に細菌のタンパク質との関連性は認められない．

現在では，大腸菌の組換えの各段階をそれぞれのタンパク質の働きによって説明することができる．一つの二本鎖 DNA に生じたギャップが，別の二本鎖 DNA に由来する配列により修復される際の組換えの過程を図19・13 に示す．これらの結論を真核生物の組換え反応にあてはめる場合に最も注意せねばならないのは，細菌にみられる反応はおもに DNA 断片と染色体 DNA 全体との相互作用であり，DNA の損傷により促進される修復反応として起こる点である．すなわち，減数分裂時のゲノム間にみられる組換えとまったく同じというわけではない．それでもなお DNA との反応には同じ分子レベルの活性が関与している．

## 19・9 トポイソメラーゼは DNA に働き，超らせんを弛緩させたり導入したりする

**DNA トポイソメラーゼ** DNA topoisomerase 環状に閉じた DNA 分子の 2 本の鎖が互いに絡まりあっている回数（リンキング数）を変化させる酵素．そのために I 型トポイソメラーゼでは DNA 分子の一方の鎖を切断し，その切れ目でもう一方の鎖を通過させ，その後で切断した鎖の再結合を行う．II 型トポイソメラーゼでは二本鎖 DNA の両方の鎖にニックを入れ，再結合させることによって DNA のトポロジーを変化させる．

- トポイソメラーゼは複製や転写が円滑に進行するように DNA の構造を変換する．

DNA トポロジーの変化はいくつかの様式で起こる．図19・14 にその例を示す．複製や転写が開始するには DNA 二本鎖がほどかれねばならない．複製では 2 本の鎖は解離したままになり，それぞれ新たに合成された鎖と二本鎖を再生する．転写においては，RNA ポリメラーゼが移動するにつれて前方では正の超らせん領域が，後方では負の超らせん領域ができる．正の超らせんにより酵素の動きが鈍る前に超らせんは解消されね

ばならない（§11・10参照）．環状DNAが複製されると，その産物の一方の輪が他方と連環状につながることもある．娘分子を別々の娘細胞に分配するためには，この連環状構造（カテナン）が解消されねばならない．さらに超らせんが重要な意味をもつ別の状況として，真核生物の核内でのDNA繊維のヌクレオソームへの折りたたみがある（§29・6参照）．これらの状況はすべてトポイソメラーゼの作用により解消される．

**DNAトポイソメラーゼ**はDNAトポロジーの変換を触媒する酵素であり，一方あるいは両方の鎖を一時的に切断し，その切れ目を通して切断していない方の鎖を通過させ，ついで切れ目を修復する．切断により生じた端は決してぶらぶらしているのでなく，必ず酵素の一定の部位に留められている――実際には末端は酵素に共有結合している．トポイソメラーゼはDNA配列の選り好みをしないが，部位特異的組換えにかかわっているある酵素も同じ様式で働き，トポイソメラーゼの定義に合致する（§19・11参照）．

トポイソメラーゼは反応機構に基づいて2種類に分類できる．**I型トポイソメラーゼ**は反応の際に片方のDNA鎖を一時的に切り，**II型トポイソメラーゼ**は二本鎖DNAを一時的に切る．一般に，トポイソメラーゼは導入するトポロジー変化の型によりいろいろに分けられる．あるトポイソメラーゼはDNAから負の超らせんだけを減少させ（DNAを弛緩させ），別のものは負および正の超らせんのいずれも弛緩させる．負の超らせんを導入できる酵素を**ジャイレース**（gyrase），正の超らせんを導入するものを**リバースジャイレース**（reverse gyrase）とよぶ．

大腸菌にはトポイソメラーゼI，III，IVおよびDNAジャイレースとよばれる四つの酵素がある．トポイソメラーゼIとIIIはI型酵素である．ジャイレースとトポイソメラーゼIVはII型酵素である．これら四つの酵素のそれぞれは，図19・14に示したどれか一つあるいは複数の状況下で重要な働きをしている：

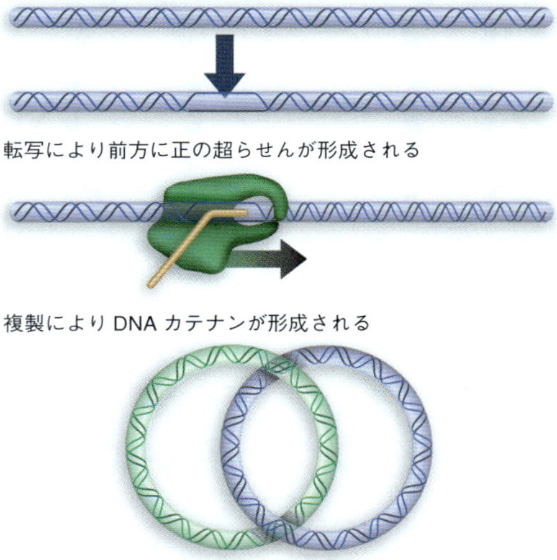

- 細菌核様体における負の超らせんの全体的レベルはジャイレースによる超らせんの導入とトポイソメラーゼIとIVによる弛緩のバランスで決まってくる．これは核様体構造にとって重要なことであり，特定のプロモーターの転写開始に影響する（§11・10参照）．
- 転写により生じる困難を解消するために，ジャイレースはRNAポリメラーゼの前方にできる正の超らせんを負の超らせんに変換し，後方にできた負の超らせんをトポイソメラーゼIとIVが除く．さらに複雑であるが，同じようなことが複製過程でも起こり，これらの酵素が転写のときと同じような役割を果たしている．
- 複製が進行するにつれ，カテナンとよばれる段階では娘の二本鎖は互いの周りに絡み付いている．このカテナンはトポイソメラーゼIVにより解消される．この酵素は複製修了後に残ったあらゆるカテナン型ゲノムをも解消する．トポイソメラーゼIIIの働きはIVと一部重なっている．

役割の細部においては異なっているかもしれないが，真核生物の酵素も同じ基本原理に従う．真核生物の酵素は配列や構造において原核生物のものと類似性がない．ほとんどの真核生物が1種類のトポイソメラーゼIをもち，これは複製フォークの移動に必要であり，かつ転写により生じた負の超らせんの弛緩にも必要である．トポイソメラーゼII（群）は複製後の染色体分離に必要である．他の個々のトポイソメラーゼは組換えや修復活性と関連づけられている．

**図19・14** 複製や転写の過程でDNAトポロジーが変化する．鎖の解離が起こるにはDNA鎖をほどかねばならない．転写の過程でRNAポリメラーゼの進行方向に向かって前方には正の超らせんが形成される．環状DNAが複製されると二つの娘DNA間でカテナンが形成される．

### 19・10 トポイソメラーゼはDNA鎖を切断して再結合する

> ■ I型トポイソメラーゼは切断した鎖の片方の末端に共有結合し，切断しなかった鎖に対してぐるりと回した後，切断点の結合を元に戻す．この反応では結合は保持されたままなのでエネルギーの供給は必要ない．

すべてのトポイソメラーゼに共通した反応は，切断した鎖の端が酵素のチロシン残基に結合することである．I型酵素は切断した1箇所の末端に結合する．II型酵素では切断した二本鎖の一方の末端に結合する．5′-リン酸基に結合するかそれとも3′-リン酸基に結合するかによりトポイソメラーゼはさらに二つのグループ（A型とB型）に分けられる．一時的なホスホジエステル-チロシン結合が用いられることは酵素の作用機構

### Ⅰ型トポイソメラーゼは一本鎖DNAに結合して働く

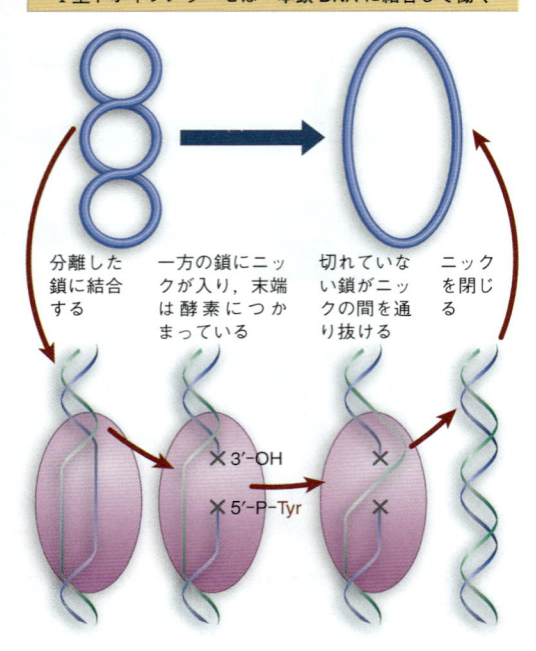

**図 19・15** 細菌のⅠ型トポイソメラーゼは部分的にほどけたDNAの領域を識別し，その二本鎖の一方にニックを入れ，その間をもう一方の鎖が通過する．

### Ⅱ型トポイソメラーゼは二本鎖DNAを切断する

二本鎖DNAが横並びになる

酵素が二本鎖を切る

別の二本鎖が切れ目の所を通り抜ける

切れ目が閉じて酵素がDNAから離れる

**図 19・16** Ⅱ型トポイソメラーゼは二本鎖に切れ目を入れてもう一つの二本鎖DNAを通過させる．

---

の一端を示唆している．DNAのホスホジエステル結合をタンパク質に転移して片方あるいは両方のDNA鎖の構造に手を加えた後，元の鎖と再結合させる．

大腸菌の酵素はすべてA型であり，5′-リン酸基に結合する．これは細菌に一般的であり，B型はほとんどない．真核生物には四つの型のトポイソメラーゼ（ⅠA，ⅠB，ⅡA，ⅡB）すべてがある．

トポイソメラーゼⅠAの反応の模式図を図 19・15 に示す．この酵素は一本鎖になった領域に結合する．そして一方の鎖にニックを入れ，もう一方の鎖を動かしてその間を通過させ，最後にそのニックを閉じる．この酵素の触媒する反応が核酸からタンパク質への共有結合の転移反応であることから，この酵素が何らエネルギーを必要とせずに働くことがわかる．この反応は不可逆的な共有結合の加水分解を伴わず，転移反応において結合エネルギーはそのまま保存される．

Ⅱ型トポイソメラーゼは，正，負どちらの超らせんでも弛緩させることができる．その際ATPを要求し，おそらく1回の触媒反応ごとに1個のATPを加水分解する．図 19・16 に示すように，この反応は二本鎖DNAの上に二本鎖の切れ目をつくることになる．二本鎖は切断されて4塩基が突出した互い違いの末端をもち，二量体酵素のそれぞれのサブユニットが突出した方の鎖に結合する．ついで，もう一方の二本鎖が切れ目を通過する．ついで起こる再結合/解離にATPが使われ，DNAの端が再結合した後に酵素から解離する．

おそらくこの酵素は，どんな二本鎖DNAであっても交差していさえすればそこに結合するという非特異的な識別をするものと思われる．ATPの加水分解は一方の二本鎖を他方の二本鎖の切れ目の所を通過させる際に必要なエネルギーとして使われるのだろう．超らせん構造のDNAのトポロジーから考えて，鎖の相互的な通過によって正，負の超らせんはどちらも解消される．

### 19・11 部位特異的組換えはトポイソメラーゼによる反応に似ている

- インテグラーゼはトポイソメラーゼと関連があり，前者が別々の二本鎖由来の切断末端をつなぎ合わせる点を除けば，組換え反応はトポイソメラーゼの作用と似ている．
- インテグラーゼはチロシン残基を使ってホスホジエステル結合を切り，その切断3′末端に結合することでエネルギー保存的に反応が進む．
- 典型的な部位特異的組換えでは，それぞれの組換え部位には二つの酵素サブユニットが結合し，これら各二量体が接近して複合体を形成し，転移反応が起こる．

部位特異的組換えでは二つの特異的部位の間で反応が起こる．標的DNA部位は短く，典型的には14〜50 bpである．ある場合には二つの部位は同じ配列であるが，別の場合には相同性を欠いている．この反応は遊離したファージDNAの細菌染色体への組込み，さらには組込まれたファージDNAの切出しに使われるが，この場合二つの組換え配列は互いに異なってる．特異的組換え反応は，相同組換えにより生じた環状染色体の二量体を細胞分裂前に単量体に変換するのにも使われる（§17・7参照）．この場合の組換え配列は同一である．

部位特異的組換えを触媒する酵素は一般にリコンビナーゼとよばれ100種類以上が知られている．ファージの組込みにかかわる酵素やそれと関連したものはインテグラーゼファミリーとよばれる．インテグラーゼファミリーの際立ったメンバーとしては，最初に見つかったλファージのInt，P1ファージのCre，酵母のFLP（染色体の逆位を起こす）がある．

インテグラーゼはⅠ型トポイソメラーゼと似た反応機能を使って1本のDNA鎖に一度に一つの切れ目を入れる．それぞれの二本鎖において対応する鎖が同じ箇所で切断され，二本鎖間で遊離の3′末端を交換し，相同な領域に沿って分枝点が移動し，そして最初とは別のペアの鎖に切れ目を入れて構造を解消する．

リコンビナーゼは互いに交差した端同士を再結合するが，トポイソメラーゼは切れ目を入れた後でその端をつかまえておき，ついで本来の鎖に再結合させる，という点で異なっている．基本的には4分子のリコンビナーゼが必要であり，組換えられる二つの二本鎖の四つの鎖をそれぞれ切る．

図19・17にインテグラーゼに触媒される反応の性質を示す．この酵素は単量体でDNAの切断と結合を触媒できる活性部位をもつ．その反応にはチロシン残基によるホスホジエステル結合の切断が含まれる．DNAの3'末端はホスホジエステル結合により酵素のチロシン残基に結合する．これにより遊離した5'-OH末端ができる．

二つの酵素が単位となってそれぞれの組換え部位に結合するが，各部位では一方の酵素の活性部位だけがDNAを切断する．両組換え部位での切断が互いに相補的に起こるように系の対称性が保たれている．ついで，遊離の5'-OH末端が他方の部位の3'-リン酸-チロシン結合を切断する．こうしてホリデイ構造ができる．

残りの（最初の切断と再結合にはかかわっていなかった）二つの酵素が残った相補鎖ペアに働いてホリデイ構造が解消される．

こうした連続的相互作用により塩基の欠失も付加もない保存的鎖交換が起こり，エネルギーの供給も必要としない．切断されたホスホジエステル結合のエネルギーは，一時的にDNAとタンパク質間に形成された3'-リン酸-チロシン結合として保存される．

その最もよく解析されたのがP1ファージの系である．ファージがコードするCreリコンビナーゼが二つの同一の標的配列間での組換えを触媒する．これらは*loxP*とよばれる34 bpの配列である．反応にはCreリコンビナーゼだけで十分であり，補助因子を必要としない．その単純さと効率の良さから，部位特異的組換えを起こさせる最も標準的な手法として今ではCre/*lox*系の名で真核細胞でも利用されている（§32・7参照）．

図19・18はその反応中間体を示し，これは結晶構造に基づいている．このCre/*lox*複合体中には15 bpのDNAのそれぞれに結合した二つのCre分子が認められる．DNAは対称中心で約100°折れ曲がっている．二つの複合体が逆平行となるように集まり，接近した2本のDNAに結合した四量体構造をとっている．鎖の交換はこのタンパク質構造の中央にあるくぼみで起こり，そこには組換え中間体となる配列の中央6 bpが含まれている．

いずれの半分の部位においても，DNA切断にかかわるチロシンはまさにその部位に結合した酵素サブユニットに由来している．これをシスの切断とよぶ．これはIntインテグラーゼやXerDリコンビナーゼにもあてはまる．しかしFLPリコンビナーゼはトランスに切断し，この機構においてはチロシンを提供する酵素サブユニットはその部位に結合したものではない別のサブユニットである．

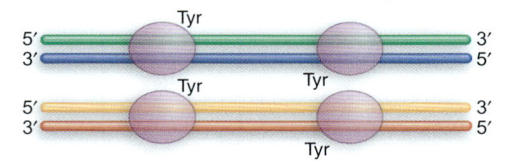

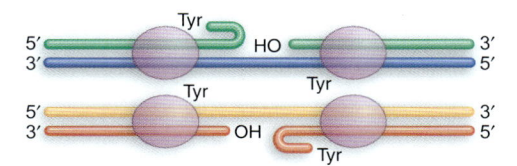

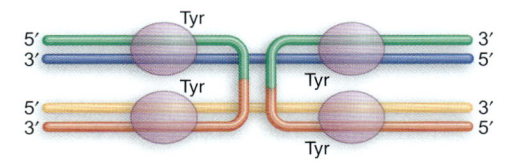

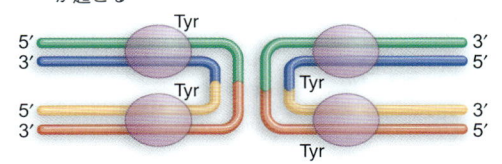

### リコンビナーゼがDNA切断と再結合を触媒する

1. 二つの酵素が二本鎖DNAのそれぞれの端に結合する
2. 各DNAは一方の鎖が切断され，P-Tyr結合と遊離の-OH基が生じる
3. それぞれの-OH基は別の二本鎖DNAが形成するP-Tyr結合を切断する
4. もう一つの酵素分子が同じ反応を行い組換えが起こる

図19・17 インテグラーゼはトポイソメラーゼと似た機構で組換えを触媒する．一方の端が飛び出たDNA切断が起こり，その3'-リン酸末端がインテグラーゼのチロシン残基と共有結合を形成する．それぞれのDNA鎖に残った遊離の-OH基が他方のDNA鎖上に形成されているP-Tyr結合を切断する．図に示した最初の交換反応ではホリデイ構造が形成されている．もう一方の鎖で同じ反応が起こり構造が解消される．

## 19・12 部位特異的組換えには特別な配列が使われる

**プロファージ** prophage 細菌の染色体の一部に入りこみ，共有結合で連結されたファージゲノム．

**組込み** integration ウイルスあるいはその他のDNA配列の両端が，宿主DNAに共有結合でつながった状態で宿主ゲノムに挿入されること．

**切出し** excision ファージ，エピソーム，あるいはその他の配列が宿主染色体から切出され，自律的なDNA分子となること．

***att*部位** *att* site アタッチメント部位．λファージを細菌の染色体に組込んだり染色体から切出したりするλファージおよび細菌染色体上の組換えの場所．

**コア配列** core sequence λファージと細菌ゲノムの*att*部位に共通なDNA配列の部分．この部位でλファージは細菌ゲノムと組換えを起こし，染色体に組込まれる．

**アーム** arm λファージと細菌とが組換えを行うコア領域を挟む配列．

**インタソーム** intasome λファージの酵素であるインテグラーゼ(Int)がλファージの*att*部位(*attP*)に形成するタンパク質・DNA複合体．

- 部位特異的組換えには，必ずしも相同性のない特別な配列が使われる．
- λファージは自らの配列の一部と大腸菌染色体にある*att*部位の間で組換えを起こし細菌染色体に組込まれる．
- λファージは線状プロファージの両端にある*attL*と*attR*部位の組換えにより染色体から切出される．
- λファージの*int*遺伝子は組込みを触媒するインテグラーゼをコードする．
- λファージの組込みは宿主タンパク質IHFを含む大きな複合体中で起こる．
- 切出しにはIntとXisが必要であり，プロファージDNAの両端の配列が基質となり反応が進行する．

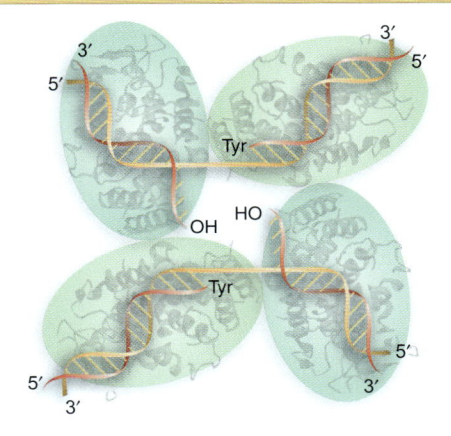

### Cre/*lox*組換えは四量体で起こる

図19・18 接近した*loxA*組換え複合体には四つのCreリコンビナーゼが含まれており，各単量体が結合配列の半分の部位に結合している．四つある活性部位のうち二つが使われており，他方のDNA部位の相補鎖に働く．

部位特異的組換えに関して最初に解析された系の一つにλファージの組込みがある．実際のところこの系はさらに複雑であり，組換え反応に必要な酵素に加えていくつかの補助的な機能が備わっている．

λファージDNAが二つの異なった生活環の間を移行するには二つの反応が必要となる．第一は，遺伝子発現の様式が14章で述べたような特有の制御を受けることである．第二は，DNAの物理的な形状が溶菌サイクルと溶原化では異なっていることである：

- 溶菌サイクルでは，λファージDNAは感染した菌体内で独立した環状の分子として存在している．
- 溶原化では，ファージDNAは細菌染色体の一部となっている（**プロファージ**とよばれる）．

二つの状態の間の相互変換には部位特異的組換えが関与する：

- 溶原化に入る際に，遊離のλファージDNAは宿主DNAに組込まれる．これを**組込み**という．
- 溶原化から溶菌サイクルに移る際には，プロファージDNAが宿主染色体から切出される．これを**切出し**という．

組込みと切出しは，細菌とファージDNAの特殊な部位，***att*部位**（アタッチメント部位）とよばれる所での組換えによって起こる．細菌の染色体上の*att*部位（*att*$^\lambda$）は*attB*とよばれ，*BOB'*という構成の配列をもっている．λファージの*att*部位，*attP*は*POP'*という構成の配列をもっている．図 19・19 にこれらの部位での組換え反応の概略を示す．塩基配列 *O* は *attB* と *attP* とに共通で，**コア配列**とよばれ，組換えはこの中で起こる．これを挟む *B, B'* と *P, P'* は**アーム**とよばれ，それぞれ異なった塩基配列である．λファージDNAは環状であるが，組換えによって線状の配列として細菌の染色体に組込まれる．組込まれたプロファージは，組換えの結果できた二つの新しい*att*部位，*attL* と *attR* に挟まれて存在する．これらの*att*部位はそれぞれ *BOP'* と *POB'* の一部である．

*att*部位の構造に関して大切なことは，組込みと切出し反応のときに関与する塩基配列が同じでないということである．組込みには *attP* と *attB* の間の認識が必要である．一方，切出しには *attL* と *attR* の間の認識が必要である．このように部位特異的組換えがどちら向きに起こるかは，組換え部位そのものの性質によって調節されている．

組換え現象は可逆的ではあるが，反応の進行する向きに対してそれぞれ条件が違っている．このことはλファージの生活環にとって重要である．というのはこの違いのおかげで，組込み後にすぐ切出されて逆戻りしないようになっているからである．逆の場合についても同様である．

組込みと切出しのときに反応する二つの部位が違うということは，両反応を仲介するタンパク質も違うことを示している：

- 組込み反応（*attB*×*attP*）には，インテグラーゼをコードするλファージの遺伝子 *int* の産物 Int と IHF（組込み宿主因子；integration host factor）とよばれる細菌由来のタンパク質が必要である．
- 切出し反応（*attL*×*attR*）には Int と IHF のほかに，λファージ遺伝子 *xis* の産物が必要である．

つまり，Int と IHF は両方の反応に必要であり，Xis が反応の方向性を決める重要な役割を演じているわけである．Xis は切出しには必要だが，組込みに対しては阻害的に働く．

トポイソメラーゼや（Cre/*lox*系を含む）多くのインテグラーゼは単独で働く．しかし，λファージにみられる反応では追加の因子が必要である．IHF は組込みと切出しの両方に必要であり，大腸菌において IHF は DNA 構造に上手に手を加える必要があるような多くの反応にかかわっている．複数の IHF 分子で形成された複合体の表面に DNA を巻き付かせて折り曲げる働きがある．

Int および IHF タンパク質が *attP* に結合すると，結合点はすべてタンパク質の表面に引き寄せられる．この**インタソーム**形成のために *attP* が超らせん構造でなくてはなら

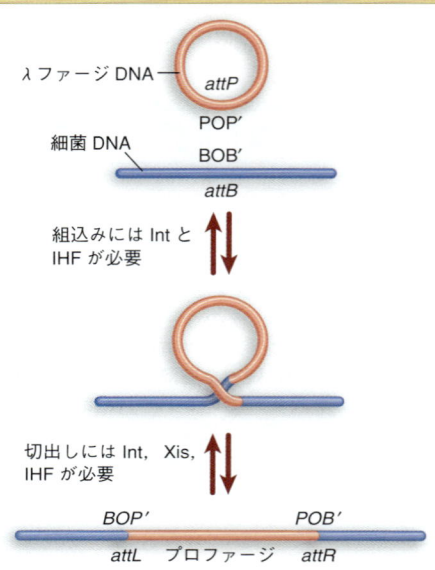

図 19・19　環状のλファージDNAが *attP* と *attB* の間で相互組換えを起こし，組込まれてプロファージになる．*attL* と *attR* の間で相互組換えが起こるとプロファージは切出される．

ないのだろう．図19・20に示すように，インタソームはattBを"捕獲する"中間体である．このモデルに従うと，組込みの開始反応はattPとattBの相同性によるのではなく，IntがattPとattBを認識する能力で決まる．その後，attPとattBはインタソーム内のあらかじめ決まった方向に配置される．鎖交換反応のために塩基配列の相同性が重要となるのはこの段階である．

組込み反応と切出し反応が可逆的でないのは，IntはXisが添加されたときだけattRと複合体をつくることによっている．こうしてできた複合体は，attLとIntが相互作用してできた複合体と対になる．この反応にはIHFは関与しない．

部位特異的組換え反応がこのように複雑なのは，ウイルスが溶原化へ進む際には組込み反応を起こさねばならず，プロファージが溶菌サイクルに入る際には切出し反応が起こらねばならないからだろう．IntとXisの量を適当に調節することにより，望ましい反応を起こさせることが可能になっているのである．

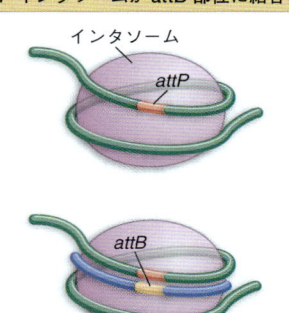

図19・20 attPと結合してインタソームを形成しているIntタンパク質の多量体は，遊離したDNAのattPを認識して部位特異的組換えを始めるのだろう．

## 19・13 組換えによる酵母の接合型変換

> 接合型　mating type　一倍体の酵母がもつ性質で，逆の接合型をもつ細胞とのみ融合して二倍体を生じる．
> フェロモン　pheromone　ある生物の一方の性がもう一方の性と交配（接合）するために分泌する低分子化合物．
> カセットモデル　cassette model　酵母の接合型についてのモデルで，接合型を決める遺伝子座について，発現される遺伝子座（発現型カセット）が1個とそれに相同で発現されない遺伝子座（非発現型カセット）が2個あると考える．発現型カセットにある一方の型（の遺伝子）が非発現型カセットにあるもう一方の型（の遺伝子）によって置換されると，接合型が変化すると考えるモデル．

- 一倍体酵母は，*MATa*か*MATα*の遺伝型をもつ*MAT*部位により決定され，これら二つの接合型のいずれかをとる．
- 特定の接合型の酵母は，反対の接合型の細胞がもつレセプターに結合する小さなペプチドを分泌する．
- 接合因子がレセプターに結合すると細胞を接合へと導く反応経路が活性化される．
- 優性*HO*対立遺伝子をもつ酵母では約$10^{-6}$の頻度で接合型の変換が起こる．
- カセットモデルによれば，接合型を決める三つの非対立遺伝子コピーがある．*MAT*部位にある対立遺伝子は発現型カセットとよばれる．これとは別に二つの非発現型カセット *HMLα* と *HMRa* が存在する．
- *MATa*が*HMLα*に置き換えられるか，*MATα*が*HMRa*に置き換えられるかして接合型の変換が起こる．

酵母は一倍体でも二倍体でも増殖できる．この二つの状態の間の移行は接合（一倍体の配偶子が融合して二倍体になる）および胞子形成（二倍体が減数分裂によって一倍体胞子をつくる）によって行われる．この過程に入れるかどうかは酵母の**接合型**が決めている．接合型は*MAT*部位の配列により決まるが，この部位を別の配列で置き換えるような組換え反応により接合型が変換される．この組換え反応も相同組換えに似て二本鎖切断で開始されるが，それに続く反応は必ず一方的に*MAT*部位の配列が置き換わるように進行する．

接合におけるふるまいは*MAT*部位にある遺伝情報により決まる．この部位に*MATa*対立遺伝子をもつ細胞が**a**細胞であり，*MATα*対立遺伝子をもつのがα細胞である．異なった型の細胞同士は接合するが，同じ型の細胞は接合しない．フェロモンの分泌により異なった接合型の細胞が認識される．α細胞は小さなポリペプチドα因子を分泌し，**a**細胞は**a**因子を分泌する．それぞれの接合型の細胞は相手の型のフェロモンに対するレセプターを細胞表面にもっている．**a**細胞とα細胞が出合うとこれらのフェロモンが互いに相手の細胞に作用し，細胞周期を$G_1$期で停止させ，さらに多くの形態的変化が起こる．細胞周期の停止に続いて細胞や核の融合が起こり，二倍体のa/α細胞を生じて接合が完了する．

a/α細胞は*MATa*と*MATα*の両方の遺伝子をもつ．図19・21は通常の一倍体/二倍体の生活環がどのように維持されているかを示したものである．*MAT*部位の基本的な

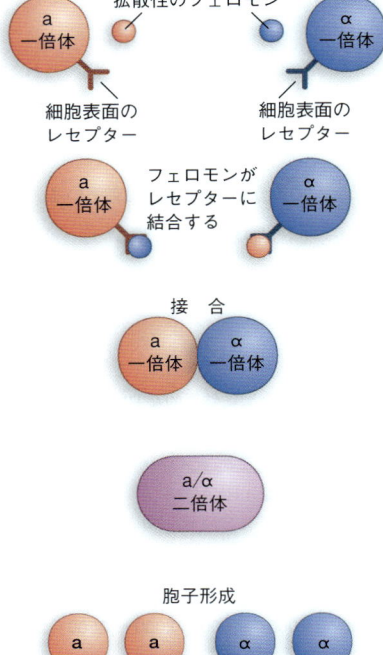

図19・21 酵母の生活環では，*MATa*と*MATα*の一倍体同士が接合して二倍体のヘテロ接合体をつくり，その後，一倍体の胞子が形成される．

**接合型を決める非発現型カセットがある**

図19・22 接合型の変化は発現型カセットがもう一方の接合型の非発現型カセットと置き換わって起こる．同じ型のカセット同士で転移が起こったときには，接合型の変化は認められない．

**すべてのカセットの配列は似ている**

非発現型カセットは RNA を合成しない

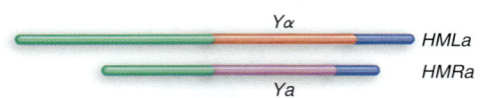

発現型カセットは接合型に特異的な RNA を合成する

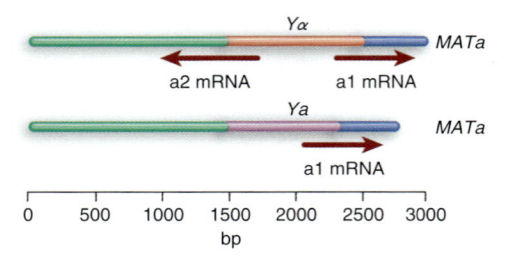

図19・23 非発現型カセットとそれに対応する発現型カセットの塩基配列は同じである．ただ，HMRa では最も端の配列が欠けている．Y領域のみ a 型とα型で異なる．

---

働きは，フェロモンやレセプター遺伝子の発現を調節することである．MATα はα1 とα2 の二つのタンパク質をコードしている．MATa はただ a1 タンパク質だけをコードしている．a およびα タンパク質は，正や負の調節因子として働くことで多くの標的遺伝子の転写を直接調節している．これらは一倍体では単独で，二倍体では協調して働く．

酵母の接合過程に関する多くの情報は，a 細胞やα 細胞で接合能を失った変異の性質の解析から得られた．これらの変異により見いだされた遺伝子は STE（sterile, 不稔性）とよばれる．フェロモンやレセプター遺伝子の変異は，それぞれの接合型に特異的である．しかし，その他の STE 遺伝子の変異は，a とα の両細胞の接合能に影響する．このことは，a またはα 因子とレセプターの相互作用の後に起こる反応は，両方の接合型で同じであると考えれば説明できる．

接合は対称的な過程であり，一方の型が分泌するフェロモンともう一方の型がもつレセプターの相互作用から始まる．一方の接合型の応答にのみ特異的に必要なのはレセプターをコードする遺伝子だけである．それぞれの因子-レセプター間での相互作用により，同じ応答反応のスイッチが入る．したがって，この共通の過程を阻害する変異は，両方の接合型の細胞に対して同じ影響をもつことになる．この過程は情報伝達カスケードから成り立っており，接合に必要な細胞形態や遺伝子発現の変化をもたらす遺伝子産物の発現へと導かれる．

酵母の特色の一つは株によっては MATa から MATα への，あるいはその逆の接合型変換を起こすことである．これらの株は優性対立遺伝子 HO をもっており，約 $10^{-6}$ の頻度で接合型を変換する．

接合型の変換が起こるということは，どの細胞にも MATa と MATα が潜在的情報として存在しているが，普段はその一方だけしか発現していないと考えられる．その接合型を変化させる情報はどこからくるのだろうか．変換が起こるためにはさらに二つの遺伝子が必要である．HMLα は MATα 型に切換わるために，HMRa は MATa 型に切換わるために必要である．これらの遺伝子座は MAT と同じ染色体上にある．HML は左側の離れた所に，HMR は右側の離れた所にある．

接合型のカセットモデルを図19・22 に示した．MAT には α 型か a 型のどちらかの発現型（active）カセットがあり，HML と HMR には非発現型（silent）カセットがある．普通 HML にはαカセットが，HMR には a カセットがある．すべてのカセットは接合型に関する情報をもっているが，MAT にある発現型カセットのみが発現する．接合型の変換は発現型カセットが非発現型カセットにある情報で置き換えられ，新しいカセットが発現することで起こる．変換はどちらか一方向にしか起こらず，HML または HMR にある遺伝子が MAT の遺伝子に取って代わる．変換に伴って普通は MATa が HMLα のコピーで置き換わるか，MATα が HMRa のコピーで置き換わる．

接合型の確立と変換にはいくつかの遺伝子群が関与している．この中には実際に接合型を決める遺伝子のほかに，非発現型カセットの抑制，接合型の変換，接合に関与する機能を実行している遺伝子がある．

## 19・14 一方向の転移は受容部位である MAT の側から始まる

- 接合型の変換は HO エンドヌクレアーゼにより MAT 遺伝子座で二本鎖切断が起こることで始まる．

二つの非発現型カセット（HMLα と HMRa）と二つの発現型カセット（MATa と MATα）との配列を比べると，接合型を決定している配列を明らかにできる．接合型の遺伝子座の構造を図19・23 に示す．それぞれのカセットの中央部には a 型とα 型で異なる領域（それぞれ Ya，Yα とよばれる）が存在し，この領域の両側には共通の配列が存在する．この領域のどちら側でもその配列はほとんど同じであるが，ただ HMR は短くなっている．発現型カセット（MAT）では Y 領域の中に存在するプロモーターからの転写が起こる．

接合型の変換は受容部位（MAT）の配列が供与部位（HML と HMR）の配列で置換わる遺伝子変換に当たる．接合は HO エンドヌクレアーゼによる Y-Z 境界のすぐ右

端で二本鎖切断が起こることで開始される．図19・24に示すように，切断により4塩基の一本鎖末端を生じる．このヌクレアーゼの認識部位は24 bpとかなり長く，したがってこのような認識配列は染色体上で三つの接合型カセット配列にのみ存在する．

*MAT*部位だけがHOエンドヌクレアーゼの標的であり，*HML*や*HMR*部位はそうでない．非発現型カセットが転写されない状態に保たれているのと同じ機構により，供与側はHOエンドヌクレアーゼの作用を受けないのだろう．ヌクレアーゼの作用を受けないことで，変換は確実に一方向にのみ起こる．

供与側と受容側で切断にひき続いて起こる反応全般について，図19・25に模式的に示した．ここで，それぞれのDNA鎖の相互作用に関しては，図19・5に示した二本鎖の切断が関与する組換えと対比させて考えるとよい．最初の切断に続いて起こる反応には相同組換えに関与する酵素が必要である．

*MAT*の遊離した末端が*HML*か*HMR*部位に入り込み，図の右側の相同性のある領域と塩基対を形成すると考えよう．*MAT*のY領域が分解して左側の相同性のある領域が露出する．この時点で*MAT*は*HML*または*HMR*と左端および右端の両方で塩基対を形成する．*MAT*から取除かれたY領域（Y領域を越えて除去されるかもしれない）は*HML*あるいは*HMR*のY領域からのコピーと置き換わる．最後に，塩基対を形成していた領域が分離する．

組換えにおける二本鎖切断のモデルのように，この過程は*MAT*，つまり置き換えられる部位から開始される．*HML*や*HMR*を供与側と表現しているのは，その究極的役割を述べているだけのことであって，その過程で働く機構を表しているのではない．

### 19・15 要　約

組換えには対応するDNA分子同士の一部が物理的に交換する反応が伴う．その結果，それぞれの親DNAに由来する鎖を1本ずつもつヘテロ二本鎖（ハイブリッド）DNAが生じる．ヘテロ二本鎖DNAの中でミスマッチを形成している塩基は修正されることが多い．ヘテロ二本鎖DNAが形成されても外側のマーカーのいずれとも組換えが起こっていない場合もある．通常の組換え（あるいは，まれに起こる非対立遺伝子間の組換え）によりかなり長いヘテロ二本鎖DNAが形成され，ついで一方の親鎖の配列に合うように修復されると遺伝子変換が起こる．こうして一方の遺伝子が他方の遺伝子配列を獲得する．

組換えは二本鎖の切断から始まるようだ．切断点は一本鎖領域をもったギャップに広げられ，遊離した一本鎖の末端はもう一方のDNAの相同領域とヘテロ二本鎖を形成する．切断を受けたDNAはもう一方のDNA分子に由来する塩基配列を取込む．組換えの原因となったDNAを受容側分子とよぶのはこのためである．組換えのホットスポットは二本鎖の切断が最初に起こる部位である．遺伝子変換の頻度は切断によって生じた末端付近の塩基配列が一本鎖へ変換されやすいかどうかによって決まってくるが，これは切断部位から遠ざかるにつれて減少する．

酵母の組換えは，遊離の5′末端に結合するトポイソメラーゼ様の酵素であるSpo11により開始される．二本鎖切断（DSB）にひき続いて別の染色体の相補鎖と対合できる一本鎖DNAが生じる．組換えにはシナプトネマ複合体の形成が必要なことが，複合体ができない酵母の変異株の解析からわかった．シナプトネマ複合体形成は二本鎖切断により開始され，組換えが完了するまで保持されるようだ．シナプトネマ複合体の構成成分に変異が起こるとその形成が阻害されるが，染色体対合は阻害されないので，染色体が互いの相同領域を認識する過程は組換えやシナプトネマ複合体形成とは独立している．

大腸菌のRecとRuvタンパク質により組換えが完結されるには一連の反応が必要である．RecBCDヌクレアーゼにより遊離の末端をもつ一本鎖領域がつくられる．この酵素はカイ配列の一方の側に結合した後，DNAをほどきながらカイ配列に向かって移動する．カイ配列に達すると二本鎖の一方を切断する．カイ配列は組換えのホットスポットである．一本鎖DNAはRecAの基質となり，このタンパク質は一方のDNA分子由来の一本鎖が他方の二本鎖に進入した領域を保持することで相同なDNA分子同士を接近させる活性をもっている．ヘテロ二本鎖DNAは本来の二本鎖のうち一方が置き換わ

---

**HOエンドヌクレアーゼは24塩基対から成る標的配列を切断する**

Y領域

TTTCAGCTTTCCGCAACAGTATA
AAAGTCGAAAGGCGTTGTCATAT

　　　　　　　　　　HOエンドヌクレアーゼ

TTTCAGCTTTCCGCAACA　　　GTATA
AAAGTCGAAAGGCG　　　TTGTCATAT

図19・24　HOエンドヌクレアーゼはY領域の右側で*MAT*を切断し，4塩基が突出した付着末端を生じる．

**接合型の変換は二本鎖切断を伴う**

受容部位
*MAT*

↓ Yの境界で切断

↓ 供与部位と塩基対形成

供与部位
*HMR*か*HML*

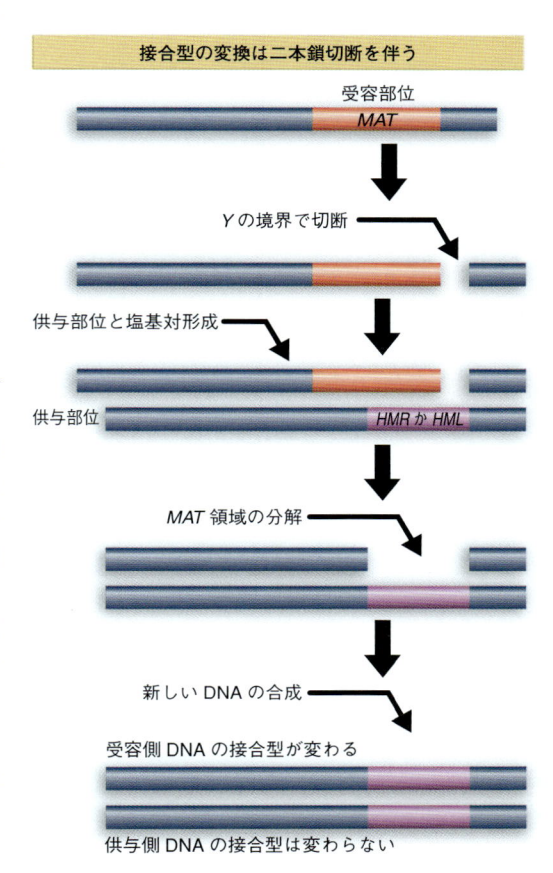

↓ *MAT*領域の分解

↓ 新しいDNAの合成

受容側DNAの接合型が変わる

供与側DNAの接合型は変わらない

図19・25　カセットの変換は受容部位（*MAT*）での二本鎖の切断から始まり，Y領域の一方の末端が供与部位（*HMR*や*HML*）と塩基対を形成するらしい．

ることで生成する．こうした反応により組換えの連結点が形成され，これは Ruv タンパク質により解消される．RuvA と RuvB はヘテロ二本鎖に結合し，RuvC はホリデイ構造を切断する．

　組換えには，複製や転写と同様に，DNA のトポロジーの変換が必要である．トポイソメラーゼは DNA から超らせんを除く（あるいは DNA に超らせんを導入する）が，組換えや複製の際にカテナンとなった DNA をほどくのにも必要である．Ⅰ型トポイソメラーゼは二本鎖 DNA の一方の鎖を切断する．Ⅱ型トポイソメラーゼは二本鎖切断を起こす．これらの酵素はそのチロシン残基が 5′-リン酸基（A 型酵素），あるいは 3′-リン酸基（B 型酵素）に共有結合して DNA と結び付く．

　部位特異的組換えに関与する酵素にもトポイソメラーゼと似た活性がある．これらの一般にリコンビナーゼとよばれるものの中で，ファージの組込みに関与する酵素はインテグラーゼとよばれるサブファミリーを形成している．Cre/lox 系では 2 分子の Cre がそれぞれの lox 部位に結合するので，組換え複合体は四量体となる．これは外来 DNA を染色体に組込む標準的な系の一つである．λファージの組込みには，λファージ自身がコードする Int タンパク質と，宿主がコードする IHF タンパク質が必要である．その際，DNA 鎖の正確な切断・再結合が起こるが，新たな DNA 合成は伴わない．組込み反応には，λファージ DNA の attP 配列をそれぞれ数分子の Int および IHF タンパク質に巻き付けた形のヌクレオソームに似た構造をしたインタソームが関与している．宿主の attB 配列が結合すると組換えが起こる．この組込み反応の逆，すなわち切出し反応にはファージタンパク質 Xis が必要である．あるインテグラーゼはシス切断様式で働き，DNA と反応するチロシン残基はまさにその部位に結合したサブユニットに由来する．別のインテグラーゼはトランス切断様式で働き，チロシン残基は別の部位に結合したサブユニットに由来している．

　酵母の接合型は，*MAT* 部位に **a** 型，α 型のどちらの接合型遺伝子があるかによって決まる．一倍体細胞で *MAT* の遺伝子が発現すると，その接合型に特異的な遺伝子が発現する一方，他の型に特異的な遺伝子は抑制される．*HMR***a** と *HML*α 部位には一つずつ，発現していない接合型の遺伝子が存在する．HO エンドヌクレアーゼを発現する細胞では，一方向性の転移が起こって，*MAT* の α 遺伝子が *HMR***a** により，あるいは *MAT* の **a** 遺伝子が *HML*α によって置き換えられる．このエンドヌクレアーゼは *MAT* 部位に二本鎖切断を入れ，生じた遊離末端が *HMR***a** または *HML*α に入り込む．*MAT* が転移反応を開始するのだが，こちらが新しい遺伝子の受容部位となる．

# 20　DNA 傷害からの修復

| | |
|---|---|
| 20・1　はじめに | 20・7　大腸菌の組換え修復 |
| 20・2　変異を起こす二つのタイプの傷害 | 20・8　組換えは複製の誤りを正す重要な修復系である |
| 20・3　大腸菌の除去修復系 | 20・9　修復系は真核生物にも保存されている |
| 20・4　メチラーゼとグリコシラーゼは塩基をひっくり返して引っ張り出す | 20・10　二本鎖切断は共通の機構で修復される |
| 20・5　誤りがちな修復 | 20・11　修復系の欠損により腫瘍では変異の蓄積が起こる |
| 20・6　ミスマッチを正しい方向に修復する調節 | 20・12　要　約 |

## 20・1　はじめに

- 修復系は正しい塩基対を形成していない DNA を認識する．
- 除去修復系は傷害部位で一方の鎖を除いて置換する．
- 組換え修復系は組換えを介して傷害のある二本鎖領域を置換する．
- これらの修復系は修復の過程で誤りを起こしがちである．
- 光回復系はピリミジン二量体に特異的に働く変異を伴わない修復系である．

通常の DNA 二本鎖構造に変化を起こすどんなことも，細胞の遺伝的健全さを損なうおそれがある．DNA の損傷は，それを認識して傷害を直す系の働きにより最小限にくい止められる．修復系は複製装置それ自体と同じくらい複雑であり，このことは修復系が細胞の生存にとって重要であることを示している．修復系により傷害が直されて前と同じ DNA になる．それができないと変異が起こってしまうだろう．変異の確率は DNA に起こる傷害の数とそれが修復された（あるいは修復しそこなった）数のバランスで決まる．

修復系は，その作用を行う目印として DNA 上のゆがんだ領域を常に認識することができ，また，細胞は DNA に生じた傷害に対処するいろいろな仕組みを備えている．真核生物における DNA 修復の重要性は，ヒトのゲノムには 130 を上回る修復関連遺伝子が存在することからもわかる．図 20・1 に示すように，それらは大きく数種類に分類することができる：

- ある酵素は特定の傷害を直接元に戻す．
- それぞれ，塩基の除去修復，ヌクレオチドの除去修復，ミスマッチ修復のための経路があり，いずれも対応する傷害を除去して元に戻す．
- 傷害を受けた二本鎖配列を別の健全なコピーを使って組換えにより置換する系がある．
- 非相同的な末端連結系は切断された二本鎖末端を再結合させる．
- 何種類かの異なった DNA ポリメラーゼが，置換する DNA 領域を再合成するのにかかわっているようである．

直接修復はまれなことではあるが，傷害部位の逆反応による回復ないし単なる除去を行う．ピリミジン二量体の光回復はその最も良い例で，光依存酵素による逆反応で，傷害となる共有結合を単に元に戻す．この修復系は自然界に広く存在しており，特に植物にとって重要なようである．大腸菌では，フォトリアーゼという酵素をコードしている単一の遺伝子（*phr*）によって行われる．

修復系のおもな標的の一つは DNA 鎖間のミスマッチである．ミスマッチ修復は，DNA 上の正しく塩基対をつくれない塩基を精査吟味することによってなされる．複製によって生じたミスマッチは，"新しい"鎖と"古い"鎖を見分け，新しく合成された鎖の配列を優先的に修正することによって訂正される．脱アミノの結果のように，塩基の変換によって生じたミスマッチを処理するのは別のシステムである．これらの修復系の重要さは，酵母のミスマッチ修復にかかわる遺伝子と関連したヒトの遺伝子の変異が，がんをひき起こすことからもはっきりしている．

通常，ミスマッチは除去修復により直されるが，この反応は傷害を受けた塩基や DNA の高次構造の変化を認識する酵素によって開始される．二つのタイプの除去修復

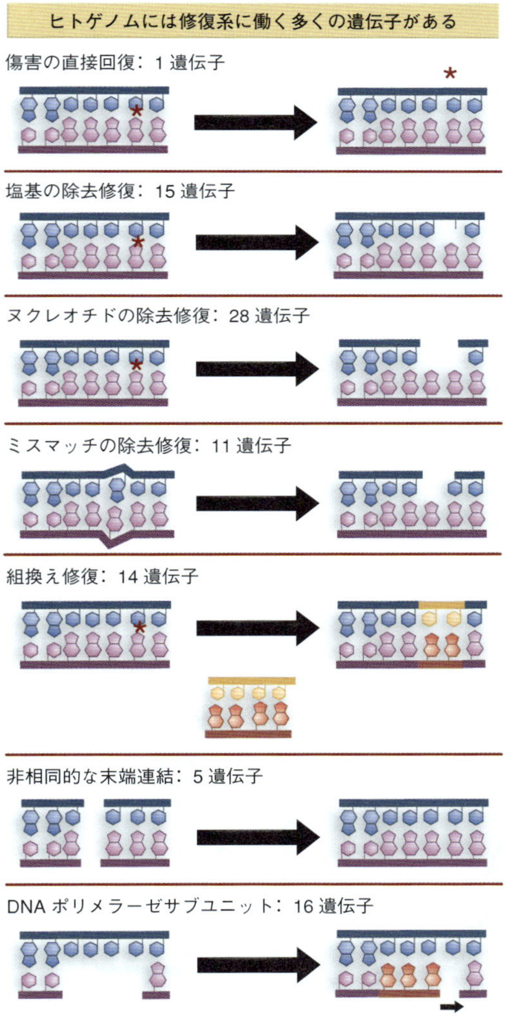

図 20・1　修復系の遺伝子は DNA 上の傷害を元に戻したり回避したりする機構の違いにより分類することができる．

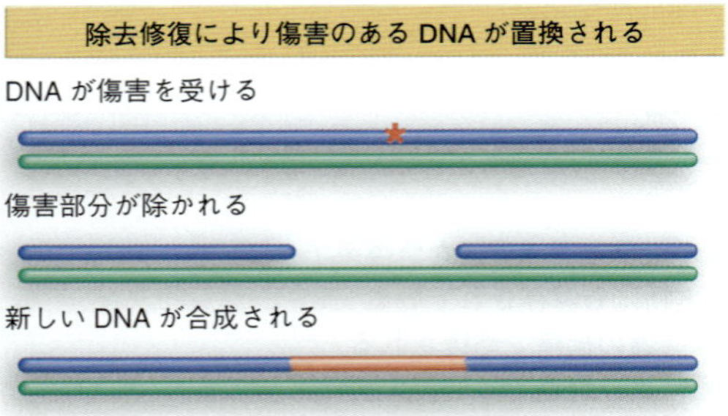

**除去修復により傷害のある DNA が置換される**

DNA が傷害を受ける

傷害部分が除かれる

新しい DNA が合成される

図 20・2　除去修復では傷害のある DNA が直接取除かれて新しい鎖が合成される．

系がある：

- 塩基除去修復は DNA 中の傷害のある塩基を直接除去して置換する．その良い例が DNA ウラシルグリコシラーゼであり，グアニンとミスマッチしたウラシルを除去する（§20・4 参照）．
- ヌクレオチド除去修復は，傷害のある塩基を含んだ配列を除去する．そして除去された部分を新しい DNA を合成することで置換する．この修復系が働くときのおもな段階を図 20・2 にまとめた．これはありふれた系である．ある系は DNA 傷害一般を認識するが，別の系は特定の塩基傷害に作用する．一つの型の細胞がしばしば複数の除去修復系をもっている．

組換え修復は娘 DNA 分子に残った傷害を処理する．最も一般的には新生鎖にギャップを入れるようにして傷害部位を迂回した複製を行わせる．ついで，組換えを介して傷害のない配列のコピーを手に入れる回復系が働く．このコピーを使ってギャップを修復する．

組換えと修復のおもな特徴は二本鎖切断を処理する必要があることで，二本鎖切断により相同組換えを介した交差が始まる．二本鎖切断は複製に問題が起こった場合に生じ，組換え修復系の作動が促される．二本鎖切断は（放射線傷害のような）自然傷害，あるいはテロメアの短縮化によっても生じ，これらは変異の要因となる．非相同的 DNA 末端を連結して二本鎖切断を始末することができる．

大腸菌の DNA 修復機能に影響を与える変異は数種の修復経路に対応した（必ずしもすべてが独立であるわけではない）グループに分類される．知られているおもなものは，*uvr* 除去修復系，メチル基依存ミスマッチ修復系，*recB*, *recF* 組換えおよび組換え修復経路である．これらの系に関連した酵素には，エンドヌクレアーゼとエキソヌクレアーゼ（傷害 DNA を除去するのに重要），リゾルベース（組換え構造体に特異的に働くエンドヌクレアーゼ），DNA をほどくためのヘリカーゼ，新しい DNA を合成する DNA ポリメラーゼがある．これらの酵素のあるものは修復系に特化されているが，他のものは複数の経路で働いている．

複製装置は合成した DNA の品質管理に多大な注意を払っている．DNA ポリメラーゼは娘鎖を校正機能によってチェックして誤りを除く．それに比べて修復系は傷害を除くために DNA を合成する際の正確さが劣っている．そこでこの修復系は誤りがちな系として知られている．

## 20・2　変異を起こす二つのタイプの傷害

**構造のゆがみ**　structural distortion　通常の二本鎖が形成できないように塩基あるいは塩基対が変化することで生じた DNA 構造のゆがみ．
**ピリミジン二量体**　pyrimidine dimer　DNA に紫外線が照射されたとき，隣合う 2 個のピリミジン塩基の間を直接結び付ける共有結合が形成されてつくられる．これにより DNA の複製ができなくなる．

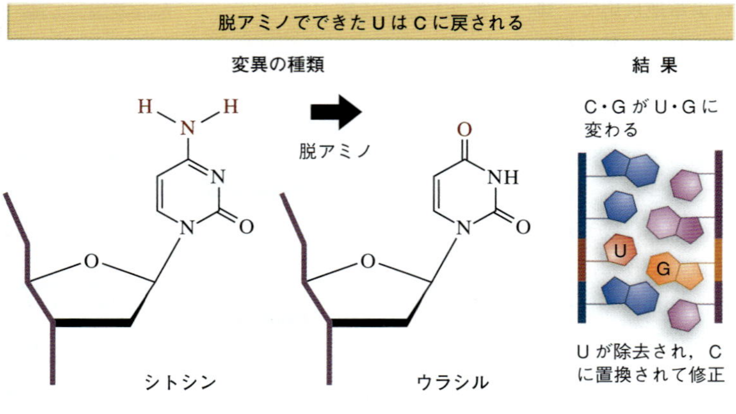

**脱アミノでできた U は C に戻される**

変異の種類　　　　　　　　　　　　結果

シトシン　→脱アミノ→　ウラシル

C・G が U・G に変わる

U が除去され，C に置換されて修正

図 20・3　シトシンが脱アミノされて U・G 塩基対ができる．ミスマッチ塩基対ではウラシルが優先的に除去される．

- 一塩基置換により生じたミスマッチは次の複製までしか存続しない．
- DNA に余分なものが共有結合したりニックが入ったりすると転写や複製が阻害されて，複製のたびに新たな誤りが生じる．

修復系を誘導する傷害は二つの一般的タイプに分けられる．1 塩基のみに影響を与える変化と，塩基間に共有結合が生じたり DNA 鎖にニックが入るような構造のゆがみである．

1 塩基変化は，DNA の全体的な構造にではなく，その塩基配列に影響を及ぼす．これらは二本鎖 DNA が 1 本の鎖に解離した場合の転写や複製には影響しない．それゆえ，この種の DNA の塩基配列の変化では後代になってからその傷害によっ

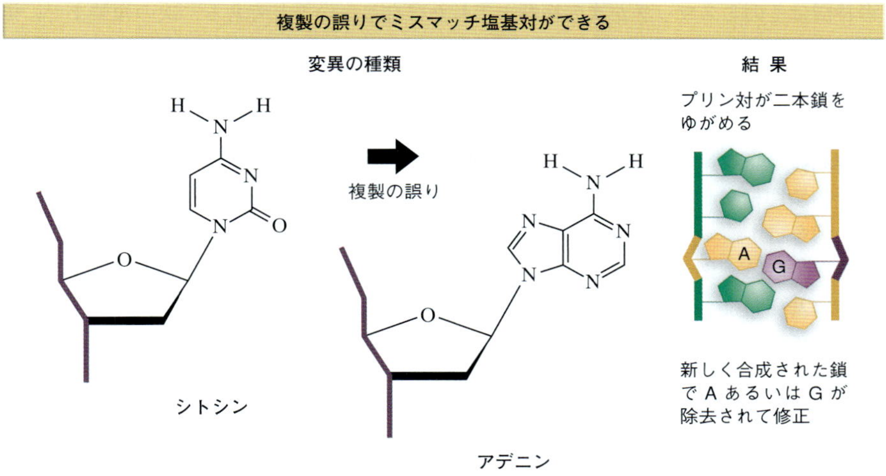

### 複製の誤りでミスマッチ塩基対ができる

**変異の種類**

シトシン → (複製の誤り) → アデニン

**結果**

プリン対が二本鎖をゆがめる

新しく合成された鎖でAあるいはGが除去されて修正

図20・4 複製の誤りでミスマッチが生じるが，これは1塩基の置換によって修正される．もし修正されないと娘二本鎖DNAの一方に変異がもたらされる．

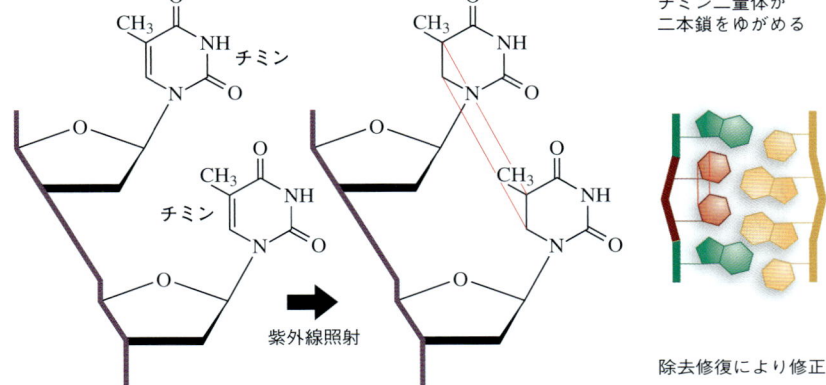

### チミン二量体は切出しにより除去される

**変異の種類**

チミン＋チミン → (紫外線照射) → チミン二量体

**結果**

チミン二量体が二本鎖をゆがめる

除去修復により修正

図20・5 紫外線照射により隣接したチミン残基間で二量体が形成され，複製や転写が阻害される．

---

て悪い影響が現れる．このような作用は，一つの塩基が別の塩基に変わり，正しい塩基対を形成しなくなることによって起こる．このようなことは，自然に起こったり複製の誤りで起こったりする塩基の変異の結果として生じるだろう．図20・3に示すように，シトシンのアミノ基が（自然にあるいは化学変異原により）脱アミノされウラシルになりU・Gミスマッチ塩基対ができる．図20・4に示すように，複製の誤りによりシトシンの代わりにアデニンが挿入されA・Gミスマッチ塩基対ができることもある．これらの変化は（U・G対の場合のように）きわめて小さな構造のゆがみを生じるかもしれないし，（A・G対の場合のように）かなりの変化をひき起こすかもしれない．しかし共通

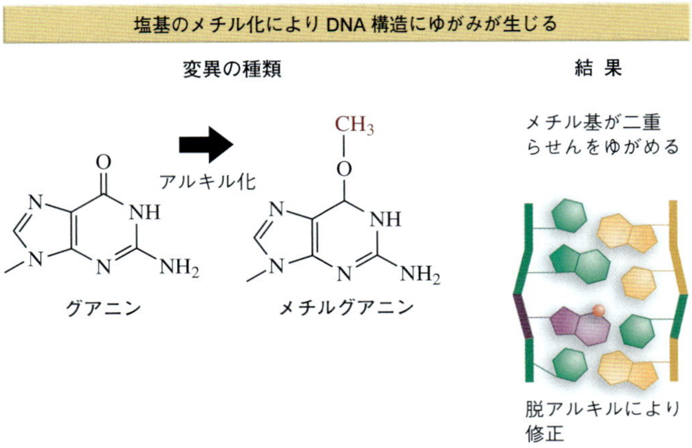

---

### 塩基のメチル化によりDNA構造にゆがみが生じる

**変異の種類**

グアニン → (アルキル化) → メチルグアニン

**結果**

メチル基が二重らせんをゆがめる

脱アルキルにより修正

図20・6 塩基がメチル化されると二重らせんがゆがみ，複製の過程でミスマッチ塩基対の原因となる．

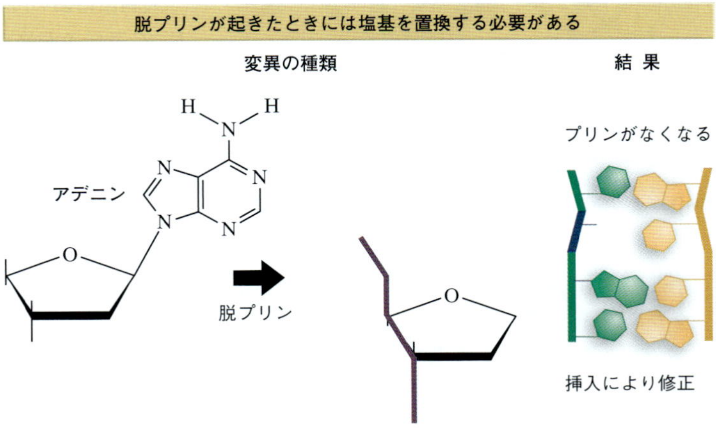

### 脱プリンが起きたときには塩基を置換する必要がある

**変異の種類**

アデニン → (脱プリン)

**結果**

プリンがなくなる

挿入により修正

図20・7 脱プリンによりDNAから塩基部分がなくなり，複製や転写が阻害される．

20・2 変異を起こす二つのタイプの傷害

の特徴はそのミスマッチが次の複製までしか存在しないことである．次の複製までに傷害が修復されると何も起こらない．もし修復されないと，片方のDNA産物には次の世代にまで受継がれる変異が入ることになる．塩基置換は一般にミスマッチ修復系の対象となり，一方の鎖が切出されて他方の鎖と正確にマッチした塩基に置き換えられる．

**構造のゆがみ**は複製や転写への物理的障害となりうる．DNAの二本鎖間や，あるいは一本鎖間に生じた架橋構造は複製や転写の妨げになるだろう．図20・5は紫外線照射の例を示す．二つの隣接したチミン塩基が共有結合をつくり同一鎖内に**ピリミジン二量体**が生じる．図20・6に示すように，二重らせん構造をゆがめるような大きな添加物が塩基へ付加されても同様の結果がもたらされる．また図20・7に示すように，一つの鎖へのニックの挿入や，ある塩基の欠失により，このDNA鎖はRNAやDNA合成の鋳型として使えなくなる．これら変化すべてに共通した特徴は，傷害を受けて変化した状態がDNA上に残り，それが除かれるまで構造上の問題をひき起こし続けたり，さらに変異を誘導し続けることである．ある種の構造のゆがみはヌクレオチドあるいは一定の長さの鎖を除去した後に再び合成することで修復される．ニックを含む他のゆがみは組換え修復の対象になる．

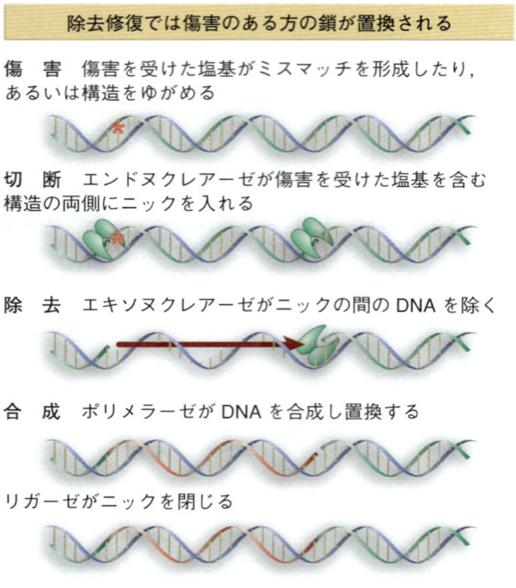

## 20・3 大腸菌の除去修復系

**除　去　修　復**　excision repair　DNAの修復系の一つで，DNAの一方の鎖の一部が切出され，残った相補的な鎖を鋳型にしてもう一度合成したDNAで置換する修復方法．
**切　　　　断**　incision　ミスマッチ除去修復系の第一段階．DNAの傷害を受けた部分をエンドヌクレアーゼが認識し，その両側でDNA鎖を切断する．
**除　　　　去**　excision　除去修復系において，ほどかれて一本鎖になったDNA部分を5′–3′エキソヌクレアーゼの働きで除去する段階．

■ Uvr系は傷害のあるDNAの両側に切れ目を入れ，その間のDNAを除いて新しく合成し直す．

**除去修復系**の特異性はおのおの異なっているが，一般的な同じ特徴を備えている．おのおのの修復系では，塩基対を形成していない塩基や壊れた塩基をDNAから除去し，そこに新しいDNA鎖を合成して置き換える．除去修復のおもな経路を図20・8に示す．

**切断**の段階では，傷害を受けた構造をエンドヌクレアーゼが認識しその両側を切断する．

**除去**の段階では，5′-3′エキソヌクレアーゼが傷害を受けた方の鎖を除去する．

**合成**の段階では，DNAポリメラーゼが除去により生じた反対側の一本鎖領域を鋳型として，除去された塩基配列の代わりを合成する．（新しい鎖の合成は古い鎖の除去と連動して起こるのかもしれない．）最後にDNAリガーゼが新しいDNA鎖の3′末端を古いDNA鎖と共有結合で結び付ける．

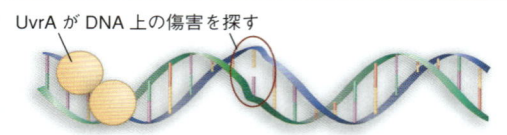

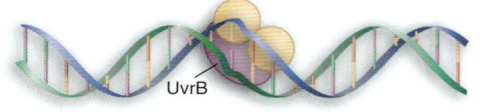

大腸菌において，ほとんどの場合に除去修復は*uvr*除去修復系にゆだねられる．*uvrA, B, C*遺伝子が修復エンドヌクレアーゼの成分をコードしている．これは図20・9に示す各段階で機能する．最初にUvrAB複合体がDNA中の傷害を認識する．ついで，UvrAが離れ（これにはATPが必要である），UvrCがUvrBに結合する．このUvrBC複合体は傷害部位の両側，一つは傷害部位の5′側から7 bp，もう一つは3′側から3～4 bp離れた所にニックを入れる．これにもまたATPが必要である．もう一つのUvrタンパク質であるUvrDはDNAをほどくヘリカーゼで，二つのニックの間の一本鎖DNAを外す．傷害部位を削り取る酵素は多分DNAポリメラーゼⅠである．修復合成に働く酵素もDNAポリメラーゼⅠらしい（もっともDNAポリメラーゼⅡ，Ⅲも代わりができる）．これらのことは，起こる順序は違ったとしても図20・20に示す真核生物の修復経路と基本的には同じである．

Uvr複合体は別のタンパク質の働きにより傷害部位へと導かれる．DNA傷害により転写が妨げられるが，RNAポリメラーゼを取除いて，代わりにUvr複合体をつれてくるMfdタンパク質によりこの状況が処理される．

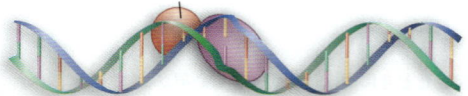

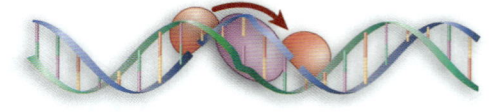

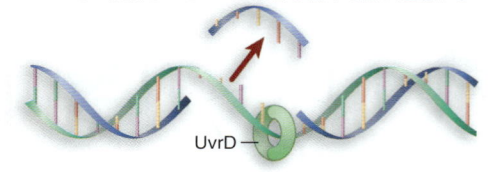

# 東京化学同人
## 新刊とおすすめの書籍
### Vol.17

---

**邦訳10年ぶりの改訂！　大学化学への道案内に最適**

## アトキンス 一般化学（上・下）
**第8版**

P. Atkins ほか著／渡辺 正訳
B5判　カラー　定価各 3740円
上巻：320ページ　下巻：328ページ

### "本物の化学力を養う"ための入門教科書

アトキンス氏が完成度を限界まで高めた決定版！大学化学への道案内に最適．高校化学の復習からはじまり，絶妙な全体構成で身近なものや現象にフォーカスしている．明快な図と写真，豊富な例題と復習問題付．

---

**有機化学の基礎とともに生物学的経路への理解が深まる**

## マクマリー 有機化学
### ―生体反応へのアプローチ―　**第3版**

John McMurry 著
柴﨑正勝・岩澤伸治・大和田智彦・増野匡彦 監訳
B5変型判　カラー　960ページ　定価 9790円

生命科学系の諸学科を学ぶ学生に役立つことを目標に書かれた有機化学の教科書最新改訂版．有機化学の基礎概念，基礎知識をきわめて簡明かつ完璧に記述するとともに，研究者が日常研究室内で行っている反応とわれわれの生体内の反応がいかに類似しているかを，多数の実例をあげて明確に説明している．

## ● 一般化学

| | |
|---|---|
| 教養の化学：暮らしのサイエンス | 定価 2640 円 |
| 教養の化学：生命・環境・エネルギー | 定価 2970 円 |
| ブラックマン基礎化学 | 定価 3080 円 |
| 理工系のための一般化学 | 定価 2750 円 |
| スミス基礎化学 | 定価 2420 円 |

## ● 物理化学

| | |
|---|---|
| きちんと単位を書きましょう：国際単位系(SI)に基づいて | 定価 1980 円 |
| 物理化学入門：基本の考え方を学ぶ | 定価 2530 円 |
| アトキンス物理化学要論（第 7 版） | 定価 6490 円 |
| アトキンス物理化学 上・下（第 10 版） | 上巻定価 6270 円 / 下巻定価 6380 円 |

## ● 無機化学

| | |
|---|---|
| シュライバー・アトキンス無機化学（第 6 版）上・下 | 定価各 7150 円 |
| 基礎講義 無機化学 | 定価 2860 円 |

## ● 有機化学

| | |
|---|---|
| マクマリー有機化学概説（第 7 版） | 定価 5720 円 |
| マリンス有機化学 上・下 | 定価各 7260 円 |
| クライン有機化学 上・下 | 定価各 6710 円 |
| ラウドン有機化学 上・下 | 定価各 7040 円 |
| ブラウン有機化学 上・下 | 定価各 6930 円 |
| 有機合成のための新触媒反応 101 | 定価 4620 円 |
| 構造有機化学：基礎から物性へのアプローチまで | 定価 5280 円 |
| スミス基礎有機化学 | 定価 2640 円 |

## ● 生化学・細胞生物学

| | |
|---|---|
| スミス基礎生化学 | 定価 2640 円 |
| 相分離生物学 | 定価 3520 円 |
| ヴォート基礎生化学（第 5 版） | 定価 8360 円 |
| ミースフェルド生化学 | 定価 8690 円 |
| 分子細胞生物学（第 9 版） | 定価 9570 円 |

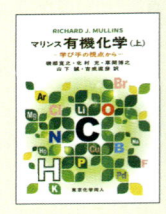

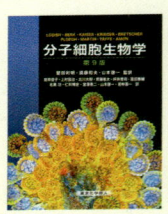

お問い合わせ info@tkd-pbl.com　定価は 10 ％税込

## 20・4 メチラーゼとグリコシラーゼは塩基をひっくり返して引っ張り出す

- ウラシルやアルキル化された塩基はグリコシラーゼで認識されDNAから直接除去される．
- ピリミジン二量体は共有結合が切られて元に戻る．
- メチラーゼはシトシンにメチル基を付ける．
- グリコシラーゼやメチラーゼはヘリックス内から塩基をひっくり返して引っ張り出すやり方で働く．塩基が除かれるか修飾されるかした後でヘリックス内に戻される．

グリコシラーゼやリアーゼはポリヌクレオチド鎖から直接塩基を除去する．図20・10に示すように，グリコシラーゼは傷害のある塩基やミスマッチ塩基とデオキシリボースとの間の結合を切断する．リアーゼが反応をさらに進めて糖環を開裂する．

図20・10 グリコシラーゼは塩基をデオキシリボースから切離す．

これらの酵素とDNAの相互作用のやり方は見事である．それはDNAのシトシンにメチル基を付加するメチラーゼ（メチルトランスフェラーゼ）で最初に示されたやり方と同じである．メチラーゼは標的となるシトシンをひっくり返して完全にヘリックスの外へ引っ張り出す．図20・11に示すように，こうしてシトシンは酵素のくぼみにはまり，そこで修飾される．ついでヘリックス内の正常な位置に戻される．これらの反応はすべてエネルギーの供給を必要としない．

DNAから直接塩基が除去される最もありふれた反応の一つがウラシル-DNAグリコシラーゼにより触媒される．DNA中のウラシルは，最も普通にはシトシンが（自然に）脱アミノされて生じる．これがグリコシラーゼにより認識されて除去される．この反応はメチラーゼに似ている．ウラシルがひっくり返されてヘリックスの外に引っ張り出されてグリコシラーゼの活性部位にはまる．

アルキル化された（典型的には塩基にメチル基が付加されてできる）塩基も同じような方式で除去される．アルキルアデニンDNAグリコシラーゼ（AAG）とよばれるたった一つのヒトの酵素が3-メチルアデニン，7-メチルグアニン，ヒポキサンチンを含むさまざまなアルキル化基質を認識して除去する．

塩基を引っ張り出すやり方で働くもう一つの酵素がフォトリアーゼであり，こ

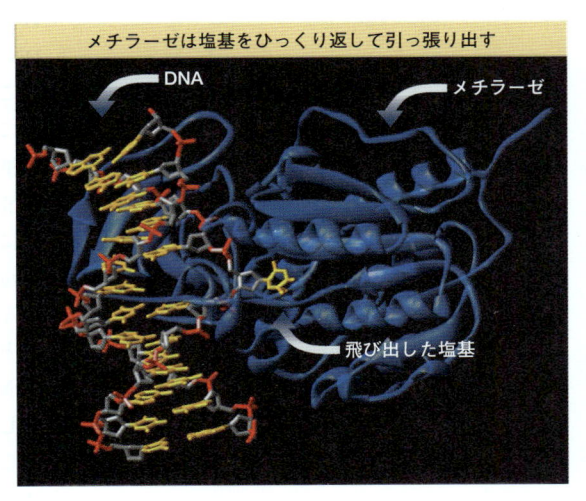

図20・11 メチラーゼは標的となるシトシン塩基を修飾するために，塩基を二本鎖内から外に反転させる．写真はRich Roberts氏のご好意による．

れはピリミジン二量体間の結合を元に戻す（図20・5参照）．ピリミジン二量体が引っ張り出されて酵素のくぼみにはまる．このくぼみには電子供与体を含む活性部位が近接して存在して，結合を切る電子を供与する．このエネルギーは可視光により供給される．

これらの酵素に共通した特徴は標的塩基を引っ張り出して酵素のくぼみにはめることである．T4エンドヌクレアーゼVもこの様式を用いており，今ではT4-pdg（ピリミジン二量体グリコシラーゼ）と名前が変えられた．この酵素はピリミジン二量体の5′側にあるチミンに相補的なアデニン塩基を引っ張り出す．この場合には，酵素が触媒する標的はDNA二本鎖中に残っており，酵素は標的に近づくための間接的なやり方としてこの方法を用いている．

塩基はDNAから除かれて，ついでエンドヌクレアーゼによるホスホジエステル骨格の除去，DNAポリメラーゼによるDNA合成とギャップの修復，リガーゼによるポリヌクレオチド鎖の修復へと反応が進む．

## 20・5　誤りがちな修復

> **誤りがちなDNA合成**　error-prone synthesis of DNA　相補的でない塩基を娘鎖に取込むようなDNAの合成．

> - DNAの傷害が除かれないとDNAポリメラーゼIIIは複製途中で立ち往生する．
> - （$umuDC$ がコードする）DNAポリメラーゼVあるいは（$dinB$ がコードする）DNAポリメラーゼIVは傷害のある鎖の相補鎖を合成できる．
> - これらの修復DNAポリメラーゼで合成されたDNAはしばしば塩基の誤りを含んでいる．

修復系に関与しているDNA合成の精度はDNA複製に匹敵するのだろうか，という疑問が生じる．現在知られているところでは，$uvr$ の関与する除去修復系を含めて，大部分の系に起こる誤りの頻度はDNA複製とさほど変わらない．しかし，大腸菌では特定の環境のもとで**誤りがちなDNA合成**も起こる．

誤りがちな修復という様式が初めて観察されたのは，あらかじめ紫外線を照射した菌に傷害をもった λ ファージを感染させると，λ ファージDNAの修復に伴って λ ファージに変異が誘発される場合が見つかったことによる．これは紫外線照射によって未照射の宿主菌中では働かないある種のタンパク質が活性化され，その働きで変異が生じることを示唆している．変異の出現は細菌自身のDNAにもみられる．

誤りがちな修復活性の実体は，変異となる誤った塩基を導入するある種のDNAポリメラーゼであり，相補的な塩基をDNAの娘鎖に導入できないような場所を複製するときに誤りを起こす．このポリメラーゼは $umuD$ と $umuC$ 遺伝子にコードされており，DNA傷害により発現が誘導される．これらの産物は UmuD$'_2$C 複合体を形成し，端の切れた二つの UmuD サブユニットと一つの UmuC サブユニットから成る．UmuD はDNA傷害により活性化された RecA により切断を受ける．

この UmuD$'_2$C 複合体はDNAポリメラーゼVとよばれ，新しいDNAを合成して紫外線による傷害を置換するのにかかわっている．紫外線によりできた典型的なピリミジン二量体（あるいは側鎖の大きい付加物）を乗り越えてDNAを合成できる大腸菌の唯一の酵素である．このポリメラーゼ活性は"誤りがち"である．$umuC$ あるいは $umuD$ 変異によりポリメラーゼ活性が失われ，紫外線に感受性となる．プラスミド中には $umuD$，$umuC$ と類似した機能をもつ $mucA$，$mucB$ 遺伝子を備えたものがあり，こうしたプラスミドを受取った菌は紫外線の致死効果や変異誘発効果に対して抵抗性を増す．

どのようにしてこの代替DNAポリメラーゼはDNAに近づくだろう．複製酵素（DNAポリメラーゼIII）はピリミジン二量体のような障害物に行き当たると立ち往生してしまう．ついで複製フォークから除かれて，DNAポリメラーゼVに交代する．実のところDNAポリメラーゼVはDNAポリメラーゼIIIと同じ補助因子を使っている．DNA傷害に働く別の酵素であるDNAポリメラーゼIV（$dinB$ 遺伝子産物）に関しても同じことがいえる．DNAポリメラーゼIVとVは，DNA傷害を修復する真核生物のDNAポリメラーゼを含む大きなファミリーのメンバーである（§20・9参照）．

## 20・6 ミスマッチを正しい方向に修復する調節

- 複製の正確さにかかわるタンパク質がミューテーター遺伝子の産物として見つかり，この遺伝子の変異で自然突然変異率が上がる．
- ミスマッチ塩基対の修復系は *mut* 遺伝子群にコードされる．
- ミスマッチのどちらの塩基が置換されるかには偏りがある．
- 普通はヘミメチル化 $^{GATC}_{CTAG}$ 配列のメチル化されていない方の鎖にある塩基が置換される．
- G・T や C・T ミスマッチでは T が優先的に除かれる．

DNA の構造のゆがみが取除かれると，元の塩基配列が回復する．多くの場合，ゆがみは DNA に普通にはみられない塩基が生じることによって起こり，これは修復系により認識され，除去されるからである．

修復の標的が変異によってつくり出された通常の塩基とのミスマッチの場合には問題が生じる．修復系はどちらが野生型でどちらが変異型なのか判断できるような手段をもっていない．修復系が認識するのはきちんと塩基対をつくっていない二つの塩基であり，どちらも除去修復の対象となりうる．

変異を起こした塩基が除去されれば，野生型の塩基配列が回復する．しかし，本来の（野生型の）塩基が除去されると，新しい変異型の塩基配列が固定される．しかしながら多くの場合，除去修復がどちらになるかはまったくのランダムではなく，野生型の塩基配列を回復する傾向がある．

修復において DNA 合成の忠実度を制御する遺伝子群は，ミューテーター（変異誘発）表現型を示す変異により確認される．もし最初にミューテーター表現型として確認されると，その遺伝子は *mut* とよばれる．しかし，*mut* 遺伝子は既知の複製や修復活性に関与する遺伝子と同じであることが後に判明することが多い．

修復が正しい方向に行われるように，いくらかの予防策が講じられている．たとえば，5-メチルシトシンの脱アミノによるチミンへの変化のような場合には，正しい塩基配列を再生する特別な修復系がある（§1・17 も参照）．この脱アミノは G・T 塩基対を生じさせるが，この塩基対に作用する修復系はそれを（A・T 塩基対よりもむしろ）正しい G・C 塩基対に修正する傾向がある．この反応系には G・T と C・T ミスマッチから T を除去する *mutL, S* 遺伝子の産物が含まれる．

MutT, M, Y 系は酸化による DNA 傷害を処理する．おもな傷害は G が 8-オキソ-G に酸化されて生じる．図 20・12 にはこの系が 3 段階で働いていることを示す．MutT は傷害のある前駆体（8-オキソ-dGTP）を加水分解して DNA に取込まれないようにする．DNA 中のグアニンが酸化されると，MutM は 8-オキソ-G・C 対から C を優先的に除去する．酸化された G は A と対をつくるので，複製時には 8-オキソ-G・A 対ができる．MutY がこの対から A を除去する．MutM と MutY はグリコシラーゼであり，DNA から直接塩基を除去する．これはプリン環の欠如した部位を生成させる．そこをエンドヌクレアーゼが認識し，続いて除去修復系の引き金が引かれることになる．

大腸菌では複製の際にミスマッチが生じた場合にも，親の鎖を判別することができる．メチル化された DNA の場合，複製した直後には元の親鎖のみがメチル基をもっている．新生鎖にメチル基が導入されるまでの間は，2 本の鎖を見分けることができる．

これが複製の誤りを訂正する修復系の基本となっている．*dam* 遺伝子がコードするメチラーゼは $^{GATC}_{CTAG}$ のアデニンに作用する（図 20・6 参照）．ヘミメチル化状態の標的配列は，複製した開始点とまだ複製していない開始点を見分けるための目安となる．この標的部位は複製に関係した修復系にも利用される．

図 20・13 に示すようにミスマッチを起こしている塩基対では，メチル化されていない方の鎖にある塩基がもっぱら除去の対象となる．除去はかなり徹底的に行われ，GATC 配列を含む 1 kb 以上に及ぶ範囲でミスマッチが修復される．その結果，新しく合成された鎖の側が，親鎖の塩基配列と合致するように修正される．

*dam* メチラーゼに依存した修復機構は複製に伴って起こる誤りによる変異を減少させるのに一役買っている．これには *mut* 遺伝子群にコードされるいくつかのタンパク質が関係している．MutS がミスマッチ塩基対に結合し，そこに MutL が加わる．図 20・14 に示したように，MutSL は 2 箇所で DNA と結合する．1 箇所ではミスマッチ塩

---

**酸化されたグアニンは MutT, M, Y により処理される**

── MutT が 8-オキソ-dGTP を加水分解する ──

dGTP → 8-オキソ-dGTP →(MutT 加水分解)→ 8-オキソ-dG

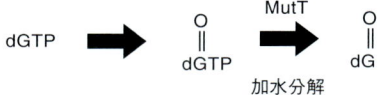

── MutM が C と塩基対を形成している G=O を除く ──

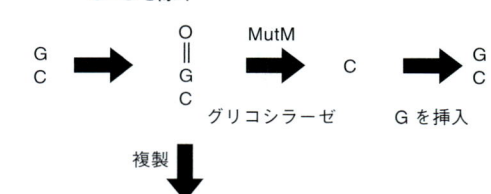

G/C → 8-オキソ-G/C →(MutM グリコシラーゼ)→ C →(G を挿入)→ G/C

↓ 複製

── MutY が G=O と塩基対を形成している A を除く ──

8-オキソ-G/A →(MutY グリコシラーゼ)→ 8-オキソ-G →(C を挿入)→ 8-オキソ-G/C

図 20・12 酸化された G 塩基を含む塩基対では，変異を最小限にするようにどちらかの塩基が優先的に除去される．

---

**メチル化により DNA 鎖が見分けられる**

↓ 複製

複製の誤りにより A・C ミスマッチが生じる

メチル化されていないアデニンのある側の鎖が修復の対象に選ばれる

メチル化されていない鎖は分解する

DNA 合成が誤りを修復する

↓ *dam* メチル化

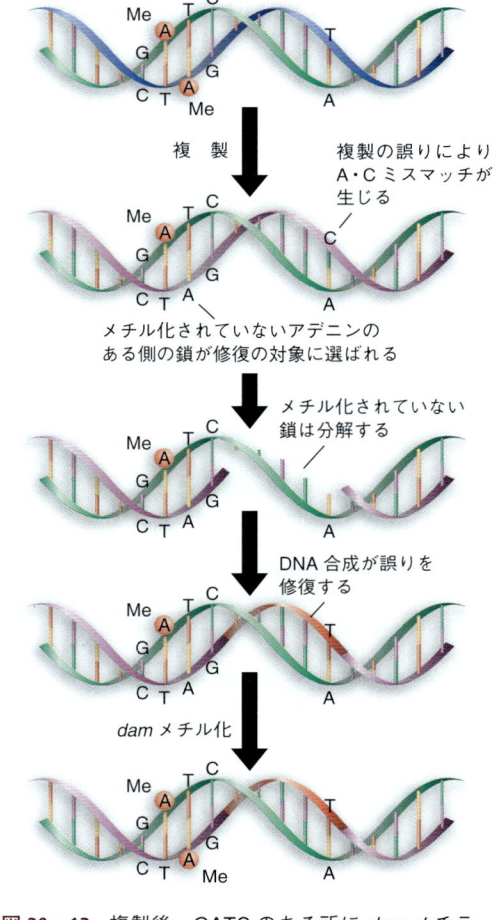

図 20・13 複製後，GATC のある所に *dam* メチラーゼが作用する．このメチル化反応が起こる以前に，いまだメチル化されていない方の鎖のミスマッチ塩基対の修復が行われる．

**MutSL はメチル化されていない DNA にあるミスマッチ塩基対に結合する**

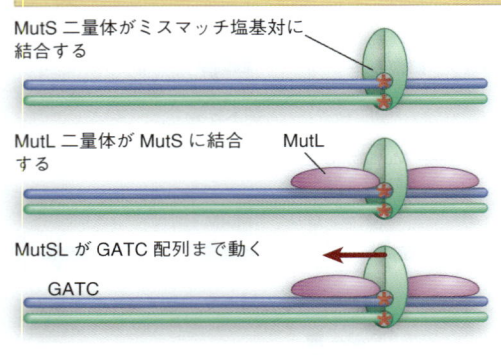

MutS 二量体がミスマッチ塩基対に結合する

MutL 二量体が MutS に結合する

MutSL が GATC 配列まで動く

MutSL が動くことで DNA ループができる

MutH が GATC 配列上の複合体に加わる

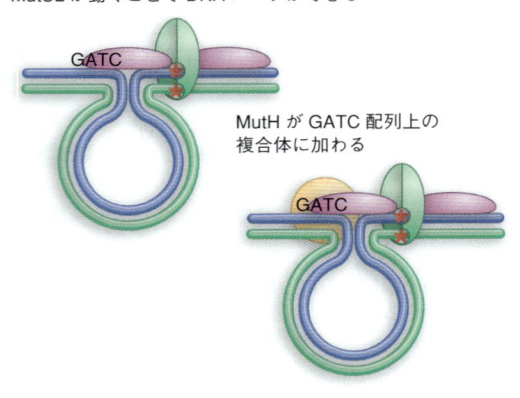

図 20・14 MutSL はミスマッチを認識するとともに GATC 配列まで動く．ついで，MutH がメチル化されていない方の鎖を GATC 配列で切断する．

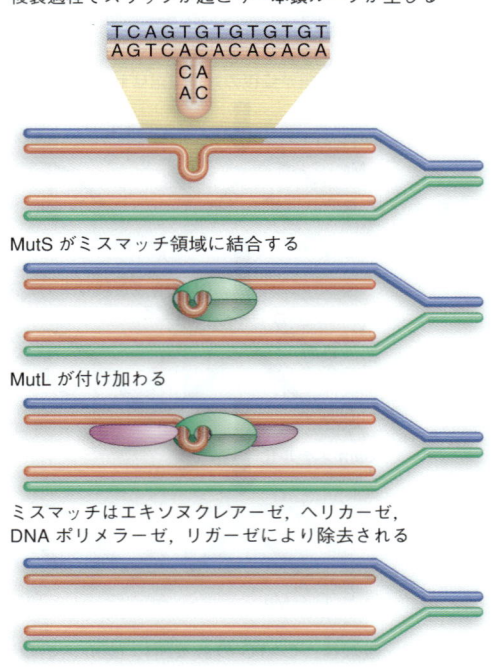

**MutS/MutL は複製のスリップにより生じた傷害を修復する**

複製過程でスリップが起こり一本鎖ループが生じる

MutS がミスマッチ領域に結合する

MutL が付け加わる

ミスマッチはエキソヌクレアーゼ，ヘリカーゼ，DNA ポリメラーゼ，リガーゼにより除去される

図 20・15 MutS/MutL 系は複製がスリップして生じたミスマッチ修復を開始する．

---

基対を特異的に認識する．別の箇所の結合は配列や構造に非特異的であり，GATC 配列に出合うまで DNA 上を移動するために使われる．移動には ATP の加水分解が必要である．MutSL はこうして移動中の DNA およびミスマッチ部位の両方に結合できるので，結果として DNA ループが形成される．

GATC 配列が認識されると，ついでエンドヌクレアーゼである MutH が MutSL に結合する．このエンドヌクレアーゼはメチル化されていない方の鎖を切る．切出しは（RecJ かエキソヌクレアーゼⅦを使い）5′→3′方向にも，（エキソヌクレアーゼⅠにより）3′→5′方向にも起こるが，いずれにしろ UvrD ヘリカーゼの助けを借りる．ついで DNA ポリメラーゼⅢにより新しい鎖が合成される．

MutSL 系と相同な系が真核細胞でも見つかる．それらは複製のスリップにより生じるミスマッチを修復する．非常に短い配列が何回も繰返されたマイクロサテライトのような領域では，新生鎖と鋳型鎖が並び換えられることで DNA ポリメラーゼが後方にスリップして余分な反復配列を合成してしまう．娘鎖にできたこれらの単位は二本鎖ヘリックスからループとしてはみ出る（図 6・25 参照）．図 20・15 に示したように，はみ出たループは MutSL 系と相同な系により修復される．

ミスマッチ修復における MutSL 系の重要性は，ヒトのがんにおいてこの系が高い頻度で欠損していることからもわかる．この系を失うと変異の頻度が上がる（§20・11 参照）．

## 20・7 大腸菌の組換え修復

**組換え修復** recombination-repair 二本鎖 DNA の一方の鎖に生じたギャップをもう一つの二本鎖 DNA から相同な一本鎖を切出して埋める修復の様式．
**一本鎖交換** single-strand exchange 二本鎖 DNA の鎖の1本がもとの二本鎖 DNA 分子を離れ，別の二本鎖 DNA 分子の相同な鎖に代わって相補鎖と塩基対を形成すること．

- 基本的な組換え修復系は大腸菌 *rec* 遺伝子群にコードされる．
- 傷害のある鎖の相補鎖が新しく合成され，そこにギャップが残ると，この修復系が働く．
- 別の DNA の一本鎖を用いてギャップを埋める．
- 傷害部分の配列が除去され，再合成される．

**組換え修復**系はその活性が遺伝的組換えに関与する活性と重複している．"複製後修復"とよばれることもあるが，それは複製後に機能するからである．この修復系は，傷害を受けた塩基のある鋳型から複製で生じた娘二本鎖 DNA の傷害を処理するのに効果的である．その例を図 20・16 に示す．組換え修復のおもな役割は，傷害により立ち往生した複製フォークからの合成の再開であろう（§18・14 参照）．

二本鎖の一方にピリミジン二量体などの構造のゆがみが生じた場合を考えよう．二量体があると，傷害を受けた部位は DNA 複製の際鋳型になれないので，複製は傷害部位をとばして進行する．

DNA ポリメラーゼは多分ピリミジン二量体の直前かごく近傍までやってきて，新生鎖の合成を停止するのだろう．ついでいくらか離れた所から複製を再開する．その結果，新生鎖にかなり大きいギャップが残ると思われる．

こうしてできあがった二つの娘 DNA 分子は互いに異なっている．一方は傷のついた部分をもった親鎖が長いギャップのある新生鎖と塩基対をつくったものであり，もう一方は傷害のない親鎖とそれを複製した正常な新生鎖が塩基対をつくったものである．組換え修復系は正常な娘鎖 DNA の方を利用して反応を進める．

正常な二本鎖から相同な領域の一本鎖を取ってきて，一方の二本鎖にある傷を受けた部位に対応したギャップを埋める．この**一本鎖交換**がすむと，二本鎖 DNA の一方は傷のある親鎖，もう一方は野生型の鎖となっている．これに対し一本鎖を供与した二本鎖は，正常な親鎖の1本がギャップをもった鎖と塩基対をつくった形となっている．このギャップは通常の修復合成で正常な二本鎖に戻る．こうして傷はもともとのゆがみだけ

に限定されることになる（ただし，傷害が除去修復系で完全に除去されるまで複製周期のたびにこの組換え修復が繰返されなくてはならない）．

大腸菌では，状況に応じて二つの経路で組換え修復が起こる．RecBC 経路は立ち往生した複製フォークの修復に関与する（§20・8 参照）．RecF 経路はチミン二量体をやり過ごして複製した娘鎖にできたギャップの修復に関与する．両経路ともに一本鎖 DNA と RecA の相互作用を経て進行する．RecA の働きである一本鎖の交換反応により図 20・16 の回復段階が進行する．その後，ヌクレアーゼとポリメラーゼの働きにより修復が完了する．

RecF 経路はグループをなす三つの遺伝子，recF, recO, recR から成る．これらの転写産物は 2 種類の複合体，RecOR と RecOF を形成する．それらは一本鎖 DNA 上での RecA 繊維の形成を促進する．その働きは阻害的に働く SSB（一本鎖 DNA 結合タンパク質）が存在しても繊維が形成できるようにすることである．

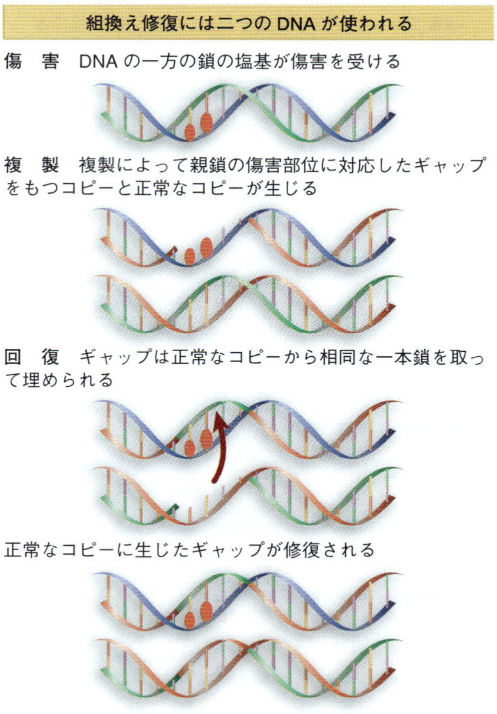

### 20・8　組換えは複製の誤りを正す重要な修復系である

- 傷害やニックのある DNA に出合うと複製フォークは立ち往生する．
- 立ち往生した複製フォークは新しく合成された鎖同士が対合することで逆戻りする．
- 傷害が修復され，ヘリカーゼが複製フォークを押し戻すことで複製が再開する．
- 立ち往生した複製フォークはホリデイ構造に似ており，リゾルベースの標的になるだろう．

すべての細胞は DNA 傷害を修復するための多くの経路を備えている．どの経路が使われるかは傷害の種類と状況によっている．除去修復は原則的にはいつも使われるが，組換え修復は傷害のある配列のコピーとして傷害のない別の二本鎖があるとき，すなわち複製の後でだけ働く．複製フォークは傷害のある場所で立ち往生するだろうから，傷害のある DNA が複製されると特別な状況が生じる．組換え修復は傷害が修復された後で複製フォークが復活したり，あるいは複製フォークが傷害を迂回することができるようにするのにかかわっている．

図 20・17 には複製フォークが立ち往生したときに起こるであろうことを示す．傷害にぶつかると複製フォークは前進できない．複製装置の少なくとも一部は外れてしまう．このことで複製フォークが移動できるようになり，このとき高頻度で複製フォークは後退し，新しくできた新生鎖同士が二本鎖を形成する．傷害が除去された後でヘリカーゼが複製フォークを前方に戻して構造が復活する．ついで複製装置が再集合して複製が再開される（§18・14 参照）．

立ち往生した複製フォークを何とかするためには修復酵素が必要になる．大腸菌におけるこの反応には，RecA と RecBC 系が重要な働きをしている（実のところ，この働きが細菌でのこれらのタンパク質の主要な役目と思われる）．考えられる経路としては，立ち往生した複製フォークで RecA が一本鎖 DNA に結合し，それを安定化し，立ち往生状態を検知するセンサーとして機能すると思われる．RecBC が傷害の除去修復にかかわっている．傷害が修復されると複製が再開する．

もう一つの経路は，おそらくは RecA による鎖の交換を介して組換え修復を行うことであろう．図 20・18 に示すように，立ち往生した複製フォークの構造は二つの二本鎖 DNA 間の組換えによりできるホリデイ構造と基本的に同じである．これはリゾルベースの基質となる．リゾルベースが相補鎖の一方のペアを切断すると二本鎖切断が生じる．加えて傷害部位にニックが入ると，その場所で別の二本鎖切断が生じる．

立ち往生した複製フォークは組換え修復により解除される．その反応の正確な順序はわからないが，ありそうな順序をおおまかに図 20・19 に示す．基本的には，傷害のない一本鎖が傷害のある鎖と塩基対を形成できるように傷害のある部位のどちらか一方の側で組換えが起こる．こうして複製フォークが復活して，傷害部位を効率良く迂回しながら複製が継続できる．

大腸菌では RecBC 系が立ち往生した複製フォークでの組換えに重要な働きをしている．RecBC は一方の娘二本鎖に一本鎖末端を生じさせ，これに RecA が働いて別の娘二本鎖と対合を起こさせる．

---

**組換え修復には二つの DNA が使われる**

傷　害　DNA の一方の鎖の塩基が傷害を受ける

複　製　複製によって親鎖の傷害部位に対応したギャップをもつコピーと正常なコピーが生じる

回　復　ギャップは正常なコピーから相同な一本鎖を取って埋められる

正常なコピーに生じたギャップが修復される

図 20・16　大腸菌の組換え修復系では，修復できなかった傷と反対側の新しく合成された鎖の中に生じたギャップを正常な DNA の鎖を使って置換する．

**複製フォークは DNA 傷害のある箇所で壊れる**

傷害のある箇所で複製フォークが立ち往生する

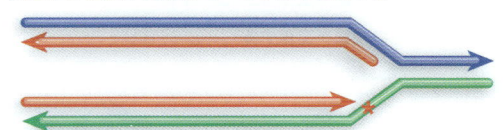

複製フォークは後戻りして崩壊する

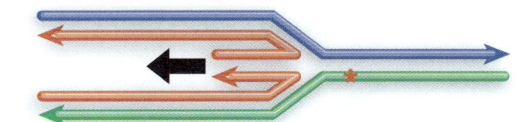

傷害が修復される

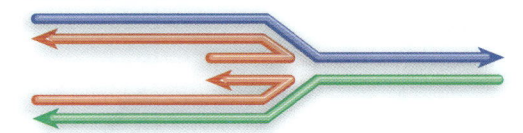

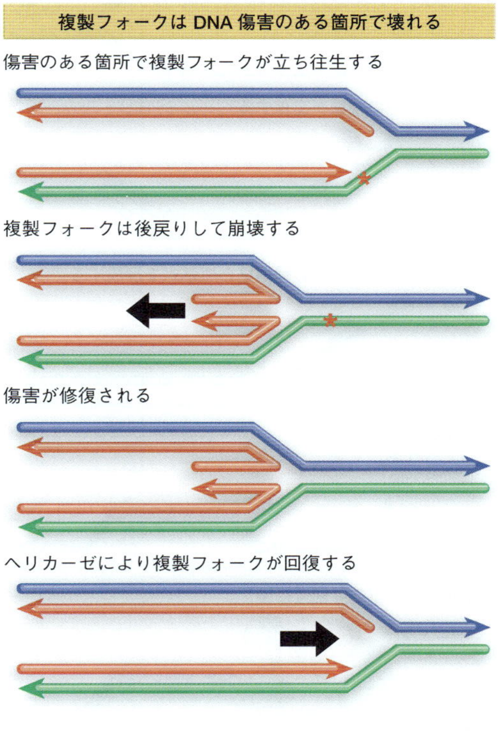

ヘリカーゼにより複製フォークが回復する

図 20・17　複製フォークは DNA に傷害がある箇所に来ると立ち往生する．分枝点移動により複製フォークは後戻りして二つの新生鎖が二本鎖を形成する．傷害が除かれるとヘリカーゼの働きで複製フォークが前進して複製フォークが再生される．矢印は 3′ 末端を示す．

**複製フォークが立ち往生すると二本鎖切断が起こる**

傷害のある箇所で複製フォークが立ち往生する

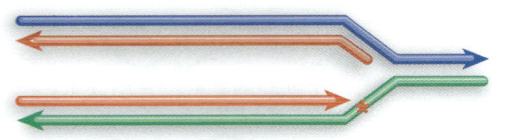

複製フォークは後戻りして崩壊する

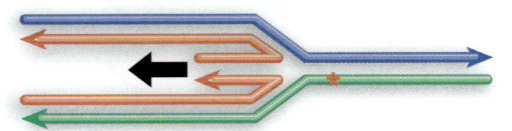

リゾルベースが交差部位に切れ目を入れる

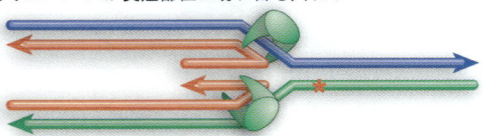

1. 二本鎖切断が起こる

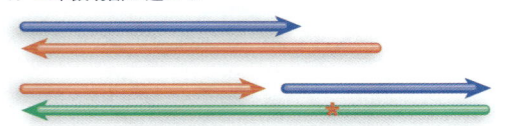

2. もし傷害がニックであれば、もう一つ別の二本鎖切断が生じることになる

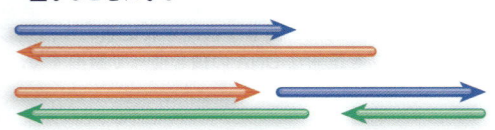

**組換えが起こって複製が再開する**

傷害のある箇所で複製フォークが立ち往生する

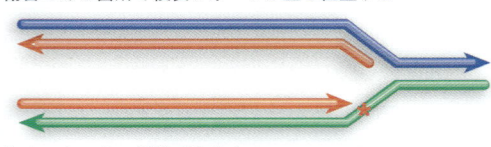

傷害のない方の親鎖が交差する

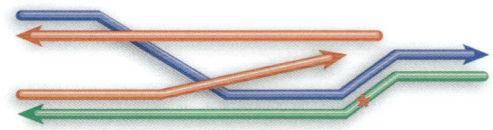

どかされた方の鎖は別の相補鎖と塩基対を形成する

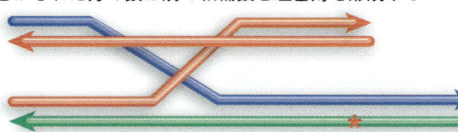

もう1回交差が起こる

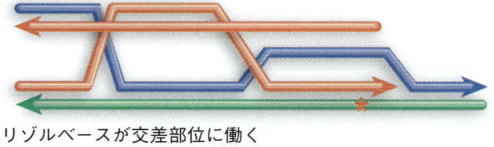

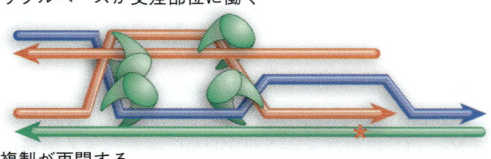

リゾルベースが交差部位に働く

複製が再開する

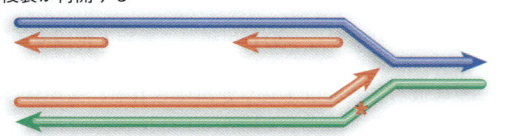

図 20・18　立ち往生した複製フォークはホリデイ構造に似ており，同様にリゾルベースにより解消される．結果は傷害部位がニックを含んでいるか否かで違う．結果 1；交差部位で対となる鎖が切れて二本鎖切断が起こる．結果 2；もし傷害がニックであれば，もう一つ別の二本鎖切断が生じることになる．矢印は 3′ 末端を示す．

## 20・9　修復系は真核生物にも保存されている

- 放射線に感受性を示す変異として見つかった酵母の *RAD* 遺伝子群は修復系をコードする．
- これらの遺伝子のどれかに変異が起こるとヒト色素性乾皮症の原因となる．
- 転写過程にある遺伝子は優先的に修復される．

大腸菌においてみてきた修復の様式は多くの生物に共通である．最もよく調べられている真核生物の修復系は RecA に対応する Rad51 をもつ酵母である．酵母においては，この鎖移行タンパク質のおもな機能は相同組換えにおいて発揮される．酵母にみられる修復系の多くはそれに直接対応するものが高等真核生物にもあり，いくつかの系はヒトの病気と関連している（§20・11 も参照）．

修復機能に関与している遺伝子は，酵母の放射線に対する感受性を利用した遺伝学的解析によって調べられてきた．これらは *RAD* 遺伝子とよばれている．酵母の修復に関与する遺伝子群は一般に 3 グループに分けられる．すなわち，*RAD3* グループ（除去修復に関与している），*RAD6* グループ（複製後修復に必要），および *RAD52* グループ（組換えに似た機構に関係している）である．*RAD52* グループは変異の表現型の違いにより二つのサブグループに分けられる．体細胞組換えが減少する *RAD52*, *RAD51*, *RAD54*, *RAD55*, *RAD57* のように，一つのサブグループは相同組換えに影響を与える．逆に *RAD50*, *MRE11*, *XRS2* では組換え率が上昇する．このサブグループは相同組換えに欠損はないが，非相同的な DNA 連結反応に欠損がある．

修復部位を置換するための DNA 合成に関与する DNA ポリメラーゼのサブファミリーは，大腸菌の DNA ポリメラーゼⅣとⅤをそれぞれコードする *dinB* と *umuCD*，およびパン酵母の DNA ポリメラーゼ $\eta$ をコードする *RAD30*，そしてヒトの相同遺伝子である *XPV* として見いだされた．細菌の酵素と違って，真核生物の酵素はチミン二量体の修復において誤りがちではない．正確に T-T 二量体に対して A・A を導入する．しかし別の傷害部位を複製するときには誤りがちになる．

酵母で最もよく調べられた修復機構の興味深い点は，転写との関連である．転写過程にある遺伝子においては，（転写の障害を取除くようにして）鋳型鎖が優先的に修復される．この原因は修復装置と RNA ポリメラーゼの間に機械的結び付きがあるためのように思われる．たとえば，切断のステップに必要なヘリカーゼである Rad3 タンパク質は，RNA ポリメラーゼに結合する転写因子の成分でもある．

哺乳類にも修復系があり，しかもそれが重要であることを示す例がヒトの遺伝病にみられる．最もよく研究されているのは色素性乾皮症（XP; xeroderma pigmentosum）である．これは劣性遺伝で，太陽光，特に紫外線に過度に感受性になり，皮膚炎を起こす（さらにひどい症状を起こすこともある）．

この病気は除去修復の傷害と考えられ，変異は 8 個の遺伝子に対応して，*XPA*～*XPG* および *XPV* とよばれる．それらは酵母の *RAD* 遺伝子と相同性があり，この経路が広く真核生物に保存されていることを示している．

何種類かの *XP* 遺伝子産物から成るタンパク質複合体がチミン二量体の除去にかかわっている．図 20・20 に修復系におけるその役割を示す．複合体は傷害のある部位で DNA に結合する．ついで，傷害の周り 20 bp ほどの DNA 鎖がほどかれる．この反応は転写因子 TFⅡH がもつヘリカーゼ活性によっている．この因子自体も XPB と XPD を含む大きな複合体であり，RNA ポリメラーゼが転写の途中で遭遇した DNA 傷害を修復するのにかかわっている．ついで，傷害部位のどちらか一方の側が *XPG* と *XPF* にコー

図 20・19　複製フォークが立ち往生すると組換え修復が起こり，傷害のない鎖で傷害部位が置き換えられる．こうして複製が継続する．

ドされるエンドヌクレアーゼにより切断される．傷害のある塩基を含む一本鎖が新しく合成された配列で置き換えられる．

　除去されていないチミン二量体に複製フォークが遭遇した場合に，二量体をやり過ごして複製を続行するためにはDNAポリメラーゼη活性が必要である．これは*XPV*遺伝子にコードされている．*XPV*遺伝子の変異に起因する皮膚がんはおそらくDNAポリメラーゼ機能の欠損によると思われる．

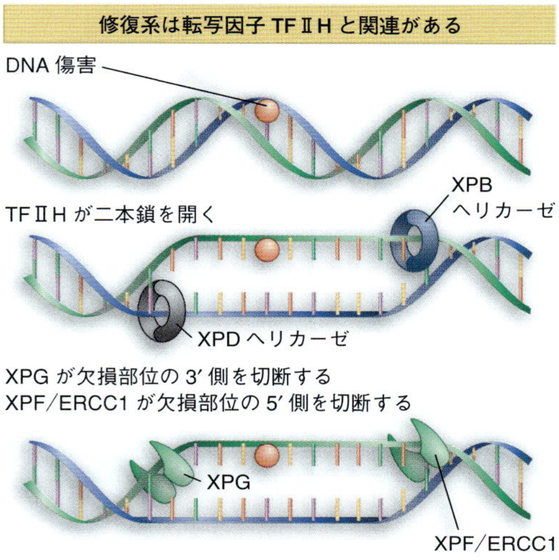

| 修復系は転写因子TFⅡHと関連がある |
|---|

図20・20　傷害部位でヘリカーゼがDNAを巻き戻し，エンドヌクレアーゼが欠損部位のいずれかの側を切断する．

## 20・10　二本鎖切断は共通の機構で修復される

**非相同的な末端連結（NHEJ）** nonhomologous end joining　DNAの平滑末端同士の結合．多くのDNAの修復や組換え（たとえば免疫グロブリン遺伝子の組換えなど）に共通してみられる反応．

- 非相同的な末端連結経路により切断された二本鎖の平滑末端がつながれる．
- 非相同的な末端連結経路の変異はヒトの病気の原因となる．

　細胞内ではいろいろな状況下で二本鎖切断が起こる．これにより相同組換えが始まるし，免疫グロブリン遺伝子群の組換え中間体にもなる（§23・8参照）．放射線照射などによるDNA傷害の結果としても生じる．このような切断を修復するおもな機構は，**非相同的な末端連結（NHEJ）**とよばれ，平滑末端同士が連結される．

　NHEJの各段階を図20・21にまとめる．NHEJにも免疫系の組換えにも同じ酵素複合体が関与している．最初の段階では，Ku70とKu80タンパク質のヘテロ二量体により切断末端が認識される．これらは両末端を一緒に捕まえて足場をつくり，そこに他の酵素が作用できるようにする．次に重要な因子がDNA依存性プロテインキナーゼ（DNA-PKcs，csはcatalytic subunitの略）であり，これはDNAにより活性化されて標的タンパク質をリン酸化する．その標的の一つがArtemisであり，その活性化型はエキソヌクレアーゼとエンドヌクレアーゼの両活性をもち，端が突き出たDNA末端を除くこともできるし，免疫グロブリン遺伝子の組換えで生じたヘアピンを切ることもできる．こうして残って突出した一本鎖を埋めるDNAポリメラーゼはわからない．二本鎖末端を本当につなぐのはXRCC4タンパク質と結合して働くDNAリガーゼⅣである．これ

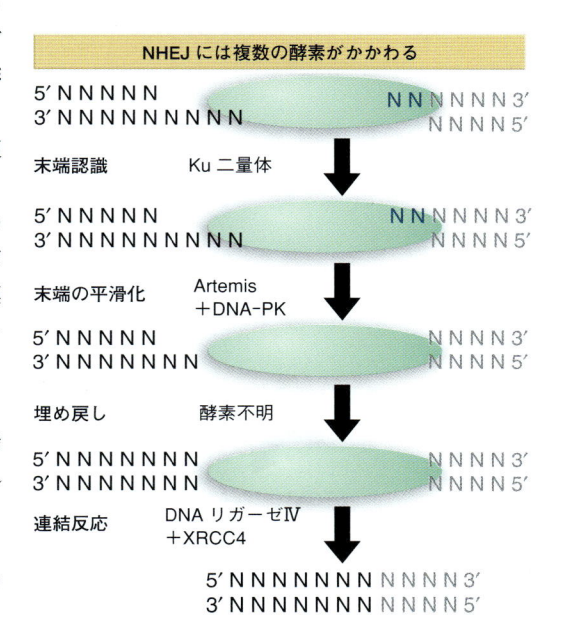

図20・21　切断末端の認識，互い違いに飛び出した末端の平滑化と埋め戻し，それに続く連結反応には非相同的な末端連結が起こる必要がある．

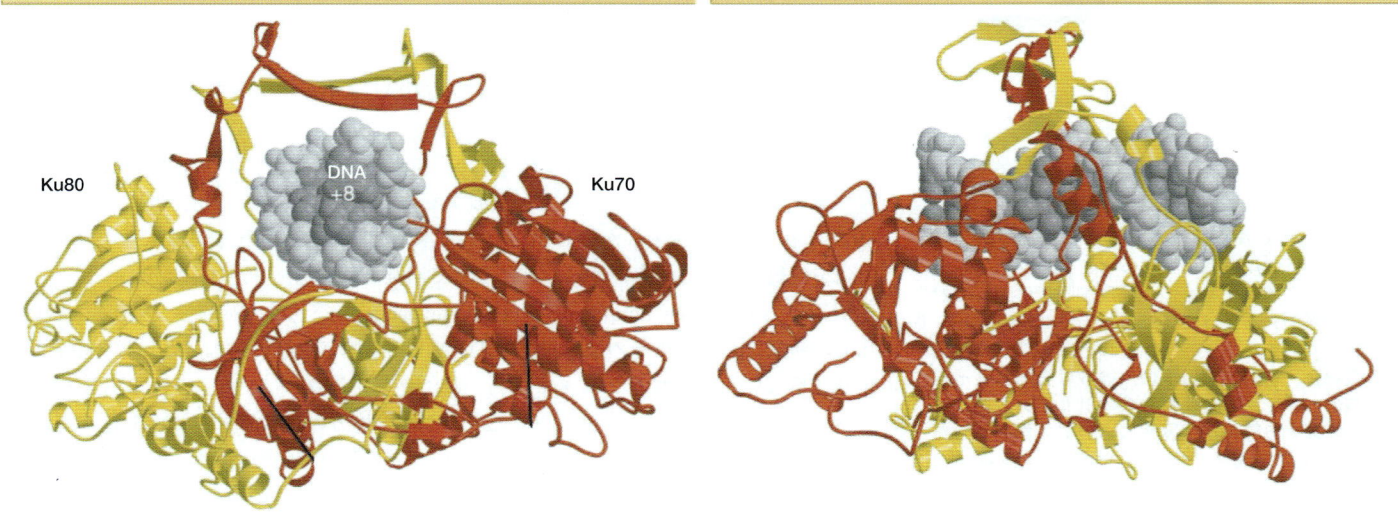

| DNAを輪切りにした状態で見るとKuはDNAを取囲んでいる | Kuは2ターン分のDNA二本鎖に寄り添っている |
|---|---|

図20・22　Ku70・Ku80ヘテロ二量体は2ターン分のDNA二本鎖に沿って結合し，結合部位の中央でヘリックスを取囲む．写真はJonathan Goldberg氏のご好意による．

らの成分のどれに変異が起こっても真核細胞は放射線に対する感受性が高くなる．DNA修復に欠陥がある病気の患者では，これらのタンパク質をコードする遺伝子のいくつかに変異が起こっている．

Kuヘテロ二量体は切断末端に結合してDNA傷害を検知するセンサーである．図20・22に示した結晶構造から，なぜKuがDNAの末端にだけ結合するかが見て取れる．タンパク質全体は約2ターン分のDNAの一方の面に沿って広がっている（右図）．しかし，構造の中央にあるサブユニット間の狭い橋渡しはDNAを完全に取囲んでいる．このことはヘテロ二量体はDNAの末端まで滑っていく必要があることを示している．

Kuは二つのDNA分子に結合して切断末端を近い場所にもってくることができる．Kuヘテロ二量体同士が相互作用できることから，この反応は図20・23に描いたようにして起こるかもしれない．この図から，リガーゼはそれぞれのヘテロ二量体にある橋渡しの間に結合して作用すると予想される．KuがDNAから解離するにはおそらく構造の変化が必要である．

DNA修復の欠損はいろいろなヒトの病気をひき起こす．共通していることは，二本鎖切断が修復できず染色体が不安定になることである．この不安定化は染色体異常として現れて，それが変異頻度の上昇につながり，ひいてはこうした病気をもった患者はがんにかかりやすくなる．その例として修復機構を活性化する経路がうまく働かない血管拡張性失調症（AT；ataxia telangiectasia）や修復酵素の変異が原因のナイメーヘン染色体不安定症候群（NBS；Nijmegen breakage syndrome）がある．修復経路の解析から学んだことの一つは，それが哺乳類，酵母，細菌に広く保存されていることである．

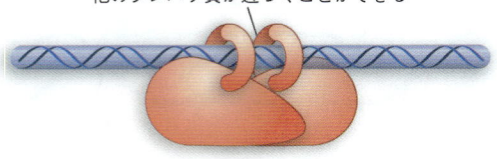

図20・23　二つのKuヘテロ二量体がDNAに結合すると，DNAを取巻くブリッジ間の距離は約12 bpである．

### 20・11　修復系の欠損により腫瘍では変異の蓄積が起こる

**ミスマッチ修復**　mismatch repair　正しい塩基対をつくっていない塩基を修正するDNAの修復機構．この機構では，メチル化の状態から親鎖と新生鎖が識別され，新生鎖の配列が優先的に修復される．

■ HNPCCにおいてはミスマッチ修復系の欠損により高頻度で変異が生じる．

すべての細胞は環境や複製時に起こる誤りから受ける損傷に対して自身を守る系を備えている．全体としての変異頻度は変異の導入とこれらの系による除去とのバランスの結果である．がん細胞が変異頻度を増加させている手段の一つは修復系を不活性化させることであり，それによって変異が除去されることなく蓄積する．実際，ミューテーター遺伝子に起こる変異が他の遺伝子に変異を蓄積するようになる．（DNAポリメラーゼや修復酵素などDNA配列の完全な維持に影響を与えるどんな型の遺伝子もミューテーター遺伝子になりうる．）

MutSL系は特に重要な標的である．この**ミスマッチ修復**系は新規に複製された細菌DNAにおけるミスマッチを除去する．その相同遺伝子は真核細胞でも同様の機能を担っている．マイクロサテライトDNAの複製時にDNAポリメラーゼは一つかそれ以上の短い反復単位によって後方に滑ってしまう可能性がある．この付加された単位は二本鎖から押し出され一本鎖領域となる．もしこれらが除去されなければ次の複製周期におけるマイクロサテライトの長さが増加することになる（図6・25参照）．このことはMutSL系の相同遺伝子群が押し出された一本鎖を認識し，鋳型に適切に一致する核酸配列を新規に合成し置き換えることによって回避される（図20・15参照）．

HNPCC（hereditary nonpolyposis colorectal cancer；遺伝性非腺腫性大腸がん）というヒトの病気において，その腫瘍細胞のDNA配列を同じ患者の体細胞と比較すると，高頻度で新しいマイクロサテライト配列が見つかる．図20・24にその例を示している．このマイクロサテライトはAC反復配列（DNAの片方の鎖のみを読む）をもっている．その反復の長さは集団中14〜27コピーにわたる．どの特定の個人も二つの長さの反復をもち，それぞれ二倍体細胞の各対立遺伝子にあたる．多くの患者の腫瘍細胞において反復の長さは変化している．図の例でも示されているように両方の対立遺伝子でその長さが減少していることがよくある．

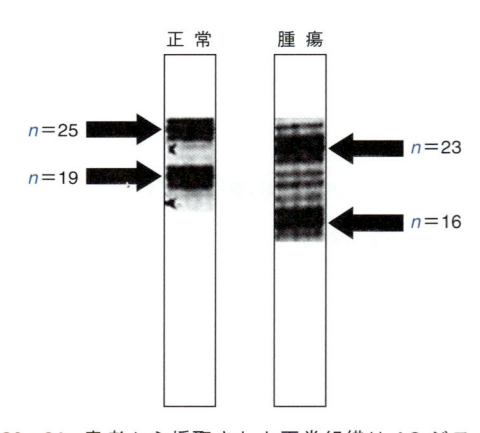

図20・24　患者から採取された正常組織はACジヌクレオチドの反復数の異なるマイクロサテライトの二つの対立遺伝子をもつ．腫瘍細胞では両方の対立遺伝子が欠失を受けていて，一方は25から23，もう一方は19から16へとそれぞれ減少している．この場合，各対立遺伝子の反復数は実際におそらく固有のものであるが，複数の余計なバンドはサンプルを調製する際の増幅過程において人為的にもたらされたものである．データはBert Vogelstein氏（John Hopkins University Medical Center）のご好意により提供された．腫瘍サンプルにおいて正常な位置に残っているバンドは正常組織が混ざってしまったことによる．

この型の変化はミスマッチ修復系の欠損の結果であるという考えが，*mutS* と *mutL* の相同遺伝子（*hMSH2*，*hMLH1*）が腫瘍細胞で変異を受けていることによって確認された．予想されたとおり，腫瘍細胞はミスマッチ修復系を欠損している．もちろんマイクロサテライト配列における変化はミスマッチ修復系の欠損の結果もたらされた変異の一つでしかない（この場合は特に診断しやすい）．

HNPCCの例は悪性腫瘍において多様な変異が必要とされることとミューテーター遺伝子によってもたらされる影響の重要性の両方を説明している．少なくとも七つの独立した遺伝的過程が完全な大腸がん形成に必要である．90％以上の例においてミスマッチ修復系に変異がみられ，変異頻度が正常な体細胞よりも2〜3桁高くなっている．この高い変異頻度によって腫瘍細胞中でより積極的に成長できるための材料をつくることのできる新しい変異細胞が生じる．

## 20・12 要　約

すべての細胞はDNAに生じた傷害や複製の誤りを修復してDNAをしっかりと維持したり，外来の異種DNAを区別して見分けるいろいろな機構をもっている．

修復系はDNA内の塩基のミスマッチ，異常，あるいは欠失，その他二重らせんの構造的ゆがみを認識することができる．除去修復系は，傷害を受けた部位の近傍を切断し，片方の鎖を除去し，新しい配列を合成し，除去した部分と置き換える．大腸菌においては *uvr* 系が主要な除去修復系である．*dam* 系は複製中に取込まれた誤った塩基によって生じるミスマッチの修正に関与しており，*dam* 標的配列がメチル化されていない方のDNA鎖にある塩基を優先的に除去する．真核生物にも大腸菌のMutSL系に類似の修復系があり，複製のスリップで生じたミスマッチの修復に関与しており，この修復回路の変異はある種のがんに共通してみられる．

組換え修復系はDNA二本鎖から情報を回収し，両鎖に傷害を受けてしまった塩基配列を修復するのに利用される．まずRecBCとRecFの両経路が働き，ついで鎖移行機能をもつRecAが働く．RecAはすべての細菌において組換えに関与している．組換え修復が最も活用されるのは複製フォークが立ち往生した状況を回復させるときであろう．

修復系は原核生物においても真核生物においても転写と関連づけることができる．転写因子TFIIHがもつ修復活性をコードしている遺伝子が変異することでヒトの病気がひき起こされる．これらの遺伝子は酵母の *RAD* 遺伝子群と相同性があるので，この修復系が生物に広く保存されていることが示唆される．

非相同的な末端連結（NHEJ）は，（真核生物の）DNAに起こった切断末端を修復するための一般的な反応である．Kuヘテロ二量体が切断末端同士をつなぎ合わせることができるよう互いに近い場所にもってくる．この回路の酵素が変異することでいくつかのヒトの疾病の原因となる．

ヒトにおいて変異の蓄積を防ぐ修復機構がうまく働かないと腫瘍の原因となる．

# 21 トランスポゾン

21・1 はじめに
21・2 IS は単純なトランスポゾンである
21・3 複合トランスポゾンには IS 因子が入っている
21・4 複製を伴う転移と複製を伴わない転移の機構
21・5 トランスポゾンが DNA の再編成をひき起こす
21・6 転移にみられる共通の中間体
21・7 複製を伴う転移は共挿入体を経由する
21・8 複製を伴わない転移は切断・再結合反応を経由する
21・9 TnA の転移にはトランスポザーゼとリゾルベースが必要である
21・10 トウモロコシの調節因子は DNA の切断と再編成を起こす
21・11 トウモロコシの調節因子はトランスポゾンのファミリーである
21・12 P 因子の転移が雑種発生異常をひき起こす
21・13 要 約

## 21・1 はじめに

> **トランスポゾン** transposon 自分の配列とまったく相同性のないゲノム中の新たな部位に自分自身（またはそのコピー）を挿入することのできる DNA 配列．転移因子ともいう．

**転移因子**，あるいは**トランスポゾン**はゲノム中を動くことのできる独立した塩基配列で，自分自身でゲノムの別の場所に移ることができる．これらは（ファージやプラスミド DNA のように）ゲノムとは独立に存在できる因子ではなく，その特徴はゲノムの一つの座から別の座へと直接移動することである．ゲノムの再編成に働く他の多くの機構とは違い，転移は供与体と受容体の塩基配列の間の関係にはまったく依存していない．転移はゲノムに変異を促すおもな要因となりうる．

トランスポゾンは 2 種類に大別できる．この章で取扱うトランスポゾンの仲間は，DNA に直接作用し，ゲノム内で増えるためのタンパク質をコードする DNA 配列に属している．22 章で説明するもう一つのトランスポゾンはレトロウイルスに関連しており，転移を起こす元になるのは DNA で，それは自分自身の転写産物である RNA からつくられたコピーである．このコピーはその後ゲノムの新たな場所に組込まれる．

DNA によって転移するトランスポゾンは，原核生物，真核生物のどちらからも見いだされている．トランスポゾンは自らの転移に必要な酵素活性をコードする遺伝子をもっており，さらに宿主のゲノムに備わった補助的な機能（たとえば DNA ポリメラーゼや DNA ジャイレース）も必要である．ゲノム中には活性のあるトランスポゾンばかりではなく，活性のない（欠損した）ものも存在する．真核生物の場合，トランスポゾンの大半は欠損をもったものであり，単独で転移する能力を失っている．しかし，これらのものも機能をもったトランスポゾンがつくり出す転移酵素によって認識されるし，その助けを借りて転移することができる．真核生物のゲノムには多くの，そして多種類のトランスポゾンが存在する．ハエのゲノムには 50 種類以上のトランスポゾンが存在し，その総数は数百に及ぶ．

トランスポゾンは，直接，あるいは間接的に染色体を再編成することがある：

- 転移反応それ自身に伴って欠失や逆位が起こったり，宿主の特定の塩基配列が別の部位に移ったりする．
- トランスポゾンが"持ち運び可能な相同領域"として働いて，細胞の組換え系の基質となることで，二つの異なる場所（別の染色体上のこともある）にあるトランスポゾンの間で相互組換えを起こさせることもできる．このような組換えは遺伝子の欠失，挿入，逆位，転座といった結果を招くと考えられる．

## 21・2 IS は単純なトランスポゾンである

> **IS 因子** insertion sequence 挿入配列のこと．細菌に見いだされる小さなトランスポゾンで，自分自身の転移に必要な遺伝子しかコードしていない．
> **末端の逆方向反復配列** inverted terminal repeat ある種のトランスポゾンの両端にある，よく似た，またはまったく同じ短い逆向きの配列．

**同方向反復配列** direct repeat 同じ DNA 分子内に存在する，まったく同じ（または非常によく似た）二つ以上の配列．隣接している必要はない．
**トランスポザーゼ** transposase トランスポゾンを新しい部位に挿入するのに関与する酵素．

- 挿入配列はトランスポゾンの1種で，短い末端の逆方向反復配列に挟まれた配列中に転移に必要な酵素（群）をコードしている．
- トランスポゾンの標的配列は挿入が起こる過程で重複し，トランスポゾンの両端に二つの同方向反復配列が形成される．
- この同方向反復配列は 5～9 bp であり，トランスポゾンごとに特徴がある．

トランスポゾンは細菌のオペロン中に自然に起こった挿入 DNA として最初に見つけられた．このような挿入によって遺伝子の転写や翻訳が阻害される．最も単純なトランスポゾンは **IS 因子**（挿入配列）とよばれている（その因子が検出されたいきさつを反映している）．それぞれの因子を表すには，IS を記し，その後ろに型を表す番号を付ける．IS 因子は細菌の染色体やプラスミドの通常の構成要素となっている．たとえば大腸菌のある標準株には代表的な IS 因子それぞれが数コピー（10 コピー未満）ある．ある特定の部位への挿入を表すときには二重コロンを用いる．つまり λ::IS1 は IS1 が λ ファージに挿入されていることを示している．

IS 因子は自律的な単位で，転移を起こすのに必要なタンパク質しかコードしていない．IS 因子はそれぞれ塩基配列が異なっているが，共通した構造をもっている．図 21・1 にトランスポゾンの挿入前後にみられる標的部位の構造を示す．また IS 因子のうちでよく知られているものの性質を示す．

IS 因子は短い**末端の逆方向反復配列**をもっている．普通，この両端の反復配列は同一ではないにせよよく似ている．図でわかるように，末端の逆方向反復配列は，IS 因子の両外側から内側に向かって配列を読むと同じ配列になっている．

IS 因子が転移すると，挿入部位で宿主 DNA の塩基配列に重複が生じる．この重複の様子は挿入の起こった前と後で標的部位の塩基配列を比べるとわかる．図 21・1 に示すように，挿入部位では IS 因子の両端に常に短い**同方向反復配列**が認められる．（これは，二つのコピーの塩基配列が同じ向きに反復しているということであって，二つが隣接しているということではない．）しかし，（挿入が起こる前の）本来の遺伝子には，標的部位にその反復配列は一つしかない．図の例では標的部位は $^{ATGCA}_{TACGT}$ という配列である．転移の後ではこの配列が 1 コピーずつトランスポゾンの両側にある．

同方向反復配列そのものはトランスポゾンごとに，またそれぞれの転移反応ごとに異

**トランスポゾンは末端に逆方向反復配列をもち，標的部位に同方向反復配列をつくる**

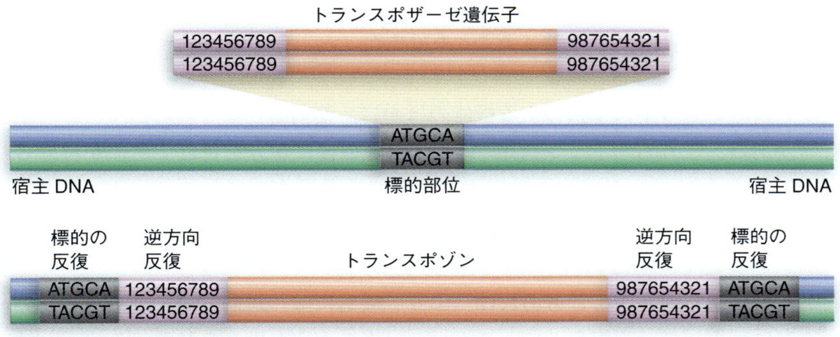

| トランスポゾン | 標的の反復<br>〔bp〕 | 逆方向反復<br>〔bp〕 | 全体の長さ<br>〔bp〕 | 標的の選択 |
|---|---|---|---|---|
| IS1 | 9 | 23 | 768 | ランダム |
| IS2 | 5 | 41 | 1327 | ホットスポット |
| IS4 | 11～13 | 18 | 1428 | AAAN$_{20}$TTT |
| IS5 | 4 | 16 | 1195 | ホットスポット |
| IS10R | 9 | 22 | 1329 | NGCTNAGCN |
| IS50R | 9 | 9 | 1531 | ホットスポット |
| IS903 | 9 | 18 | 1057 | ランダム |

**図 21・1** トランスポゾンの末端には逆方向反復配列がある．さらにその両側には標的部位の重複により生じた同方向反復配列がある．この例では標的は 5 bp の塩基配列である．トランスポゾンの両端には 9 bp の逆方向反復配列があり，1～9 の数字で塩基配列を示してある．

なるが，それぞれの IS 因子についてその長さは一定である（これは転移機構を反映している）．同方向反復配列の長さは普通 9 bp である．

IS 因子は末端に逆方向反復配列があり，宿主 DNA がこの因子と接する部分に短い同方向反復配列があるという特徴的な構造をしている．DNA の塩基配列の中にこのような構造があれば，それはトランスポゾンであるとわかるし，それが転移反応によってできたという歴然とした証拠となる．

トランスポゾンの両末端は逆方向反復配列になっている．転移の過程でこの末端が認識されることがすべてのトランスポゾンの転移反応に共通する特徴である．転移ができなくなったシスに働く変異は，この末端に起こっている．このことは IS 因子の末端は転移に関係するタンパク質によって認識されることを示している．このタンパク質を**トランスポザーゼ**とよぶ．トランスポザーゼは標的部位をつくり出し，そしてトランスポゾンの端を認識することの両方に必要である．トランスポゾンの両端だけで転移反応には十分である．

IS1 以外の IS 因子はいずれも一つのタンパク質をコードする長いコード領域をもち，片方の逆方向反復配列のすぐ内側から始まり，もう一方の末端にある逆方向反復配列の直前かその中で終わっている．これがトランスポザーゼをコードしている．IS1 はやや複雑な構造をしており，二つの読み枠をもっている．この二つの読み枠の両方がつながって翻訳されるようなフレームシフトが起こってトランスポザーゼが合成される．

転移の頻度はトランスポゾンによっても異なるが，1 因子につき 1 世代当たり $10^{-3}$〜$10^{-4}$ である．それぞれの標的部位への挿入は自然突然変異の頻度と同じくらいで，通常 1 世代当たり $10^{-5}$〜$10^{-7}$ である．野生型への復帰（IS 因子の正確な切出しによる）は通常まれであり，1 世代当たり $10^{-6}$〜$10^{-10}$ くらいの頻度であり，挿入より $10^3$ も低い頻度でしか起こらない．

## 21・3 複合トランスポゾンには IS 因子が入っている

**Tn** 細菌のトランスポゾンで，トランスポゾンとしての機能に関係のない遺伝マーカー（たとえば薬剤耐性など）をもつもの．Tn の後に番号を付けた名前がつけられている．
**複合トランスポゾン** composite transposon 中央領域が挿入配列に挟まれた構造をしており，挿入配列のいずれか，あるいは両方がこのトランスポゾンを転移させることができる．

- トランスポゾンは自らがコードする以外の遺伝子も運ぶことができる．
- 複合トランスポゾンは IS 因子に挟まれた中央領域をもつ．
- 複合トランスポゾンの一方あるいは両方の IS 因子が転移をひき起こすことができる．
- 複合トランスポゾンは全体が一つの単位として転移することもできるし，両側の IS 因子がそれぞれ独立して転移することもできる．

トランスポゾンの中には転移する機能のほかに，薬剤耐性などの遺伝マーカーをもったものがある．これらのトランスポゾンには **Tn** の後に番号を付けて名前が付けられている．大きなトランスポゾンの仲間の一つは中央に薬剤耐性マーカーなどの DNA があって，それを両側から IS 因子による"アーム"が挟む形になっているので**複合トランスポゾン**とよばれている．

両アームは同じ向きのこともあれば（より一般的には）逆向きのこともある．アームが同方向に反復している複合トランスポゾンは次のような構造をしている．

| アームL | 中央領域 | アームR |

アームが逆方向に反復している場合には次のようになる.

| アームL | 中央領域 | アームR |

矢印はアームの方向を示しており，トランスポゾンの遺伝地図の（便宜上の）左から右への向きに従って L と R で示してある．アームは IS 因子からできている．IS 因子に

は通常末端に逆方向反復配列があるので，複合トランスポゾンにも当然両端にこの逆方向反復配列がある．機能をもった IS 因子は自分自身やトランスポゾン全体を転移させることができる．

たとえば複合トランスポゾンの両端は同一である．図 21・2 には，アームに IS1 の同方向反復配列をもつ Tn9 の例を示す．どちらの IS1 のコピーも Tn9 の転移を促すことができる．

しかし，非常に似てはいるが同じではないこともある．図 21・3 には，アームに IS10 の逆方向反復配列をもつ Tn10 の例を示すが，そのコピーは異なっており，IS10L は機能がなくて IS10R だけが転移を促すことができる．

複合トランスポゾンは最初は無関係であった二つの IS 因子が中央領域と結び付いたものから進化したようにみえる．このような構造は，一つの IS 因子が供与部位からごく近くにある受容部位に転移すれば生じるはずである．そうして，元が同じ IS 因子が同じまま残っていることもあれば，変化した場合もあるだろう．おそらく，片方の因子だけで複合トランスポゾン全体を転移することができるために，両方の IS 因子が活性を保持していなければならないという選択圧がかからなかったのだろう．

転移に際して複合トランスポゾンとして構造が保たれているのは，おもに中央領域にコードされているマーカーに対する選択のためである．IS10 の場合，自律的に自由に動き回ることができ，事実，IS10 は Tn10 に比べてずっと高い頻度で転移する．しかし，Tn10 はテトラサイクリン耐性（$tet^R$）という選択圧のためにその構造が保たれている．それゆえ，選択圧のかかっている条件では，完全な Tn10 の転移頻度はずっと高くなる．

図 21・2 複合トランスポゾン Tn9 は，中央の薬剤耐性マーカーとその両端にある同じ向きの二つの IS1 因子のコピーから成る．両 IS1 コピーとも活性がある．

図 21・3 Tn10 は，中央の薬剤耐性マーカーとその両端にある逆向きの二つの IS10 因子のコピーから成る．IS10R だけが機能をもつ．

## 21・4 複製を伴う転移と複製を伴わない転移の機構

**複製を伴う転移** replicative transposition トランスポゾンの移動の機構で，まず複製され，それから 1 コピーが新しい部位に運ばれる．
**リゾルベース** resolvase 1 個の共挿入体の中で同方向反復配列として存在する 2 個のトランスポゾンの間での部位特異的組換え反応に関与する酵素．
**複製を伴わない転移** nonreplicative transposition トランスポゾンの移動の機構で，直接供与部位から切出され（普通，二本鎖切断を伴う），新しい部位に移動する．

- すべてのトランスポゾンは共通の機構で転移し，まず標的 DNA に互いにずれたニックを入れ，その突出した末端にトランスポゾンが結合するとギャップが埋められる．
- トランスポゾンと標的 DNA が結合する手順により転移が複製を伴うか伴わないかわかる．

トランスポゾンが新たな部位へ挿入する反応の一般的な性質を図 21・4 に示す．まず標的 DNA の両鎖に互いにずれたニックが入り，その突き出た一本鎖の末端にトランスポゾンがつながった後でギャップが埋められる．ずれてニックが入った後でそれが埋められたことで，挿入部位に生じる標的 DNA の同方向反復配列の説明がつく．ニックの間のずれた距離によって同方向反復配列の長さが決まる．このように，標的部位の反復配列は各トランスポゾンに特徴的で，標的 DNA にニックを入れる酵素の性質を反映している．

標的 DNA に互いにずれたニックを入れる反応はすべての転移に共通しているが，トランスポゾンの転移機構は 3 通りに区別できる：

● **複製を伴う転移**では，反応中にトランスポゾンが複製し，転移する因子は元の因子のコピーである．図 21・5 にこういう転移の例を示す．トランスポゾンは転移反応の一環として複製され，一つは元の場所にとどまり，もう一つが新たな部位に挿入される．したがって，トランスポゾンのコピー数は転移によって増加する．複製を伴う転移には 2 種類の酵素活性が必要となる．トランスポザーゼは元のトランスポゾンの末端に働き，**リゾルベース**は複製されたコピーに作用

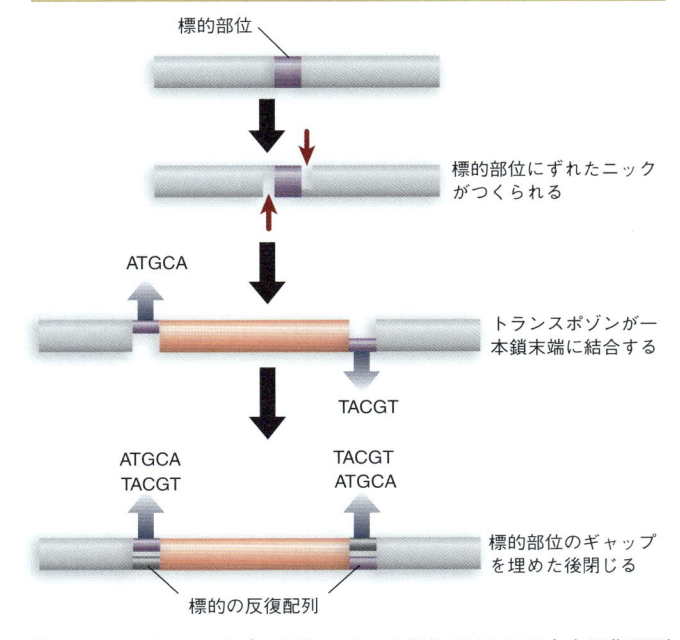

図 21・4 トランスポゾンを挟んでいる標的 DNA の同方向反復配列は，標的部位にずれたニックが入り，飛び出た方の末端がトランスポゾンとつながるためにできる．

する．TnA に属するトランスポゾンは複製を伴う転移によってのみ転移する（§21・7 参照）．

- **複製を伴わない転移**では，トランスポゾンは全体が物理的に一つの単位として直接一つの場所から別の場所へと動き保存される．IS 因子や Tn10, Tn5 などの複合トランスポゾンは図 21・6 で示すように，供与部位 DNA からトランスポゾンを切出す機構を使って転移する．このような転移にはトランスポザーゼだけが必要とされる．別の機構は，複製を伴う転移と一部共通の段階を経て供与部位と標的部位の DNA を結び付けるやり方である（§21・6 参照）．どちらの機構にせよ，複製を伴わない転移ではトランスポゾンは元あった場所からは失われて新たな標的部位に挿入される．複製せずに転移した後の供与分子はどうなるのだろうか．供与分子が損失をまぬがれるには，宿主の修復系が二本鎖 DNA の切断を認識して修復する必要がある．

図 21・5　複製を伴う転移ではトランスポゾンのコピーがつくられ，そのコピーが受容部位に挿入される．供与部位は元のままに保たれる．したがって，供与部位と受容部位の両方がトランスポゾンのコピーをもつ．

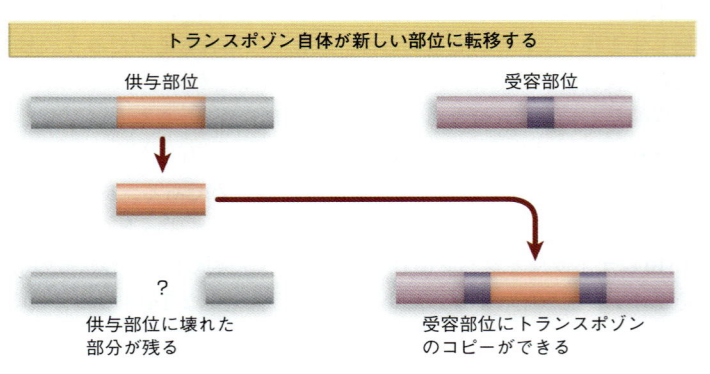

図 21・6　複製を伴わない転移ではトランスポゾンは供与部位から受容部位へとそのままの形で転移する．その結果，供与部位には壊れた部分が残るが，それが修復されないとゲノムに致死的な影響を与えるであろう．

どのタイプの転移反応においても次のような同じ基本反応様式が含まれている．トランスポゾンは供与 DNA から切断により切離され，その両端には 3′-OH 末端が生じる．こうして露出した 3′-OH 末端が，ついでエステル転移反応により標的 DNA を直接攻撃することで転移反応が起こり，標的 DNA に結合する．これらの反応は，それに必要な酵素およびトランスポゾンの両末端を含んだ DNA・タンパク質複合体中で起こる．それぞれのトランスポゾンは，その切断が標的 DNA を認識する前に起こるか後で起こるかによって区別される．

標的 DNA の選択は本来トランスポゾンによってなされる．ある場合には標的 DNA はランダムに選ばれる．別の場合にはコンセンサス配列や他の DNA の特性に基づいた特異性を示す．曲がった DNA や DNA・タンパク質複合体といった DNA の特性がそれに当たる．後者の場合，特定のプロモーター領域（ポリメラーゼⅢのプロモーターに選択的に挿入される酵母の Ty1 や Ty3 など）や，染色体上の不活性な部位，複製途中の DNA といった標的複合体の特性に依存してトランスポゾンが挿入される．

### 21・5　トランスポゾンが DNA の再編成をひき起こす

**正確な切出し**　precise excision　重複した標的配列（末端同方向反復配列）の一つをトランスポゾンとともに染色体から切出すこと．正確な切出しによってトランスポゾンが挿入されていた部位の機能が回復する．
**不正確な切出し**　imprecise excision　トランスポゾンが挿入部位から切出される際に，トランスポゾンの配列の一部が挿入部位に残るような切出しの様式．

- トランスポゾンのコピー間での相同組換えにより，宿主 DNA の再編成が起こる．
- 同方向に反復したトランスポゾン間の相同組換えにより，正確あるいは不正確な DNA の切出しが起こる．

新しい場所に挿入される"単純な"分子間転移のほかに，トランスポゾンは他の DNA 再編成にも関与する．その一部はトランスポゾンのコピーが多数あるために生じるもの

である．ほかは，転移機構の結果変なことになってしまったもので，原因となった反応を示す手がかりが残されている．

トランスポゾンのコピーが元いた場所の近くに挿入されたときに，宿主DNAの再編成が起こることがある．これは，宿主系がその二つのトランスポゾンの間で相互組換えを起こすためである．その結果は，二つのトランスポゾンが同じ向きか，逆向きかによって異なったものとなる．

図 21・7 には同方向反復配列同士で相互組換えが起こるとその間のDNAが欠失することを示す．この反復構造の間にあるDNAは環状DNAとして切出され（このDNAは細胞からなくなる），結局，染色体には同方向に反復していたコピーが一つ残る．複合トランスポゾンTn9にある2個の同方向反復IS1の間で組換えが起これば，そのトランスポゾンはIS1 1個になってしまう．

トランスポゾンに隣接した領域の欠失は，2段階から成る反応と考えることができる．すなわち，転移によってIS因子の同方向反復配列がつくられ，ついでその間で組換えが起こる．しかし，トランスポゾンの付近に生じる欠失の大部分はおそらく，転移そのものにひき続いて起こる反応が正常でなかった結果なのだろう．

1対の逆方向反復配列の間の相互組換えを図 21・8 に示す．反復配列の間の領域は逆向きになり，反復配列そのものはつぎにまた逆位を起こすのに利用できる形で残る．すなわち，複合トランスポゾンで両側のIS因子の配列が互いに逆向きになっているものは染色体の安定な構成成分だが，その中央領域は組換えによって両側のIS因子に対して逆向きになることもある．

トランスポゾンは切出し反応には関与していない．しかし，細菌の酵素がトランスポゾン中の相同領域を認識して切出しが起こる場合がある．トランスポゾンの消失が起こると挿入のあった部位の機能が回復するので，切出しは重要である．**正確な切出し**が起こるためには，トランスポゾンと同方向反復配列のうちの一つが除かれなければならない．その頻度は低く，Tn5では約 $10^{-6}$，Tn10では約 $10^{-9}$ である．正確な切出し反応には，9 bp の重複した同方向反復配列の間の相互組換えが関与しているのだろう．

**不正確な切出し**では切出しの際にトランスポゾンの一部が残っている．この場合，標的遺伝子の活性は妨げられたままだが，隣接遺伝子に対する転写の影響は起こらなくなり，表現型が変化する．不正確な切出しはTn10では約 $10^{-6}$ の頻度で起こる．この反応にはIS10の末端逆方向反復配列（24 bp）が関与している．Tn10ではIS10同士が逆方向なので，Tn10の両端は同方向反復配列になっている．

正確な切出しに比べて不正確な切出しの頻度が高いのは，同方向反復配列の長さの違い（9 bp に対して 24 bp）を反映しているのだろう．どちらの切出しもトランスポゾン自身がコードする機能には依存していないが，その機構はわかっていない．切出しはRecAに依存しないが，トランスポゾンの両隣にあった近接した反復配列の間で自然に起こる細胞のもつ組換え機構によるものらしい．

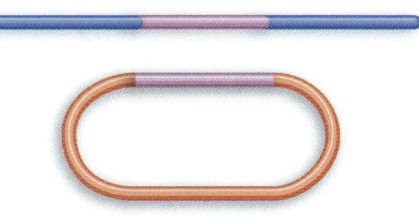

**図 21・7** 同方向反復配列の間の相互組換えによって，その間にあるDNAが除去される．組換えの産物には同方向反復配列が1個ずつある．

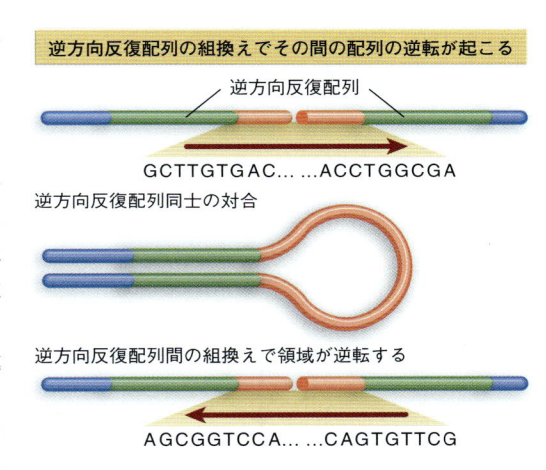

**図 21・8** 逆方向反復配列の間で相互組換えが起こると，その間に挟まれた領域が逆転する．

## 21・6 転移にみられる共通の中間体

- 転移はDNA鎖の取込み中間体が形成されることで開始し，トランスポゾンの両端で一方の鎖がそれぞれ標的部位のDNAに連結する．
- MuトランスポザーゼはMu DNAの両端が接近して複合体を形成し，ついでニックを入れて鎖を移行させる．
- 複合体が複製されると複製を伴う転移に，修復されると複製を伴わない転移になる．

動くDNA因子のほとんどは，基本的には同じような機構で染色体のある場所から別の場所に転移する．このような因子には，IS因子，原核生物や真核生物のトランスポゾン，そしてMuファージなどが含まれる．レトロウイルスRNAのDNAコピーも似たような機構で染色体に組込まれる（§22・2参照）．免疫グロブリンにみられるDNA再編成過程の最初の段階もこれに似ている（§23・8参照）．

転移における標的DNAとトランスポゾンDNAの連結は共通の機構を介して開始される．図 21・9 に示すように，トランスポゾンの両端にニックが入るとともに標的DNA部位の両鎖にもニックが入る．お互いのニックの端が結ばれて，トランスポゾンと標的

DNAの間に共有結合が形成される．この過程でトランスポゾンの両端は互いに近くに引き寄せられる．ここではニックが入る過程をわかりやすくするために，塩基対の形成がニックの入った後で起こるかのように描いたが，実際には入る前に起こっている．

2通りの転移反応経路を使うMuファージに関して多くのことが明らかにされた．Muファージは最初に宿主に感染したときには複製を伴わない転移によってゲノム中に挿入されるが，溶菌サイクルでは複製を伴う転移によってコピー数が増える．いずれの場合も，始めはトランスポゾンと標的部位との間で同じような反応が起こるが，その後の反応が異なっている．

転移に際してMuファージのDNAに最初に起こる反応は，MuAとよばれるトランスポザーゼが行う．Mu DNAの両端にはそれぞれ三つのMuAタンパク質結合部位があり，それらは22 bpのコンセンサス配列から成る．左端にあるのがL1, L2, L3であり，右端にはR1, R2, R3がある．それぞれの部位にMuAタンパク質の単量体が結合する．MuAタンパク質はファージDNAの内部にも結合する．これらMu DNAの左右両端と内部に結合したMuAタンパク質は複合体を形成する．内部に結合したMuAタンパク質の役割ははっきりしない．複合体の形成には必要だが，ニックを入れたりその後の反応には必要ないようだ．

図21・10に示した三つの段階を経てMuトランスポゾンと標的DNAが連結される．この反応には，それぞれ三つのMuAタンパク質結合部位のうち端に近い二つだけが使われる．これら四つの部位に結合したMuAタンパク質は四量体を形成する．このことでトランスポゾンの両端が対合する．四量体の働きにより，Mu DNAの両端での反応は足並みがそろって進行する．MuAタンパク質はDNAに作用する二つの部位をもっているが，これらの作用部位は，トランスポザーゼの各サブユニットでトランスに働く仕組みになっている．一つはL1, L2, R1, R2の22 bpから成るコンセンサス配列に結合する部位であり，もう一つはL1, R1のすぐ近くの部位でMu DNAにニックを入れる活性部位である．MuAサブユニットの切断活性部位は自己のコンセンサス配列結合部位の近くにあるDNAは切断できない．ところが，結合していない別の方のDNA鎖にはニックが入る．

このようにトランスに働くMuAサブユニットにより，トランスポゾンの両端にニックが入る．トランスに働くとは，L1とR1に結合したMuA単量体は，それぞれ手近な部位を切ることができず，左の端に結合したMuA単量体の一つが右端にニックを入れ，また右端に結合したのが左端に作用する．（それぞれの端に結合した二つの単量体のうち，どちらが働いているのかわからない．）DNA鎖の取込み反応もトランスに起こる．L1に結合した単量体がR1での鎖の取込み反応を行い，反対側も同様である．それぞれの端の二つの単量体の一方がニックを入れ，他方が鎖の取込み反応を行っていることが考えられる．

別のタンパク質であるMuBがこの反応を助ける．また，このタンパク質は標的部位の選択にもかかわっている．Muは元あった場所から10〜15 kb以上離れた標的部位に好んで転移する．すぐ近傍には転移しないこの現象は，"標的免疫"とよばれる．MuAとMuBが相互作用する結果として供与体近傍への転移が阻害される．

これらの反応の産物はDNA鎖の取込み中間体であり，トランスポゾンはそれぞれの端で一本鎖を通して標的部位と連結する．次に起こる反応の違いにより，転移の様式が変わってくる．以下の二つの節で，どのようにしてある共通の構造が，ときには（複製を伴う転移を導く）複製の基質として使われ，あるいは（複製を伴わない転移を導く）直接的な切断・再結合に使われるかをみてみよう．

### 21・7 複製を伴う転移は共挿入体を経由する

**共挿入体** cointegrate　もともとトランスポゾンをもっていたレプリコンともっていなかったレプリコンの二つが融合してつくられる．共挿入体は両レプリコン間の継ぎ目2箇所に重複して同方向反復配列のトランスポゾンをもつ．

**解離** resolution　共挿入体として存在する2個の間での相同組換え反応によって行われる．この反応により，それぞれ1コピーのトランスポゾンを含む供与レプリコンと受容レプリコンが生じる．

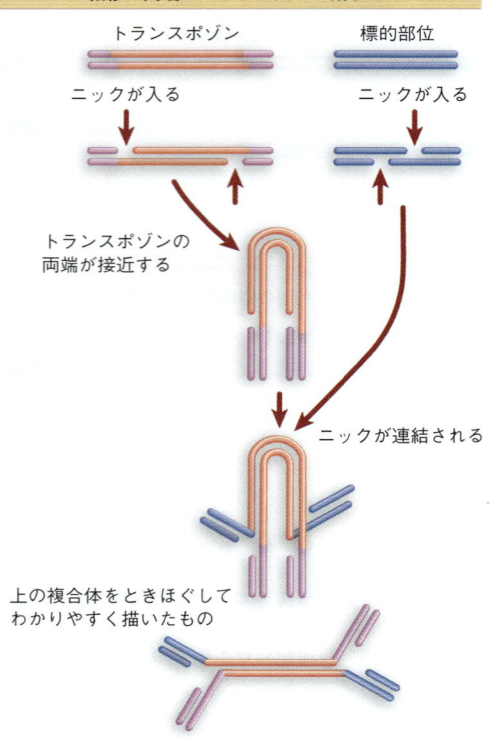

図21・9　転移は，まずトランスポゾンの両端と標的部位にニックが入り，これらが連結されてDNA鎖取込み中間体が形成されて始まる．

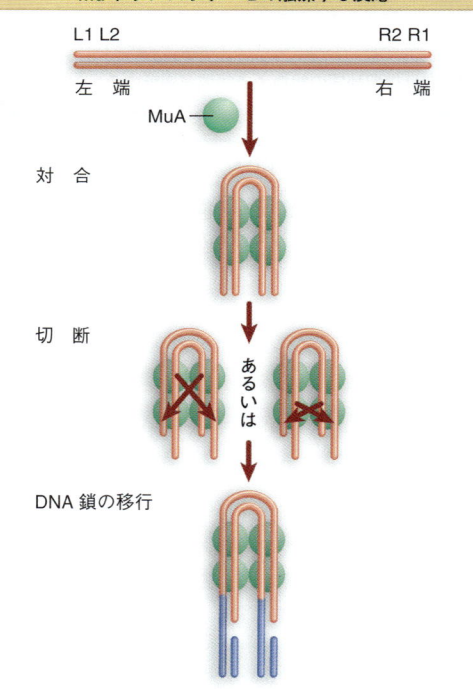

図21・10　Muファージの転移は3段階を経る．MuAトランスポザーゼはMu DNAの両端を対合させながら四量体を形成する．トランスポザーゼはDNAにニックを入れ，続いてニックを標的DNAと連結するが，これらの反応でトランスポザーゼはトランスに働く．

- DNA鎖の取込み中間体が複製されることで，供与体と標的DNAレプリコンの融合体である共挿入体が形成される．
- 共挿入体はトランスポゾンのコピーを二つもち，元のレプリコン同士の境界に存在する．
- トランスポゾンのコピー間で組換えが起こり元のレプリコンに解離するが，このとき受容レプリコンはトランスポゾンのコピーを獲得する．
- 組換え反応はトランスポゾンにコードされるリゾルベースによって触媒される．

複製を伴う転移の基本的な反応過程を図21・11に示す．この過程は先にみたDNA鎖の取込み中間体の形成で始まる（これは十字形に交差した複合体である）．供与体と標的DNAはニックの入った点で連結する．すなわち，トランスポゾンのニックの入った各端は標的部位にできた突き出した方の一本鎖と連結する．この結果，二本鎖のトランスポゾンで保持された十字形に交差した構造体が形成される．転移の様式は十字形に交差した構造がその後どのような過程を経るかによって決まる．

複製を伴う転移ではトランスポゾンが複製し，標的部位と供与部位の両方にトランスポゾンのコピーがつくり出される．十字形に交差した構造では，ずれたニックが入った所に一本鎖領域がある．この領域は複製フォークと似ており，DNA合成の鋳型となりうる．（複製のプライマーとして働くためには，3'-OH末端が生成するような鎖の切断が起こらなければならない．）

もし，両方の擬似複製フォークから複製が起こると，トランスポゾンの鎖を分離させつつ，末端に達するまで進む．複製はおそらく宿主がコードしている機能によるのだろう．こうしてできたものは**共挿入体**とよばれる．そのレプリコンのつなぎ目にはトランスポゾンの同方向反復配列がある．

図21・12に示すように，二つのトランスポゾン間で相同組換えが起こり，それぞれがトランスポゾンのコピーをもった二つのレプリコンになる．片方はもともとトランスポゾンをもっていた供与レプリコンであり，もう一方は宿主の標的配列の短い同方向反復配列に挟まれたトランスポゾンをもつ標的レプリコンである．この反応を**解離**とよび，解離をひき起こす酵素をリゾルベースとよぶ．

図21・11 Muファージの転移では十字形に交差した構造ができ，それは複製によって共挿入体に変換される．

### 21・8 複製を伴わない転移は切断・再結合反応を経由する

- 複製を伴わない転移では，供与DNAのもともとニックの入っていない鎖にニックが入り，交差構造が切断された後でトランスポゾンのどちらかの端が標的DNAと連結する．
- 複製を伴わない転移には二つの異なる経路があり，最初に切断されたトランスポゾンの端が次の切断の前に標的DNAと連結する場合（Tn5）と，標的DNAと連結する前に4本すべての鎖が切断される場合（Tn10）がある．

図21・11に示した十字形に交差した構造は複製を伴わない転移にも使われる．複製を伴わない転移では切断・再結合反応により標的部位が再構成される．その際に供与体は壊されたままであり，共挿入体は形成されない．

図21・13にはMuファージの複製を伴わない転移による切断の様子を示す．いったん，壊されていない供与DNA鎖にニックが入ると，トランスポゾンの両側の標的DNA鎖と連結できる．ずれたニックにより生じた一本鎖領域は修復合成により埋められる．この反応の生成物は，もともと一本鎖のニックによって生じた反復配列の間にトランスポゾンが挿入された標的レプリコンである．供与レプリコンの方にはトランスポゾンがもともとあった場所に二本鎖切断が生じる．

複製を伴わない転移はこれとは違った経路で起こることもある．標的部位にニックが入る点では同じだが，（図21・6に描いたように）供与部位のトランスポゾンはその両端で二本鎖切断が起こって，供与体の両側の配列から完全に切離されてしまう．図21・14に示すように，Tn10の転移はこうした"切貼り（cut and paste）"機構で起こる．

**Muの転移は交差中間体を経る**

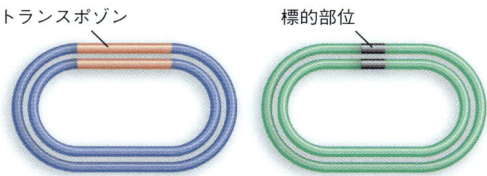

トランスポゾン　　標的部位

ニックが入る　トランスポゾンと標的部位の二本鎖のそれぞれの鎖にずれたニックが入る

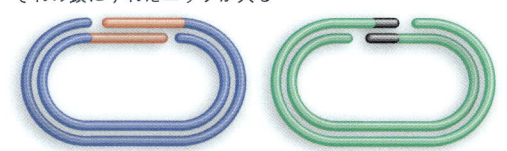

十字形に交差した構造（DNA鎖の取込み中間体）
トランスポゾンのニックが標的部位のニックと結合する

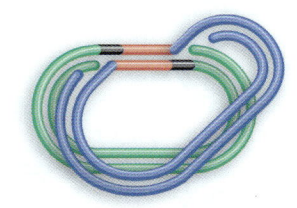

遊離の3'末端からの複製により共挿入体ができる
1分子のDNA中に2コピーのトランスポゾンがある

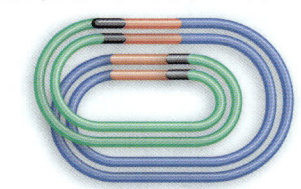

共挿入体を一続きに描き直してみると，トランスポゾンはレプリコンの境界にあることがわかる

**供与DNAと受容DNAが融合して共挿入体ができる**

トランスポゾン

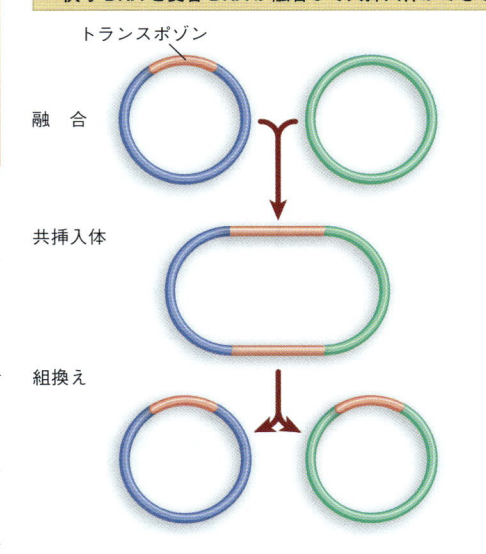

融　合

共挿入体

組換え

図21・12 転移に伴って供与レプリコンと受容レプリコンが融合し，共挿入体が生成する．二つのレプリコンに解離すると，それぞれがトランスポゾンのコピーを一つもっている．

**図 21・13** 複製を伴わない転移は十字形に交差した構造にニックが入って起こる．これにより標的 DNA にトランスポゾンが挿入され，標的部位の同方向反復配列に挟まれる．供与部位では二本鎖の切断が起こったままである．

**交差にニックが入って中間体が解離する**

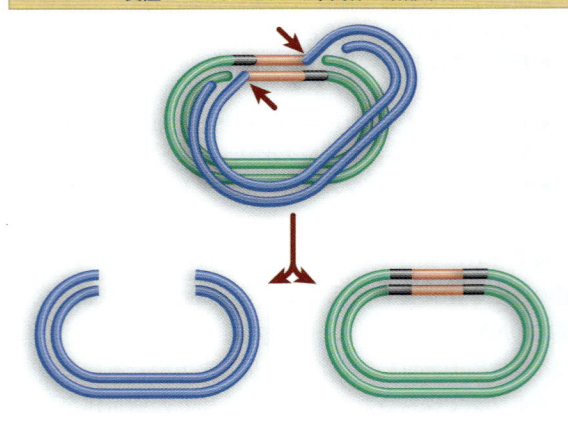

**転移は切断と結合を経る**

トランスポザーゼが Tn10 の両端に結合する

まず最初に移行する鎖にニックが入る

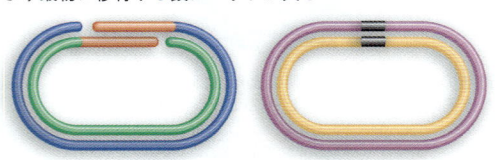

もう一方にニックが入り，受容 DNA にニックが入る

供与 DNA が遊離し，Tn10 は標的に連結される

**図 21・14** Tn10 の両端に順序立ってニックが入り，続いて標的 DNA のニックに連結される．

図 21・13 と 21・14 に示したモデルの基本的な違いは，図 21・14 のモデルに従えば，標的 DNA と接触する以前に Tn10 DNA の両方の鎖にニックが入ることである．まずトランスポザーゼがトランスポゾンの両端を認識して結合することにより，その後の反応を進めるための DNA・タンパク質複合体が形成される．トランスポゾンの両端で順序立ってニックが入る．まず移行鎖（標的 DNA に連結している方の鎖）にニックが入り，続いてもう一方に入る．

Tn5 は複製を伴わない転移もする．図 21・15 にトランスポゾンをその端に連なる配列から切離す興味深い切断反応を示す．まず一方の DNA 鎖にニックが入る．切出された鎖の 3′-OH 末端が他方の鎖を攻撃する．この反応により端の配列が切離され，トランスポゾンの二つの DNA 鎖が結び付けられてヘアピン構造をとる．ついで，活性化された水分子の攻撃を受けることでトランスポゾンの両端のヘアピン構造が解消される．

ここで切断された供与トランスポゾン DNA が解離して，標的 DNA 部位上のニックに連結される．このとき，トランスポゾンと標的部位はトランスポザーゼ（や他のタンパク質）により形成された DNA・タンパク質複合体中に閉じ込められている．トランスポゾンの両端が切断されることで複製を伴う転移が妨げられて，複製を伴わない転移を余儀なくされる．結果としては図 21・11 に示したモデルと同じようになるが，個々の鎖を見たときの切断と連結の順序が違っている．

Tn5 と Tn10 のトランスポザーゼはともに二量体で働く．それぞれの単量体は，トランスポゾンの二本鎖にニックを入れ，続いて標的 DNA にずれたニックを入れる活性をもっている．図 21・16 は，Tn5 のトランスポザーゼが解離したトランスポゾンの両端に結合した状態を示している．トランスポゾンのそれぞれの端は各単量体の活性部位に結合している．こうして転移反応における立体配置が制御される．それぞれの活性部位が標的 DNA の一方の鎖を切断する．それぞれの鎖のどれくらい離れた箇所に切断が入るかは立体配置により決まる（Tn5 の場合は 9 bp である）．

### 21・9 TnA の転移にはトランスポザーゼとリゾルベースが必要である

- 転移では複製を伴う TnA の共挿入体を形成するためにトランスポザーゼが必要であり，二つのレプリコンの解離にはリゾルベースが必要である．
- リゾルベースの作用は λ ファージの Int タンパク質に似ている．トポイソメラーゼ様の部位特異的組換えにかかわる一般的な酵素ファミリーに属しており，その反応は DNA に共有結合した中間体を経て進行する．

TnA ファミリーは大きな（約 5 kb）トランスポゾンで，複製を伴う転移によってのみ転移する．これらは IS 型の因子に依存した複合トランスポゾンではなく，薬剤耐性などの遺伝子に加えて転移のための遺伝子をもった独立の単位を形成している．TnA ファミリーにはいくつかの関連をもったトランスポゾンがあるが，中でも Tn3 と Tn-1000（以前は γδ とよばれていた）は最もよく解析されている．いずれも末端に約 38 bp の長さの非常によく似た逆方向反復配列をもつ．シスに作用する欠失が反復配列のどちらかに起こると，この因子の転移が妨げられる．転移に伴って標的部位には 5 bp

**隣接配列からの Tn5 の切断**

3′-OH

3′-OH

ヘアピン構造

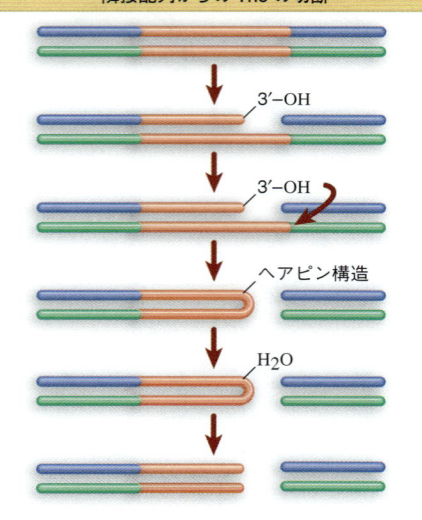

H₂O

**図 21・15** Tn5 の切出しには，ニックが入り，ついで鎖間での反応が起こり，最後にヘアピン構造が切断される．

の同方向反復配列が生じる．これらのトランスポゾンはアンピシリン耐性（$amp^R$）のような薬剤耐性マーカーをもっている．

　TnAが仲介する転移の二つの段階は，トランスポザーゼとリゾルベースによって行われ，それぞれの遺伝子 $tnpA$ と $tnpR$ は劣性変異として同定されている．この転移にはIS因子の場合と同様に，その両端が必要である．また，解離には特別な内部の部位が必要で，これはTnAファミリーに独特な性質である．

　$tnpA$ 遺伝子に変異が起こると転移できなくなる．この遺伝子の産物はトランスポザーゼで，末端にある38 bpの逆方向反復配列中の約25 bpに結合する．大腸菌のタンパク質IHF（組込み宿主因子）の結合部位がトランスポザーゼの結合部位と隣接しており，両者は協調的に結合する．トランスポザーゼの機能はトランスポゾンの両端の認識と，トランスポゾンが挿入される標的DNAに5 bpの間隔を置いてずれたニックを入れることと思われる．IHFは大腸菌のDNA結合タンパク質であり，しばしば大きなDNA複合体の形成に一役買っている．IHFの役割は明らかでないが，必須ではないだろう．

　$tnpR$ 遺伝子の産物には二つの機能がある．このタンパク質は遺伝子発現のリプレッサーとして働くとともに，リゾルベース機能ももっている．

　$tnpR$ に変異が起こると転移の頻度が増加する．その理由は，TnpRタンパク質が $tnpA$ 遺伝子と自分自身の転写を抑制しているからである．したがって，TnpRタンパク質が不活性化するとTnpAタンパク質の合成が増加し，転移頻度が増加する．このことは，TnpAトランスポザーゼの量が転移反応を限定する要因となっていることを意味している．

　$tnpA$ 遺伝子と $tnpR$ 遺伝子は，図21・17のTn3の遺伝地図に示すように，シストロン間のATに富む調節領域から両方向に転写され発現する．TnpRタンパク質の二つの働きはともにこの領域に結合してから発揮される．

　TnpRがリゾルベースとして働く際には，共挿入体構造中のTn3の同方向反復配列の間で組換えを行わせる．共挿入体は原理的には，2個あるトランスポゾンの任意の部分を使った相同組換えによって解離する．しかし，Tn3の解離反応は特定の部位でしか起こらない．

　この部位は res と名づけられている．この部位にシスに作用する欠失が起こると転移が完結せず，共挿入体の蓄積が起こるので発見された．分子レベルでみると，Tnpリゾルベースは図21・17の下部に示した3箇所に結合する．これらの部位は30〜40 bpであり2回対称のコンセンサス配列をもつ．Tnpが結合すると解離反応が触媒されるだけでなく $tnpR$ と $tnpA$ の転写が阻害される．

　解離反応ではほかからのエネルギーを必要とせずに結合が切れ，そして再結合する．リゾルベースが res 部位に二本鎖切断で生じた5'末端に共有結合でつながった状態の生成物が見つかっている．短いパリンドローム構造をもつ領域内で2塩基ずれて対称的にニックが入る．結合部位Ⅰにある交差領域を拡大すると，切断反応は次のように書き表せる．

$$\begin{array}{l} 5'\ TTATAA\ 3' \\ 3'\ AATATT\ 5' \end{array}$$

↓

5' TTAT　　　　　　　タンパク質-AA 3'
3' AA-タンパク質　＋　　　　　TATT 5'

　この反応はλファージのIntタンパク質の att 部位における反応とよく似ている．実際，res 部位の20 bpのうち15 bpが att 部位と同一である．このことは，TnAとλの部位特異的組換えは進化的には共通の組換え反応に由来していることを示唆している．§23・8で考えるように，免疫グロブリン遺伝子の組換えも基本的には同じである．これらの反応に共通していることは，切断された端が他の端と再結合する前に，中間段階として触媒タンパク質に転移されることである（§19・11参照）．

　両者ともDNAとの反応自体は似ているが，トランスポゾンの解離が分子内でしか起こらないのに対して，att 部位での組換えは分子間で起こり，しかも方向性をもつ（これは $attB$ と $attP$ 部位に違いがあることからもわかる）．また，これに関係するタンパク質の働きにも違いがある．リゾルベースの場合，四つのサブユニットが解離する res 部位にまず結合する．結合したそれぞれのサブユニットは一本鎖にニックを入れる．その

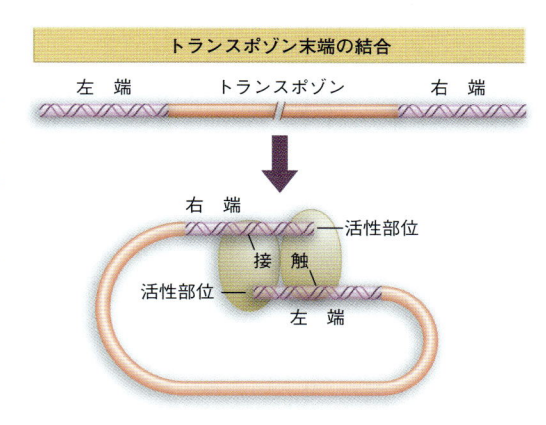

図21・16　Tn5トランスポザーゼの各サブユニットはその活性部位にトランスポゾンの一方の端を保持し，別の部位でトランスポゾンの他の端と接触している．

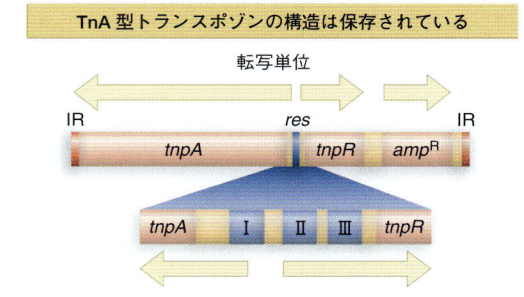

図21・17　TnAファミリーに属するトランスポゾンTn3は，末端の逆方向反復配列，内部にある res 部位，および3個の遺伝子をもっている．

後サブユニット間で構造的な再編成が起こり，これによってDNA鎖が動かされて組換えが起こった形になる．その後リゾルベースは解離してニックはふさがれる．

### 21・10　トウモロコシの調節因子はDNAの切断と再編成を起こす

> **調節因子**　controlling element　初めはその遺伝的性質によってトウモロコシで見つかった転移可能な因子．自律的（単独で転移できる）因子と非自律的（自律因子の存在下でのみ転移できる）因子がある．
> **セクター**　sector　（発生の途中で）遺伝子型に変化が起こった細胞の子孫が野生株の集団中につくる区画．
> **斑入り**　variegation　発生の途中で体細胞の遺伝子型に変化が導入されることによって生じる表現型．
> **無動原体染色体断片**　acentric fragment　染色体の断裂により生じたセントロメア（動原体）をもたない染色体断片で，細胞分裂の際に失われる．
> **二動原体染色体**　dicentric chromosome　それぞれがセントロメアをもった2本の染色体断片の融合によって生じる．二動原体染色体は不安定で，二つのセントロメアが反対の極へ引っ張られると切断されることもある．
> **切断−架橋−融合**　breakage-bridge-fusion　切断された染色分体が姉妹染色分体と融合し，"架橋"を形成した場合，染色体に起こる反応の1種．細胞分裂で一つの染色体に生じた二つのセントロメアが分離するときに染色体は再び切断され（架橋の所でとは限らない），その結果，再びこの過程を繰返す．

- "調節因子"の転移で染色体に起こった切断の影響からトウモロコシの転移が見つかった．
- 切断により切断末端とセントロメア（動原体）をそれぞれもった染色体と無動原体染色体断片ができる．
- 無動原体染色体断片は体細胞分裂の過程で消失するが，このことはヘテロ接合体での優性対立遺伝子の消失を調べることでわかる．
- 染色体の切断末端が融合することで二動原体染色体が生じ，それは再び切断と融合のサイクルを繰返す．
- 切断−架橋−融合サイクルにより体細胞に斑入りが生じる．

視覚的に最もはっきりとトランスポゾンの存在やその動きを捕らえられる例は，植物の発達段階にみられる．トランスポゾン（もともとは**調節因子**とよばれていた）の働きにより体細胞ゲノムにバリエーションが生じる．トウモロコシに特有な二つの性質が転移反応を調べるのに役立っている．遺伝子の近くに調節因子を挿入しても致死とならず，その影響は目で見ればすぐわかる表現型の変化として現れることが多い．また，トウモロコシの細胞はクローンとなって発生過程をたどれるので，転移の有無や，いつ転移が起こったかなどということを図21・18に模式的に示すように容易に検出できる．

この場合起こった反応，つまり変化の原因が挿入，切出しあるいは染色体切断なのかどうかということは問題でない．重要なのはヘテロ接合体で起こるということであり，ある対立遺伝子の表現型が変化するということである．したがって，因子が働いた細胞の子孫は新しい表現型を示し，何もなかった細胞の子孫は本来の表現型を示す．

一つの細胞から体細胞分裂で生じた子孫は同じ場所に集まって存在するので，組織中に**セクター**ができる．発生の途中で体細胞の表現型に変化が起こると**斑入り**となるが，これは本来の表現型の組織の中に新しい表現型のセクターが現れたものである．セクターの大きさは変異が起こったときから以降に細胞の分裂した回数を，すなわち遺伝子型の変化が起こった時期を表している．つまり変異が早い時期に起これば，それだけ子孫の細胞数が多く，それは成熟した組織の中に大きな斑点となって現れる．このような現象が最も顕著に観察されるのはトウモロコシの粒の色の変化であり，ある色のトウモロコシの粒の中に他の色が斑点となって現れる．

調節因子の挿入によりその隣接した遺伝子の発現が影響を受ける．調節因子が存在する部位では，欠失，重複，逆位，転座などすべての反応が起こりうる．ある種の因子が存在する場合には，染色体の切断もよく起こる．トウモロコシの系の特色として，調節因子の活性は発生過程において制御を受けている．すなわち，調節因子は植物の発生過

**図21・18**　一つの細胞から生じた子孫細胞群の中で，転移のために表現型が変化したものをクローン解析で同定できる．発生過程で転移の起こった時期は細胞の数に反映される．転移反応がその組織で起こったことは細胞の存在場所によってわかる．

程における特定の時期に特定の頻度で転移し，遺伝子の再編成を起こす．

トウモロコシにおける調節因子の働きの典型を，もともと染色体切断を起こす部位として見つかった $Ds$ 因子にみることができる．これを図 21・19 に示す．ヘテロ接合体の一方の染色体に $Ds$ 因子があって，その部位が一連の優性遺伝子とセントロメア（動原体）との間にあり，もう一方の染色体は $Ds$ 因子を欠き，劣性遺伝子（$C, bz, wx$）をもっているとしよう．$Ds$ 部位で切断が起こると優性遺伝子をもった**無動原体染色体断片**ができる．セントロメアがないので，この染色体断片は分裂の際に消失する．したがって完全な染色体上にある劣性遺伝子しか子孫の細胞には伝わらないことになる．このため図 21・18 に示したような結果が生じる．

図 21・20 に $Ds$ 部位に切断が起こった結果として，二つの異常な染色体が生じることを示す．これらは，複製後に染色体の切れ目同士がつなぎ合わさってできる．一つは $Ds$ 部位から遠い側の姉妹染色分体同士が融合して生じた U 字形無動原体染色体断片で（図の左側），もう一つは $Ds$ 部位に近い側の姉妹染色分体同士の融合でできた U 字形二**動原体染色体**（図の右側）である．図に示すように，後者からは，古典的な**切断-架橋-融合**の反応がひき起こされる．

二動原体染色体が紡錘体に引っ張られ分離するときのことを考えると，二つのセントロメアは別々の極の方へ引っ張られるので，どこか二つのセントロメアの中間のランダムな場所で染色体が千切れる．図の例では，切断は $A$ と $B$ の間で起こり，その結果一つの姉妹染色分体では $A$ が重複し，もう一つでは $A$ が欠失する．今 $A$ を優性形質とするならば，重複した方を受取った細胞は $A$ の表現型を維持し，欠失した方を受取った細胞は劣性の機能喪失表現型を示す．

切断-架橋-融合の反応は何代にも渡って続き，遺伝的変化がつぎつぎと子孫に起こる．たとえば $A$ を失った染色体は，次の代に $B$ と $C$ の間で切断が起こりうる．そうすると子孫は $B$ を重複したものと欠失したものとに分離する．こうして優性形質の欠失がつぎつぎに起こると，斑入りの中にさらに斑入りが現れる表現型となる．

### 21・11 トウモロコシの調節因子はトランスポゾンのファミリーである

> **自律的調節因子** autonomous controlling element トウモロコシにみられるトランスポゾンで，常に転移活性をもつ．
> **非自律的調節因子** nonautonomous controlling element トウモロコシにみられるトランスポゾンで，機能を失ったトランスポザーゼをコードする．非自律的因子はトランスに働く同じファミリーの自律的因子の存在下でのみ転移することができる．

> ■ トウモロコシのトランスポゾンは自律的調節因子と非自律的調節因子のそれぞれのファミリーに分けられる．
> ■ 自律的因子は自らを転移させるタンパク質をコードしている．
> ■ 非自律的因子には転移能を欠くような変異があるが，自律的因子から必要な因子を供給されると転移する．
> ■ 自律的因子は相変化，すなわち DNA のメチル化状態の変化に応じて性質が変わる．

トウモロコシのゲノムには調節因子のファミリーがいくつかある．トウモロコシの株が違うと因子の数，型，存在する場所がそれぞれ違う．調節因子はゲノムのかなりの部分を占めることもある．それぞれのファミリーのメンバーは 2 種類に分けられる：

● **自律的調節因子**は切出しや転移の能力をもつ．自律的因子は常に活性をもっているので，この因子の挿入によって不安定な，あるいは "変化しやすい" 対立遺伝子が出現する．自律的因子自体が消失したり，あるいはそれ自身が転移する能力を失うと，変化しやすい対立遺伝子は安定な対立遺伝子になる．
● **非自律的調節因子**は安定で，自発的に転移したり，その他の変化を及ぼしたりしない．しかし，同じファミリーの自律的因子がゲノムのどこかにあるときには不安定化が起こる．自律的因子によってトランスに相補されると，非自律的因子も転移能力をもち，新しい部位に転移するなど自律的因子と区別のつかないふるまいを示す．非自律的因子は転移に必要なトランスに働く機能を失った自律的因子に由来しているだろう．

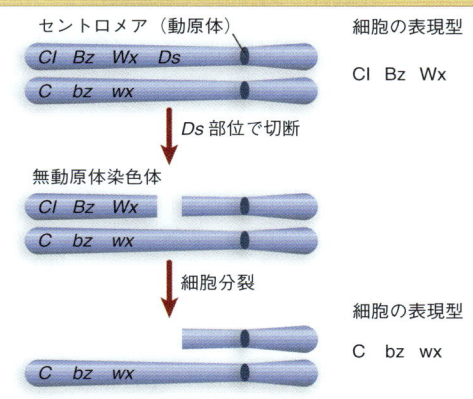

**図 21・19** 調節因子の部位で生じた切断により無動原体染色体断片ができ，消失する．もしその染色体断片がヘテロ接合体で劣性に働くマーカーを担っていると，消失に伴って表現型の変化が起こる．優性に働くマーカー，$Cl, Bz, Wx$ は細胞の色や細胞の適当な染色で判定できる．

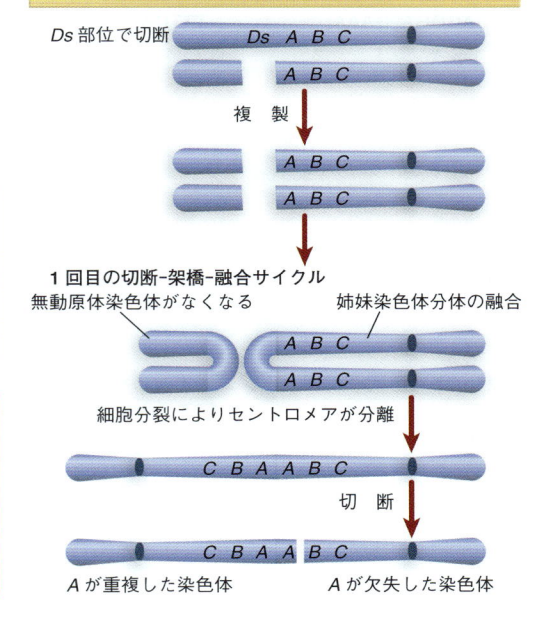

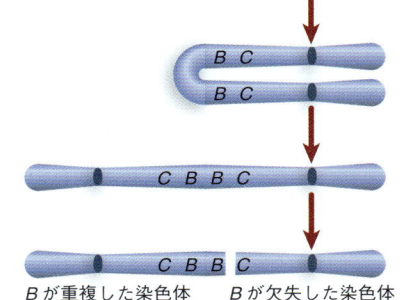

**図 21・20** $Ds$ により染色体の切断-架橋-融合サイクル（$Ac$ による活性化を必要とする）が起こる．この結果はクローン解析で追うことができる．

| 自律的トランスポゾンと非自律的トランスポゾン | |
|---|---|
| 自律的 | 非自律的 |
| 単独で転移する → トランス活性化 | 自律的因子の助けを必要とする |
| ↓ | ↓ |
| 新しい部位に転移する | 新しい部位に転移する |

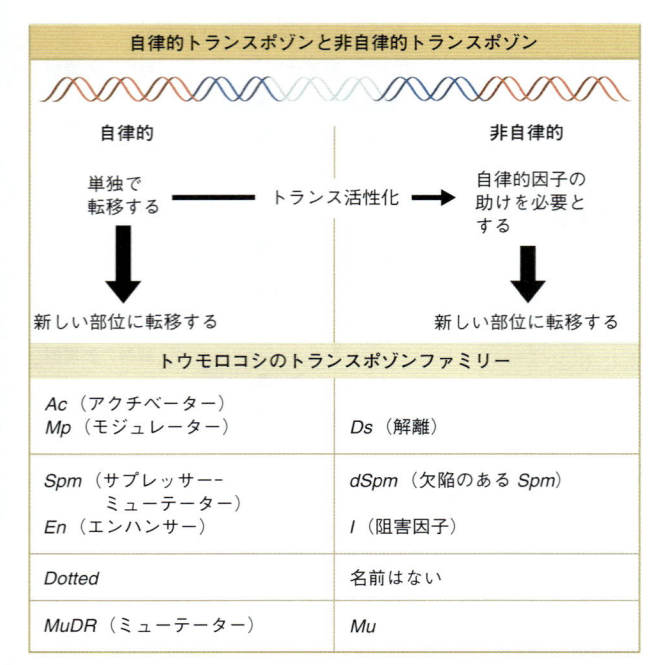

| トウモロコシのトランスポゾンファミリー | |
|---|---|
| *Ac*（アクチベーター）<br>*Mp*（モジュレーター） | *Ds*（解離） |
| *Spm*（サプレッサー-ミューテーター）<br>*En*（エンハンサー） | *dSpm*（欠陥のある *Spm*）<br>*I*（阻害因子） |
| *Dotted* | 名前はない |
| *MuDR*（ミューテーター） | *Mu* |

図 21・21 調節因子ファミリーの中には自律的および非自律的メンバーがある．自律的因子は転移する能力を示す．非自律的因子は転移する能力をもたない．自律的因子と非自律的因子を対にして四つ以上のファミリーに分類することができる．

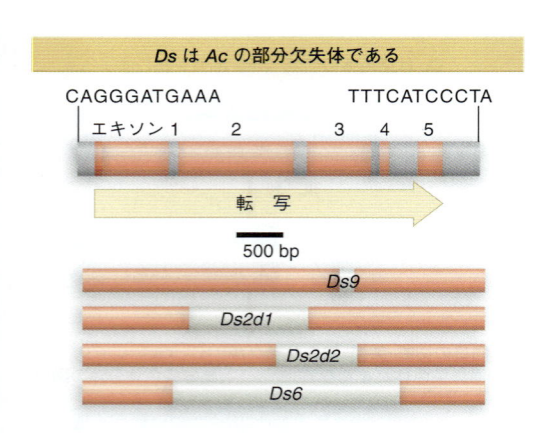

**Ds は Ac の部分欠失体である**

CAGGGATGAAAA　　　　　TTTCATCCCTA
エキソン 1　2　　　3 4　5

転　写
500 bp

Ds9
Ds2d1
Ds2d2
Ds6

図 21・22 *Ac* 因子にはトランスポザーゼをコードする五つのエキソンがある．*Ds* 因子は内部に欠失がある．

調節因子ファミリーは自律的因子と非自律的因子との相互作用によって分類されている．一つのファミリーは 1 種類の自律的因子とそれに関連した複数の非自律的因子から成る．ある非自律的因子が特定の自律的因子によってトランスに相補されれば，互いに同じメンバーと考えられる．トウモロコシの調節因子のおもなものを図 21・21 にまとめて示す．

トウモロコシのトランスポゾンのいくつかは，今では分子レベルで解析されている．その構造は似ており，両端に逆方向反復配列や隣接した標的 DNA の短い同方向反復配列がある．しかし一方では，その長さやコードしているタンパク質の数に違いがある．自律的因子と非自律的因子の関係はすべてのトランスポゾンファミリーに共通している．自律的因子は末端の反復配列の間にタンパク質をコードする読み枠をもつが，非自律的因子は機能できるようなタンパク質をコードしていない．その内部配列は自律的因子のそれと似ている場合もあるし，まったく異なっていることもある．

どちらのファミリーも一つの植物体ゲノム内にそれぞれ 10 個程度存在している．*Ac/Ds* ファミリーに属する自律的因子と非自律的因子を解析すると，たくさんの因子それぞれについて分子レベルでの知見が得られる．図 21・22 にこれらの構造を示す．

自律的な *Ac* 因子のほとんどの配列は，五つのエキソンから成る単一の遺伝子で占められている．その遺伝子の産物はトランスポザーゼである．*Ac* 因子の両端には 11 bp の逆方向反復配列があり，挿入に伴って標的部位に 8 bp の重複が生じる．

非自律的因子は内部配列を失っているが，末端の逆方向反復配列（おそらくそれ以外にも若干の特徴）を保持している．非自律的因子とは，自律的因子に欠失（あるいは他の変化）が起こり，トランスに働くトランスポザーゼ活性を失っているが，トランスポザーゼが作用する部位（末端など）はそのまま残ったものであろう．*Ac* に関連した非自律的因子として *Ds* ファミリーがある．*Ds* 因子は長さや配列にばらつきがあるが，みな *Ac* と関連がある．それらの末端には同じ 11 bp の逆方向反復配列がある．*Ds* の構造をみると，*Ac* にほんの小さな（しかし活性を失わせるような）変異が起こったものから，大きな欠失や再編成が起こったものまであり，極端な場合には因子の両端だけのものもある．

*Ac/Ds* 因子の転移は複製を伴わない機構で起こり，もともと存在していた場所から消失してしまう．クローン解析を行うと，*Ac/Ds* 因子の転移はほとんどいつも供与側の因子が複製した後で起こる．この特徴は細菌の Tn10 の転移の場合に似ている．その原因も同じであり，トランスポゾン DNA の両方の鎖がメチル化（複製前の DNA の特徴である）されていると転移が起こらないが，ヘミメチル化（複製後の特徴である）状態では活性化される．*Ac/Ds* 因子の受容部位への転移はしばしば同一の染色体上で起こり，おまけに通常は供与部位のごく近傍に転移する．

複製によって 2 コピーの *Ac/Ds* 因子が生じるが，通常，一方のみが実際には転移する．供与部位では何が起こるのだろうか．調節因子が消失した部位に DNA の再編成が観察されるのは，先に図 21・19 でみたように，染色体の切断によるものとして説明できる．

自律的および非自律的因子は環境の変化を受けやすい．その中のあるものは遺伝的であり，他のものは後成的（エピジェネティック；塩基配列の変化は伴わないが形質の変化が後代に受継がれる現象）である．

主要な変化はいうまでもなく自律的因子から非自律的因子への転換である．しかし，非自律的因子にさらに変化が起こることもある．もしシスに働く部位が欠損すると，非自律的因子は自律的因子の作用を受けなくなる．そうすると，その非自律的因子は転移できないので非常に安定になる．

自律的因子は"相変化"，すなわち遺伝するがかなり不安定な性質の変化をこうむりがちである．そのため，可逆的な不活性な形をとり，植物の発生過程において活性-不活性の周期的変化をする．

自律的因子 *Ac* や *MuDR* の相変化は DNA のメチル化の結果のようだ．活性型と不活性型の因子を制限酵素で消化し比較すると，不活性型では認識配列 $^{CAG}_{GTC}$ がメチル化され

ていることがわかる．*MuDR* は，末端反復配列が脱メチル化されるとトランスポザーゼの発現が上昇することから，不活性化はトランスポザーゼ遺伝子のプロモーターの制御を介しているようだ．

このようなメチル化の影響は一般的に植物のトランスポゾンに共通である．メチル化の転移活性に与える影響の端的な例がヘテロクロマチンのメチル化が損なわれたシロイヌナズナ *ddm1* 変異にみられる．*MuDR* に似たトランスポゾンの標的部位が脱メチル化された DNA の中にあり，ゲノムを直接調べてみると脱メチル化により転移が起こったことがわかる．おそらくメチル化は，あまりに頻繁に転移が起こることでゲノムに損傷が生じるのを防ぐための主要な仕組みとなっている．

植物のトランスポゾンは，細菌のトランスポゾンでみられる免疫効果と同様な転移を自己調節する機構を備えているようだ．ゲノム中の *Ac* 因子の数が増加すると転移頻度は減少する．*Ac* 因子は転移を抑制するリプレッサーをコードしており，トランスポザーゼ活性を示すタンパク質が同時にその活性ももっているのかもしれない．

### 21・12　P 因子の転移が雑種発生異常をひき起こす

> **雑種発生異常**　hybrid dysgenesis　ショウジョウバエの特定の株で，交配の結果生じる雑種が（見かけ上は正常であっても）不妊となるため交配ができない現象．
> **P 因子**　P element, P factor　ショウジョウバエにみられるトランスポゾンの1種．
> **サイトタイプ**　cytotype　P 因子の作用に影響を与える細胞質の状態．サイトタイプによる影響は転移のリプレッサーの有無によるもので，その因子は雌の親から卵細胞へと伝えられる．

- P 因子はショウジョウバエの P 株がもち M 株にはないトランスポゾンである．
- P 因子が P の雄と M の雌を交配した生殖系列で活性化されるのは，組織特異的スプライシングにより一つのイントロンが除かれて，トランスポザーゼをコードする遺伝子ができるからである．
- 交配により P 因子が新しい部位に挿入され，多くの遺伝子は不活性化され発生異常を起こす．
- P 因子は転移のリプレッサーも合成するが，これは細胞質因子として母系遺伝する．
- このリプレッサーの働きにより，なぜ M の雄と P の雌の交配では発生が正常かが説明できる．

特定のショウジョウバエの株では雑種をつくるのが難しいことがある．これらのハエを交配すると，その子孫に"発生異常"とよばれる変異，染色体異常，不均等な減数分裂あるいは不妊など一連の欠陥が起こる．このような欠陥が現れることを**雑種発生異常**とよんでいる．

ショウジョウバエにおいて雑種発生異常をひき起こす系の一つでは，ハエは二つの型，P（paternal contributing）と M（maternal contributing）に分かれる．図 21・23 に示すようにこの系は非対称に起こり，P の雄と M の雌を掛合わせると雑種発生異常が起こるが，逆の掛合わせでは起こらない．

この発生異常はもともと生殖細胞に起こる現象である．P-M 系の交配で生まれる F1 雑種のハエは，体細胞組織は正常だが生殖腺が発達しない．配偶子の発達に関連する形態学的な欠陥は生殖系列で細胞分裂が急激に始まるころに現れる．

P の雄の染色体のどの 1 本でも M の雌と交配すると発生異常が起こる．組換え染色体をつくって調べると，どの P の染色体も内部のいろいろな領域が発生異常をひき起こす原因となることがわかる．このことは，P の雄の染色体には発生異常の原因となる配列がたくさん存在していることを示唆している．その部位は P の個々の株によって異なっている．他方，M 株の染色体には P に特異的な配列は存在しない．この挿入配列が **P 因子**である．

P 因子の挿入は典型的な転移機構によって行われる．個々の P 因子の長さはまちまちだが，塩基配列はよく似ている．すべての P 因子は両末端に 31 bp の逆方向反復配列をもち，転移の際に標的 DNA に 8 bp の同方向反復配列を生じる．最も長い P 因子は約 2.9 kb で，内部に四つのオープンリーディングフレーム（ORF）がある．短いものは完

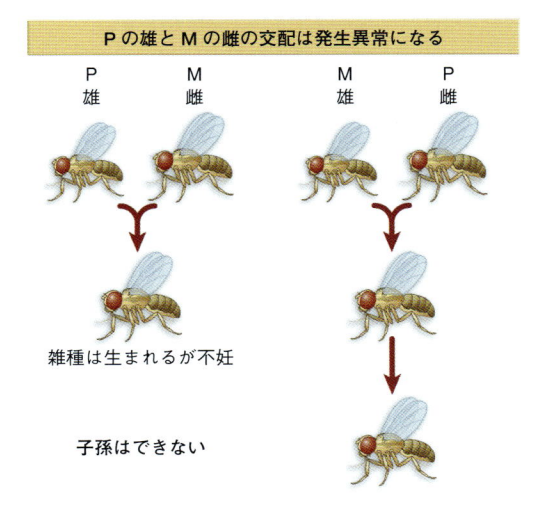

図 21・23　雑種発生異常は非対称に起こる．この現象は P 雄と M 雌の交配で起こるが，M 雄と P 雌の交配では起こらない．

全な長さのP因子の内部の欠失によるものであり，これはかなり頻繁に起こるようである．少なくとも短いP因子のいくつかはトランスポザーゼをつくる能力を欠いているが，完全なP因子がコードする酵素によりトランスに活性化されると思われる．

P株には30〜50コピーのP因子が存在するが，そのうち約1/3は完全な長さである．P因子はM株には存在せず，P株ではゲノム中の不活性な成分として遺伝する．しかしPの雄とMの雌が交配すると活性化されて転移を起こすようになる．

P-M雑種発生異常のハエの染色体ではいろいろな新しい部位にP因子の挿入が起こる．挿入された場所にある遺伝子が不活性化されたり，時として染色体の分断が起こる．したがって，転移の結果としてゲノムが不活性化される．

P因子の活性化は組織特異的であり，生殖系列でしか起こらない．しかし，P因子の転写は生殖系列組織，体細胞組織のどちらでも起こる．組織特異性はスプライシングのパターンの変化により生じる．

**図21・24**にP因子の構造と転写産物を示す．一次転写産物は2.5 kbまたは3.0 kbである．この違いは単に終結部位で転写がきちんと止まらないためらしい．転写産物からは二つのタンパク質がつくり出される：

- 体細胞組織では，始めの二つのイントロンだけがスプライシングで除かれ，ORF0-ORF1-ORF2を含むコード領域がつくり出される．このRNAからは66 kDaのタンパク質が翻訳され，転移活性に対するリプレッサーとして作用する．
- 生殖系列組織では，体細胞組織で起こるスプライシングに加えてイントロン3も除かれる．その結果，四つのORFすべてがつながったmRNAがつくられ，87 kDaのタンパク質が翻訳される．このタンパク質はトランスポザーゼである．

ORF3のスプライシングによって，それより上流の読み枠に結合したものは常にP因子が活性化されている．これは重要な調節機構で，通常生殖系列でしか起こらない．組織特異的なスプライシングは何によって起こるのだろうか．体細胞組織にはエキソン3の塩基配列に結合して，最後のイントロンの除去を妨げるようなタンパク質が存在する（§26・11参照）．このタンパク質は生殖系列には存在せず，そこではスプライシングが起こってトランスポザーゼをコードするmRNAが生み出されるのである．

P因子の転移には約150 bpの末端DNAが必要である．トランスポザーゼは31 bpの末端逆方向反復配列に隣接する10 bpの塩基配列に結合する．転移はTn10の転移とよく似た複製を伴わない"切貼り"機構によって起こる〔このことは雑種発生異常において二つの点で重要である．まず，P因子が新しい部位に挿入されると変異がひき起こされる．また，（図21・6のモデルでは），供与部位に残された切断からも有害な影響がでてくる〕．

雑種発生異常が交配の方向によっていることから，P因子そのものばかりでなく細胞質も重要であることがわかる．このような細胞質が関与した型を**サイトタイプ**とよぶ．P因子をもつハエの系統をPサイトタイプ，P因子を欠いた系統をMサイトタイプという．雑種発生異常が起こるのは，P因子をもつ染色体がMサイトタイプにさらされたとき，すなわち雄の親がP因子をもち，雌の親はもたないときに限り起こる．

サイトタイプは遺伝性の細胞質の作用である．Pサイトタイプ（雌の親はP因子をもつ）との交配では，その後何回かM株の雌の親と交配しても，最初の数世代は雑種発生異常は抑圧される．したがって，Pサイトタイプ中には数世代の間に希釈されてしまうような何らかの因子があり，雑種発生異常を抑圧しているのであろう．

**図21・25**に示したモデルで，このようなサイトタイプの作用を分子レベルで説明できる．これは66 kDaのタンパク質の示す転移抑制活性に基づいている．このタンパク質は卵の中で母性発現因子として受継がれる．P株の細胞では十分な量のタンパク質があるので，P因子が存在していても転移は抑制されている．P株の雌との交配では，いずれの場合もこのタンパク質がトランスポザーゼの合成や活性を妨げている．しかしM株の雌との交配では，卵の中にはリプレッサーが存在しないので，生殖系列では雄の親からP因子が入ってきて，トランスポザーゼが活性をもってしまう．Pサイトタイプの活性が1世代以上に渡って継続するので，卵の中には十分な量のリプレッサーが存在し，しかも成体を通じて次世代の卵に渡るまで安定であることがうかがえる．

雑種発生異常は雑種をつくる機会を減らすので，種の確立を導く一つの段階となって

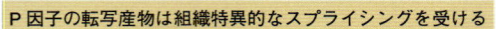

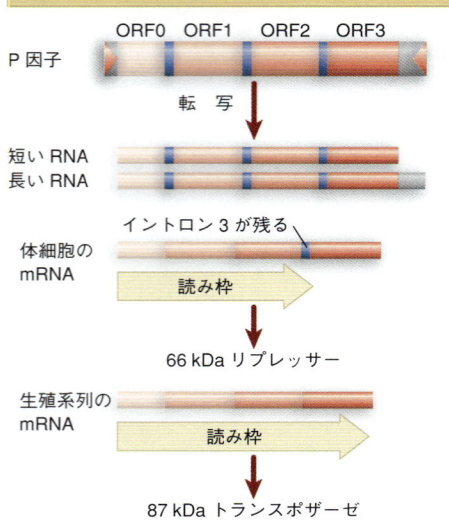

図21・24 P因子には四つのエキソンがある．体細胞では最初の三つがスプライシングにより結合し，発現する．生殖系列では四つすべてがスプライシングにより結合し発現する．

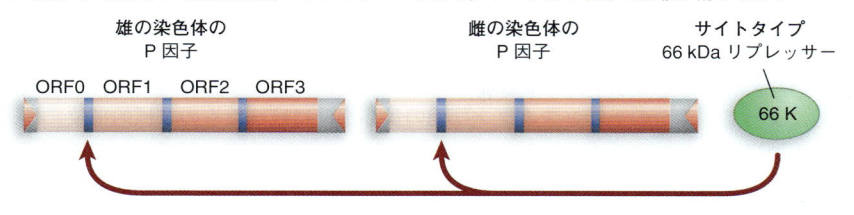

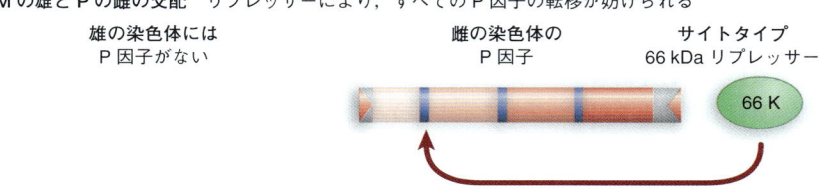

**P因子の働きはリプレッサーにより調節される**

P系統（Pの雄とPの雌の交配）　リプレッサーにより，すべてのP因子の転移が妨げられる

雄の染色体の　　　　　雌の染色体の　　　　サイトタイプ
P因子　　　　　　　　P因子　　　　　　　66 kDa リプレッサー

ORF0 ORF1 ORF2 ORF3

66 K

Pの雄とMの雌の交配　P因子よりトランスポザーゼがつくられる → 雑種発生異常

雄の染色体の　　　　　雌の染色体には　　　　サイトタイプ
P因子　　　　　　　　P因子がない　　　　　66 kDa リプレッサー
　　　　　　　　　　　　　　　　　　　　　がない

87 K

Mの雄とPの雌の交配　リプレッサーにより，すべてのP因子の転移が妨げられる

雄の染色体には　　　　雌の染色体の　　　　サイトタイプ
P因子がない　　　　　P因子　　　　　　　66 kDa リプレッサー

66 K

**図 21・25**　雑種発生異常が起こるかどうかは，ゲノム上のP因子とサイトタイプの 66 kDa のリプレッサーの相互作用により決まる．

いる．たとえば，ある雑種発生異常系が特定のトランスポゾンによって生じ，それが一定の地域に広まるとしよう．また別の因子が別の地域に別個の系を生じさせているだろう．両地域のハエは互いに（あるいは他に対しても）雑種発生異常を示す関係になっているから，両地域のハエは相互に交配できず，それぞれの集団の中で遺伝的隔離が進むことになる．つまり，いろいろな系が交配を抑制するので，それが種の分化につながる．

## 21・13　要　約

　原核生物および真核生物の細胞には種々のトランスポゾンがあり，DNAの塩基配列を直接，あるいはそのコピーを転移する．トランスポゾンを同定できるのはゲノム上に実在する場合のみで，転移途中にも独立した型にはならない．すべてのトランスポゾンには，転移の程度を制限する仕組みが備わっている．しかし，その調節機構はおのおののトランスポゾンによって異なる．

　基本的なトランスポゾンの末端には逆方向反復配列があり，挿入の際，その部位に短い同方向反復配列を生じる．最も単純なトランスポゾンは細菌のIS因子で，基本的には末端の逆方向反復配列とそのすぐ内側の転移活性にかかわる産物をコードしている領域のみから成る．複合トランスポゾンの両端にはIS因子があり，そのうちの一方，あるいは両方のIS因子がトランスポザーゼを供給する．IS因子で挟まれた中央のDNA（薬剤耐性マーカーである場合が多い）は，道連れのようなものである．

　トランスポゾンが挿入すると，標的部位の配列に反復が生じるが，これは転移に共通した特徴である．標的部位のそれぞれのDNA鎖に決まった間隔（通常，5 bp あるいは 9 bp）でずれたニックが入り，その突き出した一本鎖の末端にトランスポゾンが挿入される．標的部位の同方向反復配列は，一本鎖領域が埋められる際に生じる．

　IS因子や複合トランスポゾンおよびP因子は，複製を伴わない転移によって移動し，因子が供与部位から受容部位へ直接移動する．トランスポザーゼという1種類の酵素がこの反応を担っており，"切貼り"によりトランスポゾンが両側のDNAから切出されて転移する．トランスポゾンの端を切断し，標的DNAへずれたニックを入れ，そして両者を連結するというこれらのことすべてはトランスポザーゼを含むDNA・タンパク質複合体中で起こる．供与部位からトランスポゾンがなくなると二本鎖切断が生じるが，その後どうなるか明らかでない．Tn10 の転移はDNA複製のすぐ後，すなわち *dam* シ

ステムによるメチル化部位がまだヘミメチル化の状態であるときに起こる．複製により供与部位には二つのコピーが存在し，細胞が生き残るチャンスも増えると考えられる．

TnAファミリーのトランスポゾンは複製を伴う転移によって移動する．供与部位のトランスポゾンと標的部位が結合した後，複製により2コピーのトランスポゾンをもつ共挿入体が形成される．解離反応（二つのトランスポゾンの間で起こる部位特異的組換え）によって，二つのトランスポゾンは元の供与部位に残ったものと標的部位に挿入されたものにそれぞれ解離する．トランスポゾンがコードしている2種類の酵素が必要である．一つはトランスポゾンの末端を認識してその末端を標的部位と連結するトランスポザーゼで，もう一つは部位特異的組換えに関与するリゾルベースである．

MuファージもTnAと同様に複製を伴う転移をする．このファージは共挿入体を経て複製を伴わずに転移することもできるが，ISにみられる複製を伴わない転移とは切断の順序が異なる．

植物のトランスポゾン中で最も解析が進んでいるのはトウモロコシの調節因子で，いくつかのファミリーに分類されている．それぞれのファミリーには1種類の自律的調節因子（転移能力に関して細菌のトランスポゾンと類似している）が含まれる．また，各ファミリーには多くの異なった非自律的調節因子もある．このような因子は自律的調節因子が変異（通常は欠失）して生じたものである．非自律的調節因子は自分自身では転移できないが，自律的調節因子からトランスに働く機能を供給されると，転移活性やその他，自律的調節因子がもつ活性を示すようになる．

トウモロコシの調節因子は挿入や切出しによって直接の影響があるほかに，標的部位やその近傍の遺伝子の活性に影響を与える．この調節は発生過程において制御を受けている．ある遺伝子に挿入したトウモロコシの調節因子は，スプライシングによって転写産物からは除去される場合がある．このように，因子の挿入が単純に遺伝子発現を阻害しないこともある．標的遺伝子の発現調節にはエンハンサーの導入による活性化や転写後の阻害による抑圧など種々の効果が含まれている．

トウモロコシの調節因子（特に$Ac$因子）の転移は複製を伴わず，因子自身がコードしている1種類のトランスポザーゼがその転移を担っているようだ．転移は複製のすぐ後に優先的に起こる．転移の頻度を制限する機構が存在すると思われる．トウモロコシのゲノムが再編成して選択的に有利となるのは，ゲノム上に調節因子が存在することと関連があるだろう．

ショウジョウバエのP因子は雑種発生異常に関与しており，これは生物種形成において重要な役割を果たしているのだろう．P因子をもつ雄とP因子をもたない雌を交配して生まれた雑種は不妊となる．P因子上にはイントロンで隔てられた四つのオープンリーディングフレーム（ORF）が存在する．スプライシングにより最初の三つのORFから66 kDaのリプレッサーができ，これはすべての細胞に存在する．四つのORFすべてがスプライシングによりつながると，87 kDaのトランスポザーゼができるが，これは組織特異的なスプライシングによるためで，生殖系列だけに起こる．P因子はリプレッサーを欠いた細胞質にさらされると転移できるようになる．これは非複製的な"切貼り"機構で転移する．転移がどっと起こると，ランダムな挿入のため遺伝子が不活性化される．完全なP因子のみがトランスポザーゼを生産することができるが，欠損のあるP因子もこの酵素がトランスに供給されると転移できる．

# 22 レトロウイルスとレトロポゾン

22・1 はじめに
22・2 レトロウイルスの生活環では転移に似た反応が行われる
22・3 レトロウイルスの遺伝子はポリタンパク質をコードしている
22・4 ウイルス DNA は逆転写によって生成する
22・5 ウイルス DNA は染色体に組込まれる
22・6 レトロウイルスは宿主の塩基配列を取込むことがある
22・7 酵母の Ty 因子はレトロウイルスと似ている
22・8 ショウジョウバエにも多数のトランスポゾンがある
22・9 レトロポゾンは 3 種類に分けられる
22・10 Alu ファミリーには数多くの多様なメンバーが存在する
22・11 プロセスされた偽遺伝子は転移反応の基質に由来する
22・12 LINES はエンドヌクレアーゼを使ってプライマーをつくり出す
22・13 要約

## 22・1 はじめに

> **レトロウイルス** retrovirus RNA のゲノムをもつウイルスで，逆転写により RNA の配列を DNA に変換することができる．
> **レトロポゾン** retroposon レトロトランスポゾン．RNA を介して転移するトランスポゾンで，まず DNA の配列が RNA に転写され，その後逆転写されてできた DNA がゲノムの新たな部位に挿入されるという転移の様式をとる．レトロウイルスとの違いは，レトロポゾンには感染型（ウイルス型）が存在しないことである．

　RNA を必須の中間体とする転移反応は真核生物においてのみみられる．この反応は，**レトロウイルス**がウイルスの RNA ゲノムの DNA コピー（プロウイルス）を宿主細胞の染色体に挿入する能力があることにより見いだされた．真核生物のトランスポゾンも RNA を介して転移する同様な機構を使っている．これらの因子は**レトロポゾン**（ときには**レトロトランスポゾン**）とよばれる．レトロウイルスとレトロポゾンに共通した特徴は，この RNA から成る因子の DNA コピーを作成するのに逆転写酵素活性を使用することにある．さらに，レトロウイルスとレトロポゾンは挿入部位に標的 DNA の短い同方向反復配列をつくるという共通の特徴をもつ．両者のおもな違いは，レトロウイルスが感染性をもったタンパク質コートに包み込まれるのに対し，レトロポゾンは常に細胞内にとどまる点にある．

　活性のあるトランスポゾンが検出されないゲノムにおいても，散在する反復配列の両端には過去に転移の起こった痕跡として標的部位の同方向反復配列が残っている場合がある．その配列の特色から，RNA がこれらのゲノム（DNA）の先祖型であったとも考えられている．RNA は，レトロウイルスやレトロポゾンがもつ逆転写酵素により二本鎖 DNA へと変換される基質であり，それが転移と似た反応でゲノム中に挿入されたと考えられる．

　ほかの増殖周期と同様，レトロウイルスやレトロポゾンは，連続的な生活環をもっている．よって，任意のどの点でも "始まり" とみなしてよい．しかし，我々はこれらの因子が図 22・1 に示すような通常よく見かける型の生活環をもっていると考えがちである．レトロウイルスは最初，感染性のあるウイルス粒子として観察され，細胞間をつぎつぎと伝染することができる．そのため，細胞内で二本鎖 DNA 状態にある周期は RNA ウイルスが増殖していると考えることができる．レトロポゾンはゲノムの成分として発見され，その RNA は mRNA とみなされて分析されてきた．したがって，レトロポゾンはゲノム中に存在し，ゲノム内を転移する（二本鎖 DNA）配列であると考えられる．すなわちレトロポゾンは細胞間を移動しないのである．

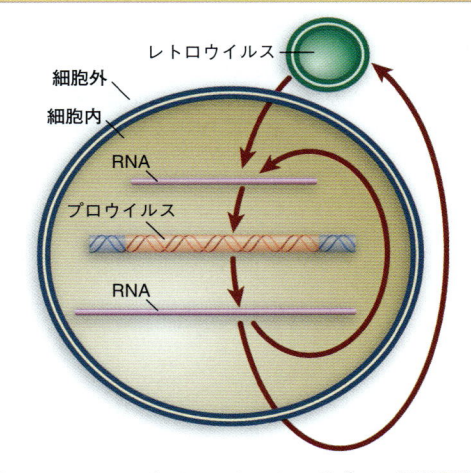

**図 22・1** レトロウイルスやレトロポゾンの増殖周期には，DNA から RNA への転写に加えて RNA から DNA への逆転写反応も含まれる．レトロウイルスのみが 1 個の細胞から放出され他の細胞に到達する感染性のある粒子を生産できる．レトロポゾンの増殖周期は細胞内に限定されている．

## 22・2 レトロウイルスの生活環では転移に似た反応が行われる

> **プロウイルス** provirus レトロウイルスのゲノム RNA の配列に対応する二本鎖 DNA の配列が真核生物のゲノムに組込まれたもの．
> **逆転写酵素** reverse transcriptase 一本鎖 RNA を鋳型にし，そこから二本鎖 DNA をつくる酵素．
> **インテグラーゼ** integrase 1 分子の DNA を別の DNA に挿入する組換えを担う酵素．

> - レトロウイルス粒子は一本鎖 RNA のゲノムを 2 コピーもっている.
> - レトロウイルスはウイルスゲノムを逆転写し,プロウイルスを生成する.
> - 挿入されたプロウイルスは二本鎖 DNA である.

　レトロウイルスのゲノムは一本鎖 RNA で,二本鎖の DNA 中間体を経由して複製する.ウイルスの生活環の中で,二本鎖となった DNA が転移に似た反応によって必ず宿主ゲノムに挿入され,標的 DNA の両端に短い同方向反復配列が生じる.

　この反応はウイルスの自己保存という以上の意味をもっている.それをまとめると;

- 生殖系列に組込まれたレトロウイルスは内在性**プロウイルス**として細胞のゲノム中に存在し,溶原化したファージのように生物の遺伝物質の一部としてふるまう.
- 細胞由来の配列がレトロウイルスの配列と組換えを起こし,ウイルスとともに転移するようになることがある.このような配列も二本鎖 DNA となってゲノムの新しい部位に挿入される.
- レトロウイルスに伴って転移した細胞由来の配列が,そのウイルスが感染した細胞の性質を変化させることがある.

　レトロウイルスの生活環の中の各段階を図 22・2 に示す.重要な点は,ウイルス RNA が DNA に変換され,その DNA が宿主ゲノムに挿入され,さらに組込まれたプロウイルス DNA から RNA が転写されることである.

　最初に RNA を DNA に写しとる酵素は**逆転写酵素**である.逆転写酵素は感染細胞の細胞質中で RNA を二本鎖の線状 DNA につくり替える.DNA は環状になることもあるが,この状態のものはウイルスの増殖には関与していないようである.

　線状の DNA は核内に移動する.そして,1 ないし数コピーが宿主ゲノムに組込まれる.組込みには**インテグラーゼ**とよばれる単一の酵素が関与している.組込まれたプロウイルス DNA は宿主の転写装置で転写され,ウイルス RNA を生じる.この RNA は mRNA として働くと同時に,ウイルス粒子に包み込まれるゲノムとなる.したがって組込みは正常な生活環の一部であり,ウイルスゲノムの転写に必須である.

　ウイルス粒子の中には 2 コピーの RNA ゲノムが包み込まれており,事実上二倍体である.細胞に 2 種の異なるが互いに似たゲノムが同時感染すると,それぞれのタイプに由来するゲノムをもったヘテロ接合体に相当するものが生じることがある.二倍体であることはウイルスが細胞の DNA を取込む場合にも大切な仕組みのように思われる.逆転写酵素およびインテグラーゼはゲノムとともにウイルス粒子内に包み込まれている.

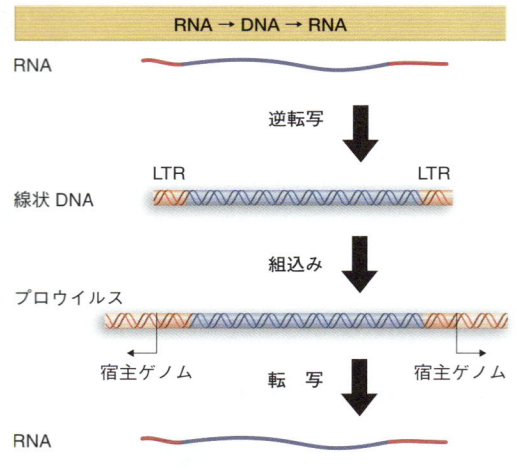

**図 22・2** レトロウイルスの生活環では逆転写により RNA ゲノムが二本鎖 DNA となって宿主ゲノム中に挿入され,それをもとに RNA が転写される.LTR は長い末端反復配列である.

## 22・3　レトロウイルスの遺伝子はポリタンパク質をコードしている

> - 典型的なレトロウイルスは *gag, pol, env* の三つの遺伝子をもっている.
> - Gag タンパク質と Pol タンパク質はゲノム全長の転写産物から翻訳される.
> - Pol タンパク質の翻訳にはリボソームのフレームシフトが必要である.
> - Env タンパク質はスプライシングによって生じる別の mRNA から翻訳される.
> - 三つのタンパク質はプロテアーゼによってプロセスされ,さまざまなタンパク質になる.

　典型的なレトロウイルスには三つまたは四つの"遺伝子",つまりタンパク質(ポリタンパク質)をコードする領域がある.それぞれのポリタンパク質はプロセシングを受けてさらに多種のタンパク質を生成する.三つの遺伝子をもつ典型的なレトロウイルスのゲノムは,図 22・3 に示すように *gag-pol-env* という構造になっている.

　*gag* 遺伝子はウイルス粒子のコアを構成する核酸・タンパク質複合体中のタンパク質成分を,*pol* 遺伝子は核酸合成や組換えに関与するタンパク質をそれぞれコードする.*env* 遺伝子は粒子のエンベロープ(外殻)中のタンパク質成分をコードしているが,このエンベロープには細胞膜由来の成分も取込まれている.

　Gag,Gag-Pol および Env 産物はポリタンパク質であり,プロテアーゼによる切断で成熟したウイルス粒子にみられるような個々のタンパク質になる.プロテアーゼはさまざまな型でウイルスにコードされていて,*gag* や *pol* の一部である場合や,もう一つ別

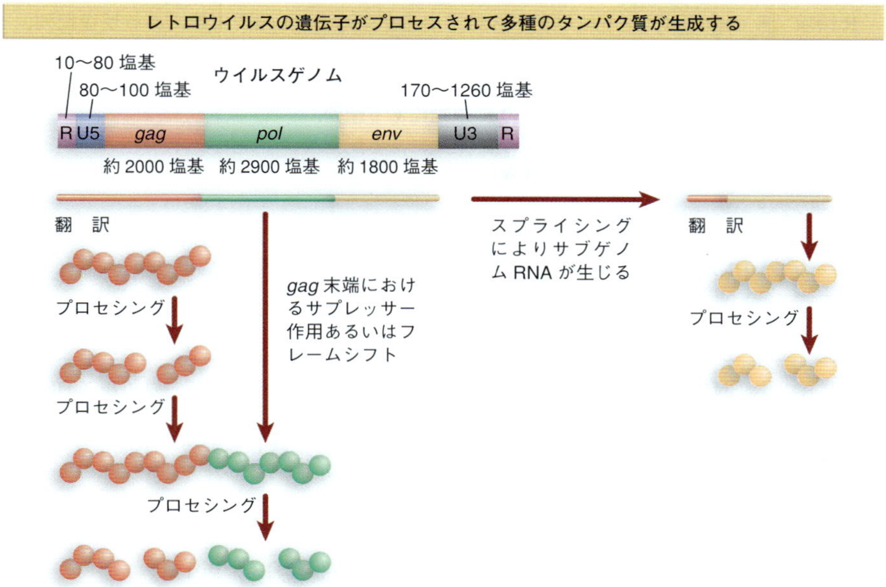

**図22・3** レトロウイルスの"遺伝子"はポリタンパク質として発現した後プロセシングを受け，それぞれの産物となる．

**レトロウイルスの遺伝子がプロセスされて多種のタンパク質が生成する**

ウイルスゲノム
10～80塩基
80～100塩基
170～1260塩基
R U5　gag　pol　env　U3 R
約2000塩基　約2900塩基　約1800塩基

翻訳
プロセシング
プロセシング
gag末端におけるサプレッサー作用あるいはフレームシフト
プロセシング
スプライシングによりサブゲノムRNAが生じる
翻訳
プロセシング

**それぞれの遺伝子産物からいくつかのタンパク質がつくられる**

| Gag | MA＝マトリックス（ヌクレオキャプシドとウイルスエンベロープの間に位置する）<br>CA＝キャプシド（おもな構成成分）<br>NC＝ヌクレオキャプシド（二量体RNAの包み込み） |
|---|---|
| Pol | PR＝プロテアーゼ（Gag-PolとEnvを切断）<br>RT＝逆転写酵素（DNA合成）<br>IN＝インテグラーゼ（プロウイルスDNAの宿主ゲノムへの挿入） |
| Env | SU＝表面タンパク質（宿主と相互作用するウイルス粒子表面のスパイク）<br>TM＝膜貫通タンパク質（ウイルスと宿主の膜融合に関与） |

の独立した読み枠からつくられることもある．

　ウイルスの全長に対応するmRNAからGagおよびPolポリタンパク質がつくられる．Gagは開始コドンから最初の終止コドンまでが翻訳されてできる．しかしPol生産のためには，このgagの末端にある終止コドンは回避されなければならない．gag終止コドンを回避する方法はそれぞれのウイルスによって異なり，gagとpolの読み枠の相互関係の違いによっている．gagとpolが同じ読み枠の場合は，終止コドンを認識するGln-tRNAのサプレッサー作用により一つのタンパク質としてつくられる．gagとpolの読み枠が異なる場合には，リボソームのフレームシフトによってひとつながりのタンパク質ができる．通常，読み過ごしは約5％の効率で起こるので，Gagタンパク質の分子数はGag-Polタンパク質の約20倍となる．

　Envポリタンパク質は別の方法でつくられる．すなわち，転写産物全長のスプライシングによって生じたさらに短いサブゲノムのmRNAが翻訳されてEnvタンパク質がつくられる．

　レトロウイルス粒子の生産はコアへRNAが取込まれ，キャプシドタンパク質がコアを取囲み，そして宿主の細胞から細胞膜の一部とともに出芽しつまみ出される．**図22・4**は感染性のある粒子の放出を示したものである．感染の際には逆の過程をたどる．すなわち，新しい宿主細胞に感染するとエンベロープは細胞膜と融合し，それに続いてウイルス粒子内の成分が細胞内に放出される．

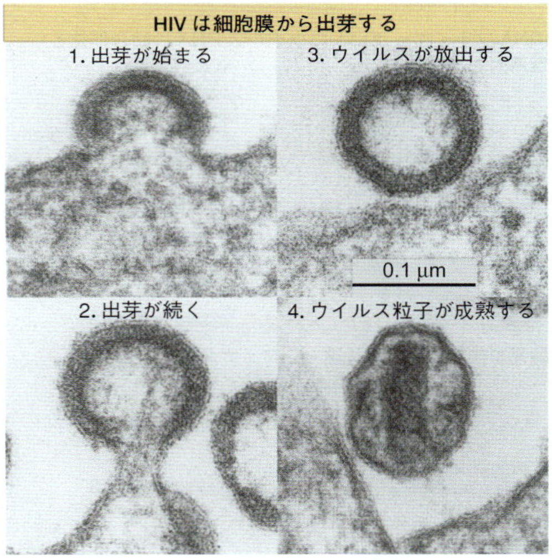

**HIVは細胞膜から出芽する**

1. 出芽が始まる
2. 出芽が続く
3. ウイルスが放出する
4. ウイルス粒子が成熟する

0.1 μm

**図22・4** レトロウイルス（HIV）は感染細胞の細胞膜から出芽する．写真はMatthew A. Gonda博士のご好意による．

## 22・4　ウイルスDNAは逆転写によって生成する

> **プラス鎖ウイルス**　plus strand virus　一本鎖の核酸をゲノムにもつウイルスで，その配列が産物であるタンパク質を直接コードするもの．
> **マイナス鎖DNA**　minus strand DNA　プラス鎖ウイルスのゲノムRNAに相補的な一本鎖DNAの配列．
> **プラス鎖DNA**　plus strand DNA　レトロウイルスから生じた二本鎖DNAの鎖のうち，ウイルスRNAと同じ配列をもつ鎖．

### レトロウイルスゲノムは RNA と DNA の状態で存在する

**ウイルス RNA**

R U5 — gag — pol — env — U3 R
10〜80 80〜100 塩基　　　　　　　　　170〜1260 塩基
約2000 約2900 約1800 塩基

**ウイルスの線状 DNA**

U3 R U5 — gag — pol — env — U3 R U5
LTR　　　　　　　　　　　　　　　　　　　　LTR
250〜1400 塩基

**組込まれたプロウイルス DNA**

U3 は左端の 2 塩基を失っている　　　U5 は右端の 2 塩基を失っている
宿主 — U3 R U5 — gag — pol — env — U3 R U5 — 宿主
標的 DNA の 4〜6 塩基の反復　　　　標的 DNA の 4〜6 塩基の反復

**図 22・5** レトロウイルス RNA の両端は同方向反復配列 (R) になっている．遊離した線状 DNA の両端は LTR（長い末端反復配列）である．プロウイルスでは，末端の LTR はそれぞれ 2 塩基短くなっている．

---

**R 領域** R segment　レトロウイルス粒子中のゲノム RNA の両末端にある反復配列．両末端はそれぞれ R-U5, U3-R とよばれる．なお，実際の 3′ 末端側は U3-R-ポリ(A) となっている．

**U5**　レトロウイルスのゲノム RNA の 5′ 末端にある配列．

**U3**　レトロウイルスのゲノム RNA の 3′ 末端にある配列．

**長い末端反復配列 (LTR)**　long terminal repeat　宿主ゲノムに組込まれたレトロウイルスのゲノムの両端にある反復配列．

**コピーの選択（コピーチョイス）**　copy choice　RNA ウイルスが利用する組換え機構の一つで，RNA 合成中にポリメラーゼが一つの鋳型から別の鋳型に乗り換えるという方式で行われる．

---

- ウイルス RNA の両末端には短い R 領域とよばれる配列があるので，ウイルス RNA の 5′ 末端，3′ 末端はそれぞれ R-U5, U3-R となっている．
- 逆転写は，ウイルス RNA の 5′ 末端から 100〜200 塩基離れた部位に tRNA プライマーが結合することにより開始する．
- 逆転写酵素が末端に到達すると RNA の 5′ 末端が分解され，合成された DNA の 3′ 末端が露出する．
- 露出した 3′ 末端はもう一つの RNA ゲノムの 3′ 末端と塩基対を形成する．
- 逆転写が続き，5′ 末端と 3′ 末端が反復配列をもつ構造となり，その結果，両末端の構造は U3-R-U5 となる．
- 同じ鎖内で起こる鋳型鎖の乗換えは逆転写酵素が DNA 産物を鋳型として相補鎖を合成する際にも生じる．
- 鋳型鎖の乗換えはコピーの選択という組換えの機構の一例である．

---

### マイナス鎖合成には乗換えが必要である

レトロウイルスのプラス鎖 RNA
5′ R U5 ─── U3 R 3′

tRNA プライマーがレトロウイルス RNA の結合部位と塩基対をつくる

逆転写酵素がマイナス鎖 DNA の合成を開始する

酵素が鋳型鎖の末端に達し，マイナスストロングストップ DNA を生じる

RNA の 5′ 末端が分解される

一本鎖 DNA の R 領域がその 3′ 末端でもう一つのレトロウイルス RNA へと 1 回目の乗換えをして塩基対を形成する

逆転写が続きマイナス鎖 DNA 合成が完了する

**図 22・6** マイナス鎖 DNA は逆転写の過程で鋳型鎖を乗換えることにより生成する．

---

レトロウイルスは**プラス鎖ウイルス**とよばれる．ウイルス RNA の配列自体が，そのままタンパク質をコードできるからである．逆転写酵素はその名が示すように，ウイルスゲノム（プラス鎖 RNA）を鋳型として**マイナス鎖 DNA** にあたる相補的な DNA 鎖を合成する．逆転写酵素はひき続いて起こる二本鎖 DNA の合成も行うことができる．すなわち，DNA ポリメラーゼ活性をもち，RNA からの逆転写産物である一本鎖 DNA から二本鎖 DNA を合成する．新しく合成された DNA 鎖は**プラス鎖 DNA** とよばれる．逆転写酵素は RNA・DNA ハイブリッド中の RNA 鎖を分解できるリボヌクレアーゼ H 活性をもっており，この活性は必須である．すべてのレトロウイルスの逆転写酵素は非常によく似たアミノ酸配列をもっているし，いくつかのレトロポゾンにも似た配列が存在する．

ウイルスの RNA とこれから生じた DNA の構造を**図 22・5** に比較して示す．ウイルス RNA は両端に同方向反復配列をもつ．この部分は **R 領域**とよばれ，ウイルス株によって異なり，10〜80 塩基の大きさである．ウイルスの 5′ 末端側では R 領域に続いて **U5** とよばれる領域がある．この名前は 5′ 末端に特徴的なものだということで付けられた．3′ 末端側では R 領域の前に **U3** がある．これは 3′ 末端に特徴的である．R 領域は RNA から DNA がつくり出される際に機能し，線状 DNA 中に見いだされるより長い同方向反復配列を生じる（図 22・6, 22・7 参照）．ウイルスの DNA が染色体に組込まれる際，組込まれたウイルス DNA の両端では 2 塩基の欠失が起こる機構となっている（図 22・9 参照）．

他の DNA ポリメラーゼと同様に，逆転写酵素もプライマーを必要とする．本来のプライマーは tRNA で，アミノ酸を結合していない宿主由来の tRNA がウイルス粒子に取込まれている．tRNA の 3′ 末端の 18 塩基が一方のウイルス RNA 分子の 5′ 末端から 100〜200 塩基離れた部位と塩基対をつくる．この tRNA は別のウイルス RNA の 5′ 末端付近とも塩基対をつくり，ウイルス RNA の二量体の形成を助ける．

ここでジレンマに陥る．逆転写酵素はウイルス RNA の 5′ 末端のわずか 100〜200 塩基下流から DNA 合成を開始する．いったいどのようにして完全な RNA ゲノムに対応する DNA が合成されるのだろうか．（この問題は，線状の核酸において末端がどのような方法で複製されるのか，という一般的な問題の極端な例である．§16・2 参照．）

*in vitro* で合成した場合，反応は末端まで進み，マイナスストロングストップ DNA とよばれる短い DNA が生じる．しかし *in vivo* では，図 22・6 に示したように合成反応がひき続いて起こるので，この DNA は検出されない．すなわち逆転写酵素は合成中の

DNA を使って新しい鋳型鎖に乗換えるのである．これが鋳型鎖の間で2回にわたって起こるうちの最初の乗換えである．

この反応の中で，鋳型 RNA の 5′ 末端の R 領域は逆転写酵素がもつリボヌクレアーゼ H 活性で分解される．RNA が除去されると，3′ 末端の R 領域は新たに合成された DNA と塩基対をつくることができる．マイナスストロングストップ DNA と塩基対を形成する R 領域の候補としては，もう一つの RNA 分子中の 3′ 末端（RNA 分子間での塩基対の形成）のどちらかが考えられる．その後，逆転写反応はゲノム RNA の U3 領域を経て本体にまで続く．

乗換えと伸長の結果，5′ 末端側には U3 が加わり，U3-R-U5 という配列ができる．この U3-R-U5 配列を**長い末端反復配列（LTR）**とよんでいる．なぜなら同様に 3′ 末端側へ U5 が付加されてもう一方の末端にもまったく同一な構造をもつ U3-R-U5 が生じるからである．LTR の長さは 250〜1400 bp とさまざまである（図 22・5 参照）．

次は，DNA のプラス鎖を合成し，もう一方の端に LTR 配列をつくることになる．この反応について**図 22・7** に示した．逆転写酵素は，元の RNA 分子が分解されてできた RNA 断片からプラス鎖 DNA を合成することになる．酵素が鋳型の端まで達すると，プラスストロングストップ DNA の合成が完了する．この DNA はつぎにマイナス鎖のもう一方の端に移る．もっと上流のプライマー断片（図中で最初のプライマーの左側に書かれている）を起点として，2 回目の DNA 合成が起こる際に，最初に合成された DNA は置換反応によりおそらく解離するであろう．この DNA は，マイナス鎖 DNA の 3′ 末端と R 領域を介して塩基対を形成する．両端に二本鎖の LTR が合成されるためには，この二本鎖 DNA の両方の鎖とも合成が完了していなければならない．

各レトロウイルス粒子内には 2 コピーの RNA ゲノムが存在する．そのためウイルスの生活環中の組換えが可能である．多くの場合，この組換えはマイナス鎖合成中に起こるが，プラス鎖合成中に起こることもある:

- 分子間に塩基対が形成される場合には，図 22・6 に示したようにマイナス鎖 DNA が合成されたときに二つの連続した鋳型 RNA の配列の間で組換えが起こりうる．レトロウイルスの組換えのほとんどは，このとき合成された DNA 鎖が逆転写反応中に RNA 鋳型からもう一つの RNA ゲノムへ乗換えるために起こる．
- プラス鎖 DNA の合成は内部にある複数の開始点から不連続的に起こるのであろう．このときにも合成鎖の交換が起こりうるが，それほど頻繁ではない．

これら二つの反応の間の共通点は，DNA 合成中の鋳型鎖の乗換えで組換えが起こるということである．これは，**コピーの選択（コピーチョイス）**とよばれる組換えによくある機構の一例で，この機構は，長い間，一般的な組換えの機構を説明するモデルの一つとされてきた．この組換え機構は細胞自身には備わっていないようであるが，ポリオウイルスのように RNA だけで複製をしているウイルスも含め，RNA ウイルスの感染に際して起こる組換えに共通したものである．

鋳型鎖の末端で必ず起こる乗換えに加えて，逆転写の各周期で一定の頻度で鋳型鎖の乗換えが起こる．機構の詳細はまだ解明されていないが，原理を**図 22・8** に示した．

## 22・5　ウイルス DNA は染色体に組込まれる

- 染色体中のプロウイルス DNA の構成はトランスポゾンと同様であり，プロウイルスは標的 DNA 由来の短い同方向反復配列とその両端で隣接している．
- 線状 DNA はレトロウイルスの酵素インテグラーゼによって宿主染色体に組込まれる．
- 染色体への組込み反応に伴い，レトロウイルス DNA 配列の両末端の 2 塩基が欠失する．

染色体に組込まれたプロウイルスの構造は，線状 DNA の構造とよく似ている．プロウイルスの両端にある LTR は同一である．U5 の 3′ 末端と U3 の 5′ 末端は短い逆方向反復配列なので，LTR 自体その両端は短い逆方向反復構造になっている．組込まれたプロウイルスの DNA はトランスポゾンと似ている．プロウイルスの塩基配列の末端は逆方向反復であり，標的 DNA の両端には短い同方向反復配列が生じている．

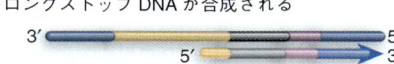

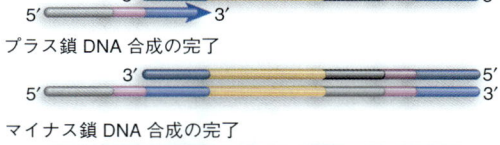

図 22・7　プラス鎖 DNA の合成には 2 回目の乗換えが必要である．

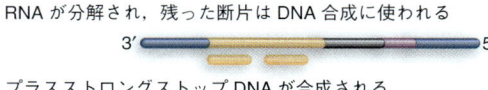

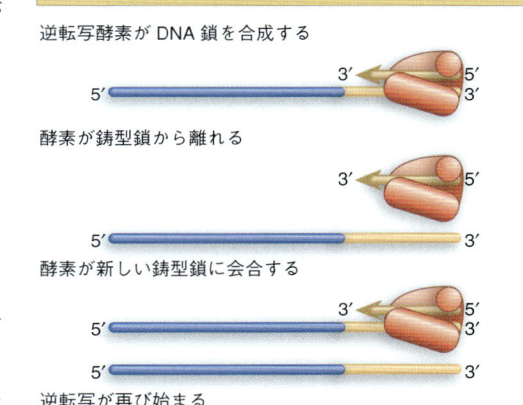

図 22・8　コピーの選択は逆転写酵素が鋳型鎖を放し，新しい鋳型鎖を用いて DNA 合成を再開する際に起こる．鋳型鎖の乗換えは直接起きるであろうが，ここでは経過を表すために別の段階として示した．

**インテグラーゼは組込みの全反応を触媒する**

インテグラーゼによりLTRの3′末端から2塩基が除かれ，標的DNAに5′末端が突出した切込みが形成される

インテグラーゼによりLTRの引っ込んだ方の3′末端と標的DNAの突出した5′末端が共有結合する

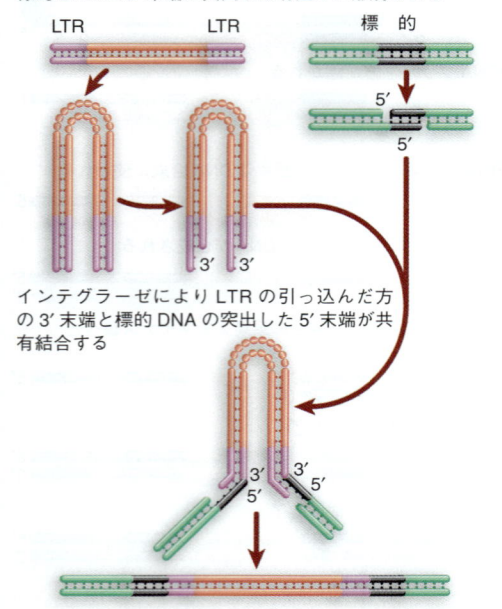

図22・9 組込みに必要なものはウイルス由来のインテグラーゼだけである．組込みの過程で各LTR末端の2塩基は除かれ，標的DNAの4塩基の反復配列の間に挿入される．

プロウイルスは，標的部位に線状DNAが直接挿入されることにより形成される．線状DNAの組込みはウイルス産物であるインテグラーゼのみで触媒される．インテグラーゼはレトロウイルスの線状DNAと標的DNAの両方に働くが，その反応を図22・9に示す．

トランスポゾンと同様に組込みにはウイルスDNAの両端が重要であり，そこに変異が起こると組込みが阻害される．よく保存された特徴として，両端の逆方向反復構造の末端にCAという2塩基配列が存在する．インテグラーゼは線状DNAの両端を一つにまとめて核酸・タンパク質複合体を形成し，CAより外側の塩基を取除くことで平滑末端DNAを3′が引っ込んだ末端に変える．通常この過程で2塩基が失われる．

組込みの標的はDNAの塩基配列に関係なくランダムに選ばれる．インテグラーゼは標的部位に突出した末端が生じるように切込みを入れる．図22・9に示した例では，切れ目は4塩基離れている．標的の反復配列は4塩基の場合もあるし，5あるいは6塩基のこともあり，ウイルスごとに異なっている．おそらくは，標的DNAとインテグラーゼの反応の位置関係によって決まってくるのであろう．

標的DNAが切られてできた突出した5′末端はウイルスDNAの引っ込んだ3′末端と共有結合する．ここでウイルスDNAの両端がそれぞれ標的DNAの一方の鎖と結ばれたことになる．一本鎖部分は宿主の酵素により修復され，この過程でウイルスDNAの5′末端にある2塩基は取除かれる．結果として，組込まれたウイルスDNAは両端のLTRの各2塩基を失ってしまう．つまり5′末端U3の左端にある2塩基と，3′末端U5の右端にある2塩基が失われる．また，組込まれたウイルスDNAの両端には標的DNA由来の短い同方向反復構造ができる．

ウイルスDNAは宿主ゲノムにランダムに組込まれ，感染した細胞ではプロウイルスは1～10コピーとなる．（感染したウイルスは当然細胞質に入るが，DNAの形になって初めて核の中で染色体中に組込まれるようになる．レトロウイルスは増殖している細胞中でしか複製できない．というのは，ウイルスゲノムは細胞が分裂期にあるときのみ核に入り，その中の物質と接触できるからである．）

各LTRのU3領域にはプロモーターがあり，左側のLTR内のプロモーターはプロウイルスの転写開始に働く．プロウイルスDNAの生成には左側のLTRにU3配列が存在することが必要だということを思い出してほしい．つまり，RNAを二本鎖DNAに変換したことによって実はプロモーターがつくり出されるのである．

ときどき（実際はまれであろうが），右側のLTRのプロモーターから組込み部位に隣合わせた宿主配列の転写が起こる．LTRにはエンハンサー（プロモーターの近傍にあり，プロモーターを活性化する配列）もあり，これが宿主やウイルスの配列に作用するのだろう．レトロウイルスゲノムの組込みによって，宿主のある種の遺伝子をこのようにして活性化してしまい，細胞を腫瘍化した状態に変化させることがある．

組込まれたプロウイルスはゲノムから切出されるだろうか．プロウイルスの両端にあるLTRの間で相同組換えが起こるかもしれない．また，ゲノム中には切出しの際に残ってしまったのではないかと思えるような孤立したLTRが存在することもある．

以上，レトロウイルスの感染サイクルにおいてRNAのコピーを生産するには組込みが必要だということを述べた．しかし，ウイルスが生殖系列の細胞に組込まれると，遺伝性の"内在性プロウイルス"として維持され続ける．内在性ウイルスは通常発現していないが，ときおり他のウイルス感染など外からの刺激によって活性化されることがある．

## 22・6　レトロウイルスは宿主の塩基配列を取込むことがある

**形質導入ウイルス**　transducing virus　自分自身の配列の一部が宿主のゲノムの一部と置き換わったウイルス．最もよく知られた例は真核生物におけるレトロウイルスや大腸菌におけるλファージである．
**複製能欠損型ウイルス**　replication-defective virus　複製に必要な遺伝子が変異したり（形質導入ウイルスで宿主DNAとの置換が原因で）欠けているため，感染サイクルを続けていくことができないウイルス．
**ヘルパーウイルス**　helper virus　複製能欠損型ウイルスと混合感染したとき，欠損した機能を補い，欠損型ウイルスが感染サイクルを成就できるように助けるウイルス．

- レトロウイルスRNAの一部が細胞由来RNAの配列に置換される組換えによってトランスフォーミングウイルスが生成する．

レトロウイルスの生活環に関連して興味深いのは，**形質導入ウイルス**である．これは図22・10に示すように，ウイルスゲノムが細胞に由来する塩基配列を取込んだものである．ウイルスの塩基配列の一部はv-*onc*遺伝子に置き換えられている．〔*onc*遺伝子は細胞に腫瘍を形成する（oncogenesis）活性をもち，v-はウイルス由来の遺伝子であることを意味する．〕タンパク質合成により，通常のGag, Pol, Envタンパク質の代わりにGag-v-Oncタンパク質がつくられる．この結果生じるウイルスは**複製能欠損型**で，自分だけでは感染サイクルを成就できない．しかし，この欠損したウイルスの機能を補ってくれる**ヘルパーウイルス**が共存すれば増殖できる．

v-*onc*遺伝子をもつウイルスは，ある種の宿主細胞をトランスフォームできる．v-*onc*遺伝子はすべて宿主ゲノム上に相同の配列をもち，これをc-*onc*遺伝子とよんでいる．遺伝子構造を比較すると，c-*onc*とv-*onc*の構造に違いがあり，c-*onc*遺伝子は普通イントロンで分断されているが，v-*onc*遺伝子にはイントロンがない．これは，v-*onc*遺伝子はc-*onc*遺伝子がRNAにコピーされスプライシングを受けたものに由来していることを示唆している．

トランスフォーミングウイルスの形成についてのモデルを図22・11に示す．レトロウイルスがc-*onc*遺伝子の近くに組込まれ，ついで欠失によってプロウイルスとc-*onc*遺伝子が結合し，転写により一端にウイルス由来の塩基配列を，他端にc-*onc*由来の塩基配列をもった融合RNAが生じる．スプライシングにより細胞およびウイルス由来のイントロンが除かれる．できあがったRNAはウイルス粒子に包み込まれるためのシグナル配列をもっているので，同じ細胞内に正常なコピーをもったプロウイルスが別にいればウイルス粒子が生成する．その結果，二倍体のウイルス粒子のあるものは1本の融合RNAともう1本のウイルスRNAをもつことになる．

これらの塩基配列の間で組換えが起こると，トランスフォーミング活性をもちながら，両端にウイルス由来の反復配列をもったゲノムが生じる．（レトロウイルスの感染サイクルではさまざまな経路で組換えが高頻度に起こる．この組換え反応の基質に配列の相同性がどの程度要求されるのか否かは明らかでないが，ウイルスゲノムと融合RNA分子の中にある細胞由来の部分の間で起こる非相同組換えは，ウイルスの組換えと同様の機構で起こると考えられる．）

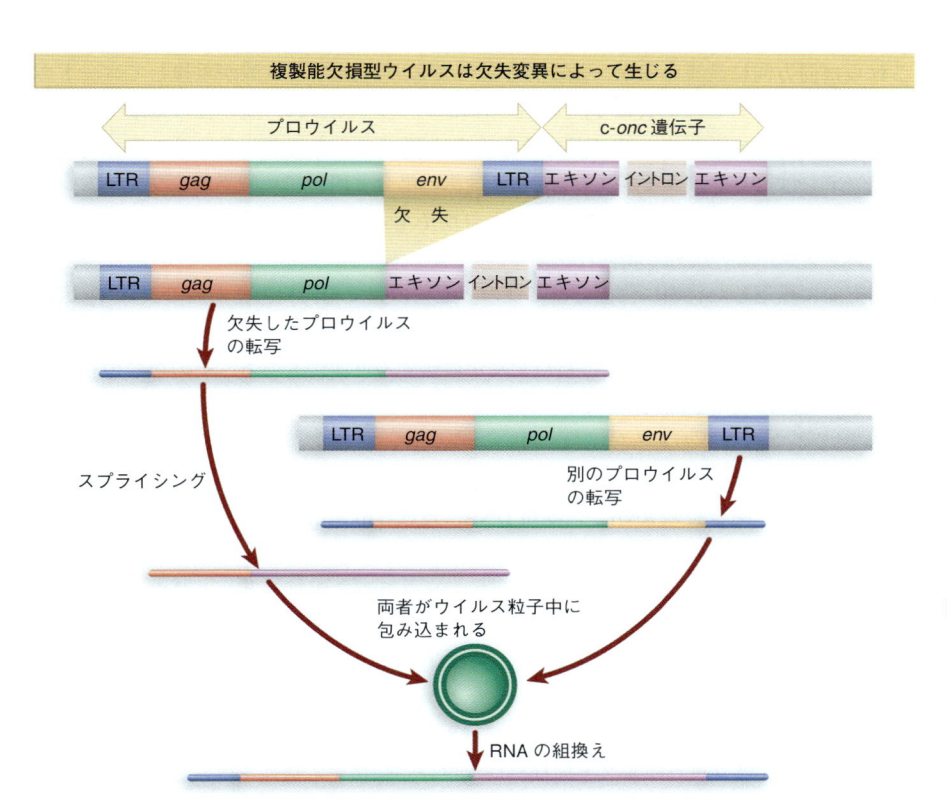

図22・10 複製能欠損型トランスフォーミングウイルスは，本来のウイルスDNAの一部が細胞由来のDNAにより置換されている．欠損型ウイルスはヘルパーウイルスがつくる野生型タンパク質の機能に頼って複製する．

図22・11 複製能欠損型ウイルスの生成．ウイルスのゲノムが染色体に組込まれ，そこに欠失が起こってウイルスDNAと細胞DNAの融合した構造のものが生じる．これが転写されて正常なウイルスRNAとともに粒子に包み込まれる．複製能欠損型トランスフォーミングゲノムが生成するには，非相同部位での組換えが必須である．

22・6 レトロウイルスは宿主の塩基配列を取込むことがある

すべてのレトロウイルスには共通の特徴があるので，どれも単一の祖先から生じたものと考えられる．原始的な IS 因子が核酸を複製する宿主のポリメラーゼ遺伝子を両側から挟んで，*LTR-pol-LTR* のような構造を生成したのかもしれない．感染力をもったウイルスに進化していく過程では，これがさらに RNA を包み込むために必要な産物をつくる遺伝子など，DNA や RNA を操作できる精巧な能力を獲得したのであろう．トランスフォーミング遺伝子など，ほかの機能はそれからずっと後に取込まれたものと思われる．(細胞由来の機能を獲得する機構が特別に *onc* 遺伝子を選ぶとは考えられない．しかし，これらの遺伝子を運ぶウイルスは感染細胞の増殖を促進するので，有利に選択されたのだろう．)

## 22・7 酵母の Ty 因子はレトロウイルスと似ている

**Ty 因子** Ty element Ty は "酵母のトランスポゾン (transposon yeast)" を意味し，酵母で見つかった最初の転移因子である．

- Ty トランスポゾンは内在性レトロウイルスと同様の構成である．
- Ty はレトロポゾンで逆転写酵素をコードしており，RNA 中間体を介して転移する．

酵母の Ty 因子は散在した反復配列のファミリーを形成し，酵母の株ごとに挿入部位が異なっている．**Ty** は "酵母のトランスポゾン (transposon yeast)" の略である．転移反応により特徴のある跡が DNA 上に残る．すなわち，挿入された Ty 因子の両側には標的 DNA の 5 bp の反復が生じる．Ty 因子はレトロウイルスと同じ機構で転移するレトロポゾンである．Ty 因子の転移頻度は細菌のトランスポゾンより低く，$10^{-7}$〜$10^{-8}$ である．

個々の Ty 因子はそれぞれかなり異なっているが，大部分は Ty1 と Ty917 とよばれるものを典型とする二つのクラスに分けることができる．両方とも図 22・12 に示すような同じ構造をしている．因子の長さはどちらも 6.3 kb で，両末端の 330 bp は δ とよばれる同方向反復配列である．個々の Ty 因子には原型と比べると塩基の置換，挿入，欠失など多くの変化がある．典型的な酵母のゲノムには Ty1 型が 30 コピー，Ty917 型が 6 コピーほどある．そのほかに，δ 因子が単独で 100 ほどあり，ソロ δ とよばれている．

Ty 因子の塩基配列には，二つのオープンリーディングフレーム，*TyA* と *TyB* がある．これらは同方向に読まれるが，読み枠が違っており，13 アミノ酸が重複してコードされている．TyA タンパク質は *TyA* の読み枠だけからつくられ，読み枠の末端で翻訳が終止する．*TyB* の読み枠は *TyA* 領域と融合した形でのみ発現される．その際，*TyA* の終止コドンは (レトロウイルスの *gag-pol* 翻訳の場合と同様に) 特異的なフレームシフトによって回避される．*TyB* の配列はレトロウイルスの逆転写酵素，プロテアーゼおよびインテグラーゼの配列と相同性がある．

同方向に繰返した状態に位置した二つの δ 配列の間で相同組換えが起これば Ty 因子は切出される．多くのソロ δ はそのような反応の痕跡なのかもしれない．こうした切出しで Ty 因子が挿入した際に起こした変異が復帰する可能性もある．その復帰の程度は切出された後に残る δ 配列による．

Ty 因子から感染性のある粒子はつくられないが，転移を誘導した細胞中にはウイルス様の粒子 (VLP; virus-like particle) が蓄積する．図 22・13 にその粒子の写真を示す．VLP の中には，完全長の RNA，二本鎖 DNA，逆転写酵素活性およびインテグラーゼ活性をもつ TyB の産物が含まれている．TyA の産物は gag 前駆体と同様に，切断されて VLP のコアタンパク質になる．このことは，Ty トランスポゾンとレトロウイルスが類似していることをさらに強く示すものである．要するに，Ty 因子は *env* 遺伝子を欠失したレトロウイルスのような挙動をする．そのために，自分のゲノムを正確に粒子の中に包み込むことができないのだろう．

酵母ゲノムに存在する Ty 因子のうち活性をもっているものはごくわずかで，(活性をもたない内在性プロウイルスと同様に) 大部分が転移する活性を失っている．このよ

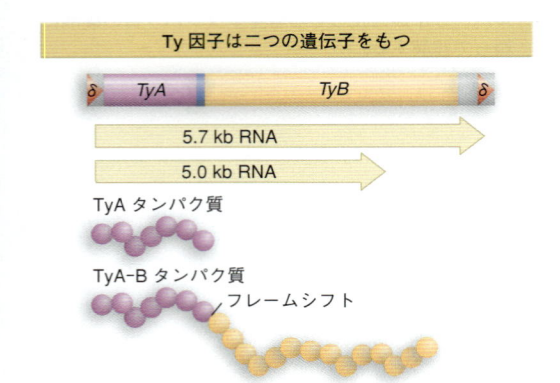

図 22・12 Ty 因子は両端に短い同方向反復配列をもち，転写されて 2 種の重複した RNA を合成する．また二つの読み枠があり，それらはレトロウイルスの *gag* と *pol* 遺伝子と関連がある．

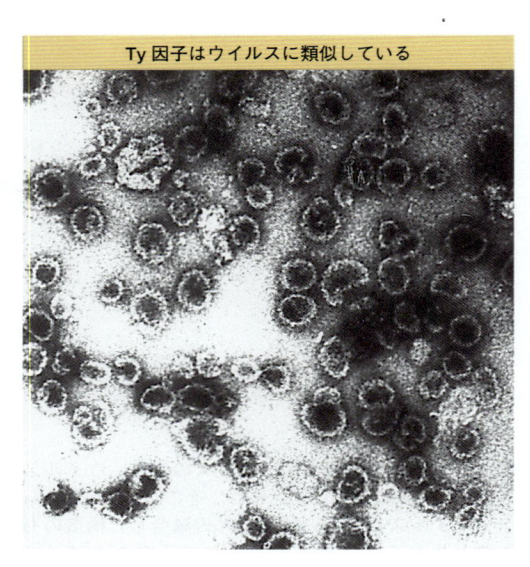

図 22・13 Ty 因子はウイルス様の粒子を生産する．写真は Alan Kingsman 氏 (Oxford Bio-Medica plc.) のご好意による．

うに"不活発な"因子でもδ配列は残っているので，活性のある因子からつくられたタンパク質による転移反応の標的にはなるだろう．

## 22・8　ショウジョウバエにも多数のトランスポゾンがある

- コピアはショウジョウバエに多数存在するレトロポゾンである．

図22・14に示すように，ショウジョウバエのゲノムにはトランスポゾンが数種類ある．レトロポゾンのコピア（*copia*）因子，未知の種類のFB因子ファミリーやすでに§21・12で詳しく述べたP因子などが含まれる．

最もよく調べられているレトロポゾンはコピアである．塩基配列に相同性はないが，構造と一般的な性質が似通っているいくつかの種類の因子をコピアファミリーとよんでいる．コピア因子のコピー数はショウジョウバエの株によって異なり，20～60コピーくらいある．コピア因子の位置は株ごとに異なった（重複しているものもある）パターンを示す．

コピア因子は長さ約5000 bpで，末端に276 bpの同方向反復配列をもっている．それぞれの同方向反復配列自身はさらに逆方向反復配列で挟まれている．挿入部位の両端では5 bpの標的DNAが同方向反復配列となっている．コピアファミリーの個々のメンバー間の違いは5％以下，その違いは小さな欠失によることが多い．こうした特徴はすべて他のコピア様因子にも共通である．ただし，そこでは個々のメンバーの間にかなりの違いがある．

コピア因子にある二つの同方向反復が同じ塩基配列をもつ意味は，違いを補正しあうような相互作用をもつか，あるいは両方が転移のときに元の因子にあった同方向反復配列の一方から派生したものと考えられる．酵母のTy因子についても同様で，この特徴はレトロウイルスとの関連性を示唆している．

コピアには4227 bpから成る一つの長い読み枠がある．オープンリーディングフレームの一部は，レトロウイルスの*gag*や*pol*の配列と相同性がある．しかし，ウイルスのエンベロープに必要な*env*の配列とは相同性が認められないために，コピアはウイルス様粒子を生産できないのだろう．

コピアの転写産物はポリ(A)$^+$ mRNAとして豊富に存在し，完全長のものと部分的な長さしかないものがある．mRNAの5′末端は共通しており，末端の反復配列の中ほどから転写を開始している．いくつかのタンパク質がつくられるが，これはRNAのスプライシングやポリタンパク質の切断などによっているのだろう．

ショウジョウバエにはさまざまなトランスポゾンが存在する

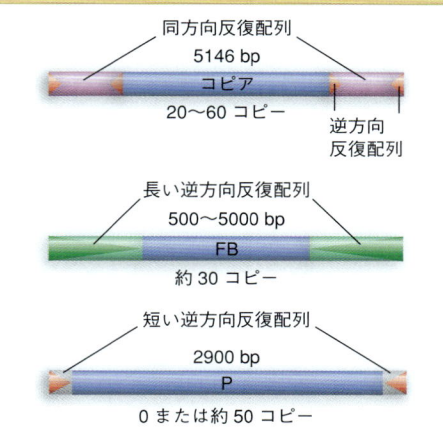

図22・14　ショウジョウバエにある3種のトランスポゾンの構造はそれぞれ異なっている．

## 22・9　レトロポゾンは3種類に分けられる

**ウイルススーパーファミリー**　viral superfamily　レトロウイルスに似たトランスポゾンの総称．ウイルススーパーファミリーは逆転写酵素またはインテグラーゼをコードする配列を特徴とする．
**非ウイルススーパーファミリー**　nonviral superfamily　レトロウイルスとは無関係に生じたRNA由来のトランスポゾン．
**分散した反復配列**　interspersed repeat　元来，ゲノム中に広く分布する短い共通配列と定義されていたものだが，現在では転移因子に属するものということがわかっている．

- ウイルススーパーファミリーに属するレトロポゾンはRNAを介して転移するトランスポゾンであるが，感染性のある粒子を形成しない．
- LTRを使用するという点でレトロウイルスと類似しているレトロポゾンもあれば，LTRをもたないレトロポゾンもある．
- LTRをもたないレトロポゾンはRNAを介した転移によって生成していることが確認できるが，それ自体は転移を触媒する酵素をコードしていない．
- トランスポゾンとレトロポゾンを合わせるとヒトゲノムのほぼ半分を占める．

図22・15 レトロポゾンはレトロウイルス様とLINESから成るウイルススーパーファミリーおよびタンパク質をコードしていない非ウイルススーパーファミリーに分けることができる.

| 真核生物のゲノムには3種類のレトロポゾンが存在する | | | |
|---|---|---|---|
| | ウイルススーパーファミリー | | 非ウイルススーパーファミリー |
| | ウイルス様 | LINES | |
| 共通のタイプ | Ty（酵母）コピア（ショウジョウバエ） | L1（ヒト）B1, B2, ID, B4（マウス） | SINES（哺乳類）RNAポリメラーゼⅢの転写産物がプロセシングを受けてできた偽遺伝子 |
| 末端 | LTR | 反復なし | 反復なし |
| 標的由来反復 | 4〜6 bp | 7〜21 bp | 7〜21 bp |
| 酵素活性 | 逆転写酵素および（または）インテグラーゼ | 逆転写酵素およびエンドヌクレアーゼ | なし（またはトランスポゾン産物に関与するコード機能はなし） |
| 構造 | イントロンを含むこともある（サブゲノムmRNAでは除去） | 一つまたは二つの連続したORF | イントロンなし |

レトロポゾンは転移の機構にRNAからDNAへの逆転写を含むものと定義される. 図22・15に示すように, レトロポゾンは3種類に分けられる:

● ウイルススーパーファミリーのメンバーは逆転写酵素またはインテグラーゼ活性をもつ. レトロウイルスのように複製するものの, 独立した感染性のある形態を経ない点でレトロウイルスとは異なる. 酵母のTy因子とハエのコピア因子でよく解析されている.

● LINES（長い分散した配列）も逆転写酵素活性をもつ（そのためウイルススーパーファミリーのより遠縁のメンバーであると考えてよい）. しかし, LTRをもっておらず, レトロウイルスとは異なる機構で逆転写反応を開始する. LINESはRNAポリメラーゼⅡの転写産物に由来している. ゲノム内では, LINESのうち全機能をもち自律的に転移できるものは少数で, その他のLINESは変異が入っており, 自律的因子がトランスに作用したときのみ転移できる.

● 非ウイルススーパーファミリーのメンバーはRNAに由来すると思わせるようないろいろな特徴をもっている. しかし, どのようにしてそのDNAコピーが生じたかということについては推測の域を出ない. おそらく, どこか別の領域にコードされた酵素系がこうしたRNAを転移する標的としているのだろう. すなわち非ウイルススーパーファミリーのメンバーは常に非自律的である. これらは細胞の転写産物に由来し, 転移に関与するタンパク質をコードしていない. このファミリーの中で最も有力なメンバーはSINES（短い分散した配列）とよばれるもので, RNAポリメラーゼⅢの転写産物に由来している.

図22・16に逆転写酵素をコードしている因子の配置と配列相同性を示す. レトロウイルスと同様に, LTRをもつレトロポゾンは gag, pol, int 遺伝子に対する独立した読み枠の数とこれらの遺伝子の並びによって分類することができる. 遺伝子構成の見かけの差にもかかわらず, 逆転写酵素およびインテグラーゼ活性が存在するという共通した特徴がある. ヒトの典型的なLINESには二つの読み枠があり, 一つは核酸結合タンパク質をコードしており, もう一つは逆転写酵素とエンドヌクレアーゼ活性に対応している.

LTRを含む因子は, 挿入されたレトロウイルスから感染性粒子をつくる能力を欠失したレトロポゾンまでさまざまである. 酵母やハエのゲノムには感染性粒子を生成することができないTy因子やコピア因子が存在する. 哺乳類ゲノムには内在性レトロウイルスがあり, そのうち活性があるものは感染性のある粒子を生成する. マウスゲノムには, 感染性粒子を生成し水平感染により伝播することができる活性のある内在性レトロウイルスがいくつも存在する. 対照的にヒトの系統では, 5000万年ほど前にほぼすべての内在性レトロウイルスは活性を失っており, 現在ゲノムには主として不活性となった内在性レトロウイルスの残骸が残っている.

LINESとSINESは動物ゲノムの大きな部分を占める. LINESとSINESは, もともと多数存在する互いに類似した比較的短い配列として定義された（§4・6で述べたよう

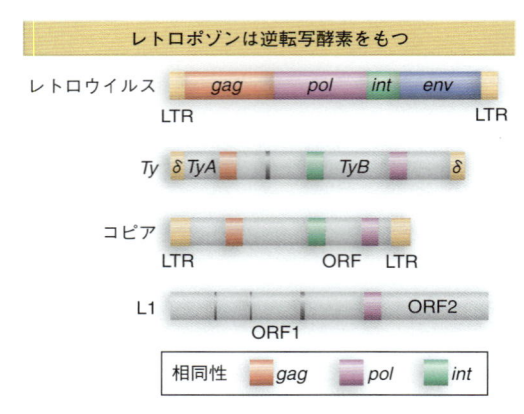

図22・16 レトロウイルスに近縁のレトロポゾンは似た遺伝子構成をもつが, LINESは逆転写酵素活性をもつ点でのみ共通している.

| 因子 | 構成 | 長さ〔kb〕 | ヒトゲノム数 | 割合 |
|---|---|---|---|---|
| レトロウイルス/レトロポゾン | LTR gag pol (env) LTR | 1～11 | 450,000 | 8% |
| LINES（自律的）L1 など | ORF1 (pol) (A)n | 6～8 | 850,000 | 17% |
| SINES（非自律的）Alu など | (A)n | <0.3 | 1,500,000 | 15% |
| DNA トランスポゾン | トランスポザーゼ | 2～3 | 300,000 | 3% |

図 22・17　4種類のトランスポゾンがヒトゲノムのほぼ半分を占めている.

に中頻度反復配列を構成している）. LINES は長い分散した配列（long interspersed sequence）を意味し，SINES は短い分散した配列（short interspersed sequence）を意味する．〔LINES と SINES が分散した配列または**分散した反復配列**とよばれるのはゲノム中に頻繁にみられ，かつ広範囲に分散しているためである．〕

LINES と SINES は動物ゲノムに存在する反復配列の大半を占める．多くの高等真核生物のゲノムにおいて，LINES と SINES は全 DNA の約 50％を占める．ヒトゲノムのほぼ半分を占める種々のトランスポゾンの分布を**図 22・17**にまとめる．常に（転移）機能をもつことのない SINES を除いて，トランスポゾンはすべて，機能性因子および転移に必要なタンパク質をコードする読み枠が欠失した非機能性因子の両者から成る．マウスゲノムでもこれらの種類のトランスポゾンの相対的割合はほぼ同様である．

哺乳類ゲノムには *L1* とよばれる LINES が存在する．代表的なものは約 6500 bp の長さで，末端には A に富む配列がある．全長をもつ因子の二つのオープンリーディングフレームは ORF1, ORF2 とよばれる．全長をもつ因子の数は通常少なく（約 50），その他の因子では末端が切り落とされている．転写産物も検出できる．反復配列ということからも想像できるように，LINES ファミリーの個々のメンバー間には配列上の違いが認められる．しかし，種間でみられる不均一性と比べた場合，ある種内の同一ファミリーのメンバーは互いにより高い相同性を保持している．*L1* は LINES ファミリーのうち，マウスとヒトの系統の両方で唯一の転移活性をもつメンバーであり，マウスにおいては高い活性を保っているようであるが，ヒトの系統では活性が低下してしまっているようである．

## 22・10　Alu ファミリーには数多くの多様なメンバーが存在する

**Alu ファミリー**　Alu family　ヒトゲノム中に散在する，約 300 bp の単位から成る相同性のある配列．このファミリーに属する配列は，一端に *Alu* I 制限部位をもつ（これが名前の由来である）．

■哺乳類のゲノムの反復配列は，トランスポゾンと類似していて RNA ポリメラーゼⅢの転写産物に由来する一つのファミリーに占められている．

SINES の中で最もよくみられるものは，単一のファミリーに属するメンバーから成っている．配列が短くて反復の頻度が高い点は単純配列 DNA に似ているが，ファミリーのメンバーがタンデムなクラスターとならずに，それぞれがゲノム全体に分散している点が異なっている．SINES ファミリーのメンバーの場合にも，種間における不均一性に比べて種内では均一性を保持している．

ヒトのゲノムでは，中頻度反復配列の大部分は約 300 bp の単位から成っており，それが非反復配列の間に散在している．一度変性させた後，再生した二本鎖の DNA の少なくとも半分は，一端から 170 bp の所で制限酵素 *Alu* I により切断される．このように *Alu* I で切られる配列はすべて一つのファミリーを形成しており，その同定法にちなんで，**Alu ファミリー**とよばれる．一倍体ゲノム当たり約 300,000 個（DNA 6 kb 当たり 1

個存在する計算になる）が広く分散して存在する．これと類似のファミリーはマウス（そのうち 50,000 個くらいは B1 ファミリーとよばれる），チャイニーズハムスター（Alu 相当ファミリーとよばれる）や，他の哺乳類にも存在している．

　Alu ファミリーのメンバーは短い同方向反復配列に挟まれているトランスポゾンに似ている．ヒトのファミリーは 130 bp の単位が 2 個タンデムに並んだものから生じたらしく，二量体の右半分には関係のない 31 bp の塩基配列が挿入されている．これら二つの反復配列は，それぞれ Alu 配列の"左半分"および"右半分"とよばれることもある．Alu ファミリーの個々のメンバーは類似しているが同一ではない．コンセンサス配列と平均 87% の相同性がある．一方マウスの B1 は 130 bp の反復単位から成っており，ヒトの場合の単量体に相当する．これはヒトの配列と 70〜80% 相同である．

　Alu 配列はシグナル認識粒子（§ 10・4 参照）の 1 成分である 7SL RNA と関連がある．7SL RNA は中央に挿入配列を含む左半分の Alu 配列に対応する．すなわち，7SL RNA の 5′ 末端側 90 塩基は Alu の左端領域と，3′ 末端側 40 塩基は Alu の右端領域とそれぞれ相同性がある．しかし，中央領域 160 塩基は Alu との相同性がない．7SL RNA は，RNA ポリメラーゼ III が活発に転写する複数の遺伝子によってコードされている．これらの遺伝子（あるいは関連した遺伝子）から不活性化した Alu 配列が生じた可能性がある．

　長い核内 RNA 中に Alu ファミリーの塩基配列が入っているので，構造遺伝子の転写単位にも Alu 配列が含まれていると思われる．一つの核内 RNA 分子に Alu 配列が複数個あると二次構造をつくる．実際，哺乳類細胞の核内 RNA に認められる二次構造はだいたいにおいて，2 個の Alu 配列が逆方向に反復しているため生じたものである．

　Alu 配列はヒトの系で転移活性を維持してきた唯一の SINES である．これに相当する B1 は，マウスゲノムの中でやはり転移活性を維持してきたし，マウスゲノムにはほかに活性のある SINES として B2, ID, B4 が知られている．これらのマウス SINES は tRNA の逆転写産物に由来したと考えられる．SINES の転移反応は，活性のある L1 配列がこれらを基質として認識する結果起きるのであろう．

### 22・11　プロセスされた偽遺伝子は転移反応の基質に由来する

> **プロセスされた偽遺伝子**　processed pseudogene　イントロンを欠く不活性な遺伝子で，活性のある遺伝子がイントロンによって分断された構造をもっているのとは対照的である．このような偽遺伝子は mRNA の逆転写によってつくられ，それが二本鎖になってゲノムに挿入されたものである．

- プロセスされた偽遺伝子はイントロンを欠いた不活性な遺伝子コピーで，活性遺伝子の分断された構造とは対照的である．これらの遺伝子は逆転写によって mRNA から派生した．

　mRNA から逆転写された配列がゲノムに挿入されると，その mRNA を転写した遺伝子との関係がわかる．このような配列は RNA からプロセスされて生成したことと活性がないことから**プロセスされた偽遺伝子**とよばれる．このようなプロセスされた偽遺伝子の特徴を，元の遺伝子や mRNA と比較して図 22・18 に示す．図には関連のあるすべての特徴を示したので，個々の例についてはこのうちのいくつかしかみられないことが多い．原理的にはどんな RNA ポリメラーゼ II の転写産物も偽遺伝子になりうる．最初に発見されたグロビン偽遺伝子など，実際に多くの例が知られている（§ 3・11 参照）．

　偽遺伝子は RNA の 5′ 末端に相当する部分で始まるので，それが RNA に由来する DNA だろうと想像できる一つの理由となっている．いろいろな偽遺伝子は正確にエキソンのみが結合した構造をしている．DNA の中にあるイントロンを直接認識する機構は知られていないので，この特徴は RNA を介した反応のあったことを示している．偽遺伝子は末端に A・T 対の短い塩基配列をもっていることがあり，これは多分 RNA のポリ(A)テールに由来するものと思われる．偽遺伝子の両側にはトランスポゾンと同様の反応でできたと考えられる短い同方向反復配列がある．プロセスされた偽遺伝子は本来の遺伝子のある部位とまったく関係のない所に存在する．

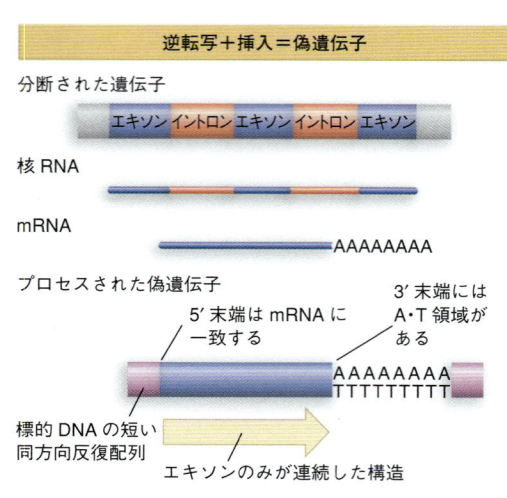

図 22・18　偽遺伝子は RNA の逆転写によってつくられた二本鎖 DNA がゲノムに組込まれることにより生じる．

プロセスされた偽遺伝子には，転移に働く（あるいはそれに先立つ RNA の逆転写を行う）いかなる情報もない．これは，その RNA がレトロポゾンにコードされる他の系の基質であったことを示しているのだろう．実際，活性化している LINES は逆転写活性の大部分を供給しており，また LINES 自身の転移だけでなく SINES の転移，プロセスされた偽遺伝子の生成の原因となっているようである．

## 22・12　LINES はエンドヌクレアーゼを使ってプライマーをつくり出す

■ LINES は LTR をもっておらず，レトロポゾンとしてはニックを入れて逆転写を開始するエンドヌクレアーゼをコードしている．

LINES や他のいくつかの因子は，末端にレトロウイルスに典型的な LTR をもっていない．ここで疑問が生まれる．逆転写酵素のプライマーはどこになるのだろうか．tRNA プライマーが LTR と塩基対をつくるという典型的な反応はここでは関与しない（図 22・4 参照）．これらの因子がもつオープンリーディングフレーム（ORF）は，レトロウイルスの機能の多くを欠いており，プロテアーゼやインテグラーゼのドメインなどはないが，通常，逆転写酵素様の配列はもっており，そしてエンドヌクレアーゼをコードしている．ヒトの LINES *L1* では ORF1 は DNA 結合タンパク質であり，ORF2 は逆転写酵素活性とエンドヌクレアーゼ活性の両者をもっていて，両方の産物が転移に必要である．

これらの活性がどのように転移反応を補助するかについて図 22・19 に示す．レトロポゾンにコードされているエンドヌクレアーゼの活性により，DNA の標的部位にニックが生じる．レトロポゾンの RNA 産物はこのニックに結合したタンパク質と会合する．ニックにある 3′-OH 末端がプライマーとなり，RNA を鋳型として cDNA が合成される．もう一方の DNA 鎖を開くにはもう一度切断が起こり，できたギャップの末端に RNA・DNA ハイブリッドがそのまま，あるいはそれが二本鎖 DNA へと変換された後に結合する．いくつかの転移するイントロンにも似たような機構がある（図 27・10 参照）．

LINES が効果的な理由の一つはその増殖方法にある．LINES の mRNA が翻訳されると，そのタンパク質は翻訳に用いられた mRNA にシスに結合する確率が高い．図 22・20 に示したようにリボ核タンパク質複合体が核へ移行し，タンパク質が DNA コピーをゲノムへと挿入する．しばしば逆転写が最後まで進まないことがあり，その場合 DNA コピーは不完全となる．しかし，タンパク質は元の活性のある因子からの転写産物に作用するので，活性のあるコピーだけが挿入される可能性が大きい．

対照的に，21 章で述べた DNA トランスポゾンからできたタンパク質は細胞質で合成された後，核へ輸送されなければならないが，このタンパク質には活性のない欠失トランスポゾンと全長のトランスポゾンを区別する機能がない．図 22・21 に示すように，タンパク質は特徴的な末端の反復配列を認識してすべての因子に無差別に働くので，全長の因子に作用する機会が大幅に減少する．その結果，活性のない因子が蓄積し，トランスポザーゼが全機能を備えたトランスポゾンに作用する確率がとても低くなるため，そのファミリーは死滅する．

転移は，現在もゲノム上で起こっているのであろうか．それとも古代に働いていた系の足跡をみているだけなのであろうか．これは種ごとに異なる．現在，ヒトゲノムには活性のあるトランスポゾンはわずかしかないが，対照的にマウスゲノムではいくつもの活性のあるトランスポゾンが知られている．LINES の挿入により自然突然変異が起こる頻度がマウスで 3％ 程度なのに対し，ヒトではわずか 0.1％ でしかないのはそのためである．ヒトゲノムには約 10〜50 の活性のある LINES が存在する．ヒトの病気には，*L1* がある遺伝子中に転移することで起きるものもあれば，数コピーの *L1* 間で起きる不等交差によるものもある．培養細胞で起こる LINES の転移のモデルから，転移は新しい部位への挿入以外にさまざまな付随的な傷害を与えることがわかる．その傷害には染色体組換えや欠失が含まれる．このような現象は遺伝的変化を起こす原因ととらえてよいかもしれない．DNA トランスポゾンもレトロウイルス様レトロポゾンもヒトゲノム

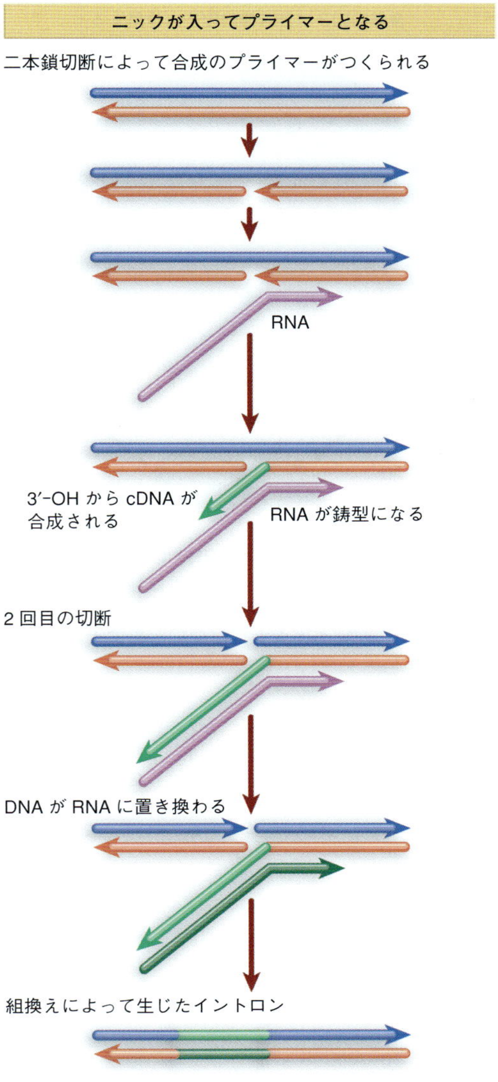

図 22・19　LTR をもたない因子のレトロポゾンの反応は，RNA 鋳型に対する cDNA 合成のプライマーをつくるために標的 DNA にニックを入れることから始まる．矢印は 3′ 末端を示す．

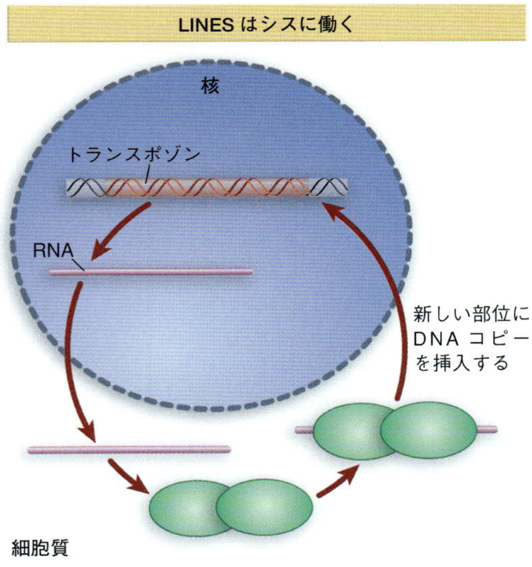

図 22・20　LINES は RNA に転写され，RNA からタンパク質に翻訳され，RNA とタンパク質が複合体を形成する．複合体は核へと移行し，ゲノムに DNA コピーを挿入する．

**自律的因子は非自律的因子に作用する**

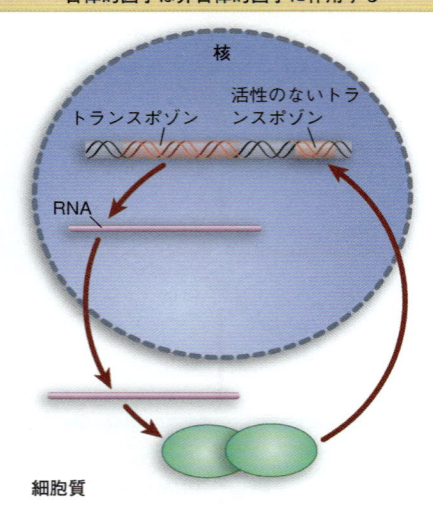

図22・21 トランスポゾンはRNAに転写され，タンパク質に翻訳される．タンパク質は独立に核へと移行し，このタンパク質をコードしていたトランスポゾンと同じ配列の逆方向反復配列に作用する．

内ではこの4000〜5000万年間は活性を保っていなかったようではあるが，マウスではそれら両方において活性のある例がいくつか見つかっている．

転移が残るためには生殖細胞で起こらなければならない．おそらく，類似した現象は体細胞でも起きるが，それは世代を超えて残ることにはならないであろう．

## 22・13 要　約

逆転写反応はレトロウイルスの増殖やレトロポゾンの維持において共通する機構である．個々の因子のサイクルは基本的に同じだが，レトロウイルスは通常遊離したウイルス（RNA）として，一方レトロポゾンはゲノム（二本鎖DNA）に組込まれたものと考えられる．

レトロウイルスは二本鎖DNAを中間体として複製する一本鎖RNAのゲノムをもつ．個々のレトロウイルスにはゲノムが2コピー含まれている．このゲノムの *gag*, *pol* および *env* がコードする産物は，それぞれがポリタンパク質として翻訳された後，切断されて機能をもつ小さなタンパク質になる．GagとEnvはRNAの包み込みやウイルス粒子の生成に，Polは核酸の合成に関与している．

逆転写酵素はPolの主要成分で，ウイルスRNA（プラス鎖）からDNA（マイナス鎖）のコピーをつくる反応を行っている．そのDNA産物は鋳型となったRNAよりも長い．というのは，逆転写の途中で鋳型鎖を乗換え，DNAの5′末端にはRNAの3′末端の配列が，DNAの3′末端にはRNAの5′末端の配列が付加した形になるからである．このようにして典型的なLTR（長い末端反復配列）をもったDNAが生じる．同様の鋳型の乗換えは，マイナス鎖を鋳型にしてプラス鎖DNAが合成されるときにも起こる．線状の二本鎖DNAはインテグラーゼによって宿主ゲノムに組込まれる．組込まれたDNAが左側のLTRに存在するプロモーターから転写され，RNAのコピーが再生産される．

核酸合成の過程で鋳型鎖の乗換えがあると組換えによるコピーの選択が起こる．感染サイクル中に，レトロウイルスの一部が細胞由来の配列と置き換わることがある．その結果，ウイルスは通常複製能欠損型になるが，ヘルパーウイルスが共存すれば増殖できる．このようにして，多くの欠損型ウイルスは細胞由来の遺伝子（c-*onc*）をRNAの形（v-*onc*）で獲得している．v-*onc*として発現すると，細胞をトランスフォームし腫瘍を形成する多くの遺伝子は，すべて *onc* 遺伝子になりうるだろう．

組込みの際に標的由来の同方向反復配列が生じる（これはDNAを介して転移するトランスポゾンと同様である）．すなわち，組込まれたプロウイルスは同方向反復末端のLTRの両側に標的DNAの短い反復配列をもつ．哺乳類や鳥類のゲノムには同様の構造をもつ内在性の（不活性化した）プロウイルスが存在する．また，種々のゲノム，特に酵母やショウジョウバエにおいて同様な構造の因子が見いだされている．酵母のTy因子やショウジョウバエのコピア因子は逆転写酵素と相同性のあるコード領域をもち，RNAを介して転移する．これらの因子はウイルス様の粒子を生産することもあるが，感染能力はない．哺乳類ゲノムに存在するLINESはレトロウイルスとはかなりかけ離れているが，共通の祖先に由来すると考えるのに十分な類似性は保持している．それらは逆転写を開始するのに異なる様式をとっている．すなわち，エンドヌクレアーゼがニックを入れ，生じた3′-OHがRNA鋳型に対するcDNA合成のプライマーとなる．このタンパク質がシスに働くのでLINESの転移頻度は上昇する．すなわち，このタンパク質は自身の翻訳に用いられたmRNAと結合してリボ核タンパク質複合体を形成し，核へと輸送される．

もう一つのレトロポゾンの種類はRNAを介して転移したと思われる特徴をもっている．しかし，コード領域はもたない（あるいは，少なくともレトロウイルスの機能と似たものはない）．このようなレトロポゾンは，レトロウイルス様の転移の際にRNAが逆転写酵素の標的となった結果，つられて生じたのだろう．プロセスされた偽遺伝子は同じ仕組みで生成する．プロセシング反応に由来すると思われるものの中で特に顕著なものは，ヒトのAluファミリーを含む哺乳類のSINESである．7SL snRNA（シグナル認識粒子の成分）を含むいくつかのsnRNAはAluファミリーと関連がある．

# 23 免疫系における組換え

23・1 はじめに
23・2 免疫グロブリン遺伝子はリンパ球でその構成成分から構築される
23・3 L鎖は1回の組換えで形成される
23・4 H鎖は2回の組換えで形成される
23・5 組換えは大きな多様性を生み出す
23・6 免疫における組換えは二つの型のコンセンサス配列を利用している
23・7 組換えにより欠失が生じる
23・8 RAGタンパク質が切断・再結合を触媒する
23・9 新しい様式のDNA組換えによりクラススイッチが起こる
23・10 体細胞変異はシチジンデアミナーゼとウラシル–DNAグリコシラーゼによってひき起こされる
23・11 トリ免疫グロブリンは複数の偽遺伝子で構成されている
23・12 T細胞レセプターと免疫グロブリンは同じ仲間である
23・13 要 約

## 23・1 はじめに

**免疫応答** immune response 免疫系によってひき起こされる抗原に対する生体の反応.

**抗 原** antigen 生体内に入ると抗体(その抗原に結合することのできる免疫グロブリンタンパク質)の合成を促して免疫反応をひき起こす外来物質の総称.

**B細胞** B cell 抗体を生産するリンパ球. B細胞はおもに骨髄(bone marrow)で成熟する.

**T細胞** T cell T(thymus, 胸腺)系統のリンパ球. 機能によって数種類に分類される. T細胞はTCR(T細胞レセプター)をもち, 細胞性免疫応答に関与する.

**免疫グロブリン (Ig)** immunoglobulin 抗体. B細胞が抗原に反応してつくるタンパク質.

**抗 体** antibody 特定の"自己抗原(外来抗原)"を認識するBリンパ球細胞によってつくられるタンパク質(免疫グロブリン)で, 免疫反応を誘発する.

**T細胞レセプター (TCR)** T cell receptor T細胞の表面にある, 抗原のレセプター(受容体). 1個のT細胞には1種類のT細胞レセプターが発現し, MHCクラスⅠまたはクラスⅡタンパク質と抗原に由来するペプチドとの複合体に結合する.

**クローンの増大** clonal expansion 抗原の結合により成熟リンパ球が活性化されて増殖すること. この増殖によって抗原特異的なリンパ球の数が格段に増加するため, 後天性免疫(獲得免疫)反応に必須の段階. 増殖後, これらのリンパ球はエフェクター細胞へと分化する.

**スーパーファミリー** superfamily 現在ではかなりの多様性を示しているが, 一つの共通の先祖遺伝子から生じたと考えられる関連遺伝子群.

精子と卵の結合から生じた受精卵中の遺伝子の構成は, その生物の体細胞全体に引き継がれるというのが遺伝学の原則である. 個々の体細胞での互いに異なる表現型はDNAの中味の変化というよりも, むしろ遺伝子の発現調節の違いによると考えられてきた. しかし, 遺伝子の発現を調節したり新しい遺伝子をつくり出すのに, 特定のDNA配列の再編成が行われるという例外的な場合がある. 免疫系はゲノムの中味が変わる代表的な例で, リンパ球では活性をもった遺伝子をつくるために組換えが起こっている.

脊椎動物の**免疫応答**は, その生物自身のタンパク質と外来のタンパク質とを識別するための防御機構の一つである. 外来の物質(あるいは外来物質の一部)は**抗原**として認識される. 普通, 抗原は動物の血液中に侵入してきたタンパク質(あるいはタンパク質が結合した分子)で, たとえば感染性ウイルスのコートタンパク質などである. 抗原にさらされると, その抗原を特異的に認識し, 破壊する免疫応答がひき起こされる.

免疫応答を行うのは白血球, すなわちBリンパ球, Tリンパ球, マクロファージなどの細胞の役目である. リンパ球はそれを生産する組織の名をとってよばれる. 哺乳類では, Bリンパ球(**B細胞**)は骨髄(bone marrow)で, Tリンパ球(**T細胞**)は胸腺(thymus)で成熟する. それぞれの種類のリンパ球は必要とされるタンパク質をつくり出す機構としてDNAの再編成を行っている. B細胞は体液性免疫応答をひき起こし, T細胞は細胞性免疫応答をひき起こす.

B細胞は**免疫グロブリン (Ig)** タンパク質という抗体を分泌する. まず外来分子に特異的な**抗体**を生産することが抗原を認識するための最初の反応となる. 抗原の認識には抗体が抗原上の小さな領域, または構造に結合することが必要である.

**抗体は抗原と相互作用する**

B 細胞による抗体の分泌にはヘルパー T 細胞が必要である

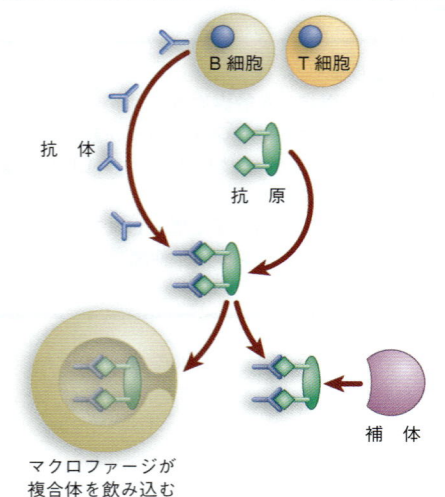

図 23・1　体液性免疫では遊離の抗体が抗原と結合し抗原抗体複合体となり，これがマクロファージによって血中から除去されたり，補体タンパク質により直接攻撃される．

**T 細胞レセプターは抗原断片と結合する**

感染を受けた標的細胞は抗原を断片に分解する

MHC は抗原を"提示"する

T 細胞は抗原と MHC を認識する

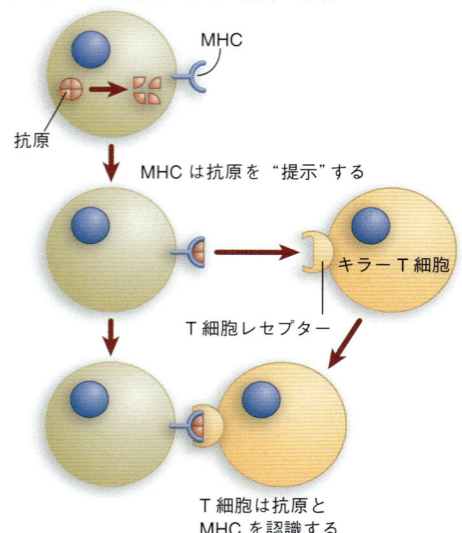

図 23・2　細胞性免疫ではキラー T 細胞は T 細胞レセプターを介して MHC タンパク質で標的細胞の表面に"提示"された外来の抗原の断片を認識する．

---

抗体の機能を図 23・1 に示してある．血中を巡っている外来の異物，たとえば毒素や病原菌の表面には抗原が存在する．抗体は抗原を認識し，抗原抗体複合体を形成する．この複合体は抗原を破壊する免疫系の別の成分の注意をひくことになる．

外来抗原を認識する T 細胞はキラー（細胞傷害性）T 細胞とよばれる．基本的な反応を図 23・2 に示す．通常この反応は，個体の細胞に感染したウイルスのような細胞内寄生物によって活性化される．ウイルス感染の結果，ウイルスの抗原が MHC（主要組織適合遺伝子複合体）の一員である宿主細胞のタンパク質に提示された細胞表面に出現する．これらの抗原が **T 細胞レセプター**（**TCR**）によって認識される．T 細胞にとってこのレセプターは B 細胞が生産する抗体に相当するものである．

抗原が抗体または T 細胞レセプターに認識されると，B または T 細胞に変化が生じて細胞の分裂が起きる．何回か分裂することにより，多数のリンパ球が生産され，すべてが同じ免疫グロブリンか T 細胞レセプターをもつことになる．この**クローンの増大**により，おのおのの組織に感染と戦う細胞が供給されるとともに，同じ抗原による新規の感染に対する免疫ができる．

免疫グロブリンと T 細胞レセプターはそれぞれのリンパ球より生産され，互いに対応している．両者のタンパク質の構造は似ており，その遺伝子の構成も類似している．これらの多様性が生み出される原因も似ている．MHC タンパク質もまた他のリンパ球に特異的なタンパク質と同様，抗体と共通する特徴をもっている．したがって免疫系の遺伝的構成を扱う場合には，一連の関連した遺伝子ファミリーについて考えることになる．おそらくそれらの**スーパーファミリー**は原始的な免疫応答に働いていたある共通の先祖から進化してきたものであろう．

## 23・2　免疫グロブリン遺伝子はリンパ球でその構成成分から構築される

**L 鎖（軽鎖）**　light chain　抗体四量体にある 2 種類のポリペプチドのうちの一つ．各抗体分子には L 鎖が 2 本ある．L 鎖の N 末端は抗原認識部位の一部を形成する．

**H 鎖（重鎖）**　heavy chain　抗体四量体にある 2 種類のポリペプチドのうちの一つ．各抗体分子には H 鎖が 2 本ある．H 鎖の N 末端は抗原認識部位の一部を形成し，C 末端はサブクラス（アイソタイプ）を決定する．

**可変領域（V 領域）**　variable region（V region）　*V* 遺伝子セグメントにコードされ，異なるポリペプチド鎖同士を比較すると非常に多様性に富む，免疫グロブリンのポリペプチド鎖の部分である．この多様性は，多くの（異なる）遺伝子コピーがあることや，活性のある免疫グロブリンを構成する際に導入される変化により生じる．

**定常領域（C 領域）**　constant region（C region）　*C* 遺伝子セグメントにコードされ，ポリペプチド鎖の中でほとんど変化しない免疫グロブリンの部分である．H 鎖の C 領域によって免疫グロブリンのタイプが決まる．

***V* 遺伝子**　*V* gene　免疫グロブリンタンパク質のそれぞれのポリペプチド鎖の可変領域の主要部分をコードする配列．

***C* 遺伝子**　*C* gene　免疫グロブリンタンパク質のそれぞれのポリペプチド鎖の定常領域をコードする配列．

**体細胞組換え**　somatic recombination　リンパ球における免疫グロブリンの *V* 遺伝子と *C* 遺伝子の連結反応．この反応を経て免疫グロブリンまたは T 細胞レセプターがつくられる．

---

- 免疫グロブリンは二つの L 鎖と二つの H 鎖から成る四量体である．
- L 鎖は λ と κ のファミリーに分類される．H 鎖は単一のファミリーを形成している．
- それぞれの鎖は N 末端の可変領域（V）と C 末端の定常領域（C）をもつ．
- V ドメインは抗原を認識し，C ドメインはエフェクターとの応答性に関与する．
- V ドメインと C ドメインは *V* 遺伝子セグメントと *C* 遺伝子セグメントによって別々にコードされている．
- 完全な免疫グロブリンをコードする遺伝子は *V* 遺伝子セグメントと *C* 遺伝子セグメントを連結する体細胞組換えによって生成される．

---

新しい抗原にさらされるたびに動物がそれに対する適切な抗体を生産する能力をもっていることは，免疫応答の特筆すべき一面である．予測もできない構造の抗原を特別に認識するように意図した抗体タンパク質をどのように生物は生産する準備をしているの

だろうか．

それぞれの抗体は2個の同一の**L鎖**（軽鎖）と2個の同一の**H鎖**（重鎖）から構成される免疫グロブリン四量体である．免疫グロブリン四量体の構造を図23・3に示す．おのおののポリペプチド鎖は二つの主要領域，N末端の**可変（V）領域**とC末端の**定常（C）領域**から構成されている．これらの領域はもともと異なる免疫グロブリンのアミノ酸配列を比較して決まったものである．その名前が示すように，可変領域では一つ一つのタンパク質分子の間でアミノ酸配列にかなりの違いがあるが，定常領域は実質的に相同といえる配列である．L鎖には二つの型があり，H鎖には約10の型がある．異なったクラスの免疫グロブリンはそれぞれ独特のエフェクター機能をもっている．各クラスはH鎖定常領域により決定され，これがエフェクター機能を担っている（図23・15参照）．

L鎖とH鎖のそれぞれ対応する領域が組合わさって，免疫グロブリン中に明瞭なドメインをつくりあげている．

一つのV（可変）ドメインはL鎖の可変領域とH鎖の可変領域の組合わせからできており，Vドメインが抗原認識を行っている．1分子の免疫グロブリンはY字形の構造をしており，その腕の部分は同一で，それぞれ $V_L$-$V_H$ ドメインを1対もっている．いろいろな特異性をもつVドメインがつくられることで，さまざまな抗原に応答する能力が獲得される．L鎖でもH鎖でも，可変領域の総数は数百に及んでいる．このように免疫グロブリンは抗原と結合する領域で最大限の融通性をつくり出している．

定常領域の数は可変領域の数よりかなり少なく，一般的にはどの型の鎖であっても，1〜10個の定常領域だけしかない．免疫グロブリン四量体のサブユニットでは定常領域の会合によって分子内に数個のC（定常）ドメインが形成されている．第一のドメインはL鎖の定常領域（$C_L$）とH鎖の定常領域の $C_{H1}$ 部分とが会合した領域である．このドメイン2個によってY字形分子の腕が完成される．H鎖の定常領域間の結合が残りのCドメインを形成するが，その数はH鎖ごとに違いがある．

可変領域と定常領域の特徴を比べると，免疫グロブリン遺伝子の構造には重大なジレンマのあることに気づく．10種類に満たない定常領域に対して数百種類にも及ぶ可変領域をもつ一つのポリペプチド鎖で構成される1組のタンパク質それぞれをどうやってコードしているのだろうか．これは結局，各領域のそれぞれの型をコードするDNA配列の数によって多様性が決まっている．つまり，可変領域をコードする遺伝子はたくさんあるが，定常領域をコードする遺伝子は少ししかないのである．

この意味からすると，"遺伝子"とは最終産物である免疫グロブリンの個々のポリペプチド（H鎖またはL鎖）の中の明確に区別できる部分をコードする塩基配列のことを意味している．すなわち***V*遺伝子**は可変領域を，***C*遺伝子**は定常領域をコードする．ただし，いずれの遺伝子も独立した単位として発現されているわけではない．完全なL鎖もしくはH鎖の形で発現されるためには，一つの*V*遺伝子と一つの*C*遺伝子とが物理的に連結しなければならない．この系では，二つの"遺伝子"が一つのポリペプチドをコードするのである．混乱を避けるために，こうした単位を"遺伝子"とはよばずに"遺伝子セグメント（gene segment）"，あるいは単に"セグメント"ということにしよう．

L鎖とH鎖をコードする塩基配列は同じように組立てられる．すなわち多数ある*V*セグメントのどれか1個が数個ある*C*セグメントのうちのどれかと連結する．この**体細胞組換え**は抗体を発現しているB細胞の中で起こっている．多数の使用可能な*V*セグメントをもっていることが，免疫グロブリンの多様性を生み出す一つの重要な仕組みである．しかし，すべての多様性がゲノム中にコードされているわけではなく，機能をもった遺伝子を再編成する過程で起こる変化も多様性をつくることに貢献している．

したがって免疫グロブリンの合成で重要なことは，免疫グロブリン（あるいはT細胞レセプター）を生産する細胞では*V*セグメントと*C*セグメントの構成が他のすべての体細胞や生殖細胞と異なるということである．この過程全体は体細胞で起こり，生殖系に影響しない．したがって抗原への応答は生物の子孫に遺伝しない．

図23・4に活性な免疫グロブリンをつくる過程を示す．免疫グロブリンのL鎖にはκとλの二つのファミリーが存在し，H鎖には一つのファミリーのみ存在する．各ファミリーは異なった染色体上に存在し，それぞれ1組の*V*セグメントおよび*C*セグメン

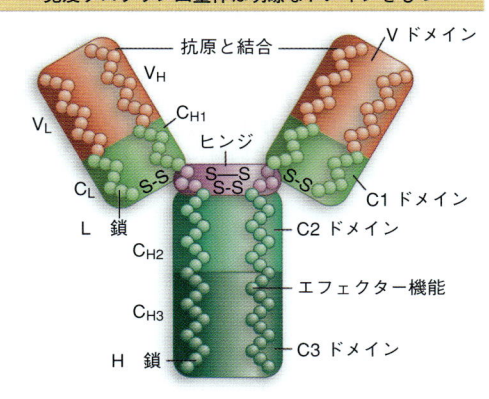

図23・3 H鎖とL鎖が結合していくつかのドメインをもった免疫グロブリンが形成される．

**図 23・4** 生殖系列では，三つの V セグメントクラスターがそれぞれ C セグメントと分離して存在する．組換えはおのおののクラスター内で起こり，V セグメントと C セグメントを結び付けることにより活性遺伝子を生み出す．免疫グロブリンタンパク質をつくるには，リンパ球は二つの L 鎖クラスターのうち一方で，またこれと同時に H 鎖クラスターで組換えを起こす必要がある．

---

**V セグメントは C セグメントと連結する**

生殖系列には V と C のセグメントをもつ三つのクラスターがある

V セグメント　　　　C セグメント

L 鎖 ($\kappa$)
L 鎖 ($\lambda$)
H 鎖

組換えは L 鎖クラスターのうち一方と H 鎖クラスターで起こる

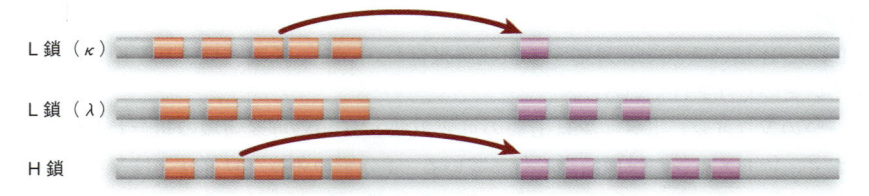

L 鎖 ($\kappa$)
L 鎖 ($\lambda$)
H 鎖

リンパ球は機能をもった L 鎖遺伝子と機能をもった H 鎖遺伝子をもつようになる

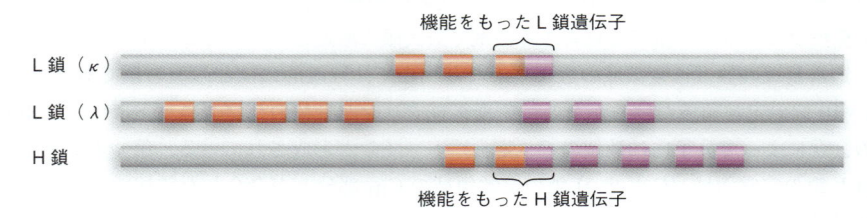

機能をもった L 鎖遺伝子

L 鎖 ($\kappa$)
L 鎖 ($\lambda$)
H 鎖

機能をもった H 鎖遺伝子

---

トがある．これは**生殖系列型**とよばれ，生殖系列の細胞並びに免疫系以外のすべての系列の体細胞はこの構造をとっている．

しかし，抗体を発現している細胞では免疫グロブリンのおのおのの鎖 ── 一つは L 鎖 ($\kappa$ または $\lambda$ のどちらか) でもう一つは H 鎖 ── はそれぞれ完全に一つになった遺伝子でコードされている．つまり組換えによって V セグメントは対になる C セグメントと結合して機能のある一つの遺伝子になる．この遺伝子はタンパク質の機能ドメインと正確に対応したエキソンから成り立っており，イントロンは通例通り RNA スプライシングによって取除かれる．

各ファミリーで機能的な遺伝子は同じ原理により組立てられているが，V セグメントと C セグメントの構成は細かい所で異なっていて，これに対応して，それらの間の組換え反応にも多少の違いがみられる．V セグメントと C セグメントに加えて，それらとは別の短い DNA 配列 (J セグメントと D セグメントを含む) が体細胞遺伝子座の中にあって機能している．

### 23・3　L 鎖は 1 回の組換えで形成される

*J* セグメント　*J* segment　免疫グロブリンと T 細胞レセプターの遺伝子座に含まれるコード配列．*J* セグメントは *V* セグメントと *C* セグメントの間にある．

- λ 鎖は V セグメントと J-C セグメント間での 1 回の組換えにより形成される．
- V セグメントはリーダーエキソンとイントロン，V エキソンから成る．
- J-C セグメントは短い J セグメントとイントロン，そして C エキソンから成る．
- κ 鎖は V セグメントと C セグメントの上流に五つ存在する J セグメントの一つとの間での 1 回の組換えによって形成される．

図 23・5 に示すように λ 鎖遺伝子は二つの部分から成っている．V セグメントは一つのイントロンで分断されたリーダーエキソンと V エキソンから成り，C セグメントは一つのイントロンで分断された J セグメントと C エキソンから成る．

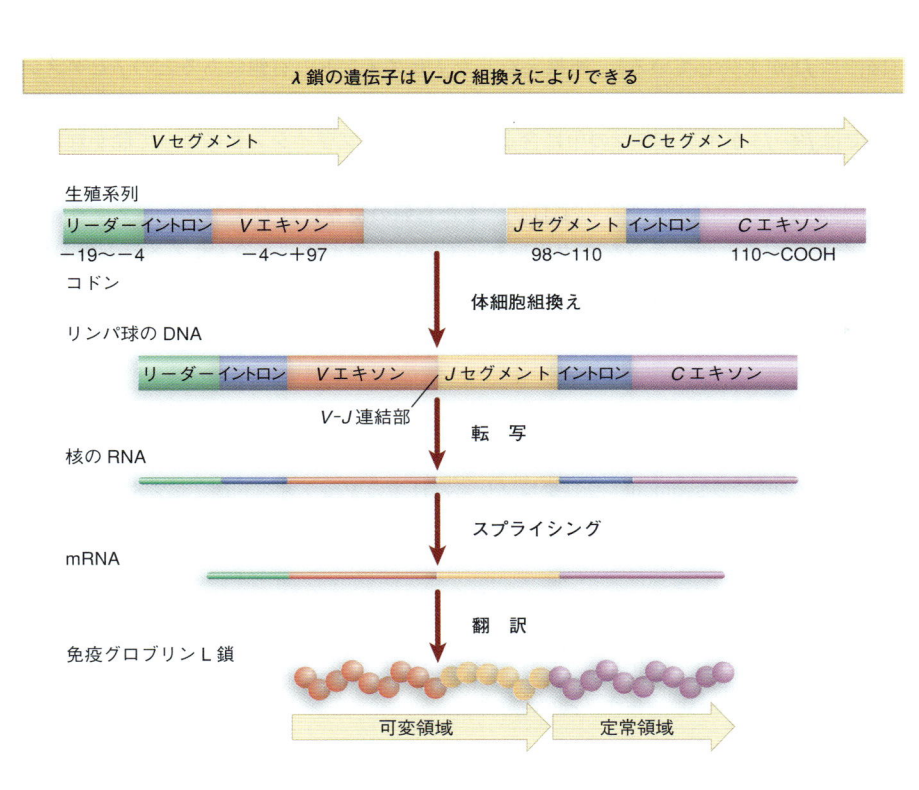

**図 23・5** λ鎖の C セグメントの上流に J セグメントがあり，V–J 間の組換えが起こると機能をもった λ 鎖の遺伝子ができあがる．（完成したタンパク質の最初のアミノ酸を +1 とする．マイナスの数値は切離されるリーダー配列を示す．）

J セグメントという名前は連結 (joining) を略したもので，V セグメントが連結する領域として発見された．このように，V セグメントと C セグメントが直接連結するのではなく，J セグメントを介して連結する．L 鎖の "V セグメントと C セグメント" が連結するといっても，実際には V–JC の連結が起こっているのである．

J セグメントは短く，実際アミノ酸配列からわかる通り，可変領域の後ろのわずかな (13 個の) アミノ酸をコードする領域である．組換えを終えて発現できる遺伝子では V–J セグメントが可変領域全体をコードする一つのエキソンとなっている．

κ 鎖遺伝子の連結反応の結果を**図 23・6** に示す．κ 鎖も二つの部分から成っているが，C セグメントの構成は異なっている．すなわち，五つの J セグメントが 500〜700 bp の範囲の中に散在しており，続いて 2〜3 kb のイントロンにより C エキソンと隔てられている．マウスでは中央の J セグメント ($\psi J3$) は機能をもっていない．V エキソンは J セグメントのうちどの一つとでも連結できる．

どの J セグメントが用いられても，V エキソンに末端部分ができ完全なエキソンとなる．組換えを起こした J セグメントより左側にある J セグメントはいずれも欠失する

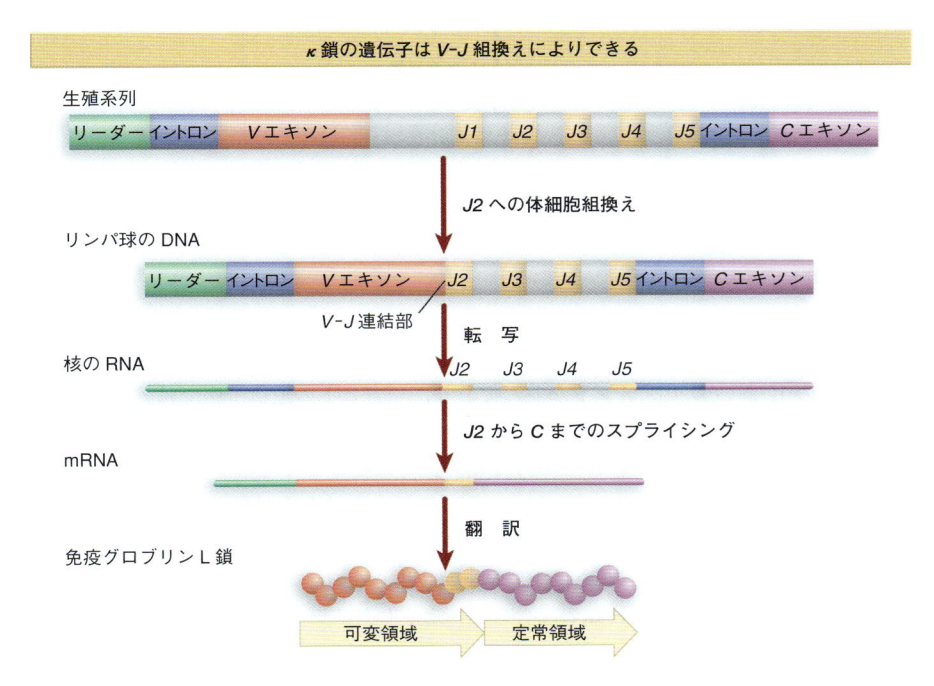

**図 23・6** 生殖系列では，κ 鎖の C セグメントの上流に複数の J セグメントがある．V–J の連結には J セグメントのいずれか一つが使われており，つぎに RNA のプロセシングの際にスプライスされ C セグメントとつながる．

23・3 L 鎖は 1 回の組換えで形成される

（図では $J1$ が欠失している）．組換えをした $J$ セグメントの右側にあるどの $J$ セグメントもすべて $V$ エキソンと $C$ エキソンの間にあるイントロンの一部として処理される（図では $J3$〜$J5$ がイントロンの中に含まれていて，スプライシングによって除かれる）．

すべての機能しうる $J$ セグメントはおのおの左側の境界に $V$ エキソンと組換えを起こすことができるシグナルをもっており，また右側の境界には $C$ エキソンとスプライシングを起こすことができるシグナルをもっている．つまり，どの $J$ セグメントの DNA が連結に使われても，その右側の境界にあるスプライシングのシグナルが RNA のプロセシングに利用される．

### 23・4 H 鎖は 2 回の組換えで形成される

> **$D$ セグメント** $D$ segment 免疫グロブリンの H 鎖の $V$ セグメントと $J$ セグメントの間にみられる，どちらのセグメントにも属さない配列．

- H 鎖組換えの構成単位は $V$ セグメント，$D$ セグメント，そして $J$–$C$ セグメントである．
- 最初の組換えは $D$ と $J$–$C$ との連結である．
- 2 番目の組換えは $V$ と $D$–$J$–$C$ との連結である．
- $C$ セグメントは数個のエキソンから成る．

H 鎖遺伝子の形成にはもう一つの部分が関与している．**$D$ セグメント**〔多様性（diversity）に由来する〕は，$V$ と $J$ セグメントにコードされる配列の間には 2〜13 個のアミノ酸が余分に存在するということから見つかった．染色体上では $V$ セグメントと四つの $J$ セグメントとの間に 10 個以上の $D$ セグメントが並んでいる．

$V$-$D$-$J$ 連結は図 23・7 に示してあるように 2 段階で起こる．最初に $D$ セグメントの一つが $J$ セグメントと組換えを起こし，さらに $V$ セグメントがその $DJ$ セグメントと組換えを起こす．この再編成によってさらに隣接する $C$ セグメント（数個のエキソンから成っている）の発現が可能となる．

図 23・7 H 鎖遺伝子の再編成では一続きの連結反応がある．最初 $D$ セグメントが $J$ セグメントと連結し，つぎに $V$ セグメントが $D$ セグメントと連結する．

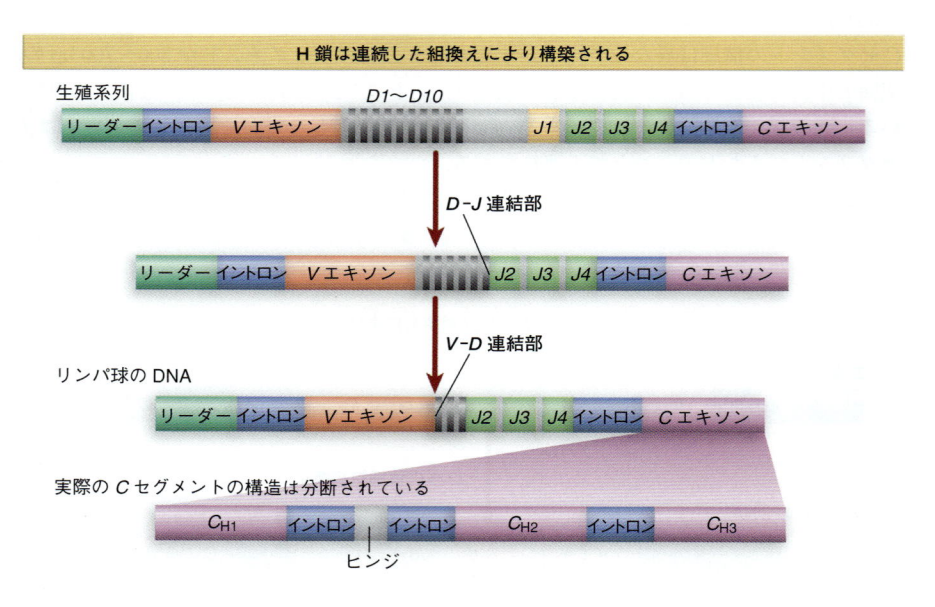

$D$ セグメントは同方向反復構造になっている．マウスの H 鎖の遺伝子座にはいろいろな長さの 12 個の $D$ セグメントが並んでおり，一方ヒトの遺伝子座では約 30 個の $D$ セグメントがある（すべてが必ずしも活性型ではない）．（H 鎖の $V$ セグメントと $C$ セグメントが連結する過程は $V$-$D$ と $D$-$J$ 連結の両方が起こって完結すると考えられる．）

すべての免疫グロブリンファミリーの三つの $V$ セグメントは同じ構成をしている．第一エキソンはシグナル配列をコードしており（膜への付着に関与している），第二エキソンは可変領域の中心部（長さは 100 コドン以下）をコードしている．残りの可変領域の部分は $D$ セグメント（H 鎖の場合のみ）と $J$ セグメント（三つのすべてのファミリー）でコードされている．

定常領域の構造は鎖の種類によって異なる．κ，λ鎖では定常領域はどちらも一つのエキソンによってコードされている（再編成して機能のある遺伝子の3番目のエキソンになる）．H鎖では定常領域がいくつかのエキソンでコードされ，これらの離れたエキソンは図23・3に示したタンパク質鎖に対応してそれぞれ$C_{H1}$，ヒンジ，$C_{H2}$そして$C_{H3}$領域をコードしている．それぞれの$C_H$エキソンは約100コドンの長さで，ヒンジはそれより短い．イントロンは一般に比較的短い（約300 bp）．

## 23・5 組換えは大きな多様性を生み出す

- L鎖の遺伝子座は，たとえば50個の$V$セグメントと5個の$J$–$C$セグメントの連結により250種類以上の鎖をつくることができる．
- H鎖の遺伝子座は，たとえば50個の$V$セグメントと20個の$D$セグメント，そして4個の$J$セグメントの連結により4000種類以上の鎖をつくることができる．

生殖系列にあるコード領域の種類によってどのくらいの多様性が生み出されているかを知るには，さまざまな種類の$V$セグメントと$C$セグメントを調べねばならない．各L鎖の免疫グロブリン遺伝子ファミリーにおいて，多くの$V$セグメントがはるかに少数の$C$セグメントとつながっている．

図23・8に示すようにヒトのλ鎖の遺伝子座の場合には，約300個の$V$セグメント，続いて数個の$C$セグメントがあり，それぞれ$J$セグメントが上流に位置している．マウスのλ遺伝子座は著しく多様性が低い．すなわち過去のある時点で，マウスはその生殖系列の$V_\lambda$セグメントをただ二つ残してほとんど壊滅的に欠失してしまった．

図23・9に示すようにκ鎖の遺伝子座の場合，$C_\kappa$セグメントは1個しかなく，その前に五つの$J_\kappa$セグメントがある（それらのうち一つは活性をもたない）．$V_\kappa$セグメントは染色体上に多数連なった形で形成されて$C_\kappa$セグメントの上流に存在している．ヒトの場合，この連続した部分は二つの領域に分けられる．$C_\kappa$セグメントの前に五つの$J_\kappa$セグメントと40の$V_\kappa$セグメントから成る600 kbの領域がある．800 kbの間をおいて，36の$V_\kappa$セグメントから成るもう一つの領域がある．

$V_\kappa$セグメントは，それぞれのファミリーのメンバーがコードするアミノ酸の相同性は80％以上であるという規準で，いくつかのファミリーに分けることができる．マウスのファミリーは非常に巨大でおよそ1000個の遺伝子から成り，2〜100のメンバーより成るさまざまな大きさの18個以上の$V_\kappa$サブファミリーがある．他の関連した遺伝子のファミリーと同様，似通った$V_\kappa$セグメントは個々の先祖遺伝子の重複と多様化によって生じており，サブクラスターを形成している．しかし，多くの$V_\kappa$セグメントは不活性な偽遺伝子であり，免疫グロブリンをつくるのに使われるのは50に満たない．

リンパ球ではκかλ鎖のどちらかのL鎖がつくられH鎖と結合する．ヒトではL鎖の60％がκ，40％がλである．一方マウスではB細胞の95％がκ鎖を発現している．これはλ鎖の遺伝子の数が減っているためだと思われる．

図23・10にまとめて示すように，ヒトではH鎖を生産する単一の遺伝子座はいくつかに分割できる領域からできている．マウスも同様で，$V_H$セグメントの数はさらに多く，$D$セグメントと$J$セグメントの数は少なく，$C_H$セグメントの数や構成にもわずかな違いが見いだされる．$V_H$セグメントのクラスターの3′側は最初の$D$セグメントの20 kb上流にまで達している．$D$セグメントは約50 kbの領域に広がり，それから下流に$J$セグメントのクラスターがある．さらにその下流220 kbにわたって$C_H$セグメント

**λ鎖ファミリーは$V$と$J$–$C$のセグメントより成る**

$V_\lambda$セグメント　　　　　　　$J_\lambda 1\, C_\lambda 1$　$J_\lambda 2\, C_\lambda 2$　$J_\lambda 3\, C_\lambda 3$

マウスでは2個　　　　　　マウスでは4個の$J$–$C$セグメント
ヒトでは約300個　　　　　ヒトでは6個以上の$J$–$C$セグメント

図23・8　λ鎖ファミリーは$V$セグメントと少数の$J$–$C$遺伝子セグメントから成っている．

**κ鎖ファミリーには$C$セグメントは1個しかない**

36 $V_\kappa$　　　40 $V_\kappa$　　　$J_\kappa 1$〜5　$C_\kappa$

図23・9　ヒトのκ鎖ファミリーは五つの$J$セグメント，一つの$C$セグメントと連結する$V$セグメントから構成されている．

**H鎖の遺伝子座は数百kbにわたる**

$V_H$セグメント　　$D$セグメント　$J$　　　　　　　$C_H$セグメント

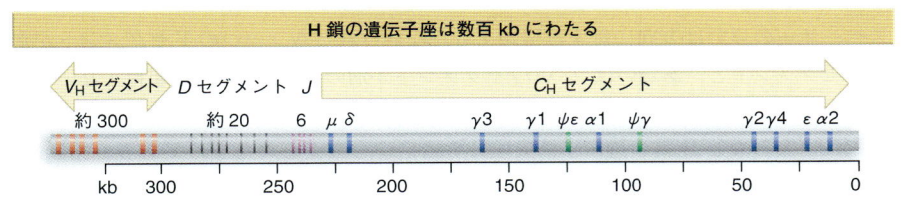

約300　　　約20　　6　$\mu$ $\delta$　　　$\gamma 3$　$\gamma 1$ $\psi\varepsilon$ $\alpha 1$ $\psi\gamma$　　$\gamma 2$ $\gamma 4$　$\varepsilon$ $\alpha 2$

kb　300　　　250　　　200　　　150　　　100　　　50　　　0

図23・10　ヒトのH鎖の遺伝子群は単一の遺伝子クラスターをなしており，遺伝子の編成に必要なすべての情報が含まれている．

のクラスターがあり，9個の機能をもった$C_H$セグメントと2個の偽遺伝子が並んでいる．この構成から遺伝子は過去において重複を起こし，$\gamma$-$\gamma$-$\varepsilon$-$\alpha$のサブクラスターを生じ，その後でグループ全体が再度重複したものと考えられる．

　生殖系列の遺伝情報の多様性はどの程度まで免疫グロブリンタンパク質の可変領域の多様性にかかわっているのだろうか．たとえば，約50個の$V_L$セグメントのどれか一つと，5個の$J$-$C$セグメントのどれか一つを組合わせることによって，250種類ほどの鎖がL鎖の遺伝子座に生じうることになる．H鎖における多様性はさらにこれ以上で，約50個の$V_H$セグメントと20個の$D$セグメントと4個の$J$セグメントをそれぞれ一つずつ連結させることにより，$C_H$セグメントと組合わさる可変領域は4000通りにもなる．哺乳類ではこの多様性は出発点にすぎず，さらに別の機構によって変化が生じている．非常によく似た免疫グロブリン同士を調べると，相当する$V$遺伝子セグメントの数では説明できないほどの種類のタンパク質が生産されていることがある．この新たな種類のタンパク質は組換え中あるいはその後に起こった個々の遺伝子の体細胞変異によって生じたものである（§23・10参照）．

### 23・6　免疫における組換えは二つの型のコンセンサス配列を利用している

> ■ 組換えに使われるコンセンサス配列は，それぞれ12もしくは23 bp離れて存在する9塩基配列と7塩基配列から成る．
> ■ 組換えは異なるスペーサーの型をもつ二つのコンセンサス配列の間で起こる．

　L鎖とH鎖の遺伝子の構築は（いくつかの部分は違っているが）同じ機構によっている．連結反応にかかわる生殖系列型DNAの境界にはコンセンサス配列が見いだされている．各コンセンサス配列は互いに12あるいは23 bp離れた7塩基配列と9塩基配列から成っている．

　図23・11にマウスの免疫グロブリン遺伝子座のコンセンサス配列間の関係を示す．$\kappa$鎖の遺伝子座では，おのおのの$V_\kappa$セグメントの後に12 bpのスペーサーを挟んだコンセンサス配列があり，それぞれの$J_\kappa$セグメントの前には23 bpのスペーサーを挟んだコンセンサス配列が存在する．$V_\kappa$と$J_\kappa$のコンセンサス配列は方向が逆になっている．$\lambda$鎖の遺伝子座では$V_\lambda$セグメントの後には23 bpのスペーサーを挟んだコンセンサス配列が存在し，各$J_\lambda$セグメントの前には12 bpのスペーサーを挟んだコンセンサス配列が存在する．

図23・11　それぞれ対をなす組換え部位にはコンセンサス配列が互いに逆向きに存在している．一方はコンセンサス配列の間に12 bpのスペーサーがあり，もう一方は間に23 bpのスペーサーがある．

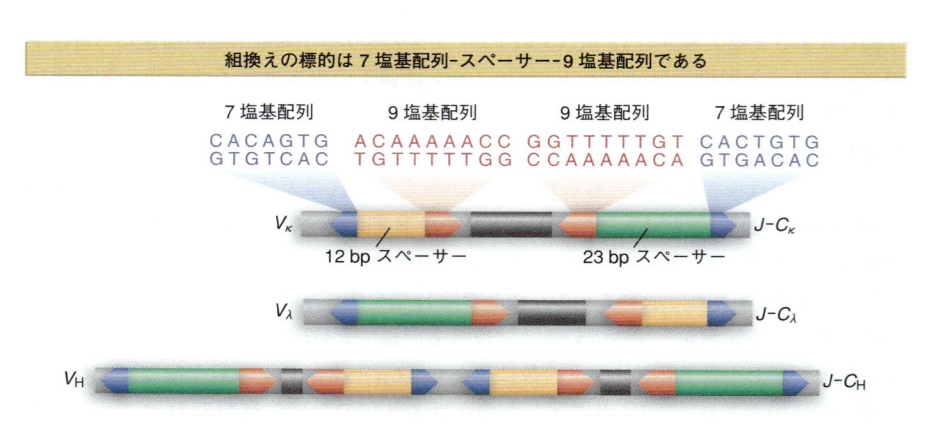

**組換えの標的は7塩基配列-スペーサー-9塩基配列である**

| 7塩基配列 | 9塩基配列 | 9塩基配列 | 7塩基配列 |
|---|---|---|---|
| CACAGTG | ACAAAAACC | GGTTTTTGT | CACTGTG |
| GTGTCAC | TGTTTTTGG | CCAAAAACA | GTGACAC |

$V_\kappa$ — 12 bpスペーサー — 23 bpスペーサー — $J$-$C_\kappa$

$V_\lambda$ — $J$-$C_\lambda$

$V_H$ — $J$-$C_H$

　連結反応は，一つの型のスペーサーをもったコンセンサス配列はもう一つの別の型のスペーサーをもったコンセンサス配列としか連結しないという規則に従って起こる．$V$セグメントと$J$セグメントでそれらのコンセンサス配列はどの順に並んでもよいので，スペーサーの違いは方向に対する情報をもたないけれども，一つの$V$セグメントが別の$V$セグメントと，あるいは一つの$J$セグメントが別の$J$セグメントと組換えないようになっている．

　これはもともとH鎖の遺伝子構成成分の構造から考えられたものである．23 bpスペーサー型のコンセンサス配列が各$V_H$セグメントの後ろにあり，$D$セグメントは

12 bp スペーサー型コンセンサス配列に両側を挟まれ，$J_H$ セグメントの前には 23 bp スペーサー型コンセンサス配列がある．このようにして V セグメントは D セグメントと連結し，その D セグメントは J セグメントと連結するようになっているのである．V セグメントと J セグメントとは同型のコンセンサス配列をもっているので，直接に連結することはできない．

コンセンサス配列の中にあるスペーサーの大きさは二重らせんのほぼ 1 ターン，もしくは 2 ターンに相当し，組換え反応のときの立体的な位置関係を反映しているのではないかと思わせる．たとえば，この組換えに関与するタンパク質はプロモーターやオペレーターなどの認識部位に RNA ポリメラーゼやリプレッサーが近づくように DNA の一方の側から接近するのではないだろうか．

### 23・7 組換えにより欠失が生じる

> **シグナル末端** signal end 免疫グロブリン遺伝子や T 細胞レセプター遺伝子の組換えのときにつくられる．シグナル末端は組換えシグナル配列を含む DNA 断片の末端にある．シグナル末端同士が続いて結合した場合，その結合部分をシグナル連結という．
> **コード末端** coding end 免疫グロブリン遺伝子や T 細胞レセプター遺伝子の組換えのときにつくられる．コード末端は V と (D-)J のコード領域の末端にある．コード末端同士が続いて結合した場合，その結合部分をコード連結という．
> **対立遺伝子排除** allelic exclusion 免疫グロブリンを発現しているいずれのリンパ球でも，発現している免疫グロブリン遺伝子は対立遺伝子の一方だけである．この発現様式を対立遺伝子排除とよぶ．この現象は，一方の免疫グロブリン遺伝子が発現すると，そのフィードバックによりもう一方の染色体上にある対立遺伝子の活性化が妨げられることによる．

- 組換えは二つのコンセンサス配列の 7 塩基配列での二本鎖切断によって起こる．
- 切断された断片のシグナル末端はほとんどの場合連結して，切出された断片は環状分子となる．
- コード末端同士は共有結合で結ばれ，V と J-C の連結（L 鎖），また D と J-C および V と D-J-C の連結（H 鎖）が形成される．
- 対立遺伝子排除は L 鎖（κ, λ のどちらか一方のみが活性型に再編成される）と H 鎖（一つの H 鎖のみが活性型に再編成される）に対し独立に起こる．

免疫グロブリン遺伝子の構成成分の組換えというのは，切断や再結合を使って物理的に配列を再編成して達成されるものであって，相同組換えとはまったく異なる反応機構である．この反応の一般的な性質を κ 鎖を例にとり図 23・12 に示した．（最初に D-J，つぎに V-DJ と 2 段階の反応があることを除けば，H 鎖の遺伝子座での反応も基本的に同じである．）

切断・再結合は独立の反応として起こる．まず，コード領域の終わりにある 7 塩基配列で二本鎖の切断が起こる．これにより V と J-C セグメントの間の DNA 断片が放出される．この切断された断片の末端は**シグナル末端**とよばれ，V および J-C 遺伝子座における末端は**コード末端**とよばれる．二つのコード末端はつぎに共有結合で結ばれ，V と J セグメントを結ぶつなぎ目であるコード末端がひとつながりに連結される．二つのシグナル末端同士も連結すると，切出された断片は環状化する．

通常，V と J-C 遺伝子座は同じ方向に配置されている．そうするとコンセンサス配列での切断の結果，その間に位置する領域は線状の断片として切出される．シグナル末端同士が連結すると，図 23・12 に示したように環状分子となる．免疫グロブリンと T 細胞レセプター遺伝子座での組換えのほとんどの様式は切出された環状分子が放出される欠失反応である．

B 細胞はそれぞれ 1 種類の L 鎖と 1 種類の H 鎖タンパク質を発現する．なぜなら 1 個のリンパ球では再編成が 1 回起こり，一つの L 鎖と一つの H 鎖の遺伝子がつくられるからである．おのおのの再編成は一方の相同染色体の遺伝子だけに起こることであり，同じ細胞にあるもう一方の染色体の対立遺伝子は発現されない．この現象を**対立遺伝子排除**という．

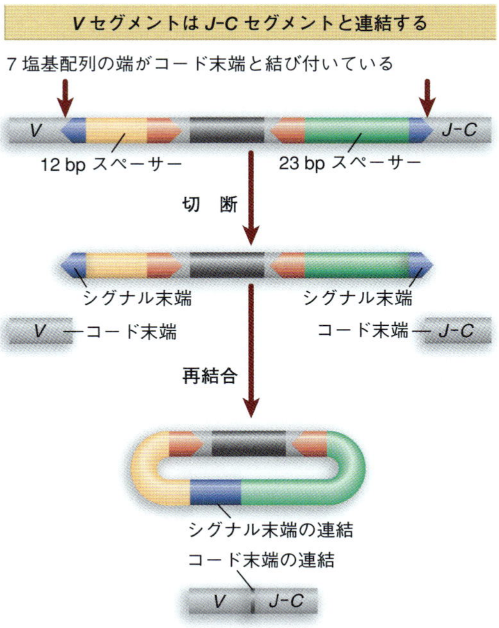

図 23・12 コンセンサス配列で切断・再結合が起こり，免疫グロブリン遺伝子ができる．

細胞は活性型に再編成された遺伝子ができるまで V セグメントと C セグメントの組換えを試み続ける．活性型のタンパク質鎖ができあがると直ちに対立遺伝子排除が起こり，それ以上の再編成が妨げられる．すでに再編成した遺伝子をマウスのゲノムに導入して作成したトランスジェニックマウスの実験により，$in\ vivo$ でこのような機構が働くことが示された．導入した遺伝子が B 細胞で発現し，内在性の遺伝子の再編成が抑制されたものと考えられる．

対立遺伝子排除は H 鎖と L 鎖おのおのの遺伝子座について独立に起こるが，普通 H 鎖の遺伝子にまず再編成が起こる．L 鎖の二つのファミリーには対立遺伝子排除が同時に適用されているに違いない（細胞は $\kappa$ 鎖か $\lambda$ 鎖か一方の活性をもった L 鎖しかつくらない）．細胞はまずその $\kappa$ 鎖の遺伝子を再編成して，その再編成が両方とも不成功な場合には $\lambda$ 鎖の遺伝子の再編成を試みるらしい．

## 23・8　RAG タンパク質が切断・再結合を触媒する

> **P ヌクレオチド　P nucleotide**　短いパリンドローム（逆方向反復）配列で，免疫グロブリンと T 細胞レセプターの V, D, J セグメントの再編成の間につくられる．P ヌクレオチドは再編成の際にコード末端にできるヘアピンを RAG タンパク質が切断することによりコード連結部に生じる．
> **N ヌクレオチド　N nucleotide**　鋳型を使わずに合成される短い配列で，免疫グロブリンと T 細胞レセプター遺伝子の再編成の際，コード連結部にデオキシヌクレオチドトランスフェラーゼによってランダムに付加される．N ヌクレオチドによって抗原レセプターの多様性が増大する．

- RAG タンパク質は切断反応に必要かつ十分である．
- RAG1 は組換えのために 9 塩基コンセンサス配列を認識する．RAG2 は RAG1 に結合して 7 塩基配列を切断する．
- この反応は転移にかかわるトポイソメラーゼ様解離反応に似ている．
- 反応はコード末端でのヘアピン中間体を経て進行する．ヘアピンの開裂により組換え遺伝子では余分な塩基（P ヌクレオチド）の挿入が起こる．
- デオキシヌクレオチドトランスフェラーゼがコード末端に余分な N ヌクレオチドを挿入する．
- V-(D)J 連結反応部位のコドンはきわめて可変的な配列で，抗原結合部位中の 96 番目のアミノ酸をコードする．
- コード連結部での二本鎖切断は，損傷 DNA の非相同的な末端連結のシステムと同じ機構で修復される．
- C セグメント中のエンハンサーは，完全な免疫グロブリンを生じる組換えが完了した後に V セグメントのプロモーターを活性化する．

二つのタンパク質，RAG1 と RAG2 は切断・再結合の触媒反応を同時に実行し，反応が起こるための構造的枠組みをつくり出す．RAG1 は適切な 12/23 スペーサーをもつ 7 塩基配列/9 塩基配列を認識して，つぎに RAG2 を複合体上へ動員する．このとき 9 塩基配列が最初の認識に使用され，7 塩基配列が切断部位を指定する．

組換えにかかわる反応は図 23・13 に示してある．この複合体が両領域の一方の鎖にニックをいれる．ニックが入ると 3′-OH 末端と 5′-P 末端が生じる．3′-OH 末端は，二本鎖を形成しているもう一方の DNA 鎖の対応する位置にあるリン酸結合を攻撃する．その結果，一方の DNA 鎖の 3′ 末端がもう一方の DNA 鎖の 5′ 末端と共有結合し，コード末端にはヘアピンが形成される．シグナル末端には二本鎖の切断が残る．

この 2 回目の切断は結合エネルギーが保存されるエステル転移反応である．これは，細菌のトランスポゾンのリゾルベースが触媒するトポイソメラーゼ様の反応および細菌のインテグラーゼが触媒する反応に似ている（§21・9 参照）．このことにより，体細胞での免疫系遺伝子の組換えは，太古のトランスポゾンから進化したと考えられる．

コード末端にできたこれらのヘアピンは，次の段階の反応の基質として働く．もしもヘアピンに近い所で一本鎖切断が起こると，末端では塩基対が外れ，一本鎖の突出末端が生じる．突出末端に相補鎖が合成されると，コード末端は伸長した二本鎖をもつことになる．これにより，コード末端で P ヌクレオチドが生じるということが説明できる．

Pヌクレオチドは元のコード末端と関連したいくつかの余分な塩基対から成り，方向が逆になっている．

いくつかの余分な塩基はコード末端間にランダムに挿入されることがあり，これらは**Nヌクレオチド**とよばれる．Nヌクレオチドの挿入はデオキシヌクレオチドトランスフェラーゼ（リンパ球で活性があることが知られている）の酵素活性により，連結反応の際に生じた3'コード末端で起こる．

したがって組換え過程での配列上の変化はDNAの切断と再結合にかかわる酵素の作用の結果である．H鎖組換えでは複数の塩基対が$V_H$-Dまたは$D$-$J$，もしくはその両方で欠失したり，あるいは挿入されたりする．$V_\lambda$-$J_\lambda$連結でも欠失が起こるが，挿入はまれである．配列上の変化はH鎖における$V$-$D$，$D$-$J$連結部位およびL鎖における$V$-$J$連結部位にコードされるアミノ酸に影響を与える．

これらのさまざまな反応機構により，コード末端の連結にはV, D, Jセグメントのコード末端が直接連結した場合に予想されるものとは異なる配列をもつことになる．

連結部分における配列の変化が生じると，この部位でコードされるアミノ酸配列の多様性が増す．興味深いことに96番目のアミノ酸は$V$-$J$連結反応によって決まり，これは抗原結合部位の一部であり，L鎖とH鎖の会合にも関与する．つまり標的となる抗原に会合する部位で最大の多様性が生じる．

コード連結部位で塩基対の数が変化すると読み枠に影響する．連結反応は読み枠という点ではランダムに起こるので，連結した配列は3分の1しか連結部を読み続けるための正しい読み枠をもたないことになる．たとえば$V$-$J$セグメントが連結してJセグメントが読み枠から外れると，間違った読み枠の途中でナンセンスコドンが出てくるために翻訳は途中で終止してしまう．このような異常遺伝子の生成は細胞が連結部分で配列を調整して得られる多様性の増大に対して支払う代償と考えられる．

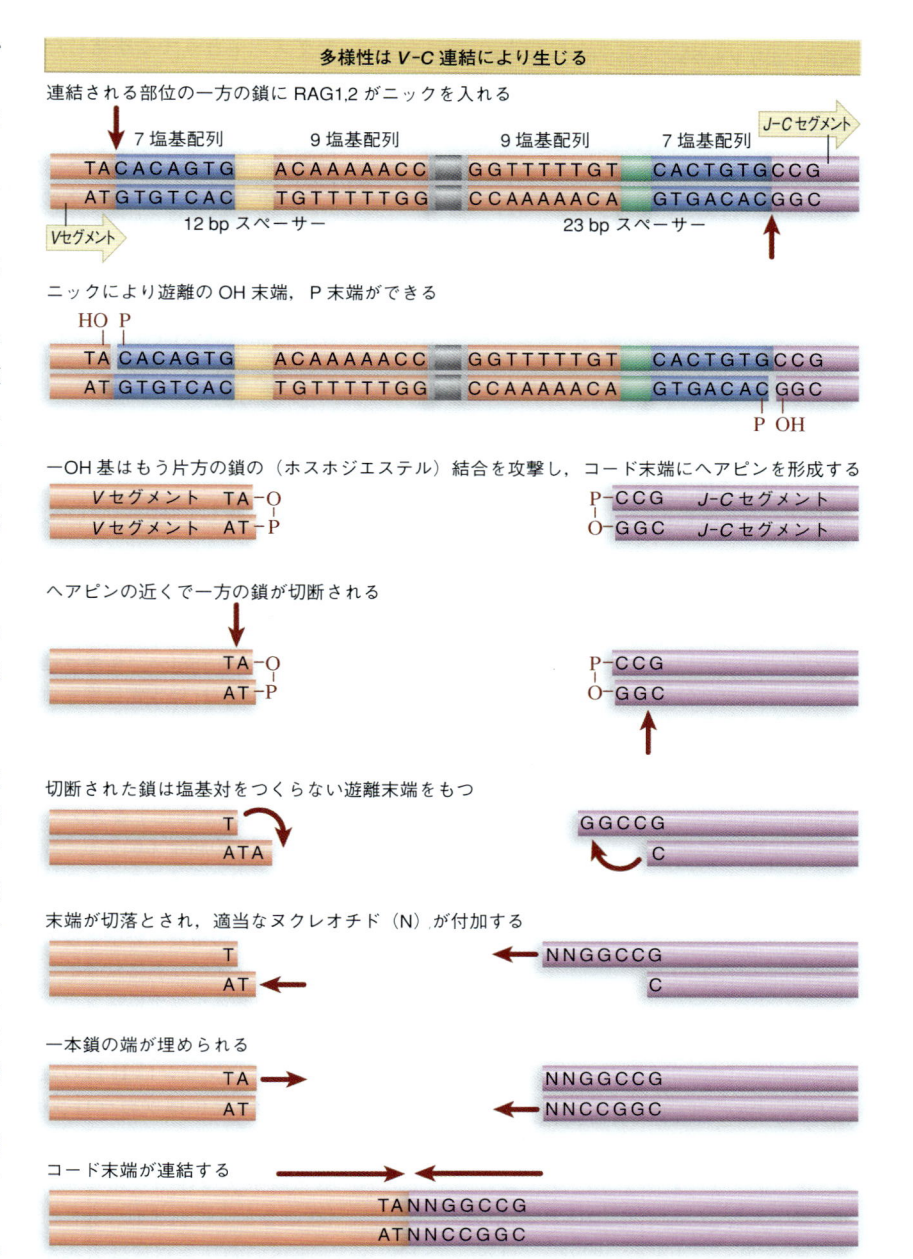

図23・13 コード末端のプロセシングにより連結部位に多様性が加えられる．

同様に，H鎖のDセグメントではさらに多様性の増した連結反応が起こっている．読み枠に関しては同様な結果が生じ，連結反応により，先行するVセグメントと読み枠のずれたJとCをもつ不活性な遺伝子が生じる．

コード末端で働く連結反応は，細胞内の二本鎖切断を修復する非相同的な末端連結（NHEJ）と同じ経路を利用している（§20・10参照）．反応の初期の段階は*SCID*変異をもつマウスが同定されて明らかになった．この変異では免疫グロブリンとT細胞レセプターの組換え活性が非常に低下している．*SCID*マウスではコード末端での二本鎖切断で止まった不完全な分子が蓄積しており，これは連結反応のどれかを完了できなくなったものである．

*SCID*変異ではDNA依存性プロテインキナーゼ（DNA-PK）が不活性化している．このキナーゼは，Ku70やKu80タンパク質によりDNAへと動員され，DNA末端へと結合する．DNA-PKはヘアピン末端にニックを入れるArtemisタンパク質をリン酸化することにより活性化する（ArtemisはNHEJ経路で機能するエキソヌクレアーゼ活性およびエンドヌクレアーゼ活性ももっている）．実際の連結反応はDNAリガーゼIVにより行われるが，この際XRCC4タンパク質も必要となる．

VセグメントとCセグメントの連結と遺伝子の活性化にはどういう関連があるのだろうか．再編成を受けていないVセグメントはRNAに転写されない．VセグメントがC

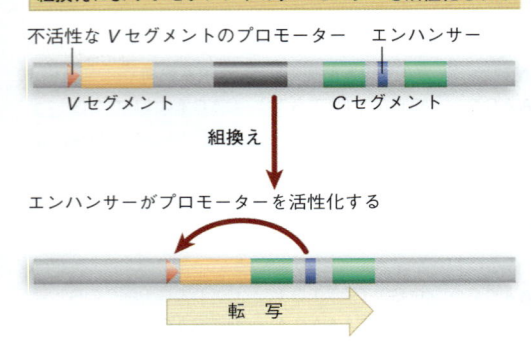

**図 23・14** $V$ セグメントのプロモーターは組換えにより $C$ セグメントにあるエンハンサーの近傍にくるまでは不活性である．このエンハンサーは B 細胞内でのみ活性を示す．

セグメントとうまく連結したものは転写されるようになる．しかしながら，$V$ セグメントよりも上流部分は連結反応の際に変化を受けないから，この転写をつかさどるプロモーターは，再編成以前の遺伝子でも，不活性型に再編成された遺伝子でも，活性型に再編成された遺伝子でも同一のはずである．

プロモーターは $V$ セグメントの上流に位置するが，活性はない．$C$ セグメントに移動すると活性化される．この現象は下流側の塩基配列によることになる．では下流の配列はどういう機能を担っているのであろうか．$C$ セグメント内部あるいは下流域にエンハンサーが存在し，$V$ セグメントのプロモーターを活性化しているのである．エンハンサーは組織特異的で，B 細胞の中でしか働かない．図 23・14 に示したモデルによると，$V$ セグメントのプロモーターはエンハンサーの近傍にくると活性化されると考えられている．

### 23・9　新しい様式の DNA 組換えによりクラススイッチが起こる

> **クラススイッチ** class switching　H 鎖の可変領域（V 領域）は変わらずに定常領域（C 領域）が変化して免疫グロブリンのクラスが変わるような，免疫グロブリン遺伝子の構造変化．
> **S 領域** S region　免疫グロブリンのクラススイッチに関与するイントロンの配列．S 領域は，H 鎖定常領域をコードしている遺伝子の 5′ 末端にある反復配列より成る．

- 免疫グロブリンは H 鎖の定常領域の種類によって五つのクラスに分けられる．
- $C_H$ 領域が変化するクラススイッチは旧 $C_H$ 領域と新 $C_H$ 領域の間の領域を欠失する S 領域間の組換えによって起こる．
- 複数のクラススイッチが連続して起こることもある．
- クラススイッチは二本鎖切断とそれにひき続く非相同的な末端連結によって起こる．
- S 領域の重要な特徴は逆方向反復配列が存在することである．
- クラススイッチにはスイッチ部位の上流のプロモーターが活性化している必要がある．
- クラススイッチにはシチジンデアミナーゼが必要である．

| 5 種類の H 鎖がある |  |  |  |  |  |
|---|---|---|---|---|---|
| 種類 | IgM | IgD | IgG | IgA | IgE |
| H 鎖 | $\mu$ | $\delta$ | $\gamma$ | $\alpha$ | $\varepsilon$ |
| 構造 | $(\mu_2 L_2)_5 J$ | $\delta_2 L_2$ | $\gamma_2 L_2$ | $(\alpha_2 L_2)_2 J$ | $\varepsilon_2 L_2$ |
| 割合 | 5% | 1% | 80% | 14% | <1% |
| エフェクター機能 | 補体を活性化する | 免疫寛容の発達(?) | 補体を活性化する | 分泌物にみられる | アレルギー反応 |

**図 23・15**　免疫グロブリンの種類と機能は H 鎖によって決定される．J は IgM における連結タンパク質で，その他の Ig はすべて四量体として存在する．

免疫グロブリンは H 鎖の定常領域（$C_H$ 領域）の種類によってクラス分けされている．図 23・15 に免疫グロブリンの 5 種類のクラスについて要約した．IgM（B 細胞から最初に生産される免疫グロブリン）と IgG（最も一般的な免疫グロブリン）は侵入した細胞を破壊する作用のある補体を活性化する中心的な役割を担っている．IgA は分泌物（唾液など）に含まれ，IgE はアレルギー反応や寄生虫に対する防御と関連している．

すべてのリンパ球は未熟な細胞から免疫グロブリンを生産し，まず IgM の合成から始める．IgM を発現している細胞では，$C_H$ セグメント群は図 23・10 に示したように生殖系列の構造をしており，$V$-$D$-$J$ 連結反応が $C_\mu$ セグメントの発現のきっかけとなる．一つのリンパ球は普通一時期に一つのクラスの免疫グロブリンしか生産しないが，その細胞が増えていく間にクラスが変化することがある．この発現の変化を**クラススイッチ**とよんでおり，発現された $C_H$ 領域の種類が置換されるために起こる．クラススイッチは環境の影響を受け，たとえば増殖因子 TGF-$\beta$ は $C_\mu$ から $C_\alpha$ へのクラススイッチをひき起こす．

クラススイッチは $C_H$ セグメントだけがかかわり，$V_H$ セグメントは同一のものがひき続き発現する．つまり，一つの $V_H$ セグメントがやがて複数の異なる $C_H$ セグメントと組合わせをつくって発現する．L 鎖については，細胞が増えていっても同一のものが発現し続ける．したがってクラススイッチのおかげで，一定の抗原認識能（可変領域によって決められる）をもったまま，エフェクターとの反応（$C_H$ 領域によって決められる）が変化する．

クラススイッチは新しい様式の DNA 組換えによって起こり，これに伴ってこれまで発現していた $C_H$ セグメントと今後それに代わって発現する新しい $C_H$ セグメントの直前の間で欠失が起きる．クラススイッチの起こる部位は **S 領域**とよばれ，$C_H$ セグメントの上流に位置する．図 23・16 に 2 回連続して起きるクラススイッチを示す．

最初のクラススイッチで $C_\mu$ の発現型から $C_{\gamma 1}$ の発現型に変わるが，この際 S 領域の $S_\mu$ と $S_{\gamma 1}$ の間で組換えが起こってその間が欠失し，$C_{\gamma 1}$ セグメントは発現する位置にやっ

**組換えによりDNAを切出してクラススイッチが起こる**

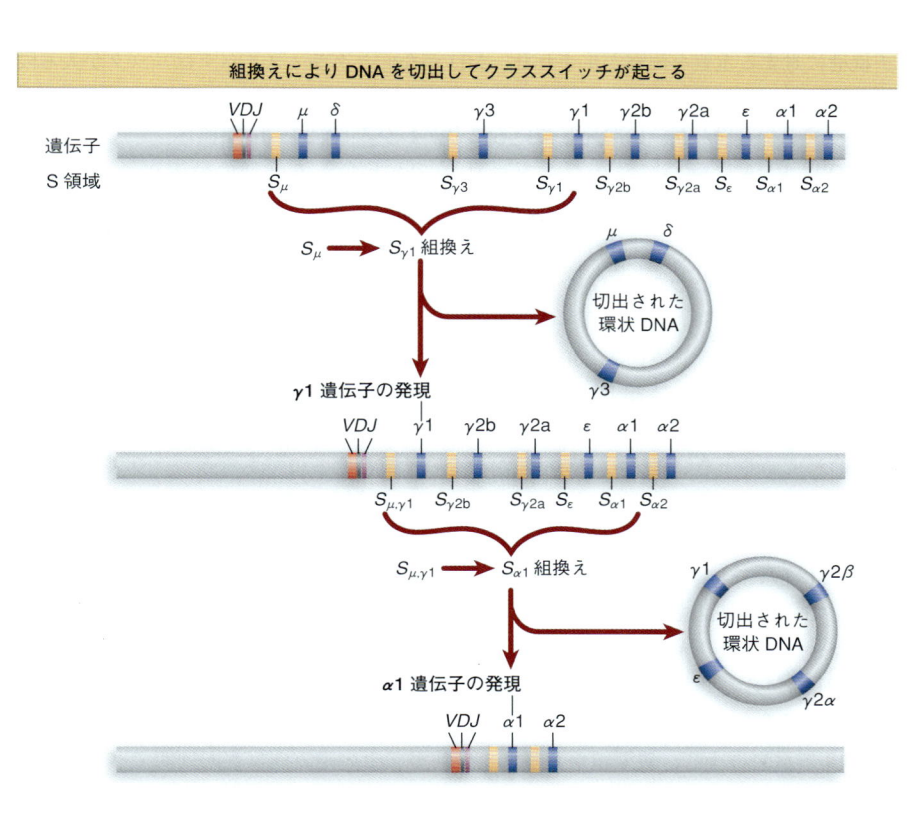

図23・16 H鎖の遺伝子のクラススイッチはS領域を使った組換えにより起こり，スイッチ部位の間にあるDNAは欠失する．クラススイッチはつぎつぎと起こる．

てくる．$S_\mu$ は V-D-J と $C_\mu$ セグメントとの間にあり，$S_{\gamma 1}$ は $C_{\gamma 1}$ セグメントの上流にある．二つのスイッチ部位の間の DNA 配列は環状分子として切出される．これまで発現してきた遺伝子の下流に位置する $C_H$ セグメントへの 2 度目のスイッチは，この例においては $S_{\alpha 1}$ と，最初のスイッチによって生じた $S_{\mu,\gamma 1}$ スイッチ領域の間での組換えによって行われる．

同一の $C_H$ セグメントを発現していても，異なる細胞は異なった部位で組換えを起こしていることが示されているので，スイッチ部位は一定でないことは明らかである．S領域（組換えの起こる部位の限界で定義している）は長さはまちまちで 1～10 kb にわたっている．そこは，短い相同配列の反復の群がいくつかあり，反復の単位は 20～80 塩基の長さをもっている．スイッチ領域の一次配列それ自身は重要ではないようである．重要なのは逆方向反復配列が存在することである．

S 領域は一般的には $C_H$ セグメントの約 2 kb 上流に位置している．VDJ 組換え体との連結（および一般的な非相同的な末端連結）に必要とされる 2 種のタンパク質である Ku と DNA-PKcs（cs は catalytic subunit の略）がやはりここでも必要とされていて，この連結反応は NHEJ 経路を利用しているように考えられる．基本的には，これは二本鎖切断とこれにひき続いて起こる切断末端の再結合によることを意味している．

二本鎖切断生成のモデルを作成するためにまとめたこの反応の特徴で重要な点は，

- S 領域の転写が必要である．
- 逆方向反復配列が重要である．
- 切断は S 領域内の多数の異なる場所で起こる．

図 23・17 にクラススイッチ反応の各段階を示してある．プロモーター（$I$）は各 S 領域のすぐ上流に隣接して存在する．スイッチ反応には，このプロモーターからの転写が必要とされる．このプロモーターはサイトカインによる刺激などの周囲の条件に依存したアクチベーターに応答し，クラススイッチを調節する機構をつくり出しているようだ．

AID（activation-induced cytidine deaminase；活性化により誘導されるシチジンデアミナーゼ）とよばれる酵素が必要とされるという発見によりスイッ

**クラススイッチは発現，切断，結合の段階を経る**

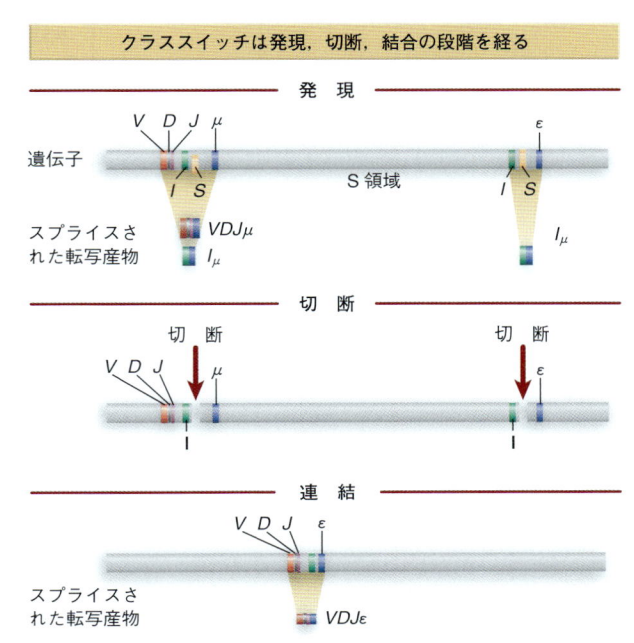

図 23・17 クラススイッチは別々の段階を経る．$I$ プロモーターからタンパク質の生産につながるとは限らない転写が開始される．S 領域は切断される．連結は切断領域で起こる．

チ機構に対する重要な洞察が生まれた．AID がないとクラススイッチはニックが入る段階の前で阻止される．体細胞変異も同時に阻止され，免疫における多様性の増大を担う二つの重要な過程が互いに関連していることがわかる（§23・10 参照）．

AID は RNA に働いてシチジンをウリジンへと変える一群の酵素の一つである（§27・9 参照）．しかし AID は異なった特異性ももっていて，一本鎖 DNA にも働けるのである．これが働いた部位は今度は UNG（ウラシル-DNA グリコシラーゼの1種）の標的となる．すなわち UNG は AID がシチジンを脱アミノしたウラシルを除去するのである．このことは，AID と UNG の連続した作用によって DNA 鎖中の1塩基が除去されたような部位を生み出すというモデルを支持する．

AID の標的となる一本鎖 DNA はもともと，タンパク質の生産につながるとは限らない転写の過程で生じたものと考えられる．すなわち，一つの鎖が RNA 合成の鋳型として使われているときに他方の非鋳型鎖がおそらく露出するのであろう．クラススイッチが起こるには，こうした部位はヌクレオチド鎖の切断へと変換され，図 23・17 に示す（二本鎖の）切断へとつながる．この切断末端は，DNA の二本鎖切断に働く修復系である NHEJ 経路によって連結されるのである（§20・10 参照）．塩基のない部位がどのようにして二本鎖切断を受けるのかまだよくわかっていない．*MSH2* 遺伝子に変異が入るとクラススイッチの頻度が落ちることから，DNA 中のミスマッチ修復にかかわっている MSH 系が必要であるのかもしれない．

また，逆方向反復配列がどのようにかかわっているのかまだ説明されていない．図 23・18 に示すように，鋳型鎖から離れた非鋳型鎖上の逆方向反復配列間でヘアピン構造ができる可能性がある．この鎖に塩基のない部位が生まれることによって，切断に結び付くのであろう．

なぜこの系が H 鎖遺伝子座の適切な領域を標的としているのか，また何がこのスイッチ部位の利用を制御しているのかは，まだ解決していない重要な問題である．

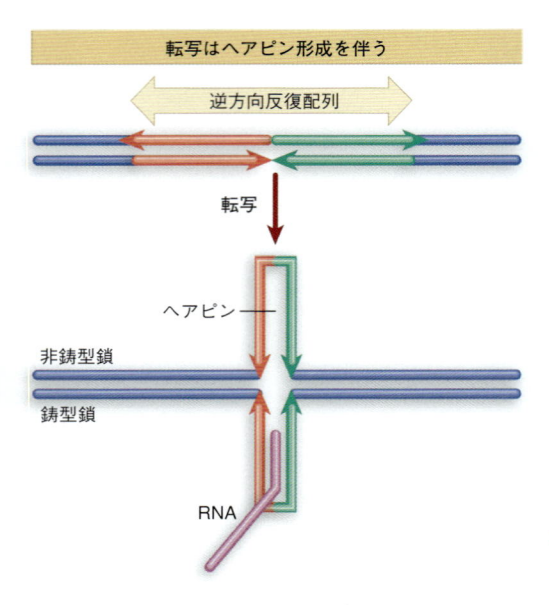

**図 23・18** 転写により DNA 二本鎖が開裂すると，配列がパリンドローム構造ならば一方の鎖が逆方向反復配列を形成するだろう．

### 23・10 体細胞変異はシチジンデアミナーゼとウラシル-DNA グリコシラーゼによってひき起こされる

**多発変異** hypermutation 再編成された免疫グロブリン遺伝子に高頻度で体細胞変異が導入されること．これにより対応する抗体分子の配列，特に抗原結合部位の配列を変化させることができる．

- 活性型の免疫グロブリン遺伝子は体細胞変異によって生殖系列から変化した配列の *V* セグメントをもっている．
- 変異は個々の塩基の置換として起こる．
- 変異部位は抗原結合部位に集中している．
- 変異の過程は *Ig* 遺伝子座の転写を活性化するエンハンサーに依存している．
- シチジンデアミナーゼはクラススイッチと同様，体細胞変異にも必要である．
- ウラシル-DNA グリコシラーゼの活性は体細胞変異の様式に影響する．
- 多発変異はこれらの酵素の一連の働きにより開始されるのであろう．

発現している免疫グロブリン遺伝子と *V* セグメントの塩基配列を比較すると，発現している集団中には生殖系列の対応する *V* セグメントの塩基配列と異なる新しい配列が生じていることがわかる．組換えの過程で起こる *V-J* や *V-D-J* の連結部位での配列の変化によりさらに多くの多様性が生じることは述べたが，一部の変化はさらに上流の *V* ドメイン内で起こっている．

再編成によって機能をもった免疫グロブリン遺伝子が生じた後，2通りの型の機構によって *V* セグメント配列内の変化が生じる．マウスやヒトの活性型リンパ球では特異的に，その遺伝子内の個々の場所で変異が誘導される．この過程はしばしば**多発変異**とよばれる．ニワトリ，ウサギ，ブタでは別の機構により遺伝子変換が行われ，発現した *V* セグメントを異なる *V* セグメントに相当する配列へと変化させている（§23・11 参照）．

図 23・19 に示すように配列上の差異は *V* セグメント内にとどまらず，それを越えて

も起こっている．この差異はおのおのの塩基対の置換である．通常，約3〜15の置換があるためにこの変化はタンパク質中の10個以下のアミノ酸置換に相当する．こうした変異は抗原結合部位に集中していて，新たな抗原を認識するうえで最大の多様性を生み出すことになる．変異の多くは非翻訳領域内にあり，コード領域ではコドンの3番目の塩基の部分にあって，アミノ酸配列にはあまり影響を及ぼしていない．

アミノ酸に影響のない変異の割合が大きいということから，体細胞における変異は $V$ セグメント内でもそれより外側の領域でも，程度の差こそあれランダムに起こっているものと推定される．ある変異が何度も繰返して起こる場合もある．これらはある固有の選択の結果生じるホットスポットであると考えられる．

特定の抗原との応答には常に一つのファミリーに属する $V$ セグメントが用いられている例が多く知られている．ある特定の抗原にさらされると，最初に使われるのはおそらくもともと最も高い親和性をもつ可変領域であろう．そして，体細胞変異はレパートリーを増加させる．ランダムな変異が起こると，タンパク質の機能にも予測できない変化が生じる．タンパク質によっては不活性化する場合もあるだろうし，特定の抗原に対して高い特異性を示すようになる場合もあるだろう．抗原に対して親和性が増すような変異をもった抗体を生産する細胞がリンパ球集団から選択されることにより，抗原に反応するリンパ球の比率とその効果が増大する．

体細胞変異に必要なことは（§23・9で述べた）クラススイッチとかなり共通している：

- 標的領域は転写される必要がある．
- AID（活性化により誘導されるシチジンデアミナーゼ）とUNG（ウラシル-DNAグリコシラーゼ）を要求する．
- MSHミスマッチ修復系が関与する．

AID がシトシンを脱アミノするとウラシルができるが，それは UNG により DNA 鎖から除去される．すると MSH 修復系が損傷部位へと動員される．この損傷をもった DNA 鎖が誤りがちな DNA ポリメラーゼにより置き換えられるときに変異が導入される，というのが最も簡単な説明である．もう一つの可能性は，あまりに多くの塩基をもたない部位が生じたので修復系を圧倒してしまったというものである．複製が起きたときに，このような塩基をもたない部位に向かいあった所に無秩序に塩基が挿入されることになる．現在，まだ何が多発変異の領域をこの系の標的とさせているのかわかっていない．

体細胞変異とクラススイッチの系の違いは，クラススイッチでは二本鎖切断が入るのは最後の段階であるが，体細胞変異ではおのおのの点変異が生じる点である．どこでこの系が別れるのかまだ正確にはわかっていない．クラススイッチでは切断が塩基のない部位に入るが，体細胞変異ではそれは誤りがちな方法で修復を受けるということかもしれない．

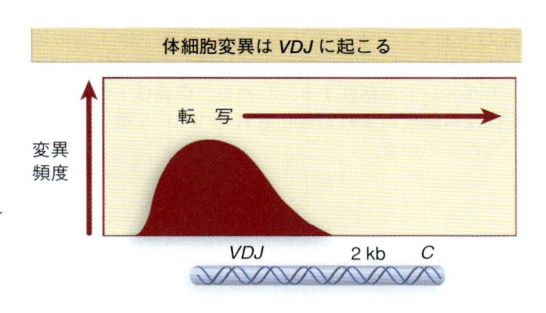

図23・19 体細胞変異は $V$ セグメントで囲まれた領域で起こり，連結された $VDJ$ セグメントの上に広がっている．

## 23・11 トリ免疫グロブリンは複数の偽遺伝子で構成されている

■ ニワトリの免疫グロブリン遺伝子は，25個ある偽遺伝子のうちの一つの配列が単一の活性遺伝子座の $V$ セグメントにコピーされることによって生じる．

ウサギやウシ，ブタなどの免疫系はゲノムにコードされた多様性を利用することに頼っているが，その代表例がニワトリの免疫系である．同じ機構が単一のL鎖（λ鎖）とH鎖の遺伝子座で用いられている．図23・20にλ鎖の遺伝子座の構造を示す．機能する $V$ セグメント，$J$ セグメントおよび $C$ セグメントは各1個ずつしかない．機能をもった $V_{\lambda 1}$ セグメントの上流に向きはさまざまな25個の $V_\lambda$ 偽遺伝子セグメントが存在する．タンパク質をコードしている領域が一方あるいは両末端で欠失しているか，あるいは正確な遺伝子組換えのシグナルが失われているために（あるいはその両方の理由で），これらは偽遺伝子に分類されている．このことは $V_{\lambda 1}$ セグメントだけが $J$-$C_\lambda$ セグメントと組換えを起こすことからも明らかである．

**図 23・20** ニワトリのλ鎖の遺伝子座では1個の機能的な V–J–C 遺伝子の上流に 25 個の V 偽遺伝子セグメントが存在する。しかし，偽遺伝子の塩基配列が再編成により活性化された V–J–C 遺伝子に見つかっている．

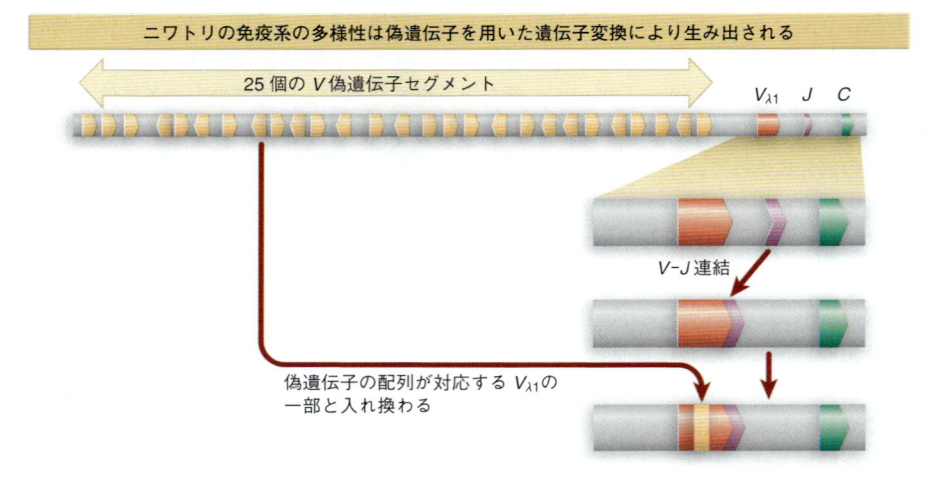

ニワトリの免疫系の多様性は偽遺伝子を用いた遺伝子変換により生み出される

25 個の V 偽遺伝子セグメント

$V_{\lambda1}$　J　C

V–J 連結

偽遺伝子の配列が対応する $V_{\lambda1}$ の一部と入れ換わる

しかしながら，再編成を受け，機能をもった $V_\lambda$–$J$–$C_\lambda$ 遺伝子はかなりの多様性を示す．再編成した遺伝子の配列中には，変化が集中して起こった所が1箇所あるいはそれ以上存在している．新しく変わった配列とまったく同一の配列がほとんどの場合偽遺伝子の一つにみられる（偽遺伝子自身の配列は変わらないままである）．偽遺伝子にも見いだされない例外的な配列は，決まって元の配列と新たに変化した配列の連結部にみられる．

したがって，新しい機構によって多様性が生みだされているようである．偽遺伝子の 10〜120 bp の長さの塩基配列が多分遺伝子変換によって $V_{\lambda1}$ 配列と置換している．免疫応答の初期においてさえも修飾を受けていない $V_{\lambda1}$ セグメントが発現することはない．おそらく 10〜20 回の細胞分裂ごとに，どの再編成した $V_{\lambda1}$ 配列に対しても遺伝子変換が起こると考えられる．免疫機構が成熟した $V_{\lambda1}$ 配列は再編成を起こし，いろいろな偽遺伝子に由来する 4〜6 個の置換した遺伝子断片を全域にわたってもつようになる．もしすべての偽遺伝子が遺伝子変換に加担すれば，$2.5 \times 10^8$ の組合わせが可能になる．

偽遺伝子を発現型遺伝子座にコピーする酵素作用は基本的に組換えにかかわる酵素に依存し，マウスやヒトで多様性をもたらす体細胞多発変異の機構に関連がある．組換えにかかわる遺伝子のうちのいくつかは遺伝子変換過程に必要である．たとえば，遺伝子変換は RAD54 の欠失によって阻害される．その他の組換え遺伝子（XRCC2, XRCC3, RAD51B）の欠失によりさらに興味深い結果になる．すなわち，体細胞変異は発現型遺伝子座の V セグメントで起こる．体細胞変異の頻度は通常の遺伝子変換の 10 倍以上になる．

これらの結果は，ニワトリにおいて体細胞変異が起こらないのはマウスやヒトがもっているような酵素作用機構に欠損があるためではないことを示している．組換え（の欠如）と体細胞変異を結び付ける最もありそうな説明は，遺伝子座における修復されない切断が変異を誘発するというものである．体細胞変異がニワトリには起こらず，マウスやヒトで起こる理由は，遺伝子座の切断部位に働く修復機構をどのように行うかにかかわっているのかもしれない．それはニワトリで最も効果があり，そのため遺伝子は変異が起こる前に遺伝子変換によって修復される．

### 23・12　T細胞レセプターと免疫グロブリンは同じ仲間である

- T細胞はB細胞同様に V(D)J–C 連結機構を用いて二つの型のどちらか一方のT細胞レセプターを生産する．
- TCRαβ はT細胞の 95% 以上でみられ，TCRγδ は 5% 以下でしかみられない．

リンパ球の系列は進化論的な日和見主義の一つの例である．T細胞でもB細胞でも高い多様性を生み出す可変領域をもつ一方，定常領域はずっと限られていて，同様な方法を使って少数のエフェクターに対する機能を担っている．T細胞は2種類あるT細胞レセプターのうちどちらかを生産している．

γδ型T細胞レセプター（TCRγδ）はT細胞の5％以下で，T細胞発生の初期にだけ合成されている．マウスでは胎仔期の15日以前に見つかる唯一のレセプターであるが，20日後の誕生までにはほとんど消失してしまう．

αβ型T細胞レセプター（TCRαβ）は95％以上のリンパ球に見つかり，γδよりもT細胞の発生過程の後期に合成される．マウスではこのレセプターは最初胎仔期の15〜17日に出現し，出生時には中心的なレセプターとなっている．TCRαβはTCRγδを合成している細胞とは異なる細胞系列から合成されており，独立した再編成反応を行っている．

免疫グロブリンのように，T細胞レセプターも予測できない構造をもった外来の抗原を認識する．おそらくB細胞でもT細胞でも似た方法で抗原を認識するという難題を解決しているのであろう．つまりT細胞レセプター遺伝子も免疫グロブリン遺伝子のようにVセグメントとCセグメントからできていると考えられる．おのおのの遺伝子座は免疫グロブリン遺伝子の場合と同様に再編成を受け，離れた遺伝子セグメントの部分がリンパ球に特異的な組換え反応を起こして近くに引き寄せられる．この構成は三つの免疫グロブリンファミリーにみられるものと同様である．

T細胞レセプタータンパク質の構造は免疫グロブリンと似ており，それぞれの可変領域は同様な内部構造をしている．それぞれの定常領域も類似しており，1個のCドメインを形成している．それに続いて膜貫通ドメインと細胞質ドメインがある．エキソン-イントロン構造はタンパク質の機能と対応している．TCRαは免疫グロブリンのL鎖に，TCRβはH鎖に似ている．

図23・21にまとめて示すように，TCRα遺伝子座の構造は*Igκ*と類似している．Vセグメントは*J*セグメントのクラスターから離れており，その後に1個のCセグメントが位置している．この遺伝子座の構造はヒトとマウスで似ており，$V_\alpha$セグメントと$J_\alpha$セグメントの数が異なる程度である．

*TCRβ*遺伝子座は*IgH*と似ている．図23・22に示すようにその遺伝子構成は異なり，Vセグメントから離れた所にそれぞれ1個のDセグメント，いくつかのJセグメント，1個のCセグメントから成る二つのクラスターがある．ヒトとマウスにおける差は同様に$V_\beta$と$J_\beta$の数だけである．

多様性は免疫グロブリンと同様の機構によって生み出される．いろいろなV, D, J, Cセグメントの組合わせによって基本的な多様性が生み出されるが，さらにこれらの連結部に（以前，図23・13でも述べているように，PおよびNヌクレオチドの形で）新しい塩基を挿入することによっても，多様性が生み出されている．TCRβ鎖の中には二つのDセグメントを組込んで（9塩基および7塩基配列の適切な配置による反応で）D-D連結が生じるものもある．TCR遺伝子座では*Ig*遺伝子座の場合と異なり，体細胞変異が起こらない．多様性を定量してみると，ヒトの$10^{12}$個のT細胞には$10^6$個の異なるβ鎖と会合している$2.5 \times 10^7$個のα鎖があることが示されている．

T細胞の*TCR*遺伝子の組換えにはB細胞の*Ig*遺伝子と同じ機構が働いているようである．*TCR*遺伝子の組換えには*Ig*遺伝子で用いられたものと同一の9塩基と7塩基のコンセンサス配列が両端に存在しており，再編成に同じ酵素が関与していることを強く示唆している．大部分の再編成はおそらくは欠失モデルによって起こるだろう（図23・12参照）．どのようにして*Ig*遺伝子座はB細胞で再編成され，*TCR*遺伝子座はT細胞で再編成されるように調節されているのかはわからない．

*TCRγ*遺伝子座の構造は*Igλ*と似ており，一連のJ-Cセグメントから離れた所にVセグメントがある．図23・23に示すように，この遺伝子座は約8個の機能をもったVセグメントをもち，他と比べると多様性は比較的小さい．ヒトとマウスでの遺伝子構成は異なり，マウスでは三つの機能するJ-C遺伝子座があるが，そのうちのいくつかの方向は逆向きである．ヒトではそれぞれのCセグメントに対し複数個のJセグメントが存在する．

δサブユニットはすでに図23・21に示したように*TCRα*遺伝子座の中の複数のセグメントによってコードされている．$D_\delta$-$D_\delta$-$J_\delta$-$C_\delta$セグメントはVセグメントと$J_\alpha$-$C_\alpha$セグメントの間にある．二つのDセグメントはどちらもδ鎖に取込まれ，*VDDJ*構造をつくる．

**TCRα遺伝子座にはαおよびβセグメントがある**

図23・21 ヒト*TCRα*遺伝子座にはαセグメントとδセグメントが入組んで存在している．$V_\alpha$クラスターの中には一つの$V_\delta$セグメントがあり，$D_\delta$-$J_\delta$-$C_\delta$セグメントはVセグメントと$J_\alpha$-$C_\alpha$セグメントの間に位置している．マウスの遺伝子座も同様であるが，より多くの$V_\delta$セグメントをもっている．

**マウスとヒトのTCRβ遺伝子座は似ている**

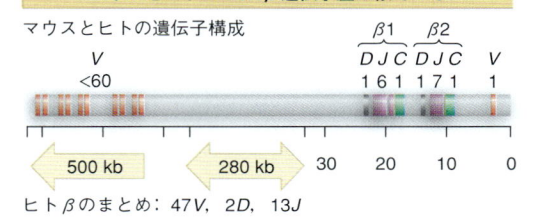

図23・22 *TCRβ*遺伝子座には二つのD-J-Cクラスターがあり，その約280 kb上流に約500 kb以上にも及んでVセグメントが多数存在している．

**TCRγ遺伝子座は多様性が小さい**

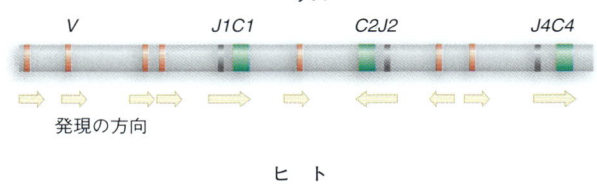

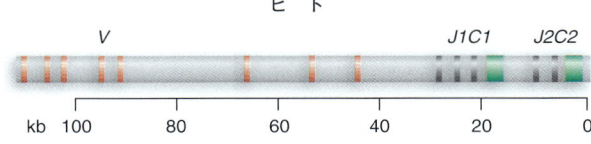

図23・23 *TCRγ*遺伝子座には少数の機能のあるVセグメント（そして，ここには示されていないがいくつかの偽遺伝子）が含まれており，それらはJ-C遺伝子座の上流域に存在している．

$TCR\beta$ 遺伝子座は $Ig$ 遺伝子座とまさに同じ対立遺伝子排除を示す．すなわち，いったん活性型遺伝子が生じるとそれ以上再編成は進まなくなる．$TCR\alpha$ 遺伝子座はこれとは異なる．再編成がひき続き起こる場合があり，活性型対立遺伝子が形成された後でも $V_\alpha$ 配列の置換が起こりうるということを示している．

## 23・13　要　　約

　免疫グロブリン (Ig) と T 細胞レセプター (TCR) は T 細胞や B 細胞の免疫系の役割では似た機能を担うタンパク質である．免疫グロブリンや T 細胞レセプタータンパク質はある 1 個のリンパ球の DNA が再編成して生じる．つまり，免疫グロブリンや T 細胞レセプターに認識される抗原にさらされるとクローンの増大が起こり，元の細胞と同じ特異性をもった多くの細胞が生み出される．免疫系の発生の初期にいろいろな遺伝子の再編成が起こり，さまざまな特異性をもった多くの細胞のレパートリーが形成されている．

　免疫グロブリンタンパク質はそれぞれ同一の L 鎖と H 鎖二つずつを含む四量体である．T 細胞レセプターは異なった二つのポリペプチド鎖の二量体である．それぞれのポリペプチド鎖は $D$ セグメントおよび $J$ セグメントとの連結を介して，数多くの $V$ セグメントの一つと少数の $C$ セグメントの一つを連結してできた遺伝子から発現される．免疫グロブリンの L 鎖（$\kappa$ あるいは $\lambda$）は $V$-$J$-$C$ の一般的構造をもち，H 鎖は $V$-$D$-$J$-$C$ の構造をしている．TCR$\alpha$ と $\gamma$ は免疫グロブリンの L 鎖様の構成要素をもち，TCR$\delta$ と $\beta$ は免疫グロブリンの H 鎖に似ている．

　それぞれの型のポリペプチド鎖は大きな $V$ 遺伝子セグメントのクラスターによってコードされているが，これは $D, J, C$ セグメントのクラスターから離れて存在する．各セグメントの数や構成はポリペプチド鎖によって異なっているが，遺伝子組換えの原理とその機構は同一と考えられる．組換えには同じ 9 塩基と 7 塩基のコンセンサス配列が関与しており，組換え反応は常に 23 bp のスペーサーをもったコンセンサス配列が 12 bp のスペーサーをもったコンセンサス配列と連結して起こる．切断反応は RAG1 タンパク質と RAG2 タンパク質が触媒し，連結反応は細胞内の二本鎖切断修復と同じ NHEJ 経路が触媒する．RAG タンパク質の作用機構はリゾルベースによる部位特異的組換え反応とよく似ている．

　異なった $V, D, J$ セグメントが $C$ セグメントに連結することによってかなりの多様性が生み出されるが，遺伝子同士の連結部での変化や体細胞変異によってさらに変化がつくり出されている．体細胞変異にはシチジンデアミナーゼとウラシル-DNA グリコシラーゼの働きが必要で，それによって免疫グロブリン遺伝子にはさらに変化が導入される．シチジンデアミナーゼによる変異はおそらくウラシル-DNA グリコシラーゼによるウラシルの除去と，続いて塩基が失われた部位へ変異が導入される．

　対立遺伝子排除によって一つのリンパ球はたった 1 種類の免疫グロブリンまたは T 細胞レセプターしか生産しない．再編成で活性型遺伝子が生じると，さらに再編成が起こるのが抑えられる．可変領域は一度活性型遺伝子ができると変化することはないが，B 細胞では $C_H$ セグメントを変えることによって，最初の $\mu$ 鎖からさらに下流の遺伝子でコードされている H 鎖の一つへクラススイッチが起こる．この過程では $VDJ$ セグメントと新しい $C_H$ セグメントとの間で欠失が起こる別の型の組換えが起こっている．$C_H$ セグメントのクラススイッチは複数回起こっている．クラススイッチには，体細胞変異に必要とされるのと同じシチジンデアミナーゼとウラシル-DNA グリコシラーゼという二つの酵素が必須である．

# V

## 真核生物の遺伝子発現

# 24 プロモーターとエンハンサー

| | |
|---|---|
| 24・1 はじめに | 24・9 アクチベーターは短い配列に結合する |
| 24・2 真核生物のRNAポリメラーゼは多くのサブユニットで構成されている | 24・10 エンハンサーにはどちら向きでも転写の開始を促進する配列がある |
| 24・3 RNAポリメラーゼIのプロモーターは二つの成分から成る | 24・11 エンハンサーにはプロモーターにもみられるいくつかの配列がある |
| 24・4 RNAポリメラーゼIIIは上流と下流の両方にあるプロモーターを使う | 24・12 エンハンサーはプロモーターの近くのアクチベーターの濃度を増やす働きをする |
| 24・5 RNAポリメラーゼIIの転写開始点 | 24・13 遺伝子の発現は脱メチルと関連している |
| 24・6 TBPはTFIIDの構成成分であり,TATAボックスと結合する | 24・14 要 約 |
| 24・7 基本転写装置はプロモーターで集合する | |
| 24・8 転写開始はプロモータークリアランスの後に起こる | |

各節のタイトル下の ■■■ はその節で使われる重要語句を, ⬜ はその節の要点をまとめている.

## 24・1 はじめに

転写開始にはRNAポリメラーゼという酵素と転写因子が必要である.転写開始に必要で,それ自身はRNAポリメラーゼの一部ではないタンパク質を転写因子と定義する.多くの転写因子はプロモーターあるいはエンハンサーの一部をなすシスに働く部位を認識して作用する.しかしながら,DNAへの結合だけが必ずしも転写因子の唯一の作用ではない.ある因子は別の因子を認識することもあろうし,RNAポリメラーゼを認識する場合もあろう.あるいは,ほかのいくつかのタンパク質があって初めて転写開始複合体に取込まれるのかもしれない.転写装置の構成成分であると判定する最も良い方法は,その機能をみることである.すなわち,そのタンパク質は特異的なあるいは多くのプロモーターからの転写に必要とされなければならない.

原核生物と真核生物における転写のおもな違いは,RNAポリメラーゼと補助転写因子の相対的な重要性にある.細菌では,RNAポリメラーゼは転写開始点のすぐ近くにある短いコンセンサス配列を直接認識してプロモーターに結合するが(11章参照),補助因子がこのRNAポリメラーゼの結合を助けたり安定化させたりするのに必要とされる場合もある.真核生物では,プロモーターとは転写開始点の上流領域にある一群の短いコンセンサス配列によって定義されるもので,これらは,RNAポリメラーゼではなく,転写因子によって認識される.転写因子は開始に必要であるが,その後は必要でない.RNAポリメラーゼ自身が転写開始点に結合できるのは,開始点に結合した因子とポリメラーゼが結合できるからであって,プロモーターよりもさらに上流の領域にRNAポリメラーゼが直接結合できるわけではない.

真核生物の転写は三つに大別される.それぞれ,別個のRNAポリメラーゼにより転写される:

- RNAポリメラーゼIはrRNAを転写する.
- RNAポリメラーゼIIはmRNAを転写する.
- RNAポリメラーゼIIIはtRNAおよびその他の低分子RNAを転写する.

おのおのの真核細胞のRNAポリメラーゼは,独自の1組の転写因子群と組合わさって機能を果たしている.RNAポリメラーゼIとIIIではこれらの因子は比較的簡単であるが,RNAポリメラーゼIIでは,基本転写装置と総称されるかなり大きな集合体を形成する.

RNAポリメラーゼIとIIのプロモーターは(ほとんどの場合)転写開始点の上流にあるが,RNAポリメラーゼIIIのプロモーターの中には転写開始点の下流に位置するものもある.プロモーターにはそれぞれいくつかの保存された特徴的な短い塩基配列があり,特定の因子により認識される.RNAポリメラーゼIとIIIはそれぞれかなり限られた種類のプロモーターを認識し,少数の補助因子が関与している.

RNAポリメラーゼIIのプロモーターにはさまざまな塩基配列があり,モジュール構造をとる.転写因子により認識される一群の短い塩基配列は転写開始点の上流に位置する.このようなシスに働く部位は通常,200 bpを超す領域にまたがって点在している.

このような配列とそれを認識する転写因子の中には共通に使用されるものもある．これらは種々のプロモーターに共通にみられ，常時使われている．一方，特異的な因子は特定の種類の遺伝子を識別し，その制限のもとに使われている．このような配列は個々のプロモーターごとにさまざまな組合わせになっている．

すべての RNA ポリメラーゼⅡのプロモーターは，基本転写装置が結合して転写開始点を形成する転写開始領域の近くにいくつかの配列をもっている．これより上流の配列は，そのプロモーターがすべての細胞で発現されるのか特異的に制御されるのかを決める．恒常的に発現されるプロモーター（それらの遺伝子は時にハウスキーピング遺伝子ともよばれる）は細胞に広く存在するアクチベーター（活性化因子）によって認識される配列を上流にもつ．ある特定の配列とこれに結合する因子の組合わせがなければプロモーターとして機能しなくなるわけではなく，RNA ポリメラーゼⅡによる転写開始はたくさんの異なる方法によって支えられている．決まった時もしくは場所でのみ発現するプロモーターは，その時もしくはその場所でのみ現れるアクチベーターが結合する配列をもつ．

プロモーターの塩基配列は，転写開始点の近くに位置して転写開始に必要な条件を満たすものとして機能面から定義されている．エンハンサーは，転写開始に関与するこれとは違った型の部位である．これは，転写開始を促進するが，転写開始点からかなり離れた所に位置している．エンハンサー配列はしばしば組織特異的あるいは時期特異的な調節のための標的になっている．図 24・1 にプロモーター領域とエンハンサー領域の一般的な性質を示す．

エンハンサー領域の構成成分はプロモーター領域の構成成分に似ており，さまざまなモジュールから成っている．エンハンサー領域の各成分は DNA 鎖上に密に詰め込まれている．エンハンサー領域の配列はプロモーター領域の配列と同じように働くが，転写開始点からの距離には左右されない．エンハンサー配列に結合するタンパク質はプロモーター配列に結合するタンパク質と相互に作用する．プロモーターとエンハンサーの違いはむしろ便宜上のもので，基本的な反応機構の差ではない．いくつかのタイプの塩基配列がプロモーターにもエンハンサーにも認められることからもこの考え方は支持される．

真核生物の転写は多くの場合，正の調節を受ける．転写因子は組織特異的な調節を受け，共通の標的塩基配列を含むプロモーターあるいはプロモーター群を活性化するように働く．標的プロモーターを特異的に抑制する調節はまれである．

真核生物の転写単位は通常は単一遺伝子のみを含んでいて，コード領域の最後を越えた所で転写は終結する．転写終結は原核細胞系でみられたような制御上の重要点ではない．RNA ポリメラーゼⅠとⅢは特定の配列でよくわかった反応を行って終結するが，RNA ポリメラーゼⅡがどのような方法で転写を終結するのかまだ明らかではない．しかし，mRNA の 3′ 末端を生み出す重要な反応は終結反応そのものではなく，一次転写産物に対する切断反応によって生み出されるのである（§26・14 参照）．

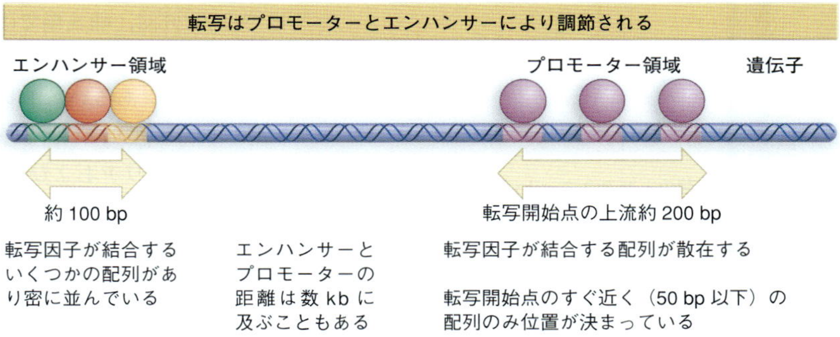

図 24・1 RNA ポリメラーゼⅡによって転写される典型的な遺伝子は，転写開始点から上流にかけてプロモーターがある．プロモーターには転写因子が結合するいくつかの短い（10 bp 以下）塩基配列が 200 bp 以上の領域にわたって散らばっている．エンハンサー領域には転写因子が結合する同じか似たような塩基配列がより密に並んでいて，プロモーターと数 kb 離れていることもある．（DNA はコイル状になるか，あるいはプロモーターやエンハンサー領域上の転写因子が相互作用して大きなタンパク質複合体を形成できるような構造になっている．）

## 24・2 真核生物の RNA ポリメラーゼは多くのサブユニットで構成されている

> **C 末端ドメイン（CTD）** carboxy-terminal domain 真核生物の RNA ポリメラーゼⅡの C 末端ドメインは転写開始時にリン酸化され，転写やその後の RNA プロセシングなどの反応を協調的に行わせる役目を果たす．
> **αアマニチン** α-amanitin 毒キノコ *Amanita phalloides*（タマゴテングタケ）に由来する二環式のオクタペプチド．真核生物の特定の RNA ポリメラーゼ，特に RNA ポリメラーゼⅡを阻害する．

> - RNAポリメラーゼⅠは核小体でrRNAを転写する．
> - RNAポリメラーゼⅡは核質でmRNAを転写する．
> - RNAポリメラーゼⅢは核質で低分子RNAを転写する．
> - すべての真核生物のRNAポリメラーゼは約12のサブユニットから成り，500 kDaを超える集合体である．
> - サブユニットの中には3種類のRNAポリメラーゼで共通しているものもある．
> - RNAポリメラーゼⅡのいちばん大きなサブユニットには，7アミノ酸の繰返しから成るCTD（C末端ドメイン）がある．

真核生物の三つのRNAポリメラーゼは核内での働きに応じた異なった場所に見いだされる．

最も活性が高いのはRNAポリメラーゼⅠで，核小体に局在化し，rRNAをコードする遺伝子の転写にかかわっている．これが細胞内のRNA合成の（量の面からみれば）大部分に相当する．

もう一つの主要な酵素はRNAポリメラーゼⅡであり，核質（核小体を除いた核内の部分）に存在する．細胞内のRNA合成活性の残りの大部分を占め，mRNAの前駆体となるヘテロ核内RNA（hnRNA）の合成を行っている．

RNAポリメラーゼⅢが酵素活性に占める割合は低い．これも核質に存在し，tRNAや他の低分子RNAの合成を行っている．

真核生物のRNAポリメラーゼはどれも大きなタンパク質であり，500 kDa以上の複合体のようである．典型的には約12個のサブユニットから成り，精製した酵素には鋳型依存性のRNA転写活性はあるが，プロモーターを選択して転写を開始する活性はない．酵母（S.cerevisiae）を例とした真核生物のRNAポリメラーゼⅡの一般的な構造を図24・2に示す．大きい方から二つのサブユニットは細菌のRNAポリメラーゼの$\beta$および$\beta'$サブユニットと相同性がある．残りのサブユニットのうち三つはすべてのRNAポリメラーゼに共通しており，RNAポリメラーゼⅠとⅢの構成成分でもある．

RNAポリメラーゼⅡのいちばん大きなサブユニットの**C末端ドメイン（CTD）**には，7アミノ酸（YSPTSPS）から成るコンセンサス配列が何回も繰返されている（Y: Tyr, S: Ser, P: Pro, T: Thr）．この配列はRNAポリメラーゼⅡに特有のものであって，酵母では約26回，哺乳類では約50回の繰返しがみられる．この配列の繰返し回数は重要であり，たとえば繰返し回数が半分以下になるような欠失変異は酵母では致死的になる．CTDのセリンあるいはトレオニン残基は高度にリン酸化されている．CTDは転写開始反応に関与している（§24・8参照）．

ミトコンドリアおよび葉緑体は独自のRNAポリメラーゼをもっている．これらは小さく，核内のいずれのRNAポリメラーゼとも構造が異なり，細菌のRNAポリメラーゼに似ている．もちろん，細胞小器官のゲノムはずっと小さいので，固有のポリメラーゼはごく少ない遺伝子の転写しかする必要がなく，転写調節は（もしあったとしても）非常に単純なようである．

真核生物のRNAポリメラーゼの大きな特徴は，環構造を二つもった8個のペプチドでできている**αアマニチン**に対する感受性の違いである．基本的にすべての真核生物の細胞では，RNAポリメラーゼⅡ活性は低濃度のαアマニチンによって直ちに阻害される．一方，RNAポリメラーゼⅠは阻害されない．RNAポリメラーゼⅢのαアマニチンに対する反応は細胞によりまちまちで，動物細胞では高濃度で阻害されるが，酵母や昆虫では阻害されない．

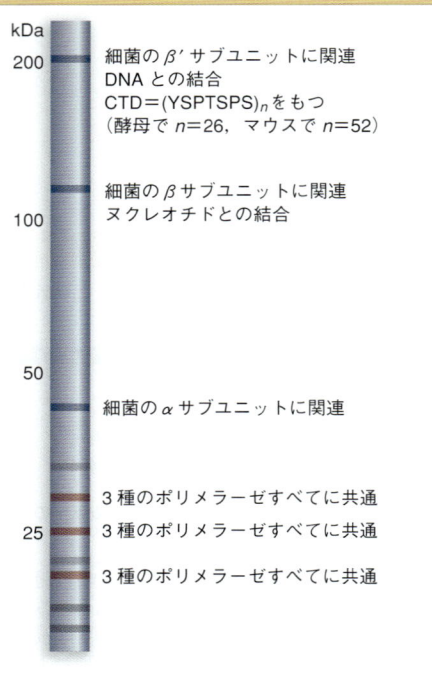

### 24・2 いくつかのサブユニットは真核生物のRNAポリメラーゼのすべてのクラスに共通で，いくつかは細菌のRNAポリメラーゼに似ている．

**RNAポリメラーゼには10以上のサブユニットがある**

| kDa | |
|---|---|
| 200 | 細菌の$\beta'$サブユニットに関連<br>DNAとの結合<br>CTD=(YSPTSPS)$_n$をもつ<br>（酵母でn=26，マウスでn=52） |
| 100 | 細菌の$\beta$サブユニットに関連<br>ヌクレオチドとの結合 |
| 50 | 細菌の$\alpha$サブユニットに関連 |
| 25 | 3種のポリメラーゼすべてに共通<br>3種のポリメラーゼすべてに共通<br>3種のポリメラーゼすべてに共通 |

## 24・3 RNAポリメラーゼⅠのプロモーターは二つの成分から成る

> **スペーサー** spacer 遺伝子クラスターの中にあるDNA配列で，繰返し現れる同じ配列の転写単位同士を分離する．
> **コアプロモーター** core promoter RNAポリメラーゼが転写を開始することのできる最短の配列（ただし，一般には他の配列も含むプロモーターより転写活性はずっと低い）．RNAポリメラーゼⅡに対しては基本転写装置が形成される最小限の配列であり，イニシエーター（Inr）とTATAボックスの二つの配列を含む．コアプロモーターの典型的な長さは約40 bpである．

- RNAポリメラーゼIのプロモーターはコアプロモーターと上流プロモーター配列から成る．
- UBF1因子はその両方の領域と結合し，SL1因子が結合できるようにする．
- SL1は三つのRNAポリメラーゼすべての転写開始に関与している因子TBPを含んでいる．
- RNAポリメラーゼはコアプロモーターでUBF1・SL1複合体に結合する．

RNAポリメラーゼIはたった1種類のプロモーターからrRNA遺伝子だけを転写する．転写産物には大小のrRNAの両方の配列が含まれ，転写後プロセシングを経て切出される．遺伝子には多コピーの転写単位があり，それぞれの単位は非転写スペーサーによって隔てられ，§6・7で述べたようにクラスターになっている．プロモーターの構造ならびに転写開始にかかわる機構を図24・3に示す．RNAポリメラーゼIは開始に必要な付加因子群を含んだホロ酵素として存在して，巨大な複合体としてプロモーターに動員される．

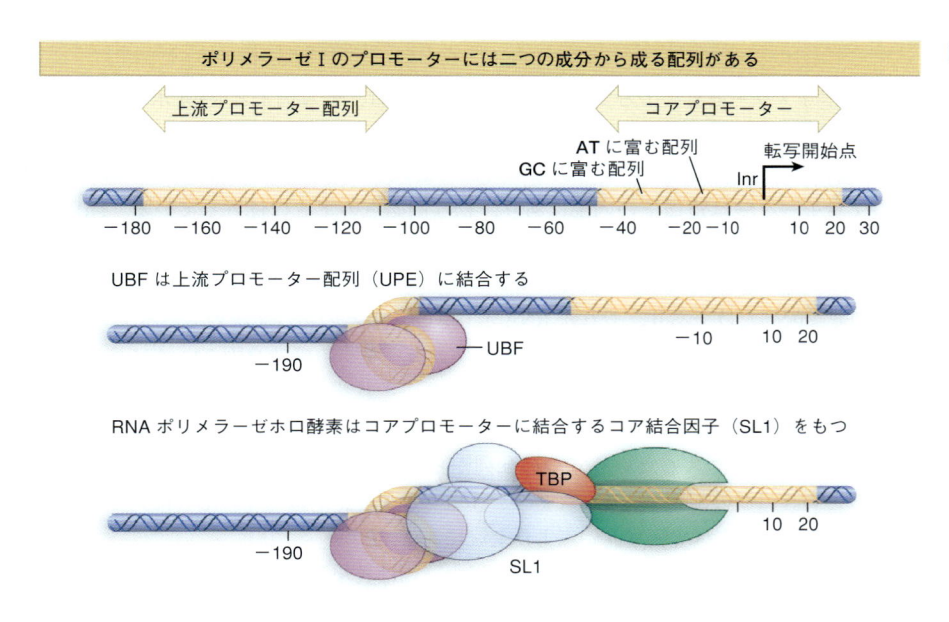

図24・3 RNAポリメラーゼIの転写単位にはコアプロモーターがあり，上流プロモーター配列（UPE）とは約70 bp離れている．UBFがUPEに結合するとコア結合因子（SL1）がコアプロモーターに結合する活性を増加させる．

プロモーターは二つの離れた領域から成る．**コアプロモーター**は転写開始点の周辺 $-45 \sim +20$ に位置し，転写開始にはそれで十分である．Inrとよばれる転写開始点の近くの短いATに富む保存配列を除くと，プロモーターとしては例外的にGCに富む配列である．しかしながら，転写効率は上流プロモーター配列（UPE；upstream promoter element）という $-180 \sim -107$ に位置するコアプロモーターに似て，GCに富む配列によって大きく増加する．この配置の仕方については多くの種のRNAポリメラーゼIプロモーターに共通しているが，実際の配列はさまざまである．

RNAポリメラーゼIは二つの補助因子を必要とする．高頻度の転写開始にはUBF（upstream binding factor）という因子が必要である．これは上流プロモーター配列中の副溝にあるGCに富む配列に結合する単一のポリペプチドである．UBFはそのタンパク質表面でDNAを包み込んでこれを360°回転させるので，その結果コアプロモーターとUPEが近接して存在するようになる．このことによりUBFが，SL1（異なった種ではTIF-IB，Rib1とよばれる）という第二の因子をコアプロモーターへと結合させる効率を高める．

コア結合因子であるSL1のおもな役割は，RNAポリメラーゼが正しく転写開始点に位置することである．SL1は四つのタンパク質から成っていて，その一つ，TBP（TATA結合タンパク質）は，RNAポリメラーゼIIとIIIによる開始に必要とされる"位置決定因子"の構成成分でもある（§24・6参照）．TBPはおそらくRNAポリメラーゼ間で保存されている共通のサブユニットや特徴的な形と相互作用するのだろう．おのおのの位置決定因子内におけるTBPの正確な作用の様式は互いに異なっている．たとえばRNAポリメラーゼIのプロモーターではTBPはDNAに結合しないが，RNAポリメラーゼIIのプロモーターでは位置決定因子をDNAに結合させるおもな要因となっている．

## 24・4 RNAポリメラーゼⅢは上流と下流の両方にあるプロモーターを使う

> **構築因子** assembly factor 巨大分子構造の形成に必要であるが，自分自身はその構造の一部ではないタンパク質．
> **転写開始前複合体** preinitiation complex 真核生物の転写において，RNAポリメラーゼが結合する前にプロモーターに開始因子が集合したもの．

> - RNAポリメラーゼⅢは二つの型のプロモーターを使う．
> - 内部プロモーターは転写単位内に位置している短いコンセンサス配列をもっていて，この上流で一定の長さだけ離れた所から転写を開始させる．
> - 上流のプロモーターは転写開始点の上流に三つの短いコンセンサス配列を含んでいて，ここに転写因子が結合する．
> - TFⅢAとTFⅢCはコンセンサス配列に結合し，TFⅢBが転写開始点に結合するのを可能にする．
> - TBPはTFⅢBのサブユニットの一つで，RNAポリメラーゼが結合できるようにしている．

RNAポリメラーゼⅢによるプロモーターの認識法は，転写因子とRNAポリメラーゼとの相互の役割をよく示している．このプロモーターは2種類に大きく分けられ，それぞれは別の種類の転写因子により異なる方法で認識される．5S RNAおよびtRNA遺伝子のプロモーターは遺伝子の内部にあり，転写開始点の下流に位置している．snRNA（核内低分子RNA）遺伝子のプロモーターは他のより一般的なプロモーターと同様，転写開始点より上流に位置する．両方ともプロモーター機能に必要な配列はもっぱら転写因子の認識配列だけであり，それがRNAポリメラーゼとの結合を決めている．

RNAポリメラーゼⅢに対応する3種類のプロモーターの構造を図24・4にまとめて示す．遺伝子内部のプロモーターには2種類ある．それぞれ，二つの成分に分かれた構造をしており，二つの短い配列はさまざまな塩基配列によって隔てられている．1型はボックスAとボックスCという二つの配列から成っており，2型はボックスAとボックスBという二つの配列から成っている．3型プロモーターは三つの応答配列をもっているが，これらはすべて転写開始点より上流にある．

内部プロモーターの二つの型では相互作用の詳細は異なるが，原理は同じである．TFⅢCは転写開始点の下流に独立して（2型プロモーター），もしくはTFⅢAと会合して（1型プロモーター）結合する．TFⅢCの存在により，位置決定因子であるTFⅢBが転写開始点に結合できるようになる．それからRNAポリメラーゼが動員される．

図24・5に2型内部プロモーターでの各反応段階をまとめた．最初の段階でTFⅢCがボックスAとボックスBの両方に結合する．1型内部プロモーターで違う点は，TFⅢCがボックスCに結合するためには，図24・6に示すように，TFⅢAがボックスAに結合しなければならないということである．

TFⅢCがいったん結合すると，転写開始点にTFⅢBが結合し，RNAポリメラーゼⅢが複合体に加わるという2型内部プロモーターでみられたのとまったく同じ筋道をたどる．1型プロモーターは5S RNA遺伝子でしか見つかっていない．

TFⅢAとTFⅢCは**構築因子**であり，唯一の役割は，TFⅢBが正しい位置に結合するのを助けることである．いったん，TFⅢBが結合してしまうと，TFⅢAとTFⅢCがプロモーターから解離しても転写開始反応には影響を及ぼさない．TFⅢBは転写開始点近傍にとどまり，そのことだけでRNAポリメラーゼⅢが転写開始点に結合するのに十分である．したがって，TFⅢBはRNAポリメラーゼⅢにとってただ一つの真の転写開始に必要な因子であるといってよい．この一連の反応はどのようにして下流のプロモーターボックスがより上流にある転写開始点にRNAポリメラーゼⅢを結合させることができるのかを説明している．これらの遺伝子を転写する能力は内部プロモーターによって与えられている．けれども，転写開始点のすぐ上流の領域を変化させても転写効率は変化する．

RNAポリメラーゼⅢの3型プロモーターでは，上流領域がより重要な役割を果たしている．図24・4の例にあるように，3型プロモーターは三つの上流配列から成る．これらの配列はRNAポリメラーゼⅡにより転写されるsnRNA遺伝子のプロモーターに

**図24・4** RNAポリメラーゼⅢのプロモーターは転写開始点より下流の二つに分かれた配列，ボックスAとそこから離れているボックスCまたはボックスBのいずれかの配列からできている．あるいは，転写開始点の上流に分散したいくつかの配列（Oct, PSE, TATA）で構成されることもある．

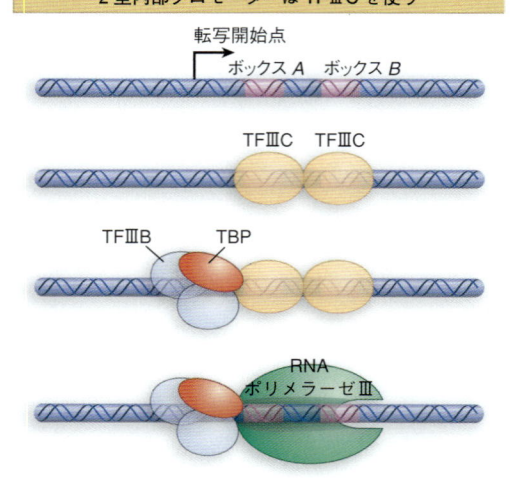

**図24・5** RNAポリメラーゼⅢの2型内部プロモーターはボックスAとボックスBへのTFⅢCの結合を使って位置決定因子TFⅢBをよびこむ．このTFⅢBはRNAポリメラーゼⅢを動員する．

もみられる．(snRNA 遺伝子の一部は RNA ポリメラーゼ II によって転写され，残りは RNA ポリメラーゼ III によって転写される．) 上流配列は RNA ポリメラーゼ II のプロモーターでも III のプロモーターでも同じように働く．

RNA ポリメラーゼ III の上流プロモーターでの転写開始は開始点のすぐ上流にある TATA ボックス (§24・5 参照) だけを含む短い領域で起こる．しかしながら，その効率は PSE (proximal sequence element; 近くに位置する配列) およびオクタマー (Oct, 8 bp から成る配列) が加わるともっと増加する．これらの配列に結合する因子は協調的に相互作用する．

TATA ボックスは snRNA プロモーターによって認識されるポリメラーゼ (II もしくは III) に特異性を与えている．実際に DNA の配列を認識する TBP を含む因子がこれに結合する．(この因子は RNA ポリメラーゼ III では TFIIIB であり，RNA ポリメラーゼ II では TFIID である．) TBP とそれに結合するタンパク質の働きは，RNA ポリメラーゼ III を正しく転写開始点に位置づけることである．これについては RNA ポリメラーゼ II のところ (§24・6 参照) で詳しく説明する．

RNA ポリメラーゼ III をプロモーターに結合させる位置決定因子として，TFIIIB はどの型のプロモーターでもまったく同じ働きをしている．すなわち TFIIIB は，RNA ポリメラーゼの結合を指示するための**転写開始前複合体**をプロモーター上に形成するために結合するのである．(1 型や 2 型にみられるように) TFIIIB が結合するのに構築因子が必要とされるのか，また (3 型でみられるように) 直接結合できるのかといった点がプロモーターの型の間にみられるおもな違いである．プロモーター配列の位置にかかわらず，TFIIIB は RNA ポリメラーゼ III の結合を指示するために転写開始点の近傍に結合する．

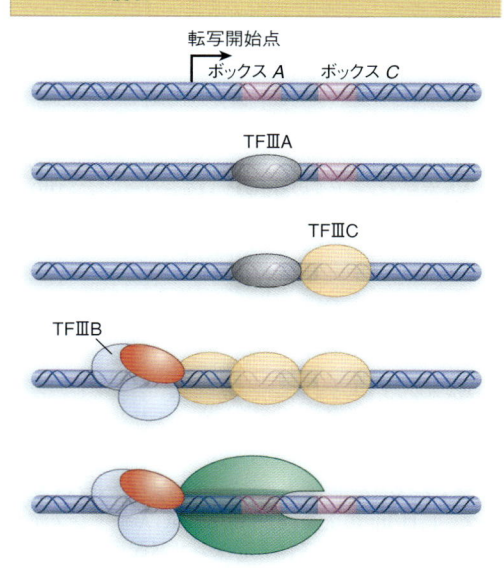

**図 24・6** RNA ポリメラーゼ III の 1 型内部プロモーターはボックス A とボックス C に位置する構築因子 TFIIIA と TFIIIC を使って位置決定因子 TFIIIB をよびこむ．TFIIIB は RNA ポリメラーゼ III を動員する．

## 24・5 RNA ポリメラーゼ II の転写開始点

**基本転写因子** basal factor　RNA ポリメラーゼ II が開始複合体を形成する際にすべてのプロモーターにおいて必要な転写因子．TFIIX (X はアルファベットを示す) の名称で区別される．

**コアプロモーター** core promoter　RNA ポリメラーゼが転写を開始することのできる最短の配列 (ただし，一般には他の配列も含むプロモーターより転写活性はずっと低い)．RNA ポリメラーゼ II の場合には基本転写装置が形成される最小限の配列であり，イニシエーター (Inr) と TATA ボックスの二つのエレメントを含む．コアプロモーターの典型的な長さは約 40 bp である．

**イニシエーター (Inr)** initiator　RNA ポリメラーゼ II のプロモーターの配列で，−3 から +5 までを占め，一般的な配列は $Py_2CAPy_5$ である．RNA ポリメラーゼ II のプロモーターとして働ける，最も簡単な配列である．

**TATA ボックス** TATA box　AT に富む保存された 8 bp の配列で，真核生物の RNA ポリメラーゼ II の転写開始点の約 25 bp 上流にある．転写開始が正しく始められるように各酵素を配置する役割を果たしているのかもしれない．

**TATA ボックスのないプロモーター** TATA-less promoter　転写開始点の上流にある TATA ボックスをもたないプロモーター．

**DPE (下流プロモーター配列)** downstream promoter element　TATA ボックスをもたない RNA ポリメラーゼ II プロモーターに共通の配列．

タンパク質をコードする遺伝子の転写装置の基本的な機構は，精製した RNA ポリメラーゼ II は mRNA の合成を触媒できるが，細胞抽出液を加えなければ転写を開始できないという発見によって明らかになった．この抽出液の精製により，**基本転写因子**——どのプロモーターからでも RNA ポリメラーゼ II による転写を開始するのに必要な一群のタンパク質——の存在が明らかになった．RNA ポリメラーゼ II は，こうした因子と結合してどのプロモーターの転写にも必要とされる基本転写装置を形成する．基本転写因子は TFIIX と表記される ("X" には個々の因子を区別するためのアルファベットが入る)．RNA ポリメラーゼ II のサブユニットと基本転写因子は真核生物の間で広く保存されている．

プロモーターの機能を考えるうえでの重要な点は，RNA ポリメラーゼ II が転写を開始することのできる最小の配列としての**コアプロモーター**を決定することである．原則として，コアプロモーターはすべての細胞で発現可能になる．これは基本転写因子を転

写開始点に集めるための必要最小限の配列で構成されている．それらの因子は，DNAに結合する機能をもっていて，RNAポリメラーゼIIが転写開始点に集合できるようにしている．コアプロモーターはかなり低い効率でしか機能しない．適切なレベルで機能するためには，アクチベーターとよばれる他のタンパク質が必要である（§24・9参照）．アクチベーターは系統的に名づけられていないが，その同定に至る経緯を反映した通称でよばれることが多い．

RNAポリメラーゼIIと基本転写因子の結合にかかわる塩基配列は（ほぼ）すべてのプロモーターで保存されていると考えられる．細菌のプロモーターの場合と同様に，RNAポリメラーゼIIに対するいくつかのプロモーターを比較すると，転写開始点近くの相同な領域はむしろ短い塩基配列に限られている．これらの配列は変異を導入するとプロモーター機能にかかわると判断される部位に相当している．図24・7に典型的なRNAポリメラーゼIIのコアプロモーターの構造を示す．

RNAポリメラーゼIIの転写開始点では広い範囲にわたる塩基配列の相同性はない．しかし，mRNAの始まりはAで，その両隣はピリミジン塩基であることが多い．（これは細菌のプロモーターのCAT転写開始配列にもあてはまる．）この領域は**イニシエーター**（**Inr**）とよばれ，一般にはPy$_2$CAPy$_5$という配列で書かれることもある．Inrは$-3$〜$+5$ bpに含まれる．

多くのプロモーターには，**TATAボックス**とよばれる配列が，通常は転写開始点から25 bpほど上流にある．これは転写開始点に対して比較的定まった場所を占める唯一の上流に位置するプロモーター配列である．中心となる配列はTATAAであり，通常はこの後に三つのA・T塩基対がさらに続くことが多い．TATAボックスはGCに富む配列に囲まれていることが多く，これもプロモーターの機能に関係している可能性がある．この配列は細菌のプロモーターにみられる$-10$配列とほとんど同じである．

TATAボックスをもたないプロモーターは**TATAボックスのないプロモーター**とよばれる．プロモーター配列の網羅的な調査から50%かそれ以上のプロモーターがTATAボックスのないプロモーターであることが示唆されている．プロモーターがTATAボックスを含んでいない場合，通常もう一つの配列である**DPE**（**下流プロモーター配列**）が$+28$〜$+32$の位置に含まれる．

コアプロモーターはTATAボックスとイニシエーター，もしくはイニシエーターとDPEのどちらかで構成される．

| RNAポリメラーゼIIの最小のプロモーターには二つの配列しかない |
|---|

```
                    転写開始点
                        →
TATAA ........N20........ YYCAYYYYY ........N24........ AGAC
TATAボックス              Inr                            DPE
⇔ TATAボックスをもつコアプロモーター
       ⇔ TATAボックスのないコアプロモーター
```

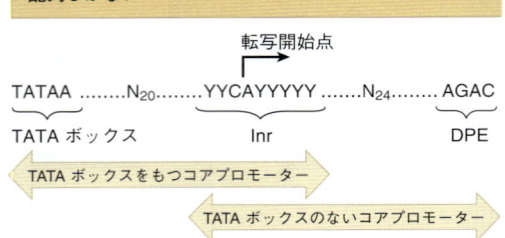

**図24・7** RNAポリメラーゼIIの最小のプロモーターにはInrの上流約25 bpにTATAボックスがある．TATAボックスはコンセンサス配列TATAAを含み，InrはCA転写開始点にあるCAを囲んだピリミジン（Y）をもつ．DPEは転写開始点の下流にある．この配列はコード鎖を示している．

### 24・6 TBPはTFIIDの構成成分であり，TATAボックスと結合する

> **TFIID** RNAポリメラーゼIIに対するプロモーター内にあり，転写開始点の上流にあるTATAボックスに結合する基本転写因子．TFIIDはTBP（TATA結合タンパク質）とTAF（TBP会合因子）とよばれるさまざまなサブユニットとから成る．
> **TBP会合因子（TAF）** TBP-associated factor TFIIDのサブユニットで，TBP（TATA結合タンパク質）がDNAに結合するのを助ける．また，転写装置に含まれる他の構成要素との接触点を提供する．

> ■ TBPは，それぞれの型のRNAポリメラーゼがそのプロモーターに結合するのに必要な位置決定因子の構成タンパク質である．
> ■ RNAポリメラーゼIIに対する位置決定因子はTFIIDであり，TBPと11個のTAFから成る総量800 kDaほどの複合体である．
> ■ TBPはDNAの副溝でTATAボックスと結合する．
> ■ TBPはDNA二本鎖の周りに鞍をかけたように結合し，DNAを約80°曲げる．

すべての種類の真核細胞のプロモーターで転写開始の第一段階となるのは，位置決定因子が結合することである．どのRNAポリメラーゼも，小型タンパク質であるTBPとこれに結合するタンパク質から成る位置決定因子に助けられてDNAに結合するのである．RNAポリメラーゼIの位置決定因子はSL1であり（§24・3参照），RNAポリメラーゼIIIの位置決定因子はTFIIIBである（§24・4参照）．RNAポリメラーゼIIではこの因子は，TBPとこれに結合する11個のほかのサブユニットから成る**TFIID**であり，

この11個のサブユニットは **TAF**（**TBP 会合因子**）とよばれている．TFIID の総分子量は一般的に 800 kDa に及ぶ．TFIID 中にある TAF は TAFII○○ の型で書かれる場合があるが，ここで "○○" はそのサブユニットの分子量を表す．もう一つの命名法では TAF1 から TAF13 と名付けられ，ここでは数字が大きくなるにつれ，その分子量が小さくなるように並べられている．

図 24・8 にそれぞれの場合で異なる方法で位置決定因子がプロモーターを認識していることを示す．RNA ポリメラーゼIII のプロモーターでは TFIIIB が隣接する TFIIIC と結合する．RNA ポリメラーゼI では SL1 が UBF の隣に結合する．一方 TFIID は単独で RNA ポリメラーゼII がプロモーターを認識するための役割を担っている．TATA ボックスをもつプロモーターでは TBP は特異的に DNA に結合するが，その結果 TFIID は TATA ボックスから上流方向へとさかのぼった領域を占めるようになる．RNA ポリメラーゼが開始点を決定するうえで最も重要な性質というのは，TATA ボックスから一定の距離に位置するということである．TATA ボックスのないプロモーターでは TFIID は DNA に結合する他のタンパク質と結合してプロモーター領域に取込まれる場合もある．TBP がどのような方法で開始複合体に入り込むかにかかわらず，それは RNA ポリメラーゼと相互作用する共通の目的のためである．

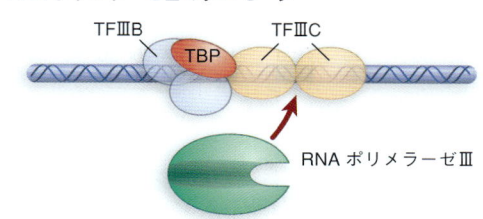

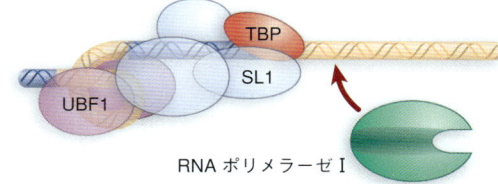

TBP の結晶構造から，DNA との結合についての詳細なモデルが考えられている．図 24・9 に示すように，それは DNA の一面を覆って二重らせんの周りに "鞍" をのせた構造をしている．実際，TBP の内側の面が DNA に結合し，より大きな外側の面はほかのタンパク質とさらに接触できるようになっている．DNA 結合領域は種を超えて保存された C 末端ドメインから成り，変化の多い N 末端は露出し，ほかのタンパク質と相互作用できるようになっている．TBP の DNA 結合配列が酵母とヒトの間で 80 % も保存されていることは，転写開始機構がよく保存されていることを示している．

TBP は変わった方法で DNA に結合する．図 24・10 に示すように，副溝に結合するだけでなく，DNA を約 80°屈曲させる．TATA ボックスは主溝に向かって曲がり，副溝を広げる．このゆがみは TATA ボックスの 8 bp 内に限られている．配列の両端では副溝は通常の約 5 Å の幅だが，配列の中央部では副溝は 9 Å 以上になる．これは構造の変化をもたらすが，塩基対は保持されているので，現実には DNA 鎖はほどけていない．TATA ボックスの両側にある DNA の空間配置を変えることによって，転写因子と RNA ポリメラーゼが線状 DNA にある場合に比べてより高い親和性で結合できるようになっている．折れ曲がりの角度は TATA ボックスの配列に厳密に依存していて，プロモーターの効率にも相関している．これはこの角度が折れ曲がりの両側にある配列に結合するタンパク質間の相互作用に影響していることを示唆している．

TFIID が遊離複合体として存在するとき，TAFII230 は TBP と結合して，DNA 結合にかかわる凹型の表面を覆うようにしている．実際 TAFII230 の N 末端ドメインにある結合部位の構造は，DNA の副溝の表面に似ている．この分子の擬態により TAFII230 は TBP の DNA 結合活性を制御できるのである．すなわち TFIID が DNA に結合するためにはこの TAFII230 の N 末端ドメインが，TBP の DNA 結合表面から取除かれねばならない．

それでは TATA ボックスのないプロモーターでは，どのようになっているのであろうか．TFIID を含む同じ基本転写因子が必要である．イニシエーターが位置決定配列を提供している．TFIID はイニシエーターを直接認識する一つ，またはそれ以上の TAF の活性を介してイニシエーターに結合するのである．TFIID 内の他の TAF は転写開始点の下流にある DPE も認識できる．こうしたプロモーターにおける TBP の機能は，RNA ポリメラーゼI のプロモーターや RNA ポリメラーゼIII の内部プロモーターの機能に似ている．

TATA ボックスがあるときには，これが開始点の位置を決定する．TATA ボックスが欠失すると開始点の位置は不規則になるが，転写の全体としての減少は比較的小さなも

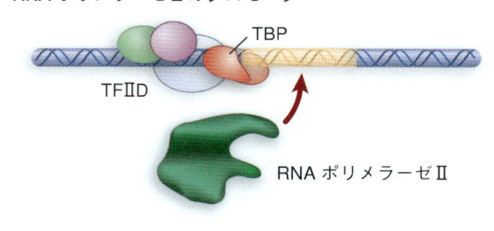

図 24・8 RNA ポリメラーゼは TBP を含む因子によって，すべてのプロモーター上の定位置に結合する．

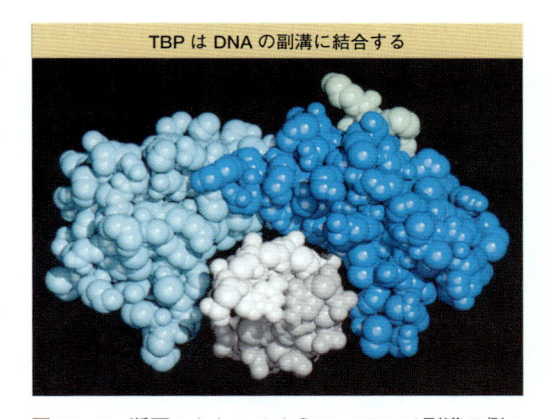

図 24・9 断面からわかるように，TBP は副溝の側から DNA を取り巻いている．TBP は二つの関連した（40 % が同一の配列）ドメインから成り，これらは保存されており，淡い青と濃い青で示してある．N 末端ドメインは非常に変化が大きく，緑で示してある．DNA の二本鎖はそれぞれ灰色と白で示してある．写真は Stephen K. Burley 氏のご好意による．

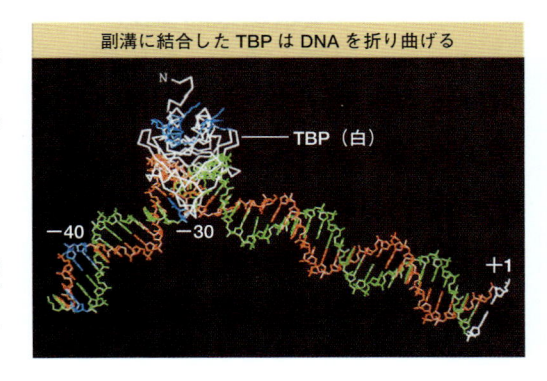

図 24・10 −40 から転写開始点までの DNA と TBP の共結晶構造を見ると，TATA ボックスの所で DNA が屈曲していて，TBP が結合する副溝を広げていることがわかる．写真は Stephen K. Burley 氏のご好意による．

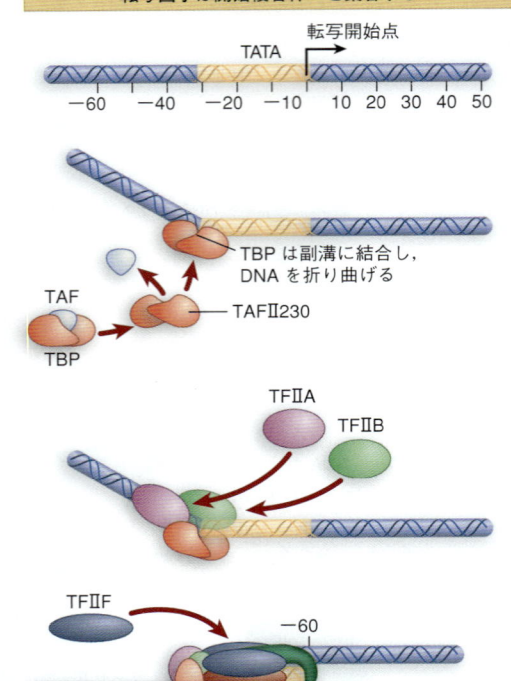

**図 24・11** RNA ポリメラーゼ II の転写開始複合体は，プロモーターの所に種々の転写因子が順次結合し，構築される．

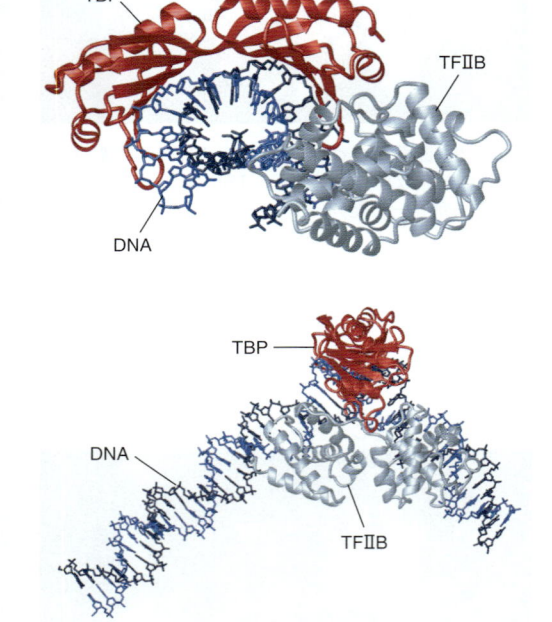

**図 24・12** TF II B・TBP・DNA 三元複合体を二つの方向から見ると，TF II B は DNA の屈曲した面に沿って結合していることがわかる．写真は Stephen K. Burley 氏のご好意による．

のである．実際いくつかの TATA ボックスのないプロモーターは特定の転写開始点をもたない．転写開始点の集団のどの一つからでも転写は開始されるのである．TATA ボックスは (TFIID と他の因子との相互作用によって) RNA ポリメラーゼが正しい部位から転写を開始できるように配位させる．転写開始点に対して固定された位置に TATA ボックスがあるのはこのためである．TBP の TATA ボックスへの結合は，プロモーター認識の最も重要な特徴といえるが，二つの大きな TAF (TAFII250 と TAFII150) もやはり転写開始点近傍の DNA に接して反応効率に影響を与える．

### 24・7 基本転写装置はプロモーターで集合する

- TF II D の TATA ボックスへの結合は転写開始の第一段階である．
- 他の転写因子は決められた順序で複合体に結合し，DNA 上の保護された領域を伸長する．
- RNA ポリメラーゼ II が複合体に結合したとき，転写が開始される．

転写開始には転写因子が決められた順序で働き，RNA ポリメラーゼも加わった複合体を形成する必要がある．その順序を図 24・11 に示す．

TFIID が TATA ボックスに結合して初めてプロモーターへのかかわり合いが開始される．〔TFIID は転写開始点でイニシエーター (Inr) も認識する．〕TFIIA はおそらく TAFII230 による抑制を解除して TBP を活性化するのであろう．

TFIIB は TBP の近くにある TATA ボックスの下流に結合し，図 24・12 に示すように DNA の一方の面に沿って接触を広げていく．これは BRE (TFIIB responsive element) 領域において，TATA ボックスの下流にある副溝および上流にある主溝で接触する．古細菌では，TFIIB の相同タンパク質が実際に BRE 領域におけるプロモーターと配列特異的な接触をする．

図 24・13 の模式図は TFIID, TFIIB, RNA ポリメラーゼ II の関係を示している．TF-IIB は TFIID の隣に結合し，その N 末端領域が RNA ポリメラーゼの RNA 出口近くに接触する．その C 末端領域は酵素を横切って，活性部位へ突出している．TFIIB は DNA の進路を決定していて，DNA はここで TFIIE, TFIIF, TFIIH と接触し，これらの因子は基本転写因子複合体を構成して転写開始点を決定する．

TFIIF は 2 種類のサブユニットから成るヘテロ四量体である．大きなサブユニット (RAP74) は ATP 依存性の DNA ヘリカーゼ活性をもち，転写開始の際に DNA 鎖をほどくのにかかわっている可能性がある．小さなサブユニット (RAP38) はコアポリメラーゼに接触する細菌の σ 因子のいくつかの領域と相同性があり，RNA ポリメラーゼ II と強く結合している．TFIIF は RNA ポリメラーゼ II を構築中の転写複合体に取込み，結合する場所を提供している．TBP と TAF の複合体は RNA ポリメラーゼの CTD テールと結合し，また TFIIB との結合も TFIIF・ポリメラーゼが複合体に結合する際に重要である．

RNA ポリメラーゼ II の転写開始複合体の構築は原核生物の転写ときわめて対照的である．細菌の RNA ポリメラーゼはそれ自体が DNA 結合能をもった集合体である．σ 因子は転写開始に必要であるが伸長には必要でなく，DNA に結合する前に酵素の一部分となるが，後に放出される．しかし，RNA ポリメラーゼ II の場合は別個の転写因子が DNA に結合して初めてプロモーターに結合できるようになる．そのような因子は細菌の σ 因子と似た役割を果たす —— すなわち，基本となるポリメラーゼがプロモーター配列を特異的に認識できるようにする —— が，もっと独立性を獲得している．実際，このような因子はプロモーターの特異性を認識するのに絶対に必要である．転写複合体の因子のうち特定のものだけがタンパク質-DNA の結合にかかわり (実際，TBP だけが塩基配列特異的な結合を行う)，したがってタンパク質-タンパク質相互作用がこの転写の複合体の構築に重要なことがわかる．

転写複合体の構築は in vitro ではコアプロモーターの所で行われるが，この反応は in vivo の転写には十分ではなく，さらに上流の配列を認識するアクチベーターとの相互作用が必要である．アクチベーターは複合体構築の間，さまざまな段階で基本転写装置と相互作用する (§25・4 参照).

## 24・8 転写開始はプロモータークリアランスの後に起こる

- TFⅡEとTFⅡHはポリメラーゼ反応のためのDNA二本鎖をほどくのに必要である.
- CTDのリン酸化は転写伸長反応が始まるのに必要である.
- CTDはRNAのプロセシングを転写と協調して行わせる.
- TFⅡHが修復酵素複合体に橋渡しをする.
- TFⅡHのXPDの変異は三つの型のヒト疾患の原因となる.

ひとたび最初のヌクレオチド結合が形成されると，いくつかの最終段階を経てRNAポリメラーゼがプロモーターから解離する．開始複合体に結合する最後の因子はTFⅡE，TFⅡH，TFⅡJである．これらは転写開始の後半で機能している．

TFⅡHは複数の酵素活性をもつ基本転写因子である．酵素活性としては，ATPアーゼ活性，両方向への極性をもつヘリカーゼ活性，RNAポリメラーゼⅡのCTDテールをリン酸化するキナーゼ活性を含んでいる．TFⅡHはRNAの伸長でも役割を果たす例外的な因子である．RNAポリメラーゼがプロモーターから離れるためにはTFⅡHが転写開始点の下流のDNAと相互作用することが必要である．TFⅡHはまたDNA損傷の修復にも関与している．

図24・14に，RNAポリメラーゼⅡが転写因子から離れるのにCTDテールのリン酸化が必要であり，それによって伸長型のRNAポリメラーゼへ移行するというモデルを示した．転写因子の多くはこの段階でプロモーターから解離する．

CTDはまた，直接的もしくは間接的にRNAポリメラーゼⅡにより合成された後のRNAに対するプロセシングにも関与している．図24・15にCTDが関与するプロセシング反応をまとめた．キャッピング酵素（グアニリルトランスフェラーゼ）は新しく合成されたmRNAの5′末端にG残基を付加する酵素であり，リン酸化したCTDに結合する．これは5′末端が合成されるや否やこれを修飾するために重要なのかもしれない．SCAF（SR-like CTD associated factor）とよばれる一群のタンパク質はCTDに結合し，これに今度はスプライシング因子が結合する．これは転写とスプライシングが協調する手段となる．切断/ポリ(A)付加装置のいくつかもまたCTDと結合する．奇妙なことに，これらは転写開始時に結合しており，RNAポリメラーゼは転写を開始すると同時に3′末端のプロセシングの準備をすべて整えているということになる．以上のことを踏まえると，CTDが転写と他のプロセシングを結ぶ接点となっていることが示唆される．キャッピングとスプライシングの場合，CTDは反応を行うタンパク質複合体の形成を促進するのに間接的に機能している．3′末端の形成の場合，反応に直接参加している．

転写開始の一般的な過程は，細菌のRNAポリメラーゼによるものと似ている．RNAポリメラーゼの結合は閉じた複合体を形成し，その後の段階でDNA鎖が開裂した後に開いた複合体に変化していく．細菌の反応では，開いた複合体の形成が起これば必要なDNAの構造変化は完了する．これに対し，真核生物の反応では，この段階の後でさらに鋳型をほどく必要があるという点で異なる．

TFⅡHは転写の開始とDNA修復の両方に共通の機能をもっている．同一のヘリカーゼサブユニット（XPD）が最初の転写バブルをつくり，損傷部分のDNAをほどく役割をする．その他の機能は，それぞれに適切な複合体が形成されることにより，転写と修復では異なっている．

図24・16には，転写に使用される（五つのサブユニットから成る）TFⅡHコアが，キナーゼ活性をもつ他のサブユニットと結合することを示す．

一方，修復複合体では，修復関連遺伝子にコードされる多くの種類のタンパク質がTFⅡHコアに結合している．（修復に関する基本的なモデルは図20・20に示した．）修復タンパク質は損傷したDNAを認識するサブユニット（XPC）を含む．したがってこの複合体には，RNAポリメラーゼが損傷を受けたDNA上で立ち往生したときに，鋳型DNAが選択的に修復されるように働く共役機能が備わっている．複合体に会合する他のタンパク質はエンドヌクレアーゼ（XPG，XPF，ERCC1）を含む．修復複合体中には，酵母とヒトで相同のタンパク質が見つかっている（それらは，酵母では修復がうまくいかない一連の*rad*変異体として，ヒトでは損傷したDNAを修復できない疾患の原因遺伝子として同定された）．XPという名のサブユニットは色素性乾皮症（xeroderma pigmentosum）（§20・9参照）という病気をひき起こす変異遺伝子にコードされている．

**TFⅡBはRNAポリメラーゼⅡの位置決定を助ける**

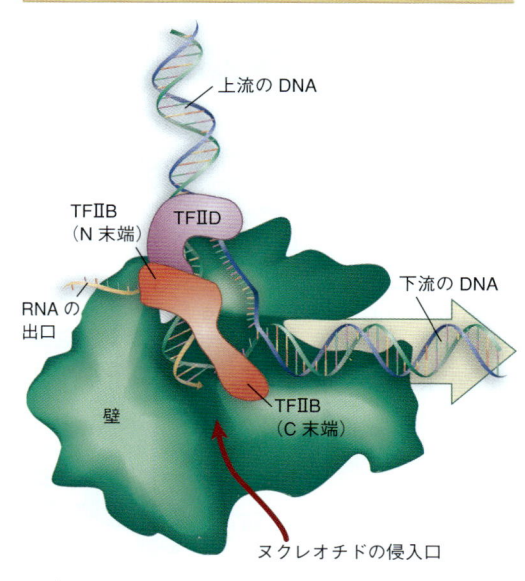

図24・13 TFⅡBはDNAと結合して，RNAの出口と活性部位の両方でRNAポリメラーゼと接触し，DNAとの位置を確認する．転写伸長時のポリメラーゼの構造を描いた図11・10と比較せよ．

**CTDは転写開始時にリン酸化される**

図24・14 CTDがTFⅡHのキナーゼ活性によってリン酸化されることがRNAポリメラーゼの進行を促し，転写を開始するのに必要であろう．

**CTDはmRNAの修飾に必要である**

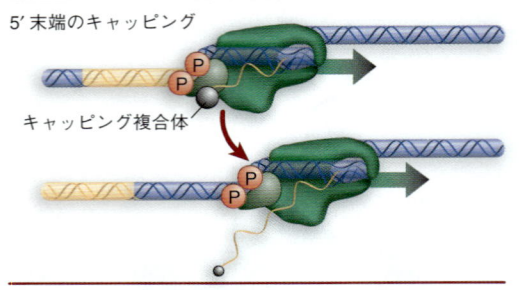

5′末端のキャッピング

キャッピング複合体

SCAFがスプライシング因子に加わる

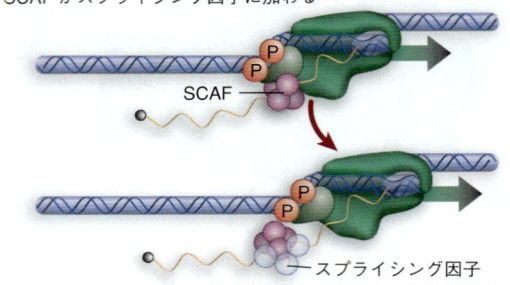

SCAF

スプライシング因子

ポリ(A)付加と3′末端の切断

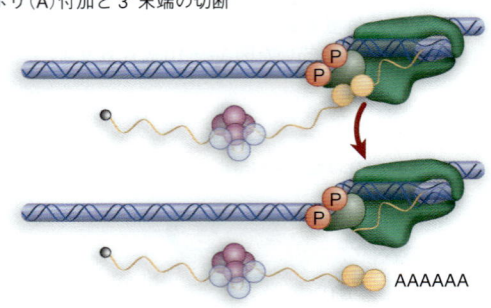

AAAAAA

図 24・15　CTDはRNAを修飾する酵素の集合に重要である．

**TFⅡHにはいろいろな役割がある**

TFⅡHは開始時にキナーゼを用意する

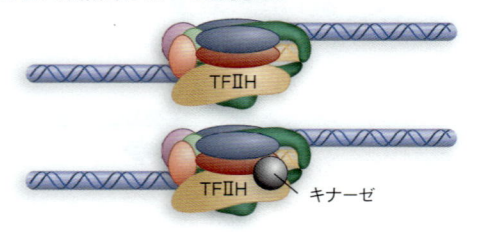

TFⅡH

キナーゼ

TFⅡHは伸長時に損傷を受けたDNAに修復複合体を用意する

TFⅡH

修復複合体

図 24・16　TFⅡHコアは転写開始時にはキナーゼと結合しているが，損傷を受けたDNAと遭遇したときには修復複合体と結合する．

---

キナーゼ複合体と修復複合体は可逆的にTFⅡHコアと結合，解離できる．このことから，TFⅡHのある型は転写開始に必要であるが，もう一方の型と代わることができる（おそらくDNAの損傷に遭遇することに対応して）というモデルが示唆される．TFⅡHは，伸長反応の初期（約50 bpを転写した後）にRNAポリメラーゼから解離する．これが損傷DNAの部位で再会合するためには，他の共役因子を必要とするようである．TFⅡHのサブユニットのいくつかをコードする遺伝子の変異が，放射線照射や他の原因によるDNA損傷を修復できないことで起きるヒト疾患の原因となる．このことからTFⅡHが修復でも重要な機能を果たしていることが明らかになった．

## 24・9　アクチベーターは短い配列に結合する

**アクチベーター（活性化因子）** activator　遺伝子の発現を促進するタンパク質で，普通，プロモーターに作用してRNAポリメラーゼを活性化する．真核生物では，プロモーター内のアクチベーター結合配列を応答配列とよぶ．
**CAATボックス**　CAAT box　真核生物の転写単位の転写開始点上流に位置するよく保存された配列の一部．さまざまなグループの転写因子に認識される．
**GCボックス**　GC box　RNAポリメラーゼⅡに応答するプロモーターによくみられる構成因子で，GGGCGGという配列から成る．

- 短い保存された応答配列は転写開始点の上流領域に分散して存在する．
- 上流配列は転写開始の頻度を増加させる．
- 個々の上流配列のどれ一つとしてプロモーターの機能に必須であることはないが，一つまたはそれ以上の配列が効率的な転写開始になければならない．

RNAポリメラーゼⅡのプロモーターは2種類の領域から成っている．転写開始点はイニシエーターとその近くにあるTATAボックスの両方または一方により判断できる．前述のように，RNAポリメラーゼⅡは基本転写因子とともに転写開始点を取囲んで転写開始複合体を形成する．しかし，プロモーター認識の効率とその特異性は，さらに上流の短い塩基配列に依存していて，このような塩基配列は**アクチベーター（活性化因子）**とよばれる別の因子群に認識されている．多くの場合，このような塩基配列は転写開始点から100 bpほど上流にあるが，もっと遠く離れていることもある．これらの部位にアクチベーターが結合すると（おそらく）転写開始複合体の形成のいずれかの段階に影響を与える可能性がある．

典型的なプロモーターの解析結果を図 24・17 に示す．βグロビンの転写開始点から100 bp上流までの間のほとんどすべての部位で一つずつ塩基の置換が行われた．その結果は驚くべきことに，変異の大多数はプロモーターの転写開始に影響を与えない．転写開始を低下させる変異は3箇所で起こっており，これらは三つの短い互いに独立した塩基配列に対応している．そのうち二つの上流配列は，転写開始点に最も近いもう一つの部位よりも転写レベルに対してはもっと大きな影響を与えている．転写開始を上昇させる変異は一つの部位にだけ見つかっている．この結果から−30 bp，−75 bpそして−90 bpを中心とする三つの短い塩基配列がプロモーターを形成していると結論できる．それぞれは普通のプロモーターにみられるコンセンサス配列と同じものである．

TATAボックス（−30 bpを中心とする）はプロモーターの構成成分の中では変異による転写の低下という点で影響が最も小さい．しかし，TATAボックスの変異では転写開始は阻害されないが，転写開始点は通常の正確な位置からずれて，ばらばらとなって定まらない．このことから，TATAボックスはコアプロモーター中の位置を決定する重要な成分ということがわかる．

基本転写配列とそれらの上流に位置する配列は異なる機能をもっている．基本転写配列（TATAボックスやイニシエーター）は転写開始点の位置を決定するが，かなり低いレベルでしか転写開始を促すことはできない．これらは基本転写因子が集合して転写開始複合体を形成する場所を決定する．より上流にある応答配列は，転写開始複合体の集合する効率を促進する．この配列はアクチベーターの結合部位となっていて，このアクチベーターが基本転写因子と相互作用して開始複合体へと集合していく効率を高めてい

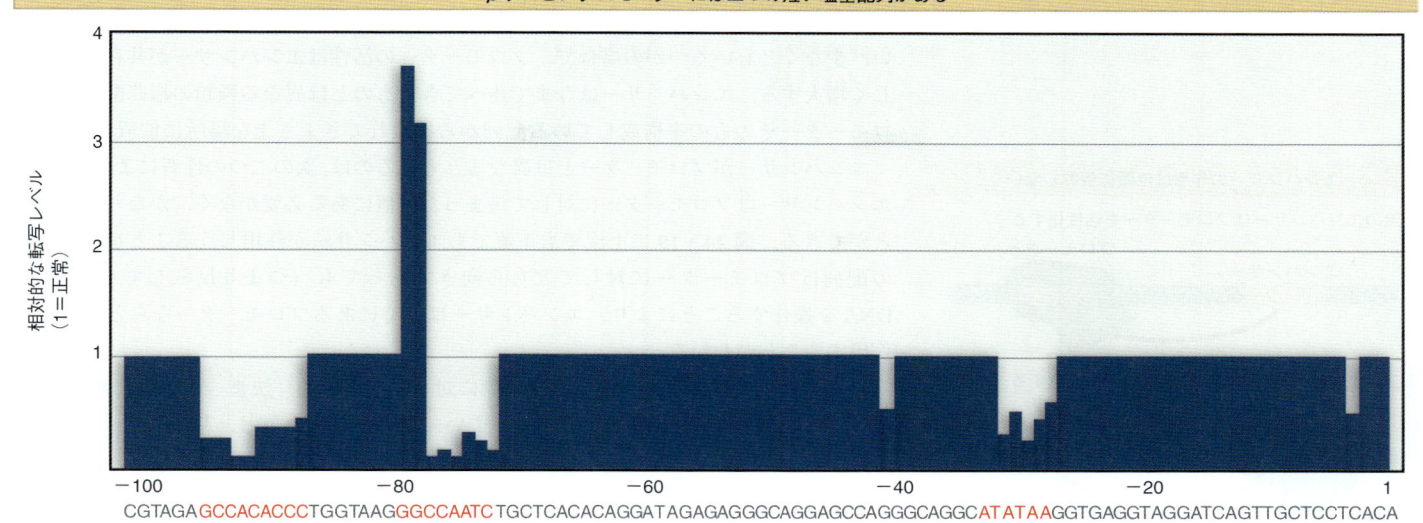

### βグロビンプロモーターには三つの短い塩基配列がある

CGTAGA**GCCACACCCT**GGTAAG**GGCCAATC**TGCTCACACAGGATAGAGAGGGCAGGAGCCAGGGCAGGC**ATATAA**GGTGAGGTAGGATCAGTTGCTCCTCACA

**図 24・17** βグロビンのプロモーターの上流領域の詳細な変異解析により，転写開始に必要な 3 箇所の短い領域（−30，−75，−90 bp を中心とした）が同定されている．これらの領域は TATA, CAAT および GC ボックスに対応している．

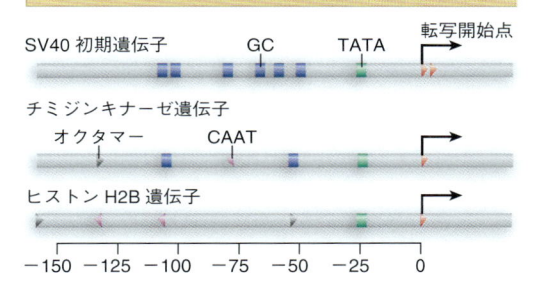

る（§25・4 参照）．

−75 bp 近傍の配列は **CAAT ボックス**である．これは，そのコンセンサス配列にちなんで名づけられているが，これらの共通配列の中で最初に報告されたうちの一つである．−80 bp 付近に位置することが多いが，転写開始点からかなり隔たった距離に位置していても機能するし，また，どちら向きの配列でも機能する．変異の影響が大きいことから，CAAT ボックスはプロモーターの効率の決定に重要な役割を果たしていると考えられる．しかし，その特異性には影響を与えない．

−90 bp 近傍の **GC ボックス**は GGGCGG という配列である．しばしば複数コピーがプロモーターに存在し，また，逆向きのものも見いだされる．これもしばしばみられるプロモーターの構成成分である．

プロモーターは"種々のものを組合わせる"といった原則で構成されている．さまざまな配列がプロモーターの機能にかかわるが，どれ一つとしてすべてのプロモーターに必須というわけではない．いくつかのプロモーターの例を**図 24・18** に示す．このプロモーターでは全部で 4 種類の配列が見つかっている．それは，TATA ボックス，GC ボックス，CAAT ボックスそしてオクタマーである．個々のプロモーターにみられる配列は塩基数，位置，あるいは向きが異なっていて，どの配列もすべてのプロモーターに共通に存在するわけではない．プロモーターは方向性に関する情報をもたらす（転写は下流方向にのみ進行する）けれども，GC や CAAT ボックスはどちらの方向でも機能できるようである．これらの配列は単独で，転写開始点近傍に転写因子を運んでくるための DNA 結合部位として機能しているものと思われる．転写因子の構造は，DNA 結合部位の方向性や転写開始点からの正確な距離とは無関係に，基本転写装置とタンパク質同士が接触することができるほど柔軟であるに違いない．

**図 24・18** プロモーターは TATA ボックス，CAAT ボックス，GC ボックス，オクタマーの組合わせから成る．

### 24・10 エンハンサーにはどちら向きでも転写の開始を促進する配列がある

**エンハンサー** enhancer 真核生物のいくつかのプロモーターの利用効率を高めるシスに働く配列で，どちら向きに入っていても作用し，プロモーターに対してどんな位置関係でも（上流でも下流でも）機能する．
**上流活性化配列（UAS）** upstream activator sequence 真核生物のエンハンサーに相当する酵母の配列．

- エンハンサーはいちばん近くにあるプロモーターを活性化する．
- 酵母の UAS（上流活性化配列）はエンハンサーの役割をするが，プロモーターの上流でしか働かない．
- エンハンサーとプロモーターには似た配列がある．
- エンハンサーはアクチベーターの複合体を形成し，プロモーターと直接もしくは間接的に相互作用する．

これまでのところはプロモーターをRNAポリメラーゼと結合する独立した領域としてとらえてきた．しかし真核生物のプロモーターは必ずしも単独で機能するとは限らない．少なくともいくつかの場合で，プロモーターの活性は**エンハンサー**が共存すると著しく増大する．エンハンサーは今まで述べてきたものとは異なる種類の塩基配列で，プロモーターそのものを構成している配列からは離れてさまざまな場所に位置している．

エンハンサーがプロモーターとは異なると考えるのは，次の二つの性質によっている．エンハンサーはプロモーターに対して決まった位置にある必要がなく，かなり変えることができる．図24・19に上流でも下流でもエンハンサーが作用しうることを示す．その配列はプロモーターに対してどちら向きであっても（つまり反転しても）働く．DNAを操作することにより，エンハンサーは近くにあるプロモーターならどれにでも作用することがわかる．

実際には，プロモーターを転写開始点に対して（比較的）決まった位置にあるDNA配列あるいはDNA配列群と定義するとよい．この定義によると，TATAボックスやそのほかの上流配列は含まれるが，エンハンサーは含まれない．しかしながら，これは厳密な分類ではなくむしろ便宜上の定義である．

酵母ではエンハンサーに似た配列として**上流活性化配列（UAS）**が知られている．これはどちら向きでも，また，プロモーターの上流のさまざまな位置でも機能するが，下流に位置していると機能できない．UASには調節機能があり，下流の遺伝子を活性化する調節タンパク質（群）がUASに結合している例もいくつかある．

エンハンサー配列のDNA領域を切出して他の場所に挿入する再構成実験では，エンハンサーがDNA分子上のどこかにありさえすれば転写は正常に維持される．βグロビン遺伝子がエンハンサーのあるDNA分子上に置かれれば，たとえエンハンサーが転写開始点より数 kb 上流あるいは下流にあっても，またどちら向きであっても，その転写は *in vivo* で200倍以上増加する．エンハンサーが働かなくなる距離の限界はいまだ不明である．

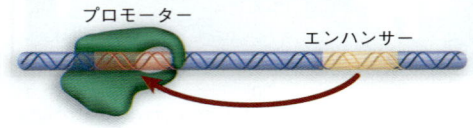

図 24・19 エンハンサーは上流にあっても下流にあってもプロモーターを活性化できる．

### 24・11 エンハンサーにはプロモーターにもみられるいくつかの配列がある

**エンハンソーム** enhanceosome エンハンサーに協同的に集合する転写因子複合体．

- エンハンサーはプロモーター中にみられるものと同じ短い配列によって構成されている．
- 構成配列の密度はプロモーターよりもエンハンサーの方が高い．

エンハンサーと典型的なプロモーターとの違いは調節配列の密度の差である．図24・20にはSV40エンハンサーの変異による機能阻害の程度を示す．図24・17で示したように，同じ方法で解析されたプロモーターの場合と比べると，変異により機能が直接影響を受ける部位の割合がさらに大きくなっている．すなわち，タンパク質結合部位の密度が高くなっていることを示している．このような部位の大部分は，たとえば，AP-1やオクタマーなどプロモーターで共通の配列である．

転写の特異性はプロモーターもしくはエンハンサーのどちらかで調節されている．プロモーターが特異的に調節されて，近くのエンハンサーが転写開始効率を増すのに使われることもあれば，プロモーターは特異的な調節を欠き，近くのエンハンサーが特異的に活性化されたときに限り転写が行われるものもある．一つの例として免疫グロブリン遺伝子ではエンハンサーが転写単位内にある．免疫グロブリン遺伝子のエンハンサーは遺伝子が発現するBリンパ球でのみ活性化するようである．このようなエンハンサーは遺伝子発現を調節する制御ネットワークの一部となっている．

エンハンサーとプロモーターの差異の一つに，エンハンサーは結合因子とより多くの協同作用をするという点が挙げられよう．IFN（インターフェロン）γ遺伝子のエンハンサーに集合する複合体は，**エンハンソーム**とよばれる機能複合体を協同的に構築する．非ヒストンタンパク質，HMGI(Y)が結合するとDNAを折り曲げて，いくつかの転写因子（NF-κB，IRF，ATF-Jun）と結合した構造を形成する．"種々のものを組合

**必須な配列はプロモーターよりエンハンサーの方に集中している**

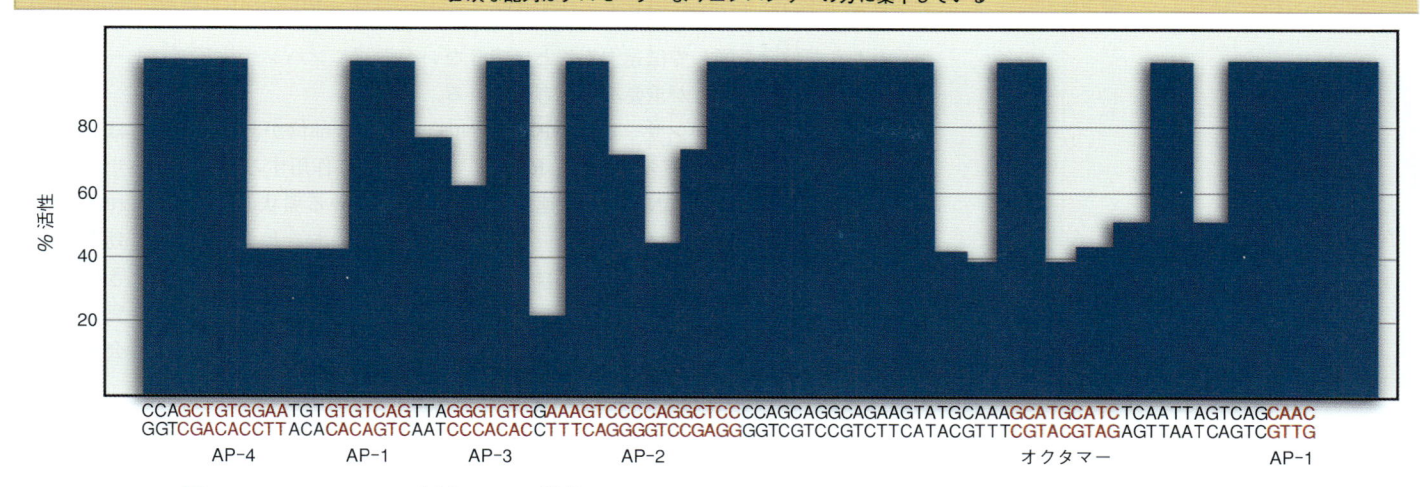

```
CCAGCTGTGGAATGTGTGTCAGTTAGGGTGTGGAAAGTCCCCAGGCTCCCCAGCAGGCAGAAGTATGCAAAGCATGCATCTCAATTAGTCAGCAAC
GGTCGACACCTTACACACAGTCAATCCCACACCTTTCAGGGGTCCGAGGGGTCGTCCGTCTTCATACGTTTCGTACGTAGAGTTAATCAGTCGTTG
   AP-4         AP-1        AP-3          AP-2                          オクタマー        AP-1
```

図 24・20 エンハンサー領域にはその機能にかかわるいくつかのモチーフ構造がある．棒グラフはエンハンサー活性を野生型の 75 % 以下に減少させるようなすべての変異の作用を示している．既知のタンパク質結合部位を棒グラフの下に示してある．

わせる" というプロモーターの構造とは対照的に，こうしたすべての成分がエンハンサーにおける活性構造をつくり出すのに必要である．こうした構成成分は，それ自身で直接に RNA ポリメラーゼと結合することはないが，コアクチベーター複合体と結合できる部位をつくり出す．コアクチベーター複合体は RNA ポリメラーゼⅡと結合して，それをプロモーター上に構築された基本転写因子の転写開始前複合体へと動員する．コアクチベーターの機能については，§25・4 で詳しく論じたい．

## 24・12　エンハンサーはプロモーターの近くのアクチベーターの濃度を増やす働きをする

- エンハンサーは通常標的とするプロモーターにシスでのみ働く．
- エンハンサーは，プロモーターを含む DNA とエンハンサーを含む DNA がタンパク質による連結や，二つの DNA 分子間の連環によって隣接した場合，トランスに働く．
- 原則としてエンハンサーはプロモーターの近傍にとどめられている場合に働く．

エンハンサーはプロモーターとかなり似た機能をもつが，両方向どちらでも，また開始点からいろいろな距離で働くという点でプロモーターと異なる．エンハンサーの機能は上流のプロモーター配列における相互作用と同じように，基本転写装置との相互作用に関係していると考えられている．エンハンサーはプロモーターと同じように，モジュール構造から成る．エンハンサーとプロモーターの両方にみられる配列もいくつかある．プロモーターにみられる配列の中には距離が変わっても向きが変わっても機能するというエンハンサーと同じ性質をもつものもある．したがって，エンハンサーとプロモーターの違いははっきりしたものではない．エンハンサーは一固まりに集合したプロモーター配列を含み，転写開始点から遠く離れても機能することができると考えられる．

エンハンサーの重要な役割とはプロモーターの近くで転写因子の濃度を高めることなのであろう（ここで近くとは相対的な意味においてである）．図 24・21 で示す 2 種類の実験から，実際そういう場合のあることがわかる．

すなわち一方の端にエンハンサーがあり，もう一方の端にはプロモーターがある DNA 断片では効果的な転写は行

図 24・21 エンハンサーはタンパク質をプロモーターに近づけることで機能している．エンハンサーは長い線状 DNA の反対側の末端のプロモーターに作用することはないが，タンパク質を仲立ちに DNA が環状になると機能を発揮する．別々の環状 DNA に存在するエンハンサーとプロモーターは相互作用を示すことはないが，二つの分子が連環すると相互作用がみられる．

われないが，それらがタンパク質の仲介でつながるとエンハンサーはプロモーターからの転写を促進することができるようになる．超らせんの変化のような構造上の作用はこのような仲介を通して伝達することはできないから，エンハンサーとプロモーターとを互いに近づけたことが重要な点と考えられる．

ある細菌のエンハンサーには調節因子 NtrC との結合部位があるが，これは $\sigma^{54}$ により認識されるプロモーターを使う RNA ポリメラーゼに作用する．エンハンサーがプロモーターを含む環状 DNA 分子と連環状につながれている環状 DNA 上にあれば，転写開始はエンハンサーとプロモーターが同じ環状分子上にあるときとほぼ同じ効率で行われる．しかし，エンハンサーとプロモーターが離れ離れの環状分子にあるときには転写開始は起こらない．ここでも重要な点は，エンハンサーに結合するタンパク質の物理的な位置であり，それによりプロモーターに結合するタンパク質との接触の機会が増えるということである．

もしプロモーターから数 kb 離れたエンハンサーに結合するタンパク質が転写開始点近くに結合するタンパク質と直接作用するのであれば，DNA の構造にはエンハンサーとプロモーターが近づくことができるような柔軟性があるはずである．そのためには二つの間にある DNA が大きな"ループ"としてはじき出される必要があり，細菌のエンハンサーの場合にはこのようなループが直接観察されている．

何がエンハンサーの能力を制限するのだろうか．概してエンハンサーはいちばん近くのプロモーターで働く．エンハンサーが二つのプロモーターの間に置かれた場合，二つの配列が結合している複合体間での特異的なタンパク質-タンパク質間の結合によって一つのプロモーターのみが活性化される．エンハンサーはインスレーター —— その領域を超えたプロモーターにはエンハンサーが働くことができない DNA 配列（§29・14 参照） —— によっても制限される．

## 24・13　遺伝子の発現は脱メチルと関連している

> **CpG アイランド**　CpG island　哺乳類のゲノムにみられる，メチル化されていない CpG ダブレットに富む 1〜2 kb の領域．

- 遺伝子の 5′ 末端における脱メチルが転写に必要である．
- CpG アイランドはメチル化を受けていない恒常的に発現している遺伝子のプロモーターの周りに存在する．
- CpG アイランドはいくつかの組織特異的に発現する遺伝子のプロモーターにもみられる．
- ヒトゲノムにはおよそ 29,000 箇所の CpG アイランドが存在する．
- CpG アイランドのメチル化はその中にあるプロモーターの活性化を妨げる．
- 転写抑制はメチル化された CpG ダブレットに結合するタンパク質によってひき起こされる．

DNA のメチル化は転写調節の一つのパラメーターといえる．典型的には，プロモーター近傍のメチル化は転写を抑制し，脱メチルが遺伝子発現に必要である．これらの反応は遺伝子の 5′ 領域にみられる **CpG アイランド**とよばれる領域で普通は起きる．このアイランドはジヌクレオチド配列 CpG の割合の増加によって検出される．

脊椎動物の DNA 配列では，CpG ダブレットは G・C 塩基対の割合から予測される頻度の約 20% しか出現しない．（これは CpG ダブレットの C がメチル化を受け，このメチル化された C が自然に脱アミノされて T になる．）しかし，ある領域では CpG ダブレットの割合は予想された値に達する．それどころか，ゲノムの残りの部分と比較して約 10 倍にも増えている．これらの領域での CpG ダブレットはメチル化されていない．

GC 含量は全 DNA では平均 40% なのに対し，CpG アイランドでは平均 60% で，典型的なアイランドは約 1〜2 kb の長さの DNA からできている．ヒトのゲノムにはこのようなアイランドが約 45,000 ある．アイランドのいくつかは反復した *Alu* 配列に存在する場合があり，これは *Alu* 配列が高 GC 含量である結果を反映しているだけなのであろう．これらの配列を除いても，ヒトゲノム配列中にはおよそ 29,000 ものアイラン

ドが認められる．マウスのゲノムでは 15,500 程度とこれより少ない．両方の種に共通して存在すると考えられる約 10,000 のアイランドは，種の間で保存された配列がつながっているところに見いだされ，こうしたアイランドが転写制御に重要であることを示唆している．これらの領域でのクロマチン構造は，遺伝子発現にあわせて変化する（§30・10 参照）．

CpG アイランドはプロモーターのちょうど上流に始まり，下流の転写領域の中まで広がり，しだいに消え失せていく場合がしばしばある．図 24・22 はゲノムの"普通"の領域の CpG ダブレットと DNA 配列から同定された CpG アイランドの CpG ダブレットの割合を比較している．CpG アイランドは常に発現している *APRT*（アデノシンホスホリボシルトランスフェラーゼ）遺伝子の 5′ 側の領域を取り巻いている．

常に発現される"ハウスキーピング"遺伝子はすべて CpG アイランドをもっている．これは，CpG アイランドの約半分にあたる．CpG アイランドのもう半分は，組織特異的に制御を受ける遺伝子のプロモーターにある．それらの遺伝子のうち少数（40 %以下）のみが CpG アイランドをもっている．この場合，アイランドは遺伝子の発現の状態にかかわりなくメチル化されていない．メチル化されていない CpG アイランドが存在するということは，転写には必要であるかもしれないが十分ではない．それゆえメチル化されていないアイランドは，ある遺伝子が必ず転写されるというよりも潜在的に活性をもつことの目印に使われている．動物ではメチル化されていない多くのアイランドが組織培養の細胞株ではメチル化されており，このことは，これらの株がその由来した組織に典型的なすべての機能を発現できないでいることと関連があるのだろう．

CpG アイランドのメチル化は転写に影響を及ぼす．これには二つの機構が関与している：

- 結合部位のメチル化によりいくつかの因子で結合が阻害される．これはプロモーター以外の調節部位に結合する場合に起こる（§31・6 参照）．
- もしくはメチル化が特異的にリプレッサーを DNA に結合させる原因となる．

抑制はメチル化された CpG 配列に結合する二つのタンパク質のうちのどちらかによって起こる．MeCP-1 タンパク質が DNA に結合するためにはいくつかのメチル基の存在が必要であり，MeCP-2 は一つのメチル化した CpG 塩基対に結合できる．このことによって，メチル化のない領域が転写の開始に必要な理由を説明できる．

メチル基がない状態が遺伝子発現に関連している．しかし，メチル化が遺伝子の発現の一般的な制御の仕組みだと断定するにはいささかの困難がある．たとえば，ショウジョウバエ（および他の双翅類昆虫）の DNA はメチル化されていない（ただし，メチルトランスフェラーゼをコードする可能性のある遺伝子はある）．また，線虫では DNA のメチル化は起こらない．不活性クロマチンと活性クロマチンの間には，DNA がメチル化されている動物種の場合と同じような差異がある．これらの生物ではメチル化は不必要であるか，あるいはその役割が別の機構に置き換えられている．

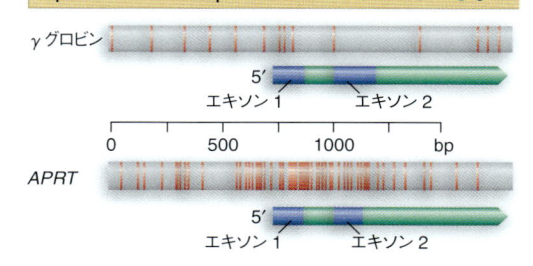

図 24・22 哺乳類 DNA の CpG ダブレットの典型的割合は，γ グロビン遺伝子にみられるように約 1/100 bp である．CpG アイランドでの割合は 10 ダブレット/100 bp 以上に増加する．*APRT* 遺伝子のアイランドはプロモーターの約 100 bp 上流から始まり遺伝子の内部まで約 400 bp 続く．おのおのの縦線は CpG ダブレットを表す．

## 24・14 要　　約

真核生物の 3 種の RNA ポリメラーゼの中で，RNA ポリメラーゼ I は rDNA を転写し，RNA ポリメラーゼ活性の大部分を占める．RNA ポリメラーゼ II は構造遺伝子を転写し mRNA を合成するが，この転写産物の多様性が最も大きい．RNA ポリメラーゼ III は tRNA と低分子 RNA を転写する．これらの酵素は似た構造，すなわち，二つの大きなサブユニットと多くの小さなサブユニットをもち，サブユニットの中にはこれらの酵素に共通なものもある．

三つの RNA ポリメラーゼはいずれもプロモーターを直接は認識しない．共通している原理は，まず転写因子が個々のプロモーターの特徴的な配列をもった部位を認識し，そこに RNA ポリメラーゼを結合させ，正しく転写開始点に位置づける．それぞれのプロモーターでは，個々の転写因子が複合体に加わる（あるいは離れる）一連の反応を通じて転写開始複合体が形成される．TBP 因子は 3 種すべての RNA ポリメラーゼの転写開始に必要である．それぞれの場合で，TBP は転写開始点の近傍に結合する"位置決定"因子のサブユニットの一つとなっている．

RNAポリメラーゼⅡのプロモーターは転写開始点の上流領域のたくさんの短い配列から成る．それぞれの配列には転写因子が結合する．TFⅡ因子から成る基本転写装置は転写開始点上に会合し，RNAポリメラーゼが結合できるようになる．転写開始点近くの（もしもあるとすれば）TATAボックスおよび転写開始点のごく近くの開始領域がRNAポリメラーゼⅡの正確な転写開始点の選択に重要な役割を果たしている．TATAボックスがある場合，TBPは直接TATAボックスに結合する．TATAボックスのないプロモーターでは，DPEの下流領域への結合により転写開始点の近傍に位置するようになる．TFⅡDが結合した後に，RNAポリメラーゼⅡの基本転写因子がプロモーター上に基本転写装置を構築する．TATAボックスの上流に位置するプロモーターの他の配列は基本転写装置と相互作用するアクチベーターに結合する．アクチベーターと基本転写因子はRNAポリメラーゼが伸長反応を始めると離れてしまう．

　RNAポリメラーゼⅡのCTDは開始反応中にリン酸化される．TFⅡDはCTDと結合する．CTDはまた5′末端キャッピング酵素やスプライシング因子，3′末端プロセシング複合体などのRNA転写産物を修飾するタンパク質の接触点となっている．

　プロモーターからの転写はエンハンサー配列により促進されるが，その塩基配列は非常に離れていても，また遺伝子のどちら側にあっても効果がある．エンハンサーもプロモーターと同様にいくつかの配列から成っていることもあるが，より密着して構成されている．いくつかの配列の中にはプロモーターにもエンハンサーにも見いだされるものがある．多分，エンハンサーはプロモーターと結合したタンパク質と相互作用してタンパク質複合体を構築し，その間のDNAを"ループ状に外に出す"機能をもつのであろう．

　CpGアイランドにはCpGダブレットが集中して存在し，しばしば恒常的に発現されている遺伝子のプロモーターを取囲んでいる．しかし，CpGアイランドは調節を受ける遺伝子のプロモーターにも見つかる．プロモーターを含むアイランドは転写を開始するためにはそのプロモーターがメチル化されていないことが必要である．特異的なタンパク質がメチル化したCpGダブレットに結合し，転写の開始を阻害する．

# 25 真核生物の転写調節

- 25・1 はじめに
- 25・2 さまざまな種類の転写因子が存在する
- 25・3 それぞれの独立したドメインがDNAと結合し，転写を活性化する
- 25・4 アクチベーターは基本転写装置と結合する
- 25・5 アクチベーターは応答配列を認識する
- 25・6 DNA結合ドメインには多くの種類がある
- 25・7 ジンクフィンガーモチーフにはDNA結合ドメインがある
- 25・8 ステロイドレセプターは転写因子である
- 25・9 ステロイドレセプターのジンクフィンガーはいろいろな組合わせによるコードを使用する
- 25・10 応答配列への結合はリガンドの結合により活性化される
- 25・11 ホメオドメインはDNA中の互いによく似た標的に結合する
- 25・12 ヘリックス-ループ-ヘリックスタンパク質は組合わせを変えて相互作用する
- 25・13 ロイシンジッパーは二量体形成に関与している
- 25・14 要　約

## 25・1 はじめに

■ 真核生物の遺伝子発現は通常転写開始レベルで制御される．

　高等真核生物においてさまざまな種類の細胞を区別する表現型の違いは，タンパク質をコードする遺伝子，すなわち，RNAポリメラーゼⅡにより転写される遺伝子の発現の違いに大きく依存している．このような遺伝子の発現は原理的には数多くの段階のどこか1箇所で調節されている．段階ごとに制御にかかわる点を（少なくとも）五つ挙げることができる．

遺伝子構造の活性化
↓
転写開始
↓
転写産物のプロセシング
↓
細胞質への輸送
↓
mRNAの翻訳

　図25・1を見てもわかるように，真核生物の遺伝子発現はおもに転写開始時に制御される．多くの遺伝子で，転写開始は遺伝子の発現の主要な制御点となる．転写開始の制御は二つの出来事から成っている：

- プロモーターにおいて，その遺伝子の染色体構造が変わって転写因子が結合できるようになる（§30・10参照）．
- 開始には基本転写因子とRNAポリメラーゼⅡがプロモーターに結合することが必要であるが，この結合は各プロモーターで独特の転写因子により活性化される．

　転写調節因子は数多くの標的遺伝子を制御しているが，この制御に関して以下の二つの疑問に答えていこう．どのようにして各転写因子は一群の標的遺伝子を認識するのであろうか．また，転写因子自身の活性は細胞の内外のシグナルに応答してどのように制御されるのであろうか．

　RNAが合成されるときには一次転写産物は常に5'末端のキャッピングによる修飾や，そして多くの場合，3'末端のポリ(A)付加を受ける．分断されている遺伝子の転写産物からはイントロンが除去されなければならない．完成したRNAは核から細胞質へ輸送される．核内RNAでは，どの塩基配列を選択するかによる遺伝子発現の調節にこれらいずれかの段階，あるいはすべての段階がかかわっている．中でも最もよくわかっているのはスプライシングの違いによる調節である．遺伝子によっては選択的スプライシングによる発現の調節があり，mRNA内のコード領域配列が変わることがある（§26・11参照）．

**遺伝子発現は多くの段階を経て起こる**

転写開始の制御：
ほとんどの遺伝子で使われる
局所的なクロマチン構造が変化する

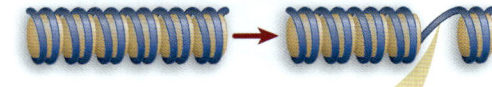

基本転写装置がプロモーターに結合する

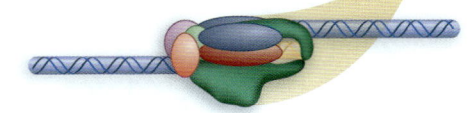

RNAが修飾されプロセシングを受ける：
同じ遺伝子から異なる複数の産物の発現を制御する

mRNAが核から細胞質へ運ばれる：
調節されない

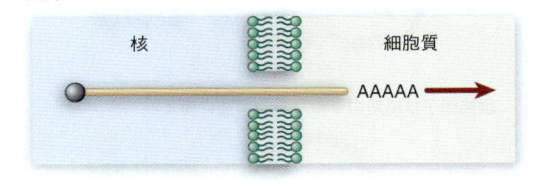

核　　　細胞質

mRNAが翻訳される

図25・1　遺伝子発現はおもに転写開始時に制御される．転写開始に続く段階で遺伝子が発現されるかどうか決まることはまれである．しかし，プロセシングの制御によりmRNAとして遺伝子のどの部分を使うかを決定することもある．

## 25・2 さまざまな種類の転写因子が存在する

> **基本転写因子** basal factor　RNAポリメラーゼⅡが開始複合体を形成する際にすべてのプロモーターにおいて必要な転写因子. TFⅡX（Xはアルファベットを示す）の名称で区別される.
> **アクチベーター（活性化因子）** activator　遺伝子の発現を促進するタンパク質で，普通，プロモーターに作用してRNAポリメラーゼを活性化する. 真核生物では，プロモーター内のアクチベーター結合配列を応答配列とよぶ.
> **応答配列** response element　真核生物のプロモーターまたはエンハンサーにあって，特異的な転写因子に認識される配列.
> **コアクチベーター** coactivator　転写に必要とされる因子だが，DNAには結合せず，（DNAに結合する）アクチベーターが基本転写因子と相互作用するために必要な因子.

> ■ 基本転写装置は転写開始点を決定する.
> ■ アクチベーターは転写の頻度を決定する.
> ■ アクチベーターは基本転写因子とのタンパク質-タンパク質相互作用により機能する.
> ■ アクチベーターはコアクチベーターを介して機能することもある.

転写の開始は，プロモーターまたはエンハンサー上に結合している転写因子間，もしくは転写因子とRNAポリメラーゼ間の多くのタンパク質-タンパク質相互作用が関与する. 転写に必要な因子はいくつかのクラスに分けられる. 図25・2にそれらの性質をまとめた:

● RNAポリメラーゼとともに**基本転写因子**が転写開始点とTATAボックスに結合する（§24・7参照）.

● **アクチベーター（活性化因子）**は，特異的な短いコンセンサス配列を認識する転写因子である. アクチベーターはプロモーターもしくはエンハンサー部位に結合する（§24・9参照）. アクチベーターは基本転写因子がプロモーターに結合する効率を上げる. それゆえ，これらの因子は転写の頻度を上昇させ，プロモーターが十分なレベルで機能するのに必要とされるのである. アクチベーターのうちいくつかは（いたる所にあり）恒常的に機能するが，それ以外は制御する役割をもっていて，ある決まった組織で決まった時に合成されるか，もしくは活性化される. そのため，これらの因子は時間や空間による転写様式の制御を担っている. アクチベーターの結合するDNA配列は**応答配列**とよばれる.

● 効率的な転写に必要な因子のもう一つのグループは，それ自身はDNAと結合しない. **コアクチベーター**は基本転写装置とアクチベーターの結合を仲介する（§25・4参照）. コアクチベーターはタンパク質-タンパク質相互作用により，アクチベーターと基本転写装置との間を橋渡しする.

● いくつかの調節因子には転写を助けるのに必要な遺伝子の構造を変化させるものもある（§30・4参照）.

機能的なプロモーターが構築される配列が多様であり，転写開始点からの距離がまちまちであるということは，アクチベーターがタンパク質-タンパク質相互作用を介して，お互いに相互作用しあう可能性をもっている. このプロモーターのモジュールの性質は，異なるプロモーターの同等である部分を置き換えた実験によって説明できる. こうしたハイブリッドプロモーターもうまく機能する. これは応答配列のおもな目的が，これに結合するアクチベーターを転写開始複合体の近傍まで引き寄せることであることを示している. そして，転写開始複合体でのタンパク質-タンパク質相互作用が転写開始反応の効率を決定している.

RNAポリメラーゼⅡのプロモーターの構成は，すべての転写因子が直接RNAポリメラーゼと結合する必要のある細菌のプロモーターとは対照的である. 真核生物では，基本転写因子だけがこの酵素と直接結合する. アクチベーターは基本転写因子か，もしくは基本転写因子と結合するコアクチベーターに結合する. こういった階層構造から成る相互作用による転写装置の構築によって，応答配列の並びや距離の柔軟性が説明される.

**何種類かの因子が転写に作用する**

RNAポリメラーゼと基本転写因子がプロモーターに結合する

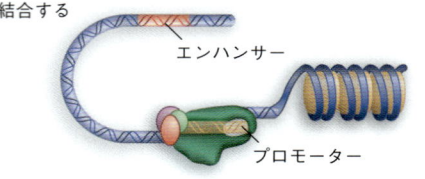

アクチベーターがプロモーターに結合する

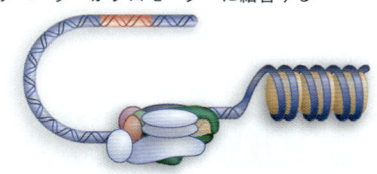

アクチベーターが最も離れたプロモーターもしくはエンハンサーに結合する

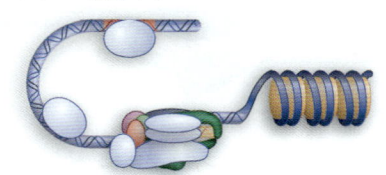

コアクチベーターはアクチベーターを基本転写因子につなげる

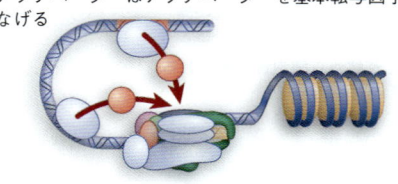

調節因子は局所のクロマチン構造に働く

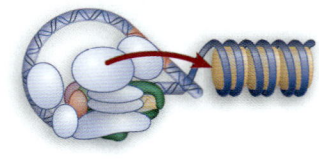

図25・2　遺伝子発現に関係する因子にはいろいろなものが含まれる. RNAポリメラーゼ，基本転写装置，アクチベーターはプロモーターやエンハンサーで直接DNAに結合する. コアクチベーターはアクチベーターと基本転写装置に結合する. 調節因子は局所のクロマチン構造に作用する.

## 25・3 それぞれの独立したドメインがDNAと結合し，転写を活性化する

- DNA結合と転写の活性化はアクチベーターの独立したドメインによって行われる．
- DNA結合ドメインは標的とするプロモーターもしくはエンハンサーに対する特異性を決定する．
- DNA結合ドメインの役割はプロモーター近傍に転写活性化ドメインを運んでくることである．

アクチベーターやその他の調節タンパク質には2種類の機能がある：

- エンハンサー，プロモーターなどにある特定の標的配列やその他個別の遺伝子に影響を与える調節配列を認識する．
- アクチベーターはDNAに結合した後，転写装置の他の構成因子と結合することによってその機能を発揮する．

このような活性をもつアクチベーターのドメインを明らかにできるであろうか．DNAに結合するドメインと転写を活性化するドメインがそれぞれ別々になっているアクチベーターが多い．それぞれのドメインは他の型のドメインと結合したとき，それぞれ独立に機能する単位として働く．転写複合体全体の位置関係は，DNA結合ドメインの正確な位置と向きにかかわらず，転写活性化ドメインを基本転写装置に結合できるようにしなければならない．

上流プロモーター配列（UPE）は転写開始点からかなり遠くにあってもよく，多くの場合どちら向きでもかまわない．エンハンサーはさらに遠くにある場合が多く，常に方向に依存しない．このような構造には，DNAとタンパク質の両方が意味をもっている．DNAは転写複合体を形成できるようにループ状に飛び出していたり凝集していたりするのだろう．アクチベーターのドメインは図25・3に示すように融通性をもって結合する．ここで重要なことは，DNA結合ドメインと転写活性化ドメインは独立しており，活性化ドメインはDNA結合ドメインの位置や配列の向きに無関係に基本転写因子と結合することである．

もちろんDNAに結合するということは転写活性化に必要な条件であるが，活性化は個々の特定なDNA結合ドメインによって大きく左右されるのであろうか．この問題は，あるアクチベーターのDNA結合ドメインを他のアクチベーターの転写活性化ドメインに連結したハイブリッドタンパク質を作成して答えが得られた．このハイブリッドタンパク質は，DNA結合ドメインが指定する部位で転写機能を果たすが，活性化の様式は転写活性化ドメインにより決定されていた．

この結果は，転写アクチベーターがモジュール構造をとっているという視点に合致する．DNA結合ドメインの機能を転写開始点の近くに活性化ドメインをもってくることととらえてみることもできる．厳密にDNA結合ドメインがどのようにして，またどこに結合するかは別にして，一度そこに位置すると転写活性化ドメインが機能できるようになるのである．これは，プロモーター内でDNA結合部位の正確な位置が変わりうる理由の説明である．ハイブリッドタンパク質内で二つの型のモジュールが機能する有り様は，おのおののタンパク質ドメインが他の領域から影響を受けない独立した活性構造へと折りたたまれていることを示す．

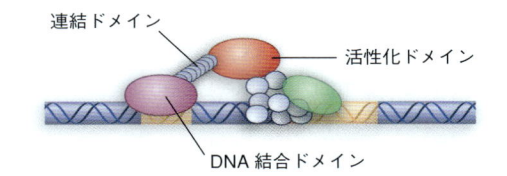

図25・3 転写因子がもつDNA結合の機能と活性化の機能はこのタンパク質の独立したドメインにそれぞれ存在する．

## 25・4 アクチベーターは基本転写装置と結合する

メディエーター mediator 酵母その他の真核生物のRNAポリメラーゼIIに結合している，大きなタンパク質複合体．大多数のプロモーターからの転写に必要とされる因子を含んでいる．

- 直接機能するアクチベーターは，DNA結合ドメインと転写活性化ドメインを一つずつもっている．
- 転写活性化ドメインをもっていないアクチベーターは転写活性化ドメインをもつコアアクチベーターと結合することで機能する．

- 基本転写装置のいくつかの因子は，アクチベーターもしくはコアクチベーターが相互作用する標的である．
- RNA ポリメラーゼは，ホロ酵素複合体という型で，転写因子のさまざまな組合わせのうちの一つと結合するものと考えられる．
- 転写の抑制は通常クロマチン構造に作用して行われるが，特異的にプロモーターと結合してリプレッサーとして働くものもある．

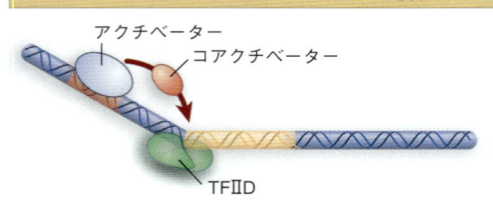

図 25・4 アクチベーターは基本転写装置と接触するコアクチベーターに結合する場合がある．

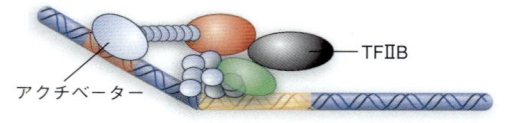

図 25・5 アクチベーターは転写開始の異なる段階で，TFⅡD 中の TAF または TFⅡB と接触することで機能する．

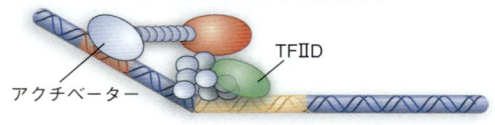

アクチベーターは，図 25・3 を見てもわかるように，DNA 結合ドメインと転写活性化ドメインが結合したときに，直接働くことができるものと考えられる．その他の場合では，自身は転写活性化ドメインをもたないかコアクチベーターという転写活性化ドメインをもつタンパク質と結合するということもある．図 25・4 にそのようなアクチベーターを示す．コアクチベーターは DNA に直接結合する代わりに DNA に結合する転写因子と結合する能力をもつ特異的な転写因子と考えられる．個々のアクチベーターは特異的なコアクチベーターを必要とする場合がある．

しかし，タンパク質成分についてはいろいろの組合わせで組立てられていても反応機構は同じである．基本転写装置に直接接触するアクチベーターは，DNA 結合ドメインと共有結合でつながった活性化ドメインをもっている．一つの因子がコアクチベーターを介して働くときには，その結合はタンパク質サブユニット間の非共有結合である（図 25・3 と 25・4 を比較）．種々のドメインが同じタンパク質のサブユニット中にあるのか，または複数のタンパク質サブユニットに分かれて存在しているかどうかにかかわらず，上述と同じ相互作用により活性化が起こる．

転写活性化ドメインは，基本転写装置の構築を促進する基本転写因子とタンパク質-タンパク質間の接触をすることで働く．基本転写装置との接触はいくつかの基本転写因子，典型的には TFⅡD，TFⅡB，または TFⅡA のうちの一つと行われる．これらの因子はすべて，基本転写装置が集合する際にも比較的早い時期に参加する（図 24・11 参照）．図 25・5 はそのような接触が起こったときの状況を示している．アクチベーターのおもな作用は基本転写装置の集合に影響を与えるということである．

TFⅡD はいちばんよく使われるアクチベーターの標的であるかもしれない．アクチベーターはいくつかの TAF（TBP 会合因子）のうちのいずれか一つと接触すればよいのである．実際 TAF のおもな役割は基本転写装置とアクチベーターを結び付けるものと考えられている．このことは，なぜ TBP（TATA 結合タンパク質）は単独で基底レベルでの転写を支えられるのに，TFⅡD 中の TAF はアクチベーターが促進するより高次のレベルでの転写に必要とされるかを説明している．TFⅡD 中のさまざまな TAF は異なるアクチベーターと相互作用するための表面をつくっている．ある一つの TAF のみと相互作用するアクチベーターもあるし，多数の TAF と相互作用するものもある．この相互作用は TFⅡD の TATA ボックスへの結合を助けるか，他のアクチベーターを TFⅡD・TATA ボックス複合体の周りに結合させるのを助けると考えられる．どちらの場合でも，その相互作用は基本転写装置を安定化する．これが転写開始の過程を促進し，そのことによってプロモーターの利用が増える．

どのようにアクチベーターは転写を活性化するのであろうか．これには二つの一般的なモデルが考えられよう：

- 動員モデルはプロモーターへの RNA ポリメラーゼの結合を増加させる効果を重視する．
- もう一つのモデルは，転写開始複合体に変化が生じることを仮定している．たとえば酵素の高次構造の変化が転写の効率を増加させることが考えられる．

こうしたモデルの検証を酵母で行った結果，動員モデルで活性化を説明できた．RNA ポリメラーゼの濃度を十分に上昇させた場合，アクチベーターはもはや転写をそれ以上活性化できないので，アクチベーターの唯一の作用はプロモーター領域における RNA ポリメラーゼの実効濃度を上げるということが示唆される．しかし，いくつかの転写因子は，RNA ポリメラーゼや基本転写装置との相互作用により転写に直接影響を与えるが，他の因子はクロマチンの構造を変えることにより機能する（§30・2 参照）．

基本転写因子，RNA ポリメラーゼ，アクチベーター，コアクチベーターといった効

率的な転写に必要な構成成分をすべて加えると，40個以上のタンパク質から構成される巨大な転写装置ができあがる．この転写装置はプロモーターによって順をおって形成されるのだろうか．いくつかの基本転写因子，アクチベーター，コアクチベーターはプロモーターで段階的に集合するが，図25・6に示すようにアクチベーターやコアクチベーターとあらかじめ結合したRNAポリメラーゼを含む巨大な複合体がここに運ばれてくる．

RNAポリメラーゼは，種々の転写因子と結合したいくつかの型をもっている．最も代表的な酵母の"ホロ酵素複合体"（付加的な構成成分なしで転写開始が可能なものと定義される）は**メディエーター**とよばれる20個のサブユニットの複合体を結合したRNAポリメラーゼから構成されている．メディエーターは多くの酵母の遺伝子の転写に必要である．多くの高等真核生物でも，これと相同的な複合体が転写に必要とされる．メディエーターはRNAポリメラーゼのCTD（C末端ドメイン）と相互作用して，そのタンパク質構造を変化させる．メディエーターは，上流にある構成成分からの活性化もしくは抑制の効果をRNAポリメラーゼへと伝達することができる．おそらくポリメラーゼが伸長を始めるときにメディエーターは解離すると思われる．

真核生物における転写の抑制は一般に，クロマチン構造（§28・1参照）の影響の下に行われる．トランスに働いて転写を阻害する細菌のリプレッサーのような作用をする調節因子はまれであるが，いくつかの例が知られている．その一つに，NC2/Dr1/DRAP1という普遍的なリプレッサーがあって，これはヘテロ二量体としてTBPに結合し，それがその他の基本転写装置と相互作用することを阻害している．このように作用するリプレッサーは，基本転写装置を積極的に阻害する役割を果たしている．

**RNAポリメラーゼはホロ酵素として存在する**

アクチベーターと基本転写因子が結合する

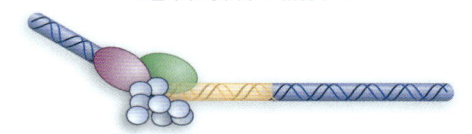

RNAポリメラーゼホロ酵素が結合する

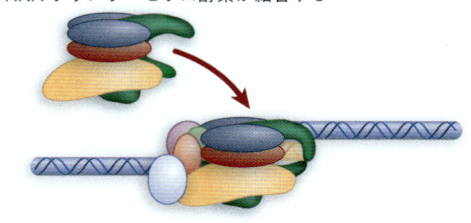

図25・6　RNAポリメラーゼは多くのアクチベーターを含むホロ酵素として存在する．

## 25・5　アクチベーターは応答配列を認識する

> **熱ショック応答配列（HSE）**　heat shock response element　プロモーターまたはエンハンサーにみられる配列で，熱ショックにより誘導されるアクチベーターが遺伝子を活性化するときに使われる．
> **グルココルチコイド応答配列（GRE）**　glucocorticoid response element　プロモーターまたはエンハンサーにみられる配列で，グルココルチコイドなどのステロイドが活性化するグルココルチコイドレセプターによって認識される．
> **血清応答配列（SRE）**　serum response element　プロモーターまたはエンハンサーにみられる配列で，細胞に血清を与えたときに活性化される転写因子（SRF）に応答して転写を誘導する．SREが活性化されると，細胞の増殖を促進する遺伝子群が一括して発現する．
> **熱ショック遺伝子**　heat shock gene　温度の上昇（などの細胞に対する攻撃）に反応して活性化される一群の遺伝子座．すべての生物に見いだされる．この産物には変性したタンパク質に作用するシャペロンが含まれるのが普通である．

> ■ 応答配列はプロモーターやエンハンサー中に存在する．
> ■ それぞれの応答配列はそれぞれ異なるアクチベーターによって認識される．
> ■ プロモーターは，それぞれ単独で，もしくはある決まった組合わせで働いて転写を活性化するような多くの応答配列をもっている．

共通した調節を受ける遺伝子群を解析して明らかになったことは，一つのアクチベーターにより認識されるプロモーター（もしくはエンハンサー）配列を共有していることである．このような因子に反応する遺伝子の配列を**応答配列**とよぶ．たとえば，**HSE**（熱ショック応答配列），**GRE**（グルココルチコイド応答配列），**SRE**（血清応答配列）などである．応答配列は短いコンセンサス配列からできており，それぞれの遺伝子にみられる応答配列同士は類似しているが，必ずしも同一とは限らない．因子が結合する領域はコンセンサス配列の両側に広がっている短い配列も含んでいる．これらの配列はプロモーターの中で転写開始点から決まった距離にあるわけではないが，通常，上流200 bp以内にある．一般に，調節反応には1個の配列で十分であるが，複数個のコピーが存在することもある．

応答配列はプロモーターやエンハンサーの中に位置している．配列によっては普通プロモーターかエンハンサーのどちらか一方に存在している．たとえば，HSEはプロ

モーター内にあることが多く，GREはエンハンサー内にあることが多い．すべての応答配列はまったく同じ一般則により機能している．すなわち応答配列は，RNAポリメラーゼIIが結合するのに必要とされる基本転写因子と相互作用するアクチベーターを結合する．アクチベーターがあるのか，またはそれが活性化を受けているのかが遺伝子発現を制御している．

多くの遺伝子が単一の因子によって調節されている例として，熱ショック応答があげられる．この現象は広く原核生物から真核生物まで共通にみられ，多くの遺伝子の発現制御にかかわっている．温度上昇によりいくつかの遺伝子の転写が止まり，一方で**熱ショック遺伝子**の転写が起こる．その結果，mRNAの翻訳にも変化が起こる．熱ショック遺伝子の調節には原核生物と真核生物で違いがある．細菌では，新たな$\sigma$因子が合成されてRNAポリメラーゼホロ酵素が熱ショック遺伝子のプロモーターに共通な別の$-10$配列を認識するようになる（§11・11参照）．真核生物では熱ショック遺伝子に共通なコンセンサス配列（HSE）があるが，転写開始点からの相対的な位置はまちまちであり，それぞれが独立の転写因子HSTFによって認識される．この因子の活性化により，プロモーターにこの標的配列がある約20の特定の遺伝子群の転写開始が起こる．たとえば，ショウジョウバエ（D. melanogaster）のすべての熱ショック遺伝子にはそれぞれ複数個のHSEがあり，HSTFは協調的に隣接している応答配列へと結合する．HSEとHSTFの両者は進化上保存されており，驚くべきことにショウジョウバエの熱ショック遺伝子は哺乳類やウニのようにかけはなれた種の中でも活性化される．

メタロチオネイン（MT）遺伝子は，一つの遺伝子がどのようにして多数の異なる制御回路によって調節されるかを示す良い例である．メタロチオネインは金属と結合し，それを細胞から取除くことにより，細胞を高濃度の重金属から保護するタンパク質である．遺伝子は基底レベルでも発現しているが，重金属イオン（たとえばカドミウム）あるいはグルココルチコイドにより高レベルの発現が誘導される．この調節領域にはいくつかの異なった調節配列が組合わされている．

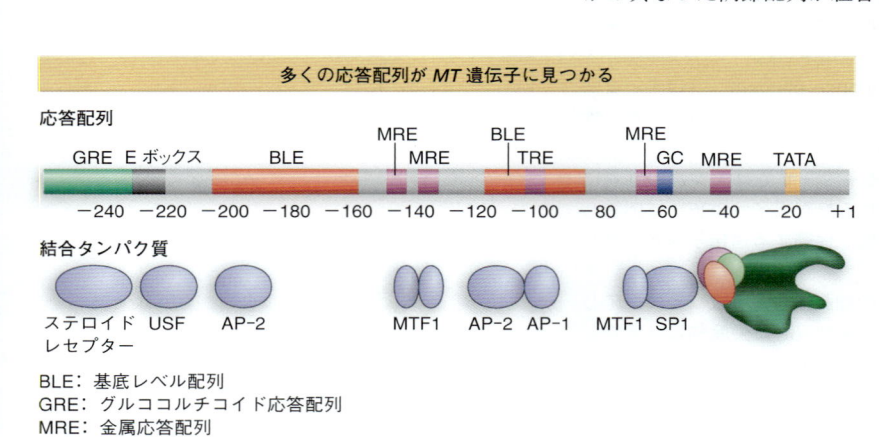

MT遺伝子のプロモーターの構成を図25・7にまとめてある．この図の特徴は転写を活性化する配列が高密度に存在することである．TATAボックスとGCボックスは通常，転写開始点にかなり近いところに位置している．恒常的な基底レベルの発現には二つの基底レベル配列（BLE）も必要であり，これらは型通りのエンハンサーである．両方のBLEとも転写開始点近くに位置しているが，どこへ移動しても活性は失われない．他のエンハンサーに見いだされる塩基配列を含み，また，SV40のエンハンサーに結合するタンパク質が結合する．

TRE（TPA応答配列）は，メタロチオネインのBLEやSV40の72 bp反復配列などいくつかのエンハンサーに存在するコンセンサス配列である．TREはAP-1因子との結合部位をもち，この相互作用は，AP-1が恒常的な発現のアクチベーターであるようにその一端を担っている．しかし，AP-1の結合には第二の機能がある．TREはTPA（12-O-テトラデカノイルホルボール13-アセテート，腫瘍を促進する薬剤の一つ）のようなホルボールエステルに対して応答し，この応答反応はAP-1とTREとの相互作用を介している．この結合反応は（それがすべてではないが），ホルボールエステルが一連の転写の変化をひき起こすきっかけの一つになっている．

金属による誘導反応は複数のMRE（金属応答配列）によって行われる．これらはプロモーター配列として機能する．1個のMREの存在により重金属との反応が起こるが，さらに複数の配列があればより大きな誘導がひき起こされる．MTF1という因子は金属イオンの存在に応答してMREと結合する．

ステロイドホルモンとの反応はGREによって起こるが，これは転写開始点の上流250 bpに位置し，エンハンサーとして働く．この領域が欠失しても，基底レベルの発現や金属イオンによる発現の誘導には影響しない．しかしながら，ステロイドとの反応には必須である．

図25・7　ヒトのメタロチオネイン遺伝子の調節領域のプロモーターとエンハンサーには種々の調節配列がある．プロモーターには金属による誘導のための配列があり，エンハンサーにはグルココルチコイドに応答する配列がある．これら応答配列は図の上部に，結合タンパク質は図の下部に示してある．

BLE：基底レベル配列
GRE：グルココルチコイド応答配列
MRE：金属応答配列
TRE：TPA応答配列

メタロチオネインの調節機構に示されるように，いくつかの異なる配列はエンハンサーの中にあってもプロモーターの中にあっても，どの一つをとっても単独で遺伝子を活性化することができるという一般原則がある．さまざまな配列が存在し，その作用が独立しており，そして相対的な配置には限りなく柔軟性があることから，一つの配列に結合する因子は基本転写装置による転写開始の効率をそれぞれ独立に増加させることができ，おそらく，転写開始複合体の形成を安定化したり，あるいは補助するタンパク質−タンパク質相互作用によって行われると考えられる．

### 25・6　DNA 結合ドメインには多くの種類がある

> **ジンクフィンガー**　zinc finger　転写因子に特徴的な DNA 結合モチーフの一つ．
> **ステロイドレセプター**　steroid receptor　リガンドであるステロイドが結合すると活性化される転写因子．
> **ヘリックス−ターン−ヘリックス（HTH）**　helix-turn-helix　DNA 結合部位を形成するモチーフで，二つの α ヘリックスの配置が，一つは DNA の主溝にはまり込み，もう一つはそれに覆いかぶさるように位置している．
> **ホメオドメイン**　homeodomain　転写因子にみられる特徴的な DNA 結合モチーフの一つ．ホメオドメインをコードする DNA 配列をホメオボックスという．
> **ヘリックス−ループ−ヘリックス（HLH）**　helix-loop-helix　HLH タンパク質とよばれる転写因子の二量体形成に必要なモチーフ．
> **ロイシンジッパー**　leucine zipper　一群の転写因子にみられる二量体を形成するモチーフ．通常その N 末端側に隣接して塩基性の DNA 結合領域が存在する．

> ■ アクチベーターは DNA 結合ドメインの種類によってクラス分けされている．
> ■ 同一グループのタンパク質であっても，個々の標的部位に対する特異性を決定するモチーフではアミノ酸配列が若干異なっている．

アクチベーターは DNA と結合したり，転写を活性化する働きをもつ異なるドメインといったモジュール構造を共通してもっている．これらの転写因子は，しばしば DNA 結合ドメインの種類によって分けられる．多くの場合，このドメイン内の比較的短いモチーフ（タンパク質二次構造の組合わせ）が DNA と結合する：

- **ジンクフィンガー**モチーフは一つの DNA 結合ドメインを形成する．〔訳注：ジンク（zinc）とは亜鉛のことで，図 25・9 に示すように，システイン（Cys）やヒスチジン（His）が亜鉛イオン（$Zn^{2+}$）に配位している．〕これはもともと，RNA ポリメラーゼ III が 5S RNA 遺伝子を転写するのに必要な因子，TFIIIA 中に見いだされた．その後いくつかの転写因子（ないし転写因子と思われる因子）にも見いだされている．ステロイドレセプターにもこのモチーフと類縁の一つの型がみられる．

- **ステロイドレセプター**は機能的な類似から一つのグループとして分類される．すなわちそれぞれのレセプターは特定のステロイドと結合して活性化される．グルココルチコイドレセプターは最もよく解析されている．甲状腺ホルモンレセプターやレチノイン酸レセプターなどの他のレセプターとともに，ステロイドレセプターはリガンド活性化アクチベーターのスーパーファミリーの一員であり，タンパク質因子が小さなリガンドに結合するまでは不活性であるという共通の作用機構をもっている．

- **ヘリックス−ターン−ヘリックス（HTH）**モチーフはもともとファージリプレッサーの DNA 結合ドメインに見いだされた．一つの α ヘリックスは DNA の主溝にまたがって位置し，もう一方は DNA を横切った角度に位置している．このモチーフに類縁の一つの型は**ホメオドメイン**中にもみられる．このドメインはショウジョウバエの発生過程の制御にかかわる遺伝子がコードするいくつかのタンパク質中に最初に見つかったが，今では哺乳類の転写因子の遺伝子中にもいくつか同定されている．

- 両親媒性の**ヘリックス−ループ−ヘリックス（HLH）**モチーフは発生過程の調節因子や真核生物の DNA 結合タンパク質をコードする遺伝子に見つかっている．それぞれの両親媒性ヘリックスは一方の面に疎水性残基を，もう一方の面に電荷をもった残基を合わせもっている．連結しているループの長さは 12〜28 アミノ酸残基である．このモチーフによってタンパク質は二量体を形成して，モチーフの近傍にある塩基性領

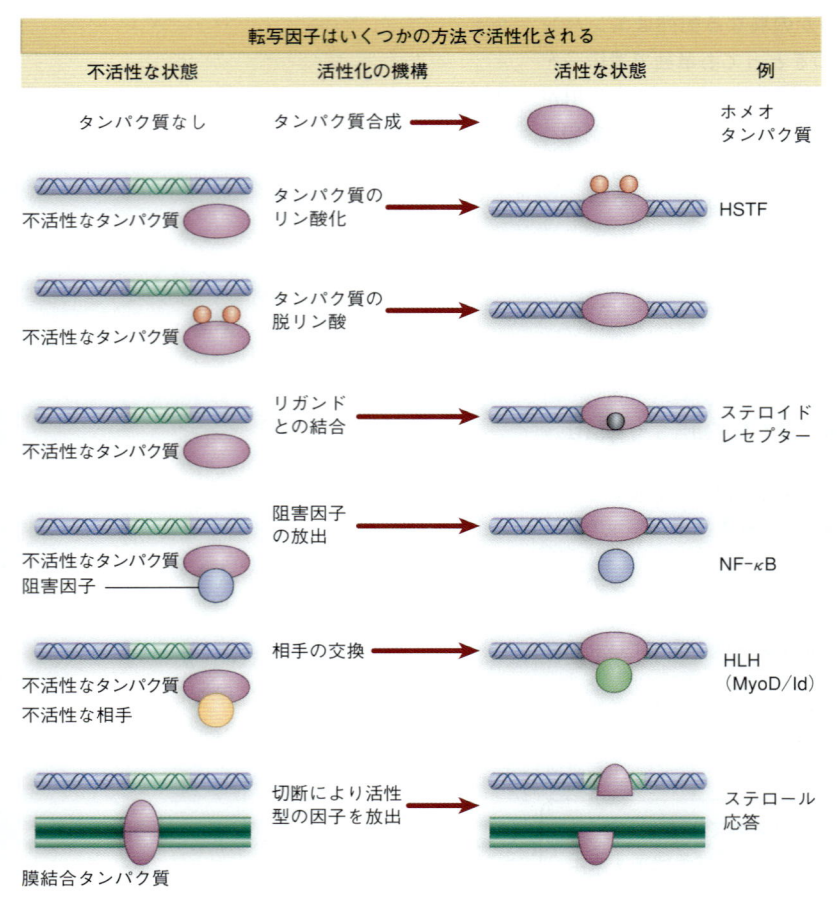

| 転写因子はいくつかの方法で活性化される ||||
|---|---|---|---|
| 不活性な状態 | 活性化の機構 | 活性な状態 | 例 |
| タンパク質なし | タンパク質合成 → | | ホメオタンパク質 |
| 不活性なタンパク質 | タンパク質のリン酸化 → | | HSTF |
| 不活性なタンパク質 | タンパク質の脱リン酸 → | | |
| 不活性なタンパク質 | リガンドとの結合 → | | ステロイドレセプター |
| 不活性なタンパク質 阻害因子 | 阻害因子の放出 → | | NF-κB |
| 不活性なタンパク質 不活性な相手 | 相手の交換 → | | HLH（MyoD/Id） |
| 膜結合タンパク質 | 切断により活性型の因子を放出 → | | ステロール応答 |

**図 25・8** 転写調節因子の活性は，タンパク質の合成，タンパク質修飾，リガンドの結合，タンパク質を隔離したりあるいは DNA 結合能に影響を与える阻害因子との結合などで制御されている．

域が DNA と接触する．
- ロイシンジッパーは 7 残基ごとにロイシン残基をもつ一続きのアミノ酸配列から成る．一つのポリペプチドのロイシンジッパーは別のポリペプチドのロイシンジッパーと相互作用して二量体を形成する．それぞれのジッパーの近傍には DNA との結合に関与する正の電荷をもった一続きの残基が存在する．

誘導型アクチベーターの活性は，図 25・8 で示すようにいくつかの方法により調節されていると考えられる：

- 特定の種類の細胞でのみ合成され，その結果組織特異性を示す因子がある．これはホメオドメインタンパク質のように発生を調節する因子に典型的である．
- 修飾により活性が直接調節される因子がある．HSTF はリン酸化により活性型に変わる．AP-1（Jun と Fos サブユニットによるヘテロ二量体）は Jun サブユニットのリン酸化によって活性型に変わる．
- リガンドとの結合により活性化されたり不活性化されたりする因子がある．ステロイドレセプターはこうしたものの主要な例である．リガンドとの結合はタンパク質の局在化（細胞質から核への輸送をひき起こす）や DNA との結合能にも影響を与える．
- 因子の有効性が変化することがある．たとえば，NF-κB 因子（B 細胞で免疫グロブリン κ 鎖遺伝子を活性化する）は多種類の細胞に存在しているが，阻害タンパク質の I-κB により細胞質内に保持されている．B 細胞では NF-κB は I-κB から解放されて核に移動し，そこで転写を活性化する．
- 因子の有効性を制御する極端な例としては，その因子が通常細胞質内に局在化しながら，その構造から遊離して，核内に移行するような転写因子も見つかっている．
- 二量体をつくる因子は複数の異なる相手をもっていることもある．相手によっては不活性化をきたすこともある．活性型の相手が合成されれば不活性型の相手と置き換わる．こうした状況が，ことに HLH タンパク質間ではさまざまな相手との組合わせを通じネットワーク内で増幅される．
- 不活性型の前駆体から切断を受けて生じる転写因子も存在する．核膜や小胞体に結合するタンパク質として生産されるアクチベーターがある．ステロール（たとえばコレステロール）が存在しないと，細胞質ドメインが切落とされ，その後核へ移行して活性型のアクチベーターとなる．

以降で，このような種類のタンパク質によってひき起こされる DNA 結合と活性化反応についてさらに詳しく述べることとする．

### 25・7 ジンクフィンガーモチーフには DNA 結合ドメインがある

- ジンクフィンガーは，ヒスチジンとシステインによって形成される亜鉛結合部位から突出した約 23 アミノ酸から成るループである．
- 一つのジンクフィンガータンパク質の中には，通常，複数のジンクフィンガー構造がある．
- それぞれのフィンガー構造の C 末端側は α ヘリックスを形成し，DNA 1 ターン分の主溝と結合する．
- DNA ではなく RNA と，または DNA，RNA の両方と結合しうるジンクフィンガータンパク質もある．

ジンクフィンガーは図25・9に示すような構造から名づけられているが，保存されたアミノ酸のグループが亜鉛イオンと結合し，タンパク質の中で比較的独立したドメインを形成している．2種類のDNA結合タンパク質がこの型の構造をもっており，一つは古典的"ジンクフィンガー"タンパク質であり，もう一つはステロイドレセプターである．ジンクフィンガーがRNA結合に関与する場合もある．

典型的な"ジンクフィンガータンパク質"は図に示すようにジンクフィンガーを複数個，連続してもっている．一つのフィンガーのコンセンサス配列は次のようである．

$$\text{Cys-X}_{2\sim4}\text{-Cys-X}_3\text{-Phe-X}_5\text{-Leu-X}_2\text{-His-X}_3\text{-His}$$

このモチーフは亜鉛結合部から突出しているアミノ酸のループからその名前がついており，$Cys_2/His_2$ フィンガーともよばれる．亜鉛は保存された Cys と His 残基によって形成される正四面体構造中に保持される．フィンガー自体は約23アミノ酸から成り，フィンガー間の連結部は通常7〜8アミノ酸である．

ジンクフィンガーはDNA結合タンパク質によくみられるモチーフである．フィンガーは普通，連続した同じ構造の繰返しとして構成されている．三つのフィンガーをもつタンパク質に結合するDNAの結晶構造から図25・10に模式化した構造が考えられている．それぞれのフィンガーのC末端側はDNAと結合するαヘリックスを形成し，N末端側はβシートを形成する．連続した三つのαヘリックスが1ターン分の主溝にはまり込んでいる．それぞれのαヘリックス（すなわちそれぞれのフィンガー）は2箇所でDNAと特異的な接触をしている（矢印で示す）．それぞれのフィンガーのC末端側にある保存されていないアミノ酸が，特異的な標的部位を認識するのに重要であると考えられる．

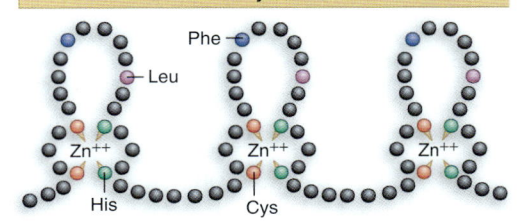

図25・9 転写因子 SP1 には三つの連続したジンクフィンガーがあり，おのおの特徴的なシステインとヒスチジン残基をもっていて，亜鉛結合部位を構成している．

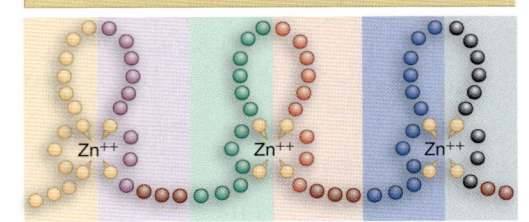

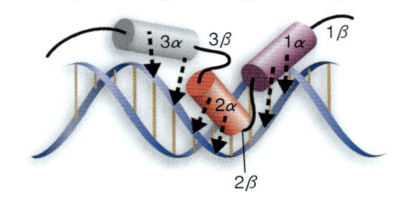

図25・10 ジンクフィンガーは主溝に挿入されるαヘリックスを形成し，一方の側はβシートと会合している．

### 25・8　ステロイドレセプターは転写因子である

- ステロイドレセプターはステロイド（もしくはその関連分子）の結合によって活性化するリガンド応答性アクチベーターである．
- DNA結合ドメインとリガンド結合ドメインは別々に存在する．

ステロイドホルモンはさまざまな神経内分泌系の活動に応じて合成され，動物界では成長，組織の発生そして体の恒常性維持に大きな役割を果たしている．ステロイドや他の関係のある分子レベルで活性をもつ物質のおもなグループを図25・11に分類した．

副腎は30種以上のステロイドを分泌し，その2大グループはグルココルチコイドとミネラルコルチコイドである．ステロイドは生殖腺ホルモン（男性ホルモンのアンドロゲンと女性ホルモンのエストロゲン）も供給する．ビタミンDは骨の発達に必要である．

構造も生理学的目的も異なるその他のホルモンでも，分子レベルではステロイドホルモンと同じように機能する．甲状腺ホルモンはチロシンのヨード化した形に基づくホルモンであり，動物の基礎代謝速度を調節する．またステロイドホルモンと甲状腺ホルモンは変態の過程にも重要である（昆虫の変態ホルモン，エクジステロイドとカエルの甲状腺ホルモン）．

レチノイン酸（ビタミンA）は発生途上のニワトリの肢芽の前後軸の発達に関与するモルフォゲン（形態形成因子）である．その代謝物である 9-cis-レチノイン酸はおもにビタミンAの貯蔵と代謝にかかわっている組織に見いだされる．

こうした体の発生や機能を調節する種々の作用は遺伝子発現の調節経路によって説明できるであろう．これらさまざまな物質には共通の作用様式がある．いずれも低分子物質が特定のレセプターに結合し，それが遺伝子の転写を活性化する．さまざまな種類のステロイドホルモン，甲状腺ホルモン，レチノイン酸などのレセプターは遺伝子発現の調節因子，すなわちリガンド応答性アクチベーターの新しい"スーパーファミリー"である．レセプターはいずれの場合にも，DNA結合とホルモン結合のドメインを独立にもっていて，両者の相対的位置は同一である．これらのドメインの一般的な構成を図25・12にまとめた．

タンパク質の中央部はDNA結合ドメインである．この領域はさまざまなステロイド

## さまざまな疎水性リガンドは転写因子を活性化する

**コルチコイド（副腎皮質ホルモン）**

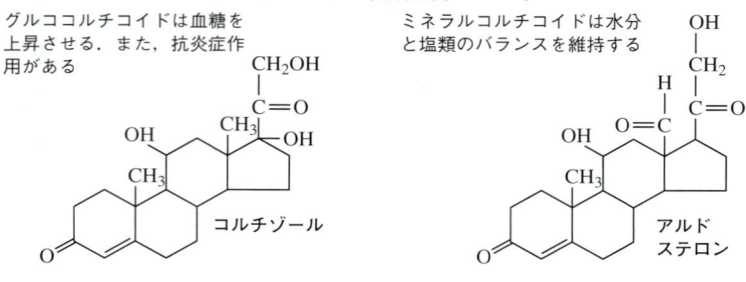

グルココルチコイドは血糖を上昇させる．また，抗炎症作用がある — コルチゾール

ミネラルコルチコイドは水分と塩類のバランスを維持する — アルドステロン

**性ホルモン**

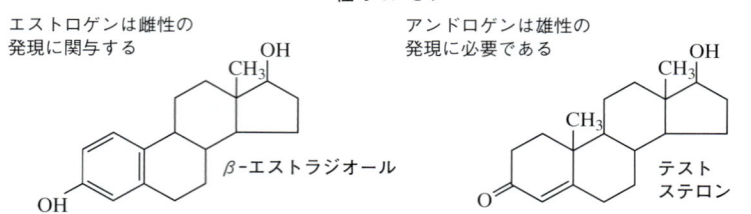

エストロゲンは雌性の発現に関与する — β-エストラジオール

アンドロゲンは雄性の発現に必要である — テストステロン

**発生と形態形成**

ビタミン D は骨の発達やカルシウム代謝に必要である — ビタミン $D_3$

レチノイン酸はモルフォゲンである — （全トランス）レチノイン酸

**甲状腺ホルモン**

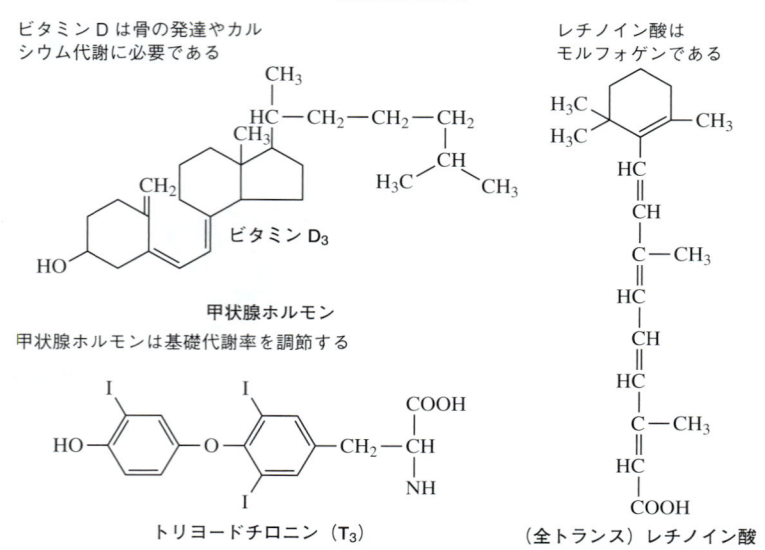

甲状腺ホルモンは基礎代謝率を調節する — トリヨードチロニン（$T_3$）

図 25・11　いくつかの疎水性の低分子化合物が転写因子を活性化する．

## リガンド依存性レセプターは似た構造をしている

DNA 結合および転写の活性化（ドメインの相同性は 94〜40 %）

N 末端領域の相同性は 15 % 以下である（転写の活性化に必要である）

ホルモン結合ドメインならびに二量体形成（相同性は 57〜15 %）

| | | |
|---|---|---|
| | | グルココルチコイド |
| 94 | 57 | ミネラルコルチコイド |
| 90 | 55 | プロゲステロン |
| 76 | 50 | アンドロゲン |
| 52 | 30 | エストロゲン |
| 47 | 17 | トリヨードチロニン |
| 42 | <15 | ビタミン D |
| 45 | 15 | レチノイン酸 |

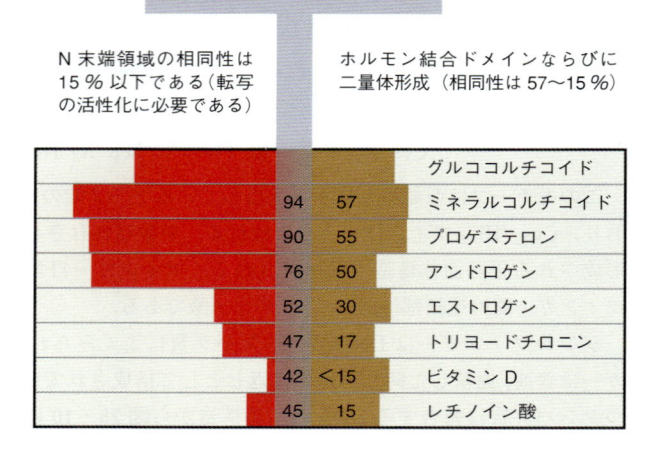

図 25・12　多くのステロイドや甲状腺ホルモンのレセプターは類似の構造をしており，それぞれに特有な N 末端領域，保存された DNA 結合ドメインおよび C 末端のホルモン結合ドメインから成る．相同性は GR と比較している．

レセプターで非常によく似ている（いちばん相同性の高いもので 94 %，低いものでも 42 %もある）．DNA を結合する活性は，転写を活性化する能力と無関係ではない．というのは，このドメインの変異は両方の活性に影響するからである．

レセプターの N 末端領域は配列が最も保存されていない領域である．そこには転写の活性化に必要な別の領域が含まれている．

C 末端ドメインはホルモンに結合する．このドメインはステロイドレセプターファミリーではそれぞれのホルモンの特異性を反映して 30〜57 %の類似性がみられる．この部分はステロイドホルモン以外のレセプターとの類似性はほとんどなく，多くの種類の物質，すなわち甲状腺ホルモン，ビタミン D，レチノイン酸などに対する特異性を反映している．C 末端ドメインはさらに二量体形成に対応するモチーフと転写活性化に関係する領域ももっている．

リガンドによって，たとえば三つのレチノイン酸レセプター（RARα, β, γ）や三つの 9-*cis*-レチノイン酸レセプター（RXRα, β, γ）のようにお互いによく似た複数のレセプターをもっているものもある．

### 25・9　ステロイドレセプターのジンクフィンガーはいろいろな組合わせによるコードを使用する

- ステロイドレセプターの DNA 結合ドメインは Cys 残基をもつが His 残基はもたないタイプのジンクフィンガーである．
- グルココルチコイドレセプターやエストロゲンレセプターはそれぞれ二つのジンクフィンガーをもち，最初のジンクフィンガーが DNA の標的配列を決定する．
- ステロイドレセプターの応答配列は，二つの短い半分の部位から構成されており，パリンドロームや同方向反復配列となっている．
- レセプターは二量体で，各サブユニットは DNA の半分の部位と結合する．
- レセプターは半分の部位の配列の向きや間隔で応答配列を認識する．
- 半分の部位の塩基配列は 1 番目のジンクフィンガーによって認識される．

- 2番目のジンクフィンガーは二量体形成にかかわっていて，この二量体形成がサブユニット間の距離を決定している．
- レセプターにおけるサブユニット間の間隔で応答配列間の距離を認識する．
- ステロイドレセプターのいくつかはホモ二量体として機能し，他のものはヘテロ二量体として機能する．
- ホモ二量体はパリンドロームの応答配列を認識する．ヘテロ二量体は半分の部位が同方向反復配列となった応答配列を認識する．
- 半分の部位は2種類しかない．

ステロイドレセプター（および他のいくつかのタンパク質）は $Cys_2/His_2$ フィンガーとは異なる別の種類のジンクフィンガーをもっている．その構造は亜鉛結合コンセンサスとして次のような配列が元になっている．

$$Cys-X_2-Cys-X_{13}-Cys-X_2-Cys$$

これらは $Cys_2/Cys_2$ フィンガーとよばれる．この $Cys_2/Cys_2$ フィンガーをもつタンパク質はしばしば繰返したフィンガー構造をもたず，連続した繰返しをもつ $Cys_2/His_2$ の型と対照的である．結合する DNA 部位は短く，パリンドロームを形成している．

グルココルチコイドおよびエストロゲンのレセプターはそれぞれ二つのフィンガーをもち，そのおのおのは四つのシステインから成る正四面体構造の中心に一つの亜鉛原子を保持している．この二つのフィンガーは α ヘリックスを形成し，ともにまとまって大きな球状ドメインを形成している．α ヘリックスの芳香族側鎖は二つのヘリックスをつなぐ β シートとともに疎水性中心を形成している．N 末端ヘリックスの一方の面は DNA の主溝と接触している．2分子のグルココルチコイドレセプターは DNA と結合して二量体となり，それぞれが連続した主溝1ターンずつにかかわっている．このことは応答配列にパリンドロームをつくれることと合っている．

それぞれのフィンガーがレセプターの一つの重要な性質を左右している．図 25・13 にはそれに関与するアミノ酸が示してある．1番目のフィンガーの右側のアミノ酸は DNA の標的配列を決定する．2番目のフィンガーの左側のものは二量体のそれぞれのタンパク質で認識される標的配列の間隔を決めている．

最初のフィンガーが DNA に結合することは"特異性を入れ換える"実験によって直接に立証されている．エストロゲンレセプターのフィンガーを除去し，代わりにグルココルチコイドレセプターのフィンガーに置き換えると，新しいタンパク質は ERE（エストロゲンレセプター応答配列）でなく GRE（グルココルチコイドレセプター応答配列）を認識した．このことから，この領域が DNA 認識の特異性を決定しているといえる．反対に図 25・14 に示す二つの部位の置換により，グルココルチコイドレセプターは GRE の代わりに ERE と結合できるようになる．

それぞれのレセプターは二つの短い反復（あるいは半分の部位）をもっている応答配列を認識する．このことから直ちに，レセプターは多量体として結合すること，すなわちコンセンサスの半分は（§14・10 で述べた λ ファージでのオペレーター-リプレッサー相互作用のように）それぞれ一つのサブユニットに接触していることがわかる．

半分の部位はパリンドロームかまたは同方向反復配列となるよう並べられる．それらは 0～4 bp の無関係な配列によって隔てられている．わずか二つの型の半分の部位がさまざまなレセプターで使われていることになる．向きや間隔が各レセプターと応答配列との特異性を決めている．こうしたことから，限られた範囲のコンセンサス配列をもつ応答配列が種々のレセプターにより特異的に認識されるのである．この認識にかかわる規則は絶対的なものではなく，周辺の配列の様子によって変化しうるものであり，また，パリンドロームをもつ応答配列が複数のレセプターによって認識されることもある．

これらのレセプターは2種類に分けられる：

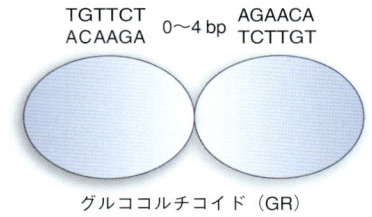

- グルココルチコイド（GR），ミネラルコルチコイド（MR），アンドロゲン（AR），プロゲステロン（PR）のレセプターはすべてホモ二量体を形成する．それらはコンセンサス配列 TGTTCT を含む応答配列を認識する．図 25・15 はこの半分に相当する配列二つがパリンドロームを構成しており，これら二つの部位の間隔が配列の種類を決めていることを示す．エストロゲンレセプター（ER）も同じように機能するが，半分の部位の配列は TGACCT である．

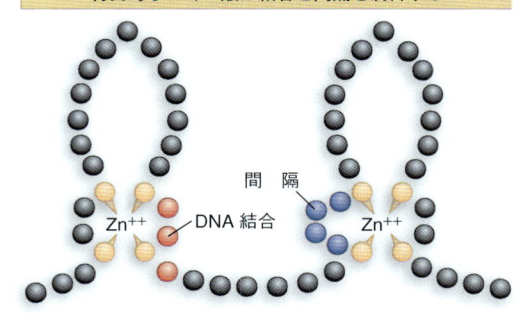

図 25・13 ステロイドレセプターの1番目のフィンガーはどの DNA 配列と結合するかを制御する（赤で示す）．2番目のフィンガーは配列の間隔を制御する（青で示す）．

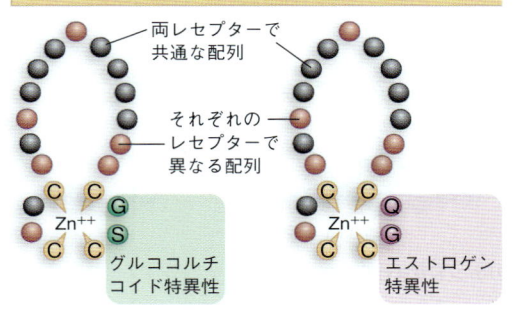

図 25・14 GRE と ERE 標的配列間の区別はレセプターの1番目のジンクフィンガーの付け根にある二つのアミノ酸によって決まる．

図 25・15 TGTTCT というパリンドロームをつくる配列の片側が応答配列となり，もう一方の配列との間の距離に応じてさまざまなレセプターで認識される．

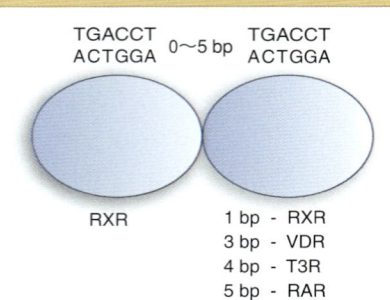

**ヘテロ二量体は同方向反復配列に結合する**

図25・16 同方向反復配列 TGACCT をもつ応答配列はどちらかが RXR により形成されたヘテロ二量体によって認識される．

- 9-*cis*-レチノイン酸（RXR）のレセプターはホモ二量体を形成したり，また甲状腺ホルモン（T3R），ビタミン D（VDR），レチノイン酸（RAR）をリガンドとするおよそ15の他のレセプターとヘテロ二量体を形成する．図25・16 に示すように，二量体はTGACCT という配列から成る半分の部位を認識する．半分の部位は同方向反復配列として並んでおり，それらの間隔によって認識が調節される．ヘテロ二量体の中には，RXR と対をなすもう一方のレセプターにリガンドが結合すると活性化するものもある．他のレセプターではリガンドが自身と結合するか RXR と結合するかのどちらかで活性化する．これらのレセプターはホモ二量体を形成することができる．そのときはパリンドローム配列を認識する．

認識の特異性についてその基本を理解する必要がある．図25・13で示したように，半分の部位の配列の認識が最初のフィンガーのアミノ酸配列によって決まっていることを思い出すとよい．二量体形成の特異性は2番目のフィンガーのアミノ酸によって行われる．つまり，二量体構造は主溝1ターンごとに連続して結合したサブユニット間の距離を決定しているのであり，したがって半分の部位の間隔に応じた調節をしているのであろう．二量体形成を担うアミノ酸残基の位置は，レセプターの個々のペアの組合わせによって異なる．

### 25・10 応答配列への結合はリガンドの結合により活性化される

- アクチベーターの C 末端ドメインにリガンドが結合することで，DNA 結合ドメインの特異的な標的配列に対する親和性が上昇する．

ステロイドレセプターはどのようにして転写を活性化するのであろうか．これらは基本転写装置に直接作用するのではなく，コアクチベーター複合体を介して機能している．これらのコアクチベーターはさまざまな活性を有していて，その共通の構成成分としてヒストンのアセチル化によるクロマチン構造の修飾をその一つの機能とする CBP/p300 を含んでいる（図30・13参照）．

このスーパーファミリーのすべてのレセプターは，リガンドに依存したアクチベーターである．しかし，いくつかのものは転写を抑制することもできる．TR と RAR のレセプターは，RXR とのヘテロ二量体の形で，リガンドが存在しないときにはいくつかの部位に結合して，コリプレッサーとの相互作用によって転写を抑制する．コリプレッサーはコアクチベーターと逆の機構で機能している．コリプレッサーは基本転写装置の機能を阻害すると考えられる（§30・8も参照）．

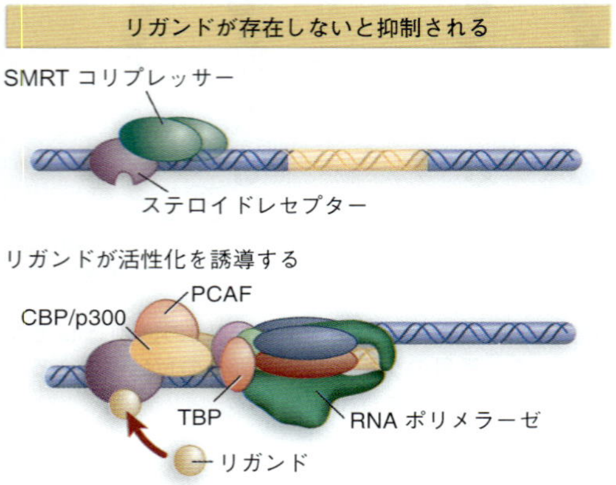

リガンドがレセプターに結合すると，図25・17 に示したように，抑制型の複合体は活性型に変化する作用がある．リガンド不在のときは，レセプターはコリプレッサー複合体に結合している．レセプターに結合しているコリプレッサー成分は SMRT である．リガンドの結合により高次構造の変化が起こり SMRT が外れ，コアクチベーターが結合できるようになる．

活性化したレセプターは，GRE（グルココルチコイド応答配列）を認識する．

C 末端（ステロイド結合）ドメインは，おのおののレセプターごとに独特な機構で活性を制御している．グルココルチコイドレセプターでは，C 末端ドメインはレセプターが GRE を認識するのを妨げているが，ステロイドを加えるとこの阻害作用を不活性化する．エストロゲンレセプターでは，C 末端ドメインは直接 DNA への結合能を活性化する．

図25・17 TR と RAR はリガンド非存在下で SMRT コリプレッサーに結合する．このときプロモーターは発現しない．リガンドの結合により SMRT が除去されると，レセプターはコアクチベーター複合体に結合する．その結果，基本転写装置による転写活性化が誘導される．

### 25・11 ホメオドメインは DNA 中の互いによく似た標的に結合する

- ホメオドメインは三つの α ヘリックスをもつ 60 アミノ酸から成る DNA 結合ドメインである．
- C 末端側のヘリックス-3 は 17 アミノ酸から成り，DNA の主溝に結合する．
- ホメオドメインの N 末端のアーム部分は DNA の副溝にはまり込む．
- ホメオドメインを含むタンパク質は転写のアクチベーターかリプレッサーのどちらかである．

ホメオボックスは多くの，おそらくすべての真核生物に存在する60アミノ酸から成るホメオドメインをコードするDNA配列である．その名はショウジョウバエのホメオティック遺伝子座（この遺伝子は体の構造部位を決定する）で最初に同定されたことに由来する．ホメオボックスはショウジョウバエの初期発生を制御する多くの遺伝子に存在し，ホメオドメインに関連したモチーフは多数の高等真核生物の遺伝子産物に広く認められる．ホメオボックスは発生の制御にかかわる遺伝子にみられ，ホメオドメインに関係した配列はいくつかの動物の転写因子にみられる．

　ショウジョウバエのホメオティック遺伝子ではホメオドメインはしばしば（いつもではないが）C末端の近くに認められる．ホメオボックスを含む遺伝子がコードするタンパク質のいくつかの例については図25・18にまとめてある．これらの遺伝子はホメオボックス以外の配列には保存がみられないこともしばしばあり，また，ホメオボックス配列の保存性もまちまちである．ショウジョウバエでは，ホメオボックスを含む大半の遺伝子群はよく保存された配列をもち，一つずつを比べてみると類似性はおよそ80～90％である．他の遺伝子のホメオボックスはあまり類似していない．

　ホメオドメインはDNA結合に重要な役割を果たし，タンパク質間のホメオドメインの交換実験によってDNA認識の特異性はホメオドメイン内に存在することが示されているが，（ファージリプレッサーの場合のように）タンパク質とDNA配列を結び付ける単純な規則はわかっていない．ホメオドメインのC末端は原核生物のリプレッサーのHTHモチーフと相同性がある．§14・10で述べたλリプレッサーはDNAの主溝と接触する"認識ヘリックス"（ヘリックス-3）をもち，また別のヘリックス（ヘリックス-2）がDNAを横切る角度に位置することを思い起こしてみよう．ホメオドメインも三つのヘリックスをもつ領域に分けることができ，その三つの例が図25・19に示してある．最も保存された配列はヘリックス-3にある．これらの構造と原核生物リプレッサーの構造との違いはDNAを認識するヘリックス，すなわち，ヘリックス-3の長さの違いであり，λリプレッサーでは9アミノ酸であるのに対しホメオドメインでは17アミノ酸である．

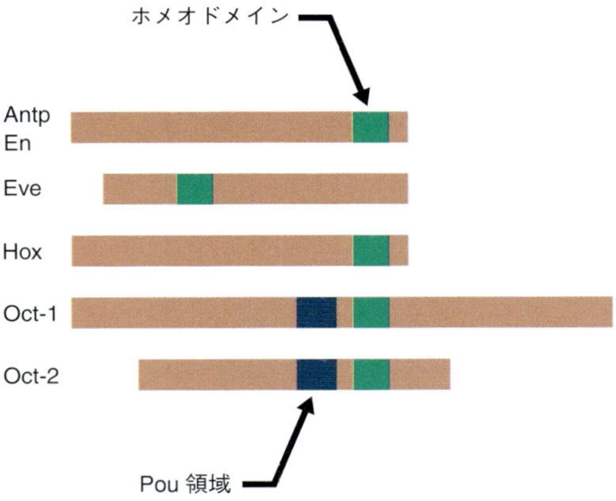

図25・18　ホメオドメインは転写調節因子のうち唯一のDNA結合モチーフであることもあるし，他のモチーフと組合わされていることもある．これは特徴的なタンパク質の（60アミノ酸）部分から成る．

図25・19　Antennapedia遺伝子産物のホメオドメインはショウジョウバエの多くのホメオボックスの代表例である．engrailed（en）はもう一つのホメオティック遺伝子で，哺乳類のOct-2因子はその遠縁にあたる転写因子である．ホメオドメインは通例に従い，1から60まで番号を付けてある．番号はN末端から始まり，三つのヘリックス領域は10～22残基，28～38残基，42～58残基を占める．赤で示したアミノ酸は3例ですべて機能的に類似のアミノ酸として保存されている．

**ホメオドメインは60アミノ酸から成るモジュールである**

|  | 1 | N末端アーム |  |  |  |  |  | 10 | ヘリックス-1 |  |  |  |  |  |  | 20 |  |  |
|---|---|---|---|---|---|---|---|---|---|---|---|---|---|---|---|---|---|---|
| En | Glu | Lys | Arg | Pro | Arg | Thr | Ala | Phe | Ser | Ser | Glu | Gln | Leu | Ala | Arg | Leu | Lys | Arg | Glu | Phe | Asn | Glu |
| Antp | Arg | Lys | Arg | Gly | Arg | Gln | Thr | Tyr | Thr | Arg | Tyr | Gln | Thr | Leu | Glu | Leu | Glu | Lys | Glu | Phe | His | Phe |
| Oct-2 | Arg | Arg | Lys | Arg | Thr | Ser | Ile | Glu | Thr | Asn | Val | Arg | Phe | Ala | Leu | Glu | Lys | Ser | Phe | Leu | Ala |

|  |  |  |  |  | 30 | ヘリックス-2 |  |  |  |  |  | 40 |  |  |
|---|---|---|---|---|---|---|---|---|---|---|---|---|---|---|
| En | Asn | Arg | Tyr | Leu | Thr | Glu | Arg | Arg | Arg | Glu | Glu | Leu | Ser | Ser | Glu | Leu | Gly | Leu |
| Antp | Asn | Arg | Tyr | Leu | Thr | Arg | Arg | Arg | Arg | Ile | Glu | Ile | Ala | His | Ala | Leu | Cys | Leu |
| Oct-2 | Asn | Glu | Lys | Pro | Thr | Ser | Glu | Glu | Ile | Leu | Leu | Ile | Ala | Glu | Gln | Leu | His | Met |

|  | 41 |  |  |  |  | 50 | ヘリックス-3 |  |  |  |  |  | 60 |  |  |
|---|---|---|---|---|---|---|---|---|---|---|---|---|---|---|---|
| En | Asn | Glu | Ala | Gln | Ile | Lys | Ile | Trp | Phe | Gln | Asn | Lys | Arg | Ala | Lys | Ile | Lys | Lys | Ser | Asn |
| Antp | Thr | Glu | Arg | Gln | Ile | Lys | Ile | Trp | Phe | Gln | Asn | Arg | Arg | Met | Lys | Trp | Lys | Lys | Glu | Asn |
| Oct-2 | Glu | Lys | Glu | Val | Ile | Arg | Val | Trp | Phe | Cys | Asn | Arg | Arg | Gln | Lys | Glu | Lys | Arg | Ile | Asn |

　ショウジョウバエのengrailed遺伝子の産物のホメオドメインの結晶構造を図25・20に模式的に示す．ヘリックス-3はDNAの主溝に結合し，これがタンパク質と核酸の接触の大部分をなしている．ヘリックスと主溝が結合している接触点の多くはリン酸骨格によっており，DNA配列に特異的ではない．たいがいは二重らせんの一方の面に位置し，特異的な接触をする塩基に挟まれている．残りの接触はホメオドメインのN末端アーム，すなわち最初のヘリックスの直前の配列により行われている．N末端アームは副溝の方を向いている．このように，DNAとの接触には主としてホメオドメインのN末端とC末端が大きな役割を果たしている．

　このモデルは驚くほど一般的であり，それは酵母の接合にかかわるα2タンパク質とEngrailedのホメオドメインの結晶構造を比較した結果にも示されてる．α2タンパク質のDNA結合ドメインはホメオドメインと似ており，三つの類似のヘリックスを形成す

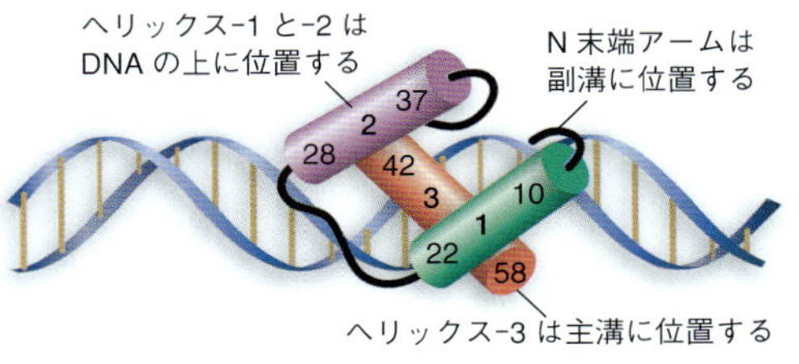

図25・20　ホメオドメインのヘリックス-3はDNAの主溝に結合し，一方，ヘリックス-1と-2はDNA二本鎖の外側に位置している．ヘリックス-3はリン酸骨格と特異的塩基の両方と接している．N末端は副溝に位置し，やはりDNAと接触している．

ることができ，さらにそのDNAの溝における構造はEngrailedのホメオドメインの構造にほとんど完全に重ねられるほどである．この類似性からすべてのホメオドメインは同じ様式でDNAに結合すると思われる．このことはヘリックス-3とN末端にある比較的少数のアミノ酸残基が，DNAとの接触の特異性に大きな役割を果たしていることを意味している．

　ホメオドメインを含むタンパク質は転写のアクチベーターである場合もリプレッサーである場合もある．ホメオドメインはDNAへの結合にのみ重要であり，その因子の機能はその他のドメインによって決定される．活性化ドメインと抑制ドメインは両方とも基本転写装置に影響を与えて機能している．活性化ドメインがコアクチベーターと結合すると，つぎにコアクチベーターは基本転写装置の成分と結合する．抑制ドメインもまた転写装置と相互作用する（すなわち，原核生物のリプレッサーのようにそれ自身がDNAとの結合を妨げるように作用するわけではない）．

## 25・12　ヘリックス-ループ-ヘリックスタンパク質は組合わせを変えて相互作用する

> **ヘリックス-ループ-ヘリックス（HLH）**　helix-loop-helix　HLHタンパク質とよばれる転写因子の二量体形成に必要なモチーフ．
> **bHLHタンパク質（塩基性HLHタンパク質）**　bHLH protein　HLHモチーフとともに，これに隣接する塩基性のDNA結合領域をもつタンパク質．

- ヘリックス-ループ-ヘリックス（HLH）タンパク質はループによって隔てられた15～16アミノ酸から成る二つの両親媒性のαヘリックスで構成された40～50アミノ酸のモチーフをもつ．
- ヘリックスにより二量体が形成される．
- bHLHタンパク質はHLHモチーフに隣接する塩基性の配列をもつが，この配列によりDNAと結合する．
- A群のbHLHタンパク質は普遍的に発現している．B群のbHLHタンパク質は組織特異的である．
- B群のタンパク質は通常A群のタンパク質とヘテロ二量体を形成する．
- 塩基性領域を欠くHLHタンパク質は，ヘテロ二量体を形成した相手方のbHLHがDNAに結合するのを妨げる．
- HLHタンパク質はいろいろな組合わせで結合し，発生の際に特定のタンパク質の付加や除去によって変化する．

　DNA結合タンパク質に共通する二つの特徴は，DNAに結合するヘリックス領域の存在とタンパク質が二量体を形成する性質である．この両方の特徴をもつ代表として，共通な配列モチーフをもつ一群の**ヘリックス-ループ-ヘリックス（HLH）**タンパク質がある．40～50アミノ酸を一続きとして，間にはさまざまな長さのつなぎとなる領域（ループ）が挟まれ，二つの両親媒性のαヘリックスが存在している．（両親媒性ヘリックスは二つの面を形成していて，一方に疎水性アミノ酸が，もう一方に電荷をもったアミノ酸が面している．）この仲間のタンパク質は，二つのヘリックスの対応する表面にある疎水性アミノ酸残基間の相互作用によって，ホモ二量体あるいはヘテロ二量体を形成する．ヘリックス領域は15～16アミノ酸から成り，それぞれいくつかの保存さ

### HLHタンパク質は二つのヘリックス領域をもつ

| | | 塩基性領域 |
|---|---|---|
| MyoD | Ala Asp Arg Arg Lys Ala Ala Thr Met Arg Gln Arg Arg | Idには塩基性領域（青で示した6残基）が保存されていない |
| Id | Arg Leu Pro Ala Leu Leu Asp Gln Glu Glu Val Asn Val Leu | |

| | | ヘリックス-1 |
|---|---|---|
| MyoD | Leu Ser Lys Val Asn Gln Ala Phe Gln Thr Leu Lys Arg Cys Thr | 保存された残基はMyoD，Idの両者にみられる |
| Id | Leu Tyr Asp Met Asn Gly Cys Tyr Ser Arg Leu Lys Gln Leu Val | |

| | | ヘリックス-2 |
|---|---|---|
| MyoD | Lys Val Gln Ile Leu Arg Asn Ala Ile Arg Tyr Ile Gln Gly Leu Glu | |
| Id | Lys Val Gln Ile Leu Glu His Val Ile Asp Tyr Ile Arg Asp Leu Glu | |

**図 25・21**　HLHタンパク質にはすべて10～24残基のループにより隔てられたヘリックス-1とヘリックス-2に対応する領域がある．bHLHタンパク質には保存された塩基性領域がヘリックス-1に隣接している．

れたアミノ酸残基を含んでいる．二つの例を比較して図25・21に示す．二量体を形成する性質はこれらの両親媒性ヘリックスにあり，HLHタンパク質すべてに共通にみられる．おそらく，ループはこの二つのヘリックス領域が互いに自由に独立して作用しあうことができるようにするという点で重要であろう．

多くのHLHタンパク質はHLHモチーフに隣接して塩基性の強い領域を含んでおり，これがDNAとの結合に必要である．一連の15アミノ酸の中で約6アミノ酸が保存されている（図25・21参照）．このような領域のある一群のタンパク質は**bHLHタンパク質**（塩基性HLHタンパク質）とよばれる．二つのサブユニットがともに塩基性領域をもつホモ二量体あるいはヘテロ二量体はDNAに結合できる．HLHドメインがそれぞれのサブユニットにある二つの塩基性領域を正しく位置づけるのであろう．

bHLHタンパク質は大別して2群に分類される．A群は普遍的に発現しているタンパク質である．B群は組織特異的に発現しているタンパク質である．通常，組織特異的なbHLHタンパク質は別の普遍的な相手とヘテロ二量体を形成する．bHLHタンパク質によりつくられた二量体はDNA結合能に違いがある．このように，二量体形成とDNA結合は調節作用の重要な点になっている．

DNAとの結合の違いはHLHモチーフ中の，あるいは近傍の領域の性質による．HLHタンパク質の中には塩基性領域を欠いたり，あるいはその機能を壊すと思われるプロリン残基を含むものがある．一例としてIdタンパク質を図25・21に示した．この種類のタンパク質はbHLHタンパク質と同様に二量体形成は行うが，この種類のサブユニットが一つ含まれるようになると二量体はもはやDNAと特異的に結合できない．これはDNA結合タンパク質複合体中にDNA結合モチーフが二重に存在することの重要性を示す良い例である．

調節ネットワーク形成の際のbHLHと非塩基性HLHタンパク質の機能に関するモデルを図25・22に示す．二つのbHLHタンパク質は遺伝子を活性化する二量体を形成するが，非塩基性HLHタンパク質はbHLHタンパク質に結合することにより転写を活性化できない二量体を形成してbHLHタンパク質の作用を阻害する．一連のHLHタンパク質は組合わせを変えて結合できるので，各二量体ペアが遺伝子発現を活性化したり抑制する．それゆえ，遺伝子発現はこのファミリーの特定のメンバーが利用できるかどうかを制御することで調節される．

したがってHLHタンパク質の挙動は転写調節の二つの原則を示している．タンパク質が組合わせをいろいろ変えて結合し，特定の組合わせによりDNAとの結合や転写調節に対して互いに異なった機能を示す．細胞分化は特定の相手があるかないかに依存しているという場合もある．

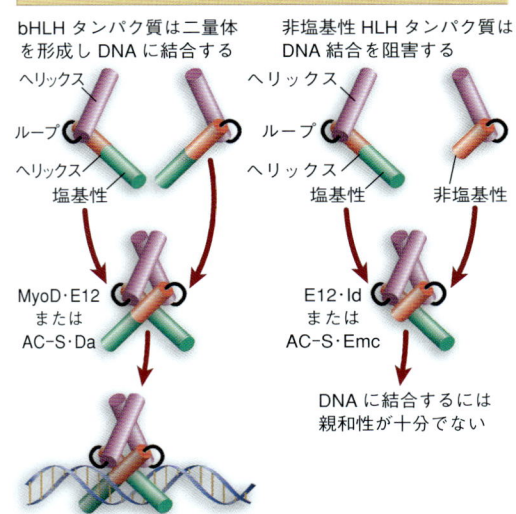

図25・22　HLH二量体のうち，両サブユニットがbHLHのタイプである場合にはDNAに結合できるが，一方が塩基性領域を欠いている場合はDNAに結合できない．

## 25・13　ロイシンジッパーは二量体形成に関与している

**ロイシンジッパー**　leucine zipper　一群の転写因子にみられる二量体を形成するモチーフ．通常そのN末端側に隣接して塩基性のDNA結合領域が存在する．
**bZIP**　ロイシンジッパーモチーフと，これに隣接して塩基性のDNA結合領域をもつタンパク質．

■ ロイシンジッパーをもつタンパク質の間で二量体が形成されると，bZIPモチーフは二つの塩基性領域が対照的に位置するようになって，DNAの逆方向反復配列と結合する．

タンパク質間の相互作用は転写複合体を構築する際の共通の問題であって，いくつかの転写因子（およびその他のタンパク質）に認められるモチーフはホモ，あるいはヘテロ複合体の相互作用を伴っている．**ロイシンジッパー**はロイシン残基に富んだアミノ酸の配列で，二量体形成のモチーフである．二量体形成それ自体は特定のDNA配列を認識するタンパク質の作用に共通の原則としてとらえられる．ロイシンジッパーの場合には，二量体形成によりおのおののサブユニットのDNA結合領域がどのように隣合わせになるかがわかるので，DNA結合との関係はとりわけ明白である．この反応については図25・23に模式化して示してある．

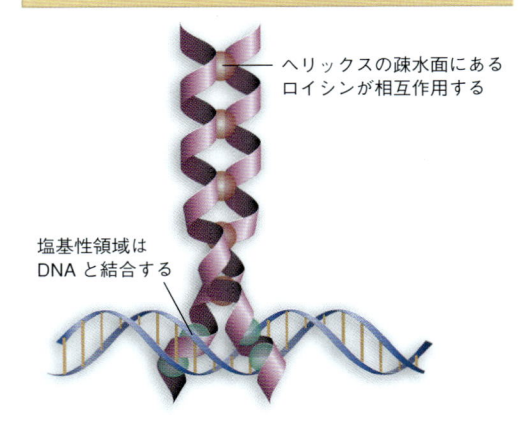

図25・23　平行に並んだ二つのロイシンジッパーの疎水面が交互に作用するとジッパー領域は二量体を形成して，bZIPモチーフの塩基性領域は近接するようになる．

両親媒性αヘリックスは疎水性の残基（ロイシンを含む）が一方に面し，他方，電荷をもった（親水性）残基がもう一方に面している構造を形成している．ロイシンジッパーは両親媒性ヘリックスを形成し，一方のタンパク質のジッパーにあたるロイシンがαヘリックスから突出し，もう一方のタンパク質のジッパーになるロイシンと互い違いに組合わさって平行になる．二つの右巻きヘリックスは1ターン当たり3.5残基で互いに巻き付き，パターンは7残基ごとに繰返している．

　どのようにしてこの構造がDNA結合と関係しているのであろうか．どのジッパータンパク質でもロイシンの繰返しに近接する領域は塩基性が強く，DNA結合部位となりうる．実際，二つのロイシンジッパーはジッパーをステムとしてY字形の構造を形成し，二つの塩基性領域は対称的に枝分かれしたアームを形成してDNAと結合する．この構造は**bZIP**構造モチーフとして知られている．このことから，どうしてこのようなタンパク質の標的配列が間隔のない二つの逆方向反復配列から成るかを説明できる．

　ジッパーはホモ二量体あるいはヘテロ二量体いずれの形成にも関与している．ロイシンジッパーは長いモチーフで，ジッパーになりうる所には7残基ごとにロイシンがある．C/EBPタンパク質（CAATボックスならびにSV40コアエンハンサーのいずれにも二量体として結合する因子）にはジッパー（Leu-$X_6$）の四つの繰返しがあり，JunやFos因子（ヘテロ二量体は転写因子AP-1を形成する）には五つの繰返しがある．

## 25・14　要　約

　転写因子には基本転写因子，アクチベーター，コアクチベーターがある．基本転写因子は転写開始点上でRNAポリメラーゼと結合する．アクチベーターはプロモーターやエンハンサーに存在する短い応答配列と結合する．アクチベーターは基本転写装置とタンパク質-タンパク質相互作用することで機能する．アクチベーターの中には直接基本転写装置と相互作用するものもあれば，相互作用する仲立ちとしてコアクチベーターを必要とするものもある．アクチベーターはしばしばDNAに結合する働きと転写を活性化する働きをもつドメインがそれぞれ独立しているモジュールをもっている．DNA結合ドメインのおもな働きは，転写開始複合体の近くに活性化ドメインをつなぎとめることである．応答配列のうちのいくつかは普遍的な転写因子によって認識され，多くの遺伝子の中に存在する．他のものは少数の遺伝子に存在して組織特異的な転写因子によって認識される．

　RNAポリメラーゼⅡのプロモーターは種々のシスに働く配列を含んでいて，そのおのおのはトランスに働く因子によって認識される．シスに働く配列はTATAボックスの上流に位置していて転写開始点に対してどちらの方向もとりうるし，かなり幅のある距離で存在しうる．上流配列はアクチベーターにより認識され，基本転写装置と結合して，そのプロモーターが使用される効率を決定する．いくつかのアクチベーターは基本転写装置の構成成分と直接結合し，他のものはコアクチベーターとよばれる仲介物を介して相互作用する．基本転写装置でその標的となるのはTFⅡDのTAF，TFⅡB，TFⅡAである．相互作用は基本転写装置の構築を促進する．

　いくつかの転写因子のグループがアミノ酸配列の相同性をもとに同定されてきた．ホメオドメインは昆虫や線虫の発生を調節する遺伝子の産物や哺乳類の転写因子にみられる60残基のアミノ酸配列である．これは原核生物のHTHモチーフに関連しており，さまざまな因子がDNAに結合するモチーフをつくり出している．

　DNA結合にかかわるもう一つのモチーフはジンクフィンガーであって，これはDNAあるいはRNA（ときに両方）に結合するタンパク質に見いだされる．フィンガーには亜鉛（zinc）と結合するシステイン残基がいくつかある．転写因子の中には複数のフィンガーの繰返しがみられるものもあれば，1,2回の繰返ししかみられないものもある．

　ステロイドレセプターは一群の転写因子として最初に同定されたものであり，タンパク質が低分子の疎水性のホルモンと結合して活性化される．活性化された因子は核内に局在化し，特定の応答配列と結合し，転写を活性化する．DNA結合ドメインはジンクフィンガーである．レセプターはホモ二量体やヘテロ二量体を形成する．ホモ二量体はいずれも同じコンセンサス配列をもつパリンドロームの応答配列を認識する．応答配列の違いは，逆方向反復配列の間隔である．ヘテロ二量体は同方向反復配列を認識する．

反復配列同士の間隔によって区別されるのはホモ二量体の場合と同様である．これらのレセプターのDNA結合ドメインは二つのジンクフィンガーをもっている．1番目のフィンガーがどちらのコンセンサス配列を認識するかを決定し，2番目が反復配列の間隔を認識する．

　HLHタンパク質は二量体形成に重要な両親媒性ヘリックスをもち，近傍にDNAに結合する塩基性領域がある．bHLHタンパク質はDNAを結合する塩基性領域をもっており，二つに大別される．普遍的に発現しているタンパク質と組織特異的なタンパク質である．活性化状態のタンパク質は通常，それぞれの群の一つを使ってヘテロ二量体を形成する．二量体のうちの一つのサブユニットが塩基性領域を欠失していると，DNAとは結合できない．したがって，こうしたサブユニットは遺伝子の発現を抑制することができる．このように個々のタンパク質の結合の組合わせにより，制御ネットワークが形成されるのである．

　ロイシンジッパーはロイシンに富んだペプチドを含んでいて，二量体を形成して転写因子として機能する．二量体形成により隣接するようになった塩基性に富んだ領域がDNAへの結合を担う．

# 26 RNAスプライシングとプロセシング

26・1 はじめに
26・2 核のスプライス部位は短い配列である
26・3 スプライス部位は対で読まれる
26・4 mRNA前駆体のスプライシングはラリアット構造をとりながら進行する
26・5 snRNAはスプライシングに必要である
26・6 U1 snRNPはスプライシングを開始する
26・7 E複合体はRNAをスプライシングへと踏み出させる
26・8 五つのsnRNPがスプライソームを形成する
26・9 スプライシングはmRNAの核からの搬出と関連している
26・10 グループⅡイントロンはラリアット構造を形成して自己スプライシングを行う
26・11 選択的スプライシングはスプライス部位の選択的使用による
26・12 トランススプライシング反応は低分子RNAを使う
26・13 酵母tRNAのスプライシングでは切断と再結合が起こる
26・14 mRNAの3′末端は切断とポリ(A)付加によって生じる
26・15 短いRNAがrRNAのプロセシングには必要である
26・16 要 約

## 26・1 はじめに

**RNAスプライシング** RNA splicing イントロンに相当する配列をRNAから除去し，エキソンに相当する配列を連結してコード領域だけが連続したmRNA（成熟mRNA）をつくり出す過程．

**hnRNP** ヘテロ核内リボ核タンパク質粒子．hnRNA (heterogeneous nuclear RNA) がタンパク質との複合体を形成し，リボ核タンパク質複合体となったもの．mRNA前駆体はプロセシングが完了するまで核外に運び出されることはないので，hnRNPは核内にのみ存在する．

分断された遺伝子はすべての生物にみられる．最も下等な真核生物の遺伝子にはごくわずかしかないが，高等真核生物のゲノムでは大多数の遺伝子が分断されている．イントロンの除去はすべての真核生物のRNA合成の重要な過程である．イントロンが除かれる過程はRNAスプライシングとよばれ，新しく合成されたRNAに加えられる修飾反応とともに起こる．

スプライシングの系をいくつかの種類に分類することができる：

- 高等真核生物の核のRNAではエキソン-イントロン境界とイントロン内の保存された短いコンセンサス配列を認識してイントロンの除去が行われる．この反応には大きなスプライシング装置が必要であり，大きな粒子状の複合体として機能するタンパク質とリボ核タンパク質から成る装置（スプライソーム）が形成される．スプライシングの機構には，タンパク質とRNAによるエステル転移反応の活性中心がかかわっている．

- 一部のRNAには自律的にそれらのイントロンを切除する能力がある．この種のイントロンは二次，三次構造によって区別できる二つのグループに分けられる．両グループはそのRNAを触媒としたエステル転移反応を行う（27章参照）．

- 酵母の核のtRNA前駆体からイントロンを除去する場合には，酵素活性がかかわっているようである．tRNA前駆体の高次構造が重要となることから考えて，酵素活性と基質との相互作用という面ではtRNAのプロセシングの酵素反応に類似している．これらのスプライシング反応は切断と再結合を行う酵素によって行われる．

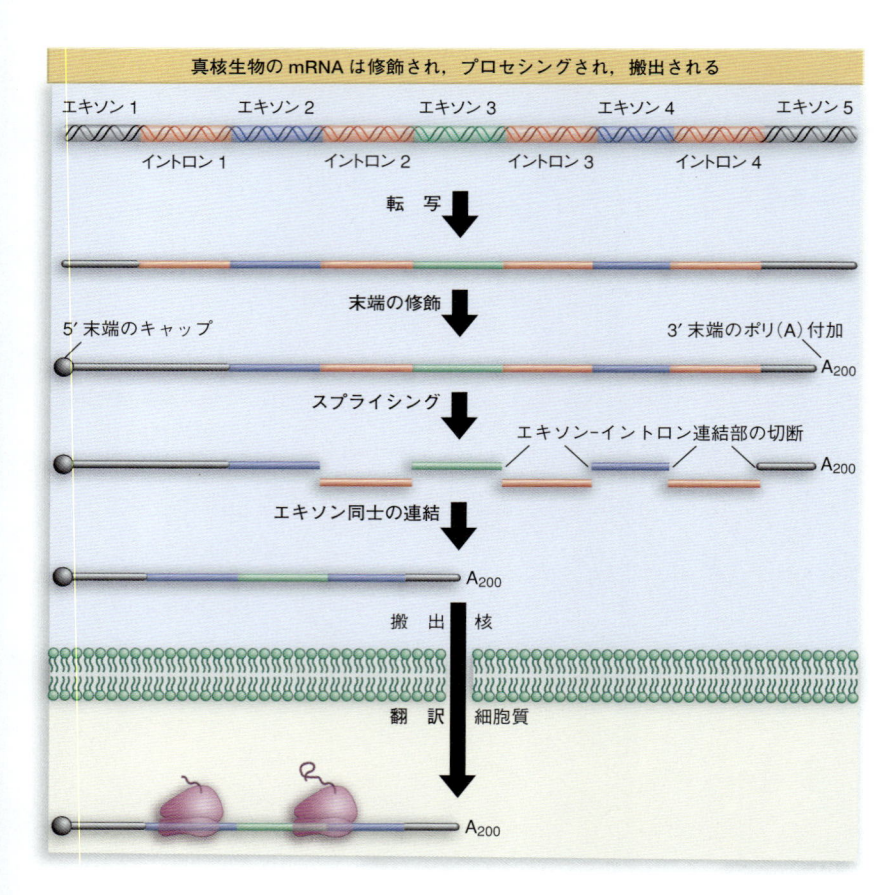

図26・1 RNAは核において5′末端および3′末端への付加反応およびスプライシングによるイントロンの除去を受ける．スプライシングにはエキソン-イントロン連結部の切断と両エキソン断片の連結が必要である．完成したmRNA（成熟mRNA）は核膜孔を通って細胞質へ搬出され，翻訳される．

新しく合成された RNA に対してスプライシングはその他の修飾と同様に核で起こる．分断されたタンパク質コード遺伝子の発現過程については図 26・1 にまとめてある．転写産物は 5′末端でキャップが付き（§7・9 参照），イントロンが除去され，3′末端でポリ(A)が付加される（§7・10 参照）．RNA はその後，核膜孔を通って細胞質に搬出され，そこで翻訳に使われる．

RNA 前駆体が合成されると，それはタンパク質の結合を受けてリボ核タンパク質粒子を形成する．この RNA は大きさが幅広い分布を示すことにちなんでヘテロ核内 RNA（hnRNA）と名づけられ，粒子は **hnRNP** とよばれる．いくつかのタンパク質は hnRNA を包み込む構造上の役割を担っていて，またいくつかは核と細胞質間を往復することが知られ，RNA の核外輸送を行うかその活性を制御している．

### 26・2　核のスプライス部位は短い配列である

> **スプライス部位**　splice site　エキソンとイントロンの連結部位の塩基配列．
> **GU–AG 則**　GU–AG rule　核内遺伝子のイントロンでは，通常，最初の 2 個のヌクレオチドが GU（DNA では GT），最後の 2 個が AG であることを表したもの．

> - イントロンの 5′末端に位置する 5′スプライス部位はコンセンサス配列 GU を含む．
> - イントロンの 3′末端に位置する 3′スプライス部位はコンセンサス配列 AG を含む．
> - 多くのイントロンは GU–AG 則（もともとは GT–AG 則といって DNA 配列に使う用語でよばれていた）に従うが，GC–AG や AU–AC を末端にもつ小さなクラスのイントロンもある．

核のイントロンのスプライシングにかかわる分子レベルでの反応を調べるためには，**スプライス部位**の性質，すなわち，二つのエキソン-イントロンの境界にある切断・再結合部位の性質をまず考慮せねばならない．

mRNA と構造遺伝子の塩基配列を比較すれば，エキソンとイントロンの連結部を決めることができる．イントロンの両末端の間の配列には広い範囲の相同性や相補性はない．しかしながら，連結部はかなり短いがよく保存されたコンセンサス配列をもつ．**図 26・2** に示すコンセンサス配列にあてはめてエキソン-イントロン連結部のイントロンの特定の末端を決めることができる．

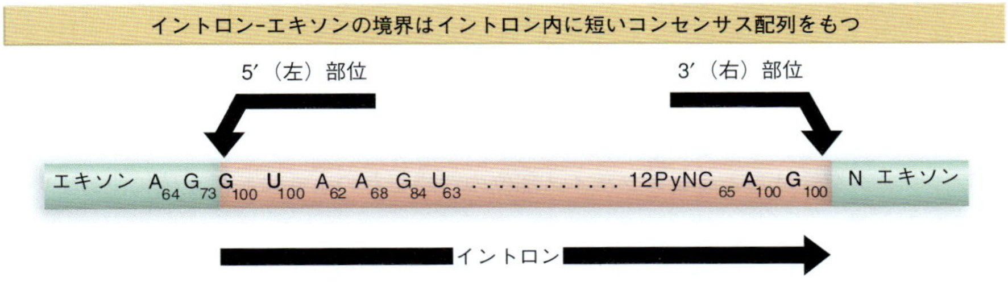

**図 26・2**　イントロンの両端は GU–AG 則によって決まっている．

数字はそれぞれのコンセンサス配列における特定の塩基（あるいは塩基の種類）の出現頻度をパーセントで示す．イントロン内のごく近傍の連結部と思われる箇所にのみきわめて高い率の保存が認められる．すなわち，一般的なイントロンに次の配列が認められる：

$$GU \cdots\cdots AG$$

このように定義されたイントロンは GU で始まり AG で終わるので，連結部はしばしば **GU–AG 則**に合致するものとして記述される．（この配列はもともと DNA 配列において解析されたことを反映して GT–AG 則ともいわれている．もちろんコード鎖の DNA 配列における GT は RNA では GU になる．）

この二つの部位は異なる配列をもっているので，イントロンの末端の方向性を決めていることに注意する必要がある．イントロンに沿って左から右へ向かって，5′スプライス部位と 3′スプライス部位とよばれる．これらは 5′（左あるいは供与）部位，3′（右あるいは受容）部位とよばれることもある．コンセンサス配列はスプライシング反応で認

識される部位であり，点変異により *in vitro* および *in vivo* におけるスプライシングが妨げられる．

大多数が GU-AG イントロンであり（ヒトゲノム中のスプライス部位の 98 % 以上），少数のイントロン（1 % 以下）がこれに似た GC-AG 連結部を使う．AU-AC 末端を使うまれなクラスも存在する（0.1 %）．

## 26・3　スプライス部位は対で読まれる

- スプライシングは 1 組のスプライス部位の認識だけに依存して起こる．
- すべての 5′ スプライス部位は機能的に同等であり，すべての 3′ スプライス部位は機能的に同等である．

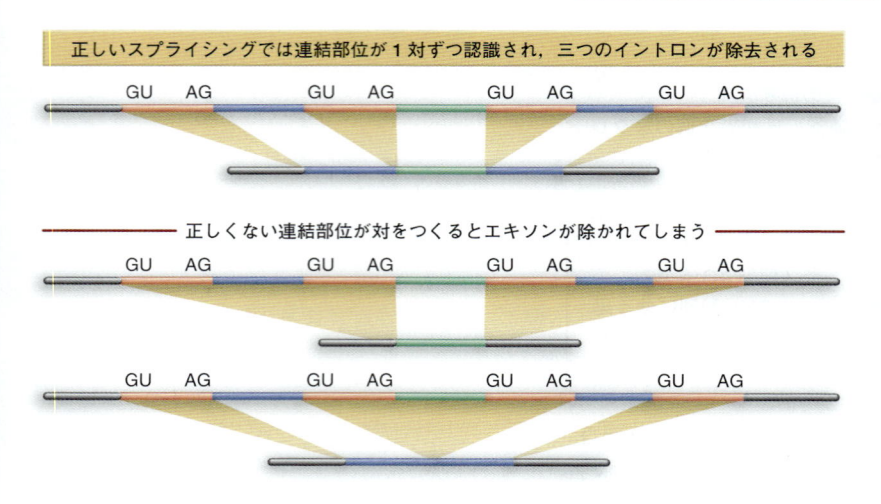

### 正しいスプライシングでは連結部位が 1 対ずつ認識され，三つのイントロンが除去される

### 正しくない連結部位が対をつくるとエキソンが除かれてしまう

図 26・3　スプライシングの際に連結される部位は，1 対の正しい組合わせだけが認識される．

典型的な哺乳類の mRNA には多くのイントロンがある．核におけるスプライシングの基本的な問題は，図 26・3 に示したようにスプライス部位がきわめて単純であることに由来している．どのようにして確実に正しい 1 対の連結部が一緒にスプライシングを受けるのであろうか．かなりの距離（10 kb 以上の長さのイントロンもある）を隔てていても間違った対を連結せずに対応しあう GU-AG の組合わせを連結しなければならない．ハイブリッド RNA 前駆体を形成させる実験では，原則としてどの 5′ スプライス部位でもいずれの 3′ スプライス部位に連結されるということが示されている．こうした実験によって，次のような普遍的な二つの点が明らかになった:

- スプライス部位は共通である．RNA 前駆体それぞれに特異性はなく，また，スプライシングに必要な特別な情報（たとえば二次構造）を個別にもっているわけでもない．

### mRNA のプロセシングには順序がある

遺伝子＝5.6 kb

mRNA＝1.1 kb

一次転写産物（5.5 kb）

イントロン 5, 6 を欠く RNA

イントロン 4, 5, 6, 7 を欠く RNA

イントロン 3 のみの RNA

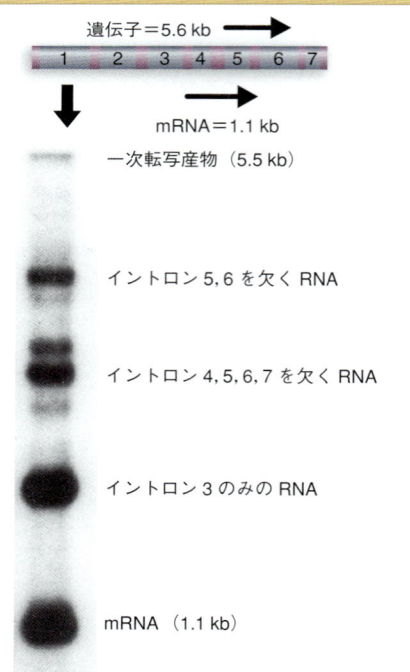

mRNA（1.1 kb）

図 26・4　オボムコイド cDNA をプローブとして核内 RNA のノーザンブロットを行うと，いろいろな mRNA 前駆体を同定できる．明確なバンドについてその構成を記した．写真は Bert O'Malley 医学博士（Baylor College of Medicine）のご好意による．

- スプライシング装置は組織特異的でもない．すなわち，RNA は普通どの細胞においてもその細胞で通常合成されているかどうかによらず，正しくスプライシングを受ける．（例外的な組織特異的な選択的スプライシングの場合については§26・11で述べる．）

これには矛盾がある．どの 5′ スプライス部位でもいずれの 3′ スプライス部位と反応することができるようである．しかし，通常，スプライシングは同じイントロンにある 5′ 部位と 3′ 部位の間でのみ行われる．同じイントロンにある 5′ 部位と 3′ 部位だけがスプライシングを受けるようなスプライス部位の認識をどのようにして正確に決めているのであろうか．

ある一つの RNA ではイントロンが特定の順序で除かれるのであろうか．RNA ブロット法により，一部のイントロンが除去された中間産物にあたる核内 RNA を見分けることができる．図 26・4 にはブロット法によるオボムコイド mRNA 前駆体を示している．数種類のはっきりしたバンドがあるが，このことは特定の経路でスプライシングが行われたことを示している．（もし，七つのイントロンが完全にランダムな順番で除去されたならば，イントロンのさまざまな組合わせにより 300 種以上の前駆体があるはずで，その場合はっきりしたバンドとはならないはずである．）

中間産物には異なるイントロン除去の組合わせがあることから，唯一の経路はなさそうである．しかし，起こりやすい経路を示す証拠はある．実際イントロンは 5/6，7/4，2/1，3 の順序で除かれていく．おそらく RNA の高次構造がスプライス部位への接近しやすさに影響するのであろう．あるイントロンが除去されるとそれによって構造が変化して，新たな 1 対のスプライス部位が反応しやすくなる．しかし，複数の順番でイントロンが除去されうるという前駆体の機能からみて，おのおのの段階で別の高次構造もとれることを示している．こうした解析で得られた重要な結論の一つは，反応が前駆体に沿って順番に進むわけではないということである．

スプライス部位の認識を制御する単純なモデルは，スプライシング装置が配列を伝わって作用するというものだろう．この装置は 5′ 部位を認識した後に，その次の 3′ 部位に出合うまで，RNA 上を正しい方向に走査していくのであろう．このようにすれば隣接している部位間でスプライシングが起こるように制限できる．しかしこのモデルは，ある特別な環境や，ヌクレオチド鎖の一部が他の化学物質で連結された RNA 上では，スプライシングがトランスに働いて 2 分子間にまたがる反応となりうるという観察を説明できない（§26・12 参照）．このことは 5′ 部位から 3′ 部位へと RNA 上を厳密に走査する必要性はないということになる．この走査モデルのもう一つの問題点は，（たとえば）一つの共通の 5′ 部位が複数の 3′ 部位とスプライシングを行うような選択的なスプライシングの様式があることをうまく説明できないことである．

## 26・4 mRNA 前駆体のスプライシングはラリアット構造をとりながら進行する

> **ラリアット** lariat RNA スプライシングにおける中間体で，5′–2′ 結合により形成されたテールのある円形の（投げ縄状の）構造である．
> **分枝部位** branch site イントロンの末端近くにある短い配列で，この部位でイントロンの 5′ ヌクレオチドとアデノシンの 2′ 位が結合することにより，スプライシングにおけるラリアット（投げ縄）中間体が形成される．
> **エステル転移反応** transesterification 一つの部位でエステル結合が切断されると同時に別の部位でエステル結合が形成される，エネルギーを必要としない共役した転移反応．

> ■ スプライシングには 5′ 部位と 3′ 部位，さらに 3′ 部位のすぐ上流にある分枝部位が必要である．
> ■ 分枝部位の配列は酵母で保存されているが，高等真核生物ではそれほどよく保存されていない．
> ■ ラリアット構造はイントロンが 5′ スプライス部位で切断され，5′ 末端がイントロンの分枝部位の 2′–A と結合して形成される．
> ■ イントロンは 3′ スプライス部位で切断され，その左右のエキソンが連結したとき，ラリアット構造で解離する．
> ■ この反応は，結合がある箇所からほかに移るエステル転移反応によって起こる．

スプライシング反応の過程を図 26・5 に示してある．ここでは同定されたそれぞれの RNA についての反応を議論するが，*in vivo* ではエキソンにあたる RNA が遊離した分子として解離されるのではなく，スプライシング装置によって一緒に保持されている．

第一段階では 5′ スプライス部位で切断が起こり，左のエキソンと右のイントロン-エキソンが分離する．左側のエキソンは線状分子となる．右側のイントロン-エキソン分子は，イントロンの端に生じた 5′ 末端がイントロン内の塩基と 5′–2′ 結合をつくり，**ラリアット**（投げ縄）構造になる．標的となる塩基は，**分枝部位**とよばれる配列内にある A である．

3′ スプライス部位での切断によってラリアット構造のイントロンが遊離状態で解離され，一方，右のエキソンは左のエキソンと連結される（スプライスされる）．切断と結合の反応は図の中ではわざとばらばらに表されているが，実際には連携した転移反応として起こる．

ラリアットはその後 "分枝が切断" されて線状のイントロン断片となり，速やかに分解される．

スプライシングに必要な配列とは 5′ および 3′ スプライス部位と分枝部位の短いコンセンサス配列である．

分枝部位は 3′ スプライス部位を同定する目安となる．酵母の分枝部位はよく保存されており，UACUAAC というコンセンサス配列をもつ．高等真核生物の分枝部位の標的配列はそれほど保存されていないが，それぞれの位置にプリンあるいはピリミジンが優位になるという傾向があり，標的のヌクレオチド A も保存されている（図 26・5 参照）．分枝部位は 3′ スプライス部位の上流 18〜40 ヌクレオチドの所にある．分枝部位

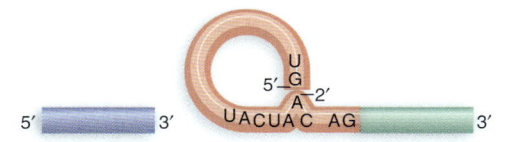

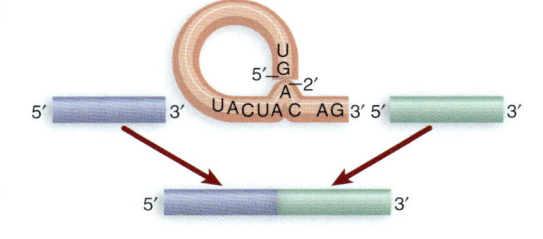

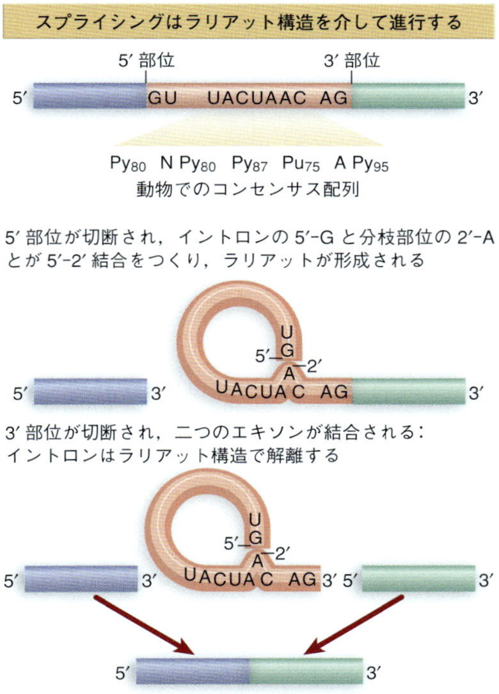

図 26・5 スプライシングは 2 段階で起こり，まず 5′ エキソンが切断され，つぎに 3′ エキソンと連結される．

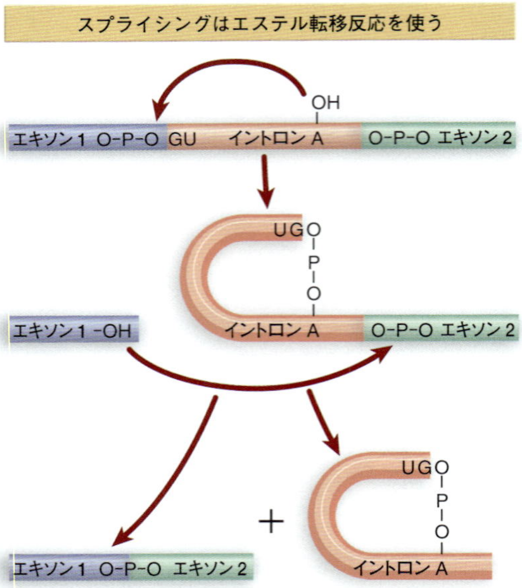

**図 26・6** 核のスプライシングは二つのエステル転移反応によって起こり，遊離した OH 基がホスホジエステル結合に作用する．

の役割は，最も近い 3′ スプライス部位を 5′ スプライス部位との連結の相手として同定することにある．スプライシングの標的となるのは，必ず分枝の 3′ 側に最も近い 3′ コンセンサス配列である．これは，これら二つの部位に結合するタンパク質複合体の間に相互作用が起こることによって説明できる．

ラリアットを形成する結合はイントロンの 5′ 末端に必ず存在する G の 5′ 位と，分枝部位に必ず存在する A の 2′ 位の連結である．これは酵母の UACUAAC 配列の A 残基のうちの 3 番目に相当する．

化学反応は**エステル転移反応**によって進行する．すなわち，エステル結合は実際に一つの部位から別の部位に転移する．図 26・6 に示すように，第一段階は UACUAAC 配列の A の 2′-OH 基による 5′ スプライス部位への求核反応である．第二段階では第一段階の反応で放出された 3′-OH が，今度は 3′ スプライス部位のエステル結合に反応する．ここで，ホスホジエステル結合の数は維持されていることに留意する必要がある．すなわち，もともとエキソン-イントロンスプライス部位には二つの 5′-3′ 結合があり，一つはエキソン間の 5′-3′ 結合に置き換わり，もう一つはラリアットを形成する 5′-2′ 結合に置き換わるのである．

## 26・5 snRNA はスプライシングに必要である

> **スプライソーム** spliceosome スプライシングに必要とされる snRNP とその他のタンパク質によって構成される複合体．
> **核内低分子 RNA（snRNA）** small nuclear RNA 低分子 RNA のうち核に局在化するもの．snRNA の中にはスプライシングなどの RNA のプロセシング反応にかかわるものがある．
> **細胞質低分子 RNA（scRNA）** small cytoplasmic RNA 細胞質に存在する低分子 RNA．（核内にみられることもある．）
> **snRNP（スナープス）** snurps snRNA（核内低分子 RNA）がタンパク質と結合した，核内にみられるリボ核タンパク質粒子．
> **scRNP（スキルプス）** scyrps scRNA（細胞質低分子 RNA）がタンパク質と結合した，細胞質にみられるリボ核タンパク質粒子．
> **抗 Sm** anti-Sm 自己免疫疾患患者の抗血清．RNA のスプライシングにかかわる snRNP 中の一群のタンパク質に共通する Sm エピトープを認識する．
> **スプライシング因子** splicing factor スプライソームを構成するタンパク質のうち，snRNP に含まれないもの．

- スプライシングに関する五つの snRNP は U1, U2, U5, U4, U6 である．
- 他のタンパク質とともにこの snRNP はスプライソームを形成する．
- U6 を除くすべての snRNP は自己免疫疾患でつくられる抗体によって認識される Sm タンパク質に結合する保存された配列を含む．

5′ と 3′ のスプライス部位と分枝部位の配列は大きな複合体を構築するスプライシング装置の構成成分により認識される．反応が起こる前に，この複合体はこれらのコンセンサス配列を寄せ集めているので，どの部位に欠陥があっても反応は開始されないことがわかる．この複合体は一定の順序に従って集合していき，いくつかのプレスプライシング複合体を経てから**スプライソーム**とよばれる活性をもつ最終的な複合体を形成する．スプライシング反応は，すべての構成成分が集合した後に開始される．

スプライシング装置にはタンパク質と RNA（前駆体 RNA に加えて）の両方が含まれている．RNA は低分子であってリボ核タンパク質粒子として存在している．真核生物の核および細胞質の両方に多種類の低分子 RNA（高等真核生物ではおおむね 100〜300 塩基の大きさ）が含まれている．このうち，核に局在化するものは**核内低分子 RNA（snRNA）**とよばれ，細胞質にみられるものは**細胞質低分子 RNA（scRNA）**とよばれる．それらは本来の状態ではリボ核タンパク質粒子として存在し（**snRNP** あるいは **scRNP**），通常は**スナープス**あるいは**スキルプス**とよばれている．このほかに snoRNA（small nucleolar RNA）とよばれる低分子 RNA が核小体内に見いだされていて，rRNA のプロセシングに関与している（§26・15 参照）．

スプライソームはリボソームより大きな質量をもつ巨大なもので，5 種の snRNP

と多くの付随するタンパク質から成る．スプライシングに関与するsnRNPは，U1, U2, U5, U4, U6である．これらはそこに含まれるsnRNAから名づけられている．U1, U2およびU5 snRNPは1個のsnRNAと数個（20以下）のタンパク質から成っていて，U4とU6のsnRNPは普通一つのU4/U6粒子として見いだされる．各snRNPに共通した構造上の核となっているのは8種のタンパク質で，これらは**抗Sm**とよばれる自己免疫疾患の患者の抗血清により認識される．これらのタンパク質間で保存されている配列が，この抗体の標的となっているのであろう．各snRNPに含まれるその他のタンパク質はそれぞれのsnRNPに特有のものである．SmタンパクはU6以外のすべてのsnRNAの中に存在する保存された配列$PuAU_{3\sim6}GPu$と結合する．U6 snRNPはその代わりに一群のSm様（Lsm）タンパク質を含んでいる．これらのタンパク質は自己免疫反応にかかわっているに違いないが，自己免疫疾患の表現型との関係は明らかではない．

図26・7はスプライソソームの構成成分をまとめている．五つのsnRNAは全量の4分の1以上の割合を占め，これらに会合する41個のタンパク質も含めると全量の半分近くを占める．スプライソソームの他のおよそ70個のタンパク質は**スプライシング因子**とよばれている．これはスプライソソームの会合に必要なタンパク質，RNA基質への結合に必要なタンパク質，触媒過程に関するタンパク質を含む．これらのタンパク質に加えて，スプライソソームに会合する他の約30個のタンパク質は遺伝子発現のほかの場面の働きにかかわっており，スプライソソームは調整的装置として働くことを示唆している．

snRNPを構成するタンパク質のあるものは直接スプライシングに関係するが，ほかのものは構造をつくるための役割であったり，snRNP粒子間の集合や相互作用のために必要なのであろう．スプライシングに関与するタンパク質の約3分の1はsnRNPの構成成分である．スプライシング反応においてRNAの直接的な役割についての証拠が増えていることは，比較的少数のスプライシング因子しか触媒反応に直接働いていないことを示唆している．他のほとんどの因子は構造や集合のための役割を担っている．

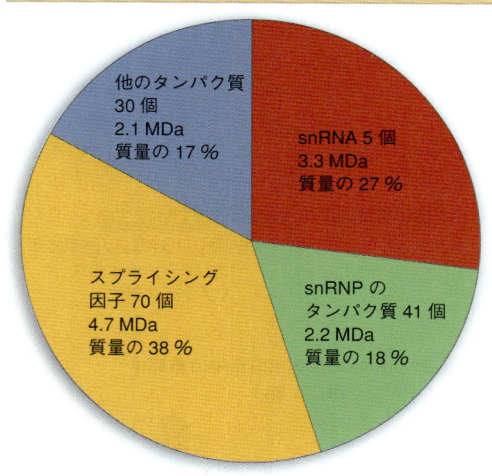

**図26・7** スプライソソームは約12 MDaである．五つのsnRNAとこれらに会合するタンパク質で質量のほとんど半分を占める．残りのタンパク質には既知のスプライシング因子や遺伝子発現の他の段階に関与するタンパク質が含まれる．

## 26・6　U1 snRNPはスプライシングを開始する

■ U1 snRNPはRNA-RNA間の塩基対で5'スプライス部位に結合することによってスプライシングを開始する．

スプライシング反応はおおまかに2段階に分けることができる：

● 最初に5'スプライス部位，分枝配列，近傍のピリミジントラクト（Pyトラクト，ピリミジンに富む配列）のコンセンサス配列が認識される．スプライシングの構成成分すべてを含む一つの複合体が会合する．

● それから切断，連結反応がRNA基質の構造を変化させる．この複合体の構成成分はスプライシング反応を通して進行していく中で解離するものもあれば，また再構成されるものもある．

重要な点はRNAに不可逆的な反応が起こる前にすべてのスプライシングの構成成分が会合し，スプライス部位が使用できることを確認するということである．

コンセンサス配列の認識にはRNAとタンパク質の両者が関与する．いくつかのsnRNAはスプライシングのコンセンサス配列や互いの間で相補的となっていて，snRNAやmRNA前駆体の間，あるいはsnRNA同士に形成される塩基対がスプライシングでは重要な機能を担っている．

U1 snRNPの5'スプライス部位への結合はスプライシングの最初のステップである．

ヒトのU1 snRNPはRNAのほかに八つのタンパク質を含ん

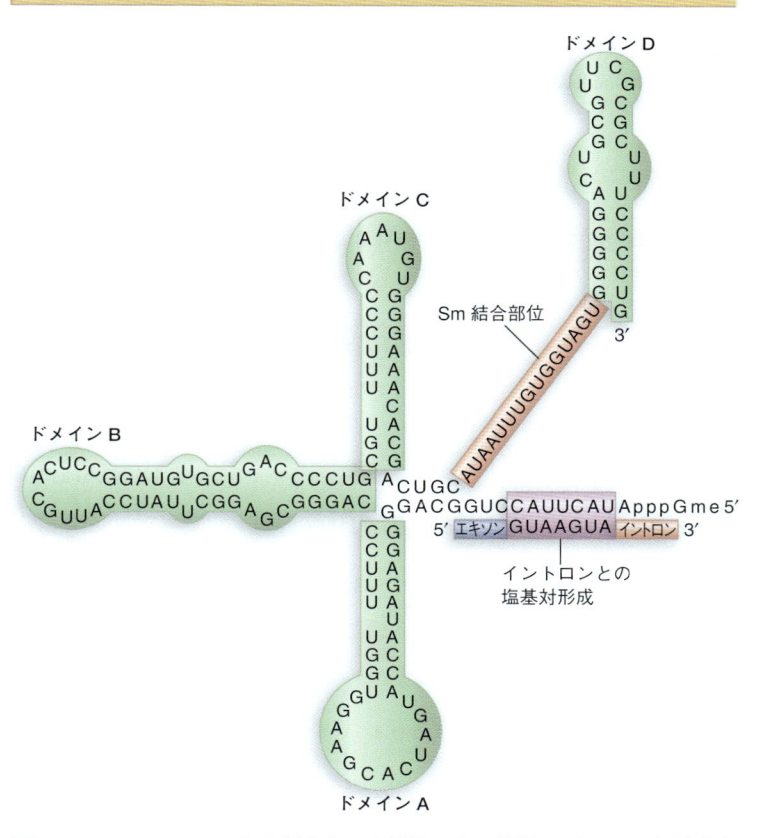

**図26・8** U1 snRNAは塩基対をもった構造により数種のドメインを形成する．5'末端は一本鎖のままであり，5'スプライス部位と塩基対を形成する．

## U1 snRNA は供与体のスプライス部位を選択する

野生型 U1 RNA と 12S mRNA 前駆体
正常のスプライシング

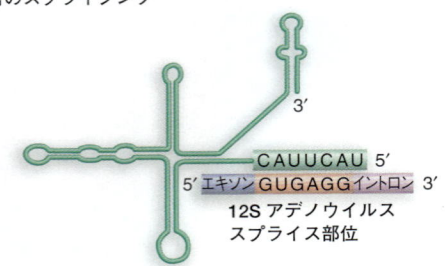

野生型 U1 snRNA と変異 12S mRNA 前駆体
スプライシングが起こらない

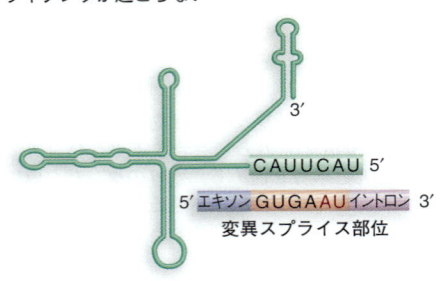

変異 U1 snRNA と変異 12S RNA
スプライシングが回復

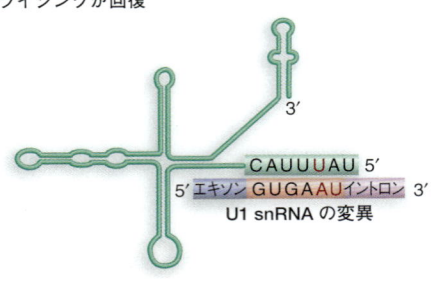

図 26・9　5'スプライス部位の機能を失うような変異は塩基対形成を回復するような U1 snRNA のサプレッサー変異により機能が戻る．

## E 複合体は両方のスプライス部位の相互作用によって形成される

U1 snRNP と ASF/SF2 因子が 5'スプライス部位に結合する

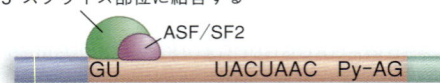

U2AF が Py トラクトと 3'スプライス部位に結合する

SF1/BBP が U1 snRNP と U2AF をつなげる

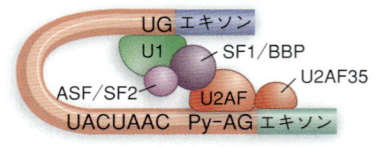

でいる．いくつかのドメインからできている U1 snRNA の推定二次構造を図 26・8 に示した．Sm 結合部位は snRNP に共通した相互作用に必要である．それぞれのステム-ループ構造によって同定されるドメインは U1 snRNP に特異的なタンパク質との結合部位となっている．

　U1 snRNA はスプライス部位と相補的な 4～6 塩基をたいていは含んでいるその 5'末端の一本鎖領域によって 5'スプライス部位と塩基対をつくる．図 26・9 は，この塩基対形成の必要性を直接示した実験を描いている．12S アデノウイルスの mRNA 前駆体のスプライス部位の野生型の配列は U1 snRNA の 6 塩基中 5 塩基と塩基対を形成した．スプライスされない 12S RNA の変異体は配列に二つの変異をもつ．すなわちイントロンの 5-6 の位置にある GG 残基が AU に変わっている．スプライシングは，塩基対を形成するような U1 snRNA の補正的変異により元に戻る．

### 26・7　E 複合体は RNA をスプライシングへと踏み出させる

**E 複合体**　E complex　スプライス部位に形成される最初の複合体．ASF/SF2 因子とともに 5'スプライス部位に結合した U1 snRNP（核内低分子リボ核タンパク質），分枝部位に結合した U2AF，および架橋タンパク質である SF1/BBP により構成されている．
**SR タンパク質**　SR protein　セリン-アルギニン残基に富む領域（長さは決まっていない）をもち，スプライシングにかかわるタンパク質の総称．
**イントロンの決定**　intron definition　一つのイントロンの 5'スプライス部位と分枝部位-3'スプライス部位のみが関係する相互作用によって，1 対のスプライス部位が認識されるスプライシング反応経路．
**A 複合体**　A complex　プレスプライシング複合体である E 複合体が形成されている mRNA 前駆体分枝部位に U2 snRNP が結合して形成される複合体．
**エキソンの決定**　exon definition　一つのイントロンの 5'スプライス部位と下流側にある次のイントロンの 5'スプライス部位が関係する相互作用によって，1 対のスプライス部位が認識されるスプライシング反応経路．

- E 複合体は U1 snRNP が 5'スプライス部位に結合し，U2AF が分枝部位と 3'スプライス部位の間のピリミジントラクトに結合して形成される．これがイントロンの決定である．
- ほかにはピリミジントラクトの U2AF と下流 5'スプライス部位の U1 snRNP 間に複合体が形成される可能性がある．これがエキソンの決定である．

　図 26・10 はスプライシングの初期段階を示す．スプライシングにおいて形成される最初の複合体は **E 複合体**（初期プレスプライシング複合体）であり，U1 snRNP，U1 snRNP とともに 5'スプライス部位に結合する ASF/SF2 とよばれる因子，スプライシング因子 U2AF，スプライシング因子や調節因子の重要なグループを構成する **SR タンパク質**とよばれるファミリーの因子を含む．SR タンパク質の名はアルギニン（R）とセリン（S）に富む領域が存在することに由来するが，その長さはタンパク質ごとに違う．SR タンパク質はアルギニンとセリンに富む領域を介してお互いに相互作用するばかりか，RNA にも結合する．SR タンパク質はスプライソソームの必須な構成成分で RNA 基質上に足場を形成する．E 複合体はしばしば確定複合体（commitment complex）ともよばれるが，これはこの複合体が形成されることは，その mRNA 前駆体をスプライシング複合体形成の基質とみなすことを示すからである．

　E 複合体において，U2AF は分枝部位と 3'スプライス部位の間の領域に結合する．U2AF という名前はもともと U2 補助因子（U2 auxiliary factor）として同定されたことを示している．ほとんどの生物において，それは分枝部位の下流のピリミジントラクトに結合する大きなサブユニット（U2AF65）をもち，小さなサブユニット（U2AF35）は 3'スプライス部位のジヌクレオチド AG と直接結合する．

図 26・10　確定（E）複合体は U1 snRNP が 5'スプライス部位へ，U2AF がピリミジントラクト/3'スプライス部位へ，そして架橋タンパク質 SF1/BBP が両者を連結して連続的に付加されることによって形成される．

**イントロンの末端は二つの経路のうち一方によって認識される**

**図 26・11** 5′スプライス部位と 3′スプライス部位を最初に認識する方法は二つある．

E 複合体は図 26・11 にまとめたいずれかの経路によって形成される．最も直接的な反応は，両方のスプライス部位がイントロンを隔てて認識されるというものである．U1 snRNP が 5′スプライス部位にあることが U2AF を分枝部位の近傍に結合させることを可能としている．スプライシング因子の一つで哺乳類では SF1 とよばれる SR タンパク質〔酵母における相同なタンパク質は BBP（branch point binding protein）とよばれている〕は 5′スプライシング部位に結合している U1 snRNP に U2AF を結び付ける．この相互作用によりイントロンを挟んだスプライス部位の間の最初の連結が行われる．このスプライシングの経路の基本的な性質は，二つのスプライス部位がイントロン外の配列をまったく必要とせずに認識されていることである．このような過程は**イントロンの決定**とよばれる．

U2 snRNP が分枝部位に結合したとき E 複合体は **A 複合体**へと変換する．この U2 の結合には U1 snRNP と U2AF の両者が必要とされる．U2 snRNA は分枝部位の配列に相補的な配列を含んでいる．この snRNA の 5′末端近傍の配列がイントロン中の分枝配列と塩基対を形成するのである．酵母では，UACUAAC ボックスをもつ二本鎖がこの過程で形成される（図 26・14 参照）．U2 snRNP のいくつかのタンパク質は分枝部位のすぐ上流にあるこの基質 RNA に結合する．U2 snRNP が結合するには ATP の加水分解が必要で，mRNA 前駆体をスプライシング経路へと踏み出させる．

イントロンが長くスプライス部位が弱い場合には，これとは違った経路でスプライソームが形成されることがある．図 26・11 の右側に示したように，5′スプライス部位はこれまでの経路と同様に U1 snRNA によって認識される．しかし 3′スプライス部位は，やはり U1 snRNA を結合している次の 5′スプライス部位を含んだ次のエキソンにまたがって形成される複合体の一部として認識される．この U1 snRNA は SR タンパク質（群）を介してピリミジントラクトにある U2AF に結合する．U2 snRNP がこれに加わって A 複合体が形成されると再編成が起こって，複合体では正しい（最も左端にある）5′スプライス部位が，その下流の 5′スプライス部位と置き換わる．この経路がスプライシングにとって重要なのは，イントロンの下流の配列が必要とされる点である．通常この配列は次の 5′スプライス部位を使っている．このような過程は**エキソンの決定**とよばれる．この機構は普遍的ではなく，SR タンパク質もエキソンの決定もパン酵母では見つかっていない．

## 26・8　五つの snRNP がスプライソームを形成する

- U5 や U4/U6 snRNP との結合により A 複合体はスプライシングに必要な構成成分すべてを含む B1 複合体へと変換される．
- この複合体はスプライシングが進行するにつれてさらに一連の複合体へと連続的に変化していく．

**スプライソームはいくつかの複合体を介して形成される**

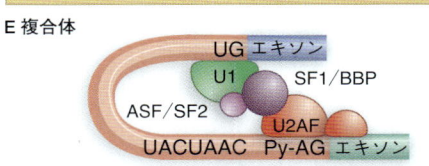

**E 複合体**

**A 複合体**　U2 は分枝部位に結合する

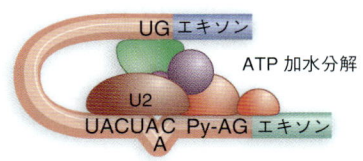

**B1 複合体**　U5/U4/U6 三量体が結合する．U5 は 5′部位でエキソンに結合し，U6 は U2 に結合する

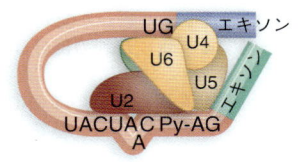

**B2 複合体**　U1 が放出される．U5 がエキソンからイントロン側へ移動する．U6 が 5′スプライス部位に結合する

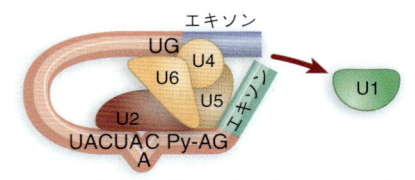

**C1 複合体**　U4 が放出される．U6/U2 がエステル転移反応を触媒する．U5 がエキソンの 3′スプライス部位に結合する．5′部位が切断され，ラリアットが形成される

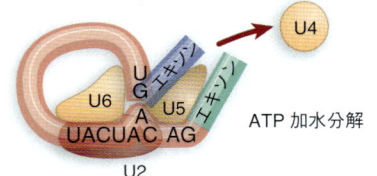

**C2 複合体**　U2/U5/U6 はラリアット構造に結合したまま残る．3′部位が切断され，エキソンが連結される

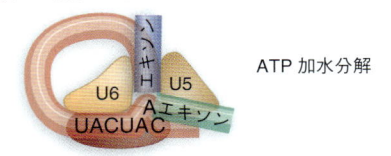

スプライスされた RNA が遊離する

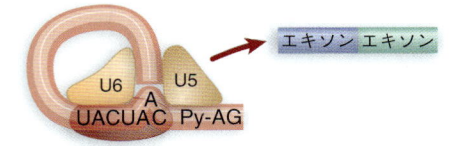

ラリアットの切断

**図 26・12** スプライシング反応は，スプライソームを形成してコンセンサス配列を認識する成分間の相互作用を伴ったいくつかのはっきり区別できる段階を経て行われる．

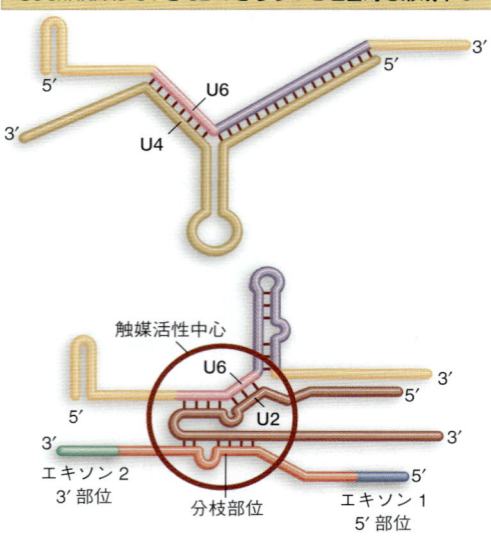

### U6 snRNA は U4 と U2 のどちらかと塩基対を形成する

図 26・13 U6-U4 塩基対は U6-U2 塩基対と相いれない。U6 がスプライソソームに加わるときには U4 と塩基対を形成している。U4 が解離すると，U6 に高次構造の変化が起こる。遊離した配列の一部はヘアピン構造を形成する（紫）が別の部分は U2 と塩基対を形成する（ピンク）．U2 に隣接した領域はすでに分枝部位と塩基対を形成しているので，U6 は分枝部位の近くに引き寄せられる．基質 RNA が通常とは逆向き（3′→5′）に示されていることに注意しよう．

### snRNAとの塩基対形成はスプライシングに重要である

U1 は 5′ スプライス部位と塩基対を形成する

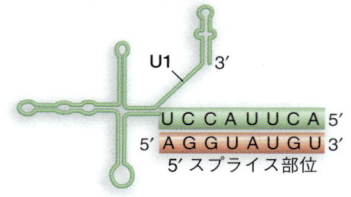

U2 は分枝部位と塩基対を形成する

U6 は 5′ スプライス部位と塩基対を形成する

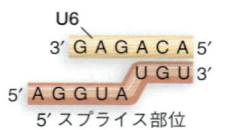

U5 は両エキソンを結合する

図 26・14 スプライシングでは snRNA とスプライス部位の間の一連の塩基対形成が使われる．

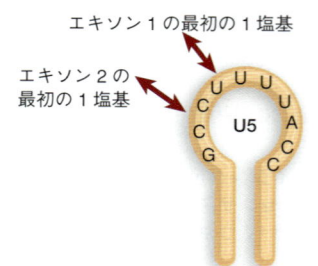

- U1 snRNP の解離によって U6 snRNA は 5′ スプライス部位に結合できるようになり，B1 複合体を B2 複合体へと変換する．
- U4 と U6 snRNP が解離すると，U6 snRNA は U2 snRNA と塩基対を形成できるようになり，触媒活性部位を形成する．
- 選択的スプライシング経路では U12 スプライソソームを構成する他の snRNP の組合わせが使われる．
- 標的イントロンは通常のスプライス部位にあるように GU-AG 連結部をもつことが多く，より長いコンセンサス配列により決められている．
- いくつかのイントロンはスプライス部位に AU-AC をもち，U2 依存的なものや U12 依存的なものがある．

スプライシングにかかわる他の snRNP や因子が定まった順序で複合体をつくっていく．図 26・12 は反応が進む際に同定される種々の複合体構成成分を示している．

B1 複合体は U5 と U4/U6 snRNP を含む三量体が U1 と U2 snRNP を含む A 複合体に結合して形成される．この複合体は U1 の解離に伴って B2 複合体になる．U1 の解離は他の構成成分，とりわけ U6 snRNA が 5′ スプライス部位に隣接するために必要である．この時点で U5 snRNA は位置を変えている．すなわち，当初は 5′ スプライス部位のエキソン配列に近い所に位置するが，これは，3′ スプライス部位へと結合するように位置を変え，触媒反応ができるようになる．

触媒反応は U4 の解離が引き金となって起こる．反応には ATP の加水分解が必要である．U4 snRNA の機能は必要となるときまで U6 snRNA を隔離しておくことにあるのだろう．図 26・13 に示すように，スプライシング反応中に snRNA 間の塩基対形成の相互作用に変化が起こる．U6/U4 snRNP では U6 の一続きの 26 塩基が U4 の二つの離れた領域と塩基対を形成する．U4 が解離すると，U6 の遊離した領域が別の構造をとることができるようになる．その一部は U2 と塩基対を形成し，もう一つの部分は分子内でヘアピン構造をつくる．U4 と U6 との間の相互作用は U2 と U6 との作用と互いに相いれない関係にあるので，U4 の解離によってスプライソソームがさらに先へと進めるかどうかが制御されている．

図では，混乱を避けるために，基質の RNA を伸長した形で示しているが，5′ スプライス部位は U2 と結合した配列のすぐ 5′ 側の U6 配列の近傍にある．この U6 snRNA の配列は 5′ スプライス部位にある保存された GU のちょうど下流にあるイントロンの配列と結合する（このような塩基対を増やす変異はスプライシングの効率を上昇させる）．

したがって snRNA と基質 RNA の間のいくつかの塩基対形成反応がスプライシングの過程で起こることになる．その様子を図 26・14 にまとめた．snRNP は基質や互いの間で塩基対を形成する配列をもっている．また snRNP はループを形成し，基質内の配列に非常に近接して存在する一本鎖領域をもっている．ループ内の変異がスプライシングを強く抑制することからも，これらは重要な機能を担っているものと考えられる．

U2 と分枝点，および U2 と U6 の間の塩基対形成により，§26・10 で述べるグループ II イントロン（図 26・19 参照）の活性中心に似た構造が生み出される．このことから，触媒作用をもつ構成成分は U2-U6 相互作用によって生み出される RNA 構造にあるという可能性が考えられる．U6 は 5′ スプライス部位と塩基対を形成し，さらに架橋実験により U5 snRNA のループの一つは両エキソンの最初の 1 塩基目の位置にぴったりと隣接していることが示されている．しかしながら，触媒中心で基質（5′ スプライス部位と分枝部位）と snRNP（U2 と U6）が（図 26・13 に示すように）互いに近接しているとはっきりいえても，エステル転移反応に関与する構成成分はまだ直接同定できたわけではない．

このような結果から考えられる重要な結論は，スプライシング装置の snRNA 成分はそれら同士，また基質である RNA との間で塩基対形成により相互作用し，この相互作用により構造変化が起こり，反応するグループがしかるべき位置関係に引き寄せられ，さらに活性中心がつくられるのだろう，ということである．そのうえ，snRNA の構造

変化は可逆的である．たとえば，U6 snRNA はスプライシング反応で使い切られるのではなく，反応終了時には U2 から解離されなければならないが，その後，U4 と二本鎖構造を再形成し，次のスプライシング反応に使われる．

イントロンのうち，ごく一部は U12 スプライソソームとよばれるこれとは別の装置によりスプライスされる．これは U11 と U12（それぞれ U1 と U2 に近縁である），U5 の異型，U4$_{atac}$ と U6$_{atac}$ の snRNA から成る．このスプライシング反応は基本的に U2 依存性イントロンにおけるものと似ていて，これらの snRNA は類似の役割を果たす．この装置のタンパク質構成成分に違いがあるかどうかはまだわかっていない．

スプライソソームの種類への依存性はまた，イントロンの配列によっても影響を受けている．5′ $^G$AUAUCCUUU …… PyA$^G$C 3′ という末端の強いコンセンサス配列をもつものは U12 依存性イントロンである．さらに，U12 依存性イントロンは U12 と対をなす高度に保存された分枝部位，UCCUUPuAPy をもつ．U12 依存性イントロンや U2 依存性イントロンはどちらも，GU-AG 末端をもつ場合もあるし，AU-AC 末端をもつこともある．

### 26・9　スプライシングは mRNA の核からの搬出と関連している

- REF タンパク質はスプライソソームと会合することにより，スプライス部位と結合する．
- スプライシング後も REF タンパク質はエキソン-エキソン連結部の RNA に結合したままである．
- REF タンパク質は，核膜孔を通して RNA を核から搬出する運搬タンパク質 TAP/Mex と相互作用する．

転写され，プロセスされた後，mRNA は核から細胞質へリボ核タンパク質複合体の形で搬出される．完全にスプライスされた後でのみ搬出されるようにするための一つの手段として，イントロンがスプライシング装置に結合しているうちは mRNA の搬出が妨げられるということなのだろう．スプライソソームはまた搬出装置と接触する開始点になるだろう．図 26・15 はタンパク質複合体がスプライシング装置を介して RNA に結合するモデルを示す．この複合体は九つ以上のタンパク質から成り，EJC（エキソン連結複合体）とよばれる．

EJC はスプライスされた mRNA のいくつかの機能に関与する．EJC のタンパク質のいくつかは直接これらの機能に関与し，他のものは特定の機能のためにさらにタンパク質を動員する．EJC の会合における最初の結合はスプライシング因子の一つでつくられる．そしてスプライシングの後，EJC はエキソン-エキソン連結部のすぐ上流で mRNA と結合したままである．EJC はイントロンを失った遺伝子から転写された RNA には結合しないので，この過程への関与はスプライスされた産物特有のものである．

もしイントロンが遺伝子から欠失したなら，その RNA 産物は細胞質へとかなりゆっくり搬出される．これは，このイントロンが搬出装置への結合シグナルを提供しているであろうことを示唆する．図 26・16 に示したように，今では一連のタンパク質の相互作用という点でこの現象を説明できる．EJC は REF ファミリーとよばれるタンパク質（最もよくわかっているものは Aly とよばれる）のグループを含む．REF タンパク質は核膜孔と直接相互作用する運搬タンパク質（TAP や Mex とよばれる）と相互作用する．

同様のシステムはスプライスされた RNA を認識して，最後のエキソンより前に位置するナンセンス変異が，自身の mRNA を細胞質で分解する場合にも使われる（§7・13 参照）．

### 26・10　グループ II イントロンはラリアット構造を形成して自己スプライシングを行う

**自己スプライシング**　autosplicing, self-splicing　イントロン中の RNA 配列のみに依存する触媒作用によって，イントロンが自分自身を RNA から切出すこと．

**スプライシングは mRNA の核からの搬出に必要である**

エキソン　イントロン　エキソン

スプライシング

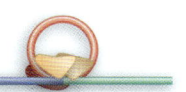

タンパク質がスプライシング複合体に結合する

タンパク質がエキソン-エキソン連結部に残る

EJC 複合体がエキソン-エキソン連結部に会合する

EJC が RNA の搬出，局在化，分解に関与するタンパク質と結合する

図 26・15　EJC（エキソン連結複合体）はスプライシング複合体を認識することによって RNA と結合する．

**REF と TAP は mRNA の搬出において重要なタンパク質である**

REF（Aly）タンパク質は EJC の一部である

REF

運搬タンパク質 TAP/Mex が REF に結合する

TAP/Mex

TAP/Mex は核膜孔を通して mRNA を運ぶ

核

TAP/Mex は解離する　細胞質

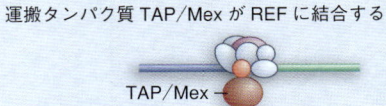

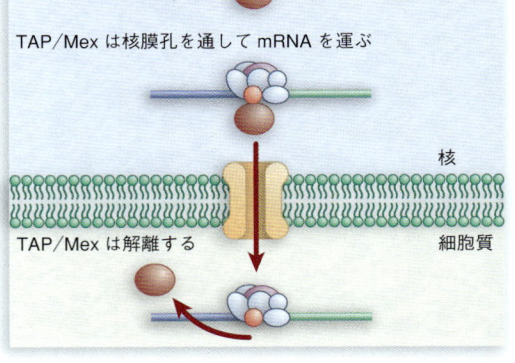

図 26・16　REF タンパク質はスプライシング因子に結合し，RNA のスプライシング産物に残る．REF は核膜孔に結合する運搬タンパク質に結合する．

## スプライシングはエステル転移反応を使う

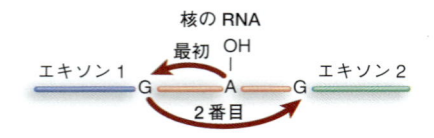

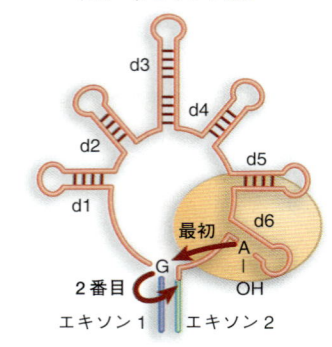

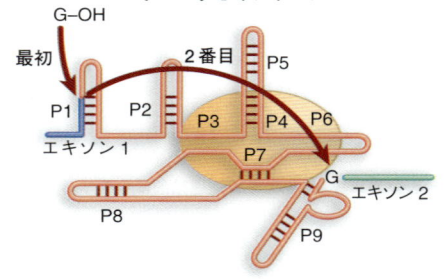

**図26・17** 3種類のスプライシング反応は二つのエステル転移反応を経て進行する．最初に遊離した OH 基がエキソン1-イントロン連結部に作用する．つぎにエキソン1の末端に生じた OH 基がイントロン-エキソン2連結部に作用する．

## グループIIイントロンはラリアット構造を形成する

**図26・18** ミトコンドリアのグループIIイントロンはスプライシングにより安定なラリアットのまま解離される．写真は Leslie Grivell 氏と Annika Arnberg 氏のご好意による．

- グループIとグループIIイントロンは自己触媒的スプライシング反応によって RNA から自分自身を切取る．
- グループIIイントロンのスプライス部位とスプライシング機構は核イントロンのスプライシングと同様である．
- グループIIイントロンは U6-U2-核イントロンの構造に似た触媒部位をつくる二次構造へと折りたたまれる．

核内のタンパク質をコードした遺伝子のイントロンとは大きく異なる二つのグループのイントロンが細胞小器官や細菌にみられる．グループIとグループIIのイントロンはその内部構造に従って分類されている．それぞれの種類のイントロンは特徴的な二次構造をとるように折りたたまれている．グループIのイントロンは下等真核生物の核内にも見いだされる．

グループIとグループIIイントロンは RNA から自分自身を切取る特筆すべき活性をもっていて，これは**自己スプライシング**とよばれる．グループIイントロンはグループIIイントロンより一般的である．この二つのクラスの間にはほとんど関係はないが，それぞれの場合，RNA はタンパク質による酵素活性を必要としないで in vitro で RNA 自身によってスプライシング反応を起こす．しかし，in vivo では折りたたみを助けるのにタンパク質が必要とされることは，ほぼ確かである（27章参照）．

**図26・17** に示すように，すべてのイントロンは二つの連続したエステル転移反応により切出される（核のイントロンについては図26・5ですでに示してある）．最初の反応では，5′ のエキソン-イントロン連結部は遊離した OH 基の作用を受ける（この OH 基は，核のイントロンと，グループIIイントロンでは内部の 2′-OH 基により，グループIイントロンでは遊離のグアニンヌクレオチドから供給される）．第二段階の反応では切出されたエキソンの遊離 3′-OH 基が代わりに 3′ イントロン-エキソン連結部に作用する．

グループIIイントロンと mRNA 前駆体のスプライシングには類似したところがある．ミトコンドリアのグループIIイントロンは核のスプライス部位に似た部位をもつ．核の mRNA 前駆体と同じ機構，すなわち，5′-2′結合によりつくられるラリアット構造を通してスプライシングが行われる．グループIIイントロンがスプライシングを受けるときにつくられるラリアット構造の一例を**図26・18**に示す．単離したグループII RNA を他の成分なしに in vitro で反応させると，スプライシング反応を行うことができる．このことは図26・17 で示した二つのエステル転移反応が，グループIIイントロンの RNA 自身で行われることを示している．ホスホジエステル結合の数は反応の前後で変わらないので，外部からのエネルギー供給は必要としない．この点はスプライシングの進化で重要な特徴である．

グループIIイントロンはいくつかのドメインが塩基対形成ステムと一本鎖ループを形成している二次構造を形成する．ドメイン5はドメイン6と2塩基だけを挟んで隣接しており，ドメイン6は最初のエステル転移反応で 2′-OH 基を供与する A 残基を含んでいる．これが RNA の触媒ドメインを形成している．**図26・19**はこの二次構造と，U6 と U2 および U2 と分枝部位との組合わせによって形成される構造との比較を示している．この類似点をもとにして，U6 が触媒の役割を果たしていると推測される．

グループIIイントロンのスプライシングの特徴から，スプライシングは個々の RNA 分子によってひき起こされる自己触媒作用から進化したものであり，その RNA の内部配列が秩序立って欠失していったものと推測される．おそらく，こうした反応には RNA がある特定の高次構造あるいは一連の高次構造をとるように折りたたまれることが必要であり，シスの配置でのみ行われるのであろう．

グループIIイントロンが自己スプライシング反応により自分自身を除去する能力は，核のイントロンが複雑なスプライシング装置を必要とするのと比べるときわめて対照的である．スプライソソームの snRNA は，核のイントロンが自己スプライシングに必要な塩基配列に関する情報を欠いているのを補い，RNA が特別な構造を形成するのに必要な情報を提供するものと考えることができる．snRNA の機能は本来の自己触媒系から進化したのであろう．これら snRNA は基質である mRNA 前駆体に対してトランスに働く．すなわち，U1 が 5′ スプライス部位と塩基対を形成したり，あるいは U2 が分枝

部位と塩基対を形成したりするのは，グループⅡイントロンの配列に特異的な同様の反応の代わりをしていると考えることができる．したがって，snRNA はグループⅡイントロンの反応機構でスプライシングの際に生じる一連の RNA の構造上の変化の代わりをして，基質である mRNA 前駆体と協調して反応を進行させるのである．実際，こうした変化によって基質である mRNA 前駆体が反応を行うのに必要な配列をもつ必要性がなくなってきたのである．スプライシング装置がさらに複雑になるにつれて（また，基質になりうるものの数が増えてくると）タンパク質はより重要な役割を果たすようになってきた．

### 26・11　選択的スプライシングはスプライス部位の選択的使用による

**選択的スプライシング**　alternative splicing　スプライス部位を選択することにより，単一の転写産物から異なる RNA 産物をつくり出すこと．

- 特定のエキソンは 1 組のスプライス部位を使うか使いそこねることによって，RNA 産物から除かれたり除かれなかったりする．
- スプライス部位の一つを選択的部位として使えばエキソンは長くなるだろう．
- ショウジョウバエの性決定では，一つの経路にある一連の産物をコードする遺伝子に選択的スプライシングが行われる．

　分断された遺伝子は RNA に転写され，1 種類のスプライシングを受けた mRNA をつくり出す．この場合，エキソンとイントロンの決定は 1 通りだけであって変更の余地はない．しかし，遺伝子によっては RNA が**選択的スプライシング**の方式をとり，一つの遺伝子から複数の mRNA 配列をつくり出す．ある場合には複数の転写開始点や異なった 3′ 末端を使うことによってスプライシングのパターンが変わるため，最終的な発現のパターンは一次転写産物により決まってしまう．また，別の場合には一つの一次転写産物がいくつか違った形でスプライシングを受け，内部のエキソンが置換したり，付加されたり，欠失したりすることもある．また場合によっては，複数の産物がすべて同一の細胞で生み出されることもあれば，特定のスプライシングパターンはある特定の条件下でのみ現れるように調節されていることもある．

　図 26・20 に一例を示すように，ここではスプライス部位のうち一方は固定されており，もう一方が変化している．SV40 の T/t 抗原とアデノウイルス E1A 領域の産物は一定の 3′ 部位に対して種々の 5′ 部位が連結されるというスプライシングにより生産される．T/t 抗原では，大型 T 抗原に用いられる 5′ 部位は小型 t 抗原 mRNA に存在する終止コドンを除去するので，T 抗原は t 抗原よりも大きい．E1A の転写産物では種々の 5′ 部位の一つが最後のエキソンに対して異なる読み枠で結合され，タンパク質の C 末端には大きな変化を生じる．こうした例では関連するスプライシング反応の遺伝子が発現している細胞すべてで起こり，あらゆる種類のタンパク質産物がつくられる．

　T/t 抗原の場合，その割合は細胞の種類によって異なる．選択的スプライス部位の相対的な使用頻度はスプライシング因子 ASF/SF2（E 複合体の構成タンパク質）によって決定されている．mRNA 前駆体が一つの 3′ スプライス部位に先行して複数の 5′ スプライス部位をもつような場合，ASF/SF2 の濃度が上がれば 3′ 部位に最も近い 5′ 部位の利用が促進される．この ASF/SF2 の作用はもう一つのスプライシング因子 SF5 と拮抗する．一般的にいって，5′ 部位が異なる選択的スプライシングは，スプライス可能な部位の一方の使用を促進したり抑制してスプライソームの集合にかかわっているタンパク質によって影響を受けているようである．

　図 26・21 に示す例では，スプライス部位の選択によりエキソンやイントロンの付加，変更が行われ，その結果として異なるタンパク質が生産される．*dsx*（*Drosophila double-sex*）遺伝子では雌のイントロン 3 の 5′ 部位とそのイントロンの 3′ 部位でスプライシングが起こる．その結果，翻訳はエキソン 4 で終止する．雄ではイントロン 3 の 5′ 部位とイントロン 4 の 3′ 部位とが直結するようにスプライスされた結果，mRNA からエキソン 4 が除去されて翻訳はエキソン 6 まで続いて進行する．したがって，雌雄において異なったタンパク質が生産される．雄の産物は雌の性分化を阻害し，一方，雌の産物は

**核およびグループⅡスプライシングは似ている**

核のスプライシングは U6-U2 および U2-イントロンとの間の塩基対形成により活性中心がつくられる

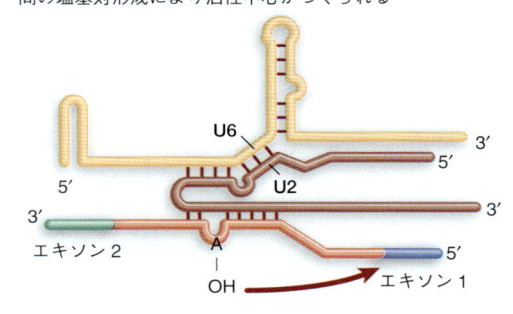

グループⅡのスプライシングはドメイン 5 と 6 の塩基対をつくった領域により，活性中心がつくられる

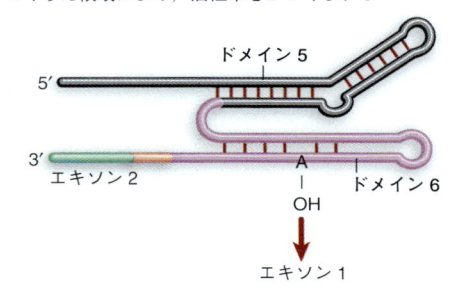

**図 26・19**　核のスプライシングとグループⅡのスプライシングには類似の二次構造の形成が関与する．配列は核のスプライシングにおいてより特異的であり，グループⅡイントロンはプリン（R）あるいはピリミジン（Y）によって占められる部位もある．

**選択的スプライシングは多様な RNA をつくる**

SV40 T/t 抗原は，共通な 3′ 部位に対する二つの 5′ 部位のスプライシングによりつくられる

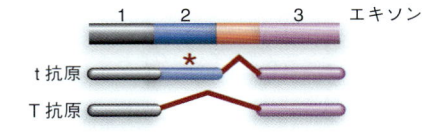

アデノウイルス E1A は，共通な 3′ 部位に対する種々の 5′ 部位のスプライシングによりつくられる

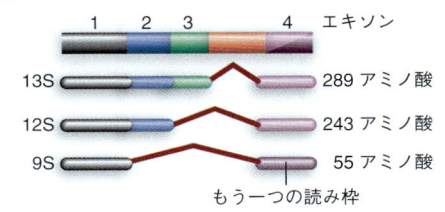

ショウジョウバエの Tra は，選択的な 3′ 部位に対する 1 個の 5′ 部位のスプライシングによりつくられる

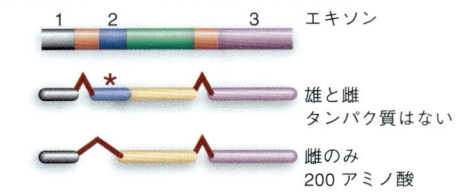

**図 26・20**　選択的スプライシングにより，1 個の遺伝子から多くの種類のタンパク質がつくられる．スプライス部位の変化により，終止コドン（星印で示す）や読み枠の変化をきたすこともある．

## 選択的スプライシングはエキソンを置換する

**ショウジョウバエの dsx はエキソンを跳び越す**

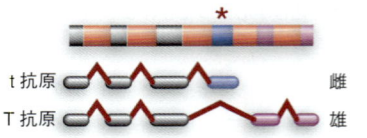

t 抗原　　雌
T 抗原　　雄

**トロポミオシンの α サブユニットは選択的なエキソンのスプライシングを行う**

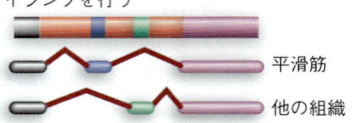

平滑筋
他の組織

**P 因子は余分なイントロンのスプライシングを行う**

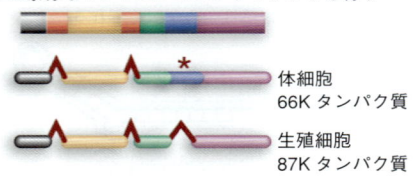

体細胞　66K タンパク質
生殖細胞　87K タンパク質

図 26・21　両部位のかかわる選択的スプライシング反応ではエキソンが付加されることもあれば置換されることもある．

図 26・22　スプライシングは通常物理的に同一の RNA 分子にあるエキソン間でシスに働いて起こるが，イントロン間の塩基対がつくられるような特殊構造においてはトランススプライシングも起こりうる．

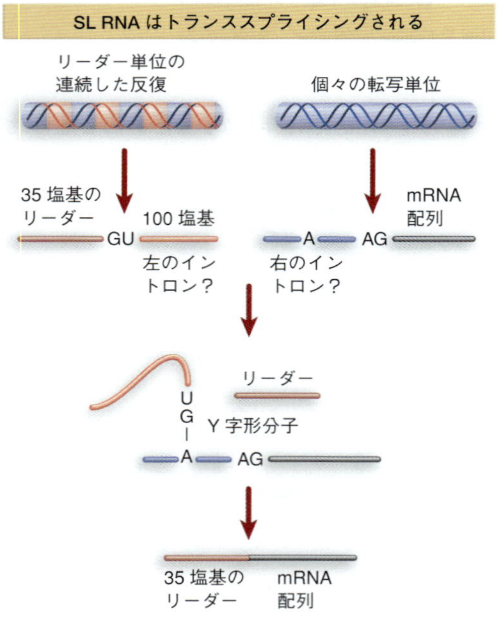

## SL RNA はトランススプライシングされる

リーダー単位の連続した反復 / 個々の転写単位

35 塩基のリーダー　100 塩基　GU　左のイントロン？
A　AG　右のイントロン？　mRNA 配列

U-G　リーダー
I-A　Y 字形分子
A　AG

35 塩基のリーダー　mRNA 配列

図 26・23　SL RNA のトランススプライシングによりエキソンが mRNA の第一エキソンに連結される．この反応は核のシススプライシングと同じ相互作用に基づいているが，ラリアット構造の代わりに Y 字形 RNA を生じる．

---

雄特異的遺伝子の発現を抑制する．dsx RNA の選択的スプライシングは 3′ スプライス部位間の競合で調節されていて，それはスプライシング因子のこの領域に対する結合性に依存している．

### 26・12　トランススプライシング反応は低分子 RNA を使う

**SL RNA**　spliced leader RNA　トリパノソーマや線虫でみられるトランススプライシング反応において，エキソンを供与する短い RNA．

- スプライシング反応は普通は同一の RNA 分子内においてシスに起こる．
- トランススプライシングはトリパノソーマや線虫でみられ，短い配列（SL RNA）が多くの mRNA 前駆体の 5′ 末端にスプライスされて結合する．
- SL RNA は U snRNA の Sm 結合部位と似た構造をもち，反応で同様の役割を果たす．

反応機構から考えてもまた進化的な意味でも，スプライシングは分子内反応としてとらえることができる．本質的には RNA のレベルでのイントロン配列の調節的除去のことである．遺伝学的にみてもスプライシングはシスにしか起こらない．つまり同じ RNA 分子中の配列同士だけがスプライスされる．図 26・22 の上部には通常の場合を示す．イントロンがそれぞれの RNA 分子から除去され，その RNA 分子のエキソン同士がスプライスされて結合するのであって，異なる RNA 分子間でのエキソンの分子間スプライシングはない．しかし，トランススプライシングは，あるイントロン中の相補的な配列を他のイントロンに挿入するような人工的な操作をすると起こすことができる．

## トランススプライシングは特別な状況でのみ起こる

**通常のスプライシングはシスにのみ起こる**

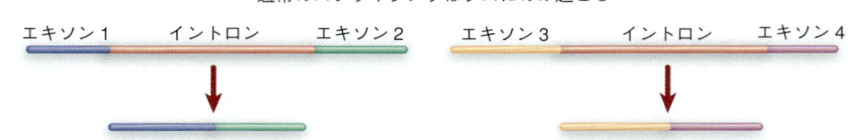

エキソン1　イントロン　エキソン2　　エキソン3　イントロン　エキソン4

**イントロン間に相補的配列が導入されるとスプライシングはトランスにも起こるようになる**

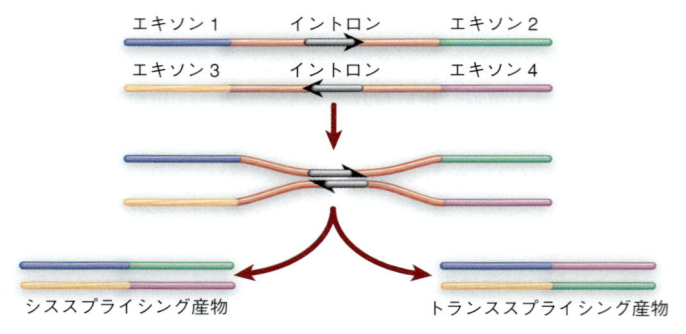

エキソン1　イントロン　エキソン2
エキソン3　イントロン　エキソン4

シススプライシング産物　　トランススプライシング産物

トランススプライシングはまれではあるが，特殊な状況では *in vivo* でも起こる．一つの例は，トリパノソーマの多数の mRNA の末端に共通な 35 塩基のリーダー配列が存在していることから明らかになっている．このリーダー配列はそれぞれの転写単位の上流にはコードされていない．その代わりに，ゲノム上のどこかほかの場所に位置する反復単位から転写され，3′ 末端に別の RNA 配列が付加されているのである．図 26・23 に示すように，この RNA には 35 塩基のリーダー配列とそれに続く 5′ スプライス部位の配列がついている．mRNA をコードする配列は完成した mRNA にみられる配列の直前に 3′ スプライス部位をもっているのである．同様な例は線虫（*C. elegans*）でもみられるが，この種では二つの型の **SL RNA** がある．

リーダーと mRNA がトランススプライシング反応によって連結されるならば，リーダー RNA の 3′ 領域と mRNA の 5′ 領域はそれぞれ実質的にイントロンの 5′ 半分と 3′ 半分を形成するのであろう．スプライシングが通常の核のイントロンの反応機構に従って

行われるのならば，5'イントロンのGUと3'イントロンのAGの近傍の分枝部位の配列との間で5'-2'結合が形成されるはずである．イントロンの二つの部分は共有結合によってつながってはいないので，ラリアット構造をとらず，代わりにY字形の構造になるはずである．

SL RNAは数種のトリパノソーマや線虫にみられ，いくつかの共通の特徴をもっている．3箇所のステム-ループと1箇所のSm結合部位に似た一本鎖領域をもつ共通な二次構造に折りたたまれている．それゆえSL RNAはSm snRNPグループの一員と考えられるsnRNPとして存在することになる．トリパノソーマにはU2, U4, U6 snRNAがあるが，U1, U5 snRNAはない．U1 snRNAが存在しないのはSL RNAの性質，すなわちU1 snRNAが通常5'スプライス部位で行う機能を代行できるということで説明される．実際，SL RNAは認識するエキソン-イントロン部位に結合するU1機能をもつsnRNA配列からできている．

SL RNAのトランススプライシング反応はmRNA前駆体のスプライシング装置の進化へ向けての一過程を示しているようである．SL RNAは5'スプライス部位をシスに認識する能力をもち，これは多分RNAの特別な高次構造に基づくのであろう．スプライシングに必要なその他の機能は別のsnRNPによって行われる．

## 26・13 酵母tRNAのスプライシングでは切断と再結合が起こる

> **RNAリガーゼ** RNA ligase tRNAのスプライシングの際に働く酵素で，イントロンの切出しによって生じた2個のエキソン配列間をホスホジエステル結合によってつなぐ酵素．

- tRNAスプライシングは切断・再結合が連続した反応によって起こる．
- エンドヌクレアーゼはtRNA前駆体をイントロンの両端で切断する．
- イントロンが除かれると二つの半分に分かれたtRNAが生まれるが，それらは塩基対により完成した構造を形成する．
- この半分の分子は5'-OH基と2',3'-環状リン酸基という通常とは異なる末端構造をもつ．
- この5'-OH末端はポリヌクレオチドキナーゼによってリン酸化され，環状リン酸基はホスホジエステラーゼによって開裂されて2'-リン酸末端と3'-OH基がつくられる．エキソンの末端同士はRNAリガーゼによって結合され，2'-リン酸基はホスファターゼによって除去される．
- 酵母のエンドヌクレアーゼは2種の（よく似た）触媒サブユニットをもつヘテロ四量体である．
- 酵母のエンドヌクレアーゼにはtRNAの構造中の一つの場所からの相対的な距離で切断部位を決める測定機構を使う．
- 古細菌のエンドヌクレアーゼはより単純な構造をもち，基質のバルジ-ヘリックス-バルジ構造モチーフを認識する．

ほとんどのスプライシング反応は短いコンセンサス配列に依存しており，切断と結合が連携したエステル転移反応により行われる．tRNAのスプライシングは異なる機構によっており，切断と再結合が別の反応で行われる．

酵母にあるおよそ272個の核のtRNA遺伝子のうち約59個が分断されている．それぞれ，アンチコドンの3'側のちょうど1塩基先にイントロンが一つ存在する．イントロンの長さは一定でなく14～60塩基である．関連するtRNA遺伝子のイントロン配列は互いに似ているが，異なるアミノ酸に対応するtRNA遺伝子のイントロンは似ていない．スプライシングを行う酵素により認識されるコンセンサス配列は存在しない．これは植物，両生類そして哺乳類の分断された核のtRNA遺伝子にあてはまる．

すべてのイントロンにはtRNAのアンチコドンに相補的な配列がある．このことから，アンチコドンアームはもう一つ別の高次構造を形成し，アンチコドンが塩基対を形成し，通常のアームが延長される．図26・24にその例を示す．アンチコドンアームだけが影響を受けており，その他の部分は通常の構造をしている．

イントロンの正確な配列や長さは重要ではない．イントロン内の変異の多くはスプライシングを阻害しない．tRNAのスプライシングは原則的にイントロンの共通配列とい

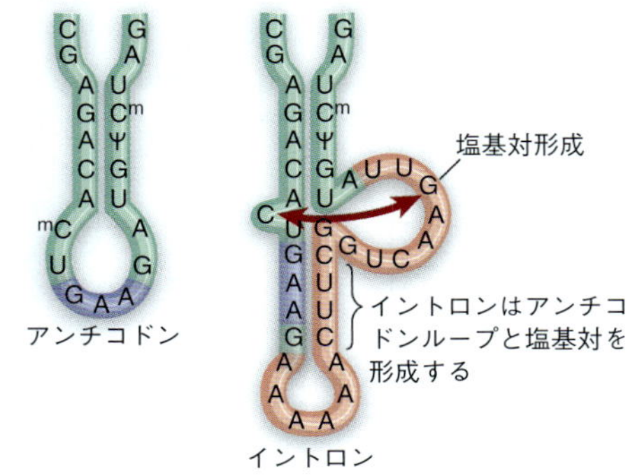

図26・24 酵母のtRNA<sup>Phe</sup>のイントロンはアンチコドンと塩基対を形成し，アンチコドンアームの構造を変化させる．ステムから排除された塩基と前駆体のイントロンループから成る塩基間の塩基対形成はスプライシングに必要である．

うより，tRNA に共通した二次構造の認識に依存している．分子内のさまざまな部位の領域が重要であり，たとえば，受容アームとDアームの間や，TΨCアームの長さ，さらにアンチコドンアームが重要である．このことはタンパク質合成を行うにあたってtRNA に課せられた構造上の必要事項に似ている（8章参照）．

しかしながら，イントロンがまったく関係ないというわけではない．イントロンループの塩基と，塩基対を形成していないステムの塩基との塩基対形成がスプライシングに必要なのである．この反応に影響する他の位置の変異（たとえば，ほかの形の塩基対形成を生み出すようなもの）はスプライシングに影響を与える．tRNA 前駆体がスプライシングを受けるための規則とアミノアシル-tRNA シンテターゼによる認識のための規則は似ている（§9・8参照）．

この反応は異なった酵素に触媒される二つの段階で起こる：

- 第一段階は ATP を必要としない．これはホスホジエステル結合の分解を伴い，典型的でない核酸の加水分解反応の形をとる．これはエンドヌクレアーゼによって触媒される．
- 第二段階は ATP を必要とし，結合の形成にかかわっている．これはホスホジエステル結合形成（ligation）反応であり，対応する酵素は **RNA リガーゼ**とよばれている．

全体の反応の流れは図 26・25 にまとめてある．切断反応の産物は線状のイントロンと二つの半分に分かれた tRNA 分子である．これらの中間産物は特徴的な末端構造をもっている．5′末端はいずれも OH 基で，3′末端はいずれも 2′,3′-環状リン酸基である．（他のすべての RNA スプライシング酵素は反対側のリン酸結合を切断する．）

二つに分かれた tRNA は，塩基対形成により tRNA 様の構造をつくり出す．ATP を加えると第二の反応が起こり，エンドヌクレアーゼによって形成された特徴的な両端が変化する．

環状リン酸基は開裂して 2′-リン酸末端を形成する．この反応には環状ホスホジエステラーゼ活性が必要である．この産物は 2′-リン酸基と 3′-OH 基をもつ．

ヌクレアーゼにより生じた 5′-OH 基はリン酸化を受け 5′-リン酸基となる．これにより，3′-OH 基が 5′-リン酸基の隣にあるような構造になる．そして，RNA リガーゼがこれらを共有結合で結び付け 1 本のポリヌクレオチド鎖にする．

これら三つの活性――ホスホジエステラーゼ，ポリヌクレオチドキナーゼ，アデニル酸シンテターゼ（これはリガーゼ機能に使われる）はすべて一つのタンパク質の異なった機能領域として並んでいる．これらの活性は二つに分かれた tRNA を結合するために順序よく働いている．

スプライスされた分子はもはや分断されておらず，スプライス部位に 5′-3′リン酸結合をもっているが，さらに反応の痕跡として 2′-リン酸基をもっている．この余分な基はホスファターゼによって除去される．

エンドヌクレアーゼがイントロン認識の特異性を担っており，前駆体のイントロンの両端を切断する．酵母のエンドヌクレアーゼは多量体タンパク質である．その活性を図 26・26 に示した．似通った二つのサブユニット Sen34 と Sen2 が，それぞれスプライス部位の 3′末端と 5′末端を切断する．サブユニット Sen54 は，tRNA 構造中の一つの場所からの距離を"測定して"切断部位を決定しているらしい．この場所は（完成した）L 字形構造のひじの部分に当たる．

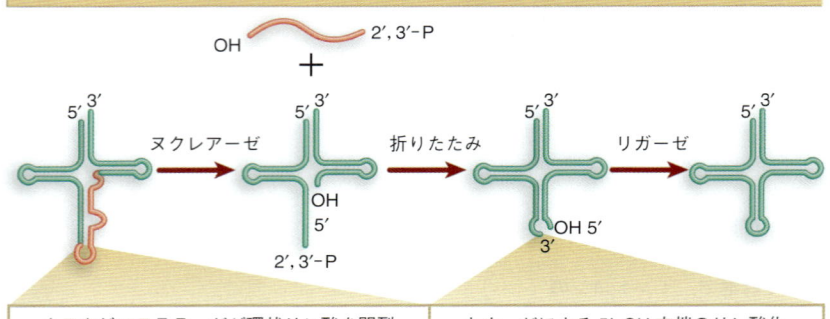

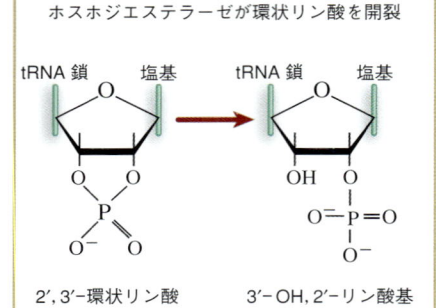

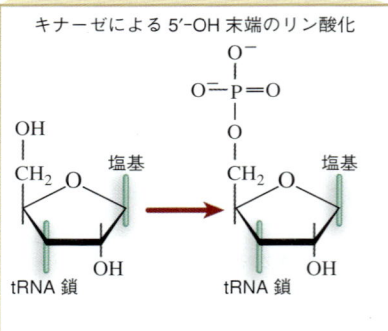

**図 26・25** tRNA のスプライシングには異なるヌクレアーゼとリガーゼ活性が必要である．エキソン-イントロン境界はヌクレアーゼにより切断されて 2′,3′-環状リン酸と 5′-OH 末端が生じる．環状リン酸は開裂して 3′-OH と 2′-リン酸基になる．5′-OH はリン酸化される．イントロンの放出後，tRNA の半分の分子は tRNA 類似の構造に折りたたまれ，3′-OH と 5′-リン酸基をもつようになる．これはリガーゼによって閉じられる．

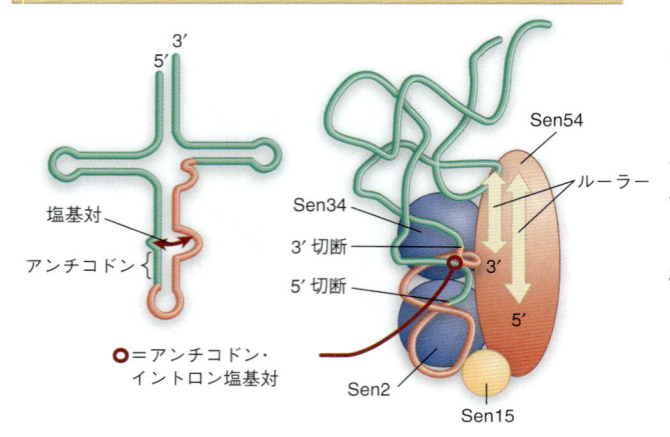

**図 26・26** 酵母の tRNA 前駆体の 3′ と 5′ の切断はそれぞれ違ったエンドヌクレアーゼのサブユニットにより触媒される．もう一つのサブユニットが，すでに決まった構造からの距離を測定して切断部位を決定しているらしい．アンチコドン・イントロン塩基対も重要である．

古細菌のエンドヌクレアーゼから tRNA スプライシングの進化についての興味深い推測がつけられる．このエンドヌクレアーゼはホモ二量体かホモ四量体で，おのおののサブユニットが活性部位を維持し（四量体ではそのうち二つの部位のみが機能できる）スプライス部位の一つを切断する．このサブユニットは，酵母の酵素である Sen34 や Sen2 の活性部位と似た配列をもっている．しかし，古細菌の酵素はその基質を異なる方法で認識する．特定の配列からの距離を測定する代わりにバルジ-ヘリックス-バルジとよばれる構造的な特徴を認識する．図 26・27 は二つのバルジ（突出した塩基をもつ部分）で起こる切断を示す．

古細菌と真核生物の両者に tRNA スプライシングがみられることは，この系の発生がこれらが進化的に分離する前に起きたに違いないことを示している．もし分断された tRNA 遺伝子がイントロンの tRNA への挿入によりできたとすると，この現象はかなり古いといえよう．

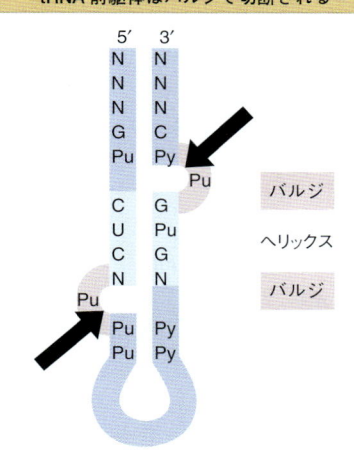

図 26・27 古細菌の tRNA スプライシングエンドヌクレアーゼはバルジ-ヘリックス-バルジモチーフのバルジにおいておのおのの鎖を切断する．

## 26・14　mRNA の 3′末端は切断とポリ(A)付加によって生じる

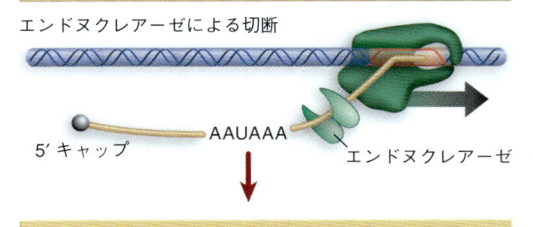

> ポリ(A)ポリメラーゼ (PAP)　poly(A)polymerase　真核生物の mRNA の 3′末端にポリ(A)を付加する酵素．ポリ(A)ポリメラーゼは鋳型を使わない．

- AAUAAA 配列はポリ(A)が付加される mRNA の 3′末端をつくり出す切断のシグナルである．
- この反応には特異性を決める因子，エンドヌクレアーゼ，ポリ(A)ポリメラーゼを含むタンパク質複合体を必要とする．
- この特異性を決める因子とエンドヌクレアーゼは AAUAAA の下流の RNA を切断する．
- この特異性を決める因子とポリ(A)ポリメラーゼは 3′末端に約 200 個の A 残基を連続的に付加する．

RNA ポリメラーゼ II が実際に特定の配列で確かに転写を終結しているかどうかは明らかではない．RNA ポリメラーゼ II による転写終結は特異性があまりないだけなのかもしれない．転写単位によっては，転写終結は完成した mRNA の 3′末端（これは特定な配列で切断されて形成される）よりも 1000 bp 以上も下流で起こることもある．特定のターミネーターを用いる代わりに，酵素はむしろ長い "ターミネーター領域" 内にある複数の場所で RNA 合成を止める．おのおのの転写終結点の特徴はよくわかっていない．

mRNA の 3′末端は切断を受け，ついでポリ(A)が付加される．この反応は一つの多量体タンパク質複合体に存在する酵素群の共役によって起きる．

ポリ(A)が付加される 3′末端の生成について図 26・28 に示す．RNA ポリメラーゼにより 3′末端を越えて転写が行われ，ついで RNA 上の配列が標的として認識されて切断とそれに続くポリ(A)付加が起こる．一つのプロセシング複合体は切断とポリ(A)付加の両方を行う．このポリ(A)付加は 3′末端からの分解に対して mRNA を安定化する．その 5′末端はすでにキャップによって安定化されている．RNA ポリメラーゼは切断の後も転写を続けるが，切断の後できる 5′末端は保護されていない．その結果，転写産物の残りはすぐに分解される．このことが切断点を越えて何が起きているのか決めるのを困難にしている．

高等真核生物（酵母は除く）の mRNA に共通な特徴として，ポリ(A)付加部位の 11〜30 塩基上流に AAUAAA 配列がある．この配列は高度に保存されており，まれに 1 塩基の変異があるくらいである．AAUAAA の 6 塩基配列を欠失させたりそこに変異を起こすと，通常ポリ(A)が付加された 3′末端の形成が阻害される．このシグナルは切断およびポリ(A)付加反応の両方に必要である．

この 3′末端の形成に関与する複合体の形成とその機能を図 26・29 に示す．正しい 3′末端の構造の形成にはエンドヌクレアーゼ〔CF I と CF II（切断因子；cleavage factor）とから成る〕による RNA の切断，ポリ(A)ポリメラーゼ (PAP) によるポリ(A)テールの合成，それに AAUAAA を認識し，諸反応を誘導する特異性を決める因子 (CPSF) が必要である．促進因子，CstF は切断部位の下流にある GU に富む配列に結合する．

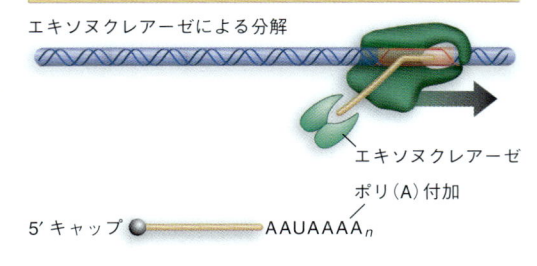

図 26・28 AAUAAA 配列は 3′末端の切断とポリ(A)付加に必須である．

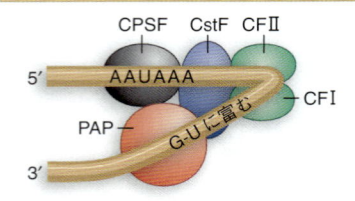

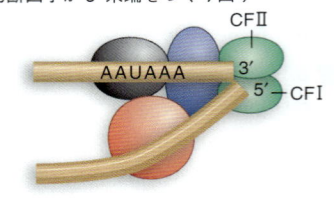

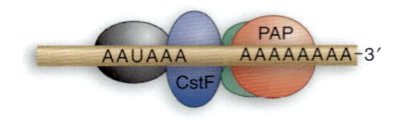

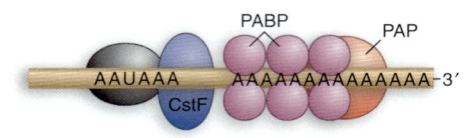

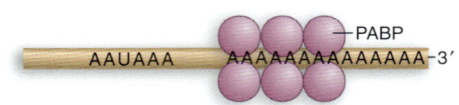

**図 26・29** 3′末端をプロセシングする複合体はいくつかの活性をもっている．CPSF と CstF はどちらも複数のサブユニットから成るが，他の成分は単量体である．全体として 900 kDa を超える複合体である．

特異性を決める因子には四つのサブユニットがあり，それらがそろうと AAUAAA 配列を含む RNA に特異的に結合する．それぞれのサブユニットには共通した RNA に結合するモチーフがあるが，それ自体は非特異的に RNA に結合する．サブユニット間のタンパク質-タンパク質相互作用が特異的に AAUAAA 結合部位を形成するのに必要なのであろう．CPSF は，CstF が GU に富む部位に結合して存在している場合に限ってAAUAAA と強く結合できる．

特異性を決める因子は切断反応とポリ(A)付加反応の両方に必要である．エンドヌクレアーゼとポリ(A)ポリメラーゼとの複合体として存在し，この複合体は通常，切断反応とそれに続くポリ(A)付加反応を強く連携させて進めている．

CFⅠと CFⅡ の2種の構成成分と特異性を決める因子があればエンドヌクレアーゼ作用による切断に必要かつ十分である．

ポリ(A)ポリメラーゼには非特異的な触媒作用がある．これと他の成分を組合わせると，AAUAAA 配列を含む RNA に特異的な合成反応が起こる．ポリ(A)付加反応は2段階で起こり，始めに，やや短いオリゴ(A)配列（約10残基）が 3′末端に付加される．この反応は AAUAAA 配列に完全に依存しており，ポリ(A)ポリメラーゼは特異性を決める因子の指示のもとに反応を行う．ついで，2段階目にオリゴ(A)テールは全長の約200残基へと伸長される．この反応にはもう一つの促進因子が必要で，オリゴ(A)テールを認識し，ポリ(A)ポリメラーゼがポリ(A)配列の 3′末端を伸長するように指示している．

ポリ(A)ポリメラーゼは単独で A 残基を一つずつ 3′の位置に付加していく．その基本的な反応はどの基質に対しても平等に起こり，一つヌクレオチドを付加するたびに解離する．しかし，CPSF と PABP〔ポリ(A)結合タンパク質〕が存在すると，一つのポリ(A)鎖に連続的に A を付加するようになる．PABP は 33 kDa のタンパク質であって，ポリ(A)配列に当量的に結合する．ポリ(A)の長さは PABP によって制御されており，何らかの方法でポリ(A)ポリメラーゼが A 残基を約200回まで付加できるように制限している．この限度は，ポリ(A)鎖に PABP が蓄積できる最大量を反映しているのかもしれない．PABP は翻訳開始因子 eIF-4G に結合し，タンパク質複合体が mRNA の 5′末端と 3′末端の両方を含んでいる閉じたループをつくることになる．

## 26・15 短い RNA が rRNA のプロセシングには必要である

**snoRNA** small nucleolar RNA 核小体に局在化する核内低分子 RNA（snRNA）の1種．

- snoRNA の C/D グループはリボースの 2′位へのメチル基の修飾に必要である．
- snoRNA の H/ACA グループはウリジンをシュードウリジンへ変換するのに必要である．
- それぞれの場合で snoRNA は標的塩基を含む rRNA の配列と塩基対を形成して，基質が修飾されやすいような典型的な構造をつくる．

rRNA の主要構成成分は1本の一次転写産物の一部として合成され，それらは切断と切落としによって完成した産物となる．この前駆体は 18S, 5.8S および 28S RNA の配列を含んでいる．高等真核生物では，この前駆体は沈降係数から 45S RNA と名づけられている．細菌では，前駆体は 16S と 23S RNA（場合によっては 5S RNA も含まれる）から成っている．この rRNA 前駆体は多くのメチル基の付加により修飾される．

rRNA のプロセシングと修飾には，**snoRNA** とよばれる短い RNA が必要である．パン酵母のゲノムには 71 個の snoRNA がある．これらは，核小体（rRNA 遺伝子が転写されている核内の領域）では豊富な成分となっているフィブリラリン（fibrillarin）タンパク質と会合している．いくつかの snoRNA は，前駆体から rRNA へと切断されるのに必要である．一例は U3 snoRNA であって，酵母やアフリカツメガエルで 5′側の転写されたスペーサー領域を最初に切断するのに必要とされる．切断において snoRNA がどのような役割を果たすのかはわかっていない．おそらくエンドヌクレアーゼによって認識される二次構造を形成するように，rRNA 配列と塩基対を形成するために必要なのだ

ろう．

snoRNAのうちの二つのグループはrRNAの塩基にできる修飾に必要とされる．おのおののグループのメンバーはとても短い保存された配列と二次構造の共通性によって区別される．

snoRNAのC/Dグループはリボースの2′位へのメチル基の付加に必要である．脊椎動物のrRNAの保存された位置には100箇所以上の2′-O-メチル基がある．このグループはCボックス，Dボックスとよばれる二つの短い保存された配列のモチーフから名づけられている．それぞれのsnoRNAは，18Sや28S RNA中のメチル化を受ける領域に相補的な配列を含んでいる．特定のsnoRNAが欠失すると，それと相補的なrRNAの領域のメチル化が妨げられる．

図26・30はsnoRNAがrRNAと塩基対をつくって，メチル化の基質として認識される二本鎖領域を形成することを示している．メチル化は相補性のある領域内のDボックスに近接した箇所で起こる．おのおののメチル化反応は異なったsnoRNAによって特定されるといってよい．実際これまでに約40種のsnoRNAが同定されている．メチルトランスフェラーゼはまだ同定されていないが，snoRNA自身がメチルトランスフェラーゼ活性の一部を担っている可能性もある．

もう一つのsnoRNAのグループはシュードウリジンの合成にかかわっている．酵母のrRNAには43箇所，脊椎動物では約100箇所のΨがある．シュードウリジンは図26・31に示すようにウリジル酸のリボースと塩基のN1との結合が切れ，塩基が回転し，C5がリボースに再結合する反応により合成される．

rRNAのシュードウリジン形成は約20個のsnoRNAから成るH/ACAグループを必要とする．それらは3′末端からのACAトリプレットである3ヌクレオチドの存在と二つのステム-ループヘアピン構造の間の部分的に保存された配列（Hボックス）によって名づけられている．各snoRNAはおのおののヘアピンのステム内にrRNAと相補的な配列をもつ．図26・32はrRNAと塩基対を形成することによってできる構造を示す．それぞれの塩基対形成領域内には二つの塩基対を形成していない塩基があり，その一つはシュードウリジンへ変換されるウリジンである．この反応を触媒する酵素活性はまだ同定されていない．

## 26・16 要　約

スプライシングはイントロンを除去し，エキソンを連結してRNAの配列を完成する．真核生物の核のイントロン，グループIイントロンとグループIIイントロン，そしてtRNAのイントロンを含む少なくとも四つの反応の型に分類される．これらの反応はそれぞれ個々のRNA分子内の構成の変化であり，したがってシスに働く反応である．

mRNA前駆体のスプライシングでよく用いられる経路は必ずしも絶対的なものではない．非常に短いコンセンサス配列だけが必要であり，残りのイントロンの配列はあまり関係がないようである．どの5′スプライス部位も3′スプライス部位もすべて同等である．必要な配列はGU-AG則によっており，この配列はイントロンの両端にある．酵母のUACUAACという分枝部位，あるいは哺乳類のイントロン内のそれほどよく保存されていないコンセンサス配列がやはり必要である．反応は5′スプライス部位で始まり，イントロン端のGUが分枝部位の配列の第六番目のAと5′-2′結合によって連結し，ラリアット構造が形成される．ついでエキソンの3′-OH末端が3′スプライス部位に反応してエキソン同士が連結され，イントロンはラリアット構造の形で解離する．両方の反応ともエステル転移反応で，結合は保存されている．反応の各段階でATPの加水分解が必要なものもあり，これはおそらくRNAあるいはタンパク質成分の高次構造の変化を起こすために使われるのであろう．ラリアット構造の形成は3′スプライス部位の選択に重要である．選択的スプライシングのパターンはタンパク質因子によってひき起こされ，新たな部位の使用が促進されたり，あるいは元来の部位の使用を抑制したりする．

mRNA前駆体のスプライシング反応にはスプライソーム形成が必要であるが，これはコンセンサス配列を反応に適した高次構造に集合させる大きな粒子である．スプライソームはおおむね5′スプライス部位，分枝部位，3′スプライス部位の認識といった

**snoRNAはrRNAのメチル化の標的と塩基対を形成する**

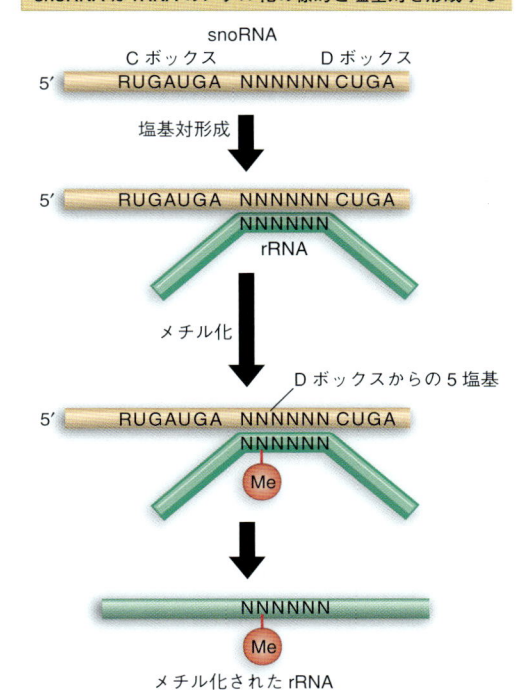

図26・30　snoRNAには，rRNAのメチル化されるべき領域と塩基対を形成するものがある．

**シュードウリジンはウリジンからつくられる**

図26・31　ウリジンは，リボースと塩基のN1との結合をC5との結合へと置換しリボースに対して相対的に塩基を回転することによってシュードウリジンへと変換される．

**snoRNAは保存されたモチーフをもつ**

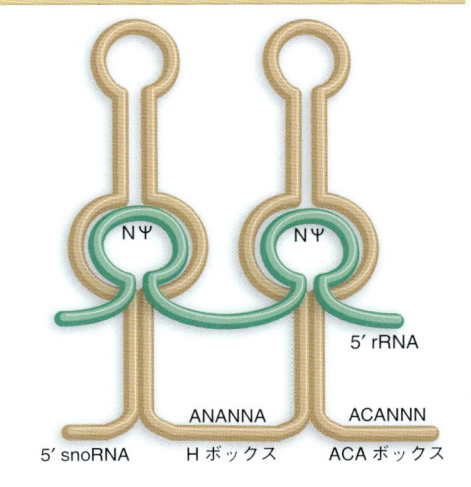

図26・32　H/ACA snoRNAは二つの短い保存された配列と二つのヘアピン構造をもつ．両方のヘアピンのステムにはrRNAと相補的な領域がある．シュードウリジンはrRNAと相補的な領域内の塩基対を形成していないウリジンを変換することによってつくられる．

イントロンの決定の過程で形成される．別の経路としてエキソンの決定があるが，そこでは基質イントロンと次のイントロンの両方の5'スプライス部位の認識がなされる．スプライソソームはU1 snRNPとスプライシング因子を含むE（確定）複合体から付加的な構成成分が加わっていくA, B複合体を介した一連の段階を通して形成される．

スプライソソームにはU1, U2, U4/U6, U5 snRNPといくつかのタンパク質が含まれている．U1, U2, U5 snRNPには1個のsnRNAといくつかのタンパク質が含まれ，U4/U6 snRNPには二つのsnRNAといくつかのタンパク質が含まれている．これらのタンパク質の中にはすべてのsnRNPに共通なものもある．snRNPはコンセンサス配列を認識する．U1 snRNAは5'スプライス部位と，U2 snRNAは分枝部位とそれぞれ塩基対を形成し，またU5 snRNPは5'スプライス部位に作用する．U4がU6と離れると，U6 snRNAはU2と塩基対を形成するようになり，これがおそらくスプライシングの活性中心を形成するのであろう．これとは別の一群のsnRNPがイントロンのU12に依存したサブクラスのスプライシングに相似の機能を果たしている．snRNA分子はスプライシングあるいは他のプロセシングを触媒するような機能をもっている．

核小体ではsnoRNAの二つのグループが，rRNAが修飾を受ける部位でrRNAと塩基対をつくっている．C/D snoRNAグループはメチル化の標的部位を指定し，ACA snoRNAグループはウリジンをシュードウリジンへと変換する部位を決定する．

スプライシングは普通分子内反応だが，トランス（分子間）スプライシングはトリパノソーマや線虫で起こる．それは短いSL RNAとmRNA前駆体との間の反応を伴う．このSL RNAはU1 snRNAと似ていて，エキソンを供給する役割とU1の機能を兼ね備えているのだろう．線虫では2種類のSL RNAがあり，一つはmRNAの5'末端のスプライシングに使われ，もう一つは内部でのスプライシングに使われる．

グループIIイントロンは中間体としてラリアット構造を用いるという点で核のイントロンと同じであるが，反応はRNAの自己触媒反応として行われるものである．この場合，イントロンはGU-AG則に従うが，特徴的な二次構造を形成し，それが反応するスプライス部位を適切な位置に保持する．

酵母のtRNAスプライシングではエンドヌクレアーゼ反応とリガーゼ反応が別々に行われている．エンドヌクレアーゼは前駆体の二次（三次）構造を認識してイントロンの両端を切断する．イントロン除去により切断された半分ずつのtRNAはATP存在下に連結される．

RNAポリメラーゼIIの転写終結機能は十分には解析されていないが，転写産物の3'末端は切断反応により形成される．切断点の11～30 bp上流に位置するAAUAAA配列は，切断反応とポリ(A)付加反応の両方のシグナルとなっている．エンドヌクレアーゼとポリ(A)ポリメラーゼはAAUAAAシグナルに特異性をもつ他の因子群と複合体を形成している．

# 27　触　媒　RNA

27・1　はじめに
27・2　グループIイントロンはエステル転移反応による自己スプライシングを行う
27・3　グループIイントロンは特徴的な二次構造を形成する
27・4　リボザイムにはさまざまな触媒作用がある
27・5　グループIイントロンには転移用のエンドヌクレアーゼをコードしているものがある
27・6　グループIIイントロンには逆転写酵素をコードしているものがある
27・7　自己スプライシングするイントロンのあるものはマチュラーゼを必要とする
27・8　ウイロイドは触媒活性をもつ
27・9　RNA編集は個々の塩基に対して起こる
27・10　RNA編集はガイドRNAに従って行われる
27・11　プロテインスプライシングは自己触媒反応である
27・12　要　約

## 27・1　はじめに

リボザイム　ribozyme　触媒活性をもつRNA．
RNA編集　RNA editing　転写後にRNAの塩基配列を変える機能．

いまや，数種の触媒反応はRNAによって行われることが知られている．触媒活性のあるRNAは一般用語として**リボザイム**とよばれるようになり，通常の（タンパク質による）酵素と同様に酵素活性を解析することもできる．RNAの触媒活性は別の基質に対してであることもあれば，分子内に向けられていることもある（分子内反応の場合，触媒作用は1回だけに限られる）．

グループIとグループIIに属するイントロンは，これを含むmRNA前駆体自体をスプライシングにより除去する働きがある．グループIイントロンを改変することにより，本来の活性に関連したいくつかの異なった触媒活性をもつRNA分子をつくり出すことができる．

リボヌクレアーゼPはタンパク質と結合した1分子のRNAを含むリボ核タンパク質である．このRNAはtRNAを基質として切断反応を触媒する活性があり，タンパク質成分は間接的な，おそらく触媒作用を行うRNAの構造を維持する役割を果たしている．

これらの反応の共通点は，RNAが*in vitro*でホスホジエステル結合の切断や連結にかかわる分子内あるいは分子間反応を行うことである．反応の特異性および基本的な触媒機能はRNAによりもたらされるが，*in vivo*で効率良く行われる反応にはRNAに伴って存在するタンパク質が必要かもしれない．

RNAスプライシングだけがRNAのもつ情報の内容を変化させる唯一の方法ではない．**RNA編集**の過程では，個々の塩基に変化が起こり，mRNAの特定の部位へのヌクレオチドの挿入が起こることもある．ヌクレオチドの挿入（通常はウリジン）は下等真核生物のミトコンドリア遺伝子のいくつかのものにみられるが，スプライシング同様，ヌクレオチド間の切断・再結合がかかわっており，さらに新しい配列の情報をコードする鋳型が必要である．

## 27・2　グループIイントロンはエステル転移反応による自己スプライシングを行う

自己スプライシング　autosplicing, self-splicing　イントロン中のRNA配列のみに依存する触媒作用によって，イントロンが自分自身をRNAから切出すこと．

- *in vitro*系でのグループIイントロンの自己スプライシングに必要な因子は1価および2価陽イオンとグアニンヌクレオチドだけである．
- スプライシングは2回のエステル転移反応によって起こり，エネルギーの供給は必要としない．
- 最初のエステル転移反応でグアニンヌクレオチドの3′-OHがイントロンの5′末端に作用する．

## スプライシングによりイントロンが除去される

**図 27・1** テトラヒメナの 35S RNA 前駆体のスプライシングをゲル電気泳動で追跡する．イントロンの除去は速く泳動する小さなバンドの出現によってわかる．イントロンが環状になる場合には，このバンドはゆっくりと泳動するようになり，より高い位置にみられるバンドとなる．

## 自己スプライシングは一連のエステル転移反応によって起こる

**最初の転移反応**
G の 3′-OH 末端がイントロンの 5′ 末端と反応する

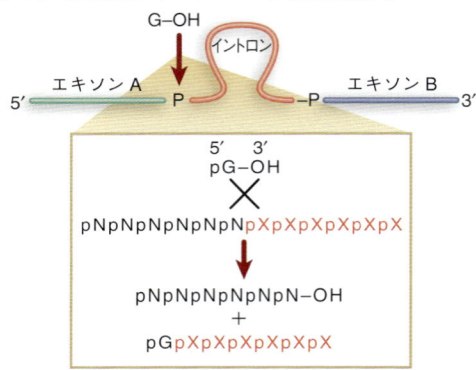

**2 番目の転移反応**
エキソン A の 3′-OH がエキソン B の 5′ 末端に作用する

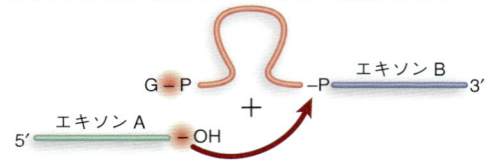

**3 番目の転移反応**
イントロンの 3′-OH が 5′ 末端から 15 塩基離れた結合に作用する

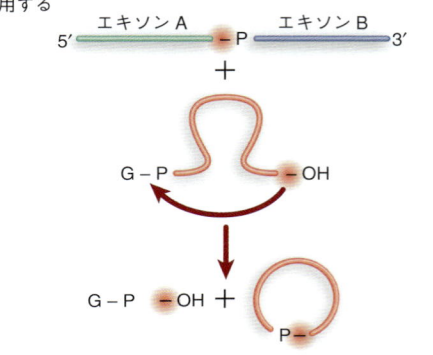

- 第二のエステル転移反応で，1 番目のエキソンの末端につくり出された 3′-OH 末端がイントロンと 2 番目のエキソンの結合部位に作用する．
- イントロンは線状分子として切出され，3′-OH 末端が内部の二つの部位のいずれかと作用して環状化する．
- トランススプライシング反応では他のヌクレオチドもイントロンの G414-A16 分子内結合に作用できる．

グループⅠイントロンはさまざまな生物にみられる．下等な真核生物である繊毛虫類のテトラヒメナ（*Tetrahymena thermophila*）や，真正粘菌のモジホコリカビ（*Physarum polycephalum*）の核の rRNA をコードする遺伝子にみられ，また，真菌のミトコンドリアの遺伝子にも通常存在している．T4 ファージの三つの遺伝子に存在し，さらには細菌にも見いだされる．グループⅠイントロンには自分自身をスプライスするという本来の活性があり，自己スプライシングとよばれる．

自己スプライシングはテトラヒメナの rRNA 遺伝子の転写産物の性質として発見された．主要な二つの rRNA の遺伝子は通常の構造をしており，両者とも共通の転写単位の一部分として発現される．転写産物は 5′ 末端側の部分に小さい rRNA，3′ 末端側には大きな（26S）rRNA の配列をもつ 35S RNA 前駆体である．

テトラヒメナの株の中には 26S RNA をコードする配列が一つの短いイントロンにより分断されているものがある．35S RNA 前駆体を *in vitro* で反応させると，自律的な反応としてスプライシングが起こる．イントロンは前駆体から切出され，400 塩基の線状の断片として蓄積するが，この断片はやがて環状 RNA へと変換される．この過程は図 27・1 にまとめてある．

この反応には 1 価および 2 価陽イオン，そして補助因子としてグアニンヌクレオチドだけがあればよい．G 以外の塩基はどれも置き換わることはできない．しかし，三リン酸は必要ではなく，GTP，GDP，GMP あるいはグアノシンそのもののいずれでも使うことができる．すなわち，実質的にエネルギーは必要ではない．グアニンヌクレオチドには 3′-OH 基がなければならない．

図 27・2 に示したように三つのエステル転移反応が行われる．最初の転移反応でグアニンヌクレオチドは遊離の 3′-OH 基を供与する補助因子として働き，イントロンの 5′ 末端に作用する．この反応により G-イントロン間の結合がつくられ，エキソン末端に 3′-OH 基がつくり出される．第二の転移反応は同様な化学反応であって，先の 3′-OH 基が 2 番目のエキソンに作用する．この二つの転移反応は連携しており，遊離したエキソンが現れることはない．イントロンは線状分子として放出されるが，第三の転移反応により環状となる．

自己スプライシング反応の各段階はエステル転移反応によって起こり，リン酸エステル結合は直接他の部位へと移動し，途中で加水分解は起こらない．結合が直接交換され，エネルギーは保存されているので，この反応に ATP あるいは GTP の加水分解によるエネルギーの供給は必要ではない．

連続して起こるエステル転移反応おのおのに実質的なエネルギー変化を伴わないとすると，なぜスプライシング反応はスプライスされた産物とスプライシング前駆体との平衡状態にはならずに最終段階にまで進行するのであろうか．これは，GTP 濃度が RNA 濃度に比べて相対的に高いために反応の進行が促進されるのであり，また RNA の二次構造上の変化が逆反応を妨げているのである．

*in vitro* 系はタンパク質を含まないのでスプライシングの活性は RNA そのものに内在している．RNA は特異的な二次/三次構造を形成し，ついでグアニンヌクレオチドが特定の部位に結合できるように関連した塩基が近傍に引き寄せられ，その後，図 27・2 に示したような結合の切断・再結合が起こる．これらは RNA 自身の性質ではあるが，*in vivo* ではタンパク質が RNA の構造を安定化し，反応を補助している．

こうした転移反応に関係する活性はイントロンの配列中に存在しており，切断除去後の線状分子にも活性がある．図 27・3 にこのような活性をまとめる．

**図 27・2** 自己スプライシングはホスホジエステル結合が直接交換されるエステル転移反応によって起こる．各段階で生じた結合には●を付けてある．

イントロンは3′末端のGが5′末端に近い2箇所のどちらかに作用して環状となる．鎖内の結合は壊され，新しい5′末端のエステル結合はイントロンの3′-OH末端に転移される．通常，最初の環状化には主として末端のG414（414番のグアニン）とA16との間の反応がかかわる．これが最も一般的な反応である（図27・2では第三の転移反応として示してある）．低頻度であるがG414はU20とも反応する．どちらの反応もそれぞれ，環状イントロンと，元のRNAの5′領域を含む線状断片（A16への作用では15塩基の長さ，U20への作用では19塩基の長さ）をつくり出す．これらの遊離した5′末端断片には初めに反応に加わったグアニンヌクレオチドがある．

どちらの環状産物でも *in vitro* では閉環した結合（G414-A16あるいはG414-U20）を特異的に分解して再び線状分子を生じる．これは逆環状化反応とよばれる．A16の位置での最初の環状化が逆行して生じた線状分子は反応性に富んでおり，U20への作用によって二次的な環状化反応を起こす．

イントロンの解離に続く自発的な反応の最終産物はL-19 RNAである．これは短い方の環状体が逆反応によりできた線状分子である．この分子には酵素活性があり，短いオリゴヌクレオチドの伸長反応を触媒する（この図には示さない．図27・7を参照せよ）．

解離したイントロンは反応性に富み，単に環状化反応を逆行させるのにとどまらない．オリゴヌクレオチド，UUUが加わると，最初の環状体はG414-A16結合が反応して開環する．このUUU（これは最初の環状化により解離した15塩基のオリゴヌクレオチドの3′末端に似ている）は形成された線状分子の5′末端となる．この反応は分子間反応であって，二つの異なるRNA分子を連結する活性を示している．

図27・3 切出されたイントロンは内部の二つの部位のいずれかと5′末端が反応して環状化する．この環状体は水あるいはオリゴヌクレオチドと反応して再び開環する．

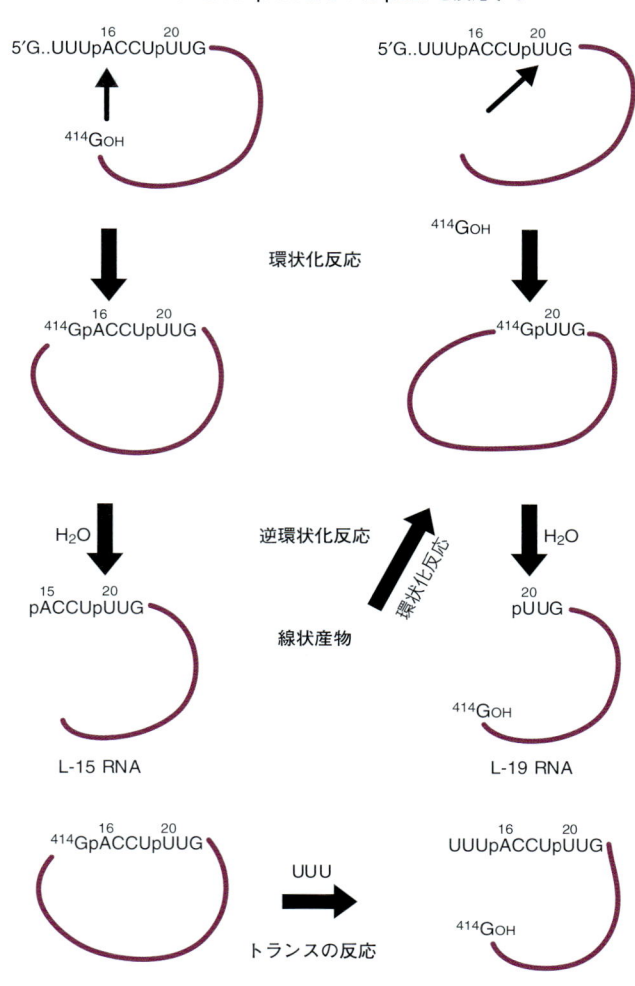

## 27・3　グループIイントロンは特徴的な二次構造を形成する

- グループIイントロンは九つの塩基対領域をもつ二次構造を形成する．
- P3, P4, P6, P7領域のコアには触媒活性がある．
- P4, P7領域は保存されたコンセンサス配列同士の塩基対形成によってつくられる．
- P7に隣接した配列は活性のあるGを含む配列と塩基対を形成する．

すべてのグループIイントロンは，九つの二重らせん（P1〜P9）から成る特徴的な二次構造をつくることができる．図27・4にテトラヒメナのイントロンの二次構造のモデルを示す．

グループIイントロンのスプライシングはイントロン内のコンセンサス配列の塩基対による二次構造形成に依存していると考えられる．こうした研究によってスプライス部位そのものから離れた所にある塩基配列は活性部位の形成に必要で，それにより自己スプライシングが可能となる，という原理が確立された．

塩基対を形成している二つの領域はグループIイントロンに共通に保存された部分配列同士の塩基対によるものである．P4は配列PとQからつくり出される．P7は配列RとSから成る．その他の塩基対を形成する領域はそれぞれのイントロンで配列がまちまちである．変異の解析により，イントロンの“コア”が同定され，そこはP3, P4, P6, P7を含み，触媒反応を行える最小の領域を形成している．

塩基対形成反応の中にはスプライス部位で酵素反応を行いやすい高次構造にするものも直接含まれている．P1には左のエキソンの3′末端がある．エキソンと塩基対を形成するイントロン内の配列はIGS（内部指標配列; internal guide sequence）とよばれる．時にはわずか2塩基のこともあるきわめて短い配列がP7とP9の間にあって，イント

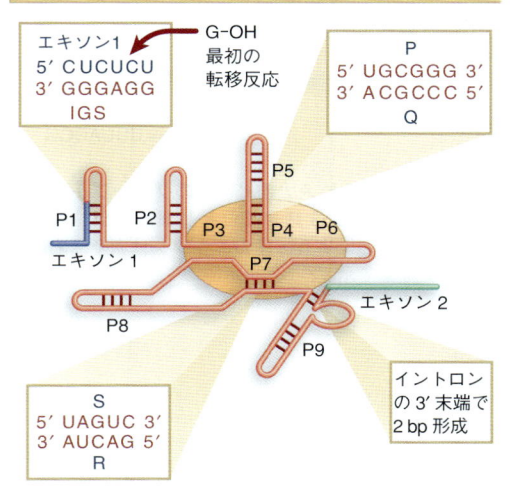

図27・4 グループIイントロンには九つの塩基対領域によって形成される共通な二次構造がある．領域P4とP7の配列は保存されており，P, Q, R, Sの四つの配列がある．P1は左のエキソン末端とイントロンのIGSの間の塩基対形成によってつくられる．P7とP9の間の領域はイントロンの3′末端と塩基対を形成する．

ロンの 3′ 末端の活性のある G（テトラヒメナでは 414 位）の直前にある配列と塩基対を形成する．

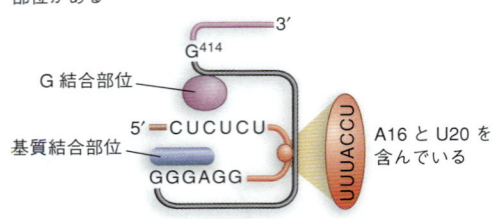

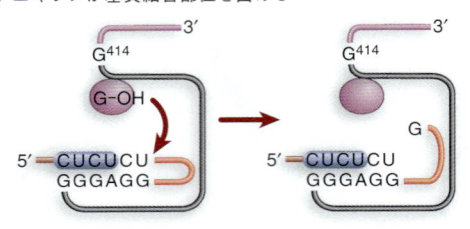

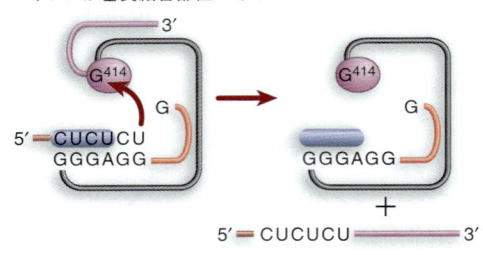

## 27・4　リボザイムにはさまざまな触媒作用がある

> リボスイッチ　riboswitch　低分子リガンドに応答して，触媒作用が活性化あるいは阻害される RNA．

- グループ I イントロンの基質結合部位を変化させることで，活性のある G と相互作用する別の配列を導入することができる．
- 反応は古典的な酵素反応機構に従い，その触媒速度は遅い．
- 2′-OH 結合を用いた反応が RNA のもともとの触媒活性の進化の基盤であったかもしれない．

グループ I イントロンの触媒作用は自己スプライシング活性により見いだされたが，*in vitro* ではほかの触媒作用も行うことができる．これらの反応はすべてエステル転移反応に基づいたもので，スプライシング反応そのものとの関係で分析されている．

グループ I イントロンの触媒作用には活性部位となる特定の二次構造および三次構造を形成する能力があり，通常の（タンパク質による）酵素の活性部位と同じと考えられる．図 27・5 にはこのような部位のスプライシング反応を示している（これは前に図 27・2 で示したものと同じ一連の反応である）．

基質結合部位は P1 二重らせん部分によって形成されており，最初のエキソンの 3′ 末端は IGS と分子間反応で塩基対を形成する．グアニンヌクレオチド（G）結合部位は P7 配列により形成される．この部位は遊離したグアニンヌクレオチドあるいは G414 によって占められている．最初のエステル転移反応では遊離したグアニンヌクレオチドが使われるが，その後の反応では G414 によって占められる．第二の転移反応により連結されたエキソンが解離され，第三の転移反応により環状イントロンがつくられる．

基質の結合は高次構造の変化をひき起こす．基質結合前には IGS の 5′ 末端は P2 や P8 に近接しているが，結合後には P1 二重らせんを形成し，P4 と P5 の間に位置する保存された塩基と近接する．反応は図 27・6 に示した二次構造にみられるような接触によってわかる．三次構造上では P1 と交互に接触するこの二つの部位は 37 Å 離れて存在しているので，P1 の位置がかなり移動することがわかる．

L-19 RNA は環状イントロンの開環によりつくられる（図 27・3 に分子内再編成の最終段階として示した）．この段階ではまだ酵素活性が残っている．それは本来のスプライシング反応にかかわる活性に似ており，リボザイムの機能を基質結合部位で IGS に相補的な分子内配列と結合する能力であると同時に，G 結合部位では末端の G414，あるいは遊離した G を結合する能力と考えることができる．

図 27・7 に $C_5$ オリゴヌクレオチドが延長されて $C_6$ オリゴヌクレオチドがつくられる機構を示す．$C_5$ オリゴヌクレオチドは基質結合部位に結合し，一方，G414 は G 結合部位にある．エステル転移反応により，一つの C が $C_5$ から 3′ 末端の G に転移し，つぎに新しい $C_5$ 分子に移る．さらに転移反応は続いて，より長い C オリゴヌクレオチドが蓄積する．L-19 RNA は変化せず何回でも繰返して用いられるので，この反応はまさに触

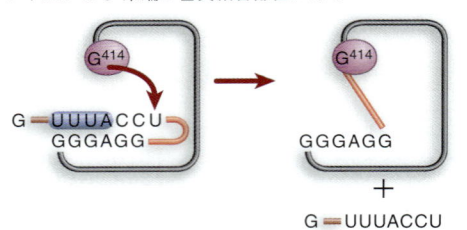

図 27・5　テトラヒメナの rRNA のグループ I イントロンの切出しは G 結合部位と基質結合部位間での連続した反応による．左のエキソンは赤で，右のエキソンは紫で示す．

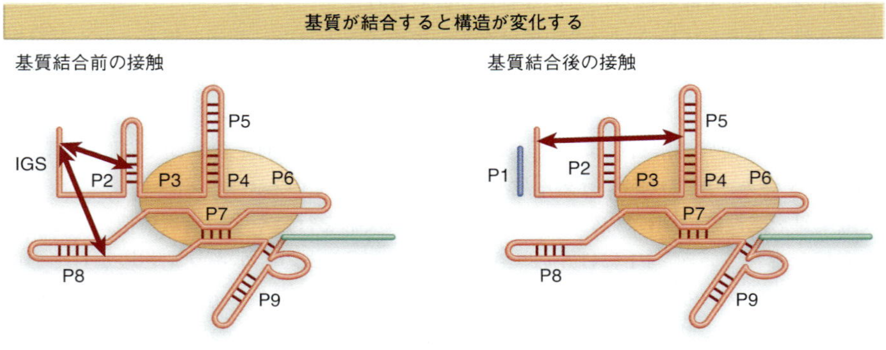

図 27・6　基質が結合して P1 が形成されると，IGS の位置は三次構造的に変化する．

図 27・7 L-19 線状 RNA は基質結合部位で $C_5$ と結合する．反応性に富む G の 3′-OH 末端は G 結合部位に位置して，二つの $C_5$ オリゴヌクレオチドを $C_4$ と $C_6$ オリゴヌクレオチドに変換する転移反応を触媒する．

媒反応である．リボザイムはヌクレオチジルトランスフェラーゼのように働くのである．

こうした RNA により触媒される反応は古典的な酵素反応と同様に，ミカエリス・メンテン反応機構（Michaelis-Menten kinetics）により説明できる．図 27・8 は RNA による触媒反応の分析結果をまとめたものである．RNA による触媒反応の $K_M$ 値は低く，したがって RNA は基質との結合の特異性が高いと考えられる．反応回転数は低く，触媒反応の速度が遅いことを反映している．実際，RNA 分子は酵素として習慣的に認められているのと同じように作用するが，タンパク質による触媒（典型的な反応回転数は $10^3 \sim 10^6$）に比べると相対的に反応速度は遅い．

どのように RNA は触媒中心を用意するのであろうか．定められた位置関係に一連の活性基が露出している表面として活性中心をとらえれば，RNA が触媒中心となることも可能であろう．タンパク質では，正や負のイオン性基や疎水性基をもった十分に多様性のあるアミノ酸の側鎖で活性基をつくっている．RNA では利用できる部分は限られ，基本的には塩基から露出している基に頼らざるをえない．この分子の二次/三次構造により，短い領域が特定の構造に保持され，ある結合を壊し，同時に他の分子と結び付けるような環境を維持する活性基の表面をつくることができる．こうした環境を生み出すために，触媒 RNA と基質 RNA の間の相互作用として必然的に塩基対の形成反応に依存することになろう．2 価陽イオン（特に $Mg^{2+}$）が構造上重要であって，活性部位で種々の基の位置を整えるために使われることが多い．ウイルソイドリボザイムのエンドヌクレアーゼ活性において，2 価イオンは直接的な役割を果たす（§ 27・8 参照）．

リボザイムの活性が驚くほど拡大したのは，リボザイムがリガンドによって調節されうるという発見によってである（§ 13・7 参照）．図 27・9 には**リボスイッチ**の調節の様子を示している．低分子代謝産物である GlcN6P（グルコサミン 6-リン酸）がリボザイムに結合すると，RNA 分子を分子内で切断する能力が活性化される．この系の目的は GlcN6P の生産を調節することにある．このリボザイムは GlcN6P の合成に関与する酵素をコードする mRNA の 5′非翻訳領域にあって，これが切断を受けると翻訳できなくなるのである．

## 27・5　グループⅠイントロンには転移用のエンドヌクレアーゼをコードしているものがある

**イントロンのホーミング**　intron homing　特定のイントロンがもつ，自分自身を標的 DNA 部位に挿入する能力．この反応は単一の標的配列に特異的である．

- 転移するイントロンは自身を新しい部位へ挿入することができる．
- 転移するグループⅠイントロンは，標的部位の二本鎖切断を行うエンドヌクレアーゼをコードしている．
- イントロンは DNA を介した複製機構によって二本鎖切断部位へと転移する．

グループⅠ，グループⅡ両方のイントロンの中にはタンパク質に翻訳されるオープンリーディングフレームを含むものがある．タンパク質が発現すると，イントロン（もともとの DNA の形のままか，あるいは RNA からコピーされた DNA）が転移しやすくなり，新しいゲノムの部位に挿入される．グループⅠ，グループⅡ両方のイントロンは広範に分布しており，原核生物でも真核生物でも見いだされる．グループⅠイントロンが DNA を介した機構で転移する一方で，グループⅡイントロンは RNA を介した機構で転移する．

イントロンの有無という点で異なっている対立遺伝子を交配したときに，イントロンの転移が初めて発見された．イントロンの有無による多型は真菌のミトコンドリアではきわめてよくみられる．このことは，イントロンが遺伝子への挿入によって生まれたという考えに合っている．この反応については酵母のミトコンドリアの大きな rRNA 遺伝子が交配の際に起こす組換えの解析によってはじめて明らかにされた．

---

**反応性に富む G-OH が連続する転移を触媒する**

$C_5$ は RNA の 5′末端に近い IGS 部位と塩基対を形成する

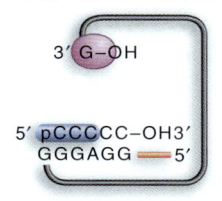

G-OH が CpC 結合に作用する

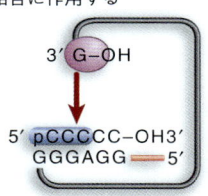

C が 3′-G に転移され，$C_4$ が解離される

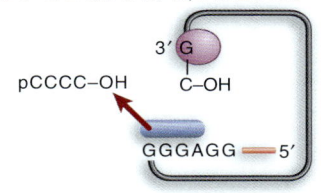

別の $C_5$ が結合し，転移反応が逆に進む

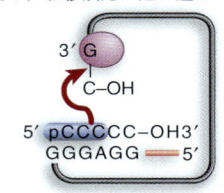

$C_6$ が解離され，L-19 RNA が再生する

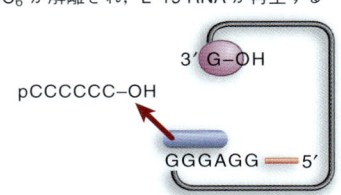

この過程は繰返す

---

| RNA 触媒は酵素反応をする |||||
|---|---|---|---|
| 酵素 | 基質 | $K_M$ 値 [mM] | 回転数 [/分] |
| 19 塩基ウイルソイド | 24 塩基 RNA | 0.0006 | 0.5 |
| L-19 イントロン | CCCCCC | 0.04 | 1.7 |
| RNase P RNA | tRNA 前駆体 | 0.00003 | 0.4 |
| 完全な RNase P | tRNA 前駆体 | 0.00003 | 29 |
| RNase T1 | GpA | 0.05 | 5,700 |
| β-ガラクトシダーゼ | ラクトース | 4.0 | 12,500 |

図 27・8　RNA によって触媒される反応はタンパク質と同じ特徴をもっているが，反応速度は遅い．$K_M$ 値は最大反応速度の半分にあたる基質濃度を表し，これは酵素の基質に対する親和性の逆数である．反応の回転は一つの触媒部位が単位時間当たりに変換する基質の数を表す．

**図 27・9** グルコサミン 6-リン酸を合成する酵素をコードする mRNA の 5′非翻訳領域にリボザイムがある．このリボザイムにグルコサミン 6-リン酸が結合すると，これは mRNA の 5′末端を切断して失活させ，酵素のこれ以上の合成を妨げる．

**GlcN6P はある mRNA を不活性化するリボスイッチのリガントである**

グルコサミン 6-リン酸の結合は RNA の自己切断を誘導する

リボザイムのコア領域

開始コドン

5′GGUCU...N$_{55}$...AUAAGCGCCCGCCG GACGAGGAUG ...UAAG ACAUGAUCUU...N$_{85}$...AUG...3′

赤で示した塩基に変異が入ると活性が低下する

　この遺伝子にはコード配列を含むグループ I イントロンがある．イントロンはある種の酵母には存在する（$\omega^+$ とよばれる）が他の種類には存在しない（$\omega^-$）．$\omega^+$ と $\omega^-$ 間の交配の結果は方向性があって，子孫はたいてい $\omega^+$ となる．

　$\omega^+$ を供与株，$\omega^-$ を受容株とすると，$\omega^+ \times \omega^-$ の交配ではイントロンの新しいコピーが $\omega^-$ ゲノム中につくり出されていると考えられる．その結果すべての子孫は $\omega^+$ となる．

　どちらの親株にも方向性をもった変化ができないような変異が起こる．変異株は通常の分離を示し，$\omega^+$ と $\omega^-$ の子孫を同数生じる．この変異によりこの過程の様子がわかる．$\omega^-$ 株の変異はイントロンが挿入される部位の近傍に生じる．$\omega^+$ 株の変異はイントロンの読み枠の中にあってタンパク質の生産を阻害する．**図 27・10** にモデルを示すが，$\omega^+$ 株のイントロンにコードされるタンパク質は $\omega^-$ 株のどこにイントロンが挿入されるかを認識し，それを優先的に遺伝するようにしていると考えられる．

**イントロンは転移を開始させるエンドヌクレアーゼをコードしている**

エキソン　イントロン　エキソン　　　　標的部位

RNA

エンドヌクレアーゼが標的部位を切断

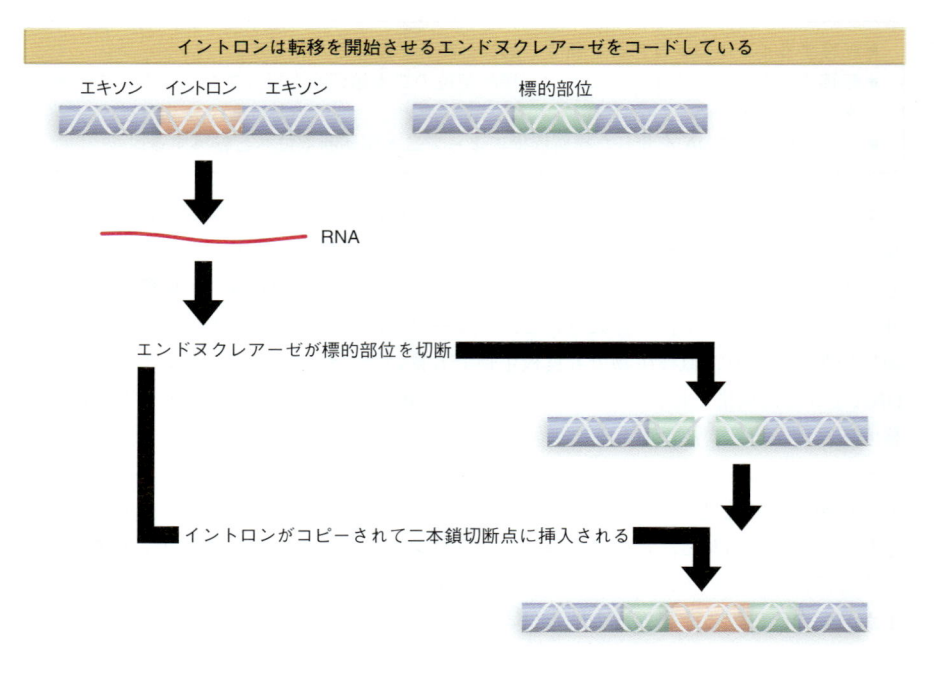

イントロンがコピーされて二本鎖切断点に挿入される

**図 27・10** イントロンの中には DNA に二本鎖切断を起こすエンドヌクレアーゼをコードするものもある．イントロンの配列はコピーされた後に切断部位に挿入される．

このタンパク質の作用は何であろうか．$\omega^+$イントロンの産物はエンドヌクレアーゼであって$\omega^-$遺伝子を二本鎖切断の標的として認識するのである．エンドヌクレアーゼはイントロン挿入部位を含む18 bpの標的配列を認識する．標的配列はそれぞれのDNA鎖で，挿入部位の3′側から2塩基離れた所で切断される．したがって，切断部は4塩基離れ，一本鎖の突出した末端をつくり出す．

この型の切断はトランスポゾンが新しい部位に転移するときに示す特徴的な切断と似ている（21章参照）．二本鎖切断により遺伝子変換の過程が始まり，$\omega^+$遺伝子の配列はコピーされて$\omega^-$遺伝子の配列と置き換わるのであろう．この反応は遺伝子の複製を伴う転移であり，DNAのレベルでのみ起こる．イントロンの挿入によりエンドヌクレアーゼの認識配列が分断されるので，遺伝子の安定化に一役買っているということにも注目しよう．

多くのグループIイントロンは，このイントロンを転移可能とするエンドヌクレアーゼをコードしている．似通ったイントロンがしばしばかなり異なったエンドヌクレアーゼをコードすることがある．イントロン配列とエンドヌクレアーゼ配列の乖離は，インテイン（自己スプライシングするタンパク質をコードする配列，§27・11参照）の場合にはまったく同一のエンドヌクレアーゼ配列が見いだされることを考えると特筆すべきことであろう．

エンドヌクレアーゼが多種類あることは，標的部位の配列間に相同性がないことを意味している．標的部位はとても長く（14〜40塩基の範囲にある），エンドヌクレアーゼの中では最も特異性の高いものである．この特異性により，イントロンがゲノムの他の位置でなく，たった1箇所の標的部位へと確実に挿入されるのである．これを**イントロンのホーミング**という．

エンドヌクレアーゼをコードする配列をもつイントロンは，さまざまな細菌や下等真核生物にみられる．このような結果により，コード配列をもったイントロンは独自の配列に起源があると考えられる．

## 27・6　グループIIイントロンには逆転写酵素をコードしているものがある

■ グループIIイントロンの中には逆転写酵素をコードしているものがあり，RNA配列のDNAコピーを生成してレトロポゾンに似た機構で転移する．

グループIIイントロンにみられるオープンリーディングフレームの多くは逆転写酵素と似た領域をもっている．この種のイントロンは下等真核生物の細胞小器官やある種の細菌にみられる．逆転写酵素活性はイントロンに対して特異的で，ホーミングに寄与している．逆転写酵素によってmRNA前駆体のイントロンからDNAのコピーがつくられ，レトロウイルスの場合と同様の機構で転移が起こる（§22・2参照）．このとき起こるレトロポゾンの反応はLTRを欠失した一群のレトロポゾンの場合と似ており，標的にニックをいれてプライマーとして必要な3′-OHをつくり出す（図22・19参照）．最もよく調べられている転移するグループIIイントロンは，触媒コアの後方のイントロンの領域で一つのタンパク質をコードする．一般的なタンパク質はN末端に逆転写酵素活性，中央ドメインにマチュラーゼ活性（§27・7参照），C末端にエンドヌクレアーゼ活性をもつ．エンドヌクレアーゼは転移反応を開始し，グループIイントロンのエンドヌクレアーゼと同じホーミングの役割を果たす．逆転写酵素はホーミング部位に挿入するイントロンのDNAコピーをつくる．エンドヌクレアーゼはまた，ホーミング部位に似てはいるけれども同一でない標的部位をかなり低い頻度で切断して，新しい場所にこのイントロンを挿入する．

**図27・11**にグループIIイントロンの転移反応の例を示す．エンドヌクレアーゼによって標的部位に二本鎖切断が起こる．切断部位にできた3′末端が逆転写酵素のプライマーになる．イントロンのRNAが鋳型となりcDNAが合成される．RNAにはイントロンの両側にエキソンの配列があるため，cDNA産物はイントロンそれ自身の領域よりも長く，二本鎖切断を受けた部分をまたいだ格好になる．このcDNAが切断の修復反応に使われ，その結果イントロンが挿入される．

図 27・11 イントロンにコードされる逆転写酵素は，RNA からコピーした DNA を二本鎖切断でできた標的部位へと挿入する．

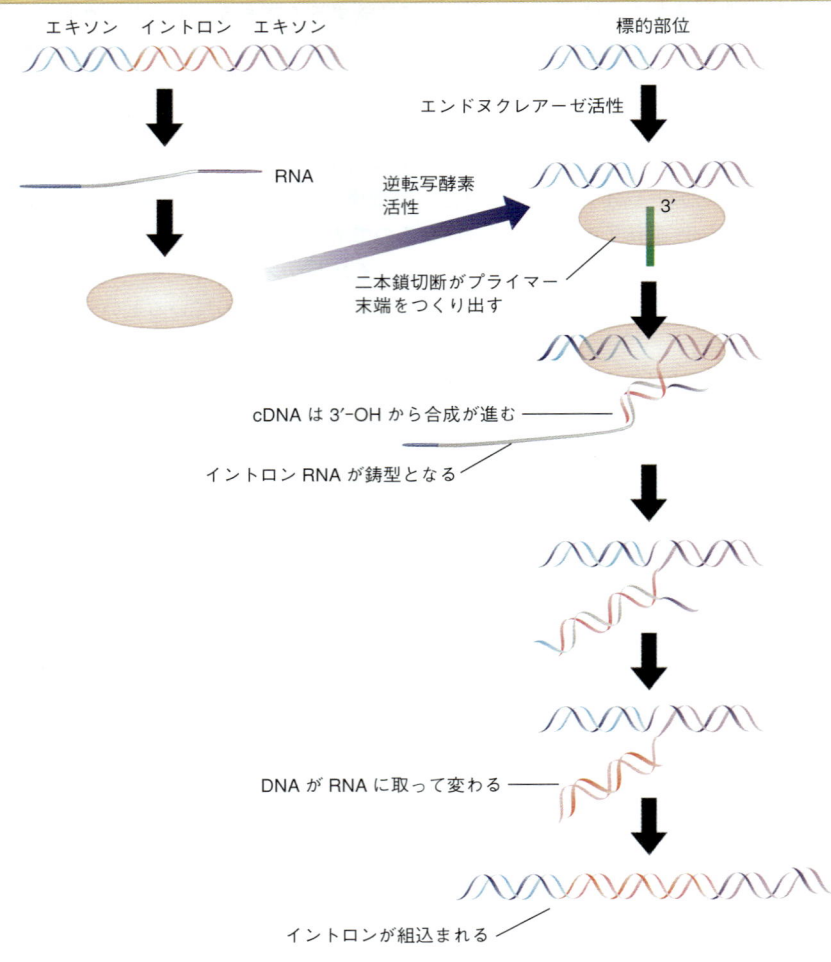

**逆転写酵素はイントロンを新しい部位へコピーする**

エキソン　イントロン　エキソン　　　　　　　　　標的部位

エンドヌクレアーゼ活性

RNA

逆転写酵素活性

二本鎖切断がプライマー末端をつくり出す

cDNA は 3′-OH から合成が進む

イントロン RNA が鋳型となる

DNA が RNA に取って変わる

イントロンが組込まれる

## 27・7　自己スプライシングするイントロンのあるものはマチュラーゼを必要とする

■ 自己スプライシングするイントロンのうちあるものは，活性ある触媒構造をもつように折りたたまれるために，イントロン自身にコードされるマチュラーゼ活性を必要とする．

**エンドヌクレアーゼとマチュラーゼの活性は互いに分かれている**

活性部位のアミノ酸残基
エンドヌクレアーゼ内の α ヘリックス
マチュラーゼの活性部位

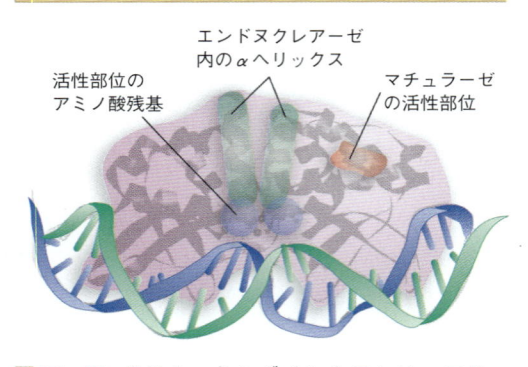

図 27・12　このホーミングイントロンは，マチュラーゼ活性も合わせもつ LAGLIDADG ファミリーに属するエンドヌクレアーゼをコードしている．LAGLIDADG 配列は二つの α ヘリックスの一部をなし，二本鎖 DNA に近い触媒アミノ酸残基で終了する．マチュラーゼの活性部位はこのタンパク質の表面の別の場所に位置するアルギニン残基であることが知られている．

　自己スプライシングする二つのグループのイントロンはどちらも，たとえばグループ I の場合のエンドヌクレアーゼやグループ II の逆転写酵素のように，イントロンを永続させたりイントロンのホーミングに関与するタンパク質をコードすることがある．これに加えて両タイプのイントロンはスプライシング反応を手助けするのに必要なマチュラーゼ活性をコードすることがある．

　マチュラーゼは，イントロンに含まれる 1 本のオープンリーディングフレームの一部にコードされている．ホーミングエンドヌクレアーゼをコードするイントロンの例では，この一つのタンパク質産物はエンドヌクレアーゼとマチュラーゼの両活性をもっている．これらの活性は，それぞれ独立したドメイン中にある異なった活性部位により支えられる．エンドヌクレアーゼ部位は DNA に結合するが，マチュラーゼ部位はイントロン RNA に結合する．図 27・12 にこのようなタンパク質の一つが DNA と結合している構造を示している．このエンドヌクレアーゼの特徴は，2 残基の触媒アミノ酸へと連なる LAGLIDADG という目印となるペプチド配列をもつ平行の α ヘリックスが存在することである．マチュラーゼ活性はこのタンパク質の表面からある程度の距離の所に位置している．

　マチュラーゼをコードしているイントロンは，このタンパク質活性なしにはそれ自身を効率良くスプライスすることができない．マチュラーゼは実際上，それをコードしている配列を特異的にスプライスするのに必須なスプライシング因子ともいえよう．マ

チュラーゼは触媒コアが活性部位を形成するための折りたたみを助けている．

グループIIイントロンの中でマチュラーゼ活性をもたないものは，宿主ゲノムにコードされているマチュラーゼに相当するタンパク質を利用しているのかもしれない．このことはスプライシング因子の進化の過程を暗に示している．この因子はある特定のイントロンのスプライシングを特異的に助けるマチュラーゼに起源があるのかもしれない．コード配列が宿主ゲノムのイントロンから孤立し，もともとのイントロン配列よりもずっと広範囲な基質に対して機能するように進化したのかもしれない．イントロンの触媒コアは snRNA へと進化した可能性もある．

## 27・8 ウイロイドは触媒活性をもつ

**ウイロイド** viroid タンパク質のコートをもたない，感染性の小さな核酸分子．
**ウイルソイド** virusoid 植物ウイルスのキャプシドにウイルスゲノムといっしょに包み込まれる感染性の小さな RNA 分子．サテライト RNA ともいう．

- ウイロイドとウイルソイドはハンマーヘッド構造を形成するが，これは自己切断活性をもつ．
- 酵素鎖と，それによって切断される基質鎖との塩基対形成によってハンマーヘッド構造と類似した構造が形成されうる．
- 細胞に酵素鎖を導入すると，標的とする基質鎖と塩基対を形成して切断する．

RNA がエンドヌクレアーゼとして機能できるもう一つの例は，自己切断反応を行う植物の低分子 RNA（約 350 塩基）である．テトラヒメナのグループ I イントロンの場合と同様に，外的な基質に対して機能する構造をつくり出すことが可能である．

この植物の低分子 RNA は二つのグループ，ウイロイドとウイルソイドに大別することができる．**ウイロイド**はどんなタンパク質の殻にも包まれることなしに独立して機能する感染性の RNA 粒子である．**ウイルソイド**は構造は似ているが，植物ウイルスに包まれ，ウイルスゲノムと一緒に詰め込まれている．ウイルソイドは独立して複製することはできず，ウイルスからの補助が必要である．ウイルソイドはサテライト RNA とよばれることもある．

ウイロイドとウイルソイドはともにローリングサークル方式の複製を行うようである（図 16・6 参照）．ウイルスに包み込まれる RNA 鎖はプラス鎖とよばれる．RNA の複製の間に生産される相補的な鎖はマイナス鎖とよばれる．プラス鎖とマイナス鎖の両方とも多量体が観察される．多分，両方の単量体はローリングサークルの末端が切断されて生産される．すなわち，環状のプラス鎖は線状の単量体の両端が連結してつくられるのである．

ウイロイドとウイルソイドのプラス，マイナスの両鎖は *in vitro* で自己切断反応を行う．この切断反応は 2 価の金属陽イオンによって促進され，5'-OH と 2',3'-環状ホスホジエステルの末端を生じる．RNA の中には *in vitro* で生理的条件下に切断反応を行うものもある．また，加熱冷却といったサイクルの後でのみ切断を起こすものもあり，これは単離された RNA が不適当な高次構造をとっており，変性と再生により活性のある高次構造をとりうると考えられる．

自己切断反応を行うウイロイドおよびウイルソイドは，切断点の近傍で図 27・13 の上段に示すような"ハンマーヘッド（かなづち）形"の二次構造をつくる．こうした構造をつくる配列であれば切断するのに十分である．周囲の配列を欠失すれば，加熱冷却の必要がなくなり，低分子 RNA はそのまま自然に自己切断を行う．このことから周囲の配列は通常，ハンマーヘッド構造の形成を阻害するものと考えられる．

活性部位はわずか 58 塩基から成る配列である．ハンマーヘッドは一定な位置と大きさの三つのステム-ループと，大部分が構造の中央をつなぐ領域にある保存された 13 塩基から成る．保存された塩基と二重らせんのステムが，それ自体で分解活性をもつ RNA を形成する．

活性のあるハンマーヘッドは構造の片側にあたる RNA ともう一方の側の RNA との塩基対形成によりつくられることもある．図 27・13 の下段に 19 塩基の分子と 24 塩基

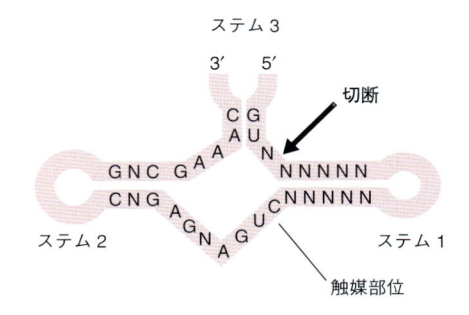

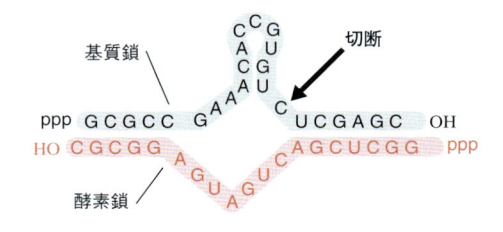

**図 27・13** ウイロイドとウイルソイドの自己切断部位はコンセンサス配列をもち，分子内の塩基対形成によりハンマーヘッド形の二次構造をつくる．ハンマーヘッド構造はまた"基質"と"酵素"との間の塩基対形成によってもつくられる．

の分子との塩基対形成によりできあがったハンマーヘッドの一例を示す．このハイブリッドはハンマーヘッド構造に似ているが，ループ構造を欠いている．この 19 塩基の RNA を 24 塩基の RNA に加えると，ハンマーヘッドのしかるべき位置で切断が起こる．

ハイブリッドのうち上の (24 塩基の) RNA 鎖は"基質"，下の (19 塩基の) RNA 鎖は"酵素"に当たると考えられる．19 塩基の RNA を過剰量の 24 塩基の RNA と混ぜておくと，複数の 24 塩基 RNA が切断される．19 塩基 RNA と 24 塩基 RNA との塩基対形成，切断，19 塩基 RNA から切断した断片の解離，そして 19 塩基 RNA が新たな別の基質の 24 塩基 RNA と塩基対を形成するといったサイクルがあると考えられる．したがって，19 塩基 RNA はエンドヌクレアーゼ活性をもったリボザイムである．この反応の速度定数は他の RNA による触媒反応と同様である．

ハンマーヘッドの結晶構造はコンパクトな V 字形を形成しており，図 27・14 に模式的に示したように折れ曲がりの所に活性中心がある．触媒部位にある $Mg^{2+}$ はこの反応で決定的な役割をもっており，標的の C とステム 1 の C の近傍に位置し，隣接する U とも結合していると考えられる．$Mg^{2+}$ は標的の C の 2′-OH から $H^+$ を引き抜き，不安定になったホスホジエステル結合に直接作用する．切断反応に伴う遷移状態に影響を与えるハンマーヘッド配列上の変異は，活性部位にも他の部位にも見いだされ，切断前にかなりの構造変換があることを示唆している．

ハンマーヘッド構造を形成する酵素–基質の組合わせを設計することが可能であり，実際，こうしてつくった RNA を細胞中に導入することにより酵素反応を *in vivo* で起こしうる．このようにしてつくり出されたリボザイムは標的 RNA に対してきわめて高い特異性をもつ制限酵素のような反応をする．リボザイムを調節可能なプロモーターの支配下に置くことにより，(たとえば) アンチセンス構造体と同じようにある決まった条件下において標的遺伝子の発現を特異的に止めることも可能である．

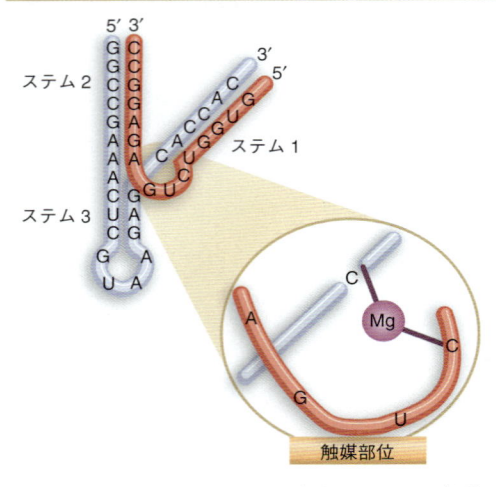

図 27・14 ハンマーヘッドリボザイムは，V 字形の三次構造をとっていて，ステム 2 はステム 3 の上に重なっている．触媒中心はステム 2/3 とステム 1 の間に存在する．1 分子の $Mg^{2+}$ があり，加水分解反応を開始する．

### 27・9 RNA 編集は個々の塩基に対して起こる

**RNA 編集** RNA editing 転写後に RNA の塩基配列を変える機能．

■ アポリポタンパク質 B とグルタミン酸レセプターは，それぞれコード配列を変換するシチジンデアミナーゼやアデノシンデアミナーゼによって部位特異的に脱アミノされる．

分子生物学の最も重要な原理は，DNA にコードされている情報だけが mRNA の配列に対応しているということである．セントラルドグマは DNA の連続した配列が mRNA の配列へと転写され，そしてつぎに直接タンパク質へと翻訳されるという直線的な関係を表している．分断された遺伝子や RNA スプライシングによるイントロン除去により遺伝子発現の過程でもう一つの段階が加わっている．すなわち，DNA のコード配列 (エキソン) は RNA の段階で結合し直さなければならない．しかし，この過程にしても一種の情報伝達であり，DNA の実際のコード配列はそのままである．

DNA にコードされた情報に変化が起こることも例外的にあり，最もよく知られているのは哺乳類や鳥類の免疫グロブリンをコードする新しい配列がつくり出される場合である．このような変化は免疫グロブリンが合成される体細胞 (B リンパ球) で特異的に起こる (23 章参照)．新しい情報は免疫グロブリン遺伝子の再構築の過程でそれぞれの個体の DNA 中につくり出され，DNA にコードされる情報は体細胞での変異により変化する．ひき続き DNA の情報は忠実に RNA に転写される．

**RNA 編集**とは情報が mRNA のレベルで変化する過程をいう．これは，RNA のコード配列と転写された DNA の配列とが異なることから明らかとなった．RNA 編集はそれぞれ原因が違う二つの状況で起こる．哺乳類の細胞では mRNA の個々の塩基に置換が起こり，コードされるタンパク質の配列が変化する場合がある．トリパノソーマのミトコンドリアでは複数の遺伝子の転写産物中で塩基が組織的に付加されたり欠失したりして，より広範な変化が起こっている．

図 27・15 は哺乳類の小腸と肝臓のアポリポタンパク質 B（アポ B）遺伝子と mRNA の配列をまとめたものである．ゲノムは単一の分断された遺伝子からできており，すべての組織で同一であって，4563 コドンのコード領域をもっている．この遺伝子は mRNA に転写され，肝臓ではコード配列全長に相当する 512 kDa のタンパク質に翻訳される．

小腸では短い型の，約 250 kDa のタンパク質が合成される．このタンパク質はタンパク質全長の N 末端半分から成り，コドン 2153 で C から U への変化がある以外は肝臓の mRNA とまったく同一の mRNA から翻訳される．この置換によりグルタミンに対するコドン CAA はオーカーコドン UAA へと変化している．

何がこの置換を起こすのであろうか．ゲノム中には新しい配列をコードする別の遺伝子やエキソンはなく，スプライシングパターンの変化も見つかっていない．つまり転写された配列に直接このような変化が起こったと考えざるをえないのである．

編集によってアポ B のコドン 2153 の C は U に変わる．ラットの脳のグルタミン酸レセプターでは同様に A から I（イノシン）に変わる．両者とも脱アミノであり，ヌクレオチド環のアミノ基が除かれる．これらの反応はそれぞれシチジンデアミナーゼとアデノシンデアミナーゼによって触媒される．このタイプの編集は主として神経系で起こると考えられている．ショウジョウバエでは 16 種のシチジンデアミナーゼの標的（候補）があり，いずれも神経伝達にかかわっている．多くの場合，この編集によってタンパク質の機能的に重要なアミノ酸残基に変化を与える．

編集反応の特異性を決めているものは何であろうか．脱アミノのような反応を行う酵素自体は通常広い特異性をもっており，たとえば最も解析が進んでいるアデノシンデアミナーゼは，二重らせんになった RNA 部分のどの A 残基とも反応することができる．編集を担う酵素は一般のデアミナーゼと似ているが，その特異性を制御する他の領域，あるいは他のサブユニットをもっている．アポ B の編集の場合，触媒活性をもつサブユニットは細菌のシチジンデアミナーゼと似ているが，それに加えて RNA 結合領域があり，編集のために特異的な標的部位の認識を助けている．この特異的アデノシンデアミナーゼはグルタミン酸レセプターの RNA 中の標的部位を認識するが，同様のことがセロトニンレセプターの RNA においても起きている．

このような複合体は tRNA 修飾酵素と似た方法で二次構造の特定領域を認識しているか，または塩基配列を直接認識しているのだろう．アポ B の編集の反応については in vitro 系が開発され，編集部位の近傍の比較的短い配列（約 26 塩基）が標的として十分であると考えられている．図 27・16 に示すようにグルタミン酸レセプター B の RNA の場合，エキソンの編集される領域とその下流のイントロンにある相補的な配列が塩基対を形成して，標的部位の認識に必要な構造ができる．二本鎖領域内のミスマッチの箇所の様式が特異的な認識に必要である．したがって編集システムが異なると，基質の配列特異性には異なった型のものが要求されるように思われる．

**編集によって mRNA の CAA が UAA に変化する**

アポ B 遺伝子には 29 エキソンがある

CAA　コドン 2153 はグルタミンをコードする

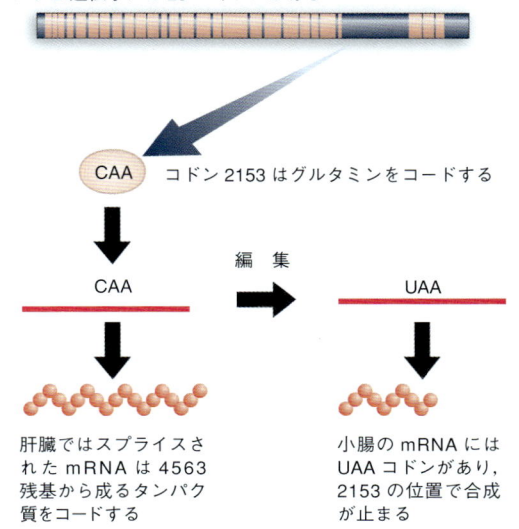

CAA → 編集 → UAA

肝臓ではスプライスされた mRNA は 4563 残基から成るタンパク質をコードする

小腸の mRNA には UAA コドンがあり，2153 の位置で合成が止まる

図 27・15　アポ B 遺伝子の配列は小腸と肝臓で同一であるが，小腸では mRNA 配列が塩基置換を受け，終止コドンをつくっている．

**編集を行う酵素はデアミナーゼである**

エキソン　A　イントロン　エキソン

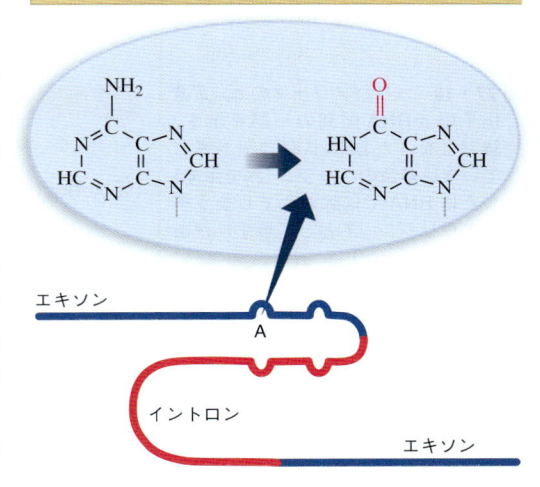

図 27・16　mRNA の編集は不完全に塩基対を形成した二本鎖 RNA 領域にデアミナーゼが働いて起きる．

## 27・10　RNA 編集はガイド RNA に従って行われる

> **ガイド RNA**　guide RNA　小さな RNA 分子で，その配列はすでに編集された RNA 配列に相補的である．編集される前の RNA にヌクレオチドを挿入したり欠失させて配列を変化させるための鋳型として使われる．

- トリパノソーマのミトコンドリアではウリジンの挿入または欠失によって大規模な RNA 編集が起こる．
- 基質となる RNA の編集される領域の両側がガイド RNA と塩基対を形成する．
- ガイド RNA はウリジンの挿入（まれに欠失）の鋳型として機能する．
- 編集はエンドヌクレアーゼ，ターミナルウリジルトランスフェラーゼおよび RNA リガーゼから成る複合体により触媒される．

もう一方の様式の編集は，劇的な配列の変化でトリパノソーマのミトコンドリアのいくつかの遺伝子に見つかっている．最初に発見されたのはシトクロムオキシダーゼサブユニット II タンパク質の配列で，*cox* II 遺伝子の配列に対して −1 のフレームシフトがあ

図27・17 トリパノソーマの *coxⅡ* 遺伝子の mRNA は DNA に対して−1 のフレームシフトをもつ．正しい読み枠は四つのウリジンの挿入により生じる．

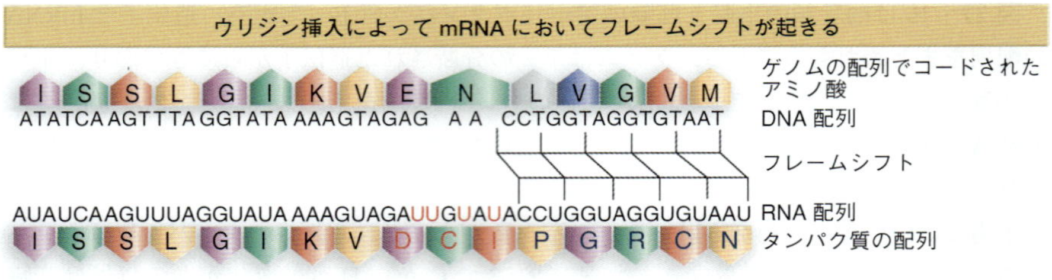

**ウリジン挿入によって mRNA においてフレームシフトが起きる**

I S S L G I K V E N　　L V G V M  ゲノムの配列でコードされたアミノ酸
ATATCA AGT TTA GGTATA AAAGTAGAG　A A CCTGGTAGGTGTAAT  DNA配列

フレームシフト

AUAUCAAGUUUAGGUAUA AAAGUAGAUUGUAUACCUGGUAGGUGUAAU  RNA配列
　I　S　S　L　G　I　K　V　D　C　P　G　R　C　N  タンパク質の配列

　る．図 27・17 に示した遺伝子およびタンパク質の配列はいくつかのトリパノソーマの種の間で保存されている．この遺伝子はどのように機能するのであろうか．
　*coxⅡ* mRNA はフレームシフト部位の周辺に DNA ではみられない 4 ヌクレオチド（すべてウリジン）の挿入が認められる．この挿入により読み枠を変化させてタンパク質として観察される配列となる．つまり，余分な 1 アミノ酸の挿入とその両側のアミノ酸が変化している．この配列に相当する第二の遺伝子は見つかっておらず，4 塩基の挿入は転写中あるいは転写後に起こったと考えざるをえない．同様な mRNA とゲノム配列の違いは，SV5 や麻疹パラミクソウイルスの遺伝子で見つかっており，この場合 mRNA への G 残基の付加が生じている．
　同様な RNA 配列の編集はその他の遺伝子でも起こっており，ウリジンの付加ばかりでなく欠失もみられる．トリパノソーマ（*T.brucei*）の *coxⅢ* 遺伝子の極端な例を図 27・18 に示す．
　mRNA 中の残基の半分以上は，遺伝子にコードされていないウリジンから成っている．ゲノム DNA と mRNA を比較すると，7 ヌクレオチド以上の長い連続した配列でmRNA 中に変化が起こらなかったものはなく，長さ 7 ヌクレオチドまでに及ぶウリジ

図27・18 トリパノソーマの *coxⅢ* 遺伝子の mRNA 配列の一部を示す．鋳型となった DNA にはコードされていない多数のウリジン（赤で示す）または RNA では除かれてしまう多数のウリジン（T として示す）がある．

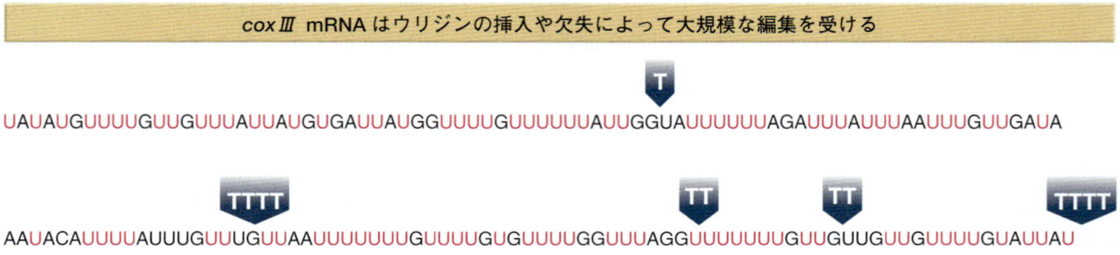

**coxⅢ mRNA はウリジンの挿入や欠失によって大規模な編集を受ける**

UAUAUGUUUUGUUGUUUAUUAUGUGAUUAUGGUUUUGUUUUUAUUGGUAUUUUUUAGAUUUAUUAAUUUGUGAUA

AAUACAUUUUAUUUGUUUGUUAAUUUUUUUGUUUGUGUUUUGGUUUAGGUUUUUUUGUUGUUGUUGUUUUGUAUUAU

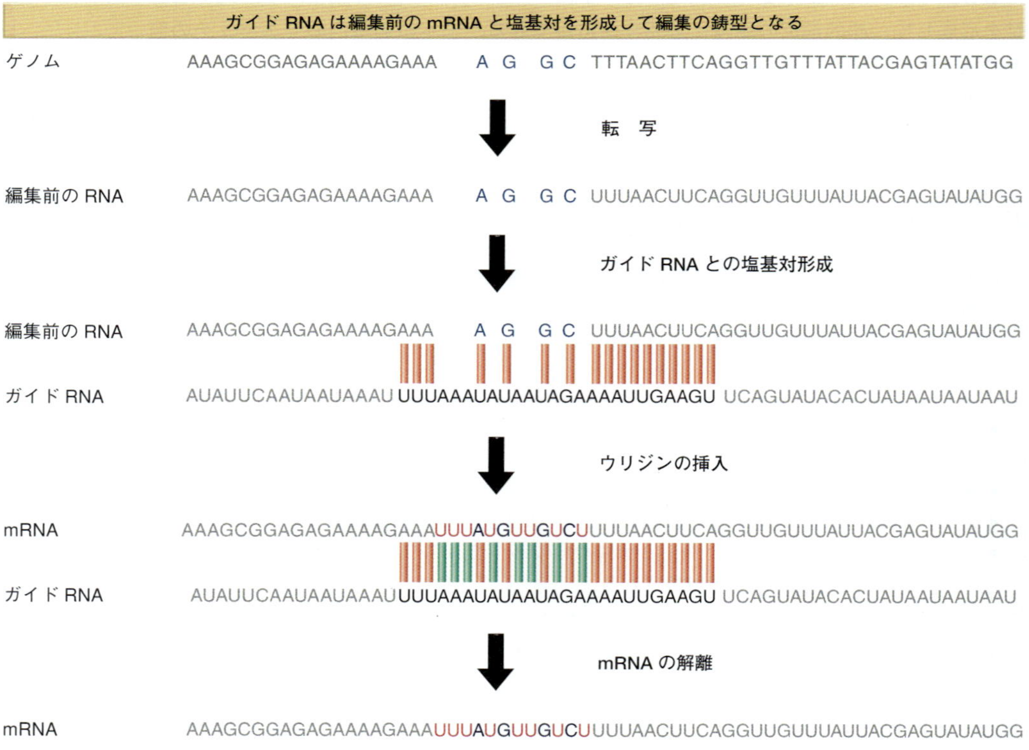

**ガイド RNA は編集前の mRNA と塩基対を形成して編集の鋳型となる**

ゲノム　　　AAAGCGGAGAGAAAAGAAA　　A G　　G C　TTTAACTTCAGGTTGTTTATTACGAGTATATGG

↓ 転写

編集前の RNA　AAAGCGGAGAGAAAAGAAA　　A G　　G C　UUUAACUUCAGGUUGUUUAUUACGAGUAUAUGG

↓ ガイド RNA との塩基対形成

編集前の RNA　AAAGCGGAGAGAAAAGAAA　　A G　　G C　UUUAACUUCAGGUUGUUUAUUACGAGUAUAUGG
ガイド RNA　AUAUUCAAUAAUAAAU UUUAAAUAUAAUAGAAAAUUGAAGU UCAGUAUACACUAUAAUAAUAAU

↓ ウリジンの挿入

mRNA　　　AAAGCGGAGAGAAAAGAAAUUUAUGUUGUCUUUUAACUUCAGGUUGUUUAUUACGAGUAUAUGG
ガイド RNA　AUAUUCAAUAAUAAAU UUUAAAUAUAAUAGAAAAUUGAAGU UCAGUAUACACUAUAAUAAUAAU

↓ mRNA の解離

mRNA　　　AAAGCGGAGAGAAAAGAAAUUUAUGUUGUCUUUUAACUUCAGGUUGUUUAUUACGAGUAUAUGG

図27・19 編集前の RNA は編集される領域の両側でガイド RNA と塩基対を形成する．ガイド RNA はウリジン挿入の鋳型となる．挿入により生産される mRNA はガイド RNA に対して相補的である．

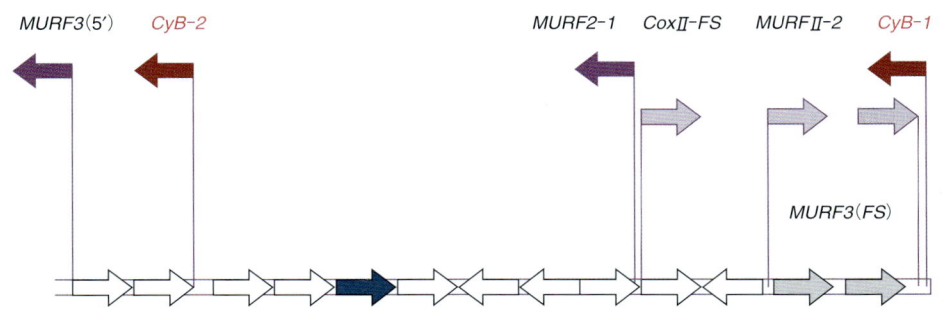

| 編集前のmRNAをコードしている遺伝子はガイドRNA遺伝子とともに散在している |

*MURF3*(5′)  *CyB-2*　　　　　　　*MURF2-1*　*CoxⅡ-FS*　*MURFⅡ-2*　*CyB-1*

　　　　　　　　　　　　　　　　　　　　　　　　　　　　　　　　*MURF3*(FS)

遺伝子　12S　9s　MURF3　CoxⅢ　CyB　MURF4　MURF1　ND1　CoxⅡ　MURF2　CoxⅠ　ND4　ND5

**図27・20** リーシュマニアのゲノムは正しいmRNA配列をつくり出すために必要なガイドRNAをコードする単位と編集前のRNAをコードしている"遺伝子"が混ざり合ってできている．遺伝子によっては複数のガイドRNAがある．*CyB*は編集前のシトクロム*b*の遺伝子で，*CyB-1*と*CyB-2*はガイドRNAの遺伝子である．

ンの連続配列が挿入されている．
　ウリジンを特異的に挿入するための情報源は何であろうか．**ガイドRNAは正しく編集されたmRNAに相補的な配列である．**図27・19には別の原虫リーシュマニアのシトクロム*b*遺伝子のガイドRNAの作用モデルを示す．
　いちばん上に示す配列は元の転写産物，つまり編集前のRNAである．ギャップは編集過程で塩基が挿入される位置を示す．有効なmRNA配列をつくり出すためには八つのウリジンがこの領域に挿入されなければならない．
　ガイドRNAは編集される領域およびその周辺を含み，かなり離れた所までmRNAに相補的である．典型的には編集する領域の3′側に対して相補性はより長く，5′側ではむしろ短い．ガイドRNAと編集前のRNAとで塩基対をつくらせると，ガイドRNAの中のA残基は編集前のRNAには相補的な塩基を見つけられず，塩基対をつくれないギャップができる．ガイドRNAはこれらの位置に欠けているU残基を挿入するための鋳型となる．反応が完了するとガイドRNAはmRNAから解離して，mRNAは翻訳されるばかりとなる．
　最終的に編集された配列が生じるに至った過程を詳しく記述するのは実際にはきわめて複雑である．この例でも転写産物の長い配列は全部で39のU残基の挿入により編集され，これには隣接した部位で二つのガイドRNAが同時にあるいは連続して働く必要があると思われる．こうした場合には，編集は通常転写産物の3′末端から5′末端へと進行する．最初のガイドRNAは最も3′末端側にある領域と塩基対を形成し，編集されたRNAは，次のガイドRNAによる編集の基質となる．
　**ガイドRNAは独立した転写単位としてコードされている．**図27・20に示したものはリーシュマニアのミトコンドリアDNA領域の地図である．ここにはシトクロム*b*の"遺伝子"，すなわち編集前の配列をコードする遺伝子とガイドRNAを特定する二つの領域がある．主要な遺伝子のコード領域とこれらのガイドRNAをコードする遺伝子はお互いに分散している．
　部分的に編集された中間体の解析により反応が編集前のRNAの3′→5′方向に進むことが推測されている．ガイドRNAは編集前のRNAと塩基対を形成してウリジンを特異的に挿入する．
　図27・21に示したように，ウリジンの挿入または欠失を伴う編集はエンドヌクレアーゼ，ターミナルウリジルトランスフェラーゼとRNAリガーゼから成る20S酵素複合体により触媒される．この複合体は，基質RNAとガイドRNAの塩基対の形成により，適切な標的部位へと導かれる．基質RNAは，おそらくガイドRNAと塩基対を形成していないことで認識された箇所で切断を受ける．ガイドRNAと塩基対を形成できるようにウリジン1残基が挿入または欠失して基質RNAが連結される．UTPがウリジン残基の供給源である．UTPは，ターミナルウリジルトランスフェラーゼ活性により付加されるが，欠失を起こすのは，この活性によるのかあるいは別にエキソヌクレアーゼが必要なのかはまだ明らかではない．
　部分的に編集された分子の構造から，U残基は一度に一つずつ付加され，まとめて起こるのではないことがわかる．反応は何回も繰返しながら進み，その際U残基が付加され，ガイドRNAとの相補性が確かめられ，受入れられれば残り，そうでなければ除

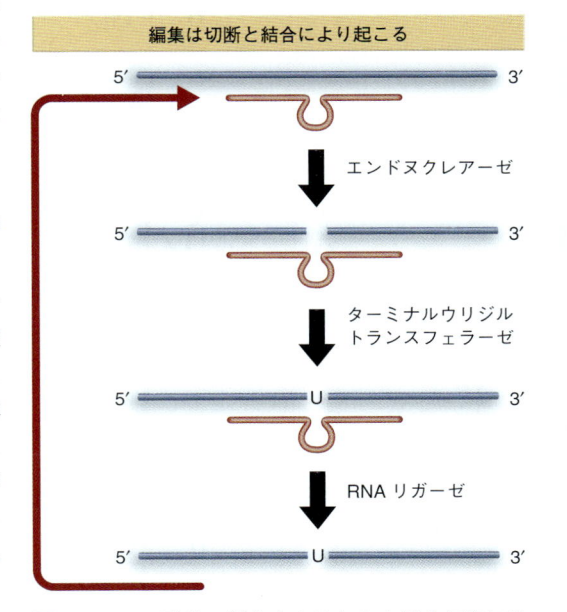

| 編集は切断と結合により起こる |

**図27・21** U残基の挿入または欠失を伴う編集にはRNAの切断，U残基の付加または除去，末端の結合が連続して起こる．この反応はガイドRNAに導かれた酵素複合体により触媒される．

27・10 **RNA編集はガイドRNAに従って行われる**

**プロテインスプライシングによってインテインが切出される**

図27・22 プロテインスプライシングでは，タンパク質からインテインが除去されて二つのエクステインが結合する．

**プロテインスプライシングは転位反応によって起こる**

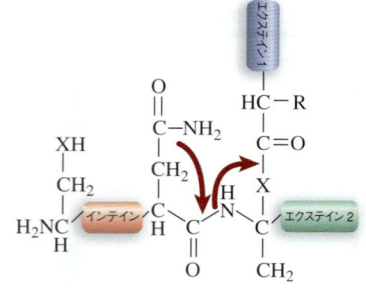

（X＝SまたはO）

図27・23 最終的にエクステインがペプチド結合を形成し，C末端が環状化したインテインが切出されるまで，セリンかトレオニンの−OH基，またはシステインの−SH基がかかわる一連の転位反応が起こり，結合の再編成が行われる．

去されて，徐々に正しく編集された配列となるのだろう．C残基の付加がこの編集と同じ形の反応によるものかどうかはわかっていない．

## 27・11　プロテインスプライシングは自己触媒反応である

**プロテインスプライシング**　protein splicing　タンパク質スプライシングともいう．タンパク質からインテインを取除き，両側のエクステイン同士をペプチド結合で連結する自己触媒反応．
**エクステイン**　extein　前駆体からタンパク質スプライシングを経てつくり出された完成したタンパク質に残っているアミノ酸配列．
**インテイン**　intein　タンパク質の前駆体からプロテインスプライシングによって取除かれる部分．

- インテインはその両側にあるエクステインを結合させることによりタンパク質から自身を除去する活性をもつ．
- ほとんどのインテインは二つの独立した活性をもつ．すなわちプロテインスプライシング活性とホーミングエンドヌクレアーゼ活性である．

プロテインスプライシング（タンパク質スプライシング）はRNAスプライシングと同様の作用がある．すなわち遺伝子に存在する配列がタンパク質にはないのである．各タンパク質領域の名前はRNAスプライシングでの命名に似せて名づけられている．エクステインは完成したタンパク質に残る配列で，インテインは除去される配列である．インテイン除去の機構はRNAスプライシングとまったく異なる．遺伝子からインテインを含むタンパク質前駆体へとまず翻訳され，これからインテインが切出される様子を図27・22に示す．およそ100例のプロテインスプライシングが知られており，分類上どの分野の生物にも存在している．プロテインスプライシングを受ける典型的な遺伝子はインテインを一つだけもっている．

最初のインテインは，イントロンに共通する規則にはあてはまらないイントロンであるとして古細菌のDNAポリメラーゼ遺伝子内で発見された．そして，精製されたタンパク質が自己触媒反応によって自身からこの配列をスプライスすることが示された．この反応はエネルギーの供給を必要とせず，図27・23に示してあるように一連の結合の再編成によって起こる．これはインテインの機能であるが，その効率はエクステインによって影響を受ける．

最初の反応では，インテインの1番目のアミノ酸の側鎖の−OH基または−SH基がインテインと1番目のエクステインをつなぐペプチド結合に作用する．これによってインテインのN末端部分からアシル基のC−OまたはC−Sアシル結合へとエクステインが転位する．つぎにこの結合に2番目のエクステインの1番目のアミノ酸の側鎖の−OH基または−SH基が作用する．その結果，1番目のエクステインが2番目のエクステインのN末端のアミノ酸の側鎖へと転位する．最後にインテインのC末端のアスパラギンが環状化し，2番目のエクステインの末端にあるNH基がアシル結合に作用し，通常のペプチド結合に置き換わる．これらの反応はそれぞれ自発的には非常に低頻度でしか起こらないが，これが順序立ってプロテインスプライシングとして十分な速さで起こるためには，インテインによる触媒作用が必要となる．

インテインには特有の性質がある．インテインはコード配列に読み枠通りに挿入されている．このことはインテインが挿入されていない相同遺伝子の存在により確認された．インテインはN末端がセリンまたはシステイン（−XH側鎖を供給するため）であり，C末端はアスパラギンである．典型的なインテインはプロテインスプライシング反応を触媒する150アミノ酸程度の長さの配列をN末端に，50アミノ酸程度の長さの配列をC末端にもっている．インテインの中央部分の配列は他の機能をもちうる．

多くのインテインの驚くべき特徴はホーミングエンドヌクレアーゼ活性をもっていることである．ホーミングエンドヌクレアーゼはインテインをコードしているDNA配列の挿入部位をつくるために標的DNAを切断する（図27・10参照）．インテインのプロテインスプライシング活性とホーミングエンドヌクレアーゼ活性は互いに独立している．

## 27・12 要　約

　自己スプライシングは両グループのイントロンの特性であり，下等な真核生物，原核生物系，ミトコンドリアで広くみられる．この反応に必要な情報はイントロンの配列中に存在する（もっとも in vivo では実際はタンパク質の助けを借りている）．グループⅠ，グループⅡイントロンの双方ともこの反応には短いコンセンサス配列を含む特有な二次/三次構造の形成が必要である．グループⅠイントロンのRNAは基質となる配列がイントロンのIGS領域により保持される構造を形成し，他の保存された配列がグアニンヌクレオチド結合部位をつくり出す．反応はグアニンヌクレオチドが補助因子としてかかわるエステル転移反応により行われ，エネルギーの供給は必要としない．グアニンヌクレオチドは5′エキソン-イントロン連結部の結合を切断しイントロンに結合する．続いて，エキソンの遊離末端にあるOH基が3′エキソン-イントロン連結部に作用する．イントロンは環状となりグアニンヌクレオチドと末端の15ヌクレオチドを失う．一連の関連した反応はイントロンの末端にあるG-OH基による内部のホスホジエステル結合への作用による触媒反応である．適当な基質があれば，ヌクレオチジルトランスフェラーゼ活性を含めてさまざまな触媒反応が行えるリボザイムをつくり出すことも可能である．

　ミトコンドリアのグループⅠおよびグループⅡイントロンの中にはオープンリーディングフレームをもつものがある．グループⅠイントロンによりコードされるタンパク質はDNAの標的部位の二本鎖切断を行うエンドヌクレアーゼである．この切断はイントロン自体の配列が標的部位にコピーされる遺伝子変換の反応をひき起こす．グループⅡイントロンにコードされているタンパク質には転移を開始させるエンドヌクレアーゼ，イントロンのRNAコピーを標的部位へ挿入することのできる逆転写酵素が含まれる．これらのタイプのイントロンはおそらく挿入反応に由来するのであろう．両グループのイントロンにコードされているタンパク質には，活性部位の二次/三次構造を安定化させることでイントロンのスプライシングを助けるマチュラーゼ活性が含まれている場合もある．

　ウイルソイドRNAは"ハンマーヘッド"構造をつくり自己切断反応を行う．ハンマーヘッド構造は基質RNAとリボザイムRNAの間でも形成でき，かなり配列特異的に切断が行える．これらの反応は，RNAが触媒活性のある特異的な活性部位を形成できることを示している．

　RNA編集によりRNA配列は転写後あるいは転写中に変わる．この変化は意味をもったコード配列をつくり出すのに必要である．哺乳類では個々の塩基の置換が起こる．このとき，脱アミノでCがUに，またはAがIに置換される．触媒活性のあるサブユニットはシチジンデアミナーゼやアデノシンデアミナーゼの機能に似ているが，特定の標的配列に特異性をもつより大きな複合体の中に組込まれている．

　ヌクレオチド（多くはウリジン）の付加や欠失がトリパノソーマのミトコンドリアやパラミクソウイルスで起こっている．トリパノソーマでは広範な編集反応が起こり，一つのmRNA中の半分もの塩基配列が編集に由来していることがある．編集反応にはmRNA配列に相補的なガイドRNAを鋳型として使う．この反応は，エンドヌクレアーゼ，ターミナルウリジルトランスフェラーゼとRNAリガーゼから成る酵素複合体により触媒され，遊離のヌクレオチドが付加反応の供給源となり，欠失の場合は切断を受けたヌクレオチドが遊離する．

　プロテインスプライシングはペプチド結合の転位反応によって起こる自己触媒反応で，外からのエネルギー供給を必要としない．インテインは両側のエクステインから自身をスプライスして切出す反応を触媒する．多くのインテインはプロテインスプライシング活性とは独立したホーミングエンドヌクレアーゼ活性をもっている．

# VI

## 核

# 28 染色体

- 28・1 はじめに
- 28・2 ウイルスゲノムはキャプシドの中に折りたたまれる
- 28・3 細菌のゲノムは超らせんから成る核様体である
- 28・4 真核生物のDNAにはスカフォルドに結合したループとドメインがある
- 28・5 クロマチンは真正クロマチンとヘテロクロマチンに分けられる
- 28・6 染色体はバンドパターンを示す
- 28・7 ランプブラシ染色体は伸びきった構造をしている
- 28・8 多糸染色体には遺伝子発現の場でパフを形成するバンドが見られる
- 28・9 セントロメアには多数の反復DNAがある場合が多い
- 28・10 酵母のセントロメアにはタンパク質に結合する短いDNA配列がある
- 28・11 テロメアは単純な反復配列をもつ
- 28・12 テロメアはリボ核タンパク質酵素によって合成される
- 28・13 要約

各節のタイトル下の ▨ はその節で使われる重要語句を，▭ はその節の要点をまとめている．

## 28・1 はじめに

**核様体** nucleoid 原核生物の中のゲノムを含んでいる領域．DNAはタンパク質に結合して存在し，膜には包まれていない．
**クロマチン** chromatin 真核生物の細胞周期の分裂間期（分裂と分裂の間）におけるDNAと，そのDNAに結合しているタンパク質の状態を述べた用語．
**染色体（クロモソーム）** chromosome ゲノムがいくつかに分かれて存在する単位で，多くの遺伝子を含んでいる．おのおのの染色体は非常に長い二本鎖DNA分子と，およそ同量のタンパク質からできている．細胞分裂の間だけ，形をもった存在として観察できる．

すべてのゲノムには，包み込む，という共通の課題がある．伸びた状態のDNA分子の長さは，それを入れる入れ物（区画）の大きさよりとてつもなく長いのである．つまり，DNA（ある種のウイルスの場合にはRNA）をその内部に収めるにはむりやり押し込まなくてはならない．したがって，DNAを伸びた二重らせんとして通常描くのとは著しく異なっているが，DNAの構造を変えてもっとコンパクトな形に曲げたり，折りたたんだりするのはけっして特別なことではなく，ごく普通のことである．

図28・1にいくつかの例について伸びた状態の核酸の長さとその入れ物の大きさとが桁違いであることを示す．どんなウイルスでもその核酸ゲノムはその入れ物（棒状のものや球状のものがある）の中にうまく詰め込まれている．

細菌や真核生物の核という入れ物の中で，DNAはその中のほんの一部の小さな領域の中に局在化しているので，大きさの違いの程度を正確には表しがたい．細菌の遺伝物質は**核様体**の形で，また真核生物の分裂間期の核では**クロマチン**の固まりとして観察できる．

核酸がそのように密な状態であるのは塩基性タンパク質との結合によるものである．これらのタンパク質にある正電荷は，核酸の負電荷を中和する．こうしたことから，自

図28・1 核酸の長さはそれを包み込む入れ物の大きさよりもはるかに大きい．

| 入れ物 | 形状 | 大きさ | 核酸の形状 | 核酸の長さ | |
|---|---|---|---|---|---|
| | | | **DNAはあらゆるタイプのゲノムで高度に濃縮されている** | | |
| タバコモザイクウイルス（TMV） | 繊維状 | $0.008 \times 0.3$ μm | 1分子の一本鎖RNA | 2 μm＝ | 6.4 kb |
| fdファージ | 繊維状 | $0.006 \times 0.85$ μm | 1分子の一本鎖DNA | 2 μm＝ | 6.0 kb |
| アデノウイルス | 正二十面体 | 直径 0.07 μm | 1分子の二本鎖DNA | 11 μm＝ | 35.0 kb |
| T4ファージ | 正二十面体 | $0.065 \times 0.10$ μm | 1分子の二本鎖DNA | 55 μm＝ | 170.0 kb |
| 大腸菌 | 円筒状 | $1.7 \times 0.65$ μm | 1分子の二本鎖DNA | 1.3 mm＝ | $4.2 \times 10^3$ kb |
| ミトコンドリア（ヒト） | 扁球状 | $3.0 \times 0.5$ μm | 約10分子の二本鎖DNA | 50 μm＝ | 16.0 kb |
| 核（ヒト） | 球状 | 直径 6 μm | 二本鎖DNAから成る46本の染色体 | 1.8 m＝ | $6 \times 10^6$ kb |

然な状態でのDNAは核酸・タンパク質複合体の形をとっている．複合体中のDNAの密度は高く，粘性が強いゲルに相当する濃度に達する．その生理的な意味合いについてはまったくわかっていない．たとえば，タンパク質がDNA上のタンパク質結合部位を探し出すのにどのような影響があるのだろうか．

遺伝物質を細胞内の限られた空間に閉じ込めるということは，その空間の中で複製や転写などのさまざまな活動をどうやって実現するか，という重大な疑問を生む．さらに，その遺伝物質の構築は不活性な状態と活性な状態の移り変わりに合わせて，組織化（編成）されなければならない．最も劇的なのが真核細胞の細胞周期で観察される変化である．分裂（体細胞分裂や減数分裂）に際して，遺伝物質はさらに小さく包み込まれ，それぞれの**染色体**（クロモソーム）が観察できるようになる．一般的な試算では，分裂期の染色体は間期の染色体に比べ5～10倍ほどきつく包み込まれているようである．

## 28・2　ウイルスゲノムはキャプシドの中に折りたたまれる

**キャプシド**　capsid　ウイルス粒子外側のタンパク質コート．頭殻ともいう．
**重合開始センター**　nucleation center　ウイルスゲノムのRNA配列の中にできる二本鎖ヘアピン構造で，ここを開始点としてRNAに沿ってコートタンパク質が集合しキャプシドが構築されていくに伴い，RNAがキャプシド内に入っていく．
**ターミナーゼ**　terminase　いくつものウイルスゲノムが連なったゲノム多量体を切断し，ATPの加水分解によって得られるエネルギーを利用して，ゲノムDNAを切断末端からウイルスの空のキャプシドに運び込む酵素．

- 一つのウイルスに取込むことができるDNAの長さはキャプシドの構造に制限される．
- キャプシドの中の核酸は高度に凝縮している．
- 繊維状RNAウイルスはRNAゲノムの周りにキャプシドを配置しながらRNAゲノムを凝縮している．
- 球状のDNAウイルスはすでに形成されたタンパク質のキャプシドにDNAを組入れる．

個々の遺伝物質の折りたたみ方をみると，細胞のゲノムとウイルスのゲノムの間には大きな差が認められる．細胞のゲノムの大きさは本来一定でなく，それぞれの配列の数や位置が重複，欠失，再編成などによって変化する．したがって，遺伝子の量やその分布と関係なしにDNAを折りたたむための一般的方法が発達している．それに対してウイルスの場合にはDNAの量がゲノムサイズによりあらかじめ決まっていて，それをウイルスの遺伝子がコードする1種ないし数種のタンパク質で構成される殻の中に収めなければならないという二つの制約がある．

ウイルス粒子の外見はきわめて単純である．核酸のゲノムは**キャプシド**（頭殻）内に収まっている．これは1種類ないしわずか数種類のタンパク質が，対称構造あるいはそれに近い形に集合してできた構造体である．キャプシドには二つの一般的な型があり，繊維状（棒状）か正二十面体（擬似球形）である．また，キャプシドに付着したり組込まれた状態で宿主細胞へ感染するのに必要な別の構造を伴っていることもある．

ウイルス粒子は無駄のないようにつくられている．キャプシドの容積はそこに収容する核酸の量に比べるとあまり大きくなく，せいぜい2倍以内，核酸の大きさよりもわずかに大きいだけということもよくある．核酸の入ったキャプシドをつくり上げるには2通りの方法がある：

- キャプシドとなるタンパク質が核酸の周りに集合し，構築されていくに伴いタンパク質-核酸の相互作用によりDNAあるいはRNAを凝縮させるものと，
- キャプシドの構成成分からまず空のキャプシドが構築され，その中に核酸が入り込みながら凝縮するものである．

一本鎖RNAウイルスではキャプシドがゲノムの周りに集まって構築される．構築は原則としてキャプシド内のRNAの位置がキャプシドのタンパク質と結合することによって直接決定される．最もよく調べられている例はTMV（タバコモザイクウイルス；tobacco mosaic virus）で，RNAの配列の中にできる二本鎖のヘアピン構造の所

**キャプシドは TMV RNA の周りに集合する**

RNAがらせん状に巻く

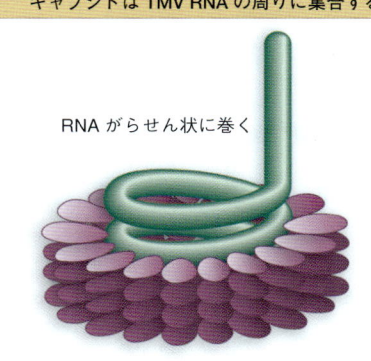

**図28・2**　TMV RNA のらせん構造はウイルス粒子のタンパク質サブユニットが積み重なるに従ってできあがる．

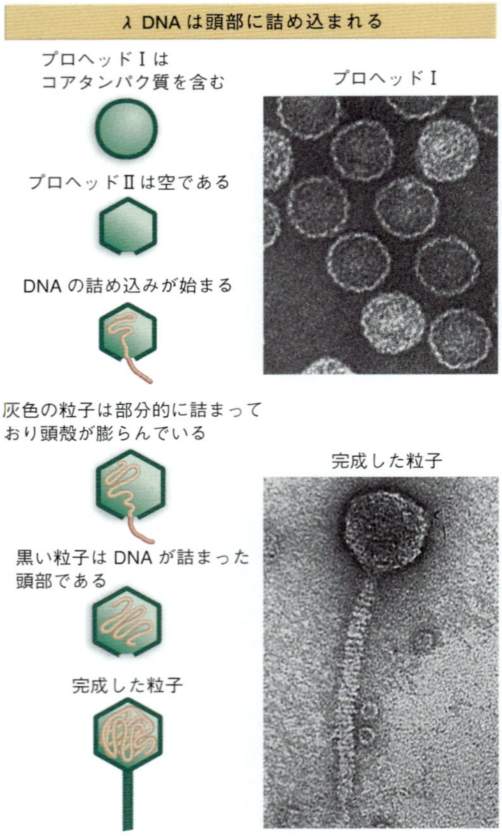

（重合開始センター）からキャプシドの構築が始まり，RNAに沿って2方向に，分子の末端に達するまで進む．1個のキャプシドは17個の同一のタンパク質サブユニットから成る2層の円盤状をしている．円盤は環状構造であるが，RNAと相互作用をするとらせん形に並び替わる．重合開始センターでは，ヘアピン状のRNAが円盤の中心の穴に入ると，その円盤が構造変化を起こしてRNAを取巻くらせん状の構造になる．さらに円盤が積み重なり，続くRNA部分をその円盤が真ん中の穴に引き込む．その結果，RNAは図28・2に見るようにタンパク質のキャプシドの内側にらせん状に巻いた形となる．

DNAウイルスの球形キャプシドができ上がる過程は違っており，λファージとT4ファージについてよく調べられている．どちらの場合にもまず少数のタンパク質が集合し，空のキャプシドができあがる．つぎに二本鎖のゲノムがその中に入り込み，キャプシドの形は変化する．

図28・3にλファージの構築過程を示す．まず"コア"タンパク質から成る小さなキャプシドが形成され，やがて，もっとはっきりした形の空のキャプシドになる．ついでDNAを包み込む反応が起こり，キャプシドは同じ形のまま大きく膨らみ，最後に，いっぱいになった頭部に尾部が付着してキャプシドを閉じる．

DNAがファージの頭部に入るためには，輸送と凝縮という熱力学的に不利な二つの反応を必要とする．

輸送はATPに依存した反応機構によってDNAを頭部に運び込むという能動的過程である．多くのウイルスは，ローリングサークル方式というやり方で長い多量体になったウイルスゲノムを複製するのが普通である．最もよく知られているλファージの場合では，ゲノムは**ターミナーゼ**という酵素によって1ユニットずつに切られ，空のキャプシドに包み込まれる．図28・4にその過程をまとめてある．

ターミナーゼは初め，直鎖状のファージDNAを*cos*部位で切断することにより末端をつくり出す役割のあるものとして見つかった．〔*cos*の名前は，相補的な一本鎖テールをもつ付着末端（cohesive end）を生み出す，ということに由来する．〕ターミナーゼは二つのサブユニットから成り，ファージゲノムにコードされている．サブユニットの一つは*cos*部位に結合する．そこに二つ目のサブユニットが加わってDNAを切る．ターミナーゼは異種オリゴマーを形成し，IHF（組込み宿主因子）を含む複合体になる．それが空のキャプシドに結合し，ATPの加水分解によるエネルギーを使ってDNAに沿って移動する．その移動に伴ってDNAが空のキャプシドにたぐり込まれていく．

別な方法では，包み込みにファージの構造成分を利用している．枯草菌（*B.subtilis*）のφ29ファージでは，頭部を尾部につなぐ構造がDNAをファージ頭部に入れるためのモーターとなっている．回転モーターとして機能し，その働きによってDNAが一次元的にファージ頭部に移動していく．ファージが細菌に感染する場合には，同じモーターがファージ頭部からDNAを注入するのに使われる．

空のキャプシドへの凝縮反応の機構は明らかでないが，キャプシド内にはDNAのほかに"内部タンパク質"があることがわかっている．これらのタンパク質はDNAを凝縮させるためのある種の"スカフォルド（足場）"を提供しているのかもしれない．（これは植物RNAウイルスの殻を構成するタンパク質の役割に対応するものといえよう．）

この包み込み反応はどの程度特異性があるだろうか．包み込み反応には特定の塩基配列はいらない．なぜならDNAに起こった欠失，挿入，置換がこの構築過程を妨げることはまったくないからである．DNAとキャプシドの関係を調べるには，DNAとキャプシドのタンパク質を化学的に架橋し，どの部分が結合するか決めるとよい．調べてみると，意外なことにDNAのあらゆる領域が多少なりとも架橋されてしまう．DNAがキャプシドに詰め込まれる際にどのように凝縮するかという原則はあるけれども，そのパターンは特別な塩基配列によって決まるわけではないことを意味しているのだろう．

**λ DNA は頭部に詰め込まれる**

プロヘッドⅠはコアタンパク質を含む

プロヘッドⅡは空である

DNAの詰め込みが始まる

灰色の粒子は部分的に詰まっており頭殻が膨らんでいる

黒い粒子はDNAが詰まった頭部である

完成した粒子

プロヘッドⅠ

完成した粒子

図28・3 λファージが完成するにはいくつかの段階を経る．空のキャプシドはDNAが詰まると膨らむ．電子顕微鏡写真は形態形成の過程の最初と最後の粒子を示す．写真は A. F. Howatson 氏のご好意による．

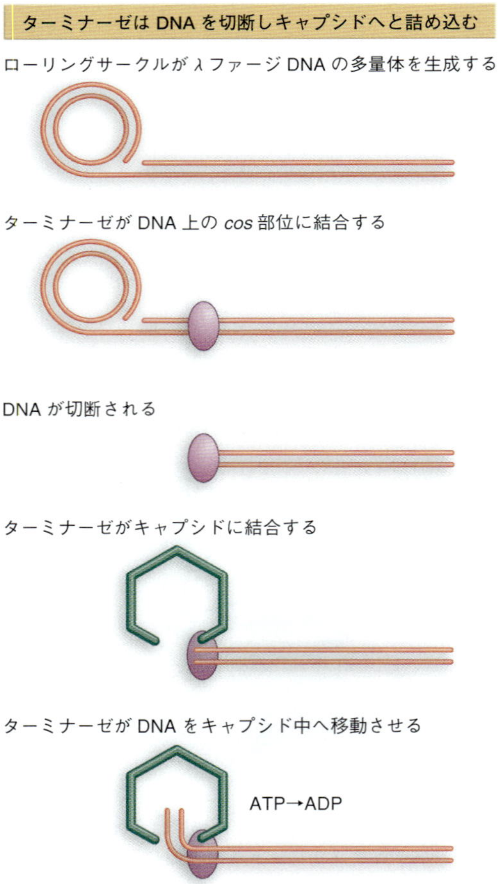

**ターミナーゼはDNAを切断しキャプシドへと詰め込む**

ローリングサークルがλファージDNAの多量体を生成する

ターミナーゼがDNA上の*cos*部位に結合する

DNAが切断される

ターミナーゼがキャプシドに結合する

ターミナーゼがDNAをキャプシド中へ移動させる

ATP→ADP

図28・4 ターミナーゼはローリングサークル方式で複製されたウイルスゲノムの多量体の上にある特定の配列に結合する．ターミナーゼはDNAを切断し空のキャプシドに結合する．ATPの加水分解から得られるエネルギーを使い，DNAをキャプシドの中へと引きずり込む．

## 28・3　細菌のゲノムは超らせんから成る核様体である

> **核様体**　nucleoid　原核生物の中のゲノムを含んでいる領域．DNAはタンパク質に結合して存在し，膜には包まれてない．
> **ドメイン**　domain　染色体のドメインとは，他のドメインとは独立した超らせん構造をもつ領域．

- 細菌の核様体は重量で約80％がDNAであり，RNAやタンパク質に作用する試薬で処理すると脱凝縮する．
- DNAを凝縮させることに働いているタンパク質はまだ同定されていない．
- 核様体は約100のそれぞれ独立に負の超らせんとなっているドメインから成る．
- 平均的な超らせんの密度は約1ターン/200 bpである．

細菌には真核生物の染色体のようにはっきりした形態的特徴を備えた構造はないが，そのゲノムは一定の構造体に組織されている．遺伝物質は細胞容積のおよそ1/3を占め，かなり凝縮した固まり，あるいは固まりの連なった形をしている．図28・5に細菌の超薄切片を示すが，**核様体**がよく観察できる．

大腸菌の菌体を溶かすと，壊れた細胞から繊維が飛び出してループの形になったものがたくさん見える．図28・6で示すように，これらのループ状のDNAは伸びた裸の二本鎖ではなく，タンパク質と結合してずっと凝縮している．どのタンパク質がDNAに結合し，どのようにして結び付いているのかについてまだはっきりとはわかっていない．

大腸菌の核様体は沈降速度の大きな複合体として直接分離でき，その約80％はDNAである．RNAやタンパク質に作用する試薬で複合体を処理すると脱凝縮する．エチジウムブロミドとの反応から判断すると，細菌の核様体のDNAは閉環状二本鎖構造の分子と同じ状態にある．エチジウムブロミドは低分子の化合物で，塩基対の間に入り込み，"閉"環状DNA分子に正の超らせん構造をとらせるようなねじれをつくる．閉環状DNA分子は両鎖とも完全な共有結合を保っている．（一方の鎖にニックのある"開"環状分子や線状の分子では，低分子化合物の入り込みに応じてDNAの鎖も自由回転するので，鎖内にひずみが生じない．）

天然に得られる閉環状DNAは負の超らせん構造をとっているが，これにエチジウムブロミドを加えると，まず負の超らせんの減少が起こり，つぎに正の超らせんが導入される．超らせんを解消するのに必要なエチジウムブロミドの量によって，始めに分子がもっていた負の超らせんの密度を測定することができる．

核様体の分離の際に，凝縮したDNAの鎖にニックが生じることがある．ニックは微量のデオキシリボヌクレアーゼ処理で生じさせることもできる．しかし，こうなった核様体でもエチジウムブロミドを加えれば，やはり正の超らせんの導入が起こる．ニックができてもエチジウムブロミドに応答する能力を残しているということから，ゲノムは多くの独立した染色体**ドメイン**（領域）から成っていると考えられる．つまり，それぞれのドメインの超らせん構造は，他のドメインに変化が起こっても影響を受けないようになっているのである．

このドメインの独立性から，細菌の染色体が図28・7に示すような構造をしているのではないかと考えられている．それぞれのドメインはDNAのループから成り，おのおのの末端は何らかの（未知の）方法で固定されており，あるドメインに起こったねじれは別のドメインには伝わらないようになっている．このようなドメインがゲノム当り100ほど存在し，おのおのの大きさはDNAにして約40 kb（13 μm）である．それらはまだ構造のよくわからない，さらに凝縮した状態の繊維をなしている．

独立のドメインが存在するので，ゲノム上の異なる部位が異なる程度の超らせんをもつことができる．これは細菌のいろいろなプロモーターの活性が超らせんの程度によって変化することと関連があるのかもしれない（§11・10参照）．

ゲノムの超らせん構造は図28・8にまとめたように原則的に二つのどちらかの型をとることができる：

- 超らせん構造をとったDNAは遊離した状態にあり，DNA鎖が拘束されていない場合は，負の超らせんがつくり出す鎖のねじれによるひずみはドメイン内のDNAに自

**細菌のDNAはコンパクトな核様体である**

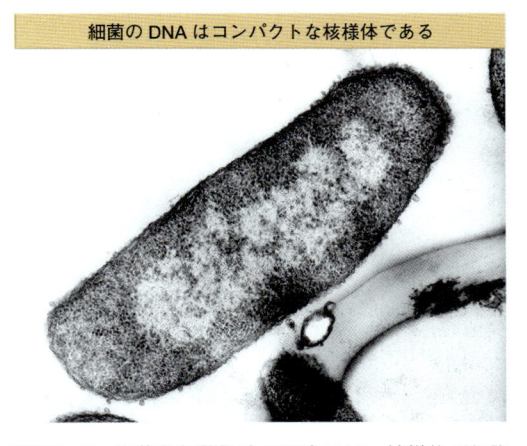

図28・5　細菌の超薄切片の写真では，核様体が細胞の中央部に凝縮した固まりとして見える．写真はJack Griffith氏（University of North Carolina School of Medicine）のご好意による．

**細菌のDNAはきつく巻かれた糸である**

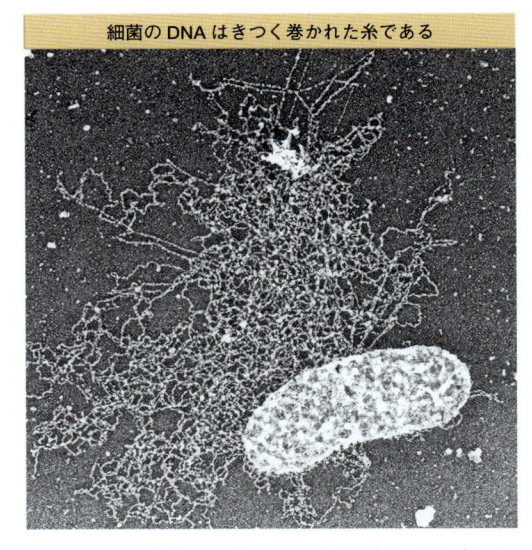

図28・6　大腸菌を溶菌させると核様体が飛び出す．1本の繊維がたくさんのループをつくっている．写真はJack Griffith氏（University of North Carolina School of Medicine）のご好意による．

**細菌のDNAには独立したループから成るドメインがある**

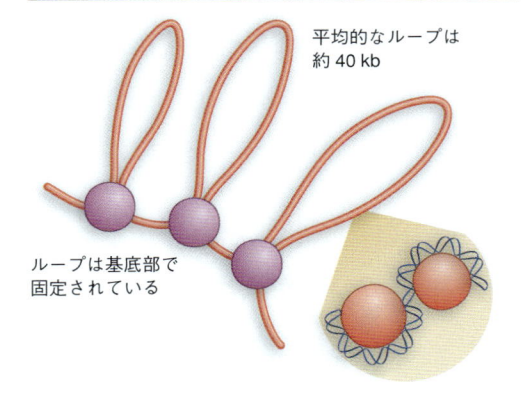

平均的なループは約40 kb

ループは基底部で固定されている

ループは二本鎖DNAから成り，塩基性タンパク質により凝縮されている

図28・7　細菌のゲノムは二本鎖DNA（1本の繊維の形をしている）がたくさんのループ構造をつくっている．それぞれのループは基底部で固定されて，独立したドメインをなしている．

**タンパク質の結合は超らせんを拘束する**

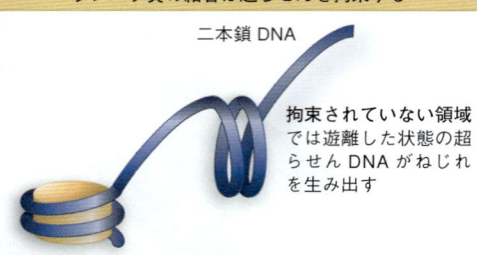

二本鎖 DNA

拘束されていない領域では遊離した状態の超らせん DNA がねじれを生み出す

拘束された領域では超らせん DNA がタンパク質に巻き付いておりひずみを生じない

図 28・8　拘束されていない DNA の超らせんはねじれを生み出すが，超らせんがタンパク質に結合することによって拘束されるとねじれが DNA に沿って伝わることはなくなる．

由に伝わる．§1・7 で述べたように 2 本の鎖がほどけると超らせんは解消される．DNA は強くねじれた状態とほどけた状態との平衡にある．

● タンパク質が特定の三次元的な構造を維持するように DNA に結合していると，超らせん構造は拘束された状態になる．この場合の超らせんは，DNA がタンパク質と相互作用をしてどのような空間的構造をとるかによって決まる．また，タンパク質と超らせん構造をした DNA との間の相互作用のエネルギーによって核酸を安定化しているので，ひずみは分子全体には広がらない．

DNA にニックを入れることで超らせんがどれだけほぐれるかを測ったり，DNA に結合し，しかも超らせんをとるとその反応が影響を受けるような試薬を使った解析から，1 本の DNA 上にある全超らせんのうち，約半分が自由な状態で DNA に沿って張力を伝えることができると考えられている．全体としてみれば，超らせんの密度は 200 bp ごとに 1 ターンの負の超らせんぐらいである．場所によって密度にばらつきはあるだろうが，たとえば，複製開始点やプロモーターなどの特別な領域で DNA 鎖の解離を助ける場合など，DNA 構造に有意な効果をもたらすのに十分な程度であると理解されている．

## 28・4　真核生物の DNA にはスカフォルドに結合したループとドメインがある

**スカフォルド**　scaffold　足場という意味で，染色体スカフォルドは 1 組の姉妹染色分体の形をしたタンパク質の構造物である．染色体からヒストンを除くと現れる．
**マトリックス結合領域（MAR）**　matrix attachment region　核マトリックスに結合する DNA の領域．SAR（スカフォルド結合領域）ともよばれる．

- 間期クロマチンの DNA は負の超らせんとなっており，約 85 kb ごとの独立したドメインから成る．
- 分裂中期の染色体には，超らせん DNA から成るループが結合するタンパク質性のスカフォルドがある．
- DNA は MAR や SAR という特異的な配列によってタンパク質性のマトリックスにくっついている．
- MAR には AT が豊富ではあるが，特異的なコンセンサス配列が特にあるわけではない．

分裂期の染色体が組織立って再現性の高い高次構造をつくっているのに比べ，分裂間期のクロマチンは，一固まりの集合体として核の容積の大きな部分を占めているにすぎない．間期の核では何がクロマチンの配置を制御しているのだろうか．

間期クロマチンの実体に関しては，全ゲノムをコンパクトな一つの固まりとして抽出することによっていくつかの間接的な情報が得られている．細菌の核様体と同様に，ショウジョウバエ（*D. melanogaster*）のゲノムもタンパク質を結合した DNA がコンパクトに折りたたまれた繊維（直径 10 nm）として認識されている．エチジウムブロミドとの反応で DNA の超らせんの程度を測定すると，200 bp ごとに約 1 回，負の超らせんがある．デオキシリボヌクレアーゼを用いてニックを入れると，DNA の 10 nm 繊維の構造は残っているにもかかわらず，これらの超らせんは解消されてしまう．つまり，超らせんは繊維の空間内での並び方によって生じ，ねじれが存在しているに違いない．

85 kb ごとに一つのニックをつくれば超らせんは完全に解消し，"閉じた" DNA の平均の長さが明らかになる．この領域は細菌のゲノムで同定されたループやドメインと似た性質の構造であろう．分裂期の染色体から大部分のタンパク質を除くと直接ループを見ることができる．この処理によって生じた複合体では，始めにあったタンパク質の約 8% が DNA と会合している．図 28・9 に示すように，タンパク質を欠いた染色体は**スカフォルド**（足場）を中心に DNA がうすぼんやりとした陰（ハロー）のように取巻いた構造を示す．

分裂中期の染色体スカフォルドは密な繊維の網目状構造からできている．そこから DNA の糸が放射状に伸びており，それぞれは平均 10～30 μm（30～90 kb）のループをつくっている．できたスカフォルドの構造を壊さずに DNA を消化すると特異的なタン

DNA のループはタンパク質スカフォルドに結合している

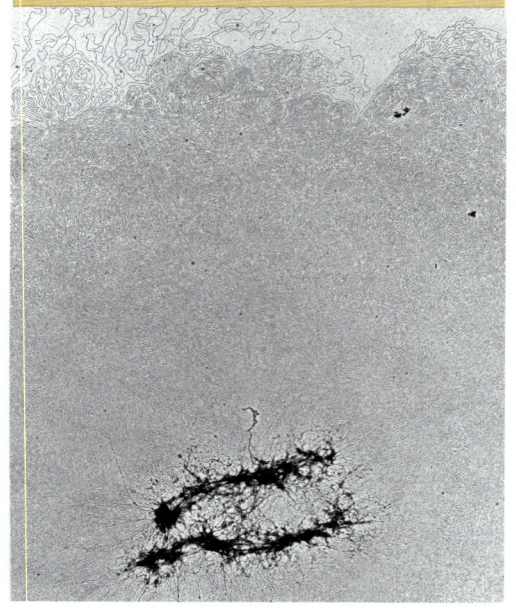

図 28・9　ヒストンを除去した染色体は，タンパク質のスカフォルドと，そこに端をつながれた DNA ループからできている．写真は Ulrich K. Laemmli 教授（Department of Biochemistry and Molecular Biology, University of Geneva, Switzerland）のご好意による．

パク質が残る．このことからタンパク質様のスカフォルドを中心にして，そこに約 60 kb の DNA ループがつながった構造が考えられる．

DNA は特異的な配列を介してスカフォルドに結合しているのだろうか．間期の核でタンパク質様の構造に結合した DNA 部位は**マトリックス結合領域（MAR）**とよばれる．MAR は時には SAR（スカフォルド結合領域）とよばれることもある．クロマチンはたいがい何らかのマトリックスに結合しているようにみえる．こうした結合は転写や複製に必要と考えられている．核からタンパク質を除くと，DNA は残ったタンパク質様の構造からループとなって突き出る．

MAR 断片は通常約 70 % の AT に富むが，それ以外には共通する配列はない．しかし，他の興味深い配列がしばしば MAR を含む DNA に存在する．転写を調節するシスに働く部位が存在する場合が多い．そして，トポイソメラーゼ II の認識部位もたいがい MAR に存在する．したがって MAR は複数の機能，すなわちマトリックスへの結合部位のみならず，DNA のトポロジーの変化を促す部位をつくり出しているのかもしれない．

核マトリックスと染色体スカフォルドは異なるタンパク質からできているが，共通する成分もいくつかある．トポイソメラーゼ II は染色体スカフォルドの主要な成分であり，核マトリックスの構成成分でもある．トポロジーの調節はどちらの場合でも重要なことを示唆している．

## 28・5 クロマチンは真正クロマチンとヘテロクロマチンに分けられる

**真正クロマチン（ユークロマチン）** euchromatin 間期の核で，ヘテロクロマチンを除くゲノムのすべてを指す．真正クロマチンはヘテロクロマチンほど強く凝縮しておらず，転写中あるいは転写可能な遺伝子を含んでいる．
**ヘテロクロマチン** heterochromatin 高度に凝縮しており，転写されず，複製期の最後の方で複製されるゲノムの領域．ヘテロクロマチンは恒常的ヘテロクロマチンと条件的ヘテロクロマチンの 2 種類に分類される．
**染色中心** chromocenter 異なる染色体のヘテロクロマチン領域が集合したもの．

- 個々の染色体は分裂期にのみ観察できる．
- クロマチンの固まりは間期には普通真正クロマチンの形であり，分裂期の染色体ほど強く凝縮してはいない．
- ヘテロクロマチン領域は間期でも強く凝縮されたままである．

それぞれの染色体は非常に長い二本鎖 DNA ただ 1 本だけから構成され，その DNA が折りたたまれ，一つながりの繊維となって染色体全体に張り巡らされている．したがって，極端に長い 1 分子の DNA を転写したり複製したり，また周期的に凝縮を繰返すことができるような形として，間期のクロマチンと分裂期の染色体の構造を説明しなければならない．

真核生物の染色体それぞれは細胞分裂の活動のほんの短時間だけ顕著な形態をとる．そのときに限って凝縮した構造体となり，直接観察できる．**図 28・10** は分裂中期の 1 対の姉妹染色分体の電子顕微鏡写真である．（姉妹染色分体とは複製を終えた娘染色体であって，分裂中期の段階ではまだ対合しあったままになっている．）それぞれの染色分体は小塊のついた直径約 30 nm の繊維からできている．

真核生物の生活環の大部分を通じて遺伝物質は核の中にあるが，そのとき個々の染色体は識別できない．間期のクロマチン構造は分裂と分裂の間，目に見えるような変化をせず，クロマチンの量が倍になる複製の期間にも二つに分かれているようには見えない．クロマチンは繊維状で，繊維そのものは分裂期の染色体のそれと似ているか同一である．

クロマチンは **図 28・11** の核の超薄切片写真に見るように 2 種に分けられる：

- クロマチンの大部分の領域で繊維は分裂期の染色体よりも凝縮度が低い．これを**真正クロマチン**（ユークロマチン）とよんでいる．真正クロマチンは核内では比較的広がって見え，図 28・11 では核領域のほとんどを占めている．

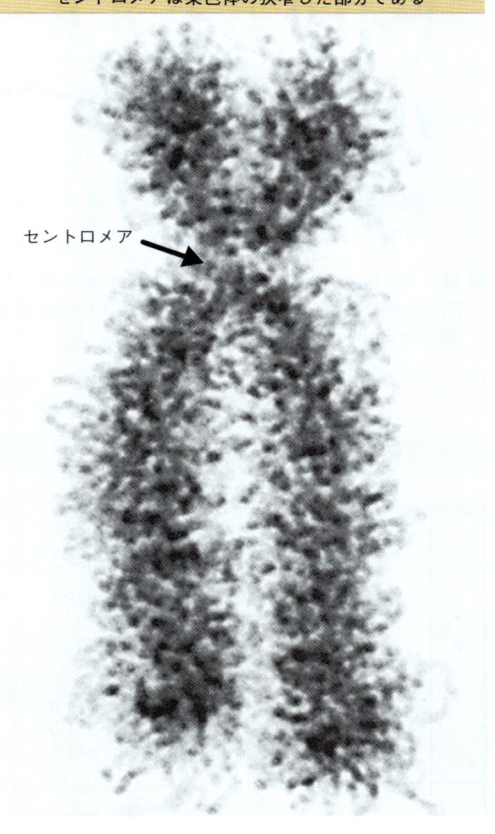

**図 28・10** 分裂期の 1 対の姉妹染色分体はそれぞれ，1 本の繊維（直径約 30 nm）が染色体の中に密に折りたたまれたものである．写真は E. J. DuPraw 氏のご好意による．

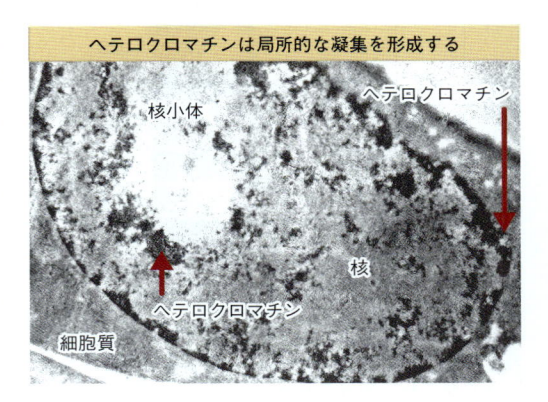

**図 28・11** フォイルゲン染色した核の超薄切片では，ヘテロクロマチンが核小体や核膜付近に集まり，凝縮しているのが見える．写真は Edmund Puvion 氏（Institute Puvion de Lille）のご好意による．

### どの染色体も固有のGバンドパターンを示す

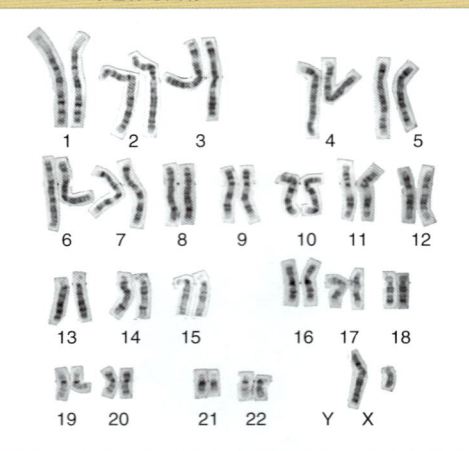

**図 28・12** Gバンド法によりおのおのの染色体に特異的な横縞を染め出す．写真は Lisa Shaffer 博士 (Baylor College of Medicine) のご好意による．

### X染色体には多くのGバンドがある

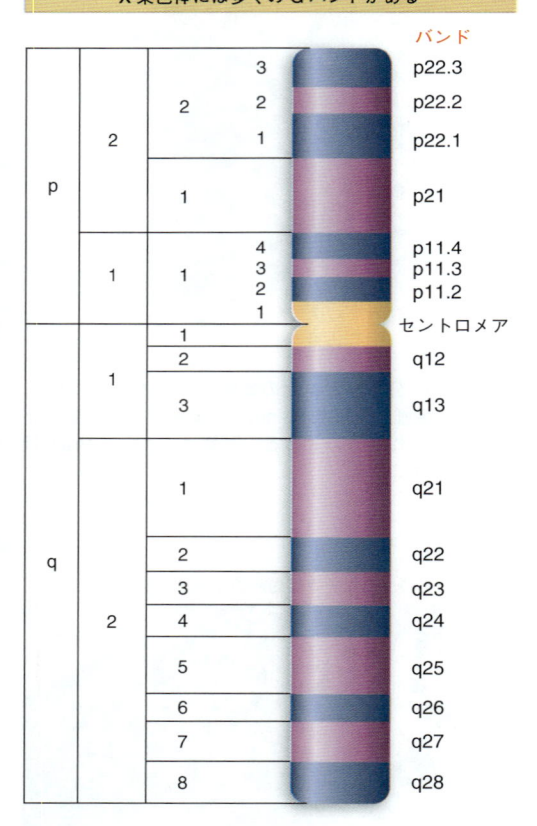

**図 28・13** ヒトX染色体はGバンドのパターンにより明確な領域に分けられる．短い腕を p，長い腕を q で表す．おのおのの腕は大まかな領域に分けられ，それがさらに細分される．この図は解像度の低い構造を表している．高い解像度ではいくつかのバンドはさらに小さなバンドとインターバンドに分けられる．たとえば p21 は p21.1, p21.2, p21.3 に分けられる．

- クロマチンの特定の部位は分裂期の染色体に匹敵する非常に密に凝縮した繊維から成っている．これを**ヘテロクロマチン**とよんでいる．ヘテロクロマチンは普通セントロメア（動原体）に見つかるが，他の部位にも存在する．ヘテロクロマチンの凝縮の程度は細胞分裂周期を通じてあまり変化しない．図28・11ではヘテロクロマチンは一連の目立つ固まりを形成しているが，いろいろなヘテロクロマチン部位は集合して，濃く染まる**染色中心**をつくっていることがある．（この表現は常にヘテロクロマチン状態にある領域，つまり恒常的ヘテロクロマチンに使われる．加えて，もう一つのヘテロクロマチンとして，真正クロマチン領域がヘテロクロマチン状態に変換することのある条件的ヘテロクロマチンがある．）

真正クロマチンとヘテロクロマチンの間には連続した同一の繊維が走っており，このことはこれら二つの状態が遺伝物質の凝縮の程度の違いを表すものだということを示している．同じようにして真正クロマチン部位の凝縮状態は間期と分裂期で変化する．クロマチンでは遺伝物質は二つのどちらかの状態が隣合って並んだ構造をとり，また真正クロマチンの部分では凝縮の状態が間期と分裂期とで周期的に変化する．これらの状態の分子的基盤については30章で議論する．

次に挙げたヘテロクロマチンのもつ特徴的な性質は，遺伝子の発現活性がないことと密接なつながりがある：

- 常に凝縮している．
- 恒常的ヘテロクロマチンは，しばしば転写されていない短いDNA配列が多数反復したものである．
- 真正クロマチンと比べ，恒常的ヘテロクロマチンではこの領域の遺伝子の頻度は著しく減少しており，この中や近辺に転移してきた遺伝子は不活性化されることが多い．
- おそらく凝縮した状態のせいと思われるが，S期の後の方で複製され，遺伝的組換えの頻度が低い．

DNAやタンパク質成分の性質に変化がある場合の分子的な指標がいくつか知られている（§30・13参照）．ヒストンタンパク質のアセチル化が減少していること，あるヒストンタンパク質のメチル化が増えていること，そしてDNA中のシチジンが激しくメチル化されていること，などである．これらの分子的変化は物質の凝集をひき起こし，その不活性化にかかわっている．

活性のある遺伝子は真正クロマチン内にあるが，いずれにせよ転写される配列は真正クロマチン内のDNAのうちのごくわずかな部分にすぎない．つまり，真正クロマチン上にあるということは，遺伝子発現にとって必要ではあるが，十分ではない．

### 28・6 染色体はバンドパターンを示す

**Gバンド　G-band**　真核生物の染色体を染色したときに現れる連続した横縞模様．核型分析（バンドのパターンに基づいてどの染色体のどの領域かを同定する）に利用される．

- ギムザ染色法を用いると，染色体はGバンドとよばれる一連の縞模様を示す．
- GバンドはインターバンドよりGC含量が低い．
- 遺伝子はGC含量の高いインターバンドに集中している．

クロマチンの状態は不明瞭なので，その構造の特性を直接決めることは難しい．しかし，（分裂期の）染色体の構造が秩序立って形成されるかどうかを問うことはできる．特定の塩基配列はいつも特定の部位にあるのだろうか．あるいは，全体の構造をつくり出す繊維の折りたたみ方はランダムなのだろうか．

染色体レベルでは各構成成分はそれぞれ異なってはいるが，再現性のある微細構造をとっている．一定の処理を施してからギムザ染色をすると，染色体には一連の**G バンド**が現れる．ヒトの一そろいの染色体の例を**図28・12**に示す．Gバンドは大きな構造でおのおの約 $10^7$ bp のDNAから成る．

Gバンドを利用すると，それぞれの染色体を特異的なバンドのパターンに基づいて同定できる．このパターンを元になる二倍体と比較することで，ある染色体の一部が他の染色体へ転座した場合にも見つけ出すことができる．図28・13にヒトX染色体のGバンドの模式図を示す．

GバンドはインターバンドGバンドはインターバンド（バンドとバンドの間）よりもGC含量が低い．図28・14はゲノムを小さな薄い断片に分けた場合，GC含量に明らかなゆらぎがあることを示している．平均41％のGC含量というのは哺乳類細胞に共通している．30％もの低い領域があれば65％もの高い領域もある．より長い断片にしてみた場合，ばらつきの程度は少なくなる．43％以上のGC含量をもつ領域の長さは200〜250kbである．このことから，バンド/インターバンド構造はGC含量の異なる均一な領域を示しているのではないことがわかる．ただし，バンドがGC含量の低い領域を多くもっていることも確かである．遺伝子はGC含量のより高い領域，すなわちインターバンドに集中している．以上のことはすべて，長い範囲でも配列に基づいた組立てが何かしら存在することを示しているのだが，その詳細やGC含量がどう染色体構造に影響しているのかについてはまだよくわかっていない．

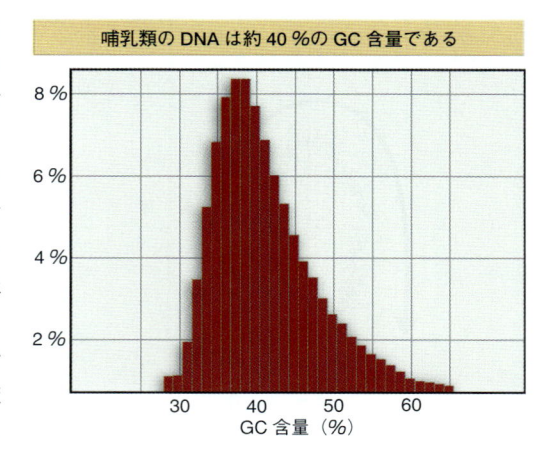

図 28・14 短い距離の間でもGC含量に大きなばらつきがある．この棒グラフではあるGC含量をもつ20kbのDNA断片の割合とその分布を示す．

### 28・7 ランプブラシ染色体は伸びきった構造をしている

**染色小粒** chromomere 特定の条件下で観察される，染色体中の濃く染まる小粒．特に減数分裂の初期に，染色体は染色小粒が連なっているように見えることがある．
**ランプブラシ染色体** lampbrush chromosome 特定の両生類の卵母細胞にみられる，減数分裂期の極端に伸びた二価染色体．

■ ランプブラシ染色体上の遺伝子発現の場は，染色体軸から伸びたループとなって現れる．

転写に伴った構造変化を知るために，自然の状態で遺伝子発現を直接観察することがきわめて有用である．ある特殊な状況下では遺伝子発現を直接観察できる．このとき染色体は極端に伸びた形になっており，個々の遺伝子座（あるいは遺伝子座の集まり）が区別できる．多くの染色体で減数分裂のときに，最初横軸方向の構造上の変化が現れる．この場合に染色体はビーズを糸に通したもののように見える．このビーズは濃く染まる小粒で，**染色小粒**とよばれる．しかし，普通の減数分裂のときには遺伝子はほとんど発現せず，また，個々の遺伝子の活性を同定するのにこの染色体を使用するのは難しい．しかしランプブラシ染色体では例外的に染色体を研究することができ，これはある種の両生類で最もよく調べられている．

ランプブラシ染色体は数カ月にも及ぶ異常に長い減数分裂期に形成される．この期間に染色体は伸びた形になっており，光学顕微鏡で観察できる．減数分裂の後期には染色体は通常の凝縮した状態に戻る．伸びた状態は普通の染色体が凝縮していない場合を示している．

ランプブラシ染色体は減数分裂における二価染色体で，それぞれが2対の姉妹染色分体から成っている．図28・15の例では姉妹染色分体の対がほとんど分離し，キアズマだけで結合しているのが見える．それぞれの姉妹染色分体は直径約1〜2μmの楕円形染色小粒が連なった形をしており，それが非常に細い糸でつなぎ合わされている．この糸は染色分体の二本鎖DNAであり，染色小粒を切れ目なく貫き通す形になっている．

イモリ（*Notophthalmus viridescens*）にみられるランプブラシ染色体の長さは400〜800μmに及ぶ．これに対して，減数分裂後期における染色体の長さは15〜20μmなので，ランプブラシ染色体は約30倍も伸びた形をしている．ランプブラシ染色体1組当たりの全長は5〜6mm，およそ5000の染色小粒からできている．

発現している遺伝子は染色小粒から横に飛び出したループを形成する．それぞれの姉妹染色分体から1本ずつのループが対になって伸びている．ループは軸糸の所で連続しており，高い凝縮状態にある染色小粒から突き出した染色体物質であることを示唆している．ループはリボ核タンパク質のマトリックスで取囲まれている．ここには，新しくつくられたRNA鎖がある．転写の単位がどちら向きに進むかはループに沿ってリボ核

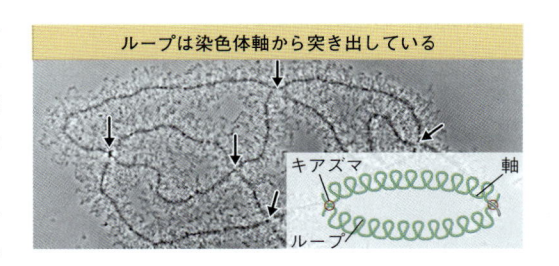

図 28・15 ランプブラシ染色体は減数分裂時に生じる二価染色体で，2対の姉妹染色分体がキアズマで結合している（矢印）．写真は Joseph G. Gall 氏（Department of Embryology, Carnegie Institution of Washington）のご好意による．

**ランプブラシ染色体のループは転写されている**

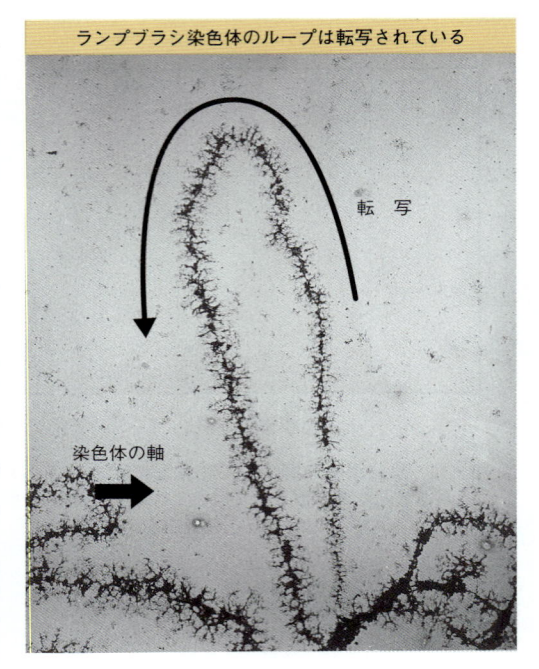

図 28・16 ランプブラシ染色体のループはリボ核タンパク質のマトリックスに取囲まれている．写真は Oscar L. Miller 氏（Department of Biology, University of Virginia）のご好意による．

タンパク質の長さの増加する方向を見ればわかる．その一例を図 28・16 に示す．

活発に転写されている DNA が突き出た部分がループである．特定の遺伝子と対応するループが同定されている場合もある．このときには転写される遺伝子の構造やその産物の性質を in situ（その場）で細かく調べることができる．

## 28・8 多糸染色体には遺伝子発現の場でパフを形成するバンドが見られる

> **多糸染色体（ポリテン染色体）** polytene chromosome 複製した一そろいの染色体が分離することなく何度も連続して複製されてつくられる，巨大化した染色体．
> **バンド** band 多糸染色体で目に見えて凝縮した領域で，DNA の大部分がここにある．バンドには活性化した遺伝子が含まれている．
> **インターバンド** interband 多糸染色体の比較的凝縮の弱い領域で，バンドとバンドの間に位置している．
> **in situ ハイブリダイゼーション** in situ hybridization in situ ハイブリダイゼーションの方法は，まず，スライドガラス（またはカバーガラス）の上で細胞を押しつぶしてからその DNA を変性させ，一本鎖 RNA または DNA を加えたときに反応できるようにする．加える一本鎖 RNA または DNA はラジオアイソトープでラベルしておき，細胞内の DNA のどの部分とハイブリッドを形成したか，オートラジオグラフィーで検出する．ここで述べられている方法は染色体内での遺伝子の位置決定を目的とするもので，ほかにも組織切片などにおいて目的遺伝子が発現している細胞を同定することを目的とし，おもに mRNA とのハイブリダイゼーションを行うものがある．細胞学的ハイブリダイゼーションともいう．
> **パフ** puff 多糸染色体のバンドの一つが，そこに含まれる遺伝子座での RNA 合成に伴って膨張したもの．

- 双翅目の多糸染色体には細胞学的地図として利用できる一連のバンドが存在する．
- パフでは多糸染色体上での遺伝子発現の場を直接解析できる．

**多糸染色体は多くのバンドを示す**

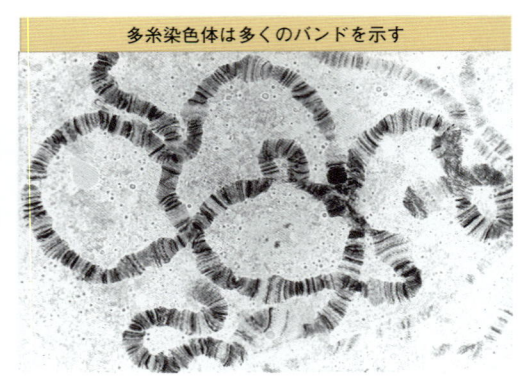

図 28・17 ショウジョウバエの多糸染色体ではバンドとインターバンドが交互に並んで見える．写真は Jose Bonner 氏（Department of Biology, Indiana University）のご好意による．

双翅目のハエの幼虫の一部の組織では，分裂間期の核の染色体が普通の状態に比べて，直径も長さも巨大化する．図 28・17 に挙げた例はショウジョウバエの唾腺染色体である．これは**多糸染色体**（ポリテン染色体）とよばれている．

それぞれの多糸染色体セットには一連の**バンド**（厳密には染色小粒のことだが，そうよぶことはほとんどない）がある．バンドの幅には最大約 0.5 µm から最小約 0.05 µm までいろいろの大きさがある．DNA の大部分はバンドにあり，適当な試薬で処理して濃く染めることができる．バンドとバンドとの間の部位は弱く染まり，**インターバンド**とよばれている．ショウジョウバエの染色体には約 5000 のバンドが認められる．

ショウジョウバエの 4 本の染色体のセントロメアはすべて 1 箇所に集合して染色中心を形成しているが，ここは大部分ヘテロクロマチンから成っている（雄の Y 染色体は全体がヘテロクロマチンである）．これを考慮に入れると，一倍体 DNA の約 75 % はバンドとインターバンドの繰返し構造をつくっている．染色体の長さの合計は約 2000 µm で，その DNA を引き伸ばすと約 40,000 µm となる．したがって平均の凝縮度は約 20 である．この数字からも，普通の状態の間期のクロマチンや分裂期の染色体に比べて，遺伝物質がいかに大きく伸びているかということがよくわかる．

これらの巨大染色体の構造はどのようになっているのだろうか．巨大染色体は二倍体の DNA が対合したまま複製を続け，しかもその複製産物が分離せずに伸びた状態のまま互いに付着しあっているためにできたものである．多糸化の始まる前はそれぞれ 2C（C は個々の染色体の DNA 含有量を示す）の DNA である．それから，2 倍，2 倍と増殖を 9 回繰返し，最高 1024C の DNA をもつ状態になる．増幅の回数はショウジョウバエの幼虫の組織によって異なっている．

それぞれの染色体には縦に走る多数の平行な繊維が観察され，それがバンドでは強く凝縮し，インターバンドでは緩く凝縮している．おそらく，それぞれの繊維が 1 本の一倍体（C）の染色体を示していると思われる．これが多糸（polytene）の名前の由来である．巨大染色体の中にある一倍体の染色体の数が多糸の程度を表す．

バンドのパターンはショウジョウバエの系統ごとに特異的に決まっている．バンドの数が一定で，それが 1 列に配置されていることは 1930 年代にわかっており，バンドに

よって染色体の細胞学的地図を描けることもそのころ明らかにされた．バンドの順序は遺伝子の再編成——欠失，逆位，重複など——によって変化する．

バンドの配列と遺伝子の配列との間には対応関係があり，連鎖地図上で遺伝子の編成替えがあると細胞学的地図の構造上の編成替えが認められる．最後には特定の変異を特定のバンドに位置づけることができる．ショウジョウバエの遺伝子の総数はバンドの数より多いので，おそらくほとんど，もしくはすべてのバンドに複数の遺伝子があるのだろう．

特定の遺伝子の細胞学的地図上の位置を *in situ* ハイブリダイゼーションを使って直接決定することができる．その実験法を図 28・18 に示す．目的とする遺伝子の DNA をラジオアイソトープラベルしてつくったプローブ（mRNA からつくった cDNA クローンをラベルしたものをよく使う）と多糸染色体の変性した DNA とを *in situ* でハイブリダイズさせる．オートラジオグラフィーで認められる銀粒子の位置とバンドとを対応させて，問題としている遺伝子の位置を同定する．一例を図 28・19 に示す．このような方法を使って特定の塩基配列をもったバンドを直接決定できる．

多糸染色体では活性のある部位が直接観察できるので大変興味深い．いくつかのバンドは一過的に拡大した状態になり，染色体上のパフという状態になって染色体物質が軸から飛び出すことがある．非常に大きなパフ（バルビアニ環とよばれる）を図 28・20 に示す．

パフは RNA が合成されている部位である．それは RNA を合成するためにバンドの構造を緩める必要があり，バンドが広がった所だろうと受け止められてきた．つまり，パフ形成は転写の結果起こるとみなされてきた．パフは 1 個の発現している遺伝子の所から生じる．パフ形成の部位には RNA ポリメラーゼⅡや転写に関係するタンパク質といった，いろいろなタンパク質が蓄積するので，普通のバンドとは異なっている．

ランプブラシ染色体や多糸染色体にみられた特徴から，ある一般的な結論が考えられる．転写されるためには遺伝物質は普段のしっかりと包み込まれた状態から解放される．心に留めておかないといけない問題は，染色体という大きなレベルで起こるこの解放というものが，一般的な分裂間期の真正クロマチンという固まりの中で，分子レベルで起こっていることに当てはまるのかどうかである．

### *in situ* ハイブリダイゼーションはバンドを検出する

スライドガラスにつぶした標的細胞

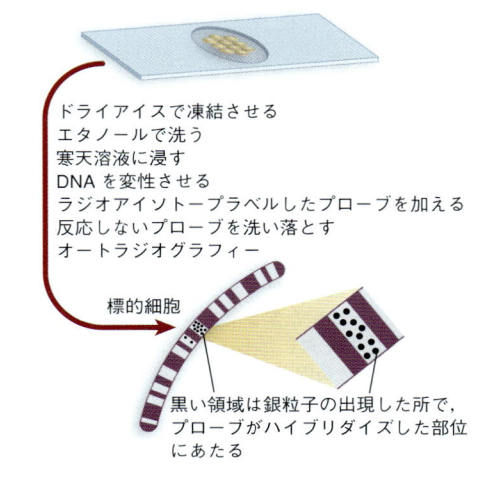

ドライアイスで凍結させる
エタノールで洗う
寒天溶液に浸す
DNA を変性させる
ラジオアイソトープラベルしたプローブを加える
反応しないプローブを洗い落とす
オートラジオグラフィー

標的細胞

黒い領域は銀粒子の出現した所で，プローブがハイブリダイズした部位にあたる

図 28・18　*in situ* ハイブリダイゼーションで特定の遺伝子をもつバンドを同定できる．

### 特定のバンドが *in situ* ハイブリダイゼーションで検出できる

図 28・19　熱ショック処理した細胞から抽出した RNA をラジオアイソトープでラベルし，*in situ* ハイブリダイゼーションを行うと，バンド 87A と 87C に（拡大してみると）銀粒子が現れた．写真は Jose Bonner 氏（Department of Biology, Indiana University）のご好意による．

## 28・9　セントロメアには多数の反復 DNA がある場合が多い

**紡錘体**　spindle　細胞分裂に際して，染色体の移動をつかさどる構造体．紡錘体は微小管でできている．
**微小管形成中心（MTOC）**　microtubule organizing center　微小管が形成され，そこから周辺へと伸び出す領域．分裂期の細胞ではおもな MTOC は中心体である．
**セントロメア（動原体）**　centromere　染色体のくびれに当たる領域で，体細胞分裂および減数分裂時に紡錘体に付着する部位（キネトコア）が含まれている．
**無動原体染色体断片**　acentric fragment　染色体の断裂により生じたセントロメアをもたない染色体断片で，細胞分裂の際に失われる．
**キネトコア**　kinetochore　染色体にある構造上の特徴をもった部分で，分裂の際，紡錘体の微小管が結合する領域．キネトコアの位置によってセントロメアの領域が決まる．
**C バンド**　C-band　セントロメアとよく反応する C バンド染色法で観察できる染色体上の領域．セントロメアは点状に濃く染まって見える．

- 真核生物の染色体はセントロメア領域に形成されるキネトコアに微小管が付くことにより，分裂期の紡錘体に捕捉される．
- 高等な真核生物の染色体では，セントロメアにたくさんの反復配列がある．
- 反復配列の機能は不明である．

分裂のとき，姉妹染色分体はそれぞれ細胞の反対側の極に向かって移動する．その移動には，一方の端が極につながった微小管が染色体に付着する必要がある．（微小管は細胞の繊維系を構成しており，分裂の際には再編成されて**紡錘体**とよばれる構造になり，染色体と細胞の極とをつないでいる．）微小管の末端となる領域は極にある中心小体の付近と染色体の 2 箇所で，それらは**微小管形成中心（MTOC）**とよばれている．

### パフではバンドから染色体物質が飛び出している

パフの場所

染色体バンド

図 28・20　ユスリカ（*C. tentans*）の唾腺の第 4 染色体では 3 個のバルビアニ環が見える．写真は Bertil Daneholt 氏（Department of Cell and Molecular Biology, Medical Nobel Institute）のご好意による．

図28・21では体細胞分裂が中期から終期に進むにつれて姉妹染色分体が分離していく様子を示した．体細胞分裂と減数分裂のときに染色体の分配にかかわる染色体の領域は**セントロメア**（動原体）とよばれている．それぞれの姉妹染色分体上にあるセントロメア領域は微小管によって反対側の極へと引っ張られる．この動力に対抗するように，コヒーシンとよばれる"接着"タンパク質が姉妹染色分体同士をつなぎ止めている．初め，姉妹染色分体はセントロメアで分離し，それから分裂後期にはお互いから完全に解放され，そのときコヒーシンは分解を受ける．

図 28・21　染色体はセントロメアに結び付いた微小管を介して極へと引っ張られる．姉妹染色分体は接着タンパク質（コヒーシン）によって分裂後期になるまでくっついたままである．図ではセントロメアを染色体の中央に示してあるが（メタセントロメリック），全長のどの位置にくることも可能であり，一方の端（アクロセントロメリック）や他方の端（テロセントロメリック）に位置する場合もある．

セントロメアは分裂の際，一方の極に向かって引っ張られる．セントロメアは姉妹染色分体がそれぞれ独立の染色体に分離する直前まで一緒にくっついているため，写真（図28・10）に示したように，四つの染色体の腕を結び付けているくびれた領域として観察される．

染色体が千切れたときの挙動をみると，セントロメアが分配にとって欠くことのできないものだということがわかる．1箇所切れると，セントロメアをもつ断片とそれを欠く**無動原体染色体断片**ができるが，後者には紡錘体が付着しないので，結局，どちらの娘細胞の核にも入れない．

セントロメアが形成される染色体側の領域には決まったDNA配列がある．セントロメアのDNAは，染色体を微小管に付着させる構造を編成するのに必要な，決まったタンパク質に結合する．この構造を**キネトコア**（91ページ訳注参照）とよんでいる．これは直径，あるいは幅が約400 nmぐらいの濃く染色される繊維状の構造をしている．キネトコアは染色体上でのMTOCとなる．図28・22にはセントロメアDNAを微小管につなげている階層構造を示している．セントロメアDNAに結合するタンパク質が微小管に結合している他のタンパク質に結合する．

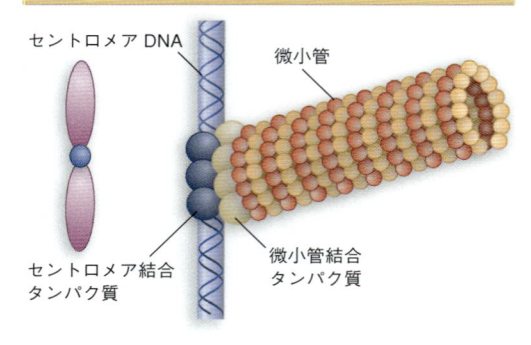

図 28・22　セントロメアとは特定のタンパク質に結合するDNA配列であるといえる．そうしたタンパク質は自ら微小管に結合するのではなく，微小管結合タンパク質が順次結合するための場を形成する．

セントロメアの領域に特定のDNA配列を対応させることができる場合，その配列に反復配列が含まれることが多い．結果としてセントロメアはヘテロクロマチンの中に存在することがしばしばである．分裂期の染色体は全体として凝縮しているので，セントロメア付近のヘテロクロマチンはあまり明らかには見えないが，**Cバンド染色法**で観察できる．図28・23の例では，すべてのセントロメアは濃く染色されている．ヘテロクロマチンはどのセントロメアの所にも必ずあるとは限らないので，これが分配の機構に必須であるとは考えられない．

セントロメアのないDNAは細胞分裂時にうまく分配されない．このことに従えば，あるDNA配列にそれを含む分子を正しく分配させることができるかどうかでセントロメア機能のあるDNAを特定できる．この指標を利用し，いくつかの生物でセントロメアDNAが同定されている．1例を除き（パン酵母の場合で，§28・10で説明する），セントロメア機能に必要なDNAの長さはきわめて長い．分裂酵母の場合，三つあるセントロメア領域のすべてが40～100 kbの長さのDNAから成り，その大部分もしくは全体が反復配列でできている．ショウジョウバエの染色体のセントロメア機能について場所を特定しようとしたところ，200～600 kbから成る大きな領域に広がっていると見積もられている．このタイプの大きなサイズのセントロメアには，キネトコアの形成や姉妹染色分体の対合など，いくつかの別々の機能が含まれているであろうと予想されている．

霊長類セントロメアのヘテロクロマチンでは主要なモチーフとしてαサテライトDNAがあり，170 bpを反復単位とするタンデム配列からできている．個々の反復間には顕著な多様性が認められる．とはいえ，どのセントロメアでも他の場所にあるファミ

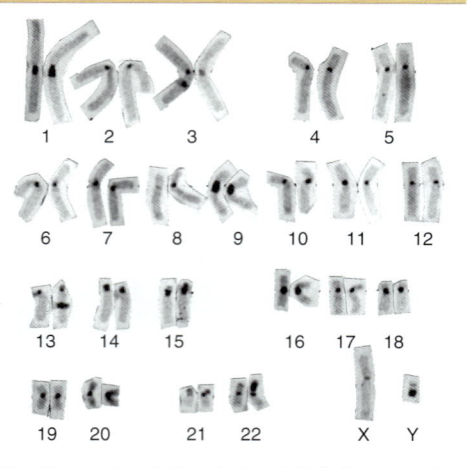

図 28・23　Cバンド法はすべての染色体のセントロメア部位を強く染色する．写真は Lisa Shaffer 博士（Baylor College of Medicine）のご好意による．

リーのメンバーに比べれば，お互いがより近縁な傾向がある．セントロメア機能に必要な配列はαサテライトDNAのブロックの中にあるのははっきりしているが，αサテライトの配列そのものがその機能をもっているのか，αサテライトの並びの中に他の機能配列が埋め込まれているのかはわかっていない．

## 28・10 酵母のセントロメアにはタンパク質に結合する短いDNA配列がある

- パン酵母の *CEN* 配列は，分裂時にプラスミドが正確に分配されるという能力に基づいて同定されている．
- *CEN* 配列はATに富む領域 *CDE-II* を挟んで，短い保存された塩基配列 *CDE-I* と *CDE-III* から成る．
- *CDE-II* では，普通のクロマチン構造のものとは異なる特異的なタンパク質複合体がつくられる．
- *CDE-III* に結合するCBF3タンパク質複合体はセントロメア機能に必須である．
- *CEN* に結合した複合体が微小管とのつなぎの場となると考えられるタンパク質に結合する．

酵母の染色体には高等真核生物のキネトコアに相当する構造はないが，体細胞分裂も減数分裂も同じように起こる．*CEN* 断片は細胞分裂時にプラスミドを正確に分配させることができる最小の配列として同定されている．どの染色体もそのような領域をもっている．ある染色体から得た *CEN* 断片が，別の染色体のセントロメアと置換しても何の不都合も起こらなかった．この結果は，セントロメアが互いに交換できることを示している．セントロメアは単に染色体を紡錘体に付着させているだけで，染色体同士を互いに識別する働きはない．

セントロメアの機能に必要な領域は約120 bpの中にある．セントロメア領域はヌクレアーゼに抵抗性のある構造に折りたたまれ，一つの微小管に結合している．したがって，セントロメアのDNAに結合するタンパク質と染色体と紡錘体をつなぐタンパク質を同定するためには，パン酵母のセントロメア領域を解析すればよい．

図28・24に示すように3種類の塩基配列が *CEN* 領域にある：

### 酵母のセントロメアは短い保存配列とATが長くつながった部分から成る

TCACATGATGATATTTGATTTTATTATATTTTAAAAAAAGTAAAAAATAAAAAGTAGTTTATTTTTAAAAAATAAAATTTAAATATTTCACAAAATGATTTCCGAA
AGTGTACTACTATAAACTAAAATAATATAAAAATTTTTTTCATTTTTTATTTTTCATCAAATAAAAATTTTTTATTTTAAATTTTATAAAGTGTTTTACTAAAGGCTT
  *CDE-I*                                                              *CDE-II*        80〜90 bp, >90% A+T                                                                  *CDE-III*

図28・24 酵母の *CEN* の塩基配列の相同性を比べると，保存された領域が3箇所認められる．

- *CDE-I* はすべてのセントロメアの左側の境界にあり，おのおの少し異なる9 bpの塩基配列である．
- *CDE-II* は，その90%以上がATに富む80〜90 bpの塩基配列で，すべてのセントロメアにある．その機能は正確な塩基配列自身よりもむしろその長さによる．この構造は短いタンデムな反復（サテライト）DNAを連想させる（§6・10参照）．その塩基組成はDNAの二重らせん構造に独特のひずみをつくるようである．
- *CDE-III* は，すべてのセントロメアの右側の境界にみられるよく保存されている11 bpの塩基配列である．この領域のどちら側の塩基配列もそれほどよく保存されていないが，セントロメアの機能には必要である．*CDE-III* の中央にあるCCGが点変異を起こすと，セントロメアの機能は完全に失われる．

*CDE* 配列では大きなタンパク質複合体が編成され，染色体を微小管につなげる．その構造の概要を図28・25に示した．

*CDE-II* はCse4とよばれるタンパク質に結合する．Cse4はクロマチンの基本的サブユニットとなっているヒストンタンパク質の一つに類似している．Mif2とよばれるタンパク質はこの複合体と結合しているか，あるいはその一部である．Cse4とMif2は高等真核生物のセントロメアに局在化する，CENP-A, CENP-Cとよばれるものに対応

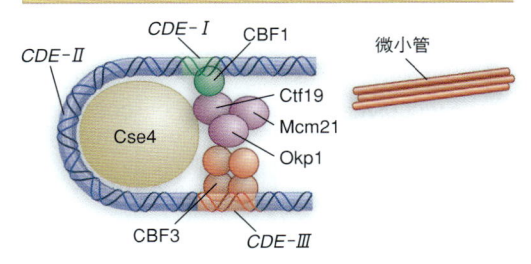

図28・25 *CDE-II* 配列はCse4を含むタンパク質複合体に巻き付き，*CDE-III* はCBF3に結合し，*CDE-I* はCBF1に結合する．これらのタンパク質はCtf19, Mcm21, Okp1から成る複合体を介して結び付いている．

していて，この相互作用はセントロメア形成における普遍的な特徴ではないかと思われる．この相互作用の基本は CDE-II 領域の DNA をタンパク質の固まりに沿って湾曲させることにあるが，おそらく CDE-II 配列がもともともっている湾曲性がその反応を助けている．

CDE-I には CBF1 ホモ二量体が結合している．この相互作用はセントロメアの機能には必須ではないが，相互作用がないと染色体の分配の忠実度は約 1/10 に落ちる．四つのタンパク質からできている 240 kDa の複合体は CBF3 とよばれ，CDE-III に結合する．この相互作用はセントロメアの機能に必須である．

CDE-I と CDE-III に結合するタンパク質はお互いに相互作用をしていて，しかも CDE-II に結合しているタンパク質構造に一群の別なタンパク質（Ctf19，Mcm21，Okp1）を介してつながっている．微小管へはこの複合体を介してつながっているのかもしれない．

おおよそのモデルでは，これらの複合体は一般的なクロマチンの基本単位（ヌクレオソーム）と類似したタンパク質構造をとってセントロメアに局在化している．この構造の中で湾曲した DNA がタンパク質を両端の DNA 配列に結合した形で一つの複合体の部分をなしている．複合体の成分の中には（DNA に直接結合していないもの），セントロメアを微小管につなげるものがある．おそらく広くいろいろな生物において，キネトコアの成り立ちは同様のパターンをとっていて，関連性のある成分が使われている．

### 28・11 テロメアは単純な反復配列をもつ

> **テロメア** telomere 染色体の本来の末端．テロメアでは DNA 配列は単純な反復単位で構成されている．テロメアの端には一本鎖末端が突き出しており，その部分は折りたたまれてヘアピン構造をとることができる．

- テロメアは染色体末端の安定性に重要である．
- テロメアは CA に富む方の鎖が $C_n(A/T)_m$（ここで $n>1$，$m$ は 1〜4）という配列を単純に繰返しているものである．
- TRF2 タンパク質は，テロメアの上流領域にある相同タンパク質を外して GT に富む鎖の 3′ 反復単位がループをつくる反応を触媒する．

すべての染色体に欠くことのできないもう一つの構造は**テロメア**で，染色体の末端を"形成している"．染色体が切れるとその末端は"くっつきやすく"なり，他の染色体と反応を起こすようになるが，染色体の本来の末端は安定なのでそこには特殊な構造があるに違いない．

次の二つの条件を満たすものをテロメア配列という：

- 染色体の末端（あるいは，少なくとも本来の線状の DNA 分子の末端）に存在する．
- 線状 DNA 分子を安定化する．

テロメアの場合も，酵母を利用し機能に則した分析方法で解析することで分子的理解が進んだ．酵母の中で安定に保持できるプラスミドはすべて（ARS と CEN 領域をもった）環状の DNA 分子で，線状のプラスミドは不安定である（分解されてしまう）．それでは，本来のテロメア DNA を付けると線状プラスミドは安定になるだろうか．染色体の末端に位置する酵母 DNA 断片がこの方法により同定できる．しかも，テトラヒメナの染色体外 rDNA といった，自然界に存在する既存の線状 DNA 分子からとった末端領域にも，酵母のプラスミドを線状で安定にする能力がある．

テロメア配列は下等なものから高等なものまでさまざまな真核生物で調べられた．同じタイプの配列が植物とヒトに見つかることから，テロメアの構成は普遍的な原理に従っているように思われる．どのテロメアも短い塩基配列がタンデムに反復した長い構造をつくっている．生物によるが，100 回から 1000 回の反復になっている．

すべてのテロメア配列は $C_n(A/T)_m$（ここで $n>1$，$m$ は 1〜4）の一般形で書き表せる．図 28・26 には一般的な例を示した．テロメア配列にある特別な特徴の一つに，普通 14〜16 塩基から成る GT に富む一本鎖 DNA が突き出していることがある．この G

---

**CA 鎖の分解が G テールを生み出す**

CCCCAACCCCAACCCCAACCCCAACCCCAACCCCAA
GGGGTTGGGGTTGGGGTTGGGGTTGGGGTTGGGGTT

↓

CCCCAACCCCAACCCCAA 5′
GGGGTTGGGGTTGGGGTTGGGGTTGGGGTTGGGGTT 3′

図 28・26 典型的なテロメアには単純な反復構造があり，さらに GT に富む鎖が CA に富む鎖より突き出ている．この G テールは CA に富む側の鎖のみが限定的に分解されて生じる．

テールはおそらく，CAに富む側の鎖を特異的かつ限定的に分解することで生じている．

　線状DNAの末端が示す特殊な性質から，どのようにテロメアが機能するか示唆されている．トリパノソーマ（睡眠病原虫）の集団では，DNAの末端の長さは一定していない．個々の細胞のクローンを調べると，テロメアは世代ごとに7〜10 bp（反復配列1〜2回分）長く伸びている．テトラヒメナのテロメアを酵母に導入した結果はさらにはっきりしており，複製後に酵母のテロメアの反復配列がテトラヒメナの末端反復配列に付け足されている．

　複製の周期ごとに染色体の末端にテロメアの反復の付加が起こるので，§16・2で述べた線状DNA複製に伴う問題もうまく解決できる．染色体の末端まで複製できないので，反復配列が減少すれば新規合成で反復配列を付加する補正が行われている．テロメアの長さの伸び縮みは動的平衡にある．

　テロメアが伸びたり縮んだりし続けるものなら，その塩基配列は大した意味をもたず，単に末端が付加反応の基質として認識されることだけが要求されるのかもしれない．テトラヒメナのテロメアが酵母で働くのもこの考えで説明できる．

　取出されたテロメア断片は一本鎖DNAを含んでいるようにはふるまわない．その代わり，電気泳動で異常な移動度などを示す．

　染色体の末端を安定にするのはテロメアのどんな性質によるのだろうか．図28・27はテロメアでDNAのループが形成されることを示している．染色体の末端を安定に保つための重要な条件は，どんな形にせよ保護されていない末端をもたないことであろう．動物細胞におけるループの平均の長さは5〜10 kbである．

　図28・28はテロメアの一本鎖3′末端（TTAGGG）$_n$がテロメアの上流領域にある同じ配列の所に侵入してループを形成することを示している．これによって二本鎖の領域は一連のTTAGGG反復配列が置換されて一本鎖領域をつくってDループのような構造になり，テロメアの末端が相同な鎖と塩基対を形成する．

　この反応はテロメアに結合するタンパク質TRF2によって触媒され，TRF2は他のタンパク質と一緒に染色体の末端を安定化する複合体を形成する．末端を保護することの重要性はTRF2を欠損させると染色体の再編が起こるという事実から示されている．

図28・27　染色体DNAの末端でループが形成される．写真はJack Griffith氏（University of North Carolina School of Medicine）のご好意による．

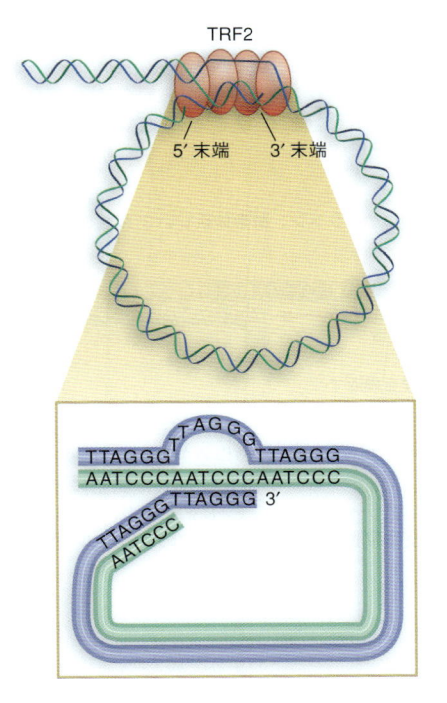

図28・28　テロメアの一本鎖の3′末端（TTAGGG）$_n$が二本鎖DNAの相同な反復配列に侵入してループをつくる．反応はTRF2によって触媒される．

## 28・12　テロメアはリボ核タンパク質酵素によって合成される

> **テロメラーゼ　telomerase**　リボ核タンパク質の酵素で，テロメアにおいて，個々の塩基をDNAの3′末端に付加することによって一方のDNA鎖にテロメア特有の反復単位をつくる．この反応は酵素に含まれるRNA成分のRNAの配列に依存している．

- テロメラーゼはGT側のテロメアDNA鎖の3′-OHをプライマーとしてTTGGGGのタンデムな反復配列を合成する．
- テロメラーゼのRNA成分はGTに富む側の反復配列と塩基対をつくる配列をもつ．
- タンパク質サブユニットの一つは逆転写酵素であり，RNA成分を鋳型としてGTに富む配列を合成する．

テロメアには二つの機能がある：

- 一つ目は染色体末端を保護することである．他のDNA末端，たとえば二本鎖切断が起こったときの末端は修復系の標的になる．細胞はテロメアを区別することができなくてはならない．
- 二つ目はテロメアを伸ばすことである．そうしないと複製が完了するごとに短くなってしまう（というのは複製はいちばん端からは始まらないためである）．

　テロメアに結合するタンパク質はこれらの問題点の両方を解決する役割をする．酵母では異なる組合わせのタンパク質がそれぞれの問題を解決しているが，両方とも同じタ

ンパク質，Cdc13 を介してテロメアに結合する：

- Stn1 タンパク質は分解から保護する（特に G テールを生じる CA 側 DNA 鎖の分解の進行に対して）．
- テロメラーゼは GT に富む側の DNA 鎖を伸長させる．その活性は伸長する長さを制御するような，補助的な役割をもつ二つのタンパク質に影響される．

テトラヒメナのテロメラーゼは GT 側のテロメア DNA 鎖の 3'-OH をプライマーとして，TTGGGG のタンデムな反復配列を合成する．この反応には dGTP と dTTP しか必要でない．テロメラーゼは大きなリボ核タンパク質で，鋳型となる RNA（*TLC1* にコードされている）と触媒活性を担うタンパク質（*EST2* にコードされている）から成る．短い RNA 成分（テトラヒメナでは 159 塩基，ユープロテスでは 192 塩基）は，CA に富む反復配列の 2 回分を含む 15〜22 塩基の配列が重要な意味をもつ．この RNA が GT に富む反復配列を合成する鋳型になる．テロメラーゼのタンパク質成分は核酸成分から提供される鋳型 RNA があって初めて働く触媒サブユニットである．

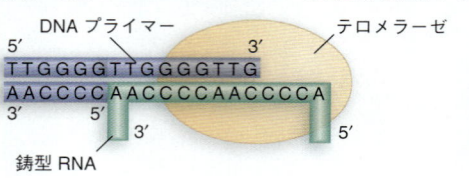

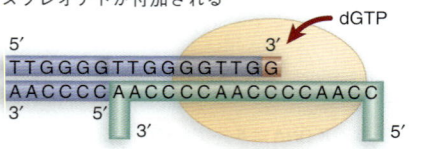

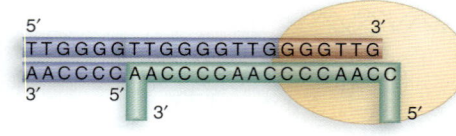

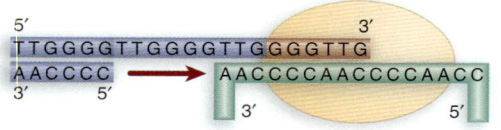

図 28・29 にテロメラーゼの作用を示す．酵素は不連続に進む．すなわち，鋳型となる RNA は DNA プライマー上に位置し，プライマーに数ヌクレオチドが加えられると，酵素はさらに反応を進めるために移動する．テロメラーゼは RNA を鋳型として DNA を合成する逆転写酵素の特殊な例である（§ 22・4 参照）．テロメアの（CA に富む）相補鎖はどのように組立てられるのかはわかっていないが，末端の GT ヘアピンの 3'-OH を DNA 合成のプライマーとして使うことによって合成されるのだろう．

テロメラーゼは染色体の末端に付加される個々の反復配列を合成するが，それ自身は反復配列の数を調節することはない．他のタンパク質がテロメアの長さを決定するのに関与している．それらはテロメアの長さが変化した酵母の変異体，*est1* および *est3* によって同定された．これらのタンパク質はテロメラーゼに結合し，テロメラーゼが基質へ近付くことを制御することでテロメアの長さに影響している．テロメアに結合するタンパク質は哺乳類細胞でも同様に見つかっているが，機能についてはよくわかっていない．

染色体が存在するうえで最小限必要なものは，以下のものである：

- 生存に必要なテロメア
- 分配に不可欠なセントロメア
- 複製の開始点

これらの要素すべてを組入れて，酵母人工染色体（YAC；yeast artificial chromosome）がつくられた．外来の塩基配列を維持するために，このような染色体を使うことは有益な方法である．人工染色体はその大きさが 20〜50 kb より長いときだけ安定であることがわかっている．この理由はわからないが，とにかく人工的な染色体を構築できるということは，条件を変えて分配装置の性質を調べるうえで大いに有効である．

## 28・13 要　約

すべての生物とウイルスの遺伝物質は，きつく凝縮した DNA・タンパク質複合体の形をとっている．ウイルスのゲノムには，すでに形成されているウイルス粒子の中に入り込むものと，核酸の周りにタンパク質の殻を構築するものがある．細菌のゲノムはタンパク質を約 20 % 含むコンパクトな核様体を形成しているが，タンパク質と DNA の詳しい相互作用についてはわかっていない．DNA は独立に超らせん構造を維持している約 100 のドメインから成っている．拘束されていない超らせん密度は 200 bp 当たり約 1 である．分裂間期のクロマチンと分裂中期の染色体はともに大きなループの構造をとるようである．おのおののループは独立に超らせんをもったドメインになっているだろう．ループの基部は特異的な DNA 配列で，分裂中期のスカフォルドあるいは核マトリックスに結合している．

活発に転写されている塩基配列は分裂間期のクロマチンの大半を占める真正クロマチン内にある．ヘテロクロマチン領域は，約 5〜10 倍コンパクトに凝縮していて転写されない．すべてのクロマチンは細胞分裂のときには高度に凝縮し，それぞれの染色体を見

図 28・29　テロメラーゼは鋳型 RNA と突き出た一本鎖 DNA プライマーとの塩基対形成によってテロメア上に位置する．テロメラーゼは鋳型に合わせて DNA プライマーに G と T を一度に 1 個ずつ加える．反復単位が一つ加わると次のサイクルが始まる．

分けることができる．再現性の良い高次構造が染色体に存在することは，ギムザ染色によるGバンドから示唆される．バンドは約$10^7$ bpの非常に長い領域で，染色体の転座や他の大きな構造の変化の位置を決めるのに使用できる．

両生類のランプブラシ染色体や昆虫の多糸染色体は，凝縮度が100以下の伸びた構造をしている．ショウジョウバエの多糸染色体は約5000のバンドに分かれ，その大きさは1桁以上も異なるが，平均約25 kbである．転写が活発に行われている領域はより緩められた（"パフ"状態の）構造をとっていて，染色体の軸から突き出ている．これは真正クロマチンのある配列が転写されるとき，小さい規模で起こる変化と似ている．

セントロメアの領域には，分裂のとき染色体が紡錘体に付着するのに必要なキネトコアがある．セントロメアはしばしばヘテロクロマチンに囲まれている．セントロメアの塩基配列は酵母でのみ同定されている．それは保存された短い領域 *CDE-I* と *CDE-III*，そしてATに富む長い領域 *CDE-II* から成る．*CDE-I* はCBF1と，*CDE-III* はCBF3複合体と結合し，*CDE-II* はCse4と結合してクロマチン上の特殊化した構造を形成する．この構造にさらに結合する一群のタンパク質があって，微小管とつながる場を提供する．

テロメアは染色体末端を安定にしている．ほとんどの既知のテロメアはすべて多数の反復配列からできており，一方の鎖には$C_n(A/T)_m$（$n>1$, $m=1〜4$）という一般的配列がある．もう一方の鎖$G_n(T/A)_m$には突き出た一本鎖の末端があり，決まった順番に一つ一つ塩基を加えるためのプライマーとなる．テロメラーゼはリボ核タンパク質で，そのRNA成分がGに富む鎖を合成する鋳型となっている．このことによって二本鎖の最末端を複製することができないという問題が解決される．突出した一本鎖$G_n(T/A)_m$がテロメア中の反復単位にある同じ配列に侵入してループを形成し，裸の末端がなくなるため，テロメア構造は染色体の末端を安定に保っている．

# 29 ヌクレオソーム

| | |
|---|---|
| 29・1 はじめに | 29・10 ヌクレオソームは特定の配置をとっているか |
| 29・2 ヌクレオソームはすべてのクロマチンのサブユニットである | 29・11 ヒストン八量体は転写によって外される |
| 29・3 DNAはヌクレオソームの列にコイル状に巻き付いている | 29・12 デオキシリボヌクレアーゼ高感受性部位ではクロマチンの構造が変化している |
| 29・4 ヌクレオソームは共通の構造をもっている | 29・13 活性遺伝子を含む領域はドメインをつくっている |
| 29・5 DNAの構造はヌクレオソームの表面で変化する | 29・14 インスレーターはエンハンサーやヘテロクロマチンの作用を阻止する |
| 29・6 ヌクレオソームにより超らせんの一部が吸収される | |
| 29・7 コア粒子の構造 | 29・15 LCRは一つのドメイン全体を調節する |
| 29・8 クロマチン繊維の中でヌクレオソームはどのように走っているか | 29・16 何が調節ドメインを構成しているのか |
| 29・9 クロマチンの形成にはヌクレオソームの構築が必要である | 29・17 要約 |

## 29・1 はじめに

> **ヌクレオソーム** nucleosome クロマチンの基本的なサブユニットで，およそ 200 bp の DNA とヒストン八量体からできている．
> **ヒストン** histone よく保存された DNA 結合タンパク質で，真核生物におけるクロマチンを構成する塩基性タンパク質のサブユニットである．ヒストン H2A, H2B, H3, H4 が八量体のコアをつくり，その周りに DNA が巻き付いてヌクレオソームを形成している．ヒストン H1 はヌクレオソーム内には含まれていない．
> **非ヒストンタンパク質** nonhistone protein 染色体に含まれる構造タンパク質からヒストンを除いたものの総称．

クロマチンの基本的なサブユニットは，すべての真核生物で共通の構造になっている．**ヌクレオソーム**は，約 200 bp の DNA と小さな塩基性タンパク質の八量体から成るビーズ状構造をしている．タンパク質成分を**ヒストン**とよぶ．ヒストンは内部でコアをつくり，DNA がこの粒子の表面に存在している．クロマチン構造の第一のレベルがヌクレオソームで，真正クロマチンとヘテロクロマチンの両方でみられる．

第二のレベルで，ヌクレオソームはらせん状に並んでコイルをつくり，約 30 nm の繊維になる．これは間期のクロマチンや分裂中期の染色体にみられる（図 28・10 参照）．この繊維構造には他のタンパク質が必要とされる．

30 nm 繊維はつぎに自ら巻き付いたり折りたたまれたりして間期クロマチンを形成するが，その際，間期細胞の真正クロマチンやヘテロクロマチンが特有の密度となるようにほかのタンパク質も必要である．細胞分裂期においては，この繊維は分裂期染色体の構造をとるように密集して詰め込まれる．

周期的な凝縮，複製と転写の際に起こる反応を明らかにするために，それぞれのレベルでの構造を研究しなければならない．新たに結合するタンパク質や，あるいは染色体に存在するタンパク質の修飾がクロマチンの構造の変化に関与している．複製にも転写にも DNA がほどけることが必要とされ，したがって構造体が脱凝縮しなければならず，それによってしかるべき酵素が DNA に働きかけることができるようになる．そうする

**図 29・1** 壊れた核から飛び出したクロマチンはコンパクトに詰まったたくさんの粒子からできている．写真は Pierre Chambon 氏のご好意による．

**図 29・2** クロマチンをミクロコッカスヌクレアーゼで消化すると，ばらばらのヌクレオソームになる．スケールは 100 nm である．写真は Pierre Chambon 氏のご好意による．

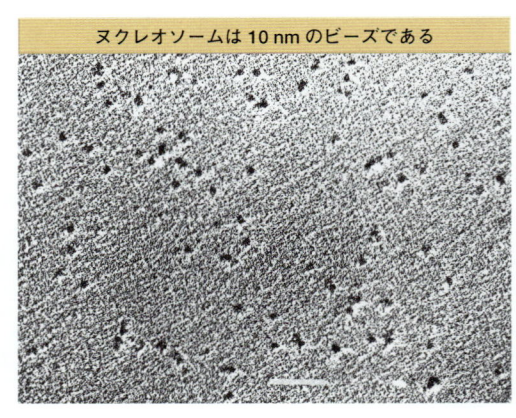

と，おそらくすべてのレベルで構造体の変化が起こると思われる．

クロマチン中のタンパク質はDNAの2倍量にまでなる．タンパク質量の約半分がヌクレオソームによるものである．RNAの量はDNAの10％以下である．RNAの大部分はまだ鋳型DNAに付いた状態の新しく合成された鎖である．

**非ヒストンタンパク質**はクロマチンの中にあるヒストン以外のタンパク質すべてを含む．それらは種間，組織間で異なっていると考えられ，ヒストンの重量比に比べるとかなり少ない．非ヒストンタンパク質は種類が多くて，その個々のタンパク質分子の存在量はどのヒストンよりもずっと少ない．

## 29・2　ヌクレオソームはすべてのクロマチンのサブユニットである

**ミクロコッカスヌクレアーゼ** micrococcal nuclease　DNAを切断するエンドヌクレアーゼ．染色体を基質とした場合，DNAはヌクレオソームとヌクレオソームとの間のDNAで優先的に切断される．
**コアヒストン** core histone　ヌクレオソーム由来のコア粒子に含まれる4種類のヒストン（H2A，H2B，H3，H4）のうちのいずれか一つ（ヒストンH1は含まれない）．

- 個々のヌクレオソームはミクロコッカスヌクレアーゼによって11Sの粒子として染色体から遊離する．
- ヌクレオソームは約200 bpのDNA，各コアヒストン（H2A, H2B, H3, H4）を2分子，H1を1分子含む．
- DNAはこの八量体のタンパク質の外部表面に巻き付けられている．

分裂間期の核を低イオン強度の液に懸濁すると，核は膨潤して破裂し，クロマチン繊維が放出される．図29・1は，壊れた核からクロマチン繊維が流れ出しているところを示している．一部には固く凝集した部分もあるが，飛び出した部分は独立した粒子から成っている様子が見える．これがヌクレオソームである．特によく伸びた部分では，個々のヌクレオソームが細い糸，すなわち裸の二本鎖DNAでつながれているのが見える．一続きの二本鎖DNAのひもは一連の粒子の中を通っている．

クロマチンを**ミクロコッカスヌクレアーゼ**というエンドヌクレアーゼで処理すると，ヌクレオソーム間のDNAが除かれて一つ一つのヌクレオソームが得られる．最初はいくつかの粒子がつながって遊離されるが，最後にはばらばらなヌクレオソームになる．個々のヌクレオソームは図29・2にみるようにコンパクトな粒子で，約11Sの沈降係数を示す．

ヌクレオソームを構成しているのは，H2A, H2B, H3, H4が2分子ずつ集合したヒストン八量体（ヒストンオクタマー）とそれに結合した約200 bpのDNAである．ヒストン八量体を構成するタンパク質は**コアヒストン**とよばれ，その会合の様子を図29・3に模式的に示す．このモデルでクロマチンの中のコアヒストンの量比がうまく説明できる．すなわち，DNA約200 bp当たりH2A, H2B, H3, H4が2分子ずつ存在している．

ヒストンH3とH4はアミノ酸配列が最もよく保存されたタンパク質である．このことから，その機能はすべての真核生物で同じであると思われる．H2AとH2Bのタイプのヒストンもすべての真核生物に存在しているが，アミノ酸配列は種特異的で種による差が認められる．

ヒストンH1は一群のよく似たタンパク質で，組織間や種間で変化がある．H1の役割はコアヒストンとは異なる．その量はコアヒストンの半分で，クロマチンから容易に（0.5 Mの薄い塩溶液で）抽出される．H1はヌクレオソーム構造に影響を与えずに完全に除去できる．このことから，H1はヌクレオソームの外側にあると考えられている．

ヌクレオソームは直径11 nm，高さ6 nmの平たい円板または円柱の形をしている．DNAの長さはヌクレオソームの円周約34 nmのほぼ2倍ある．DNAは八量体の周囲に対称的な形で存在している．図29・4にDNAがらせん状のコイルとなって円柱状の八量体の周囲を2巻き（正確には1.65巻き，§29・6参照）しているモデルを示す．DNAがヌクレオソームに"入る"位置と"出る"位置は互いに近いことに注目してほしい．ヒストンH1はこの領域にあるのだろう（§29・4参照）．

**ヌクレオソームには200 bpのDNAとヒストンが含まれる**

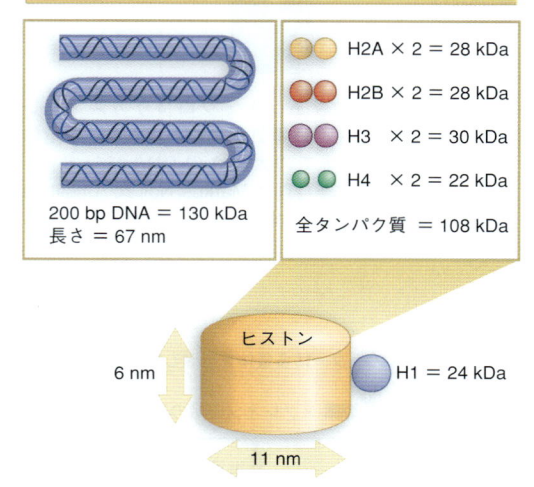

200 bp DNA = 130 kDa
長さ = 67 nm

H2A × 2 = 28 kDa
H2B × 2 = 28 kDa
H3　× 2 = 30 kDa
H4　× 2 = 22 kDa

全タンパク質 = 108 kDa

ヒストン
6 nm
11 nm
H1 = 24 kDa

図29・3　ヌクレオソームにはDNAとヒストン（H1も含めて）がほぼ等量ずつ含まれている．ヌクレオソームの大きさ（推定値）は262 kDa.

**ヌクレオソームは2巻きのDNAをもつ**

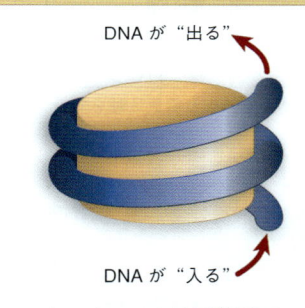

DNAが"出る"
DNAが"入る"

図29・4　ヌクレオソームは円柱形で，DNAはその表面を約2巻き（正確には1.65巻き）している．（訳注：本書ではヌクレオソームに巻き付くDNAが右巻きになっているが，正しくは左巻きである．）

**ヌクレオソームは平たい円柱形である**

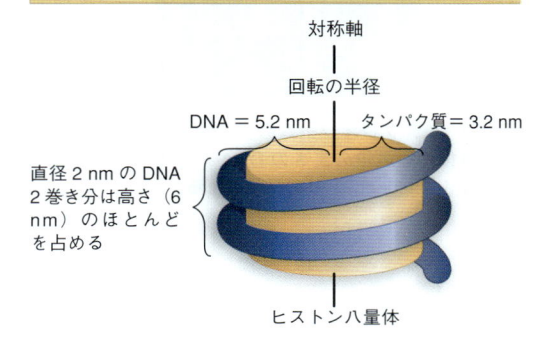

対称軸
回転の半径
DNA = 5.2 nm　タンパク質 = 3.2 nm
直径2 nmのDNA 2巻き分は高さ（6 nm）のほとんどを占める
ヒストン八量体

図29・5　ヌクレオソームを約2巻きしたDNAは互いにごく近い位置にある．

**DNA 単位の長さは約 200 bp である**

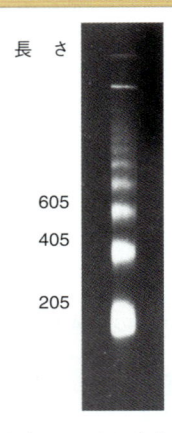

図 29・6 核のクロマチンをミクロコッカスヌクレアーゼで消化してゲル電気泳動にかけると，単量体からその多量体までの大きさの DNA バンド（ラダー）が得られる．写真は Markus Noll 氏（Institute of Molecular Biology, University of Zurich）のご好意による．

**DNA のラダーは多量体を反映している**

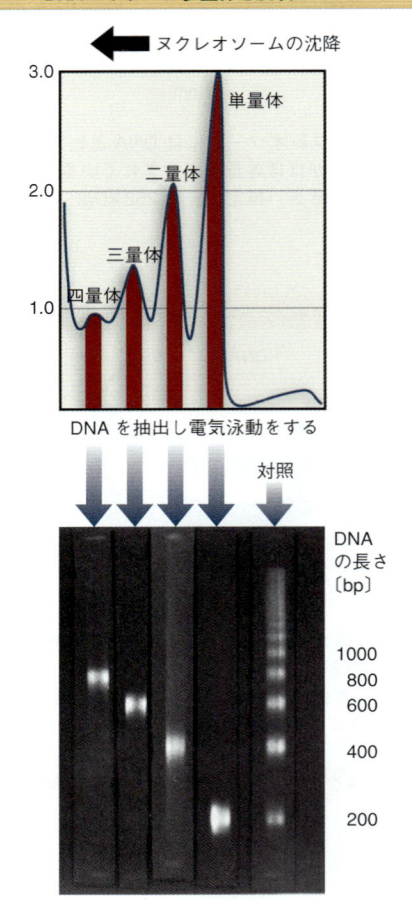

図 29・7 ヌクレオソームの多量体それぞれには，基本単位の整数倍の長さの DNA が含まれている．写真は John Finch 氏のご好意による．

このモデルに従ってヌクレオソームの断面図を描くと図 29・5 のようになる．周囲に巻き付いている 2 本の DNA は互いに近い位置にある．円柱の高さは 6 nm で，そのうちの 4 nm は DNA の 2 巻き（おのおのの直径は 2 nm）で占められている．

### 29・3 DNA はヌクレオソームの列にコイル状に巻き付いている

- クロマチン DNA をミクロコッカスヌクレアーゼで切断すると，DNA の 95 % 以上はヌクレオソーム，またはその多量体として回収される．
- 各ヌクレオソーム中にある DNA の長さは，個々の組織によって 154〜260 bp の範囲で変化する．

クロマチンをミクロコッカスヌクレアーゼで処理すると，一定の長さを単位として，その整数倍の長さをもった DNA 断片が得られる．これをゲル電気泳動で分画すると，図 29・6 のような"ラダー（梯子）"模様ができる．ラダーはおよそ 10 段にわたり，一つのバンドとバンドの距離から単位となっている長さを測ると約 200 bp である．

図 29・7 にはこのラダーが一続きのヌクレオソームに由来したことを示してある．ヌクレオソームをショ糖密度勾配遠心で分画すると，単量体，二量体，三量体などに対応する不連続なピークを生じる．DNA を個々の画分から抽出し電気泳動すると，おのおのの画分から生じるバンドはクロマチンを切断したときに生じるバンドと対応している．単量体のヌクレオソームにある DNA 量を 1 単位とすると，二量体はその 2 倍，といった具合になっている．

ラダーのおのおのののバンドはそれぞれ一定の数のヌクレオソームの多量体中にあった DNA と対応している．どんなクロマチンの DNA でも 200 bp を単位としたラダーを示せば，その DNA はヌクレオソーム構造をとっていたと考えてよい．ミクロコッカスヌクレアーゼ処理の場合，核内の全 DNA のわずか 2 % が酵素により酸可溶性（分解されて小さな断片になったもの）となる条件でラダーが生じるので，DNA のうちのほんの一部分が特別にヌクレアーゼ作用を受けやすいことがわかる．実際上すべての DNA はヌクレオソームの構造をとっていて，このことを裏付けるように，クロマチン DNA の 95 % 以上は 200 bp のラダーの形で回収できる．つまり DNA はほとんどすべてヌクレオソームの中に存在しているのである．自然な状態ではヌクレオソームはきっちりと詰まっており，DNA は一つのヌクレオソームと次のヌクレオソームとの間にすき間があかないように通っている．

ヌクレオソーム中にある DNA の長さは，"典型的な" 200 bp という値と多少違っている．ある一つのタイプの細胞のクロマチンでは特定の平均値（±5 bp）をとっている．平均値としては 180〜200 bp の間にあるものが最も多いが，極端な例をあげればいちばん小さいもので 154 bp（菌類），いちばん大きいもので 260 bp（ウニの精子）にわたる．平均値は成体の個々の組織間で異なる場合があるし，同じ種類の細胞内でもゲノム上の位置が違うと異なることもあるらしい．

### 29・4 ヌクレオソームは共通の構造をもっている

**コア粒子** core particle　ヌクレオソームを酵素で処理したときに得られる分解産物で，ヒストン八量体と 146 bp の DNA から成る．形態はヌクレオソームと変わらない．
**コア DNA** core DNA　ヌクレオソームの DNA をミクロコッカスヌクレアーゼで切断することにより得られるコア粒子に含まれる 146 bp の DNA．
**リンカー DNA** linker DNA　ヌクレオソームにおいて，146 bp のコア DNA を除いた残りの DNA のこと．この領域は 8〜114 bp の長さで，ミクロコッカスヌクレアーゼで切断するとコア DNA が残ることになる．

- ヌクレオソームの DNA はミクロコッカスヌクレアーゼに対する感受性によって，コア DNA とリンカー DNA に分けられる．
- H1 はリンカー DNA に結合していて，おそらく DNA がヌクレオソームに入る所と出る所に位置している．

異なった種類のヌクレオソームには異なった量のDNAが含まれるが，その基本には共通の構造がある．ヒストン八量体とDNAが結合して，ヌクレオソーム当たりのDNAの全長にかかわらず，常に146 bpのDNAと**コア粒子**をつくっている．つまりヌクレオソーム当たりの長さの差は，この基本的なコア構造に付け加わったものである．

コア粒子は単量体のヌクレオソームをミクロコッカスヌクレアーゼで処理するとできる．この酵素はまずヌクレオソームとヌクレオソームの間を切断するが，単量体になってからも働かせ続けると，個々のヌクレオソームDNAの一部分を消化し始める．これはヌクレオソームの端からDNAを"削り落とす"反応によるものである．

DNAの長さは図29・8に示すようにはっきりと段階的に短くなる．ラット肝臓の核では，始めの単量体ヌクレオソームには205 bpのDNAがあるが，これをさらに消化するとDNAは約165 bpと短くなった単量体となり，それをさらに短くするとコア粒子DNAの長さである146 bpになる．（コアはかなり安定だが，さらに消化を続けるとその内部でも切断が起こり，"部分的な消化産物"が得られる．いちばん長いのは146 bpのコア粒子のDNAで，最も短いのは20 bp程度になる．）

この結果はヌクレオソームのDNAが二つの部分に分けられることを示唆している：

- **コアDNA**は146 bpの一定した長さで，ヌクレアーゼに対してかなり抵抗性がある．
- 反復単位DNAの残りの部分は**リンカーDNA**で，ヌクレオソーム当たり最も短いもので8 bp，最も長いもので114 bpある．

ミクロコッカスヌクレアーゼで処理したときに明瞭なバンドが現れることから考えて，この酵素ですぐに消化される部位は限られているように思える．それは各リンカーのほんの一部である．（もし，リンカーDNAの全長が酵素の作用を受けやすいなら，146 bpから200 bp以上までの長さをもったいろいろなバンドが現れるはずである．）しかし，一度リンカーDNAに切断が起こると，残りの部分も切れやすくなって酵素で速やかに除去されてしまう．ヌクレオソーム間の結合の様子を図29・9に模式的に表した．

コア粒子は少し小さいけれども，ヌクレオソームによく似た性質をもっている．形と大きさはヌクレオソームに近く，このことからヌクレオソームの基本構造はコア粒子にみられるようなDNAと八量体タンパク質の相互作用で維持されていると考えられる．コア粒子は均一なサンプルとして容易に入手できるので，ヌクレオソームの代わりとして構造研究にしばしば用いられる．（DNAの末端が削り落とされていないようなヌクレオソーム単量体をつくることは難しいので，ヌクレオソームは一定になりにくい．）

ヒストンH1はどこにあるのだろうか．H1はヌクレオソーム単量体が分解される過程で失われる．H1は165 bpのDNAをもつ単量体粒子には結合しているが，さらに分解されて146 bpのDNAをもつコア粒子になると必ず失われている．このことはH1がコアDNAのすぐ隣にあるリンカーDNA部分に位置していることを示唆している．

もしH1がリンカー部分に位置しているのなら，H1はDNAがヌクレオソームに入る所と出る所に結合してDNAを"封じる"ことができるだろう（図29・4参照）．H1が隣合うヌクレオソームを結合する領域に位置しているという考え方は，H1がクロマチンから最も容易にはがれやすく，H1を欠いたクロマチンが"可溶化"されやすいという以前の研究結果と一致する．

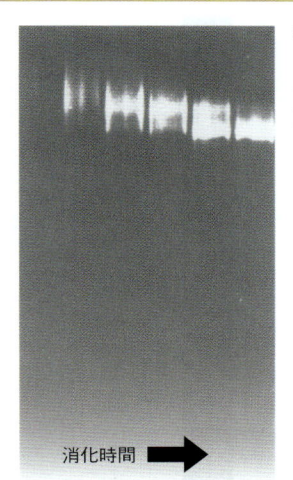

**図29・8** ミクロコッカスヌクレアーゼで処理すると，ヌクレオソーム単量体のDNAの長さが段階的に減少する．写真はRoger Kornberg氏（Department of Structural Biology, Stanford University School of Medicine）のご好意による．

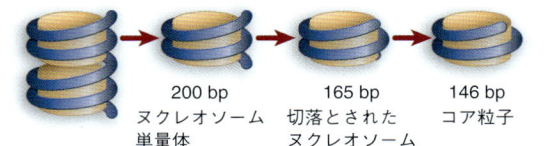

**図29・9** ミクロコッカスヌクレアーゼは最初ヌクレオソームの間を切断する．ヌクレオソーム単量体には普通約200 bpのDNAが含まれている．末端が切落とされると最初DNAの長さは約165 bpになり，それから146 bpのコア粒子となる．

## 29・5　DNAの構造はヌクレオソームの表面で変化する

> **切断位置の周期性**　cutting periodicity　平らな表面に固定した二本鎖DNAを鎖の一方だけに切れ目を入れるデオキシリボヌクレアーゼで処理したときにみられる各鎖の切断点間の間隔．
> **DNA構造の周期性**　structural periodicity　DNAの二重らせん1ターン当たりの塩基対の数．

> ■ DNAの構造は変化して，（二重らせんの）1ターン当たりの塩基数は（コアDNAの）内側では増えるが，両端では減る．

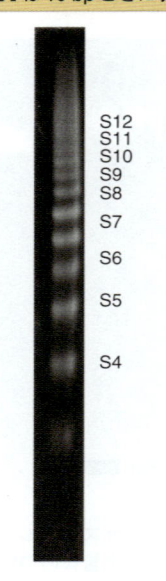

**図29・10** 核をDNaseⅠで消化するとコアDNAには一定の間隔でニックの入る部位が並んでいることがわかる．写真はLeonard Lutter氏（Molecular Biology Research Program, Henry Ford Hospital, Detroit, MI）のご好意による．

**図29・11** DNA分子が最も外部に露出している位置は二重らせんの構造を反映した周期性を示す．（簡潔にするため，一方の鎖の切断部位のみを示した．）

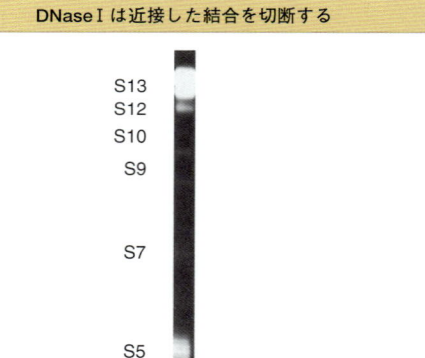

**図29・12** コア粒子DNAの末端をラベルして，DNaseⅠで処理すると，それぞれの切断部位では近接しあった数箇所でホスホジエステル結合が切られることがわかる．高分解能ゲルで分析した本図では，特にS4とS5でそれがよく見える．写真はLeonard Lutter氏（Molecular Biology Research Program, Henry Ford Hospital, Detroit, MI）のご好意による．

ヌクレオソームの外側にDNAが露出していることから，なぜヌクレアーゼが作用できるのかという理由も説明できる．一本鎖を切断するヌクレアーゼの反応は特に有益である．デオキシリボヌクレアーゼⅠ（DNaseⅠ）とデオキシリボヌクレアーゼⅡ（DNaseⅡ）は一本鎖DNAにニックを入れる．これらの酵素が一方の鎖の結合を切断しても，そこのもう一方の鎖は元のままである．

裸のDNAには溶液中で（比較的）ランダムにニックが入る．ヌクレオソームのDNAにもニックが入るが，この場合には一定の間隔をおいて起こる．末端をラジオアイソトープでラベルしたDNAを用いて，切断後DNAを変性して電気泳動して切断点を決めると，図29・10のようなラダーが得られる．

ラダーの間隔はほぼ10～11 bpである．ラダーの最上段はコアDNA全体の長さに相当し，切断点にはS1からS13まで番号を付けてある．（S1はラベルした5′末端から10塩基，S2は20塩基離れているといった具合である．）切断点は同じ頻度で切れるわけではない．あるものは高い頻度で，他のものはほとんど切断されない．

コア粒子にあるのは二本鎖DNAなので，末端ラベルの実験では両鎖の5′（あるいは3′）末端がラベルされる．もし両方のラベル末端から同じ距離で切断が起こると，おのおのラベルされたバンドは実際は二つの断片に相当するという実験結果になる．DNAの二本鎖の巻き付き方は（図29・4に描かれたヌクレオソームの水平軸に対して）対称的だと考えられる．それゆえ，（たとえば）DNaseⅠ処理で80塩基の断片が現れなかったとすると，どちらの鎖も5′末端から80塩基離れた付近には酵素が近づきにくいということを意味している．

DNAを平らな表面に固定すると規則的に切断が起こる．図29・11を見ると，これはB型DNAらせんの周期ごとに酵素作用を受ける部位が現れるためだということが示唆される．**切断位置の周期性**（切断点間の間隔）は，実際に**DNA構造の周期性**（二重らせん1ターン当たりの塩基の数）と一致しているとみてよい．したがって，部位間の距離は1ターンごとの塩基の数に対応している．このような測定をすると，B型二重らせんDNAは1ターン当たり平均10.5 bpと考えられる．

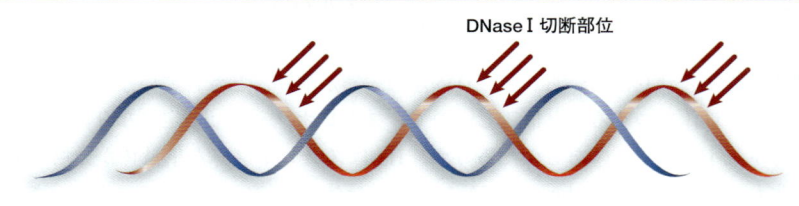

ヌクレオソーム上のヌクレアーゼの標的部位はどうなるだろうか．図29・12に示すように，それぞれの切断部位には3～4通りの切り口が生じている．つまり，切断は±2 bpの幅で起こり，両鎖が3～4 bpの短い範囲でヌクレアーゼの攻撃を受ける構造をとっている．バンドの相対的な強さは，そこでの切断の起こりやすさを示している．

このパターンから切断の起こる"平均的な"部位を計算できる．DNAの端からみて，S1からS4までと，S10からS13までの間隔はそれぞれ10.0 bpである．中央部のS4からS10まではそれぞれ10.7 bpである．（この分析結果は平均した部位を扱うので，塩基間の距離は必ずしも整数でない．）

コア粒子内のDNAの切断位置の周期性が変化することから（両端で10.0 bp，内側は10.7 bp），コア粒子のDNA構造の周期性に変化があることがわかる．DNAの1ターン当たりの塩基数は内側では溶液中の値より大きいが，両端ではより小さい．ヌクレオソームでの平均的な周期は溶液中のDNAの10.5 bp/ターンという値より小さく，10.17 bp/ターンである．

## 29・6 ヌクレオソームにより超らせんの一部が吸収される

**ミニ染色体** minichromosome SV40やポリオーマウイルスの環状DNAは細胞核内でヌクレオソームが連なった状態に折りたたまれており，ミニ染色体とよばれる．

> リンキング数パラドックス　linking number paradox　ヌクレオソームに巻き付いている DNA には −1.65 の超らせんが存在するが，ヒストンを取除いたときに解消される超らせんは −1 であるという，超らせんの数のくい違いを表した用語．

- DNA はヒストン八量体に 1.65 回巻き付いている．
- DNA 1 ターン当たりの塩基数は，溶液中では 10.5 bp であるのがヌクレオソーム表面では 10.2 bp に変化する．ヌクレオソームを構成する DNA 当たりでは約 0.6 ターンが消失するのでリンキング数パラドックスが説明できる．

　ヌクレオソーム中の DNA 超らせんの変化の推定値と実際の測定値を比較すると，ヌクレオソーム中の DNA の構造がみえてくる．ヌクレオソームの構造については，SV40 を使って多くの研究が行われてきた．SV40 DNA は 5200 bp の環状分子であり，その長さは約 1500 nm である．この DNA は，ウイルス粒子の中でも感染した細胞の核の中でもヌクレオソームの連なった状態に折りたたまれており，**ミニ染色体**とよばれている．
　通常の手段で抽出すると，ミニ染色体は周囲約 210 nm の長さの環状分子として得られるので，凝縮度は約 7 となる（これは事実上ヌクレオソーム自身の値約 6 と同じ）．塩濃度を変えると凝縮度の低い，ビーズの連なった柔軟性のある糸になる．このように in vitro でヌクレオソームのつながった DNA は，条件に応じていろいろの形態をとる．
　ミニ染色体の個々のヌクレオソーム部分にある DNA のもつ超らせんは，図 29・13 に示すように直接測定できる．まず最初にミニ染色体自身の拘束されていない超らせんを除去して，一連のヌクレオソームをねじれのない超らせん密度 0 の環状の状態にする．つぎにヒストン八量体を除くと，DNA は拘束されていない状態となる．ミニ染色体では拘束され，隠されていた超らせんが除タンパク質により −1 として現れてくる．こうして SV40 DNA の超らせんの総数が測定される．
　実測した値はヌクレオソーム粒子の数に近い．超らせん状態の SV40 DNA を使って in vitro でヌクレオソームをつくらせるとこの逆の結果になり，ヌクレオソームが一つ形成されるごとに負の超らせんが約 1 ずつ減っていく．
　すなわち，ヌクレオソーム表面に巻き付いている DNA は，これを拘束しているタンパク質を除去すると約 1 の負の超らせんを生じる．しかし，ヌクレオソーム表面に巻き付いている DNA は −1.65 の超らせんに相当する（図 29・4 参照）．このくい違いを**リンキング数パラドックス**とよんでいる．
　このくい違いは，ヌクレオソーム上の DNA の平均 10.17 bp/ターンと裸の DNA の 10.5 bp/ターンとの差によって少なくとも部分的に説明できる．200 bp のヌクレオソームでは 200/10.17 = 19.67 ターンである．DNA がヌクレオソームから外れると，200/10.5 = 19.0 ターンになる．ヌクレオソームに通常よりきつくなく巻き付いた DNA は −0.67 ターン分を吸収し，このことから少なくとも部分的には物理的に巻き付いたことにより生じるはずの −1.65 の超らせんと，実測値の −1.0 の超らせんのくい違いの一部を説明できる．実際ヌクレオソーム上の DNA のねじれに基づくひずみの一部は 1 ターン当たりの塩基の数を増やす方向に働き，その残りが超らせんとして測定される．

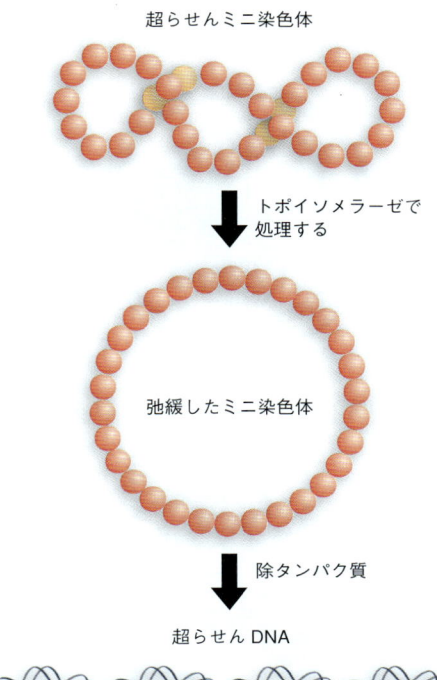

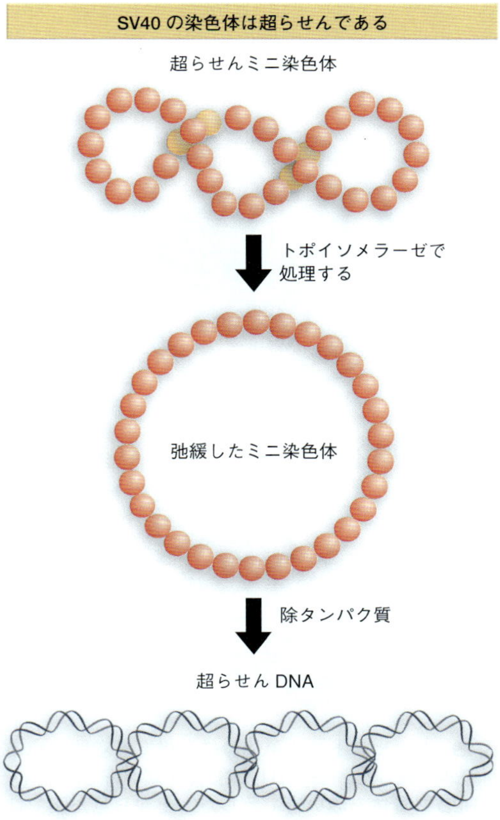

図 29・13　SV40 ミニ染色体の超らせんを弛緩させると環状構造になる．これからさらにヒストンを除くと，超らせんをもった裸の DNA が生じる．

## 29・7　コア粒子の構造

> ヒストンフォールド　histone fold　4 種のコアヒストンのすべてにみられるモチーフで，二つのループでつながれた三つの α ヘリックスから成る構造．

- ヒストン八量体には，2 組の H2A・H2B 二量体が会合した $H3_2 \cdot H4_2$ 四量体という中核がある．
- おのおのヒストンはパートナー同士広い範囲で互いにかみ合わさっている．
- すべてのコアヒストンはヒストンフォールドという構造モチーフをもつ．N 末端テールはヌクレオソームから突き出ている．

　コア粒子の結晶構造解析から，DNA はヒストン八量体の周りを 1.65 ターン巻き付いた，平たい超らせんを構成していることが示唆される．超らせんの間隔は変動し，中央

**ヒストンテールは定まった構造をとらない**

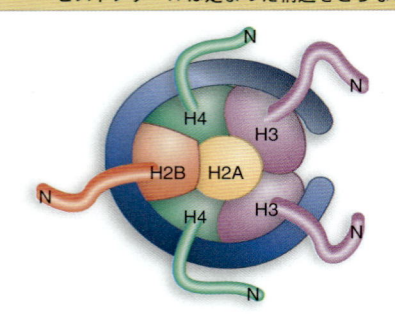

**図 29・14** 対称性をもったヌクレオソームモデルでは H3$_2$・H4$_2$ の四量体が中核をつくっている．一つの H2A・H2B 二量体は上に面していて，もう一つは下に隠れている．

**DNA はヒストン八量体を包んでいる**

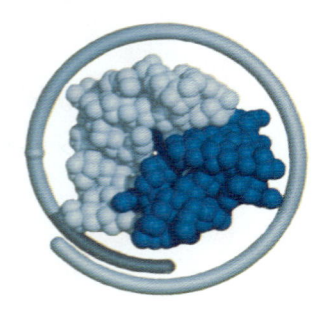

**DNA はヌクレオソームの周りを 2 巻きしている**

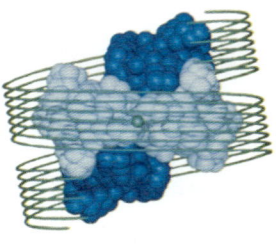

**図 29・15** ヒストン八量体の結晶構造を空間充填モデルで表した．H3$_2$・H4$_2$ 四量体を淡い青で，H2A・H2B 二量体を濃い青で示した．上から見た図では H2A・H2B 二量体のうち一つは下に隠れているので，一つだけが見える．上から見た図では DNA は細い管（DNA の直径の 1/4）として，横から見た図では幅 20 Å の平行の線で示されている．写真は Evangelos Moudrianakis 氏（Department of Biological Sciences, John Hopkins University）のご好意による．

で不連続になっている．強く湾曲した領域は対称的に配置され，±1 と ±4 の位置にある．これらは図 29・10 の S6 と S8，S3 と S11 に相当し，DNase I に対する感受性が最も低い部位に当たる．

ヌクレオソームコアの高分解能構造解析により，超らせんのほとんどは中央の 129 bp 内で形成されて，直径 80 Å（DNA 自身の直径の 4 倍しかない）の 1.59 左巻き超らせんに巻かれることがわかる．両末端の配列は全体の湾曲に対してわずかな寄与をしているにすぎない．

中央の 129 bp は B 型 DNA ではあるが，超らせんを形成するためにかなり湾曲している．主溝は，緩やかに曲がっているが，副溝には急激な折れ曲がりがある．こうした高次構造の変化が，なぜヌクレオソーム DNA の中央部が一般的には調節タンパク質の結合の標的とならないかを説明している．こうしたタンパク質はコア DNA の末端領域や，リンカー配列とよく結合するのである．

ヒストン八量体の構造の基本的な枠組みは，ヒストンが互いに相互作用できることにより可能となっている．コアヒストンには二つの型の複合体が存在する．まず H3 と H4 は四量体（H3$_2$・H4$_2$）を形成する．H2A と H2B は二量体（H2A・H2B）を形成する．八量体は H3$_2$・H4$_2$ 四量体から成る一つの"中核"を有する．この四量体は in vitro で DNA をコア粒子の性質の一部をもった粒子へと編成することができる．これに二つの H2A・H2B 二量体が付加されて完全な八量体となるのである．図 29・14 にヌクレオソーム編成のモデルを示す．

結晶構造の解析から図 29・15 に示したヒストン八量体のモデルが提案された．結晶構造中の個々のポリペプチドの骨格をたどると，ヒストンはそれぞれ独立した球状のタンパク質として構成されているのではなく，おのおのはそのパートナー，H3 は H4 と，H2A は H2B と互いにかみあわさっていることが示唆された．したがって，モデルは H3$_2$・H4$_2$ 四量体（淡い青）と H2A・H2B 二量体（濃い青）を区別しているが，個々のヒストンを示してはいない．

上の図が示すように H3$_2$・H4$_2$ 四量体は八量体の直径に相当し，馬蹄形をしている．そこに，H2A・H2B の対が二つはまり込むが，この図では一つしか明示されていない．横から見た図は図 29・4 に描かれたのと同じ方向から見た図を表す．ここでは H3$_2$・H4$_2$ 四量体と H2A・H2B 二量体それぞれの位置が区別されている．タンパク質は DNA の結合部位にあたる超らせんの通路のついた一種の糸巻きの形をしており，そこにヌクレオソーム当たりほぼ 2 回 DNA が巻き付いている．このモデルでは横から見たときに垂直な軸の周りに 2 回対称構造をとることを示す．

4 種のコアヒストンはすべて，二つのループでつながれた三つの α ヘリックスという

**ヒストンはヒストンフォールドを介してヒストンと接触する**

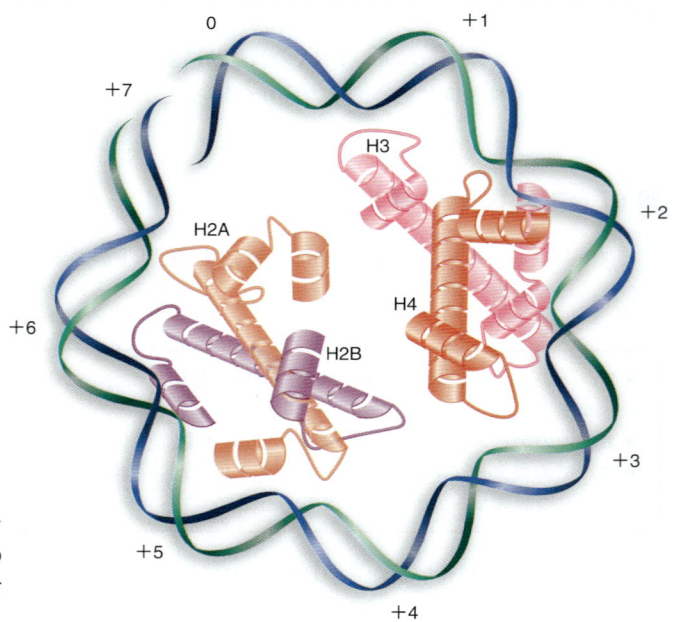

**図 29・16** 4 種のコアヒストンすべてが DNA と結合する．この"半分のヌクレオソーム"構造では 1 巻き分の DNA との接触がみられる．

**ヌクレオソームはヒストンの対を含んでいる**

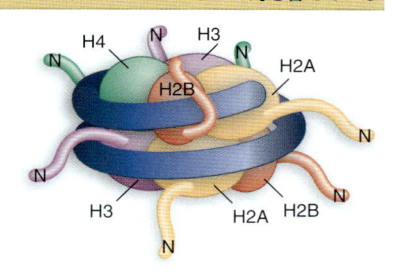

**図 29・17** 球状を示すヒストンがコア粒子のヒストン八量体に位置している．修飾を受ける部位を含んでいる N 末端テールの位置はよくわかっていないが，しなやかに動くと思われる．

**ヒストンテールは巻き付いている DNA の間から現れる**

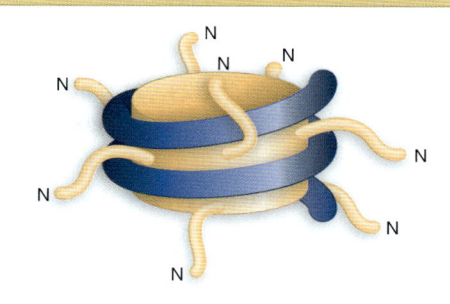

**図 29・18** ヒストンの N 末端テールは構造をとらず巻き付いている DNA の間から突き出ている．

**クロマチンはヌクレオソームでできた繊維である**

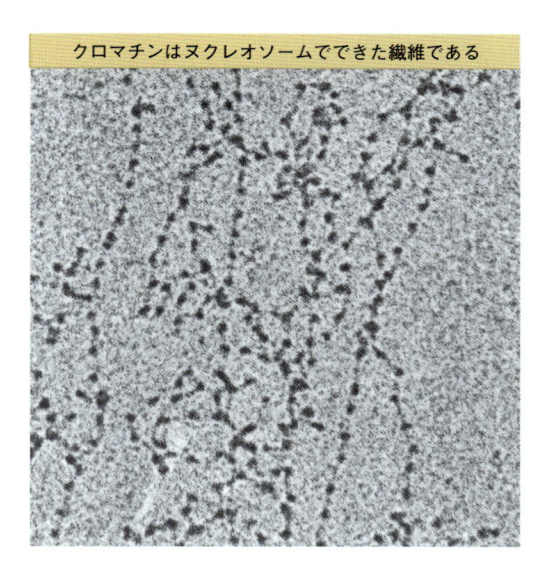

**図 29・19** 部分的にほどけた状態にある 10 nm 繊維ではヌクレオソームがビーズ状に並んでいるのが見える．写真は Barbara Hamkalo 氏（Department of Molecular Biology and Biochemistry, University of California at Irvine）のご好意による．

構造を使って DNA と接触している．これは**ヒストンフォールド**とよばれている．これらの領域は相互作用により三日月の形をしたヘテロ二量体を形成している．図 29・16 に DNA 1 ターンと接触する様子を示すが，おのおののヘテロ二量体は DNA 二重らせんの 2.5 ターンを結合している．ここに描いた部分では H2A・H2B は＋3.5〜6 で結合し，H3・H4 は＋0.5〜3 で結合している．これはほとんどホスホジエステル骨格との結合である（DNA の塩基配列とは無関係に凝縮を起こす必要性による）．またこの接触には八量体の表面にある正に荷電したアミノ酸残基が関与している．ヌクレオソームでは，$H3_2 \cdot H4_2$ 四量体は二つの H3 ヒストンの間の相互作用によって形成される．

コア粒子中のヒストンはそれぞれ球形で，ヌクレオソームの中心を占めるタンパク質である．おのおののヒストンにはしなやかな N 末端テールもあり，ここにクロマチンの機能に重要であろう修飾の場がある．タンパク質の大きさの約 4 分の 1 を占めるテールの位置は，図 29・17 に示すようにあまりよくわかっていない．しかし，図 29・18 に示すように，H3 と H2B の両方のテールは超らせん DNA の間を通り抜け，ヌクレオソームから外に突き出しているように見える．UV 照射によってヒストンテールを DNA と架橋させる場合，コア粒子を使うよりヌクレオソームを使った方が架橋の産物が多く得られる．これはヒストンテールがリンカー DNA と接触していることを意味している．H4 のテールは隣のヌクレオソームの H2A・H2B 二量体と接触しているように見える．これは折りたたまれたクロマチン構造全体にとって重要な特徴だろう．

## 29・8 クロマチン繊維の中でヌクレオソームはどのように走っているか

**10 nm 繊維** 10 nm fiber ヌクレオソームが直線状に並んだもので，自然な状態のクロマチンがほどけてできる．
**30 nm 繊維** 30 nm fiber ヌクレオソームのコイルがさらにコイル状態になった，クロマチンの構成要素としての基本的状態．

- クロマチンの 10 nm 繊維は 30 nm 繊維がほどけたもので，ヌクレオソームがビーズ状に並んでいる．
- 30 nm 繊維には 1 巻き当たり 6 個のヌクレオソームがあり，ソレノイド型のコイル状配列をしている．
- ヒストン H1 は 30 nm 繊維の形成に必須である．

クロマチンを電子顕微鏡で調べると，10 nm 繊維と 30 nm 繊維の 2 種類が観察できる．これは繊維のおよその直径を示している．

**10 nm 繊維**ではヌクレオソームが連続して並んでいる．この 10 nm 繊維がずっと伸びてしまった領域では，図 29・19 の例にみられるように，DNA の糸にヌクレオソームがビーズ状に連なった構造が見えることもある．10 nm の繊維構造は低イオン強度の場合に出現し，ヒストン H1 を必要としない．つまり，10 nm 繊維はヌクレオソームそのものだけの機能で形成されている．この構造は図 29・20 のように単に連続したヌクレ

**10 nm 繊維はヌクレオソームから成る**

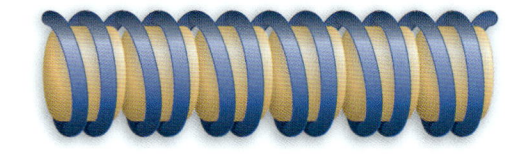

**図 29・20** 10 nm 繊維ではヌクレオソームが連続して並んでいる．

**30 nm 繊維はコイルドコイルである**

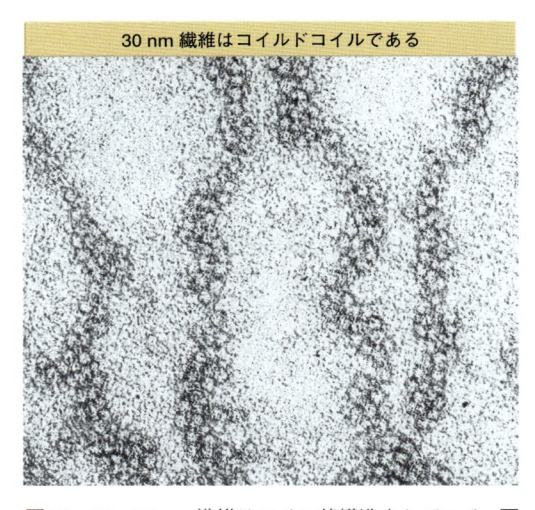

**図 29・21** 30 nm 繊維はコイル状構造をしている．写真は Barbara Hamkalo 氏（Department of Molecular Biology and Biochemistry, University of California at Irvine）のご好意による．

**30 nm 繊維はソレノイド構造をもつ**

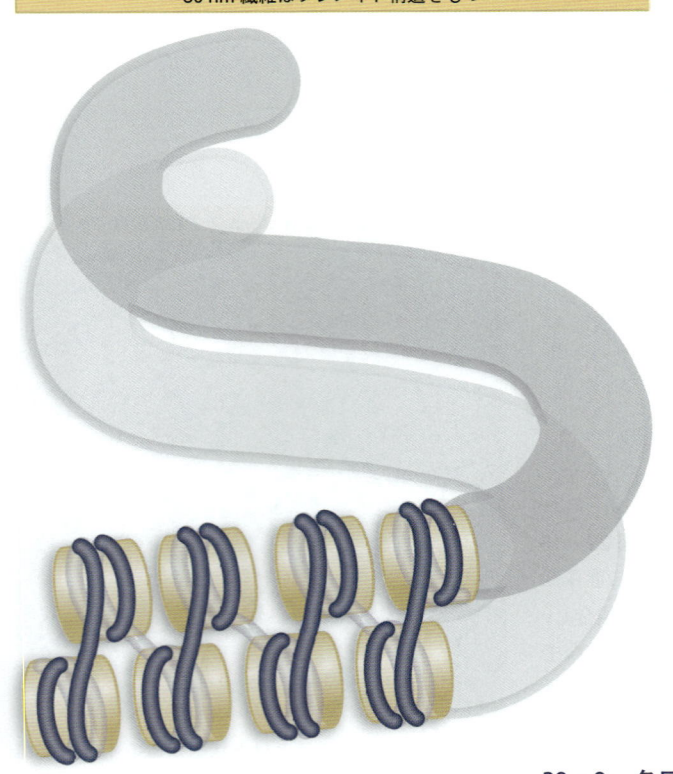

オソームと考えることができるだろう．これは *in vitro* で抽出中にほどけた結果にすぎない可能性が高い．

クロマチンを高イオン強度のもとで観察すると **30 nm 繊維**が見える．一例を図 29・21 に示した．30 nm 繊維はコイル状の構造を内在していると思われる．1 巻きについて約 6 個のヌクレオソームがあり，その凝縮度は 40 で（すなわち繊維軸 1 μm 当たり 40 μm の DNA が含まれる），ヒストン H1 の存在が必要である．この繊維は分裂中期の染色体や間期のクロマチンの基本的構成要素である．

ヌクレオソームが凝縮して繊維になるのにはソレノイド型のコイル状配列が最も可能性が高い．ヌクレオソームはらせん状に配列して巻き付いており，中央に空洞部を形成する．最近の架橋実験の結果から，図 29・22 に示すように 2 列のヌクレオソームからソレノイドが形成されるという"2 列開始（two-start）"モデルが示唆されている．

30 nm 繊維と 10 nm 繊維はイオン強度を変えると可逆的に変換する．このことは，10 nm 繊維を構成していたヌクレオソームが高イオン強度，ヒストン H1 存在下でコイル状に並んで 30 nm 繊維となることを示唆している．

図 29・22　30 nm 繊維は 2 列の平行に走るヌクレオソームにソレノイド型に巻き付いたらせん状のひもである．

## 29・9　クロマチンの形成にはヌクレオソームの構築が必要である

- ヌクレオソームの構築には，複製の間に起こるものと複製に非依存的に起こるものの二つの異なる経路がある．
- 複製の間にヒストン八量体は保存されていないが，H2A・H2B 二量体や $H3_2 \cdot H4_2$ 四量体は保存されている．
- ヌクレオソームの構築を助けるのに補助タンパク質が必要である．
- CAF-1 はレプリソームのサブユニットの PCNA と結合する構築タンパク質で，複製に伴う $H3_2 \cdot H4_2$ 四量体の再配置に必要である．
- 他の構築タンパク質やヒストン H3 のバリアントが，複製に非依存的な構築に使われるのだろう．

クロマチン形成の際に，ヒストンが長時間 DNA から遊離していることはない．DNA の複製がすむとすぐ複製した両方の鎖ともヌクレオソーム構造に戻る．図 29・23 の電子顕微鏡写真はこの様子を示している．ここでは複製したばかりの DNA が示されており，両方の娘二本鎖 DNA の部分にはすでにヌクレオソーム構造ができあがっている．

ヒストンが DNA に結合するのを助けるのに補助タンパク質が必要とされる．ヒストンと外来の DNA でヌクレオソームをつくらせる抽出物を使って，ヌクレオソーム構築を補助すると考えられるタンパク質が同定された．この補助タンパク質は個々のヒストンあるいは複合体（$H3_2 \cdot H4_2$ あるいは H2A・H2B）を上手に制御しながら DNA に渡すためにヒストンと結合する"分子シャペロン"として作用するのだろう．塩基性タンパク質であるヒストンは DNA に対し通常高い親和性をもっているので，シャペロンが必要となる．このような相互作用が介在すると，ヒストンは他の反応論的な中間体（すなわちヒストンの DNA に対する無差別な結合から生じるさまざまな複合体）の状態に陥ってしまうことなくヌクレオソームをつくることができる．

ヌクレオソームの構築反応には五つ以上のサブユニットから成る合計 238 kDa の補助因子 CAF-1 を必要とする．CAF-1 は DNA ポリメラーゼを進行させる因子 PCNA によって複製フォークに動員される．これにより複製とヌクレオソーム構築が結び付けられ，DNA が複製されるとすぐにヌクレオソームが構築されることを確かにしている．

図 29・24 にヌクレオソーム構築の作業モデルを描いた．複製フォークはヒストン八量体を DNA から外し，そして八量体は $H3_2 \cdot H4_2$ 四量体と H2A・H2B 二量体へと解離する．これらの"古い"四量体や二量体は新しく合成されたヒストンから成る"新しい"四量体や二量体を含んだプールへと入る．ヌクレオソームは複製フォークの後ろ約

**ヌクレオソームは複製の後すぐに形成される**

図 29・23　複製した DNA は直ちにヌクレオソーム構造をとる．写真は Steven L. MacKnight 氏（Department of Biochemistry, University of Texas Southwestern Medical Center）のご好意による．

**ヒストン八量体は解離して複製フォークの後ろで再構築する**

1. 複製フォークはヌクレオソームに向かって進む
   次のヌクレオソーム
   複製フォーク

2. ヒストン八量体は外れ，解離する
   そして S期の間，新しく合成されたヒストンは互いに会合する
   $H3_2 \cdot H4_2$ 四量体
   $H2A \cdot H2B$ 二量体

3. $H3_2 \cdot H4_2$ 四量体が娘二本鎖に結合する
   CAF

4. $H2A \cdot H2B$ 二量体が結合する

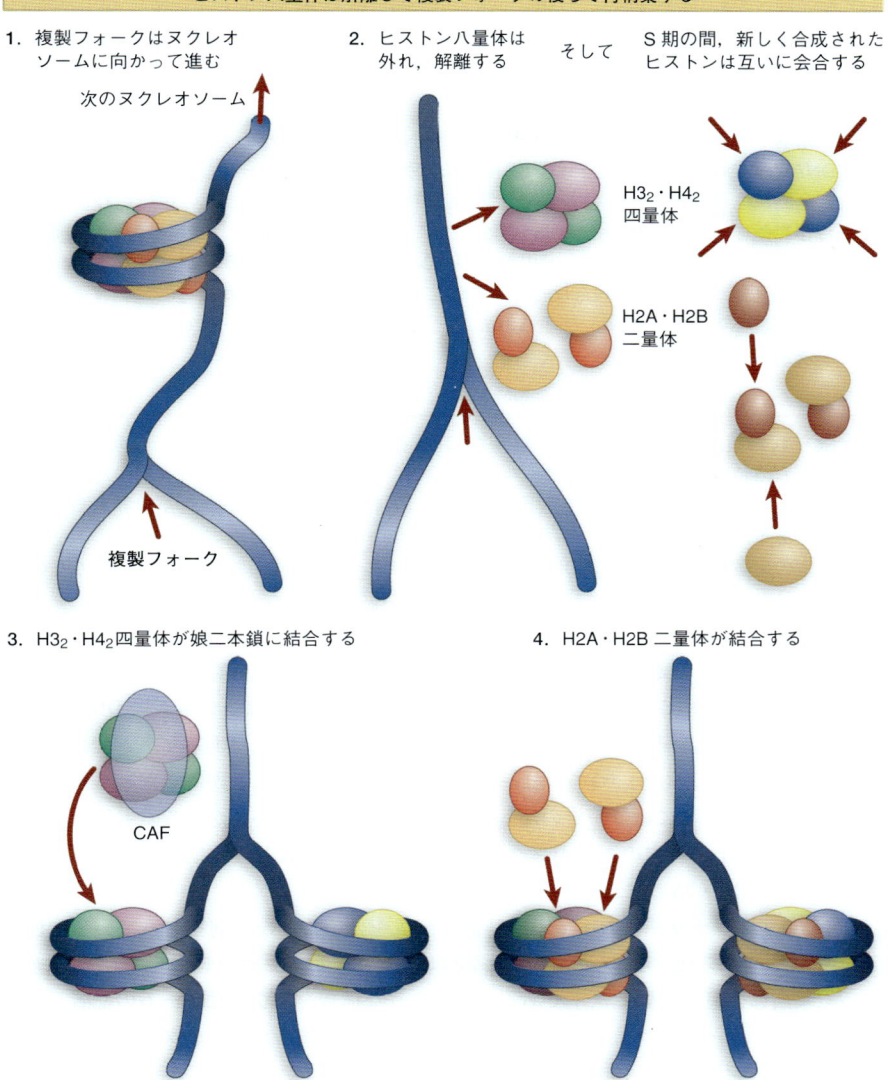

**図29・24** 複製フォークの通過によってヒストン八量体がDNAから外れる．それらは $H3_2 \cdot H4_2$ 四量体と $H2A \cdot H2B$ 二量体とに解離する．一方，新しく合成されたヒストンは $H3_2 \cdot H4_2$ 四量体や $H2A \cdot H2B$ 二量体へと会合する．古い四量体や二量体，新しい四量体や二量体は CAF-1 の助けによって複製フォークのすぐ後ろで新しいヌクレオソームへとランダムに構築される．

600 bp の所で構築される．構築は，$H3_2 \cdot H4_2$ 四量体が CAF-1 の補助によって，各娘二本鎖 DNA に結合することから始まる．そして，二つの $H2A \cdot H2B$ 二量体が各 $H3_2 \cdot H4_2$ 四量体に結合してヒストン八量体が完成する．四量体と二量体の会合は"古い"サブユニットと"新しい"サブユニットに関してランダムに起こる．

真核生物において S 期（DNA 合成期）の間，染色体の複製には全ゲノムを詰め込むのに十分な量のヒストンタンパク質を必要とする．つまり基本的にすでにヌクレオソームに含まれているのと等量のヒストンが合成されなくてはならない．ヒストンの mRNA の合成量は細胞周期に従って調節されていて，S 期では大量に増える．この S 期において古いヒストンと新しいヒストンが等量に混ざって染色体へと会合する経路は，複製と共役的な（RC；replication-coupled）経路とよばれている．

ほかに，細胞周期において DNA 合成が起こらない時期にヌクレオソームを構築する複製に非依存的な（RI；replication-independent）経路とよばれるものがある．これは DNA に傷害が起きたときや，転写においてヌクレオソームが外されたときに必要となるのだろう．この経路は複製装置と結び付きはないので複製と共役的な経路とはいくつかの違いがあるはずである．この複製非依存的な経路の最も興味深い特徴の一つは，複製において使われるものとは異なるいくつかのヒストンバリアントを使うことである．

ヒストンバリアント（ヒストンの変種）H3.3 はよく保存されているヒストン H3 とアミノ酸が 4 個異なる．H3.3 は複製期にない分化中の細胞で，徐々に H3 と入れ代わる．これは何らかの理由で DNA から離れたヒストン八量体と置き換わって新しいヒストン八量体が構築された結果起こる．H3.3 が，置換合成で使用されるのを保証するために，異なった系では異なった経路を使っている．

## 29・10 ヌクレオソームは特定の配置をとっているか

**ヌクレオソームの配置** nucleosome positioning ヌクレオソームがDNAの配列にでたらめにくっついているのではなく，決まった配列の場所に配置されていることを表す用語.

**間接末端ラベリング** indirect end labeling DNAの構造を調べる方法で，特異的部位でDNAを切断し，その切断部位に隣接する配列の片方をプローブとし，その配列を含む全断片を分離する．この方法で特異的部位から次の切断箇所までの距離がわかる．

**平行移動配置** translational positioning DNA二重らせんの連続したターンに対するヒストン八量体の位置を表す．どの配列がリンカー領域に位置するかを決定する．

**回転移動配置** rotational positioning DNA二重らせんの連続したターンに対するヒストン八量体の位置を表す．二重らせんのどちら側がヌクレオソームの外側と接するかを決定する．

- 限られた領域のDNAの構造や特別なDNA配列へ結合するタンパク質がヌクレオソームに特定の配置をとらせる．
- ヌクレオソームの配置の決定要因はDNAに結合しているタンパク質が境界を築く場合である．
- 特定の配置をとることは，DNAのどの領域がリンカー領域にあり，DNAのどちらの面がヌクレオソーム表面で露出されるかに影響を与えるだろう．

*in vivo* でのヌクレオソームの形態について考えると，DNAの特定の塩基配列は常に決まった位置を占めるのだろうか．それともヌクレオソームはランダムにDNA上に配置され，特定の塩基配列はどこに位置してもかまわず，たとえばあるゲノムで一つのコピーはコア領域に，もう一つのコピーはリンカー領域になることがあるだろうか．

この問いに答えるには，一定の塩基配列のDNAを調べる必要がある．もっと正確にいえば，DNA上の特定の1点がヌクレオソームにおいてはどこに位置するかを知る必要がある．図29・25にこれを調べる方法の原理を示す．

DNAがヌクレオソームの中で唯一特別な配置をとるような配列をとっていると仮定しよう．そうすると，DNAの個々の部位はどのヌクレオソームについて調べても決まった場所に位置しているはずである．このような構造を**ヌクレオソームの配置**（あるいはヌクレオソームのフェージング）とよぶ．配置の決まった一連のヌクレオソームでは，リンカー領域のDNAの塩基配列も決まっているはずである．

1個のヌクレオソームについて考えよう．ミクロコッカスヌクレアーゼで処理すると，特定の塩基配列をもった単量体の大きさのDNAが生じる．このDNA断片を精製して，その中を1箇所しか切断しない制限酵素で処理すると，2個のそれぞれ決まった長さの断片となるはずである．

ミクロコッカスヌクレアーゼと制限酵素で同時に切った生成物をゲル電気泳動で分離する．制限部位より片側の塩基配列をもつDNAをプローブとして使い，その塩基配列をもつ断片を同定する．この方法は**間接末端ラベリング**とよばれる．

以上の話を逆にすると，もし単一のバンドがはっきりと現れれば，制限酵素の働く部位はヌクレオソームDNAの末端（ミクロコッカスヌクレアーゼの切断でつくられる）から測って決まった長さの所にあり，つまりヌクレオソームのDNAは一定の配列であることになる．

もしヌクレオソームがDNA上の特定の場所に付いていないときにはどうなるだろうか．リンカー領域にあるDNAはそれぞれのゲノムのコピーごとに異なるので，制限部位の位置はいつも異なるはずである．つまり，単量体のヌクレオソームDNAの末端に対していろいろな位置にくることになる．したがって，二重に処理すると，検出可能な最も小さい20塩基くらいからヌクレオソーム単量体に相当する長さにわたるさまざまな大きさのDNA断片が生じて，図29・26に示すように，電気泳動では幅の広いはっきりとしないバンドに見える．

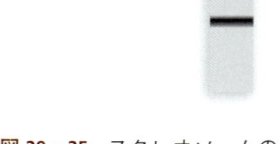

**図29・25** ヌクレオソームの配置がそろっているならば，ミクロコッカスヌクレアーゼの切断を受けるリンカー部分と制限部位は一定の位置関係になる．

**図29・26** ヌクレオソームの配置がそろっていないときには，制限部位はおのおののゲノムのコピーごとにさまざまな位置になる．標的配列末端を切断する制限酵素（赤）とヌクレオソーム間のつなぎ目を切断するミクロコッカスヌクレアーゼ（黒）で処理して標的配列をプローブとすると，さまざまな大きさの断片が検出される．

---

**正確な長さの断片によって配置が決まる**

配置がそろっていると標的配列（赤）は決まった位置になる

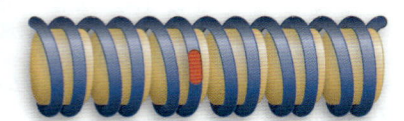

ミクロコッカスヌクレアーゼ（黒）で処理すると単量体のDNAが放出される

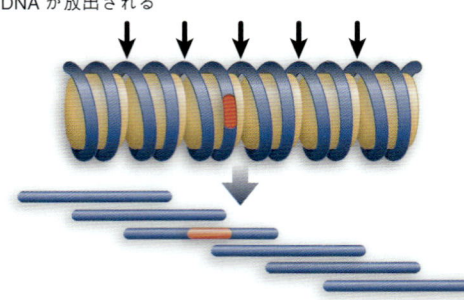

制限酵素（赤）で標的配列の一方の末端を切る

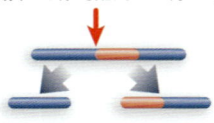

一方の端が制限酵素により，もう一方がミクロコッカスヌクレアーゼで切断された断片；標的配列をプローブとすると，電気泳動によって単一のバンドが検出される

**配置していない幅の広いバンドができる**

ヌクレオソームの配置がそろう過程には二つの可能性が考えられる：

- **内因的**: それぞれのヌクレオソームがDNAの特異的塩基配列を認識して配置される．これはDNAが塩基配列のいかんによらずヒストン八量体とヌクレオソームを形成するという考え方を修正する．
- **外因的**: ある領域で最初のヌクレオソームが特定の部位で選択的に構築される．選択的なヌクレオソームの配置が開始される点は，ヌクレオソームが形成されない領域に起因している．このような領域はすぐ隣のヌクレオソームの構築が制限されるようなDNA上の境界となる．そういう所から一連のヌクレオソームが決まった長さの繰返しで順々に集合するのだろう．境界のすぐ近くのヌクレオソームの配置は共通している．

ヒストン八量体はDNAの配列に対してランダムに結合するのではないことが明らかになった．ある場合にはこのパターンは内因的で，DNAの構造的特徴によって決定される．またある場合にはパターンは外因的で，他のタンパク質がDNAやヒストンと相互作用することで決まる．

DNAのある構造上の特徴がヒストン八量体の位置に影響を与える．DNAには本来，ある一方向に選択的に曲がる傾向がある．たとえばATに富む領域は副溝が八量体の方に向くように位置するのに対し，GCに富む領域は副溝が外に向くように位置する．長いdAdT（8 bp以上）領域はコアの中央部の超らせん部分には位置しないようにしている．関連した構造上の影響をすべてまとめて，ヌクレオソーム上での特定のDNA配列の位置を予想することはまだ不可能である．DNAにもっと極端な構造をとらせる配列はヌクレオソームを排除するような影響をもち，境界としての効果をもつだろう．

ヌクレオソーム上のDNAの位置は二つの方法で調べられる．**図29・27**ではヌクレオソームの境界に対してDNAがどの位置にあるかを示す**平行移動配置**を説明する．特に，これによってどの塩基配列がリンカー領域にあるかがわかる．DNAを10 bp移動すると次の周期がリンカー領域にくる．したがって平行移動配置によってどの領域が（少なくともミクロコッカスヌクレアーゼに対する感受性から判断して）より接近しやすいかがわかる．

DNAはヒストン八量体の外側に位置するので，どの配列も一方の面はヒストンによって隠されているが，もう一方の面は接触できる．ヌクレオソーム上での位置に依存して，調節タンパク質が認識しなければならないDNAの部位が接触できない場合と接触できる場合がある．したがって，DNA配列に関してヒストン八量体が正確に位置していることは重要である．**図29・28**は八量体表面に対する二重らせんの**回転移動配置**の影響を示す．DNAが1ターンの数分の1移動すると（DNAがタンパク質表面に対して回転することを想像すればよい），外側に露出している塩基配列に変化が起こる．

平行移動配置，回転移動配置のどちらもDNAへの接近しやすさを調節するのに重要である．最もよく研究されているのはプロモーターにおけるヌクレオソームの特異な配置である．平行移動配置やヌクレオソームが排除される特別な配列が転写複合体の形成に必要なのかもしれない．調節因子の中にはヌクレオソームが排除されて，DNAが自由に接近できるようになったときのみDNAに結合できるものがあり，これが平行移動配置の境界をつくり出す．また，調節因子がヌクレオソームの表面にあるDNAに結合できる場合もあるが，適切な接触点をもったDNAが表面に露出するためには回転移動配置が重要となる．ヌクレオソーム構造と転写との関係については§30・4で考察する．

**配置によってリンカーDNAとして露出する領域が調節される**

らせん2-4がリンカー領域にある　　らせん1-3がリンカー領域にある

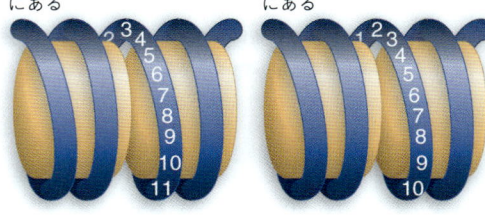

図29・27　平行移動配置ではヒストン八量体とDNAの相対的な位置が一定している．DNAを10 bpだけずらすと外側に出ているリンカー領域の配列が変わるが，DNAのどの面がヒストンによって保護されているか，またどの部分が外に面しているかは変わらない．

**配置によってDNAの露出する面が決まる**

塩基1〜5は外側

ヌクレアーゼや他の因子に対して露出している

八量体の表面

塩基1〜5は内側

ヌクレアーゼや他の因子から保護されている

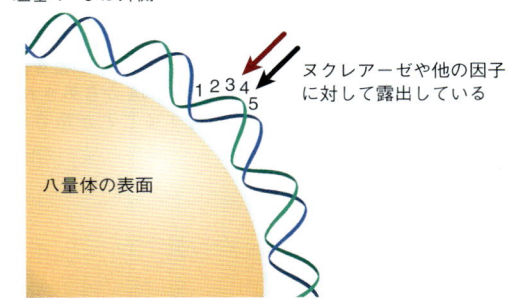

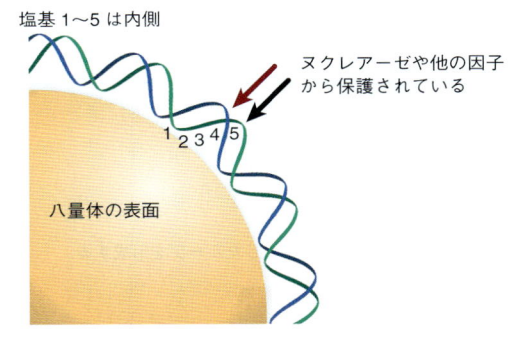

八量体の表面

図29・28　回転移動配置はヌクレオソームの表面でのDNAの露出を表す．らせんの周期（約10.2 bp/1ターン）に当たるだけ動くとヒストンの表面に対してDNAが移動する．内側の塩基は外側の塩基よりもヌクレアーゼから保護されている．

## 29・11　ヒストン八量体は転写によって外される

- ヌクレオソームはミクロコッカスヌクレアーゼで処理したとき，転写されている遺伝子でも転写されていない遺伝子でも同じ頻度で検出される．
- しかし，高度に転写されているいくつかの遺伝子では例外的にヌクレオソームを欠いていることがある．
- RNAポリメラーゼはモデル系を使った実験では転写のときにヒストン八量体を外すが，八量体はポリメラーゼが通り過ぎるとすぐにDNAに再び結合する．
- ヌクレオソームは遺伝子の転写が終わると再形成される．

### 転写によってヒストン八量体は外される

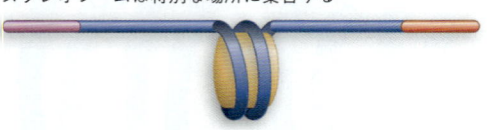

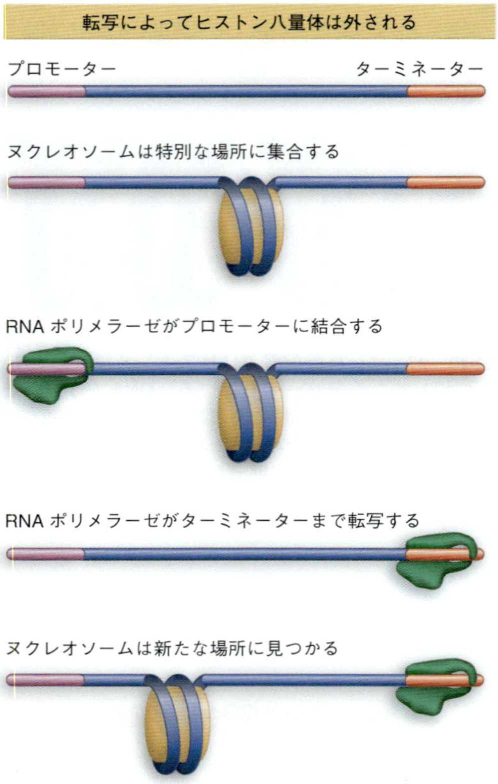

**図29・29** ヌクレオソームに対する転写の影響を調べる実験から、ヒストン八量体はDNAから外され、新しい位置でDNAに再び結合することが示された。

### 外された八量体はDNAから去らない

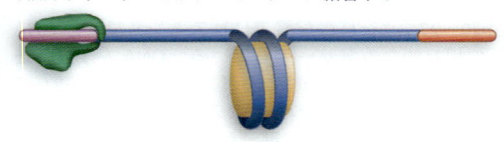

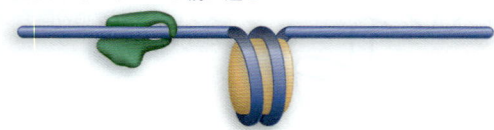

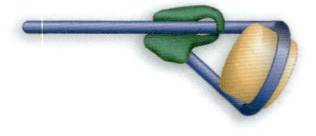

**図29・30** RNAポリメラーゼは進むにつれヒストン八量体をDNAから外していく。DNAはループ状になり、（ポリメラーゼか八量体に）結合して、閉じたループを形成する。ポリメラーゼが進むに従って前方に正の超らせんが生じる。これによりDNAとポリメラーゼあるいはそのどちらか一方と接触していた八量体が排除され、RNAポリメラーゼの後ろに挿入される。

---

最初の問題は、DNAが活発に転写されている遺伝子でヌクレオソームという形をとっているのかどうかである。もしヒストン八量体が外されるとしたら、それはやはり何らかの形で転写中のDNAと結合しているのだろうか。

一つの実験方法はミクロコッカスヌクレアーゼでクロマチンを切断し、特定の遺伝子（群）をプローブとしてクロマチンから生じる 200 bp のラダーの中にこの遺伝子が期待通りの濃度で認められるかどうかを調べるというやり方である。この実験から得られる結論は、条件付きとはいえ重要である。転写されている遺伝子は転写されていない部分と同じ程度のヌクレオソーム構造をもつのである。つまり、遺伝子は転写に際して必ずしも別の形の構造に変わるとは限らない。

しかし普通に転写されている遺伝子ではいつもおそらく一つの RNA ポリメラーゼしか結合していないので、これで RNA ポリメラーゼが働いている場所で実際にどういうことが起こっているのかを説明できるわけではない。おそらく DNA はヌクレオソーム構造をとり続け、ヌクレオソームは RNA ポリメラーゼが通過するときだけ一時的に位置を変え、通過後すぐに復元するのだろう。

RNA ポリメラーゼがヌクレオソームの中を直接転写できるかどうかを調べる実験によっても、ヒストン八量体が転写作用によって外されることが示唆された。図29・29 は in vitro で RNA ポリメラーゼが一つのヒストン八量体を含む短い DNA 断片を転写するときに何が起こるかを示している。ヒストン八量体は DNA に結合したままであるが、異なる場所に移っている。ほとんどのヒストン八量体は外されたのと同じ DNA 分子に再び結合する。

図29・30 に RNA ポリメラーゼが進行していくモデルを示す。ポリメラーゼがヌクレオソームに入ると、DNA からヒストン八量体を外していくが、ポリメラーゼがある程度離れると DNA は再びヒストン八量体に結合し、ループをつくり、閉じた領域を形成する。ポリメラーゼが DNA をほどいてさらに前へ進むと、ループに正の超らせんができる。その影響は絶大だろう。なぜならポリメラーゼが進むにつれて、約 80 bp の閉じたループごとにさらに超らせんを加えるからである。事実、ポリメラーゼはヌクレオソーム中を最初の 30 bp は簡単に進む。それから進行するのに困難が増していくかのようにゆっくりと進む。10 bp ごとに小休止することから、DNA 1 ターンごとにループの構造による束縛を受けていることが示唆される。ポリメラーゼがヌクレオソームの中央に達すると（次に加えられる塩基は 2 回対称軸の位置にあると）、休止は終わり、ポリメラーゼは速く進むようになる。このことから、ヌクレオソームの中央は八量体が排除される地点になることが示唆される（おそらく正の超らせんレベルが限界に達し DNA から八量体を追い出すのだろう）。これによってポリメラーゼの前方の緊張が緩み、前に進むことができるようになる。八量体はポリメラーゼの後方で DNA に結合し、もはやポリメラーゼの進行の障害にはならない。おそらく八量体は DNA との接触を完全には失わずに位置を変えるのだろう。

ヌクレオソームの構造は転写の際変わるだろう。図29・31 に誘導可能なプロモーターから転写されるパン酵母の URA3 遺伝子がどうなるかを示す。ヌクレオソームの配置は遺伝子の 5' 末端にある制限部位からミクロコッカスヌクレアーゼで切断される部位までの距離で測ることができる。最初、遺伝子ではプロモーターからほとんど遺伝子全体にわたってヌクレオソームの配置がみられ、3' 領域ではなくなっている。遺伝子が発現すると、ヌクレオソームの配置のパターンは明瞭でなくなる。したがってヌクレオソームは同じ密度で存在するが、その配置はそろわなくなる。このことは転写によりヌクレオソームの配置が乱れるということを示している。再び転写が抑制されると、ヌクレオソームの配置は元に戻る。

統一的なモデルとしては、RNA ポリメラーゼが進むに従ってヒストン八量体は外されると考えられる。実際、ヌクレオソームを DNA から外すことが転写のすべての過程において基本的に必要なのである。（転写が開始する前は、特異的なクロマチンリモデリング複合体によりヌクレオソームがプロモーターから除かれる。§30・2参照。）このことは、RNA ポリメラーゼはヌクレオソームによって邪魔をされない短い範囲の DNA 上から RNA 合成を開始することを意味する。伸長過程でこれを維持するには、前方にあるヒストン八量体は外されなければならない。そして、裸の DNA をその後に残すことを避けるために、八量体が転写にひき続いて再形成されなければならない。

ヒストン八量体を外し，そして再形成するには，補助タンパク質の助けがいる．その一つは FACT（facilitates chromatin transcription）とよばれるタンパク質で転写伸長因子のように挙動する（FACT は，RNA ポリメラーゼの構成成分ではなく，転写伸長期に RNA ポリメラーゼと特異的に結合する）．FACT は活性化した遺伝子のクロマチンと結合する．これは H2A・H2B 二量体をヌクレオソームが失う原因となる．FACT がコアヒストンからのヌクレオソームの形成を助けることから，これが転写後のヌクレオソームの再構築にも関与する可能性がある．このようなことから図 29・32 に示したモデルが提出できる．このモデルでは，FACT は RNA ポリメラーゼの直前にあるヌクレオソームから H2A・H2B を解離させ，そして，これを酵素の後ろで再構築中のヌクレオソームへと付加するのを助けると考える．この過程を完了するには，他のタンパク質も必要とされる．

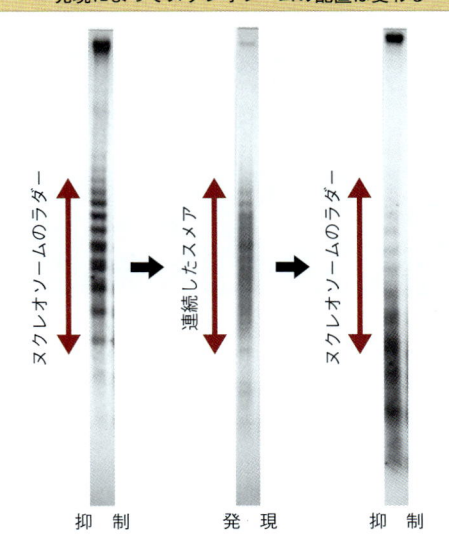

## 29・12 デオキシリボヌクレアーゼ高感受性部位ではクロマチンの構造が変化している

**高感受性部位** hypersensitive site デオキシボヌクレアーゼⅠおよびその他のヌクレアーゼによる切断に非常に感受性が高いという特徴をもつ，染色体の短い領域．ヌクレオソームを結合していない部分に当たる．

- 高感受性部位は発現している遺伝子のプロモーターでよくみられる．
- 高感受性部位は転写因子が結合するとヒストン八量体が外されることによって生まれる．

活性な，あるいは潜在的に活性をもった領域で起こる全般的な変化に加えて，転写の開始や DNA の構造上の特徴と関連して，特異的な部位に構造上の変化が起こる．これらの変化は非常に低い濃度のデオキシリボヌクレアーゼⅠ（DNase Ⅰ）で切ることによって最初に検出された．

クロマチンを DNase Ⅰで処理すると，まず特異的な**高感受性部位**で二本鎖 DNA に切断が起こる．これらの部位は DNA が普通のヌクレオソーム構造になっていないために特にむき出しになっている領域を表していると思われる．典型的な高感受性部位は酵素の攻撃に対しクロマチン全体より 100 倍も弱くなっている．

高感受性部位の多くは遺伝子の発現と関連している．どの活性遺伝子にもプロモーター領域に一つないし複数の高感受性部位がある．ほとんどの高感受性部位は，当該の**遺伝子が発現している細胞のクロマチンでのみ認められ，発現していないときには認められない**．5′末端側の高感受性部位は転写が始まる前にできる．高感受性部位内にある DNA 配列はその変異を解析してわかったように，遺伝子発現に必要である．

SV40 のミニ染色体のヌクレアーゼ感受性部位は特によく調べられている．複製開始点に近く，後期転写単位のプロモーターのすぐ上流にある短い領域は，DNase Ⅰ，ミクロコッカスヌクレアーゼやその他のヌクレアーゼ（制限酵素を含む）の作用を受けやすい．

図 29・33 は SV40 ミニ染色体のヌクレオソーム編成中にみられる"ギャップ"を電子顕微鏡で観察したものである．ギャップは約 120 nm（約 350 bp）の長さにわたっており，その両側の領域はヌクレオソームで覆われている．一目でわかるギャップはヌクレアーゼ感受性領域と対応し，ヌクレアーゼ感受性の増大とヌクレオソームの排除とが関連していることがわかる．

高感受性部位はヌクレアーゼに対して一様に感受性なわけではない．図 29・34 に 2 箇所の高感受性部位の地図を示す．

約 300 bp の SV40 のギャップの中に DNase Ⅰの感受性部位が 2 箇所と，"保護された"領域が 1 箇所ある．保護された領域では DNA と（非ヒストン）タンパク質が結合しているものと思われる．ギャップはプロモーター機能に必須な DNA 配列と関連している．

$\beta$ グロビンプロモーターにある高感受性部位は DNase Ⅰ，DNase Ⅱ，ミクロコッカスヌクレアーゼなどいくつかの酵素で選択的に切られる．これらの酵素は同じ領域の中ではあるが，少しずつ特異性の違う部位で DNA を切断する．$\beta$ グロビン遺伝子では転写

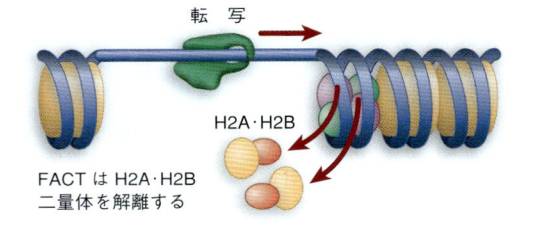

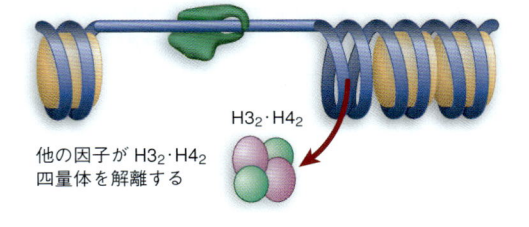

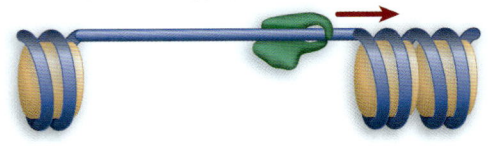

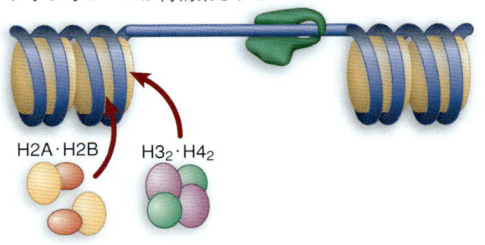

図 29・31 *URA3* 遺伝子は転写される前には平行移動配置をしたヌクレオソームを形成している．転写が誘導されるとヌクレオソームの配置はランダムになる．転写が抑制されるとヌクレオソームは再び特定の配置をとる．写真は Fritz Thoma 氏（Institute of Cell Biology, Zurich, Switzerland）のご好意による．

図 29・32 ヒストン八量体は転写の直前にばらばらに解離され，ヌクレオソームはなくなる．ヌクレオソームは転写の後に再形成される．H2A・H2B 二量体の放出がおそらくこの解離の過程を開始させている．

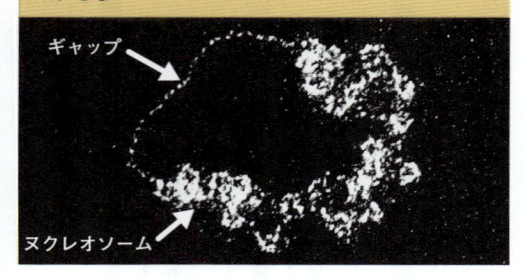

**図 29・33** SV40 ミニ染色体ではヌクレオソームのついていないギャップが見える．写真は Moshe Yaniv 氏（Unit of Gene Expression and Diseases, Institute Pasteur）のご好意による．

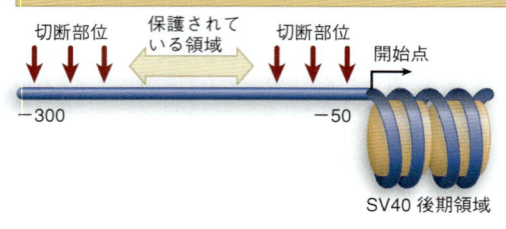

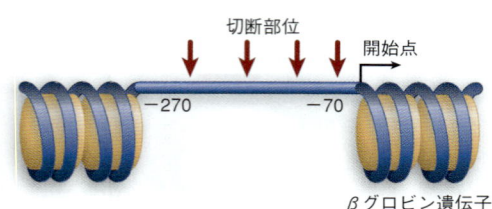

**図 29・34** SV40 のギャップには高感受性部位，普通の感受性を示す領域，保護された領域が認められる．ニワトリ β グロビン遺伝子にみられる高感受性部位はいろいろなヌクレアーゼに対して感受性を示す領域から成る．

が行われているとき，およそ −70〜−270 bp の部位がヌクレアーゼに感受性となっている．

高感受性部位はどういう構造をしているのだろうか．ヌクレアーゼの感受性が高いということからヒストン八量体で保護されていないと考えられるが，それは必ずしもタンパク質と結合していないということを意味しない．DNA が裸になっている部分は損傷を受けやすい．しかし，なぜヌクレオソームが排除されるのだろうか．高感受性部位は，ヌクレオソームを排除する特異的な調節タンパク質の結合に起因している．このようなタンパク質が存在するから，高感受性部位内に保護されている領域があるのである．ヒストン八量体を置き換えるにはクロマチンリモデリング複合体が必要であって，これはATP を使ってこの変換に必要なエネルギーを供給している．こうした複合体は種々の因子によって染色体上の特定の部位で機能するように動員される（§30・4 参照）．

## 29・13　活性遺伝子を含む領域はドメインをつくっている

> ドメイン　domain　染色体のドメインとは以下のいずれかを意味する．他のドメインとは独立した超らせん構造をもつ領域．または，デオキシリボヌクレアーゼ I に対する感受性が高い，発現中の遺伝子を含むまとまった領域．

- 転写されている遺伝子を含むドメインは DNase I による消化を受けやすいという性質をもっている．

活性遺伝子をもったゲノムの領域では構造が変化しているだろう．この構造の変化は RNA ポリメラーゼが実際に通り過ぎるために起こるヌクレオソーム構造の破壊とは異なり，それに先立って起こる．

転写中のクロマチンの構造に変化があるということは DNase I による消化を受けやすくなることで示される．DNase I 感受性によって少なくとも活性転写単位一つと，ときにはその前後の部分を含む構造の変わった部分として染色体のドメインが明確になってくる．（クロマチンや染色体のループ構造に対応して使われているドメインという語とは何の関係もなしにこれを使っていることに注意．）

クロマチンを DNase I で処理すると，いずれは酸可溶性物質（きわめて小さな DNA 断片）にまで分解される．酸可溶性となった DNA の割合を測れば，この反応過程を追うことができる．全 DNA のわずか 10% が酸可溶性になった条件で，活性遺伝子の 50% 以上が消失する．活性遺伝子は選択的に分解を受けることを示している．

個々の遺伝子がどうなるかについては，特異的なプローブを使ってこれと反応する DNA の残存量を求めればよい．この実験の操作手順を図 29・35 に示す．基本的には，特異的バンドの消失はそれに対応する領域の DNA が酵素により分解されたことを示すものである．

図 29・36 はニワトリの赤血球細胞（その中ではグロビン遺伝子が発現し，オボアルブミン遺伝子は不活性である）から抽出したクロマチンを使って β グロビン遺伝子とオボアルブミン遺伝子を調べた結果である．これをみると，制限酵素で分解した DNA のうちオボアルブミンの遺伝子を担う断片はあまり分解を受けていないのに，β グロビン遺伝子は速やかに消失していることがわかる．（実際オボアルブミン遺伝子は試料中の他の大部分の DNA と同じ速度で分解している．）

要するに，発現していない遺伝子（および他の塩基配列）を含む大部分のクロマチンは DNase I に抵抗性であるが，ある組織で発現している特定の遺伝子の所は酵素に感受性となっている．

この感受性の増大はグロビン遺伝子などの特に活発に発現する遺伝子が示す特徴なのだろうか．それとも活性遺伝子全般についていえることなのだろうか．細胞内の全 mRNA の集団に相当するプローブを使って実験をすると，mRNA 合成の多少に関係なく活発な遺伝子はみな DNase I 感受性を示す．（しかしその感受性の程度には差がある．）たまにしか発現しない遺伝子では，そこで転写にたずさわっている RNA ポリメラーゼ分子はきわめて少ないはずだから，この結果は DNase I 感受性が転写という現

象の結果ではなくて，むしろ転写される遺伝子の状態を反映していると考えてよい．

ドメインを表す際に大切なのは，DNase I 高感受性領域がかなり広い範囲にわたっているということである．普通，調節といえば DNA の特別な部位の所で起こる現象——たとえばプロモーターで転写が開始すること——のみを考えがちである．それが正しいとしても，そういった調節にはさらに広い範囲にわたる構造の変化を伴うか，変化をひき起こすに違いない．これは真核生物と原核生物の違いである．

## 29・14 インスレーターはエンハンサーやヘテロクロマチンの作用を阻止する

**インスレーター** insulator 染色体上のあるドメインの活性化または不活性化が染色体上の他のドメインへと波及するのを妨げる塩基配列のこと．

- インスレーターはエンハンサーやサイレンサーからのどんな活性化や不活性化作用の波及も阻止できる．
- インスレーターはヘテロクロマチンの拡張に対する防御壁の役割を果たす．
- 二つのインスレーターは，それらに挟まれた領域の外部からのあらゆる作用を防御している．

染色体には，遺伝子発現を活性化したり不活化したりする作用をもつ特異的な構造がヌクレオソームのコイル中に含まれている．こうした構造は，構造上の変化のためにしばしば高感受性領域として同定される．活性化に伴ってみられる高感受性部位は，プロモーターかエンハンサー内に位置する．これとは反対の効果により活性化または不活性化作用の波及を妨げる塩基配列を**インスレーター**とよぶ．次の二つの特徴のどちらか，または両方をもつ：

- インスレーターがエンハンサーとプロモーターの間に位置したとき，エンハンサーがプロモーターを活性化するのを妨げる．この阻止効果を図 29・37 に示す．このことからエンハンサーの働きがどのようにして特定のプロモーターに限られるのか説明できるだろう．
- インスレーターが活性遺伝子とヘテロクロマチンの間にあるときは，ヘテロクロマチンから広がってくる不活性化の作用から遺伝子を防御している．（ヘテロクロマチンは密集構造の結果として不活性になったクロマチン部位である．§31・2 参照．）防御壁としての効果を図 29・38 に示す．

いくつかのインスレーターはこれらの両方の特性をもっているが，ほかはどちらか一つ，つまりエンハンサーを阻止するかヘテロクロマチンの防御壁となるかに分かれている．この二つの働きは，どちらもクロマチン構造に変化を与えることを仲介しているが，その結果は異なるであろう．しかしながら，どちらの場合でもインスレーターがどれだけ遠距離に作用するかについては制限がある．

インスレーターの目的とは何なのだろうか．おもな機能としては，エンハンサーがプロモーターに対して無制限に働くのを防ぐことが挙げられる．エンハンサーの多くは近傍にあるどのようなプロモーターに対しても働く．インスレーターはある点から超えてエンハンサーが影響を及ぼすのを制限することができる．つまり，エンハンサーは特定のプロモーターにだけ働くことになる．それと同様に，ある遺伝子がヘテロクロマチンの近くに位置するとき，インスレーターはヘテロクロマチンの拡張による不意の不活性化を防ぐことができる．それゆえ，インスレーターは遺伝子制御の精度を高める要素として機能しているのである．

活性化や不活性化作用を妨げることにより，二つのインスレーターはその間の領域を一つのドメインと規定している．ショウジョウバエ（*D. melanogaster*）のゲノムのある領域の解析の過程で見つかった最初のインスレーターによりこの効果が明らかになった（図 29・39）．Hsp70 をコードする二つの遺伝子は，バンド 87A7 を構成している 18 kb の領域内にある．バンドの境界は scs と scs'（specialized chromatin structure, 特殊なクロマチン構造）という配列が目印になっている．scs と scs' は DNase I に非常に抵抗性

---

**発現している遺伝子は消化されやすいのか？**

クロマチンを DNase I で消化する

DNA 抽出後制限酵素で切断する

断片を電気泳動し DNA を変性する
発現している遺伝子からプローブ 1 を，発現していない遺伝子からプローブ 2 を調製する

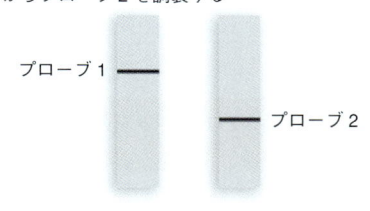

プローブ 1
プローブ 2

異なる濃度の DNase で処理したクロマチンを電気泳動しバンドの濃さを比較する

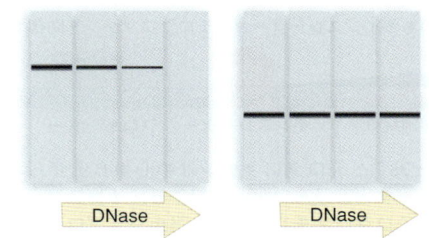

DNase　　DNase

プローブ 1 DNA に対応するものは優先的に切断された

プローブ 2 DNA に対応するものは優先的には切断されていない

図 29・35 特異的プローブとハイブリダイズする塩基配列の消失速度を測り，DNase I に対する感受性を求める．

---

**発現している遺伝子は消化されやすい**

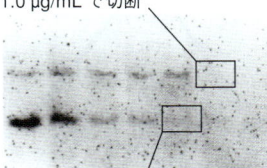

1.0 μg/mL で切断
胚型 β グロビン遺伝子
成体型 β グロビン遺伝子
0.5 μg/mL で切断

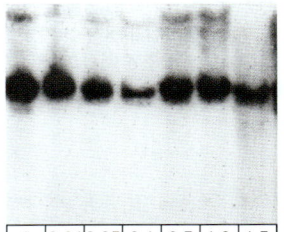

対照のオボアルブミン遺伝子

| 0 | 0.01 | 0.05 | 0.1 | 0.5 | 1.0 | 1.5 | μg/mL |

DNase I ⟶

図 29・36 成体の赤血球細胞では，成体型 β グロビン遺伝子は DNase I に高感受性であり，胚型 β グロビン遺伝子は（おそらく感受性領域が広がっているため）部分的に感受性を示す．オボアルブミン遺伝子は非感受性である．データは Harold Weintraub 氏のご好意による．

**インスレーターはエンハンサーを阻止することがある**

エンハンサーはプロモーターを活性化する

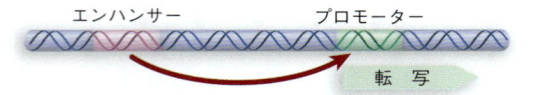

インスレーターはエンハンサーの作用を阻止する

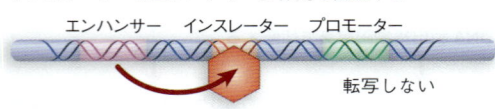

図 29・37 エンハンサーは近くにあるプロモーターを活性化するが，インスレーターがその間に位置すると活性化が阻止される．

**インスレーターはヘテロクロマチンの拡張を阻止することがある**

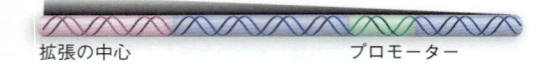

活性のあるインスレーターがヘテロクロマチンを防御する

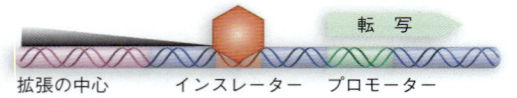

図 29・38 ヘテロクロマチンは中心から広がってプロモーターに及んで阻止が起こる．インスレーターはヘテロクロマチンの拡張を阻止してプロモーターの活性を保護する．

**scs と scs′ は hsp70 遺伝子の効果を遮断する**

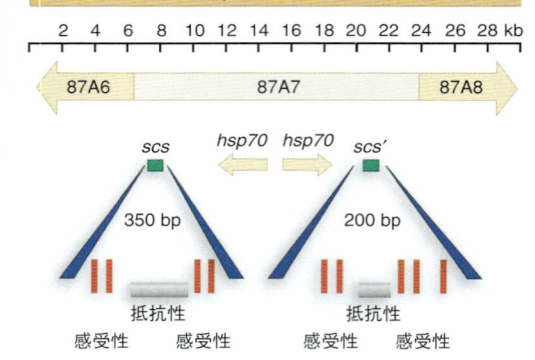

図 29・39 ショウジョウバエのゲノムの高感受性部位を含む特殊なクロマチン構造ではドメインの末端に目印があり，その間にある遺伝子を周りの配列の影響から隔離している．

のある領域で，その両側は約 100 bp の間隔をおいて同じ酵素に対する高感受性部位に囲まれている．

scs 配列により hsp70 遺伝子は周りの領域の影響から遮へいされている．もし scs 配列を取出して，たとえば white 遺伝子のいずれかの側につけたとすると，この white 遺伝子はゲノムのどこに置かれても，普通は抑制されている場所，たとえばヘテロクロマチン領域内でも機能できるようになる．

scs と scs′ 配列は，遺伝子発現の制御という点からは正の役割も負の役割ももたないが，一つの領域から次へと影響が伝わるのを制限しているようにみえる．しかし隣の領域に抑制作用があると，この作用が広がるのを防ぐために scs 配列が必要となり，したがって遺伝子発現には必須となるであろう．この場合，scs 配列の欠失により隣接する遺伝子（群）の発現がなくなってしまう可能性もある．

scs と scs′ 配列は異なる構造をしており，インスレーターとしての活性の分子基盤も異なるようにみえる．scs 配列の重要な DNA 配列は zw5 遺伝子産物が結合する 24 bp の配列である．scs′ 配列のインスレーターの特性は，CGATA という反復配列にある．この反復配列には BEAF-32 とよばれるタンパク質が結合する．このタンパク質は核内にはっきりとした局在化を示すが，最も注目すべきデータは多糸染色体内での局在様式に由来するものである．図 29・40 に示すように，抗 BEAF-32 抗体で多糸染色体のインターバンドの約 50 % が染まることが示されている．このことから，ゲノム中には多くのインスレーターがあり，BEAF-32 はインスレーター装置の共通成分であると考えられる．

インスレーターに囲まれた遺伝子は通常，周辺領域からの不活性化作用の波及から守られる．試しに遺伝子導入により DNA をランダムに挿入してみる．すると，挿入された遺伝子の発現は一貫性のない不規則なものになる場合が多い．すなわち，中には適切に発現するものもあるが，他のものは消失することがある（§32・5 参照）．しかしながら，防御壁の機能をもつインスレーターが挿入された DNA の一方の側に置かれた場合，その発現量はすべてにおいて均一である．

**インスレーターに結合するタンパク質の一部はインターバンドに局在化する**

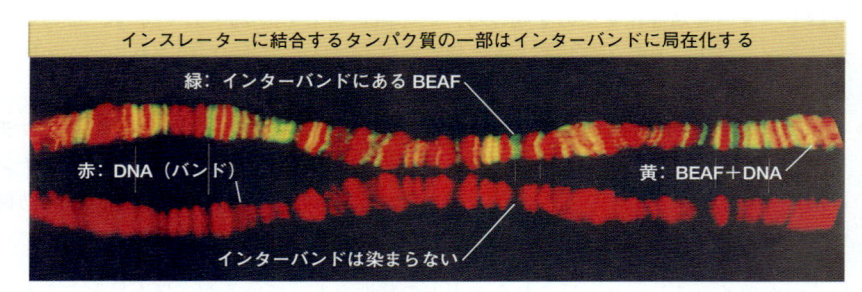

緑：インターバンドにある BEAF
赤：DNA（バンド）
黄：BEAF+DNA
インターバンドは染まらない

図 29・40 インスレーター scs′ に結合するタンパク質はショウジョウバエの多糸染色体のインターバンドに局在化する．上・下の試料ともに赤は DNA（バンド）を示し，上の試料の緑は BEAF-32（インターバンドによくみられる）を示す．黄色は二つの標識が一致した所を示す．インターバンドで特に顕著な染色を受けたもののいくつかには白線で印をつけた．写真は Ulrich K. Laemmli 氏のご好意による．

## 29・15 LCR は一つのドメイン全体を調節する

**遺伝子座制御領域（LCR）** locus control region あるドメイン（遺伝子クラスター）内の複数の遺伝子の発現に必要とされる DNA の領域．

■ LCR は一つのドメインの 5′ 末端に位置し，いくつかの高感受性部位から成っている．

24 章で述べたように，すべての遺伝子はそのプロモーターによって調節され，いくつかの遺伝子またはエンハンサー（プロモーターと似た調節配列を含むが，もっと遠くに位置する）にも応答する．しかし，これらの局所的な調節だけではすべての遺伝子において十分とはいえない．ドメイン全体に対して働く調節配列によって影響を受ける遺伝子群から成るドメインの中に遺伝子がある場合もある．このような配列の存在は，あ

る一つの遺伝子とその知られているすべての調節配列を含んだDNAの領域であって，動物に導入した際にその遺伝子がしかるべく発現しないことから見いだされた．

最もよく調べられた例はマウスβグロビン遺伝子のクラスターである．図6・3に示したようにヒトのαグロビンとβグロビンの遺伝子はおのおの関連する遺伝子のクラスターとして存在し，胎児から成人になるまでの間の異なる時期に発現することを思い出してみよう．これらの遺伝子には多くの調節配列があり，詳しく調べられている．成人型のヒトβグロビン遺伝子の場合，調節配列は遺伝子の5′側と3′側の両方にあり，プロモーター領域には正と負の調節配列，そして遺伝子内と下流にさらに正の調節配列がある．

しかしこれらの調節領域のすべてをもつヒトβグロビン遺伝子は，トランスジェニックマウスで野生型と同じ程度の量まで発現されることはなかった．さらに何らかの調節配列が必要なのである．ほかに調節機能のある領域が遺伝子クラスターの両端にあることが，DNase I 高感受性部位によって同定された．**図29・41**の地図にはε遺伝子の20 kb 上流に四つの部位から成るグループがあり，β遺伝子の30 kb 下流に一つの部位があることを示している．さまざまな組換え遺伝子をマウスの赤白血病細胞にトランスフェクトすると，5′領域の一つ一つの部位の間の配列を除いてもあまり影響は出てこないが，五つの部位のうちのどれを除いても全体の発現のレベルが下がることがわかった．

5′側の調節部位は調節配列中主要なもので，これらの高感受性部位のクラスターは**LCR**（遺伝子座制御領域）とよばれている．3′側の部位が機能しているかどうかはわかっていない．LCR は遺伝子クラスター内のおのおののグロビン遺伝子の発現に絶対に必要とされる．おのおのの遺伝子はさらにそれ自身の特異的な制御機構に従って調節される．これらの制御のうちいくつかは自己完結的である．すなわちεとγ遺伝子の発現制御は，それらの遺伝子座だけに固有なものであり，それにLCRによる調節が加わっている．他の制御機構はクラスター内の位置に依存しているようにみえ，このことからクラスター内での**遺伝子の順序**が調節に重要であると考えられる．

グロビン遺伝子を含む領域とそれを越えて広がる領域は一つの染色体ドメインを構成している．この領域は DNase I の消化に高い感受性を示す（図29・35参照）．5′ LCR を欠失させると，すべての領域にわたって DNase に対する抵抗性が通常のレベルにまで回復する．このクラスターの最も左にある高感受性部位はドメインの末端の目印となっていて，LCR がドメイン内にあるグロビン遺伝子にのみ働くよう制限を加えている．

LCR がどのように働くのかについて二つのモデルが提案されている．プロモーターの活性化に必要というものと，プロモーターからの転写速度の上昇に必要というものである．LCR と個々のプロモーターとの相互作用の実体についてはまだ十分にわかっていない．

このモデルは他の遺伝子のクラスターにもあてはまるのだろうか．αグロビンの遺伝子座にも異なる時期に発現する遺伝子群が同じように配置されていて，クラスターの一方の端に高感受性部位があり，やはり領域全体が DNase I に対し感受性が高くなっている．このほかにもLCRが遺伝子群を調節するような場合も，少数ではあるが知られている．

**図29・41** グロビンドメインはどちらの末端にも高感受性部位で目印がつけられている．5′側の部位はLCRを構成し，遺伝子クラスターのすべての遺伝子の機能に必須である．

## 29・16 何が調節ドメインを構成しているのか

> ■一つのドメインはインスレーター，LCR，マトリックス結合領域，転写単位などをもつ．

いろいろなシステムで見つかったさまざまなタイプの構造を総合すると，染色体ドメインがもっているかもしれない性質について考えることができる．調節ドメインの基本的な特徴は，調節配列が同一ドメイン内の転写単位にのみ働くことができるということである．ドメインは一つ以上の転写単位またはエンハンサーを含む．**図29・42**にドメインを決めるのに関与すると思われる構造をまとめた．

**図29・42** ドメインには三つのタイプの部位がある．ドメイン間に影響が広がるのを阻止するインスレーター，ドメインを核マトリックスに結合させるMAR，転写を開始するのに必要なLCRである．エンハンサーはドメイン内で複数のプロモーターに作用することがある．

インスレーターは，活性化もしくは抑制効果が波及するのを妨げる．最も簡単な形では，インスレーターはどちらの作用も阻止するが，インスレーターが一つの型だけの作用を防いだり，方向性をもって働くといった複雑な相互抑制を示すことがある．インスレーターはクロマチンの高次構造に影響を与えて作用すると考えられるが，その作用の多様性を含め詳しいことはわかっていない．

マトリックス結合領域（MAR；matrix attachment region）は核辺縁部にクロマチンを結合する（§28・4参照）．これらは，結合部位から伸長したループ状のDNAの物理的なドメインを形成する役割をもつと考えられる．これはインスレーターの作用に関するモデルに似ている．事実，MARは *in vitro* の実験ではインスレーターのような作用をするが，DNAをマトリックスに結合させる作用はインスレーター機能とは別のもののようであり，明確な因果関係があるわけではない．MARが会合して調節効果と物理的構造との関係を維持しているとしても，驚くべきことではないだろう．

LCRは距離をおいて機能し，ドメイン中のどの遺伝子が発現するのにも必要である（§29・15参照）．ドメインにLCRがある場合，ドメイン内のすべての遺伝子に対してその機能は必須であるが，おのおののLCRには共通性はないようである．いくつかの型のシス作用性の構造がLCRの機能に必要である．本来の定義としては，LCRの性質はドメイン内のプロモーターの最大限の活性を得るのに必要なエンハンサー様高感受性部位を保つことである．

ドメインの構成からなぜゲノムが大きいかを説明できるかもしれない．たとえばクロマチンが脱凝縮したり近づきやすくなったりするには，一定の空間が必要である．その領域では正確な配列は関係ないだろうが，ドメイン中のDNAの総量について選択が生じるかもしれないし，少なくともさまざまな転写単位があまりに密に配置されないように選択されてきたかもしれない．

## 29・17 要　約

すべての真核生物のクロマチンはヌクレオソームからできている．ヌクレオソームはそれぞれ2分子ずつのヒストンH2A, H2B, H3, H4が集合した八量体の周りに通常約200 bpの一定の長さのDNAが巻き付いている．1分子のヒストンH1がおのおののヌクレオソームに結合している．ほとんどすべてのゲノムDNAがヌクレオソーム構造をとっている．ミクロコッカスヌクレアーゼで処理すると，ヌクレオソームを構成するDNAは実験的に二つの領域に分かれることがわかる．リンカー領域はヌクレアーゼによって素早く分解される．146 bpの長さをもつコア領域は分解されにくい．ヒストンH3とH4のアミノ酸配列は最もよく保存されていて，粒子の直径は$H3_2 \cdot H4_2$四量体に相当する．ヒストンH2AとH2Bは，$H2A \cdot H2B$二量体二つから成る構造になっている．八量体は$H3_2 \cdot H4_2$の中核に二つの$H2A \cdot H2B$二量体が連続的に付加されて構築される．

ヒストン八量体に巻き付いたDNAは$-1.65$の超らせん構造をもっている．DNAがヌクレオソームに"入る"場所，そして"出てくる"場所はかなり近く，ヒストンH1がそこで"封"をしている．コアヒストンを除くと$-0.67$の超らせんがなくなる．この差はDNAのらせんの周期が，ヌクレオソーム表面上では平均10.17 bp/ターンから溶液中で裸の状態では10.5 bp/ターンに変わることによって大部分説明できる．ヌクレオソームの末端では10.0 bp/ターンから真ん中では10.7 bp/ターンまで，DNAの周期構造には変化がある．ヌクレオソームのDNAには折れ曲がりがある．

ヌクレオソームは，その6個を1巻きとして，凝縮率40の直径30 nmの繊維になる．この繊維からH1を除くと，ヌクレオソームが一直線に連なった10 nmの繊維にほどける．30 nm繊維は10 nm繊維がソレノイド型に巻いたコイルから構成されているだろう．30 nm繊維は真正クロマチンとヘテロクロマチン両方の基本的な成分である．非ヒストンタンパク質は，繊維がさらにクロマチンや染色体の超高次構造に構築されていくのに重要な役割を担っている．

ヌクレオソームの構築には二つの経路がある．複製と共役的な経路では，レプリソームを進行させるPCNAのサブユニットがヌクレオソームの構築を行う因子であるCAF-1を動員する．CAF-1は$H3_2 \cdot H4_2$四量体が複製によってできた娘二本鎖に配置される

のを助ける．この四量体は複製フォークによってヌクレオソームが壊れたためか，もしくは新しく合成されたヒストンによって構築された結果としてつくられる．同じようにH2A・H2B 二量体も供給され，この $H3_2$・$H4_2$ 四量体と会合してヌクレオソームが完成する．$H3_2$・$H4_2$ 四量体と H2A・H2B 二量体はランダムに会合するので，新しいヌクレオソームはおそらくこれまで使われていたヒストンと新しく合成されたヒストン両方を含むだろう．

RNA ポリメラーゼは転写の際ヒストン八量体を外す．八量体は（rDNA のように）転写が非常によく行われて完全に排除されているのでなければ，ポリメラーゼが通過した後 DNA に再び結合する．ヌクレオソームの構築の複製非依存的な経路では転写によって外されたヒストン八量体を再び配置する．その経路では H3 の代わりにヒストンバリアント H3.3 が使われる．これと似た他のもう一つの H3 を使う経路が，複製した後のセントロメアの DNA 配置におけるヌクレオソームの構築に使われる．

ヌクレアーゼに対する感受性の変化には二つの型があり，遺伝子の活性に関連している．転写可能なクロマチンは一般的に DNaseⅠ に対する感受性が高まっていて，活性または潜在的に活性化した遺伝子を含んだ一つのドメインとして定義可能な一つの長い領域全体にわたる変化を反映している．DNA の高感受性部位は決まった場所に生じ，DNaseⅠ の作用を非常に受けやすくなっていることで同定される．高感受性部位は隣接するヌクレオソームと特定の位置で区切りをつけ，ヌクレオソームの配置のための境界をつくり出している．ヌクレオソームの配置は調節タンパク質の DNA への接近を制御するのに重要なのであろう．

高感受性部位が生じるいろいろな状況は，これが現れるのには一般則があることを示唆している．すなわち二本鎖がある活性を発揮しようとする部位ではヌクレオソームが存在しないということである．その部位における特定の機能にかかわる転写因子やその他の非ヒストンタンパク質は短い DNA 領域の性質を変えてヌクレオソームを排除するのである．おのおのの状況で形成される構造は必ずしも似ているわけではない（もちろん定義上 DNaseⅠ に対する高感受性部位をつくり出すという点では共通している）．

高感受性部位はいくつかの種類の調節配列に起こる．それらの転写を調節するものにはプロモーター，エンハンサー，LCR が含まれる．また，複製開始点やセントロメアといった場合もある．プロモーターやエンハンサーは一つの遺伝子に働くが，LCR は一群の高感受性部位を含み，いくつかの遺伝子を含む一つのドメインを調節しているのであろう．

インスレーターはクロマチン内での活性化や不活性化作用の波及を阻止する．エンハンサーとプロモーターの間にインスレーターがあるとき，エンハンサーがプロモーターを活性化するのを妨げる．多くのインスレーターはどの方向に対してもそれを乗り越えようとする制御作用を妨げるが，中には一方向性のものもある．インスレーターは通常，活性化（エンハンサーとプロモーターの相互作用）と不活性化（ヘテロクロマチンの拡張が仲介する）の両方を防ぐことができるが，中にはどちらか一つに限定されていることもある．二つのインスレーターで挟まれた領域を調節ドメインと定義する．つまり，ドメイン内での制御の相互作用はドメイン内に限定されて，また外部からの影響から遮へいされている．

# 30 クロマチン構造は調節の要となっている

30・1 はじめに
30・2 クロマチンリモデリングは動的な過程である
30・3 リモデリング複合体は多種類ある
30・4 ヌクレオソームの編成はプロモーター上で変化する
30・5 ヒストン修飾は重要な反応である
30・6 ヒストンのアセチル化は二つの場合に起こる
30・7 ヒストンアセチルトランスフェラーゼはアクチベーターと結合する
30・8 ヒストンデアセチラーゼはリプレッサーと結合する
30・9 ヒストンのメチル化とDNAのメチル化には関連がある
30・10 プロモーターの活性化は秩序立った一連の反応である
30・11 ヒストンのリン酸化はクロマチン構造に影響を与える
30・12 いくつかの共通なモチーフがクロマチン修飾タンパク質にみられる
30・13 ヘテロクロマチンはヒストンとの相互作用を必要とする
30・14 要約

## 30・1 はじめに

> **サイレンシング** silencing 局所的な遺伝子発現の抑制．通常はクロマチンの構造変化に基づいている．
> **ヘテロクロマチン** heterochromatin 高度に凝縮しており，転写されず，複製期の最後の方で複製されるゲノムの領域．ヘテロクロマチンは恒常的ヘテロクロマチンと条件的ヘテロクロマチンの2種類に分類される．

ある遺伝子が発現するか否かは，（プロモーターにおける）局所的なクロマチン構造およびドメインを取巻くクロマチン構造の両方に依存している．クロマチン構造は個々の活性化現象や，幅広い染色体領域に影響を与える変化に応じて調節されている．最も局所的な現象は個々の標的遺伝子に関するもので，ヌクレオソームの構造や編成の変化がプロモーターのごく近傍で起こる．より一般的な変化が全染色体のような大きい領域に影響を与える場合すらある．

クロマチンの局所的な構造は遺伝子発現の調節に不可欠である．あるプロモーター上での変化は，その特定の遺伝子が転写を開始するか否かを制御している．この変化は活性化をひき起こすこともあるし，抑制する場合もある．

遺伝子の活性化にはクロマチンの状態の変化が必要であって，重要な問題はどのようにして転写因子がプロモーターのDNAに接近できるかということである．遺伝子は活性状態か不活性状態のいずれかの構造をとる．遺伝子が発現している細胞では"活性"状態にある．構造変化は転写が起こる前にすでに起きて，遺伝子が"転写可能"な状態にあることがわかる．このことから"活性（化されている）"構造にすることが遺伝子発現の最初の段階であることが示唆される．

全体にわたる構造変化の指標はヌクレアーゼの作用によって得られる．活性化された遺伝子はヌクレアーゼに高感受性な真正クロマチンのドメインでみられる（§29・13参照）．高感受性部位は遺伝子が活性化する前のプロモーターにつくられる（§29・12参照）．

分子レベルで，ヒストンとDNAの修飾は重要である．いくつかの転写のアクチベーターは直接ヒストンを修飾する．特にヒストンのアセチル化は，遺伝子の活性化に関与している．逆に，いくつかのリプレッサーはヒストンを脱アセチルすることによって機能している．したがって，プロモーター近傍で起きる可逆的なヒストンの構造変化は，遺伝子発現の調節に関与しているのである．こうした変化はヒストン八量体とDNAの会合に影響を与え，ヌクレオソームがある特定部位に存在するように制御している．これは，遺伝子が活性状態，もしくは不活性状態を維持する機構の重要な部分を担っている．

広い領域に影響する変化が，一つの遺伝子が発現されるかどうかを調節する場合がある．**サイレンシング**という用語は局所的な染色体領域の遺伝子の活性の抑制を表すために使われる．**ヘテロクロマチン**という用語は，物理的により凝集した構造を顕微鏡下で十分観察できるような広い染色体領域を表すために使われる．どちらの変化も基本的には同じで，タンパク質がクロマチンに結合し，直接的または間接的に転写因子やRNAポリメラーゼがその領域のプロモーターを活性化するのを防ぐ．

## 30・2 クロマチンリモデリングは動的な過程である

> **クロマチンリモデリング（クロマチンの構造変換） chromatin remodeling** 転写のための遺伝子の活性化に伴って起こる，エネルギー依存的なヌクレオソームの除去，移動および再編成．

- クロマチンの構造は安定で，転写因子やヒストンの平衡状態を変えても変わることはない．
- クロマチンリモデリングは，ヌクレオソームの編成を変えるために ATP の加水分解により供給されたエネルギーを使う．

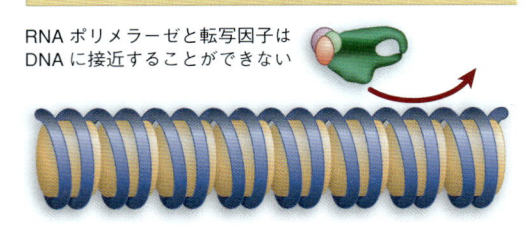

　DNAの発現の状態がどのように変化するかを説明するモデルが2種類ある．平衡モデルと不連続な状態変化モデルである．

　図30・1は平衡モデルを示している．この場合，直接関係する要因は，DNAに結合しているかいないかの平衡を左右するリプレッサーやアクチベーターの濃度だけである．タンパク質の濃度が十分高いと，DNAの結合部位はこのタンパク質に占められ，DNAの発現状態は影響を受ける．（結合は，ある特定の標的配列の抑制あるいは活性化につながる．）この種のモデルは，遺伝子発現が個々のリプレッサーとアクチベータータンパク質によってのみ決まっている細菌細胞の転写調節を説明できる（12章参照）．細菌の遺伝子が転写されるかどうかは，個々の遺伝子を活性化または抑制するさまざまな因子の濃度の総和から予想できる．どんな時でもこれらの濃度が変化すれば発現状態はすぐに変わるだろう．多くの場合このタンパク質の結合は協調的なので，一度濃度が十分高くなるとDNAへの素早い結合が起き，遺伝子発現が切替えられる．

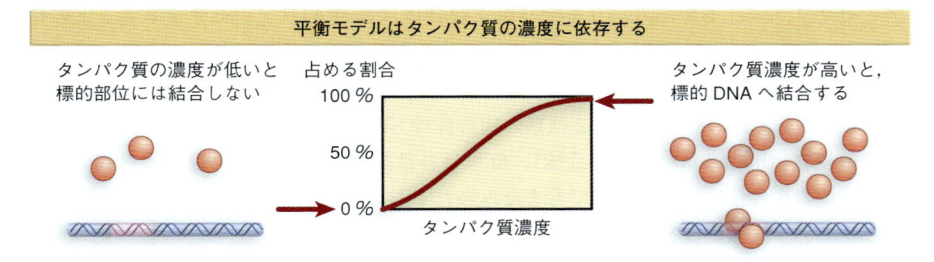

図30・1 平衡モデルでは DNA の結合部位の状態は結合するタンパク質の濃度に依存する．

　真核細胞のクロマチンはこれとは異なる状況にある．初期の in vitro の実験から，活性または不活性状態が確立されると，その後は他の構成因子を加えても影響は受けないことがわかった．ヌクレオソームへと巻き付いた状態の遺伝子は，転写因子や RNA ポリメラーゼを添加しただけでは活性化されないのである．図30・2は真核細胞のプロモーターに存在しうる二つの状態を示している．不活性状態ではヌクレオソームが存在し，基本転写因子と RNA ポリメラーゼの結合を阻害している．活性状態では基本転写装置がプロモーターに結合していて，ヒストン八量体はここには結合できない．どちらの状態も安定である．

　転写因子やヌクレオソームはただ単に遊離の成分の平衡を変化させるだけでは影響されない安定な状態を形成しているという原理は，つぎのような疑問を提起する．クロマチンの状態が活性型から不活性型に，またはその逆に，どのように変換するのであろうか．

　クロマチン構造の変化をひき起こす過程を総じて**クロマチンリモデリング（クロマチンの構造変換）**とよぶ．これはエネルギーを加えることによってヒストンを取除く機構から成り立っている．クロマチンからヒストンを遊離させるには多くのタンパク質-タンパク質，タンパク質-DNAの接触を壊す必要がある．この結合を壊すのにただ乗りはできず，エネルギーが供給されねばならない．図30・3には ATP を加水分解する因子による動的モデルの原理を示した．ヒストン八量体がDNAから遊離すると他のタンパク質（この場合は転写因子と RNA ポリメラーゼ）が結合できるようになる．

　図30・4にクロマチンリモデリングの種類をまとめた:

- 核酸とタンパク質の相互関係を変えながらヒストン八量体を DNA に沿ってスライド

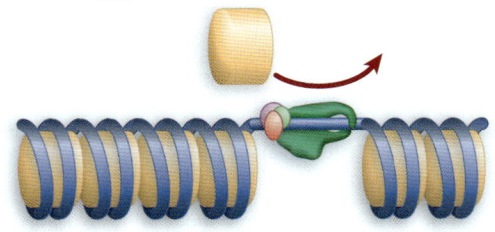

図30・2 プロモーターでヌクレオソームができると，転写因子（ならびに RNA ポリメラーゼ）は結合できず，転写は起こらない．転写因子（ならびに RNA ポリメラーゼ）がプロモーターに結合して安定した転写開始複合体を形成すると，ヒストンは排除される．

**ヌクレオソームの除去は動的な過程である**

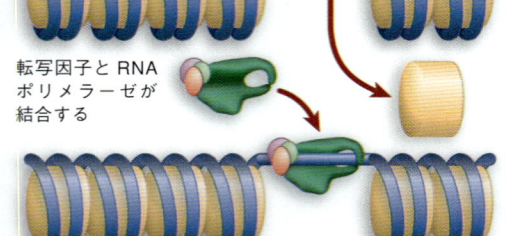

**図30・3** クロマチンの転写に関する動的モデルはATPの加水分解によって生じるエネルギーを使って特異的なDNA配列からヒストン八量体を外す因子に依存している.

**リモデリングはヌクレオソームの編成を変化させる**

- ヌクレオソームのスライディング → 配列の位置が変わる
- 間隔が調整される → 間隔が等しくなる
- ヌクレオソームが除去される → 遊離DNAのすき間

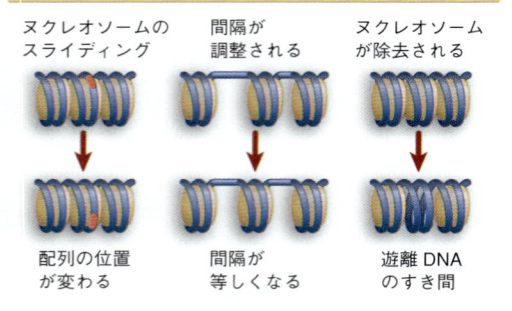

**図30・4** リモデリング複合体はヒストン八量体をDNAに沿ってスライドさせるか,DNAからヒストン八量体を外すかして,ヌクレオソームの間の間隔を調整する.

**リモデリング複合体には何種類かある**

| 複合体の種類 | SWI/SNF | ISWI | その他 |
|---|---|---|---|
| 酵母 | SWI/SNF<br>RSC | ISW1<br>ISW2 | |
| ハエ | dSWI/SNF<br>(Brahma) | NURF<br>CHRAC<br>ACF | |
| ヒト | hSWI/SNF | RSF<br>hACF/WCFR<br>hCHRAC | NuRD |
| カエル | | | Mi-2 |

**図30・5** リモデリング複合体はATPアーゼサブユニットによって分類される.

させ,ヌクレオソーム表面における特定の配列の位置関係を変化させる.
- ヒストン八量体の間隔が変わり,その結果再びタンパク質に対する個々の配列の位置関係が変わる場合がある.
- そして最も大きな変化は,一つまたは複数の八量体が完全にDNAから外されヌクレオソームのないすき間が生じることであろう.

クロマチンリモデリングは最も一般的には転写される遺伝子のプロモーターでのヌクレオソームの編成を変化させるために使われる.これは,転写装置がプロモーターに接近するために必要である.このリモデリングは,一つまたは複数のヒストン八量体を取除く形をとることがほとんどである.その結果,デオキシリボヌクレアーゼIの切断に高感受性な部位ができることが多い(§29・12参照).しかし,ヌクレオソームの配置上の変化のように,あまり劇的な変化がない場合もある.

### 30・3 リモデリング複合体は多種類ある

**SWI/SNF** クロマチンをリモデリング(構造変換)する複合体の一つ.ATPの加水分解を利用してヌクレオソームの構造や位置を変化させる.

■ SWI/SNF,RSC,NURFリモデリング複合体はいずれもとても大きく,ATPアーゼサブユニットによって分類されている.

クロマチンリモデリングは,リモデリングのエネルギーを供給するためにATPの加水分解を行う大きな複合体によって行われる.このリモデリング複合体の中心はATPアーゼサブユニットである.リモデリング複合体は普通ATPアーゼサブユニットの種類によって分けられ,類縁のATPサブユニットをもつ複合体は同じファミリーに属するとみなされる(他のいくつかのサブユニットもまた共通であることも多い).図30・5にこれらをまとめた.主要な2種類の複合体はSWI/SNFとISWIである〔ISWIとはSWIの模倣(imitation)という意味〕.酵母は各種類ごとに二つずつ複合体をもつ.両方の種類の複合体はハエやヒトでもまたみられる.おのおのの複合体は異なった機能範囲のリモデリング活性をもつだろう.

SWI/SNFは最初に同定されたリモデリング複合体である.その名前は,そのサブユニットの多くがもともとパン酵母(*S.cerevisiae*)の変異,*swi*または*snf*として同定された遺伝子にコードされていることを反映している.これらの遺伝子座の変異は多面的な表現型を示し,欠損の及ぶ範囲はRNAポリメラーゼIIのCTDテールを欠失した変異が示すものと似ている.これらの変異はクロマチンの構成成分をコードする遺伝子,特に*SIN1*や*SIN2*の変異と遺伝的に相互作用も示す.この*SIN1*の産物は非ヒストンタンパク質の一つであり,また*SIN2*はヒストンH3をコードしている.SWIとSNFの遺伝子はさまざまな遺伝子座それぞれの発現に必要とされる(パン酵母では約120の遺伝子,つまり全体の2%が影響を受ける).これらの遺伝子座はおそらくそれらのプロモーターのクロマチンをリモデルするのにSWI/SNFを必要とするのであろう.

SWI/SNFは *in vitro* で触媒として働き,酵母細胞一つ当たりたかだか約150の複合体しか存在しない.SWI/SNFのサブユニットをコードするすべての遺伝子は必須ではなく,これは酵母はクロマチンリモデリングを行う方法をほかにももっていることを示唆している.RSC複合体はもっと量が多く,また生存に必須である.それは約700の標的遺伝子座に働く.

SWI/SNF複合体はDNAからヒストン八量体を除いたり,その位置を変えたりする.どちらの型の反応もおそらく標的ヌクレオソームの構造が変化した同じ中間体を介していて,その後構造の変化したヌクレオソームが元のDNA上に再形成されるか,またはヒストン八量体がこれまでと違うDNA分子へと置換されるのであろう.SWI/SNF複合体は標的部位のヌクレオソームのデオキシリボヌクレアーゼIの感受性を変化させ,タンパク質-DNAの結合の変化を誘導するが,これはヌクレオソームから解離した後も維持される.Swi2サブユニットはSWI/SNFがリモデリングを行うエネルギーを供給するATPアーゼである.

DNA とヒストン八量体の間には多くの接触点があり，結晶構造において 14 の接触点が同定されている．これらの接触点すべては，ヒストン八量体が解離するときにも，また新しい位置へ移動するときにも壊されなくてはならない．これはどのようにして行われるのだろうか．現在の考え方では SWI や ISWI に属するリモデリング複合体はヌクレオソーム表面上の DNA をねじるために ATP の加水分解を使うと考えられている．間接的な証拠が，これが DNA の小さな部分をヌクレオソームの表面から解離し，再び元に戻すような機械的な力を生み出していると示唆している．

SWI/SNF 複合体の作用についての一つの謎は，その実質的な大きさである．11 個のサブユニットをもち，総分子量は約 $1.6 \times 10^6$ である．SWI/SNF 複合体に比べると RNA ポリメラーゼやヌクレオソームが小さく見えることから，この複合体のすべての成分がどうやってヌクレオソーム表面上に保持された DNA と相互作用することができるのか理解しがたい．しかし，RNA ポリメラーゼ II ホロ酵素とよばれる完全な転写活性をもつ複合体には，RNA ポリメラーゼ自身と，TBP，TFIIA 以外のすべての TFII 因子，さらにポリメラーゼの CTD テールと結合している SWI/SNF 複合体が含まれている．実際，事実上ほとんどすべての SWI/SNF 複合体がホロ酵素標品中に存在するのであろう．このことは，クロマチンリモデリングとプロモーターの認識が一つの複合体によって足並みをそろえて行われていることを示唆している．

## 30・4 ヌクレオソームの編成はプロモーター上で変化する

- リモデリング複合体はそれ自身は特定の標的部位に対する特異性をもたないが，転写装置の構成成分により動員される．
- ひとたびリモデリング複合体が結合すると，転写因子は解離する．
- MMTV プロモーターはホルモンレセプターがヌクレオソーム上の DNA に結合するために，ヌクレオソームの回転移動配置の変化を必要とする．

リモデリング複合体はどのようにしてクロマチンの特定の部位を標的とするのだろうか．それ自身は DNA 配列に特異的なサブユニットを含まない．このことはそれらがアクチベーターか（ときには）リプレッサーによって動員されるという図 30・6 に示したモデルを示唆する．

転写因子とリモデリング複合体の相互作用が反応機構に対する基本的な知見を与えてくれる．転写因子 Swi5 は酵母の *HO* 遺伝子座を活性化する（Swi5 は SWI/SNF 複合体の一員ではないことに注意）．Swi5 は分裂期の終わりに核に入り *HO* プロモーターに結合する．そして SWI/SNF をプロモーターに動員する．Swi5 は SWI/SNF をプロモーターに残したまま解離する．これは転写因子の機能はリモデリング複合体が結合した瞬間に果たされるという"ヒットエンドラン"機構によってプロモーターを活性化することを意味している．

リモデリング複合体が遺伝子の活性化に参加することは，ある転写因子がその標的遺伝子を活性化するのにこの複合体が必要であることから発見された．最初の例の一つは *in vitro* でショウジョウバエの *hsp70* を活性化する GAGA 因子である．GAGA 因子がプロモーター上の四つの $(CT)_n$ に富む部位に結合すると，ヌクレオソームを破壊し，高感受性部位をつくり，隣接したヌクレオソームをランダムな位置ではなくて特定の位置へと再配置させる．ヌクレオソームの破壊は NURF 複合体を必要とするエネルギー依存的な過程である．ヌクレオソームの編成は付近のヌクレオソームの位置を決める境界を確立するように変化する．この過程において，GAGA 因子はその標的部位や DNA に結合し，その存在によってリモデルされた状態が固定される．

しかし，どんな場合にも転写の開始にヌクレオソームの排除が必要であるというわけではない．ヌクレオソームの表面で DNA に結合することができる転写因子もある．いくつかのステロイドホルモン応答配列ではホルモンレセプターが結合できるようにヌクレオソームは正確に配置されているようである．レセプターの結合は DNA とヒストンとの相互作用を変化させ，新しい結合部位をつくり出すこともある．ヌクレオソームが正確に配置されることが必要であるのは，おそらくヌクレオソームが DNA の特定な面を繰返しさらけだして"置く"ためか，または転写因子とヒストンや他のクロマチンの

**リモデリング複合体はアクチベーターを介して結合する**

1. 配列特異的な因子が DNA に結合する

2. リモデリング複合体が因子を介して結合する

   リモデリング複合体

3. リモデリング複合体がヌクレオソームを除去する

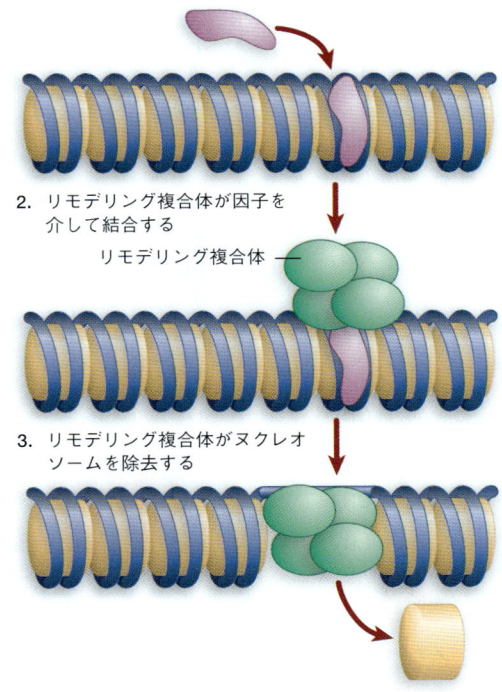

図 30・6　リモデリング複合体はアクチベーター（またはリプレッサー）を介してクロマチンに結合する．

**ヌクレオソームは NF-1 の結合に必要とされる**

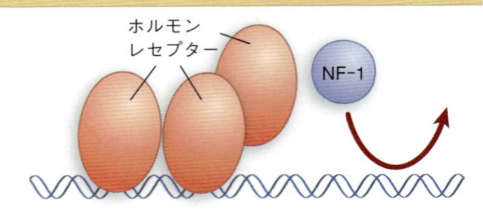

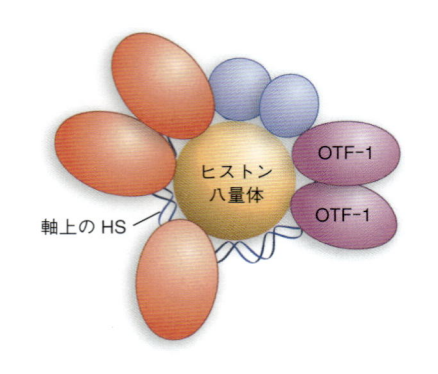

**図 30・7** ホルモンレセプターと NF-1 は同時には線状 DNA の MMTV プロモーターに結合できないが，DNA がヌクレオソーム表面上に呈示されているときには同時に結合できる．

成分との間にタンパク質-タンパク質相互作用があるためであろう．したがって現在はクロマチンをもっぱら抑制的な構造であるとする見方から，転写因子とクロマチンの間の相互作用が活性化に必要であるという考えに移り変わってきているといえよう．

MMTV プロモーターは，特異的なヌクレオソーム編成を必要とする一つの例である．MMTV プロモーターには部分的にパリンドローム構造をもった部位が六つ連なる配列があるが，それぞれの部位にはホルモンレセプターの二量体一つが結合しうる HRE（ホルモンレセプター応答配列）が存在する．また，MMTV プロモーターには転写因子 NF-1 の結合部位一つに近接して，OTF 因子が結合する二つの部位がある．ホルモンレセプターと NF-1 は裸の DNA の結合部位には同時には結合できない．図 30・7 ではヌクレオソーム構造がどのようにこれらの因子の結合を制御しているかを示している．

ホルモンレセプターはホルモンが添加されるとプロモーター上でその結合部位を保護するが，ヌクレオソームの両端の印となるミクロコッカスヌクレアーゼ感受性部位には影響を与えない．つまり，ホルモンレセプターはヌクレオソームの表面で DNA に結合するということである．しかし，ホルモンの添加の前のヌクレオソーム上の回転移動配置では四つの部位のうち二つだけに接近できる．他の二つの部位への結合には，ヌクレオソーム上で回転移動配置に変化が必要である．NF-1 はホルモン誘導後ヌクレオソーム上に結合してフットプリントが検出されるようになるので，こうした構造の変化は NF-1 が結合できるようになるのに必要なのであろう．おそらく，この構造の変化は DNA を露出して，ホルモンレセプターが NF-1 の裸の DNA への結合を阻害するような立体障害を解除するものと考えられる．

### 30・5　ヒストン修飾は重要な反応である

- ヒストンはリシンのアセチル化，リシンとアルギニンのメチル化の修飾を受ける．
- 標的アミノ酸はヒストンの N 末端テールに位置している．
- リン酸化はセリン残基に起きる．

すべてのヒストンでは特定のアミノ酸の遊離基が共有結合で修飾されている．リシンの遊離（ε）アミノ基はアセチル化やメチル化される．図 30・8 に示すようにアセチル化により $NH_3^+$ の正電荷を失う．アルギニンにもメチル化が起こる．リン酸化はセリンのヒドロキシ基やトレオニンで起こる．この結果，リン酸基の負電荷がもち込まれる．

修飾される部位はヒストンの N 末端テールに集中している．ヒストンテールは N 末端の 20 アミノ酸から成り，ヌクレオソームに DNA が巻き付いているすき間から伸び出ている（図 29・18 参照）．図 30・9 にヒストン H3 や H4 のおもな修飾部位をまとめてある．

修飾は一過的である．修飾はタンパク質分子の電荷を変えることから，八量体の機能的性質を変える能力をもっている．ヒストン修飾は直接ヌクレオソーム構造に影響したり，クロマチンの性質を変える非ヒストンタンパク質との結合部位を生じさせている．ヒストン修飾は複製や転写におけるクロマチン構造の変化と結び付いている．

修飾の標的となるヌクレオソームの範囲はさまざまである．修飾が局所的な場合は，たとえばプロモーター上のヌクレオソームのみに制限されている．もしくは一般的な場合は，たとえば全染色体に及ぶ．図 30・10 は一般的にはアセチル化が活性クロマチンと，メチル化が不活性クロマチンと相関していることを示している．しかし，これは単純な規則ではなく，特定の部位の修飾や特定の修飾の組合わせがおそらく重要で，ヒストンテールにおけるあるアミノ酸のアセチル化が不活性クロマチンと相関しているといった例外がある．

**リシンとセリンは修飾の標的である**

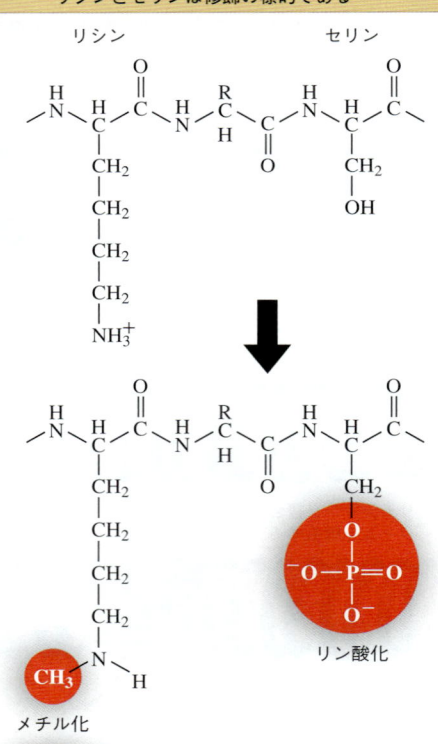

**図 30・8**　リシンのアセチル化またはセリンのリン酸化により，タンパク質全体の正電荷が減少する．

### 30・6　ヒストンのアセチル化は二つの場合に起こる

- ヒストンのアセチル化は複製中，一時的に起こる．
- ヒストンのアセチル化は遺伝子発現の活性化に関係している．
- 脱アセチルクロマチンはより凝集した構造になる．

すべてのコアヒストンはアセチル化できる．アセチル化のおもな標的はヒストン H3 と H4 の N 末端テールのリシンである．アセチル化は異なる二つの場合に起こる：

- DNA 複製の間
- 遺伝子が活性化されるとき

細胞周期の S 期に染色体が複製されるとき，ヒストンは一時的にアセチル化される．図 30・11 にヒストンがヌクレオソームに組込まれる前にアセチル化されることを示した．ヒストン H3 と H4 は互いに会合して $H3_2・H4_2$ 四量体を形成するときにアセチル化される．その後，この四量体はヌクレオソームに組込まれる．それからかなり早い時期にアセチル基は取除かれる．

酵母では，複製期にヒストン H3 と H4 の両方のアセチル化を阻害すると生育できなくなることから，アセチル化が重要であることが示唆された．S 期にこれらのヒストンのどちらか一つがアセチル化できれば，酵母は完全に生育できるので，この二つのヒストンは基質として重複している．アセチル化の役割には二つの可能性がある．ヒストンをヌクレオソームに組込むための因子が認識するのに必要であるか，もしくは新しいヌクレオソームの形成や構造に必要であるかである．

クロマチン形成に関与することが知られている因子はヒストンがアセチル化されているかいないかを識別しないので，この修飾はその後の相互作用に必要だろうということが示唆される．実際，アセチル化はおそらくヒストンがヌクレオソームに組込まれるときに起こるタンパク質-タンパク質相互作用を調節するのに必要と考えられてきた．

S 期以外ではクロマチンのヒストンのアセチル化は一般的に遺伝子発現の状態と相関している．この関係は活性遺伝子を含む領域でヒストンのアセチル化が増加していて，アセチル化したクロマチンはデオキシリボヌクレアーゼ I と（おそらく）ミクロコッカスヌクレアーゼに対する感受性が高くなることから初めて見いだされた．図 30・12 に遺伝子の活性化はヌクレオソームのヒストンテールのアセチル化と関連があることを示す．遺伝子が活性化するとそのプロモーター近傍のヌクレオソームにアセチル化が起きることから，こういうことは広く起きているものと今では考えられるようになった．

個々のプロモーターでの出来事に加えて，広範囲でのアセチル化の変化が性染色体で起きている．これは（Y 染色体に加えて）一つだけ X 染色体があるものに対して，二つ X 染色体があるものでは，量的補償のために一つの X 染色体上の遺伝子の活性が変化するという機構の一部である（§ 31・4 参照）．哺乳類の雌では不活性状態にある X 染色体上のヒストン H4 は低いレベルでしかアセチル化されていない．ショウジョウバエの雄で強く活性化している X 染色体上のヒストン H4 は Lys-16 が特異的にアセチル化されている．これはアセチル基の存在が凝縮していない活性化した染色体構造のための必要条件であることを示唆する．

## 30・7 ヒストンアセチルトランスフェラーゼはアクチベーターと結合する

ヒストンアセチルトランスフェラーゼ（**HAT**） histone acetyltransferase　アセチル基を付加してヒストンを修飾する酵素．転写のコアクチベーターの中には HAT 活性をもつものがある．

ヒストンデアセチラーゼ（**HDAC**） histone deacetylase　ヒストンからアセチル基を取除く酵素．転写のリプレッサーと関連している可能性がある．

- 転写アクチベーターはヒストンアセチルトランスフェラーゼ活性を伴った巨大複合体を形成する．
- ヒストンアセチルトランスフェラーゼの標的の特異性はさまざまである．
- アセチル化は量と質の両面から転写に影響を与える．

アセチル化は可逆的である．反応の各方向は特定の型の酵素により触媒される．ヒストンをアセチル化する酵素は**ヒストンアセチルトランスフェラーゼ（HAT）**とよばれている．アセチル基は**ヒストンデアセチラーゼ（HDAC）**によって取除かれる．HAT は 2 種類存在し，グループ A は転写に関与し，グループ B はヌクレオソームの構築に

---

**ヒストンの N 末端テールは多くの修飾部位をもつ**

H3 の修飾部位

| | Me | | | | | Me | P | | Ac |
Ala Arg Thr Lys Gln Thr Ala Arg Lys Ser Thr Glu Glu Lys
1　2　3　4　5　6　7　8　9　10　11　12　13　14

H4 の修飾部位

P　Me　　Ac　　　　　　　　　　Ac
Ser Glu Arg Glu Lys Glu Gly Lys Glu Leu Glu Lys Glu Glu
1　2　3　4　5　6　7　8　9　10　11　12　13　14

図 30・9　ヒストン H3 と H4 の N 末端テールはいくつかの部位でアセチル化，メチル化またはリン酸化を受ける．

---

**ヒストン修飾は遺伝子の活性を調節する**

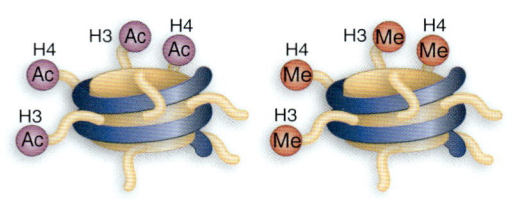

活性クロマチン　　不活性クロマチン

図 30・10　H3 と H4 のアセチル化は活性クロマチンと相関していて，一方メチル化は不活性クロマチンと相関している．

---

**ヌクレオソームはアセチル化されたヒストンから形成される**

アセチル基は除去される

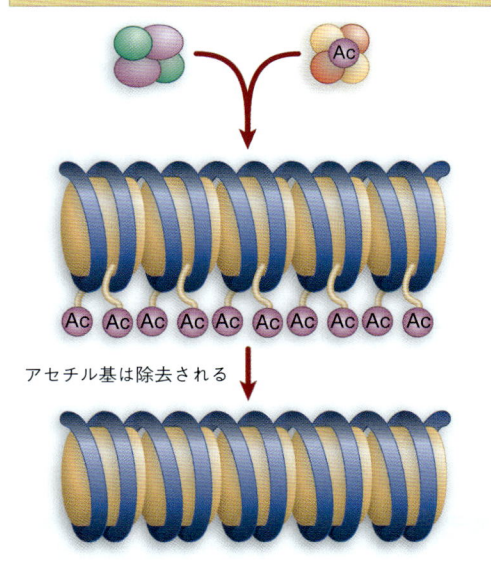

図 30・11　複製におけるアセチル化はヒストンがヌクレオソームに組込まれる前に起こる．

### ヌクレオソームのヒストンはアセチル化される

不活性遺伝子

活性遺伝子

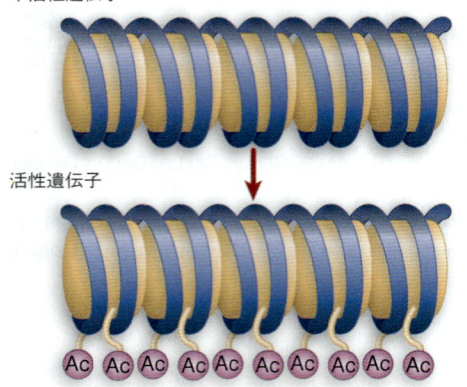

**図30・12** 遺伝子の活性化と関連があるアセチル化はヌクレオソームのヒストンを直接修飾することによって起こる．

### いくつかのコアクチベーターはアセチル化活性をもつ酵素である

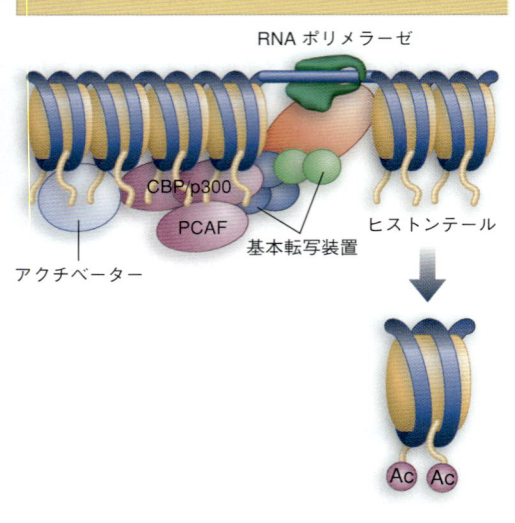

RNAポリメラーゼ
CBP/p300
PCAF
基本転写装置
ヒストンテール
アクチベーター

**図30・13** コアクチベーター（PCAFとCPB/p300）はヌクレオソームを構成するヒストンテールをアセチル化するHAT活性をもっている．

### 修飾複合体はいくつかの構成因子をもつ

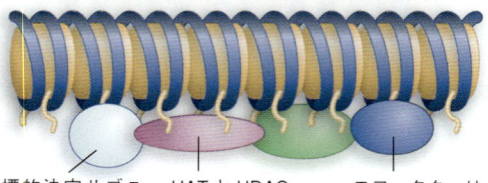

標的決定サブユニットはDNAに結合する　HATとHDACはヒストンテールに働く　エフェクターはクロマチンまたはDNAに働く

**図30・14** クロマチン構造または活性を修飾する複合体は，作用する部位を決定する標的決定サブユニット，ヒストンをアセチル化するHATまたはヒストンを脱アセチルするHDAC，クロマチンもしくはDNAに別の作用をするエフェクターサブユニットをもつ．

---

関与する．

ヒストンのアセチル化の役割の研究は，HATとHDACの解析とこれらの酵素の活性化や抑制などの反応に関与する他のタンパク質とのかかわりから，大きな突破口が開かれた．ヒストンのアセチル化に対する考え方は，HATは必ずしもクロマチンと会合するための酵素ではなく，むしろ既知の転写アクチベーターがHAT活性をもっていて，この酵素活性が転写活性化能に必須であるという発見により根本的に変わった．

このようなことから図30・13に示すように，RNAポリメラーゼが高感受性部位に結合し，コアクチベーターがその近傍のヌクレオソーム上のヒストンをアセチル化するというように，コアクチベーターの働きを説明することができる．この種の相互作用の例は今では多く知られている．

HAT活性をもつことが最初に示された転写のコアクチベーターは酵母のGcn5タンパク質であって，特定のエンハンサーと標的プロモーターの相互作用に必要なアダプター複合体の構成成分となっている．Gcn5によって最も重要なHAT複合体の一つが見つかった．酵母において，Gcn5は転写にかかわるいくつかのタンパク質を含む1.8 MDaのSAGA複合体の一部である．これらのタンパク質の中に数個のTAFⅡがある．またTFⅡDのサブユニットのTAFⅡ145はHATである．TFⅡDとSAGAの機能はいくらか重複していて，特に酵母はTAFⅡ145かGcn5のどちらかがあれば生育できるが，両方が欠損すると生育できなくなる．これはHAT活性は遺伝子発現に必須であるが，それはTFⅡDかSAGAのどちらか一方によって供給されることを示している．SAGA複合体の大きさから期待されるように，アセチル化はその機能の一つにすぎないと考えられるが，その他の機能はあまり明らかになっていない．

HATが巨大複合体の1成分であることはアセチル化に一般的な特徴である．図30・14にこうした複合体の働きについての単純なモデルを示した．多くの場合，このヒストン修飾複合体にはDNA上の結合部位を決める標的決定サブユニットが含まれ，これがそのHATの標的を決めている．この複合体にはまたクロマチン構造に影響を与えたり，転写に直接働いたりするエフェクターサブユニットも含まれる．おそらくこのエフェクターのうち少なくともいくつかはアセチル化を起こすことがその機能に必要とされる．HDACによって触媒される脱アセチルもおそらく同じように起こるのであろう．

アセチル化の作用は量的に効くのか，また質的に効くのだろうか．一つの可能性として，ある程度の数のアセチル基が効果を得るために必要ではあるが，アセチル化が起こる正確な部位はほとんど影響はないという考え方がある．もう一つの可能性は，特定部位のアセチル化が特異的な作用を与えるというものである．多種のHAT活性をもつ複合体が存在することについても，どちらの可能性でも解釈することができる――複合体を構成する個々の酵素が異なる特異性を有しているものならば，多種の活性をもつことは異なった部位のうち十分な数をアセチル化するために必要であるとも理解できるし，特定部位のアセチル化が転写において異なる効果を与えるのに必要とされるからだとも解釈される．複製時には，少なくともヒストンH4に関してはアセチル化可能な3個の部位のうちいずれの2箇所でもアセチル化されれば十分であり，この場合は量的モデルに都合が良いといえる．しかし，転写に影響を与えるためにクロマチン構造を変える場合には，ヒストンの特定部位のアセチル化が重要であろう（§30・13参照）．

## 30・8　ヒストンデアセチラーゼはリプレッサーと結合する

- 脱アセチルは遺伝子活性の抑制に伴って起こる．
- ヒストンデアセチラーゼはリプレッサー活性をもつ複合体中に存在する．

もしアセチル化に遺伝子の活性化が必須であるならば，活性遺伝子のスイッチを切るためには脱アセチルが必要と考えるのは妥当なことであろう．この種の結び付きが明確となったのは酵母においてであって，酵母の*SIN3*と*RPD3*の変異体は，これらの遺伝子座が本来さまざまな遺伝子を抑制しているかのようにふるまう．これらは図30・15に示すように，DNA結合タンパク質であるUme6と複合体を形成することで，Ume6が結合する*URS1*配列があるプロモーターの転写を抑制する．Rpd3はヒストンデアセチラーゼ（HDAC）である．

多くの哺乳類細胞でも類似した抑制のシステムがみられる．転写調節因子である bHLH ファミリーにはヘテロ二量体として機能するアクチベーターが含まれるが，MyoD もその一つである（§25・12 参照）．bHLH ファミリーにはリプレッサーも含まれており，その典型が Mad・Max ヘテロ二量体であるが，Mad をこのグループに属する他の相同タンパク質と置き換えてもその抑制作用に代わりはない．Mad・Max ヘテロ二量体は（特異的な DNA 部位に結合する）Sin3 の相同タンパク質（マウスでは mSin3，ヒトでは hSin3）と相互作用する．mSin3 はヒストン結合タンパク質，およびヒストンデアセチラーゼ HDAC1，HDAC2 を含む抑制複合体の一員である．HDAC 活性は抑制に必要である．このシステムがさまざまな構成要素から成っていることは，他の場合の Sin3 の使われ方をみるとよりはっきりする．レチノイン酸などのホルモンレセプターによる特定の標的遺伝子の抑制を可能にするコリプレッサー（SMRT）は mSin3 と結合することによって機能するが，mSin3 はつぎにその部位に HDAC 活性を動員する．抑制部位への HDAC 活性の導入のもう一つの方法として，メチル化シトシンに結合するタンパク質である MeCP-2 との結合性を使うということもある（§24・13 参照）．

ヒストンのアセチル化がみられないこともヘテロクロマチンの特徴である．これは恒常的ヘテロクロマチン（主としてセントロメアやテロメアの領域を含む）と条件的ヘテロクロマチン（ある細胞では活性化されているが，他の細胞では不活性化されている領域）の両方についてあてはまる．一般的にヒストン H3 と H4 の N 末端テールはヘテロクロマチン領域ではアセチル化されていない．

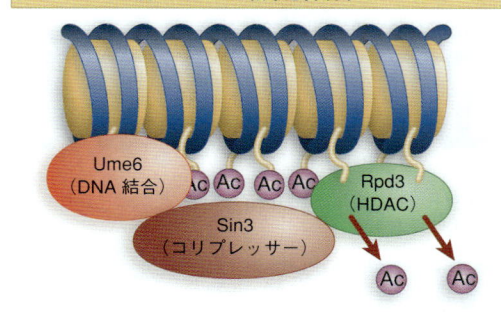

図 30・15 抑制複合体は 3 種の構成成分（DNA 結合サブユニット，コリプレッサー，HDAC）から成る．

## 30・9 ヒストンのメチル化と DNA のメチル化には関連がある

- DNA とヒストンの両方がメチル化を受けていることは，不活性クロマチンの特徴である．
- この 2 種類のメチル化には関連がある．

ヒストンと DNA 両方のメチル化は不活性なことと関係がある．ヒストンのメチル化部位には H3 テールの二つのリシンと H4 テールの一つのアルギニンがある．

H3 の Lys-9 のメチル化は，全体がヘテロクロマチンとなっている場合や発現していないことが知られている小さな領域等がある，凝集したクロマチン領域の特徴である．このリシンを標的とする酵素ヒストンメチルトランスフェラーゼは SUV39H1 とよばれる（この風変わりな名前の起源については §30・12 を参照）．その触媒部位は SET ドメインとよばれる領域をもつ．他のヒストンメチルトランスフェラーゼはアルギニンに働く．加えて，メチル化は H3 の球状のコア領域の Lys-79 においても起こり，これはおそらくテロメアのヘテロクロマチン形成に必要なのだろう．

DNA で最もメチル化されている部位は CpG アイランドである（§24・13 参照）．ヘテロクロマチンの CpG 配列は普通はメチル化されている．逆に，プロモーター領域に位置する CpG アイランドが脱メチル化されることは，その遺伝子が発現するために必要である．

DNA のメチル化とヒストンのメチル化はおそらく関連している．いくつかのヒストンメチルトランスフェラーゼは，メチル化された CpG ダブレットに結合できる部位を含んでおり，メチル化された DNA 配列がヒストンメチルトランスフェラーゼの結合をつくるだろうという可能性が考えられる．これとは異なった関連が見いだされていて，真菌の *Neurospora* では DNA のメチル化はヒストン H3 の Lys-9 に働くヒストンメチルトランスフェラーゼをコードする遺伝子の変異によって妨げられる．これはヒストンのメチル化は DNA メチルトランスフェラーゼをクロマチンに動員するシグナルであることを示唆する．重要な点は詳細な出来事の順番──まだ解明されてはいないが──ではなく，ある種の修飾が他の種の修飾の引き金になりうるという事実である．

## 30・10 プロモーターの活性化は秩序立った一連の反応である

- リモデリング複合体が HAT 複合体を動員することもある．
- ヒストンのアセチル化は HAT 複合体を活性状態に維持することもある．

図 30・16 ヒストンのアセチル化はクロマチンを活性化し，DNA とヒストンのメチル化はクロマチンを不活性化する．

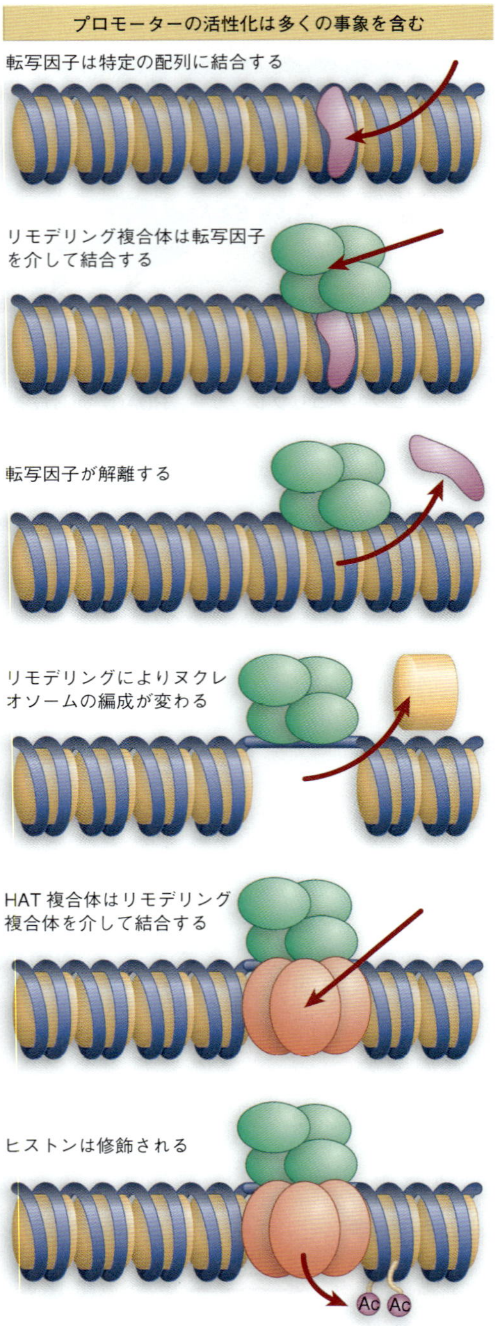

**プロモーターの活性化は多くの事象を含む**

転写因子は特定の配列に結合する

リモデリング複合体は転写因子を介して結合する

転写因子が解離する

リモデリングによりヌクレオソームの編成が変わる

HAT 複合体はリモデリング複合体を介して結合する

ヒストンは修飾される

図 30・17　プロモーターの活性化は配列特異的なアクチベーターの結合，リモデリング複合体の動員や働き，HAT 複合体の動員や働きを含む．

図 30・16 に活性クロマチンと不活性クロマチンの間の三つの違いをまとめた：

- 活性クロマチンはヒストン H3 と H4 のテールがアセチル化されている．
- 不活性クロマチンはヒストン H3 の Lys-9 はメチル化されている．
- 不活性クロマチンは CpG ダブレットのシトシンがメチル化されている．

アセチル化と脱アセチルはクロマチンの活性化を決定する反応開始の引き金である．脱アセチルによってメチル化が起き，ヘテロクロマチン複合体の形成が起こる．アセチル化はある領域に活性化のシグナルを付けるのである（§ 30・13 参照）．

HAT（または HDAC）はどのようにそれらの特異的な標的に動員されるのだろうか．リモデリング複合体でみてきたように，その過程はおそらく間接的なものである．配列特異的なアクチベーター（またはリプレッサー）が HAT（または HDAC）複合体をプロモーターに動員するために，その構成要素と相互作用することもある．

またリモデリング複合体とヒストン修飾複合体の間には直接の相互作用もあるだろう．SWI/SNF 複合体による結合は，次に SAGA 複合体を導く場合もある．そしてヒストンのアセチル化が今度は SWI/SNF 複合体との結合を安定化し，プロモーター上の構成因子の変化を同時に補強する．

プロモーター上で起こる一連の反応すべてを図 30・17 にまとめたように考えることができる．開始反応は（クロマチン上に標的 DNA 配列を見つけることができる）配列特異的な構成因子の結合によって起こる．これはリモデリング複合体を動員する．するとヌクレオソーム構造に変化が起きる．HAT 複合体が結合し，標的ヒストンのアセチル化によってその遺伝子座が活性化していることを示す共有結合による標識ができる．

DNA の修飾もプロモーターに起こる．CpG ダブレットのシトシンのメチル化は遺伝子の不活性化に関連がある．メチル化の標的として DNA を認識する原理については，まだあまり良い証拠はない．

プロモーター上のクロマチンリモデリングは，アセチル化のようなヌクレオソームに影響を与えるさまざまな変化を必要とするが，それでは遺伝子上を RNA ポリメラーゼが移動するのにどのような変化が必要なのだろうか．RNA ポリメラーゼは *in vitro* の遊離 DNA においてのみ *in vivo* と同じ効率（1 秒で約 25 ヌクレオチド）で転写できることがわかっている．いくつかのタンパク質は *in vivo* で RNA ポリメラーゼがクロマチンを転写する速度を上昇させる活性をもっている．共通する特徴はクロマチンに作用するということである．この作用についての現在のモデルは，これらのタンパク質が RNA ポリメラーゼと結合し，ヒストンに作用し，ヌクレオソーム構造を修飾しながら鋳型鎖上を RNA ポリメラーゼとともに進んでいくというものである．この因子の中に HAT がある．一つの可能性として，遺伝子を最初に転写する RNA ポリメラーゼは先駆的ポリメラーゼで，転写単位の構造を変化させて後に続くポリメラーゼの転写を容易にする因子を運ぶということが考えられる．

## 30・11　ヒストンのリン酸化はクロマチン構造に影響を与える

- 多くのヒストンはリン酸化の標的であるが，アセチル化やメチル化に比べその意義については十分にわかっていない．

ヒストンは二つの場合にリン酸化される：

- 細胞周期において周期的に，
- クロマチンのリモデリングと関連して．

ヒストン H1 が細胞分裂においてリン酸化されることは長い間知られていて，さらに最近 H1 は細胞分裂を調節する Cdc2 キナーゼの非常に良い基質であることが発見された．これによってリン酸化がクロマチンの凝集と関連があるのではないかと推察されて調べられたが，このリン酸化の直接の作用は証明されず，リン酸化が細胞分裂に役割をもつものかどうかもわかっていない．

ヒストン H3 の Ser-10 をリン酸化するキナーゼの欠失はクロマチン構造に多大な影

響を与える．図30・18はショウジョウバエの多糸染色体の通常の広がった構造（上図）と Jil-1 キナーゼをまったくもたないヌル変異体でみられる構造（下図）とを比較したものである．

構造異常の原因はおそらくヒストン H3 がリン酸化できないことである（もちろん Jil-1 はほかにもリン酸化の標的をもつだろう）．これは H3 のリン酸化は真正クロマチン領域が広がった構造を生み出すのに必要であることを示唆する．Jil-1 が直接クロマチンに働くという考えを支える証拠は，雄において X 染色体に結合しその遺伝子の発現を上げるタンパク質複合体に Jil-1 が結合することである（§31・4参照）．

### 30・12　いくつかの共通なモチーフがクロマチン修飾タンパク質にみられる

> クロモドメイン　chromo domain　クロマチンの非ヒストンタンパク質に存在するドメインで，タンパク質-タンパク質相互作用にかかわる．
> SET ドメイン　SET domain　ヒストンメチルトランスフェラーゼの活性部位の一部をなすドメイン．
> ブロモドメイン　bromo domain　クロマチンと相互作用するさまざまなタンパク質に存在するドメインで，ヒストンのアセチル化部位の認識にかかわる．

■ 多くのモチーフが非ヒストンタンパク質の特徴となっていて，その機能を示している．

クロマチン構造を調節する分子機構についての洞察は，クロマチン活性に影響を与える変異体が糸口となった．これらは，位置効果による斑入り（恒常的ヘテロクロマチンの領域がその近傍の遺伝子を不活性化するという現象，§31・2参照）に対して影響を与えることから見いだされた．30余りの遺伝子がショウジョウバエで同定され，その遺伝子産物が斑入りを抑圧 (suppress) する（遺伝子の活性化を促進する）ものを $Su(var)$，斑入りを促進 (enhance) する（遺伝子の活性化を抑圧する）ものを $E(var)$ と体系的に名づけられた．

- $Su(var)$ 変異はヘテロクロマチン形成に必要な遺伝子にあり，それらは HDAC のようなクロマチンに働く酵素やヘテロクロマチンに局在化するタンパク質を含んでいた．
- $E(var)$ 変異は遺伝子発現を活性化させるのに必要な遺伝子にあり，SWI/SNF 複合体の一員を含んでいた．

これらの性質からクロマチン構造の修飾はヘテロクロマチン形成の調節に重要であることが間接的にわかる．これらの多くの機能は進化においても保存されていて，相同遺伝子が哺乳類やハエ，酵母でも見いだされる．

多くの $Su(var)$ タンパク質と $E(var)$ タンパク質は**クロモドメイン**とよばれる 60 アミノ酸から成る共通のモチーフをもつ．このドメインが両方のグループのタンパク質にみられるということは，それがクロマチンを標的としたタンパク質-タンパク質相互作用に関与するモチーフであることを示唆する．最もよく性質がわかっているクロモドメインの機能は，クロマチンを抑制するタンパク質を標的とすることで，これは H3 ヒストンテールのメチル化したリシンを認識するのである．異なったクロモドメインは異なった特異性をもっていて，最もよくわかっている二つの例，HP-1 と Pc タンパク質では，それぞれ H3 のメチル Lys-9 とメチル Lys-27 を認識している（§30・13，31・3参照）．

Su(var) 3~9 はクロモドメイン以外にいくつかの Su(var) タンパク質にみられるモチーフである **SET ドメイン**をもつ．哺乳類での相同タンパク質はセントロメアのヘテロクロマチンに局在化する．これはヒストン H3 の Lys-9 に働くヒストンメチルトランスフェラーゼである（§30・9参照）．この SET ドメインは活性化部位の一部で，実際メチルトランスフェラーゼ活性をもつことの指標となる．

**ブロモドメイン**はアセチル化したリシンへの結合部位をもつ．ブロモドメイン自身はアセチル化したリシンを含む大変短い 4 アミノ酸配列のみを認識するので，標的認識の特異性は他の領域を含んだ相互作用にも依存するに違いない．HAT に加えて，ブロモドメインは転写装置の構成因子を含んだクロマチンと相互作用するさまざまなタンパク質にみられる．これはアセチル化したヒストンを認識するのに使われ，このことは遺伝

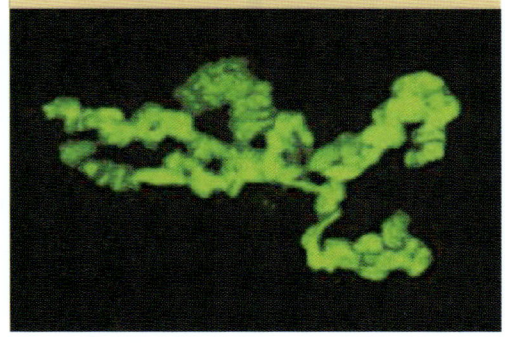

図30・18　Jil-1 キナーゼをもたないハエの多糸染色体は広がる代わりに凝集した異常な多糸染色体である．写真は Kristen M. Johansen 氏のご好意による．

**H3 テールは二つのうちどちらかの状態で存在する**

Ala Arg Thr Lys Gln Thr Ala Arg Lys Ser Thr Glu Glu Lys
 1   2   3   4   5   6   7   8   9  10  11  12  13  14

↓ リン酸化

Ala Arg Thr Lys Gln Thr Ala Arg Lys Ser Thr Glu Glu Lys
 1   2   3   4   5   6   7   8   9  10  11  12  13  14
                                    Ⓟ

↓ アセチル化

活性状態
Ala Arg Thr Lys Gln Thr Ala Arg Lys Ser Thr Glu Glu Lys
 1   2   3   4   5   6   7   8   9  10  11  12  13  14
                                 Ac Ⓟ

↓ 脱アセチル
　 脱リン酸
　 メチル化

不活性状態
Ala Arg Thr Lys Gln Thr Ala Arg Lys Ser Thr Glu Glu Lys
 1   2   3   4   5   6   7   8   9  10  11  12  13  14
                                 Me

図 30・19　H3 テールの複数の修飾がクロマチン活性に影響を与える．

子の活性化に関するタンパク質にみられることを意味している．

不活性クロマチンはヒストンがメチル化されているのに対して，活性クロマチンはアセチル化されているという一般的な相関はあるが，その法則に反するものもいくつかある．最もよくわかっているのは H4 の Lys-12 のアセチル化はヘテロクロマチンに関連があるということである．

複数の修飾が同じヒストンテール内で起きうることから，一つの修飾が他の修飾に影響を与えることは十分に考えられる．1 箇所のセリンのリン酸化はおそらく他の部位のリシンのアセチル化に必要である．図 30・19 は二つの状態のどちらか一方しか存在しえない H3 テールの様子を示す．不活性状態はメチル Lys-9 をもつ．活性状態はアセチル Lys-9 とホスホ Ser-10 をもつ．これらの状態はクロマチンの広い領域にわたって維持される．Ser-10 のリン酸化と Lys-9 のメチル化は相互に阻害的で，図に示した順序で修飾が進行することを示唆している．このような状況が，活性状態と不活性状態をテールが行き来する原因となっているのだろう．

### 30・13　ヘテロクロマチンはヒストンとの相互作用を必要とする

- HP-1 は哺乳類のヘテロクロマチン形成に重要なタンパク質で，メチル化したヒストン H3 に結合して働く．
- Rap1 は DNA の特異的な標的配列に結合して，酵母のヘテロクロマチン形成を開始する．
- Rap1 の標的にはテロメアの反復配列や *HML*, *HMR* のサイレンサーが含まれる．
- Rap1 は H3 や H4 の N 末端テールと相互作用する Sir3/Sir4 を動員する．

クロマチンの不活性化はヌクレオソームにタンパク質が加わることによって起こる．この不活性化はクロマチンが凝集して遺伝子発現に必要な装置が結合できなくなったり，調節領域への結合を直接阻害するタンパク質や転写を直接阻害するタンパク質が加わるなどのさまざまな作用によって起こる．

分子レベルで明らかにされた二つの系には，哺乳類の HP-1 と酵母の SIR 複合体がある．それぞれの系に含まれるタンパク質の間に相似性はほとんどないが，全体の反応の機構は似ていて，クロマチンと接触する部位はヒストンの N 末端テールである．

最も重要な Su(Var) タンパク質は HP-1（ヘテロクロマチンタンパク質 1）である．これは，多糸染色体のヘテロクロマチン上に局在している．HP-1 は N 末端近くにクロモドメインをもっていて，C 末端にはクロモシャドウドメインとよばれるもう一つの関連したドメインをもっている（図 30・21 参照）．クロモドメインが重要であることは，HP-1 の多くの変異株がそこに変異をもつことから明らかである．HP-1 と名付けられたもともとのタンパク質は，現在は HP-1α とよばれているが，これは二つの関連タンパク質 HP-1β と HP-1γ がその後に見つかったためである．

HP-1 は H3 のメチル化した Lys-9 残基を含む部位とクロモドメインを使って接触し，クロマチンと結合する．Lys-9 がメチル化されるためには Lys-14 のアセチル基が（また Lys-9 自身がアセチル化しているのならそれも）除かれる必要がある．このことから図 30・20 に示したヘテロクロマチン形成のモデルが示唆される．まず，HDAC が Lys-14 の修飾を取除く．そして SUV39H1 ヒストンメチルトランスフェラーゼがヒストン H3 テールに働き，HP-1 が結合するメチル Lys-9 をつくる．クロモドメインとメチル化リシンの間で起こる相互作用をみるため，その反応を図 30・21 に拡大した．これは不活性クロマチンの形成をひき起こす．図 30・22 に不活性領域が HP-1 分子同士が相互作用することによって伸長していくのを示した．

酵母のサイレンシングに共通の基盤が存在することは，同じ遺伝子座により共通に影響を受けることから示唆される．それらの遺伝子のどれか一つに変異が起こると *HML* と *HMR* が活性化され，テロメアのヘテロクロマチンの近くに挿入された遺伝子も活性化される．したがってこれらの遺伝子の産物は両方

**ヒストンメチル化酵素は HP-1 の結合をひき起こす**

　　　　　　　　　　　　　　　　　　SUV39H1 ヒストン
　　　　HDAC　　　　　　　　　メチルトランスフェラーゼ

活性クロマチン　　　　　　　　　　　　　　　　　　　　　不活性クロマチン

図 30・20　SUV39H1 はヒストン H3 の Lys-9 に働くメチルトランスフェラーゼである．HP-1 はメチル化ヒストンに結合する．

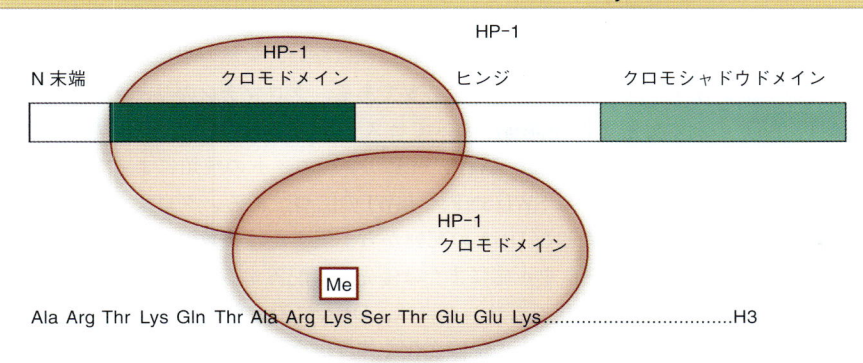

| HP-1のクロモドメインはヒストンH3のメチル化されたLys-9に結合する |

図30・21 ヒストンH3のメチル化はHP-1の結合部位をつくる.

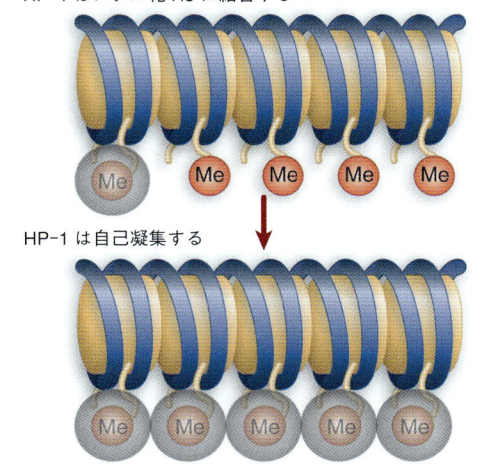

| HP-1はヘテロクロマチンを広げる |

図30・22 さらにHP-1分子がヌクレオソーム鎖に凝集するので，メチル化ヒストンH3へのHP-1の結合はサイレイシングの引き金となる.

の型のヘテロクロマチンの不活性状態を維持するのに働いている．

図30・23にこれらのタンパク質の作用のモデルを示す．タンパク質のうち一つだけがDNA配列に特異的なDNA結合タンパク質である．これがRap1で，テロメアの$C_{1\sim 3}A$の反復配列と*HML*と*HMR*のサイレンシングに必要なシスに働く部位（サイレンサー）にも結合する．Rap1はヘテロクロマチンが形成されるDNA配列を認識するという重要な役割をもっている．Rap1はSir3/Sir4を介してヒストンH3/H4と直接相互作用し，またお互いに相互作用する（これらのタンパク質はヘテロ多量体として働く）．Sir3/Sir4はヒストンH3とH4のN末端テールと相互作用する．（実際，ヒストンが直接ヘテロクロマチンの形成に関与しているという証拠はH3とH4をコードする遺伝子の変異が*HML/HMR*でのサイレンシングを解除するということで示された．）

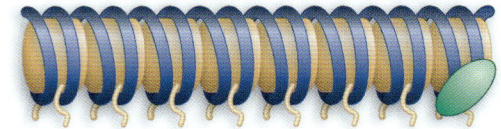

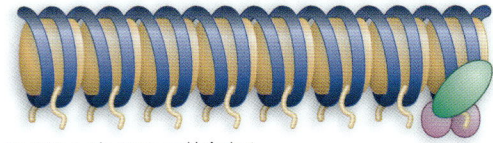

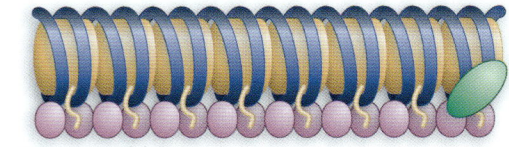

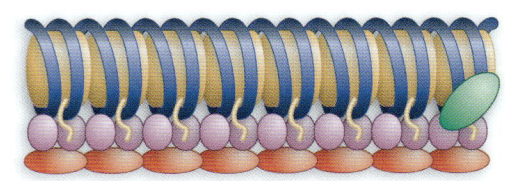

Sir3/Sir4がヒストンH3/H4と結合すると複合体はさらに重合し，クロマチン繊維に沿って広がる．Sir3/Sir4で覆われること自体が阻害効果をもつためか，あるいはヒストンH3/H4に結合することが構造にさらに変化を誘導するために，その領域が不活性化される．何が複合体の広がりを制限するのかはわかっていない．Sir3のC末端は核ラミンタンパク質（核マトリックスの成分）に似ていて，ヘテロクロマチンを核周辺につなぎとめるのに働いているのかもしれない．

同じように*HMR*と*HML*のサイレントな領域が形成される（§19・13も参照）．配列特異的な三つの因子Rap1，Abf1（転写因子），ORC（複製開始点認識タンパク質複合体）がこの複合体の形成をひき起こすのにかかわる．この場合，Sir1が配列特異的な因子に結合し，Sir2, 3, 4を動員して抑制する構造を形成する．Sir2はHDACである．この脱アセチルの反応がSIR複合体のクロマチンへの結合の維持に必要である．

どのようにしてサイレンシング複合体はクロマチンの活性を抑制するのだろうか．それがクロマチンを凝集して，調節因子がその標的を見つけられなくなるのかもしれない．最も単純なのはサイレンシング複合体の存在と転写因子やRNAポリメラーゼの存在が両立しない場合だろう．その原因はおそらくサイレンシング複合体がリモデリングを妨げる（そして因子が結合するのを間接的に妨げる）ことやDNA上の転写因子結合部位を直接覆うことによるのだろう．しかし，事態はおそらくこんなに単純ではない．なぜなら転写因子やRNAポリメラーゼはサイレントなクロマチンのプロモーターでみられるからである．これはサイレンシング複合体がそのように因子が結合するのを妨げるというよりも，むしろ働くのを妨げるということを意味するのだろう．実際，遺伝子のアクチベーターとクロマチンの抑制作用の間には競合があり，プロモーターの活性化はサイレンシング複合体が広がるのを阻害する．

| 複合体はヒストンテールに沿って多量化する |

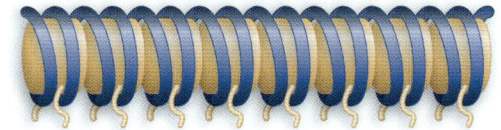

図30・23 ヘテロクロマチンの形成はRap1がDNAに結合すると開始される．Sir3/Sir4はRap1とヒストンH3/H4に結合する．複合体はクロマチンに沿って重合し，テロメアを核マトリックスに結合させる．

## 30・14 要　　約

調節領域がヌクレオソーム構造をとっている遺伝子は普通発現しない．特異的調節因子がないとき，プロモーターと他の調節領域はヒストン八量体によって活性化できない状態に組織されている．これは，プロモーターの近くでは，必須の調節領域がおおむね露出されているようにヌクレオソームが正確に配置されている状態が必要であることを説明している．転写因子によってはヌクレオソーム表面上にあるDNAを認識する能力

をもつものがあり，DNAをヌクレオソームの特異的な所に配置することが転写開始に必要なのであろう．

活性クロマチンと不活性クロマチンは平衡状態にはない．突然の崩壊的な反応が起こることが一方をもう一方へと転換するのに必要である．クロマチンのリモデリング複合体には，ATPの加水分解を伴う機構によってヒストン八量体を排除する能力をもつものがある．リモデリング複合体は，ATPアーゼサブユニットの種類によって大ざっぱに分類される．一般的なものはSWI/SNFとISWIの二つである．クロマチンのリモデリングの典型的な例は，特異的なDNAの配列から1個または複数のヒストン八量体を外して，近傍のヌクレオソームを正確にまたは優先的に配置するための境界をつくり出すことである．クロマチンのリモデリングには，DNAに沿ったヒストン八量体のスライディングを含んだヌクレオソームの位置変化を伴う場合もあるだろう．

ヒストンのN末端テールはアセチル化，メチル化，およびリン酸化を受ける．修飾はクロマチン活性の調節をひき起こす．アセチル化は一般的に遺伝子の活性化と関連している．HATは活性複合体に見いだされ，HDACは不活性複合体に見いだされる．ヒストンのメチル化は遺伝子の不活性と関連する．あるヒストン修飾は排他的に，また他のものは協調的に働く．活性遺伝子のプロモーター領域は，普通アセチル化していてヘテロクロマチン領域では脱アセチルしているが，いくつかの例外がある．

クロモドメインはクロマチン構造に影響を与える非ヒストンタンパク質中に共通してみられる．ブロモドメインは，ヒストン上のアセチル化された部位を認識するのに使用される．SETドメインはヒストンメチルトランスフェラーゼの活性部位の一部をなす．

# 31 エピジェネティックな作用は遺伝する

31・1 はじめに
31・2 ヘテロクロマチンはコア形成反応を拡大していく
31・3 Polycomb と Trithorax は互いに抑制的に働くリプレッサーとアクチベーターである
31・4 X 染色体は全体が変化する
31・5 DNA のメチル化のパターンは維持型メチラーゼによって保存される
31・6 DNA メチル化は刷込みの原因である
31・7 酵母のプリオンは例外的な遺伝を示す
31・8 プリオンは哺乳類で病気を起こす
31・9 要 約

## 31・1 はじめに

> エピジェネティック（後成的）epigenetic エピジェネティックな変化とは遺伝子型を変えることなく表現型が変わるような変化をいう．遺伝情報，すなわち DNA の一次構造上の変化は伴わず，細胞がもつ，親から受継いだ性質の変化に由来する．
> プリオン prion 核酸をまったく含まないにもかかわらず，遺伝形質のような性質を示すタンパク質性の感染因子．プリオンの例として，ヒツジにスクレイピー，ウシにウシ海綿状脳症（BSE）という病気をひき起こす因子である $PrP^{Sc}$ や，酵母に遺伝的影響を与える［$PSI$］などがある．

> ■ エピジェネティックな作用は，核酸が合成された後に受ける修飾やタンパク質が特定の構造を持続することによって起こる．

　エピジェネティックな遺伝とは DNA の塩基配列の変化を伴わずに異なる状態が生じて，その結果異なる表現型が子孫へと伝えられる場合をいう．これは，ある作用を調節する遺伝子座の DNA 配列がまったく同一であっても，その二つの個体の間で異なる表現型をもちうることを示している．この現象が起こる基本的原因は，DNA の配列に依存しない自己増殖可能な構造をこうした個体の一つが内蔵していることによる．いくつかの異なったタイプの構造がエピジェネティックな作用を持続する能力をもっている：

- DNA に対する共有結合による修飾（ある塩基のメチル化）
- DNA 上に集積するタンパク質性構造
- タンパク質が合成された後の新しいサブユニットの高次構造を制御するタンパク質の集合体

　いずれの場合にも，エピジェネティックな状態というのはその構造によって決定される機能（典型的には不活性化）の差異により生じている．
　DNA メチル化の場合には，メチル化された DNA 配列は転写されないが，非メチル化配列は発現される．図 31・1 にこの状態がどのように遺伝するのか示している．一方の対立遺伝子では DNA の両方の鎖がメチル化された配列をもっているが，もう一方の対立遺伝子は非メチル化配列をもっている．メチル化された対立遺伝子の複製により（二つの）ヘミメチル化された娘二本鎖が生じるが，これらは恒常的に活性がみられるメチル化酵素により，元のメチル化状態へと戻る．非メチル化対立遺伝子の状態は複製によって変化しない．もし，メチル化の状態が転写に影響を与えるのであれば，二つの対立遺伝子で DNA 配列が同一であっても遺伝子発現の様子が異なることになる．
　DNA 上に集積して自己を維持する構造というのは，その中にある遺伝子の発現を抑制するヘテロクロマチン領域を形成するという抑制効果をもっている．こうした維持能力は，ヘテロクロマチン領域にあるタンパク質が複製後もその領域にとどまり，かつその複合体を維持するためにより多くのタンパク質サブユニットをそこに動員するという活性によって支えられている．もし個々のサブユニットが複製に際しておのおのの娘二本鎖へランダムに分配されるとしたら，両娘鎖ともにそのタンパク質で目印が付けられるが，その密度は複製

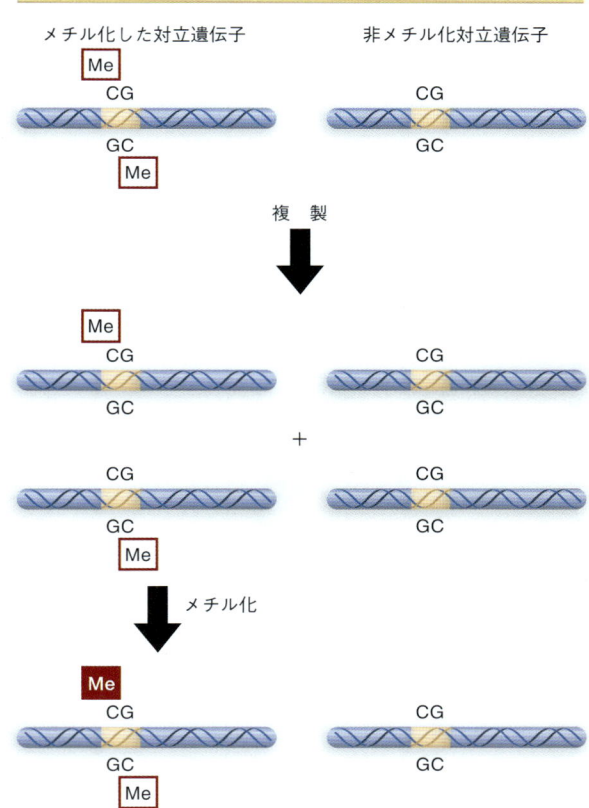

図 31・1 メチル化部位が複製を受けると，親鎖のみがメチル化されたヘミメチル化 DNA ができる．維持型メチラーゼはヘミメチル化された部位を認識して娘鎖の塩基にメチル基を付け加える．こうして，その部位が両鎖でメチル化しているもともとの状況が再現する．非メチル化部位は複製後もメチル化されることはない．

**自己集合する複合体がヘテロクロマチンを維持する**

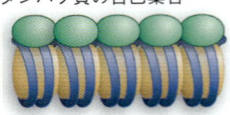

図 31・2 ヘテロクロマチンは，ヒストンと結合するタンパク質により生じる．分裂後も維持されるためにはタンパク質が両娘二本鎖にそれぞれ結合し，かつ抑制複合体を再構成するために新しいサブユニットを動員する．

前の 1/2 のレベルへと減ることになる．図 31・2 は，エピジェネティックな作用が存在することは，このような現象を担うタンパク質がもともとの複合体を再生するために，ある種の自己鋳型能または自己集合能をもつ必要があることを示している．

エピジェネティックな作用を担うのは，タンパク質そのものの存在というよりむしろタンパク質の修飾の状態であるといえるかもしれない．恒常的ヘテロクロマチンの中ではヒストン H3 や H4 のテールは通常アセチル化していない．しかし，もしセントロメアのヘテロクロマチンがアセチル化された場合には，サイレントな遺伝子が活性化することもある．この作用は，体細胞分裂や減数分裂を経ても維持されることから，エピジェネティックな作用がヒストンのアセチル化の状態を変えることにより生み出されたことを示唆している．

これとは別のエピジェネティックな作用を起こすタンパク質集合体（**プリオン**とよばれる）は，正常な機能を示さない形にそのタンパク質を追い込むことにより作用する．一度そのタンパク質集合体が形成されると，それは新たに合成されたタンパク質サブユニットに，不活性な高次構造でこの集合体に加わるよう強いるのである．

## 31・2　ヘテロクロマチンはコア形成反応を拡大していく

**位置効果による斑入り（PEV）**　position effect variegation　ヘテロクロマチンの近くに位置するために起こる，遺伝子発現の確率論的なサイレンシング．
**テロメアサイレンシング**　telomeric silencing　テロメアの近傍で起こる，遺伝子の活性の抑制．

- ヘテロクロマチンは特異的な塩基配列でコアが形成され，その不活性化した構造はクロマチン繊維に沿って拡大する．
- ヘテロクロマチン領域の遺伝子は不活性化される．
- この不活性領域の長さは細胞によってさまざまで，位置効果による近傍の遺伝子の不活性化で斑入りが起こる．
- 似たような拡大効果はテロメアや酵母の接合型の非発現カセットにおいても起こる．

間期の核には真正クロマチンとヘテロクロマチンの両方がある．ヘテロクロマチンの凝縮度は分裂期の染色体の凝縮度に近い．ヘテロクロマチンは不活性である．間期でも凝縮していて，転写は抑制され，S 期の終わりに複製され，核の周辺に局在化している．セントロメア（動原体）のヘテロクロマチンは普通サテライト DNA から成っている．しかし，ヘテロクロマチンの形成は厳密には塩基配列によって決まるものではない．ある遺伝子が染色体の転座，あるいは遺伝子導入（トランスフェクション）とその組込みによってヘテロクロマチンの隣に位置すると，新しい場所でその遺伝子は不活性化し，あたかもヘテロクロマチンのようになる．

ヘテロクロマチンを形成するタンパク質はヒストンを介してクロマチンに作用する．ヒストンの修飾がこの相互作用を決定するのに重要であることが多い．このようなクロマチン上の変化は一度確立すると細胞分裂を経ても保存され，ある遺伝子の性質が自己持続性のクロマチン構造によって決定されるようなエピジェネティックな状態を生み出すのである．

このような型のエピジェネティックな作用の良い例に，遺伝的に同一の細胞が異なる表現型を示す**位置効果による斑入り**という現象がある．図 31・3 に，ショウジョウバエの目の位置効果による斑入りの一例を示す．ハエの目の一つの細胞では white 遺伝子が隣のヘテロクロマチンによって不活性化され，別の細胞では活性化されるために，目の一部の領域では色がなく，別の領域では赤くなる．

この作用に対する説明を図 31・4 に示す．不活性化はヘテロクロマチンから隣の領域にさまざまな距離で広がる．近くの遺伝子を不活性化するのに十分なほど広がる細胞もあるが，広がらない細胞もある．胚発生のある時点でこのようなことが起こり，それ以後，その遺伝子の状態がすべての子孫の細胞に遺伝する．その遺伝子が不活性化した祖先からできた細胞は機能喪失型（white の場合，色の欠乏）の表現型をもった領域を形成する．

**異なる色の部分をもつ目はまだら模様となる**

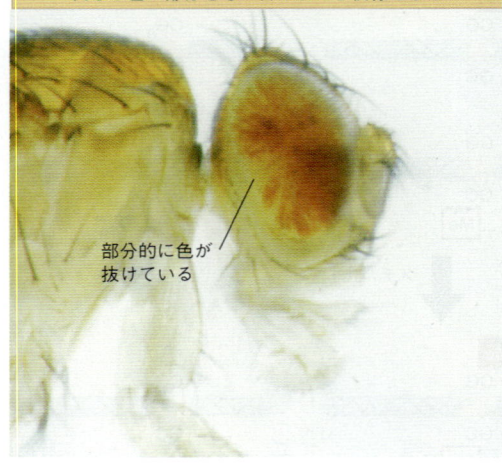

図 31・3　white 遺伝子がヘテロクロマチンの近くに挿入されると，位置効果によって目の色にまだら模様ができる．white が不活性な細胞は白色の目の部分をつくり，white が活性な細胞では赤色の部分をつくる．この影響の強さは，挿入された遺伝子がヘテロクロマチンにどれだけ近いかによって決まる．写真は Steve Henikoff 氏のご好意による．

**ヘテロクロマチンは染色体に沿って拡大する**

図31・4 ヘテロクロマチンが広がり，遺伝子が不活性化される．ある遺伝子が不活性化される確率はヘテロクロマチン領域からの距離に依存する．

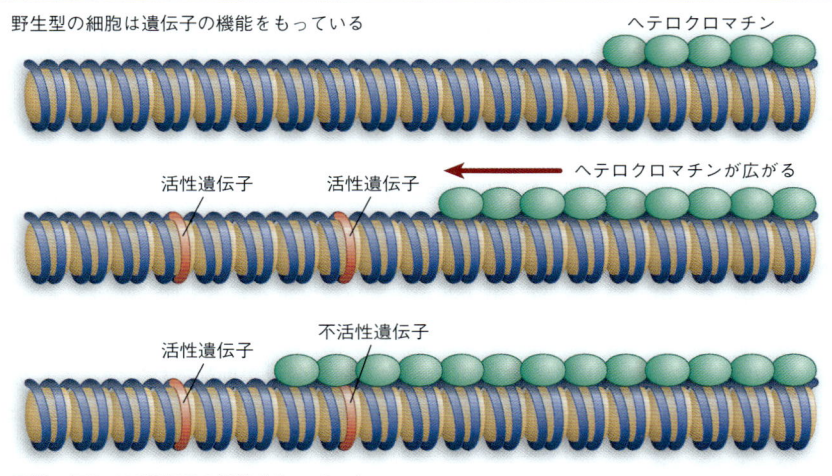

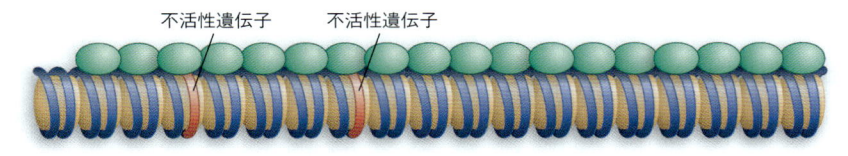

　ある遺伝子がヘテロクロマチンの近くにあればあるほど，不活性化される可能性が高くなる．このことは，ヘテロクロマチンの形成は2段階の過程であることを示唆している．すなわちコア形成はある特異的な塩基配列で起き，つぎに不活性化した構造がクロマチン繊維に沿って拡大する．不活性化した構造が広がる距離は正確に決まっているのではなく，限られているタンパク質成分の量などの因子によって影響される確率的な過程だろう．この拡大の過程に影響する要素の一つとしては，この領域のプロモーターの活性化があり，活性化したプロモーターは拡散を阻止することがある．

　ヘテロクロマチンにより近い遺伝子は不活性化されている可能性が高く，したがって大部分の細胞で不活性化している．このモデルでは，ヘテロクロマチン領域の境界は必要なタンパク質の一つの供給が枯渇した所になる．

　酵母における**テロメアサイレンシング**の作用はショウジョウバエの位置効果による斑入りと似ている．テロメアに移動した遺伝子は同じようにさまざまなレベルで活性を喪失する．これはテロメアから起こる拡大効果の結果である．

　不活性な複合体を特定の部位に動員することと，それが染色体に沿って隣の遺伝子でも作用することは区別でき，不活性化がみられる多くの型において共通してみられる．もう一つの例として線虫における量的補償系が挙げられよう．ここでは雌のもつ二つのX染色体は，それぞれ，雄の一つのX染色体の半分の発現量しかないように調節されている（§31・4参照）．

　もう一つのサイレンシングが酵母で起こる．酵母の接合型は一つの活性部位（*MAT*）の活性化によって決まるが，ゲノム中には二つの接合型配列の遺伝子座（*HML*と*HMR*）があり，不活性な状態を維持している．サイレントな部位 *HML* と *HMR* はヘテロクロマチンと多くの共通点をもっていて，ヘテロクロマチンの領域を構成している小型のモデルとみなされている（§19・13参照）．

## 31・3　Polycomb と Trithorax は互いに抑制的に働くリプレッサーとアクチベーターである

- Polycomb グループタンパク質（Pc-G）は細胞分裂を通して抑制状態を維持する．
- PRE は Pc-G タンパク質が働くのに必要な DNA 配列であり，Pc-G タンパク質が不活性構造を伝播していくためのコア形成の中心を提供している．
- 個々の Pc-G タンパク質で PRE に結合できるものはまだ見つかっていない．
- Trithorax グループタンパク質は Pc-G タンパク質の働きに拮抗する．

## Pc-G 複合体は抑制を維持する

抑制の確立

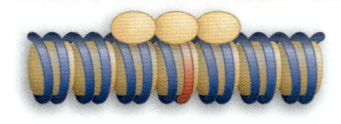

野生型：Pc-G タンパク質の結合

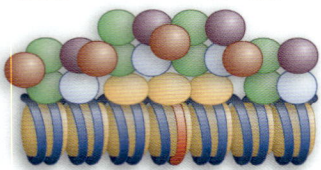

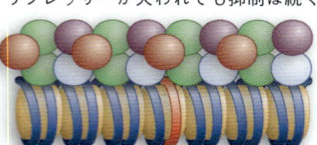

Pc-G 変異体：Pc-G タンパク質は結合しない

リプレッサーが失われても抑制は続く

リプレッサーがなくなると遺伝子は活性化する

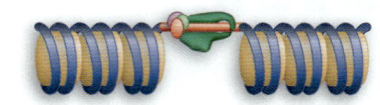

図 31・5　Pc-G タンパク質は抑制を開始するのではなく抑制の維持に関与している．

ヘテロクロマチンはクロマチンの特異的な抑制の一例であり，ほかに，ショウジョウバエのホメオティック遺伝子（体の各部分の同定に影響を与える）の遺伝学によって明らかにされ，ある遺伝子群を抑制状態に維持すると思われるタンパク質複合体が同定された．*Pc* という遺伝子は *Pc* グループ（*Pc-G*）とよばれる遺伝子座の一つのクラスの原型になっている．これらの遺伝子に変異が起こると，一般にホメオティック遺伝子の抑制解除という同じ結果になる．

Pc-G タンパク質は普通の意味でのリプレッサーではない．Pc-G はこれが作用する遺伝子の発現の初期の状態を決定しているわけではない．Pc-G タンパク質がないと，始めはこれらの遺伝子は通常の場合と同様発現が抑制されている．しかし，後に発生段階が進むと抑制されなくなってしまう．このことは抑制が定着したとき，何らかの方法で Pc-G タンパク質はその抑制状態を記憶しており，それを娘細胞の分裂を通じて伝えていくものと考えられる．図 31・5 は Pc-G タンパク質とリプレッサーとの結合のモデルを示している．リプレッサーがもはやなくなった後も，Pc-G タンパク質は結合したままである．このことが抑制の維持に必要であり，もし Pc-G タンパク質がなくなると，その遺伝子は活性化する．

*Pc-G* 遺伝子への応答に十分な DNA の領域を PRE (*Polycomb* response element) とよぶ．発生段階を通してその近傍にあるエンハンサーを抑制するという性質によって定義されている．PRE の存在を示すには，初期発生において抑制されるエンハンサーの制御下にあるレポーター遺伝子の近傍に PRE を挿入し，そのレポーターがその子孫細胞内で発現しているか否かを調べればよい．有効な PRE ならそういった再発現を防ぐはずである．

PRE は，10 kb にも及ぶ複合体構造をとる．しかし，Pc-G タンパク質によりある遺伝子座が抑制を受けているとき，Pc-G タンパク質は PRE 自身よりもかなり広く DNA 上に存在しているようである．*Polycomb* は PRE の周辺数 kb 以上にわたって局在化している．このことから，PRE は Pc-G タンパク質に依存した構造状態が伝播していくためのコア形成の中心を提供しているように思われる．このモデルは位置効果による斑入りに関連した作用がみられることで支持される（図 31・4 参照）．すなわち，Pc-G によって抑制を維持された遺伝子座近傍にある遺伝子は，ある細胞では子孫にわたってまで不活性化を受けるようになるものもあるが，そうでないものもある．*Pc* 変異体が示す多くの表現型に合致して，Pc は多糸染色体上の約 80 箇所に局在化がみられる核タンパク質であることが知られている．

Pc タンパク質は，巨大な複合体として機能する．PRC1（Polycomb-repressive complex）は，Pc 自身と他の Pc-G タンパク質数種，さらに基本転写因子 5 種を含んでいる．Esc-E(z) 複合体は Esc，E(z)，他の Pc-G タンパク質群，ヒストン結合タンパク質 1 種とヒストンデアセチラーゼ（HDAC）を含む．Pc 自身は，メチル化したヒストン H3 に結合する"クロモドメイン"をもっていて，E(z) は H3 に働くメチルトランスフェラーゼである．こうした性質から，Pc-G がクロマチン修飾酵素として機能していることが推察される．

Pc-G が PRE に結合することについての実用的なモデルがこうしたおのおののタンパク質の性質から示唆される．はじめに二つの DNA 結合タンパク質 Pho と Pho1 が PRE 内の特定の配列に結合する．Esc-E(z) は Pho/Pho1 によって動員され，つぎにヒストン H3 の Lys-27 をメチル化するメチルトランスフェラーゼ活性を発揮する．Pc のクロモドメインがメチル化リシンに結合することから，こうして PRC の結合部位がつくり出される．

クロモドメインは Pc と HP-1 との相同領域から初めて同定された（§30・12 参照）．Pc のクロモドメインが H3 の Lys-27 に結合するのは，HP-1 のクロモドメインが Lys-9 へ結合することに似ている．斑入りが生じるのは恒常的ヘテロクロマチンからの転写不活性化の拡大によるものと考えられているので，クロモドメインが Pc や HP-1 によ

りヘテロクロマチンまたは不活性な遺伝子座の形成を誘導するのにかかわる共通成分と相互作用するのに使われるという可能性もある．このモデルは個々の遺伝子座の抑制やヘテロクロマチンの形成に同様の機構が使われていることを意味している．

*trithorax* 遺伝子座にコードされるタンパク質（TrxG）は Pc-G タンパク質とは逆の作用をもつ．このタンパク質は，遺伝子を活性化した状態に維持するよう働く．二つのグループの機能において類似点がいくつかあるかもしれない．ある遺伝子座の変異によって Pc-G と Trx の両方が同時に機能できなくなる場合があり，これらのタンパク質の機能は共通の構成成分に依存していることが示唆される．

## 31・4　X染色体は全体が変化する

> **量的補償**　dosage compensation　一方の性には X 染色体が 2 本あるのに対し，他方の性には 1 本しかない場合に生じる遺伝子発現の量的不一致を補償する機構．
> **恒常的ヘテロクロマチン**　constitutive heterochromatin　発現することのない DNA 配列の不活性な状態を表す用語で，その多くはサテライト DNA である．
> **条件的ヘテロクロマチン**　facultative heterochromatin　活性な状態の DNA 配列と同じ配列ながら不活性な状態になっている DNA 配列．哺乳類の雌がもつ X 染色体のうちの 1 本がこの例である．
> **単一 X 染色体仮説**　single X hypothesis　哺乳類の雌では二つある X 染色体のうち一つは不活性化されているという仮説．
> ***n*−1 の法則**　*n*−1 rule　哺乳類の雌の細胞では X 染色体のうち 1 本だけに活性があり，残りの X 染色体はすべて不活性であることを表した用語．

> - 哺乳類真獣類の雌の二つの X 染色体のうち一つは胚形成の間にそれぞれの細胞でランダムに不活性化される．
> - 二つ以上の X 染色体があるような例外的な場合では，一つを除いてすべてが不活性化される．
> - *XIC*（X 染色体不活性化中心）は一つの X 染色体だけを活性化のままにするのに必要十分なシスに働く X 染色体上の領域である．
> - *XIC* は不活性な X 染色体上でしか検出されない RNA をコードする *XIST* 遺伝子を含む．
> - *XIST* RNA が活性な X 染色体上に蓄積するのを防ぐ機構はわかっていない．
> - 特異的なコンデンシンが線虫の不活性な X 染色体の凝集を担っている．

X 染色体の数は性によって違いがあるため，遺伝子の調節にとって興味深い問題である．もし，X 染色体上にある遺伝子がそれぞれの性で同じように発現すると，雌には雄の 2 倍量の産物ができることになる．このような状況を避けることが重要な場合，二つの性で X 染色体上にある遺伝子の発現のレベルを同じにする**量的補償**が存在する．いろいろな種で使われる量的補償の機構を図 31・6 にまとめた：

- 哺乳類では雌の二つの X 染色体のうちの一つは完全に不活性化されている．その結果，雌はただ一つの活性な X 染色体をもつことになり，雄と同じ状況になる．雌の活性な X 染色体と雄の一つの X 染色体は同じレベルで発現している．
- ショウジョウバエでは雄の単一の X 染色体の発現は雌の X 染色体それぞれと比較して 2 倍になっている．
- 線虫では雌の X 染色体それぞれの発現は雄の単一の X 染色体の半分である．

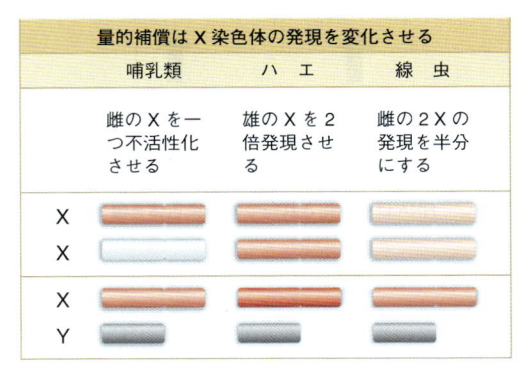

| 量的補償は X 染色体の発現を変化させる ||||
|---|---|---|---|
| | 哺乳類 | ハエ | 線虫 |
| | 雌のXを一つ不活性化させる | 雄のXを2倍発現させる | 雌の2Xの発現を半分にする |
| X | ■ | ■ | □ |
| X | □ | ■ | □ |
| X | ■ | ■ | □ |
| Y | ■ | ■ | ■ |

図 31・6　雌と雄の X 染色体の発現を同じにするのにさまざまな方法の量的補償が使われる．

これらすべての量的補償機構に共通した特徴は**染色体全体が調節の標的になっている**ことである．その染色体のプロモーターすべてに定量的な影響を与える全体的変化が起こる．哺乳類の雌の X 染色体の不活性化について最もよくわかっており，染色体全体がヘテロクロマチンになる．

ヘテロクロマチンの二つの特徴は凝縮した状態とそれに付随した不活性化である．それは二つのタイプに分けられる：

- **恒常的ヘテロクロマチン**はコードする機能のない特別な塩基配列をもっている．典型的な例はサテライト DNA で，セントロメアによくみられる．これらの領域はその成

り立ちからして常にヘテロクロマチンである.
- **条件的ヘテロクロマチン**は,ある系統の細胞内では不活性だが別の系統では発現されるという染色体構造をとっている.代表的な例は哺乳類のX染色体である.不活性なX染色体はヘテロクロマチンの状態で保たれるのに対し,活性なX染色体は真正クロマチンとして働く.したがって同じDNAの塩基配列がどちらの状態にも関与している.不活性な状態がひとたび確立されると,子孫の細胞に受継がれる.これはDNAの塩基配列に依存しないので,エピジェネティックな遺伝の例である.

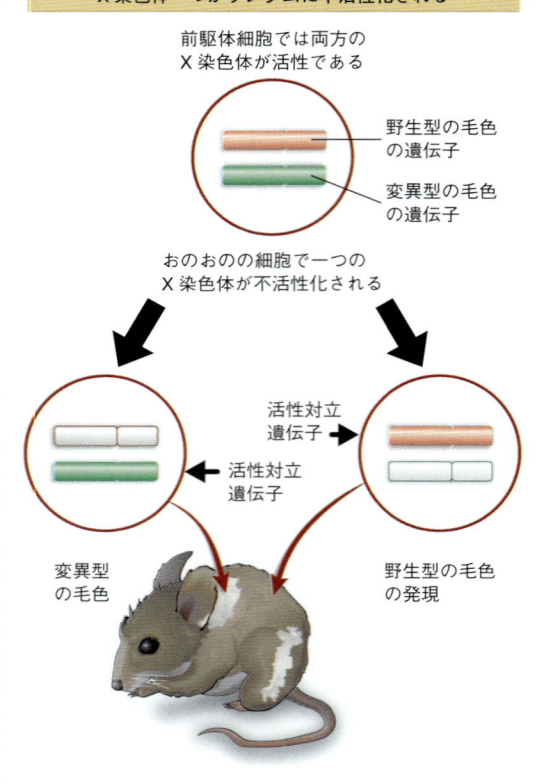

哺乳類の雌のX染色体の状態については,基本的には1961年の**単一X染色体仮説**に基づく考え方がある.X染色体上にある毛色の変異がヘテロ接合体である雌のマウスでは,毛の一部は野生型で,他の部分は変異型であるというまだら模様の表現型を示す.これは図31・7に示すように,二つのX染色体のうち一つが,少数の前駆体細胞それぞれでランダムに不活性化されるという説明ができる.野生型の遺伝子をもっているX染色体が不活性化された細胞では,活性をもった染色体の変異型の対立遺伝子だけを発現する子孫がつくられる.もう一方の染色体が不活性化されている前駆体細胞に由来した細胞は,活性をもった野生型の遺伝子をもっている.毛色に関しては,ある特定の前駆体細胞に由来する細胞は一緒になっているので同じ色の斑点を形成し,まだら模様に見える.一つの細胞集団の個々の細胞がX染色体上にある対立遺伝子のどちらか一方を発現している場合もある.たとえば,X染色体上にある遺伝子座,*G6PD*のヘテロ接合体ではどの赤血球細胞も二つの対立遺伝子のうちどちらか一方しか発現していない.

雌のX染色体不活性化は**$n-1$の法則**に支配される.どんなに多くのX染色体があろうとも,一つを除いてすべてが不活性化される.正常な雌ではもちろん二つのX染色体があるが,まれに染色体の不分離が起こり,3Xあるいはもっと多い遺伝子型になるような場合でも,たった一つのX染色体だけが活性化している.このことから,特別な状態は一つのX染色体に限られ,その一つの染色体を他のすべてのX染色体に作用する不活性化の機構から守るという普遍的なモデルが示唆される.

X染色体のただ一つの遺伝子座だけで不活性化に十分である.X染色体と常染色体の間で転座が起こると,この遺伝子座は相互組換えによりできた染色体のうち一方にだけ存在し,その遺伝子座だけが不活性化される.異なる転座を比較することによって,*XIC*(X染色体不活性化中心;X-inactivation center)とよばれる450 kbから成る領域へとこの遺伝子座を狭めることが可能である.*XIC*を常染色体に導入遺伝子として導入した細胞では,常染色体が不活性化の対象となる.

*XIC*はX染色体の数を数え,一つを除いて他のすべてのコピーを不活性化するのに必要な情報をもっているシスに働く遺伝子座である.不活性化は*XIC*からX染色体全体に広がる.*XIC*がX染色体-常染色体間の転座に存在すれば,(影響は必ずしも完全ではないが)不活性化は常染色体の領域に広がる.

*XIC*には不活性なX染色体でのみ発現する*XIST*とよばれる遺伝子がある.この遺伝子の性質は不活性染色体の抑制されているすべての遺伝子座とはまるで反対である.*XIST*の欠失によってX染色体の不活性化はまぬがれる.しかし,(他のX染色体は不活性化されるので)X染色体の数を数える機構は妨げられない.それゆえ,*XIC*には二つの特徴があることがわかる.数を数えるのに必要な未知の要素と不活性化に必要な*XIST*遺伝子である.

図31・8にX染色体の不活性化に果たす*XIST* RNAの役割を説明する.*XIST*はオープンリーディングフレームのないRNAをコードしている.*XIST* RNAは*XIST*が合成されるX染色体を"覆う"ことから,構造的な役割があると示唆された.X染色体の不活性化前には*XIST*は雌の両方のX染色体から合成される.不活性化の後にはRNAは不活性X染色体のみで見つかる.転写の速度は不活性化の前と後で同じなので,この変化は転写後の過程によっている.

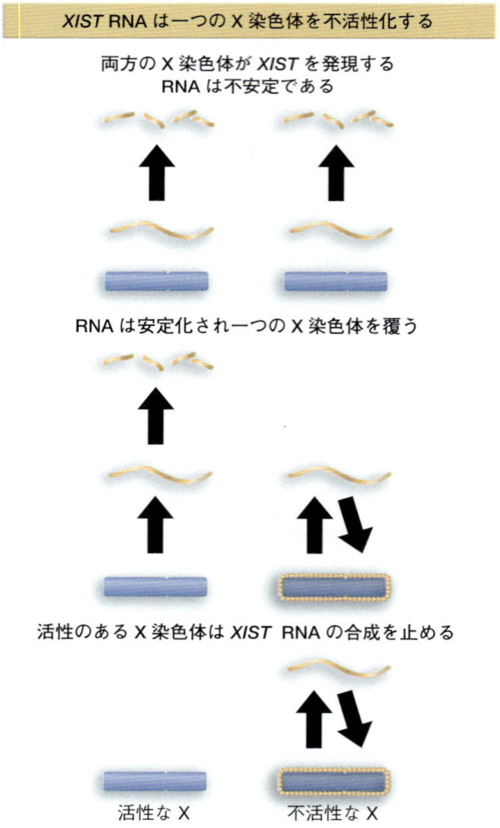

X染色体不活性化の前には,*XIST* RNAは約2時間の半減期で分解する.X染色体の不活性化は,不活性X染色体の*XIST* RNAの安定化による.*XIST* RNAはX染色体に沿って点状に分布し,特異的な構造を形成するためにタンパク質と結合して安定化を行っていることが示唆された.他のどのような因子がこの反応に関与し,どのようにして*XIST* RNAが染色体上をシスにのみ広がっていくのかはわかっていない.不活性X

図31・7 X染色体にリンクしたまだら模様はおのおのの前駆体細胞で一つのX染色体がランダムに不活性化されることによる.＋の対立遺伝子が活性クロマチンにある細胞は野生型の表現型をもつ.しかし－の対立遺伝子が活性クロマチン上にある細胞は変異型の表現型をもつ.

図31・8 X染色体の不活性化では*XIST* RNAの安定化が起こり,不活性な染色体が覆われる.

染色体に特有な性質，すなわちヒストン H4 がアセチル化してないこと，および CpG 配列のメチル化（§24・13 参照）はおそらく不活性化機構の一部分として後から起こるのだろう．

$n-1$ の法則から，*XIST* RNA の安定化が"初期設定（デフォルト）"過程であり，一つの X 染色体（活性な X）で何らかの阻害機構によって安定化は阻害されることが示唆される．このことは *XIC* が染色体の不活性化に必要十分であるが，他の遺伝子座の産物が活性な X 染色体を確立するのに必要であることを意味している．

これとは異なる量的補償では，きわめて幅広い変化が生じる．ショウジョウバエでは，タンパク質複合体は雄にみられ，X 染色体に位置している．線虫では，タンパク質複合体は XX 型の胚の両方の X 染色体にあるか，XO 型の胚では核内に広く拡散して存在する．他の種では，このタンパク質複合体は分裂期の染色体の凝集をひき起こすコンデンシン複合体に関連したタンパク質を含んでいる．このことは，これが染色体がより凝集した不活性な状態をとるような構造的役割をもつことを示唆している．複合体は X 染色体の特定部位に結合するが，やがてその部位から染色体全体に沿って広がっていく．

## 31・5 DNA のメチル化のパターンは維持型メチラーゼによって保存される

**完全にメチル化されている部位** fully methylated site　DNA のパリンドローム配列のうち，両方の鎖ともメチル化されている部位．
**ヘミメチル化部位** hemimethylated site　DNA のパリンドローム配列のうち片方の鎖だけがメチル化されている部位．
**デメチラーゼ** demethylase　DNA，RNA，タンパク質などからメチル基を取除く酵素の通称．
**メチルトランスフェラーゼ（メチル基転移酵素）** methyltransferase　基質にメチル基を付加する酵素．基質となるものに低分子化合物，タンパク質，核酸などがある．メチラーゼともいう．
**新規型メチラーゼ** *de novo* methylase　まったくメチル化されていない DNA の標的配列に新たにメチル基を付加する酵素．
**維持型メチラーゼ** maintenance methylase　すでにヘミメチル化した DNA 部位を標的とし，さらにメチル基を付加する酵素．

- DNA のほとんどのメチル化は CpG ダブレットの両鎖のシトシンにある．
- 複製によって，完全にメチル化されている部位はヘミメチル化された部位になる．
- ヘミメチル化された部位は維持型メチラーゼによって完全にメチル化された部位になる．

DNA のメチル化は特異的な場所で起こる．細菌では，個々の細菌株を識別する場合や，複製した DNA と複製していない DNA を区別する場合にメチル化が関与している（§20・6 参照）．真核生物では，既知の機能は主として転写の調節に関したものである．メチル化は遺伝子の不活性化と関連している．

動物細胞の DNA では，シトシンの 2〜7％ がメチル化されている（値は種により異なる）．ほとんどのメチル基は CpG "ダブレット"にあり，実際 CpG 配列の大多数はメチル化されている．通常この短いパリンドローム配列の両鎖の C 残基はメチル化されて，

$$5'\ ^mCpG\ \ 3'$$
$$3'\ \ GpC^m\ 5'$$

という構造になっている．

このような部位は**完全にメチル化されている部位**という．しかし，この部位を複製した結果を考えてみよう．図 31・9 は娘の二本鎖のおのおのにメチル化された鎖とメチル化されていない鎖があることを示している．このような部位は**ヘミメチル化部位**という．

メチル化された部位が維持されるかどうかはヘミメチル化された DNA がどうなるかによっている．メチル化されていない鎖にメチル化が起きると，その部位は完全にメチル化された状態に戻る．しかし，複製が次に起こると，ヘミメチル化された状態は一つ

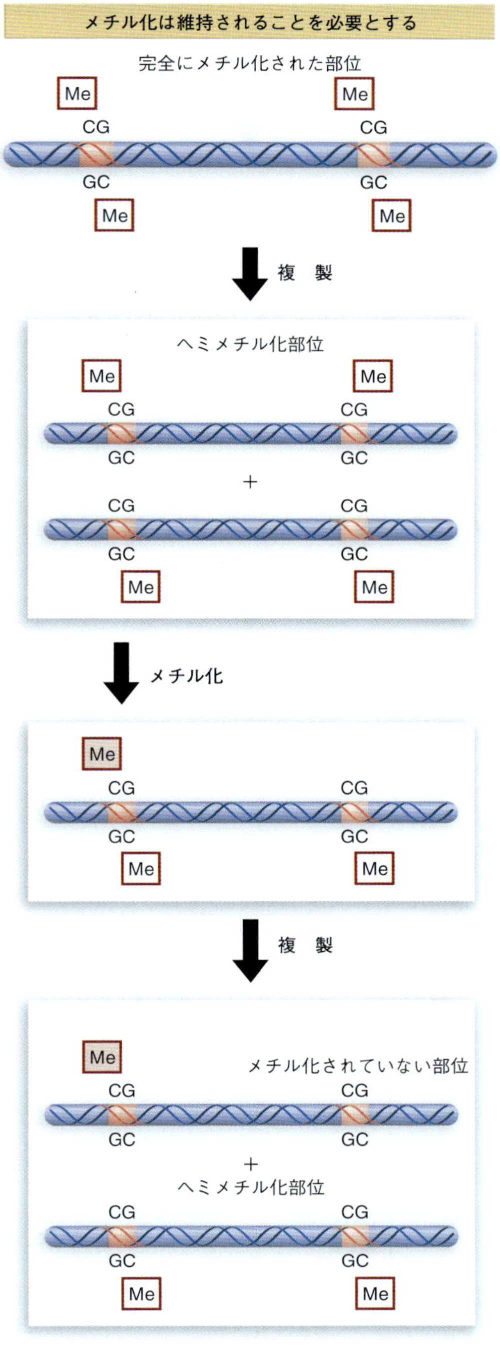

図 31・9　ヘミメチル化部位のみを認識しそれを基質とする酵素があると，その部位のメチル化状態が維持できる．

の娘鎖には伝わるが，もう一つの娘鎖の部位はメチル化されないことになる．図31・10 に示すように，DNA のメチル化の状態はシトシンの 5 位にメチル基をつける**メチラーゼ**とメチル基を除く**デメチラーゼ**によって調節されている．〔メチラーゼの正式な名前としては**メチルトランスフェラーゼ**（メチル基転移酵素）を使う．〕

2 種類の DNA メチラーゼがあり，その働きはメチル化された DNA の状態によって区別される．DNA の新しい部位を修飾するためにはおそらく DNA の特異的な配列を認識する**新規型メチラーゼ**の働きが必要とされる．それはメチル化されていない DNA にのみ働き，メチル基を一方の鎖に付加する．マウスでは二つの新規型メチラーゼ（Dnmt3A と Dnmt3B）があり，異なる標的をもち，両方とも発生に必要である．

**維持型メチラーゼ**はヘミメチル化した部位のみに恒常的に働いて完全にメチル化した部位に替える．この酵素の存在は，メチル化した部位はどれも複製の後存続することを意味する．マウスでは一つの維持型メチラーゼ（Dnmt1）があり，必須である．この遺伝子が破壊されたマウスの胚は発生の初期以降生存できない．

維持型メチラーゼはほとんど 100 ％の効率で，図 31・9 の左に示した状況は *in vivo* で常に起きている．それゆえ，もし新たなメチル化が一つの対立遺伝子で起こり，もう一つの対立遺伝子で起こらないことがあれば，この差は続いて起こる細胞の分裂の間持続され，配列に依存しない対立遺伝子の差が維持されることになる．

メチル化はさまざまなタイプの標的をもつ．遺伝子のプロモーターは最も一般的な標的である．このプロモーターは遺伝子が不活性化しているとメチル化されているが，活性化しているとメチル化されていない．マウスで Dnmt1 がないと広範囲でのプロモーターの脱メチル化が起き，遺伝子発現が調節できなくなるので致死になるだろうと考えられる．サテライト DNA はもう一つの標的である．Dnmt3B の変異はサテライト DNA のメチル化を阻害し，細胞レベルでのセントロメアの不安定化をひき起こす．相当するヒトの遺伝子の変異は病気をひき起こす．メチル化の重要性はメチル化 CpG 配列に結合するタンパク質 MeCP-2 の遺伝子の変異によって起こる別のヒトの病気があることからもわかる．

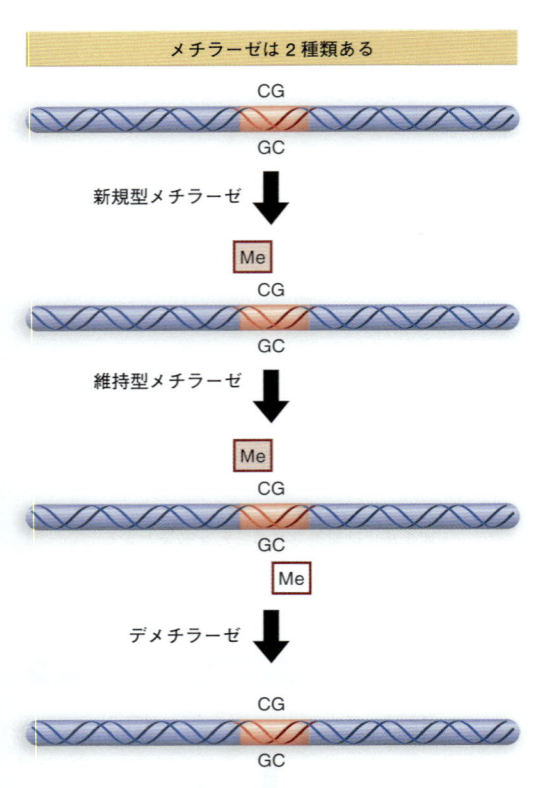

図 31・10 メチル化の状態は 3 種類の酵素によって調節される．新規型メチラーゼと維持型メチラーゼは知られているが，デメチラーゼは同定されていない．

## 31・6 DNA メチル化は刷込みの原因である

**刷込み** imprinting 精子または卵の発生途中に遺伝子に起こる変化で，胚の初期発生において父親と母親から受継いだ二つの対立遺伝子が，その発現上異なる性質を示すこと．DNA のメチル化によって起こっている場合がある．

- 父系と母系の対立遺伝子は受精時にはおそらく異なるメチル化のパターンを示す．
- メチル化は常に遺伝子の不活性化と関連がある．
- 遺伝子が異なる刷込みを受ける場合，胚が生き残るには機能をもった対立遺伝子がメチル化されていない対立遺伝子として親から与えられる必要がある．
- 刷込みを受けた遺伝子をもつヘテロ接合体の生存は，交配に依存して異なる．
- 遺伝子の刷込みはクラスターとして起こり，特別に阻害されないかぎり新規のメチル化が起こる局所的な調節部位に依存する．
- 刷込まれた遺伝子はシスに働く部位のメチル化によって調節される．
- メチル化は遺伝子の不活性化もしくは活性化のどちらかに重要である．

おおもとの生殖細胞が胚で発生するときにはすべての対立遺伝子の相違点は失われる．性とは無関係に，以前のメチル化のパターンはゲノムに広がった脱メチルによって消され，典型的な遺伝子はそれ以後メチル化されない．そして雌雄に特異的なパターンがつくられる．雄ではパターンは 2 段階で形成される．成熟した精子に特異的なメチル化のパターンは精母細胞において確立される．しかし，受精後，このパターンにはさらに変化が起こる．雌では出生後，卵母細胞が減数分裂を通じて成熟する卵形成の間に母系のパターンが形成される．メチル化の特異性がどのように雌雄で決定されるのかということがおもな問題である．

胚発生の初期に系統的な変化が起こる．遺伝子が発現している細胞でメチル化され続ける部位もあれば，特異的にメチル化されていない部位もある．このようなパターンの

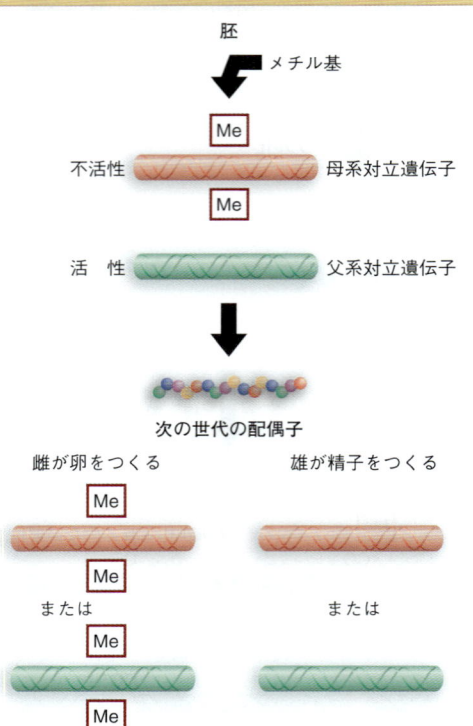

図 31・11 典型的な刷込みのパターンはメチル化部位が不活性化されることである．これが母系対立遺伝子であれば父系対立遺伝子のみが活性をもち，生存に必須となる．メチル化のパターンは配偶子が形成されるときに初期化されて，すべての精子は父系型を獲得し，すべての卵は母系型を獲得する．

変化から，体細胞の発生の間に特異的な遺伝子が活性化するとき，個々の配列特異的な脱メチルが起こると推量される．

この性特異的遺伝のためにはメチル化のパターンがそれぞれの配偶子形成の間に確立することが必要である．マウスの仮想遺伝子座の運命を図31・11に示した．初期胚では父系の対立遺伝子はメチル化されず発現していて，母系の対立遺伝子はメチル化されて抑制されている．このマウス自身が配偶子を形成するときに何が起こるのだろうか．もしマウスが雄ならば，精子にある対立遺伝子はもともとメチル化されていたかいなかったかにかかわらずメチル化されない．したがって，母系の対立遺伝子が精子に存在すれば脱メチルされたに違いない．マウスが雌ならば卵にある対立遺伝子はメチル化されなければならない．したがって，元は父系の対立遺伝子ならばメチル基が付加される．

生殖細胞におけるメチル基の特異なパターンが**刷込み**という現象の原因である．刷込みによりそれぞれの親から受継いだ対立遺伝子間の作用の違いが説明できる．マウスの胚の遺伝子の中にはその遺伝子が由来した親の性に依存して発現するものがある．たとえばIGF-II（インスリン様増殖因子II；insulin-like growth factor II）をコードする遺伝子のうち，父親から受継いだ対立遺伝子は発現しているが，母親から受継いだ対立遺伝子は発現していない．卵の*IGF2*遺伝子はメチル化されているが，精子の*IGF2*遺伝子はメチル化されていないので，配偶子では二つの対立遺伝子は異なって作用する．これは最もありふれたパターンであるが，性の影響はいくつかの遺伝子で逆になる．事実，IGF-IIのレセプターに当たるIGF-IIRでは反対のパターン（母親のコピーの発現）がみられる．

刷込みの結果，胚は*IGF2*の父系対立遺伝子を必要とする．よって，片親の対立遺伝子が不活性化している変異をもつようなヘテロ接合体となる交配をした場合，もし野生型の対立遺伝子が父由来なら胚は生き残るが，母由来なら死ぬだろう．（メンデル遺伝とは対照的な）このような交配をする方向への依存性は，遺伝子自身の配列以外の要因がその結果に影響を与えるというエピジェネティックな遺伝の一例である．父系や母系の対立遺伝子は同一の配列をもっていても，どちらの親から供給されるかによって異なる性質を示す．これらの性質は減数分裂や体細胞分裂を通して遺伝する．

刷込みが起こる遺伝子はクラスターをなしていることがある．マウスの既知の17個の刷込みが起こる遺伝子のうち，半分以上が二つの決まった領域にあり，それぞれ母系と父系の両方で発現する遺伝子が含まれている．このことから，刷込みの機構は遠く離れていても機能することが示唆される．ヒトの集団でPrader-Willi症候群およびAngelman症候群の原因になる遺伝子の欠失からこの可能性に対するいくつかの見解が得られた．ほとんどの場合4 Mbの同じ欠失が原因であるが，どちらの親から欠失が由来したかによって症状が異なる．その原因は，欠失した領域には少なくとも父親によって刷込まれた遺伝子と母親によって刷込まれた遺伝子が含まれるからである．

刷込みは，標的遺伝子または遺伝子群の近くのシスに働く部位のメチル化の状態によって決まる．これらの調節部位はDMD（differentially methylated domain，異なったメチル化を受けたドメイン）やICR（imprinting control region，刷込み調節領域）として知られている．これらの調節部位の欠失では刷込みは消滅し，標的遺伝子座は父系と母系のゲノムにおいて同じようにふるまう．

*IGF2*と*H19*の二つの遺伝子を含む領域の様子から，メチル化が遺伝子の活性をどのように調節しているかがわかる．図31・12にこれら二つの遺伝子が間に位置するICR部位のメチル化の状態に反対の作用があることを示した．このICRは父系対立遺伝子ではメチル化されている．*H19*は典型的な不活性化の反応を示す．しかし，*IGF2*は発現される．逆の状況がICRがメチル化されていない母系対立遺伝子でみられる．*H19*は発現されるようになるが，*IGF2*は不活性化される．

*IGF2*の調節はICRのインスレーターの機能によって行われる．図31・13にICRがメチル化されていないとインスレーター結合タンパク質CTCFに結合することを示した．これはエンハンサーが*IGF2*のプロモーターを活性化するのを妨げるインスレーターの機能をつくりだす．これはインスレーターの作用によってメチル化が間接的に遺伝子を活性化するという例外的な効果である．

*H19*の制御はメチル化が不活性に刷込まれた状態をつくるという通常の調節を示す．これはメチル化のプロモーター活性に対する直接の影響を反映する．

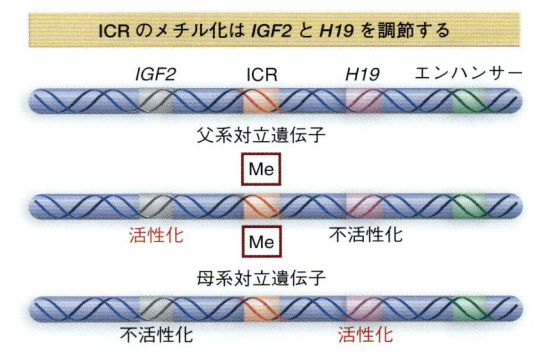

**図31・12** ICRは*IGF2*が活性化していて*H19*が不活性化している父系対立遺伝子でメチル化されている．ICRは*IGF2*が不活性化していて*H19*が活性化している母系対立遺伝子ではメチル化されていない．

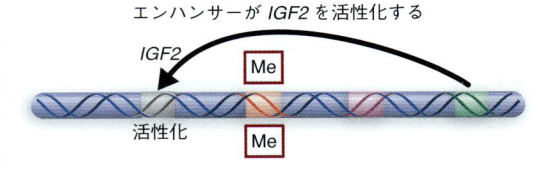

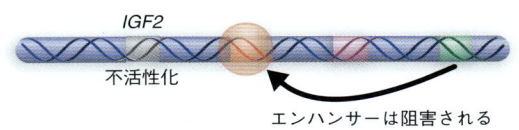

**図31・13** ICRはエンハンサーが*IGF2*を活性化するのを阻害するインスレーターである．このインスレーターはCTCFがメチル化されていないDNAに結合するときのみ機能する．

## 31・7 酵母のプリオンは例外的な遺伝を示す

> プリオン prion 核酸をまったく含まないにもかかわらず，遺伝形質のような性質を示すタンパク質性の感染因子．プリオンの例として，ヒツジにスクレイピー，ウシにウシ海綿状脳症（BSE）という病気をひき起こす因子である PrP$^{Sc}$ や，酵母に遺伝的影響を与える［PSI］などがある．

- 野生型の可溶な型の Sup35 タンパク質は翻訳終止因子である．
- この Sup35 は，多量体へと凝集したもう一つ別な型でも存在しうるが，これはタンパク質合成系での機能を失っている．
- 多量体型が存在すると新しく合成されたタンパク質は不活性な構造へと変換される．
- 二つの型の間の変化はシャペロンの影響を受ける．
- 野生型は劣性な遺伝状態［psi⁻］をもち，変異型は優性な遺伝状態［PSI⁺］をもつ．

一つのタンパク質の状態の違いでエピジェネティックな遺伝が起こる最も明瞭な例の一つはプリオン（タンパク質性の感染因子）の作用である．プリオンは二つの例で解析された．すなわち酵母における遺伝的影響と，ヒトを含む哺乳類の神経病の原因因子としてである．特筆すべきエピジェネティックな作用が酵母で見つかった，酵母において遺伝子の配列は同じにもかかわらず，二つの異なる状態が一つの遺伝子座において遺伝される．この二つの異なる状態とは［psi⁻］と［PSI⁺］である．状態の切替えは自発的な変化の結果として低い頻度で起こる．

［psi］の遺伝子型は翻訳終止因子をコードする sup35 の遺伝子座に位置付けられる．図31・14 に酵母の Sup35 タンパク質の作用をまとめた．［psi⁻］と表記される野生型の細胞では，遺伝子は活性で，Sup35 タンパク質はタンパク質合成を終止させる．変異型の［PSI⁺］型の細胞はタンパク質の合成の終止に異常がある．

［PSI⁺］株は普通とは異なった遺伝的性質を示す．［psi⁻］株を［PSI⁺］株と交配すると，すべての子孫は［PSI⁺］になる．これは染色体外因子として予想される遺伝様式であるが，［PSI⁺］の形質は染色体外の核酸に対応していない．［PSI⁺］は準安定であり，ほとんどの子孫に遺伝されるのに，変異から想像されるよりも速い率で失われる．同じような作用が窒素利用に関する代謝酵素の抑制に必要なタンパク質をコードする遺伝子座 URE2 にも認められている．酵母株がもう一つの状態である［URE3］に変換されると，Ure2 タンパク質はもはや機能しない．

［PSI⁺］状態は Sup35 タンパク質の高次構造によって決定される．野生型の［psi⁻］細胞ではタンパク質は正常の機能を示す．しかし，［PSI⁺］細胞ではタンパク質の正常な機能が失われたもう一つの構造をとる．遺伝的交配で［psi⁻］より［PSI⁺］が一方的に優性であることを説明するために，［PSI⁺］の状態のタンパク質が存在すると，細胞のすべてのタンパク質がこの［PSI⁺］の状態になることが予想される．これはおそらく図31・15 に示したように［PSI⁺］タンパク質が核となり，オリゴマーの状態をつくることによって［PSI⁺］タンパク質と新しく合成されたタンパク質の間で相互作用が起こるのだろう．

Sup35 と Ure2 タンパク質の両方に共通した特徴はおのおのが独立に機能する二つのドメインからできていることである．タンパク質の活性には C 末端ドメインで，不活性な状態の構造を形成するには N 末端ドメインで十分である．したがって Sup35 の N 末端ドメインが欠失している酵母では［PSI⁺］の状態を獲得できない．そして［PSI⁺］の N 末端ドメインが存在することが［PSI⁺］の状態で Sup35 タンパク質を維持するのに十分である．N 末端ドメインの重要な特徴はグルタミン残基とアスパラギン残基が豊富なことである．

［PSI⁺］の状態における機能の喪失は，オリゴマー複合体の形成によりタンパク質が隔離されることによる．［PSI⁺］細胞の Sup35 タンパク質ははっきりとした点状に集合しているのに対し，［psi⁻］細胞のタンパク質は細胞質に分散している．［PSI⁺］細胞の Sup35 タンパク質は in vitro で β シート構造を多く含むという特徴をもったアミロイド繊維を形成する．タンパク質の構造に影響を与える条件の検討から（タンパク質の修飾よりも）タンパク質の高次構造が関与していることが示唆された．タンパク質を変性させる作用によって［PSI⁺］の状態は失われる．

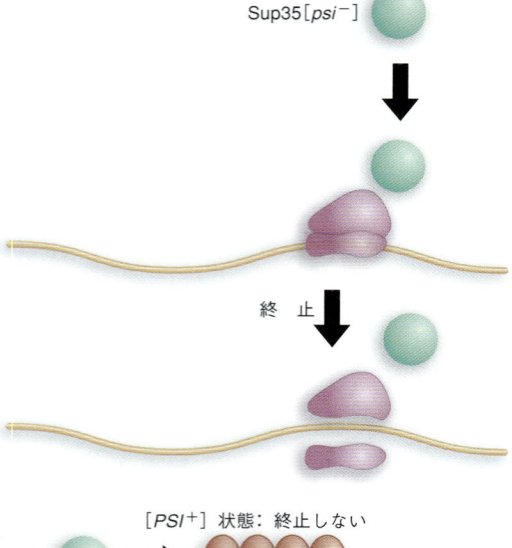

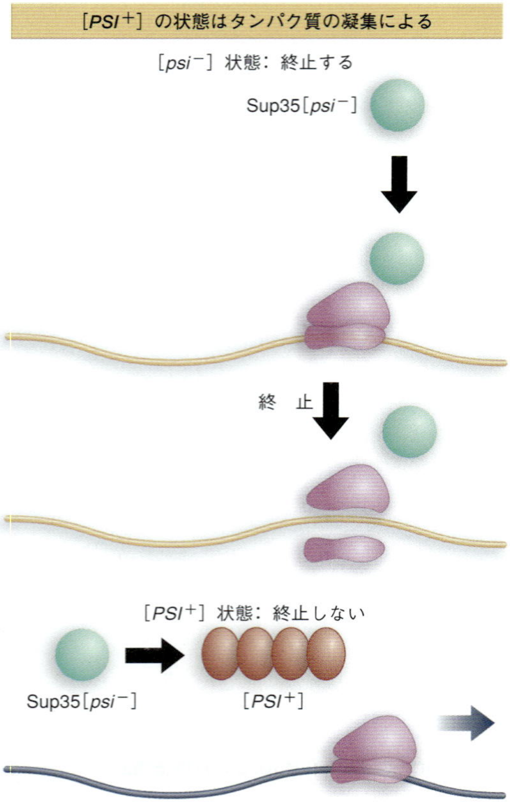

図31・14 Sup35 タンパク質の状態は翻訳を終止するかどうかを決定する．

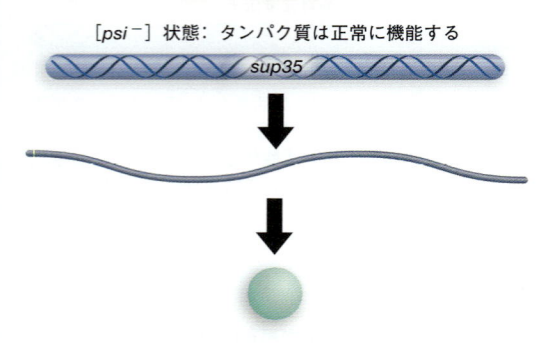

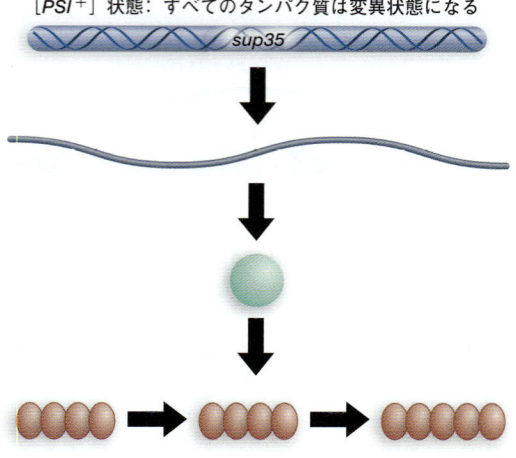

図31・15 新しく合成された Sup35 タンパク質は以前から存在している［PSI⁺］タンパク質によって［PSI⁺］の状態に変換される．

Sup35 が in vitro で不活性化構造を形成する能力を利用すると，このタンパク質の役割の生化学的証拠を提示できる．図 31・16 に，Sup35 を in vitro で不活性型に変え，リポソームに入れて（要するにタンパク質を人工膜で包んで），リポソームと [$psi^-$] 酵母を融合させて細胞に導入するという特筆に値する実験を描いた．この酵母の細胞は [$PSI^+$] に変わった．この実験は，タンパク質がエピジェネティックな状態に寄与する能力をもつという結論に対するすべての反論を退けた．細胞を交配させたり，一つの細胞からとった抽出液を他の細胞で処理したりする実験はいつも核酸も移ったのではないかという可能性の指摘を受けやすい．しかし，タンパク質自身は標的細胞を変換できないが，不活性状態に変わったタンパク質にこの変換ができるのなら，唯一異なるのはタンパク質の処理だけなので，タンパク質の処理がこの変換に重要であると結論できる．

酵母の [$PSI^+$] プリオンを形成する能力は遺伝的背景に依存する．酵母は [$PSI^+$] 状態を形成するためには [$PIN^+$] でなくてはならない．この [$PIN^+$] 状態自身がエピジェネティックな状態である．それはいくつかの異なるタンパク質のどれか一つのプリオンの形成によってつくられる．これらのタンパク質は Gln/Asn に富むドメインをもつという Sup35 の特徴をもつ．酵母におけるこれらのドメインの過剰発現は [$PSI^+$] 状態の形成を刺激する．これは Gln/Asn ドメインの凝集を含むプリオン状態の形成の共通のモデルがあることを示唆する．

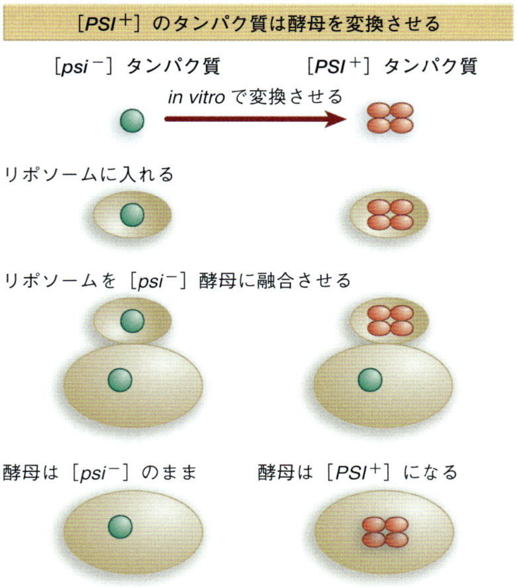

図 31・16 精製タンパク質は酵母の [$psi^-$] の状態を [$PSI^+$] に変換させる．

## 31・8 プリオンは哺乳類で病気を起こす

**スクレイピー** scrapie タンパク質性の感染因子（プリオン）によってヒツジに起こる病気．
**クールー** kuru プリオンによってひき起こされる，ヒトの神経疾患．感染した脳を食べることによってひき起こされる可能性がある．

- スクレイピーを起こすタンパク質は，プロテアーゼ感受性で非感染型の野生型 $PrP^C$ とプロテアーゼ抵抗性で病原型の $PrP^{Sc}$ の二つの型が存在する．
- 神経性の病気は精製 $PrP^{Sc}$ タンパク質をマウスに接種することによりマウスに伝播する．
- 被験マウスはマウスのタンパク質をコードする $PrP$ 遺伝子のコピーをもっていなくてはならない．
- $PrP^{Sc}$ タンパク質は新しく合成された PrP タンパク質を $PrP^C$ 型から $PrP^{Sc}$ 型に変えることにより，そのタンパク質自身の増殖を図る．
- $PrP^{Sc}$ のいくつかの株は異なるタンパク質構造をもつ．

プリオン病はヒツジやヒトで，最近ではウシで起こることが知られている．基本的な症状は運動失調，すなわちまっすぐに立つことができなくなる神経退行の病気である．ヒツジに対するこの病気の名前，**スクレイピー**はヒツジがまっすぐに立つために体を壁にこすることからつけられた．スクレイピーは感染した動物の組織抽出物をヒツジが摂取することによって伝わっていく．ヒトの**クールー**病はニューギニアで見つかった．人肉，特に脳を食べる習慣によって伝わっていたようである．このような伝達様式で遺伝するよく似た病気が西ヨーロッパでも見つかった．Gerstmann-Sträussler 症候群である．これと近縁のクロイツフェルト・ヤコブ（Creutzfeldt-Jakob）病（CJD）は偶発的に起こる．最近 CJD に似た病気が "狂牛" 病（BSE；ウシ海綿状脳症）を患った牛の肉を食べることによって伝わったようである．

スクレイピーに感染したヒツジの組織をマウスに接種すると，75～150 日で発症する．活性成分はプロテアーゼ抵抗性のタンパク質である．このタンパク質は脳で通常発現している遺伝子によってコードされている．正常な脳のタンパク質の形は $PrP^C$ とよばれ，プロテアーゼに感受性である．$PrP^{Sc}$ とよばれるプロテアーゼ抵抗性の形への転換は病気の発生と相関している．感染性成分からは核酸は検出されず，紫外線照射では核酸よりタンパク質に損傷を与える波長で感受性が高いが，感染性は低い（1 感染単位/$10^5$ $PrP^{Sc}$ タンパク質）．正常の細胞も病気の細胞も同じ $PrP$ 遺伝子をもっていて，タンパク質の $PrP^{Sc}$ 型は感染性の因子であり，$PrP^C$ は無害なので，これは遺伝情報に何の変化もないエピジェネティックな遺伝に相当する．

**図 31・17** PrP^Sc タンパク質は同じ型の内在性 PrP^C タンパク質をもっている動物にだけ感染する．

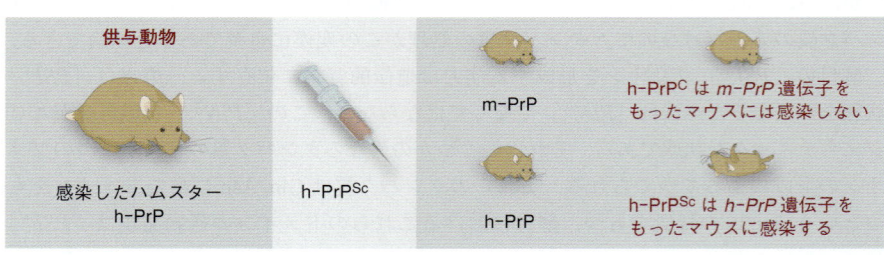

PrP^Sc 型と PrP^C 型の違いの基盤は，共有結合の変更というよりは高次構造の変化にあるようにみえる．両方のタンパク質はグリコシル化されていて，GPI を介して膜に結合している．このような修飾になんら違いは見つかっていない．PrP^Sc 型は PrP^C 型にはない β シートを多くもっている．

この違いがアミノ酸配列に依存しているかどうか調べるためにマウスへの感染性試験を行い，いくつかの重要な結果を図 31・17 に示した．正常な場合は，感染したマウスから抽出した PrP^Sc タンパク質を被験マウスに注入すると病気が誘発される（そして最後には死ぬ）．*PrP* 遺伝子が"ノックアウト"されていると，マウスは感染に耐性を示す．この実験は二つのことを証明している．まず，感染にはおそらく感染性の因子に変換される素材を提供するため内在性のタンパク質が必要である．つぎに，病気の原因は PrP^C 型のタンパク質を除くことではない．なぜなら PrP^C のないマウスは正常に生きるからである．すなわち病気は PrP^Sc の機能獲得により起こる．

種による障壁が存在することを利用して感染に必要な特徴を明らかにするために，ハイブリッドタンパク質がつくられた．最初のスクレイピーの因子はいくつかの動物で維持されてきたが，これらは必ずしもすぐに伝達されたわけではない．たとえば，マウスはハムスターからのプリオンの感染に耐性を示した．このことはハムスターの PrP^Sc はマウスの PrP^C を PrP^Sc に変換できないことを意味している．しかしながら，マウスの *PrP* 遺伝子をハムスターの *PrP* 遺伝子に置き換えると状況は変わってくる．（これはハムスターの *PrP* 遺伝子を *PrP* ノックアウトマウスに導入することによってできた．）ハムスターの *PrP* 遺伝子をもったマウスはハムスターの PrP^Sc の感染に感受性になる．このことから細胞の PrP^C タンパク質が PrP^Sc 状態に変換されるためには PrP^Sc が PrP^C タンパク質に影響を与える配列をもっている必要があると示唆される．

PrP^Sc にはいろいろな"株"があり，マウスに接種したときのそれぞれの潜伏期によって区別できる．このことはタンパク質が PrP^C と PrP^Sc のどちらかの状態だけに制限されているのではなく，多くの PrP^Sc 状態があることを暗に示している．これらの違いは配列以外にタンパク質が自発的に形を変えていく特性に依存しているに違いない．高次構造の特徴によって PrP^Sc と PrP^C が区別されるならば，おのおのが PrP^C を変換するときにそれ自身が鋳型になり多くの高次構造をとるはずである．

PrP^C が PrP^Sc に変換する確率は PrP の配列によって影響される．ヒトの Gerstmann-Sträussler 症候群は PrP の一つのアミノ酸の置換が原因で，優性に遺伝する．マウスの *PrP* 遺伝子に同じ変異をつくると，マウスは病気になる．このことは変異タンパク質が PrP^Sc 状態に自然に変換する確率が増加していることを示唆する．同様に，この *PrP* 遺伝子の配列はヒツジが自発的に病気を起こすことへの感受性を決定し，3 箇所（コドン 136，154，171）のアミノ酸の組合わせが感受性を決めている．

プリオンは感染性のエピジェネティックな遺伝をする極端なケースで，この感染性の因子は多くの高次構造をとることのできるタンパク質であり，それぞれが自分の鋳型に

なるという特徴をもっている．この特徴はタンパク質が集合体の状態にあることによるのだろう．

## 31・9　要　約

　ヘテロクロマチンの形成は（テロメラーゼのような）特異的な染色体の領域に結合するタンパク質やヒストンと相互作用するタンパク質によってひき起こされる．不活性化構造の伝播は最初に始まった所からクロマチンの繊維に沿って伝わっていくのだろう．不活性化した酵母の接合型遺伝子座のサイレンシングでも似たような現象が起こる．特定の遺伝子を不活性状態に維持するのに必要な抑制的構造は，ショウジョウバエではPc-Gタンパク質複合体によって形成されている．これらはヘテロクロマチンとよく似ていて，最初の場所から伝播していくという性質を示す．

　ヘテロクロマチンの形成はある部位で開始され，正確には決まっていない距離に広がる．ヘテロクロマチンの状態が確立されると，それに続く細胞分裂を越えて受継がれる．このことは二つの同じ配列のDNAがタンパク質により異なる構造をとっているために異なった発現をするエピジェネティックな遺伝のパターンをひき起こす．ショウジョウバエの位置効果による斑入りがこれによって説明できる．

　酵母のテロメア領域の不活性なクロマチンと接合型部位のサイレンシングには共通の原因があり，特定のタンパク質がヒストンH3とH4のN末端テールと相互作用することが必要である．特定のタンパク質がDNAの特異的な配列と結合することによって，サイレンシング複合体の形成が開始されるのだろう．他の成分は染色体に沿って協調的に重合するのだろう．

　哺乳類真獣類の雌の一つのX染色体の不活性化はランダムに起こる．$XIC$遺伝子座がX染色体の数を数えるのに必要かつ十分である．$n-1$の法則により，一つを除いてすべてのX染色体が確実に不活性化される．$XIC$には$XIST$遺伝子があり，不活性X染色体でのみ発現されるRNAをコードしている．$XIST$ RNAの安定化により不活性X染色体が識別される．

　DNAのメチル化はエピジェネティックな遺伝をする．DNAの複製によってヘミメチル化されたコピーができると，維持型メチラーゼが完全にメチル化した状態に回復させる．メチル化が親の由来に依存する場合がある．精子と卵ではメチル化が特異的に異なるパターンをもち，胚で父系と母系の対立遺伝子が異なって発現する結果となる．これが刷込みの原因になる．刷込みでは片方の親から受継いだメチル化されていない対立遺伝子だけが活性な遺伝子であるために必須となる．もう一方の親から受継いだ対立遺伝子はサイレントである．メチル化のパターンは世代ごとに配偶子形成の際に元に戻される．

　プリオンは，ヒツジのスクレイピーや関連したヒトの病気の原因であるタンパク質でできた感染性の因子である．感染性の因子は正常細胞のタンパク質の変種である．$PrP^{Sc}$型は変化した構造をとっており，それ自身が鋳型になる．正常な$PrP^{C}$型は通常この構造をとっていないが，$PrP^{Sc}$存在下でこの構造に変化する．同じような効果が酵母の[$PSI$]因子の遺伝の原因となっている．

# 32  遺 伝 子 操 作

32・1　はじめに
32・2　クローニングベクターによる供与 DNA の増幅
32・3　目的に応じてクローニングベクターを使い分ける
32・4　トランスフェクションにより外来 DNA を細胞へ導入する
32・5　動物の卵に遺伝子を注入できる
32・6　マウスの胚に ES 細胞を注入できる
32・7　特定の遺伝子を狙い撃ちして置換したり破壊したりできる
32・8　要　約

### DNA をベクターに挿入してクローン化する

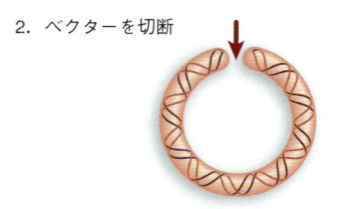

1. 供与 DNA を切断
2. ベクターを切断
3. 標的 DNA をベクターに連結する
4. ハイブリッド DNA を大腸菌や酵母を用いて増幅する

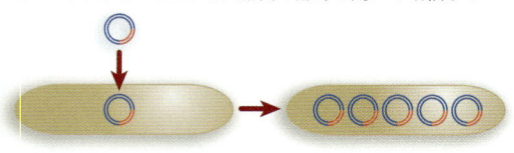

図 32・1　供与 DNA をクローニングベクターと連結できるように切断して準備する．ハイブリッド DNA を細菌や酵母に導入することで複製させて，多くのコピーをつくらせる．

### クローン化 DNA を染色体に組込む

クローン化 DNA の細胞への導入

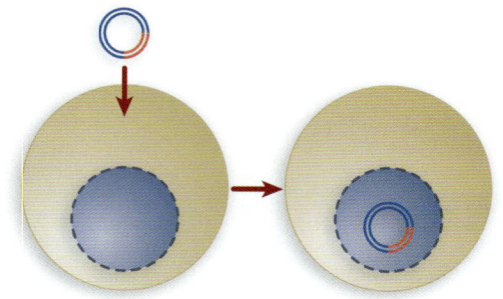

クローン化 DNA の染色体への組込み

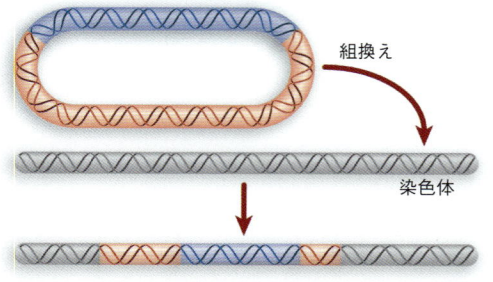

組換え
染色体

## 32・1　は じ め に

**クローニングベクター**　cloning vector　DNA 自体やそのタンパク質産物を増幅・生産させる目的で他の生物の DNA を挿入し，"運搬"役として使用するプラスミドやファージのこと．

　本来遺伝子操作とは，ある遺伝子をプラスミドやファージといった別の DNA に組込んでクローン化して増やすために DNA に施す一連の操作を表す用語であった．これを手始めに，遺伝子の構造や発現を解析する組換え DNA 技術が用いられるようになると，クローン化した DNA を直接ゲノムに組込むことで細菌や真核細胞のゲノムを変化させることができるようになった．ついには，こうしてゲノムを改変する技術と胚細胞から 1 匹の動物をつくり出す技術とが結び付くことで，特定の遺伝子の欠損や付加が生殖系列を介して後代にまで受継がれるマウスをつくり出すことができるにまで至った．いまや遺伝子操作とは，単に DNA に手を加えることから始まり，動物の体細胞のみならず生殖系列にさえも変化を導入する技術までを含む幅広い実験操作を表す用語として使われている．

　図 32・1 に，DNA 配列をクローン化する手順を要約する．その原理は，DNA を目的の細胞内で保持して増幅させる乗り物のように働く**クローニングベクター**に挿入することである．基本的には，供与 DNA から遺伝子または特定の配列を含む断片を切出し，ついでベクター DNA（図では環状のプラスミド）にも切れ目を入れ，最後に互いの端を交換するようにつなぎ合わせてハイブリッド DNA 分子をつくることでクローン化できる．ベクターには，目的に応じて大腸菌やパン酵母といった宿主内で永続的に増える複製能をもつものが選ばれる．ハイブリッドベクターを保持する宿主細胞を選択して増幅することで DNA を回収することができる．

　図 32・2 では，標的細胞のゲノム改変のための手順を概観する．第一段階として，組込みたい DNA を図 32・1 で示したようにしてクローン化する．ついでクローン化 DNA を細胞に導入する方法が必要となり，それも核に直接注入するか間接的に移行させる必要がある．いったん核内に入った DNA は組換えを介して染色体に組込まれねばならない．用いる導入法によって，目的とした供与 DNA と一緒にクローニングベクター由来の DNA が組込まれることもあるし，そうでないこともある．

　現在では，標的細胞に DNA を導入するために実にさまざまな方法が用いられる．宿主細胞への感染過程をそのまま利用したウイルスベクターのように，ある種のクローニングベクターでは自然界で起こる過程をそのまま用いて細胞に DNA が導入される．図 32・3 には，その他の方法も含めて遺伝子導入法をまとめる．

　リポソームは小さな球状の人工膜である．その中に DNA やその他の物質を包み込むことができる．リポソームが細胞膜と融合することで内容物が細胞内へと放出される．

　マイクロインジェクションでは微細な注射針を用いて細胞膜に穴をあける．こうして DNA を含む液を細胞質に直接注入できるし，（卵のように）核が針先で突けるほど大きな場合には直接核に注入できる．

　酵母や植物は細胞壁が厚くて多くの DNA 導入法が適用できず厄介であるが，この困難を克服するために"遺伝子銃"なるものが考案された．要するにこの方法では，非常に小さな粒子を高速で細胞壁を貫通させて細胞内に撃ち込む．弾丸に用いるのは，

図 32・2　新しい DNA をゲノムに組込むには，供与体となる DNA 配列のクローン化，クローン化 DNA の細胞への導入，ゲノムへの組込みといった手順が必要である．

DNAをコーティングした金粒子やナノスケールの微小粒子である．この方法は今では動物細胞にも用いられている．

## 32・2　クローニングベクターによる供与DNAの増幅

> **クローニング　cloning**　特定のDNA配列を宿主細胞中で複製されるようなハイブリッドの構造体に組込むことによって大量に増やすこと．
> **ベクター　vector**　単離したDNA断片をクローン化して維持するために使われるプラスミドやファージの染色体．
> **コスミド　cosmid**　コスミドは細菌のプラスミドにλファージのcos部位を挿入してつくられたもので，*in vitro*でプラスミドDNAを収納したファージ粒子をつくらせることができる．

- 制限酵素で切断してクローニング用のDNA断片をつくる．
- ベクターには，細菌のプラスミド，ファージ，コスミドや酵母人工染色体（YAC）などがある．
- ベクターによっては種類の異なる複数の宿主細胞で増殖できるものがある．

遺伝子**クローニング**のいちばんの基本は，注目したDNAを**クローニングベクター**に組込み，それを増幅させて多くの遺伝子コピーをつくることである．その鍵となるのは，どのようにして供与体となるDNAを同定するか，どのような方法でベクターに組込むか，組込みで生じたハイブリッド分子をどのようにして選択して増幅させるかである．

供与DNAの同定やベクターへの組込みに関しては，ゲノム塩基配列が決定されていることが大いに役に立つ．さまざまな間接的方法に頼ることなく，直接塩基配列を基盤に据えて実行できるからである．このことをうまく利用したのが次のような初期のクローニング技術の一つである．制限酵素で供与DNAを処理し，DNAの両方の鎖に互

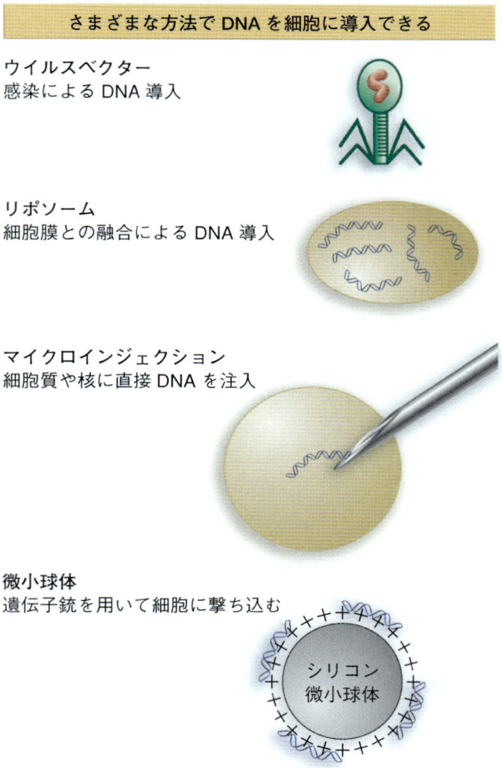

### さまざまな方法でDNAを細胞に導入できる

**ウイルスベクター**
感染によるDNA導入

**リポソーム**
細胞膜との融合によるDNA導入

**マイクロインジェクション**
細胞質や核に直接DNAを注入

**微小球体**
遺伝子銃を用いて細胞に撃ち込む

シリコン微小球体

図32・3　ウイルスベクターのように（ウイルス感染過程をそのまま利用したり），また（細胞膜と融合できるような）リポソームにDNAを包み込んで，自然に細胞膜を通過させる方法を用いて標的細胞にDNAを導入することができる．あるいは，マイクロインジェクションや表面にDNAをコーティングした微小球体で膜を素早く撃ち抜く遺伝子銃を用いるなどして，機械的方法で細胞内にDNAを導入することもできる．

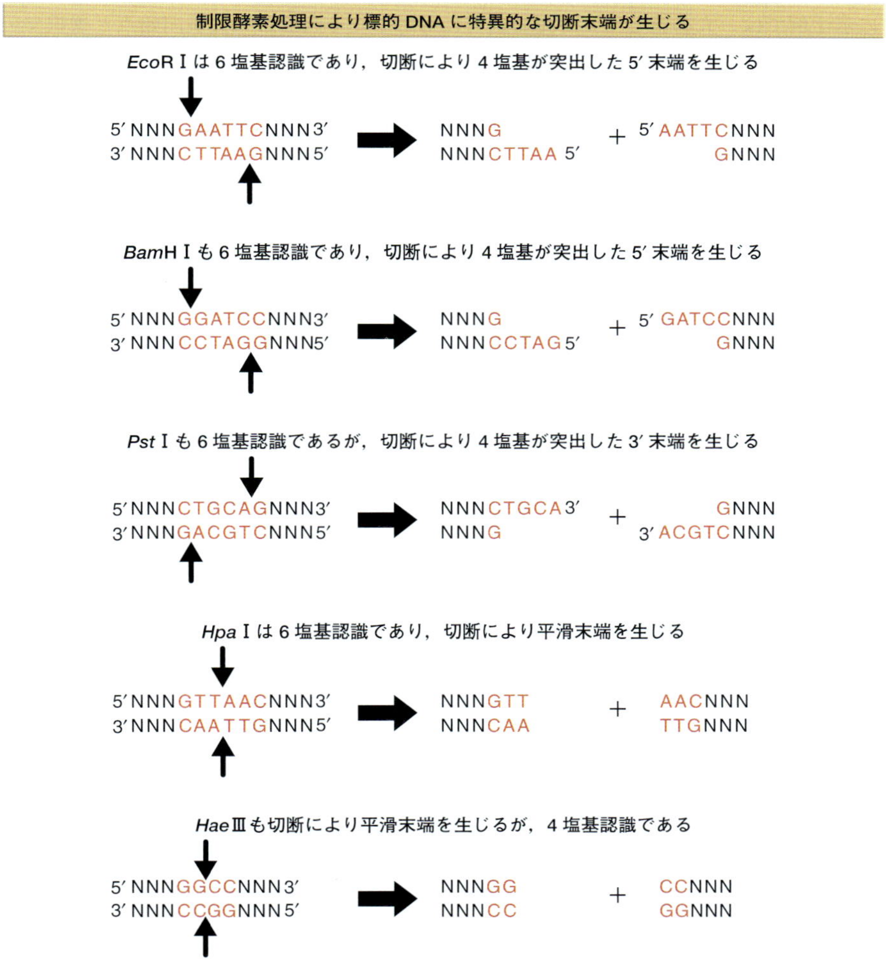

### 制限酵素処理により標的DNAに特異的な切断末端が生じる

**EcoRIは6塩基認識であり，切断により4塩基が突出した5′末端を生じる**

```
5′NNNGAATTCNNN3′       NNNG          +  5′AATTCNNN
3′NNNCTTAAGNNN5′       NNNCTTAA 5′       GNNN
```

**BamHIも6塩基認識であり，切断により4塩基が突出した5′末端を生じる**

```
5′NNNGGATCCNNN3′       NNNG          +  5′GATCCNNN
3′NNNCCTAGGNNN5′       NNNCCTAG 5′       GNNN
```

**PstIも6塩基認識であるが，切断により4塩基が突出した3′末端を生じる**

```
5′NNNCTGCAGNNN3′       NNNCTGCA3′    +         GNNN
3′NNNGACGTCNNN5′       NNNG              3′ACGTCNNN
```

**HpaIは6塩基認識であり，切断により平滑末端を生じる**

```
5′NNNGTTAACNNN3′       NNNGTT        +  AACNNN
3′NNNCAATTGNNN5′       NNNCAA           TTGNNN
```

**HaeIIIも切断により平滑末端を生じるが，4塩基認識である**

```
5′NNNGGCCNNN3′         NNNGG         +  CCNNN
3′NNNCCGGNNN5′         NNNCC            GGNNN
```

図32・4　制限酵素はそれぞれ特異的な認識配列（普通4～6塩基対）を切断する．二本鎖切断部位には5′突出末端，3′突出末端，あるいは平滑末端が生じる．

**DNA のクローン化に制限酵素が利用される**

い違いの切れ目を入れて二本鎖 DNA を切断する．図 32・4 に示すように，切断されたそれぞれの端に一本鎖部分が生じる．切れ方により 5′ あるいは 3′ 末端が突出する．いずれにしろ，切断された各末端にある一本鎖部分は互いに相補的である．制限酵素によっては二本鎖を同じ箇所で切断するものがあり，その場合には平滑な末端が生じる．

供与 DNA を切断したのと同じ制限酵素でベクターを処理する．図 32・5 に示すように，相補的な一本鎖部分がハイブリッドを形成して供与体とベクター DNA とを結び付ける．供与配列の両端をそれぞれ違う酵素で切断することで，向きを限定して DNA を組込むこともできる．

実験の目的に応じて使用するクローニングベクターの種類が決まってくる．図 32・6 に，最も一般的なクローニングベクターの性質をまとめる．一般にクローニングベクターは細菌や酵母を用いて増殖させる．DNA を回収するのに手間がかかるという難点はあるが，プラスミドは扱いが容易であり，細菌内で長い供与 DNA を保持できる．細菌のファージも利用できるが，限られた長さの DNA しかウイルスの殻に詰め込むことができないのが難点である．もう一つのベクターは**コスミド**とよばれプラスミドのように増殖するが，λ ファージの包み込み機構を利用して DNA を容易に回収することができる．λ DNA の末端 *cos* 部位が包み込み機構を介して認識されて切断を受けた後に，ファージ頭部に DNA が詰め込まれる．こうした *cos* 部位をクローニングベクターに組込むことで，λ ファージ系を利用して DNA をウイルスに詰め込んで回収することができる．その上限（詰め込める最長）は 47 kb である．

酵母を用いたクローニングに最もよく使われるのが酵母人工染色体（YAC）である．これには，複製開始点，細胞増殖と連動して DNA を分配するためのセントロメア（動原体），安定性を保つためのテロメアが組込まれている．それらが働くことで YAC ベクターは酵母染色体のようにふるまう．YAC はあらゆるベクター中で最大級の許容量をもち，Mb 単位の挿入配列を増やすことができる．細菌の人工染色体（BAC）を用いるといくぶん短い DNA（約 300 kb）を増やすことができ，これは大腸菌 F 因子に由来したクローニングベクターであり，YAC よりはるかに安定性が良いという利点がある．

ベクターに手を加えることで複数種の宿主にまたがって使えるようになる．図 32・7 に示す例では，大腸菌とパン酵母の両方に対応したそれぞれの複製開始点と選択マーカーを備えている．大腸菌内では多コピーの環状プラスミドとしてふるまう．また，酵母セントロメアおよび *Bam*HⅠ制限酵素切断部位に隣接した酵母テロメアをもつので，*Bam*HⅠで切断すると酵母内で増殖できる YAC となる．*sup4* 遺伝子内には *Sma*Ⅰ制限酵素切断部位があって，供与 DNA の挿入部位として利用できる．

**切断により相補的な一本鎖末端が生じる**

**供与 DNA をベクターに連結する**

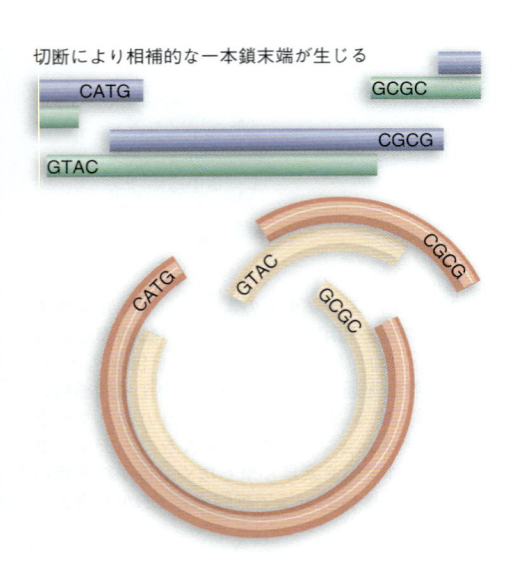

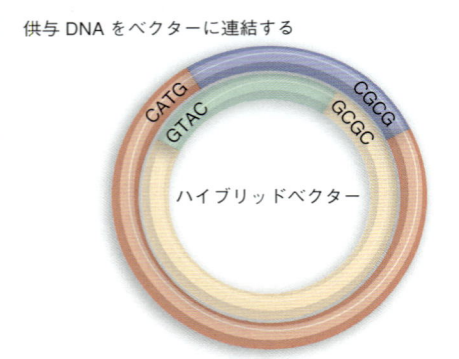

図 32・5　制限酵素は標的配列に互い違いの切れ目を入れることで供与 DNA とベクターの両方に互いに相補的な一本鎖末端を生じる．これらの断片の末端を交換するようにして連結するとハイブリッド分子ができあがる．

図 32・6　クローニングベクターには，プラスミドやファージに由来したものや，真核生物の染色体を模倣したものがある．

| いろいろなクローニングベクターが利用できる | | | |
|---|---|---|---|
| ベクター | 性　質 | DNA の回収法 | 挿入できる DNA の長さ |
| プラスミド | 多コピー | 物理的方法 | 10 kb |
| ファージ | 細菌に感染 | ファージ粒子に包み込む | 20 kb |
| コスミド | 多コピー | ファージ粒子に包み込む | 47 kb |
| BAC | F 因子由来 | 物理的方法 | 300 kb |
| YAC | 複製開始点＋セントロメア＋テロメア | 物理的方法 | >1 Mb |

## 32・3　目的に応じてクローニングベクターを使い分ける

> **レポーター遺伝子**　reporter gene　その産物が簡単に測定できる（たとえばクロラムフェニコールトランスアセチラーゼや β-ガラクトシダーゼのような）遺伝子．調べたいどんなプロモーターにも接続できるので，この遺伝子の発現はプロモーター機能の測定に使われる．

**酵母と大腸菌の両方を宿主とするベクター**

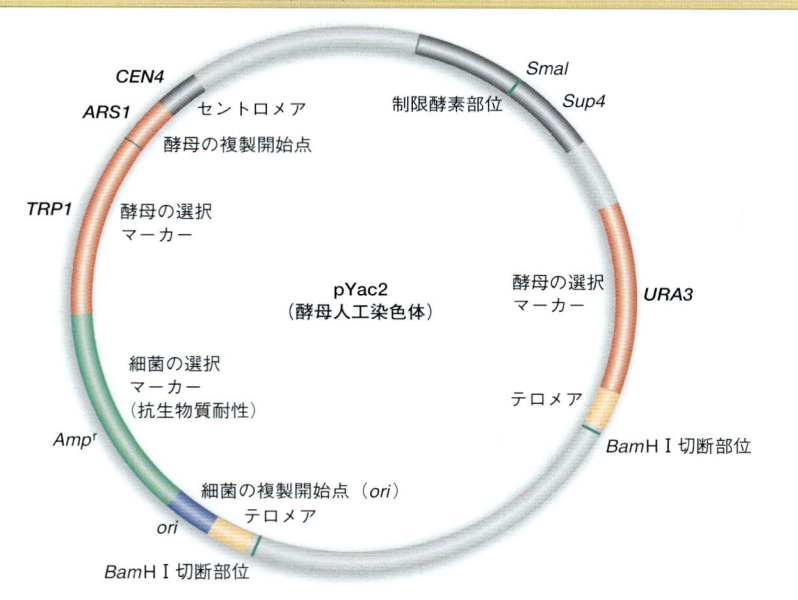

図32・7 pYac2は大腸菌と酵母の両宿主で複製と選択が可能なクローニングベクターである．大腸菌での複製開始点と抗生物質耐性マーカーをもつ．酵母での複製開始点，セントロメア，二つの選択マーカー，そしてテロメアをもつ．

- クローン化したDNA配列を増幅するにはハイブリッドベクターと元のベクターを見分ける方法が必要である．
- プロモーター活性はレポーター遺伝子を用いて測定できる．
- エキソンに挟まれたイントロン内にDNAを挿入することで，このDNA内にエキソンが含まれるどうか調べることができる．

クローニングベクターを目的に応じてデザインするのが昨今の慣例となっている．ベクターをどのような宿主細胞で使うかはさておき，問題となるのは，それらを単にクローン化した配列を増幅することに使うのか，プロモーター（や他の調節DNA領域）の性質を調べるためなのか，それともエキソンを同定するためなのか，である．

単にDNAを増幅したいだけならば，おもに気にかけることは，供与DNAをもつハイブリッドベクターと元のベクターを見分けることである（現実問題としてすべてのクローニングベクターに挿入配列が組込まれるわけではない）．そのためには選抜方法が必要である．図32・8には，2種類の抗生物質に対応した二つの耐性遺伝子をもつクローニングベクターを用いる方法を示す．一方の耐性遺伝子内に供与DNAを挿入する部位があり，挿入によりその遺伝子が不活性になる．別の耐性遺伝子はそのままである．したがって元のプラスミドは二つの抗生物質に耐性であるが，ハイブリッドベクターは一方にしか耐性を示さない．ベクター自体はどちらか一方の抗生物質で細菌を選択することで継続的に増やすことができる（常に選択圧をかける必要があり，さもないと細菌からベクターが失われてしまう）．こうして，供与DNAを組込んだ後で，一方の抗生物質には耐性で他方には感受性のものを選択することでハイブリッドベクターを保持する細菌を見分けることができる．

遺伝子発現調節を調べることがおもな目的の場合には，通常はプロモーターからの転写開始がどのように調節されているかが重要な問題となる．多くの場合，遺伝子産物の

**選択マーカーを用いてクローニングベクターを見分ける**

アンピシリンとネオマイシンの両方に耐性を示すものを選択することでクローニングベクターを保持する細菌を見分ける

アンピシリンには感受性でネオマイシンには耐性のものを選択することでハイブリッドベクターを保持する細菌を見分ける

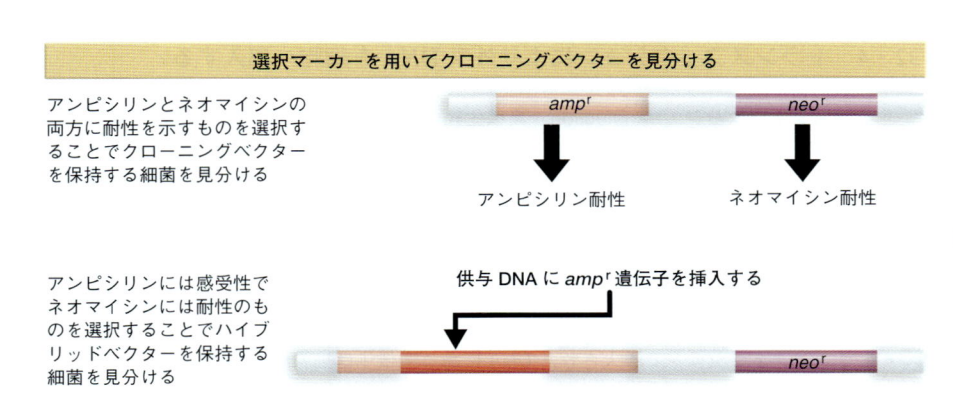

図32・8 ベクターに組込まれた抗生物質マーカーに耐性なものを選択することでクローニングベクターを保持する細菌を見分けることできる．供与DNAが組込まれたハイブリッドベクターはDNAが挿入されたことで失われたマーカー活性を指標にして見分けることができる．

32・3 目的に応じてクローニングベクターを使い分ける

**CAT レポーター遺伝子はプロモーター活性を測定する**

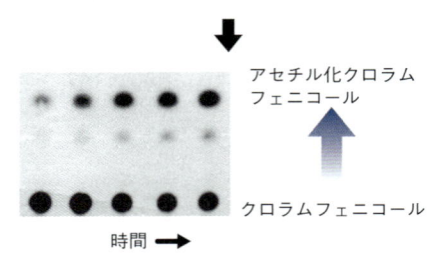

図32・9 CAT アッセイにより真核生物のプロモーター活性が測定できる．クローニングベクターに組込まれたクロラムフェニコールアセチルトランスフェラーゼ（CAT）遺伝子に調べたいプロモーターをつなぐ．このベクターを導入した標的細胞から細胞抽出液を調製する．この抽出液がクロラムフェニコールをアセチル化する度合いは，合成された酵素活性，すなわち調べたいプロモーターの転写活性に直接比例している．

**マウスのプロモーターによる lacZ 遺伝子の組織特異的発現**

図32・10 β-ガラクトシダーゼ染色（青色）することにより lacZ 遺伝子の発現がマウスで観察できる．この例では lacZ の発現が通常神経系で発現するマウス遺伝子のプロモーターの制御下にある．これに対応して組織が青く染まって見える．写真は Robert Krumlauf 氏（Stowers Institute for Medical Research）のご好意による．

量を測定することは難しいと予想される．これに打つ手としては，解析の容易な**レポーター遺伝子**にプロモーターをつなぐやり方がある．普通プロモーター活性はコード領域の配列には影響されないので，調節という観点からすればプロモーターにどんな遺伝子がつながっていようが問題ではない．そこで，調べたい条件下で活性を簡単に測定できるレポーターを用いたプロモーター測定用遺伝子を自由にデザインすることができる．

どのようなレポーター遺伝子が最も適しているかは，プロモーター活性（たとえば，プロモーター変異の効果，またはプロモーターに結合する転写因子の働き）を測定したいのか，あるいは組織特異的な発現様式を調べたいのかにより違ってくる．

図32・9 に，プロモーター活性の強度を測る一般的な方法を示す．細菌のクロラムフェニコールアセチルトランスフェラーゼ（CAT）遺伝子のコード領域を真核生物遺伝子のプロモーターと融合するために工夫されたクローニングベクターがある．適切にmRNAを合成するため，普通3′末端に転写終結シグナルも付加する．こうしたハイブリッドベクターを導入した標的細胞を培養した後に（通常72時間），酵素を含む細胞抽出液を調製する．この抽出液が基質であるクロラムフェニコールをアセチルクロラムフェニコールに変換する活性は合成された酵素量に直接比例しており，ひいてはプロモーター活性に一義的に依存している．

現在では，遺伝子発現を可視化することができる優れたレポーター遺伝子が利用可能である．ラクトースオペロンの lacZ 遺伝子にコードされる β-ガラクトシダーゼにより X-Gal とよばれる基質が青色に染まる物質に変換される．図32・10 は，マウス神経系遺伝子の発現を調節するプロモーターの支配下に lacZ 遺伝子を置くとどのようなことが起こるかを示している．β-ガラクトシダーゼの発現は X-Gal を加えることで調べることができ，結果として神経系が青色に染まる．発現を可視化する別のレポーター遺伝子産物に，クラゲから取られた GFP（green fluorescent protein；緑色蛍光タンパク質）がある．

クローニングの目的が遺伝子産物を多量につくらせることにある場合には，挿入部位の近傍にプロモーターと翻訳の開始点がくるように，ベクターに工夫が施されている．こうして，どんなコード領域でもこのベクターに組込むことができ，それ以上手を加えることなく発現させることができる．エキソンを同定するといった別の目的に使われる特別なベクターもある．図32・11 に，エキソントラップ用に工夫されたベクターの利用法を示す．これには強力なプロモーターに加え二つのエキソンに挟まれた一つのイントロンが含まれている．このベクターを細胞に導入すると二つのエキソンがつながった RNA がつくられる．イントロン内にはクローニング用の制限酵素部位があり，そこに調べたい領域からのゲノム配列を含む断片を挿入する．挿入された断片にエキソンが含まれなければスプライシング様式に変化はなく，RNA は単に元のベクター由来と同じ配列を含んでいる．しかし，もしも両側に部分的なイントロンをもつエキソンが断片に含まれていたとすると，端にあるスプライス部位がそれぞれ使われることで，このエキソンはベクター由来の二つのエキソンの間に挿入された形で RNA に組込まれる．細胞質由来の RNA を調製した後にベクター由来の二つのエキソンの間の配列を PCR 法で逆転写して cDNA に変換することで，このエキソンを容易に検出することができる．動物では普通イントロンは長くてエキソンは短いので，ランダムに調製したゲノム DNA 断片がこのような構造，すなわち部分的なイントロンに挟まれたエキソンを含んでいる可能性は高い．

## 32・4 トランスフェクションにより外来DNAを細胞へ導入する

**トランスフェクション** transfection 真核生物の細胞が外来のDNAを取込んで新しい遺伝情報を獲得すること．
**一過性のトランスフェクタント** unstable transfectant, transient transfectant 外来のDNAが不安定で，染色体に組込まれていない状態にある細胞．

- トランスフェクションで導入されたDNAは宿主の染色体に組込まれないかぎり不安定である．
- トランスフェクションで導入されたDNAにある遺伝子は細胞内で発現する．

## エキソントラップに用いる特殊なベクター

ベクターにはスプライスされて一つながりの転写産物になる二つのエキソンが組込まれている

プロモーター
5′スプライス部位
3′スプライス部位

エキソン　イントロン　エキソン

転写後のスプライシングによるイントロンの除去

ゲノム断片をイントロン内に挿入

ゲノム由来の断片
イントロン　エキソン　イントロン

エキソン　イントロン　エキソン　イントロン　エキソン

転写後のスプライシングによるイントロンの除去

**図 32・11** エキソントラップには特殊なベクターが用いられる．あるゲノム DNA 断片が単にイントロン由来の配列から成る場合にはこの配列内でのスプライシングは起こらず，したがって細胞質 RNA として搬出されないが，エキソンがある場合にはその配列が細胞質 RNA として回収される．

真核生物の細胞に DNA を送り込もうとするときに問題となるのは，我々が利用できるような DNA 取込み機構が天然には存在しないことである．動物細胞に DNA を導入する方法は一般的には二つに大別できる．DNA を自然に取込まれるような形態にして細胞に加えるか，（注射器を使った）マイクロインジェクションや（電気的パルスを加えることで膜に一過的に穴を開ける）エレクトロポレーションといった機械的手法により DNA を導入する．植物においては厚い細胞壁が DNA 取込みの障害となっているが，二つの方法がある．天然の植物病原菌であるアグロバクテリウムのもつ Ti プラスミドは遺伝子導入型クローニングベクターとして利用可能であり，あるいは酵素で細胞壁を除いてプロトプラストに変換した後に機械的方法を用いて DNA を導入できる．

外来性の DNA を細胞に導入するために開発された最初の方法を**トランスフェクション**とよぶ．トランスフェクションの実験は分裂中期の染色体を細胞の懸濁液に加える試みから始まった．染色体は低い頻度ながら細胞に取込まれることがあり，不安定な，性質の変化した細胞株ができる．染色体が完全なままであることはまれで，細胞には染色体の断片が取込まれているのが普通である（セントロメアを欠く断片は不安定である）．まれに安定な株が生じるが，そのときにはたいてい外来の染色体は細胞の染色体に組込まれた形になっている．

図 32・12 に示すように，同様の結果は精製した DNA を細胞に与えた場合にも起こる．染色体ではランダムな DNA 断片化を当てにしなければならないのに比べ，精製した DNA を用いると特定の塩基配列を導入することができる．このことで導入効率は飛躍的に良くなる．DNA を用いたトランスフェクションでは，安定なものや不安定なものができるが，比率的には前者の方が多い．（これらの実験は細菌の形質転換と同じである．しかし，真核細胞の場合トランスフォーメーションという言葉は元来，無制限に分裂を起こす変化を意味するように使われているために，トランスフェクションという言葉が用いられている．）

トランスフェクションによる形質が持続しない場合（**一過性のトランスフェクタント**）

## トランスフェクション法により真核生物のゲノムにDNAを組込む

シャーレで培養した細胞にDNAを加える

DNAは核に移行して発現するが，染色体には組込まれない

40 pg の DNA のトランスフェクションにより $10^6$ 個の細胞から1個のコロニーが得られる

$1.5 \times 10^{-3}$ の頻度で表現型が元に戻る

DNA が染色体に組込まれ，表現型は安定になる

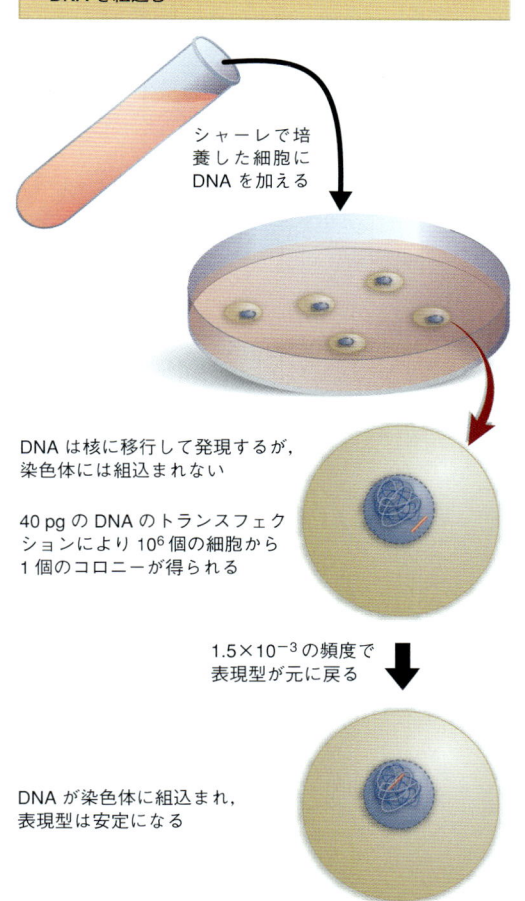

**図 32・12** 培養細胞に加えた DNA は細胞内に取込まれて核内で発現し，最初は不安定なトランスフェクタント（形質転換体）となる．DNA が染色体のランダムな場所に組込まれると安定なトランスフェクタントになる．

は，トランスフェクションによって導入されたDNAが染色体外で生き残っていることを示している．もしDNAが染色体に組込まれれば安定な株が得られる．どちらの場合も，トランスフェクションによって導入したDNAを発現させることができる．トランスフェクションの効率は低いので，この技術の利用は導入することで選択可能な表現型を与えるような遺伝子に限られる．その典型的な例であるが，チミジンキナーゼ（TK）活性を欠いた細胞に $TK$ 遺伝子をトランスフェクトした後に，生育にチミジンキナーゼ活性を必要とする培地に細胞を塗布すると，$TK$ 遺伝子が導入された細胞だけが生き延びる．トランスフェクションにより遺伝子導入された細胞は形態変化によっても判別できるので，似たようなやり方でトランスフォーム（腫瘍化）した表現型を示す細胞を選択できる．このようにしていくつかの細胞性がん遺伝子が単離された．

宿主染色体のランダムな場所に供与DNAが挿入されることで安定なトランスフェクションが起こる．組込まれたものには供与配列の複数のコピーが含まれることがあり，もし二つの異なったDNAを"ともにトランスフェクトする（コトランスフェクション）"と，通常両方が組込まれている．その例として，$TK^-$ の細胞に精製した $TK^+$ 遺伝子と $\phi$X174のゲノムを混ぜてトランスフェクトして得られた $TK^+$ 細胞を調べると，そのすべてに両方のDNAが検出される．これは選択できないマーカーを選択可能なマーカーとともにコトランスフェクションにより細胞に導入した有用な例である．

トランスフェクションにより得られた安定な個々の細胞を調べるとDNAがどこか1箇所だけに組込まれているが，その場所はそれぞれ異なっている．おそらく組込み部位はランダムであり，時として染色体の大規模な再編を伴っている．$TK$ 遺伝子とともに $\phi$X174のDNAをともに失った復帰変異株が現れることがある．すなわち，与えた2種のDNAはトランスフェクションの過程で物理的に結合し，その後同じ運命をたどる．

外来性のDNAが組込まれる染色体上の部位とトランスフェクションの間には特別な塩基配列上の関係はないようである．DNAの組込み反応は，ゲノム中のランダムな部位と大量の供与DNAの間での非相同組換えによって起こる．組換え反応は，おそらく外来性DNAの遊離末端によって誘導されたDNA修復酵素の働きで，染色体DNAに二本鎖切断が導入されることにより促進されたのかもしれない．

## 32・5 動物の卵に遺伝子を注入できる

**トランスジェニック動物** transgenic animal　試験管内で用意されたDNAを生殖細胞系列に導入することでつくられる．導入されるDNAはゲノムに挿入される場合と染色体外遺伝因子として存在する場合とがある．

- 動物の卵に遺伝子を注入して染色体に組込むことができる．
- 通常，多数のコピーがタンデムに連なった状態で染色体の1箇所に組込まれる．
- 組込まれたDNAの発現レベルはさまざまであり，組込まれた部位や他のエピジェネティックな作用により影響を受けるだろう．

トランスフェクションの技術を応用し，動物に遺伝子を導入するという画期的な研究が進められている．外来のDNAを取込んで新しい遺伝情報を担った動物を**トランスジェニック動物**とよぶ．マウスの卵に直接DNAを注入して成功した実験例を図32・13に示す．目的の遺伝子をもつプラスミドを卵母細胞の核内，あるいは受精卵の前核に注入し，その卵を偽妊娠マウスに移植する．出生後，マウスは外来DNAを取込んでいるか，もし取込んでいるならその遺伝子が発現しているかを調べる．

トランスジェニック動物が得られたら，外来DNAをどこに何コピー組込んでいるのか，生殖系列の細胞にもDNAは組込まれており，それがメンデルの法則に従って子孫にも伝わるのかということなどを調べる．このような実験では多くの場合，注入したマウスのうちの一部（約15％）がトランスフェクションしたDNAを取込んでいる．通常，多数のコピーのプラスミドが染色体のどこか1箇所にタンデムに連なって組込まれており，そのコピー数は1〜150の範囲にわたっている．これらはメンデルの法則に従う遺伝子座として子孫に伝わる．

トランスジェニック動物を使った実験によって知ることのできる重要な点は，一つの

**トランスフェクションによるマウスゲノムへのDNA導入**

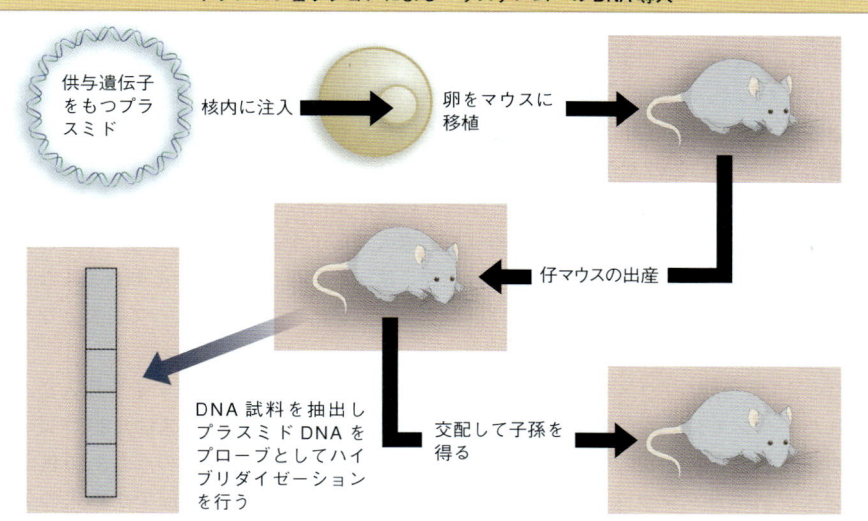

図32・13 トランスフェクション法を使って動物の生殖系列にDNAを直接導入できる．

遺伝子は独立したものであるか，その置かれている場所の影響を受けるかという問題である．今，一つの遺伝子をよくわかった発現調節領域とともに組込んだとしよう．こうなってもゲノム中の位置にかかわらず形質発現するだろうか．言い換えると，調節領域は独自に働けるものなのか，あるいは遺伝子の発現がたとえば染色体のしかるべき領域に位置している効果により制御されるのだろうか．

トランスフェクションで取込まれた遺伝子は，発生の過程で特異的に発現するのだろうか．一般的には，本来の遺伝子と同じように調節されているらしい．すなわち，導入された遺伝子はたいがい発現すべき細胞で適切な時期に発現している．しかし，不適当な組織で発現してしまう例外もある．

DNAの注入を受けたマウスの子孫について調べると，問題の遺伝子の発現はさまざまで，まったく活性がなくなったものから，いくらか減少したもの，あるいは逆に活性が増したものなどいろいろあった．つまり，親マウスにおける発現のレベルもタンデムに連なって組込まれた遺伝子の数と正しく対応しておらず，その一部のみが働いているものと思われる．組込まれた遺伝子のうちの何コピーが活性を示すかという問題に加えて，調節に影響を与えているのはそれに働くタンパク質の量と遺伝子の数との密接な関係によるだろう．すなわち，プロモーターが多コピー存在すると，限られた量しかない調節タンパク質の作用は弱められてしまうだろう．

遺伝子の発現レベルは何によって変動するのだろうか．トランスフェクションした遺伝子（組込まれたレトロウイルスゲノムにも当てはまる）が発現するには，その組込み部位が重要なのではないかということがしばしば言われている．遺伝子は活性な染色体の領域に挿入されると発現し，染色体の他の場所に挿入されると発現しない可能性が考えられる．遺伝子がエピジェネティックな修飾を受ける場合も考えられる．たとえば，メチル化のパターンが変わることが活性の変化と関連している可能性がある．また，親の中で活性を示した遺伝子がその子孫の中では失われたり増幅されたりしていることもある．

ラット成長ホルモンの構造遺伝子をMT（メタロチオネイン）プロモーターに結合させたDNAを卵に注入して得たトランスジェニックマウスは，導入した遺伝子の目覚ましい効果がみられた一例である．一部のトランスジェニックマウスで成長ホルモンのレベルが正常の数百倍にも上昇し，図32・14にみられるような普通の2倍ほどもある大きさのマウスができたのである．

トランスジェニックの技術を用いて，欠損のある遺伝子を生殖系列の細胞中で正常遺伝子と交換することができるだろうか．生殖腺機能が低下した（hypogonadal）マウスで，その欠陥が回復した成功例がある．*hpg*⁻マウスでは，GnRH（ゴナドトロピン放出ホルモン；gonadotropin-releasing hormone）およびGnRHに付随したペプチド（GnRH-associated peptide；GAP）の前駆体ポリタンパク質をコードしている遺伝子の後方領域が欠失している．その結果，*hpg*⁻マウスは不妊になる．

**成長ホルモン遺伝子が導入されたスーパーマウス**

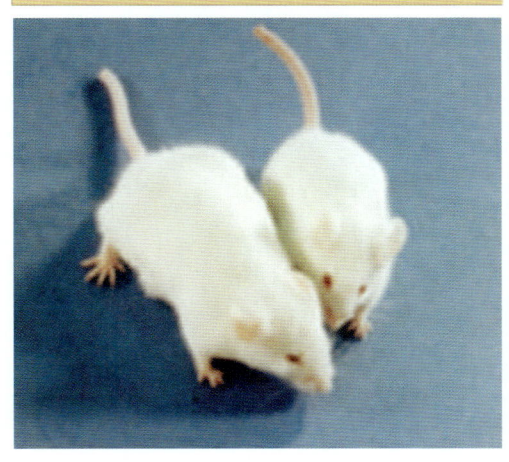

図32・14 活性のあるラットの成長ホルモン遺伝子を導入したトランスジェニックマウス（左）は正常のマウス（右）より2倍ほど大きい．写真はRalph L. Brinster博士（School of Veterinary Medicine, University of Pennsylvania）のご好意による．

### 遺伝子導入による病気の治療

*hpg⁻/hpg⁻* 変異マウスは不妊である。遺伝子に欠失がある

野生型マウスは GnRH/GAP を生産し正常な遺伝子をもつ

↓

*hpg⁺* 遺伝子を含む 13.5 kb 断片を受精卵にマイクロインジェクトする

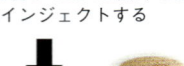

↓

250 個の卵

↓

27 匹のマウス
2 匹のマウスが導入遺伝子をもっている（20 コピー以上/ゲノム）

↓

交配によって *hpg⁻* ゲノムに遺伝子を導入する

↓

生まれた 48 匹のうち 20 匹のマウスが導入遺伝子をヘテロ接合体（*hpg⁻/⁺*）でもつ

↓

導入遺伝子を含む 7 匹の *hpg⁻/hpg⁻* マウス

本来の対立遺伝子にはともに欠失がある

↓

導入遺伝子がタンパク質を生産する

マウスは妊娠可能

**図 32・15** 生殖腺機能が低下した *hpg⁻* マウスに野生型の *hpg⁺* 遺伝子を導入してその機能を回復させることができる。

---

正常な *hpg* 遺伝子をトランスジェニックの技術を使ってマウスに導入すると、その遺伝子はしかるべき組織で発現する。図 32・15 は *hpg⁻/hpg⁻* のホモ接合体マウスに正常 *hpg⁺* 遺伝子を導入した実験を示す。そのトランスジェニックマウスは正常となり、妊娠可能となった。これは、導入遺伝子（トランスジーン）のうち正常な発現調節を受けているものが、本来の対立遺伝子とまったく同じ挙動をすることを示している。

遺伝病の治療にこのような技術を使用する場合、導入遺伝子を 1 世代前の生殖系列に導入しなければならないことが障害となっている。また、導入遺伝子の発現レベルも予想できず、トランスジェニック動物のうち、導入遺伝子が適当量発現しているのはごくわずかである。さらに、生殖系列に多数の導入遺伝子が存在したり、そのきままな発現により過剰な発現が起こったりすれば、トランスジェニック動物にとって有害となるかもしれない。

たとえば、*hpg⁻* マウスの実験では、250 個の受精卵に正常 *hpg⁺* 遺伝子を注入し、得られたトランスジェニックマウスは 2 匹であった。それぞれのマウスは、20 コピー以上の導入遺伝子を含んでいた。交配によって得られた 48 匹のマウスのうち、20 匹がトランスジェニックマウスであった。子孫に受継がれた際に導入遺伝子が本来の欠損 *hpg⁻* 遺伝子と置換することもある。このように、導入遺伝子を仲介とした遺伝子置換はきわめて限られた状況のもとでのみ有効である。

DNA を直接注入する場合に都合の悪いことは、まず複数のコピーが導入されること、それらの発現がさまざまであること、さらには宿主 DNA 中で DNA の再編成が起こるかもしれず、挿入部位のクローニングがしばしば困難になることである。別の方法として、供与 DNA を組込んだレトロウイルスベクターを用いることもできる。1 個のプロウイルスコピーは、宿主 DNA に再編成を起こすことなく染色体上の一つの場所に挿入される。この方法では、異なる発生段階にある細胞を処理することが可能であり、したがって、ある特定の体細胞を標的にできる。しかし、生殖細胞に感染させることは困難である。

### 32・6　マウスの胚に ES 細胞を注入できる

- マウスの胚盤胞に注入された ES 細胞（胚性幹細胞）から子孫の細胞ができ、誕生したキメラマウスの組織の一部を形成する。
- ES 細胞が生殖系列に取込まれると、次世代には ES 細胞を起源とするマウスが誕生するであろう。
- 胚盤胞に注入する前の ES 細胞をトランスフェクトすることで、マウスの生殖系列に遺伝子を導入できる。

トランスジェニックマウスをつくるための一つの強力な方法は、マウスの胚盤胞（30～150 個の細胞から成る初期発生段階の胚）に由来する胚性幹細胞（ES 細胞；embryonic stem cell）を利用することである。図 32・16 にこの技術の原理を示す。

ES 細胞に、通常の方法で DNA をトランスフェクトする〔マイクロインジェクション（顕微注射）やエレクトロポレーション（電気穿孔法）がよく用いられる〕。薬剤耐性マーカーや特定の酵素の遺伝子をマーカーにもつ供与 DNA を用いて、供与体に由来した特性を示す導入遺伝子を組込んだ ES 細胞を選択できる。もう一つの方法として、トランスフェクトした ES 細胞が供与 DNA をうまく染色体に組込んでいるかを PCR 法で調べることができる。このような方法により、高い割合で目的のマーカーをもつ ES 細胞の集団を得ることができる。

つぎに、これらの ES 細胞を受容体である胚盤胞に注入する。ES 細胞が胚盤胞の細胞とともに正常な発生に参加できることがこの技術の基盤となっている。この胚盤胞は養母マウスに移植され、順調に進めばキメラマウスが誕生する。キメラマウスの組織のある部分は受容体である胚盤胞の細胞に由来し、他の部分は注入された ES 細胞に由来することになる。成長したマウスで、受容体として用いた胚盤胞の細胞に由来する組織と注入された ES 細胞に由来する組織の占める割合は、個々のキメラマウスによって大きく異なる。もし（毛の色の遺伝子のように）視覚的に識別できるマーカーを用いたとすると、それぞれの種類の細胞に由来した領域を肉眼で見ることができる。

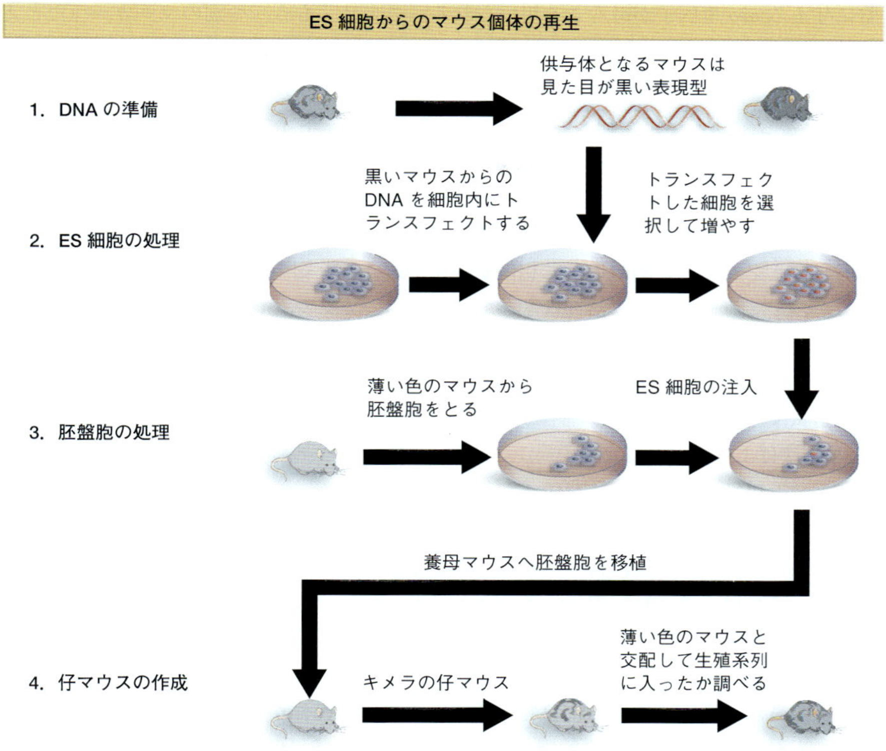

**ES 細胞からのマウス個体の再生**

1. DNA の準備
2. ES 細胞の処理 — 黒いマウスからの DNA を細胞内にトランスフェクトする／トランスフェクトした細胞を選択して増やす
3. 胚盤胞の処理 — 薄い色のマウスから胚盤胞をとる／ES 細胞の注入
4. 仔マウスの作成 — 養母マウスへ胚盤胞を移植／キメラの仔マウス／薄い色のマウスと交配して生殖系列に入ったか調べる

図 32・16 ES 細胞を使ってキメラマウスをつくることができ，ES 細胞が生殖系列に寄与している場合にはトランスフェクションにより導入した DNA マーカーに関する純血種をキメラマウスからつくることができる．

　ES 細胞が生殖系列に寄与するかどうかを調べるには，供与体の形質をもたないマウスとキメラマウスとを交配すればよい．供与体の形質をもった仔マウスは，注入された ES 細胞を起源とする生殖細胞に由来するに違いない．このようにして，最初の一つの ES 細胞から 1 匹の完全なマウスが生み出されるのである．

## 32・7 特定の遺伝子を狙い撃ちして置換したり破壊したりできる

> **ノックアウト　knockout**　遺伝子の機能を欠損させること．選択マーカーを用いてコード領域のほとんどを置換した改変遺伝子を in vitro で作成し，それを相同組換えによりゲノムに組込んで正常な遺伝子を破壊する．
> **ノックイン　knockin**　ノックアウトと同様な方法で，塩基置換やエピトープタグの付加といった穏やかな改変を施した遺伝子を組込む．

- 相同組換えを介して内在性の遺伝子をトランスフェクトした遺伝子で置換できる．
- 相同組換えが起こったかどうかは二つの遺伝マーカーを使って判定できる．一つのマーカーは導入したい遺伝子の中に，他方は組換えの過程で失われるよう外側に付ける．
- Cre/lox 系は誘導性のノックアウトやノックインに広く用いられる．

　ゲノムを改変する最も強力な方法は，相同組換えを介して遺伝子を狙い撃ちして破壊したり置換したりすることである．高等真核生物の場合，通常標的とするのは ES 細胞のゲノムであり，この ES 細胞は変異マウスをつくり出すのに使われる．供与 DNA を細胞に導入すると，非相同組換えか相同組換えによりゲノムに組込まれる．相同組換えはまれであり，おそらくはすべての組換えの 1% 以下であり，頻度的には約 $10^{-7}$ 程度でしか起こらない．しかし，供与 DNA に適切に手を加えることで，相同組換えを起こした細胞を見つけるための選別に用いることができる．

　図 32・17 に，内在性遺伝子を壊すのに用いられる**ノックアウト法**を示す．この方法の基盤となるのは，非相同組換えと相同組換えではゲノムに組込まれた供与 DNA の性状に違いが生じる点である．供与 DNA は標的遺伝子と相同的であるが，2 種類の修飾が施されている．まず，一つのエキソンを分断するようにマーカー DNA を野生型の遺伝子に挿入する．マーカー遺伝子には，G418 とよばれる抗生物質に対する耐性を細

**導入した遺伝子の選抜**

野生型の遺伝子を改変して供与体とする — エキソン

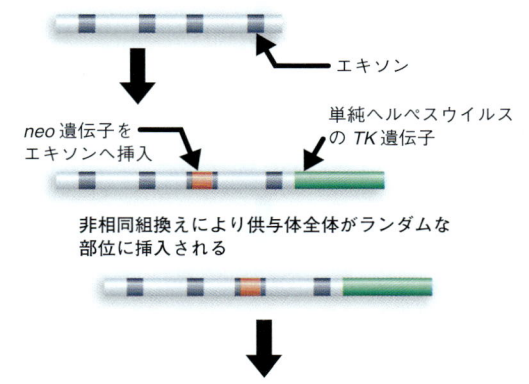

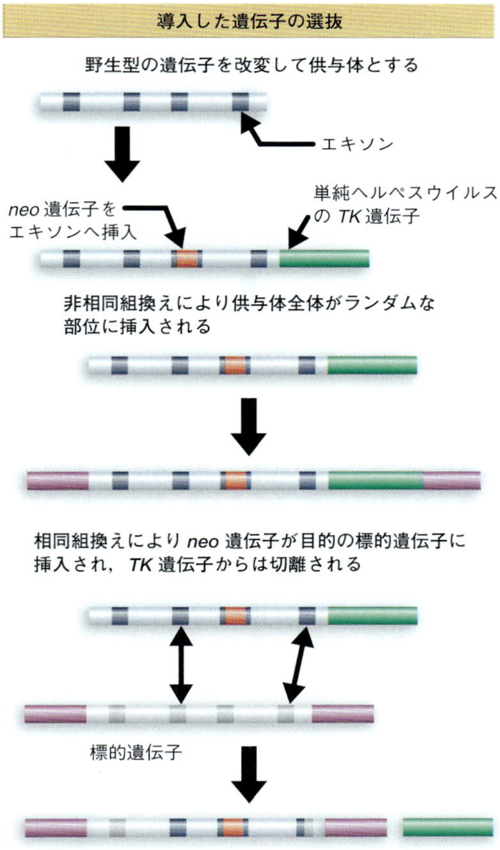

neo 遺伝子をエキソンへ挿入／単純ヘルペスウイルスの TK 遺伝子

非相同組換えにより供与体全体がランダムな部位に挿入される

相同組換えにより neo 遺伝子が目的の標的遺伝子に挿入され，TK 遺伝子からは切離される

標的遺伝子

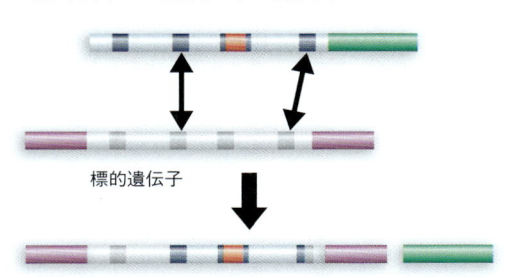

図 32・17 TK 遺伝子を下流に，neo 遺伝子をエキソン内にもつ導入遺伝子を用いて，抗生物質 G418 に耐性でかつ TK 活性を失った細胞を選択することにより，その導入遺伝子を得ることができる．

胞に与える neo 遺伝子が最もよく用いられる．さらに，もう一つ別のマーカー（たとえばヘルペスウイルスの TK 遺伝子）を遺伝子の片方の端に連結する．

こうしてつくった DNA を ES 細胞に導入すると，非相同組換えでは端に連結した TK DNA を含む全部の単位が挿入される．これらの細胞はネオマイシンに耐性であると同時にチミジンキナーゼを発現しており，ガンシクロヴィルという薬剤には感受性である（薬剤がリン酸化されることで毒化する）．しかし，相同組換えでは供与 DNA 配列内での 2 回の交差が必要であり，結果として TK 遺伝子配列は除かれる．このようにして，相同組換えを起こした細胞では非相同組換えが起こった細胞と同様に neo 遺伝子を獲得するが，チミジンキナーゼ活性はもっていないのでガンシクロヴィルに耐性を示す．そこで細胞をネオマイシンとガンシクロヴィルを含む培地に塗布することで相同組換えを介して内在性遺伝子が供与 DNA に置き換わった細胞を特異的に選択できる．TK のような選択マーカーを使うのが都合が悪い場合には，両端の DNA が消失しているかどうか PCR 法により調べればよい．

エキソンに挿入された neo 遺伝子が転写を妨げるため，一つのヌル対立遺伝子ができる．こうして，ある特定の標的遺伝子が"ノックアウト"される．一つのヌル対立遺伝子をもつマウスがいったん得られれば，あとは育種によってホモ接合体をつくることができる．これは，ある特定の遺伝子が必須であるか，その遺伝子の消失によって生体がどのような機能に失調をきたすか，などを研究するうえで強力な方法である．

ファージの Cre/lox 系を用いることで標的遺伝子に手を加える方法に目覚ましい進歩がもたらされ，真核細胞でも部位特異的組換えによる操作が可能になった．Cre 酵素は二つの lox 部位（34 bp の特異的同一配列）間での部位特異的組換えを触媒する（§19・11 参照）．図 32・18 に示すように，その反応により二つの lox 部位に挟まれた DNA 配列が切出される．

Cre/lox 系の優れた点は，他のいかなる因子も必要とせず，1 対の lox 部位をもついかなる細胞においても Cre 酵素がつくられさえすれば反応が進む点である．図 32・19 に示すように，調節可能なプロモーターの支配下に cre 遺伝子を置くことで，特定の細胞で Cre を発現させて組換え反応を制御することができる．その手順は，まず 2 種類のマウスをつくることから始まる．一方のマウスは cre 遺伝子をもつが，それは特定の細胞あるいは特定の条件下でのみスイッチが入るようなプロモーターに制御されている．他方のマウスは lox 部位に挟まれた標的配列をもっている．これら二つのマウスを交配すると，その仔は Cre/lox 系の二つの要素を同時にもつことになり，cre 遺伝子に付けた調節用プロモーターのスイッチを入れることで系を作動させることができる．こうして，制御しながら lox 部位に挟まれた配列を切出すことができる．

Cre/lox 系をノックアウト技術と組合わせることで，ゲノム全体をより一層制御できるようになる．両端に lox 部位をつけた neo 遺伝子（同じような選択に使える遺伝子なら何でもよい）を用いることで誘導的ノックアウトができるようになる．いったんノックアウトを行った後に，Cre を用いて特定の条件下で neo 遺伝子を切出すことで，標的とした遺伝子を再び活性化することができる．図 32・20 には，この方法を応用してノックインができることを示す．基本的には，標的とする遺伝子の変異型を用い，それを通常の選抜方法によって内在性遺伝子と置換する．ついで，neo 遺伝子を切出して挿入した遺伝子を活性化することで，実質的に元の遺伝子を変異型遺伝子に置き換えることができる．

ショウジョウバエ（D. melanogaster）では，新しい DNA を取込ませるために天然のトランスポゾンである P 因子を利用したさらに精巧な方法が開発されている．その過程を図 32・21 に示す．まず，取込ませたいと思う DNA を組込んだ欠損型 P 因子をつくり，これを完全な P 因子とともに胞胚葉形成前期のハエの胚に注入する．完全な P 因子からトランスポザーゼがつくられて，これが P 因子自身の末端ばかりでなく欠損型 P 因子の末端にも働くので，どちらの因子もゲノムに組込まれる．

この場合には，P 因子の両末端に挟まれた形の DNA しか組込みを起こさない．その外側の配列はどちらもトランスポゾンの一部ではない．この方法の有利な点は，一度の組込み反応で一つの因子しかもち込まれないということである．それゆえ，トランスジェニックなハエは，普通，外来遺伝子を 1 コピーしか組込んでおらず，分析を進めるうえでたいへん具合が良い．

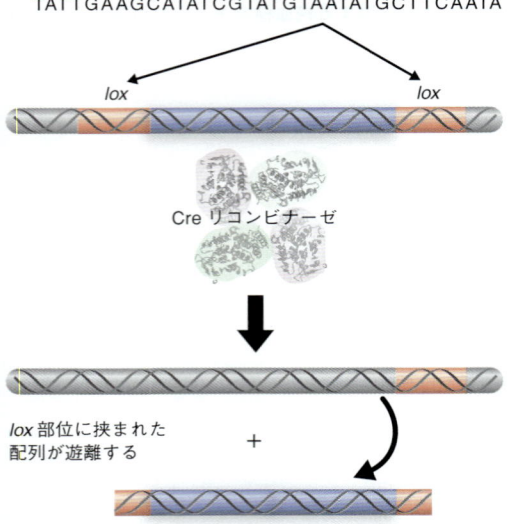

図 32・18 Cre リコンビナーゼは同じ配列から成る二つの lox 部位間での部位特異的組換えを触媒することで間に挟まれた DNA を切出す．

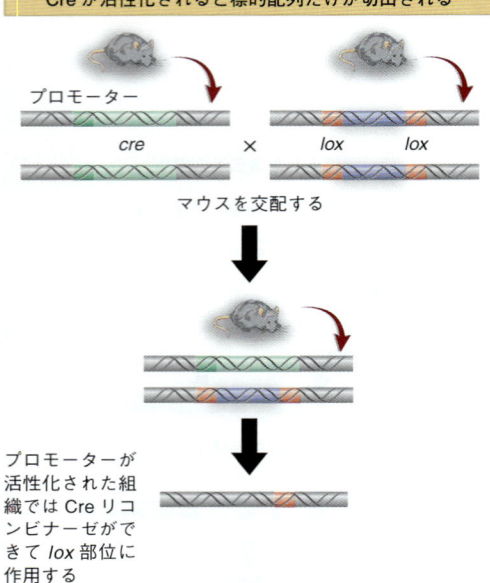

図 32・19 Cre リコンビナーゼの遺伝子を調節プロモーターの支配下におくことで，特定の細胞でのみで切出しを起こすことができる．一方のマウスはプロモーター・cre 遺伝子を，他方は lox 部位に挟まれた標的遺伝子をもつように作成されている．これらのマウスを交配して，両方の遺伝子をもつ仔マウスを生ませる．プロモーターを活性化すると標的配列の切出しが起こる．

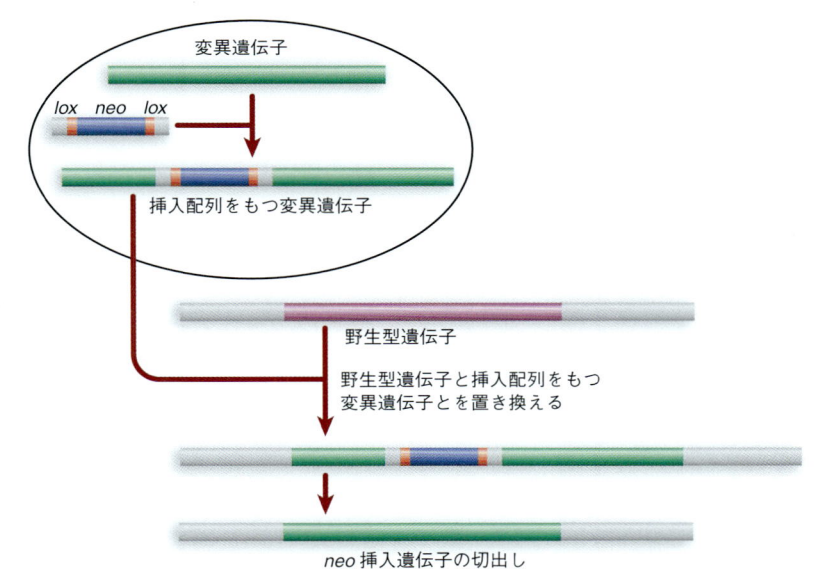

### ノックインにより内在性遺伝子が別の配列に置き換わる

**図 32・20** ノックアウトのときと同じ要領で内在性遺伝子の置換をするが（図 32・17 参照），この場合には *neo* 遺伝子の両端に *lox* 部位が付けられている．選択方法を用いて遺伝子を置き換えた後に Cre を活性化して *neo* 遺伝子を除くと，再活性化された挿入配列が残る．

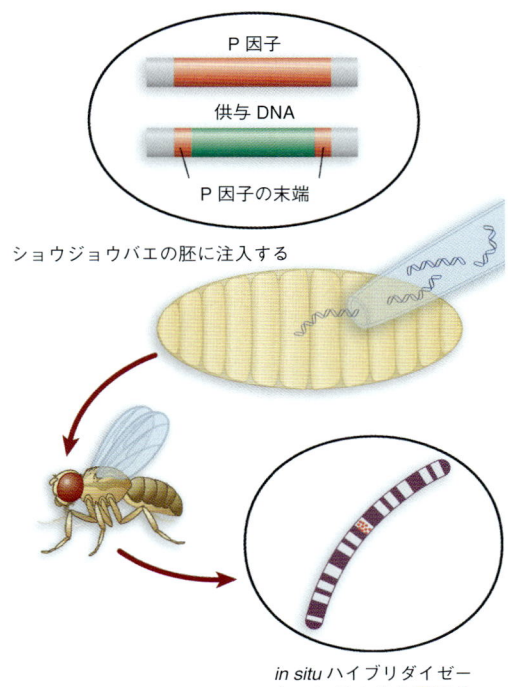

### ハイブリダイゼーションによる P 因子挿入部位の同定

**図 32・21** P 因子の末端に挟まれた外来 DNA と完全な P 因子を混合してショウジョウバエの胚に注入すると，注入した DNA はゲノム当たり 1 コピーで正常な形質発現を行う．トランスジェニックなハエが得られる．

こうした方法によって，遺伝子の制御を調べる系を培養細胞から動物へと広げることが可能となった．DNA 導入技術を使って遺伝子型を変えたり，*in vitro* で特別の修飾を施した遺伝子を新たに加えたり，既存の遺伝子を不活性化したりすることもできる．この延長線上では，組織特異的な遺伝子の発現について解明することが可能となり，やがてはゲノム中の欠損のある遺伝子を標的にして入れ換えられる可能性も考えられる．

## 32・8 要　約

新しい DNA をトランスフェクションによって培養細胞に，あるいはマイクロインジェクションによって動物の卵に導入することができる．外来 DNA はゲノム中にしばしばタンデムに連なってつながった大きな単位として組込まれ，培養細胞中で一つの遺伝子として受継がれる．その組込み部位はランダムなようだ．外来 DNA がゲノムに組込まれて生殖系列に取込まれると，トランスジェニック動物ができる．これら導入された遺伝子はメンデルの法則に従って子孫に伝えられるが，そのコピー数，あるいは活性を示す遺伝子の数は子孫の中で変動する．一般に導入遺伝子の発現は，本来の内在している遺伝子と同じように組織および時期特異的な調節を受ける．相同組換えが起こるような条件を整えて，活性のある遺伝子を不活性なものに置き換え，ヌル対立遺伝子座をつくることができる．こうした方法を拡張することで，標的遺伝子を活性化したり不活性化したりできる誘導的ノックアウトや，標的遺伝子を特異的に別の遺伝子の置き換えるノックインができる．トランスジェニックマウスは，DNA をトランスフェクションで供与した ES 細胞を受容体となる胚盤胞に導入してつくることができる．

# 遺伝子および遺伝子産物（タンパク質）の表記法

特定の形質に関する遺伝子の表記には定まった命名法はなく，各論文や総説などでも異なっている．標準的にはイタリック（斜体）のアルファベット3文字で表す．しかし，野生型（優性変異）と変異型（劣性変異）をどう示すかという点についてはそれぞれの生物で異なっており，統一されていない．本書ではおおむね以下に述べた規準で統一を計ったが，慣用的に使われているものはこの限りではない．

## 遺伝子

［ファージ］

T4，T7などのファージではおもに数字で32，1.3のように示す．λファージの遺伝子はローマ字で cI，N，int と記す．

［細菌］

遺伝子名3文字にさらに大文字のアルファベットを加える．たとえば dnaA，lacZYA と記し，野生型には $+$（$dnaA^+$），変異型には $-$ を付けて記すが，$-$ 符号は普通省略される．

［分裂酵母］

細菌と同様，野生型は $cdc2^+$，変異型は $cdc2^-$ と記すが，$-$ 符号は普通省略される．

［パン酵母］

野生型は遺伝子名3文字と数字を大文字で表し，CDC28，LEU2 のように示す．変異型は小文字にし，cdc28，leu2 となる．

［ショウジョウバエ］

命名の歴史的経緯により，独特の変異名で遺伝子を表す〔（ ）内は省略型〕．優性変異の場合のみ，最初の1文字を大文字にする．たとえば，fushitarazu (ftz)，hedgehog (hh)，sevenless (sev)，Son of sevenless (Sos)，Deformed (Dfd) などである．

［ヒトおよびマウス］

CDK2，INK4A などのように通常，野生型をすべて大文字3文字と数字で示すが，例外が多い（RB1，APRT）．

## 遺伝子産物

生物種を問わず，おおむね遺伝子名の最初の1文字を大文字として，立体で表す．LacZ，Cdc28，Ftz，Hedgehog (Hh)，Sos などである．なお，慣用として使われている略号，酵素名，タンパク質の複合体 ORC，MCM，RSC などはすべて大文字で示すことがある．

また，ファージの遺伝子産物では前に gp あるいは p を付け，gp32，pN のように表す．タンパク質の分子量を使って p53，p16，p34 のように記す場合もある．パン酵母では遺伝子産物の表記の後に p を付して，Cdc28p，Sec7p とする傾向にあるが，本書では採用しなかった．

|  | 遺伝子 野生型 | 遺伝子 変異型 | 遺伝子産物（タンパク質） |
|---|---|---|---|
| T系ファージ | 32 |  | gp32 |
| 細菌 | $dnaA^+$ | dnaA | DnaA |
| 分裂酵母 | $cdc2^+$ | cdc2 | Cdc2 |
| パン酵母 | CDC28 | cdc28 | Cdc28 |
| ショウジョウバエ | Toll | bicoid | Toll/Bicoid |
| マウス | MYC | myc | Myc |
| ヒト | RB | rb | RB |

## 参考文献

1) L. H. Hartwell, L. Hood, M. L. Goldberg, A. E. Reynolds, L. M. Silver, R. C. Veres, "Genetics; From Genes to Genomes", McGraw-Hill（2000）．
2) R. Wood, "*TIG* genetic nomenclature guide", Elsevier Trends Journals（1998）．

# 用 語 解 説

**IS因子** insertion sequence 挿入配列のこと．細菌に見いだされる小さなトランスポゾンで，自分自身の転移に必要な遺伝子しかコードしていない．

**アクチベーター（活性化因子）** activator 遺伝子の発現を促進するタンパク質で，普通，プロモーターに作用してRNAポリメラーゼを活性化する．真核生物では，プロモーター内のアクチベーター結合配列を応答配列とよぶ．

**アクリジン** acridine DNAに働き，1対の塩基対の挿入や欠失をひき起こす変異原．遺伝暗号がトリプレットであることを決めるのに有用であった．

**アップ変異** up mutation 遺伝子の転写頻度（効率）を上昇させるような，プロモーターに起こる変異．

**アテニュエーション（転写減衰）** attenuation 細菌のオペロンで，最初の構造遺伝子の前に位置する部位で転写終結の調節を行う機構．

**アテニュエーター** attenuator 転写終結配列の1種で，アテニュエーションを起こす内在的ターミネーターの1種．

**アデニル酸シクラーゼ** adenylate cyclase ATPを基質としてcAMPを生成する酵素であり，ATPのリボース環の3'位と5'位をリン酸基を介して結合させる．

**アニーリング** annealing 二本鎖DNAが解離して生じた一本鎖が二本鎖に再生すること．

**αアマニチン** α-amanitin 毒キノコ *Amanita phalloides*（タマゴテングタケ）に由来する二環式のオクタペプチド．真核生物の特定のRNAポリメラーゼ，特にRNAポリメラーゼIIを阻害する．

**アミノアシルtRNA** aminoacyl-tRNA アミノ酸を結合しているtRNA．アミノ酸のCOOH基がtRNAの3'末端の3'-または2'-OH基に結合している．

**アミノアシル-tRNAシンテターゼ** aminoacyl-tRNA synthetase アミノ酸をtRNAの2'-または3'-OH基に共有結合させる酵素．

**アーム** arm tRNAに四つ（ときに五つ）あるステム-ループ構造（ヘアピンループ構造ともいう）で，これがtRNAの二次構造をつくっている．

**アーム** arm λファージと細菌とが組換えを行うコア領域を挟む配列．

**誤りがちなDNA合成** error-prone synthesis of DNA 相補的でない塩基を娘鎖に取込むようなDNAの合成．

**アラーモン** alarmone 細菌がストレスを受けたときに生じる低分子化合物で，遺伝子発現の状態を変える働きをする．アラーモンの例として，通常にはみられないppGppやpppGppなどのヌクレオチドがある．

**rRNA（リボソームRNA）** ribosomal RNA リボソームの主要な構成成分である．リボソームの2個のサブユニットのそれぞれに主要なrRNAと多数のタンパク質が含まれている．

**RNA干渉（RNAi）** RNA interference 二本鎖RNAを細胞に導入し，標的遺伝子の活性を消失または低下させる手法．標的遺伝子に相同な配列をもつ二本鎖RNAがあると，それに相補的な配列が標的遺伝子のmRNAの分解をひき起こす作用をもつために起こる．

**RNAサイレンシング** RNA silencing 植物において，二本鎖RNA（dsRNA）が対応する遺伝子の発現を体系的に抑制する性質．

**RNAスプライシング** RNA splicing イントロンに相当する配列をRNAから除去し，エキソンに相当する配列を連結してコード領域だけが連続したmRNA（成熟mRNA）をつくり出す過程．

**RNA編集** RNA editing 転写後にRNAの塩基配列を変える機能．

**RNAポリメラーゼ** RNA polymerase DNAを鋳型にしてRNAを合成する酵素（正式名称はDNA依存性RNAポリメラーゼである）．

**RNAリガーゼ** RNA ligase tRNAのスプライシングの際に働く酵素で，イントロンの切出しによって生じた2個のエキソン配列間をホスホジエステル結合によってつなぐ酵素．

**rDNA（リボソームDNA）** ribosomal DNA 二つの大きなrRNAをつくるための1個の前駆体をコードする，反復配列がタンデムに並んでいるDNA．

**Aluドメイン** Alu domain SRP（シグナル認識粒子）の7SL RNAの配列のうち，*Alu* RNAに関係のある部分．

**Aluファミリー** Alu family ヒトゲノム中に散在する，約300 bpの単位から成る相同性のある配列．このファミリーに属する配列は，一端に *Alu*I 制限部位をもつ（これが名前の由来である）．

**R領域** R segment レトロウイルス粒子中のゲノムRNAの両末端にある反復配列．両末端はそれぞれR-U5, U3-Rとよばれる．なお，実際の3'末端側はU3-R-ポリ(A)となっている．

**アロステリック調節** allosteric regulation タンパク質のある部位に小分子が結合すると他の部位で高次構造（ひいては活性）が変化することによる，タンパク質の活性調節能．

**アンチコドン** anticodon mRNAのコドンに相補的なtRNA中のトリヌクレオチド配列で，これによってtRNAはコドンに対応する適切なアミノ酸を配置することができる．

**アンチコドンアーム** anticodon arm tRNAのステム-ループ構造で，一端にアンチコドントリプレットが含まれる．

**アンチセンス遺伝子** antisense gene 標的とするRNAに相補的な配列をもつ（アンチセンス）RNAをコードする遺伝子．

**EF-G** 細菌のタンパク質合成におけるトランスロケーションの段階に必要とされる伸長因子．

**EF-Tu** 細菌のタンパク質合成において，アミノアシルtRNAに結合し，リボソームのAサイトに運び込む伸長因子．

**鋳型鎖** template strand コード鎖に相補的で，mRNAの合成に際して鋳型として働く側のDNA鎖．アンチセンス鎖ともいう．

**維持型メチラーゼ** maintenance methylase すでにヘミメチル化したDNA部位を標的とし，さらにメチル基を付加する酵素．

**一塩基多型（SNP）** single nucleotide polymorphism 一つのヌクレオチドの変化によって生じる多型（個体間にみられる配列の差異）．個体間の遺伝的差異のほとんどの原因である．

**位置効果による斑入り（PEV）** position effect variegation ヘテロクロマチンの近くに位置するために起こる，遺伝子発現の確率論的なサイレンシング．

**一次転写産物** primary transcript 転写単位から直接転写された，何の修飾も受けていない転写直後のRNA産物．

**一過性のトランスフェクタント** unstable transfectant, transient transfectant 外来のDNAが不安定で，染色体に組込まれていない状態にある細胞．

**一本鎖交換** single-strand exchange 二本鎖DNAの鎖の1本がもとの二本鎖DNA分子を離れ，別の二本鎖DNA分子の相同な鎖に代わって相補鎖と塩基対を形成すること．

**一本鎖DNA結合タンパク質（SSB）** single-strand binding protein 一本鎖DNAに結合し，そのDNA鎖が二本鎖を形成するのを防ぐタンパク質．

**一本鎖の取込み** single-strand assimilation, single-strand uptake RecAタンパク質の機能で，一本鎖DNAとそれに相補的な二本鎖DNAがあるとき，一本鎖DNAに相補的な領域で二本鎖DNAを解離させて一本鎖DNAと塩基対をつくらせること．二本鎖DNA分子に一本鎖DNA分子が取込まれることになる．

**遺伝暗号（遺伝コード）** genetic code DNA（またはRNA）のトリプレットとタンパク質中のアミノ酸との対応を示すもの．

**遺伝子** gene ポリペプチド鎖の合成に関与する DNA の一部．シストロンと同じ意味である．コード領域に先立つ部分（リーダー）と後に続く部分（トレーラー）や，アミノ酸配列をコードした配列（エキソン）とその間に挟まれた配列（イントロン）を含む領域．

**遺伝子クラスター** gene cluster 隣合って存在する，まったく同じか関連した一群の遺伝子．

**遺伝子座** locus 特定の形質を表す遺伝子が位置する染色体上の場所．任意の遺伝子座を占める遺伝子は，その遺伝子の対立遺伝子のいずれでもよい．

**遺伝子座制御領域（LCR）** locus control region あるドメイン（遺伝子クラスター）内の複数の遺伝子の発現に必要とされる DNA の領域．

**遺伝子ファミリー** gene family ゲノム内にあり，関連をもつまたは同じタンパク質をコードする遺伝子のセット．そのメンバーは先祖遺伝子の重複に由来し，各コピーの配列中には変異が蓄積されている．多くの場合，ファミリーのメンバー間に関連はあるが同一ではない．

**イニシエーター（Inr）** initiator RNA ポリメラーゼ II のプロモーターの配列で，−3 から +5 までを占め，一般的な配列は $Py_2CAPy_5$ である．RNA ポリメラーゼ II のプロモーターとして働ける，最も簡単な配列である．

**E 複合体** E complex スプライス部位に形成される最初の複合体．ASF/SF2 因子とともに 5′ スプライス部位に結合した U1 snRNP（核内低分子リボ核タンパク質），分枝部位に結合した U2AF，および架橋タンパク質である SF1/BBP により構成されている．

***in situ* ハイブリダイゼーション** *in situ* hybridization *in situ* ハイブリダイゼーションの方法は，まず，スライドガラス（またはカバーガラス）の上で細胞を押しつぶしてからその DNA を変性させ，一本鎖 RNA または DNA を加えたときに反応できるようにする．加える一本鎖 RNA または DNA はラジオアイソトープでラベルしておき，細胞内の DNA のどの部分とハイブリッドを形成したか，オートラジオグラフィーで検出する．ここで述べられている方法は染色体内での遺伝子の位置決定を目的とするもので，ほかにも組織切片などにおいて目的遺伝子が発現している細胞を同定することを目的とし，おもに mRNA とのハイブリダイゼーションを行うものがある．細胞学的ハイブリダイゼーションともいう．

**インスレーター** insulator 染色体上のあるドメインの活性化または不活性化が染色体上の他のドメインへと波及するのを妨げる塩基配列のこと．

**インタソーム** intasome λ ファージの酵素であるインテグラーゼ（Int）が λ ファージの *att* 部位（*attP*）に形成するタンパク質・DNA 複合体．

**インターバンド** interband 多糸染色体の比較的凝縮の弱い領域で，バンドとバンドの間に位置している．

**インテイン** intein タンパク質の前駆体からプロテインスプライシングによって取除かれる部分．

**インテグラーゼ** integrase 1 分子の DNA を別の DNA に挿入する組換えを担う酵素．

**インデューサー（誘導物質）** inducer 調節タンパク質に結合して遺伝子の転写を誘導する低分子物質．

**インデューサー結合部位** inducer-binding site リプレッサータンパク質やアクチベータータンパク質（活性化因子）にあり，低分子物質であるインデューサーが結合する特定の部位．インデューサーはアロステリック相互作用により DNA 結合部位の構造に影響を与える．

**イントロン** intron 転写はされるが，両側の配列（エキソン）がつなぎ合わされるスプライシングによって転写産物から取除かれる DNA の一部分．介在配列ともいう．

**イントロンの決定** intron definition 一つのイントロンの 5′ スプライス部位と分枝部位-3′ スプライス部位のみが関係する相互作用によって，1 対のスプライス部位が認識されるスプライシング反応経路．

**イントロンのホーミング** intron homing 特定のイントロンがもつ，自分自身を標的 DNA 部位に挿入する能力．この反応は単一の標的配列に特異的である．

**ウイルススーパーファミリー** viral superfamily レトロウイルスに似たトランスポゾンの総称．ウイルススーパーファミリーは逆転写酵素またはインテグラーゼをコードする配列を特徴とする．

**ウイルスより小さな病原体** subviral pathogen ウイルスより小さな感染因子．ウイルソイドはその例である．

**ウイルス粒子（ビリオン）** virion 物理的にみた（細胞に感染したり複製したりする能力とは無関係な）ウイルスの粒子．

**ウイルソイド** virusoid 植物ウイルスのキャプシドにウイルスゲノムといっしょに包み込まれる感染性の小さな RNA 分子．サテライト RNA ともいう．

**ウイロイド** viroid タンパク質のコートをもたない，感染性の小さな核酸分子．

***ARS*（自律複製配列）** autonomous replication sequence 酵母における複製開始点．異なる *ARS* 配列でも A ドメインとよばれる 11 bp の共通配列が高度に保存されている．

**エキソソーム** exosome いくつものエキソヌクレアーゼから成る複合体で，RNA の分解に関与する．

**エキソヌクレアーゼ** exonuclease ポリヌクレオチド鎖の末端からヌクレオチドを一度に 1 個ずつ切離す酵素．DNA あるいは RNA の 5′ 末端または 3′ 末端に特異的である．

**エキソン** exon 完成した RNA に存在する分断された遺伝子の配列の一部分．

**エキソンの決定** exon definition 一つのイントロンの 5′ スプライス部位と下流側にある次のイントロンの 5′ スプライス部位が関係する相互作用によって，1 対のスプライス部位が認識されるスプライシング反応経路．

**エクステイン** extein 前駆体からタンパク質スプライシングを経てつくり出された完成したタンパク質に残っているアミノ酸配列．

**A サイト** A site アミノアシル tRNA がコドンと塩基対を形成するリボソームのサイト．

**sRNA** 細菌の低分子 RNA で，遺伝子発現の調節因子として機能する．

**SR タンパク質** SR protein セリン-アルギニン残基に富む領域（長さは決まっていない）をもち，スプライシングにかかわるタンパク質の総称．

**snRNP（スナープス）** snurps snRNA（核内低分子 RNA）がタンパク質と結合した，核内にみられるリボ核タンパク質粒子．

**snoRNA** small nucleolar RNA 核小体に局在化する核内低分子 RNA（snRNA）の 1 種．

**SL RNA** spliced leader RNA トリパノソーマや線虫でみられるトランススプライシング反応において，エキソンを供与する短い RNA．

**S 期** S phase 真核生物の細胞周期において，DNA 合成が起こる特定の期間．

**scRNP（スキルプス）** scyrps scRNA（細胞質低分子 RNA）がタンパク質と結合した，細胞質にみられるリボ核タンパク質粒子．

**エステル転移反応** transesterification 一つの部位でエステル結合が切断されると同時に別の部位でエステル結合が形成される，エネルギーを必要としない共役した転移反応．

**S ドメイン** S domain SRP（シグナル認識粒子）の 7SL RNA の配列のうち，*Alu* RNA と関係ない部分．

**S 領域** S region 免疫グロブリンのクラススイッチに関与するイントロンの配列．S 領域は，H 鎖定常領域をコードしている遺伝子の 5′ 末端にある反復配列より成る．

**hnRNP** ヘテロ核内リボ核タンパク質粒子．hnRNA（heterogeneous nuclear RNA）がタンパク質との複合体を形成し，リボ核タンパク

質複合体となったもの．mRNA前駆体はプロセシングが完了するまで核外に運び出されることはないので，hnRNPは核内にのみ存在する．

**Hfr株** Hfr strain 染色体中に組込まれたF因子をもつ細菌．Hfrは高頻度組換え（high frequency recombination）を意味し，染色体遺伝子がHfr細胞からF⁻細胞へと移行する頻度がF⁺細胞からF⁻細胞へと移行する頻度よりもずっと高いという事実に基づいている．

**H鎖（重鎖）** heavy chain 抗体四量体にある2種類のポリペプチドのうちの一つ．各抗体分子にはH鎖が2本ある．H鎖のN末端は抗原認識部位の一部を形成し，C末端はサブクラス（アイソタイプ）を決定する．

**att部位** att site アタッチメント部位．λファージを細菌の染色体に組込んだり染色体から切出したりするλファージおよび細菌染色体上の組換えの場所．

**Nヌクレオチド** N nucleotide 鋳型を使わずに合成される短い配列で，免疫グロブリンとT細胞レセプター遺伝子の再編成の際，コード連結部にデオキシヌクレオチドトランスフェラーゼによってランダムに付加される．Nヌクレオチドによって抗原レセプターの多様性が増大する．

**$n-1$の法則** $n-1$ rule 哺乳類の雌の細胞ではX染色体のうち1本だけに活性があり，残りのX染色体はすべて不活性であることを表した用語．

**エピジェネティック（後成的）** epigenetic エピジェネティックな変化とは遺伝子型を変えることなく表現型が変わるような変化をいう．遺伝情報，すなわちDNAの一次構造上の変化は伴わず，細胞がもつ，親から受継いだ性質の変化に由来する．

**エピソーム** episome 細菌の染色体に組込まれることのできるプラスミド．

**F因子（Fプラスミド）** F plasmid 大腸菌中で独立して存在することも染色体に組込まれることもできるエピソームで，いずれの状態でも大腸菌の接合に関与する．

**A複合体** A complex プレスプライシング複合体であるE複合体が形成されているmRNA前駆体分枝部位にU2 snRNPが結合して形成される複合体．

**mRNA（メッセンジャーRNA）** messenger RNA 遺伝子のタンパク質をコードする方の鎖の塩基配列を伝える中間体．mRNAのコード領域はトリプレットの遺伝暗号によってタンパク質のアミノ酸配列に対応する．

**L鎖（軽鎖）** light chain 抗体四量体にある2種類のポリペプチドのうちの一つ．各抗体分子にはL鎖が2本ある．L鎖のN末端は抗原認識部位の一部を形成する．

**塩基対形成（対合）** base pairing DNA二重らせん中の，アデニンとチミン，グアニンとシトシンの特異的な（相補的な）水素結合．（RNAの二重らせんではチミンはウラシルに置き換えられる．）

**エンドヌクレアーゼ** endonuclease 核酸の鎖の内部の結合を切断する酵素．RNA，一本鎖DNA，二本鎖DNAそれぞれに特異的である．

**エンハンサー** enhancer 真核生物のいくつかのプロモーターの利用効率を高めるシスに働く配列で，どちら向きに入っていても作用し，プロモーターに対してどんな位置関係でも（上流でも下流でも）機能する．

**エンハンソソーム** enhanceosome エンハンサーに協同的に集合する転写因子複合体．

**応答配列** response element 真核生物のプロモーターまたはエンハンサーにあって，特異的な転写因子に認識される配列．

**岡崎フラグメント** Okazaki fragment DNAのラギング鎖で行われる不連続複製の間につくられる1000〜2000塩基の短いDNA断片．岡崎フラグメント同士は後で共有結合により連結され，切れ目のない鎖となる．

**オパイン（オピン）** opine クラウンゴール病に感染した植物細胞によって合成されるアルギニンの誘導体の総称で，ノパリン，オクトピンなどが知られている．

**オープンリーディングフレーム（ORF）** open reading frame アミノ酸に翻訳可能なトリプレットで構成された，開始コドンで始まり終止コドンで終わるDNAの配列．

**オペレーター** operator リプレッサータンパク質が結合するDNAの部位で，ここにリプレッサーが結合すると隣合うプロモーターからの転写開始が妨げられる．

**オペロン** operon 細菌の遺伝子の発現と制御の単位で，複数の構造遺伝子と，調節遺伝子の産物によって認識される調節配列とから成る．

**親鎖** parental strand これから複製されるDNA．新生鎖の鋳型となるので，それぞれの一本鎖を鋳型鎖ともいう．

**オルソログ** ortholog 異なる種にあって互いに対応するタンパク質で，配列に相同性が認められる．

**開始** initiation 巨大分子（DNA，RNA，タンパク質）の合成反応（複製，転写，翻訳）における最初のサブユニット分子（ヌクレオチド，アミノ酸）の取込みに先立つ段階であり，合成反応の開始部位に必要な成分が結合する種々の反応を含む．タンパク質合成においては，リボソームの各サブユニットがmRNAの翻訳開始部位に結合することが必要である．

**開始** initiation 転写においてはRNAを構成するヌクレオチドの最初の結合が形成されるまでの段階．RNAポリメラーゼのプロモーターへの結合や，必要な短いDNA領域を一本鎖にほどく反応などが含まれる．

**開始因子** initiation factor 原核生物ではIF，真核生物ではeIFと表記される．タンパク質合成の開始段階に特異的にリボソームの小さいサブユニットに結合するタンパク質．**IF-1**は開始複合体を安定化させる．**IF-2**は開始tRNAを開始複合体に結合させる．IF-3はリボソームの30SサブユニットがmRNAの開始部位に結合するために必要である．IF-3には30Sサブユニットが50Sサブユニットに結合するのを妨げる役割もある．

**開始コドン** initiation codon タンパク質合成の開始に使われる特別なコドン（普通はAUG）．

**開始複合体** initiation complex 細菌のタンパク質合成の開始複合体には，リボソームの小さいサブユニット，開始因子，mRNAの開始コドンAUGに結合した開始アミノアシルtRNAが含まれている．

**回転移動配置** rotational positioning DNA二重らせんの連続したターンに対するヒストン八量体の位置を表す．二重らせんのどちら側がヌクレオソームの外側と接するかを決定する．

**ガイドRNA** guide RNA 小さなRNA分子で，その配列はすでに編集されたRNA配列に相補的である．編集される前のRNAにヌクレオチドを挿入したり欠失させて配列を変化させるための鋳型として使われる．

**カイ配列** chi（$\chi$） 大腸菌のDNA中に存在する8塩基配列で，ここでRecAを介した遺伝的組換えが高頻度で起こる．

**解離** resolution 共挿入体として存在する2個の間での相同組換え反応によって行われる．この反応により，それぞれ1コピーのトランスポゾンを含む供与レプリコンと受容レプリコンが生じる．

**化学的校正** chemical proofreading タンパク質や核酸の合成中に間違ったサブユニットが取込まれてしまったときに，付加反応の逆を行って訂正する校正の機構．

**核外遺伝子** extranuclear gene 核にではなく，ミトコンドリアや葉緑体などの細胞小器官にある遺伝子．

**核酸** nucleic acid 遺伝情報をコードしている分子．リボース分子に塩基が結合したものがホスホジエステル結合によって連結されてできている．DNAはデオキシリボ核酸，RNAはリボ核酸である．

**核小体** nucleolus 核の中の特徴的な領域で，リボソームがつくられている場所．

**核小体形成体** nucleolar organizer rRNAをコードする遺伝子群があ

**核内低分子RNA（snRNA）** small nuclear RNA 低分子RNAのうち核に局在化するもの．snRNAの中にはスプライシングなどのRNAのプロセシング反応にかかわるものがある．

**隔壁** septum 分裂中の細菌の中央に形成される構造で，娘細菌細胞同士が分離する部位．また植物細胞において，細胞分裂の終わりに2個の娘細胞の間に形成される細胞壁にも同じ用語が使われる．

**核様体** nucleoid 原核生物の中のゲノムを含んでいる領域．DNAはタンパク質に結合して存在し，膜には包まれていない．

**隠れたサテライト** cryptic satellite サテライトDNA配列の1種だが，密度勾配遠心によるピーク位置の差によっては分離されず，DNAの主要バンド中に存在するもの．

**過剰に抑制されている** super-repressed 抑制可能なオペロンに起きる変異した状態で，抑制の解除ができなくなり，そのオペロンが常に非発現状態にあること．（これは，誘導により調節されるオペロンが非誘導状態にあるのに相当している．）

**カスケード** cascade 一つの反応が次の反応をつぎつぎと誘発して起こる反応の連鎖．転写調節におけるカスケードとは，胞子形成やファージの溶菌サイクルにみられるように，いくつもの段階に分かれて制御が行われており，各段階で発現する遺伝子の一つが次の段階の遺伝子群の発現に必要な調節因子をコードしている．

**カセットモデル** cassette model 酵母の接合型についてのモデルで，接合型を決める遺伝子座について，発現される遺伝子座（発現型カセット）が1個とそれに相同で発現されない遺伝子座（非発現型カセット）が2個あると考える．発現型カセットにある一方の型（の遺伝子）が非発現型カセットにあるもう一方の型（の遺伝子）によって置換されると，接合型が変化すると考えるモデル．

**可変領域（V領域）** variable region（V region） V遺伝子セグメントにコードされ，異なるポリペプチド鎖同士を比較すると非常に多様性に富む，免疫グロブリンのポリペプチド鎖の部分である．この多様性は，多くの（異なる）遺伝子コピーがあることや，活性のある免疫グロブリンを構成する際に導入される変化により生じる．

**空回り反応（アイドリング反応）** idling reaction アミノ酸を結合していない空のtRNAがリボソームのAサイトに入ると，リボソームによってpppGppやppGppの合成が行われる反応で，ストリンジェント応答の結果起こる．

**下流** downstream 遺伝子が発現する方向の先方にある配列をいう．たとえば，コード領域は開始コドンの下流にある．

**間接末端ラベリング** indirect end labeling DNAの構造を調べる方法で，特異的部位でDNAを切断し，その切断部位に隣接する配列の片方をプローブとし，その配列を含む全断片を分離する．この方法で特異的部位から次の切断箇所までの距離がわかる．

**感染後期** late infection ファージの溶菌サイクルの一部で，DNA複製から宿主細胞の溶菌までの段階．この時期にDNA複製が行われ，ファージ粒子の構成要素が合成される．

**感染初期** early infection ファージの溶菌サイクルの一部で，ファージDNAが菌へ侵入してから複製開始までの段階．この時期にファージは自らのDNA複製に必要な酵素を合成する．

**完全にメチル化されている部位** fully methylated site DNAのパリンドローム配列のうち，両方の鎖ともメチル化されている部位．

**キアズマ** chiasma（*pl.* chiasmata） 減数分裂の間に，2本の相同染色体が染色体の交換を行った場所．

**基底レベル** basal level 刺激を受けていない状態におけるある系の応答レベルのこと．（ある遺伝子の転写の基底レベルとは，特異的な活性化をまったく受けていない場合の転写レベルのこと．）

**キネトコア** kinetochore 染色体にある構造上の特徴をもった部分で，分裂の際，紡錘体の微小管が結合する領域．キネトコアの位置によってセントロメアの領域が決まる．

**機能獲得型変異** gain-of-function mutation 通常は，正常な遺伝子活性の上昇をひき起こす変異を指す．異常な性質が現れたものを指す場合もある．必ずではないが，多くは優性変異である．

**機能喪失型変異** loss-of-function mutation ある遺伝子の活性が失われたり低下したりする変異．必ずではないが，多くは劣性変異である．

**基本転写因子** basal factor RNAポリメラーゼIIが開始複合体を形成する際にすべてのプロモーターにおいて必要な転写因子．TFIIX（Xはアルファベットを示す）の名称で区別される．

**逆転写酵素** reverse transcriptase 一本鎖RNAを鋳型にし，そこから二本鎖DNAをつくる酵素．

**逆平行（アンチパラレル）** antiparallel 二重らせんにおいて，2本の鎖が反対向きに配置しており，二本鎖の端では一方の鎖が5′末端，もう一方の鎖が3′末端になっている配置の仕方．

**キャップ** cap 真核生物mRNAの5′末端の構造．転写後に，新たなGTPの5′位の末端リン酸基とmRNAの末端の塩基とが結合してつくられる．付加されたG（他の塩基の場合もある）は7位がメチル化され，7MeG5′ppp5′Np……という形の構造をつくる．**キャップ0**は，mRNAの5′末端グアニンの7位にメチル基が一つだけ付加されている．**キャップ1**は，5′末端グアニンの7位と次の塩基の2′-O位にメチル基が付加されている．**キャップ2**は，mRNAの5′末端に3個のメチル基をもっていて，末端グアニンの7位，次のヌクレオシドの2′-O位，3番目のヌクレオシドの2′-O位がメチル化されている．

**キャプシド** capsid ウイルス粒子外側のタンパク質コート．頭殻ともいう．

**共挿入体** cointegrate もともとトランスポゾンをもっていたレプリコンともっていなかったレプリコンの二つが融合してつくられる．共挿入体は両レプリコン間の継ぎ目2箇所に重複して同方向反復配列のトランスポゾンをもつ．

**協調進化** concerted evolution 二つの遺伝子があたかも同一の単位であるかのように進化すること．同時進化，共進化ともいう．

**共抑制（コサプレッション）** cosuppression （おもに植物で）遺伝子の導入によって，対応する内在性遺伝子の発現も抑制される現象．

**切出し** excision ファージ，エピソーム，あるいはその他の配列が宿主染色体から切出され，自律的なDNA分子となること．

**鎖置換** strand displacement ある種のウイルスの複製様式で，元の二本鎖DNAの一方の鎖をはがしながら新しいDNA鎖（はがした鎖に相同な鎖）が伸長するもの．

**組換え修復** recombination-repair 二本鎖DNAの一方の鎖に生じたギャップをもう一つの二本鎖DNAから相同な一本鎖を切出して埋める修復の様式．

**組換え連結部** recombinant joint 組換えを行っている2本のDNA分子が（互いに二本鎖DNAの片方の鎖を提供しあって）連結している場所（ヘテロ二本鎖領域の端）．

**組込み** integration ウイルスあるいはその他のDNA配列の両端が，宿主DNAに共有結合でつながった状態で宿主ゲノムに挿入されること．

**クラウンゴール病** crown gall disease アグロバクテリウムの感染によって植物にひき起こされる，腫瘍をつくる病気．

**クラススイッチ** class switching H鎖の可変領域（V領域）は変わらずに定常領域（C領域）が変化して免疫グロブリンのクラスが変わるような，免疫グロブリン遺伝子の構造変化．

**クランプ** clamp DNA鎖を取囲むタンパク質複合体．DNAポリメラーゼに結合してプロセッシブな反応性を保証している．

**クランプ装着因子** clamp loader 5個のサブユニットから構成されるタンパク質複合体で，DNAの複製フォークにおいてβクランプをDNAに装着させる働きをする．

**クールー** kuru プリオンによってひき起こされる，ヒトの神経疾患．感染した脳を食べることによってひき起こされる可能性がある．

**グルココルチコイド応答配列（GRE）** glucocorticoid response element プロモーターまたはエンハンサーにみられる配列で，グル

ココルチコイドなどのステロイドが活性化するグルココルチコイドレセプターによって認識される．

**クローニング** cloning 特定のDNA配列を宿主細胞中で複製されるようなハイブリッドの構造体に組込むことによって大量に増やすこと．

**クローニングベクター** cloning vector DNA自体やそのタンパク質産物を増幅・生産させる目的で他の生物のDNAを挿入し，"運搬"役として使用するプラスミドやファージのこと．

**クローバーの葉** cloverleaf 二次元的に描いたtRNAの構造．明確な4個のアームとループから成る構造がみられる．

**クロマチン** chromatin 真核生物の細胞周期の分裂間期（分裂と分裂の間）におけるDNAと，そのDNAに結合しているタンパク質の状態を述べた用語．

**クロマチンリモデリング（クロマチンの構造変換）** chromatin remodeling 転写のための遺伝子の活性化に伴って起こる，エネルギー依存的なヌクレオソームの除去，移動および再編成．

**クロモドメイン** chromo domain クロマチンの非ヒストンタンパク質に存在するドメインで，タンパク質-タンパク質相互作用にかかわる．

**クローンの増大** clonal expansion 抗原の結合により成熟リンパ球が活性化されて増殖すること．この増殖によって抗原特異的なリンパ球の数が格段に増加するため，後天性免疫（獲得免疫）反応に必須の段階．増殖後，これらのリンパ球はエフェクター細胞へと分化する．

**形質転換** transformation 細菌が外来のDNAを取込んで新しい遺伝情報を獲得すること．

**形質転換因子** transforming principle 細菌に取込まれて発現すると，それを取込んだ細胞の性質が変化するようなDNA．

**形質導入ウイルス** transducing virus 自分自身の配列の一部が宿主のゲノムの一部と置き換わったウイルス．最もよく知られた例は真核生物におけるレトロウイルスや大腸菌におけるλファージである．

**欠 失** deletion DNA配列の一部が取除かれ，（染色体の末端で起こる欠失を除けば）その両側末端同士がつながることにより生じる．

**血清応答配列（SRE）** serum response element プロモーターまたはエンハンサーにみられる配列で，細胞に血清を与えたときに活性化される転写因子（SRF）に応答して転写を誘導する．SREが活性化されると，細胞の増殖を促進する遺伝子群が一括して発現する．

**ゲノム** genome ある生物の遺伝物質に含まれる完全な一そろいの配列．各染色体の配列のほか，細胞小器官にあるDNA配列もすべて含む．

**コアクチベーター** coactivator 転写に必要とされる因子だが，DNAには結合せず，（DNAに結合する）アクチベーターが基本転写因子と相互作用するために必要な因子．

**コア酵素** core enzyme RNAポリメラーゼ複合体においてRNAの伸長を担うサブユニット．コア酵素には，転写開始反応や終結反応に必要となるその他のサブユニットや因子は含まれない．

**コアDNA** core DNA ヌクレオソームのDNAをミクロコッカスヌクレアーゼで切断することにより得られるコア粒子に含まれる146 bpのDNA．

**コア配列** core sequence λファージと細菌ゲノムのatt部位に共通なDNA配列の部分．この部位でλファージは細菌ゲノムと組換えを起こし，染色体に組込まれる．

**コアヒストン** core histone ヌクレオソーム由来のコア粒子に含まれる4種類のヒストン（H2A，H2B，H3，H4）のうちのいずれか一つ（ヒストンH1は含まれない）．

**コアプロモーター** core promoter RNAポリメラーゼが転写を開始することのできる最短の配列（ただし，一般には他の配列も含むプロモーターより転写活性はずっと低い）．RNAポリメラーゼⅡの場合には基本転写装置が形成される最小限の配列であり，イニシエーター（Inr）とTATAボックスの二つの配列を含む．コアプロモーターの典型的な長さは約40 bpである．

**コア粒子** core particle ヌクレオソームを酵素で処理したときに得られる分解産物で，ヒストン八量体と146 bpのDNAから成る．形態はヌクレオソームと変わらない．

**抗Sm** anti-Sm 自己免疫疾患患者の抗血清．RNAのスプライシングにかかわるsnRNP中の一群のタンパク質に共通するSmエピトープを認識する．

**高感受性部位** hypersensitive site デオキシリボヌクレアーゼⅠおよびその他のヌクレアーゼによる切断に非常に感受性が高いという特徴をもつ，染色体の短い領域．ヌクレオソームを結合していない部分に当たる．

**後期遺伝子** late gene ファージDNAにおいて複製後に転写される遺伝子で，ファージ粒子の構成成分をコードしている．

**抗 原** antigen 生体内に入ると抗体（その抗原に結合することのできる免疫グロブリンタンパク質）の合成を促して免疫反応をひき起こす外来物質の総称．

**交 差** crossing-over 減数分裂の前期Ⅰの間に起こる遺伝的組換えで，染色体DNA間の相互交換が起こる．

**交差固定** crossover fixation 不等交差の結果，遺伝子クラスターの1箇所に起こった変異がクラスター全体に広がる（あるいは除去される）現象．

**恒常的な（構成的な）** constitutive 常に起こっていて，刺激や外的条件に左右されないこと．

**恒常的ヘテロクロマチン** constitutive heterochromatin 発現することのないDNA配列の不活性な状態を表す用語で，その多くはサテライトDNAである．

**校正（プルーフリーディング）** proofreading タンパク質や核酸の合成反応において，それぞれの鎖に成分が取込まれた後で，個々の成分を吟味してその誤りを修正する機構の総称．

**合成致死** synthetic lethal それぞれ単独では生存可能な変異が二つ組合わさって致死となること．

**合成致死遺伝子アレイ解析（SGA）** synthetic genetic array analysis 出芽酵母で，ある変異体をマイクロアレイの約5000株の欠失変異体それぞれと掛け合わせて二重変異を系統的に作成し，二つの変異のそれぞれの組合わせが合成致死性を示すかどうかを決定する自動化された方法．

**合成中のRNA** nascent RNA 合成されつつあるリボヌクレオチド鎖．その3′末端はDNAと塩基対を形成しており，そこでRNAポリメラーゼが伸長反応を行っている．

**構造遺伝子** structural gene 調節領域以外の，RNAやタンパク質産物をコードする遺伝子．

**構造のゆがみ** structural distortion 通常の二本鎖が形成できないように塩基あるいは塩基対が変化することで生じたDNA構造のゆがみ．

**抗 体** antibody 特定の"自己抗原（外来抗原）"を認識するBリンパ球細胞によってつくられるタンパク質（免疫グロブリン）で，免疫反応を誘発する．

**構築因子** assembly factor 巨大分子構造の形成に必要であるが，自分自身はその構造の一部ではないタンパク質．

**抗転写終結** antitermination 転写終結の調節機構の1種で，特定のターミネーター配列では転写終結反応が妨げられ，RNAポリメラーゼがターミネーター以降の遺伝子の転写を継続するもの．

**抗転写終結因子** antitermination factor 特定のターミネーター配列を通り越してRNAポリメラーゼに転写を続けさせるタンパク質．

**後発型初期遺伝子** delayed early gene 他のファージの中期遺伝子に相当するλファージの遺伝子．先発型初期遺伝子にコードされている調節タンパク質が合成されるまでは転写されない．

**高頻度反復配列** highly repetitive sequence 二本鎖を解離させた変性DNAの再会合において最初に再会合する成分であり，単純配列

DNA，サテライト DNA と同じものを意味する．

**コスミド** cosmid　コスミドは細菌のプラスミドにλファージの cos 部位を挿入してつくられたもので，in vitro でプラスミド DNA を収納したファージ粒子をつくらせることができる．

**コード鎖** coding strand　mRNA と同じ配列をもつ DNA 鎖で，その遺伝暗号はタンパク質のアミノ酸配列に直接対応している．センス鎖ともいう．

**コード末端** coding end　免疫グロブリン遺伝子や T 細胞レセプター遺伝子の組換えのときにつくられる．コード末端は V と（D-）J のコード領域の末端にある．コード末端同士が続いて結合した場合，その結合部分をコード連結という．

**コード領域** coding region　遺伝子の一部でタンパク質の配列に対応する部分．コード領域はコドンが連なったものである．

**コドン** codon　アミノ酸または終止シグナルを表す連続するヌクレオチド 3 個の配列．

**コヒーシン** cohesin　姉妹染色分体を一つにつなぐ役目を果たすタンパク質複合体．SMC タンパク質のいくつかもコヒーシンに含まれる．

**コピー数** copy number　細菌染色体の複製開始点の数に対して宿主細菌中に維持されているプラスミドの数．

**コピーの選択（コピーチョイス）** copy choice　RNA ウイルスが利用する組換え機構の一つで，RNA 合成中にポリメラーゼが一つの鋳型から別の鋳型に乗り換えるという方式で行われる．

**固有のターミネーター** intrinsic terminator　細菌の RNA ポリメラーゼによる転写を補助因子なしで終結させることのできるターミネーター．ρ因子非依存性ターミネーターともいう．

**コリプレッサー** corepressor　調節タンパク質に結合して転写の抑制を誘導する低分子物質．

**ゴルジ体** Golgi apparatus　小胞体から新たに合成されたタンパク質を受取り，それらを加工して他の目的地へと送り出す細胞小器官．平たい円盤状の囊胞が数層重なり合ってできている．

**コンセンサス配列** consensus sequence　実際の多くの配列を比較したとき，配列の各位置で最も高頻度にみられる塩基を並べて理想化した配列．

**コンテクスト** context　mRNA におけるコドンのコンテクストとは，隣合う配列によって，アミノアシル tRNA によるコドンの認識や，タンパク質合成の終止効率が変化する場合があることをいう．

**再　生** renaturation　変性した（二本鎖が解離した）DNA の相補的な鎖同士が再会合すること．

**サイトタイプ** cytotype　P 因子の作用に影響を与える細胞質の状態．サイトタイプによる影響は転移のリプレッサーの有無によるもので，その因子は雌の親から卵細胞へと伝えられる．

**細胞質低分子 RNA（scRNA）** small cytoplasmic RNA　細胞質に存在する低分子 RNA．（核内にみられることもある．）

**サイレンシング** silencing　局所的な遺伝子発現の抑制．通常はクロマチンの構造変化に基づいている．

**サイレント部位** silent site　コード領域の中にあって，そこに変異が起こっても産物であるタンパク質のアミノ酸配列に変化が起こらない部位．

**サイレント変異** silent mutation　遺伝子の配列変化が同義コドンを生じさせるため，産物タンパク質のアミノ酸配列を変化させない変異．

**雑種発生異常** hybrid dysgenesis　ショウジョウバエの特定の株で，交配の結果生じる雑種が（見かけ上は正常であっても）不妊となるため交配ができない現象．

**サテライト DNA** satellite DNA　多数の短い（まったく同じかよく似た）基本配列単位がタンデムに反復して並んだもの．高頻度反復配列，単純配列 DNA と同じものを意味する．

**サプレッサー（抑圧変異）** suppressor　最初の変異の影響を相殺する，または変更するような第二の変異のこと．

**サラセミア** thalassemia　α または β グロビンが欠乏すると生じる赤血球の病気．正常なヘモグロビンである $\alpha_2\beta_2$ に比べて異常な四量体 $\beta_4$ が非常に多く存在する状態から生じる HbH 病（α サラセミア）や，遺伝子間の不等交差によりひき起される β グロビン遺伝子クラスターの欠失（Hb Lepore 型，Hb anti-Lepore 型など）により生じる β サラセミアがある．

**三元複合体** ternary complex　RNA ポリメラーゼ，DNA，RNA 産物の最初の 2 塩基に相当するジヌクレオチドより成る転写の開始複合体．

**30 nm 繊維** 30 nm fiber　ヌクレオソームのコイルがさらにコイル状態になった，クロマチンの構成要素としての基本的状態．

**CRP（cAMP 受容タンパク質）** cyclic AMP receptor protein　cAMP によって活性化される正の調節タンパク質．大腸菌において，RNA ポリメラーゼによるオペロンの転写開始に必須である．

**C 遺伝子** C gene　免疫グロブリンタンパク質のそれぞれのポリペプチド鎖の定常領域をコードする配列．

**CAAT ボックス** CAAT box　真核生物の転写単位の転写開始点上流に位置するよく保存された配列の一部．さまざまなグループの転写因子に認識される．

**J セグメント** J segment　免疫グロブリンと T 細胞レセプターの遺伝子座に含まれるコード配列．J セグメントは V セグメントと C セグメントの間にある．

**シグナル認識粒子（SRP）** signal recognition particle　シグナル認識粒子はリボ核タンパク質複合体であり，翻訳中のタンパク質のシグナル配列を認識してそのリボソームを膜透過のための通路へと導く．異なる生物のシグナル認識粒子の構成成分は異なる場合もあるが，すべて関連タンパク質と関連 RNA を含んでいる．

**シグナル配列** signal sequence　タンパク質にある短い領域で，そのタンパク質を小胞体膜に導き，翻訳と共役した膜透過を行わせる．

**シグナルペプチダーゼ** signal peptidase　小胞体膜の内腔側に位置する酵素で，膜を透過して小胞内に入ってくるタンパク質からシグナル配列を特異的に除去する．同様の活性は細菌，古細菌，真核生物の細胞小器官にも認められる．細胞小器官がタンパク質の目的地となる場合，タンパク質は自分がもつ標的を認識する配列（リーダー配列）の働きによって膜を透過してその中に入り，認識配列が切断される．シグナルペプチダーゼはより大きなタンパク質複合体の一成分として存在する．

**シグナル末端** signal end　免疫グロブリン遺伝子や T 細胞レセプター遺伝子の組換えのときにつくられる．シグナル末端は組換えシグナル配列を含む DNA 断片の末端にある．シグナル末端同士が続いて結合した場合，その結合部分をシグナル連結という．

**σ 因子** sigma factor　細菌の RNA ポリメラーゼのサブユニットで，転写開始に必要な因子．プロモーターの選択に大きく影響する．

**自己スプライシング** autosplicing, self-splicing　イントロン中の RNA 配列のみに依存する触媒作用によって，イントロンが自分自身を RNA から切出すこと．

**自己調節** autogenous regulation　遺伝子産物がそのタンパク質をコードしている遺伝子の発現を抑制（負の自己調節）または活性化（正の自己調節）する作用．

**GC ボックス** GC box　RNA ポリメラーゼ II に応答するプロモーターによくみられる構成因子で，GGGCGG という配列から成る．

**シ　ス** cis　二つの部位が同じ DNA 分子（染色体）にあるという位置関係を示す用語．

**シストロン** cistron　シス-トランステストによって定義される遺伝的単位．遺伝子に相当する．

**シストロン間領域** intercistronic region　ある遺伝子の終止コドンと次の遺伝子の開始コドンとの間の領域．

**シスに働く** cis-acting　自分と同じ DNA（または RNA）分子にある配列の活性にのみ影響を及ぼすこと．一般にこの性質により，シスに働く部位はタンパク質をコードしていないと示唆される．

**自然突然変異** spontaneous mutation 変異の頻度を増大させるような人為的な要因がない状態で起こる変異．複製の誤り（あるいはDNAの再生産に関与するその他の過程）や環境から受ける傷害によって生じるもの．

**C 値** C-value （一倍体当たりの）ゲノムに含まれるDNAの総量．

**C 値パラドックス** C-value paradox 生物のDNA量（C値）とそこに含まれるコード領域（遺伝子）の総数との間に関係がないことを述べた言葉．

**シナプトネマ複合体** synaptonemal complex 対合した染色体の形態的構造をシナプトネマ複合体という．

**C バンド** C-band セントロメアとよく反応するCバンド染色法で観察できる染色体上の領域．セントロメアは点状に濃く染まって見える．

**G バンド** G-band 真核生物の染色体を染色したときに現れる連続した横縞模様．核型分析（バンドのパターンに基づいてどの染色体のどの領域かを同定する）に利用される．

**CpG アイランド** CpG island 哺乳類のゲノムにみられる，メチル化されていないCpGダブレットに富む1〜2 kbの領域．

**C 末端ドメイン（CTD）** carboxy-terminal domain 真核生物のRNAポリメラーゼⅡのC末端ドメインは転写開始時にリン酸化され，転写やその後のRNAプロセシングなどの反応を協調的に行わせる役目を果たす．

**シャイン・ダルガーノ配列** Shine-Dalgarno sequence プリン塩基が連なった配列AGGAGGの一部または全部の配列．細菌のmRNAにみられ，開始コドンAUGの上流約10 bpに中心がある．シャイン・ダルガーノ配列は，16S RNAの3′末端にある配列に相補的である．

**終 結** termination ヌクレオチドの付加を止めることにより転写を終わらせ，RNAポリメラーゼはDNAから遊離する，伸長反応とは異なる反応過程．

**重合開始センター** nucleation center ウイルスゲノムのRNA配列の中にできる二本鎖ヘアピン構造で，ここを開始点としてRNAに沿ってコートタンパク質が集合しキャプシドが構築されていくに伴い，RNAがキャプシド内に入っていく．

**終止（終結，終了）** termination 巨大分子（DNA，RNA，タンパク質）の合成反応（複製，転写，翻訳）を，それぞれのサブユニット分子の付加を止め，（多くの場合）合成装置の解離をひき起こすことによって終わらせる，伸長反応とは異なる反応過程．翻訳の場合は終止，転写の場合は終結，複製の場合は終了という．

**終止コドン** stop codon, termination codon タンパク質合成を終わらせる3種類のトリプレット（UAG，UAA，UGA）．その発見の経緯からナンセンスコドンともいう．発見の元となったナンセンス変異の名称に基づき，UAGはアンバー（amber），UAAはオーカー（ochre），UGAはオパール（opal）コドンとよばれる．

**修 飾** modification 最初にポリヌクレオチド鎖に取込まれた後にヌクレオチドに起こる変化をすべて修飾という．

**修飾塩基** modified base DNAまたはRNAの通常の構成要素である4塩基（DNAならT，C，A，G，RNAならU，C，A，G）以外のすべての塩基のこと．核酸の合成後に起こる変化によって生じる．

**10 nm 繊維** 10 nm fiber ヌクレオソームが直線状に並んだもので，自然な状態のクロマチンがほどけてできる．

**修 復** repair 傷害を受けたDNAの修復方法には，傷害を受けた鎖が切出され，その除かれた部分が新しく合成される修復合成がある．また組換え修復という方法もあり，これは障害を受けた二本鎖領域をゲノムに存在するもう1対のコピーから取出し，傷害を受けていない領域と置き換えるものである．

**GU−AG 則** GU−AG rule 核内遺伝子のイントロンでは，通常，最初の2個のヌクレオチドがGU（DNAではGT），最後の2個がAGであることを表したもの．

**主 溝** major groove DNA分子のらせんがつくる溝の大きい方で，幅は22 Åである．

**受容アーム（アクセプターアーム）** acceptor arm tRNA分子内でアミノ酸が結合するCCA配列を末端にもつ短い二本鎖部分．

**条件的ヘテロクロマチン** facultative heterochromatin 活性な状態のDNA配列と同じ配列ながら不活性な状態になっているDNA配列．哺乳類の雌がもつX染色体のうちの1本がこの例である．

**小胞体** endoplasmic reticulum (ER) 脂質，膜タンパク質，分泌タンパク質の合成にかかわる細胞小器官．核の外膜から細胞質へと伸び出した一つながりのコンパートメントである．（リボソームが付着していない）滑面小胞体と（リボソームが付着した）粗面小胞体とがある．

**上 流** upstream 遺伝子が発現する方向とは逆にある配列をいう．たとえば細菌のプロモーターは転写単位の上流にあり，開始コドンはコード領域の上流にある．

**上流活性化配列（UAS）** upstream activator sequence 真核生物のエンハンサーに相当する酵母の配列．

**初期遺伝子** early gene ファージDNAにおいて複製以前に転写される遺伝子で，調節因子や，その後の感染過程に必要とされるいくつかのタンパク質をコードしている．

**除 去** excision 除去修復系において，ほどかれて一本鎖になったDNA部分を5′-3′エキソヌクレアーゼの働きで除去する段階．

**除去修復** excision repair DNAの修復系の一つで，DNAの一方の鎖の一部が切出され，残った相補的な鎖を鋳型にしてもう一度合成したDNAで置換する修復方法．

**自律的調節因子** autonomous controlling element トウモロコシにみられるトランスポゾンで，常に転移活性をもつ．

**進化時計** evolutionary clock ある一つの遺伝子に変異が蓄積する速さによって決まる，進化を測る分子時計．

**新規型メチラーゼ** de novo methylase まったくメチル化されていないDNAの標的配列に新たにメチル基を付加する酵素．

**ジンクフィンガー** zinc finger 転写因子に特徴的なDNA結合モチーフの一つ．

**真正クロマチン（ユークロマチン）** euchromatin 間期の核で，ヘテロクロマチンを除くゲノムのすべてを指す．真正クロマチンはヘテロクロマチンほど強く凝縮しておらず，転写中あるいは転写可能な遺伝子を含んでいる．

**新生鎖** newly synthesized strand 娘二本鎖DNAのうち，新しく合成された側のDNA鎖．

**伸 長** elongation 巨大分子（DNA，RNA，タンパク質）の合成反応（複製，転写，翻訳）における1段階で，ヌクレオチド鎖やポリペプチド鎖が個々のサブユニット分子の付加によって伸びていく段階．

**伸 長** elongation 転写においてはヌクレオチド鎖が個々のヌクレオチドの付加によって伸びていく段階．

**伸長因子** elongation factor 原核生物ではEF，真核生物ではeEFとも表される．ポリペプチド鎖にアミノ酸1個が付加されるたびに，周期的にリボソームに結合するタンパク質．

**シンテニー** synteny 異種の生物の染色体の領域にみられる関係で，相同な遺伝子が同じ順序で並んでいる領域（相同領域）．

**真の復帰変異** true reversion DNAの配列が変異を起こす前の配列に戻る復帰変異．

**スカフォルド** scaffold 足場という意味で，染色体スカフォルドは1組の姉妹染色分体の形をしたタンパク質の構造物である．染色体からヒストンを除くと現れる．

**スクレイピー** scrapie タンパク質性の感染因子（プリオン）によってヒツジに起こる病気．

**ステム** stem RNA分子中に形成されるヘアピンループ構造の中で，塩基対が形成されている部分．

**ステロイドレセプター** steroid receptor リガンドであるステロイドが結合すると活性化される転写因子．

**ストリンジェント因子** stringent factor リボソームに結合しているタンパク質RelAのこと．アミノ酸を結合していない空のtRNAがリボソームのAサイトに入ると，RelAはppGppやpppGppを合成する．

**ストリンジェント応答** stringent response 栄養条件の悪い培地中に置かれたときに細菌が示すppGppを介した応答反応で，細菌がtRNAとリボソームの合成を停止すること．

**スーパーファミリー** superfamily 現在ではかなりの多様性を示しているが，一つの共通の先祖遺伝子から生じたと考えられる関連遺伝子群．

**スプライシング因子** splicing factor スプライソソームを構成するタンパク質のうち，snRNPに含まれないもの．

**スプライス部位** splice site エキソンとイントロンの連結部位の塩基配列．

**スプライソソーム** spliceosome スプライシングに必要とされるsnRNPとその他のタンパク質によって構成される複合体．

**ズーブロット** zoo blot サザンブロットを利用して，一つの種から得たDNAプローブが他のさまざまな種のゲノムから得たDNA断片とハイブリダイズするかどうかを調べるテスト．何種類もの生物種とハイブリダイズするならば，プローブとしたDNA断片はその遺伝子のエキソンである可能性が高い．

**スペーサー** spacer 遺伝子クラスターの中にあるDNA配列で，繰返し現れる同じ配列の転写単位同士を分離する．

**刷込み** imprinting 精子または卵の発生途中に遺伝子に起こる変化で，胚の初期発生において父親と母親から受継いだ二つの対立遺伝子が，その発現上異なる性質を示すこと．DNAのメチル化によって起こっている場合がある．

**SWI/SNF** クロマチンをリモデリング（構造変換）する複合体の一つ．ATPの加水分解を利用してヌクレオソームの構造や位置を変化させる．

**正確な切出し** precise excision 重複した標的配列（末端同方向反復配列）の一つをトランスポゾンとともに染色体から切出すこと．正確な切出しによってトランスポゾンが挿入されていた部位の機能が回復する．

**制限酵素** restriction enzyme 特異的な短いDNA配列を認識し，二本鎖DNAを切断する酵素．切断部位は酵素の種類によって標的配列の内部にある場合もあれば，別の部位である場合もある．

**制限酵素地図** restriction map さまざまな制限酵素で切断されるDNAの部位（制限部位）を直線状に並べて表したもの．

**制限断片長多型（RFLP）** restriction fragment length polymorphism 制限酵素で切断される部位が，個体ごとに（たとえば標的部位の塩基の違いにより）遺伝的に異なること．この違いにより，その制限酵素で切断したときにできる断片の長さに違いが生じる．RFLPは，そのゲノムを従来の遺伝マーカーと直接に関係づけ，遺伝地図に当てはめるのに利用される．

**ぜいたくな遺伝子** luxury gene 特定の細胞種で（多くの場合）大量に合成される，特殊な機能をもつタンパク質をコードした遺伝子．

**正の調節** positive regulation 遺伝子発現の制御様式のうち，何らかの作用で活性化されないかぎり遺伝子発現が起こらないものをいう．

**正の変異** forward mutation 野生型遺伝子を不活性化させるような変異．

**セクター** sector （発生の途中で）遺伝子型に変化が起こった細胞の子孫が野生株の集団中につくる区画．

**世代時間** doubling time 分裂によって生じた細菌細胞が再び分裂するまでにかかる時間．通常，分の単位で表される．

**接合** conjugation 二つの細胞が接触して遺伝物質を交換する過程．細菌では供与菌から受容菌へDNAが移行する．原生動物ではDNAがそれぞれの細胞からもう一方の細胞へと移行する．

**接合型** mating type 一倍体の酵母がもつ性質で，逆の接合型をもつ細胞とのみ融合して二倍体を生じる．

**切断** incision ミスマッチ除去修復系の第一段階．DNAの傷害を受けた部分をエンドヌクレアーゼが認識し，その両側でDNA鎖を切断する．

**切断位置の周期性** cutting periodicity 平らな表面に固定した二本鎖DNAを鎖の一方だけに切れ目を入れるデオキシリボヌクレアーゼで処理したときにみられる各鎖の切断点間の間隔．

**切断−架橋−融合** breakage-bridge-fusion 切断された染色分体が姉妹染色分体と融合し，"架橋"を形成した場合，染色体に起こる反応の1種．細胞分裂で一つの染色体に生じた二つのセントロメア（動原体）が分離するときに染色体は再び切断され（架橋の所でとは限らない），その結果，再びこの過程を繰返す．

**切断・再結合** breakage and reunion 2組の二本鎖DNA分子のそれぞれ一方の鎖が対応する部位で切断され，互い違いに再結合する遺伝的組換えの様式．（結合部位周辺で一定の長さのヘテロ二本鎖DNAが形成される．）

**SETドメイン** SET domain ヒストンメチルトランスフェラーゼの活性部位の一部をなすドメイン．

**セプタル環** septal ring 大腸菌の*fts*遺伝子群にコードされた数種類のタンパク質から成る複合体で，細胞の中央に形成される最終的な構造．細胞分裂の際には，ここから隔壁が形成される．この環に最初に取込まれるのはFtsZタンパク質であり，そこから最初にできてくる構造にはZ環の名前がつけられた．

**染色小粒** chromomere 特定の条件下で観察される，染色体中の濃く染まる小粒．特に減数分裂の初期に，染色体は染色小粒が連なっているように見えることがある．

**染色体（クロモソーム）** chromosome ゲノムがいくつかに分かれて存在する単位で，多くの遺伝子を含んでいる．おのおのの染色体は非常に長い二本鎖DNA分子と，おおよそ同量のタンパク質からできている．細胞分裂の間だけ，形をもった存在として観察できる．

**染色中心** chromocenter 異なる染色体のヘテロクロマチン領域が集合したもの．

**染色分体** chromatid 1本の染色体から複製によってつくられた同一の染色体のそれぞれを指す．通常，続いて起こる細胞分裂で分離する前の染色体について使われる名称．

**選択的スプライシング** alternative splicing スプライス部位を選択することにより，単一の転写産物から異なるRNA産物をつくり出すこと．

**セントラルドグマ** central dogma 遺伝情報の基本的性質を表す用語．すなわち，複製や転写，あるいは逆転写によって変化することなく核酸の配列は保たれたまま相互変換するが，その配列はタンパク質のアミノ酸配列からは復元できないため，核酸からタンパク質への翻訳は一方向性である．

**セントロメア（動原体）** centromere 染色体のくびれに当たる領域で，体細胞分裂および減数分裂時に紡錘体に付着する部位（キネトコア）が含まれている．

**先発型初期遺伝子** immediate early gene 他のファージの初期遺伝子に相当するλファージの遺伝子．宿主細菌へ感染した直後に宿主のRNAポリメラーゼによって転写される．

**線毛（ピリ）** pilus (*pl.* pili) 細菌表層にある，細くて短く，しなやかに曲がる棒のように見える付属器官で，細菌が他の細菌細胞に付着するために使われる．細菌の接合のときには性線毛を使ってDNAを一方の細胞からもう一方の細胞に移行させる．

**増殖期** vegetative phase 細菌の通常の生長と分裂の時期をいう．胞子形成を行う細菌の場合，増殖期は胞子を形成する胞子形成期と対を成す用語である．

**挿入** insertion DNAにおいて，余分な塩基対として同定される部分．重複（duplication）は挿入の特殊な型とみなすことができる．

**相補性グループ** complementation group 変異体を二つずつトランスに変異をもつように組合わせたとき（相補性テスト），互いに相補

することのできない一群の変異を1個の相補性グループという．一つの遺伝単位（シストロン）に相当する．

**相補性テスト** complementation test 二つの変異が同じ遺伝子の対立遺伝子であるかどうかを調べるテスト．同じ表現型をもつ二つの異なる劣性変異をかけ合わせ，野生型の表現型が現れるかどうかを調べる．野生型が現れればその変異は互いに相補するといい，おそらく同じ遺伝子の変異ではないだろうと考えられる．

**Ty因子** Ty element Tyは"酵母のトランスポゾン（transposon yeast）"を意味し，酵母で見つかった最初の転移因子である．

**対　合** synapsis（chromosome pairing） 減数分裂の開始時に，2組の姉妹染色分体（相同染色体に相当する）がくっつくこと．対合の結果として生じる構造体を二価染色体という．

**体細胞組換え** somatic recombination リンパ球における免疫グロブリンのV遺伝子とC遺伝子の連結反応．この反応を経て免疫グロブリンまたはT細胞レセプターがつくられる．

**第三塩基の縮重** third-base degeneracy コドンの3番目の塩基がコドンの意味に与える影響が小さいことを表す用語．

**胎児水腫** hydrops fetalis ヘモグロビン α 遺伝子の欠損により生じる致死的疾患．

**代謝されないインデューサー** gratuitous inducer 転写の本来のインデューサーに似ているが，誘導した酵素の基質とならない化合物．

**対立遺伝子** allele 染色体上の一つの遺伝子座にある遺伝子に複数の遺伝子型がある場合，その遺伝子の一つを他の遺伝子の対立遺伝子という．

**対立遺伝子間相補性** interallelic complementation 異なる変異をもつ二つの対立遺伝子にコードされたサブユニットの相互作用によってもたらされる，ヘテロ多量体タンパク質の性質の変化．この複合タンパク質では，いずれか一方のみのサブユニットで構成されたホモ多量体タンパク質よりも，活性が高い場合も低い場合もありうる．

**対立遺伝子排除** allelic exclusion 免疫グロブリンを発現しているいずれのリンパ球でも，発現している免疫グロブリン遺伝子は対立遺伝子の一方だけである．この発現様式を対立遺伝子排除とよぶ．この現象は，一方の免疫グロブリン遺伝子が発現すると，そのフィードバックによりもう一方の染色体上にある対立遺伝子の活性化が妨げられることによる．

**ダウン変異** down mutation 遺伝子の転写頻度（効率）を低下させるような，プロモーターに起こる変異．

**多　型** polymorphism あるゲノムの集団の中で，任意の遺伝子座について同時に多くの変種がみられること．もともとは異なる表現型を示す対立遺伝子について使われた定義であったが，現在では制限酵素地図に影響を与えるDNAの変化や，さらには単なる配列変化にも適用されている．実際に多型の例とみなして意味があるのは，一つの対立遺伝子がその集団の中で1%より多くを占める場合である．

**多コピー型制御** multicopy control プラスミドが個々の細菌細胞に1コピーより多く存在するとき，そのプラスミドは多コピー型制御を受けているという．

**多糸染色体（ポリテン染色体）** polytene chromosome 複製した一そろいの染色体が分離することなく何度も連続して複製されてつくられる，巨大化した染色体．

**TATAボックス** TATA box ATに富む保存された8 bpの配列で，真核生物のRNAポリメラーゼⅡの転写開始点の約25 bp上流にある．転写開始が正しく始められるように各酵素を配置する役割を果たしているのかもしれない．

**TATAボックスのないプロモーター** TATA-less promoter 転写開始点の上流にあるTATAボックスをもたないプロモーター．

**脱アシルtRNA** deacylated tRNA タンパク質合成でリボソームから放出されようとしている，アミノ酸もポリペプチド鎖も結合していない役割の終わったtRNA．

**縦軸構造** axial element 相同染色体の対合の開始に伴ってその周りに染色体が凝縮している，タンパク質を含む構造体．

**多発変異** hypermutation 再編成された免疫グロブリン遺伝子に高頻度で体細胞変異が導入されること．これにより対応する抗体分子の配列，特に抗原結合部位の配列を変化させることができる．

**ターミナーゼ** terminase いくつものウイルスゲノムが連なったゲノム多量体を切断し，ATPの加水分解によって得られるエネルギーを利用して，ゲノムDNAを切断末端からウイルスの空のキャプシドに運び込む酵素．

**ターミネーター（転写終結配列）** terminator RNAポリメラーゼに転写を終結させるDNAの配列．

**単位細胞** unit cell 新しい細胞分裂によってつくられる大腸菌の状態．単位細胞は長さ1.7 μmで単一の複製開始点をもつ．

**単一X染色体仮説** single X hypothesis 哺乳類の雌では二つあるX染色体のうち一つは不活性化されているという仮説．

**単コピー型制御** single-copy control 細菌細胞1個につき1個しかレプリコンがない複製制御の様式．細菌の染色体およびある種のプラスミドはこの様式でコピー数が制御されている．

**置換部位** replacement site 遺伝子の中で，変異が起こるとそこにコードされているアミノ酸が変わる部位のこと．

**中央構造** central element シナプトネマ複合体の中央に位置する構造で，これに沿って相同染色体が並列構造を形成している．Zipタンパク質でできている．

**中期遺伝子** middle gene ファージ遺伝子のうち，初期遺伝子にコードされたタンパク質によって制御されるもの．中期遺伝子にコードされたタンパク質のうち，いくつかはファージDNAの複製を行い，別のタンパク質が後期遺伝子の発現の制御を行う．

**中頻度反復配列** moderately repetitive sequence 一倍体（半数体）ゲノム中に，多くは完全には一致していないがよく似た配列が繰返しみられる場合，その反復配列をいう．

**中立置換** neutral substitution タンパク質の活性に影響を与えないようなアミノ酸の置換．

**中立変異** neutral mutation 遺伝子型に影響を与えず，自然選択に対して有利でも不利でもない変異．

**調節遺伝子** regulator gene 他の遺伝子の発現を調節する産物（多くの場合タンパク質）をコードする遺伝子．この調節は転写レベルで行われるのが普通である．

**調節因子** controlling element 初めはその遺伝的性質によってトウモロコシで見つかった転移可能な因子．自律的（単独で転移できる）因子と非自律的（自律的因子の存在下でのみ転移できる）因子がある．

**重　複** redundancy 複数の遺伝子が同じ機能を担っており，そのうちの1個が欠失しても影響がでない状況を表す概念．

**超らせん** supercoiling 遊離末端のない閉じた二重らせんが巻いた状態．超らせんにより閉じた二重らせんはさらに自分自身の軸がねじれた状態になる．

**つなぎ合わせ組換え体** splice recombinant ホリデイ構造が分離するとき，交換してない方の鎖を切ることによってできる組換え体．この組換え体では，二本鎖DNAのどちらの鎖も，鎖を交換したヘテロ二本鎖領域より前の部分は一方の染色体由来，ヘテロ二本鎖領域より後の部分はもう一方の染色体由来となる．

**強い結合** tight binding RNAポリメラーゼがDNAへ結合した後，（DNAの二本鎖がほどけて）開いた複合体が形成される過程．

**Tiプラスミド** Ti plasmid アグロバクテリウム中に存在するエピソームで，感染植物にクラウンゴール病をひき起こす原因となる遺伝子をもっている．

**tRNA（転移RNA）** transfer RNA 遺伝暗号を解釈してタンパク質合成を行うための中間体．1分子のtRNAはそれぞれ1個のアミノ酸を結合することができる．tRNAはアミノ酸に対応するトリプレットのコドンに相補的なアンチコドン配列をもっている．

**tRNA$_i^{Met}$** 真核生物において，タンパク質合成の開始コドンに反応す

る特別な tRNA.

**tRNA$_f^{Met}$** 細菌において，タンパク質合成を開始する特別な tRNA. tRNA$_f^{Met}$ が認識するコドンはほとんどが AUG であるが，GUG や UUG にも反応する.

**tRNA$_m^{Met}$** 読み枠内に存在する AUG コドンに反応してメチオニンを挿入する tRNA.

**Tn** 細菌のトランスポゾンで，トランスポゾンとしての機能に関係のない遺伝マーカー（たとえば薬剤耐性など）をもつもの．Tn の後に番号を付けた名前がつけられている．

**DNA（デオキシリボ核酸）** deoxyribonucleic acid デオキシリボヌクレオチドが重合してできた長い鎖より成る核酸分子．二本鎖 DNA では相補的なヌクレオチドの塩基対間の水素結合によって2本の鎖が維持されている．

**DNA 結合部位** DNA-binding site タンパク質中で DNA に結合する部位．DNA 結合部位としていくつかのモチーフが知られている．調節タンパク質では，そのタンパク質の他の部位に結合した低分子物質によってひき起こされる高次構造変化により DNA 結合部位の活性が調節されている場合もある．

**DNA 構造の周期性** structural periodicity DNA の二重らせん1ターン当たりの塩基対の数．

**DNA トポイソメラーゼ** DNA topoisomerase 環状に閉じた DNA 分子の2本の鎖が互いに絡まりあっている回数（リンキング数）を変化させる酵素．そのためにⅠ型トポイソメラーゼでは DNA 分子の一方の鎖を切断し，その切れ目でもう一方の鎖を通過させ，その後で切断した鎖の再結合を行う．Ⅱ型トポイソメラーゼでは二本鎖 DNA の両方の鎖にニックを入れ，再結合させることによって DNA のトポロジーを変化させる．

**DNA フィンガープリント法** DNA fingerprinting 制限酵素を用いてつくられた，短い反復配列を含む DNA 断片について個体間の差異を分析する方法．これらの断片による DNA 制限酵素地図はそれぞれの個体に特有なので，任意の2個体に特定の共通する断片があれば，遺伝的な共通性（親子関係など）があるといえる．

**DNA 複製酵素** DNA replicase 複製に特異的な DNA ポリメラーゼ．

**DNA ポリメラーゼ** DNA polymerase （鋳型 DNA 鎖に依存して）相補する DNA を合成する酵素．いずれのポリメラーゼも DNA の修復または複製（あるいはその両方）に関与している可能性がある．

**DNA リガーゼ** DNA ligase 二本鎖 DNA の一方の鎖にニックがあるとき，隣りあう 3′-OH 末端と 5′-リン酸末端を結合させる酵素．

**TFⅡD** RNA ポリメラーゼⅡに対するプロモーター内にあり，転写開始点の上流にある TATA ボックスに結合する基本転写因子．TFⅡD は TBP（TATA 結合タンパク質）と TAF（TBP 会合因子）とよばれるさまざまなサブユニットとから成る．

**T 細胞** T cell T（thymus，胸腺）系統のリンパ球．機能によって数種類に分類される．T 細胞は TCR（T 細胞レセプター）をもち，細胞性免疫応答に関与する．

**T 細胞レセプター（TCR）** T cell receptor T 細胞の表面にある，抗原のレセプター（受容体）．1個の T 細胞には1種類の T 細胞レセプターが発現し，MHC クラスⅠまたはクラスⅡタンパク質と抗原に由来するペプチドとの複合体に結合する．

**定常領域（C 領域）** constant region（C region） C 遺伝子セグメントにコードされ，ポリペプチド鎖の中でほとんど変化しない免疫グロブリンの部分である．H 鎖の C 領域によって免疫グロブリンのタイプが決まる．

**$D$ セグメント** $D$ segment 免疫グロブリンの H 鎖の $V$ セグメントと $J$ セグメントの間にみられる，どちらのセグメントにも属さない配列．

**T-DNA** transferred DNA アグロバクテリウムの Ti プラスミドの一部分で，感染するとこの部分が植物細胞の核内に送り込まれる．T-DNA は植物細胞をトランスフォームする遺伝子を含んでいる．

**DPE（下流プロモーター配列）** downstream promoter element TATA ボックスをもたない RNA ポリメラーゼⅡプロモーターに共通の配列．

**TBP 会合因子（TAF）** TBP-associated factor TFⅡD のサブユニットで，TBP（TATA 結合タンパク質）が DNA に結合するのを助ける．また，転写装置に含まれる他の構成要素との接触点を提供する．

**TIM 複合体** TIM complex ミトコンドリアの内膜にあって，タンパク質を外膜と内膜の間の膜間腔からミトコンドリア内部のマトリックスへと輸送するタンパク質複合体．

**デオキシリボヌクレアーゼ（DNase）** deoxyribonuclease DNA 分子中のホスホジエステル結合を切断する酵素．二本鎖の一方だけを切断するものと両鎖とも切断するものとある．

**デグラドソーム** degradosome 細菌の酵素複合体で，RNase, ヘリカーゼ，エノラーゼ（解糖系の酵素）を含み，mRNA の分解に関与しているらしい．

**デメチラーゼ** demethylase DNA, RNA, タンパク質などからメチル基を取除く酵素の通称．

**テロメア** telomere 染色体の本来の末端．テロメアでは DNA 配列は単純な反復単位で構成されている．テロメアの端には一本鎖末端が突き出しており，その部分は折りたたまれてヘアピン構造をとることができる．

**テロメアサイレンシング** telomeric silencing テロメアの近傍で起こる，遺伝子の活性の抑制．

**テロメラーゼ** telomerase リボ核タンパク質の酵素で，テロメアにおいて，個々の塩基を DNA の 3′末端に付加することによって一方の DNA 鎖にテロメア特有の反復単位をつくる．この反応は酵素に含まれる RNA 成分の RNA の配列に依存している．

**転　座** translocation 染色体の一部が物理的な切断や異常な組換えのために元の染色体から切離され，別の染色体と結合すること．

**転　写** transcription DNA を鋳型とする RNA の合成．

**転写因子** transcription factor RNA ポリメラーゼが特異的なプロモーターで転写を開始するために必要であるが，自分自身は RNA ポリメラーゼの一部ではない因子．

**転写開始点** startpoint RNA として合成される最初の塩基に対応する DNA 上の位置．

**転写開始の失敗** abortive initiation RNA ポリメラーゼが，いったん転写を開始してからプロモーター内で転写を停止する反応過程．停止後，また新たに転写を開始する．この反応過程は転写伸長反応が開始する前に何回も繰返されることがある．

**転写開始前複合体** preinitiation complex 真核生物の転写において，RNA ポリメラーゼが結合する前にプロモーターに開始因子が集合したもの．

**転写産物** transcript DNA の片方の鎖をコピーすることによってつくられた RNA 産物．完成した RNA（実際に機能をもつ RNA）となるためにはプロセシングを経なければならない場合もある．

**転写単位** transcription unit 1個の RNA ポリメラーゼ分子が読み取る転写開始点からターミネーターまでの間の DNA 配列．複数の遺伝子を含む場合もある．

**伝達領域** transfer region 細菌の接合に必要とされる，F 因子の部分配列．

**点変異** point mutation DNA 配列に変化をもたらす1塩基対の置換．

**同義コドン** synonym codon 遺伝暗号で同じ意味をもつコドン．同族 tRNA は同じアミノ酸を結合し，同義コドンに応答する．

**同族 tRNA** cognate tRNA 同じアミノアシル-tRNA シンテターゼによって認識される tRNA．これらの tRNA はすべて同じアミノ酸を運ぶ．アイソアクセプター tRNA ともいう．

**同調的調節** coordinate regulation 一群の遺伝子が共通の調節下に置かれること．

**同方向反復配列** direct repeat 同じ DNA 分子内に存在する，まったく同じ（または非常によく似た）二つ以上の配列．隣接している必要はない．

**ドミナントネガティブ** dominant negative　ドミナントネガティブ変異は変異遺伝子産物が野生型遺伝子産物の機能を阻害する場合に起こり，変異型と野生型の両方の対立遺伝子をもつ細胞中でその遺伝子の活性の喪失あるいは低下が認められる．原因としては，その遺伝子産物と相互作用する別の因子が変異産物によって捕捉されてしまう，あるいは複合体に変異サブユニットが入って阻害的な相互作用が起こる，などが考えられる．

**TOM 複合体** TOM complex　ミトコンドリアの外膜にあって，タンパク質を細胞質からミトコンドリアの外膜と内膜の間の膜間腔に運び込むタンパク質複合体.

**ドメイン** domain　タンパク質のアミノ酸配列において，他の部分からは独立した一つながりの領域で，機能の単位.

**ドメイン** domain　染色体のドメインとは以下のいずれかを意味する．他のドメインとは独立した超らせん構造をもつ領域．または，デオキシリボヌクレアーゼ I に対する感受性が高い，発現中の遺伝子を含むまとまった領域.

**トランジション** transition　1個のピリミジンが別のピリミジンに，または1個のプリンが別のプリンに置換された点変異.

**トランス** trans　二つの部位が別の DNA 分子（染色体）にあるという位置関係を示す用語.

**トランスクリプトーム** transcriptome　1個の細胞，組織，または生物個体に含まれるすべての RNA のセット．トランスクリプトームに含まれる分子種の複雑さのほとんどは mRNA に依存するが，タンパク質に翻訳されない RNA も含んでいる．

**トランスジェニック動物** transgenic animal　試験管内で用意された DNA を生殖細胞系列に導入することでつくられる．導入される DNA はゲノムに挿入される場合と染色体外遺伝因子として存在する場合とがある．

**トランスに働く** trans-acting　標的 DNA（または RNA）のすべてのコピーに機能することができる産物（RNA またはタンパク質）．したがって，トランスに働く産物は拡散可能なタンパク質または RNA であると考えられる．

**トランスバージョン** transversion　プリンがピリミジンに，またはピリミジンがプリンに置換された点変異.

**トランスフェクション** transfection　真核生物の細胞が外来の DNA を取込んで新しい遺伝情報を獲得すること.

**トランスポザーゼ** transposase　トランスポゾンを新しい部位に挿入するのに関与する酵素.

**トランスポゾン** transposon　自分の配列とまったく相同性のないゲノム中の新たな部位に自分自身（またはそのコピー）を挿入することのできる DNA 配列．転移因子ともいう．

**トランスロケーション** translocation　合成中のポリペプチド鎖にアミノ酸が1個付加されるたびにリボソームが1コドン分 mRNA に沿って移動すること.

**トランスロコン** translocon　膜の中にあり，（親水性の）タンパク質が膜を通過できるような通路を形成している構造体.

**トレーラー** trailer　mRNA において，終止コドンの後ろにある 3′末端の非翻訳配列（3′UTR）.

**長い末端反復配列（LTR）** long terminal repeat　宿主ゲノムに組込まれたレトロウイルスのゲノムの両端にある反復配列.

**ナンセンスサプレッサー** nonsense suppressor　少なくとも1種類の終止コドンに対応してアミノ酸を挿入することのできる変異 tRNA をコードする遺伝子.

**ナンセンス変異による mRNA の分解** nonsense-mediated mRNA decay　最後のエキソンより前にナンセンスコドンをもつ mRNA が分解される反応経路.

**二価染色体** bivalent　減数分裂の開始時に形成される，4本すべての染色分体（うち2本はそれぞれの相同染色体）を含む構造体.

**二次的復帰変異** second-site reversion　最初の変異の影響が2番目に起こった変異によって抑圧されること.

**二動原体染色体** dicentric chromosome　それぞれがセントロメア（動原体）をもった2本の染色体断片の融合によって生じる．二動原体染色体は不安定で，二つのセントロメアが反対の極へ引っ張られると切断されることもある.

**二本鎖切断（DSB）** double-strand break　DNA の二本鎖が同時に同じ部位で切断されること．遺伝的組換えは二本鎖の切断から始まる．また，細胞には時間的にずれて形成された二本鎖の切断に働く修復系がある．

**認識ヘリックス** recognition helix　ヘリックス-ターン-ヘリックスモチーフの二つのヘリックスのうちの一つで，DNA の特定の塩基に特異的に直接結合する．これにより結合する DNA 配列の特異性が決まる．

**ヌクレオソーム** nucleosome　クロマチンの基本的なサブユニットで，およそ 200 bp の DNA とヒストン八量体からできている．

**ヌクレオソームの配置** nucleosome positioning　ヌクレオソームが DNA の配列にでたらめにくっついているのではなく，決まった配列の場所に配置されていることを表す用語．

**ヌル変異** null mutation　ある遺伝子の機能が完全に失われてしまうような変異．

**熱ショック遺伝子** heat shock gene　温度の上昇（などの細胞に対する攻撃）に反応して活性化される一群の遺伝子座．すべての生物に見いだされる．この産物には変性したタンパク質に作用するシャペロンが含まれるのが普通である．

**熱ショック応答配列（HSE）** heat shock response element　プロモーターまたはエンハンサーにみられる配列で，熱ショックにより誘導されるアクチベーターが遺伝子を活性化するときに使われる．

**ノックアウト** knockout　遺伝子の機能を欠損させること．選択マーカーを用いてコード領域のほとんどを置換した改変遺伝子を in vitro で作成し，それを相同組換えによりゲノムに組込んで正常な遺伝子を破壊する．

**ノックイン** knockin　ノックアウトと同様な方法で，塩基置換やエピトープタグの付加といった穏やかな改変を施した遺伝子を組込む．

**ハイブリダイゼーション** hybridization　DNA または RNA に対して相補的な DNA や RNA が会合して二本鎖になること．

**ハウスキーピング遺伝子** housekeeping gene　どのような種類の細胞の維持にも必要な基本的機能を満たす遺伝子であるため，（理論的に）すべての細胞に発現している遺伝子．恒常的（構成的）遺伝子ともいう．

**バクテリオファージ（ファージ）** bacteriophage (phage)　細菌に感染するウイルス．

**バックグラウンドレベル** background level　ある生物のゲノムに配列変化が蓄積する割合．この割合は自然突然変異の発生頻度と修復系による変異の排除とのバランスで決まり，それぞれの生物種に固有である．

**発現量** abundance　細胞当たりの mRNA の平均分子数．

**発現量の多い mRNA** abundant mRNA　種類は少なく，細胞当たりのコピー数が非常に多い mRNA．

**発現量の少ない mRNA** scarce mRNA　それぞれは細胞中にごく少数しか存在しない多数の mRNA 分子種の集合．このような多数の分子種の存在によって，RNA 配列の複雑さが説明できる．たくさんの種類を含む mRNA ともいう．

**パッチ組換え体** patch recombinant　ホリデイ構造が分離するとき，交換した方の鎖を切ることによってできる組換え体．それぞれの二本鎖 DNA の大部分は元のままで，相同な染色体由来の DNA 配列が一方の鎖の一部に残るだけである．

**パフ** puff　多糸染色体のバンドの一つが，そこに含まれる遺伝子座での RNA 合成に伴って膨張したもの．

**ハプロタイプ** haplotype　ある染色体の限定された領域に存在する特定の対立遺伝子の組合わせで，小規模な遺伝子型といった意味であ

る．元来は主要組織適合抗原（MHC）の対立遺伝子の組合わせを表すのに使われた用語だったが，現在ではRFLPやSNP，その他の遺伝マーカーの特定の組合わせについても用いられている．

**パリンドローム** palindrome 二本鎖DNAの配列を5′→3′方向へと読んだとき，両方の鎖の配列が同じになっている配列．同じ配列が逆向きに並んでできている．

**バンド** band 多糸染色体で目に見えて凝縮した領域で，DNAの大部分がここにある．バンドには活性化した遺伝子が含まれている．

**反応速度論的校正** kinetic proofreading 間違った反応は正しい反応より取込みの反応速度が遅いことに依存した校正機構．この校正機構では，新しいサブユニットが多量体の鎖に付加される前に，間違った反応は撤回される．

**半保存的複製** semiconservative replication 親二本鎖が分離し，それぞれが相補鎖を合成するための鋳型として働くことにより達成される複製．

**P因子** P element, P factor ショウジョウバエにみられるトランスポゾンの1種．

**非ウイルススーパーファミリー** nonviral superfamily レトロウイルスとは無関係に生じたRNA由来のトランスポゾン．

**bHLHタンパク質（塩基性HLHタンパク質）** bHLH protein HLHモチーフとともに，これに隣接する塩基性のDNA結合領域をもつタンパク質．

**B型DNA** B-form DNA 右巻きの二重らせんDNAで，10塩基対でらせんを1回転（360°）する．生理的条件下でみられる型で，WatsonとCrickによって提唱された構造．

**Pサイト** P site リボソームのサイトの一つで，合成中のポリペプチド鎖を結合しているペプチジルtRNAが入っている場所．PサイトにはいっているペプチジルtRNAは，Aサイトで結合したコドンに結合したままである．

**B細胞** B cell 抗体を生産するリンパ球．B細胞はおもに骨髄（bone marrow）で成熟する．

**bZIP** ロイシンジッパーモチーフと，これに隣接して塩基性のDNA結合領域をもつタンパク質．

**微小管形成中心（MTOC）** microtubule organizing center 微小管が形成され，そこから周辺へと伸び出す領域．分裂期の細胞ではおもなMTOCは中心体である．

**非自律的調節因子** nonautonomous controlling element トウモロコシにみられるトランスポゾンで，機能を失ったトランスポザーゼをコードする．非自律的因子はトランスに働く同じファミリーの自律的因子の存在下でのみ転移することができる．

**ヒストン** histone よく保存されたDNA結合タンパク質で，真核生物におけるクロマチンを構成する塩基性タンパク質のサブユニットである．ヒストンH2A，H2B，H3，H4が八量体のコアをつくり，その周りにDNAが巻き付いてヌクレオソームを形成している．ヒストンH1はヌクレオソーム内には含まれていない．

**ヒストンアセチルトランスフェラーゼ（HAT）** histone acetyltransferase アセチル基を付加してヒストンを修飾する酵素．転写のコアクチベーターの中にはHAT活性をもつものがある．

**ヒストンデアセチラーゼ（HDAC）** histone deacetylase ヒストンからアセチル基を取除く酵素．転写のリプレッサーと関連している可能性がある．

**ヒストンフォールド** histone fold 4種のコアヒストンのすべてにみられるモチーフで，二つのループでつながれた三つのαヘリックスから成る構造．

**非相同的な末端連結（NHEJ）** nonhomologous end joining DNAの平滑末端同士の結合．多くのDNAの修復や組換え（たとえば免疫グロブリン遺伝子の組換えなど）に共通してみられる反応．

**非対立遺伝子** nonallelic gene 同じ遺伝子の複数のコピーがゲノムの別の場所（遺伝子座）にあるとき，それらは非対立遺伝子であるという．〔これに対し，対立遺伝子の場合はそれぞれの親由来の同じ遺伝子のコピーは相同染色体の同じ場所（遺伝子座）にある．〕

**非転写スペーサー** nontranscribed spacer rRNAのタンデムな反復配列のクラスターの中の，転写単位と転写単位の間の領域．

**Pヌクレオチド** P nucleotide 短いパリンドローム（逆方向反復）配列で，免疫グロブリンとT細胞レセプターのV, D, Jセグメントの再編成の間につくられる．Pヌクレオチドは再編成の際にコード末端にできるヘアピンをRAGタンパク質が切断することによりコード連結部に生じる．

**非反復配列** nonrepetitive sequence 二本鎖を解離させてから再会合させたとき，その反応速度から判断して反復のない配列．

**ppGpp** グアノシン四リン酸．二リン酸基がグアノシンの5′位と3′位の両方に結合している．

**非ヒストンタンパク質** nonhistone protein 染色体に含まれる構造タンパク質からヒストンを除いたものの総称．

**pppGpp** グアノシン五リン酸．グアノシンの5′位に三リン酸基が，3′位に二リン酸基が結合している．

**非誘導性** uninducible この変異の影響を受けた遺伝子（群）が発現できなくなるような変異を非誘導性という．

**ピューロマイシン** puromycin アミノアシルtRNAに構造が似ており，アミノアシルtRNAの代わりに合成中のポリペプチド鎖に結合してタンパク質合成を中断させてしまう抗生物質．

**開いた複合体** open complex 転写開始反応の段階の一つで，RNAポリメラーゼがDNAの二本鎖を一本鎖に開裂させて"転写バブル"を形成した状態．

**ピリミジン二量体** pyrimidine dimer DNAに紫外線が照射されたとき，隣合う2個のピリミジン塩基の間を直接結び付ける共有結合が形成されてつくられる．これによりDNAの複製ができなくなる．

**ピリン** pilin 線毛のサブユニットで，重合して細菌の線毛となる．

**ビルレント変異（毒性変異）** virulent mutation ビルレント変異をもつファージは溶原化できない．

**品質管理システム** surveillance system 核酸に起こる誤りを監視する機構．この用語はいくつかの内容的に異なる意味に使われる．ナンセンス変異をもつmRNAを分解する機構はその一例である．二重らせんに起こった傷害に反応する機構もいくつかある．共通点は，役に立たない配列や構造を認識してそれに応じた反応をひき起こすことである．

**V遺伝子** V gene 免疫グロブリンタンパク質のそれぞれのポリペプチド鎖の可変領域の主要部分をコードする配列．

**VNTR領域** variable number tandem repeat region マイクロサテライトやミニサテライトを含む非常に短い単位の反復配列から成る領域．

**部位特異的組換え** site-specific recombination 二つの特異的な配列間に起こる．ファージDNAの組込みや切出し，あるいはトランスポゾンの転移に伴って挿入されたDNAが除去される場合などがその例である．

**斑入り** variegation 発生の途中で体細胞の遺伝子型に変化が導入されることによって生じる表現型．

**フェロモン** pheromone ある生物の一方の性がもう一方の性と交配（接合）するために分泌する低分子化合物．

**副溝** minor groove DNA分子のらせんがつくる溝の小さい方で，幅は12Åである．

**複合トランスポゾン** composite transposon 中央領域が挿入配列に挟まれた構造をしており，挿入配列のいずれか，あるいは両方がこのトランスポゾンを転移させることができる．

**複製** replication 二本鎖DNAの複製は，2本の親鎖それぞれに相補的な新しいDNA鎖が合成されることによる．親二本鎖DNAはなくなり，まったく同じ2組の娘二本鎖DNAが生じる．娘二本鎖DNAの鎖の1本は親由来，もう1本は新たに合成された新生鎖である．娘DNAの半分に親由来の鎖がそのまま残っているため，この複製の様式は半保存的であるという．

**複製後複合体** postreplication complex　パン酵母におけるタンパク質・DNA 複合体で，複製開始点に結合する ORC だけでできているもの．

**複製能欠損型ウイルス** replication-defective virus　複製に必要な遺伝子が変異したり（形質導入ウイルスで宿主 DNA との置換が原因で）欠けているため，感染サイクルを続けていくことができないウイルス．

**複製の目** replication eye　まだ複製されていない長い領域の中に生じた，すでに複製された領域．

**複製フォーク（複製分岐点）** replication fork　複製の進行に伴って親二本鎖 DNA のそれぞれの鎖が解離している場所．複製フォークには DNA ポリメラーゼを含むタンパク質複合体がある．

**複製前複合体** prereplication complex　パン酵母の複製開始点に結合するタンパク質・DNA 複合体で，DNA の複製に必要とされる．複製前複合体には ORC，Cdc6，および MCM タンパク質が含まれている．

**複製を伴う転移** replicative transposition　トランスポゾンの移動の機構で，まず複製され，それから 1 コピーが新しい部位に運ばれる．

**複製を伴わない転移** nonreplicative transposition　トランスポゾンの移動の機構で，直接供与部位から切出され（普通，二本鎖切断を伴う），新しい部位に移動する．

**複対立遺伝子** multiple allele　ある遺伝子座に 3 個以上の対立遺伝子型がみられる場合，その遺伝子座は複対立遺伝子をもつという．それぞれの対立遺伝子により，異なる表現型が現れることがある．

**不正確な切出し** imprecise excision　トランスポゾンが挿入部位から切出される際に，トランスポゾンの配列の一部が挿入部位に残るような切出しの様式．

**復帰変異** back mutation　遺伝子を不活性化させた変異の影響を打ち消し，野生型に戻す変異．

**復帰変異株** revertant　変異細胞や変異個体が野生型の表現型に変わったもの．

**不等交差** unequal crossing-over　組換え反応で，塩基対形成の間違いや非相同部分による交差がかかわったことによるもの．一方の組換え体は欠失となり，もう一方は重複となる．

**負の相補性** negative complementation　対立遺伝子間相補性によって，多量体タンパク質の変異サブユニットが野生型サブユニットの活性を抑制することをいう．

**負の調節** negative regulation　負の調節によって調節される遺伝子は，何の制御も受けなければ常に発現する状態にある．発現を抑えるためには特定の制御が必要である．

**浮遊密度** buoyant density　物質が CsCl 溶液などの基準となる液中で浮上するか沈降するかを示す値．

**プライマー** primer　短い核酸（多くの場合 RNA）の配列で，DNA の一方の鎖と塩基対を形成し，DNA ポリメラーゼが DNA 鎖の合成を開始するのに必要な 3′-OH 末端を提供する．

**プライマーゼ** primase　RNA ポリメラーゼの 1 種で，DNA 複製のときにプライマーとして使われる短い RNA 断片を合成する酵素．

**プライモソーム** primosome　φX 型の複製開始点からの複製開始にたずさわるタンパク質複合体で，一時停止している複製フォークからの複製の再開にも関与する．

**プラス鎖ウイルス** plus strand virus　一本鎖の核酸をゲノムにもつウイルスで，その配列が産物であるタンパク質を直接コードするもの．

**プラス鎖 DNA** plus strand DNA　レトロウイルスから生じた二本鎖 DNA の鎖のうち，ウイルス RNA と同じ配列をもつ鎖．

**プラスミド** plasmid　環状の染色体外 DNA．自己複製能をもち，宿主染色体とは独立して自律増殖する．

**プリオン** prion　核酸をまったく含まないにもかかわらず，遺伝形質のような性質を示すタンパク質性の感染因子．プリオンの例として，ヒツジにスクレイピー，ウシにウシ海綿状脳症（BSE）という病気をひき起こす因子である $PrP^{Sc}$ や，酵母に遺伝的影響を与える［$PSI$］などがある．

**プレタンパク質** preprotein　細胞小器官に運び込まれるタンパク質や細菌から分泌されるタンパク質のリーダー配列が取除かれるまでのよび名．

**フレームシフト変異** frameshift mutation　3 の倍数でない数の塩基の挿入や欠失によって起こる変異．タンパク質に翻訳されるトリプレットの読み枠が変わってしまうことによる．

**プロウイルス** provirus　レトロウイルスのゲノム RNA の配列に対応する二本鎖 DNA の配列が真核生物のゲノムに組込まれたもの．

**プログラムされたフレームシフト** programmed frameshifting　ある特異的な部位より下流にコードされているタンパク質の発現に必要とされ，特定の頻度でその特異的な部位に起こる +1 または −1 のフレームシフト．

**プロセスされた偽遺伝子** processed pseudogene　イントロンを欠く不活性な遺伝子で，活性のある遺伝子がイントロンによって分断された構造をもっているのとは対照的である．このような偽遺伝子は mRNA の逆転写によってつくられ，それが二本鎖になってゲノムに挿入されたものである．

**プロセッシブな反応性** processivity　一つの酵素が触媒反応を 1 回終えるたびに鋳型から解離するのではなく，一つの鋳型上にとどまったまま複数回の触媒反応を行う能力．

**ブロックされている読み枠** blocked reading frame　終止コドンが頻繁に出てくるためにタンパク質に翻訳されない読み枠．

**プロテインスプライシング** protein splicing　タンパク質スプライシングともいう．タンパク質からインテインを取除き，両側のエクステイン同士をペプチド結合で連結する自己触媒反応．

**プロテオーム** proteome　ゲノム全体で発現するすべてのタンパク質のセット．遺伝子によっては複数のタンパク質をコードしているものもあるため，プロテオームの大きさは遺伝子数よりも大きくなる．プロテオームという用語は，ある時点で 1 個の細胞で発現しているタンパク質全体を指して使われる場合もある．

**プロファージ** prophage　細菌の染色体の一部に入りこみ，共有結合で連結されたファージゲノム．

**プロモーター** promoter　RNA ポリメラーゼが転写を開始するために結合する DNA の領域．

**ブロモドメイン** bromo domain　クロマチンと相互作用するさまざまなタンパク質に存在するドメインで，ヒストンのアセチル化部位の認識にかかわる．

**不和合性** incompatibility　あるプラスミドが維持されている細胞に同じ型の別のプラスミドが侵入してきたとき，後者が同じ細胞中に維持されるのを妨げるプラスミドの能力．一般に，後から侵入したプラスミドの複製を妨げることによる．免疫性ということもある．

**不和合性グループ** incompatibility group　同一の細菌内に共存できない一群のプラスミドを，同じ不和合性グループに属するプラスミドという．

**分岐** divergence　関連する二つの DNA 配列の比較では塩基が異なっていること．あるいは二つのタンパク質の比較ではアミノ酸が異なっている場合．それぞれの割合をパーセントで表し，分岐率とする．

**分散した反復配列** interspersed repeat　元来，ゲノム中に広く分布する短い共通配列と定義されていたものだが，現在では転移因子に属するものということがわかっている．

**分枝点移動** branch migration　DNA 鎖が二本鎖 DNA 中の相補する部分と塩基対を形成し，自分と相同な元の DNA 鎖と置き換わりながら塩基対の形成を延長すること．

**分枝部位** branch site　イントロンの末端近くにある短い配列で，この部位でイントロンの 5′ ヌクレオチドとアデノシンの 2′ 位が結合することにより，スプライシングにおけるラリアット（投げ縄）中間体が形成される．

平行移動配置　translational positioning　DNA二重らせんの連続したターンに対するヒストン八量体の位置を表す．どの配列がリンカー領域に位置するかを決定する．

並列構造　lateral element　シナプトネマ複合体にみられる構造で，染色体の縦軸構造が別の染色体の縦軸構造と並列に並んだものである．

ベクター　vector　単離したDNA断片をクローン化して維持するために使われるプラスミドやファージの染色体．

ヘッドピース　headpiece　lacリプレッサーのDNA結合ドメイン．

ヘテロクロマチン　heterochromatin　高度に凝縮しており，転写されず，複製期の最後の方で複製されるゲノムの領域．ヘテロクロマチンは恒常的ヘテロクロマチンと条件的ヘテロクロマチンの2種類に分類される．

ヘテロ二本鎖DNA　heteroduplex DNA　異なる親二本鎖DNA分子に由来するそれぞれ1本のDNA鎖が，相補的な部分で塩基対を形成してできた二本鎖DNA．遺伝的組換えの際に形成される．ハイブリッドDNAともいう．

ペプチジルtRNA　peptidyl-tRNA　タンパク質合成の間に，ペプチド結合の形成に続いて合成中のポリペプチド鎖を受取ったtRNA．

ペプチジルトランスフェラーゼ　peptidyl transferase　リボソームの50Sサブユニットがもつ酵素活性で，成長しつつあるポリペプチド鎖にアミノ酸を付加しペプチド結合をつくる．実際の触媒活性はrRNAがもつ性質である．

ヘミメチル化DNA　hemimethylated DNA　両方の鎖にシトシンをもつ標的配列の一方の鎖だけがメチル化されているDNA．

ヘミメチル化部位　hemimethylated site　DNAのパリンドローム配列のうち片方の鎖だけがメチル化されている部位．

ヘリカーゼ　helicase　ATPの加水分解によるエネルギーを利用して二本鎖DNAを一本鎖にほどく酵素．

ペリセプタル環　periseptal annulus　細胞の周りをぐるりと1周するように形成される帯状の部分で，これによって内膜と外膜がつながっているように見える．ペリセプタル環が隔壁形成の場所を決定する．

ヘリックス−ターン−ヘリックス（HTH）　helix-turn-helix　DNA結合部位を形成するモチーフで，二つの$\alpha$ヘリックスの配置が，一つはDNAの主溝にはまり込み，もう一つはそれに覆いかぶさるように位置している．

ヘリックス−ループ−ヘリックス（HLH）　helix-loop-helix　HLHタンパク質とよばれる転写因子の二量体形成に必要なモチーフ．

ペリプラズム　periplasm　細菌の細胞表層の内膜と外膜の間の領域．

ヘルパーウイルス　helper virus　複製能欠損型ウイルスと混合感染したとき，欠損した機能を補い，欠損型ウイルスが感染サイクルを成就できるように助けるウイルス．

変異　mutation　突然変異．ゲノムDNAの塩基配列に起こった変化のすべて．

変異原　mutagen　DNA配列の変化を直接または間接的に誘発し，変異の出現頻度を増加させる物質．

変性　denaturation　二本鎖のDNAまたはRNAが一本鎖の状態になること．通常，鎖の解離は熱によってひき起こされる．

胞子形成　sporulation　（形態変化によって）細菌，または（減数分裂の産物として）酵母が胞子を形成すること．

紡錘体　spindle　細胞分裂に際して，染色体の移動をつかさどる構造体．紡錘体は微小管でできている．

母系遺伝　maternal inheritance　一方の親（通常は母親）の遺伝マーカーが優先的に子孫に受継がれること．

保存された配列　conserved sequence　ある核酸またはタンパク質についてその配列を比較したとき，同じ塩基またはアミノ酸が特定の位置に常に見いだされる配列．

ホットスポット　hotspot　ゲノム中で変異（や組換え）の頻度が非常に高まり，通常，周辺部位の少なくとも10倍になっている部位．

ホメオドメイン　homeodomain　転写因子にみられる特徴的なDNA結合モチーフの一つ．ホメオドメインをコードするDNA配列をホメオボックスという．

ポリ(A)　poly(A)　mRNAの転写後，その3'末端に付加される約200塩基のポリアデニル酸の鎖．

ポリ(A)$^+$ mRNA　poly(A)$^+$ mRNA　3'末端にポリ(A)が付加したmRNA．

ポリ(A)結合タンパク質（PABP）　poly(A)-binding protein　真核生物のmRNAの3'末端にあるポリ(A)に結合するタンパク質．

ポリ(A)ポリメラーゼ（PAP）　poly(A) polymerase　真核生物のmRNAの3'末端にポリ(A)を付加する酵素．ポリ(A)ポリメラーゼは鋳型を使わない．

ポリシストロニックmRNA　polycistronic mRNA　2個以上の遺伝子に対応するタンパク質をコードしているmRNA．

ポリソーム　polysome　ポリリボソームのこと．同時に複数のリボソームによって翻訳されている1本のmRNA．

ホリデイ構造　Holliday structure　相同組換えの中間体で，2組の二本鎖DNAがそれぞれ二本鎖の1本ずつを交換した状態で交換途中の2本の鎖で連結されている構造．この連結分子はDNA鎖にニックが入って2組の二本鎖DNAに戻るときに分離すると考えられている．

ホロ酵素　holoenzyme　完全な酵素．細菌のRNAポリメラーゼでは，コア酵素（$\alpha_2\beta\beta'$）と$\sigma$因子とを合わせた5個のサブユニットから成る複合体をいう．転写開始に十分な酵素．

翻訳　translation　mRNAを鋳型にしたタンパク質の合成．

翻訳後の膜透過　post-translational translocation　タンパク質合成が完了し，リボソームから放出された後に起こるタンパク質の膜透過．

翻訳と共役した膜透過　co-translational translocation　合成中のタンパク質がまだリボソームで合成されつつあるときに小胞体膜の膜透過装置に結合して起こるタンパク質の膜透過．普通，リボソームが膜の通路に結合している場合に限って使われる．この形式での膜透過は小胞体膜に限って起こると考えてよい．

マイクロRNA（miRNA）　microRNA　非常に短いRNA分子で，遺伝子発現の調節を行っていることもある．

マイクロサテライト　microsatellite　非常に短い（10 bp以下の）反復単位で構成されている大きさが500 bp以下のDNA．

マイナス鎖DNA　minus strand DNA　プラス鎖ウイルスのゲノムRNAに相補的な一本鎖DNAの配列．

−35配列　−35 sequence　細菌の遺伝子の転写開始位置の約35 bp上流にあるコンセンサス配列．RNAポリメラーゼによる転写開始位置の認識に関与する．

−10配列　−10 sequence　細菌の遺伝子の転写開始位置の約10 bp上流にあるコンセンサス配列．転写開始反応の際，DNAの二本鎖の解離に関与する．

巻き過ぎのDNA　overwound DNA　DNAらせん1ターンに含まれる塩基対の数が平均（1ターン当たり10 bp）より多いDNAの部分．この場合，DNAの2本の鎖は互いに普通のDNA鎖よりきつく巻き合って余分なねじれを解消しようとする力が加わっている．

巻き足りないDNA　underwound DNA　DNAらせん1ターンに含まれる塩基対の数が平均（1ターン当たり10 bp）より少ないDNAの部分．この場合，DNAの2本の鎖は互いに普通のDNA鎖より緩く巻き合って，これが進行すると二本鎖の分離へとつながる．

膜透過　translocation　膜を通り抜けるタンパク質の移動．真核生物ではタンパク質が細胞小器官の膜を通り抜けることであり，細菌ではタンパク質が細胞膜を通り抜けることである．タンパク質が透過する膜には，それぞれ膜透過のための特異的な通路がある．

末端タンパク質　terminal protein　線状ファージのゲノムの複製は末端タンパク質によって末端から開始される．末端タンパク質はゲノムの5'末端に共有結合で結合しており，DNAポリメラーゼと結合する．末端タンパク質にはシトシン残基が含まれ，これがゲノム合

成のプライマーとなる．

**末端の逆方向反復配列** inverted terminal repeat ある種のトランスポゾンの両端にある，よく似た，またはまったく同じ短い逆向きの配列．

**マトリックス結合領域（MAR）** matrix attachment region 核マトリックスに結合するDNAの領域．SAR（スカフォルド結合領域）ともよばれる．

**マルチフォーク染色体** multiforked chromosome 1回の複製周期が完了する前に次の複製周期が開始されると生じる，複製フォークが複数個ある染色体．

**ミクロコッカスヌクレアーゼ** micrococcal nuclease DNAを切断するエンドヌクレアーゼ．染色体を基質とした場合，DNAはヌクレオソームとヌクレオソームとの間のDNAで優先的に切断される．

**ミスセンスサプレッサー** missense suppressor ミスセンス変異を抑圧する変異で，tRNAが通常とは異なるコドンを認識するように変異したもの．このtRNAが変異を起こしたコドンに別のアミノ酸を挿入することにより，もともとの変異の影響が抑圧される．

**ミスマッチ** mismatch 塩基対を形成する塩基同士が通常のG・CあるいはA・Tの塩基対となっていないDNAの部位．ミスマッチは複製の間に間違った塩基が取込まれたり，塩基に変異が生じることによって起こる．

**ミスマッチ修復** mismatch repair 正しい塩基対をつくっていない塩基を修正するDNAの修復機構．この機構では，メチル化の状態から親鎖と新生鎖が識別され，新生鎖の配列が優先的に修復される．

**密度勾配** density gradient 巨大分子を密度の差を利用して分離するときに用いられる．密度勾配はCsClのような重い可溶性物質を用いてつくられる．

**ミトコンドリアDNA（mtDNA）** mitochondrial DNA ミトコンドリアにある，核のゲノムとは独立したDNAで，普通は環状である．

**ミニサテライト** minisatellite 10個ほどの短い反復配列でできている大きさが500 bp以上のDNA．反復単位の長さは数十塩基対である．反復の回数は個々のゲノムごとに異なる．

**ミニセル** minicell 大腸菌の無核細胞で，核様体をもたない細胞質を生じるような細胞分裂異常によってできる．

**ミニ染色体** minichromosome SV40やポリオーマウイルスの環状DNAは細胞核内でヌクレオソームが連なった状態に折りたたまれており，ミニ染色体とよばれる．

**無核細胞** anucleate cell 核様体をもたないが野生株と同様の形状をもつ細菌の細胞．

**無動原体染色体断片** acentric fragment 染色体の断裂により生じたセントロメア（動原体）をもたない染色体断片で，細胞分裂の際に失われる．

**メチルトランスフェラーゼ（メチル基転移酵素）** methyltransferase 基質にメチル基を付加する酵素．基質となるものに低分子化合物，タンパク質，核酸などがある．メチラーゼともいう．

**メディエーター** mediator 酵母その他の真核生物のRNAポリメラーゼIIに結合している，大きなタンパク質複合体．大多数のプロモーターからの転写に必要とされる因子を含んでいる．

**免疫応答** immune response 免疫系によってひき起こされる抗原に対する生体の反応．

**免疫グロブリン（Ig）** immunoglobulin 抗体．B細胞が抗原に反応してつくるタンパク質．

**免疫性** immunity プロファージが示す，同種の別のファージが宿主細胞に感染するのを妨げる性質．プロファージのゲノムによってファージリプレッサーが合成されることによる．

**免疫性領域** immunity region ファージゲノムの一部分で，プロファージになったときに同種の別のファージが宿主細胞に感染するのを妨げる役割をもつ領域．この領域にはファージリプレッサーがコードされており，またそのリプレッサーの結合部位も含まれている．

**モノシストロニックmRNA** monocistronic mRNA タンパク質1個のみをコードしているmRNA．

**U3** レトロウイルスのゲノムRNAの3′末端にある配列．

**U5** レトロウイルスのゲノムRNAの5′末端にある配列．

**誘導** induction 基質が存在するときのみ，その基質に対する酵素を合成する細菌（または酵母）の能力．遺伝子発現の観点から述べるなら，インデューサーが調節タンパク質と相互作用して転写を開始させること．

**誘発** induction プロファージの溶原化のリプレッサーが分解され，ファージDNAが細菌染色体から切出されて遊離する結果，プロファージが溶菌サイクルに入ること．

**誘発変異** induced mutation 変異原の作用によって生じた変異．変異原は直接DNAの塩基に作用するものと，間接的にDNA配列に変化をひき起こすような反応経路を誘発するものとがある．

**遊離因子（RF）** release factor 完成したポリペプチド鎖とリボソームをmRNAから遊離させる，タンパク質合成の終止に必要な因子．個々の因子は番号で区別される．真核生物のものはeRFとよばれる．**RF-1**はタンパク質合成を終止させるシグナルとしてコドンUAAとUAGを認識する．**RF-2**はタンパク質合成を終止させるシグナルとしてコドンUAAとUGAを認識する．**RF-3**はタンパク質合成の伸長因子EF-Gに似ていて，タンパク質合成を終止させるために働いたRF-1またはRF-2をリボソームから遊離させる．

**ゆらぎ仮説** wobble hypothesis tRNAが複数のコドンを認識できることを説明するもので，これはtRNAがコドンの3番目の塩基と普通にはつくらない（G・CやA・Tではない）塩基対を形成することによる．

**緩い結合部位** loose binding site 転写を行っていないRNAポリメラーゼのコア酵素が結合する任意のDNA配列．

**溶菌** lysis ファージの溶菌サイクルの終わりに，（ファージの酵素が細菌の細胞膜や細胞壁を破壊するため）細菌が破れて子ファージが放出されるという様式の細菌の死．

**溶菌感染** lytic infection 子ファージの放出に伴ってその細菌が破壊されるような，ファージの細菌への感染様式で，その一連の過程を溶菌サイクルとよぶ．

**溶原化** lysogeny ファージが安定なプロファージとして細菌ゲノムの構成要素となり，細菌の中で維持されること．

**葉緑体DNA（ctDNA）** chloroplast DNA 植物の葉緑体にある，核のゲノムとは独立したDNAで，普通は環状である．

**抑圧** suppression DNAに起きた最初の変化（変異）を元に戻すのではなく，その変異の影響を減少させるような新たな変化が起こること．

**抑制** repression 特定の酵素の産物が存在するときに，その酵素の合成を停止する細菌の能力．より一般的に言えば，リプレッサータンパク質がDNA（またはmRNA）の特異的な部位に結合することにより，転写（または翻訳）が阻害されること．

**抑制が解除されている** derepressed コリプレッサーとよばれる低分子物質が存在しないために発現している遺伝子の状態．誘導によって調節される遺伝子において，低分子のインデューサーによって誘導されている状態と同じ効果をもつ．変異の影響について述べるとき，"抑制が解除されている"と"恒常的な"とは同じ意味である．

**読み過ごし** readthrough 転写または翻訳に際して，RNAポリメラーゼやリボソームが鋳型の変異や補助因子の働きによって終止シグナルを無視して読み進むこと．

**読み枠** reading frame 3通りある塩基配列の読み方のうちの一つ．それぞれの読み枠は塩基配列を連続したトリプレットに分けたものである．どのような配列にも開始点の異なる3通りの読み枠がある．もし，第一の読み枠が塩基1の位置から始まるとすれば，第二の読み枠は2，第三の読み枠は3の位置から始まる．

**ライセンス因子** licensing factor 核内にあり，複製に必要とされ，1

回の複製を終えると不活性化されるか破壊されるような（仮想的）物質．さらなる複製が起こるためには新たなライセンス因子が供給される必要がある．

**ラギング鎖** lagging strand 二本鎖DNAの複製において，DNAが全体として3'→5'方向に合成される方の鎖．ラギング鎖では，DNAは（5'→3'方向に）短い断片として不連続に合成され，後で断片同士が共有結合で連結されるという合成様式をとっている．

**ラリアット** lariat RNAスプライシングにおける中間体で，5'-2'結合により形成されたテールのある円形の（投げ縄状の）構造である．

**ランプブラシ染色体** lampbrush chromosome 特定の両生類の卵母細胞にみられる，減数分裂期の極端に伸びた二価染色体．

**リーキー変異** leaky mutation 元の機能がいくらか残っているような変異．変異タンパク質に機能が残っている場合（ミスセンス変異の場合）や，野生型タンパク質が少量つくられる場合（ナンセンス変異の場合）がある．

**リコーディング** recoding 単一あるいは一連のコドンの意味が，もともとの遺伝暗号とは違ってしまう現象．リボソーム（が動いていく速度）に影響されて，mRNAとアミノアシルtRNA間の相互作用が変わってしまうことによる．

**利己的DNA** selfish DNA その生物の遺伝子型に寄与せず，その生物のゲノム中で自己を保存するだけがその機能であるようなDNA配列．

**リゾルベース** resolvase 1個の共挿入体の中で同方向反復配列として存在する2個のトランスポゾンの間での部位特異的組換え反応に関与する酵素．

**リーダー** leader mRNAにおいて，開始コドンより前にある，5'末端の非翻訳配列（5'UTR）．

**リーダー** leader タンパク質に膜への挿入や膜の通過を開始させるための短いN末端配列．

**リーダーペプチド** leader peptide トリプトファンオペロンなどのオペロンのリーダー部位（先導領域）にコードされている短い配列の翻訳によって生じる産物．リボソームの進行を制御することにより，そのオペロンの転写調節を行う機構に使われている．

**リーディング鎖** leading strand 二本鎖DNAの複製において，DNAが5'→3'方向に連続的に合成される方の鎖．

**リプレッサー** repressor 遺伝子発現を抑制するタンパク質．DNAのオペレーター部位に結合して転写を阻害したり，mRNAに結合して翻訳を阻害したりするもの．

**リボザイム** ribozyme 触媒活性をもつRNA．

**リボスイッチ** riboswitch 低分子リガンドに応答して，触媒作用が活性化あるいは阻害されるRNA．

**リボソーム** ribosome リボソームはRNAとタンパク質でできた大きな複合体で，鋳型となるmRNAのもつ情報に従ってタンパク質の合成を行う．細菌のリボソームの沈降係数は70S，真核生物のリボソームの沈降係数は80Sである．1個のリボソームは解離すると2個のサブユニットに分かれる．

**リボソーム結合部位** ribosome-binding site 細菌のmRNAにある開始コドンを含む配列で，タンパク質合成の初期段階にリボソームの30Sサブユニットが結合する．

**リボソームの停止** ribosome stalling 翻訳中のリボソームが対応するアミノアシルtRNAが周りにないコドンに達したときに，リボソームの移動が停止してしまうこと．

**リボヌクレアーゼ（RNase）** ribonuclease RNAを切断する酵素．一本鎖RNAに特異的なもの，二本鎖RNAに特異的なものがあり，またエンドヌクレアーゼもエキソヌクレアーゼもある．

**量的補償** dosage compensation 一方の性にはX染色体が2本あるのに対し，他方の性には1本しかない場合に生じる遺伝子発現の量的不一致を補償する機構．

**リラクセーズ（弛緩酵素）** relaxase 二本鎖DNAの1本の鎖にニック（切れ目）を入れると同時に生じた5'末端に結合するという活性をもつ酵素．

**リラックス変異株** relaxed mutant アミノ酸（およびその他の栄養源）の欠乏に際してストリンジェント応答を示さない大腸菌の変異株．

**リンカーDNA** linker DNA ヌクレオソームにおいて，146 bpのコアDNAを除いた残りのDNAのこと．この領域は8〜114 bpの長さで，ミクロコッカスヌクレアーゼで切断するとコアDNAが残ることになる．

**リンキング数パラドックス** linking number paradox ヌクレオソームに巻き付いているDNAには−1.65の超らせんが存在するが，ヒストンを取除いたときに解消される超らせんは−1であるという，超らせんの数のくい違いを表した用語．

**ループ** loop RNA（または一本鎖DNA）のヘアピンループ構造の末端にある一本鎖領域．

**rec⁻変異** rec⁻ mutation 通常の組換えを行えなくなった大腸菌の変異．

**レトロウイルス** retrovirus RNAのゲノムをもつウイルスで，逆転写によりRNAの配列をDNAに変換することができる．

**レトロポゾン** retroposon レトロトランスポゾン．RNAを介して転移するトランスポゾンで，まずDNAの配列がRNAに転写され，その後逆転写されてできたDNAがゲノムの新たな部位に挿入されるという転移の様式をとる．レトロウイルスとの違いは，レトロポゾンには感染型（ウイルス型）が存在しないことである．

**レプリコン** replicon 複製を基準にしたゲノムDNAのユニット．個々のレプリコンには1個の複製開始点がある．

**レプリソーム** replisome これからDNAを複製しようとしている細菌の複製フォークにつくられる，複数のタンパク質から成る構造．DNAポリメラーゼなどの酵素を含む．

**レポーター遺伝子** reporter gene その産物が簡単に測定できる（たとえばクロラムフェニコールトランスアセチラーゼやβ-ガラクトシダーゼのような）遺伝子．調べたいどんなプロモーターにも接続できるので，この遺伝子の発現はプロモーター機能の測定に使われる．

**連結分子** joint molecule それぞれ1本ずつの鎖を相互に交換することによって連結している，1対（2組）の二本鎖DNA．

**連鎖** linkage 同じ染色体上にある遺伝子同士について，その位置関係によって一緒に受継がれていく傾向の度合いを示す用語．遺伝子座間の組換え率により計測される．

**ロイシンジッパー** leucine zipper 一群の転写因子にみられる二量体を形成するモチーフ．通常そのN末端側に隣接して塩基性のDNA結合領域が存在する．

**ρ因子** rho factor 細菌のRNAポリメラーゼが特定のターミネーター（ρ因子依存性ターミネーター）で転写を終結するのを助けるタンパク質．

**ρ因子依存性ターミネーター** rho-dependent terminator ρ因子の働きによって，細菌のRNAポリメラーゼによる転写を終結させる配列．

**ローリングサークル** rolling circle 複製フォークが環状の鋳型DNAに沿ってぐるぐると繰返し回りながら複製を行う複製様式．1回転ごとに新たに合成されるDNA鎖が前の回に合成されたDNA鎖を鋳型から解離させるため，環状の鋳型DNA鎖に相補的な配列が連なった線状DNAのテールができる．

# 和文索引*

## あ

IS 因子（挿入配列；insertion sequence） **326**,330
　　——のアーム　328
　　——のコード領域　328
IHF タンパク質　276
Int インテグラーゼ　307
IFNγ遺伝子
　　——のエンハンサー　388
アイソアクセプター tRNA　150
iDNA　291
Id タンパク質　407
アイドリング反応（空回り反応）　130
アクセプターアーム（受容アーム；acceptor arm）　100
アクチベーター（活性化因子；activator）　210,377,**386**,**394**
　　——による転写の活性化　396
　　——のドメイン　395
　　——のモジュール構造　395
アクチンフィラメント　113
アクリジン（acridine）　**26**
亜硝酸
　　——によるシトシンの酸化的脱アミノ　15
Asp-tRNA シンテターゼ　151
アセチル化
　　——したリシン　491
　　ヒストンテールの——　487
　　ヒストンの——　482,486,496
アセトシリンゴン　265
アタッチメント部位（att 部位；att site）　307
アダプター
　　——としての tRNA　100
UP エレメント　183
アップ変異（up mutation）　183
アテニュエーション（転写減衰；attenuation）　215
アテニュエーター（attenuator）　215
アデニル酸シクラーゼ（adenylate cyclase）　210
アデニル酸シンテターゼ　424
アデニン（A）　5
　　——のメチル化　251
アデノウイルス　259
　　——の E1A 領域　421
　　——の mRNA 前駆体　416
アデノシン　145
アデノシンデアミナーゼ　439
アニーリング（annealing）　12
アフリカツメガエル（X.laevis）
　　——のグロビン遺伝子　80
　　——の卵の DNA 複製　254
　　——の卵母細胞の rDNA の増幅　260
アポリポタンパク質 B（アポ B）遺伝子　439
αアマニチン（α-amanitin）　**377**
アミノアシルアデニル酸　149
アミノアシル tRNA（aminoacyl-tRNA）　98,**100**
アミノアシル tRNA・EF-Tu・GTP 三元複合体　127
アミノアシル-tRNA シンテターゼ（aminoacyl-tRNA synthetase）　**100**,149
　　——による tRNA の認識　150

アミノ酸
　　——が使われる頻度　143
　　——の不足　130
　　tRNA に付加された——の特異性　101
アミロイド繊維　504
アーム（arm）[tRNA]　**100**
アーム（arm）[λファージ]　**307**
アーム[IS 因子]　328
誤りがちな修復系　314
誤りがちな DNA 合成（error-prone synthesis of DNA）　**318**
アラニン tRNA　150
アラーモン（alarmone）　130
rRNA（リボソーム RNA；ribosomal RNA）　85,**98**
　　——の一次構造の特徴　117
　　——の修飾　426
　　——の二次構造　134
　　——のプロセシング　426
rRNA 遺伝子　85
res 部位　335
REF ファミリー　419
Rec →レック
RegA タンパク質
　　T4 ファージの——　211
RSC 複合体　484
RAD →ラド
RNase →リボヌクレアーゼ
RNA（リボ核酸；ribonucleic acid）　2
　　——の移行　30
　　——の高次構造　412
　　——の合成部位　455
　　——の触媒活性　429
　　——の触媒中心　433
　　——の世界　98
　　——の切断　425
　　——のヘアピン構造　215
　　合成中の——（nascent RNA）　104
　　触媒作用をもった——　137
　　セロトニンレセプターの——　439
RNA-RNA 相互作用　225
RNA 依存性 RNA ポリメラーゼ　9,225
RNA 干渉（RNAi；RNA interference）　224
RNA 結合タンパク質　222
RNA コード遺伝子　66
RNA サイレンシング（RNA silencing）　**224**
RNA スプライシング（RNA splicing，スプライシングも見よ）　32,111,**410**
RNA・DNA ハイブリッド　33,174
　　——の不安定化　189
RNA ファージ　262
　　——の二次構造　215
RNA プライマー　290
RNA プロセシング
　　C 末端ドメインが関与する——　385
RNA 編集（RNA editing）　**429**,**438**
RNA ポリメラーゼ（RNA polymerase）　**8**,**172**
　　——の一時停止　189
　　——の結晶構造　175
　　——の細胞内分布　179
　　——のサブユニット　178,378
　　——の進行　474
　　——のホロ酵素複合体　397
　　細菌の——　173
　　大腸菌の——　178
　　複製フォークと——　251
　　ミトコンドリアの——　378

葉緑体の——　378
RNA ポリメラーゼ I
　　——のプロモーター　376,379
RNA ポリメラーゼ II
　　——による転写開始　377
　　——の転写開始複合体の構築　384
　　——の転写産物　352
　　——のプロモーター　376
　　——のプロモーターの領域　386
RNA ポリメラーゼ III
　　——の転写産物　352
　　——のプロモーター　376
RNA リガーゼ（RNA ligase）　**423**,**441**
R17 ファージ　211
　　——のコートタンパク質　211
Alu 相当ファミリー
　　チャイニーズハムスターの——　354
r タンパク質（リボソームタンパク質）　116,211
　　——S1　137
　　——S18, S21　137,145
　　——L7, L12　136
　　——L11　130,136
　　——の自己調節　212
rII 領域
　　T4 ファージの——の変異　27
rDNA（リボソーム DNA；ribosomal DNA）　85,87
　　アフリカツメガエルの卵母細胞の——の増幅　260
Alu ドメイン（Alu domain）　**163**
α 因子　309
α 紅色細菌　60
α 細胞　309
α サテライト DNA　456
α サブユニット　286
α1 タンパク質　310
α2 タンパク質　310,405
αβ 型 T 細胞レセプター（TCRαβ）　373
α ヘリックス　399
Alu ファミリー（Alu family）　**353**
　　ヒトの——　353
R1 プラスミド　276
rut 部位　190
Ruv 複合体　304
R 領域（R segment）　346
アロステリック調節（allosteric regulation）　**200**
　　リプレッサータンパク質の——　221
アンチコドン（anticodon）　**100**
　　——に起こる修飾　146
　　コドンと——の塩基対形成　144
アンチコドンアーム（anticodon arm）　**100**,**423**
アンチコドンループ　147
アンチセンス RNA　219,241
アンチセンス遺伝子（antisense gene）　**219**
アンチセンス鎖→鋳型鎖
アンチ TRAP　216
アンチパラレル（逆平行；antiparallel）　5
アンドロゲン　401
アンドロゲンレセプター（AR）　403
アンバー　133
アンバーサプレッサー　153
アンピシリン耐性（$amp^R$）　334

## い

Exu タンパク質　113
env 遺伝子　344
Env ポリタンパク質　345
EF（伸長因子）　127
EF-G　129
EF-Tu　127
EF-Tu・GTP 二元複合体　127
鋳型
　　——の認識　175
鋳型鎖（template strand，アンチセンス鎖）　8,99,172
　　——の乗換え　347
E サイト　118
EGF（上皮細胞増殖因子）　41
EGF 前駆体遺伝子　41
維持型メチラーゼ（maintenance methylase）　**501**
イソプロピルチオガラクトシド（IPTG）　201
$N^6$-イソペンテニルアデノシン　145
Ile-tRNA シンテターゼ　152
　　——の加水分解部位　152
　　——の合成部位　152
1 遺伝子 1 酵素仮説　21
1 遺伝子 1 ポリペプチド鎖仮説　21
一塩基多型（SNP；single nucleotide polymorphism）　**48**
1 塩基変化　314
I 型トポイソメラーゼ　305
位置決定因子　379
　　——の結合　382
位置効果による斑入り（position effect variegation）　**496**
一次転写産物（primary transcript）　32,172
一倍体
　　——の配偶子　309
一過性のトランスフェクタント（transient transfectant）　**512**
一本鎖 DNA ファージ　262
一本鎖 RNA　344
一本鎖 RNA ウイルス　9
　　——のキャプシドの構築　447
一本鎖交換（single-strand exchange）　**320**
一本鎖 DNA
　　——間の相補性　295
一本鎖 DNA 結合タンパク質（SSB；single-strand binding protein）　**284**
一本鎖の交換　297
一本鎖の取込み（single-strand uptake，single-strand assimilation）　**302**
遺伝
　　エピジェネティックな——　495,504
　　性特異的——　503
遺伝暗号（遺伝コード；genetic code）　**26**
　　——の解読　142
　　——の普遍性　100
　　——の変更　147
　　ミトコンドリアの——の変化　148
遺伝暗号表　143
遺伝子（gene）　**2**,**21**
　　——の数　62
　　——の活性化　482
　　——の最少数　62

---

\* 太字の数字は各節の最初にまとめた重要語句のページを示す．

遺伝子(つづき)
　——の再編成　337
　——の重複　36,42,78
　——の定義　2
　——の発現　29,173
　——のファミリーの数　66
　——の分岐　42
　——のモザイク構造　40
　重なり合った——　39
　酵母の——　37
　ショウジョウバエの——　38
　シロイヌナズナの——　61
　真菌類の——　38
　刷込みが起こる——　503
　重複した——　88
　発現している——の数　74
　一つしかない——　69
　ヒトの——の構成　65
　病気の——　54
　分断された——　32,59,410
　平均的なヒトの——　66
　哺乳類の——　38
　メチル化による——の不活性化
　　　　　　　　　　　501
　有用な——　72
遺伝子 RNA　11
遺伝子クラスター(gene cluster)　77
遺伝子座(locus)　20
　κ鎖の——　363
　ショウジョウバエの白眼の——　23
　メンデルの法則に従う——　514
　λ鎖の——　363
遺伝子座制御領域(LCR；locus control
　　　　　　　　　region)　478
遺伝子銃　508
遺伝子数
　ゲノムサイズと——　51
　ゲノムの——　46
遺伝子セグメント　359
遺伝子操作　508
遺伝子導入
　動物への——　514
遺伝子導入法　508
遺伝子発現　29,173
　——に関するモデル　196
　——の可視化　512
　——の過程　2
　真核生物の——の制御　393
　DNAの脱メチルと——　390
遺伝子ファミリー(gene family)
　　　　　　　　　42,69,77,358
遺伝子変換　372
遺伝情報
　生殖系列の——の多様性　364
遺伝性非腺腫性大腸がん(hereditary
　nonpolyposis colorectal cancer；
　　　　　　　　　HNPCC)　324
遺伝地図(genetic map)　47
　——の作成　20
　ショウジョウバエの——　47
　Tn3の——　335
　λファージの——　232
遺伝的交換反応　298
遺伝的多型(genetic polymorphism)→
　　　　　　　　　　　多型
遺伝病　516
遺伝マーカー　49
イニシエーター(Inr；initiator)　381
イネ(Oryza sative)
　——のゲノムサイズ　65
イノシン(I)　145
E 複合体(E complex)　416
　——の形成　417
εサブユニット　286
E1A 領域
　アデノウイルスの——　421
in situ ハイブリダイゼーション(in
　　　situ hybridization)　90,454
インスリン遺伝子　43

インスリン様増殖因子 II (IGF-II)
　　　　　　　　　　　503
インスレーター(insulator)　390,477,
　　　　　　　　　　　480
　——の機能　503
インターバンド(interband)　454
インタソーム(intasome)　307
インテイン(intein)　442
インテグラーゼ(integrase)　308,343,
　　　　　　　　　　　348
インテグラーゼファミリー　306
インデューサー(誘導物質；inducer)
　　　　　　　　　　　199
インデューサー結合部位
　　　(inducer-binding site)　202
イントロン(intron)　32
　——の位置　36
　——のオープンリーディング
　　　　　　　フレーム　433
　——の環状化　431
　——の決定(intron definition)　416
　——のコア　431
　——の除去　410
　——の長さ　38
　——のホーミング(intron homing)
　　　　　　　　　　　433
　自己スプライシングする——　436
　転移する——　433
　マチュラーゼをコードする——
　　　　　　　　　　　436
インフルエンザ菌(H.influenzae)　63

## う

ウイルス　11
　——様の粒子(VLP)　350
　——より小さな病原体(subviral
　　　　　　　　pathogen)　17
　複製途中の——　225
ウイルススーパーファミリー(viral
　　　　　superfamily)　351
ウイルス DNA　248
ウイルスベクター　508
ウイルス粒子(ビリオン；virion)　17
　感染性のある——　343
ウイルソイド(virusoid)　17,437
ウイロイド(viroid)　11,17,437
ウサギ
　——の偽遺伝子　43
ウシ
　——の成長ホルモンのシグナル配列
　　　　　　　　　　　162
ウシ海綿状脳症(BSE)　505
ウラシル(U)　5
ウラシル-DNA グリコシラーゼ
　　　　　　　(UNG)　317,370
ウリジン　145
　——の挿入または欠失　440
ウリジン-5-オキシ酢酸　146

## え

ARS(autonomous replication
　sequence；自律複製配列)　252
ARS コンセンサス配列　253
a/α 細胞　309
a 因子　309
Alu →アル
エキストラアーム　101
エキソソーム(exosome)　109
エキソヌクレアーゼ(exonuclease)
　　　　　　　　　10,108,314
エキソヌクレアーゼ I　320
エキソヌクレアーゼ VII　320

5′-3′エキソヌクレアーゼ　316
3′-5′エキソヌクレアーゼ活性　282,
　　　　　　　　　　　286
5′-3′エキソヌクレアーゼ活性　290
エキソヌクレアーゼ変異株　109
エキソン(exon)　32
　——の決定(exon definiton)　416
　——の構成　38
　——の連結　56
エキソン-イントロン連結部　35,411
エキソントラップ　512
エキソン連結複合体(EJC)　419
エクジステロイド　401
エクステイン(extein)　442
Aサイト(A site)　117
a 細胞　309
Ac 因子　338
Ac/Ds ファミリー　338
AC 反復配列　324
SIR 複合体　492
SR タンパク質(SR protein)　416
SRP(シグナル認識粒子)　161
SRP レセプター　162
Sec →セック
SEDS ファミリー　270
SET ドメイン(SET domain)　489,491
SAGA 複合体　488,490
snRNA(核内低分子 RNA)　414
snRNA 遺伝子
　——のプロモーター　380
snRNP(スナーブス，snurps)　414
　——を構成するタンパク質　415
snoRNA(small nucleolar RNA)　426
　——の H/ACA グループ　427
　——の C/D グループ　427
SMRT コリプレッサー　489
Sm snRNP グループ　423
Sm 結合部位　416
SMC タンパク質　275
Sm タンパク質　222,415
SL RNA(spliced leader RNA)　422
SOS 応答　303
S 期(S phase)　252
SCID 変異　367
scRNP(スキルプス，scyrps)　414
SWI/SNF　484
SWI/SNF 複合体　484,490
S 値　102
STE 遺伝子　310
エステル転移反応(transesterification)
　　　　　　　　　　　413,430
　連続した——　420
S ドメイン(S domain)　163
エストロゲン　401
エストロゲンレセプター(ER)　403
SPO1 ファージ　186,230
SV40(simian virus 40)　467
　——のエンハンサー　388
　——の T 抗原　421
　——のミニ染色体のヌクレアーゼ
　　　　　　　感受性部位　475
SV40 DNA
　——の超らせんの総数　467
SUV39H1 メチルトランスフェラーゼ
　　　　　　　　　　　489
S 領域(S region)　368
A タンパク質　260
a1 タンパク質　310
エチジウムブロミド
　DNA と——との反応　449
xis 遺伝子　308
XerD リコンビナーゼ　307
Xer 部位特異的組換え機構　273
X 線回折　6,68,487
　——の不活性化　499
　ヒトの——のバンドの模式図　452
X 染色体不活性化中心(XIC)　500
X 重複配列　68
X 転移配列　68

H2A・H2B 二量体　468
H/ACA グループ
　snoRNA の——　427
H3$_2$・H4$_2$ 四量体　468
hnRNP(ヘテロ核内リボ核タンパク質
　　　　　　　　　粒子)　410
Hfr 株(Hfr strain)　262
HO 遺伝子　310
HO 遺伝子座
　——の活性化　485
HO エンドヌクレアーゼ　310
Hop2 遺伝子　300
Hop2 変異　300
H 鎖(重鎖；heavy chain)　358
　——における多様性　364
　——の定常領域　368
H 鎖遺伝子　362
Hb H 病　84
Hb Lepore 型サラセミア　84
hpg⁻マウス　515
HU タンパク質　292
A・T 塩基対　13
att 部位(アタッチメント部位；
　　　　　　　　att site)　307
AT に富む配列　183
ATP アーゼサブユニット
　リモデリング複合体の——　484
ATP 依存性ヘリカーゼ活性　384
ATP 依存性ヘリカーゼファミリー
　　　　　　　　　111,190
N 遺伝子　232
N タンパク質(pN)　192,232
N ヌクレオチド(N nucleotide)　366
n-1 の法則(n-1 rule)　499
N 末端テール
　ヒストンの——　469,486
N 末端ドメイン
　リプレッサーの——　236
nut 部位　192,232
ABO 血液型　24
エピジェネティック(epigenetic；
　　　　　　　　後成的)　495
　——な遺伝　495,504
エピソーム(episome)　257
F 因子(F プラスミド；F plasmid)
　　　　　　　　　　　261
　——の伝達　263
　——の複製開始点　262
Ffh
　——の M ドメイン　165
FLP リコンビナーゼ　307
A 複合体(A complex)　416,418
F 線毛　262
ftsZ 遺伝子　271
FtsZ タンパク質　278
FB 因子ファミリー　351
F プラスミド　276
minB 遺伝子　272
mRNA(メッセンジャー RNA；
　　　　messenger RNA)　29,98
　——内部のリボソーム結合部位
　　　　　　　　　(IRES)　126
　——の安定性　105,108
　——の局在化　113
　——の合成　104
　——の構造　156
　——の転写　376
　——の半減期　105
　——の分解　105
　——の分解の機構　110
　——の輸送　112
　細菌の——　105
　細菌の——の分解　108
　細菌の——の翻訳　123
　真核生物の——の寿命　106
　真核生物の——の翻訳　125
　トリパノソーマの——のリーダー
　　　　　　　　　配列　422

ナンセンス変異による——の分解
　　　（nonsensemediated mRNA decay）
　　　　　　110
発現量の多い（abundant）—— 73
発現量の少ない（scarce）—— 73
ポリシストロニック
　　　（polycistronic）—— 104
モノシストロニック
　　　（monocistronic）—— 104
mRNA 前駆体
　アデノウイルスの—— 416
mRNA・DNA ハイブリッド 33
MSH ミスマッチ修復系 370
MHC（主要組織適合遺伝子-複合体）
　　　　　　358
MAT →マット
Mad・Max ヘテロ二量体 489
MF1 エキソヌクレアーゼ 291
MMTV プロモーター 486
M サイトタイプ 340
MT（メタロチオネイン） 398,515
MT 遺伝子
　——のプロモーターの構成 398
MT プロモーター 515
M ドメイン
　Ffh の—— 165
MukB タンパク質 275
MutH エンドヌクレアーゼ 320
Mu トランスポザーゼ 332
Mu ファージ 331
　——の転移 332
　——の溶菌サイクル 332
AU に富む配列（ARE） 110
L1 因子
　哺乳類の—— 353
rRNA 前駆体 426
lac →ラック
lox 部位 519
L 鎖（軽鎖；light chain） 358
LDL（低密度血清リポタンパク質） 41
LDL レセプター遺伝子 41
エレクトロポレーション 513
塩化セシウム
　——の密度勾配 90,92
塩基 4
塩基除去修復 314
塩基性 HLH タンパク質（bHLH タン
　　　パク質；bHLH protein） 406
塩基性タンパク質
　核酸と——の結合 446
塩基置換 15,282
塩基対
　不安定な—— 101
塩基対形成（対合；base pairing） 5,12
　コドンとアンチコドンの—— 144
塩基配列
　——の決定 47,62
　——の方向 5,6
　滑りやすい—— 155
　lac オペレーターの—— 205
　リーダー領域の—— 217
engrailed 遺伝子産物
　——のホメオドメイン 405
Angelman 症候群 503
エンドヌクレアーゼ（endonuclease）
　　　10,108,314,316,425,441
　——をコードするグループIイン
　　　トロン 435
　酵母の—— 425
　古細菌の—— 426
エンドヌクレアーゼ活性
　——をもったリボザイム 438
エンハンサー（enhancer） 348,368,
　　　　　377,387
　——とプロモーターの差異 388
　——の機能 389
　——の阻止 477
　IFNγ 遺伝子の—— 388
　SV40 の—— 388

酵母の—— 388
免疫グロブリン遺伝子の—— 388
エンハンソソーム（enhanceosome）
　　　　388
env 遺伝子 344
Env ポリタンパク質 345

## お

ORC 複合体 254
ORC・複製開始点複合体 254
応答配列（response element） 394,397
onc 遺伝子 349
大きなサブユニット 102
オーカー 133
岡崎フラグメント（Okazaki fragment）
　　　　283
　——の合成 289
oxyS
　——の発現調節 222
8-オキソ-G 319
オクタマー 381
O$^c$ 変異 202
OTF 因子 486
オパイン（オピン；opine） 263
オパール 133
オープンリーディングフレーム
　　　（ORF；open reading frame） 28,34,46
　イントロンの—— 433
O ヘリックス 283
オペレーター（operator） 196
　—— O1 206
　—— O2 206
　—— O3 206
　—— O$_R$ 233
　—— O$_L$ 233
　—— O$_{lac}$ 199
　——とプロモーターとの位置関係
　　　　209
オペロン（operon） 197
　——の誘導 209
　——の抑制 209
オペロン説 220
オボアルブミン遺伝子 476
オボムコイド mRNA 前駆体 412
ω$^+$，ω$^-$ 434
親子関係 51
親鎖（parental strand） 8
（2'-5'）オリゴアデニル酸合成酵素
　　　（2-5A 合成酵素） 225
オリゴマー形成ドメイン 204
オリゴマー形成ヘリックス 204
oriC
　——の複製開始 292
oriC 型レプリコン 293
oriC 型レプリコン 285
オルソログ（ortholog） 69
onc 遺伝子 349
温度感受性変異株 280
温度変化 186

## か

介在配列→イントロン
開始（initiation） 117,174
開始因子（initiation factor） 120
　真核細胞の—— 126
開始コドン（initiation codon） 28,105,
　　　　122
　—— AUG 28,122
開始 tRNA 122
開始複合体（initiation complex） 120
回転移動配置（rotational positioning）
　　　　472

ガイド RNA（guide RNA） 439
χ 配列（chi；χ） 302
開閉調節 166
解離（resolution） 332
　DNA の—— 12
解離点 174
解離ドメイン 184
カウロバクター 277
化学的校正（chemical proofreading）
　　　　151
核
　——におけるスプライシング 412
核移行シグナル 161
核因子 I（NFI） 259
核外遺伝子（extranuclear gene） 57
核酸（nucleic acid） 2
　——と塩基性タンパク質の結合
　　　　446
　——の合成 8
　——の長さ 446
　——の分解 10
核酸・タンパク質複合体 348,447
核小体（nucleolus） 85,426
核小体形成体（nucleolar organizer）
　　　　85
核タンパク質 161
確定複合体 416
核内低分子 RNA（snRNA；small
　　　nuclear RNA） 414
隔壁（septum） 270
　——の形成 270
核膜孔 161
核マトリックス 451
核様体（nucleoid） 269,446,449
　大腸菌の—— 449
核ラミンタンパク質 493
確率論的分配方式 278
隠れたサテライト（cryptic satellite）
　　　　90
重なり合った遺伝子 39
過剰に抑制されている
　　　（super-repressed） 209
加水分解
　GTP の—— 119,165
　ペプチジル tRNA の—— 133
加水分解部位
　Ile-tRNA シンテターゼの—— 152
カスケード（cascade） 229
　σ 因子 186
　調節遺伝子の—— 229
　溶菌サイクルへの—— 242
　λ ファージの溶菌サイクルの——
　　　　232
カセットモデル（cassette model） 309
活性化因子→アクチベーター
活性化により誘導されるシチジン
　　　デアミナーゼ（AID） 369
活性クロマチン 490
活性中心
　ペプチジルトランスフェラーゼ
　　　の—— 136
　リボソームの—— 117,136
κ 鎖 359
　——の遺伝子座 363
κ 鎖遺伝子 361
滑面小胞体 186
カテナン 250,268,305
可変（V）領域〔variable（V）region〕 358
β-ガラクトシダーゼ 198,201,512
β-ガラクトシド 198
ガラクトシドアセチルトランスフェ
　　　ラーゼ 198,201
β-ガラクトシドパーミエアーゼ 198,
　　　　201
ガラクトシルトランスフェラーゼ 24
ガラクトース 198
空回り反応（アイドリング反応；idling
　　　reaction） 130
下流（downstream） 172

下流配列 173
下流プロモーター配列（DPE；
　　　downstream promoter element） 381
間期クロマチン 462
環境変化 186
ガンシクロヴィル 518
環状染色体 250,268
環状ホスホジエステラーゼ活性 424
2'-3' 環状リン酸基 424
完成した mRNA（成熟 mRNA） 32
間接末端ラベリング（indirect end
　　　labeling） 472
感染後期（late infection） 228
感染サイクル
　レトロウイルスの—— 349
感染初期（early infection） 228
完全にメチル化されている部位（fully
　　　methylated site） 501
γδ 型 T 細胞レセプター（TCRγδ） 373
γ 複合体 286

## き

キアズマ（chiasma） 25,295,453
偽遺伝子 43,56,371
　——の数 65
　ウサギの—— 43
　プロセスされた——（processed
　　　pseudogene） 43,67,354
　マウスの—— 44
ギ酸デヒドロゲナーゼ 148
擬似オペレーター 206
基質 RNA 433
擬似複製フォーク 333
基底レベル（basal level） 199
基底レベル配列（BLE） 398
キナーゼ複合体 386
キネトコア（kinetochore） 91,455
機能遺伝子
　——の同定 56
機能獲得型変異（gain-of-function
　　　mutation） 23
機能喪失型変異（loss-of-function
　　　mutation） 23
基本転写因子（basal factor） 381,394
基本転写装置 376
ギムザ染色 452
キメラマウス 516
gag 遺伝子 344
逆環状化反応 431
逆転写（reverse transcription） 11
　——のプライマー 285
逆転写酵素（reverse transcriptase）
　　　　8,343
　——の特殊な例 460
　——のプライマー 355
　——をコードするグループIイン
　　　トロン 435
逆平行（アンチパラレル；antiparallel）
　　　　5
逆方向反復配列 205
　——の相互組換え 331
　末端の——（inverted terminal
　　　repeat） 326
Gag ポリタンパク質 345
逆向き膜透過 166
CAT アッセイ 512
キャッピング酵素 385
キャップ（cap） 106
キャップ 0 107
キャップ 1 107
キャップ 2 107
ギャップ
　——の修復 320
キャップ除去酵素 110
キャプシド（頭殻；capsid） 447
　——の内部タンパク質 448

和文索引　541

キャプシド(つづき)
　　一本鎖 RNA ウイルスの—— 447
　　空の——の構築　447
球形キャプシド
　　DNA ウイルスの——の構築　448
キューオシン(Q)　145
Q タンパク質(pQ)　192,233
Qβ ファージ　154,222
狂牛病　505
共進化　88
共挿入体(cointegrate)　332
協調進化(concerted evolution)　87
　　多重遺伝子の——　88
莢膜多糖　3
共優性　24
共抑制(コサプレッション；
　　　　　　　　cosuppression)　224
供与部位→スプライス部位
キラー T 細胞　358
切出し(excision)　227,307,331
　　プロウイルスの——　348
切貼り機構　333
　　複製を伴わない——　340
金属応答配列(MRE)　398

く

グアニリルトランスフェラーゼ
　　　　　　　　　　107,385
グアニン(G)　5
グアニンヌクレオチド　430
(グアニン-$N^7$-)-メチルトランスフェ
　　　　　　　　ラーゼ　107
グアノシン　145
グアノシン五リン酸(pppGpp)　130
グアノシン四リン酸(ppGpp)　130
鎖交換　297
鎖置換(strand displacement)　259
組換え　20,25,295
　　——の頻度　26
　　TCR 遺伝子の——　373
　　免疫グロブリン遺伝子の——　365
組換え系
　　——のホットスポット　302
組換え修復(recombinant repair)　314,
　　　　　　　　　　　　320
組換え体
　　つなぎ合わせ——(splice
　　　　　　　　recombinant)　296
　　パッチ——(patch recombinant)
　　　　　　　　　　　　296
組換え中間体　298
組換 DNA 技術　508
組換え連結部(recombinant joint)
　　　　　　　　　　　　296
組込み(integration)　227,307,344
組込み宿主因子(IHF)　276,308,335
クラウンゴール
　　——の誘発　264
クラウンゴール病(crown gall disease)
　　　　　　　　　　　　263
クラススイッチ(class switching)　368
クラスター
　　構造遺伝子の——　197
　　タンデムな反復配列の——　86,89
　　転写単位の——　379
クランプ(clamp)　286
クランプ装着因子(clamp loader)　286
グリコシラーゼ　317
グリセルアルデヒド三リン酸デヒド
　　　　　　　　ロゲナーゼ　56
Crick, F. H. C.
　　Watson-——型塩基対　15
　　Watson と——の二重らせんモデル
　　　　　　　　　　　　6
クールー(kuru)　18,505
グルココルチコイド　401

グルココルチコイド応答配列(GRE；
　　glucocorticoid response element)
　　　　　　　　　　　　397
グルココルチコイドレセプター(GR)
　　　　　　　　　　399,403
グルコサミン 6-リン酸(GlcN6P)　433
　　——の合成調節系　221
グルコース　198
グルタミン酸レセプター　439
Gln-tRNA シンテターゼ　150
グループ I イントロン　420,430
　　——の自己スプライシング　430
　　——の触媒作用　432
　　——の二次構造　431
　　エンドヌクレアーゼをコードす
　　　　　　　　　る——　435
グループ II イントロン　418
　　——の転移反応　435
　　逆転写酵素をコードする——　435
　　ミトコンドリアの——　420
クロイツフェルト・ヤコブ病(CJD)
　　　　　　　　　　19,505
クロショウジョウバエ(D.virilis)
　　——のサテライト DNA　91
クローニング(cloning)　509
クローニングベクター(cloning
　　　　　　　　vector)　508
　　——の性質　510
クローバーの葉(cloverleaf)　100
グロビン遺伝子　34,42,79
　　——の進化系統樹　82
　　——の進化系統図　80
　　アフリカツメガエルの——　80
α グロビン遺伝子　36
β グロビン遺伝子　476
　　ヒトの——　479
　　マウスの——　479
$β^{maj}$ グロビン遺伝子　36
グロビン遺伝子クラスター　79
グロビン偽遺伝子　354
グロビンスーパーファミリー　42
グロビンタンパク質
　　——の合成　103
β グロビンプロモーター　386
　　——の高感受性部位　475
クロマチン(chromatin)　300,446
　　——からのヒストンの遊離　483
　　——の形成　470
　　——の構造　482
　　——の構造変換(chromatin
　　　　　　　　remodeling)　483
　　——のサブユニット　462
　　——の特異的な抑制　498
　　——の不活性化　492
　　真核細胞の——　483
　　分裂期間の——　450
クロマチン構造
　　——の変化　476
クロマチンリモデリング(chromatin
　　　　　　　　remodeling)　483
　　プロモーター上の——　490
クロマチンリモデリング複合体→
　　　　　　　　リモデリング複合体
クロモシャドウドメイン　492
クロモソーム→染色体
クロモドメイン(chromo domain)
　　　　　　　　　　491,498
クロラムフェニコールアセチルトラ
　　ンスフェラーゼ(CAT)遺伝子　512
クローン化
　　DNA 配列の——　508
クローンの増大(clonal expansion)
　　　　　　　　　　　　357

け

軽鎖(L 鎖；light chain)　358

形質転換(transformation)　3
形質転換因子(transforming principle)
　　　　　　　　　　　　3
形質導入ウイルス(transducing virus)
　　　　　　　　　　　　348
血液型
　　ヒトの——　24
血管拡張性失調症(AT；ataxia
　　　　　　　　telangiectasia)　324
欠失(deletion)　14
結晶構造解析
　　リボソームの——　134
血清応答配列(SRE；serum response
　　　　　　　　element)　397
ケト-エノール変換　15
ゲノム(genome)　2,46
　　——の遺伝子数　46
　　——の再編成　326
　　——の地図作成　47
　　酵母のミトコンドリアの——　59
　　細胞小器官の——　57
　　ヒトのミトコンドリアの——　59
　　ミトコンドリアの——　57
　　葉緑体の——　57
　　レトロウイルスの——　344
ゲノムサイズ　51,63
　　——と遺伝子数　51
Ku ヘテロ二量体　323
Gerstmann-Straussler 症候群　505
原核生物
　　——のレプリコン　250
原形質連絡　112
減数第一分裂前期　296
減数分裂　295
　　——における二価染色体　453
　　パン酵母の——の解析　300

こ

コア
　　イントロンの——　431
コアクチベーター(coactivator)　394
コアクチベーター複合体　389,404
コア酵素(core enzyme)　177
コア DNA(core DNA)　464
コアドメイン　204
コア配列(core sequence)　307
コアヒストン(core histone)　463
コアプロモーター(core promoter)
　　　　　　　　　　378,381
コア粒子(core particle)　464
コア領域　253
抗 Sm(anti-Sm)　414
高感受性部位(hypersensitive site)
　　　　　　　　　　　　475
　　β グロビンプロモーターの——
　　　　　　　　　　　　475
後期遺伝子(late gene)　185,229
抗原(antigen)　357
抗原抗体複合体　358
交差(crossing-over)　25,297
交差固定(crossover fixation)　87
交差固定モデル　88
高次構造
　　RNA の——　412
　　DNA の——の変換　280
甲状腺ホルモン　401
甲状腺ホルモンレセプター(T3R)
　　　　　　　　　　399,404
恒常的(構成的；constitutive)　201
　　——な発現　201
　　——に発現されるプロモーター
　　　　　　　　　　376,379
恒常的ヘテロクロマチン(constitutive
　　　　heterochromatin)　90,452,499
校正(プルーフリーディング；
　　　　　　　　proofreading)　151,281

構成タンパク質
　　ファージ粒子の——　229
合成致死(synthetic lethal)　72
合成致死遺伝子アレイ解析(SGA；
　　synthetic genetic array analysis)　72
合成中の RNA(nascent RNA)　104
合成中のタンパク質　103
後成的→エピジェネティック
合成部位
　　Ile-tRNA シンテターゼの——　152
抗生物質　137
構造遺伝子(structural gene)　196
　　——のクラスター　197
　　ラクトース代謝系の——　198
　　ラット成長ホルモンの——　515
構造のゆがみ(structural distortion)
　　　　　　　　　　　　314
抗体(antibody)　357
構築因子(assembly factor)　380
構築タンパク質　229
抗転写終結(antitermination)　188,
　　　　　　　　　　191,230
抗転写終結因子(antitermination
　　　　　　　　factor)　191,230
好熱菌(Aquifex aeolicus)　63
後発型初期遺伝子(delayed early
　　　　　　　　gene)　192,229
　　λ ファージの——　232
抗 BEAF-32 抗体　478
高頻度の溶原化　240
高頻度反復配列(highly repetitive
　　　　　　　　sequence)　52,78,90
酵母(→パン酵母，分裂酵母)
　　——の遺伝子　37
　　——のエンドヌクレアーゼ　425
　　——のエンハンサー　388
　　——のゲノムサイズ　51,64
　　——のサイレンシング　492
　　——のシトクロム c オキシダーゼ
　　　　　　　　　　　　167
　　——の修復系　322
　　——の生活環　309
　　——の接合型　497
　　——の染色体　457
　　——の Ty 因子　155,350
　　——の $tRNA^{Phe}$ の分子モデル　102
　　——のトランスポゾン　350
　　——の必須遺伝子　72
　　——の分枝部位　413
　　——のミトコンドリアのゲノム　59
　　——の RAD 遺伝子　322
酵母人工染色体(YAC)　460,510
高密度オリゴヌクレオチドアレイ
　　　　　　　　　　(HDA)　75
5S RNA 遺伝子
　　——のプロモーター　380
古細菌
　　——のエンドヌクレアーゼ　426
　　——のゲノムサイズ　63
　　——の DNA ポリメラーゼ遺伝子
　　　　　　　　　　　　442
コサプレッション(共抑制)　224
50S サブユニット　102,116
　　——の構造　134
cos 部位　448,510
コスミド(cosmid)　509
枯草菌(B.subtilis)
　　——の σ 因子　186
　　——の φ29 ファージ　448
　　——の複製終了点　250
　　——の胞子形成　277
5′ 末端
　　——からのスキャニング　125,131
　　——の非翻訳領域(5′UTR)　29
誤対合　88
コード鎖(coding strand)　99,172
コートタンパク質
　　R17 ファージの——　211
コードの変更　154

コード末端 (coding end) 365
　—で働く連結反応 367
コトランスフェクション 514
コード領域 (coding region) 29,99,104
　—の変異 30
　IS 因子の— 328
コドン (codon) 26,99
　—とアンチコドンの塩基対形成 144
　—の普遍性 143
　—の変更 147
コドン-アンチコドン対
　—の認識 153
コドンファミリー 144,147
コドンペア 144
ゴナドトロピン放出ホルモン (GnRH) 515
コネクチン 56
コピア因子 351
　—の転写産物 351
コピアファミリー 351
コヒーシン (cohesin) 299,456
　—の変異 300
コピー数 (copy number) 275
コピーの選択（コピーチョイス；copy choice) 346
固有のターミネーター (intrinsic terminator) 188
コリスミ酸 217
コリプレッサー (corepressor) 199, 210,404
ゴルジ体 (Golgi apparatus) 159
コンセンサス配列 (consensus sequence) 181
　マウスの免疫グロブリン遺伝子座の— 364
コンテクスト (context) 123
コンデンシン 501

## さ

細菌
　—から植物への DNA の転移 263
　—におけるタンパク質の分泌機構 168
　—の RNA ポリメラーゼ 173
　—の mRNA 105
　—の mRNA の分解 108
　—の mRNA の翻訳 123
　—の組換え系 302
　—のゲノムサイズ 51,63
　—の人工染色体 (BAC) 510
　—の染色体分配 270
　—の増殖速度 269
　—の調節 RNA 222
　—の転写の速度 105
　—の複製開始点 251
　—のポリソーム 104
　—の翻訳の速度 105
　—のリボソーム 102
サイクリック AMP → cAMP
ザイゴテン期（合糸期）296
再生 (renaturation) 12
サイトタイプ (cytotype) 339
再編成
　遺伝子の— 337
　DNA の— 357
細胞学的地図 455
細胞学的ハイブリダイゼーション
　→ in situ ハイブリダイゼーション
細胞質遺伝 57
細胞質低分子 RNA (scRNA; small cytoplasmic RNA) 414
細胞周期 249
　—の停止 309
細胞傷害性 T 細胞 358

細胞小器官
　—のゲノム 57
　—のレセプター 160
細胞性免疫応答 357
細胞内共生モデル 60
細胞分裂
　—の失敗 271
サイレンシング (silencing) 225,482
　酵母の— 492
サイレンシング複合体 493
サイレント部位 (silent site) 81
サイレント変異 (silent mutation) 23
SINES（短い分散した配列）352
サザンブロット 54
雑種発生異常 (hybrid dysgenesis) 339
サテライト
　隠れた— (cryptic satellite) 90
サテライト RNA 437
サテライト DNA (satellite DNA) 78,90
　キイロショウジョウバエの— 91
　ショウジョウバエの— 91
　節足動物の— 91
　哺乳類の— 92
　マウスの— 92
サブクラスター 363
サブユニット
　RNA ポリメラーゼの— 178,378
　クロマチンの— 462
　DNA ポリメラーゼⅢの— 286
　リプレッサーの— 235
　リボソームの— 102,116
サプレッサー（抑圧変異；suppressor) 15,26,152
サラセミア (thalassemia) 83,85
α サラセミア 84,86
酸化ストレス 210
酸化ストレス応答 222
酸化的脱アミノ
　亜硝酸によるシトシンの— 15
三元複合体 (ternary complex) 180
三次構造
　tRNA の— 102
30S サブユニット 102,116
　—の安定化 121
　—の構造 134
35S rRNA 前駆体
　テトラヒメナの—の自己スプライシング 430
30 nm 繊維 (30 nm fiber) 462,469
三重変異 28
酸性アミノ酸のパッチ 238
3′末端
　—の非翻訳領域 (3′UTR) 29
三本鎖構造 303
5′-5′三リン酸結合 107

## し

cI 遺伝子 233,239
cI タンパク質 233
cⅡ タンパク質 240
cⅢ タンパク質 240
シアノ細菌 60
cre 遺伝子 519
Cre/lox 系 307,518
Cre リコンビナーゼ 307
cro 遺伝子 192,232,242
Cro タンパク質 242
　リプレッサーと—の拮抗作用 243
CRP (cAMP 受容タンパク質）210
CRP 依存性プロモーター 210
CEN 断片 457
C 遺伝子 (C gene) 358
Jil-1 キナーゼ 491

CAAT ボックス (CAAT box) 386
cAMP（サイクリック AMP) 210
cAMP・CRP・DNA 複合体 210
cAMP 受容タンパク質 (CRP; cydic AMP receptor protein) 210,236
C エキソン 361
gag 遺伝子 344
GAGA 因子 485
Gag ポリタンパク質 345
J セグメント (J segment) 360
GnRH（ゴナドトロピン放出ホルモン）515
　—に付随したペプチド (GAP) 515
Gapdh 遺伝子 56
CA 末端 348
cos → コス
紫外線照射
　—による DNA 傷害 323
紫外線ストレス 235
弛緩酵素（リラクセーズ；relaxase) 260
色素性乾皮症 (XP; xeroderma pigmentosum) 322,385
シグナル 160
シグナル認識粒子 (SRP; signal recognition particle) 161
　—の 7SL RNA 354
シグナル配列 (signal sequence) 161
　ウシの成長ホルモンの— 162
シグナルペプチダーゼ (signal peptidase) 161
シグナル末端 (signal end) 365
σ 因子 (sigma factor) 177
　—の置き換え 185
　—のカスケード 186
　新しい— 230
　枯草菌の— 186
　大腸菌の— 186
自己触媒反応 442
自己スプライシング (self-splicing, autosplicing) 419,429
　—するイントロン 436
　グループⅠイントロンの— 430
　テトラヒメナの 35S rRNA 前駆体の— 430
自己切断反応
　—を行う植物の低分子 RNA 437
自己調節 (autogenous control) 208, 211
　r タンパク質の— 212
自己調節系
　正の— 238
自己リン酸化 265
CCA 末端 101
G・C 塩基対 12
GC 含量
　—のゆらぎ 453
脂質二重層
　—を貫通する通路 165
GC ボックス (GC box) 386
シス (cis) 30
CysZ/CysZ フィンガー 403
CysZ/HisZ フィンガー 401
ジストロフィン (dystrophin) 55
シストロン (cistron) 21
シストロン間領域 (intercistronic region) 104
シスに働く (cis-acting) 30,196
　—配列 196
　—部位 182
シスの切断 307
シス優性 202
C セグメント 359
自然傷害 314
自然選択 72
自然突然変異 (spontaneous mutation) 13
θ 構造 250

θ サブユニット 286
C 値 (C-value) 51
シチジン 145
シチジンデアミナーゼ 439
　活性化により誘導される— 369
C 値パラドックス (C-value paradox) 51
Zip タンパク質 300
Zip 変異 300
GT-AG 則 411
cDNA（相補的な DNA) 34
C/D グループ
　snoRNA の— 427
Cdc2 キナーゼ 490
CTD テール
　—のリン酸化 385
GTP
　—の加水分解 119,165
GTP アーゼ活性 119
GTP アーゼ中心 136
GTP 結合型 IF-2 125
GTP 結合タンパク質 130,133,136
シトクロム b 遺伝子
　リーシュマニアの— 441
シトクロム c オキシダーゼ
　酵母の— 167
シトクロムオキシダーゼサブユニットⅡ 439
シトシン (C) 5
　—の脱アミノ 17
　亜硝酸による—の酸化的脱アミノ 15
C（定常）ドメイン 358
シナプトネマ複合体 (synaptonemal complex) 295,299
　—の形成 301
C バンド (C-band) 455
G バンド (G-band) 452
CpG アイランド (CpG-rich island) 390
　—の脱メチル 489
　—のメチル化 391
CpG ダブレット 391,501
ジヒドロウリジン (D) 101,145
ジヒドロ葉酸レダクターゼ → DHFR
姉妹染色分体 295,453
　—の分離 456
　分裂中期の— 451
C 末端ドメイン (CTD; carboxyl-terminal domain) 377
　—が関与する RNA プロセシング 385
　リプレッサーの— 237
ジャイレース 185,292,305
シャイン・ダルガーノ配列 (Shine-Dalgarno sequence) 123
ジャガイモスピンドルチューバーウイロイド (PSTV) 18
シャペロン 168
終結 (termination) 174
重合開始センター (nucleation center) 447
重鎖 → H 鎖
終止 (termination) 117
終止コドン (termination codon, stop codon) 28,105,132,142
　読み飛ばしによる—の迂回 155
修飾 (modification) 144
　rRNA の— 426
　アンチコドンに起こる— 146
　タンパク質の—の状態 496
　DNA の— 15
　ヒストンの— 482,486
修飾塩基 (modified base) 17,100,145
10 nm 繊維 (10 nm fiber) 469
修復 (repair) 280
　ギャップの— 320
　DNA の— 281,290
　二本鎖切断の— 323

和文索引　543

修復関連遺伝子　313,385
修復系　17,88,313
　　――を誘導する傷害　314
　　酵母の――　322
　　真核生物の――　322
　　哺乳類の――　322
　　二本鎖DNAの――　298
修復複合体　385
16S RNA
　　――のドメイン構造　134
GU-AG則（GU-AG rule）　411
宿主DNA
　　――の重複　327
宿主配列
　　――の転写　348
主溝（major groove）　5
出芽
　　レトロウイルスの――　345
シュードウリジン（Ψ）　100,145
　　――の合成　427
シュードノット構造　156
受容アーム（アクセプターアーム；acceptor arm）　100
受容部位→スプライス部位
腫瘍誘発　264
傷害乗越えDNAポリメラーゼ　281
条件致死変異株　280
条件的ヘテロクロマチン（facultative heterochromatin）　452,499
ショウジョウバエ
　　――の遺伝子　38
　　――の遺伝地図　47
　　――のゲノムサイズ　64
　　――の雑種発生異常　339
　　――のサテライトDNA　91
　　――の初期胚発生　113
　　――の白眼の遺伝子座　23
　　――の性決定　421
　　――の唾腺染色体　454
　　――のトランスポゾン　351
　　――のP因子　399,518
　　――のホメオティック遺伝子座　405,498
　　――の卵形成　112
小胞体（ER；endoplasmic reticulum）　159,186
情報伝達カスケード　310
上流（upstream）　172
　　転写開始点の――　182
上流活性化配列（UAS；upstream activator sequence）　387
上流配列　173
上流プロモーター配列（UPE）　379
初期遺伝子（early gene）　185,229
　　――　28　186
初期胚発生
　　ショウジョウバエの――　113
初期プレスプライシング複合体　416
除去（excision）　316
除去修復（excision repair）　313,316,321
除去修復系　316
触媒RNA　433
触媒活性
　　RNAの――　429
触媒作用
　　――をもったRNA　137
　　グループIイントロンの――　432
触媒中心
　　RNAの――　433
触媒ドメイン
　　RNAの――　420
植物
　　――のトランスポゾン　339
　　――のミトコンドリアDNA　59
　　細菌から――へのDNAの転移　263
　　自己切断反応を行う――の低分子RNA　437

植物細胞
　　――のトランスフォーメーション　264
女性ホルモン　401
ショ糖密度勾配遠心　464
自律的調節因子（autonomous controlling element）　337
自律的複製　248
自律複製配列→ARS
C領域→定常領域
シロイヌナズナ（Arabidopsis thaliana）
　　――の遺伝子　61
　　――のゲノムサイズ　64
　　――のマイクロRNA　223
真核細胞
　　――の開始因子　126
　　――のクロマチン　483
　　――のプロモーター　483
真核生物
　　――の遺伝子発現の制御　393
　　――のmRNA　105
　　――のmRNAの寿命　106
　　――のmRNAの翻訳　125
　　――の修復系　322
　　――のDNAポリメラーゼ　281,290
　　――の転写　376
　　――のトポイソメラーゼ　306
　　――のポリソーム　104
　　――の翻訳開始　125
　　――のリボソーム　102
　　――のレプリコン　252
進化系統樹
　　グロビン遺伝子の――　82
進化系統図
　　グロビン遺伝子の――　80
進化単位時間（UEP）　80,82
進化時計（evolutionary clock）　81
新規型メチラーゼ（de novo methylase）　501
真菌
　　――のミトコンドリアのグループIイントロン　430
　　――のミトコンドリアの多型　433
真菌類
　　――の遺伝子　38
ジンクフィンガー（zinc finger）　399
ジンクフィンガータンパク質　401
人工染色体
　　酵母の――（YAC）　460,510
　　細菌の――（BAC）　510
真正クロマチン（ユークロマチン；euchromatin）　91,451
新生鎖（newly synthesized strand）　8
真正細菌　60
伸長（elongation）　117,174
伸長因子（elongation factor）　127
シンテニー（synteny）　56
真の復帰変異（true reversion）　15

## す

水素結合　6
スイッチ部位　369
スウィブル　292
スカフォルド（scaffold）　450
スカフォルド結合領域（SAR）　451
SCID変異　367
スキャニング
　　5'末端からの――　125
スキルプス（scyrps；scRNP）　414
スクレイピー（scrapie）　19,505
STE遺伝子　310
ステム（stem）　100
ステム-ループ構造　100
ステロイドホルモン　398,401
ステロイドレセプター（steroid receptor）　399,401

ストリンジェント因子（stringent factor）　130
ストリンジェント応答（stringent response）　130
スナープス（snurps；snRNP）　414
スーパーファミリー（super family）　42,357
スプライシング（→RNAスプライシング）
　　――に影響を及ぼす変異　35
　　――の初期段階　416
　　――の進化　420
　　――の破綻　35
　　核における――　412
　　生殖系列組織で起こる――　340
　　組織特異的――　340
　　体細胞組織で起こる――　340
　　tRNAの――　423
スプライシング因子（splicing factor）　414
スプライシング装置　410
　　――の構成成分　414
スプライシング反応
　　――の過程　413
スプライス部位（splice site）　411
　　――の認識　412
5'スプライス部位
　　U1 snRNPの――への結合　415
スプライソソーム（spliceosome）　414
　　――の形成　410
　　――の構成成分　415
ズーブロット（zoo blot）　53
スペーサー（spacer）　364,378
スベドベリ（Svedberg）単位　102
刷込み（imprinting）　502
　　――が起こる遺伝子　503
スリップ
　　複製の――　95,282
SWI/SNF　484
SWI/SNF複合体　484,490

## せ

正確な切出し（precise excision）　330
生活環
　　酵母の――　309
制御部位
　　――の変異　30
制限酵素（restriction enzyme）　33,509
　　――AluI　353
制限酵素地図（restriction map）　33,47
制限断片長多型（RFLP；restriction fragment length polymorphism）　48
制限部位
　　――の多型　48
制限部位マーカー　49
成熟mRNA（完成したmRNA）　32
生殖系列　340
　　――の遺伝情報の多様性　364
生殖系列型　360
生殖系列組織
　　――で起こるスプライシング　340
生殖細胞
　　――におけるメチル化　502
生殖腺ホルモン　401
ぜいたくな遺伝子（luxury gene）　73
成長点　249
成長ホルモン
　　ウシの――のシグナル配列　162
性特異的遺伝　503
正二十面体キャプシド　447
正の自己調節系　238
正の調節（positive regulation）　196
　　――能力を失った変異　239
正の調節因子　240
正の超らせん　7,185,449
正の変異（forward mutation）　15

脊椎動物
　　――の免疫応答　357
セクター（sector）　336
セグメント　359
世代時間（doubling time）　268
Sec系　169
Sec61三量体　165
SecB-SecYEG経路　169
Sec61三量体　165
赤血球細胞
　　ニワトリの――　476
接合（conjugation）　261,309
接合型（mating type）　309
　　――の変換　310
　　酵母の――　497
接合過程　258
節足動物
　　――のサテライトDNA　91
切断（incision）　316
切断位置の周期性（cutting periodicity）　465
切断-架橋-融合（breakage-bridge-fusion）　336
切断・再結合（breakage and reunion）　25,295,365
切断/ポリ（A）付加装置　385
接着タンパク質　456
ZIP→ジップ
Z環　271
セプタル環（septal ring）　271
セレノシステイニルtRNA　148
セレノシステイン　148
セレン含有タンパク質　148
セロトニンレセプター
　　――のRNA　439
繊維状キャプシド　447
繊維状細胞　271
線状DNA
　　――の末端からの複製　258
線状レプリコン　258
染色小粒（chromomere）　453
染色体（クロモソーム；chromosome）　2,446
　　――の切断　337
　　――の対合　25
　　――の分離　274
　　――の末端の安定　458
　　酵母の――　457
　　ヒトの――　452
　　分裂期の――　450,462
染色体外rDNA
　　テトラヒメナの――　458
染色体外因子　504
染色体スカフォルド
　　分裂中期の――　450
染色体分配
　　――の失敗　271
　　細菌の――　270
染色体歩行　55
染色中心（chromocenter）　451,454
染色分体（chromatid）　25
センス鎖→コード鎖
選択的スプライシング（alternative splicing）　40,66,421
　　dsx RNAの――　422
CEN断片　457
線虫
　　――のゲノムサイズ　51
　　――のゲノムサイズ　64
　　――のトランススプライシング　422
　　――の必須遺伝子　72
　　――のマイクロRNA　223
セントラルドグマ（central dogma）　11,438
セントロメア（動原体；centromere）　78,91,276,455
　　――の機能　457
　　パン酵母の――　457

霊長類の—— 456
先発型初期遺伝子(immediate early gene) 192,229
　λファージの—— 232
前胞子 277
線毛(ピリ；pili) **261**

## そ

相互組換え
　逆方向反復配列の—— 331
　同方向反復配列の—— 331
相互的一本鎖交換モデル 299
増殖期(vegetative phase) **185**
増殖細胞特異的核抗原(PCNA)
　——の結晶構造解析 291
増殖速度
　細菌の—— 269
相同組換え 273,300,517
挿入(insertion) 14
挿入配列(IS因子；insertion sequence) **326**
増幅配列 68
相変化 338
相補性
　一本鎖DNA間の—— 295
相補性グループ(complementation group) 21
相補性テスト(complementation test) 21,30
相補的 6
相補的なDNA(cDNA) 34
組織特異的スプライシング 340
ソレノイド型のコイル状配列 470
ソロδ 350

## た

Ty因子(Ty element) 155,**350**
体液性免疫応答 357
対合(chromosome pairing, synapsis) 25,**295**,299
ダイサー 224
体細胞組換え(somatic recombination) **358**
体細胞組織
　——で起こるスプライシング 340
体細胞分離 58
体細胞変異 364,371
第三塩基の縮重(third-base degeneracy) **142**
胎児水腫(hydrops fetalis) **83**,**86**
代謝されないインデューサー (gratuitous inducer) **200**
大腸がん 325
大腸菌(E.coli)
　——のRNAポリメラーゼ 178
　——の核様体 449
　——のゲノムサイズ 63
　——のσ因子 186
　——のターミネーター 188
　——のDNAポリメラーゼ 281
　——のトポイソメラーゼ 305
　——の複製開始点 250
　——の複製周期 269
　——の複製終了点 250
　——のプロモーター 182
　——のラクトース代謝系 200
　——のrec遺伝子 321
タイチン 56
ダイナミン 272,278
ダイニン 113
対立遺伝子(allele) **20**
　——の表現型の変化 336

対立遺伝子間相補性(interallelic complementation) **202**
対立遺伝子排除(allelic exclusion) **365**,**374**
τサブユニット 286
ダウン変異(down mutation) 183
多型(polymorphism) 24,48
　真菌のミトコンドリアの—— 433
　制限部位の—— 48
多コピー型制御(multicopy control) **248**,**276**
多コピープラスミド 257,276
　——の分配方式 278
多糸染色体(ポリテン染色体；polytene chromosome) **454**
多重遺伝子 88
唾腺染色体 454
TATA結合タンパク質(TATA-binding protein)→TBP
TATAボックス(TATA box) **381**
　——のないプロモーター(TATA-less promoter) **381**
　——の変異 386
脱アシルtRNA(deacylated tRNA) **117**
脱アセチル
　ヒストンの—— 482,488
脱アミノ
　シトシンの—— 17
　5-メチルシトシンの—— 17,319
脱メチル
　CpGアイランドの—— 489
　DNAの——と遺伝子発現 390
縦軸構造(axial element) 299
ter配列 250
タバコモザイクウイルス(TMV) 447
多発変異(hypermutation) **370**,**372**
ターミナーゼ(terminase) 447
ターミナルウリジルトランスフェラーゼ 441
ターミネーター(転写終結配列；terminator) 172,175,**188**,197
　——tR 192
　——tL 192
　固有の——(intrinsic terminator) **188**
　大腸菌の—— 188
dam遺伝子 319
damメチレース 251,319
単位細胞(unit cell) 268
単一X染色体仮説(single X hypothesis) **499**
単コピー型制御(single copy control) **248**,**276**
単コピープラスミド 257,276
単純配列DNA 90
単純反復配列 67
男性ホルモン 401
タンデム重複 67,77
タンデムな反復配列 52,67
　——のクラスター 86,89
タンパク質
　——の折りたたみ 180
　——の合成 103,119
　——の自己鋳型能 496
　——の自己触媒能 496
　——の修飾の状態 496
　——の種類 70
　——の対称性 205
　snRNPを構成する—— 415
　合成中の—— 103
　細菌における——の分泌機構 168
　転写を調節する—— 173
　必要な—— 71
　複製に必要な—— 254
　プロテアーゼ抵抗性の—— 505
タンパク質合成 103,119
　——の誤り 119
　——の正確さ 119

タンパク質コード遺伝子 66
タンパク質スプライシング(プロテインスプライシング；protein splicing) **442**

## ち

小さなサブユニット 102
2-チオウリジン 146
4-チオウリジン 145
置換部位(replacement site) **81**
チミジンキナーゼ(TK) 4,514
チミン(T) 5
　——の除去 322
チャイニーズハムスター
　——のAlu相当ファミリー 354
着陸コドン 156
中央構造(central element) 299
中期遺伝子(middle gene) **185**,**229**
中頻度反復配列(moderately repetitive sequence) 52,353
中立置換(neutral substitution) 23
中立変異(neutral mutation) **82**
チューブリン 272
調節RNA 214
　——の作用 220
　細菌の—— 222
調節遺伝子(regulator gene) **196**
　——のカスケード 229
調節因子(controlling element) 214,336
　正の—— 240
　トウモロコシの—— 336
　トウモロコシの——のファミリー 337
調節タンパク質 214
重複(redundancy) 14,**72**
　——した遺伝子 88
　遺伝子の—— 36,42,78
　宿主DNAの—— 327
　タンデム—— 67,77
　部分的な—— 67
超らせん(supercoiling) 7,**184**,**304**
　——のドメインモデル 185
　SV40 DNA——の総数 467
　正の—— 7,185,449
　負の—— 7,184,449
超らせん構造
　DNAの—— 449
　負の—— 260
超らせん密度 8
直接修復 313
沈降速度 102

## つ, て

対合→塩基対形成
つなぎ合わせ組換え体(splice recombinant) **296**
強い結合(tight binding) **180**

デアデニラーゼ(アデニル酸除去酵素) 110
TIM複合体(TIM complex) **166**
Tiプラスミド(Ti plasmid) 263,513
ディアキネシス期(移動期) 296
Dアーム 101
tra遺伝子 262
tRNA(転移RNA；transfer RNA) **98**
　——に付加されたアミノ酸の特異性 101
　——の逆転写産物 354
　——の三次構造 102
　——のスプライシング 423

　——の転写 376
　——の二次構造 100,424
　——のプロセシング 101
　アダプターとしての—— 100
　アミノアシル-tRNAシンテターゼによる——の認識 150
　空の—— 131
　脱アシル——(deacylated tRNA) 117
　半分に分かれた—— 424
$tRNA_i^{Met}$ **122**
tRNA遺伝子
　——のプロモーター 380
$tRNA_r^{Met}$ **122**
$tRNA_m^{Met}$ **122**
$tRNA^{Gln}$・シンテターゼ複合体 151
$tRNA^{Trp}$
　——による調節 215
$tRNA^{Phe}$
　酵母の——の分子モデル 102
tRNAプライマー 346
TRAP 215
trp→トリプ
ter配列 250
dam→ダム
Ds因子 337
dsx RNA
　——の選択的スプライシング 422
DHFR(ジヒドロ葉酸レダクターゼ) 36
DHFR遺伝子 36
Tn **328**
Tn3 **334**
　——の遺伝地図 335
Tn5
　——の転移 334
Tn10
　——の転移 333
DNase→デオキシリボヌクレアーゼ
Dna→ドナ
DNA(デオキシリボ核酸；deoxyribonucleic acid) 2,5
　——断片のラダー 464
　——とエチジウムブロミドとの反応 449
　——の解離 12
　——の屈曲 383
　——の高次構造の変換 280
　——の再編成 357
　——の修飾 15
　——の修復 281,290
　——の脱メチルと遺伝子発現 390
　——の超らせん構造 449
　——の通り道 175
　——のトポロジー 451
　——のトポロジーの変換 7,304
　——の二重らせんモデル 6
　——の複製 280
　——の複製周期 292
　——の巻き戻し 7
　——のメチル化 338,489,495,501
　——の融解 12
　——のループ 390
　細菌から植物への——の転移 263
　相補的な——→cDNA
　巻き過ぎの——(overwound DNA) 5
　巻き足りない——(underwound DNA) 5
　メチル化されていない—— 251
DNA依存性RNAポリメラーゼ→RNAポリメラーゼ
DNA依存性プロテインキナーゼ(DNA-PKcs) 323
DNA依存性プロテインキナーゼ(DNA-PK) 367
DNA因子
　動く—— 331
DNAウラシルグリコシラーゼ 314

DNA結合ドメイン 203,395
　リプレッサーの―― 236
DNA結合部位(DNA-binding site) 202
DNA合成
　誤りがちな――(error-prone synthesis of DNA) 318
DNA構造の周期性(structural periodicity) 465
DNA鎖取込み中間体 332
DNA修復
　――の欠損 324
DNA傷害
　紫外線照射による―― 323
DNA地図
　――の作成 31
DNAトポイソメラーゼ(DNA topoisomerase) 304
DNA配列
　――のクローン化 508
TnAファミリー
　――の転移 334
DNAフィンガープリント法(DNA fingerprinting) 49,90,94
DNA複製 248
　アフリカツメガエルの卵の―― 254
DNA複製酵素(DNA replicase) 280
dna変異株 280
DNAポリメラーゼ(DNA polymerase) 8,280,314,316
　――の誤り 282
　誤りがちな―― 371
　真核生物の―― 281,290
　大腸菌の―― 281
　T7ファージの―― 283
　T4ファージの―― 211
DNAポリメラーゼI 281,290
DNAポリメラーゼII 281
DNAポリメラーゼIII 281,318,320
　――のサブユニット 286
DNAポリメラーゼIV 281,318
DNAポリメラーゼV 281,318
DNAポリメラーゼα 281,290
DNAポリメラーゼβ 281,290
DNAポリメラーゼγ 281,290
DNAポリメラーゼδ 281,290
DNAポリメラーゼε 281,290
DNAポリメラーゼη 322
DNAポリメラーゼα・プライマーゼ(Polα・プライマーゼ) 291
DNAポリメラーゼ遺伝子
　古細菌の―― 442
DNAリガーゼ(DNA ligase) 289,316
DNAリガーゼI 291
DNAリガーゼIV 323,367
DNAループ 320
TnpAトランスポザーゼ 335
Tnpリゾルベース 335
TFIID 382
$T_m$値 12
TOM複合体(TOM complex) 166
TK(チミジンキナーゼ) 4,514
TK遺伝子 514
　ヘルペスウイルスの―― 518
T細胞(T cell) 357
T細胞レセプター(TCR; T cell receptor) 357
T細胞レセプタータンパク質 373
　――の構造 373
TCR(T細胞レセプター) 357
TCR遺伝子 373
TCR遺伝子座 373
定常(C)領域〔constant(C)region〕 358
　――の構造 363
　H鎖の―― 368
低親和性部位 207
Dセグメント(D segment) 362

T7ファージ
　――のDNAポリメラーゼ 283
tdイントロン
T-DNA(transferred DNA) 263
　――の伝達 264
TPA(12-O-テトラデカノイルホルボール13-アセテート) 398
TPA応答配列(TRE) 398
TBP(TATA結合タンパク質) 379,382
TBP会合因子(TAF; TBP-associated factor) 382
　――の役割 396
T4エンドヌクレアーゼV 318
T4ファージ
　――のrII領域の変異 27
　――のグループIイントロン 430
　――のDNAポリメラーゼ 211
　――のp32タンパク質 211
　――のRegAタンパク質 211
　――の60遺伝子 156
T複合体 266
TΨCアーム 100
ディプロテン期(複糸期) 296
低分子RNA(sRNA) 414
　――の転写 376
　自己切断反応を行う植物の―― 437
TIM複合体(TIM complex) 166
Tリンパ球(T細胞) 357
Dループ 298
デオキシヌクレオシドトランスフェラーゼ 367
デオキシリボ核酸→DNA
2'-デオキシリボース 5
デオキシリボヌクレアーゼ(DNase; deoxyribonuclease) 10
デオキシリボヌクレアーゼI (DNase I) 466
デオキシリボヌクレアーゼII (DNase II) 466
デグラドソーム(degradosome) 108
テトラサイクリン耐性($tet^R$) 329
12-O-テトラデカノイルホルボール13-アセテート(TPA) 398
テトラヒメナ
　――のグループIイントロン 430
　――の35S rRNA前駆体の自己スプライシング 430
　――の染色体外rDNA 458
　――のテロメア 458
デメチラーゼ(demethylase) 501
デュシェンヌ型筋ジストロフィー症(DMD) 55
δ因子 350
テロメア(telomere) 458
　――の一般形 458
　――の短縮化 314
　テトラヒメナの―― 458
　トリパノソーマの―― 459
テロメアサイレンシング(telomeric silencing) 496
テロメラーゼ(telomerase) 459
転　移 384
　――するイントロン 433
　Muファージの―― 332
　Tn5の―― 334
　TnAファミリーの―― 334
　Tn10の―― 333
　トランスポゾンの―― 326,329
転移RNA→tRNA
転移因子(transposable element)→トランスポゾン
転移酵素 326
転移反応
　グループIIイントロンの―― 435
転移頻度
　トランスポゾンの―― 328
転座(translocation) 77
転写(transcription) 11,29,99

　――に必要な因子 394
　――を調節するタンパク質 173
　アクチベーターによる――の活性化 396
　rRNAの―― 376
　mRNAの―― 376
　細菌の――の速度 105
　宿主配列の―― 348
　真核生物の―― 376
　tRNAの―― 376
　低分子RNAの―― 376
転写因子(transcription factor) 196,376
　――とリモデリング複合体の相互作用 485
転写開始 175
　――の失敗(abortive initiation) 180
　――の制御 393
　RNAポリメラーゼIIによる―― 377
転写開始前複合体(preinitiation complex) 380
転写開始点(startpoint) 172,182,395
　――の上流 182
転写開始複合体
　RNAポリメラーゼIIの――の構築 384
転写活性化ドメイン 395
転写減衰→アテニュエーション
転写産物(transcript) 32
　コピア因子の―― 351
転写終結 175,188
　――のヘアピン構造 217
転写終結配列→ターミネーター
転写伸長 177
転写単位(transcription unit) 172
　――のクラスター 379
転写バブル 173
転写複合体
　――の解離 175
伝　達
　F因子の―― 263
　T-DNAの―― 264
伝達開始点 263
伝達領域(transfer region) 261
点変異(point mutation) 14

## と

頭　殻→キャプシド
同義コドン(synonym codon) 142
動原体→セントロメア
同時進化 88
同族tRNA(cognate tRNA) 149
　――の親和性 151
同調的調節(coordinate regulation) 200
導入遺伝子(トランスジーン) 516
動　物
　――のミトコンドリアDNA 59
　――への遺伝子導入 514
同方向反復配列(direct repeat) 327,403
　――の相互組換え 331
トウモロコシ
　――の調節因子 336
　――の調節因子のファミリー 337
特異性を決める因子 425
毒性変異→ビルレント変異
閉じた三元複合体 180
閉じた二元複合体 183
突然変異→変異
DnaEタンパク質 288
DnaGプライマーゼ 285,289
DnaBタンパク質 288
DnaB・DnaC複合体 292
トポイソメラーゼ 274,301

　真核生物の―― 306
　大腸菌の―― 305
トポイソメラーゼI 185,275
トポイソメラーゼII
　――の認識部位 451
トポロジー
　DNAの―― 451
　DNAの――の変換 7
ドミナントネガティブ(dominant negative) 202
ドミナントネガティブ変異 204
TOM複合体(TOM complex) 166
ドメイン(domain)〔染色体〕 476,479
　――の構成 480
ドメイン(domain)〔タンパク質〕 41,71,449
　――の独立性 449
ドメイン
　アクチベーターの―― 395
　16S RNAの――構造 134
　23S RNAの――構造 134
　lacリプレッサーの―― 203
トランジション(transition) 14
トランス(trans) 30
トランスクリプトーム(transcriptome) 46,73
トランスジェニック動物(transgenic animal) 514
トランスジェニックなハエ 519
トランスジェニックマウス 516
トランススプライシング 422
　線虫の―― 422
　トリパノソーマの―― 422
トランスに働く(trans-acting) 30,196
　――遺伝子産物 196
トランス配置 22
トランスバージョン(transversion) 14
トランスフェクション(transfection) 4,5,512
　安定な―― 514
トランスフォーミングウイルス 349
トランスフォームした細胞 514
トランスフォーメーション
　植物細胞の―― 264
トランスペプチダーゼ 270,272
トランスポザーゼ(transposase) 327
トランスポゾン(transposon) 14,52,67,326
　――の転移 326,329
　――の転移頻度 328
　酵母の―― 350
　ショウジョウバエの―― 351
　植物の―― 339
　ヒトゲノムの――の分布 353
トランスロケーション(translocation) 117,129,136
トランスロコン(translocon) 165,169
trithorax遺伝子座 499
トリパノソーマ
　――のmRNAのリーダー配列 422
　――のテロメア 459
　――のトランススプライシング 422
　――のミトコンドリア 438
trp遺伝子
　――の発現 216
trpオペロン(トリプトファンオペロン) 209,217
トリプトファン(Trp)合成系 215
トリプトファンコドン
　――の位置 218
トリプトファンシンターゼ 200,210
trpリプレッサー(トリプトファンリプレッサー) 208
トリプレット 27,99
ドルトン(Da) 55
トレーラー(trailer) 29,104
トロポニンT遺伝子 39

## な

内在性プロウイルス　344,348
内在性レトロウイルス　352
内在的ターミネーター　217
内部指標配列(IGS)　431
内部タンパク質
　キャプシドの——　448
内部プロモーター　380
ナイメーヘン染色体不安定症候群
　　　　　　　　　(NBS)　324
長い末端反復配列(LTR；long
　　　　　terminal repeat)　346
nut 部位　192,232
7SL RNA
　シグナル認識粒子の——　354
70S リボソーム　102,135
ナンセンスコドン　133
ナンセンスサプレッサー(nonsense
　　　　　　　suppressor)　152
ナンセンス変異による mRNA の分解
　(nonsensemediated mRNA decay)
　　　　　　　　　　　　110

## に

二価染色体(bivalent)　25,295
　減数分裂における——　453
II 型トポイソメラーゼ　301,305
二次構造
　rRNA の——　134
　tRNA の——　100
　U1 snRNA の——　416
二次的復帰変異(second-site
　　　　　　　reversion)　15
20S 酵素複合体　441
23S RNA
　——のドメイン構造　134
二重らせん
　——の解離　7
　DNA の——モデル　6
　Watson と Crick の——モデル　6
2.4 領域　187
二動原体染色体(dicentric
　　　　　chromosome)　336
二本鎖 RNA(dsRNA)　224
二本鎖 RNA 依存性プロテインキナー
　　　　　　　　ゼ(PKR)　225
二本鎖切断(DSB；double-strand
　　　　　　　break)　298,301,314
　——生成のモデル　369
　——の修復　323
二本鎖切断モデル　299
二本鎖 DNA
　——の修復合成　298
二量体形成モチーフ　407
二量体構造
　リプレッサーの——　235
2 列開始(two-start)モデル　470
ニワトリ
　——の赤血球細胞　476
　——の免疫系　371
認識ドメイン　184
認識ヘリックス(recognition helix)
　　　　　　　　　236,405

## ぬ

ヌクレアーゼ
　——の標的部位　466
ヌクレアーゼ感受性部位
　SV40 のミニ染色体の——　475

ヌクレオシド　4
(ヌクレオシド-2′-O-)-メチルトラ
　　　　　　ンスフェラーゼ　107
ヌクレオソームの配置(nucleosome
　　　　　positioning)　472,474
ヌクレオソーム(nucleosome)　462
　——のギャップ　475
　——の構築　470
　——の構築の補助タンパク質　470
　——の再構築　475
　——の排除　476
　——の配置(nucleosome
　　　　　positioning)　472,474
　——の配置がそろう過程　473
　——の破壊　485
　——のフェージング　472
ヌクレオチジルトランスフェラーゼ
　　　　　　　　　　　　433
ヌクレオチド　4
　——の挿入　429
ヌクレオチド除去修復　313
ヌル対立遺伝子　518
ヌル変異(null mutation)　22,46

## ね，の

neo 遺伝子　518
熱ショック遺伝子(heat shock gene)
　　　　　　　　　　186,397
熱ショック応答　186,398
熱ショック応答配列(HSE；heat
　　　　　shock response element)　397
粘菌
　——のゲノムサイズ　51
嚢胞性繊維症　49
ノックアウト(knockout)　517
ノックイン(knockin)　517
ノパリンプラスミド　265

## は

肺炎双球菌(Pneumococcus)　3
配偶体
　一倍体の——　309
胚性幹細胞(ES 細胞)　516
胚盤胞
　マウスの——　516
ハイブリダイゼーション
　　　　　　(hybridization)　12
ハイブリッド中間体モデル　129,144
ハイブリッド DNA　297
ハイブリッドプロモーター　394
ハウスキーピング遺伝子
　　　　(housekeeping gene)　73,377
パキテン期(太糸期)　296,301
バクテリオファージ(bacteriophage)
　　　　　　　　　→ファージ
80S リボソーム　102
バックグラウンドレベル(background
　　　　　　　　　level)　13
白血球　357
発現型カセット　310
発現調節
　oxyS の——　222
発現量(abundance)　73
　——の多い mRNA(abundant
　　　　　　　　　mRNA)　73
　——の少ない mRNA(scarce
　　　　　　　　　mRNA)　73
パッチ組換え体(patch recombinant)
　　　　　　　　　　　　296
パフ(puff)　454
ハプロタイプ(haplotype)　49

パリンドローム(palindrome)　205,403
バルジ-ヘリックス-バルジモチーフ
　　　　　　　　　　　　426
バルビアニ環　455
半減期
　mRNA の——　105
パン酵母(S.cerevisiae)
　——の減数分裂の解析　300
　——のセントロメア　457
バンド(band)　454
バンド/インターバンド構造　453
反応速度論的校正(kinetic
　　　　　proofreading)　151
反復単位
　——の階層構造　92
反復配列　52
　単純——　67
　タンデムな——　52,67
　タンデムな——のクラスター　86,89
　分散した——(interspersed repeat)
　　　　　　　　　　　　351
半不変的　101
半保存的　101
半保存的複製(semiconservative
　　　　　replication)　9,281,290
ハンマーヘッド形
　——の二次構造　437

## ひ

PrP^Sc 型　19
PrP^C 型　18
P 因子(P factor, P element)　339,518
　——の構造と転写産物　340
非ウイルススーパーファミリー
　　　　(nonviral superfamily)　351
par 変異体　271
bHLH タンパク質(塩基性 HLH タン
　　　　　パク質；bHLH protein)　406
bHLH ファミリー　489
非塩基性 HLH タンパク質　407
pol 遺伝子　344
Pol ポリタンパク質　345
B 型 DNA(B-form DNA)　5
B 型 DNA らせん
　——の周期　466
光回復
　ピリミジン二量体の——　313
ピコルナウイルス　126
P サイト(P site)　117
P サイトタイプ　340
B 細胞(Bcell)　357
p32 タンパク質
　T4 ファージの——　211
Pc グループ　498
Pc-G タンパク質　498
bZIP　407
微小管　455
微小管形成中心(MTOC；microtubule
　　　　　organizing center)　455
微小管トラック　113
微小管モーター　112
非自律的調節因子(nonautonomous
　　　　　controlling element)　337
ヒストン(histone)　462
　——のアセチル化　482,486,496
　——の N 末端テール　469,486
　——の修飾　482,486
　——の脱アセチル　482,488
　——のメチル化　486,489
　——のリン酸化　486,490
　クロマチンからの——の遊離　483
ヒストン H1　463
　——の位置　465
ヒストンアセチルトランスフェラーゼ
　(HAT；histone acetyltransferase)
　　　　　　　　　　　　487

ヒストンアセチルトランスフェラー
　　　　　ゼ複合体　490
ヒストン修飾複合体　488
ヒストンデアセチラーゼ(HDAC；
　　　　histone deacetylase)　487
ヒストンテール
　——のアセチル化　487
　——メチル化　491
ヒストン八量体(ヒストンオクタマー)
　　　　　　　　　　　　463
　——の結晶構造　468
　——の排除　474
ヒストンバリアント　471
ヒストンフォールド(histone fold)
　　　　　　　　　　　　467
ヒストンメチルトランスフェラーゼ
　　　　　　　　　　　　491
非相互組換え　84
非相同組換え　517
非相同的な末端連結(NHEJ；
　non-homologous end joining)　323,
　　　　　　　　　　　　367
非対立遺伝子(nonallelic gene)　79
ビタミン A(レチノイン酸)　401
ビタミン D　401
ビタミン D レセプター(VDR)　404
必須遺伝子
　——の数　72
必須タンパク質　71
ヒットエンドラン機構　485
非転写スペーサー(nontranscribed
　　　　　　　spacer)　85,379
ヒト
　——の Alu ファミリー　353
　——の遺伝子の構成　65
　——の X 染色体のバンドの模式図
　　　　　　　　　　　　452
　——の β グロビン遺伝子　479
　——の血液型　24
　——の染色体　452
　——のミトコンドリアゲノム　59
　平均的な——の遺伝子　66
ヒトゲノム　65
　——のトランスポゾンの分布　353
α-ヒドロキシアセトシリンゴン　265
P ヌクレオチド(P nucleotide)　366
非発現型カセット　310
非反復配列(nonrepetitive sequence)
　　　　　　　　　　　　52
ppGpp　130
(p)ppGpp シンテターゼ　131
非ヒストンタンパク質(nonhistone
　　　　　　　protein)　462
pppGpp　130
P1 ファージ　276,306
B1 ファミリー
　マウスの——　354
B1 複合体　418
B2 複合体　418
ヒポキサンチン　145
非翻訳領域　29
　5′末端の——(5′UTR)　29
　3′末端の——(3′UTR)　29
非メンデル遺伝　57
非誘導性(uninducible)　201
ピューロマイシン(puromycin)　128
病気
　——の遺伝子　54
　——の診断法　50
表現型
　対立遺伝子の——の変化　336
　まだら模様の——　500
表層排除タンパク質　262
標的 RNA
　——の分解　221
標的免疫　332
開いた複合体(open complex)　180
ピリ(線毛；pili)　261
ビリオン→ウイルス粒子

和文索引　547

ピリミジン環 4
ピリミジントラクト(Pyトラクト)
　　　　　　　　　　　415,417
ピリミジン二量体(pyrimidine dimer)
　　　　　　　　　　　314
　　──の光回復 313
ピリン(pilin) 261
Bリンパ球(B細胞) 357
Vir遺伝子 265
VirE2一本鎖DNA結合タンパク質
　　　　　　　　　　　266
vir領域 264
ビルレント変異(毒性変異；virulent
　　　　　　　　　mutation) 234
ピロリジン 149
ヒンジ 203
品質管理システム(surveillance
　　　　　　　　　system) 110

## ふ

φX174ファージ 260
　　──のプライミング反応 293
φX型レプリコン 293
φXレプリコン 286
φ29ファージ
　　枯草菌の── 448
ファージ(phage, バクテリオファー
　　　　　　　　ジ) 3,227,257,510
　　──の感染 186,191
　　──の切出しと組込み 306
　　──の誘発 235
　　21 ── 235
　　SPO1 ── 186,230
　　Mu ── 331
　　Qβ ── 154,222
　　T2 ── 3
　　T4 ── → T4ファージ
　　P1 ── 276
　　φ29 259
　　φ80 ── 235
　　φX174 ── → φX174ファージ
　　434 ── 235
　　λ ── → λファージ
ファージ遺伝子
　　──の発現 228
ファージDNA 248
ファージリプレッサー 236
ファージ粒子
　　──の構成タンパク質 229
不安定な塩基対 101
Vir → ビル
V遺伝子(V gene) 358
Vエキソン 361
VNTR領域(variable number tandem
　　　　　　repeat region) 94
Vκサブファミリー 363
V-J-C連結 361
Vセグメント 359
部位特異的組換え(site-specific
　　　recombination) 273,300,306,518
V(可変)ドメイン 359
V(可変)領域〔V(variable)region〕 358
フィブリラリン 426
斑入り(variegation) 336
　　位置効果による──(position effect
　　　　　　　　variegation) 496
フェロモン(pheromone) 309
　　──とレセプターの相互作用 310
フォーカス
　　複製フォークの── 252
フォトリアーゼ 313,317
不活性クロマチン 490
副溝(minor groove) 5
複合トランスポゾン(composite
　　　　　　　transposon) 328
複製(replication) 9,280

──と共役的な経路 471
──途中のウイルス 225
──に非依存的な経路 471
──に必要なタンパク質 254
──の開始 248
──の完了 249
──のスリップ 95,282
──の速度 252
──の忠実度 282
──を伴う転移(replicative
　　　　　transposition) 329,333
──を伴わない切貼り機構 340
──を伴わない転移(nonreplicative
　　　　　transposition) 329,333
線状DNAの末端からの── 258
DNAの── 280
ミトコンドリアDNAの── 278,
　　　　　　　　　　290
ローリングサークル方式の──
　　　　　　　　　260,437
複製開始 248
複製開始タンパク質 268
複製開始点 248
　　F因子の── 262
　　細菌の── 251
　　大腸菌の── 250
　　レプリコンの── 254
複製開始点認識タンパク質複合体
　　　　　　　　(ORC) 253,493
複製開始反応 280
複製酵素ユニット 288
複製後修復 320
複製後複合体(postreplication
　　　　　　complex) 254
複製時間
　　── C 269
複製周期
　　──の開始時期 268
　　大腸菌の── 269
複製終了点
　　枯草菌の── 250
　　大腸菌の── 250
複製終了配列 250
複製終了反応 280
複製伸長反応 280
複製能欠損型ウイルス
　　(replication-defective virus) 348
複製の目(replication eye) 249
複製フォーク(複製分岐点；
　　　replication fork) 10,249,269
　　──とRNAポリメラーゼ 251
　　──の進行方向 251
　　──の立ち往生 293,321
　　──のフォーカス 252
複製前複合体(prereplication complex)
　　　　　　　　　254
複対立遺伝子(multiple allele) 23,48
不正確な切出し(imprecise excision)
　　　　　　　　　330
復帰変異(back mutation) 15
復帰変異株(revertant) 15
不等交差(unequal crossing-over)
　　　　　　　　　77,84
不稔性 310
負の相補性(negative
　　　　complementation) 202
負の調節(negative regulation) 196,
　　　　　　　　　198
負の超らせん 7,184,449
部分優性 21
不変な(invariant) 101
プライマー(primer) 285,346
　　──のA型構造 283
　　逆転写酵素の── 355
　　逆転写の── 285
プライマーゼ(primase) 285
プライミング反応 285
　　φX174ファージの── 293
プライモソーム(primosome) 286,292

プライモソーム結合部位(pas) 293
プラス鎖 260
プラス鎖ウイルス(plus strand virus)
　　　　　　　　　345
プラス鎖DNA(plus strand DNA)
　　　　　　　　　345
プラスストロングストップDNA 347
プラスミド(plasmid) 227,248,257,
　　　　　　　　　510
　　──の不和合性 257,277
　　──の分配 274
　　R1 ── 276
　　F ── 276
Prader-Willi症候群 503
プリオン(prion) 17,495,504
ブリッジ構造 177
プリン環 4
プルーフリーディング(校正；
　　　　proofreading) 281
プレスプライシング複合体 414
プレタンパク質(preprotein) 160
プレプライミング反応 292
プレプライミング複合体 292
フレームシフト 282
　　プログラムされた──
　　　(programmed frameshifting) 155
フレームシフトサプレッサー 155
フレームシフト変異(frameshift
　　　　　　mutation) 26,154
不連続複製 284
プロウイルス(provirus) 343
　　──の切出し 348
　　──の構造 347
プログラムされたフレームシフト
　　(programmed frameshifting) 155
プロゲステロンレセプター(PR) 403
プロセシング
　　rRNAの── 426
　　tRNAの── 101
　　ポリタンパク質の── 344
プロセシング複合体 425
プロセスされた偽遺伝子(processed
　　　　　pseudogene) 43,67,354
プロセッシブな反応性(processivity)
　　　　　　　　　281
ブロックされている読み枠(blocked
　　　　reading frame) 28
プロテアーゼ 166
　　──による切断 344
プロテアーゼ抵抗性
　　──のタンパク質 505
プロテインスプライシング
　　(タンパク質スプライシング；
　　　　　protein splicing) 442
プロテオーム(proteome) 46,69
プロトプラスト 513
プロファージ(prophage) 227,307
ブロモウラシル(BrU) 15
プロモーター(promoter) 172,175,197
　　──上のクロマチンリモデリング
　　　　　　　　　490
　　──に起こった変異 184
　　──の構成 387
　　──の定義 388
　　── $P_I$ 241
　　── $P_R$ 233
　　── $P_{RE}$ 240
　　── $P_{RM}$ 234,238
　　── $P_{R'}$ 233
　　── $P_{anti-Q}$ 241
　　── $P_L$ 233
　　── $P_{lac}$ 199
　　──を探し出す方法 179
　　RNAポリメラーゼの── 376,379
　　RNAポリメラーゼIIの──の領域
　　　　　　　　　386
　　snRNA遺伝子の── 380
　　MT遺伝子の──の構成 398
　　エンハンサーと──の差異 388

オペレーターと──との位置関係
　　　　　　　　　209
　　恒常的に発現される── 376,379
　　5S RNA遺伝子の── 380
　　真核細胞の── 483
　　大腸菌の── 182
　　TATAボックスのない──(TATA-
　　　　　　less promoter) 381
　　tRNA遺伝子の── 380
　　典型的な── 184
プロモーター強度 184
プロモータークリアランス時間 180
プロモーター測定用遺伝子 512
プロモーター変異 205
ブロモドメイン(bromo domain) 491
不和合性(incompatibility) 257
　　プラスミドの── 257,277
不和合性グループ(incompatibility
　　　　　　group) 277
分岐(divergence) 81
　　遺伝子の── 42
分岐率 81
分散した反復配列(interspersed
　　　　　repeat) 351
分子シャペロン 470
分枝点移動(branch migration) 296,
　　　　　　　　　304
分子内組換え 273
分枝部位(branch site) 413
　　酵母の── 413
分子ふるい 152
分断された遺伝子 32,59,410
　　──の進化 40
分配 274
分配装置
　　──の変異体 271
分配複合体 276
分泌機構 168
分泌タンパク質 162
分裂間期
　　──のクロマチン 450
分裂期染色体 450,462
分裂時間
　　── D 269
分裂中期
　　──の姉妹染色分体 451
　　──の染色体スカフォルド 450

## へ

ヘアピン構造
　　──の形成 189
　　RNAの── 215
　　転写終結の── 217
閉環状DNA 449
平行移動配置(translational
　　　　　positioning) 472
並列構造(lateral element) 299
ベクター(vector) 509
βサブユニット 286
ヘッドピース(headpiece) 203
ヘテロ核内RNA(hnRNA) 411
　　──の合成 378
ヘテロ核内リボ核タンパク質粒子
　　　　　　　(hnRNP) 410
ヘテロクロマチン(heterochromatin)
　　　　　　　91,451,482
　　──の形成 491,496
　　──の形成モデル 492
　　──の防御壁 477
ヘテロクロマチンタンパク質1
　　　　　　(HP-1) 492
ヘテロ接合体 336
ヘテロ多量体 21
ヘテロ二本鎖DNA(heteroduplex
　　　　　　DNA) 296

ペニシリン結合タンパク質2(PBP-2) 270
ペニシリン結合タンパク質3(PBP-3) 272
ペプチジル tRNA(peptidyl-tRNA) 117
——の加水分解 133
ペプチジルトランスフェラーゼ (peptidyl transferase) 128
——の活性中心 136
ペプチドグリカン層 270
ヘミメチル化 319,338
ヘミメチル化 DNA(hemimethylated DNA) 251
ヘミメチル化部位(hemimethylated site) 501
ヘム結合ドメイン 42
ヘモグロビン 77,79
ヘモグロビン遺伝子 43
ヘリカーゼ(helicase) 109,284,314,316
ヘリカーゼ活性 224
　ATP 依存性の—— 384
5′-3′ヘリカーゼ活性 288
ペリセプタル環(periseptal annulus) 270
ヘリックス-ターン-ヘリックス (helix-turn-helix；HTH) 236,399
ヘリックス-ターン-ヘリックスモチーフ 165,203
ヘリックス-ループ-ヘリックス (helix-loop-helix；HLH) 399,406
ヘリックス-ループ-ヘリックス (HLH)タンパク質 406
ヘリックス-ループ-ヘリックスモチーフ
　両親媒性の—— 399
ペリプラズム(periplasm) 168
ペルオキシソーム 161
ヘルパーウイルス(helper virus) 348
ヘルペスウイルス
　の TK 遺伝子 518
変異(突然変異；mutation) 13
——の蓄積 78
——の抑圧 16,28,154
　コード領域の—— 30
　スプライシングに影響を及ぼす—— 35
　制御部位の—— 30
　T4ファージのrⅡ領域の—— 27
　プロモーターに起こった—— 184
変異型対立遺伝子 24
変異原(mutagen) 13
変異体
　分配装置の—— 271
変異率 14
変性(denaturation) 12
偏性寄生細菌 63
変態ホルモン 401
ペンタソーム 103
ペントース 4

## ほ

芳香族アミノ酸
——の生合成 208
放散
　哺乳類の—— 82
胞子形成(sporulation) 185,309
　枯草菌の—— 277
紡錘体(spindle) 455
母系遺伝(maternal inheritance) 57,278
補助タンパク質
　ヌクレオソームの構築の—— 470
ホスファターゼ 424
ホスホジエステラーゼ 424
ホスホジエステル結合 5
——の形成 174,424
——の分解 424
母性発現因子 340
保存された配列(conserved sequence) 101,181
ホットスポット(hotspot) 16
Hop2 遺伝子 300
Hop2 変異 300
哺乳類
　——の遺伝子 38
　——の L1 因子 353
　——のサテライト DNA 92
　——の修復系 322
　——の放散 82
ホーミング
　——の役割 435
　イントロンの——(intron homing) 433
ホーミングエンドヌクレアーゼ 436,442
ホメオティック遺伝子座
　ショウジョウバエの—— 405,498
ホメオドメイン(homeodomain) 399,405
　engrailed 遺伝子産物の—— 405
ホメオボックス 405
ホモ多量体 21
ポリウリジル酸〔ポリ(U)〕 142
ポリ(A)〔poly(A)〕 106
——の付加 106,425
ポリ(A)結合タンパク質〔PABP；poly(A)-binding protein〕 108,426
ポリ(A)テール 108
——の合成 425
——の除去 110
ポリ(A)+ mRNA〔poly(A)+ mRNA〕 108
ポリ(A)ポリメラーゼ〔PAP；poly(A) polymerase〕 108,425
ポリオウイルス 126
ポリシストロニック mRNA (polycistronic mRNA) 104,198
ポリソーム(polysome) 103
　細菌の—— 104
　真核生物の—— 104
ポリタンパク質
　——のプロセシング 344
ホリデイ構造(Holliday structure) 296
——の解消 304
ポリテン染色体(多糸染色体；polytene chromosome) 454
ポリヌクレオチドキナーゼ 424
ポリヌクレオチド鎖 5
ポリヌクレオチドホスホリラーゼ (RNPase) 108
ポリフェニルアラニン 142
ポリペプチド鎖
　——の転移 118
ポリメラーゼスイッチ 291
ポリリボソーム→ポリソーム
Pol α・プライマーゼ 291
pol 遺伝子 344
Pol ポリタンパク質 345
ホルボールエステル 398
ホルミル化 122
N-ホルミルメチオニル tRNA(fMet-tRNA$_f^{Met}$；N-formylmethionyl-tRNA) 122
ホルミルメチオニン 123
ホロ酵素(holoenzyme) 177
ホロ酵素複合体
　RNA ポリメラーゼの—— 397
white 遺伝子 496
翻訳(translation) 11,29,99
——後の膜透過(post-translational translocation) 160
——と共役した膜透過(co-translational translocation) 160
——の調節 211
——の停止 162
　細菌の mRNA の—— 123
　細菌の——の速度 105
　真核生物の mRNA の—— 125
　リーダー領域の—— 216
翻訳開始 118
　真核生物の—— 125
翻訳開始部位
——の判定 126
翻訳終止 119
翻訳終止因子 148
翻訳終止後反応 133
翻訳終止反応 133
翻訳伸長 119
翻訳伸長因子 148
翻訳装置
——の普遍性 100

## ま

マイクロ RNA(miRNA；microRNA) 223
マイクロインジェクション 4,508,513
マイクロサテライト(microsatellite) 52,94
マイコプラズマ(Mycoplasma)
　——のゲノムサイズ 51
マイナス鎖 260
マイナス鎖 DNA(minus strand DNA) 345
-35 配列(-35 sequence) 181
-10 配列(-10 sequence) 181
マイナスストロングストップ DNA 346
マウス(M.musculus)
　——の偽遺伝子 44
　——のβグロビン遺伝子 479
　——のサテライト DNA 92
　——の胚盤胞 516
　——の B1 ファミリー 354
　——の免疫グロブリン遺伝子座のコンセンサス配列 364
マウスゲノム 65
マウス第1染色体 56
巻き過ぎの DNA(overwound DNA) 5
巻き足りない DNA(underwound DNA) 5
巻直し点 174
巻き戻し 7
膜局在化シグナル 167
膜結合型タンパク質 198
膜結合型リボソーム 160
膜透過(translocation) 160
　翻訳後の——(post-translational translocation) 160
　翻訳と共役した——(co-translational translocation) 160
膜輸送系 198
マクロファージ 357
麻疹パラミクソウイルス 440
マチュラーゼ
　——をコードするイントロン 436
末端タンパク質(terminal protein) 259
末端の逆方向反復配列(inverted terminal repeat) 326
MATα 対立遺伝子 309
MATa 対立遺伝子 309
MAT 部位 309
マトリックス局在化シグナル 167
マトリックス結合領域(MAR；matrix attachment region) 450,480
マルチフォーク染色体(multiforked chromosome) 268

## み

ミオグロビン 42,80
ミオシン 113
ミカエリス・メンテン反応機構 433
未確認の読み枠 29
右巻きらせん 7
ミクロコッカスヌクレアーゼ (micrococcal nuclease) 463
ミスセンスサプレッサー(missense suppressor) 152
ミスマッチ(mismatch) 14,17
ミスマッチ修復(mismatch repair) 313,324
ミスマッチ修復系 319
——の欠損 325
溝 175
密度勾配(density gradient) 90
密度勾配遠心法 78
ミトコンドリア
　——の RNA ポリメラーゼ 378
　——の遺伝暗号の変化 148
　——のグループⅡイントロン 420
　——のゲノム 57
　酵母の——のゲノム 59
　植物の—— 59
　真菌の——のグループⅠイントロン 430
　真菌の——の多型 433
　動物の—— 59
　トリパノソーマの—— 438
　ヒトの——のゲノム 59
ミトコンドリア局在化シグナル 167
ミトコンドリアタンパク質 166
ミトコンドリア DNA(mtDNA；mitochondrial DNA) 58
——の複製 278,290
ミニサテライト(minisatellite) 52,78,94
ミニセル(minicell) 271
ミニセル変異 272
ミニ染色体(minichromosome) 466
　SV40 の——のヌクレアーゼ感受性部位 475
ミネラルコルチコイド 401
ミネラルコルチコイドレセプター (MR) 403
ミューテーター(変異誘発) 319
ミューテーター遺伝子 324

## む, め

無核細胞(anucleate cell) 270
娘鎖 8
無動原体染色体断片(acentric fragment) 336,455
Meselson-Stahl の実験 10
メタロチオネイン(MT) 398,515
メチオニン 122
メチラーゼ→メチルトランスフェラーゼ
$N^6$-メチルアデニン塩基 107
$N^6$-メチルアデノシン 145
メチル化 107
——されていない DNA 251
——による遺伝子の不活性化 501
　アデニンの—— 251
　CpG アイランドの—— 391
　生殖細胞における—— 502
　DNA の—— 338,489,495,501
　ヒストンテールの—— 491
　ヒストンの—— 486,489
メチル基依存ミスマッチ修復系 314

和文索引　549

7-メチルグアノシン 145
3-メチルシチジン 145
5-メチルシチジン 145
5-メチルシトシン 17
——の脱アミノ 17,319
メチルトランスフェラーゼ(メチル基転移酵素；methyltransferase) 317, 427,501
メッセンジャー RNA→mRNA
メディエーター(mediator) 395
5-メトキシウリジン 146
免疫応答(immune response) 357
脊椎動物の—— 357
免疫グロブリン(immunoglobulin；Ig) 357
——のクラス 368
免疫グロブリン遺伝子(Ig)
——のエンハンサー 388
——の組換え 365
——の再構築 438
免疫グロブリン遺伝子座
マウスの——のコンセンサス配列 364
免疫グロブリン四量体 359
免疫系
ニワトリの—— 371
免疫性(immunity) 234
溶原ファージによる—— 257
λファージの—— 235
免疫性領域(immunity region) 234, 242
メンデルの法則 20
——に従う遺伝子座 514

## も

モザイク構造
遺伝子の—— 40
モジホコリカビ
——のグループIイントロン 430
モジュール 41
モジュール構造
アクチベーターの—— 395
モータータンパク質 113
モチーフ 399
モノシストロニック mRNA (monocistronic mRNA) 104
モルフォゲン(形態形成因子) 401

## や，ゆ

薬剤耐性マーカー 328,335
野生型対立遺伝子 24
U2 依存性イントロン 419
U12 依存性イントロン 419
融解
DNA の—— 12
融解温度($T_m$) 12
融合 RNA 349
優性 21
誘導(induction) 199
——の効果 207
オペロンの—— 209
誘導物質→インデューサー
誘発(induction) 227
ファージの—— 235
誘発変異(induced mutation) 13
遊離因子(RF；release factor) 111,132
遊離型リボソーム 120,159
U1 snRNA
——の二次構造 416
U1 snRNP
——の 5′スプライス部位への結合 415

ユークロマチン→真正クロマチン
U5 346
U3 346
UGA コドン
——の認識 149
U12 スプライソソーム 419
U に富む配列 189
ユビキチン系 255
UvrAB 複合体 316
uvr 除去修復系 314,316
UvrD ヘリカーゼ 320
UvrBC 複合体 316
ユープロテス 460
U2 補助因子 416
ゆらぎ仮説(wobble hypothesis) 143
緩い結合部位(loose binding site) 177

## よ

溶菌(lysis) 227
溶菌感染(lytic infection) 227
溶菌サイクル 227,308
——へのカスケード 242
Mu ファージの—— 332
溶原化と—— 243
λファージの——のカスケード 232
溶原化(lysogeny) 227,257,308
——と溶菌サイクル 243
——の維持 235,240
——の確立 240
高頻度の—— 240
溶原ファージ
——による免疫性 257
養母マウス 516
葉緑体
——の RNA ポリメラーゼ 378
——のゲノム 57
葉緑体タンパク質 166
葉緑体 DNA(ctDNA；chloroplast DNA) 58
抑圧(suppression) 15
変異の—— 16,28,154
抑圧変異(サプレッサー；suppressor) 15,26,152
抑制(repression) 199
——の効率 207
オペロンの—— 209
抑制が解除されている(derepressed) 209
抑制複合体 489
読み誤り 155
読み過ごし(readthrough) 152,188
読み飛ばし
——による終止コドンの迂回 155
読み枠(reading frame) 28
ブロック(blocked)されている—— 28
未確認の—— 29
4 塩基コドン 155
40S サブユニット 102
43S 複合体 126
4.5S RNA 複合体 164
4.2 領域 187
四量体リプレッサー 206

## ら

ライセンス因子(licensing factor) 254
——の制御 255
LINES(長い分散した配列) 352
ラギング鎖(lagging strand) 283
——の合成 288

ラクトース(lac も見よ) 198
ラクトース代謝系 198
——の構造遺伝子 198
大腸菌の—— 200
ラダー
DNA 断片の—— 464
lacI 遺伝子 199
lacI$^S$ 変異 203
lacI$^{-d}$ 変異 204
lacI$^-$ 変異 203
lac オペレーター
——の塩基配列 205
lacZ 遺伝子 512
lac リプレッサー 199,236
——のドメイン 203
ラット成長ホルモン 515
rut 部位 190
RAD 遺伝子
酵母の—— 322
rad50 変異株 301
λ 鎖 359
——の遺伝子座 363
λ 鎖遺伝子 360
λvir 変異 234
λファージ 306
——の遺伝地図 232
——の構築過程 448
——の後発型初期遺伝子 232
——の先発型初期遺伝子 232
——の包み込み機構 510
——の免疫性 235
——の溶菌サイクルのカスケード 232
——のリプレッサー 233
λ類縁ファージ 235
ラリアット(lariat) 413
卵形成
ショウジョウバエの—— 112
ランダムヒット反応機構 16
ランプブラシ染色体(lampbrush chromosome) 453
卵母細胞
アフリカツメガエルの——の rDNA の増幅 260

## り

リアーゼ 317
リガント応答性アクチベーター 401
リガンド活性化アクチベーター 399
リーキー変異(leaky mutation) 22
リケッチア(Rickettsia prowazekii) 60
リコーディング(recoding) 154
利己的 DNA(selfish DNA) 52
リコンビナーゼ 273,306
リーシュマニア
——のシトクロム b 遺伝子 441
リシン
アセチル化した—— 491
リゾルベース(resolvase) 314,321, 329,333
リゾルベソーム 304
リーダー(leader)[mRNA] 29,104
リーダー(leader)[タンパク質] 160
リーダーエキソン 361
リーダー配列 166
トリパノソーマ mRNA の—— 422
リーダーペプチド(leader peptide) 217
リーダー領域
——の塩基配列 217
——の翻訳 216
リーディング鎖(leading strand) 283
——の合成 288
リバースジャイレース 305
リファマイシンファミリー 178
リファンピシン 178

リプレッサー(repressor) 196
——と Cro タンパク質の拮抗作用 243
——に対する親和力 237
——の維持 238
——の確立 240
——の合成 232
——のサブユニット 235
——の二量体構造 235
まれな—— 397
四量体—— 206
λファージの—— 233
リプレッサー結合部位 237
リプレッサータンパク質
——のアロステリック調節 221
リボ核酸→ RNA
リボ核タンパク質複合体
——の移行 355
リボ核タンパク質粒子(RNP) 102, 414
リボザイム(ribozyme) 221,429
エンドヌクレアーゼ活性をもった—— 438
リボース 5
リボスイッチ(riboswitch) 220,432
リボソーム(ribosome) 98,102
——の活性中心 117,136
——の結合構造解析 134
——の構成成分 116
——のサブユニット 102,116
——の調節応答反応 130
——の停止(ribosome stalling) 157,217
——のライフサイクル 104
細菌の—— 102
真核生物の—— 102
リボソーム 508
リボソーム RNA→ rRNA
リボソーム結合部位(ribosome-binding site) 120,123
mRNA 内部の—— 126
リボソーム再生因子(RRF) 133
リボソームタンパク質→ r タンパク質
リボソーム DNA→ rDNA
リボチミジン(T) 145
リボヌクレアーゼ(RNase；ribonuclease) 10
リボヌクレアーゼ III 224
リボヌクレアーゼ D 110
リボヌクレアーゼ E(RNase E) 108
リボヌクレアーゼ H 290
リボヌクレアーゼ L 225
リボヌクレアーゼ P(RNase P) 112, 429
リボヌクレアーゼ H 活性 346
リボヌクレアーゼ I 変異株 108
リモデリング複合体 476,490
——の ATP アーゼサブユニット 484
転写因子と——の相互作用 485
両親媒性ヘリックス 167,406,408
両親媒性ヘリックス-ループ-ヘリックスモチーフ 399
量的補償(dosage compensation) 487,499
両方向複製 249
緑色蛍光タンパク質(GFP) 512
リラクセース(弛緩酵素；relaxase) 260
リラックス(rel)変異株(relaxed mutant) 130
離陸コドン 156
リンカー DNA(linker DNA) 464
リンカー領域 472
リン酸化
CTD テールの—— 385
ヒストンの—— 486,490
リンパ球 357
——の系列 372

## る，れ

ループ（loop） **100**
　DNAの—— 390
霊長類
　——のセントロメア 456
RegA タンパク質
　T4 ファージの—— 211
レグヘモグロビン（leghemoglobin） 42,80
res 部位 335
レセプター 161
　細胞小器官にある—— 160
　フェロモンと——の相互作用 310
レチノイン酸（ビタミン A） 401
9-cis-レチノイン酸 401
レチノイン酸レセプター（RAR） 399, 402,404
9-cis-レチノイン酸レセプター（RXR） 402,404
RecF 経路 321
rec 遺伝子
　大腸菌の—— 321
RecA 酵素 302
RecA ファミリー 303
RecBC 経路 321
RecBCD 酵素複合体 302
recB, recF 組換え修復経路 314
rec⁻変異（rec⁻ mutation） **302**
劣　性 21
レトロウイルス（retrovirus） 12,**343**
　——の感染サイクル 349
　——のゲノム 344
　——の出芽 345
レトロトランスポゾン（retrotransposon）→レトロポゾン
レトロポゾン（retroposon） 343,350, 352
レプトテン期（細糸期） 296
レプリコン（replicon） **248**
　——の点火 249
　——の複製開始点 254
　　原核生物の—— 250
　　真核生物の—— 252
レプリソーム（replisome） **280**
レポーター遺伝子（reporter gene） **510**
連結反応
　コード末端で働く—— 367
連結分子（joint molecule） 296,303
連鎖（linkage） **20**
連鎖地図 47

## ろ

ロイシンジッパー（leucine zipper） 399,407
ロイシン反復配列 204
ρ因子（rho factor） **188**
ρ因子依存性ターミネーター（rho-dependent terminator） **188**
ρ因子非依存性ターミネーター 189, 215
*60* 遺伝子
　T4 ファージの—— 156
60S サブユニット 102
ローリングサークル（rolling circle） **259**
　——方式の複製 260,437

## わ

ワイオシン（Y） 145
Y 字形の構造 423
Y 染色体 68
ワイブトシン（Y-Wye） 145
Y 領域 310
Watson, J. D
　——と Crick の二重らせんモデル 6
Watson - Crick 型塩基対 15

# 欧文索引*

## A

AAUAAA 425
Abf1 493
abortive initiation（転写開始の失敗）
　　　　　　　　　　　　　　　180
abundance（発現量）73
abundant mRNA（発現量の多い
　　　　　　　　　　　mRNA）73
Ac 338
acceptor arm（受容アーム，アクセ
　　　　　プターアーム）100
acentric fragment（無動原体染色体
　　　　　断片）336,455
A complex（A 複合体）416
acridine（アクリジン）26
ACS（ARS consensus sequence）253
activator（アクチベーター，活性化
　　　　　因子）386,394
adenine（A；アデニン）5
adenylate cyclase（アデニル酸シク
　　　　　ラーゼ）210
AID（活性化により誘導されるシチジ
　　　　　ンデアミナーゼ）369
alarmone（アラーモン）130
allele（対立遺伝子）20
allelic exclusion（対立遺伝子排除）
　　　　　　　　　　　　　　　365
allosteric regulation（アロステリック
　　　　　調節）200
alternative splicing（選択的スプライ
　　　　　シング）421
Alu domain（Alu ドメイン）163
Alu family（Alu ファミリー）353
Aly 419
α-amanitin（α アマニチン）377
aminoacyl-tRNA（アミノアシル
　　　　　tRNA）100
aminoacyl-tRNA synthetase（アミノ
　　　　　アシル-tRNA シンテターゼ）100
amp^R（アンピシリン耐性）335
annealing（アニーリング）12
anti-Sm（抗 Sm）414
antibody（抗体）357
anticodon（アンチコドン）100
anticodon arm（アンチコドンアーム）
　　　　　　　　　　　　　　　100
antigen（抗原）357
antiparallel（逆方向，アンチパラレル）
　　　　　　　　　　　　　　　5
antisense gene（アンチセンス遺伝子）
　　　　　　　　　　　　　　　219
antitermination（抗転写終結）188,191
antitermination factor（抗転写終結
　　　　　因子）191
anucleate cell（無核細胞）270
AP-1 398,400,408
APRT（アデノシンホスホリボシル
　　　　　トランスフェラーゼ）391
AR（アンドロゲンレセプター）403
ARE（AU に富む配列）110
arm（アーム）[tRNA] 100
arm（アーム）[λ ファージ] 307
aroH 208
ARS（自律複製配列）252
Artemis 323,367
ASF/SF2 416,421
Ash1 113
A site（A サイト）117

## B

B1 354
background level（バックグラウンド
　　　　　レベル）13
back mutation（復帰変異）15
bacteriophage（バクテリオファージ）
　　　　　　　　　　　　　　　227
band（バンド）454
basal factor（基本転写因子）381,394
basal level（基底レベル）199
base pairing（塩基対形成）5
BBP（branch point binding protein）
　　　　　　　　　　　　　　　417
B cell（B 細胞）357
BEAF-32 478
B-form DNA（B 型 DNA）5
bHLH protein（bHLH タンパク質，
　　　　　塩基性 HLH タンパク質）406
bicoid mRNA 113
bivalent（二価染色体）25,295
BLE（基底レベル配列）398
branch migration（分枝点移動）296
branch site（分枝部位）413
breakage and reunion（切断・再結合）
　　　　　　　　　　　　　　25,295
breakage-bridge-fusion（切断-架橋-
　　　　　融合）336
BRE（TFIIB responsive element）384
bromo domain（ブロモドメイン）491
BSE（ウシ海綿状脳症）505
buoyant density（浮遊密度）90
bz 337
bZIP 407

## C

C［複製時間］269
C［遺伝子］337
c I 233
c II 240
c II-c III 232
c III 240
CAAT box（CAAT ボックス）386
CAF-1 470
cAMP（サイクリック AMP）210
assembly factor（構築因子）380
ataxia telangiectasia（AT；血管拡張性
　　　　　失調症）324
attB 308
attenuation（アテニュエーション，
　　　　　転写減衰）215
attenuator（アテニュエーター）215
attL 308
attP 308
attR 308
att site（att 部位）307
AUG 122
autogenous regulation（自己調節）
　　　　　　　　　　　　　　　211
autonomous controlling element
　　　　　（自律的調節因子）337
autonomously replicating sequence
　　　　　（ARS；自律複製配列）252
autosplicing（自己スプライシング）
　　　　　　　　　　　　　　　429
axial element（縦軸構造）299

cap（キャップ）106
capsid（キャプシド）447
carboxyl-terminal domain（CTD；
　　　　　C 末端ドメイン）377,385
cascade（カスケード）229
cassette model（カセットモデル）309
CAT（クロラムフェニコールアセチル
　　　　　トランスフェラーゼ）512
C-band（C バンド）455
CBF1 458
CBF3 458
CBP/p300 404
Cdc6 255
Cdc13 460
CDE-I 457
CDE-II 457
CDE-III 457
cDNA（相補的な DNA）34
C/EBP 408
CEN 457
CENP-A 457
CENP-C 457
central dogma（セントラルドグマ）
　　　　　　　　　　　　　　　11
central element（中央構造）299
centromere（セントロメア，動原体）
　　　　　　　　　　　　　　　455
CF I 425
CF II 425
C gene（C 遺伝子）358
chemical proofreading（化学的校正）
　　　　　　　　　　　　　　　151
chi（カイ配列，χ）302
chiasma（キアズマ）25,295
chloroplast DNA（ctDNA；葉緑体
　　　　　DNA）58
chromatid（染色分体）25
chromatin（クロマチン）446
chromatin remodeling（クロマチンの
　　　　　リモデリング，クロマチンの構造
　　　　　変換）483
chromocenter（染色中心）451
chromo domain（クロモドメイン）
　　　　　　　　　　　　　　　491
chromomere（染色小粒）453
chromosome（染色体，クロモソーム）
　　　　　　　　　　　　　　　2,446
chromosome pairing（対合）295
chvA 264
chvB 264
cis（シス）30
cis-acting（シスに働く）30,196
cistron（シストロン）21
CJD（クロイツフェルト・ヤコブ病）
　　　　　　　　　　　　　　　505
clamp（クランプ）286
clamp loader（クランプ装着因子）286
class switching（クラススイッチ）368
clonal expansion（クローンの増大）
　　　　　　　　　　　　　　　357
cloning（クローニング）509
cloning vector（クローニングベク
　　　　　ター）508
cloverleaf（クローバーの葉）100
coactivator（コアクチベーター）394
coding end（コード末端）365
coding region（コード領域）29,99,104
coding strand（コード鎖）99,172
codon（コドン）26,99
cognate tRNA（同族 tRNA）149
cohesin（コヒーシン）299
cointegrate（共挿入体）332

complementation group（相補性グ
　　　　　ループ）21
complementation test（相補性テスト）
　　　　　　　　　　　　　　　21
composite transposon（複合トランス
　　　　　ポゾン）328
concerted evolution（協調進化）87
conjugation（接合）261
consensus sequence（コンセンサス
　　　　　配列）181
conserved sequence（保存された
　　　　　配列）181
constant（C）region［定常（C）領域］
　　　　　　　　　　　　　　　358
constitutive（恒常的な，構成的な）
　　　　　　　　　　　　　　　201
constitutive heterochromatin（恒常的
　　　　　ヘテロクロマチン）90,499
context（コンテクスト）123
controlling element（調節因子）336
coordinate regulation（同調的調節）
　　　　　　　　　　　　　　　201
copy choice（コピーの選択，コピー
　　　　　チョイス）346
copy number（コピー数）275
core DNA（コア DNA）464
core enzyme（コア酵素）177
core histone（コアヒストン）463
core particle（コア粒子）464
corepressor（コリプレッサー）199
core promoter（コアプロモーター）
　　　　　　　　　　　　　　　378,381
core sequence（コア配列）307
cos 448
cosmid（コスミド）509
cosuppresion（共抑制，コサプレッ
　　　　　ション）224
co-translational translocation（翻訳と
　　　　　共役した膜透過）160
cox II 439
cox III 440
CpG island（CpG アイランド）390
CPSF 425
Cre 306
cre 518
Cre/lox 307,518
Crick, F. H. C. 6
cro 192,232,242
Cro 236,242
crossing-over（交差）25
crossover fixation（交差固定）87
crown gall disease（クラウンゴール病）
　　　　　　　　　　　　　　　263
CRP（cyclic AMP receptor protein；
　　　　　cAMP 受容タンパク質）210,236
cryptic satellite（隠れたサテライト）
　　　　　　　　　　　　　　　90
Cse4 457
CstF 425
CTCF 503
CTD（C 末端ドメイン）377,385
ctDNA（葉緑体 DNA）58
Ctf19 458
cutting periodicity（切断位置の周期性）
　　　　　　　　　　　　　　　465
C-value（C 値）51
C-value paradox（C 値パラドックス）
　　　　　　　　　　　　　　　51
$Cys_2/Cys_2$ 403
$Cys_2/His_2$ 401
cystic fibrosis（嚢胞性繊維症）49
cytosine（C；シトシン）5

---

\* 太字の数字は各節の最初にまとめた重要語句のページを示す．

## D

cytotype（サイトタイプ） 339

D 269
Da（ドルトン） 55
dam 319
ddm1 339
deacylated tRNA（脱アシル tRNA） 117
degradosome（デグラドソーム） 108
delayed early gene（後発型初期遺伝子） 229
deletion（欠失） 14
δ 350
demethylase（デメチラーゼ） 501
denaturation（変性） 12
de novo methylase（新規型メチラーゼ） 501
density gradient（密度勾配） 90
deoxyribonuclease（DNase；デオキシリボヌクレアーゼ） 10
deoxyribonucleic acid（DNA；デオキシリボ核酸） 5
derepressed（抑制が解除されている） 209
DHFR（ジヒドロ葉酸レダクターゼ） 36
dicentric chromosome（二動原体染色体） 336
dif 273
dinB 318
direct repeat（同方向反復配列） 327
divergence（分岐） 81
Dmc1 302
DMD（デュシェンヌ型筋ジストロフィー症） 55
DMD（異なったメチル化を受けたドメイン） 503
DmORC 254
DNA（デオキシリボ核酸） 5
dna 280
DnaA 292
DnaB 288,292
DnaC 292
DnaE 288
DnaE$_{BS}$ 288
DNA fingerprinting（DNA フィンガープリント法） 49,94
DNA ligase（DNA リガーゼ） 289
DNA polymerase（DNA ポリメラーゼ） 280
DNA replicase（DNA 複製酵素） 280
DNA-bindind site（DNA 結合部位） 202
dnaG 285
DNA-PK 323,369
DNA polymerase（DNA ポリメラーゼ） 8
DNase（デオキシリボヌクレアーゼ） 10
DNase I 466
DNase II 466
DNA topoisomerase（DNA トポイソメラーゼ） 304
Dnmt1 502
Dnmt3A 502
Dnmt3B 502
domain（ドメイン）［タンパク質］ 449
domain（ドメイン）［染色体］ 476
dominant negative（ドミナントネガティブ） 202
dosage compensation（量的補償） 499
double-strand break（DSB；二本鎖切断） 298
doubling time（世代時間） 268
down mutation（ダウン変異） 183

downstream（下流） 172
downstream promoter element（DPE；下流プロモーター配列） 381
Ds 337
DSB（二本鎖切断） 298
DSE（分解配列） 111
D segment（D セグメント） 362
dsRNA（二本鎖 RNA） 224
dsx 421
dystrophin（ジストロフィン） 55

## E

early gene（初期遺伝子） 185,229
early infection（感染初期） 228
E complex（E 複合体） 416
eEF-1α 128
eEF-1βγ 128
EF（伸長因子） 127
EF-G 129
EF-Ts 128
EF-Tu 127
EF-Tu・GDP 128
EGF（上皮細胞増殖因子） 41
eIF-1 126
eIF-1A 126
eIF-2 126
eIF-2a 225
eIF-3 126
eIF-4A 126
eIF-4B 126
eIF-4E 126
eIF-4G 108,126,426
EJC（エキソン連結複合体） 419
elongation（伸長） 117,174
elongation factor（伸長因子） 127
endonuclease（エンドヌクレアーゼ） 10
endoplasmic reticulum（ER；小胞体） 159
engrailed 405
enhanceosome（エンハンソソーム） 388
enhancer（エンハンサー） 387
env 344
EnvA 270
epigenetic（エピジェネティク，後成的） 495
episome（エピソーム） 257
ER（小胞体） 159
ER（エストロゲンレセプター） 403
ERCC1 385
ERE（エストロゲンレセプター応答配列） 403
eRF-1 111,133
eRF-3 111
error-prone synthesis of DNA（誤りがちな DNA 合成） 318
Esc-E(Z) 498
est1 460
EST2 460
est3 460
euchromatin（真正クロマチン，ユークロマチン） 451
E(var) 491
evolutionary clock（進化時計） 81
excision（切出し） 227,307
excision（除去） 316
excision repair（除去修復） 316
exon（エキソン） 32
exon definiton（エキソンの決定） 416
exonuclease（エキソヌクレアーゼ） 10
exosome（エキソソーム） 109
extein（エクステイン） 442
extranuclear gene（核外遺伝子） 57
exuperantia（exu） 113

## F

FACT（facilities chromatin transcription） 475
facultative heterochromatin（条件的ヘテロクロマチン） 499
FEN1 290
Ffh 164
FlhA mRNA 222
FLP 306
fMet-tRNA$_f^{Met}$（N-ホルミルメチオニル tRNA） 122
forward mutation（正の変異） 15
Fos 408
F plasmid（F 因子，F プラスミド） 261
frameshift mutation（フレームシフト変異） 26
fts 271
ftsI 272
FtsK 274
FtsW 272
FtsY 164
FtsZ 271
ftsZ 271
fully methylated site（完全にメチル化されている部位） 501

## G

G418 517
gag 344
gag-pol-env 344
gain-of-function mutation（機能獲得型変異） 23
γδ 334
GAP（GnRH に付随したペプチド） 515
Gapdh 56
G-band（G バンド） 452
GC box（GC ボックス） 386
Gcn5 488
gene（遺伝子） 2,21
gene cluster（遺伝子クラスター） 77
gene family（遺伝子ファミリー） 42,69,77
genetic code（遺伝暗号，遺伝コード） 26
genome（ゲノム） 2
GFP（緑色蛍光タンパク質） 512
GlcN6P（グルコサミン 6-リン酸） 221,433
glmS 221
glucocorticoid response element（GRE；グルココルチコイド応答配列） 397
GnRH（ゴナドトロピン放出ホルモン） 515
Golgi apparatus（ゴルジ体） 159
GR（グルココルチコイドレセプター） 403
gratuitous inducer（代謝されないインデューサー） 200
GRE（グルココルチコイド応答配列） 397,403
GU-AG rule（GU-AG 則） 411
guanine（G；グアニン） 5
GUG 123
guide RNA（ガイド RNA） 439

## H

H19 503

haplotype（ハプロタイプ） 49
HAT（ヒストンアセチルトランスフェラーゼ） 487
HDA（高密度オリゴヌクレオチドアレイ） 75
HDAC（ヒストンデアセチラーゼ） 487
HDAC1 489
HDAC2 489
headpiece（ヘッドピース） 203
heat shock gene（熱ショック遺伝子） 397
heat shock response element（HSE；熱ショック応答配列） 397
heavy chain（H 鎖，重鎖） 358
helicase（ヘリカーゼ） 284
helix-loop-helix（HLH；ヘリックス-ループ-ヘリックス） 399,406
helix-turn-helix（HTH；ヘリックス-ターン-ヘリックス） 236,399
helper virus（ヘルパーウイルス） 348
hemimethylated DNA（ヘミメチル化 DNA） 251
hemimethylated site（ヘミメチル化部位） 501
hereditary nonpolyposis colorectal cancer（遺伝性非腺腫性大腸がん；HNPCC） 324
heterochromatin（ヘテロクロマチン） 451,482
heteroduplex DNA（ヘテロ二本鎖 DNA） 296
Hfl 240
hflA 244
hflB 244
Hfq 222
Hfr strain（Hrf 株） 262
H2A・H2B 468
H3$_2$・H4$_2$ 468
highly repetitive sequence（高頻度反復配列） 52
histone（ヒストン） 462
histone acetyltransferase（HAT；ヒストンアセチルトランスフェラーゼ） 487
histone deacetylase（HDAC；ヒストンデアセチラーゼ） 487
histone fold（ヒストンフォールド） 467
HLH（ヘリックス-ループ-ヘリックス） 399,406
HMLα 310
hMLH1 325
HMRa 310
hMSH2 325
HNPCC（遺伝性非腺腫性大腸がん） 324
hnRNA（ヘテロ核内 RNA） 411
hnRNP（ヘテロ核内リボ核タンパク質粒子） 410
HO 310,485
Holliday structure（ホリデイ構造） 296
holoenzyme（ホロ酵素） 177
homeodomain（ホメオドメイン） 399
Hop2 300
hotspot（ホットスポット） 16
housekeeping gene（ハウスキーピング遺伝子） 73
HP-1（ヘテロクロマチンタンパク質 1） 492
HP-1α 492
HP-1β 492
HP-1γ 492
hpg 515
HRE（ホルモンレセプター応答配列） 486
HSE（熱ショック応答配列） 397
hSin3 489

Hsp70　477
HSTF　398,400
HTH（ヘリックス-ターン-ヘリックス）　236,399
HU　292
hybrid dysgenesis（雑種発生異常）　339
hybridization（ハイブリダイゼーション）　12
hydrops fetalis（胎児水腫）　83
hypermutation（多発変異）　370
hypersensitive site（高感受性部位）　475

## I

ICR　503
Id　407
idling reaction（空回り反応，アイドリング反応）　130
iDNA　291
IF（開始因子）　120
IF-1　120
IF-2　120,124
IF-3　120
IFNγ（インターフェロンγ）　388
Ig（免疫グロブリン）　357
IgA　368
IgE　368
IgG　368
IgH　373
IgM　368
Igκ　373
Igλ　373
IGF-Ⅱ（インスリン様増殖因子Ⅱ）　503
IGF-ⅡR　503
IGF2　503
IGS（内部指標配列）　431
IHF（組込み宿主因子）　276,308,335
I-κB　400
immediate early gene（先発型初期遺伝子）　229
immune response（免疫応答）　357
immunity（免疫性）　234
immunity region（免疫性領域）　234
immunoglobulin（Ig；免疫グロブリン）　357
imprecise excision（不正確な切出し）　330
imprinting（刷込み）　502
incision（切断）　316
incompatibility（不和合性）　257
incompatibility group（不和合性グループ）　277
indirect end labeling（間接末端ラベリング）　472
induced mutation（誘発変異）　13
inducer（インデューサー，誘導物質）　199
inducer-binding site（インデューサー結合部位）　202
induction（誘導）　199
induction（誘発）　227
initiation（開始）　117
initiation codon（開始コドン）　28,122
initiation complex（開始複合体）　120
initiation factor（IF；開始因子）　120
initiator（Inr；イニシエーター）　379,381
insertion（挿入）　14
insertion sequence（IS因子，挿入配列）　326
in situ hybridization（in situ ハイブリダイゼーション）　90,454
insulator（インスレーター）　477
Int　306

int　241
intasome（インタソーム）　307
integrase（インテグラーゼ）　343
integration（組込み）　227,307
intein（インテイン）　442
interallelic complementation（対立遺伝子間相補性）　202
interband（インターバンド）　454
intercistronic region（シストロン間領域）　104
interspersed repeat（分散した反復配列）　351
intiation（開始）　174
intrinsic terminator（固有のターミネーター）　188
intron（イントロン）　32
intron definition（イントロンの決定）　416
intron homing（イントロンのホーミング）　433
inverted terminal repeat（末端の逆方向反復配列）　326
IPTG（イソプロピルチオガラクトシド）　201
IRES（mRNA内部のリボソーム結合部位）　126
IS1　328
IS10　329
IS10L　329
IS10R　329
ISWI　484

## J, K

Jacob, F.　196
joint molecule（連結分子）　296
J segment（Jセグメント）　360
Jun　400,408

kinetic proofreading（反応速度論的校正）　151
kinetochore（キネトコア）　455
knockin（ノックイン）　517
Ku　369
Ku70　323,367
Ku80　323,367
kuru（クールー）　19,505

## L

L7　134
L7/L12　136
L11　131,136
L1　353,355
lacI　199
lacI⁻　203
lacI⁻ᵈ　203
lacIˢ　203
lacZYA　198
lagging strand（ラギング鎖）　283
lampbrush chromosome（ランプブラシ染色体）　453
lariat（ラリアット）　413
late gene（後期遺伝子）　185,229
late infection（感染後期）　228
lateral element（並列構造）　299
LCR（遺伝子座制御領域）　478
LDL（低密度血清リポタンパク質）　41
leader（リーダー）［mRNA］　29,104
leader（リーダー）［タンパク質］　160
leader peptide（リーダーペプチド）　217
leading strand（リーディング鎖）　283
leaky mutation（リーキー変異）　22

leghemoglobin（レグヘモグロビン）　42
leucine zipper（ロイシンジッパー）　399,407
LexA　303
licensing factor（ライセンス因子）　254
light chain（L鎖，軽鎖）　358
lin4　223
lin14　223
LINES（長い分散した配列）　352,355
linkage（連鎖）　20
linker DNA（リンカーDNA）　464
linking number paradox（リンキング数パラドックス）　467
locus（遺伝子座）　20
locus control region（LCR；遺伝子座制御領域）　478
long terminal repeat（LTR；長い末端反復配列）　346
loop（ループ）　100
loose binding site（緩い結合部位）　177
loss-of-function mutation（機能喪失型変異）　23
lox　518
loxP　307
L-19 RNA　431
Lsm　415
LTR（長い末端反復配列）　346
luxury gene（ぜいたくな遺伝子）　73
lysis（溶菌）　227
lysogeny（溶原化）　227,257
lytic infection（溶菌感染）　227

## M

maintenance methylase（維持型メチラーゼ）　501
major groove（主溝）　5
MAR（マトリックス結合領域）　450,480
MATa　309
MATα　309
maternal inheritance（母系遺伝）　57
mating type（接合型）　309
matrix attachment region（MAR；マトリックス結合領域）　450,480
MCM2, 3, 5　255
Mcm21　458
MeCP-1　391
MeCP-2　391,489,502
mediator（メディエーター）　395
Mendel, G. J.　20
Meselson, M.　10
messenger RNA（mRNA；メッセンジャーRNA）　29,98
methyltransferase（メチルトランスフェラーゼ，メチル基転移酵素）　501
Mex　419
Mfd　316
MHC（主要組織適合遺伝子複合体）　358
micrococcal nuclease（ミクロコッカスヌクレアーゼ）　463
microRNA（miRNA；マイクロRNA）　223
microsatellite（マイクロサテライト）　94
microtubule organizing center（MTOC；微小管形成中心）　455
middle gene（中期遺伝子）　185,229
Mif2　457
minB　272
minC, D, E　273
minicell（ミニセル）　271
minichromosome（ミニ染色体）　466

minisatellite（ミニサテライト）　94
minor groove（副溝）　5
minus strand DNA（マイナス鎖DNA）　345
－10 sequence（－10 配列）　181
－35 sequence（－35 配列）　181
miRNA（マイクロRNA）　223
mismatch（ミスマッチ）　14
mismatch repair（ミスマッチ修復）　324
missense suppressor（ミスセンスサプレッサー）　152
mitochondrial DNA（mtDNA；ミトコンドリアDNA）　58
moderately repetitive sequence（中頻度反復配列）　52
modification（修飾）　144
modified base（修飾塩基）　17
module（モジュール）　41
monocistronic mRNA（モノシストロニックmRNA）　104
Monod, J.　196
MR（ミネラルコルチコイドレセプター）　403
MRE（金属応答配列）　398
MRE11　322
mRNA（メッセンジャーRNA）　29,98
MSH2　370
mSin3　489
MT（メタロチオネイン）　398,515
mtDNA（ミトコンドリアDNA）　58
MTF1　398
MTOC（微小管形成中心）　455
MuA　332
MuB　332
mucA　318
mucB　318
MuDR　338
muk　275
mukA　275
mukB　275
MukB　275
multicopy control（多コピー型制御）　248
multiforked chromosome（マルチフォーク染色体）　268
multiple allele（複対立遺伝子）　23
mut　319
MutH　320
mutL, S　319
MutSL　319,324
MutT, M, Y　319
mutagen（変異原）　13
mutation（変異，突然変異）　13
MyoD　489
myoglobin（ミオグロビン）　42

## N

N　232
nanos mRNA　114
nascent RNA（合成中のRNA）　104
NBS（ナイメーヘン染色体不安定症候群）　324
NC2/Dr1/DRAP1　397
negative complementation（負の相補性）　202
negative regulation（負の調節）　196,198
neo　518
neutral mutation（中立変異）　82
neutral substitution（中立置換）　23
newly synthesized strand（新生鎖）　8
NF-1　486
NFⅠ（核因子Ⅰ）　259
NF-κB　400
NHEJ（非相同的な末端連結）　323

Nijmegan breakage syndrome（ナイメーヘン染色体不安定症候群；NBS） 324
Nirenberg, M. W. 142
$n$-1 rule（$n$-1の法則） 499
N nucleotide（Nヌクレオチド） 366
nonallelic gene（非対立遺伝子） 79
nonautonomous controlling element（非自律的調節因子） 337
nonhistone protein（非ヒストンタンパク質） 462
nonhomologous end-joining（非相同的な末端連結；NHEJ） 323
nonrepetitive sequence（非反復配列） 52
nonreplicative transposition（複製を伴わない転移） 329
nonsense-mediated mRNA decay（ナンセンス変異によるmRNAの分解） 110
nonsense suppressor（ナンセンスサプレッサー） 152
nontranscribed spacer（非転写スペーサー） 85
nonviral superfamily（非ウイルススーパーファミリー） 351
NtrC 390
nucleation center（重合開始センター） 447
nucleic acid（核酸） 2
nucleoid（核様体） 269,446,449
nucleolar organizer（核小体形成体） 85
nucleolus（核小体） 85
nucleosome（ヌクレオソーム） 462
nucleosome positioning（ヌクレオソームの配置） 472
null mutation（ヌル変異） 22
NURF 485
nut 192
nutL 192
nutR 192

## O

$O1$ 206
$O2$ 206
$O3$ 206
$O^c$ 202
$O_L$, $O_R$ 233
$O_{lac}$ 199
Okazaki fragment（岡崎フラグメント） 283
Okp1 458
$\omega^+$, $\omega^-$ 434
onc 349
open complex（開いた複合体） 180
open reading frame（ORF；オープンリーディングフレーム） 28
operator（オペレーター） 196
operon（オペロン） 197
opine（オピン，オパイン） 263
ORC（複製開始点認識タンパク質複合体） 253,493
ORF（オープンリーディングフレーム） 28
oriC 250
oriT 263
oriV 262
ortholog（オルソログ） 69
oscar mRNA 113
OTF 486
overwound DNA（巻き過ぎのDNA） 5
OxyR 210
oxyR 222
oxyS 222

OxyS sRNA 222

## P

$P_{anti-Q}$ 242
$P_I$ 241
$P_L$ 192,233
$P_{lac}$ 199
$P_R$ 233
$P_{RE}$ 240
$P_{RM}$ 234
PABP〔ポリ（A）結合タンパク質〕 108,126,426
palindrome（パリンドローム） 205
PAP〔ポリ（A）ポリメラーゼ〕 108,425
par 271
parA 276
parB 276
parS 276
parental strand（親鎖） 8
pas（プライモソーム結合部位） 293
patch recombinant（パッチ組換え体） 296
PBP（ペニシリン結合タンパク質） 270
Pc 491
Pc-G 498
PCNA（増殖細胞特異的核抗原） 291,470
P element（P因子） 339
peptidyl transferase（ペプチジルトランスフェラーゼ） 128
peptidyl-tRNA（ペプチジルtRNA） 117
periplasm（ペリプラズム） 168
periseptal annulus（ペリセプタル環） 270
P factor（P因子） 339
phage（ファージ） 227
pheromone（フェロモン） 309
Pho 498
Pho1 498
pili（線毛，ピリ） 261
pilin（ピリン） 261
[$PIN^+$] 505
PKR（二本鎖RNA依存性プロテインキナーゼ） 225
plasmid（プラスミド） 257
plus strand DNA（プラス鎖DNA） 345
plus strand virus（プラス鎖ウイルス） 345
pN（Nタンパク質） 192,232
Pneumococcus（肺炎双球菌） 3
P nucleotide（Pヌクレオチド） 366
point mutation（点変異） 14
pol 344
Pol III（DNAポリメラーゼIII） 286
polA 281
PolC 288
poly（A）〔ポリ（A）〕 106
poly（A）-binding protein〔PABP；ポリ（A）結合タンパク質〕 108,126,426
poly（A）$^+$ mRNA 108
poly（A）polymerase〔PAP；ポリ（A）ポリメラーゼ〕 108,425
polycistronic mRNA（ポリシストロニックmRNA） 104
polymorphism（多型） 24,48
polysome（ポリソーム） 103
polytene chromosome（多糸染色体，ポリテン染色体） 454
position effect variegation（位置効果による斑入り） 496
positive regulation（正の調節） 196
postreplication complex（複製後複合体） 254

post-translational translocation（翻訳後の膜透過） 160
ppGpp 130
pppGpp 130
pQ（Qタンパク質） 192,233
PR（プロゲステロンレセプター） 403
PRC1（Polycomb-repressive complex） 498
PRE 498
precise excision（正確な切出し） 330
preinitiation complex（転写開始前複合体） 380
preprotein（プレタンパク質） 160
prereplication complex（複製前複合体） 254
primary transcript（一次転写産物） 172
primase（プライマーゼ） 285
primer（プライマー） 285
primosome（プライモソーム） 292
prion（プリオン） 17,495,504
processed pseudogene（プロセスされた偽遺伝子） 43,354
processivity（プロセッシブな反応性） 281
programmed frameshifting（プログラムされたフレームシフト） 155
promoter（プロモーター） 172
proofreading（校正，プルーフリーディング） 281
prophage（プロファージ） 227,307
protein splicing（プロテインスプライシング，タンパク質スプライシング） 442
proteome（プロテオーム） 69
provirus（プロウイルス） 343
PrP 19
PrP$^C$ 19,505
PrP$^{Sc}$ 19,505
pscA 264
PSE（proximal sequence element） 381
[$PSI^+$] 504
[$psi^-$] 504
P site（Pサイト） 117
PSTV（ジャガイモスピンドルチューバーウイロイド） 18
PTGS（post-transcriptional gene silencing） 225
puff（パフ） 454
puromycin（ピューロマイシン） 128
pyrimidine dimer（ピリミジン二量体） 314

## Q, R

Q 232
qut 193

RAD 322
rad 385
Rad3 322
RAD3 322
RAD6 322
RAD30 322
rad50 301
RAD50 322
Rad51 302,322
RAD51 322
RAD51B 372
RAD52 322
RAD54 322,372
RAD55 322
RAD57 322
RAG1 366
RAG2 366
Rap1 493

RAP38 384
RAP74 384
RAR（レチノイン酸レセプター） 404
rDNA（リボソームDNA） 85
reading frame（読み枠） 28
readthrough（読み過ごし） 152,188
Rec$^-$ 302
RecA 302,321
RecBC 321
RecBCD 302
recF 321
RecJ 320
recO 321
RecOF 321
RecOR 321
recR 321
rec$^-$ mutation（rec$^-$変異） 302
recoding（リコーディング） 154
recognition helix（認識ヘリックス） 236
recombinant joint（組換え連結部） 296
recombination-repair（組換え修復） 320
redundancy（重複） 72
REF 419
RegA 211
regulator gene（調節遺伝子） 196
RelA 131
relaxase（リラクセーズ，弛緩酵素） 260
relaxed mutant（リラックス変異株） 130
release factor（RF；遊離因子） 132
renaturation（再生） 12
repair（修復） 280
replacement site（置換部位） 81
replication（複製） 280
replication-defective virus（複製能欠損型ウイルス） 348
replication eye（複製の目） 249
replication fork（複製フォーク，複製分岐点） 10,249
replicative transposition（複製を伴う転移） 329
replicon（レプリコン） 248
replisome（レプリソーム） 280
reporter gene（レポーター遺伝子） 510
repression（抑制） 199
repressor（リプレッサー） 196
res 335
resolution（解離） 332
resolvase（リゾルベース） 329
response element（応答配列） 394
restriction enzyme（制限酵素） 33
restriction fragment length polymorphism（RFLP；制限断片長多型） 48
restriction map（制限酵素地図） 33
retroposon（レトロポゾン） 343
retrovirus（レトロウイルス） 343
reverse transcriptase（逆転写酵素） 8,343
revertant（復帰変異株） 15
RF（遊離因子） 132
RF-1 132
RF-2 132
RF-3 132
RF-C 291
RFLP（制限断片長多型） 48
rho-dependent terminator（$\rho$因子依存性ターミネーター） 188
rho factor（$\rho$因子） 188
Rib1 379
ribonuclease（RNase；リボヌクレアーゼ） 10
ribosomal DNA（rDNA；リボソームDNA） 85

ribosomal RNA(rRNA；リボソーム RNA) 98
ribosome(リボソーム) 102
ribosome stalling(リボソームの停止) 217
ribosome-binding site(リボソーム結合部位) 120,123
riboswitch(リボスイッチ) 220,432
ribozyme(リボザイム) 429
RISC(RNA-induced silencing complex) 224
RNA editing(RNA編集) 429,438
RNA interference(RNAi；RNA干渉) 224
RNA ligase(RNAリガーゼ) 423
RNA polymerase(RNAポリメラーゼ) 8,172
RNase(リボヌクレアーゼ) 10
RNase E(リボヌクレアーゼE) 109
RNA silencing(RNAサイレンシング) 224
RNA splicing(RNAスプライシング) 32,410
RNPase(ポリヌクレオチドホスホリラーゼ) 109
RodA 270
rolling circle(ローリングサークル) 259
rotational positioning(回転移動配置) 472
*RPD3* 488
Rpd3 488
*rpoH* 186
*rpoS* 222
RRF(リボソーム再生因子) 132
rRNA(リボソームRNA) 98
RSC 484
R segment(R領域) 346
RTP 250
*ruv* 304
RuvA 304
RuvB 304
RuvC 304
RXR(9-*cis*-レチノイン酸レセプター) 404

## S

S1 137
S7 135
S12 135
S18 137
S21 137
SAGA 488
SAGE 75
SAR(スカフォルド結合領域) 451
satellite DNA(サテライトDNA) 90
SCAF(SR-like CTD associated factor) 385
scaffold(スカフォルド) 450
scarce mRNA(発現量の少ないmRNA) 73
SCID 367
ScORC 254
scrapie(スクレイピー) 19,505
scRNA(細胞質低分子RNA) 414
scRNP 414
*scs* 477
*scs'* 477
scyrps(スキルプス) 414
S domain(Sドメイン) 163
Sec61 165
Sec61α 165
Sec61β 165
Sec61γ 165
SecA 169
SecB 169

second-site reversion(二次的復帰変異) 15
sector(セクター) 336
SEDS 270
self-splicing(自己スプライシング) 429
selfish DNA(利己的DNA) 52
semiconservative replication(半保存的複製) 9
septal ring(セプタル環) 271
septum(隔壁) 270
serum response element(SRE；血清応答配列) 397
SET domain(SETドメイン) 491
SF1 417
SF5 421
SGA(合成致死遺伝子アレイ解析) 72
*SHE1〜5* 113
Shine-Dalgarno sequence(シャイン・ダルガーノ配列) 123
sigma factor(σ因子) 177
$\sigma^{32}$ 186
$\sigma^{43}$ 186
$\sigma^{54}$ 186,390
$\sigma^{70}$ 186,188
$\sigma^{E}$ 186
$\sigma^{F}$ 186
$\sigma^{S}$ 186
signal end(シグナル末端) 365
signal peptidase(シグナルペプチダーゼ) 161
signal recognition particle(SRP；シグナル認識粒子) 161
silencing(サイレンシング) 482
silent mutation(サイレント変異) 23
silent site(サイレント部位) 81
*SIN1* 484
*SIN2* 484
*SIN3* 488
Sin3 489
SINES(短い分散した配列) 352
single copy control(単コピー型制御) 248
single nucleotide polymorphism(SNP；一塩基多型) 48
single-strand assimilation(一本鎖の取込み) 302
single-strand binding protein(SSB；一本鎖DNA結合タンパク質) 284,292
single-strand exchange(一本鎖交換) 320
single-strand uptake(一本鎖の取込み) 302
single X hypothesis(単一X染色体仮説) 499
SIR 492
Sir1 493
Sir2 493
Sir3 493
Sir4 493
siRNA(short interfering RNA) 224
site-specific recombination(部位特異的組換え) 273
SL1 379
SL RNA(spliced leader RNA) 422
7SL RNA(7S RNA) 163,354
Sm 415
small cytoplasmic RNA(scRNA；細胞質低分子RNA) 414
small nuclear RNA(snRNA；核内低分子RNA) 380,414
SMC 275
*smg* 111
SMRT 404,489
snoRNA(small nucleolar RNA) 414,426
SNP(一塩基多型) 48
snRNA(核内低分子RNA) 380,414
snRNP 414

snurps(スナープス) 414
Soj 277
somatic recombination(体細胞組換え) 358
spacer(スペーサー) 378
S phase(S期) 252
spindle(紡錘体) 455
spliced leader RNA(SL RNA) 422
spliceosome(スプライソソーム) 414
splice recombinant(つなぎ合わせ組換え体) 296
splice site(スプライス部位) 411
splicing factor(スプライシング因子) 414
Spo11 301
SpoOJ 277
*spoT* 131
spontaneous mutation(自然突然変異) 13
SpORC 254
sporulation(胞子形成) 185
SRα 164
SRβ 164
SRE(血清応答配列) 397
S region(S領域) 368
sRNA 222
4.5S RNA 164,169
5S RNA 116,134
5.8S RNA 117
16S RNA 116,134,137
18S RNA 117
23S RNA 116,134,138
28S RNA 117
45S RNA 426
SRP(シグナル認識粒子) 161
SRP9 163
SRP14 163
SRP54 163
SRP68 163
SRP72 163
SR protein(SRタンパク質) 416
SSB(一本鎖DNA結合タンパク質) 284,292
Stahl, F. W. 10
startpoint(転写開始点) 172
STE 310
stem(ステム) 100
steroid receptor(ステロイドレセプター) 399
Stn1 460
stop codon(終止コドン) 28,132,142
strand displacement(鎖置換) 259
stringent factor(ストリンジェント因子) 130
stringent response(ストリンジェント応答) 130
structual periodicity(DNA構造の周期性) 465
structural distortion(構造のゆがみ) 314
structural gene(構造遺伝子) 196
subviral pathogen(ウイルスより小さな病原体) 17
*sup35* 504
supercoiling(超らせん) 7
superfamily(スーパーファミリー) 42,357
super-repressed(過剰に抑制されている) 209
suppression(抑圧) 15
suppressor(サプレッサー；抑圧変異) 15,152
surveillance system(品質管理システム) 110
SUV39H1 489
*Su*(*var*) 491
SV40(simian virus 40) 467
SV5 440
*swallow*(*swa*) 113

Swi2 484
Swi5 485
SWI/SNF 484
synapsis(対合) 295
synaptonemal complex(シナプトネマ複合体) 295,299
synonym codon(同義コドン) 142
syntheny(シンテニー) 56
synthetic genetic array analysis(SGA；合成致死遺伝子アレイ解析) 72
synthetic lethal(合成致死) 72

## T

T4-pdg 318
TAF(TBP会合因子) 382
TAFⅡ 485
TAFⅡ145 488
TAFⅡ150 384
TAFⅡ230 383
TAFⅡ250 384
TAP 419
TATAAT 182
TATA box(TATAボックス) 381
TATA-less promoter(TATAボックスのないプロモーター) 381
TBP(TATA結合タンパク質) 379,383,396
TBP-associated factor(TAF；TBP会合因子) 382
T cell(T細胞) 357
T cell receptor(TCR；T細胞レセプター) 357
TCR(T細胞レセプター) 357
*TCRα* 373
*TCRαβ* 373
*TCRβ* 373
*TCRγ* 373
*TCRγδ* 373
T-DNA(transferred DNA) 263
telomerase(テロメラーゼ) 459
telomere(テロメア) 458
telomeric silencing(テロメアサイレンシング) 496
template strand(鋳型鎖) 8,99,172
10 nm fiber(10 nm繊維) 469
*ter* 250
terminal protein(末端タンパク質) 259
terminase(ターミナーゼ) 447
termination(終止) 117
termination(終結) 174
termination codon(終止コドン) 28,132,142
terminator(ターミネーター，転写終結配列) 172,188
ternary complex(三元複合体) 180
*tet*^R(テトラサイクリン耐性) 329
TFⅡA 384,396
TFⅡB 384,396
TFⅡD 382,384,396,485
TFⅡE 384
TFⅡF 384
TFⅡH 322,384
TFⅡJ 385
TFⅡX 381
TFⅢA 380
TFⅢB 380
TFⅢC 380
TGF-β 368
thalassemia(サラセミア) 83
third-base degeneracy(第三塩基の縮重) 142
30 nm fiber(30 nm繊維) 469
thymine(T；チミン) 5
TIC 167

TIF-IB 379
tight binding（強い結合） 180
TIM complex（TIM 複合体） 166
Ti plasmid（Ti プラスミド） 263
titin（タイチン） 55
TK（チミジンキナーゼ） 514
$t_L 1$ 192
*TLC1* 460
TMV（タバコモザイクウイルス） 447
Tn 328
Tn3 334
Tn5 330,333
Tn9 329
Tn10 329,333
Tn1000 334
TnA 330,334
*tnpA* 335
*tnpR* 335
TOC 167
*tolC* 275
TOM complex（TOM 複合体） 166
*topA* 275
TPA（12-*O*-テトラデカノイルホルボール 13-アセテート） 398
T3R（甲状腺ホルモンレセプター） 404
$t_R 1$ 192
*tra* 262
*traA* 262
*traS* 262
*traT* 262
TraI 263
trailer（トレーラー） 29,104
TraM 263
trans（トランス） 30
trans-acting（トランスに働く） 196
transcript（転写産物） 32
transcription（転写） 29,99
transcription factor（転写因子） 196
transcription unit（転写単位） 172
transcriptome（トランスクリプトーム） 73
transducing virus（形質導入ウイルス） 348
transesterification（エステル転移反応） 413
transfection（トランスフェクション） 4,512
transfer region（伝達領域） 261
transfer RNA（tRNA；転移 RNA） 98
transformation（形質転換） 3
transforming principle（形質転換因子） 3
transgenic animal（トランスジェニック動物） 514

transient transfection（一過性のトランスフェクション） 512
transition（トランジション） 14
translation（翻訳） 29,99
translational positioning（平行移動配置） 472
translocation（転座） 77
translocation（トランスロケーション） 117,129
translocation（膜透過） 160
translocon（トランスロコン） 165
transposase（トランスポザーゼ） 327
transposon（トランスポゾン） 14,52,326
transversion（トランスバージョン） 14
TRAP（*trp* RNA-binding attenuation protein） 215
TraY 263
*trb* 262
TRE（TPA 応答配列） 398
TRF2 459
trithorax 499
tRNA（転移 RNA） 98
$tRNA_f^{Met}$ 122
$tRNA_i^{Met}$ 122
$tRNA_m^{Met}$ 122
*trpE* 217
*trpEDBCA* 208
*trpR* 208
true reversion（真の復帰変異） 15
TrxG 499
TTGACA 183
Tus 250
two-start model 470
Ty1 350
Ty917 350
*TyA* 155,350
*TyB* 155,350
Ty element（Ty 因子） 350

## U

U3 346
U5 346
UAA 133
UACUAAC 413
U2AF 416
U2AF35 416
U2AF65 416
UAG 133
UAS（上流活性化配列） 387

UBF（upstream binding factor） 379
UEP（進化単位時間） 82
UGA 133
Ume6 488
*umuC* 318
*umuD* 318
underwound DNA（巻き足りない DNA） 5
unequal crossing-over（不等交差） 77
UNG（ウラシル-DNA グリコシラーゼ） 370
uninducible（非誘導性） 201
unit cell（単位細胞） 268
UPE（上流プロモーター配列） 379
*UPF* 111
Upf 111
Upf3 111
up mutation（アップ変異） 183
upstream（上流） 172
upstream activator sequence（UAS；上流活性化配列） 387
uracil（U；ウラシル） 5
*URE2* 504
*URE3* 504
*URS1* 488
U3 snoRNA 426
U4 snRNA 418
U5 snRNA 418
U6 snRNA 418
U1 snRNP 415
U2 snRNP 415,417
U4/U6 snRNP 415
U5 snRNP 415
3′UTR 105
5′UTR 105
*uvrA, B, C* 316

## V

variable（V）region〔可変（V）領域〕 358
variegation（斑入り） 336
VDR（ビタミン D レセプター） 404
vector（ベクター） 509
vegetative phase（増殖期） 185
*V* gene（*V* 遺伝子） 358
*vir* 264
*virA*～*G* 264
viral superfamily（ウイルススーパーファミリー） 351
VirD 265
VirE2 266
virion（ウイルス粒子） 17

viroid（ウイロイド） 17,437
virulent mutation（ビルレント変異，毒性変異） 234
virusoid（ウイルソイド） 437
VLP（ウイルス様の粒子） 350
VNTR（variable number tandem repeat） 94

## W, X

Watson, J. D. 6
*white* 496
wobble hypothesis（ゆらぎ仮説） 143
*wx* 337
XerC 273
XerD 273,307
xeroderma pigmentosum（XP；色素性乾皮症） 322,385
X-Gal 512
*XIC*（X 染色体不活性化中心） 500
*xis* 308
Xis 308
*XIST* 500
*XIST* RNA 500
XlORC 254
*XPA*～*XPG* 322
XPC 385
XPD 385
XPF 385
XPG 385
XPV 322
XRCC2 372
XRCC3 372
XRCC4 323,367
XRN1 110
XRS2 322

## Y, Z

YAC（酵母人工染色体） 460,510
zincfinger（ジンクフィンガー） 399
*Zip* 300
Zip 300
ZipA 272
zoo blot（ズーブロット） 52
*zw5* 478

菊　池　韶　彦
1943 年　東京に生まれる
1966 年　東京大学理学部 卒
名古屋大学名誉教授
専攻　分子遺伝学，生物化学
理 学 博 士

水　野　　猛
1949 年　愛知県に生まれる
1972 年　名古屋大学農学部 卒
名古屋大学名誉教授
専攻　分子生物学，微生物学
農 学 博 士

紅　　順　子
1963 年　福岡県に生まれる
1986 年　大阪大学理学部 卒
1992 年　大阪大学大学院
　　　　 理学研究科博士課程 修了
専攻　細胞生理学
理 学 博 士

榊　　佳　之
1942 年　名古屋市に生まれる
1966 年　東京大学理学部 卒
東京大学名誉教授
豊橋技術科学大学名誉教授
専攻　ゲノム科学
理 学 博 士

伊　庭　英　夫
1951 年　東京に生まれる
1974 年　東京大学理学部 卒
現　千葉大学真菌医学研究センター 特任教授
東京大学名誉教授
専攻　分子生物学，ウイルス学，細胞生物学
理 学 博 士

第 1 版　第 1 刷　2007 年 2 月 28 日 発行
　　　　 第 2 刷　2016 年 11 月 1 日 発行

エッセンシャル 遺 伝 子

Ⓒ　2 0 0 7

訳　者　　菊　池　韶　彦
　　　　　榊　　　佳　之
　　　　　水　野　　　猛
　　　　　伊　庭　英　夫
　　　　　紅　　順　子

発行者　　小　澤　美奈子
発　行　　株式会社 東京化学同人
東京都文京区千石3丁目 36-7(〒112-0011)
電話 03-3946-5311・FAX 03-3946-5317
URL: http://www.tkd-pbl.com/

印　刷　株式会社 アイワード
製　本　株式会社 松岳社

ISBN 978-4-8079-0650-5
Printed in Japan
無断転載および複製物（コピー，電子
データなど）の配布，配信を禁じます。